国家出版基金资助项目
现代数学中的著名定理纵横谈丛书
丛书主编　王梓坤

Discussion from the Cramer's Rule
—The Theory of Matrices

从Cramer法则谈起
——矩阵论漫谈

沈文选　杨清桃　著

哈爾濱工業大學出版社
HARBIN INSTITUTE OF TECHNOLOGY PRESS

内容简介

矩阵(即长方形数表)是处理大量数学问题以及生产、生活中许多实际问题的重要工具.本书介绍了如何巧妙地运用或构造矩阵,研究和解决一系列趣味数学问题、方程组、不等式、函数、三角、数列、排列组合与概率、平面几何、平面解析几何、立体几何、复数、初等数论、多项式、高次方程的求解等问题,还介绍了运用矩阵研究和解决其他多样以及日常生活、生产中的许多实际问题.

本书可供初等数学、竞赛数学、教育数学研究者及广大数学爱好者参考阅读,适于广大中学数学教师、师范院校数学科学学院学生、高中学有余力的学生学习.

图书在版编目(CIP)数据

从 Cramer 法则谈起:矩阵论漫谈/沈文选,杨清桃著.—哈尔滨:哈尔滨工业大学出版社,2016.8
(现代数学中的著名定理纵横谈丛书)
ISBN 978-7-5603-5875-8

Ⅰ.①从… Ⅱ.①沈… ②杨… Ⅲ.①矩阵论-研究
Ⅳ.①O151.21

中国版本图书馆 CIP 数据核字(2016)第 032385 号

策划编辑　刘培杰　张永芹
责任编辑　杨明蕾　钱辰琛
封面设计　孙茵艾
出版发行　哈尔滨工业大学出版社
社　　址　哈尔滨市南岗区复华四道街 10 号　邮编 150006
传　　真　0451-86414749
网　　址　http://hitpress.hit.edu.cn
印　　刷　牡丹江邮电印务有限公司
开　　本　787mm×960mm　1/16　印张 56.25　字数 600 千字
版　　次　2016 年 8 月第 1 版　2016 年 8 月第 1 次印刷
书　　号　ISBN 978-7-5603-5875-8
定　　价　218.00 元

这三本书融进了教育数学思想，
也融进了新课程理念。对于
提高数学教育方向的学生以
及中学数学教师的数学修养，
扩展其数学视野，丰富其数学
文化，都将发挥重要作用。

书祝

沈文选先生新书问世

张景中 于

2013年9月28日

◎代序

读书的乐趣

你最喜爱什么——书籍.

你经常去哪里——书店.

你最大的乐趣是什么——读书.

这是友人提出的问题和我的回答.真的,我这一辈子算是和书籍,特别是好书结下了不解之缘.有人说,读书要费那么大的劲,又发不了财,读它做什么?我却至今不悔,不仅不悔,反而情趣越来越浓.想当年,我也曾爱打球,也曾爱下棋,对操琴也有兴趣,还登台伴奏过.但后来却都一一断交,“终身不复鼓琴”.那原因便是怕花费时间,玩物丧志,误了我的大事——求学.这当然过激了一些.剩下来唯有读书一事,自幼至今,无日少废,谓之书痴也可,谓之书橱也可,管它呢,人各有志,不可相强.我的一生大志,便是教书,而当教师,不多读书是不行的.

读好书是一种乐趣,一种情操;一种向全世界古往今来的伟人和名人求教的方法，一种和他们展开讨论的方式；一封出席各种活动、体验各种生活、结识各种人物的邀请信；一张迈进科学宫殿和未知世界的入场券；一股改造自己、丰富自己的强大力量.书籍是全人类有史以来共同创造的财富，是永不枯竭的智慧的源泉.失意时读书，可以使人重整旗鼓；得意时读书，可以使人头脑清醒；疑难时读书，可以得到解答或启示；年轻人读书，可明奋进之道；年老人读书，能知健神之理.浩浩乎！洋洋乎！如临大海，或波涛汹涌，或清风微拂，取之不尽，用之不竭.吾于读书，无疑义矣，三日不读，则头脑麻木，心摇摇无主.

潜能需要激发

我和书籍结缘，开始于一次非常偶然的机会.大概是八九岁吧，家里穷得揭不开锅，我每天从早到晚都要去田园里帮工.一天，偶然从旧木柜阴湿的角落里，找到一本蜡光纸的小书，自然很破了.屋内光线暗淡，又是黄昏时分，只好拿到大门外去看.封面已经脱落，扉页上写的是《薛仁贵征东》.管它呢，且往下看.第一回的标题已忘记，只是那首开卷诗不知为什么至今仍记忆犹新：

日出遥遥一点红，飘飘四海影无踪.

三岁孩童千两价，保主跨海去征东.

第一句指山东，二、三两句分别点出薛仁贵（雪、人贵）.那时识字很少，半看半猜，居然引起了我极大的兴趣，同时也教我认识了许多生字.这是我有生以来独立看的第一本书.尝到甜头以后，我便千方百计去找书，向小朋友借，到亲友家找，居然断断续续看了《薛丁山征西》《彭公案》《二度梅》等，樊梨花便成了我心中的女英雄.我真入迷了.从此,放牛也罢,车水也罢,我总要带一本书,还练出了边走田间小路边读书的本领,读得津津有味,不知人间别有他事.

当我们安静下来回想往事时,往往会发现一些偶然的小事却影响了自己的一生.如果不是找到那本《薛仁贵征东》,我的好学心也许激发不起来.我这一生,也许会走另一条路.人的潜能,好比一座汽油库,星星之火,可以使它雷声隆隆、光照天地;但若少了这粒火星,它便会成为一潭死水,永归沉寂.

抄,总抄得起

好不容易上了中学,做完功课还有点时间,便常光顾图书馆.好书借了实在舍不得还,但买不到也买不起,便下决心动手抄书.抄,总抄得起.我抄过林语堂写的《高级英文法》,抄过英文的《英文典大全》,还抄过《孙子兵法》,这本书实在爱得狠了,竟一口气抄了两份.人们虽知抄书之苦,未知抄书之益,抄完毫末俱见,一览无余,胜读十遍.

始于精于一,返于精于博

关于康有为的教学法,他的弟子梁启超说:"康先生之教,专标专精、涉猎二条,无专精则不能成,无涉猎则不能通也."可见康有为强烈要求学生把专精和广博(即"涉猎")相结合.

在先后次序上,我认为要从精于一开始.首先应集中精力学好专业,并在专业的科研中做出成绩,然后逐步扩大领域,力求多方面的精.年轻时,我曾精读杜布(J. L. Doob)的《随机过程论》,哈尔莫斯(P. R. Halmos)的《测度论》等世界数学名著,使我终身受益.简言之,即"始于精于一,返于精于博".正如中国革命一样,必须先有一块根据地,站稳后再开创几块,最后连成一片.

丰富我文采,澡雪我精神

辛苦了一周,人相当疲劳了,每到星期六,我便到旧书店走走,这已成为生活中的一部分,多年如此.一次,偶然看到一套《纲鉴易知录》,编者之一便是选编《古文观止》的吴楚材.这部书提纲挈领地讲中国历史,上自盘古氏,直到明末,记事简明,文字古雅,又富于故事性,便把这部书从头到尾读了一遍.从此启发了我读史书的兴趣.

我爱读中国的古典小说,例如《三国演义》和《东周列国志》.我常对人说,这两部书简直是世界上政治阴谋诡计大全.即以近年来极时髦的人质问题(伊朗人质、劫机人质等),这些书中早就有了,秦始皇的父亲便是受害者,堪称"人质之父".

《庄子》超尘绝俗,不屑于名利.其中"秋水""解牛"诸篇,诚绝唱也.《论语》束身严谨,勇于面世,"己所不欲,勿施于人",有长者之风.司马迁的《报任少卿书》,读之我心两伤,既伤少卿,又伤司马;我不知道少卿是否收到这封信,希望有人做点研究.我也爱读鲁迅的杂文,果戈理、梅里美的小说.我非常敬重文天祥、秋瑾的人品,常记他们的诗句:"人生自古谁无死,留取丹心照汗青""休言女子非英物,夜夜龙泉壁上鸣".唐诗、宋词、《西厢记》《牡丹亭》,丰富我文采,澡雪我精神,其中精粹,实是人间神品.

读了邓拓的《燕山夜话》,既叹服其广博,也使我动了写《科学发现纵横谈》的心.不料这本小册子竟给我招来了上千封鼓励信.以后人们便写出了许许多多的“纵横谈”.

从学生时代起,我就喜读方法论方面的论著.我想,做什么事情都要讲究方法,追求效率、效果和效益,方法好能事半而功倍.我很留心一些著名科学家、文学家写的心得体会和经验.我曾惊讶为什么巴尔扎克在51年短短的一生中能写出上百本书,并从他的传记中去寻找答案.文史哲和科学的海洋无边无际,先哲们的明智之光沐浴着人们的心灵,我衷心感谢他们的恩惠.

读书的另一面

以上我谈了读书的好处,现在要回过头来说说事情的另一面.

读书要选择.世上有各种各样的书:有的不值一看,有的只值看20分钟,有的可看5年,有的可保存一辈子,有的将永远不朽.即使是不朽的超级名著,由于我们的精力与时间有限,也必须加以选择.决不要看坏书,对一般书,要学会速读.

读书要多思考.应该想想,作者说得对吗?完全吗?适合今天的情况吗?从书本中迅速获得效果的好办法是有的放矢地读书,带着问题去读,或偏重某一方面去读.这时我们的思维处于主动寻找的地位,就像猎人追找猎物一样主动,很快就能找到答案,或者发现书中的问题.

有的书浏览即止,有的要读出声来,有的要心头记住,有的要笔头记录.对重要的专业书或名著,要勤做笔记,“不动笔墨不读书”.动脑加动手,手脑并用,既可加深理解,又可避忘备查,特别是自己的灵感,更要及时抓住.清代章学诚在《文史通义》中说:“札记之功必不可少,如不札记,则无穷妙绪如雨珠落大海矣.”

许多大事业、大作品,都是长期积累和短期突击相结合的产物. 涓涓不息,将成江河;无此涓涓,何来江河?

爱好读书是许多伟人的共同特性,不仅学者专家如此,一些大政治家、大军事家也如此. 曹操、康熙、拿破仑、毛泽东都是手不释卷,嗜书如命的人. 他们的巨大成就与毕生刻苦自学密切相关.

王梓坤

序

文选教授是一位多产的数学通俗读物作家.他的作品,重点不在于文学渲染,人文解读,而是高屋建瓴,以拓展青年学子的数学视野,铸就数学探究的基本功为己任.这次推出的《从 Cramer 法则谈起——矩阵论漫谈》《从 Stewart 定理的表示谈起——向量理论漫谈》《从高维 Pythagoras 定理谈起——单形论漫谈》三部著作,就是为一些有志于突破高考藩篱,寻求更高数学发展的学生们准备的.

中国数学教育正在进入一个新的周期.21 世纪初的数学课程改革,正在步入深水区.单靠"大呼隆地"从教学方法入手改革课堂教学,毕竟是走不远的.数学课堂教学必然要基于数学本身,揭示数学本质.如果说,教学方法相当于烹调技艺,那么数学内容就相当于食材.离开食材,何谈烹调?一个注重数学内容的数学教育,正向我们走来.本套书作为青年数学教师的读物,当有提升数学素养之特定功效.

文选教授是全国初等数学研究学会的首任理事长,他是初等数学研究、竞赛数学研究、教育数学研究的积极倡导者和实践者.这套书为广大初等数学研究、竞赛数学研究、教育数学研究爱好者提供了丰富的材料,可供参考.

文选教授的这些著作,事关中国数学英才教育的发展.中国的高中学生,为了高考取得高分,不得不进行反复复习,就地空转.如果走奥赛的路子,也脱不开应试的框框.多年来,那些富有数学才华,又对数学怀有浓厚兴趣的年轻人,没有选择自己数学道路的余地,结果便造成了中国内地数学英才教育的缺失.反观其他国家和地区的一些数学才俊,年纪轻轻就涉猎高等数学,徜徉在数学探究的路途上.仅就亚洲来说,中国香港移民到澳大利亚的陶哲轩,越南的吴宝珠,都已经获得菲尔兹奖.相形之下,当知我们应努力之所在了.

话说回来,本书的内容,虽与高考无直接关系,但却是"数学万花丛中的一朵".有"花香"的熏染,数学功力日增,对升学的侧面效应,恐也不可小看.数学英才,毕竟是大学所瞩目的.最后,我热切期望,本书的读者能够像华罗庚先生所教导的那样,将书读到厚,再从厚读到薄,汲取书中之精华,并在不久的将来,能在中国数坛的预备队里见到他们活跃的身影.

与文选教授合作多年,欣闻他新作问世,写了以上的感想,权作为序.

张奠宙
华东师范大学数学系
2013 年 5 月 10 日

前言

美丽的“数学花园”，奇妙的“数学花坛”，如果去“游园”，不仅欣赏了纯美的景观，而且可以享受充满数学智慧的精彩“游程”，开阔我们的视野，优化我们的思维，涤去蒙昧与无知. 诺贝尔奖获得者、著名的物理学家杨振宁先生曾说:“我赞美数学的优美和力量，它有战术的技巧与灵活，又有战略上的雄才远虑，而且，堪称奇迹中的奇迹的是，它的一些美妙概念竟是支配物理世界的基本结构.”

为建设好这座“数学花园”，扩展“数学花坛”，就要运用张景中院士的教育数学思想，对浩如烟海的数学材料进行再创造，把数学家们的数学化成果改造成学习者易于接受的知识，把数学化过程尽可能变成适合学习者可操作的活动过程，借助操作活动展示数学的优美特征，凸显数学的实质内涵，揭示朴素的数学思考过程，让数学“冰冷”的美丽转化为“火热”的思考，将数学抽象的形式转化为具体的案例. 这也可以响应张奠宙教授的倡议:建构符合时代需求的数学常识，享受充满数学智慧的精彩人生.

笔者认为，探讨数学知识的系统运用是建设“数学花园”、扩展“数学花坛”的一种重要途径. 为此，笔者以数学中的几个重要工具——矩阵、行列式、向量为专题，展示它们在初等数学各学科中的广泛应用及扩展，便形成了这一套书.

这本书是《从 Cramer 法则谈起——矩阵论漫谈》.

对于长方形数表，是我们遇到的较多的数学对象，长方形数表就是矩阵.

在逻辑上，矩阵的概念应先于行列式的概念，而在历史上次序正好相反. 在数学发展的历史上，人们为了解一次方程组，为了从理论上探讨一般性问题，给出了行列式的概念，以及后来由克莱姆(Cramer)给出了一般性法则.

行列式就是一个数字方阵的值，在某些场合，人们只需研究和使用方阵本身，而不管行列式的值是否与该问题有关，于是人们需要认识方阵本身的性质，矩阵这个概念就应运而生了. 矩阵这个词是西尔维斯特(Sylvester，1814—1897)首先使用的.

矩阵是一个重要的数学工具，在处理各种问题中神通广大.

数学应用研究是推动数学发展的一种内驱力. 例如，牛顿力学推动了微积分的产生，爱因斯坦相对论促进了微分几何的发展，杨振宁 - 米尔斯规范场成为现代数学发展的支柱之一，等等. 同时，数学应用研究也促进了科学技术的发展，以至有“一切高技术都可归结为数学技术”的说法.

加强数学应用教育是数学教育的一个重要方面，也是促使教育现代化的重要途径. 在数学教育中，教给学生的不能仅是数学知识，重要的是在于培养学生用数学的意识，让他们学会用数学的理论、思想方法去分析问题，学会从实际问题建立数学模型来解决问题，而这些正是体现一个人的数学素质高低的表现. 为使教育现代化，一方面要提高大众的数学素质，另一方面要把现代数学的观点、内容等渗透到数学教育中去. 这就是一种数学应用教育. 例如，矩阵理论是现代数学中的一个极为重要、应用极为广泛的内容，许多国家已把它的基本内容列为中学数学的教学内容. 因矩阵是日常生活中、数学各分支中见得较多的数学对象的表示形式，它能把头绪纷繁的事物或者数学对象按一定的规律排列表示出来，让人看上去一目了然，帮助我们保持清醒的头脑，不至于被一些杂乱无章的关系弄得晕头转向；对矩阵施行某些运算，则可表明这些事物或者数学对象之间蕴涵的内在规律等. 由此看来，研究矩阵的应用教育十分重要.

笔者在从事初等数学研究及教学中，深感研究时用高等数学的知识去统一初等数学的松散体系，用高等数学的理论对初等数学的有关问题做新推广和深发展，使高等数学与初等数学相互渗透、相互为用等尤为必要. 基于这方面的考虑，笔者把自己进行初等数学研究的体会以及诸位同行的一些研究成果汇聚起来，便成了这本书——《从 Cramer 法则谈起——矩阵论漫谈》.

本书内容框架是从如下几个方面构思的：一、把有关实际问题或数学对象转化为（或表示为）矩阵的元素，分析矩阵的结构特征来处理问题；二、根据所给实际问题或数学对象的特征，设计出矩阵，运用矩阵的运算性质来处理问题；三、分析实际问题或数学对象的结构，分离或构造出矩阵，运用矩阵的初等变换、运算性质以及基本理论来处理问题.

此书的初稿曾以《矩阵的初等应用》为书名，由湖南科学技术出版社于1996年出版．今天，时过境迁，20来年了．这次重新撰写，在原来的基础上做了较大调整，删去了与单形有关的内容，增补了大量的例子，并增写了几章．

在写作编排中，为了说明问题的方便，同时为了照顾到高中学有余力的学生，对矩阵的一些基本知识及有关理论是穿插介绍的；书中的章节是以初等数学中的一些基本内容为线索排列的．在写作过程中，虽参阅了大量的专著、论文，但由于作者的水平有限，本书不完善之处在所难免，恳请读者批评指正．

在此要衷心感谢张景中院士、张奠宙教授在百忙之中为本套书题字、作序；衷心感谢本书后面参考文献的作者，是他们的成果丰富了本书的内容；衷心感谢刘培杰数学工作室，感谢刘培杰老师、张永芹老师、钱辰琛老师等诸位老师，使得本书以新的面目展现在读者面前；衷心感谢我的同事邓汉元教授、我的朋友赵雄辉研究员、欧阳新龙先生、黄仁寿先生，以及我的研究生们：吴仁芳、谢圣英、羊明亮、彭熹、谢立红、陈丽芳、谢美丽、陈淼君等对我写作工作的大力协助；还要感谢我的家人对我写作的大力支持！

沈文选　杨清桃

2015年6月于岳麓山下长塘山

目录

从克莱姆法则谈起

引言

首先,我们先看如下一个数学问题:

市林业管理服务部门办了一个养猴场.饲养员提了一筐桃来喂猴.如果他给每只猴子 14 个桃,还剩 48 个;如果给每只猴子 18 个桃,就还差 64 个.请问:这个养猴场养了多少只猴子?饲养员提来多少个桃?

如果用算术方法来解,可颇费一番周折.若饲养员再添 64 个桃,则这时每只猴子得 14 个桃,还剩 112 个桃.如果给每只猴子 18 个桃,则刚好分完,故这个养猴场养的猴子有 $112\div(18-14)=28$(只),饲养员提来的桃有 $18\times28-64=440$(个).

如果设一个未知数来解,则没有那么费神了.设养猴场养了 x 只猴子,依题意,得 $14x+48=18x-64$,求得 $x=28$.此时 $14x+48=440$,即求得结果.

因为要求两个未知数，如果设两个未知数来解，则更轻松了. 设养猴场养了 x 只猴子，饲养员提了 y 个桃，依题意，得

$$\begin{cases} y-14x=48 & (1) \\ 18x-y=64 & (2) \end{cases}$$

解这个方程组可以用“加减消元法”或“代入消元法”求解. 总之，基本的思路是：消去一元，化归为一元一次方程. 例如，用加减消元法，有：

由(1)+(2)，得 $4x=112$，求得 $x=28$.

由(1)，有 $y=14x+48=440$.

故方程组的解为 $\begin{cases} x=28 \\ y=440 \end{cases}$.

一般的，我们用字母来表示，即对于非零常数 a_1，b_1，a_2，b_2，所给二元一次方程组为

$$(\text{I}):\begin{cases} a_1x+b_1y=c_1 & (3) \\ a_2x+b_2y=c_2 & (4) \end{cases}$$

仍用加减消元法，得：

$(3)\cdot b_2-(4)\cdot b_1$，有 $(a_1b_2-a_2b_1)x=c_1b_2-c_2b_1$.

$(3)\cdot a_2-(4)\cdot a_1$，有 $(a_1b_2-a_2b_1)y=c_2a_1-c_1a_2$.

这里，x，y 的系数相同，都是 $a_1b_2-a_2b_1$. 若 $a_1b_2-a_2b_1\neq 0$（$a_1b_2-a_2b_1=0$ 时，这里暂不考虑），则得到方程组的解

$$\begin{cases} x=\dfrac{c_1b_2-c_2b_1}{a_1b_2-a_2b_1} \\ y=\dfrac{c_2a_1-c_1a_2}{a_1b_2-a_2b_1} \end{cases} \quad (5)$$

显然，上述解即为一般二元一次方程组的求解公式

($a_1b_2-a_2b_1\neq 0$ 时). 有了公式当然好,给出一个具体系数的二元一次方程组可以直接代入公式求解,这也摆脱了"消元"的固有思路. 这就是一种我们掌握的算法.

如果我们继续怀着求知的眼光审视这个公式,发现公式的表现形式仍然不够理想,公式没有清楚地反映系数的排列,因而难于记忆和应用. 怎样做到这一点? 怎样把求解公式中的分子、分母上的式子与原方程组中的系数排列联系起来? 仔细对照,可以看出,应当让如下几个式子成立

$$\begin{vmatrix} a_1 & b_1 \\ a_2 & b_2 \end{vmatrix}=a_1b_2-a_2b_1$$

$$\begin{vmatrix} c_1 & b_1 \\ c_2 & b_2 \end{vmatrix}=c_1b_2-c_2b_1$$

$$\begin{vmatrix} a_1 & c_1 \\ a_2 & c_2 \end{vmatrix}=c_2a_1-c_1a_2$$

对比上述各式左右两边同样字母所在的位置,会发现三个等式的共同规律:数表左上与右下字母相乘得正,左下与右上字母相乘得负,即为 $\begin{vmatrix} a & c \\ b & d \end{vmatrix}=ad-bc$. 此时,我们称等号左边的数表为行列式,它就表示等号右边的式子(等号右边的式子就是行列式的定义,也是它的值). 于是,一般二元一次方程组的求解公式可以写成

$$x=\frac{\begin{vmatrix} c_1 & b_1 \\ c_2 & b_2 \end{vmatrix}}{\begin{vmatrix} a_1 & b_1 \\ a_2 & b_2 \end{vmatrix}},y=\frac{\begin{vmatrix} a_1 & c_1 \\ a_2 & c_2 \end{vmatrix}}{\begin{vmatrix} a_1 & b_1 \\ a_2 & b_2 \end{vmatrix}},a_1b_2-a_2b_1\neq 0$$

如果记 $D=\begin{vmatrix} a_1 & b_1 \\ a_2 & b_2 \end{vmatrix}$,且称 D 为方程(Ⅰ)的系数行列式. 又记求解公式中分子上的两个行列式分别为

$$D_x=\begin{vmatrix} c_1 & b_1 \\ c_2 & b_2 \end{vmatrix},D_y=\begin{vmatrix} a_1 & c_1 \\ a_2 & c_2 \end{vmatrix}$$

其中 D_x 是把 D 中的 x 的系数 a_1,a_2 分别用 c_1,c_2 代替而得到的,D_y 中的构造类似. 于是,我们便得到了方程组(Ⅰ)的一个简练而又完美的求解公式($D\neq 0$)

$$\begin{cases} x=\dfrac{D_x}{D} \\ y=\dfrac{D_y}{D} \end{cases} \tag{6}$$

由于 D 的构造(即它内部元素的排布)与方程组(Ⅰ)中的系数的位置完全一样,也便于运用和记忆,而且 D_x 和 D_y 的构造也与 D 有密切联系,因此,我们的寻求是有意义的. 由此,我们猜测,我们的前辈,正是由此建立了解线性方程组的理论.

显然,若 $D\neq 0$ 时,方程组(Ⅰ)才有唯一解,即式(6);若 $D=0$,则可推导得当 $D_x\neq 0$ 或 $D_y\neq 0$ 时,方程组(Ⅰ)无解;若 $D_x=D_y=0$,方程组(Ⅰ)有无穷多个解.

如上的求解公式是可以推广的.

对于二元一次方程组(Ⅰ),我们已获得求解公式,那么对于三元一次方程组呢? 对于 n 元一次方程组呢? 数学家克莱姆已研究了这些问题,给出了求解公式.

一般的,对于 n 元一次方程组

$$
(\text{Ⅱ}):\begin{cases} a_{11}x_1+a_{12}x_2+\cdots+a_{1n}x_n=b_1 \\ a_{21}x_1+a_{22}x_2+\cdots+a_{2n}x_n=b_2 \\ \quad\vdots \\ a_{n1}x_1+a_{n2}x_2+\cdots+a_{nn}x_n=b_n \end{cases}
$$

若 $D=|\boldsymbol{A}|=|(a_{ij})|\neq 0(i=1,2,\cdots,n,j=1,2,\cdots,n)$，则

$$
x_1=\frac{D_1}{D},x_2=\frac{D_2}{D},\cdots,x_n=\frac{D_n}{D} \tag{7}
$$

其中 D 为方程组(Ⅱ)的系数行列式

$$
\begin{vmatrix} a_{11} & a_{12} & \cdots & a_{1n} \\ a_{21} & a_{22} & \cdots & a_{2n} \\ \vdots & \vdots & & \vdots \\ a_{n1} & a_{n2} & \cdots & a_{nn} \end{vmatrix}
$$

D_i 是把 D 中的 x_i 的系数 $a_{1i},a_{2i},\cdots,a_{ni}$ 分别用 b_1，$b_2,\cdots,b_n$ 代替而得到的，D,D_i 均为 n 阶行列式.

数学上，对于方程组(Ⅱ)的求解公式(7)常称为克莱姆法则.

如上的行列式实际上是一个数字方阵的值. 但在许多场合，人们只研究和使用方阵本身. 例如，在解有关线性方程组进行加减消元时，实际上是对方程组的系数矩阵进行一些行的初等变换(参见本书第 4 章 4.1节). 因此，认识与研究矩阵的性质及应用是代数学研究的一个重要内容.

矩阵这个词是西尔维斯特首先使用的，他实际上是在希望引用数字的矩形阵列而又不能再用行列式这个词的时候，引用的矩阵这个词. 实际上，在根本没有

说到矩阵的时候,增广矩阵就已经在自由使用了,因此,在矩阵引进的时候,它的基本性质就已经清楚了.凯利(Cayley,1821—1895)是首先指出矩阵本身的,而且关于这个题目首先发表了一系列文章,所以,他自然地被归功为矩阵论的创立者.

第1章 矩阵的基本知识

长方形数表是十分常见的数学现象. 它是处理大量数学问题,乃至日常生活中很多实际问题的极为重要的工具. 诸如

$$\begin{bmatrix} 3 & 2 & 5 \\ 0 & 1 & -2 \end{bmatrix}_{2\times 3}, \begin{bmatrix} a \\ b \\ c \end{bmatrix}_{3\times 1}$$

（甲）　　　　（乙）

$$\begin{bmatrix} 1 & 0 \\ 0 & 1 \end{bmatrix}_{2\times 2}, \begin{bmatrix} 1 & 3 & 4 & 2 \\ 0 & 2 & -4 & 6 \\ 0 & 0 & 1 & 7 \\ 0 & 0 & 0 & 12 \end{bmatrix}_{4\times 4}$$

（丙）　　　　（丁）

等,我们称这样的数表为矩阵.

1.1 矩阵的基本概念

一般的,称形如

$$\begin{bmatrix} a_{11} & a_{12} & \cdots & a_{1m} \\ a_{21} & a_{22} & \cdots & a_{2m} \\ \vdots & \vdots & & \vdots \\ a_{n1} & a_{n2} & \cdots & a_{nm} \end{bmatrix}_{n\times m}$$

的数表为矩阵.

矩阵中,横的叫"行",竖的叫"列". 矩阵中的每一个数或字母,称为这个矩阵的"元素". 矩阵的元素可以取自抽象的代数系统,如域或环. 但在本书中,只讨论元素为实数(个别情形为复数),或元素为某具体事物代号的矩阵.

一个 n 行 m 列(即 $n\times m$)的矩阵还可以有如下几种不同的写法

$$\boldsymbol{A}=(a_{ij})_{n\times m}=[\boldsymbol{\alpha}_1 \quad \boldsymbol{\alpha}_2 \quad \cdots \quad \boldsymbol{\alpha}_m]=\begin{bmatrix} \boldsymbol{\beta}_1 \\ \boldsymbol{\beta}_2 \\ \vdots \\ \boldsymbol{\beta}_n \end{bmatrix}$$

其中

$$\boldsymbol{\alpha}_i=\begin{bmatrix} a_{1i} \\ \vdots \\ a_{ni} \end{bmatrix} \quad (i=1,2,\cdots,m)$$

$$\boldsymbol{\beta}_j=[a_{j1} \quad \cdots \quad a_{jm}] \quad (j=1,2,\cdots,n)$$

行数等于列数的矩阵叫作"方阵",一个 n 行 n 列的矩阵叫作"n 阶方阵". 如前述数表中的(丙)和(丁). 在方阵中,一条从左上角到右下角的直线,叫作方阵的"主对角线". 元素关于主对角线对称的方阵称为"对称矩阵". 在主对角线上方(或下方)元素全为零的方阵称为"下(或上)三角形矩阵". 主对角线上的元素均为 1，其余元素全为零的矩阵称为"单位矩阵"，并用 $\boldsymbol{I}$ 或 $\boldsymbol{E}$ 表示. 所有的元素都为零的矩阵称为"零矩阵"，并用 $\mathbf{0}$ 表示. 对于矩阵的其他概念，我们将在适当的地方再介绍.

给出一个矩阵，根据矩阵元素的特点及矩阵的构成特征，我们便可以探讨一些有趣的数学问题了.

例 1　给出一个 70×60 的矩形的数表

$$\begin{bmatrix} 1 & 2 & 3 & \cdots & 59 & 60 \\ 2 & 3 & 4 & \cdots & 60 & 61 \\ \vdots & \vdots & \vdots & & \vdots & \vdots \\ 11 & 12 & 13 & \cdots & 69 & 70 \\ 12 & 13 & 14 & \cdots & 70 & 1 \\ \vdots & \vdots & \vdots & & \vdots & \vdots \\ 69 & 70 & 1 & \cdots & 57 & 58 \\ 70 & 1 & 2 & \cdots & 58 & 59 \end{bmatrix}$$

其中每一行组成一个数的集合，即 $A_1,A_2,\cdots,A_{70}$. 从这 70 个集合中取出 k 个，若任 7 个的交集都是非空的，求 k 的最大值.

解　这是一个子集族问题. 设取出的 k 个集合的第一个元素依次是 $a_1,a_2,\cdots,a_k$，并记全集 $U=\{1,2,\cdots,70\}$，集合 $A=\{a_1,a_2,\cdots,a_k\}$，则 $A\subseteq U$，$|A|=k$.

若 $k>60$，则存在一个 $a\in A$，使得 $1\leqslant a\leqslant10$，且 a 与 $\complement_U A$ 中的每一个数的个位数都不相同，从而 $a+10n\notin\complement_U A(n=0,1,2,\cdots,6)$，则

$$a+10n\in A\quad(n=0,1,2,\cdots,6)$$

于是,所取出的 k 个集合中,必存在 7 个集合 A_a, A_{a+10},$\cdots$,A_{a+60}满足

$$(\complement_U A_a)\cup(\complement_U A_{a+10})\cup\cdots\cup(\complement_U A_{a+60})=U$$

从而,$A_a\cap A_{a+10}\cap\cdots\cap A_{a+60}=\varnothing$,这与已知矛盾.

故 $k\leqslant 60$.

上式中的等号可以成立. 例如 $A_1,A_2,\cdots,A_{60}$ 中均含有 60 个元素,显然任 7 个集合的交集都是非空的.

故 $k_{\max}=60$.

综上,由数表特点首先用反证法证明了 $k>60$ 不成立,从而 $k\leqslant 60$,并说明等号是可以取到的.

1.2 矩阵的基本运算

一、相等

设 $\boldsymbol{A}=(a_{ij})_{n\times m}$,$\boldsymbol{B}=(b_{ij})_{n\times m}$,称 $\boldsymbol{A}$ 与 $\boldsymbol{B}$ 相等$\Leftrightarrow$ $a_{ij}=b_{ij}(i=1,2,\cdots,n,j=1,2,\cdots,m)$.

二、加(减)法

设 $\boldsymbol{A}=(a_{ij})_{n\times m}$,$\boldsymbol{B}=(b_{ij})_{n\times m}$,称 $\boldsymbol{C}=(c_{ij})_{n\times m}$为 $\boldsymbol{A}$ 与 $\boldsymbol{B}$ 的和(或差),其中

$$c_{ij}=a_{ij}+b_{ij}(\text{或 } a_{ij}-b_{ij})$$
$$(i=1,2,\cdots,n,j=1,2,\cdots,m)$$

定理 1 设 M 为一切 $n\times m$ 矩阵所组成的集合,那么:

(1) 加法封闭性成立,即对任意 $\boldsymbol{A},\boldsymbol{B}\in M$,都有 $\boldsymbol{A}+\boldsymbol{B}\in M$;

(2) 交换律成立,即对任意 $\boldsymbol{A},\boldsymbol{B}\in M$,都有

$$\boldsymbol{A}+\boldsymbol{B}=\boldsymbol{B}+\boldsymbol{A}$$

(3) 结合律成立,即对任意 $\boldsymbol{A},\boldsymbol{B},\boldsymbol{C}\in M$,都有 $(\boldsymbol{A}+\boldsymbol{B})+\boldsymbol{C}=\boldsymbol{A}+(\boldsymbol{B}+\boldsymbol{C})$;

(4) 有负元,即对任意 $\boldsymbol{A}\in M$,都存在 $(-a_{ij})_{n\times m}=-\boldsymbol{A}\in M$,使得 $\boldsymbol{A}+(-\boldsymbol{A})=(-\boldsymbol{A})+\boldsymbol{A}=\boldsymbol{0}$.

证明略.

三、数乘

设 $\boldsymbol{A}=(a_{ij})_{n\times m}$,$k$ 是数(实数或复数),数乘定义为 $k\boldsymbol{A}=(ka_{ij})_{n\times m}=\boldsymbol{A}k$.

定理2　数乘满足以下性质:

(1) $-\boldsymbol{A}=(-1)\boldsymbol{A}$,$0\boldsymbol{A}=\boldsymbol{0}$(其中前一个 0 是数 0,后一个 $\boldsymbol{0}$ 是零矩阵);

(2) 两种分配律成立

$$(k+l)\boldsymbol{A}=k\boldsymbol{A}+l\boldsymbol{A}$$

$$k(\boldsymbol{A}+\boldsymbol{B})=k\boldsymbol{A}+k\boldsymbol{B}$$

其中,k,l 为实数或复数,$\boldsymbol{A}$,$\boldsymbol{B}$ 均为 $n\times m$ 矩阵.

证明略.

四、乘法

设 $\boldsymbol{A}=(a_{ij})_{n\times m}$,$\boldsymbol{B}=(b_{ij})_{m\times s}$,称 $\boldsymbol{C}=(c_{ij})_{n\times s}$ 为 $\boldsymbol{A}$ 与 $\boldsymbol{B}$ 的乘积,记为

$$\boldsymbol{A}\cdot\boldsymbol{B}=\boldsymbol{C}$$

其中

$$c_{ij}=a_{i1}\cdot b_{1j}+a_{i2}\cdot b_{2j}+\cdots+a_{im}\cdot b_{mj}$$

例 2 设

$$\boldsymbol{A}=\begin{bmatrix}1&2&6\\0&5&1\\1&1&0\end{bmatrix},\boldsymbol{B}=\begin{bmatrix}1&2\\-1&1\\0&1\end{bmatrix}$$

求 $\boldsymbol{A}\cdot\boldsymbol{B}$.

解 由于 $\boldsymbol{A}$ 的列数等于 $\boldsymbol{B}$ 的行数等于 3,所以 $\boldsymbol{A}\cdot\boldsymbol{B}$ 有意义,故 $\boldsymbol{A}\cdot\boldsymbol{B}$ 是一个 3×2 矩阵 $(c_{ij})_{3\times2}$,且

$$c_{11}=1\times1+2\times(-1)+6\times0=-1$$

$$c_{12}=1\times2+2\times1+6\times1=10$$

$$c_{21}=0\times1+5\times(-1)+1\times0=-5$$

$$c_{22}=0\times2+5\times1+1\times1=6$$

$$c_{31}=1\times1+1\times(-1)+0\times0=0$$

$$c_{32}=1\times2+1\times1+0\times1=3$$

故

$$\boldsymbol{A}\cdot\boldsymbol{B}=\boldsymbol{C}=\begin{bmatrix}-1&10\\-5&6\\0&3\end{bmatrix}$$

定理 3 乘法满足以下性质:

(1) $\boldsymbol{0}_{m\times n}\cdot\boldsymbol{A}_{n\times s}=\boldsymbol{0}_{m\times s}=\boldsymbol{B}_{m\times n}\cdot\boldsymbol{0}_{n\times s}$;

(2) 结合律成立,即 $(\boldsymbol{A}\cdot\boldsymbol{B})\cdot\boldsymbol{C}=\boldsymbol{A}\cdot(\boldsymbol{B}\cdot\boldsymbol{C})$;

(3) 左、右分配律成立,即 $\boldsymbol{A}\cdot(\boldsymbol{B}+\boldsymbol{C})=\boldsymbol{A}\cdot\boldsymbol{B}+\boldsymbol{A}\cdot\boldsymbol{C}$, $(\boldsymbol{B}+\boldsymbol{C})\cdot\boldsymbol{A}=\boldsymbol{B}\cdot\boldsymbol{A}+\boldsymbol{C}\cdot\boldsymbol{A}$;

(4) $\boldsymbol{E}_{n\times n}\cdot\boldsymbol{A}_{n\times m}=\boldsymbol{A}_{n\times m}=\boldsymbol{A}_{n\times m}\cdot\boldsymbol{E}_{m\times m}$;

(5) 交换律一般不成立,即 $\boldsymbol{A}\cdot\boldsymbol{B}\neq\boldsymbol{B}\cdot\boldsymbol{A}$;

(6) 有零因子,即 $\boldsymbol{A}\neq\boldsymbol{0}$, $\boldsymbol{B}\neq\boldsymbol{0}$,但可能有 $\boldsymbol{A}\cdot\boldsymbol{B}=\boldsymbol{0}$;

(7) $k(\boldsymbol{A}\cdot\boldsymbol{B})=(k\boldsymbol{A})\cdot\boldsymbol{B}=\boldsymbol{A}\cdot(k\boldsymbol{B})$;

(8) 设 $\boldsymbol{A}$ 为方阵,则 $\boldsymbol{A}^n=\underbrace{\boldsymbol{A}\cdot\boldsymbol{A}\cdot\cdots\cdot\boldsymbol{A}}_{n\text{个}}$;

(9) 设 k,l 为自然数,$\boldsymbol{A}$ 为方阵,则

$$\boldsymbol{A}^{k+l}=\boldsymbol{A}^k\cdot\boldsymbol{A}^l,(\boldsymbol{A}^k)^l=\boldsymbol{A}^{kl}$$

(10) 设 $\boldsymbol{A}$ 是方阵,$\boldsymbol{E}$ 是与 $\boldsymbol{A}$ 同阶的单位阵,k 为非负整数,$a_0,a_1,\cdots,a_k$ 均为常数,则方阵 $\boldsymbol{A}$ 的多项式为

$$f(\boldsymbol{A})=a_k\boldsymbol{A}^k+a_{k-1}\boldsymbol{A}^{k-1}+\cdots+a_1\boldsymbol{A}+a_0\boldsymbol{E}$$

(11) 当 $\boldsymbol{AC}=\boldsymbol{BC}$ 时,不一定有 $\boldsymbol{A}=\boldsymbol{B}$.

证明略.

五、初等变换

矩阵的初等变换分为初等行变换和初等列变换.

把矩阵的第 i 行的每一个元素乘数 k(或因式 k)后加到第 j 行的对应元素上,并在箭头“→”上方表示为 $T_{ij}(k)$;或对矩阵的第 i 行的每一个元素乘数 k(或因式 k),并在箭头“→”上方表示为 $D_i(k)$;或将矩阵的第 i 行与第 j 行交换,并在箭头“→”上方表示为 R_{ij}. 以上均称为矩阵的初等行变换.

把矩阵的第 i 列的每一个元素乘数 k(或因式 k)后加到第 j 列的对应元素上,并在箭头“→”下方表示为 $T_{ij}(k)$;或对矩阵的第 i 列的每一个元素乘数 k(或因式 k),并在箭头“→”下方表示为 $D_i(k)$;或将矩阵的第 i 列与第 j 列交换,并在箭头“→”下方表示为 R_{ij}. 以上均称为矩阵的初等列变换.

六、转置

设

$$\boldsymbol{A}=\begin{bmatrix} a_{11} & a_{12} & \cdots & a_{1m} \\ a_{21} & a_{22} & \cdots & a_{2m} \\ \vdots & \vdots & & \vdots \\ a_{n1} & a_{n2} & \cdots & a_{nm} \end{bmatrix}$$

称

$$\boldsymbol{A}^{\mathrm{T}}=\begin{bmatrix} a_{11} & a_{21} & \cdots & a_{n1} \\ a_{12} & a_{22} & \cdots & a_{n2} \\ \vdots & \vdots & & \vdots \\ a_{1m} & a_{2m} & \cdots & a_{nm} \end{bmatrix}$$

为 $\boldsymbol{A}$ 的转置矩阵，即将 $\boldsymbol{A}$ 依次交换元素的行、列位置得到的矩阵.

定理 4　设矩阵 $\boldsymbol{A}$，$\boldsymbol{B}$ 分别满足加法、乘法条件，则

$$(\boldsymbol{A}+\boldsymbol{B})^{\mathrm{T}}=\boldsymbol{A}^{\mathrm{T}}+\boldsymbol{B}^{\mathrm{T}},(k\boldsymbol{A})^{\mathrm{T}}=k\boldsymbol{A}^{\mathrm{T}}$$
$$(\boldsymbol{A}\cdot\boldsymbol{B})^{\mathrm{T}}=\boldsymbol{B}^{\mathrm{T}}\cdot\boldsymbol{A}^{\mathrm{T}},(\boldsymbol{A}^{\mathrm{T}})^{\mathrm{T}}=\boldsymbol{A}$$

证明由定义即得，略.

七、求逆

设 $\boldsymbol{A}$ 为 n 阶方阵，$\boldsymbol{E}$ 为 n 阶单位阵，如果存在 n 阶方阵 $\boldsymbol{B}$，使得 $\boldsymbol{A}\cdot\boldsymbol{B}=\boldsymbol{B}\cdot\boldsymbol{A}=\boldsymbol{E}$，则称 $\boldsymbol{B}$ 为 $\boldsymbol{A}$ 的逆，记为 $\boldsymbol{A}^{-1}$. 这时也称 $\boldsymbol{A}$ 是可逆的.

例 3　设 $\boldsymbol{A}=\begin{bmatrix} 1 & 0 \\ 4 & 1 \end{bmatrix}$，$\boldsymbol{B}=\begin{bmatrix} 1 & 0 \\ -4 & 1 \end{bmatrix}$，求证：$\boldsymbol{A}^{-1}=\boldsymbol{B}$.

证明　由 $\boldsymbol{A}\cdot\boldsymbol{B}=\boldsymbol{B}\cdot\boldsymbol{A}=\begin{bmatrix} 1 & 0 \\ 0 & 1 \end{bmatrix}$ 即证.

注　并不是所有的方阵都有逆存在,那么方阵存在逆的条件是什么?怎样求逆?我们将在后面再介绍.

八、分块矩阵的运算

在矩阵中画上几条贯穿它的纵、横线,就把矩阵分成若干小块(子矩阵),划分成小块的矩阵称为分块矩阵.例如

$$\boldsymbol{A}=\left[\begin{array}{cc:cc}1&4&0&2\\2&1&0&1\\\hdashline 3&0&1&0\end{array}\right]$$

就是一个分块矩阵,它有四个子矩阵,即

$$\begin{bmatrix}1&4\\2&1\end{bmatrix},\begin{bmatrix}0&2\\0&1\end{bmatrix},[3\quad 0],[1\quad 0]$$

同一个矩阵往往有几种不同的分块方法,例如

$$\boldsymbol{A}=\left[\begin{array}{cc:cc}1&4&0&2\\2&1&0&1\\\hdashline 3&0&1&0\end{array}\right]$$

$$=\left[\begin{array}{c:ccc}1&4&0&2\\2&1&0&1\\\hdashline 3&0&1&0\end{array}\right]$$

$$=\left[\begin{array}{cc:cc}1&4&0&2\\\hdashline 2&1&0&1\\3&0&1&0\end{array}\right]=\cdots$$

通常,我们将分块矩阵的每个子矩阵看作一个"元素",因而与普通矩阵一样有"行""列"及"对角阵"等概念. 为了与普通的对角阵相区别,将分块矩阵意义下的"对角阵"称为拟对角阵.

定义 (1)(加法)设 $\boldsymbol{A},\boldsymbol{B}$ 是 $n\times m$ 矩阵,且有相同的分块(即 $\boldsymbol{A}_{ij}$ 与 $\boldsymbol{B}_{ij}$ 有相同的行、列数),比如

$$\boldsymbol{A}=\left[\begin{array}{c:c}\boldsymbol{A}_{11} & \boldsymbol{A}_{12}\\ \hdashline \boldsymbol{A}_{21} & \boldsymbol{A}_{22}\end{array}\right],\boldsymbol{B}=\left[\begin{array}{c:c}\boldsymbol{B}_{11} & \boldsymbol{B}_{12}\\ \hdashline \boldsymbol{B}_{21} & \boldsymbol{B}_{22}\end{array}\right]$$

则

$$\boldsymbol{A}+\boldsymbol{B}=\left[\begin{array}{c:c}\boldsymbol{A}_{11}+\boldsymbol{B}_{11} & \boldsymbol{A}_{12}+\boldsymbol{B}_{12}\\ \hdashline \boldsymbol{A}_{21}+\boldsymbol{B}_{21} & \boldsymbol{A}_{22}+\boldsymbol{B}_{22}\end{array}\right]$$

(2)(数乘)设有分块矩阵 $\boldsymbol{A}$ 和常数 k,比如

$$\boldsymbol{A}=\left[\begin{array}{c:c}\boldsymbol{A}_{11} & \boldsymbol{A}_{12}\\ \hdashline \boldsymbol{A}_{21} & \boldsymbol{A}_{22}\end{array}\right]$$

则

$$k\boldsymbol{A}=\left[\begin{array}{c:c}k\boldsymbol{A}_{11} & k\boldsymbol{A}_{12}\\ \hdashline k\boldsymbol{A}_{21} & k\boldsymbol{A}_{22}\end{array}\right]$$

(3)(乘法)设分块矩阵 $\boldsymbol{A}=(\boldsymbol{A}_{ij})_{n\times p}$, $\boldsymbol{B}=(\boldsymbol{B}_{ij})_{p\times m}$,即

$$\boldsymbol{A}=\begin{bmatrix}\boldsymbol{A}_{11} & \boldsymbol{A}_{12} & \cdots & \boldsymbol{A}_{1p}\\ \boldsymbol{A}_{21} & \boldsymbol{A}_{22} & \cdots & \boldsymbol{A}_{2p}\\ \vdots & \vdots & & \vdots\\ \boldsymbol{A}_{n1} & \boldsymbol{A}_{n2} & \cdots & \boldsymbol{A}_{np}\end{bmatrix}$$

$$\boldsymbol{B}=\begin{bmatrix}\boldsymbol{B}_{11} & \boldsymbol{B}_{12} & \cdots & \boldsymbol{B}_{1m}\\ \boldsymbol{B}_{21} & \boldsymbol{B}_{22} & \cdots & \boldsymbol{B}_{2m}\\ \vdots & \vdots & & \vdots\\ \boldsymbol{B}_{p1} & \boldsymbol{B}_{p2} & \cdots & \boldsymbol{B}_{pm}\end{bmatrix}$$

则

$$\boldsymbol{A}\cdot\boldsymbol{B}=(\boldsymbol{C}_{ij})_{n\times m}$$

其中

$$\boldsymbol{C}_{ij}=\boldsymbol{A}_{i1}\cdot\boldsymbol{B}_{1j}+\boldsymbol{A}_{i2}\cdot\boldsymbol{B}_{2j}+\cdots+\boldsymbol{A}_{ip}\cdot\boldsymbol{B}_{pj}$$
$$(i=1,2,\cdots,n,j=1,2,\cdots,m)$$

(4)(直积或数乘推广)设 $\boldsymbol{A}=(a_{ij})_{n\times m}$，$\boldsymbol{B}=(b_{ij})_{p\times q}$，则

$$\boldsymbol{A}\otimes\boldsymbol{B}=[a_{ij}\boldsymbol{B}]_{pn\times qm}$$

例4　设

$$\boldsymbol{A}=\begin{bmatrix}1 & 2 & 3\\ 0 & 1 & 1\\ 1 & 0 & 1\end{bmatrix},\boldsymbol{B}=\begin{bmatrix}2 & 1\\ 1 & 0\end{bmatrix}$$

求 $\boldsymbol{A}\otimes\boldsymbol{B}$.

解

$$\boldsymbol{A}\otimes\boldsymbol{B}=\left[\begin{array}{cc:cc:cc}2 & 1 & 4 & 2 & 6 & 3\\ 1 & 0 & 2 & 0 & 3 & 0\\ \hdashline 0 & 0 & 2 & 1 & 2 & 1\\ 0 & 0 & 1 & 0 & 1 & 0\\ \hdashline 2 & 1 & 0 & 0 & 2 & 1\\ 1 & 0 & 0 & 0 & 1 & 0\end{array}\right]$$

$$= \begin{bmatrix} 2 & 1 & 4 & 2 & 6 & 3 \\ 1 & 0 & 2 & 0 & 3 & 0 \\ 0 & 0 & 2 & 1 & 2 & 1 \\ 0 & 0 & 1 & 0 & 1 & 0 \\ 2 & 1 & 0 & 0 & 2 & 1 \\ 1 & 0 & 0 & 0 & 1 & 0 \end{bmatrix}$$

练习题

1. 设 $\boldsymbol{A},\boldsymbol{B},\boldsymbol{C}$ 均为 $n(n\geqslant 2)$ 阶方阵,试展开并化简下式

$$(\boldsymbol{A}-\boldsymbol{C})^2+(\boldsymbol{B}-\boldsymbol{C})^2-\frac{1}{2}(\boldsymbol{A}+\boldsymbol{B}-2\boldsymbol{C})^2$$

2. 设 $\boldsymbol{A}=\begin{bmatrix} a & b \\ b & 1 \end{bmatrix},\boldsymbol{B}=\begin{bmatrix} 1 & a \\ a & b \end{bmatrix},\boldsymbol{C}=\begin{bmatrix} a-1 & x \\ ab & b-1 \end{bmatrix}$,若 $\boldsymbol{AB}=\boldsymbol{C}$,求 x 的值.

3. 设 $\boldsymbol{A}=\begin{bmatrix} a & b \\ c & d \end{bmatrix},\boldsymbol{E}=\begin{bmatrix} 1 & 0 \\ 0 & 1 \end{bmatrix}$,求 $\boldsymbol{A}^2-(a+d)\boldsymbol{A}+(ad-bc)\boldsymbol{E}$.

4. 若 $\boldsymbol{A}=\begin{bmatrix} 2 & 1 \\ 0 & 1 \end{bmatrix}$,求下列矩阵:

(1)$\boldsymbol{A}^3-6\boldsymbol{A}^2+13\boldsymbol{A}-7\boldsymbol{E}$;

(2)$\boldsymbol{A}^5$.

几类趣味数学问题

第2章

这里介绍的几类趣味数学问题，实际上是几类简单的组合数学问题.

组合数学是一门新兴的数学分支，它研究有关离散对象在各种约束条件下的安排和配置问题. 组合数学问题往往简单明了，饶有趣味(与生活贴近)，而求解这些问题却常常需要聪明睿智和一定技巧. 矩阵的引进，开辟了解答这类问题的新途径. 下面，我们从五个方面列举一些简单有趣的问题，介绍把有关的数学对象转化为表为矩阵的元素，分析矩阵的结构特征，从而较清晰简捷地解决这些问题.

2.1 计数问题

问题1(第17届“希望杯”全国数学邀请赛试题(初二))　某校初一、初二年级的学生人数相同，初三年级的学生人数是初二年级学生人数的$\frac{4}{5}$.

已知初一年级的男生人数与初二年级的女生人数相同,初三年级男生人数占三个年级男生人数的$\frac{1}{4}$,那么,三个年级女生人数占三个年级学生人数的(　　).

A. $\frac{9}{19}$　　B. $\frac{10}{19}$　　C. $\frac{11}{21}$　　D. $\frac{10}{21}$

解　选 C. 理由:设初一年级学生总数为 a,其中男生人数为 b,初三年级男生人数为 x,列矩阵如下

$$\begin{array}{c} \\ 男生 \\ 女生 \\ 总数 \end{array}\begin{array}{c} \begin{array}{ccc} 初一 & 初二 & 初三 \end{array} \\ \begin{bmatrix} b & a-b & x \\ a-b & b & \frac{4}{5}a-x \\ a & a & \frac{4}{5}a \end{bmatrix} \end{array}$$

由题意知

$$x=\frac{1}{4}(b+a-b+x)$$

解得

$$x=\frac{a}{3}$$

故初三年级女生人数为

$$\frac{4}{5}a-x=\frac{4}{5}a-\frac{a}{3}=\frac{7}{15}a$$

则

$$\frac{a+\frac{7}{15}a}{a+a+\frac{4}{5}a}=\frac{11}{21}$$

即为三个年级女生人数与三个年级学生人数之比.

问题 2(1999 年保加利亚数学奥林匹克试题)

一次比赛有 8 位裁判,他们只用"是"或"否"给参赛者打分. 已知对于任意两个参赛者,有两位裁判均判"是";另有两位裁判对第一个判"是",对第二个判"否";还有两位裁判对第一个判"否",对第二个判"是";最后两位裁判对他们均判"否". 问参赛者最多有几位?

解　设有 $A_1,A_2,\cdots,A_n$ 共 n 位参赛者,裁判为 B_1, $B_2,\cdots,B_8$. 考虑一个 $8\times n$ 矩阵,若 B_i 判 A_j 为"是",则在第 i 行第 j 列标上 1,否则标上 0. 题目转化为:对任意两列,各行与它们交点形成的数对中,0 0,0 1,1 0,1 1各出现两次. 首先,因为矩阵中的任一列中的数字 0 都改为 1,1 都改为 0 仍满足条件,所以可以设第一行的数字全为 0. 下面我们证明 $n\leqslant7$.

易知,每列中 1 和 0 均出现四次,不妨设第一列的前四个数字是 0,后四个数字是 1,则其他各列的前四个数字中恰有两个 0 与两个 1,所以除第一列外其他各列的前四个数字有三种不同的填法,而当前四个数字相同时,后四个数字最多有两种不同的填法. 否则,这三列中必有两列的后四对数中的某一对相同,这样的两列与各行交点形成的数对中 0 0 或 1 1 至少出现三次,矛盾. 综上,该矩阵最多有 $3\times2+1=7$ 列,即 $n\leqslant7$.

另一方面,如下的 8×7 矩阵

$$\begin{bmatrix} 0 & 0 & 0 & 0 & 0 & 0 & 0 \\ 0 & 0 & 0 & 1 & 1 & 1 & 1 \\ 0 & 1 & 1 & 0 & 0 & 1 & 1 \\ 0 & 1 & 1 & 1 & 1 & 0 & 0 \\ 1 & 0 & 1 & 0 & 1 & 1 & 0 \\ 1 & 0 & 1 & 1 & 0 & 0 & 1 \\ 1 & 1 & 0 & 1 & 0 & 1 & 0 \\ 1 & 1 & 0 & 0 & 1 & 0 & 1 \end{bmatrix}$$

满足条件,故参赛者最多有 7 位.

问题 3 $n(n\geqslant 2)$个人参加晚会,如果到会的人见到其他到会的人时,都要握一次手,当然,在甲与乙互相握手的时候,只能被认为是发生了一次握手,而不是两次.问在这个晚会上一共有多少次握手?

解 下面我们引用矩阵来解决它.

用 $A_1,A_2,\cdots,A_n$ 代表参加晚会的 n 个人,作出如下 n 阶方阵

$$\begin{array}{c} \\ A_1 \\ A_2 \\ \vdots \\ A_n \end{array}\begin{array}{c} \begin{array}{ccccc} A_1 & A_2 & A_3 & \cdots & A_n \end{array} \\ \begin{bmatrix} 0 & 1 & 1 & \cdots & 1 \\ 1 & 0 & 1 & \cdots & 1 \\ \vdots & \vdots & \vdots & & \vdots \\ 1 & 1 & 1 & \cdots & 0 \end{bmatrix} \end{array}$$

由于 A_1 不可能同他自己握手,所以在第一行与第一列的交叉处写上 0;由于 A_1 与 A_2 有一次握手,因此在第一行与第二列的交叉处写上 1;由于 A_2 与 A_1 握过手,故在第二行与第一列的交叉处再写上 1. 其余照此类

推.

这样,问题已经变得很明显了:计算晚会上握手的总次数,就是计算上述 n 阶方阵中 1 的个数,然后以 2 除之(因每一次握手在这个方阵中被统计了两次). n 阶方阵共有 $n \cdot n = n^2$ 个元素,但方阵中有 n 个 0,其余元素都是 1. 因此,其中 1 的个数为 $(n^2 - n) \div 2 = \frac{1}{2}n(n-1)$.

上述问题中,计算晚会上握手的总次数时,也可以只计算上述方阵中主对角线以上(或下)的 1 的个数,依次计算每行中 1 的个数得 $1 + 2 + \cdots + (n-1) = \frac{1}{2}n(n-1)$.

问题 4　有若干把锁,$m(m \geqslant 3)$个人各掌管一部分钥匙,任意两个人有且只有一把锁打不开,任意三个人都能把全部锁打开,问至少有多少把锁? 每人配多少把钥匙?(每把锁上的钥匙数一样,每人配的钥匙数也一样)

解　下面我们引用矩阵来解决它.

设至少有 S_m 把锁,每人配 T_m 把钥匙.

当 $m = 3$ 时,作出如下三阶方阵

$$\begin{bmatrix} 1 & 0 & 0 \\ 0 & 1 & 0 \\ 0 & 0 & 1 \end{bmatrix}$$

每一行代表一个人,每一列代表一把锁,“1”代表相应的钥匙,那么任意两个人有且只有一把锁打不开,任意三个人都能把全部锁打开就相当于任意两行有且只有

两个相应的“0”重合，任意三行没有相应的三个“0”重合. 可见此时，$T_3=1$，$S_3=3$.

当 $m=4$ 时，作出如下 4×6 矩阵

$$\begin{bmatrix}1&0&0&1&1&0\\0&1&0&1&0&1\\0&0&1&0&1&1\\1&1&1&0&0&0\end{bmatrix}$$

可见此时，$S_4=6$，$T_4=3$.

当 $m=5$ 时，作出如下 5×10 矩阵

$$\begin{bmatrix}1&0&0&1&0&1&1&1&1&0\\1&0&1&0&1&0&1&1&0&1\\0&1&1&0&0&1&1&0&1&1\\0&1&0&1&1&0&0&1&1&1\\1&1&1&1&1&1&0&0&0&0\end{bmatrix}$$

可见此时，$S_5=10$，$T_5=6$.

由上述三个矩阵形成的规律，不难知道 $S_{m+1}-S_m=m(m\geqslant3)$，因此

$$S_m-S_{m-1}=m-1$$

$$S_{m-1}-S_{m-2}=m-2$$

$$\vdots$$

$$S_4-S_3=3$$

累加上述关系式得

$$\begin{aligned}S_m&=3+4+\cdots+(m-1)+3\\&=\frac{1}{2}(m-3)(m+2)+3\\&=\frac{1}{2}m(m-1)=\mathrm{C}_m^2\end{aligned}$$

又每把锁有 $m-2$ 把钥匙(因为矩阵的每一列有且只有两个 0),所以

$$T_m=C_m^2\cdot\frac{1}{m}(m-2)$$

$$=\frac{1}{2}(m-1)(m-2)=C_{m-1}^2$$

将上述问题 4 中的任意两个人改成任意 $r(2\leqslant r<m)$个人,任意三个人改成任意 $r+1$ 个人后,也可引进矩阵,类似于上述解决方法求得 $S_m=C_m^r$,$T_m=C_m^r-C_{m-1}^{r-1}$.

问题 5　某城市的一所学校成立了 $2n+1$ 个各学科课外活动小组.若每一个课外活动小组有 $2n$ 名学生,且任意两个课外活动小组之间恰有一名成员是同一个学生.问:对怎样的 n,可以在这些课外活动小组成员中,选派一部分学生参加市一级的培训,使得这所学校的每一个课外活动小组恰有 n 个学生参加?

解　我们引用矩阵来探讨这个问题,并视这所学校的全体课外活动小组成员为集合 B,每一个课外活动小组成员为集合 $A_i(i=1,2,\cdots,2n+1)$.由题设 $B=\bigcup\limits_{i=1}^{2n+1}A_i$,且每一个 A_i 恰有 $2n$ 个元素,$A_i\cap A_j(1\leqslant i<j\leqslant 2n+1)$恰含有一个元素.于是 B 的元素可排成 $2n\times 2n$ 对称矩阵(a_{ij}),其中 $a_{ij}=A_i\cap A_j=a_{ji}(1\leqslant i<j\leqslant 2n)$,$a_{ii}=A_i\cap A_{2n+1}(1\leqslant i\leqslant 2n)$.这个矩阵的第 i 行(列)元素组成集合 A_i,主对角线上的元素组成集合 A_{2n+1}.如果可以按题述要求选派代表,则选派出的代表用“1”表示,否则用“0”表示,且整个矩阵中共有 $2n\cdot n=2n^2$

个“1”. 又因矩阵对称,故除主对角线外的“1”的个数为偶数,因此,主对角线上亦应有偶数个 1,即 n 应为偶数.

另一方面,对 $n=2k$,可将 4×4 矩阵

$$M=\begin{bmatrix}1&0&1&0\\0&1&0&1\\1&0&0&1\\0&1&1&0\end{bmatrix}$$

重复排列得到 $2n\times2n$ 对称矩阵

$$\begin{bmatrix}\boldsymbol{M}&\boldsymbol{M}&\cdots&\boldsymbol{M}\\\boldsymbol{M}&\boldsymbol{M}&\cdots&\boldsymbol{M}\\\vdots&\vdots&&\vdots\\\boldsymbol{M}&\boldsymbol{M}&\cdots&\boldsymbol{M}\end{bmatrix}$$

显然,按这个矩阵对 B 的元素考虑作为选派代表即可. 故可求得满足条件的 n 是满足这所学校课外活动小组限额数的(即 $2n+1$ 的)正偶数.

类似于问题 5,又有如下问题:

问题 6(第 29 届 IMO 试题) 设 n 为正整数,且 $A_1,A_2,\cdots,A_{2n+1}$ 是某个集合 B 的子集. 已知:

(1)每一个 A_i 恰含有 $2n$ 个元素;

(2)$A_i\cap A_j(1\leqslant i<j\leqslant 2n+1)$恰含有一个元素;

(3)B 中每个元素至少属于两个子集 A_i.

问:对怎样的 n,可以将 B 中的每一个元素贴一张写有“0”或“1”的标签,使得每个 A_i 中恰恰含有 n 个贴上了写有“0”的标签的元素?

解 由题设条件,每个 A_i 的 $2n$ 个元素恰是它与

另外 $2n$ 个子集的各一公共元素，且 $B=\bigcup_{i=1}^{2n+1}A_i$，于是 B 的元素可排成 $2n\times 2n$ 对称矩阵 (a_{ij})，其中 $a_{ij}=A_i\cap A_j=a_{ji}(1\leqslant i<j\leqslant 2n)$.

$a_{ij}=A_i\cap A_{2n+1}(1\leqslant i\leqslant 2n)$，这个矩阵的第 i 行(列)是 a_i，主对角线上的元素组成 A_{2n+1}.

如果可按题设要求贴标签，则整个矩阵中共有 $2n\cdot n=2n^2$ 个“0”. 又因矩阵对称，故除主对角线外的“0”的个数为偶数，因此主对角线上亦应有偶数个“0”，即 n 为偶数.

另一方面，可将 4×4 矩阵

$$\boldsymbol{T}=\begin{bmatrix}0&1&0&1\\1&0&1&0\\0&1&1&0\\1&0&0&1\end{bmatrix}$$

重复排列得到 $2n\times 2n$ 对称矩阵

$$\begin{bmatrix}\boldsymbol{T}&\boldsymbol{T}&\cdots&\boldsymbol{T}\\\boldsymbol{T}&\boldsymbol{T}&\cdots&\boldsymbol{T}\\\vdots&\vdots&&\vdots\\\boldsymbol{T}&\boldsymbol{T}&\cdots&\boldsymbol{T}\end{bmatrix}$$

显然，按这个矩阵给 B 的元素贴标签即可. 故满足条件的值是一切正偶数.

在解决上述五个问题中，我们引进的矩阵其元素不是 0 就是 1，这类矩阵常简称为(0,1)矩阵. (0,1)矩阵与数学中的一个分支——图论——有密切的关系：上述五个问题的矩阵在图论中称为关联矩阵；在图论中，还有圈矩阵、割集矩阵、邻接矩阵、道路矩阵等均为

(0,1)矩阵. 对(0,1)矩阵的研究,本身就有着非常丰富的内容,后面我们还会涉及一系列的(0,1)矩阵.

问题7(2012 年全国高中数学联赛加试试题(B 卷)第 2 题的推广①) 给定整数 $n>1$,设 $a_1,a_2,\cdots,a_n$ 是互不相同的非负实数,记集合

$$A=\{a_i+a_j \mid 1\leqslant i\leqslant j\leqslant n\}$$
$$B=\{a_ia_j \mid 1\leqslant i\leqslant j\leqslant n\}$$
$$C=\{a_j-a_i \mid 1\leqslant i\leqslant j\leqslant n\}$$
$$D=\{\frac{a_j}{a_i} \mid 1\leqslant i\leqslant j\leqslant n\}$$

用 $|X|$ 表示集合 X 中元素的个数.

(1)求 $\frac{|A|}{|B|}$ 的最大值和最小值(求最小值即为联赛题);

(2)求 $\frac{|C|}{|D|}$ 的最大值和最小值;

(3)求 $\frac{|A|}{|D|}$ 的最大值和最小值;

(4)求 $\frac{|C|}{|B|}$ 的最大值和最小值.

解 为了求解上述问题,先看下面的三个引理.

引理1 设 $a_1,a_2,\cdots,a_n$ 是互不相同的正实数 $(n>1,n\in\mathbf{N}_+)$,记集合

$$A=\{a_i+a_j \mid 1\leqslant i\leqslant j\leqslant n\}$$
$$B=\{a_ia_j \mid 1\leqslant i\leqslant j\leqslant n\}$$

---

① 邵国强. 一道竞赛题的引申及解答[J]. 数学通报,2012(11):58-59.

$$C=\{a_j-a_i \mid 1\leqslant i\leqslant j\leqslant n\}$$

$$D=\{\frac{a_j}{a_i} \mid 1\leqslant i\leqslant j\leqslant n\}$$

则

$$2n-1\leqslant |A|\leqslant \frac{n(n+1)}{2}$$

$$2n-1\leqslant |B|\leqslant \frac{n(n+1)}{2}$$

$$n\leqslant |C|\leqslant \frac{n(n-1)}{2}+1$$

$$n\leqslant |D|\leqslant \frac{n(n-1)}{2}+1$$

事实上，设 $a_{ij}=a_i+a_j$，$b_{ij}=a_ia_j$，$c_{ij}=a_j-a_i$，$d_{ij}=\frac{a_j}{a_i}$，则 $c_{ii}=0$，$d_{ii}=1$，这里 $i,j\in\{1,2,\cdots,n\}$.

构造 $n\times n$ 的三角形矩阵

$$\boldsymbol{M}_1=\begin{bmatrix} a_{11} & a_{12} & \cdots & a_{1n} \\ 0 & a_{22} & \cdots & a_{2n} \\ \vdots & \vdots & & \vdots \\ 0 & 0 & \cdots & a_{nn} \end{bmatrix}$$

$$\boldsymbol{M}_2=\begin{bmatrix} b_{11} & b_{12} & \cdots & b_{1n} \\ 0 & b_{22} & \cdots & b_{2n} \\ \vdots & \vdots & & \vdots \\ 0 & 0 & \cdots & b_{nn} \end{bmatrix}$$

$$\boldsymbol{M}_3=\begin{bmatrix} 0 & c_{12} & c_{13} & \cdots & c_{1n} \\ 0 & 0 & c_{23} & \cdots & c_{2n} \\ \vdots & \vdots & \vdots & & \vdots \\ 0 & 0 & 0 & \cdots & 0 \end{bmatrix}$$

$$M_4=\begin{bmatrix}1 & d_{12} & d_{13} & \cdots & d_{1n}\\ 0 & 1 & d_{23} & \cdots & d_{2n}\\ \vdots & \vdots & \vdots & & \vdots\\ 0 & 0 & 0 & \cdots & 1\end{bmatrix}$$

矩阵 M_1 中的元素(除 0 外)全部由集合 A 中的元素组成,最多有 $1+2+\cdots+n=\frac{n(n+1)}{2}$ 个不同的正实数. 根据 a_{ij} 的定义可知,$a_{11},a_{12},\cdots,a_{1n},a_{22},a_{33},\cdots,a_{nn}$ 互不相同,因此 M_1 中至少有 $2n-1$ 个不同的正实数,所以,$2n-1\leqslant|A|\leqslant\frac{n(n+1)}{2}$.

同理可证其他结论.

引理 2 当 $\{a_1,a_2,\cdots,a_n\}=\{n^2+1,n^2+2,\cdots,n^2+n\}$ 时,$|A|=2n-1$,$|B|=\frac{n(n+1)}{2}$,$|C|=n$,$|D|=\frac{n(n-1)}{2}+1$.

事实上,当 $\{a_1,a_2,\cdots,a_n\}=\{n^2+1,n^2+2,\cdots,n^2+n\}$ 时,$|A|=2n-1$,$|B|=\frac{n(n+1)}{2}$ 已证.

$0\leqslant a_j-a_i\leqslant n-1(1\leqslant i\leqslant j\leqslant n)$,且取到 0 与 $n-1$ 之间(包括这两个数)的所有整数值,所以 $|C|=n$.

又若 $\frac{a_j}{a_i}=\frac{a_l}{a_k}(i<j,k<l)$,这里 $i,j,k,l\in\{1,2,\cdots,n\}$,则

$$(n^2+j)(n^2+k)=(n^2+i)(n^2+l)$$
$$n^2(k+j-i-l)=il-jk$$

因为 $|il-jk|<n^2$,所以

$$\begin{cases} k+j-i-l=0 \\ il=jk \end{cases} \Rightarrow \begin{cases} i=k \\ j=l \end{cases}$$

此时 $|D|=\dfrac{n(n-1)}{2}+1$.

引理 3 当 $\{a_1,a_2,\cdots,a_n\}=\{2,2^2,\cdots,2^n\}$ 时，$|A|=\dfrac{n(n+1)}{2}$，$|B|=2n-1$，$|C|=\dfrac{n(n-1)}{2}+1$，$|D|=n$.

事实上，当 $\{a_1,a_2,\cdots,a_n\}=\{2,2^2,\cdots,2^n\}$ 时，$2^2\leqslant a_ia_j\leqslant 2^{2n}$，这里 $i,j\in\{1,2,\cdots,n\}$，且 a_ia_j 取遍 2^2，2^3，$\cdots$，2^{2n} 中的所有值，所以 $|B|=2n-1$.

又若 $a_i+a_j=a_k+a_l$，这里 $i,j,k,l\in\{1,2,\cdots,n\}$，不妨设 $i<k<l<j$，则

$$2^i(1+2^{j-i})=2^k(1+2^{l-k})$$

$$2^{k-i}=\frac{1+2^{j-i}}{1+2^{l-k}}$$

由于 2^{k-i} 为偶数，$1+2^{j-i}$ 和 $1+2^{l-k}$ 均为奇数，因此上式不可能成立. 所以矩阵 $\boldsymbol{M}_1$ 中的元素互不相同，此时 $|A|=\dfrac{n(n+1)}{2}$.

类似的，可证明 $|C|=\dfrac{n(n-1)}{2}+1$，$|D|=n$.

由上面三个引理的结论不难得出：

当 $\{a_1,a_2,\cdots,a_n\}=\{n^2+1,n^2+2,\cdots,n^2+n\}$ 时，$\dfrac{|A|}{|B|}$，$\dfrac{|C|}{|D|}$，$\dfrac{|A|}{|D|}$，$\dfrac{|C|}{|B|}$ 分别取到最小值 $\dfrac{2(2n-1)}{n(n+1)}$，$\dfrac{2n}{n^2-n+2}$，$\dfrac{2(2n-1)}{n^2-n+2}$，$\dfrac{2}{n+1}$.

当$\{a_1,a_2,\cdots,a_n\}=\{2,2^2,\cdots,2^n\}$时，$\frac{|A|}{|B|},\frac{|C|}{|D|},\frac{|A|}{|D|},\frac{|C|}{|B|}$分别取到最大值$\frac{n(n+1)}{2(2n-1)},\frac{n^2-n+2}{2n},\frac{n+1}{2},\frac{n^2-n+2}{2(2n-1)}$.

2.2 逻辑判断问题

逻辑判断问题往往条件给得很多，看上去错综复杂.因此，解题的关键是把所给的条件理清头绪，然后再进行推理. 显然，矩阵的引进是有助于理清头绪的有效途径.

问题 8 五位教师甲、乙、丙、丁、戊，对参加竞赛的五位同学 A,B,C,D,E 在竞赛中的名次进行预测：

甲预测：B 第三，C 第五；

乙预测：E 第四，D 第五；

丙预测：A 第一，E 第四；

丁预测：C 第一，B 第二；

戊预测：A 第三，D 第四.

竞赛结果表明，每个名次都有人猜中. 求各人的名次.

解 将五位教师的猜测依次填入如下矩阵

	一	二	三	四	五
甲			B		C
乙				E	D
丙	A			E	
丁	C	B			
戊			A	D	

竞赛结果表明，每个名次都有人猜中，而第二名这个名次只有丁猜中，故第二名一定是 B. 那么 B 就不是第三名，第三名就只能是 A. 同理，第一名是 C，第五名是 D，第四名是 E.

注　采用矩阵可将原来杂乱无序的信息有序化，从而使问题看起来更清晰，这是解比较复杂的逻辑推理问题的一个有效方法.

问题 9　六名选手 A,B,C,D,E,F 进行乒乓球单打的单循环比赛（每人与其他选手赛一场），每天同时在三张球台各进行一场比赛. 已知第一天 B 对 D，第二天 C 对 E，第三天 D 对 F，第四天 B 对 C. 问：第五天 A 与谁对阵？另两张球台上是谁与谁对阵？

解　事实上，本题就是要求列出本次比赛的整个对阵表如下

	一	二	三	四	五
球台 1	B—D	C—E	D—F	B—C	A—?
球台 2	①	②	③	④	⑨
球台 3	⑤	⑥	⑦	⑧	⑩

先考察②，不妨设这场比赛中 D 出场. 由球台 1 第一天和第三天的比赛知 D 不可能对阵 B 和 F，又同时比赛的有 C 和 E，故只能是 D—A，则⑥必为 B—F.

再考察③，不妨设③中有 B 出场. 于是，由第一、二、四天的比赛知 B 只能和 A 或 E 比赛. 若 B 和 A 比赛，则⑦必为 C—E. 与第二天的比赛矛盾，故③为 B—E，⑦为 A—C.

前四天中，B 分别对阵了 C,D,E,F，于是，第五天中 B 必对阵 A. 从而，“？”必为 B.

至此得到如下矩阵

	一	二	三	四	五
球台1	B—D	C—E	D—F	B—C	A—B
球台2	①	D—A	B—E	④	⑨
球台3	⑤	B—F	A—C	⑧	⑩

最后考察①,不妨设 A 参加,则 A 只能对阵 E 或 F. 若 A—F,则⑤必为 C—E. 矛盾,故①为 A—E,⑤为 C—F. 前四天中,C 分别对阵了 F,E,A,B,则第五天中 C 必对阵 D. 于是,⑨为 C—D,⑩为 E—F.

问题10 甲、乙、丙、丁、戊五人各从图书馆借来一本小说,他们约定读完后互相交换.这五本书的厚度以及他们五人的阅读速度都差不多,因此,五人总是同时交换书,经数次交换后,他们五人都读完了这五本书,现已知:

(1)甲最后读的书是乙读的第二本书;

(2)丙最后读的书是乙读的第四本书;

(3)丙读的第二本书甲在一开始就读了;

(4)丁最后读的书是丙读的第三本书;

(5)乙读的第四本书是戊读的第三本书;

(6)丁第三次读的是丙一开始读的那一本书.

根据以上情况,你能说出丁第二次读的书是谁最先读的吗?

解 我们引进矩阵来处理这个问题.

设甲、乙、丙、丁、戊最后读的书的书名代号依次是 A,B,C,D,E. 根据题给的条件可作矩阵

$$\begin{array}{c} \\ 一 \\ 二 \\ 三 \\ 四 \\ 五 \end{array}\begin{array}{c} \begin{array}{ccccc} 甲 & 乙 & 丙 & 丁 & 戊 \end{array} \\ \begin{bmatrix} X & Z_1 & Y & Z_2 & Z_3 \\ Z_4 & A & X & Z_5 & Z_6 \\ Z_7 & Z_8 & D & Y & C \\ Z_9 & C & Z_{10} & Z_{11} & Z_{12} \\ A & B & C & D & E \end{bmatrix} \end{array}$$

矩阵中的 X,Y,Z_i(Z_i 也可不列在矩阵中)表示尚未确定的书名,两个 X 代表同一本书,两个 Y 代表另外的同一本书. 由题意知,经五次阅读后,乙将五本书全都阅读过了,则由上述矩阵可以看出,乙第三次读的书不可能是 A,B 或 C. 另外,由于丙在第三次阅读的是 D,所以乙第三次读的书也不可能是 D,因此,乙第三次读的书是 E. 同理可推出甲第三次读的书是 B,因此上述矩阵中的 X 为 E,Y 为 A. 由此继续推演可得出各个人的阅读顺序如下列矩阵所示

$$\begin{array}{c} \\ 一 \\ 二 \\ 三 \\ 四 \\ 五 \end{array}\begin{array}{c} \begin{array}{ccccc} 甲 & 乙 & 丙 & 丁 & 戊 \end{array} \\ \begin{bmatrix} E & D & A & C & B \\ C & A & E & B & D \\ B & E & D & A & C \\ D & C & B & E & A \\ A & B & C & D & E \end{bmatrix} \end{array}$$

由此矩阵知,丁第二次读的书是戊一开始读的那一本书.

由上例知,某些逻辑判断问题引进(0,1)矩阵来处理也是很方便的.

问题 11　A,B,C 三人进行演讲比赛(不取并列名

次),已知:

(1)A 是第二名或第三名;

(2)B 是第一名或第三名;

(3)C 的名次在 B 之前.

问 A,B,C 的名次如何?

解 我们作出矩阵

$$\begin{array}{c} \qquad\qquad\qquad\quad 一 \quad\;\; 二 \quad\;\; 三 \\ \boldsymbol{M}=(a_{ij})_{3\times 3}=\begin{bmatrix} a_{11} & a_{12} & a_{13} \\ a_{21} & a_{22} & a_{23} \\ a_{31} & a_{32} & a_{33} \end{bmatrix}\begin{matrix} A \\ B \\ C \end{matrix} \end{array}$$

由题设条件(1)知,可令 $a_{12}=1$,或 $a_{13}=1$,且 $a_{11}=0$;由条件(2)知,可令$a_{21}=1$,或 $a_{23}=1$,且 $a_{22}=0$;由条件(3)知 $a_{21}\neq 1$,即 $a_{21}=0$,从而有 $a_{31}=1$,……,于是得到一系列对矩阵元素"添 1 补 0"的程式

$$\boldsymbol{M}=\begin{bmatrix} 0 & & \\ 0 & 0 & \\ 1 & & \end{bmatrix}=\begin{bmatrix} 0 & 1 & \\ 0 & 0 & 1 \\ 1 & & \end{bmatrix}=\begin{bmatrix} 0 & 1 & 0 \\ 0 & 0 & 1 \\ 1 & 0 & 0 \end{bmatrix}$$

故 A 是第二名,B 是第三名,C 是第一名.

在问题 11 中,题设条件只涉及两个方面. 如果条件涉及 $k(k\geqslant 3)$ 个方面,我们注意到矩阵的乘法:$\boldsymbol{A}\cdot\boldsymbol{B}=(a_{ij})_{n\times m}\cdot(b_{ij})_{m\times l}=(c_{ij})_{n\times l}$,其中 $c_{ij}=a_{i1}\cdot b_{1j}+a_{i2}\cdot b_{2j}+\cdots+a_{im}\cdot b_{mj}$,便可讨论这类问题了.

问题 12 玛莎、莉达、热尼亚和卡佳四位姑娘会各种不同的乐器:大提琴、钢琴、吉他和小提琴,但每人只会一种乐器;她们又懂各种不同的外语:英语、法语、德语和西班牙语,但每人只懂得一种外语. 已知:

(1)会吉他的姑娘懂西班牙语;

(2)玛莎和莉达不会小提琴,也不会大提琴,且不懂英语;

(3)懂德语的姑娘不会大提琴;

(4)热尼亚懂法语,但不会小提琴.

问:这几位姑娘各会什么乐器?各懂哪国语言?

解 我们首先作出如下三个矩阵

$$\begin{matrix} & \text{大提琴} & \text{钢琴} & \text{吉他} & \text{小提琴} & \\ \boldsymbol{A}=(a_{ij})_{4\times 4}= & \left[\begin{matrix} a_{11} \\ a_{21} \\ a_{31} \\ a_{41} \end{matrix}\right. & \begin{matrix} a_{12} \\ a_{22} \\ a_{32} \\ a_{42} \end{matrix} & \begin{matrix} a_{13} \\ a_{23} \\ a_{33} \\ a_{43} \end{matrix} & \left.\begin{matrix} a_{14} \\ a_{24} \\ a_{34} \\ a_{44} \end{matrix}\right] & \begin{matrix} \text{玛莎} \\ \text{莉达} \\ \text{热尼亚} \\ \text{卡佳} \end{matrix} \end{matrix}$$

$$\begin{matrix} & \text{英语} & \text{法语} & \text{德语} & \text{西班牙语} & \\ \boldsymbol{B}=(b_{ij})_{4\times 4}= & \left[\begin{matrix} b_{11} \\ b_{21} \\ b_{31} \\ b_{41} \end{matrix}\right. & \begin{matrix} b_{12} \\ b_{22} \\ b_{32} \\ b_{42} \end{matrix} & \begin{matrix} b_{13} \\ b_{23} \\ b_{33} \\ b_{43} \end{matrix} & \left.\begin{matrix} b_{14} \\ b_{24} \\ b_{34} \\ b_{44} \end{matrix}\right] & \begin{matrix} \text{大提琴} \\ \text{钢琴} \\ \text{吉他} \\ \text{小提琴} \end{matrix} \end{matrix}$$

$$\begin{matrix} & \text{英语} & \text{法语} & \text{德语} & \text{西班牙语} & \\ \boldsymbol{C}=(c_{ij})_{4\times 4}= & \left[\begin{matrix} c_{11} \\ c_{21} \\ c_{31} \\ c_{41} \end{matrix}\right. & \begin{matrix} c_{12} \\ c_{22} \\ c_{32} \\ c_{42} \end{matrix} & \begin{matrix} c_{13} \\ c_{23} \\ c_{33} \\ c_{43} \end{matrix} & \left.\begin{matrix} c_{14} \\ c_{24} \\ c_{34} \\ c_{44} \end{matrix}\right] & \begin{matrix} \text{玛莎} \\ \text{莉达} \\ \text{热尼亚} \\ \text{卡佳} \end{matrix} \end{matrix}$$

由题设条件(1)知 $b_{34}=1$;由条件(2)知 $a_{11}=0$, $a_{21}=0$, $a_{14}=0$, $a_{24}=0$, $c_{11}=0$, $c_{21}=0$;由条件(3)知 $b_{13}=0$;由条件(4)知 $c_{32}=1$, $a_{34}=0$. 于是有

$$A=\begin{bmatrix}0 & & & 0\\ 0 & & & 0\\ & & & 0\\ & & & \end{bmatrix}=\begin{bmatrix}0 & & & 0\\ 0 & & & 0\\ 1 & 0 & 0 & 0\\ 0 & 0 & 0 & 1\end{bmatrix}$$

$$B=\begin{bmatrix} & & 0 & \\ & & & \\ & & & 1\\ & & & \end{bmatrix}=\begin{bmatrix} & & 0 & 0\\ & & & 0\\ 0 & 0 & 0 & 1\\ & & & 0\end{bmatrix}$$

$$C=\begin{bmatrix}0 & & & \\ 0 & & & \\ & 1 & & \\ & & & \end{bmatrix}=\begin{bmatrix}0 & 0 & & \\ 0 & 0 & & \\ 0 & 1 & 0 & 0\\ 1 & 0 & 0 & 0\end{bmatrix}$$

而 $\boldsymbol{A}\cdot\boldsymbol{B}=\boldsymbol{C}$,于是

$$\begin{aligned}1 &= c_{41}=a_{41}\cdot b_{11}+a_{42}\cdot b_{21}+a_{43}\cdot b_{31}+a_{44}\cdot b_{41}\\ &=0\cdot b_{11}+0\cdot b_{21}+0\cdot 0+1\cdot b_{41}\end{aligned}$$

所以 $b_{41}=1$,因此

$$B=\begin{bmatrix} & & 0 & 0\\ & & & 0\\ 0 & 0 & 0 & 1\\ 1 & & & 0\end{bmatrix}=\begin{bmatrix}0 & 1 & 0 & 0\\ 0 & 0 & 1 & 0\\ 0 & 0 & 0 & 1\\ 1 & 0 & 0 & 0\end{bmatrix}$$

令 $a_{12}=1$,则

$$A=\begin{bmatrix}0 & 1 & & 0\\ 0 & & & 0\\ 1 & 0 & 0 & 0\\ 0 & 0 & 0 & 1\end{bmatrix}=\begin{bmatrix}0 & 1 & 0 & 0\\ 0 & 0 & 1 & 0\\ 1 & 0 & 0 & 0\\ 0 & 0 & 0 & 1\end{bmatrix}$$

令 $a_{12}=0$,则

$$A=\begin{bmatrix}0&0&&0\\0&&&0\\1&0&0&0\\0&0&0&1\end{bmatrix}=\begin{bmatrix}0&0&1&0\\0&1&0&0\\1&0&0&0\\0&0&0&1\end{bmatrix}$$

故得玛莎会钢琴、懂德语，莉达会吉他、懂西班牙语，热尼亚会大提琴、懂法语，卡佳会小提琴、懂英语；或玛莎会吉他、懂西班牙语，莉达会钢琴、懂德语，热尼亚会大提琴、懂法语，卡佳会小提琴、懂英语.

在解决问题 11 和 12 中引进的(0,1)矩阵又称为映射矩阵. 显然，映射矩阵中每行每列有且只有一个元素为 1，而其余元素为 0. 两个有限集之间的一一映射由它的映射矩阵唯一确定.

2.3　存在性问题

在数学里以及在人们的实践活动中，经常会遇到“存在性的命题”. 要证明这种命题成立，通常采用直观寻找法、反证法以及构造法. 而矩阵的引进，强化了直观效果，深化了构造技巧.

问题 13　一条马路上有 6 个车站，如图 2.3.1 所示，记为 a_1,a_2,a_3,a_4,a_5,a_6.

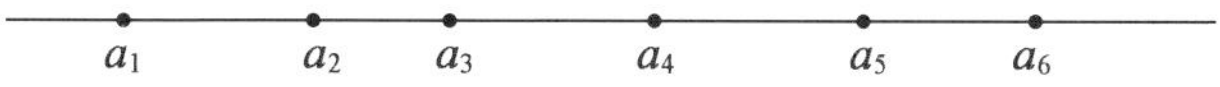

图 2.3.1

今有一辆汽车由 a_1 驶向 a_6，沿途各站可自由上下乘客，但此辆汽车在任何时候至多可载乘客 5 人. 试证:在此 6 站中必定有两对(四个不同的)车站 A_1 与 B_1,A_2 与 B_2,使得没有乘客在 A_1 站上且在 B_1 站下(A_1 在 B_1 之前),也没有乘客在 A_2 站上且在 B_2 站下(A_2 在 B_2 之前).

证明 我们引进矩阵来处理这个问题:用 d_{ij}表示在 a_i 站上车并且在 a_j 站下车的乘客的人数. 这样,我们可以用 d_{ij}当元素排成一个方阵 $\boldsymbol{D}$. 由于汽车是从第一站开到第六站,不会走回头路,因此 $d_{32}=0$,因为不可能有乘客在第三站上而从第二站下. 同理,当$i>j$时,$d_{ij}=0$. 同时,我们也有理由认为 $d_{ii}=0(i=1,2,\cdots,6)$. 因此,方阵 $\boldsymbol{D}$ 有以下的特殊形式,即上三角形矩阵

$$\boldsymbol{D}=\begin{bmatrix} 0 & d_{12} & d_{13} & d_{14} & d_{15} & d_{16} \\ 0 & 0 & d_{23} & d_{24} & d_{25} & d_{26} \\ 0 & 0 & 0 & d_{34} & d_{35} & d_{36} \\ 0 & 0 & 0 & 0 & d_{45} & d_{46} \\ 0 & 0 & 0 & 0 & 0 & d_{56} \\ 0 & 0 & 0 & 0 & 0 & 0 \end{bmatrix}$$

考察方阵 $\boldsymbol{D}$ 的右上角那 9 个元素,我们已经用虚线把它们框了出来. 请注意,这 9 个元素的和应等于汽车行驶在 a_3 站到 a_4 站之间时汽车上乘客的总和. 由于题设此汽车任何时候最多可载 5 人,所以应有

$$d_{14}+d_{15}+d_{16}+d_{24}+d_{25}+d_{26}+d_{34}+d_{35}+d_{36}\leqslant 5$$

由于上式左边的每一个都是非负整数,因此必须至少有四个等于 0,否则上式不能成立.

最后,我们指出,这四个 0 中,一定有两个 0,既不在同一行,也不在同一列. 因为,四个 0 分布在三行中,

有一行至少包含两个 0. 不妨设第一行有两个 0,由于在方框中,每一行只能有三个元素,因此至少还有另外一个 0 在第二行或者第三行. 易见,不论这个 0 在什么位置,它总会与第一行中的某一个 0 既不同行,也不同列. 为确定起见,例如 $d_{14}=d_{35}=0$,这时两对车站可取为 a_1 与 a_4,a_3 与 a_5,很明显,没有人从第一站上而在第四站下,也没有人从第三站上而在第五站下.

上述证明也可叙述如下:

考虑汽车从 a_3 到 a_4 时车上的情况. 这时,从前三站上到后三站下的乘客都在车上,我们作如下三阶方阵

$$\begin{array}{c} \\ a_1 \\ a_2 \\ a_3 \end{array}\begin{array}{c} \begin{array}{ccc} a_4 & a_5 & a_6 \end{array} \\ \begin{bmatrix} 1 & 1 & 1 \\ 1 & 1 & 1 \\ 1 & 1 & 1 \end{bmatrix} \end{array}$$

如果从 $a_i(i=1,2,3)$ 上到 $a_j(j=4,5,6)$ 下的乘客在车上,我们就在 a_i 那一行和 a_j 那一列的交叉处写上 1. 由此矩阵看出,如果从前三站的任一站到后三站的任一站都有乘客在车上,车上人数至少是 9. 这比容许乘载的人数 5 要多. 因此,必须从这 9 个人中除去 4 人. 如果只除去某一行的乘客(即从某一站上车的所有乘客)数,车上至少还有 6 个人,这仍然比 5 个要多 1 个.

又如果只除去某一列的人数(即到某一站下的人数),情况也一样.

因此,至少要除去矩阵中既不同行又不同列的两个 1,即至少有两对(四个不同的)车站 A_1 与 B_1,A_2 与 B_2,使得没有乘客在 A_1 站上且在 B_1 站下,也没有乘客在 A_2 站上且在 B_2 站下.

问题 14 在一个晚会上,任何一位男士都没有同所有的女士跳过舞;每一位女士至少同一位男士跳过舞. 求证:一定存在那么两位男士 b 与 b',两位女士 g 与 g',使得 b 同 g,b'同 g'跳过舞,可是 b 同 g',b'同 g 没有跳过舞.

证明 下面,我们引用矩阵来论证.

设 m 位男士,分别用 $b_1,b_2,\cdots,b_m$ 来表示;n 位女士,分别用 $g_1,g_2,\cdots,g_n$ 来表示. 作一个 m 行 n 列(或 $m\times n$)矩阵 $\boldsymbol{A}$,它的元素这样规定:如果 b_i 没有同 g_j 跳过舞,令 $a_{ij}=0$,否则令 $a_{ij}=1$.

现在,跳舞的问题可以改述为:

设 $\boldsymbol{A}$ 是一个以 0 或 1 为元素组成的矩阵,如果:

(1)$\boldsymbol{A}$ 的每一行中,至少有一个 0;

(2)$\boldsymbol{A}$ 的每一列中,至少有一个 1.

求证:在 $\boldsymbol{A}$ 中一定有两行及两列,它们交叉位置上的四个元素,具有形式

$$\begin{bmatrix}1 & 0\\0 & 1\end{bmatrix}\text{或}\begin{bmatrix}0 & 1\\1 & 0\end{bmatrix}$$

此时,我们来探索证明的途径.

考察 $\boldsymbol{A}$ 的任何一行,例如,第 h 行,依第一个条件,这行中总有一个数 0,设这个 0 在第 k 列上,即 $a_{hk}=0$.

接着来看第 k 列，依第二个条件，这列中一定有一个元素为 1，不妨设这个 1 在第 s 行上，即 $a_{sk}=1$，当然 $h\neq s$.

如果存在那么一列，例如，第 l 列，其中与第 h 行交叉处的元素为 1，而与第 s 行交叉处的元素为 0，这时有

$$\begin{array}{r} \\ \\ 第\ h\ 行 \\ \\ 第\ s\ 行 \\ \\ \end{array}\begin{array}{c} \quad 第\ k\ 列\ \ 第\ l\ 列 \\ \begin{bmatrix} & \vdots & & \vdots & \\ \cdots & 0 & \cdots & 1 & \cdots \\ & \vdots & & \vdots & \\ \cdots & 1 & \cdots & 0 & \cdots \\ & \vdots & & \vdots & \end{bmatrix} \end{array}$$

那么结论就证明了. 可是，当第 h 行任意选取的时候，这样的第 l 列很可能找不出来.

因此，我们选取包含 1 最多的那一行为第 h 行. 与前面讲过的一样，可设 $a_{hk}=0$，$a_{sk}=1$.

现在来看第 s 行，若这一行上每个元素为 0 的地方在第 h 行上的对应位置上的元素也为 0 的话，那么第 h 行中 0 的个数比第 s 行中 0 的个数至少多一个，也就是第 h 行中 1 的个数比第 s 行中 1 的个数起码少一个，这与第 h 行是含 1 最多的行矛盾.

所以，在第 s 行中一定有一个 $a_{sl}=0$，但 $a_{hl}=1$. 这就完全证明了结论.

问题 15（《数学教学》2010 年第 12 期数学问题 810 号）　三阶幻方是指由 9 个排列整齐的数组成的 3×3数表，表中任意横行、纵行及对角线的三个数之和

都相等.

若任意给出 3×3 的数表中 m 个位置上的数,至多存在一种填法,使数表成为一个三阶幻方,求 m 的最小值.

解 如下面数表所示

$$\begin{bmatrix} a_{11} & a_{12} & a_{13} \\ a_{21} & a_{22} & a_{23} \\ a_{31} & a_{32} & a_{33} \end{bmatrix}$$

设 3×3 矩阵中各元素为 a_{ij}, $1\leqslant i\leqslant3$, $1\leqslant j\leqslant3$, $S=a_{11}+a_{22}+a_{33}$.

由 $4S=(a_{11}+a_{22}+a_{33})+(a_{21}+a_{22}+a_{23})+(a_{31}+a_{22}+a_{13})+(a_{12}+a_{22}+a_{32})=3a_{22}+3S$,得 $a_{22}=\frac{S}{3}$.

如矩阵 $\boldsymbol{A}$,$\boldsymbol{B}$ 所示

$$\boldsymbol{A}=\begin{bmatrix} 1 & 0 & -1 \\ -2 & 0 & 2 \\ 1 & 0 & -1 \end{bmatrix}$$

$$\boldsymbol{B}=\begin{bmatrix} 1 & -4 & 3 \\ 2 & 0 & -2 \\ -3 & 4 & -1 \end{bmatrix}$$

满足 $a_{11}=1$, $a_{22}=0$, $a_{33}=-1$,且它们都是三阶幻方,可见给出 3×3 的矩阵中三个位置上的数,不能保证至多存在一种填法,所以 $m\geqslant4$.

下面先证明给出如下矩阵中的三个位置上的数,若能将矩阵补成为一个三阶幻方,则填法是唯一的.

在矩阵 $\boldsymbol{C}$ 中

$$\boldsymbol{C}=\begin{bmatrix} a_{11} & a_{12} & a_{13} \\ & & \\ & & \end{bmatrix}$$

先确定 $a_{22}=\dfrac{a_{11}+a_{12}+a_{13}}{3}$，再确定 $a_{3i}=2a_{22}-a_{1,4-i}$ $(i=1,2,3)$，最后确定 $a_{2j}=3a_{22}-a_{1j}-a_{3j}(j=1,2,3)$.

在矩阵 $\boldsymbol{D}$ 中

$$\boldsymbol{D}=\begin{bmatrix} a_{11} & a_{12} & \\ & & a_{23} \\ & & \end{bmatrix}$$

设 $a_{22}=x$，则得 $a_{33}=2x-a_{11}$，于是 $a_{11}+a_{12}=a_{23}+(2x-a_{11})$，解得 $x=a_{11}+\dfrac{a_{12}-a_{23}}{2}$，从而可以确定 $a_{13}=3x-a_{11}-a_{12}$，转化为矩阵 $\boldsymbol{C}$ 的情形.

在矩阵 $\boldsymbol{E}$ 中

$$\boldsymbol{E}=\begin{bmatrix} a_{11} & & a_{13} \\ & & a_{23} \\ & & \end{bmatrix}$$

设 $a_{22}=x$，则得 $a_{33}=2x-a_{11}$，于是 $a_{13}+a_{23}+(2x-a_{11})=3x$，解得 $x=a_{13}+a_{23}-a_{11}$，从而可以确定 $a_{12}=3x-a_{11}-a_{13}$，转化为矩阵 $\boldsymbol{C}$ 的情形.

在矩阵 $\boldsymbol{F}$ 中

$$\boldsymbol{F}=\begin{bmatrix} & a_{12} & a_{13} \\ & & a_{23} \\ & & \end{bmatrix}$$

设 $a_{22}=x$，则得 $a_{21}=2x-a_{23}$，$a_{31}=2x-a_{13}$，于是 $a_{12}+$

$a_{13}=a_{21}+a_{31}=(2x-a_{23})+(2x-a_{13})$,解得 $x=\frac{2a_{13}+a_{12}+a_{23}}{4}$,从而可以确定 $a_{11}=3x-a_{12}-a_{13}$,转化为矩阵 $\boldsymbol{C}$ 的情形.

在矩阵 $\boldsymbol{G}$ 中

$$\boldsymbol{G}=\begin{bmatrix} a_{11} & & a_{13} \\ & & \\ & a_{32} & \end{bmatrix}$$

设 $a_{22}=x$,则得 $a_{12}=2x-a_{32}$,于是 $a_{11}+(2x-a_{32})+a_{13}=3x$,解得 $x=a_{11}-a_{32}+a_{13}$,从而可以确定 a_{12} 的值,转化为矩阵 $\boldsymbol{C}$ 的情形.

在矩阵 $\boldsymbol{H}$ 中

$$\boldsymbol{H}=\begin{bmatrix} & a_{12} & \\ & a_{22} & a_{23} \\ & & \end{bmatrix}$$

设 $a_{11}=x$,则得 $a_{33}=2a_{22}-x$,于是 $x+a_{12}=a_{23}+(2a_{22}-x)$,解得 $x=a_{22}+\frac{a_{23}-a_{12}}{2}$,转化为矩阵 $\boldsymbol{D}$ 的情形.

下面证明:任意给出 3×3 矩阵中四个位置上的数,至多存在一种填法,使数表成为一个三阶幻方.

在矩阵 $\boldsymbol{M}$ 中,a_{22}已经给出.另外给出的三个位置中任何两个位置不关于 a_{22}对称,则可以填出关于 a_{22}对称位置中的数,于是 X,Y,Z,W 四个位置只有一个位置未填出,由矩阵 $\boldsymbol{C},\boldsymbol{D},\boldsymbol{E},\boldsymbol{F}$ 中情形的说明知道填法是唯一的.

a_{22}已经给出，若另外给出的三个位置中有两个位置关于a_{22}对称，先填出关于a_{22}对称位置中的数，于是X,Y,Z,W四个位置有两个位置未填出．若X,Y,Z中已经填出两个，由这三个位置中的和等于$3a_{22}$，可知X,Y,Z都可以填出，转化为矩阵$\boldsymbol{C}$的情形．若X,W已经填出，则d可以填出，转化为前述的情形；若Z,W已经填出，则也转化为前述的情形；若Y,W已经填出，则转化为矩阵$\boldsymbol{H}$的情形．

a_{22}未给出，若给出矩阵中的四个位置中有两个关于a_{22}对称，则a_{22}等于对称位置中的算术平均数，问题转化为a_{22}已经给出的情形，即

$$\boldsymbol{M}=\begin{bmatrix} X & Y & Z \\ d & a_{22} & W \\ c & b & a \end{bmatrix}$$

a_{22}未给出，若给出矩阵中的四个位置中没有两个关于a_{22}对称，则X与a，Y与b，Z与c，W与d四对中分别有且仅有一个已经给出．由对称性，不妨设X,Z已经给出．若Y已经给出，则转化为矩阵$\boldsymbol{C}$的情形；若W或d已经给出，则转化为矩阵$\boldsymbol{E}$的情形；若b已经给出，则转化为矩阵$\boldsymbol{G}$的情形．

综上，所以m的最小值是4．

问题16（第38届IMO试题）　一个$n\times n$的矩阵（正方阵）称为n阶"银矩阵"，如果它的元素取自集合

$$S=\{1,2,\cdots,2n-1\}$$

且对于每个$i=1,2,\cdots,n$，它的第i行和第i列中的所有元素合起来恰好是S中的所有元素．证明：

(1)不存在 $n=1\ 997$ 阶的银矩阵;

(2)有无限多个 n 的值,存在 n 阶银矩阵.

证明 (1)设 $n>1$,且存在 n 阶银矩阵 $\boldsymbol{A}$. 由于 S 中所有的 $2n-1$ 个数都要在矩阵 $\boldsymbol{A}$ 中出现,而 $\boldsymbol{A}$ 的主对角线上只有 n 个元素,所以至少有一个 $x\in S$ 不在 $\boldsymbol{A}$ 的主对角线上. 取定一个这样的 x,对于每个 $i=1,2,\cdots,n$,记 $\boldsymbol{A}$ 的第 i 行和第 i 列中的所有元素合起来构成的集合为 A_i,称为第 i 个十字,则 x 在每个 A_i 中恰出现一次.

假设 x 位于 $\boldsymbol{A}$ 的第 i 行第 j 列($i\neq j$),则 x 属于 A_i 和 A_j. 这意味着 $\boldsymbol{A}$ 的 n 个十字两两配对,从而 n 必为偶数. 而 1 997 是奇数,故不存在 $n=1\ 997$ 阶银矩阵.

(2)对于 $n=2$,$\boldsymbol{A}=\begin{bmatrix}1 & 2\\ 3 & 1\end{bmatrix}$为一个银矩阵.

对于 $n=4$

$$\boldsymbol{A}=\begin{bmatrix}1 & 2 & 5 & 6\\ 3 & 1 & 7 & 5\\ 4 & 6 & 1 & 2\\ 7 & 4 & 3 & 1\end{bmatrix}$$

为一个银矩阵.

一般的,假设存在 n 阶银矩阵 $\boldsymbol{A}$,则可以按照如下的方式构造 $2n$ 阶银矩阵 $\boldsymbol{D}$,即

$$\boldsymbol{D}=\begin{bmatrix}\boldsymbol{A} & \boldsymbol{B}\\ \boldsymbol{C} & \boldsymbol{A}\end{bmatrix}$$

其中 $\boldsymbol{B}$ 是一个 $n\times n$ 矩阵,它是通过把 $\boldsymbol{A}$ 的每一个元素加上 $2n$ 得到的;而 $\boldsymbol{C}$ 则是通过把 $\boldsymbol{B}$ 的主对角线元素换成 $2n$ 得到的.

为证明 $\boldsymbol{D}$ 是一个银矩阵,考察其第 i 个十字,不妨设 $i \leqslant n$. 这时,第 i 个十字由 $\boldsymbol{A}$ 的第 i 个十字以及 $\boldsymbol{B}$ 的第 i 行和 $\boldsymbol{C}$ 的第 i 列构成. $\boldsymbol{A}$ 的第 i 个十字包含元素 $\{1,2,\cdots,2n-1\}$,而 $\boldsymbol{B}$ 的第 i 行和 $\boldsymbol{C}$ 的第 i 列包含元素 $\{2n,2n+1,\cdots,4n-1\}$,所以 $\boldsymbol{D}$ 确实是一个 $2n$ 阶银矩阵.

问题 17(2009 年全国高中数学联赛试题)　在非负数构成的 3×9 数表

$$\boldsymbol{P}=\begin{bmatrix} x_{11} & x_{12} & x_{13} & x_{14} & x_{15} & x_{16} & x_{17} & x_{18} & x_{19} \\ x_{21} & x_{22} & x_{23} & x_{24} & x_{25} & x_{26} & x_{27} & x_{28} & x_{29} \\ x_{31} & x_{32} & x_{33} & x_{34} & x_{35} & x_{36} & x_{37} & x_{38} & x_{39} \end{bmatrix}$$

中每行的数互不相同,前六列中每列的三数之和为 1, $x_{17}=x_{28}=x_{39}=0$, $x_{27},x_{37},x_{18},x_{38},x_{19},x_{29}$ 均大于 1. 如果 $\boldsymbol{P}$ 的前三列构成的数表

$$\boldsymbol{S}=\begin{bmatrix} x_{11} & x_{12} & x_{13} \\ x_{21} & x_{22} & x_{23} \\ x_{31} & x_{32} & x_{33} \end{bmatrix}$$

满足下面的性质:对于数表 $\boldsymbol{P}$ 中的任意一列 $\begin{bmatrix} x_{1k} \\ x_{2k} \\ x_{3k} \end{bmatrix}$ $(k=1,2,\cdots,9)$ 均存在某个 $i\in\{1,2,3\}$ 使得

$$x_{ik}\leqslant u_i=\min\{x_{i1},x_{i2},x_{i3}\} \tag{2.3.1}$$

求证:

(1) 最小值 $u_i=\min\{x_{i1},x_{i2},x_{i3}\}$ $(i=1,2,3)$ 一定取自数表 $\boldsymbol{S}$ 的不同列.

(2)存在数表 $\boldsymbol{P}$ 中唯一的一列 $\begin{bmatrix} x_{1k^*} \\ x_{2k^*} \\ x_{3k^*} \end{bmatrix}$ $(k^* \neq 1,2,3)$ 使得 3×3 数表

$$\boldsymbol{S}' = \begin{bmatrix} x_{11} & x_{12} & x_{1k^*} \\ x_{21} & x_{22} & x_{2k^*} \\ x_{31} & x_{32} & x_{3k^*} \end{bmatrix}$$

仍然具有上述性质.

证明 (1)假设最小值 $u_i = \min\{x_{i1}, x_{i2}, x_{i3}\}$ $(i = 1,2,3)$ 不是取自数表 $\boldsymbol{S}$ 的不同列,则存在一列不含任何 u_i. 不妨设 $u_i \neq x_{i2}$ $(i=1,2,3)$. 由于数表 $\boldsymbol{P}$ 中同一行中的任何两个元素都不等,于是 $u_i < x_{i2}$ $(i=1,2,3)$. 另一方面,由于数表 $\boldsymbol{S}$ 具有题述性质,在式(2.3.1)中取 $k=2$,则存在某个 $i_0 \in \{1,2,3\}$ 使得 $x_{i_02} \leqslant u_{i_0}$,矛盾.

(2)由抽屉原理知

$$\min\{x_{11}, x_{12}\}, \min\{x_{21}, x_{22}\}, \min\{x_{31}, x_{32}\}$$

中至少有两个值取在同一列. 不妨设

$$\min\{x_{21}, x_{22}\} = x_{22}, \min\{x_{31}, x_{32}\} = x_{32}$$

由前面的结论知数表 $\boldsymbol{S}$ 的第一列一定含有某个 u_i,所以只能是 $x_{11} = u_1$. 同样,第二列中也必含某个 u_i $(i = 1,2)$. 不妨设 $x_{22} = u_2$,于是 $u_3 = x_{33}$,即 u_i 是数表 $\boldsymbol{S}$ 中的对角线上的数字

$$\boldsymbol{S} = \begin{bmatrix} \boxed{x_{11}} & x_{12} & x_{13} \\ x_{21} & \boxed{x_{22}} & x_{23} \\ x_{31} & x_{32} & \boxed{x_{33}} \end{bmatrix}$$

记 $M = \{1,2,\cdots,9\}$,令集合

$$I=\{k\in M\mid x_{ik}>\min\{x_{i1},x_{i2}\},i=1,3\}$$

显然 $I=\{k\in M\mid x_{1k}>x_{11},x_{3k}>x_{32}\}$，且 $1,2,3\notin I$. 因为 $x_{18},x_{38}>1\geqslant x_{11},x_{32}$，所以 $8\in I$，故 $I\neq\varnothing$. 于是存在 $k^*\in I$ 使得 $x_{2k^*}=\max\{x_{2k}\mid k\in I\}$. 显然，$k^*\neq 1,2,3$.

下面证明 3×3 数表

$$\boldsymbol{S}'=\begin{bmatrix} x_{11} & x_{12} & x_{1k^*} \\ x_{21} & x_{22} & x_{2k^*} \\ x_{31} & x_{32} & x_{3k^*} \end{bmatrix}$$

具有题述性质.

从上面的选法可知

$$u_i'=\min\{x_{i1},x_{i2},x_{ik^*}\}=\min\{x_{i1},x_{i2}\}\quad(i=1,3)$$

这说明

$$x_{1k^*}>\min\{x_{11},x_{12}\}\geqslant u_1,x_{3k^*}>\min\{x_{31},x_{32}\}\geqslant u_3$$

又由 $\boldsymbol{S}$ 满足题述性质，在式(2.3.1)中取 $k=k^*$，推得 $x_{2k^*}\leqslant u_2$，于是 $u_2'=\min\{x_{21},x_{22},x_{2k^*}\}=x_{2k^*}$. 下面证对任意的 $k\in M$，存在某个 $i\in\{1,2,3\}$ 使得 $u_i'\geqslant x_{ik}$. 假若不然，则 $x_{ik}>\min\{x_{i1},x_{i2}\}(i=1,3)$，且 $x_{2k}>x_{2k^*}$，这与 x_{2k^*} 的最大性矛盾. 因此，数表 $\boldsymbol{S}'$ 满足题述性质.

下证唯一性. 设有 $k\in M$ 使得数表

$$\hat{\boldsymbol{S}}=\begin{bmatrix} x_{11} & x_{12} & x_{1k} \\ x_{21} & x_{22} & x_{2k} \\ x_{31} & x_{32} & x_{3k} \end{bmatrix}$$

具有题述性质. 不失一般性，假定

$$\begin{cases} u_1=\min\{x_{11},x_{12},x_{13}\}=x_{11} \\ u_2=\min\{x_{21},x_{22},x_{23}\}=x_{22} \\ u_3=\min\{x_{31},x_{32},x_{33}\}=x_{33} \end{cases}\qquad(2.3.2)$$

$$x_{32} < x_{31}$$

由于 $x_{32} < x_{31}, x_{22} < x_{21}$ 及第(1)问，有 $\hat{u}_1 = \min\{x_{11}, x_{12}, x_{1k}\} = x_{11}$. 又由第(1)问知：或者 $\hat{u}_3 = \min\{x_{31}, x_{32}, x_{3k}\} = x_{3k}$，或者 $\hat{u}_2 = \min\{x_{21}, x_{22}, x_{2k}\} = x_{2k}$.

如果 $\hat{u}_3 = \min\{x_{31}, x_{32}, x_{3k}\} = x_{3k}$ 成立，由数表 $\hat{\boldsymbol{S}}$ 具有题述性质，则

$$\begin{cases} \hat{u}_1 = \min\{x_{11}, x_{12}, x_{1k}\} = x_{11} \\ \hat{u}_2 = \min\{x_{21}, x_{22}, x_{2k}\} = x_{22} \\ \hat{u}_3 = \min\{x_{31}, x_{32}, x_{3k}\} = x_{3k} \end{cases} \tag{2.3.3}$$

由数表 $\hat{\boldsymbol{S}}$ 满足题述性质，则对于 $3 \in M$ 至少存在一个 $i \in \{1,2,3\}$ 使得 $\hat{u}_i \geqslant x_{i3}$.

又由式(2.3.2)和式(2.3.3)知，$\hat{u}_1 = x_{11} < x_{13}$，$\hat{u}_2 = x_{22} < x_{23}$，所以只能有 $\hat{u}_3 = x_{3k} \geqslant x_{33}$. 同样由数表 $\boldsymbol{S}$ 满足题述性质，可推得 $x_{33} \geqslant x_{3k}$. 于是 $k=3$，即数表 $\boldsymbol{S} = \hat{\boldsymbol{S}}$.

如果 $\hat{u}_2 = \min\{x_{21}, x_{22}, x_{2k}\} = x_{2k}$ 成立，则

$$\begin{cases} \hat{u}_1 = \min\{x_{11}, x_{12}, x_{1k}\} = x_{11} \\ \hat{u}_2 = \min\{x_{21}, x_{22}, x_{2k}\} = x_{2k} \\ \hat{u}_3 = \min\{x_{31}, x_{32}, x_{3k}\} = x_{32} \end{cases} \tag{2.3.4}$$

由数表 $\hat{\boldsymbol{S}}$ 满足题述性质，对于 $k^* \in M$，存在某个 $i \in \{1,2,3\}$ 使得 $\hat{u}_i \geqslant x_{ik^*}$. 由 $k^* \in I$ 及式(2.3.2)和式(2.3.4)，可知 $x_{1k^*} > x_{11} = \hat{u}_1$，$x_{3k^*} > x_{32} = \hat{u}_3$. 于是只能有 $x_{2k^*} \leqslant \hat{u}_2 = x_{2k}$. 类似的，由 $\boldsymbol{S}'$ 满足题述性质及 $k \in M$ 可推得 $x_{2k} \leqslant u'_2 = x_{2k^*}$，从而 $k^* = k$.

问题 18　一群孩子，年龄从 7 岁至 13 岁，代表 11 个国家. 证明：至少有 5 个孩子，其中同年龄的人数多于同国籍的人数.

证明　我们引进一个 7×11 矩阵：$\boldsymbol{A}=(a_{ij})_{7\times 11}$，矩阵中的元素 a_{ij} 表示第 j 个国家的年龄为 i 的人数，矩阵中第 i 行元素的和 $r_i=\sum_{j=1}^{11}a_{ij}(1\leqslant i\leqslant 7)$ 表示同年龄的人数，第 j 列元素的和 $c_j=\sum_{i=1}^{7}a_{ij}(1\leqslant j\leqslant 11)$ 表示同国籍的人数，则

$$
\begin{aligned}
&\sum_{i=1}^{7}\sum_{j=1}^{11}a_{ij}\left(\frac{1}{c_j}-\frac{1}{r_i}\right)\\
=&\sum_{i=1}^{7}\sum_{j=1}^{11}\frac{a_{ij}}{c_j}-\sum_{i=1}^{7}\sum_{j=1}^{11}\frac{a_{ij}}{r_i}\\
=&\sum_{j=1}^{11}\frac{1}{c_j}\sum_{i=1}^{7}a_{ij}-\sum_{i=1}^{7}\frac{1}{r_i}\sum_{j=1}^{11}a_{ij}\\
=&\sum_{j=1}^{11}1-\sum_{i=1}^{7}1=4
\end{aligned}
$$

由于 $\frac{1}{c_j}-\frac{1}{r_i}<1$，所以在上述和中至少有 5 个 $\frac{1}{c_j}-\frac{1}{r_i}>0$，即至少有 5 个孩子，其中同年龄的人数多于同国籍的人数.

2.4　程式安排（或方案实施）问题

问题 19　甲、乙、丙三个盘子各放有 6 个苹果，依次做如下挪动：甲盘不动，把 1 个苹果从一盘移到另一盘；乙盘不动，把 2 个苹果从一盘移到另一盘；丙盘不动，把 3 个苹果从一盘移到另一盘；甲盘不动，把 4 个

苹果从一盘移到另一盘;乙盘不动,把 5 个苹果从一盘移到另一盘;最后每一盘仍是 6 个苹果. 问这些苹果是如何挪动的?

分析 一共进行了 5 次挪动,各个盘子里的苹果在每次挪动中可能增加,也可能减少,但最终仍保持不变. 抓住这一特征,可以构造这样的数学模型:在移进的数量前添上“+”,移出的数量前添上“-”,最后各盘的代数和为 0. 另外,使每次挪动的代数和也为 0.

解 以下各矩阵中的一、二、三、四、五表示第一、二、三、四、五次挪动,甲、乙、丙分别表示甲、乙、丙三个盘子. 由题意可得矩阵 $\boldsymbol{A}$ 中的数字分别表示各次挪动从各个盘子中移进或移出的苹果数. 由于每次挪动仅在甲、乙、丙三个盘子中进行,且经过 5 次挪动后各盘子中的苹果数保持不变,所以,只要在移进的数量前添上“+”号,移出的数量前添上“-”号,每次挪动的代数和为 0,最后各盘的代数和也为 0 即可. 矩阵 $\boldsymbol{B}$,$\boldsymbol{C}$ 就是本题的两组解

$\boldsymbol{A}=$

	一	二	三	四	五	代数和
甲	0	2	3	0	5	
乙	1	0	3	4	0	
丙	1	2	0	4	5	
代数和						

$\boldsymbol{B}=$

	一	二	三	四	五	代数和
甲	0	-2	-3	0	+5	0
乙	+1	0	+3	-4	0	0
丙	-1	+2	0	+4	-5	0
代数和	0	0	0	0	0	

$$
C=\begin{array}{c} \\ 甲 \\ 乙 \\ 丙 \\ 代数和 \end{array}\begin{array}{c} \begin{array}{cccccc} 一 & 二 & 三 & 四 & 五 & 代数和 \end{array} \\ \left[\begin{array}{cccccc} 0 & +2 & +3 & 0 & -5 & 0 \\ -1 & 0 & -3 & +4 & 0 & 0 \\ +1 & -2 & 0 & -4 & +5 & 0 \\ 0 & 0 & 0 & 0 & 0 & \end{array}\right] \end{array}
$$

问题20　图2.4.1是一个英文字母电子显示盘，每一次操作可以使某一行的四个字母同时改变，改变的规则是：按照英文字母表的顺序，每个英文字母变成它的下一个字母（即A变成B，B变成C，……，最后的字母Z变成A）. 问能否经过若干次操作，使图2.4.1变成图2.4.2？如果能，请写出变化过程；如果不能，请说明理由.

S	*O*	*B*	*R*
T	*Z*	*F*	*P*
H	*O*	*C*	*N*
A	*D*	*V*	*X*

图2.4.1

K	*B*	*D*	*S*
H	*E*	*X*	*G*
R	*T*	*B*	*S*
C	*F*	*Y*	*A*

图2.4.2

解　由题设的操作规则，图2.4.1不能变成图2.4.2. 理由如下：

为方便计，将图中的英文字母用它在字母表中的序号代替（即A是1，B是2，……，Z是26）. 这样，图2.4.1与图2.4.2就相当于两个4×4的数表，而每一次操作就相当于使数表中某一行或某一列的每一个数被26除时的余数加1（因为是26个字母，Z是26，Z被26除的余数为0，也可看作26）.

为证明图2.4.1经若干次操作不可能变成图2.4.2，只要证明图2.4.1左上角的四个字母永远变不成图2.4.2左上角的四个字母就可以了.

为此,考察 2×2 矩阵 $\begin{bmatrix} a & b \\ c & d \end{bmatrix}$. 记

$$k=(a+d)-(b+c)$$

每次操作,矩阵 $\begin{bmatrix} a & b \\ c & d \end{bmatrix}$ 变成 $\begin{bmatrix} a+1 & b+1 \\ c & d \end{bmatrix}$ 或 $\begin{bmatrix} a+1 & b \\ c+1 & d \end{bmatrix}$. 这时,变化后的 2×2 矩阵中的 k 值是不变的. 我们计算图 2.4.1 和图 2.4.2 的左上角的 2×2 矩阵的 k 值.

图 2.4.1 左上角 $\begin{bmatrix} S & O \\ T & Z \end{bmatrix}$ 是 $\begin{bmatrix} 19 & 15 \\ 20 & 26 \end{bmatrix}$, 其 k 值为 $k=45-35=10$.

图 2.4.2 左上角 $\begin{bmatrix} K & B \\ H & E \end{bmatrix}$ 是 $\begin{bmatrix} 11 & 2 \\ 8 & 5 \end{bmatrix}$, 其 k 值为 $k=16-10=6$.

图 2.4.1 和图 2.4.2 的左上角的 2×2 矩阵中的 k 值不同,所以图 2.4.1 不能变成图 2.4.2.

问题 21 将男女运动员排成 $2^n\times2^n$ 方阵队形,第一行与第一列皆排男运动员,其他位置排法要求如下:

(1)满足下面的性质:任何两行或两列之中,同列(或同行)对应的运动员性别异同的对数各占一半;

(2)每次从方阵队形的中线分裂,形成的 $2^{n-1}\times2^{n-1}$, $2^{n-2}\times2^{n-2}$, $\cdots$, 2×2 方阵队形皆满足上述性质.

请设计排出一个符合上述两点要求的 $2^n\times2^n$ 方阵队形.

解　我们引进矩阵来处理这个问题.

为简单起见,以“1”代表男运动员,以“-1”代表女运动员,以此作为矩阵的元素.

排 2×2 方队时,第一行与第一列站的都是男运动员. 那么,为使 2×2 方队具有题述性质,余下的第四个位置只能是女运动员,则有矩阵

$$\boldsymbol{H}_2=\begin{bmatrix}1 & 1\\ 1 & -1\end{bmatrix}$$

现在把 2×2 方队扩充到 4×4 方队,且每个 2×2 方队仍具有题述性质. 排 4×4 方队时,第一行与第一列站的都是男运动员,则如如下结构而留下“东南”角的 2×2 方队待定

$$\begin{bmatrix}1 & 1 & 1 & 1\\ 1 & -1 & 1 & -1\\ 1 & 1 & & \\ 1 & -1 & & \end{bmatrix}$$

为使东南角的 2×2 方队自身具有题述性质,且使整个 4×4 方队仍具有题述性质,再以与其他“东北”“西北”“西南”三个 2×2 方队同样的结构拼下去就不行了. 但如果把形如 $\boldsymbol{H}_2$ 中情形的元素的所有符号都变成相反的,即女运动员换成男运动员,男运动员换成女运动员,再填入如上矩阵中的东南方块,则得满足要求的 4×4 方队如下

$$\boldsymbol{H}_4=\begin{bmatrix}1 & 1 & 1 & 1\\ 1 & -1 & 1 & -1\\ 1 & 1 & -1 & -1\\ 1 & -1 & -1 & 1\end{bmatrix}$$

上面的讨论揭示了如下事实：一个方队若具有题述性质，那么完全换成性别相反的运动员组成的方队，仍具有题述性质. 利用这一点，从 4×4 方队形成 8×8 方队便容易了：把 $\boldsymbol{H}_4$ 作为东北、西北、西南方队，而在东南位置安排与队形 $\boldsymbol{H}_4$ 完全相反符号的队形，即有

$$\boldsymbol{H}_8=\begin{bmatrix}1&1&1&1&1&1&1&1\\1&-1&1&-1&1&-1&1&-1\\1&1&-1&-1&1&1&-1&-1\\1&-1&-1&1&1&-1&-1&1\\1&1&1&1&-1&-1&-1&-1\\1&-1&1&-1&-1&1&-1&1\\1&1&-1&-1&-1&-1&1&1\\1&-1&-1&1&-1&1&1&-1\end{bmatrix}$$

$\boldsymbol{H}_8$ 便是符合要求的一种 8×8 方队排法.

由上述三个矩阵组成的规律，不难知道

$$\boldsymbol{H}_{2^n}=\boldsymbol{H}_{2^{n-1}}\otimes\boldsymbol{H}_2\quad(n=2,3,\cdots)\qquad(2.4.1)$$

其中 $\boldsymbol{H}_k$ 代表 k 阶方阵，“$\otimes$”是直积或称为克罗内克(Kronecker)乘积，含义是：若矩阵 $\boldsymbol{A}$ 的第 i 行第 j 列元素为 a_{ij}，那么 $\boldsymbol{A}$ 与另一矩阵 $\boldsymbol{B}$ 的克罗内克乘积 $\boldsymbol{A}\otimes\boldsymbol{B}$ 是这样的一个矩阵，它是把 $\boldsymbol{A}$ 中 a_{ij} 所在的位置填上 $a_{ij}\boldsymbol{B}$($a_{ij}\boldsymbol{B}$ 表示 a_{ij} 乘以 $\boldsymbol{B}$ 中的每一个元素，可参见 1.2 节中的例 4).

由此，我们便可设计出满足题意的队形了.

上面的问题中涉及的矩阵：即元素由 1 和 −1 组成满足递推关系(2.4.1)的矩阵，人们称之为阿达马(J. Hadamard)矩阵.

由于来自智力上的挑战和实际需要，人们对阿达

马矩阵产生了浓厚的兴趣. 因为,例如在数字通讯、电视、雷达、声呐等许多重要领域中,要进行信号的处理,如传输、增强等,这时阿达马矩阵起到重要的作用.

又如在 8 人赛船时,英国人采用 $\boldsymbol{H}_8$ 中第二行的划桨方式:选手们依次将桨交替在左舷及右舷插入水中,称之为常规的划桨方式,这种方式在每击一次桨时产生一个力矩,使船沿稍微弯曲的方向前进. 为了避免这点,德国人参赛的划桨方式采用 $\boldsymbol{H}_8$ 中的第六行. 采用 $\boldsymbol{H}_8$ 中的第四行是意大利划桨方式,也可以克服振荡力矩.

对于阿达马矩阵的研究,在 1933 年,R. E. A. C. Paley 首先指出:阿达马矩阵存在的必要条件是其阶数 k 为4 的倍数. 那么任意的 $4l$ 阶阿达马矩阵存在吗? 目前尚无结论. 理论上解决这一问题将是轰动数学界的大事.

2.5　对弈(双人比赛)问题

在涉及数量的有关双人比赛(对弈)问题中,在一定条件下,两人按指定的规则操作,谁胜谁负似乎全靠运气,其实不然,它有一定的秘诀,争取获胜是有一定的策略的. 依此而行,在适当的情况之下,就可保证得到最后的胜利. 这获胜的策略就是充分挖掘数量关系特征,分析最后一步获胜的数量特征——“临胜矩阵”. 可先取一些具体或简单数量进行试验,找出临胜矩阵. 在找出临胜矩阵之后,可采取“互补”策略,即在对手执步后,采取互补办法,造出新的临胜矩阵,始终让对手获得“临败矩阵”.

问题 22 有数量分别为 p_1,p_2,p_3 的三堆棋子,两人轮流在任一堆中(不可同时从两堆或三堆中)任取(但不得不取). 规定取得最后棋子者胜,谁有获胜的策略? 策略如何?

解 对于这个问题,按取得最后棋子者胜的规定,取 p_1,p_2,p_3 的一些具体值试验,不难得到矩阵$\begin{bmatrix}1 & 1 & 1\end{bmatrix}$或其转置$\begin{bmatrix}1\\1\\1\end{bmatrix}$(下面均同)为临胜矩阵. $\begin{bmatrix}0 & i & j\end{bmatrix}$将为临胜矩阵(其中 $i,j\in\mathbf{N}_+$,且 $i\neq j$),而$\begin{bmatrix}0 & i & j\end{bmatrix}$或$\begin{bmatrix}1 & 2k & 2k+1\end{bmatrix}$为临败矩阵.

进一步探索知:由于任意自然数可唯一地表示为 2 的方幂之和,若三个自然数 m,n,l 的 2 的三个方幂和式中,每个幂指数都成对出现时,则称$\begin{bmatrix}m & n & l\end{bmatrix}$为临败矩阵,如$\begin{bmatrix}3 & 6 & 5\end{bmatrix}=\begin{bmatrix}2^1+2^0 & 2^2+2^1 & 2^2+2^0\end{bmatrix}$为临败矩阵,而$\begin{bmatrix}3 & 6 & 6\end{bmatrix}=\begin{bmatrix}2^1+2^0 & 2^2+2^1 & 2^2+2^1\end{bmatrix}$就不为临败矩阵.

因此,若$\begin{bmatrix}p_1 & p_2 & p_3\end{bmatrix}$不为临败矩阵,则先取者有获胜的策略:先取者适当地从非临败矩阵状态中取一次,必可让对手获临败矩阵而使自己获胜. 因从临败矩阵状态中任意取一次,让对手得到的总是非临败矩阵状态,周而复始,棋子数量有限,故先取者最终能得到临胜矩阵.

若$\begin{bmatrix}p_1 & p_2 & p_3\end{bmatrix}$为临败矩阵,则后取者有获胜的策略.

如果在问题 22 中,规定取得最后棋子者败,仿上,相应地获得临胜矩阵、临败矩阵的形式. 若$[p_1 \quad p_2 \quad p_3]$为非临败矩阵,则先取者仍有获胜的策略.

在解决问题 22 的讨论中,运用了 2 的方幂和形式表示任一自然数,其实是采用二进位制没指明罢了. 采用二进位制,临败矩阵即指自然数 m,n,l 的三个二进位制表示数的各个数位上的数字(0 或 1)之和为偶数,即下面的(0,1)矩阵列元素之和为偶数,例如 $p_1=1,p_2=4,p_3=8$ 时,规定取得最后棋子者胜. 显然

$$\begin{bmatrix} p_1 \\ p_2 \\ p_3 \end{bmatrix}=\begin{bmatrix} 1 \\ 4 \\ 8 \end{bmatrix}=\begin{bmatrix} 0 & 0 & 0 & 1 \\ 0 & 1 & 0 & 0 \\ 1 & 0 & 0 & 0 \end{bmatrix}$$

为非临败矩阵,先取者有获胜的策略,先取者从 8 枚棋子中取走 3 枚使之出现临败矩阵

$$\begin{bmatrix} 1 \\ 4 \\ 5 \end{bmatrix}=\begin{bmatrix} 0 & 0 & 0 & 1 \\ 0 & 1 & 0 & 0 \\ 0 & 1 & 0 & 1 \end{bmatrix}$$

以后的取法中也使取后出现临败矩阵,则先取者稳操胜券.

类似于上面的讨论,可讨论问题 22 的推广形式:有数量分别为 $p_1,p_2,p_3,\cdots,p_k$ 的 k 堆棋子,两人可以从某一堆(每次只可随意选择一堆)中一次取任意枚(但不得不取),谁能最后一次拿走剩下的棋子,就算获胜. 谁有获胜的策略? 策略如何? 若规定取最后一枚者为输,谁有获胜的策略? 策略如何?

下面仅以取最后一枚者为输,争取获胜的策略给出理论证明.

首先,我们作出一个特殊的 2^m 阶方阵 $\boldsymbol{A}_m$.

先作出二阶方阵$\begin{bmatrix} 0 & 1 \\ 1 & 0 \end{bmatrix}$,将此二阶方阵的各项都加2(即2的1次幂)之后得一新方阵,将此新方阵平移至原方阵的右边及下方两处,再将原方阵平移至右下角,得一个四阶方阵

$$\boldsymbol{A}_2 = \begin{bmatrix} 0 & 1 & 2 & 3 \\ 1 & 0 & 3 & 2 \\ 2 & 3 & 0 & 1 \\ 3 & 2 & 1 & 0 \end{bmatrix}$$

依上述方法推下去,一般是:将一个由上述方法得到的 2^{m-1}阶方阵中的各项都加上 2^{m-1},所得新方阵平移至原方阵的右边及下方,再将原方阵平移至右下角(原方阵仍保留在原处),就得到一个 2^m 阶方阵

$$\boldsymbol{A}_m = \begin{bmatrix} 0 & 1 & 2 & \cdots & 2^m-2 & 2^m-1 \\ 1 & 0 & 3 & \cdots & 2^m-1 & 2^m-2 \\ \vdots & \vdots & \vdots & & \vdots & \vdots \\ 2^m-2 & 2^m-1 & 2^m-4 & \cdots & 0 & 1 \\ 2^m-1 & 2^m-2 & 2^m-3 & \cdots & 1 & 0 \end{bmatrix}$$

这样的 $\boldsymbol{A}_m$ 有如下性质:

性质1　每行(列)均有数 $0,1,2,\cdots,2^m-1$.

性质2　主对角线上都是0,副对角线上都是2^m-1.

性质3　元素关于主对角线对称,即 $a_{ij}=a_{ji}$.

性质4　$a_{2^m+i,2^m+j}=a_{ij}$.

性质5　$a_{i,2^m+j}=2^m+a_{ij}$.

下面再研究如何求出 $\boldsymbol{A}_m$ 中的一般项 a_{pq}.

为达此目的，需看如下一系列定理：

定理1　任一自然数均可表示为有限个2的幂之和.

可用数学归纳法证，证略.

定理2　$a_{2^m,2^{m-r_1}+2^{m-r_2}+\cdots+2^{m-r_s}}=2^m-(2^{m-r_1}+2^{m-r_2}+\cdots+2^{m-r_s})$，其中 $0<r_1<r_2<\cdots<r_s$.

略证　由如上性质5，得

$$a_{2^m,2^{m-r_1}+\cdots+2^{m-r_s}}=2^{m-1}+2^{m-2}+\cdots+2^{m-r_1+1}+a_{2^{m-r_1+1},2^{m-r_1}+\cdots+2^{m-r_s}}$$

由性质4，又得

$$a_{2^{m-r_1+1},2^{m-r_1}+2^{m-r_2}+\cdots+2^{m-r_s}}=a_{2^{m-r_1},2^{m-r_2}+2^{m-r_3}+\cdots+2^{m-r_s}}$$

这最后式子又可利用性质5，……

这样，交替利用性质4和性质5，一直推到 2^{m-r_s}，即是

$$\begin{aligned}&a_{2^m,2^{m-r_1}+2^{m-r_2}+\cdots+2^{m-r_s}}\\=&2^{m-1}+2^{m-2}+\cdots+2^{m-r_1+1}+2^{m-r_1-1}+\cdots+\\&2^{m-r_2+1}+2^{m-r_2-1}+\cdots+2^{m-r_s+1}+2^{m-r_s}+\\&a_{2^{m-r_s},2^{m-r_s}}\end{aligned}$$

上式中，易知它为2的降幂式，中间缺少项的指数是 $m-r_1,m-r_2,\cdots,m-r_{s-1}$，由等比数列求和公式与 $a_{2^{m-r_s},2^{m-r_s}}=0$，得其值为

$$\begin{aligned}&2^{m-r_s}(2^{r_s-1}+2^{r_s-2}+\cdots+2+1)-\\&(2^{m-r_1}+2^{m-r_2}+\cdots+2^{m-r_s-1})\\=&2^{m-r_s}(2^{r_s}-1)-(2^{m-r_1}+2^{m-r_2}+\cdots+2^{m-r_s-1})\\=&2^m-(2^{m-r_1}+2^{m-r_2}+\cdots+2^{m-r_s})\end{aligned}$$

由此即证.

定理 3 $a_{2^m,2^m+2^{m-r_1}+2^{m-r_2}+\cdots+2^{m-r_s}}=2^{m+1}-(2^{m-r_1}+2^{m-r_2}+\cdots+2^{m-r_s})$.

证略.

对于 k 个自然数 $p_1,p_2,\cdots,p_k$,将它们表示为 2 的幂之和后,若所含 2 的幂次共 s 类

$$2^{m_1},2^{m_2},\cdots,2^{m_s} \tag{2.5.1}$$

又在 $p_1,p_2,\cdots,p_k$ 的诸种表示式中,(2.5.1)中重复奇数次的为

$$2^{m_{r_1}},2^{m_{r_2}},\cdots,2^{m_{r_t}} \tag{2.5.2}$$

我们称(2.5.2)中所有项的和叫作 $p_1,p_2,\cdots,p_k$ 的奇幂和.

若 $p_1,p_2,\cdots,p_k$ 个自然数中的任一个数,均为其余 $k-1$ 个数的奇幂和,则这 k 个自然数所组成的矩阵叫作奇幂和矩阵 $[p_1\quad p_2\quad\cdots\quad p_k]$. $p_1,p_2,\cdots,p_k$ 的奇幂和用 $\sum\limits_{2\nmid x}[p_1\quad p_2\quad\cdots\quad p_k]$ 表示. 由此易知,奇幂和具有下列性质:

(1)任意 k 个自然数的奇幂和是唯一的.

(2)奇幂和矩阵中任一项加、减任一非零自然数,均得非奇幂和矩阵.

(3)非奇幂和矩阵中从某一项减去一适当非零自然数,可得奇幂和矩阵.

定理 4 若 $p_{k+1}=\sum\limits_{2\nmid x}[p_1\quad p_2\quad\cdots\quad p_k]$,则 $p_1,p_2,\cdots,p_k,p_{k+1}$ 可以组成一个奇幂和矩阵 $[p_1\quad p_2\quad\cdots\quad p_k\quad p_{k+1}]$.

略证 由定理 1,可知 $p_1,p_2,\cdots,p_k$ 均可表示为 2

的幂之和. 若所含 2 的幂次共 s 类:$2^{m_1},2^{m_2},\cdots,2^{m_s}$,则 p_{k+1} 为 s 类中重复奇数次的 2 的幂次之和.

由此易知,$p_1,p_2,\cdots,p_k,p_{k+1}$ 这 $k+1$ 个非零自然数均表示为 2 的幂之和后,上述的 s 类中 2 的幂均重复偶数次. 若去掉 $k+1$ 个数中的任一个 $p_i=2^{m_1}+2^{m_2}+\cdots+2^{m_r}$,则指数为 $m_1,m_2,\cdots,m_r$ 的幂均出现奇数次,其余均是偶数次,即 p_i 为其余 k 个非零自然数的奇幂和,由此即证.

定理 5　$[p-1\quad q-1\quad a_{pq}]$ 为奇幂和矩阵.

证明　因 $p=2^{m_1}+2^{m_2}+\cdots+2^{m_u},q=2^{n_1}+2^{n_2}+\cdots+2^{n_v}$,其中 $m_1>m_2>\cdots>m_u,n_1>n_2>\cdots>n_v$.

为讨论问题的方便,令 $m_u\geqslant n_v$. 对于 a_{pq} 的推导用 $\boldsymbol{A}_m$ 的性质 4 和性质 5 即可. 具体做法是:取 m_1,n_1 中较大者,若 $m_1>n_1$,则利用性质 5;若 $m_1=n_1$,则利用性质 4. 然后,再从诸 m,n 中找最大的,重复上面的步骤,直到所剩的幂指数中 m_u 为最大时为止. 由上面的过程知道:它就是异幂相加,同幂去掉,而这正是奇幂和,令此和为 C,则有

$$a_{pq}=C+a_{2^{m_u},2^{n_l}+2^{n_{l+1}}+\cdots+2^{n}} \tag{2.5.3}$$

若 $m_u>n_v$,则有下面两种情况:

(1)$m_u>n_l$,这时利用定理 2,知道

$$a_{2^{m_u},2^{n_l}+2^{n_{l+1}}+\cdots+2^{n_v}}=2^{m_u}-(2^{n_l}+2^{n_{l+1}}+\cdots+2^{n_v}) \tag{2.5.4}$$

可证式(2.5.4)的右端是 $2^{m_u}-1$ 与 $2^{n_l}+2^{n_{l+1}}+\cdots+2^{n_v}-1$ 的奇幂和.

事实上,由

$$2^{m_u}-1=2^{m_u-1}+2^{m_u-2}+\cdots+2+1$$

$$2^{n_l}+2^{n_{l+1}}+\cdots+2^{n_v}-1$$
$$=2^{n_l}+2^{n_{l+1}}+\cdots+2^{n_v-1}+2^{n_v-2}+\cdots+2+1$$

易知,相同的幂有 $1,2,4,\cdots,2^{n_l-1},2^{n_l},2^{n_{l+1}},\cdots,2^{n_v-1}$.从而奇幂和是

$$2^{m_u}-1+2^{n_l}+2^{n_{l+1}}+\cdots+2^{n_v}-1-$$
$$2(2^{n_l}+2^{n_{l+1}}+\cdots+2^{n_v-1})-2(1+2+\cdots+2^{n_v-1})$$
$$=2^{m_u}-2-(2^{n_l}+2^{n_{l+1}}+\cdots+2^{n_v-1})-2(2^{n_v}-1)+2^{n_v}$$
$$=2^{m_u}-(2^{n_l}+2^{n_{l+1}}+\cdots+2^{n_v})$$

将此结果代入式(2.5.3)中(注意到 C 的得到),即有

$$a_{pq}=\sum_{2\nmid x}[p-1\quad q-1] \tag{2.5.5}$$

(2)$m_u=n_l$,这时利用定理3,得

$$a_{2^{m_u},2^{n_l}+2^{n_{l+1}}+\cdots+2^{n_v}}=2^{m_u+1}-(2^{n_{l+1}}+2^{n_{l+2}}+\cdots+2^{n_v}) \tag{2.5.6}$$

又依奇幂和定义,有

$$\sum_{2\nmid x}[2^{m_u}-1\quad 2^{m_u}+2^{n_{l+1}}+\cdots+2^{n_v}-1]$$
$$=2^{m_u+1}+2^{n_{l+1}}+2^{n_{l+2}}+\cdots+2^{n_v}-2-$$
$$2(2^{n_{l+1}}+2^{n_{l+2}}+\cdots+2^{n_v-1})-2(1+2+\cdots+2^{n_v-1})$$
$$=2^{m_u+1}-(2^{n_{l+1}}+2^{n_{l+2}}+\cdots+2^{n_v})$$

同理,将上式代入式(2.5.3)中,也得到式(2.5.5).

若 $m_u=n_v$,则由 $a_{2^{m_u},2^{n_v}}=a_{2^{m_u}-1,2^{n_v}-1}=0$ 代入式(2.5.3)中,也得式(2.5.5).

定理5 证毕.

定理6 奇幂和矩阵等价于临败矩阵.

证明　用数学归纳法证. 当 $k=2$ 时，临败矩阵为 $[p \quad p]$ $(p>1)$，而这也正是 $k=2$ 时的奇幂和矩阵. 由推导除 $[p \quad p]$ 之外，均为临胜矩阵，即 $[p \quad p]$ 是唯一的（$k=2$ 时）临败矩阵. 又由奇幂和的定义，知 $[p \quad p]$ 又是唯一的奇幂和矩阵. 这说明，$k=2$ 时结论成立.

当 $k=3$ 时，由数学归纳法可证 $[1 \quad 2n \quad 2n+1]$ 为临败矩阵，元素中有 1 的 1×3（或 3×1）矩阵，除此之外均为临胜矩阵. 事实上，若给矩阵 $[1 \quad p_1 \quad p_2]$（非前型的），则仅有以下三种情形可能：(1) $p_1 - 2n$；(2) $p_1=2m+1$；(3) $p_1=p_2$. 而对于这三种可能分别进行一次变化如下：(1) 时将 p_2 变为 $2n+1$；(2) 时将 p_2 变为 $2m$；(3) 时将 1 变为 0，成为 $[0 \quad p \quad p]$ 矩阵. 易知，这样变化后的矩阵均为临败矩阵，这就证明了除矩阵 $[1 \quad 2n \quad 2n+1]$ 之外的矩阵均为临胜矩阵，即临败矩阵 $[1 \quad 2n \quad 2n+1]$ 是唯一的. 又由奇幂和的定义知，$\sum\limits_{2\nmid x}[1 \quad 2n]=2n+1$，$\sum\limits_{2\nmid x}[1 \quad 2n+1]=2n$，即以 1 为最小元素的奇幂和矩阵具有唯一形式. 此即证明了 $k=3$ 的情形.

假设以不大于 i 为最小元素的奇幂和矩阵等价于临败矩阵，需证以 $i+1$ 为最小元素的奇幂和矩阵等价于临败矩阵. 若所给矩阵是以 $i+1$ 为最小元素的临败矩阵，当由先取者去取时，则其必输. 这是因为 $k=3$，各项又均为有限数，经有限次取后，就变为以不大于 i 为最小元素的矩阵了，而这时的临败矩阵还是属于先取者.

若所给矩阵为奇幂和矩阵，则由奇幂和的性质知：先取者去取时所构成的矩阵为非奇幂和矩阵，而后取者又一定可给先取者造成奇幂和矩阵……这种方法继续下去,后取者均可给先取者造成奇幂和矩阵(先取者给后取者造成非奇幂和矩阵).

由于所给矩阵的诸元素是非零自然数且均为有限的,而取时又均为非零自然数,所以轮流取有限次之后,总可化为以不大于 i 为最小元素的矩阵. 而由归纳法假设,此类矩阵的奇幂和矩阵等价于临败矩阵. 这就证明了:对于以 $i+1$ 为最小元素的矩阵,奇幂和矩阵也等价于临败矩阵.

由此可断定:对 $k=3$ 时,任意 1×3(或 3×1)矩阵,结论均正确.

假设当 $k\leqslant j$ 时,结论正确,则需证 $k=j+1$ 时,结论亦正确.

若所给 $k=j+1$ 时的矩阵为临败矩阵,则先取者去取时,其结果先取者必输. 由于 $k=j+1$,诸元素是非零自然数且均为有限数,所以两人轮流取有限次之后,$j+1$定可减小为不大于 j. 而由假设知,此时结论是正确的.

若所给矩阵是奇幂和矩阵,则由奇幂和的性质知道:先取者去取时所造成的矩阵定为非奇幂和矩阵. 而后取者又一定可给先取者造成奇幂和矩阵……这种方法继续下去,后取者均可给先取者造成奇幂和矩阵. 而由 $j+1$ 与诸元素的有限性知道,经取有限次之后,$j+1$ 定可减小为不大于 j,而此时结论是正确的.

综上两种情况,易知:两人轮流取有限次后,k 总可化为不大于 j 的情况,而此时结论是正确的. 由此可断定:对 $k=j+1$ 时的情况,结论是正确的.

这就证明了：对任意自然数 k，结论均为正确的.

定理 6 就完全得到了证明.

至此，问题已完全解决了，只要依定理 6 给对方造成奇幂和矩阵的形式即可. 当对方去取时，无论何种取法，所得到的矩阵一定为非奇幂和矩阵. 我们又可给对方造成一新奇幂和矩阵. 这样，最后胜利一定属于我们.

若我们遇到临败矩阵的形式时，依理应该输的，但若对方不了解上述秘诀，只要一步失着，胜利还是属于我们的.

类似的，也可用二进位制讨论如上问题，这就留给读者了.

练习题

1. (1985 年全国高中联赛题)某足球邀请赛有 16 个城市参加，每市派甲、乙两个队. 根据比赛规则，每两个队之间至多赛一场，并且同一城市的两个队之间不进行比赛. 比赛若干天后进行统计，发现除 A 市的甲队外，其他各队已比赛过的场次各不相同. 问 A 市乙队已赛过多少场？请证明你的结论.

2. 有金、银、铜、铁四个盒子，其中一个盒子里装有相片. 金盒子上写着：相片在这里；银盒子上写着：相片不在金盒子里，也不在铜盒子里；铜盒子上写着：相片在金盒子或者银盒子里；铁盒子上写着：相片在银盒子里. 如果四句话中有两句是真话，那么相片在哪个盒子里？

3. 某学校举办数学竞赛，甲、乙、丙、丁、戊五位同学得了前五名. 发奖前，老师让他们猜一猜各人的名次排列情况. 甲猜:乙第三名,丙第五名;乙猜:戊第四名,丁第五名;丙猜:甲第一名,戊第四名;丁猜:丙第一名,乙第二名;戊猜:甲第三名,丁第四名. 老师说:"每个名次都有人猜对."那么分别获得第三、四、五名的同学应该是谁?

4. 小张、小李、小王分别出生在北京、上海、武汉,他们各是歌唱演员、相声演员、舞蹈演员. 已知:(1)小王不是歌唱演员,小李不是相声演员;(2)歌唱演员不出生在上海;(3)相声演员出生在北京;(4)小李不出生在武汉. 试分别确定他们的出生地和职业.

5. 有分别装球 1,65,117 的三个盒子,两人轮流在任一盒中任取球,规定取得最后球者为胜,问先取者如何才能获胜?

6. 如图所示,在 8×8 的国际象棋盘中,有三枚棋子,两个人轮流移动棋子,每一个可将棋子移动任意多格(允许两枚或三枚棋子在同一格),但只能按箭头所表示的方向移动. 在所有棋子都移到点 A 时,游戏结束,并且走最后一步的算胜,问哪一个能够获胜?

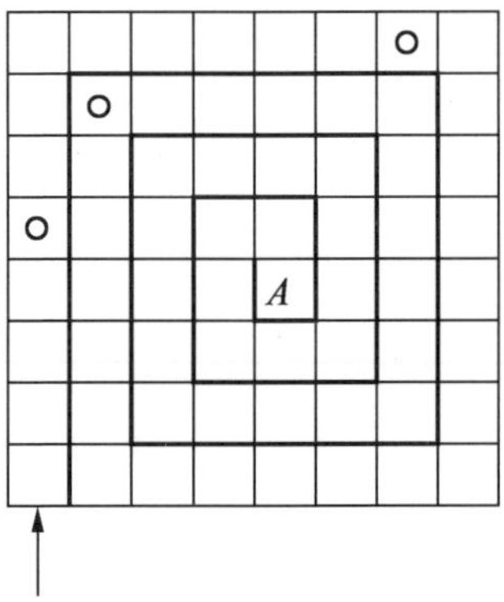

6 题图

第3章 行列式、积和式、二行 n 列式、卷积式

这一章,我们讨论同一矩阵中元素间的一些特殊的积和关系.

我们首先讨论同一 n 阶方阵元素间的两种特殊的积和关系——取自方阵不同行不同列的 n 个元素乘积 $a_{1j_1}\cdot a_{2j_2}\cdot\cdots\cdot a_{nj_n}$ 的两种特殊的代数和关系:方阵的行列式与方阵的积和式及其性质,并给出初步应用的例子.

然后我们再讨论两类特殊的矩阵——$2\times n$ 矩阵元素间的两种积和关系:二行 n 列式与二行 n 列对称积和式及其推广,也给出初步应用的例子.

3.1 方阵的行列式的定义与性质

我们把由 $1,2,\cdots,n$ 组成的一个

有序数组称之为一个 n 级排列. 在一个排列中,如果一对数的前后位置与大小顺序相反,那么它们就称为一个逆序. 一个排列中逆序的总数就称为这个排列的逆序数,记为 $\tau(12\cdots n)$,且称逆序数为偶数的排列为偶排列,逆序数为奇数的排列为奇排列.

定义 1 n 阶方阵 $\boldsymbol{A}_n=(a_{ij})_{n\times n}$ 的行列式等于所有取自方阵 $\boldsymbol{A}_n$ 的不同行不同列的 n 个元素的乘积

$$a_{1j_1}\cdot a_{2j_2}\cdot\cdots\cdot a_{nj_n}\tag{3.1.1}$$

的代数和,并记为 $|\boldsymbol{A}_n|$ 或 $\det\boldsymbol{A}_n$. 其中 $j_1,j_2,\cdots,j_n$ 是 $1,2,\cdots,n$ 改变次序后的一个排列,每一项(3.1.1)都按下列规则带有符号:当 $j_1j_2\cdots j_n$ 是偶排列时,(3.1.1)带有正号;当 $j_1j_2\cdots j_n$ 是奇排列时,(3.1.1)带有负号.

由如上定义,n 阶方阵 $\boldsymbol{A}_n=(a_{ij})_{n\times n}$ 的行列式可写成

$$\det\boldsymbol{A}_n=|\boldsymbol{A}_n|=\begin{vmatrix}a_{11}&a_{12}&\cdots&a_{1n}\\a_{21}&a_{22}&\cdots&a_{2n}\\\vdots&\vdots&&\vdots\\a_{n1}&a_{n2}&\cdots&a_{nn}\end{vmatrix}$$

$$=\sum_{j_1j_2\cdots j_n}(-1)^{\tau(j_1j_2\cdots j_n)}a_{1j_1}\cdot a_{2j_2}\cdot\cdots\cdot a_{nj_n}\tag{3.1.2}$$

并称为 n 阶行列式. 显然 $|\boldsymbol{A}_1|=|a_{11}|=a_{11}$(“| |”与绝对值符号有区别)

$$|\boldsymbol{A}_2|=\begin{vmatrix}a_{11}&a_{12}\\a_{21}&a_{22}\end{vmatrix}=a_{11}\cdot a_{22}-a_{12}\cdot a_{21}$$

$$|\boldsymbol{A}_3| = \begin{vmatrix} a_{11} & a_{12} & a_{13} \\ a_{21} & a_{22} & a_{23} \\ a_{31} & a_{32} & a_{33} \end{vmatrix}$$

$$= a_{11} \cdot a_{22} \cdot a_{33} + a_{12} \cdot a_{23} \cdot a_{31} + a_{13} \cdot a_{21} \cdot a_{32} - a_{13} \cdot a_{22} \cdot a_{31} - a_{12} \cdot a_{21} \cdot a_{33} - a_{11} \cdot a_{23} \cdot a_{32}$$

由如上定义,我们可推证如下性质:

性质1 方阵的行列互换,其行列式不变.

性质2 方阵的行列式中一行的公因子可以提出去,或者说以一数乘行列式的一行就相当于用这个数乘此行列式.

性质3 如果方阵中的一行元素均为零,那么其行列式为零.

性质4 如果方阵的某一行是两组数的和,那么这个方阵的行列式就等于两个行列式的和,而这两个行列式除这一行外全与原方阵中的对应的行一样.

性质5 如果方阵中两行的对应元素相等,那么其行列式为零.

性质6 如果方阵中两行的对应元素成比例,那么其行列式为零.

性质7 在方阵中,把一行元素的倍数加到另一行对应元素上,其行列式不变.

性质8 在方阵中,对换两行元素的位置,其行列式反号.

性质9 对于两个同阶方阵 $\boldsymbol{A}_n,\boldsymbol{B}_n$,有

$$|\boldsymbol{A}_n \cdot \boldsymbol{B}_n| = |\boldsymbol{A}_n| \cdot |\boldsymbol{B}_n|$$

并可推广之.

注 性质 9 的一种证明可见后面 3.2 节中例 11.

性质 10 行列式可按一行(列)展开(称为拉普拉斯(Laplace)展开),即为这一行(列)的每一个元素 a_{ij} 与 $(-1)^{i+j}M_{ij}$ 相乘的代数和(其中 M_{ij} 为划去 a_{ij} 所在的行、所在的列后所构成的行列式).

例如

$$\begin{vmatrix} a_{11} & a_{12} & a_{13} \\ a_{21} & a_{22} & a_{23} \\ a_{31} & a_{32} & a_{33} \end{vmatrix} = a_{11}\cdot(-1)^{1+1}\begin{vmatrix} a_{22} & a_{23} \\ a_{32} & a_{33} \end{vmatrix} + a_{12}\cdot(-1)^{1+2}\begin{vmatrix} a_{21} & a_{23} \\ a_{31} & a_{33} \end{vmatrix} + a_{13}\cdot(-1)^{1+3}\begin{vmatrix} a_{21} & a_{22} \\ a_{31} & a_{32} \end{vmatrix}$$

$$= a_{11}a_{22}a_{33} - a_{11}a_{23}a_{32} - a_{12}a_{21}a_{33} + a_{12}a_{23}a_{31} + a_{13}a_{21}a_{32} - a_{13}a_{22}a_{31}$$

在上述性质 2,7,8 中,对矩阵的行施行了一些运算操作,我们称之为进行矩阵的初等行变换. 或者说,矩阵的初等行变换是指下列三种变换:

(1)以一个非零的实数乘矩阵的一行;

(2)把矩阵的某一行的 k($k\in\mathbf{R}$ 且 $k\neq 0$)倍加到另一行;

(3)互换矩阵中两行的位置.

一般的,一个矩阵经过初等行变换后,就变成了另一个矩阵,但对于方阵的行列式来说,如上性质 2,7,8 表明方阵作初等行变换后,其行列式或者不变,或者差一非零的倍数.

类似的,也有如上形式的三种初等列变换,读者可自行写出.

根据行列式的定义,某些特殊的代数和式也可以用行列式表示. 因此,运用行列式及其性质证明某些条件等式以及不等式将是方便的. 下面来看以下几例:

例 1(1979 年全国高考数学试题)　已知 $(z-x)^2-4(x-y)(y-z)=0$,求证:$x-y=y-z$.

证明　将已知条件转化为行列式的形式,得

$$\begin{aligned}0&=(z-x)^2-4(x-y)(y-z)\\&=\begin{vmatrix}z-x & 2(x-y)\\ 2(y-z) & z-x\end{vmatrix}\\&=\begin{vmatrix}2y-x-z & x+z-2y\\ 2(y-z) & z-x\end{vmatrix}\\&=(x-2y+z)\begin{vmatrix}-1 & 1\\ 2(y-z) & z-x\end{vmatrix}\\&=(x-2y+z)^2\end{aligned}$$

所以 $x-2y+z=0$,即 $x-y=y-z$.

例 2　已知 $ax^2+bx+c=0$, $px^2+qx+r=0$,求证

$$(cp-ra)^2=(br-qc)(aq-pb)$$

证明　由已知 $c=-ax^2-bx$, $r=-px^2-qx$,且求证式可以写出行列式. 考虑矩阵

$$\begin{bmatrix}cp-ra & aq-pb\\ br-qc & cp-ra\end{bmatrix}$$

的行列式

$$\begin{vmatrix}cp-ra & aq-pb\\ br-qc & cp-ra\end{vmatrix}$$

$$= \begin{vmatrix} -apx^2 - bpx + pax^2 + qax & aq - pb \\ -bpx^2 - bqx + aqx^2 + bqx & -apx^2 - bpx + pax^2 + qax \end{vmatrix}$$

$$= \begin{vmatrix} x(aq - pb) & aq - pb \\ x^2(aq - pb) & x(aq - pb) \end{vmatrix} = 0$$

故 $(cp - ra)^2 - (aq - pb)(br - qc) = 0$. 由此即证.

例 3 若 $\dfrac{bz - cy}{b - c} = \dfrac{cx - az}{c - a}, c \neq 0$, 求证

$$a(y - z) + b(z - x) + c(x - y) = 0$$

证明 注意到求证式可以写出行列式,考虑矩阵 $\begin{bmatrix} a & b & c \\ x & y & z \\ 1 & 1 & 1 \end{bmatrix}$ 的行列式

$$\begin{aligned} & a(y - z) + b(z - x) + c(x - y) \\ = & ay + bz + cx - az - bx - cy \\ = & \begin{vmatrix} a & b & c \\ x & y & z \\ 1 & 1 & 1 \end{vmatrix} = \begin{vmatrix} a & b - c & c - a \\ x & y - z & z - x \\ 1 & 0 & 0 \end{vmatrix} \\ = & \begin{vmatrix} b - c & c - a \\ y - z & z - x \end{vmatrix} = \frac{1}{c} \begin{vmatrix} b - c & c - a \\ cy - cz & cz - cx \end{vmatrix} \\ & \xlongequal[\text{加到第二行}]{\text{第一行乘以}(-z)} \frac{1}{c} \begin{vmatrix} b - c & c - a \\ cy - bz & az - cx \end{vmatrix} \\ = & -\frac{1}{c} \begin{vmatrix} b - c & c - a \\ bz - cy & cx - az \end{vmatrix} = -\frac{1}{c} \cdot 0 = 0 \end{aligned}$$

由此即证.

例 4 设 $A = ax + bz + cy = -1, B = ay + bx + cz = 2, C = az + by + cx = -3$, 求 $(a^3 + b^3 + c^3 - 3abc)(x^3 + y^3 + z^3 - 3xyz)$ 的值.

解 注意到求解式的因式可以写出行列式，考虑到矩阵$\begin{bmatrix}a&b&c\\c&a&b\\b&c&a\end{bmatrix}$与$\begin{bmatrix}x&y&z\\z&x&y\\y&z&x\end{bmatrix}$及这两个矩阵的乘积矩阵的三个行列式

$$\begin{vmatrix}a&b&c\\c&a&b\\b&c&a\end{vmatrix}=a^3+b^3+c^3-3abc$$

$$\begin{vmatrix}x&y&z\\z&x&y\\y&z&x\end{vmatrix}=x^3+y^3+z^3-3xyz$$

$$\begin{aligned}&(a^3+b^3+c^3-3abc)(x^3+y^3+z^3-3xyz)\\=&\begin{vmatrix}a&b&c\\c&a&b\\b&c&a\end{vmatrix}\cdot\begin{vmatrix}x&y&z\\z&x&y\\y&z&x\end{vmatrix}\\=&\begin{vmatrix}ax+bz+cy&ay+bx+cz&az+by+cx\\az+by+cx&ax+bz+cy&ay+bx+cz\\ay+bx+cz&az+by+cx&ax+bz+cy\end{vmatrix}\\=&\begin{vmatrix}A&B&C\\C&A&B\\B&C&A\end{vmatrix}=A^3+B^3+C^3-3ABC\\=&(-1)^3+2^3+(-3)^3-3\times(-1)\times2\times(-3)\\=&-38\end{aligned}$$

为所求.

在结束本节之前，我们再来介绍一个特殊方阵的行列式及几条性质.

我们称如下矩阵为范德蒙德(Vandermonde)矩阵

$$\begin{bmatrix} 1 & 1 & 1 & \cdots & 1 \\ a_1 & a_2 & a_3 & \cdots & a_n \\ a_1^2 & a_2^2 & a_3^2 & \cdots & a_n^2 \\ \vdots & \vdots & \vdots & & \vdots \\ a_1^{n-1} & a_2^{n-1} & a_3^{n-1} & \cdots & a_n^{n-1} \end{bmatrix} \qquad (3.1.3)$$

其行列式亦称为范德蒙德行列式,不妨记为 $V_n(a_1,a_2,\cdots,a_n)$,简记为 V_n.

V_n 有如下几条重要的性质:

性质 11 可知

$$V_n = \prod_{1 \leqslant j < i \leqslant n} (a_i - a_j) \qquad (3.1.4)$$

证明 用数学归纳法.

当 $n=2$ 时,$V_2 = \begin{vmatrix} 1 & 1 \\ a_1 & a_2 \end{vmatrix} = a_2 - a_1$,结论成立.

设对于 $n-1$ 时,结论成立,往证对于 n 时的情形.在 V_n 中,第 n 行减去第$n-1$行的 a_1 倍,第 $n-1$ 行减去第 $n-2$ 行的 a_1 倍,也就是由下而上地依次从每一行减去它上一行的 a_1 倍,有

$$V_n = \begin{vmatrix} 1 & 1 & 1 & \cdots & 1 \\ 0 & a_2 - a_1 & a_3 - a_1 & \cdots & a_n - a_1 \\ 0 & a_2^2 - a_1 a_2 & a_3^2 - a_1 a_3 & \cdots & a_n^2 - a_1 a_n \\ \vdots & \vdots & \vdots & & \vdots \\ 0 & a_2^{n-1} - a_1 a_2^{n-2} & a_3^{n-1} - a_1 a_3^{n-2} & \cdots & a_n^{n-1} - a_1 a_n^{n-2} \end{vmatrix}$$

$$= \begin{vmatrix} a_2 - a_1 & a_3 - a_1 & \cdots & a_n - a_1 \\ a_2^2 - a_1 a_2 & a_3^2 - a_1 a_3 & \cdots & a_n^2 - a_1 a_n \\ \vdots & \vdots & & \vdots \\ a_2^{n-1} - a_1 a_2^{n-2} & a_3^{n-1} - a_1 a_3^{n-2} & \cdots & a_n^{n-1} - a_1 a_n^{n-2} \end{vmatrix}$$

$$= (a_2 - a_1)(a_3 - a_1)\cdots(a_n - a_1) \cdot \begin{vmatrix} 1 & 1 & \cdots & 1 \\ a_2 & a_3 & \cdots & a_n \\ a_2^2 & a_3^2 & \cdots & a_n^2 \\ \vdots & \vdots & & \vdots \\ a_2^{n-2} & a_3^{n-2} & \cdots & a_n^{n-2} \end{vmatrix}$$

后面这个行列式是一个 $n-1$ 阶的范德蒙德行列式. 由归纳法假设,它等于所有可能差 $a_i - a_j(2 \leqslant j < i \leqslant n)$ 的乘积,而包含 a_1 的差全在前面出现了. 因此,结论对 n 阶范德蒙德行列式也成立,根据数学归纳法,完成了证明.

性质 12　$V_n = 0$ 的充分必要条件是 $a_1, a_2, \cdots, a_n$ 这 n 个数中至少有两个相等.

性质 13　$n+1$ 阶的范德蒙德行列式

$$V_{n+1}(a_1, a_2, \cdots, a_n, x) = \begin{vmatrix} 1 & 1 & \cdots & 1 & 1 \\ a_1 & a_2 & \cdots & a_n & x \\ a_1^2 & a_2^2 & \cdots & a_n^2 & x^2 \\ \vdots & \vdots & & \vdots & \vdots \\ a_1^n & a_2^n & \cdots & a_n^n & x^n \end{vmatrix}$$

$$= \prod_{i=1}^{n} (x - a_i) V_n(a_1, a_2, \cdots, a_n) \tag{3.1.5}$$

性质 14 $n+1$ 阶的范德蒙德行列式

$$V_{n+1}(a_0,\cdots,a_{k-1},x,a_{k+1},\cdots,a_n)$$
$$=(-1)^{n-k}\prod_{\substack{i=0\\ i\neq k}}^{n}(x-a_i)\cdot V_n(a_0,\cdots,a_{k-1},a_{k+1},\cdots,a_n) \tag{3.1.6}$$

其中 $k=0,1,2,\cdots,n$.

证明 利用行列式列交换的性质,对 $V_{n+1}(a_0,\cdots,a_{k-1},x,a_{k+1},\cdots,a_n)$将 x 所在的列依次后移 $n-k$ 次可得 $V_{n+1}(a_0,\cdots,a_{k-1},a_{k+1},\cdots,a_n,x)$,所以有

$$V_{n+1}(a_0,\cdots,a_{k-1},x,a_{k+1},\cdots,a_n)$$
$$=(-1)^{n-k}\cdot V_{n+1}(a_0,\cdots,a_{k-1},a_{k+1},\cdots,a_n,x)$$

再由式(3.1.5),得

$$V_{n+1}(a_0,\cdots,a_{k-1},x,a_{k+1},\cdots,a_n)$$
$$=(-1)^{n-k}\prod_{\substack{i=0\\ i\neq k}}^{n}(x-a_i)V_n(a_0,\cdots,a_{k-1},a_{k+1},\cdots,a_n)$$

其中 $k=0,1,2,\cdots,n$.

范德蒙德行列式有一个显然的推广,即:

性质 15 设 $p_i(x)$是第 i 次多项式,其中 x^i 的系数是 $a_i(i=0,1,\cdots,n)$,则

$$\begin{vmatrix} p_0(x_1) & p_0(x_2) & \cdots & p_0(x_n) \\ p_1(x_1) & p_1(x_2) & \cdots & p_1(x_n) \\ \vdots & \vdots & & \vdots \\ p_{n-1}(x_1) & p_{n-1}(x_2) & \cdots & p_{n-1}(x_n) \end{vmatrix}$$
$$=\prod_{i=0}^{n}a_i\cdot\prod_{1\leqslant j<i\leqslant n}(x_i-x_j) \tag{3.1.7}$$

略证　由于式(3.1.7)中行列式的第一行全是 a_0,以 a_0 除这一行,得到同为 1 的行列式. 令

$$p_1(x)=a_1x+a_1'$$

在第二行中减去第一行的 a_1'倍,再除以 a,则第二行变为 $x_1,x_2,\cdots,x_n$. 又令

$$p_2(x)=a_2x^2+a_2'x+a_2''$$

在第三行中减去第一行的 a_2''倍,减去第二行的a_2'倍,再除以 a_2,第三行变为

$$x_1^2,x_2^2,\cdots,x_n^2$$

依此进行,便得式(3.1.7)了.

关于范德蒙德行列式及其性质的应用,我们在此列举几例:

例 5[①]　过三个点(x_i,y_i),$i=0,1,2$(其中 x_i 互异)的插值多项式 $P(x)$可从行列式方程

$$\begin{vmatrix} P(x) & y_0 & y_1 & y_2 \\ 1 & 1 & 1 & 1 \\ x & x_0 & x_1 & x_2 \\ x^2 & x_0^2 & x_1^2 & x_2^2 \end{vmatrix}=0$$

解出.

证明　将等号左边的行列式的第一行展开,得

$$P(x)V_3(x_0,x_1,x_2)-y_0V_3(x,x_1,x_2)+$$
$$y_1V_3(x_0,x,x_2)-y_2V_3(x_0,x_1,x)=0$$

即

① 郭晓斌,尚德泉. Vandermonde 行列式在插值问题中的一个应用[J]. 数学教学研究,2008(6):57-58.

$$P(x)=\frac{1}{V_3(x_0,x_1,x_2)}\cdot$$

$$[y_0V_3(x,x_1,x_2)-y_1V_3(x_0,x,x_2)+y_2V_3(x_0,x_1,x)]$$

由式(3.1.4)和式(3.1.6),得

$$\begin{aligned}P(x)=&y_0\frac{(x-x_1)(x-x_2)}{(x_0-x_1)(x_0-x_2)}+\\&y_1\frac{(x-x_0)(x-x_2)}{(x_1-x_0)(x_1-x_2)}+\\&y_2\frac{(x-x_0)(x-x_1)}{(x_2-x_0)(x_2-x_1)}\\=&y_0l_0(x)+y_1l_1(x)+y_2l_2(x)\\=&L_2(x)\end{aligned}$$

与过三个点的拉格朗日(Lagrange)插值公式 $L_2(x)$ 一致.

例 6 过平面上 $n+1$ 个点 (x_i,y_i), $i=0,1,2,\cdots,n$(其中 x_i 互异)的插值多项式 $P(x)$ 可从行列式方程

$$\begin{vmatrix}P(x)&y_0&y_1&\cdots&y_n\\1&1&1&\cdots&1\\x&x_0&x_1&\cdots&x_n\\\vdots&\vdots&\vdots&&\vdots\\x^n&x_0^n&x_1^n&\cdots&x_n^n\end{vmatrix}=0$$

解出.

证明 将等号左边的行列式的第一行展开,即

$$P(x)V_{n+1}(x_0,x_1,\cdots,x_n)+$$

$$\sum_{k=0}^{n}y_k(-1)^{k+3}V_{n+1}(x_0,\cdots,x_{k-1},x,x_{k+1},\cdots,x_n)=0$$

得

$$P(x)=\frac{1}{V_{n+1}(x_0,x_1,\cdots,x_n)}\cdot$$

$$\sum_{k=0}^{n}y_k(-1)^{k+2}V_{n+1}(x_0,\cdots,x_{k-1},x,x_{k+1},\cdots,x_n)$$

$$P(x)=\sum_{k=0}^{n}[y_k(-1)^{k+2}\cdot$$

$$\frac{V_{n+1}(x_0,\cdots,x_{k-1},x,x_{k+1},\cdots,x_n)}{V_{n+1}(x_0,x_1,\cdots,x_n)}]$$

由式(3.1.6),有

$$V_{n+1}(x_0,\cdots,x_{k-1},x,x_{k+1},\cdots,x_n)$$

$$=(-1)^{n-k}\prod_{\substack{i=0\\i\neq k}}^{n}(x-x_i)V_n(x_0,\cdots,x_{k-1},x_{k+1},\cdots,x_n)$$

所以

$$P(x)=\sum_{k=0}^{n}[y_k(-1)^{2n+2}\prod_{\substack{i=0\\i\neq k}}^{n}(x-x_i)\cdot$$

$$\frac{V_n(x_0,\cdots,x_{k-1},x_{k+1},\cdots,x_n)}{V_{n+1}(x_0,x_1,\cdots,x_n)}]$$

$$=\sum_{k=0}^{n}y_k\prod_{\substack{i=0\\i\neq k}}^{n}\frac{x-x_i}{x_k-x_i}$$

$$=\sum_{k=0}^{n}y_k\frac{\omega(x)}{(x-x_k)\omega'(x_k)}$$

$$=L_n(x)$$

与平面上过 $n+1$ 个点的拉格朗日插值公式一致.

例7[①] 设多项式 $f(x)=a_0x^n+a_1x^{n-1}+\cdots+$

① 王凯成.一个组合恒等式的推广及应用[J].数学通报,2012(6):51.

$a_{n-1}x+a_n, b_j=b+(j-1)d, a_i, b, d\in\mathbf{C}, d\neq 0, 1\leqslant j\leqslant n+1, n\geqslant 2$,那么

$$\sum_{j=0}^{n}(-1)^j f(b_j)\mathrm{C}_n^j=(-1)^n a_0 n!d^n \quad (3.1.8)$$

证明 考虑范德蒙德行列式

$$V_{n+1}=\begin{vmatrix}1&1&1&\cdots&1\\ b_1&b_2&b_3&\cdots&b_{n+1}\\ b_1^2&b_2^2&b_3^2&\cdots&b_{n+1}^2\\ \vdots&\vdots&\vdots&&\vdots\\ b_1^n&b_2^n&b_3^n&\cdots&b_{n+1}^n\end{vmatrix}\neq 0 \quad (\text{因 } d\neq 0)$$

用 D_j 表示 V_{n+1} 中第 $n+1$ 行第 j 列元素的余子式,那么

$$D_j=\frac{V_{n+1}}{[(b_j-b_1)(b_j-b_2)\cdots(b_j-b_{j-1})(b_{j+1}-b_j)(b_{j+2}-b_j)\cdots(b_{n+1}-b_j)]}$$

$$=\frac{V_{n+1}}{(j-1)!\ (n+1-j)!\ d^n}$$

$$=\frac{V_{n+1}}{n!\ d^n}\cdot\mathrm{C}_n^{j-1}$$

从而

$$a_0\cdot V_{n+1}=\begin{vmatrix}1&1&1&\cdots&1\\ b_1&b_2&b_3&\cdots&b_{n+1}\\ b_1^2&b_2^2&b_3^2&\cdots&b_{n+1}^2\\ \vdots&\vdots&\vdots&&\vdots\\ b_1^{n-1}&b_2^{n-1}&b_3^{n-1}&\cdots&b_{n+1}^{n-1}\\ a_0b_1^n&a_0b_2^n&a_0b_3^n&\cdots&a_0b_{n+1}^n\end{vmatrix}$$

$$\xlongequal[\text{全部分别加到第 } n+1 \text{ 行对应的元素上去}]{\text{依次将第 } i(i=1,2,\cdots,n) \text{ 行元素乘以 } a_{n-i+1}}$$

$$\begin{vmatrix} 1 & 1 & 1 & \cdots & 1 \\ b_1 & b_2 & b_3 & \cdots & b_{n+1} \\ b_1^2 & b_2^2 & b_3^2 & \cdots & b_{n+1}^2 \\ \vdots & \vdots & \vdots & & \vdots \\ b_1^{n-1} & b_2^{n-1} & b_3^{n-1} & \cdots & b_{n+1}^{n-1} \\ f(b_1) & f(b_2) & f(b_3) & \cdots & f(b_{n+1}) \end{vmatrix}$$

$$\xlongequal{\text{按第 } n+1 \text{ 行展开}} \sum_{j=1}^{n+1}(-1)^{n+1+j}\cdot f(b_j)\cdot D_j$$

$$= \sum_{j=1}^{n+1}(-1)^{n+1+j}\cdot f(b_j)\cdot \frac{V_{n+1}}{n!d^n}\cdot \mathrm{C}_n^{j-1}$$

故有

$$\sum_{j=1}^{n+1}(-1)^{j-1}f(b_j)\mathrm{C}_n^{j-1} = (-1)^n\cdot a_0\cdot n!\cdot d^n$$

其等价于

$$\sum_{j=0}^{n}(-1)^{j}f(b_j)\mathrm{C}_n^{j} = (-1)^n\cdot a_0\cdot n!\cdot d^n$$

在此,也顺便指出:式(3.1.8)推广了如下两个组合恒等式.

(1)取 $f(x)=x^k, k\in\mathbf{N}_+, k\leqslant n, b=d=1, b_j=j$.

当 $k=n$ 时,$a_0=1$,由式(3.1.8),有

$$\sum_{j=0}^{n}(-1)^{j}j^n\mathrm{C}_n^{j} = (-1)^n\cdot n!$$

当 $k<n$ 时,$a_0=0$,由式(3.1.8),有

$$\sum_{j=0}^{n}(-1)^{j}j^k\mathrm{C}_n^{j} = 0$$

可见式(3.1.8)是如下恒等式

$$\sum_{j=0}^{n}(-1)^j j^k C_n^j=\begin{cases}0, 当 k<n 且 k\in \mathbf{N}_+ 时\\(-1)^n\cdot n!, 当 k=n 且 k\in \mathbf{N}_+ 时\end{cases}$$

的推广.

(2)取 $f(x)=x^n, b=n-1, d=-1, b_j=n-j$.

因 $a_0=1$,由式(3.1.8),有

$$\sum_{j=0}^{n}(-1)^j(n-j)^n C_n^j=n!$$

可见式(3.1.8)也是如下恒等式

$$\sum_{j=0}^{n}(-1)^j(n-j)^n C_n^j=n! \quad (n\in \mathbf{N}_+)$$

的推广.

例 8 (1)求证

$$\begin{vmatrix}1 & 1 & \cdots & 1\\ \cos\theta_1 & \cos\theta_2 & \cdots & \cos\theta_n\\ \vdots & \vdots & & \vdots\\ \cos(n-1)\theta_1 & \cos(n-1)\theta_2 & \cdots & \cos(n-1)\theta_n\end{vmatrix}$$

$$=2^{\frac{1}{2}(n-2)(n-1)}\cdot\prod_{1\leqslant j<i\leqslant n}(\cos\theta_i-\cos\theta_j)$$

(2)求证

$$\begin{vmatrix}\sin\theta_1 & \sin\theta_2 & \cdots & \sin\theta_n\\ \sin 2\theta_1 & \sin 2\theta_2 & \cdots & \sin 2\theta_n\\ \vdots & \vdots & & \vdots\\ \sin n\theta_1 & \sin n\theta_2 & \cdots & \sin n\theta_n\end{vmatrix}$$

$$=2^{\frac{1}{2}n(n-1)}\cdot\prod_{i=1}^{n}\sin\theta_i\cdot\prod_{1\leqslant j<i\leqslant n}(\cos\theta_i-\cos\theta_j)$$

证明 (1)由于

$$(\cos\theta+\mathrm{i}\sin\theta)^n=\cos n\theta+\mathrm{i}\sin n\theta$$

则

$$\begin{aligned}2\cos n\theta &= (\cos\theta + \mathrm{i}\sin\theta)^n + (\cos\theta - \mathrm{i}\sin\theta)^n \\ &= \sum_{l=0}^{n} \mathrm{C}_n^l \cdot [(\mathrm{i}\sin\theta)^l + (-\mathrm{i}\sin\theta)^l] \cdot \cos^{n-l}\theta \\ &= 2\sum_{k=0}^{[\frac{n}{2}]} \mathrm{C}_n^{2k}(-1)^k \cdot \sin^{2k}\theta \cdot \cos^{n-2k}\theta\end{aligned}$$

即

$$\begin{aligned}\cos n\theta &= \sum_{k=0}^{[\frac{n}{2}]} (-1)^k \cdot \mathrm{C}_n^{2k} \cdot (1-\cos^2\theta)^k \cdot \cos^{n-2k}\theta \\ &= p_n(\cos\theta)\end{aligned}$$

其中 $p_n(\cos\theta)$ 是 $\cos\theta$ 的多项式,且 $\cos^n\theta$ 的系数等于

$$\begin{aligned}&\sum_{k=0}^{[\frac{n}{2}]} (-1)^k \cdot (-1)^k \cdot \mathrm{C}_n^{2k} \\ &= \frac{1}{2}\sum_{l=0}^{n} (1+(-1)^l) \cdot \mathrm{C}_n^l = 2^{n-1}\end{aligned}$$

故

$$\begin{vmatrix} 1 & 1 & \cdots & 1 \\ \cos\theta_1 & \cos\theta_2 & \cdots & \cos\theta_n \\ \vdots & \vdots & & \vdots \\ \cos(n-1)\theta_1 & \cos(n-1)\theta_2 & \cdots & \cos(n-1)\theta_n \end{vmatrix}$$

$$= \begin{vmatrix} p_0(\cos\theta_1) & p_0(\cos\theta_2) & \cdots & p_0(\cos\theta_n) \\ p_1(\cos\theta_1) & p_1(\cos\theta_2) & \cdots & p_1(\cos\theta_n) \\ \vdots & \vdots & & \vdots \\ p_{n-1}(\cos\theta_1) & p_{n-1}(\cos\theta_2) & \cdots & p_{n-1}(\cos\theta_n) \end{vmatrix}$$

$$= 2^{0+1+2+\cdots+(n-2)} \cdot \prod_{1\leqslant j<i\leqslant n} (\cos\theta_i - \cos\theta_j)$$

$$= 2^{\frac{1}{2}(n-2)(n-1)} \cdot \prod_{1 \leqslant j < i \leqslant n} (\cos \theta_i - \cos \theta_j)$$

(2) 由于

$$(\cos \theta + \mathrm{i}\sin \theta)^n = \cos n\theta + \mathrm{i}\sin n\theta$$

则

$$\begin{aligned} 2\mathrm{i}\sin n\theta &= (\cos \theta + \mathrm{i}\sin \theta)^n - (\cos \theta - \mathrm{i}\sin \theta)^n \\ &= \sum_{l=0}^{n} \mathrm{C}_n^l \cdot [(\mathrm{i}\sin \theta)^l - (\mathrm{i}\sin \theta)^l] \cdot \\ &\quad \cos^{n-1}\theta \\ &= 2\mathrm{i} \sum_{0 \leqslant 2k+1 \leqslant n} \mathrm{C}_n^{2k+1} \cdot (-1)^k \cdot \sin^{2k+1}\theta \cdot \\ &\quad \cos^{n-2k-1}\theta \end{aligned}$$

即

$$\begin{aligned} \sin n\theta &= \sin \theta \sum_{0 \leqslant 2k+1 \leqslant n} \mathrm{C}_n^{2k+1} \cdot (-1)^k \cdot \\ &\quad (1 - \cos^2\theta)^k \cdot \cos^{n-2k-1}\theta \\ &= \sin \theta \cdot Q_{n-1}(\cos \theta) \end{aligned}$$

其中 $Q_{n-1}(\cos \theta)$ 是 $\cos \theta$ 的 $n-1$ 次多项式,且 $\cos^{n-1}\theta$ 的系数为

$$\sum_{0 \leqslant 2k+1 \leqslant n} \mathrm{C}_n^{2k+1} = \sum_{l=0}^{n} \mathrm{C}_n^l - \sum_{0 \leqslant 2k \leqslant n} \mathrm{C}_n^{2k} = 2^n - 2^{n-1} = 2^{n-1}$$

故

$$\begin{vmatrix} \sin \theta_1 & \cdots & \sin \theta_n \\ \sin 2\theta_1 & \cdots & \sin 2\theta_n \\ \vdots & & \vdots \\ \sin n\theta_1 & \cdots & \sin n\theta_n \end{vmatrix}$$

$$= \prod_{i=1}^{n} \sin \theta_i \cdot \begin{vmatrix} Q_0(\cos \theta_1) & \cdots & Q_0(\cos \theta_n) \\ Q_1(\cos \theta_1) & \cdots & Q_1(\cos \theta_n) \\ \vdots & & \vdots \\ Q_{n-1}(\cos \theta_1) & \cdots & Q_{n-1}(\cos \theta_n) \end{vmatrix}$$

$$= 2^{\frac{1}{2}n(n-1)} \cdot \prod_{i=1}^{n} \sin \theta_i \cdot \prod_{1 \leqslant j < i \leqslant n} (\cos \theta_i - \cos \theta_j)$$

例 9 (1)求证

$$\begin{vmatrix} \sin \frac{1}{2}\theta_1 & \cdots & \sin \frac{1}{2}\theta_n \\ \sin \frac{3}{2}\theta_1 & \cdots & \sin \frac{3}{2}\theta_n \\ \vdots & & \vdots \\ \sin(n-\frac{1}{2})\theta_1 & \cdots & \sin(n-\frac{1}{2})\theta_n \end{vmatrix}$$

$$= 2^{\frac{1}{2}n(n-1)} \cdot \prod_{i=1}^{n} \sin \frac{1}{2}\theta_i \cdot \prod_{1 \leqslant j < i \leqslant n} (\cos \theta_i - \cos \theta_j)$$

(2)求证

$$\begin{vmatrix} \cos \frac{1}{2}\theta_1 & \cdots & \cos \frac{1}{2}\theta_n \\ \cos \frac{3}{2}\theta_1 & \cdots & \cos \frac{3}{2}\theta_n \\ \vdots & & \vdots \\ \cos(n-\frac{1}{2})\theta_1 & \cdots & \cos(n-\frac{1}{2})\theta_n \end{vmatrix}$$

$$= 2^{\frac{1}{2}n(n-1)} \cdot \prod_{i=1}^{n} \cos \frac{1}{2}\theta_i \cdot \prod_{1 \leqslant j < i \leqslant n} (\cos \theta_i - \cos \theta_j)$$

证明 (1)对原行列式第 $1,2,\cdots,n$ 列各乘以

$\cos\frac{1}{2}\theta_1,\cos\frac{1}{2}\theta_2,\cdots,\cos\frac{1}{2}\theta_n$，注意到

$$\sin\left(k-\frac{1}{2}\right)\theta_i\cdot\cos\frac{1}{2}\theta_i=\frac{1}{2}[\sin k\theta_i+\sin(k-1)\theta_i]$$

所以原行列式等于

$$\frac{1}{2^n\prod_{i=1}^{n}\cos\frac{1}{2}\theta_i}\cdot\begin{vmatrix}\sin\theta_1 & \cdots & \sin\theta_n\\ \sin 2\theta_1-\sin\theta_1 & \cdots & \sin 2\theta_n-\sin\theta_n\\ \vdots & & \vdots\\ \sin n\theta_1-\sin(n-1)\theta_1 & \cdots & \sin n\theta_n-\sin(n-1)\theta_n\end{vmatrix}$$

$$=\frac{1}{2^n\prod_{i=1}^{n}\cos\frac{1}{2}\theta_i}\begin{vmatrix}\sin\theta_1 & \cdots & \sin\theta_n\\ \sin 2\theta_1 & \cdots & \sin 2\theta_n\\ \vdots & & \vdots\\ \sin n\theta_1 & \cdots & \sin n\theta_n\end{vmatrix}$$

$$=2^{\frac{1}{2}n(n-1)}\cdot\prod_{i=1}^{n}\sin\frac{1}{2}\theta_i\cdot\prod_{1\leqslant j<i\leqslant n}(\cos\theta_i-\cos\theta_j)$$

(2)对原行列式第 1,2,…,n 列各乘以 $\sin\frac{1}{2}\theta_1$，$\sin\frac{1}{2}\theta_2,\cdots,\sin\frac{1}{2}\theta_n$，注意到

$$\sin\frac{1}{2}\theta_i\cdot\cos\left(k+\frac{1}{2}\right)\theta_i=\frac{1}{2}[\sin(k+1)\theta_i-\sin k\theta_i]$$

所以原行列式等于

$$\frac{1}{2^n\prod_{i=1}^{n}\sin\frac{1}{2}\theta_i}\cdot$$

$$\begin{vmatrix} \sin\theta_1 & \cdots & \sin\theta_n \\ \sin 2\theta_1 - \sin\theta_1 & \cdots & \sin 2\theta_n - \sin\theta_n \\ \vdots & & \vdots \\ \sin n\theta_1 - \sin(n-1)\theta_1 & \cdots & \sin n\theta_n - \sin(n-1)\theta_n \end{vmatrix}$$

$$= \frac{1}{2^n \prod_{i=1}^{n} \sin \frac{1}{2}\theta_i} \begin{vmatrix} \sin\theta_1 & \cdots & \sin\theta_n \\ \sin 2\theta_1 & \cdots & \sin 2\theta_n \\ \vdots & & \vdots \\ \sin n\theta_1 & \cdots & \sin n\theta_n \end{vmatrix}$$

$$= 2^{\frac{1}{2}n(n-1)} \cdot \prod_{i=1}^{n} \cos \frac{1}{2}\theta_i \cdot \prod_{1 \leqslant j < i \leqslant n} (\cos\theta_i - \cos\theta_j)$$

3.2　行列式三条性质的推广

利用矩阵的分块,我们可讨论行列式有关性质的推广. 下面我们给出方阵的行列式的性质 7、性质 2 及性质 8 的推广.

定理 1　设矩阵 $\boldsymbol{A}$ 可由如下分块矩阵组成

$$\boldsymbol{A} = \begin{bmatrix} \boldsymbol{M}_{11} & \boldsymbol{M}_{12} & \cdots & \boldsymbol{M}_{1n} \\ \boldsymbol{A}_1 & \boldsymbol{A}_2 & \cdots & \boldsymbol{A}_n \\ \boldsymbol{M}_{21} & \boldsymbol{M}_{22} & \cdots & \boldsymbol{M}_{2n} \\ \boldsymbol{B}_1 & \boldsymbol{B}_2 & \cdots & \boldsymbol{B}_n \\ \boldsymbol{M}_{31} & \boldsymbol{M}_{32} & \cdots & \boldsymbol{M}_{3n} \end{bmatrix}$$

其中 $\boldsymbol{M}_{11},\boldsymbol{M}_{12},\cdots,\boldsymbol{M}_{1n}$ 都是 $m_1 \times t$ 矩阵,$\boldsymbol{M}_{21},\boldsymbol{M}_{22},\cdots,\boldsymbol{M}_{2n}$ 都是 $m_2 \times t$ 矩阵,$\boldsymbol{M}_{31},\boldsymbol{M}_{32},\cdots,\boldsymbol{M}_{3n}$ 都是 $m_3 \times t$ 矩阵,$\boldsymbol{A}_1,\boldsymbol{A}_2,\cdots,\boldsymbol{A}_n,\boldsymbol{B}_1,\boldsymbol{B}_2,\cdots,\boldsymbol{B}_n$ 都是 $s \times t$ 矩阵. 又 $\boldsymbol{C}$

为任意一个 s 阶方阵,对于矩阵

$$
\boldsymbol{D}=\begin{bmatrix}
\boldsymbol{M}_{11} & \boldsymbol{M}_{12} & \cdots & \boldsymbol{M}_{1n} \\
\boldsymbol{A}_1+\boldsymbol{C}\boldsymbol{B}_1 & \boldsymbol{A}_2+\boldsymbol{C}\boldsymbol{B}_2 & \cdots & \boldsymbol{A}_n+\boldsymbol{C}\boldsymbol{B}_n \\
\boldsymbol{M}_{21} & \boldsymbol{M}_{22} & \cdots & \boldsymbol{M}_{2n} \\
\boldsymbol{B}_1 & \boldsymbol{B}_2 & \cdots & \boldsymbol{B}_n \\
\boldsymbol{M}_{31} & \boldsymbol{M}_{32} & \cdots & \boldsymbol{M}_{3n}
\end{bmatrix}
$$

则 $|\boldsymbol{A}|=|\boldsymbol{D}|$.

证明 由

$$
\begin{bmatrix}
\boldsymbol{E}_{m_1} & \boldsymbol{0} & \boldsymbol{0} & \boldsymbol{0} & \boldsymbol{0} \\
\boldsymbol{0} & \boldsymbol{E}_s & \boldsymbol{0} & \boldsymbol{C} & \boldsymbol{0} \\
\boldsymbol{0} & \boldsymbol{0} & \boldsymbol{E}_{m_2} & \boldsymbol{0} & \boldsymbol{0} \\
\boldsymbol{0} & \boldsymbol{0} & \boldsymbol{0} & \boldsymbol{E}_s & \boldsymbol{0} \\
\boldsymbol{0} & \boldsymbol{0} & \boldsymbol{0} & \boldsymbol{0} & \boldsymbol{E}_{m_2}
\end{bmatrix}\cdot
\begin{bmatrix}
\boldsymbol{M}_{11} & \boldsymbol{M}_{12} & \cdots & \boldsymbol{M}_{1n} \\
\boldsymbol{A}_1 & \boldsymbol{A}_2 & \cdots & \boldsymbol{A}_n \\
\boldsymbol{M}_{21} & \boldsymbol{M}_{22} & \cdots & \boldsymbol{M}_{2n} \\
\boldsymbol{B}_1 & \boldsymbol{B}_2 & \cdots & \boldsymbol{B}_n \\
\boldsymbol{M}_{31} & \boldsymbol{M}_{32} & \cdots & \boldsymbol{M}_{3n}
\end{bmatrix}
$$

$$
=\begin{bmatrix}
\boldsymbol{M}_{11} & \boldsymbol{M}_{12} & \cdots & \boldsymbol{M}_{1n} \\
\boldsymbol{A}_1+\boldsymbol{C}\boldsymbol{B}_1 & \boldsymbol{A}_2+\boldsymbol{C}\boldsymbol{B}_2 & \cdots & \boldsymbol{A}_n+\boldsymbol{C}\boldsymbol{B}_n \\
\boldsymbol{M}_{21} & \boldsymbol{M}_{22} & \cdots & \boldsymbol{M}_{2n} \\
\boldsymbol{B}_1 & \boldsymbol{B}_2 & \cdots & \boldsymbol{B}_n \\
\boldsymbol{M}_{31} & \boldsymbol{M}_{32} & \cdots & \boldsymbol{M}_{3n}
\end{bmatrix}
$$

这里 $\boldsymbol{E}_{m_1},\boldsymbol{E}_s,\boldsymbol{E}_{m_2},\boldsymbol{E}_{m_3}$ 分别是 m_1,s,m_2,m_3 阶单位矩

阵.

故对上式两边同取行列式，即有

$$|\boldsymbol{A}| = |\boldsymbol{D}|$$

定理 2　设方阵 $\boldsymbol{A}$ 可写成如下形式

$$\boldsymbol{A} = \begin{bmatrix} \boldsymbol{M}_{11} & \boldsymbol{M}_{12} & \cdots & \boldsymbol{M}_{1n} \\ \boldsymbol{A}_1 & \boldsymbol{A}_2 & \cdots & \boldsymbol{A}_n \\ \boldsymbol{M}_{21} & \boldsymbol{M}_{22} & \cdots & \boldsymbol{M}_{2n} \end{bmatrix}$$

其中 $\boldsymbol{M}_{11}, \boldsymbol{M}_{12}, \cdots, \boldsymbol{M}_{1n}$ 都是 $m_1 \times t$ 矩阵，$\boldsymbol{M}_{21}, \boldsymbol{M}_{22}, \cdots, \boldsymbol{M}_{2n}$ 都是 $m_2 \times t$ 矩阵，$\boldsymbol{A}_1, \boldsymbol{A}_2, \cdots, \boldsymbol{A}_n$ 都是 $s \times t$ 矩阵. 又 $\boldsymbol{B}$ 是 s 阶方阵，对于矩阵

$$\boldsymbol{C} = \begin{bmatrix} \boldsymbol{M}_{11} & \boldsymbol{M}_{12} & \cdots & \boldsymbol{M}_{1n} \\ \boldsymbol{B}\boldsymbol{A}_1 & \boldsymbol{B}\boldsymbol{A}_2 & \cdots & \boldsymbol{B}\boldsymbol{A}_n \\ \boldsymbol{M}_{21} & \boldsymbol{M}_{22} & \cdots & \boldsymbol{M}_{2n} \end{bmatrix}$$

则 $|\boldsymbol{C}| = |\boldsymbol{A}| \cdot |\boldsymbol{B}|$.

证明　设 $\boldsymbol{E}_1, \boldsymbol{E}_2$ 分别为 m_1, m_2 阶单位矩阵，则

$$\begin{aligned} \boldsymbol{C} &= \begin{bmatrix} \boldsymbol{E}_1 & \boldsymbol{0} & \boldsymbol{0} \\ \boldsymbol{0} & \boldsymbol{B} & \boldsymbol{0} \\ \boldsymbol{0} & \boldsymbol{0} & \boldsymbol{E}_2 \end{bmatrix} \cdot \begin{bmatrix} \boldsymbol{M}_{11} & \boldsymbol{M}_{12} & \cdots & \boldsymbol{M}_{1n} \\ \boldsymbol{A}_1 & \boldsymbol{A}_2 & \cdots & \boldsymbol{A}_n \\ \boldsymbol{M}_{21} & \boldsymbol{M}_{22} & \cdots & \boldsymbol{M}_{2n} \end{bmatrix} \\ &= \begin{bmatrix} \boldsymbol{E}_1 & \boldsymbol{0} & \boldsymbol{0} \\ \boldsymbol{0} & \boldsymbol{B} & \boldsymbol{0} \\ \boldsymbol{0} & \boldsymbol{0} & \boldsymbol{E}_2 \end{bmatrix} \cdot \boldsymbol{A} \end{aligned}$$

于是

$$|\boldsymbol{C}| = \begin{vmatrix} \boldsymbol{E}_1 & \boldsymbol{0} & \boldsymbol{0} \\ \boldsymbol{0} & \boldsymbol{B} & \boldsymbol{0} \\ \boldsymbol{0} & \boldsymbol{0} & \boldsymbol{E}_2 \end{vmatrix} \cdot |\boldsymbol{A}|$$

$$= |\boldsymbol{E}_1| \cdot |\boldsymbol{B}| \cdot |\boldsymbol{E}_2| \cdot |\boldsymbol{A}|$$

$$= |\boldsymbol{A}| \cdot |\boldsymbol{B}|$$

定理 3 设方阵 $\boldsymbol{A}$ 和 $\boldsymbol{A}'$ 写成如下形式

$$\boldsymbol{A} = \begin{bmatrix} \boldsymbol{M}_{11} & \boldsymbol{M}_{12} & \cdots & \boldsymbol{M}_{1n} \\ \boldsymbol{A}_1 & \boldsymbol{A}_2 & \cdots & \boldsymbol{A}_n \\ \boldsymbol{M}_{21} & \boldsymbol{M}_{22} & \cdots & \boldsymbol{M}_{2n} \\ \boldsymbol{B}_1 & \boldsymbol{B}_2 & \cdots & \boldsymbol{B}_n \\ \boldsymbol{M}_{31} & \boldsymbol{M}_{32} & \cdots & \boldsymbol{M}_{3n} \end{bmatrix}$$

$$\boldsymbol{A}' = \begin{bmatrix} \boldsymbol{M}_{11} & \boldsymbol{M}_{12} & \cdots & \boldsymbol{M}_{1n} \\ \boldsymbol{B}_1 & \boldsymbol{B}_2 & \cdots & \boldsymbol{B}_n \\ \boldsymbol{M}_{21} & \boldsymbol{M}_{22} & \cdots & \boldsymbol{M}_{2n} \\ \boldsymbol{A}_1 & \boldsymbol{A}_2 & \cdots & \boldsymbol{A}_n \\ \boldsymbol{M}_{31} & \boldsymbol{M}_{32} & \cdots & \boldsymbol{M}_{3n} \end{bmatrix}$$

其中 $\boldsymbol{M}_{11},\boldsymbol{M}_{12},\cdots,\boldsymbol{M}_{1n}$ 都是 $m_1\times t$ 矩阵,$\boldsymbol{M}_{21},\boldsymbol{M}_{22},\cdots,\boldsymbol{M}_{2n}$ 都是 $m_2\times t$ 矩阵,$\boldsymbol{M}_{31},\boldsymbol{M}_{32},\cdots,\boldsymbol{M}_{3n}$ 都是 $m_3\times t$ 矩阵,$\boldsymbol{A}_1,\boldsymbol{A}_2,\cdots,\boldsymbol{A}_n,\boldsymbol{B}_1,\boldsymbol{B}_2,\cdots,\boldsymbol{B}_n$ 都是 $s\times t$ 矩阵,则

$$|\boldsymbol{A}'| = \begin{cases} |\boldsymbol{A}|, \text{当 } s \text{ 为偶数时} \\ -|\boldsymbol{A}|, \text{当 } s \text{ 为奇数时} \end{cases}$$

证明 $\boldsymbol{A}$ 可由 $\boldsymbol{A}'$ 中的 $\boldsymbol{B}_i$ 与 $\boldsymbol{A}_i(i=1,2,\cdots,n)$ 相应的两行对换而得到,而对换行列式的两行,行列式反号,故当 s 是偶数时,$|\boldsymbol{A}'|=|\boldsymbol{A}|$;当 s 是奇数时,$|\boldsymbol{A}'|=-|\boldsymbol{A}|$.

同理,列也具有这一性质.

下面,我们给出两个应用例子.

例 10 计算行列式

$$|A| = \begin{vmatrix} 1 & 0 & 0 & -1 & 0 & 0 & 1 & 0 & 0 \\ 0 & 2 & 0 & 0 & 1 & 0 & 0 & -2 & 0 \\ 0 & 0 & 5 & 0 & 0 & 1 & 0 & 0 & -3 \\ 1 & -2 & 0 & 4 & -1 & 0 & 2 & 2 & 1 \\ 0 & 2 & 5 & 0 & 2 & 1 & 0 & -2 & -1 \\ -1 & 2 & 0 & 1 & 1 & 2 & -1 & -4 & 1 \\ 1 & -2 & 5 & -1 & -1 & 1 & 3 & 2 & -3 \\ 1 & 4 & -5 & -1 & 2 & -1 & 1 & -3 & 3 \\ -1 & -2 & 5 & 1 & -1 & 1 & -1 & 2 & 0 \end{vmatrix}$$

解 将 $|A|$ 分块如下

$$|A| = \left|\begin{array}{ccc:ccc:ccc} 1 & 0 & 0 & -1 & 0 & 0 & 1 & 0 & 0 \\ 0 & 2 & 0 & 0 & 1 & 0 & 0 & -2 & 0 \\ 0 & 0 & 5 & 0 & 0 & 1 & 0 & 0 & -3 \\ \hdashline 1 & -2 & 0 & 4 & -1 & 0 & 2 & 2 & 1 \\ 0 & 2 & 5 & 0 & 2 & 1 & 0 & -2 & -1 \\ -1 & 2 & 0 & 1 & 1 & 2 & -1 & -4 & 1 \\ \hdashline 1 & -2 & 5 & -1 & -1 & 1 & 3 & 2 & -3 \\ 1 & 4 & -5 & -1 & 2 & -1 & 1 & -3 & 3 \\ -1 & -2 & 5 & 1 & -1 & 1 & -1 & 2 & 0 \end{array}\right|$$

显然,将第一行组各子块分别左乘

$$-\begin{bmatrix} 1 & -2 & 0 \\ 0 & 2 & 5 \\ -1 & 2 & 0 \end{bmatrix} \cdot \begin{bmatrix} 1 & 0 & 0 \\ 0 & 2 & 0 \\ 0 & 0 & 5 \end{bmatrix}^{-1} = \begin{bmatrix} -1 & 1 & 0 \\ 0 & -1 & -1 \\ 1 & -1 & 0 \end{bmatrix}$$

再加到第二行组各相应子块上,即可使第一子块变为零矩阵;又将第一行组各子块分别左乘

$$-\begin{bmatrix}1 & -2 & 5\\ 1 & 4 & -5\\ -1 & -2 & 5\end{bmatrix}\cdot\begin{bmatrix}1 & 0 & 0\\ 0 & 2 & 0\\ 0 & 0 & 5\end{bmatrix}^{-1}$$

$$=\begin{bmatrix}-1 & 1 & -1\\ -1 & -2 & 1\\ 1 & 1 & -1\end{bmatrix}$$

再加到第三行组各相应子块上，即可使第一子块变为零矩阵，于是

$$|\boldsymbol{A}| = \left|\begin{array}{ccc:ccc:ccc}1 & 0 & 0 & -1 & 0 & 0 & 1 & 0 & 0\\ 0 & 2 & 0 & 0 & 1 & 0 & 0 & -2 & 0\\ 0 & 0 & 5 & 0 & 0 & 1 & 0 & 0 & -3\\ \hdashline 0 & 0 & 0 & 5 & 0 & 0 & 1 & 0 & 1\\ 0 & 0 & 0 & 0 & 1 & 0 & 0 & 0 & 2\\ 0 & 0 & 0 & 0 & 0 & 2 & 0 & -2 & 1\\ \hdashline 0 & 0 & 0 & 0 & 0 & 0 & 2 & 0 & 0\\ 0 & 0 & 0 & 0 & 0 & 0 & 0 & 1 & 0\\ 0 & 0 & 0 & 0 & 0 & 0 & 0 & 0 & 3\end{array}\right|$$

$$=1\times2\times5\times5\times1\times2\times2\times1\times3$$

$$=600$$

在上例的运算中，出现了求对角形矩阵的逆矩阵，我们可将其元素写成倒数即得.

例如，设 $\boldsymbol{A}_3=\begin{bmatrix}2 & 0 & 0\\ 0 & 3 & 0\\ 0 & 0 & 5\end{bmatrix}$，则 $\boldsymbol{A}_3^{-1}=\begin{bmatrix}\frac{1}{2} & 0 & 0\\ 0 & \frac{1}{3} & 0\\ 0 & 0 & \frac{1}{5}\end{bmatrix}$.

实际上,这由两种常用的求逆矩阵的方法均可推得.

方法1　利用矩阵的初等行变换及矩阵的分块:把 $\boldsymbol{A}_n,\boldsymbol{E}_n$ 这两个 n 阶方阵作成一个 $n\times 2n$ 矩阵 $[\boldsymbol{A}_n\quad \boldsymbol{E}_n]$,用初等行变换把它的左边一半化成 $\boldsymbol{E}_n$,这时,右边的一半就是 $\boldsymbol{A}_n^{-1}$. 例如,对于上述 $\boldsymbol{A}_3$,有

$$\begin{bmatrix}2&0&0&1&0&0\\0&3&0&0&1&0\\0&0&5&0&0&1\end{bmatrix}\to\begin{bmatrix}1&0&0&\frac{1}{2}&0&0\\0&1&0&0&\frac{1}{3}&0\\0&0&1&0&0&\frac{1}{5}\end{bmatrix}$$

这种方法的理论根据可参见有关书籍,例如参考文献[1]第188页.

方法2　利用伴随矩阵.

为此,要介绍两个定义:

定义2　在方阵 $\boldsymbol{A}_n$ 中划去元素 a_{ij} 所在的第 i 行与第 j 列,剩下的 $(n-1)^2$ 个元素按原来的排法构成的 $n-1$ 阶行列式称为元素 a_{ij} 的余子式,记为 M_{ij},且称 $A_{ij}=(-1)^{i+j}M_{ij}$ 为 a_{ij} 的代数余子式.

例如,在行列式 $\begin{vmatrix}a_{11}&a_{12}&a_{13}\\a_{21}&a_{22}&a_{23}\\a_{31}&a_{32}&a_{33}\end{vmatrix}$ 中,a_{11} 的代数余子式为 $(-1)^{1+1}\begin{vmatrix}a_{22}&a_{23}\\a_{32}&a_{33}\end{vmatrix}$,$a_{12}$ 的代数余子式为 $(-1)^{1+2}\begin{vmatrix}a_{21}&a_{23}\\a_{31}&a_{33}\end{vmatrix}$,$a_{13}$ 的代数余子式为 $(-1)^{1+3}\cdot$

$\begin{vmatrix} a_{21} & a_{22} \\ a_{31} & a_{32} \end{vmatrix}$等.

前面所说的计算行列式按某行(列)展开,这就是说行列式等于某一行的元素分别与它们的代数余子式的乘积之和.

定义 3 设 A_{ij}是方阵 $\boldsymbol{A}_n$ 中元素 a_{ij}的代数余子式,则称方阵

$$\boldsymbol{A}_n^* = \begin{bmatrix} A_{11} & A_{21} & \cdots & A_{n1} \\ A_{12} & A_{22} & \cdots & A_{n2} \\ \vdots & \vdots & & \vdots \\ A_{1n} & A_{2n} & \cdots & A_{nn} \end{bmatrix} \qquad (3.2.1)$$

为方阵 $\boldsymbol{A}_n$ 的伴随矩阵.

由此定义即知 $\boldsymbol{A}_n \cdot \boldsymbol{A}_n^* = \boldsymbol{A}_n^* \cdot \boldsymbol{A}_n = |\boldsymbol{A}_n| \cdot \boldsymbol{E}$. 于是:

当$|\boldsymbol{A}_n| \neq 0$ 时,可求得

$$\boldsymbol{A}_n^{-1} = \frac{1}{|\boldsymbol{A}_n|} \cdot \boldsymbol{A}_n^* \qquad (3.2.2)$$

利用式(3.2.2)求形如 $\boldsymbol{A}_n = \begin{bmatrix} a_1 & & & \\ & a_2 & & \mathbf{0} \\ & \mathbf{0} & \ddots & \\ & & & a_n \end{bmatrix}$的对角线矩阵的逆 $\boldsymbol{A}_n^{-1}$ 是方便的.

例 11 设 $\boldsymbol{A}, \boldsymbol{B}$ 都是 n 阶方阵,求证

$$|\boldsymbol{A} \cdot \boldsymbol{B}| = |\boldsymbol{A}| \cdot |\boldsymbol{B}|$$

证明 作 $2n$ 阶行列式

$$|C| = \begin{vmatrix} AB & A \\ 0 & E \end{vmatrix}$$

根据拉普拉斯展开有

$$|C| = |AB| \cdot |E| = |AB|$$

又由定理 1 并用于列的情形,有

$$\begin{vmatrix} AB & A \\ 0 & E \end{vmatrix} = \begin{vmatrix} AB - AB & A \\ 0 - EB & E \end{vmatrix} = \begin{vmatrix} 0 & A \\ -B & E \end{vmatrix}$$

$$= (-1)^{1+2+\cdots+n+(n+1)+\cdots+2n} \cdot |A| \cdot |-B|$$

$$= (-1)^{\frac{1}{2}(1+2n)\cdot 2n} \cdot |A| \cdot (-1)^n |B|$$

$$= |A| \cdot |B|$$

证毕.

3.3　利用四分块矩阵求行列式的值

n 阶行列式的值的计算,我们一般是采用如下两种方法:

(1)运用矩阵行列式的性质 2,7,8 等将矩阵的行列式变成上三角形矩阵(矩阵是上三角形的)而求得;

(2)按某行(或列)展开,或沿行、列逐级展开而求得.

在上一节,我们接触到了可用分块矩阵求行列式的值,这一节我们就来讨论如何运用四分块矩阵来求行列式的值.

为讨论问题的方便,我们先介绍几个定理:

定理 4　设 A,B,C,D 都是 n 阶方阵,其中 $|A| \neq$

0,并且 $\boldsymbol{A}\cdot\boldsymbol{C}=\boldsymbol{C}\cdot\boldsymbol{A}$,则

$$\begin{vmatrix}\boldsymbol{A} & \boldsymbol{B}\\ \boldsymbol{C} & \boldsymbol{D}\end{vmatrix}=|\boldsymbol{AD}-\boldsymbol{CB}| \qquad (3.3.1)$$

证明 利用分块矩阵的乘法,有

$$\begin{bmatrix}\boldsymbol{E} & \boldsymbol{0}\\ -\boldsymbol{CA}^{-1} & \boldsymbol{E}\end{bmatrix}\cdot\begin{bmatrix}\boldsymbol{A} & \boldsymbol{B}\\ \boldsymbol{C} & \boldsymbol{D}\end{bmatrix}\cdot\begin{bmatrix}\boldsymbol{E} & -\boldsymbol{A}^{-1}\boldsymbol{B}\\ \boldsymbol{0} & \boldsymbol{E}\end{bmatrix}$$

$$=\begin{bmatrix}\boldsymbol{A} & \boldsymbol{0}\\ \boldsymbol{0} & \boldsymbol{D}-\boldsymbol{CA}^{-1}\boldsymbol{B}\end{bmatrix}$$

考虑上述等式两边矩阵的行列式,由于

$$\begin{vmatrix}\boldsymbol{E} & \boldsymbol{0}\\ -\boldsymbol{CA}^{-1} & \boldsymbol{E}\end{vmatrix}=\begin{vmatrix}\boldsymbol{E} & -\boldsymbol{A}^{-1}\boldsymbol{B}\\ \boldsymbol{0} & \boldsymbol{E}\end{vmatrix}=1 \text{ 及 } \boldsymbol{AC}=\boldsymbol{CA}$$

知

$$\begin{vmatrix}\boldsymbol{A} & \boldsymbol{B}\\ \boldsymbol{C} & \boldsymbol{D}\end{vmatrix}=\begin{vmatrix}\boldsymbol{A} & \boldsymbol{0}\\ \boldsymbol{0} & \boldsymbol{D}-\boldsymbol{CA}^{-1}\boldsymbol{B}\end{vmatrix}=|\boldsymbol{A}|\cdot|\boldsymbol{D}-\boldsymbol{CA}^{-1}\boldsymbol{B}|$$

$$=|\boldsymbol{AD}-\boldsymbol{ACA}^{-1}\boldsymbol{B}|=|\boldsymbol{AD}-\boldsymbol{CB}|$$

类似于上述证明方法,我们可证明如下的定理.

定理 5 设 $\boldsymbol{P}=\begin{bmatrix}\boldsymbol{A} & \boldsymbol{B}\\ \boldsymbol{C} & \boldsymbol{D}\end{bmatrix}$是一个四分块 n 阶方阵,其中 $\boldsymbol{A},\boldsymbol{B},\boldsymbol{C},\boldsymbol{D}$ 分别是$r\times r$,$r\times(n-r)$,$(n-r)\times r$,$(n-r)\times(n-r)$矩阵.

(1)若 $\boldsymbol{A}$ 可逆,则$|\boldsymbol{P}|=|\boldsymbol{A}|\cdot|\boldsymbol{D}-\boldsymbol{CA}^{-1}\boldsymbol{B}|$;

(2)若 $\boldsymbol{D}$ 可逆,则$|\boldsymbol{P}|=|\boldsymbol{D}|\cdot|\boldsymbol{A}-\boldsymbol{BD}^{-1}\boldsymbol{C}|$.

定理 5 的结论对部分 n 阶行列式的计算是非常有用的,以下举例说明之.

例 12 计算

$$|\boldsymbol{P}| = \begin{vmatrix} a_0 & 1 & 1 & \cdots & 1 \\ 1 & a_1 & 0 & \cdots & 0 \\ 1 & 0 & a_2 & \cdots & 0 \\ \vdots & \vdots & \vdots & & \vdots \\ 1 & 0 & 0 & \cdots & a_n \end{vmatrix}$$

解　令

$$A = a_0, \boldsymbol{B} = [1 \quad 1 \quad \cdots \quad 1]_{1\times(n-1)}$$

$$\boldsymbol{C} = \begin{bmatrix} 1 \\ 1 \\ \vdots \\ 1 \end{bmatrix}_{(n-1)\times 1}, \boldsymbol{D} = \begin{bmatrix} a_1 & & & \\ & a_2 & & \boldsymbol{0} \\ & \boldsymbol{0} & \ddots & \\ & & & a_n \end{bmatrix}_{(n-1)\times(n-1)}$$

则$|\boldsymbol{D}| = a_1 \cdot a_2 \cdot \cdots \cdot a_n$，$\boldsymbol{D}$ 可逆，且

$$\boldsymbol{D}^{-1} = \begin{bmatrix} a_1^{-1} & & & \\ & a_2^{-1} & & \boldsymbol{0} \\ & \boldsymbol{0} & \ddots & \\ & & & a_n^{-1} \end{bmatrix}$$

故

$$\begin{aligned} |\boldsymbol{P}| &= |\boldsymbol{D}| \cdot |A - \boldsymbol{B}\boldsymbol{D}^{-1}\boldsymbol{C}| \\ &= a_1 \cdot a_2 \cdot \cdots \cdot a_n \cdot \\ &\quad \left| a_0 - [1 \quad 1 \quad \cdots \quad 1] \cdot \begin{bmatrix} a_1^{-1} & & & \\ & a_2^{-1} & & \boldsymbol{0} \\ & \boldsymbol{0} & \ddots & \\ & & & a_n^{-1} \end{bmatrix} \cdot \begin{bmatrix} 1 \\ 1 \\ \vdots \\ 1 \end{bmatrix} \right| \\ &= a_1 \cdot a_2 \cdot \cdots \cdot a_n \cdot \left(a_0 - \sum_{i=1}^{n} a_i^{-1}\right) \end{aligned}$$

例 13 计算 $2n$ 阶行列式

$$|\boldsymbol{P}| = \begin{vmatrix} a & 0 & 0 & \cdots & 0 & 0 & b \\ 0 & a & 0 & \cdots & 0 & b & 0 \\ 0 & 0 & a & \cdots & b & 0 & 0 \\ \vdots & \vdots & \vdots & & \vdots & \vdots & \vdots \\ 0 & 0 & b & \cdots & a & 0 & 0 \\ 0 & b & 0 & \cdots & 0 & a & 0 \\ b & 0 & 0 & \cdots & 0 & 0 & a \end{vmatrix}$$

解 令

$$\boldsymbol{A} = \begin{bmatrix} a & & & \\ & a & & \boldsymbol{0} \\ \boldsymbol{0} & & \ddots & \\ & & & a \end{bmatrix} = \boldsymbol{D}, \boldsymbol{B} = \begin{bmatrix} & & & b \\ \boldsymbol{0} & & b & \\ & \iddots & & \boldsymbol{0} \\ b & & & \end{bmatrix} = \boldsymbol{C}$$

则

$$|\boldsymbol{P}| = \begin{vmatrix} \boldsymbol{A} & \boldsymbol{B} \\ \boldsymbol{C} & \boldsymbol{D} \end{vmatrix} = |\boldsymbol{A}| \cdot |\boldsymbol{D} - \boldsymbol{C}\boldsymbol{A}^{-1}\boldsymbol{B}|$$

$$= a^n \cdot \left| \begin{bmatrix} a & & & \\ & a & & \boldsymbol{0} \\ \boldsymbol{0} & & \ddots & \\ & & & a \end{bmatrix} - \begin{bmatrix} & & & b \\ \boldsymbol{0} & & b & \\ & \iddots & & \boldsymbol{0} \\ b & & & \end{bmatrix} \cdot \right.$$

$$\left. \begin{bmatrix} a^{-1} & & & \\ & a^{-1} & & \boldsymbol{0} \\ \boldsymbol{0} & & \ddots & \\ & & & a^{-1} \end{bmatrix} \cdot \begin{bmatrix} & & & b \\ \boldsymbol{0} & & b & \\ & \iddots & & \boldsymbol{0} \\ b & & & \end{bmatrix} \right|$$

$$=a^n \cdot \begin{vmatrix} a-b^2a^{-1} & & & \\ & a-b^2a^{-1} & & \mathbf{0} \\ & \mathbf{0} & \ddots & \\ & & & a-b^2a^{-1} \end{vmatrix}$$

$$=a^n(a-b^2a^{-1})^n=(a^2-b^2)^n$$

由上可知，运用定理 5 计算 n 阶行列式时，关键在于 $\boldsymbol{A}$ 与 $\boldsymbol{D}$ 的选择，这需要在计算时灵活掌握. 对有些行列式的计算，定理 5 的两个结论交替使用比较方便，必要时可对题目所给的行列式适当变形，则 $\boldsymbol{A}$ 与 $\boldsymbol{D}$ 的选择会更加明显.

例 14　计算

$$|\boldsymbol{P}|=\begin{vmatrix} 1+a_1 & 1 & 1 & \cdots & 1 \\ 1 & 1+a_2 & 1 & \cdots & 1 \\ \vdots & \vdots & \vdots & & \vdots \\ 1 & 1 & 1 & \cdots & 1+a_n \end{vmatrix}$$

解　令

$$A=1,\boldsymbol{B}=[1\quad 1\quad \cdots\quad 1]$$

$$\boldsymbol{C}=\begin{bmatrix} -1 \\ -1 \\ \vdots \\ -1 \end{bmatrix},\boldsymbol{D}=\begin{bmatrix} a_1 & & & \\ & a_2 & & \mathbf{0} \\ \mathbf{0} & & \ddots & \\ & & & a_n \end{bmatrix}$$

则由

$$|\boldsymbol{P}|=\left|\begin{bmatrix} a_1 & & & \\ & a_2 & & \mathbf{0} \\ \mathbf{0} & & \ddots & \\ & & & a_n \end{bmatrix}-\begin{bmatrix} -1 \\ -1 \\ \vdots \\ -1 \end{bmatrix}\cdot[1\quad 1\quad \cdots\quad 1]\right|$$

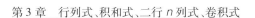

可知

$$|\boldsymbol{P}| = A \cdot |\boldsymbol{D} - \boldsymbol{C}\boldsymbol{A}^{-1}\boldsymbol{B}| = |\boldsymbol{D}| \cdot |A - \boldsymbol{B}\boldsymbol{D}^{-1}\boldsymbol{C}|$$

$$= a_1 \cdot a_2 \cdot \cdots \cdot a_n \cdot \left| 1 - [1\ \ 1\ \ \cdots\ \ 1] \cdot \begin{bmatrix} a_1^{-1} & & & \\ & a_2^{-1} & & \mathbf{0} \\ & \mathbf{0} & \ddots & \\ & & & a_n^{-1} \end{bmatrix} \cdot \begin{bmatrix} -1 \\ -1 \\ \vdots \\ -1 \end{bmatrix} \right|$$

$$= a_1 \cdot a_2 \cdot \cdots \cdot a_n \cdot (1 + \sum_{i=1}^{n} a_i^{-1})$$

3.4　积和式的定义与性质

如果把定义行列式的式(3. 1. 2)的右端每一项中 $a_{1j_1} \cdot a_{2j_2} \cdot \cdots \cdot a_{nj_n}$ 所带的因子 $(-1)^{\tau(j_1 j_2 \cdots j_n)}$ 全部去掉,就引出了所谓方阵的积和式(permanent).

定义 4　设 $\boldsymbol{A} = (a_{ij})$ 是 n 阶方阵(元素为实数或复数),则方阵 $\boldsymbol{A}$ 的积和式 per $\boldsymbol{A}$ 规定为

$$\text{per}\,\boldsymbol{A} = \text{per}\begin{bmatrix} a_{11} & a_{12} & \cdots & a_{1n} \\ a_{21} & a_{22} & \cdots & a_{2n} \\ \vdots & \vdots & & \vdots \\ a_{n1} & a_{n2} & \cdots & a_{nn} \end{bmatrix}$$

$$= \sum_{j_1 j_2 \cdots j_n} a_{1j_1} \cdot a_{2j_2} \cdot \cdots \cdot a_{nj_n} \qquad (3.4.1)$$

其中 $j_1 j_2 \cdots j_n$ 是自然数 $1,2,\cdots,n$ 的排列. 式(3. 4. 1)的右端称为积和式 per $\boldsymbol{A}$ 的展开式. 和行列式的定义

相比较可以知道，式(3.4.1)的右端共有 $n!$ 项，每一项是从方阵 $\boldsymbol{A}$ 的每一行各取一个元素，共 n 个元素的乘积，而且这 n 个元素各在不同的列上. 也就是说，积和式 per $\boldsymbol{A}$ 是所有从方阵 $\boldsymbol{A}$ 的每一行、每一列上各取一个元素的乘积之和.

例如

$$\operatorname{per}\begin{bmatrix}1 & 2 & 4\\0 & 3 & 1\\2 & 1 & 3\end{bmatrix}$$

$$=1\times3\times3+2\times1\times2+4\times0\times1+4\times3\times2+1\times1\times1+2\times0\times3$$

$$=9+4+0+24+1+0$$

$$=38$$

方阵的行列式与积和式的定义只有细微差别，但在理论上或应用上却有着实质性差别. 下面介绍积和式的若干性质.

性质 1　若 $\boldsymbol{A}^{\mathrm{T}}$ 为 $\boldsymbol{A}$ 的转置，则 per $\boldsymbol{A}^{\mathrm{T}}$ = per $\boldsymbol{A}$.

证明　设 $a_{1j_1}\cdot a_{2j_2}\cdot\cdots\cdot a_{nj_n}$ 是 n 阶积和式 per $\boldsymbol{A}$ 的任意一项，则这一项的元素必位于 per $\boldsymbol{A}$ 的不同的行和不同的列. 由于 $\boldsymbol{A}^{\mathrm{T}}$ 为 $\boldsymbol{A}$ 的转置，所以元素 $a_{1j_1}\cdot a_{2j_2}\cdot\cdots\cdot a_{nj_n}$ 必位于 $\boldsymbol{A}^{\mathrm{T}}$ 的不同的列和不同的行，因而其积也是 per $\boldsymbol{A}^{\mathrm{T}}$ 中的一项. 反过来，per $\boldsymbol{A}^{\mathrm{T}}$ 中的任一项也是 per $\boldsymbol{A}$ 的一项，且 per $\boldsymbol{A}$ 中不同的两项也是 per $\boldsymbol{A}^{\mathrm{T}}$ 中不同的两项. 由于 per $\boldsymbol{A}$ 与 per $\boldsymbol{A}^{\mathrm{T}}$ 的项数都是 $n!$，所以 per $\boldsymbol{A}^{\mathrm{T}}$ = per $\boldsymbol{A}$.

性质 2 交换一个积和式的两行(或两列),积和式的值不变.

证明 设对积和式

$$\operatorname{per} \boldsymbol{A} = \operatorname{per}\begin{bmatrix} a_{11} & a_{12} & \cdots & a_{1n} \\ \vdots & \vdots & & \vdots \\ a_{i1} & a_{i2} & \cdots & a_{in} \\ \vdots & \vdots & & \vdots \\ a_{j1} & a_{j2} & \cdots & a_{jn} \\ \vdots & \vdots & & \vdots \\ a_{n1} & a_{n2} & \cdots & a_{nn} \end{bmatrix} \begin{matrix} \\ \\ 第 i 行 \\ \\ 第 j 行 \\ \\ \\ \end{matrix}$$

交换第 i 行和第 j 行得

$$\operatorname{per} \boldsymbol{A}_1 = \operatorname{per}\begin{bmatrix} a_{11} & a_{12} & \cdots & a_{1n} \\ \vdots & \vdots & & \vdots \\ a_{j1} & a_{j2} & \cdots & a_{jn} \\ \vdots & \vdots & & \vdots \\ a_{i1} & a_{i2} & \cdots & a_{in} \\ \vdots & \vdots & & \vdots \\ a_{n1} & a_{n2} & \cdots & a_{nn} \end{bmatrix} \begin{matrix} \\ \\ 第 i 行 \\ \\ 第 j 行 \\ \\ \\ \end{matrix}$$

per $\boldsymbol{A}$ 的每一项可以写成

$$a_{1k_1} \cdot \cdots \cdot a_{ik_i} \cdot \cdots \cdot a_{jk_j} \cdot \cdots \cdot a_{nk_n} \quad (3.4.2)$$

由于(3.4.2)中的元素位于 per $\boldsymbol{A}$ 的不同的行和不同的列,因而也位于 per $\boldsymbol{A}_1$ 的不同的行和不同的列(a_{ik_i} 位于第 j 行第 k_i 列,a_{jk_j} 位于第 i 行第 k_j 列,其余元素在 per $\boldsymbol{A}$ 中的位置相同),所以(3.4.2)也是 per $\boldsymbol{A}_1$ 的一项. 反之,per $\boldsymbol{A}_1$ 的每一项也是 per $\boldsymbol{A}$ 的一项,且 per $\boldsymbol{A}$ 的不同项也是per $\boldsymbol{A}_1$的不同项. 因此,per $\boldsymbol{A}_1$ = per $\boldsymbol{A}$.

交换积和式两列的情形,可用性质1归结为交换两行的情形.

性质3 某行(列)乘以非零常数 k,则新的积和式的值是原积和式的值的 k 倍.

证明 即证若

$$\operatorname{per}\boldsymbol{A}=\operatorname{per}\begin{bmatrix}a_{11} & a_{12} & \cdots & a_{1n}\\ \vdots & \vdots & & \vdots\\ a_{i1} & a_{i2} & \cdots & a_{in}\\ \vdots & \vdots & & \vdots\\ a_{n1} & a_{n2} & \cdots & a_{nn}\end{bmatrix}$$

则

$$\operatorname{per}\boldsymbol{A}_1=\operatorname{per}\begin{bmatrix}a_{11} & a_{12} & \cdots & a_{1n}\\ \vdots & \vdots & & \vdots\\ ka_{i1} & ka_{i2} & \cdots & ka_{in}\\ \vdots & \vdots & & \vdots\\ a_{n1} & a_{n2} & \cdots & a_{nn}\end{bmatrix}=k\operatorname{per}\boldsymbol{A}$$

k 是任意非零常数.

因为 $\operatorname{per}\boldsymbol{A}$ 的每一项可以写成

$$a_{1j_1}\cdot\cdots\cdot a_{ij_i}\cdot\cdots\cdot a_{nj_n}\qquad(3.4.3)$$

所以 $\operatorname{per}\boldsymbol{A}_1$ 中的对应项必为

$$a_{1j_1}\cdot\cdots\cdot(ka_{ij_i})\cdot\cdots\cdot a_{nj_n}=ka_{1j_1}\cdot\cdots\cdot a_{ij_i}\cdot\cdots\cdot a_{nj_n}$$

因而

$$\begin{aligned}\operatorname{per}\boldsymbol{A}_1&=\sum_{j_1\cdots j_n}a_{1j_1}\cdot\cdots\cdot(ka_{ij_i})\cdot\cdots\cdot a_{nj_n}\\&=k\sum_{j_1\cdots j_n}a_{1j_1}\cdot\cdots\cdot a_{ij_i}\cdot\cdots\cdot a_{nj_n}\\&=k\operatorname{per}\boldsymbol{A}\end{aligned}$$

推论 1 积和式中某一行(列)所有元素的公因子可以提到积和式符号的外边.

推论 2 若积和式中有一行(列)元素全为零,则该积和式的值为零.

性质 4 若

$$\operatorname{per} \boldsymbol{A} = \operatorname{per}\begin{bmatrix} a_{11} & a_{12} & \cdots & a_{1n} \\ \vdots & \vdots & & \vdots \\ b_{i1}+c_{i1} & b_{i2}+c_{i2} & \cdots & b_{in}+c_{in} \\ \vdots & \vdots & & \vdots \\ a_{n1} & a_{n2} & \cdots & a_{nn} \end{bmatrix}$$

则

$$\operatorname{per} \boldsymbol{A} = \operatorname{per}\begin{bmatrix} a_{11} & a_{12} & \cdots & a_{1n} \\ \vdots & \vdots & & \vdots \\ b_{i1} & b_{i2} & \cdots & b_{in} \\ \vdots & \vdots & & \vdots \\ a_{n1} & a_{n2} & \cdots & a_{nn} \end{bmatrix} + \operatorname{per}\begin{bmatrix} a_{11} & a_{12} & \cdots & a_{1n} \\ \vdots & \vdots & & \vdots \\ c_{i1} & c_{i2} & \cdots & c_{in} \\ \vdots & \vdots & & \vdots \\ a_{n1} & a_{n2} & \cdots & a_{nn} \end{bmatrix} = \operatorname{per} \boldsymbol{A}_1 + \operatorname{per} \boldsymbol{A}_2$$

证明 $\operatorname{per} \boldsymbol{A}$ 的每一项可以写成

$$a_{1j_1} \cdot \cdots \cdot (b_{ij_i} + c_{ij_i}) \cdot \cdots \cdot a_{nj_n}$$

而

$$a_{1j_1} \cdot \cdots \cdot (b_{ij_i} + c_{ij_i}) \cdot \cdots \cdot a_{nj_n}$$
$$= a_{1j_1} \cdot \cdots \cdot b_{ij_i} \cdot \cdots \cdot a_{nj_n} + a_{1j_1} \cdot \cdots \cdot c_{ij_i} \cdot \cdots \cdot a_{nj_n}$$

因一切项 $a_{1j_1} \cdot \cdots \cdot b_{ij_i} \cdot \cdots \cdot a_{nj_n}$ 的和等于 per $\boldsymbol{A}_1$，一切项 $a_{1j_1} \cdot \cdots \cdot c_{ij_i} \cdot \cdots \cdot a_{nj_n}$ 的和等于 per $\boldsymbol{A}_2$，所以

$$\text{per } \boldsymbol{A} = \text{per } \boldsymbol{A}_1 + \text{per } \boldsymbol{A}_2$$

性质 5　若 per $\boldsymbol{A}$ 是元素为整数的 $n(n \geqslant 2)$ 阶积和式，且有两行（列）对应相等，则 per $\boldsymbol{A}$ 为偶数.

证明　不妨设矩阵 $\boldsymbol{A}$ 的第一、二两行元素对应相等，即 $a_{11} = a_{21}, a_{12} = a_{22}, \cdots, a_{1j} = a_{2j}, \cdots, a_{1n} = a_{2n}$，则对 per $\boldsymbol{A}$ 的任一项 $a_{1j_1} \cdot a_{2j_2} \cdot \cdots \cdot a_{nj_n}$，必然有另一项 $a_{1j_2} \cdot a_{2j_1} \cdot \cdots \cdot a_{3j_3} \cdot \cdots \cdot a_{nj_n}$ 与之相等，因而 per $\boldsymbol{A}$ 的 $n!$ 项必然是成对出现的. 故 per $\boldsymbol{A}$ 必为偶数.

推论　若 per $\boldsymbol{A}$ 是元素为整数的 $n(n \geqslant 2)$ 阶积和式，且 $\boldsymbol{A}$ 的两行（列）对应成比例，则 per $\boldsymbol{A}$ 必为偶数.

性质 6　积和式之值可依一行（列）之各元按余子式法则展开（即拉普拉斯展开）而得.

证明　设 $a_{1j_1} \cdot a_{2j_2} \cdot \cdots \cdot a_{nj_n}$ 是 n 阶积和式 per $\boldsymbol{A}$ 的任一项，则含有因子 a_{1j_1} 的项必是 a_{1j_1} 与 $\boldsymbol{A}$ 中删除 a_{1j_1} 所在的第一行第 j_1 列的元素后的余子式 $\boldsymbol{M}_{1j_1}$ 所得积和式 per $\boldsymbol{M}_{1j_1}$ 中项的乘积，因此

$$\text{per } \boldsymbol{A} = a_{11} \cdot \text{per } \boldsymbol{M}_{11} + a_{12} \cdot \text{per } \boldsymbol{M}_{12} + \cdots + a_{1n} \cdot \text{per } \boldsymbol{M}_{1n}$$

按列展开的情形，可用性质 1 归结为按行展开的情形.

上述的许多性质可以看作是由行列式的性质类推而来，但行列式的某一行（或某一列）遍乘以非零的数

b 并加到另一行(或另一列),行列式的值不变,以及方阵 $\boldsymbol{A}$ 与 $\boldsymbol{B}$ 的乘积的行列式等于方阵 $\boldsymbol{A}$ 与 $\boldsymbol{B}$ 的行列式的乘积等性质却不能类推到积和式中来.

由上述性质,我们可推证得如下几个结论:

定理 6 设 n 阶方阵 $\boldsymbol{J}_n$ 是元素全为 1 的矩阵,则

$$\text{per } \boldsymbol{J}_n = n!$$

略证 由性质 6,有 $\text{per } \boldsymbol{J}_n = n\text{per } \boldsymbol{J}_{n-1} = \cdots = n!$.

推论 1 设 n 阶方阵 $\boldsymbol{J}_n(1)$ 是主对角线上仅有一个元素为 0 外,其余元素全为 1 的矩阵,则

$$\text{per } \boldsymbol{J}_n(1) = (n-1)\text{per } \boldsymbol{J}_{n-1} = (n-1)\cdot(n-1)!$$

注 对于 $\text{per } \boldsymbol{J}_n(k)$ $(k \leqslant n)$ 的计算将在第 10 章介绍.

推论 2 设 n 阶方阵 $\boldsymbol{A}_n(k)$ 是某一列(或某一行)元素中有 $k(k<n)$ 个为 0,其余元素全为 1 的矩阵,则

$$\text{per } \boldsymbol{A}_n(k) = (n-k)\text{per } \boldsymbol{J}_{n-1} = (n-k)\cdot(n-1)!$$

推论 3 设 n 阶方阵 $\boldsymbol{C}_n(2)$ 是有两个元素为 0,且在不同的行和不同的列,其余元素全为 1 的矩阵,则

$$\text{per } \boldsymbol{C}_n(2) = (n-1)\text{per } \boldsymbol{A}_{n-1}(1) + \text{per } \boldsymbol{J}_{n-1}$$

定理 7 设 n 阶方阵的主对角线上的元素均等于 0,其余的元素都是 1,并记为 $\boldsymbol{D}_n$,则

$$\text{per } \boldsymbol{D}_n = (n-1)(\text{per } \boldsymbol{D}_{n-1} + \text{per } \boldsymbol{D}_{n-2})$$

证明 记 n 阶方阵

$$\boldsymbol{B}_n = \begin{bmatrix} 1 & 0 & 1 & \cdots & 1 \\ 1 & 1 & 0 & \cdots & 1 \\ \vdots & \vdots & \vdots & & \vdots \\ 1 & 1 & 1 & \cdots & 0 \\ 1 & 1 & 1 & \cdots & 1 \end{bmatrix}$$

由性质6及性质2，方阵 $\boldsymbol{B}_n$ 按第一列展开，得

$$\mathrm{per}\,\boldsymbol{B}_n=\mathrm{per}\,\boldsymbol{D}_{n-1}+(n-1)\mathrm{per}\,\boldsymbol{B}_{n-1}$$

同理

$$\mathrm{per}\,\boldsymbol{D}_n=(n-1)\mathrm{per}\,\boldsymbol{B}_{n-1}$$

从而

$$\mathrm{per}\,\boldsymbol{B}_n=\mathrm{per}\,\boldsymbol{D}_n+\mathrm{per}\,\boldsymbol{D}_{n-1}$$

$$n\mathrm{per}\,\boldsymbol{B}_n=n(\mathrm{per}\,\boldsymbol{D}_n+\mathrm{per}\,\boldsymbol{D}_{n-1})$$

故

$$\mathrm{per}\,\boldsymbol{D}_n=(n-1)(\mathrm{per}\,\boldsymbol{D}_{n-1}+\mathrm{per}\,\boldsymbol{D}_{n-2})$$

定理8　$\mathrm{per}\,\boldsymbol{D}_n=n!\cdot\left[\frac{1}{2!}-\frac{1}{3!}+\cdots+(-1)^n\frac{1}{n!}\right]$.

证明　直接计算

$$\mathrm{per}\,\boldsymbol{D}_2=\mathrm{per}\begin{bmatrix}0&1\\1&0\end{bmatrix}=1$$

$$\mathrm{per}\,\boldsymbol{D}_3=\mathrm{per}\begin{bmatrix}0&1&1\\1&0&1\\1&1&0\end{bmatrix}=2$$

进行代换，令 $\mathrm{per}\,\boldsymbol{D}_n=n!\cdot x_n$.

由定理7，知

$$\mathrm{per}\,\boldsymbol{D}_n=(n-1)(\mathrm{per}\,\boldsymbol{D}_{n-1}+\mathrm{per}\,\boldsymbol{D}_{n-2})$$

则

$$\begin{aligned}&n!\cdot x_n\\=&(n-1)\cdot[(n-1)!\cdot x_{n-1}+(n-2)!\cdot x_{n-2}]\end{aligned}$$

即

$$nx_n=(n-1)x_{n-1}+x_{n-2}$$

于是

$$x_n - x_{n-1} = -\frac{1}{n}(x_{n-1} - x_{n-2})$$

则

$$x_4 - x_3 = -\frac{1}{4}(x_3 - x_2)$$

$$x_5 - x_4 = -\frac{1}{5}(x_4 - x_3) = \frac{(-1)^2}{5 \cdot 4}(x_3 - x_2)$$

$$\vdots$$

$$x_n - x_{n-1} = \cdots = \frac{(-1)^{n-3}}{n \cdot (n-1) \cdot \cdots \cdot 4}(x_3 - x_2)$$

又

$$x_3 - x_2 = \frac{\text{per } \boldsymbol{D}_3}{3!} - \frac{\text{per } \boldsymbol{D}_2}{2!} = -\frac{1}{3 \cdot 2} = \frac{(-1)^3}{3 \cdot 2}$$

从而

$$x_n - x_{n-1} = \frac{(-1)^n}{n!}$$

则

$$\begin{aligned} x_n &= (x_n - x_{n-1}) + (x_{n-1} - x_{n-2}) + \cdots + (x_3 - x_2) + x_2 \\ &= \frac{(-1)^n}{n!} + \frac{(-1)^{n-1}}{(n-1)!} + \cdots + \frac{(-1)^3}{3!} + \frac{(-1)^2}{2!} \end{aligned}$$

故

$$\text{per } \boldsymbol{D}_n = n! \cdot x_n = n! \cdot \left[\frac{1}{2!} - \frac{1}{3!} + \cdots + (-1)^n \frac{1}{n!}\right]$$

积和式在解答排列问题中有着广泛的应用,我们将在第 10 章再介绍. 这里另给出一个应用例子.

例 15(1989 年全国高中联赛题)　有 $n \times n(n \geqslant 4)$的一张空白方格表,在它的每一个方格内任意地填上 1 和 -1 两个数中的一个. 现将表内 n 个两两既不同行(横)又不同列(竖)的方格中的数的乘积称为一个基本项. 试证:以上述方式所填成的每一个方格表,它的全部基本项之和总能被 4 整除(即总能表示成 $4k$ 的形式,其中 $k\in\mathbf{Z}$).

证明　若 $n\times n$ 方格内所填的数均为 1,那么所得的 n 阶方阵是全为 1 的方阵 $\boldsymbol{J}_n$. 由题意所规定的所有基本项之和即是此方阵的积和式的值. 因 $\operatorname{per}\boldsymbol{J}_n=n!$ $(n\geqslant4)$,则 $n!$ $(n\geqslant4)$必能被 4 整除.

假设方阵 $\boldsymbol{J}_n$ 中有一个方格的值由 1 改为 -1,不妨设此方格为 a_{ij}(即第 i 行第 j 列),并记此方阵为 $\boldsymbol{B}$,则 $\operatorname{per}\boldsymbol{B}=n!-2(n-1)!$,其积和式的值与 $\operatorname{per}\boldsymbol{J}_n$ 只相差 $2(n-1)!$.

又 $n\geqslant5$ 时,$2(n-1)!$ 能被 4 整除,$n=4$ 时,$2(n-1)!$能被 4 整除,因而 $\operatorname{per}\boldsymbol{B}$ 也能被 4 整除.

由上述推导可知,方格内每增加一个 -1 时,则与原方阵的积和式的值相差一个 $2(n-1)!$,此时新的方阵的积和式的值仍能被 4 整除,即符合题意的 $n\times n(n\geqslant4)$的方格,其所有基本项之和必能被 4 整除.

3.5　赖瑟定理

积和式的概念可以推广到长方矩阵. 设

$$\boldsymbol{A}=\begin{bmatrix}a_{11}&a_{12}&\cdots&a_{1m}\\a_{21}&a_{22}&\cdots&a_{2m}\\\vdots&\vdots&&\vdots\\a_{n1}&a_{n2}&\cdots&a_{nm}\end{bmatrix}\qquad(3.5.1)$$

是 $n\times m$ 复矩阵，$n\leqslant m$. $n\times m$ 矩阵 $\boldsymbol{A}$ 的积和式 per $\boldsymbol{A}$ 定义为

$$\operatorname{per}\boldsymbol{A}=\sum_{j_1j_2\cdots j_n}a_{1j_1}\cdot a_{2j_2}\cdot\cdots\cdot a_{nj_n}\qquad(3.5.2)$$

其中 $j_1j_2\cdots j_n$ 表示从列下标 $1,2,\cdots,m$ 中取出 n 个不同元素的排列，而和号"$\sum\limits_{j_1j_2\cdots j_n}$"表示式(3.5.2)右端的项 $a_{1j_1}\cdot a_{2j_2}\cdot\cdots\cdot a_{nj_n}$ 的列下标 $j_1,j_2,\cdots,j_n$ 遍历自然数 $1,2,\cdots,m$ 的所有 n 排列 $j_1j_2\cdots j_n$ 求和. 例如

$$\operatorname{per}\begin{bmatrix}a_{11}&a_{12}&a_{13}\\a_{21}&a_{22}&a_{23}\end{bmatrix}$$
$$=a_{12}a_{23}+a_{13}a_{22}+a_{11}a_{23}+a_{13}a_{21}+a_{11}a_{22}+a_{12}a_{21}$$

显然，当矩阵 $\boldsymbol{A}$ 为方阵时，这一定义与方阵情形是一致的.

如何计算长方矩阵的积和式呢？1963 年，赖瑟(H. J. Ryser)给出了一种方法，这种方法的主要依据是容斥原理. 赖瑟方法现在已成为计算积和式的主要方法，也是研究积和式理论的得力工具. 为了介绍赖瑟方法，先引进下面的记号.

设 $\boldsymbol{A}$ 是(3.5.1)中给出的 $n\times m$ 矩阵，矩阵 $\boldsymbol{A}$ 的第 i 行上所有元素之和记为 $R_i(\boldsymbol{A})$，即

$$R_i(\boldsymbol{A})=a_{i1}+a_{i2}+\cdots+a_{im}$$

则 $R_i(\boldsymbol{A})$ 称为矩阵 $\boldsymbol{A}$ 的第 i 个行和，$i=1,2,\cdots,n$. 矩阵 $\boldsymbol{A}$ 的 n 个行和 $R_1(\boldsymbol{A}),R_2(\boldsymbol{A}),\cdots,R_n(\boldsymbol{A})$ 的乘积记为 $\prod\limits_{i=1}^{n}R_i(\boldsymbol{A})$，即

$$\prod_{i=1}^{n}R_i(\boldsymbol{A})=R_1(\boldsymbol{A})\cdot R_2(\boldsymbol{A})\cdot\cdots\cdot R_n(\boldsymbol{A})$$

删掉(3.5.1)中给出的 $n\times m$ 矩阵 $\boldsymbol{A}$ 的第 j 列上所有的元素,留下的元素按它们在矩阵 $\boldsymbol{A}$ 中的位置次序构成的 $n\times(m-1)$ 矩阵记为 $\boldsymbol{A}_j$,即

$$\boldsymbol{A}_j=\begin{bmatrix} a_{11} & a_{12} & \cdots & a_{1,j-1} & a_{1,j+1} & \cdots & a_{1m} \\ a_{21} & a_{22} & \cdots & a_{2,j-1} & a_{2,j+1} & \cdots & a_{2m} \\ \vdots & \vdots & & \vdots & \vdots & & \vdots \\ a_{n1} & a_{n2} & \cdots & a_{n,j-1} & a_{n,j+1} & \cdots & a_{nm} \end{bmatrix}$$

$j=1,2,\cdots,m$. 一般的,设 $j_1,j_2,\cdots,j_k$ 是 k 个正整数,它们满足 $1\leqslant j_1<j_2<\cdots<j_k\leqslant m$,则从 $n\times m$ 矩阵 $\boldsymbol{A}$ 中删掉第 $j_1,j_2,\cdots,j_k$ 列上所有的元素,留下的元素按它们在矩阵 $\boldsymbol{A}$ 中的位置次序构成的 $n\times(m-k)$ 矩阵记为 $\boldsymbol{A}_{j_1j_2\cdots j_k}$.

赖瑟方法可以表述为下面的定理.

定理 9(赖瑟定理)　设 $\boldsymbol{A}$ 是 $n\times m$ 矩阵,$n\leqslant m$,则

$$\begin{aligned}\operatorname{per}\boldsymbol{A} = &\sum_{1\leqslant j_1<\cdots<j_{m-n}\leqslant m}\prod_{i=1}^{n}R_i(\boldsymbol{A}_{j_1j_2\cdots j_{m-n}}) - \\ &\mathrm{C}_{m-n+1}^{1}\sum_{1\leqslant j_1<\cdots<j_{m-n+1}\leqslant m}\prod_{i=1}^{n}R_i(\boldsymbol{A}_{j_1j_2\cdots j_{m-n+1}}) + \\ &\mathrm{C}_{m-n+2}^{2}\sum_{1\leqslant j_1<\cdots<j_{m-n+2}\leqslant m}\prod_{i=1}^{n}R_i(\boldsymbol{A}_{j_1j_2\cdots j_{m-n+2}}) - \cdots + \\ &(-1)^{n-1}\mathrm{C}_{m-1}^{n-1}\sum_{1\leqslant j_1<\cdots<j_{m-1}\leqslant m}\prod_{i=1}^{n}R_i(\boldsymbol{A}_{j_1j_2\cdots j_{n-1}})\end{aligned} \tag{3.5.3}$$

特别的,当 $n=m$,即矩阵 $\boldsymbol{A}$ 为 n 阶方阵时,式(3.5.3)化为

$$\operatorname{per}\boldsymbol{A}=\prod_{i=1}^{m}R_i(\boldsymbol{A})-\sum_{1\leqslant j_1\leqslant m}\prod_{i=1}^{m}R_i(\boldsymbol{A}_{j_1})+$$

$$\sum_{1 \leq j_1 < j_2 \leq m} \prod_{i=1}^{m} R_i(\boldsymbol{A}_{j_1 j_2}) - \cdots +$$

$$(-1)^{m-1} \sum_{1 \leq j_1 < \cdots < j_{m-1} \leq m} \prod_{i=1}^{m} R_i(\boldsymbol{A}_{j_1 j_2 \cdots j_{m-1}}) \tag{3.5.4}$$

赖瑟定理也可以用语言叙述如下:从矩阵 $\boldsymbol{A}$ 中去掉某 $m-n$ 个列,得到 n 阶方阵 $\boldsymbol{A}_{(m-n)}$,将方阵 $\boldsymbol{A}_{(m-n)}$ 的 n 个行和连乘,然后求和,其和记为 S_{m-n}. 再从矩阵 $\boldsymbol{A}$ 中去掉某 $m-n+1$ 个列,得到 $n\times(n-1)$ 矩阵 $\boldsymbol{A}_{(m-n+1)}$,将矩阵 $\boldsymbol{A}_{(m-n+1)}$ 的 n 个行和连乘,然后求和,其和记为 S_{m-n+1},如此继续. 最后从矩阵 $\boldsymbol{A}$ 中去掉某 $m-1$个列,得到 $n\times 1$ 矩阵 $\boldsymbol{A}_{(m-1)}$,将矩阵 $\boldsymbol{A}_{(m-1)}$ 的 n 个行和连乘,然后求和,其和记为 S_{m-1}. 于是

$$\begin{aligned}\operatorname{per} \boldsymbol{A} = S_{m-n} &+ (-1)\mathrm{C}_{m-n+1}^{1} S_{m-n+1} + \\ &(-1)^2 \mathrm{C}_{m-n+2}^{2} S_{m-n+2} + \cdots + \\ &(-1)^{n-1} \mathrm{C}_{m-1}^{n-1} S_{m-1}\end{aligned} \tag{3.5.5}$$

例如,当 $n=2, m=3, m-n=1$,且 $m-1=2$ 时,式(3.5.3)化为

$$\begin{aligned}\operatorname{per} \boldsymbol{A} &= \sum_{1 \leq j_1 \leq 3} \prod_{i=1}^{2} R_i(\boldsymbol{A}_{j_1}) - 2 \sum_{1 \leq j_1 < j_2 \leq 3} \prod_{i=1}^{2} R_i(\boldsymbol{A}_{j_1 j_2}) \\ &= R_1(\boldsymbol{A}_1) \cdot R_2(\boldsymbol{A}_1) + R_1(\boldsymbol{A}_2) \cdot \\ &\quad R_2(\boldsymbol{A}_2) + R_1(\boldsymbol{A}_3) \cdot R_2(\boldsymbol{A}_3) - \\ &\quad 2[R_1(\boldsymbol{A}_{12}) \cdot R_2(\boldsymbol{A}_{12}) + R_1(\boldsymbol{A}_{13}) \cdot \\ &\quad R_2(\boldsymbol{A}_{13}) + R_1(\boldsymbol{A}_{23}) \cdot R_2(\boldsymbol{A}_{23})]\end{aligned}$$

由于

$$\boldsymbol{A}_1 = \begin{bmatrix} a_{12} & a_{13} \\ a_{22} & a_{23} \end{bmatrix}, \boldsymbol{A}_2 = \begin{bmatrix} a_{11} & a_{13} \\ a_{21} & a_{23} \end{bmatrix}, \boldsymbol{A}_3 = \begin{bmatrix} a_{11} & a_{12} \\ a_{21} & a_{22} \end{bmatrix}$$

所以

$$R_1(\boldsymbol{A}_1)\cdot R_2(\boldsymbol{A}_1)=(a_{12}+a_{13})(a_{22}+a_{23})$$
$$=a_{12}a_{22}+a_{12}a_{23}+a_{13}a_{22}+a_{13}a_{23}$$
$$R_1(\boldsymbol{A}_2)\cdot R_2(\boldsymbol{A}_2)=(a_{11}+a_{13})(a_{21}+a_{23})$$
$$=a_{11}a_{21}+a_{11}a_{23}+a_{13}a_{21}+a_{13}a_{23}$$
$$R_1(\boldsymbol{A}_3)\cdot R_2(\boldsymbol{A}_3)=(a_{11}+a_{12})(a_{21}+a_{22})$$
$$=a_{11}a_{21}+a_{11}a_{22}+a_{12}a_{21}+a_{12}a_{22}$$

于是即可求出和

$$R_1(\boldsymbol{A}_1)\cdot R_2(\boldsymbol{A}_1)+R_1(\boldsymbol{A}_2)\cdot R_2(\boldsymbol{A}_2)+R_1(\boldsymbol{A}_3)\cdot R_2(\boldsymbol{A}_3)$$

记为 S_1，出现在 S_1 中的项为 $a_{1j_1}a_{2j_2}$，其中下标 j_1 与 j_2 可能有重复的，例如 $a_{12}a_{22}$，$a_{13}a_{23}$. 它们当然不是积和式 per $\boldsymbol{A}$ 的展开式中的项. 去掉 S_1 中列下标 j_1 与 j_2 相重复的项 $a_{1j_1}a_{2j_2}$，留下列下标 j_1 与 j_2 不相重复的项 $a_{12}a_{23}$，$a_{13}a_{22}$，$a_{11}a_{23}$，$a_{13}a_{21}$，$a_{11}a_{22}$，$a_{12}a_{21}$，它们正好是积和式 per $\boldsymbol{A}$ 的展开式中所有的项. 现在考虑 S_1 中列下标相重复的项，例如 $a_{11}a_{21}$ 在 S_1 中出现的次数. 因为 $a_{11}a_{21}$ 的列下标都是 1，所以它在 $R_1(\boldsymbol{A}_2)\cdot R_2(\boldsymbol{A}_2)$ 与 $R_1(\boldsymbol{A}_3)\cdot R_2(\boldsymbol{A}_3)$ 中各出现一次，但在 $R_1(\boldsymbol{A}_1)\cdot R_2(\boldsymbol{A}_1)$ 中并不出现. 因此它在 S_1 中共出现 $\mathrm{C}_2^1=2$ 次. 因为

$$\boldsymbol{A}_{12}=\begin{bmatrix}a_{13}\\a_{23}\end{bmatrix},\boldsymbol{A}_{13}=\begin{bmatrix}a_{12}\\a_{22}\end{bmatrix},\boldsymbol{A}_{23}=\begin{bmatrix}a_{11}\\a_{21}\end{bmatrix}$$

所以

$$R_1(\boldsymbol{A}_{12})\cdot R_2(\boldsymbol{A}_{12})=a_{13}a_{23}$$
$$R_1(\boldsymbol{A}_{13})\cdot R_2(\boldsymbol{A}_{13})=a_{12}a_{22}$$

$$R_1(\boldsymbol{A}_{23})\cdot R_2(\boldsymbol{A}_{23})=a_{11}a_{21}$$

即

$$\begin{aligned}&R_1(\boldsymbol{A}_{12})\cdot R_2(\boldsymbol{A}_{12})+R_1(\boldsymbol{A}_{13})\cdot\\&R_2(\boldsymbol{A}_{13})+R_1(\boldsymbol{A}_{23})\cdot R_2(\boldsymbol{A}_{23})\\=\ &a_{13}a_{23}+a_{12}a_{22}+a_{11}a_{21}\end{aligned}$$

$a_{11}a_{21}$恰在 $R_1(\boldsymbol{A}_{23})\cdot R_2(\boldsymbol{A}_{23})$中出现一次，而在 $R_1(\boldsymbol{A}_{12})\cdot R_2(\boldsymbol{A}_{12})$与 $R_1(\boldsymbol{A}_{13})\cdot R_2(\boldsymbol{A}_{13})$中均不出现，因此 $a_{11}a_{12}$在

$$S_2=R_1(\boldsymbol{A}_{12})\cdot R_2(\boldsymbol{A}_{12})+R_1(\boldsymbol{A}_{13})\cdot R_2(\boldsymbol{A}_{13})+R_1(\boldsymbol{A}_{23})\cdot R_2(\boldsymbol{A}_{23})$$

中仅出现一次. 也就是说，出现在 S_1 中列下标 j_1 与 j_2 相重复的项 $a_{1j_1}a_{2j_2}$都在 S_2 中出现一次，而且 S_2 中的项也在 S_1 中出现. 于是 S_1-2S_2 即是 S_1 中所有列下标 j_1 与 j_2 不相重复的项，因此，$S_1-2S_2=\operatorname{per}\boldsymbol{A}$.

当然，对一般 $n\times m$ 矩阵，赖瑟定理的证明要复杂得多. 不过只要对某些 $n\times m$ 矩阵，例如 3×4 矩阵，3×5矩阵分析式(3.5.3)右端各项的列下标是否相重复，以及重复的次数，再用容斥原理就可独自给出赖瑟定理的证明了.

由赖瑟定理，我们有如下两个结论.

定理 10 设 n 阶方阵 $\boldsymbol{J}_n$ 是元素全为 1 的，即

$$\boldsymbol{J}_n=\begin{bmatrix}1&1&\cdots&1\\1&1&\cdots&1\\\vdots&\vdots&&\vdots\\1&1&\cdots&1\end{bmatrix}_{n\times n}$$

则

$$\operatorname{per} \boldsymbol{J}_n = \sum_{k=0}^{n-1} (-1)^k C_n^k (n-k)^n \quad (3.5.6)$$

证明　显然,全 1 方阵 $\boldsymbol{J}_n$ 的第 i 行上元素之和 $R_i(\boldsymbol{J}_n)=n, i=1,2,\cdots,n$,因此

$$\prod_{i=1}^{n} R_i(\boldsymbol{J}_n) = R_1(\boldsymbol{J}_n)\cdot R_2(\boldsymbol{J}_n)\cdot \cdots \cdot R_n(\boldsymbol{J}_n) = n^n$$

去掉全1方阵 $\boldsymbol{J}_n$ 的第 $j_1, j_2, \cdots, j_k$ 列,得到的矩阵是

$$\boldsymbol{J}_{n_{j_1 j_2 \cdots j_k}} = \left.\underbrace{\begin{bmatrix} 1 & 1 & \cdots & 1 \\ 1 & 1 & \cdots & 1 \\ \vdots & \vdots & & \vdots \\ 1 & 1 & \cdots & 1 \end{bmatrix}}_{n-k\text{列}}\right\} n\text{ 行}$$

其中 $k \leqslant n-1$. 于是矩阵 $\boldsymbol{J}_{n_{j_1 j_2 \cdots j_k}}$ 的第 i 行上所有元素之和

$$R_i(\boldsymbol{J}_{n_{j_1 j_2 \cdots j_k}}) = n-k \quad (i=1,2,\cdots,n)$$

所以

$$\prod_{i=1}^{n} R_i(\boldsymbol{J}_{n_{j_1 j_2 \cdots j_k}}) = (n-k)^n \quad (k=0,1,2,\cdots,n-1)$$

因此

$$\sum_{1\leqslant j_1<\cdots<j_k\leqslant n} \prod_{i=1}^{n} R_i(\boldsymbol{J}_{n_{j_1 j_2 \cdots j_k}}) = \sum_{1\leqslant j_1<\cdots<j_k\leqslant n} (n-k)^n$$

由于满足 $1 \leqslant j_1 < j_2 < \cdots < j_k \leqslant n$ 的正整数 $j_1, j_2, \cdots, j_k$ 恰有 C_n^k 组,所以

$$\sum_{1\leqslant j_1<\cdots<j_k\leqslant n} \prod_{i=1}^{n} R_i(\boldsymbol{J}_{n_{j_1 j_2 \cdots j_k}}) = C_n^k (n-k)^n$$

于是由式(3.5.4)得到

$$\operatorname{per} \boldsymbol{J}_n = n^n - C_n^1 (n-1)^n + C_n^2 (n-2)^n - \cdots + (-1)^{n-1} C_n^{n-1} (n-n+1)^n$$

$$= \sum_{k=0}^{n-1}(-1)^k C_n^k (n-k)^n$$

由前述定理 6 及定理 10,我们有下面的推论.

推论 可知

$$n! = \sum_{k=0}^{n-1}(-1)^k C_n^k (n-k)^n \qquad (3.5.7)$$

定理 11 设 $\boldsymbol{E}_n$ 是 n 阶单位矩阵,$\boldsymbol{D}_n = \boldsymbol{J}_n - \boldsymbol{E}_n$,则

$$\begin{aligned}\operatorname{per} \boldsymbol{D}_n &= \operatorname{per}(\boldsymbol{J}_n - \boldsymbol{E}_n)\\ &= \sum_{k=0}^{n-1}(-1)^k C_n^k (n-k-1)^{n-k} \cdot (n-k)^k\end{aligned} \qquad (3.5.8)$$

证明 设

$$\boldsymbol{A} = \boldsymbol{J}_n - \boldsymbol{E}_n = \begin{bmatrix} 0 & 1 & 1 & \cdots & 1 \\ 1 & 0 & 1 & \cdots & 1 \\ 1 & 1 & 0 & \cdots & 1 \\ \vdots & \vdots & \vdots & & \vdots \\ 1 & 1 & 1 & \cdots & 0 \end{bmatrix}_{n\times n}$$

方阵 $\boldsymbol{A}$ 的每一行元素之和显然都是 $n-1$,即 $R_i(\boldsymbol{A}) = n-1, i=1,2,\cdots,n$,所以

$$\prod_{i=1}^{n} R_i(\boldsymbol{A}) = (n-1)^n$$

去掉方阵 $\boldsymbol{A}$ 的第 $j_1, j_2, \cdots, j_k$ 列,得到的矩阵 $\boldsymbol{A}_{j_1 j_2 \cdots j_k}$ 中第 $j_1, j_2, \cdots, j_k$ 行上不出现元素 0,其他的行上都恰有一个元素 0,因此矩阵 $\boldsymbol{A}_{j_1 j_2 \cdots j_k}$ 有 k 个行和等于 $n-k$,有 $n-k$ 个行和等于 $n-k-1$. 所以

$$\prod_{i=1}^{n} R_1(\boldsymbol{A}_{j_1 j_2 \cdots j_k}) = (n-k-1)^{n-k} \cdot (n-k)^k$$

于是

$$\sum_{1\leqslant j_1<\cdots<j_k\leqslant n}\prod_{i=1}^{n}R_i(\boldsymbol{A}_{j_1j_2\cdots j_k})$$

$$=C_n^k(n-k-1)^{n-k}\cdot(n-k)^k\quad(k=1,2,\cdots,n-1)$$

由式(3.5.4),有

$$\operatorname{per}(\boldsymbol{J}_n-\boldsymbol{E}_n)$$

$$=\sum_{k=0}^{n-1}(-1)^kC_n^k(n-k-1)^{n-k}\cdot(n-k)^k$$

3.6 二行 n 列式

定义5 把 n 个实数对或复数对 (x_i,y_i),$1\leqslant i\leqslant n$,$n\geqslant3$,排列成下面的二行 n 列的矩阵

$$\boldsymbol{B}_n=\begin{bmatrix}x_1&x_2&x_3&\cdots&x_i&\cdots&x_n\\y_1&y_2&y_3&\cdots&y_i&\cdots&y_n\end{bmatrix}_{2\times n}\quad(3.6.1)$$

记

$$|\boldsymbol{B}_n|=b_n$$
$$=(x_1y_2+x_2y_3+x_3y_4+\cdots+x_iy_{i+1}+\cdots+x_{n-1}y_n+x_ny_1)-$$
$$(x_2y_1+x_3y_2+\cdots+x_{i+1}y_i+\cdots+x_ny_{n-1}+x_1y_n)$$

则称 $|\boldsymbol{B}_n|$ 为 $\boldsymbol{B}_n$ 的二行 n 列式,简称为 n 列式.

此 $|\boldsymbol{B}_n|$ 的值 b_n 是依次考虑二阶方阵的行列式的值之和,即取左上角元素依次乘右下角元素之和,减去右上角元素乘左下角元素之和,前者包括 x_ny_1,后者包括 x_1y_n.

为记忆方便和直观起见,n 列式的值可按图 3.6.1

所示的斜线法则进行运算.

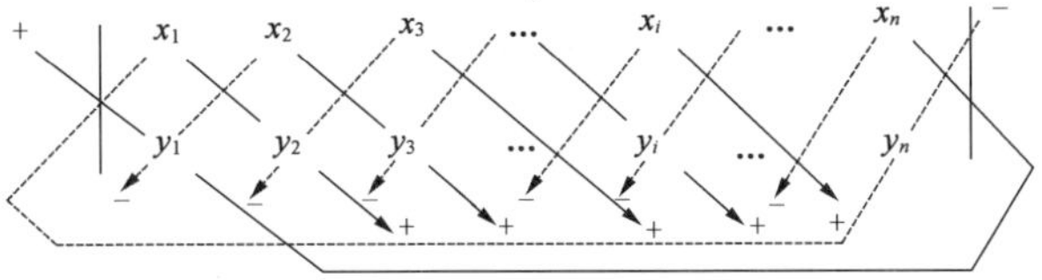

图 3.6.1

为简便计，n 列式 $|\boldsymbol{B}_n|$ 有时也记为 $\begin{vmatrix} x_i \\ y_i \end{vmatrix}_1^n$，其中，右下码为开始数码，右上码为终点数码，表示由 1 开始由左向右排列至 n.

对于 n 列式，由上述定义，可推得如下 10 条性质（证略），它们大都类似于普通行列式的性质.

性质 1（连续闭合分解性）　n 列式可以连续闭合地依次分解为 n 个二阶行列式之和，即

$$\begin{vmatrix} x_i \\ y_i \end{vmatrix}_1^n = \sum_{i=1}^{n-1} \begin{vmatrix} x_i & x_{i+1} \\ y_i & y_{i+1} \end{vmatrix} + \begin{vmatrix} x_n & x_1 \\ y_n & y_1 \end{vmatrix} \tag{3.6.2}$$

性质 2

$$\begin{vmatrix} x_1 & y_1 & 1 \\ x_2 & y_2 & 1 \\ x_3 & y_3 & 1 \end{vmatrix} = \begin{vmatrix} x_1 & x_2 & x_3 \\ y_1 & y_2 & y_3 \end{vmatrix} \tag{3.6.3}$$

性质 3　将 n 列式两行互换，其值变号，即

$$\begin{vmatrix} x_i \\ y_i \end{vmatrix}_1^n = -\begin{vmatrix} y_i \\ x_i \end{vmatrix}_1^n \tag{3.6.4}$$

性质 4（封闭顺序性）　设 (x_i, y_i)，$1 \leqslant i \leqslant n$，$n \geqslant 3$，$n$ 列式有一确定的封闭顺序，即若设其顺序为 $(x_1, y_1) \to$

$(x_2,y_2)\rightarrow\cdots\rightarrow(x_i,y_i)\rightarrow(x_{i+1},y_{i+1})\rightarrow\cdots\rightarrow(x_n,y_n)\rightarrow(x_1,y_1)$，无论从哪个数列开始按顺序排列其 n 列式，其值不变，即

$$\begin{vmatrix} x_i & x_{i+1} & \cdots & x_n & x_1 & \cdots & x_{i-1} \\ y_i & y_{i+1} & \cdots & y_n & y_1 & \cdots & y_{i-1} \end{vmatrix} = \begin{vmatrix} x_i \\ y_i \end{vmatrix}_1^n \tag{3.6.5}$$

性质 5（逆序反号性）　将 n 列式按逆序重排，其值与原值反号，即

$$\begin{vmatrix} x_i \\ y_i \end{vmatrix}_n^1 = -\begin{vmatrix} x_i \\ y_i \end{vmatrix}_1^n \tag{3.6.6}$$

性质 6　n 列式某行元素的公因子 k（实数或复数），可以提出作为 n 列式的系数，即

$$\begin{vmatrix} kx_i \\ y_i \end{vmatrix}_1^n = k\cdot\begin{vmatrix} x_i \\ y_i \end{vmatrix}_1^n \tag{3.6.7}$$

性质 7　n 列式的两行元素成比例（比例常数可为实数或复数），其值为零.

性质 8（可分解性）　若 n 列式某行的元素恒可分解为两数之和，则此式可分解为对应的两个 n 列式之和，即

$$\begin{vmatrix} a_i+b_i \\ y_i \end{vmatrix}_1^n = \begin{vmatrix} a_i \\ y_i \end{vmatrix}_1^n + \begin{vmatrix} b_i \\ y_i \end{vmatrix}_1^n \tag{3.6.8}$$

性质 9　n 列式的某一行元素，加上另一行的对应元素的 k（实数或复数）倍，其值不变.

性质 10　若 n 列式的某一行元素全是同一个常数 k（实数或复数），则其值为零.

利用 n 列式的概念及性质可以方便地讨论一系列

问题:诸如点共直线,直线共点,平面或立体截面多边形的面积,等差、等比数列等问题.在这里,我们仅讨论平面 n 边形的面积公式.首先,我们有下面的定理.

定理 12　设 $A_1A_2\cdots A_n$ 为平面 n 边形(凸或凹),其顶点坐标为 $A_i(x_i,y_i)$,$1\leqslant i\leqslant n$,$n\geqslant 3$,且顶点按逆时针方向排列,则其 n 边形的面积为

$$S=\frac{1}{2}\begin{vmatrix} x_i \\ y_i \end{vmatrix}_1^n \tag{3.6.9}$$

证明　对边数 n 进行数学归纳法.

当 $n=3$ 时,如图 3.6.2.

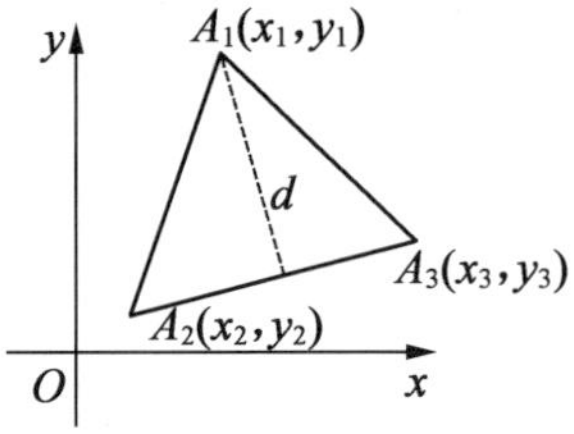

图 3.6.2

此时,$A_1(x_1,y_1)$,$A_2(x_2,y_2)$,$A_3(x_3,y_3)$.直线 A_2A_3 的方程为

$$y-y_2=\frac{y_3-y_2}{x_3-x_2}(x-x_2)$$

即

$$\frac{y_3-y_2}{x_3-x_2}\cdot x-y-\frac{y_3-y_2}{x_3-x_2}\cdot x_2+y_2=0$$

由点到直线的距离公式,求得 $\triangle A_1A_2A_3$ 的边 A_2A_3 上的高

$$d=\frac{\left|\frac{y_3-y_2}{x_3-x_2}\cdot x_1-y_1-\frac{y_3-y_2}{x_3-x_2}\cdot x_2+y_2\right|}{\sqrt{\left(\frac{y_3-y_2}{x_3-x_2}\right)^2+1}}$$

$$=\frac{|(y_3-y_2)(x_1-x_2)+(y_2-y_1)(x_3-x_2)|}{\sqrt{(x_3-x_2)^2+(y_3-y_2)^2}}$$

而

$$|A_2A_3|=\sqrt{(x_3-x_2)^2+(y_3-y_2)^2}$$

于是

$$S_{\triangle A_1A_2A_3}=\frac{1}{2}|A_2A_3|\cdot d$$

$$=\frac{1}{2}|(y_3-y_2)(x_1-x_2)+(y_2-y_1)(x_3-x_2)|$$

$$=\frac{1}{2}|x_2y_3-x_3y_2-x_1y_3+x_3y_1+x_1y_2-x_2y_1|$$

$$=\frac{1}{2}\left|\begin{vmatrix}x_2 & y_2\\ x_3 & y_3\end{vmatrix}-\begin{vmatrix}x_1 & y_1\\ x_3 & y_3\end{vmatrix}+\begin{vmatrix}x_1 & y_1\\ x_2 & y_2\end{vmatrix}\right|$$

$$=\frac{1}{2}\left|\begin{vmatrix}x_1 & y_1 & 1\\ x_2 & y_2 & 1\\ x_3 & y_3 & 1\end{vmatrix}\right|$$

为了讨论问题的方便,我们引入有向面积的概念,即顶点绕逆时针方向时,面积为正,否则面积为负. 于是,我们有

$$S_{\triangle A_1A_2A_3}=\frac{1}{2}\begin{vmatrix}x_1 & y_1 & 1\\ x_2 & y_2 & 1\\ x_3 & y_3 & 1\end{vmatrix} \qquad (3.6.10)$$

又由性质 2,即有

$$S_{\triangle A_1A_2A_3}=\frac{1}{2}\begin{vmatrix}x_1 & x_2 & x_3\\ y_1 & y_2 & y_3\end{vmatrix}=\frac{1}{2}\begin{vmatrix}x_i\\ y_i\end{vmatrix}_1^3$$

这说明 $n=3$ 时,命题成立.

假设 $n=k$ 时,命题成立,往证命题对 $n=k+1$ 亦成立. 如图 3.6.3 所示,$A_1A_2\cdots A_kA_{k+1}$ 为 $k+1$ 边形,连 A_1A_k,割出 k 边形 $A_1A_2\cdots A_k$ 及 $\triangle A_1A_kA_{k+1}$.

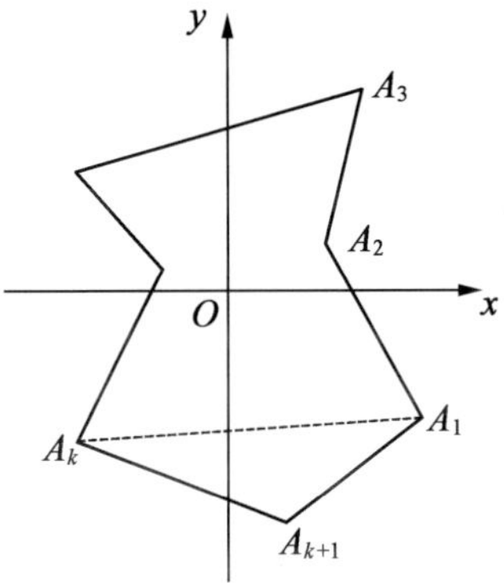

图 3.6.3

由性质 4 及归纳法假设,有

$$\begin{aligned}S_{A_1A_2\cdots A_{k+1}}&=S_{A_1A_2\cdots A_k}+S_{\triangle A_1A_kA_{k+1}}\\&=\frac{1}{2}\begin{vmatrix}x_1 & x_2 & \cdots & x_k\\ y_1 & y_2 & \cdots & y_k\end{vmatrix}+\frac{1}{2}\begin{vmatrix}x_1 & x_k & x_{k+1}\\ y_1 & y_k & y_{k+1}\end{vmatrix}\\&=\frac{1}{2}\left(\begin{vmatrix}x_1 & x_2\\ y_1 & y_2\end{vmatrix}+\cdots+\begin{vmatrix}x_{k-1} & x_k\\ y_{k-1} & y_k\end{vmatrix}+\begin{vmatrix}x_k & x_1\\ y_k & y_1\end{vmatrix}\right)+\\&\quad\frac{1}{2}\left(\begin{vmatrix}x_1 & x_k\\ y_1 & y_k\end{vmatrix}+\begin{vmatrix}x_k & x_{k+1}\\ y_k & y_{k+1}\end{vmatrix}+\begin{vmatrix}x_{k+1} & x_1\\ y_{k+1} & y_1\end{vmatrix}\right)\end{aligned}$$

$$=\frac{1}{2}\left(\begin{vmatrix}x_1 & x_2\\ y_1 & y_2\end{vmatrix}+\cdots+\begin{vmatrix}x_{k-1} & x_k\\ y_{k-1} & y_k\end{vmatrix}+\begin{vmatrix}x_k & x_1\\ y_k & y_1\end{vmatrix}-\right.$$

$$\left.\begin{vmatrix}x_k & x_1\\ y_k & y_1\end{vmatrix}+\begin{vmatrix}x_k & x_{k+1}\\ y_k & y_{k+1}\end{vmatrix}+\begin{vmatrix}x_{k+1} & x_1\\ y_{k+1} & y_1\end{vmatrix}\right)$$

$$=\frac{1}{2}\begin{vmatrix}x_i\\ y_i\end{vmatrix}_1^{k+1}$$

综上所述,定理获证.

例16　计算如图3.6.4所示的凹六边形面积,图中顶点坐标分别为 $A(-4,-3)$, $B(1,-1)$, $C(5,-2)$, $D(3,5)$, $E(-6,4)$, $F(-2,2)$.

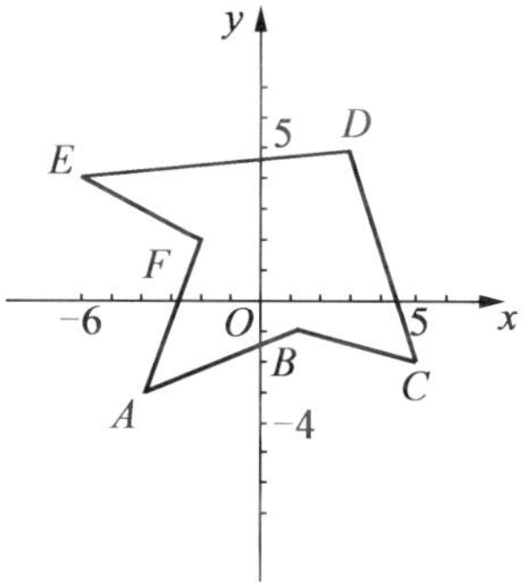

图3.6.4

解　由定理12,有

$$S=\frac{1}{2}\begin{vmatrix}-4 & 1 & 5 & 3 & -6 & -2\\ -3 & -1 & -2 & 5 & 4 & 2\end{vmatrix}$$

$$=\frac{1}{2}\begin{vmatrix}-7 & 0 & 3 & 8 & -2 & 0\\ -3 & -1 & -2 & 5 & 4 & 2\end{vmatrix}$$

$$=\frac{1}{2}\begin{vmatrix}-7 & 0 & 3 & 8 & -2 & 0\\ -17 & -1 & 4 & 21 & 0 & 2\end{vmatrix}$$

$$=\frac{1}{2}(7+63-4+14+3-32+42)$$

$$=46\frac{1}{2}$$

为所求.

3.7　二行 n 列对称积和式

定义 6　对于二行 n 列矩阵

$$\begin{bmatrix} a_n & a_{n-1} & \cdots & a_2 & a_1 \\ b_n & b_{n-1} & \cdots & b_2 & b_1 \end{bmatrix}_{2\times n}$$

定义它的对称积和式的值为

$$\left\langle \begin{matrix} a_k \\ b_k \end{matrix} \right\rangle = a_k b_k, \left\langle \begin{matrix} a_i & a_j \\ b_i & b_j \end{matrix} \right\rangle = a_i b_j + a_j b_i$$

当 n 为奇数时

$$\left\langle \begin{matrix} a_n & a_{n-1} & \cdots & a_2 & a_1 \\ b_n & b_{n-1} & \cdots & b_2 & b_1 \end{matrix} \right\rangle$$

$$=\left\langle \begin{matrix} a_n & a_1 \\ b_n & b_1 \end{matrix} \right\rangle + \left\langle \begin{matrix} a_{n-1} & a_2 \\ b_{n-1} & b_2 \end{matrix} \right\rangle + \cdots + \left\langle \begin{matrix} a_{\frac{1}{2}(n+1)} \\ b_{\frac{1}{2}(n+1)} \end{matrix} \right\rangle$$

当 n 为偶数时

$$\left\langle \begin{matrix} a_n & a_{n-1} & \cdots & a_2 & a_1 \\ b_n & b_{n-1} & \cdots & b_2 & b_1 \end{matrix} \right\rangle$$

$$=\left\langle \begin{matrix} a_n & a_1 \\ b_n & b_1 \end{matrix} \right\rangle + \left\langle \begin{matrix} a_{n-1} & a_2 \\ b_{n-1} & b_2 \end{matrix} \right\rangle + \cdots + \left\langle \begin{matrix} a_{\frac{n}{2}+1} & a_{\frac{n}{2}} \\ b_{\frac{n}{2}+1} & b_{\frac{n}{2}} \end{matrix} \right\rangle$$

由上述定义知，我们在计算时实际上是进行一种对称交叉乘法，例如

$$\left\langle\begin{matrix}1 & 3 & 4 & 2 & 1 & 0\\ 2 & 0 & 3 & 7 & 2 & 6\end{matrix}\right\rangle$$

$$=\left\langle\begin{matrix}1 & 0\\ 2 & 6\end{matrix}\right\rangle+\left\langle\begin{matrix}3 & 1\\ 0 & 2\end{matrix}\right\rangle+\left\langle\begin{matrix}4 & 2\\ 3 & 7\end{matrix}\right\rangle$$

$$=6+6+34=46$$

由以上定义，易见二行对称积和式有以下性质：

性质1 交换二行矩阵的两行，其对称积和式的值不变.

性质2 一个二行 n 列矩阵，若有一行元素为0，则其对称积和式的值为0.

性质3 一个二行 n 列矩阵，如果其中有元素0，那么不论怎样改变与0对称的元素，其对称积和式的值都不变.

性质4 设在二行对称积和式的方程

$$\left\langle\begin{matrix}a_n & a_{n-1} & \cdots & a_2 & a_1\\ b_n & b_{n-1} & \cdots & b_2 & x\end{matrix}\right\rangle=C$$

中，x 为未知数，而其余元素均为已知数，则由

$$C=\begin{cases}\left\langle\begin{matrix}a_n & a_1\\ b_n & x\end{matrix}\right\rangle+\left\langle\begin{matrix}a_{n-1} & a_2\\ b_{n-1} & b_2\end{matrix}\right\rangle+\cdots+\left\langle\begin{matrix}a_{\frac{1}{2}(n+1)}\\ b_{\frac{1}{2}(n+1)}\end{matrix}\right\rangle & (\text{当 } n \text{ 为奇数时})\\ \left\langle\begin{matrix}a_n & a_1\\ b_n & x\end{matrix}\right\rangle+\left\langle\begin{matrix}a_{n-1} & a_2\\ b_{n-1} & b_2\end{matrix}\right\rangle+\cdots+\left\langle\begin{matrix}a_{\frac{n}{2}+1} & a_{\frac{n}{2}}\\ b_{\frac{n}{2}+1} & b_{\frac{n}{2}}\end{matrix}\right\rangle & (\text{当 } n \text{ 为偶数时})\end{cases}$$

推得

$$x=\begin{cases}\dfrac{1}{a_n}\left[C-\left(\left\langle\begin{matrix}a_{n-1} & a_2\\ b_{n-1} & b_2\end{matrix}\right\rangle+\cdots+\left\langle\begin{matrix}a_{\frac{1}{2}(n+1)}\\ b_{\frac{1}{2}(n+1)}\end{matrix}\right\rangle+b_n\cdot a_1\right)\right] & \text{（当 } n \text{ 为奇数时）}\\ \dfrac{1}{a_n}\left[C-\left(\left\langle\begin{matrix}a_{n-1} & a_2\\ b_{n-1} & b_2\end{matrix}\right\rangle+\cdots+\left\langle\begin{matrix}a_{\frac{n}{2}+1} & a_{\frac{n}{2}}\\ b_{\frac{n}{2}+1} & b_{\frac{n}{2}}\end{matrix}\right\rangle+b_n\cdot a_1\right)\right] & \text{（当 } n \text{ 为偶数时）}\end{cases}$$

例如,由性质 4,我们可求元素 x,使

$$\left\langle\begin{matrix}21 & 0 & 3 & 2 & 4\\ 34 & 6 & 7 & 1 & x\end{matrix}\right\rangle=190$$

因

$$\begin{aligned}&\left\langle\begin{matrix}21 & 0 & 3 & 2 & 4\\ 34 & 6 & 7 & 1 & x\end{matrix}\right\rangle\\ =&\left\langle\begin{matrix}21 & 4\\ 34 & x\end{matrix}\right\rangle+\left\langle\begin{matrix}0 & 2\\ 6 & 1\end{matrix}\right\rangle+\left\langle\begin{matrix}3\\ 7\end{matrix}\right\rangle\\ =&21x+136+12+21=190\end{aligned}$$

故

$$x=1$$

为了讨论问题的方便,我们还引入下面的定义.

定义 7 如果二行 n 列矩阵中某些元素是空缺的(用 $*$ 表示),那么其对称积和式的值就是将 $*$ 均换为 0 后的对称积和式的值.

如

$$\left\langle\begin{matrix}a_n & a_{n-1} & \cdots & a_1 & *\\ b_n & b_{n-1} & \cdots & b_1 & b_0\end{matrix}\right\rangle=\left\langle\begin{matrix}a_n & a_{n-1} & \cdots & a_1 & 0\\ b_n & b_{n-1} & \cdots & b_1 & b_0\end{matrix}\right\rangle$$

由定义7,不难有下面的性质.

性质5　$\left\langle\begin{matrix} a_n & a_{n-1} & \cdots & a_2 & a_1 \\ b_n & b_{n-1} & \cdots & b_2 & b_1 \end{matrix}\right\rangle$

$$=b_n\cdot a_1+\left\langle\begin{matrix} a_n & a_{n-1} & \cdots & a_2 & * \\ b_n & b_{n-1} & \cdots & b_2 & b_1 \end{matrix}\right\rangle$$

性质6　$\left\langle\begin{matrix} a_1 & a_2 & \cdots & a_{m-1} & a_m & * & \cdots & * \\ 0 & 0 & \cdots & 0 & b_1 & b_2 & \cdots & b_m \end{matrix}\right\rangle$

$$=\left\langle\begin{matrix} a_1 & a_2 & \cdots & a_m \\ b_1 & b_2 & \cdots & b_m \end{matrix}\right\rangle$$

性质7　若$\left\langle\begin{matrix} a_n & a_{n-1} & \cdots & a_1 \\ b_n & b_{n-1} & \cdots & b_1 \end{matrix}\right\rangle$中的元素均为非负数,则

$$\left\langle\begin{matrix} a_n & a_{n-1} & \cdots & a_1 \\ b_n & b_{n-1} & \cdots & b_1 \end{matrix}\right\rangle\geqslant\left\langle\begin{matrix} a_n & a_{n-1} & \cdots & a_2 & * \\ b_n & b_{n-1} & \cdots & b_2 & b_1 \end{matrix}\right\rangle$$

以上性质的证明是不难的,在此略去.

由定义6,很容易证明下面的定理.

定理13　设 $a_0,a_1,\cdots,a_n,b_0,b_1,\cdots,b_n$ 是小于10的非负整数,记 $M=a_n\cdot 10^n+a_{n-1}\cdot 10^{n-1}+\cdots+a_1\cdot 10+a_0$,$N=b_n\cdot 10^n+b_{n-1}\cdot 10^{n-1}+\cdots+b_1\cdot 10+b_0$,则

$$MN=\left\langle\begin{matrix} a_n \\ b_n \end{matrix}\right\rangle\cdot 10^{2n}+\left\langle\begin{matrix} a_n & a_{n-1} \\ b_n & b_{n-1} \end{matrix}\right\rangle\cdot 10^{2n-1}+\cdots+$$

$$\left\langle\begin{matrix} a_n & a_{n-1} & \cdots & a_1 & a_0 \\ b_n & b_{n-1} & \cdots & b_1 & b_0 \end{matrix}\right\rangle\cdot 10^n+\cdots+$$

$$\left\langle\begin{matrix} a_{n-1} & a_{n-2} & \cdots & a_1 & a_0 \\ b_{n-1} & b_{n-2} & \cdots & b_1 & b_0 \end{matrix}\right\rangle\cdot 10^{n-1}+\cdots+$$

$$\left\langle\begin{matrix} a_1 & a_0 \\ b_1 & b_0 \end{matrix}\right\rangle \cdot 10 + \left\langle\begin{matrix} a_0 \\ b_0 \end{matrix}\right\rangle$$

由上述定理 13,我们可得两数之积的一种速算法:先将两数按位次上、下对齐写成二行矩阵,如遇两数有效数字位数不同,将位数少的数前边添零凑成完整的二行矩阵,再按定理中所述算法不难借口算求得其积.

例 17 计算 513 721 ×4 271.

解 作二行六列矩阵

$$\begin{bmatrix} 5 & 1 & 3 & 7 & 2 & 1 \\ 0 & 0 & 4 & 2 & 7 & 1 \end{bmatrix}$$

从右端取其一列、二列、三列、……得到其一阶、二阶、三阶、……对称积和式

$$\left\langle\begin{matrix} 1 \\ 1 \end{matrix}\right\rangle, \left\langle\begin{matrix} 2 & 1 \\ 7 & 1 \end{matrix}\right\rangle, \left\langle\begin{matrix} 7 & 2 & 1 \\ 2 & 7 & 1 \end{matrix}\right\rangle, \cdots$$

求得它们的值为 1,9,23,60,…,这些得数的个位逐次往左推, 随求随加, 加完之后便得乘积为 2 194 102 391.

口算时暗中的步骤如下

$$\begin{array}{rcccccc} & 5 & 1 & 3 & 7 & 2 & \boxed{1} \\ \times & 0 & 0 & 4 & 2 & 7 & \boxed{1} \\ \hline & & & & & & \boxed{1} \end{array}, \qquad \begin{array}{rcccccc} & 5 & 1 & 3 & 7 & \boxed{2} & \boxed{1} \\ \times & 0 & 0 & 4 & 2 & \boxed{7} & \boxed{1} \\ \hline & & & & & \boxed{9} & 1 \end{array}$$

$$\begin{array}{rcccccccc} & & & 5 & 1 & 3 & \boxed{7} & \boxed{2} & \boxed{1} \\ \times & & & 0 & 0 & 4 & \boxed{2} & \boxed{7} & \boxed{1} \\ \hline & & & & \boxed{2} & \boxed{3} & 9 & 1 & \end{array}, \qquad \begin{array}{rcccccccc} & & & 5 & 1 & \boxed{3} & \boxed{7} & \boxed{2} & \boxed{1} \\ \times & & & 0 & 0 & \boxed{4} & \boxed{2} & \boxed{7} & \boxed{1} \\ \hline & & & \boxed{6} & \boxed{0} & 3 & 9 & 1 & \end{array}$$

$$\vdots$$

这样推算 10 次就得到乘积 2 194 102 391.

显然也可以从高位算起.

由于除法是乘法的逆运算,运用二行对称积和式作除法时,相当于由二行对称积和式的值及其中的已知元素推算未知元素.

下面我们举一例以说明之.

例 18　计算 1 190 468 643 ÷ 39 819 = ?

解

$$
\begin{array}{r|l}
2 & 9\ 8\ 9\ 7 \\
3 & 9\ 8\ 1\ 9 \\
\hline
1\ 1\ 9\ 0\ 4\ 6 & 8\ 6\ 4\ 3 \\
6 & \\
\hline
5\ 9 & \\
4\ 5 & \\
\hline
1\ 4\ 0 & \\
1\ 2\ 1 & \\
\hline
1\ 9\ 4 & \\
1\ 7\ 3 & \\
\hline
2\ 1\ 6 & \\
1\ 9\ 3 & \\
\hline
2\ 3 & 8\ 6\ 4\ 3 \\
2\ 3 & 8\ 6\ 4\ 3 \\
\hline
 & 0
\end{array}
$$

$$6=\left\langle\begin{matrix}2\\3\end{matrix}\right\rangle$$

$$45=\left\langle\begin{matrix}2 & 9\\3 & 9\end{matrix}\right\rangle$$

$$121=\left\langle\begin{matrix}2 & 9 & 8\\3 & 9 & 8\end{matrix}\right\rangle$$

$$173=\left\langle\begin{matrix}2 & 9 & 8 & 9\\3 & 9 & 8 & 1\end{matrix}\right\rangle$$

$$193=\left\langle\begin{matrix}2 & 9 & 8 & 9 & 7\\3 & 9 & 8 & 1 & 9\end{matrix}\right\rangle$$

3.8　卷积式

考虑 $n\times(m+1)$ 矩阵

$$
\boldsymbol{A}=\begin{bmatrix}
a_{10} & a_{11} & \cdots & a_{1m}\\
a_{20} & a_{21} & \cdots & a_{2m}\\
\vdots & \vdots & & \vdots\\
a_{n0} & a_{n1} & \cdots & a_{nm}
\end{bmatrix}
$$

中的元素 $a_{ij}(i=1,2,\cdots,n,j=0,1,\cdots,m)$ 位于不同行(不考虑列)的 n 个元素作成乘积,并且每个乘积满足

$$a_{1j_1}\cdot a_{2j_2}\cdot\cdots\cdot a_{nj_n}, 且\ j_1+j_2+\cdots+j_n=m$$

其中下标 $j_1,j_2,\cdots,j_n$ 为非负整数.

这样的乘积共有 C_{n+m-1}^{m}(即为不定方程 $j_1+\cdots+j_n=m$ 的非负整数解的组数)个,再考虑这些乘积的和便引出了卷积式的概念.

定义 8 设 $\boldsymbol{A}=(a_{ij})$ 是 $n\times(m+1)$ 矩阵(元素为实数或复数),则矩阵 $\boldsymbol{A}$ 的卷积式 Der $\boldsymbol{A}$ 规定为

$$\operatorname{Der}\boldsymbol{A}=\operatorname{Der}\begin{bmatrix}a_{10} & a_{11} & \cdots & a_{1m}\\ a_{20} & a_{21} & \cdots & a_{2m}\\ \vdots & \vdots & & \vdots\\ a_{n0} & a_{n1} & \cdots & a_{nm}\end{bmatrix}=\sum_{(j_1,j_2,\cdots,j_n)}a_{1j_1}\cdot a_{2j_2}\cdot\cdots\cdot a_{nj_n} \tag{3.8.1}$$

其中下标 $j_1,j_2,\cdots,j_n$ 均为非负整数,且 $j_1+j_2+\cdots+j_n=m$.

例如

$$\operatorname{Der}\begin{bmatrix}a_{10} & a_{11} & a_{12}\\ a_{20} & a_{21} & a_{22}\end{bmatrix}=a_{10}\cdot a_{22}+a_{11}\cdot a_{21}+a_{12}\cdot a_{20}$$

$$\operatorname{Der}\begin{bmatrix}a_{10} & a_{11} & a_{12} & a_{13}\\ a_{20} & a_{21} & a_{22} & a_{23}\end{bmatrix}$$

$$=a_{10}\cdot a_{23}+a_{11}\cdot a_{22}+a_{12}\cdot a_{21}+a_{13}\cdot a_{20}$$

$$\mathrm{Der}\begin{bmatrix} a_{10} & a_{11} & a_{12} \\ a_{20} & a_{21} & a_{22} \\ a_{30} & a_{31} & a_{32} \end{bmatrix}$$

$$= a_{10}\cdot a_{20}\cdot a_{32} + a_{10}\cdot a_{21}\cdot a_{31} + a_{10}\cdot a_{22}\cdot a_{30} + a_{11}\cdot a_{20}\cdot a_{31} + a_{11}\cdot a_{21}\cdot a_{30} + a_{12}\cdot a_{20}\cdot a_{30}$$

显然，当 $n=2$ 时，卷积式就是二行 n 列对称积和式，从而，卷积式是二行 n 列对称积和式的一种推广.

由定义 8，卷积式有如下性质：

性质 1　元素都是 1 的 $n\times(m+1)$ 矩阵的卷积式的值等于 C_{n+m-1}^{m}.

性质 2　$\mathrm{Der}\begin{bmatrix} a_{10} & a_{11} & \cdots & a_{1m} \\ a_{20} & a_{21} & \cdots & a_{2m} \end{bmatrix} = \sum\limits_{k=0}^{m} a_{1k}\cdot a_{2,m-k}$；

$$\mathrm{Der}\begin{bmatrix} a_{10} \\ a_{20} \\ \vdots \\ a_{n0} \end{bmatrix} = a_{10}\cdot a_{20}\cdot\cdots\cdot a_{n0}.$$

性质 3　交换一个卷积式的两行后，卷积式的值不变.

性质 4　把一个卷积式的某行的每一个元素都乘以某非零数 k，等于数 k 乘以这个卷积式.

性质 5　一个卷积式某行的所有元素的公因子可提到卷积式符号外面.

性质 6　如果一个卷积式中有一行元素全为零，那么此卷积式的值为零.

性质 7　设卷积式 $\mathrm{Der}\,\boldsymbol{A}$ 的第 i 行的所有元素都可以写成两项和

$$D=\operatorname{Der}\begin{bmatrix} a_{10} & a_{11} & \cdots & a_{1m} \\ \vdots & \vdots & & \vdots \\ (b_{i0}+c_{i0}) & (b_{i1}+c_{i1}) & \cdots & (b_{im}+c_{im}) \\ \vdots & \vdots & & \vdots \\ a_{n0} & a_{n1} & \cdots & a_{nm} \end{bmatrix}$$

那么 D 等于两个卷积式 D_1 与 D_2 的和,其中,D_1 的第 i 行元素为 $b_{i0},b_{i1},\cdots,b_{im}$,$D_2$ 的第 i 行元素为 $c_{i0},c_{i1},\cdots,c_{im}$,而 D_1 与 D_2 的其他各行元素和 D 一样.

下面介绍卷积式的计算定理①. 首先,我们给出如下引理.

引理 设 n,r 为正整数,m 为非负整数,则下面的组合恒等式

$$\sum_{k=0}^{m} \mathrm{C}_{r+k-1}^{k}\cdot \mathrm{C}_{n+m-r-k-1}^{m-k}=\mathrm{C}_{n+m-1}^{m}$$

成立.

定理 14

$$\operatorname{Der}\boldsymbol{A}=\operatorname{Der}\begin{bmatrix} a_{10} & a_{11} & \cdots & a_{1m} \\ \vdots & \vdots & & \vdots \\ a_{r0} & a_{r1} & \cdots & a_{rm} \\ a_{r+1,0} & a_{r+1,1} & \cdots & a_{r+1,m} \\ \vdots & \vdots & & \vdots \\ a_{n0} & a_{n1} & \cdots & a_{nm} \end{bmatrix}$$

① 刘智全. 介绍一种新的数学工具——“卷积式”[J]. 数学通报,1996(5):39-44.

$$=\operatorname{Der}\begin{bmatrix} \operatorname{Der}\begin{bmatrix} a_{10} \\ \vdots \\ a_{r0} \end{bmatrix} & \operatorname{Der}\begin{bmatrix} a_{10} & a_{11} \\ \vdots & \vdots \\ a_{r0} & a_{r1} \end{bmatrix} & \cdots & \operatorname{Der}\begin{bmatrix} a_{10} & \cdots & a_{1m} \\ \vdots & & \vdots \\ a_{r0} & \cdots & a_{rm} \end{bmatrix} \\ \operatorname{Der}\begin{bmatrix} a_{r+1,0} \\ \vdots \\ a_{n0} \end{bmatrix} & \operatorname{Der}\begin{bmatrix} a_{r+1,0} & a_{r+1,1} \\ \vdots & \vdots \\ a_{n0} & a_{n1} \end{bmatrix} & \cdots & \operatorname{Der}\begin{bmatrix} a_{r+1,0} & \cdots & a_{r+1,m} \\ \vdots & & \vdots \\ a_{n0} & \cdots & a_{nm} \end{bmatrix} \end{bmatrix}$$

证明　设上式中等号左右两边的卷积式分别为 D 和 D'，则 D 是 C_{n+m-1}^{m} 项的和，且每一项的形状为 $a_{1j_1}\cdot\cdots\cdot a_{rj_r}a_{r+1,j_{r+1}}\cdot\cdots\cdot a_{nj_n}$，且 $j_1+\cdots+j_r+j_{r+1}+\cdots+j_n=m$.

注意到性质 2，可知 D' 可化成下面的形式

$$D'=\sum_{k=0}^{m}\operatorname{Der}\begin{bmatrix} a_{10} & \cdots & a_{1k} \\ \vdots & & \vdots \\ a_{r0} & \cdots & a_{rk} \end{bmatrix}\cdot\operatorname{Der}\begin{bmatrix} a_{r+1,0} & \cdots & a_{r+1,m-k} \\ \vdots & & \vdots \\ a_{n0} & \cdots & a_{n,m-k} \end{bmatrix}$$

而 $\operatorname{Der}\begin{bmatrix} a_{10} & \cdots & a_{1k} \\ \vdots & & \vdots \\ a_{r0} & \cdots & a_{rk} \end{bmatrix}$ 是 C_{r+k-1}^{k} 项的和，每一项的形式为 $a_{1j_1}\cdot\cdots\cdot a_{rj_r}$，且 $j_1+\cdots+j_r=k$.

$\operatorname{Der}\begin{bmatrix} a_{r+1,0} & \cdots & a_{r+1,m-k} \\ \vdots & & \vdots \\ a_{n0} & \cdots & a_{n,m-k} \end{bmatrix}$ 是 $C_{n-r+m-k-1}^{m-k}$ 项的和，每一项的形式为 $a_{r+1,j_{r+1}}\cdot\cdots\cdot a_{nj_n}$，且 $j_{r+1}+\cdots+j_n=m-k$.

所以 D' 是 $\sum\limits_{k=0}^{m}C_{r+k-1}^{k}\cdot C_{n+m-r-k-1}^{m-k}$ 项的和，每一项的形式为 $a_{10}\cdot\cdots\cdot a_{rj_r}\cdot a_{r+1,j_{r+1}}\cdot\cdots\cdot a_{nj_n}$，且 $j_1+\cdots+$

$j_r+j_{r+1}+\cdots+j_n=k+(m-k)=m.$

由引理,可知 $\sum\limits_{k=0}^{m}\mathrm{C}_{r+r-1}^{k}\cdot\mathrm{C}_{n+m-r-k-1}^{m-k}=\mathrm{C}_{n+m-1}^{m}$.

所以 D' 也是 C_{n+m-1}^{m} 项的和,且每一项的形式为 $a_{1j_1}\cdot\cdots\cdot a_{rj_r}\cdot a_{r+1,j_{r+1}}\cdot\cdots\cdot a_{nj_n}$,且 $j_1+\cdots+j_r+j_{r+1}+\cdots+j_n=m$.

故 $D=D'$.

由定理 14 及性质 3,立得下面的定理.

定理 15

$$
\operatorname{Der}\boldsymbol{A}=\operatorname{Der}\begin{bmatrix}
a_{10} & a_{11} & \cdots & a_{1m}\\
\vdots & \vdots & & \vdots\\
a_{r-1,0} & a_{r-1,1} & \cdots & a_{r-1,m}\\
a_{r0} & a_{r1} & \cdots & a_{rm}\\
a_{r+1,0} & a_{r+1,1} & \cdots & a_{r+1,m}\\
\vdots & \vdots & & \vdots\\
a_{n0} & a_{n1} & \cdots & a_{nm}
\end{bmatrix}
$$

$$
=\operatorname{Der}\begin{bmatrix}
\operatorname{Der}\begin{bmatrix}a_{10}\\ \vdots\\ a_{r-1,0}\\ a_{r+1,0}\\ \vdots\\ a_{n0}\end{bmatrix} & \cdots & \operatorname{Der}\begin{bmatrix}a_{10} & a_{11} & \cdots & a_{1m}\\ \vdots & \vdots & & \vdots\\ a_{r-1,0} & a_{r-1,1} & \cdots & a_{r-1,m}\\ a_{r+1,0} & a_{r+1,1} & \cdots & a_{r+1,m}\\ \vdots & \vdots & & \vdots\\ a_{n0} & a_{n1} & \cdots & a_{nm}\end{bmatrix}\\
a_{r0} & \cdots & a_{rm}
\end{bmatrix}
$$

$$= \sum_{k=0}^{m} a_{rk}\operatorname{Der}\begin{bmatrix} a_{10} & a_{11} & \cdots & a_{1,m-k} \\ \vdots & \vdots & & \vdots \\ a_{r-1,0} & a_{r-1,1} & \cdots & a_{r-1,m-k} \\ a_{r+1,0} & a_{r+1,1} & \cdots & a_{r+1,m-k} \\ \vdots & \vdots & & \vdots \\ a_{n0} & a_{n1} & \cdots & a_{n,m-k} \end{bmatrix}$$

定理 16

$$\operatorname{Der}\boldsymbol{A}$$

$$= \operatorname{Der}\begin{bmatrix} a_{10} & a_{11} & \cdots & a_{1m} \\ \vdots & \vdots & & \vdots \\ a_{r0} & a_{r1} & \cdots & a_{rm} \\ a_{r+1,0} & a_{r+1,1} & \cdots & a_{r+1,m} \\ \vdots & \vdots & & \vdots \\ a_{n0} & a_{n1} & \cdots & a_{nm} \end{bmatrix}$$

$$= \operatorname{Der}\begin{bmatrix} \operatorname{Der}\begin{bmatrix} a_{10} \\ \vdots \\ a_{r0} \end{bmatrix} & \operatorname{Der}\begin{bmatrix} a_{10} & a_{11} \\ \vdots & \vdots \\ a_{r0} & a_{r1} \end{bmatrix} & \cdots & \operatorname{Der}\begin{bmatrix} a_{10} & \cdots & a_{1m} \\ \vdots & & \vdots \\ a_{r0} & \cdots & a_{rm} \end{bmatrix} \\ a_{r+1,0} & a_{r+1,1} & \cdots & a_{r+1,m} \\ \vdots & \vdots & & \vdots \\ a_{n0} & a_{n1} & \cdots & a_{nm} \end{bmatrix}$$

证明　由定理 15 可知定理 16 中右边的卷积式等于下面的卷积式

$$\mathrm{Der}\begin{bmatrix} \mathrm{Der}\begin{bmatrix} a_{10} \\ \vdots \\ a_{r0} \end{bmatrix} & \mathrm{Der}\begin{bmatrix} a_{10} & a_{11} \\ \vdots & \vdots \\ a_{r0} & a_{r1} \end{bmatrix} & \cdots & \mathrm{Der}\begin{bmatrix} a_{10} & \cdots & a_{1m} \\ \vdots & & \vdots \\ a_{r0} & \cdots & a_{rm} \end{bmatrix} \\ \mathrm{Der}\begin{bmatrix} a_{r+1,0} \\ \vdots \\ a_{n0} \end{bmatrix} & \mathrm{Der}\begin{bmatrix} a_{r+1,0} & a_{r+1,1} \\ \vdots & \vdots \\ a_{n0} & a_{n1} \end{bmatrix} & \cdots & \mathrm{Der}\begin{bmatrix} a_{r+1,0} & \cdots & a_{r+1,m} \\ \vdots & & \vdots \\ a_{n0} & \cdots & a_{nm} \end{bmatrix} \end{bmatrix}$$

再由定理 14 知命题成立.

由定理 16 可得下面的推论.

推论 1 设 k 为正整数,则

$$\mathrm{Der}\begin{bmatrix} a_{10} & a_{11} & \cdots & a_{1m} \\ a_{20} & a_{21} & \cdots & a_{2m} \\ a_{30} & a_{31} & \cdots & a_{3m} \\ a_{40} & a_{41} & \cdots & a_{4m} \\ \vdots & \vdots & & \vdots \\ a_{2k-1,0} & a_{2k-1,1} & \cdots & a_{2k-1,m} \\ a_{2k,0} & a_{2k,1} & \cdots & a_{2k,m} \end{bmatrix}$$

$$= \mathrm{Der}\begin{bmatrix} \mathrm{Der}\begin{bmatrix} a_{10} \\ a_{20} \\ a_{30} \\ a_{40} \end{bmatrix} & \mathrm{Der}\begin{bmatrix} a_{10} & a_{11} \\ a_{20} & a_{21} \\ a_{30} & a_{31} \\ a_{40} & a_{41} \end{bmatrix} & \cdots & \mathrm{Der}\begin{bmatrix} a_{10} & \cdots & a_{1m} \\ a_{20} & \cdots & a_{2m} \\ a_{30} & \cdots & a_{3m} \\ a_{40} & \cdots & a_{4m} \end{bmatrix} \\ \vdots & \vdots & & \vdots \\ \mathrm{Der}\begin{bmatrix} a_{2k-1,0} \\ a_{2k,0} \end{bmatrix} & \mathrm{Der}\begin{bmatrix} a_{2k-1,0} & a_{2k-1,1} \\ a_{2k,0} & a_{2k,1} \end{bmatrix} & \cdots & \mathrm{Der}\begin{bmatrix} a_{2k-1,0} & \cdots & a_{2k-1,m} \\ a_{2k,0} & \cdots & a_{2k,m} \end{bmatrix} \end{bmatrix}$$

推论 2 设 k 为正整数,则

$$\operatorname{Der}\begin{bmatrix} a_{10} & a_{11} & \cdots & a_{1m} \\ a_{20} & a_{21} & \cdots & a_{2m} \\ a_{30} & a_{31} & \cdots & a_{3m} \\ a_{40} & a_{41} & \cdots & a_{4m} \\ \vdots & \vdots & & \vdots \\ a_{2k-1,0} & a_{2k-1,1} & \cdots & a_{2k-1,m} \\ a_{2k,0} & a_{2k,1} & \cdots & a_{2k,m} \\ a_{2k+1,0} & a_{2k+1,1} & \cdots & a_{2k+1,m} \end{bmatrix}$$

$$= \operatorname{Der}\begin{bmatrix} \operatorname{Der}\begin{bmatrix} a_{10} \\ a_{20} \\ a_{30} \\ a_{40} \end{bmatrix} & \operatorname{Der}\begin{bmatrix} a_{10} & a_{11} \\ a_{20} & a_{21} \\ a_{30} & a_{31} \\ a_{40} & a_{41} \end{bmatrix} & \cdots & \operatorname{Der}\begin{bmatrix} a_{10} & \cdots & a_{1m} \\ a_{20} & \cdots & a_{2m} \\ a_{30} & \cdots & a_{3m} \\ a_{40} & \cdots & a_{4m} \end{bmatrix} \\ \vdots & \vdots & & \vdots \\ \operatorname{Der}\begin{bmatrix} a_{2k-1,0} \\ a_{2k,0} \end{bmatrix} & \operatorname{Der}\begin{bmatrix} a_{2k-1,0} & a_{2k-1,1} \\ a_{2k,0} & a_{2k,1} \end{bmatrix} & \cdots & \operatorname{Der}\begin{bmatrix} a_{2k-1,0} & \cdots & a_{2k-1,m} \\ a_{2k,0} & \cdots & a_{2k,m} \end{bmatrix} \\ a_{2k+1,0} & a_{2k+1,1} & \cdots & a_{2k+1,m} \end{bmatrix}$$

由定理15，也有下面的推论.

推论3

$$\operatorname{Der}\begin{bmatrix} a_{10} & \cdots & a_{1,s-1} & a_{1s} & a_{1,s+1} & \cdots & a_{1m} \\ \vdots & & \vdots & \vdots & \vdots & & \vdots \\ a_{r-1,0} & \cdots & a_{r-1,s-1} & a_{r-1,s} & a_{r-1,s+1} & \cdots & a_{r-1,m} \\ 0 & \cdots & 0 & a_{rs} & 0 & \cdots & 0 \\ a_{r+1,0} & \cdots & a_{r+1,s-1} & a_{r+1,s} & a_{r+1,s+1} & \cdots & a_{r+1,m} \\ \vdots & & \vdots & \vdots & \vdots & & \vdots \\ a_{n0} & \cdots & a_{n,s-1} & a_{ns} & a_{n,s+1} & \cdots & a_{nm} \end{bmatrix}$$

$$= a_{rs} \cdot \mathrm{Der}\begin{bmatrix} a_{10} & a_{11} & \cdots & a_{1,m-s} \\ \vdots & \vdots & & \vdots \\ a_{r-1,0} & a_{r-1,1} & \cdots & a_{r-1,m-s} \\ a_{r+1,0} & a_{r+1,1} & \cdots & a_{r+1,m-s} \\ \vdots & \vdots & & \vdots \\ a_{n0} & a_{n1} & \cdots & a_{n,m-s} \end{bmatrix}$$

例 19　计算卷积式 $\mathrm{Der}\begin{bmatrix} 1 & 2 & \cdots & m \\ 1 & 2 & \cdots & m \\ \vdots & \vdots & & \vdots \\ 1 & 2 & \cdots & m \end{bmatrix}$（$n$ 行）.

解　因为

$$\mathrm{Der}\underbrace{\begin{bmatrix} 1 & 1 & \cdots & 1 \\ 1 & 1 & \cdots & 1 \end{bmatrix}}_{k列} = k$$

所以，Der $\boldsymbol{A}$ 可以化成下面的卷积式

$$\mathrm{Der}\begin{bmatrix} \mathrm{Der}\begin{bmatrix} 1 \\ 1 \end{bmatrix} & \mathrm{Der}\begin{bmatrix} 1 & 1 \\ 1 & 1 \end{bmatrix} & \cdots & \mathrm{Der}\begin{bmatrix} 1 & 1 & \cdots & 1 \\ 1 & 1 & \cdots & 1 \end{bmatrix} \\ \mathrm{Der}\begin{bmatrix} 1 \\ 1 \end{bmatrix} & \mathrm{Der}\begin{bmatrix} 1 & 1 \\ 1 & 1 \end{bmatrix} & \cdots & \mathrm{Der}\begin{bmatrix} 1 & 1 & \cdots & 1 \\ 1 & 1 & \cdots & 1 \end{bmatrix} \\ \vdots & \vdots & & \vdots \\ \mathrm{Der}\begin{bmatrix} 1 \\ 1 \end{bmatrix} & \mathrm{Der}\begin{bmatrix} 1 & 1 \\ 1 & 1 \end{bmatrix} & \cdots & \mathrm{Der}\underbrace{\begin{bmatrix} 1 & 1 & \cdots & 1 \\ 1 & 1 & \cdots & 1 \end{bmatrix}}_{m列} \end{bmatrix}$$

$$
= \operatorname{Der}\underbrace{\begin{bmatrix} 1 & 1 & \cdots & 1 \\ 1 & 1 & \cdots & 1 \\ 1 & 1 & \cdots & 1 \\ 1 & 1 & \cdots & 1 \\ \vdots & \vdots & & \vdots \\ 1 & 1 & \cdots & 1 \\ 1 & 1 & \cdots & 1 \end{bmatrix}}_{m\text{列}} \left.\vphantom{\begin{bmatrix} 1\\1\\1\\1\\ \vdots\\1\\1\end{bmatrix}}\right\} 2n\text{ 行}
$$

$$
= C_{2n+(m-1)-1}^{m-1} = C_{2n+m-2}^{m-1}
$$

例 20　计算卷积式

$$
\operatorname{Der}\underbrace{\begin{bmatrix} k_1 & k_1 & \cdots & k_1 & k_1+m_1 \\ k_2 & k_2 & \cdots & k_2 & k_2+m_2 \\ \vdots & \vdots & & \vdots & \\ k_r & k_r & \cdots & k_r & k_r+m_r \\ \vdots & \vdots & & \vdots & \\ k_p & k_p & \cdots & k_p & k_p+m_p \end{bmatrix}}_{s\text{列}}
$$

解　由性质 7,可知所求卷积式可化成下面的形式

$$
\operatorname{Der}\boldsymbol{A} = \operatorname{Der}\begin{bmatrix} k_1 & k_1 & \cdots & k_1 & k_1 \\ k_2 & k_2 & \cdots & k_2 & k_2 \\ \vdots & \vdots & & \vdots & \vdots \\ k_r & k_r & \cdots & k_r & k_r \\ \vdots & \vdots & & \vdots & \vdots \\ k_p & k_p & \cdots & k_p & k_p \end{bmatrix} +
$$

$$\operatorname{Der}\begin{bmatrix} 0 & 0 & \cdots & 0 & m_1 \\ k_2 & k_2 & \cdots & k_2 & k_2+m_2 \\ \vdots & \vdots & & \vdots & \vdots \\ k_r & k_r & \cdots & k_r & k_r+m_r \\ \vdots & \vdots & & \vdots & \vdots \\ k_p & k_p & \cdots & k_p & k_p+m_p \end{bmatrix}+$$

$$\operatorname{Der}\begin{bmatrix} k_1 & k_1 & \cdots & k_1 & k_1 \\ 0 & 0 & \cdots & 0 & m_2 \\ \vdots & \vdots & & \vdots & \vdots \\ k_r & k_r & \cdots & k_r & k_r+m_r \\ \vdots & \vdots & & \vdots & \vdots \\ k_p & k_p & \cdots & k_p & k_p+m_p \end{bmatrix}+\cdots+$$

$$\operatorname{Der}\begin{bmatrix} k_1 & k_1 & \cdots & k_1 & k_1 \\ k_2 & k_2 & \cdots & k_2 & k_2 \\ \vdots & \vdots & & \vdots & \vdots \\ k_{r-1} & k_{r-1} & \cdots & k_{r-1} & k_{r-1} \\ 0 & 0 & \cdots & 0 & m_r \\ k_p & k_p & \cdots & k_p & k_p+m_p \end{bmatrix}+$$

$$\operatorname{Der}\begin{bmatrix} k_1 & k_1 & \cdots & k_1 & k_1 \\ k_2 & k_2 & \cdots & k_2 & k_2 \\ \vdots & \vdots & & \vdots & \vdots \\ k_r & k_r & \cdots & k_r & k_r \\ \vdots & \vdots & & \vdots & \vdots \\ k_{p-1} & k_{p-1} & \cdots & k_{p-1} & k_{p-1} \\ 0 & 0 & \cdots & 0 & m_p \end{bmatrix}$$

再由性质 1、性质 5 及推论 3，可知所求卷积式的值为

$$C_{p+s-2}^{s-1}\prod_{i=1}^{p}k_i+\sum_{r=1}^{p}\frac{m_r}{k_i}\cdot\prod_{i=1}^{p}k_i$$

例 21　给定 n 个形式幂级数 $R_l(t)=\sum_{m=0}^{\infty}a_{lm}t^m$ $(l=1,2,\cdots,n)$，则关于这 n 个形式幂级数的乘积有下面的结论

$$\prod_{l=1}^{n}R_l(t)=\sum_{m=0}^{\infty}\mathrm{Der}\begin{bmatrix}a_{10}&a_{11}&\cdots&a_{1m}\\a_{20}&a_{21}&\cdots&a_{2m}\\\vdots&\vdots&&\vdots\\a_{n0}&a_{n1}&\cdots&a_{nm}\end{bmatrix}t^m$$

成立.

证明　对形式幂级数的个数 n 作数学归纳法. 当 $n=2$ 时，由

$$\begin{aligned}&\sum_{m=0}^{\infty}a_{1m}t^m\cdot\sum_{m=0}^{\infty}a_{2m}t^m\\=&\sum_{m=0}^{\infty}(a_{10}a_{2m}+a_{11}a_{2m-1}+\cdots+a_{1m}a_{20})t^m\end{aligned}$$

注意到性质 2，即有

$$\sum_{m=0}^{\infty}a_{1m}t^m\cdot\sum_{m=0}^{\infty}a_{2m}t^m=\sum_{m=0}^{\infty}\mathrm{Der}\begin{bmatrix}a_{10}&a_{11}&\cdots&a_{1m}\\a_{20}&a_{21}&\cdots&a_{2m}\end{bmatrix}t^m\tag{3.8.2}$$

即知命题成立. 假设 $n=k$ 时，命题也成立，即

$$\prod_{l=1}^{k} R_l(t) = \sum_{m=0}^{\infty} \mathrm{Der}\begin{bmatrix} a_{10} & a_{11} & \cdots & a_{1m} \\ a_{20} & a_{21} & \cdots & a_{2m} \\ \vdots & \vdots & & \vdots \\ a_{k0} & a_{k1} & \cdots & a_{km} \end{bmatrix} t^m$$

设有一形式幂级数并规定为 $R_{k+1}(t) = \sum_{m=0}^{\infty} a_{k+1,m} t^m$，由定理 15 和式(3.8.2)，可知

$$\begin{aligned} & R_{k+1}(t)\prod_{l=1}^{k} R_l(t) \\ = & \sum_{m=0}^{\infty} a_{k+1,m} t^m \cdot \sum_{m=0}^{\infty} \mathrm{Der}\begin{bmatrix} a_{10} & a_{11} & \cdots & a_{1m} \\ a_{20} & a_{21} & \cdots & a_{2m} \\ \vdots & \vdots & & \vdots \\ a_{k0} & a_{k1} & \cdots & a_{km} \end{bmatrix} t^m \\ = & \sum_{m=0}^{\infty} \mathrm{Der}\begin{bmatrix} \mathrm{Der}\begin{bmatrix} a_{10} \\ a_{20} \\ \vdots \\ a_{k0} \end{bmatrix} & \mathrm{Der}\begin{bmatrix} a_{10} & a_{11} \\ a_{20} & a_{21} \\ \vdots & \vdots \\ a_{k0} & a_{k1} \end{bmatrix} & \cdots & \mathrm{Der}\begin{bmatrix} a_{10} & a_{11} & \cdots & a_{1m} \\ a_{20} & a_{21} & \cdots & a_{2m} \\ \vdots & \vdots & & \vdots \\ a_{k0} & a_{k1} & \cdots & a_{km} \end{bmatrix} \\ a_{k+1,0} & a_{k+1,1} & \cdots & a_{k+1,m} \end{bmatrix} t^m \\ = & \sum_{m=0}^{\infty} \mathrm{Der}\begin{bmatrix} a_{10} & a_{11} & \cdots & a_{1m} \\ a_{20} & a_{21} & \cdots & a_{2m} \\ \vdots & \vdots & & \vdots \\ a_{k0} & a_{k1} & \cdots & a_{km} \\ a_{k+1,0} & a_{k+1,1} & \cdots & a_{k+1,m} \end{bmatrix} t^m \end{aligned}$$

即 $n = k + 1$ 时命题仍然成立. 故原命题获证.

练习题

运用矩阵的行列式求解下列各题：

1. 证明

$$a^3+b^3+c^3-3abc$$
$$=(a+b+c)(a^2+b^2+c^2-ab-ac-bc)$$

2. 设 $x_i,y_i\in\mathbf{R}(i=1,2,\cdots,n)$，若 x_i 与 y_i 同时单调递增或单调递减，求证

$$n(x_1y_1+x_2y_2+\cdots+x_ny_n)$$
$$\geqslant(x_1+x_2+\cdots+x_n)(y_1+y_2+\cdots+y_n)$$

等号仅当 $x_1=x_2=\cdots=x_n,y_1=y_2=\cdots=y_n$ 时成立.

利用四分块矩阵求下列行列式的值：

3. 计算

$$|\boldsymbol{P}|=\begin{vmatrix} x & -1 & 0 & \cdots\cdots & 0 & 0 \\ 0 & x & -1 & \cdots & 0 & 0 \\ 0 & 0 & x & \cdots & 0 & 0 \\ \vdots & \vdots & \vdots & & \vdots & \vdots \\ 0 & 0 & 0 & \cdots & x & -1 \\ a_n & a_{n-1} & a_{n-2} & \cdots & a_2 & x+a_1 \end{vmatrix}$$

4. 设 $|\boldsymbol{A}_n|\neq0$，A_{ij} 为 $|\boldsymbol{A}_n|$ 中元素 a_{ij} 的代数余子式，求证

$$|\boldsymbol{P}| = \begin{vmatrix} a_{11}+x_1 & a_{12}+x_2 & \cdots & a_{1n}+x_n \\ a_{21}+x_1 & a_{22}+x_2 & \cdots & a_{2n}+x_n \\ \vdots & \vdots & & \vdots \\ a_{n1}+x_1 & a_{n2}+x_2 & \cdots & a_{nn}+x_n \end{vmatrix}$$

$$= |\boldsymbol{A}_n| + \sum_{j=1}^{n} x_j \sum_{i=1}^{n} A_{ij}$$

5. 运用定理 1 证明定理 4，即设 $\boldsymbol{A},\boldsymbol{B},\boldsymbol{C},\boldsymbol{D}$ 都是 $n\times n$矩阵，且$|\boldsymbol{A}|\neq 0$，$\boldsymbol{AC}=\boldsymbol{CA}$，证明

$$\begin{vmatrix} \boldsymbol{A} & \boldsymbol{B} \\ \boldsymbol{C} & \boldsymbol{D} \end{vmatrix} = |\boldsymbol{AD}-\boldsymbol{CB}|$$

6. 设 $\boldsymbol{A},\boldsymbol{B}$ 都是 n 阶方阵，证明：$\boldsymbol{AB}$ 与 $\boldsymbol{BA}$ 的特征多项式相同.

7. 设

$$\boldsymbol{A} = \begin{bmatrix} 0 & 1 & 1 & 1 & 1 & 1 & 1 \\ 1 & 1 & 1 & 1 & 1 & 1 & 1 \\ 1 & 1 & 1 & 1 & 1 & 1 & 1 \\ 0 & 1 & 1 & 1 & 1 & 1 & 1 \\ 1 & 1 & 1 & 1 & 1 & 1 & 1 \\ 1 & 1 & 1 & 1 & 1 & 1 & 1 \\ 0 & 1 & 1 & 1 & 1 & 1 & 1 \end{bmatrix}$$

计算 per $\boldsymbol{A}$.

8. 利用二行对称积和式，计算 135 811 856 ÷ 11 213 = ?

几类方程组问题

第4章

把方程组中所有的系数分离出来排成数表,便得到一个矩阵,因此方程组与矩阵是密切相关的. 解某些方程组的消元过程,如果用矩阵表示,其实就是对矩阵进行初等行变换或初等列变换. 本章就是把矩阵的理论应用到解几类最一般的方程组的问题中来.

4.1 线性方程组

设最一般的线性方程组如下

$$A_{nm}X_{m1}=B_{n1} \tag{4.1.1}$$

其中 $A_{nm}=(a_{ij})_{n\times m}$ 为方程组的系数矩阵,X_{m1} 为 m 个未知数 $x_1,x_2,\cdots,x_m$ 排成的列矩阵,B_{n1} 为 n 个常数 $b_1,\cdots,b_n$ 排成的列矩阵.

一、利用矩阵的初等行变换解线性方程组

中学课本中的顺序消元法解线性方程组，实际上是通过方程组的系数和常数项的变化来表示方程组的消元过程，这用矩阵表示就是对线性方程组的增广矩阵施行初等行变换，化为阶梯形矩阵. 例如，对于三元线性方程组

$$\begin{cases} a_{11}x_1 + a_{12}x_2 + a_{13}x_3 = b_1 \\ a_{21}x_1 + a_{22}x_2 + a_{23}x_3 = b_2 \\ a_{31}x_1 + a_{32}x_2 + a_{33}x_3 = b_3 \end{cases} \tag{4.1.2}$$

的顺序消元法矩阵表示的步骤可以这样：

(1) 对线性方程组(4.1.2)的增广矩阵

$$\boldsymbol{A}_0 = \begin{bmatrix} a_{11} & a_{12} & a_{13} & b_1 \\ a_{21} & a_{22} & a_{23} & b_2 \\ a_{31} & a_{32} & a_{33} & b_3 \end{bmatrix}$$

施行一系列初等行变换，化为形如

$$\boldsymbol{A}_1 = \begin{bmatrix} a'_{11} & b'_{12} & a'_{13} & b'_1 \\ 0 & a'_{22} & a'_{23} & b'_2 \\ 0 & 0 & a'_{33} & b'_3 \end{bmatrix}$$

的阶梯形矩阵.

(2) 判断方程组(4.1.2)是否有解. 考察阶梯形矩阵 $\boldsymbol{A}_1$，如果某一行的元素只有常数项不为零，就说明在消元的过程中，某一方程变成了 $0 \cdot x_1 + 0 \cdot x_2 + 0 \cdot x_3 = d'_i$，而 $d'_i \neq 0$ 的矛盾情形，那么原方程组(4.1.2)无解. 不出现这种情况就是有解的.

(3) 我们形式地规定矩阵 $\boldsymbol{A}_1$ 中不全为零的行为

“有效行”. 在有解的情况下：

如果矩阵 $\boldsymbol{A}_1$ 中有效行的行数等于未知量的个数,那么方程组(4.1.2)有唯一解,这时可进一步把矩阵 $\boldsymbol{A}_1$ 化为形如

$$\begin{bmatrix}1 & 0 & 0 & x_1' \\ 0 & 1 & 0 & x_2' \\ 0 & 0 & 1 & x_3'\end{bmatrix}$$

从而求出方程组(4.1.2)的唯一解(x_1',x_2',x_3').

如果矩阵 $\boldsymbol{A}_1$ 中有效行的行数小于未知量的个数,那么方程组(4.1.2)有无穷多解,这时可根据矩阵 $\boldsymbol{A}_1$ 还原成方程组进一步求解.

例 1　解方程组$\begin{cases}2x-y+3z=1\\4x-2y+5z=4.\\2x-y+4x=0\end{cases}$

解　对方程组的增广矩阵作初等行变换

$$\begin{bmatrix}2 & -1 & 3 & 1 \\ 4 & -2 & 5 & 4 \\ 2 & -1 & 4 & 0\end{bmatrix}\xrightarrow[T_{13}(-1)]{T_{12}(-2)}\begin{bmatrix}2 & -1 & 3 & 1 \\ 0 & 0 & -1 & 2 \\ 0 & 0 & 1 & -1\end{bmatrix}$$

$$\xrightarrow{T_{23}(1)}\begin{bmatrix}2 & -1 & 3 & 1 \\ 0 & 0 & -1 & 2 \\ 0 & 0 & 0 & 1\end{bmatrix}$$

其中 $T_{ij}(k)$表示把第 i 行乘 k 后加到第 j 行对应的元素上,在“→”上方表示初等行变换.

从阶梯形矩阵的最后一行可以看出原方程组无解.

例 2　解方程组$\begin{cases}2x+3y+2z=7\\x-2y+8z=4\\3x+y+3z=7\end{cases}$.

解 对方程组的增广矩阵作初等行变换

$$\begin{bmatrix}2&3&2&7\\1&-2&8&4\\3&1&3&7\end{bmatrix}\xrightarrow[T_{32}(-1)]{T_{31}(-1)}\begin{bmatrix}-1&2&-1&0\\-2&-3&5&-3\\3&1&3&7\end{bmatrix}$$

$$\xrightarrow[T_{13}(3)]{T_{12}(-2)}\begin{bmatrix}-1&2&-1&0\\0&7&-7&3\\0&7&0&7\end{bmatrix}$$

$$\xrightarrow[D_3(\frac{1}{7})]{D_1(-1),\ D_2(\frac{1}{7})}\begin{bmatrix}1&-2&1&0\\0&1&-1&\frac{3}{7}\\0&1&0&1\end{bmatrix}$$

$$\xrightarrow{T_{23}(-1)}\begin{bmatrix}1&-2&1&0\\0&1&-1&\frac{3}{7}\\0&0&1&\frac{4}{7}\end{bmatrix}$$

其中 $D_i(k)$ 表示对第 i 行乘 k, $T_{ij}(k)$ 同前.

因为阶梯形矩阵的有效行数等于未知量的个数，所以原方程组有唯一解.

把上面的矩阵进一步变换得到

$$\begin{bmatrix}1&0&0&\frac{10}{7}\\0&1&0&1\\0&0&1&\frac{4}{7}\end{bmatrix}$$

所以原方程组的唯一解为 $\left(\frac{10}{7},1,\frac{4}{7}\right)$.

例 3　解方程组$\begin{cases}2x-y+3z=1\\4x-2y+5z=4\\2x-y+4z=-1\end{cases}$.

解　对方程组的增广矩阵作初等行变换

$$\begin{bmatrix}2&-1&3&1\\4&-2&5&4\\2&-1&4&-1\end{bmatrix}\xrightarrow[T_{13}(-1)]{T_{12}(-2)}\begin{bmatrix}2&-1&3&1\\0&0&-1&2\\0&0&1&-2\end{bmatrix}$$

$$\xrightarrow[D_2(-1)]{T_{23}(1)}\begin{bmatrix}2&-1&3&1\\0&0&1&-2\\0&0&0&0\end{bmatrix}$$

因为矩阵的有效行数小于未知量的个数,所以原方程组有无穷多解,还原成方程组

$$\begin{cases}2x-y+3z=1\\z=-2\end{cases}\Rightarrow\begin{cases}x=\dfrac{1}{2}(7+t)\\y=t\\z=-2\end{cases}\quad(t\in\mathbf{R})$$

上面的解法可推广到 $n(n>3)$ 元线性方程组.

在上面的解的讨论中,如果我们引进矩阵的秩的概念,则可从理论上给予证明.

定义 1　如果向量组 $\boldsymbol{\alpha}_1,\boldsymbol{\alpha}_2,\cdots,\boldsymbol{\alpha}_s(s\geqslant2)$ 中有一个向量可以经其余的向量线性表出,那么向量组 $\boldsymbol{\alpha}_1,\boldsymbol{\alpha}_2,\cdots,\boldsymbol{\alpha}_s$ 称为线性相关的. 或者有不全为零的实数 $k_1,k_2,\cdots,k_s$ 使 $k_1\boldsymbol{\alpha}_1+\cdots+k_s\boldsymbol{\alpha}_s=\mathbf{0}$,则向量组 $\boldsymbol{\alpha}_1,\boldsymbol{\alpha}_2,\cdots,\boldsymbol{\alpha}_s$ 线性相关,否则由 $k_1\boldsymbol{\alpha}_1+\cdots+k_s\boldsymbol{\alpha}_s=\mathbf{0}$ 可推出 $k_1=k_2=\cdots=k_s=0$,则称向量组 $\boldsymbol{\alpha}_1,\boldsymbol{\alpha}_2,\cdots,\boldsymbol{\alpha}_s$ 线性无关.

定义 2　一向量组的一个部分组本身是线性无关

的，并且从这个向量组任意添一个向量（如果还有）所得向量组都线性相关，则称这个部分组为极大线性无关组，且向量组的极大线性无关组所含向量的个数称为这个向量组的秩（常用符号 rank 表示）.

定义 3　矩阵的行秩就是指矩阵的行向量组的秩，矩阵的列秩就是指矩阵的列向量组的秩，而矩阵的行秩等于矩阵的列秩，故统称为矩阵的秩.

由上述定义即知，前述阶梯形矩阵中的"有效行"（非零的行）的行数就是矩阵的秩数 r. 当方程组的系数矩阵与增广矩阵的秩相等时，方程组才有解（见例 2 和例 3）. 当 $r=n$（n 为方程的个数）时，方程组有唯一解；当 $r<n$ 时，方程组有无穷多解（见例 3）.

矩阵的行列式与其秩的关系是非常密切的.

定理 1　n 阶方阵 $\boldsymbol{A}_n$ 的秩 $r<n$ 的充要条件是 $|\boldsymbol{A}_n|=0$.

定理 2　一个矩阵的秩是 r 的充要条件是矩阵中有一个 r 级子式不为零，同时所有 $r+1$ 级子式全为零.

定理 3　n 元线性方程组有唯一解的充要条件是系数矩阵 $\boldsymbol{A}$ 的行列式不为零（即 $|\boldsymbol{A}|\neq 0$）或矩阵 $\boldsymbol{A}$ 的秩为 n，且解为 $\left(\frac{D_1}{|\boldsymbol{A}|},\frac{D_2}{|\boldsymbol{A}|},\cdots,\frac{D_n}{|\boldsymbol{A}|}\right)$，其中 D_i 是矩阵 $\boldsymbol{A}$ 中第 i 列换成方程组的常数项 $b_1,b_2,\cdots,b_n$ 所组成的矩阵的行列式（克莱姆法则）.

二、利用矩阵的初等列变换解线性方程组

对于一般线性方程组 $\boldsymbol{A}_{nm}\boldsymbol{X}_{m1}=\boldsymbol{B}_{n1}$，我们有下面的命题.

命题 1　设 $\boldsymbol{C}=\begin{bmatrix}\boldsymbol{A}_0\\ \boldsymbol{E}_{m+1}\end{bmatrix}$，其中，$\boldsymbol{A}_0$ 为线性方程组(4.1.1)的增广矩阵$[\boldsymbol{A}_{nm}\quad \boldsymbol{B}_{n1}]$，$\boldsymbol{E}_{m+1}$为 $m+1$ 阶单位矩阵. 若 $\boldsymbol{A}$ 的秩为 r，则通过对 $\boldsymbol{C}$ 进行初等列变换，矩阵 $\boldsymbol{C}$ 等价于如下形式的分块矩阵

$$\boldsymbol{G}=\begin{bmatrix}\boldsymbol{D}_{nr} & \boldsymbol{0}_1 & \boldsymbol{0}_2 & \cdots & \boldsymbol{0}_{m-r} & \boldsymbol{P}_{n1}\\ \boldsymbol{k}_{mr} & \boldsymbol{\alpha}_1 & \boldsymbol{\alpha}_2 & \cdots & \boldsymbol{\alpha}_{m-r} & \boldsymbol{Q}_{m1}\\ 0_{1r} & 0 & 0 & \cdots & 0 & -1\end{bmatrix} \tag{4.1.3}$$

且式(4.1.1)有解的充要条件是 $\boldsymbol{P}_{n1}$ 为零矩阵. 当式(4.1.1)有解时，$\boldsymbol{Q}_{m1}$ 就是式(4.1.1)的一个特解，而 $\boldsymbol{\alpha}_1,\boldsymbol{\alpha}_2,\cdots,\boldsymbol{\alpha}_{m-r}$ 就是式(4.1.1)的导出组(即把 $\boldsymbol{B}_{n1}$ 换成零矩阵后的方程组)的一个基础解系(即导出组的一组解).

证明　由于 $\boldsymbol{A}$ 的秩为 r，则矩阵 $\boldsymbol{C}$ 等价于矩阵 $\boldsymbol{G}$ 是显然的. 由于对矩阵 $\boldsymbol{C}$ 作一次初等列变换，相当于对矩阵$[\boldsymbol{A}_{nm}\quad \boldsymbol{B}_{n1}]$及 $\boldsymbol{E}_{m+1}$ 右乘同一个初等矩阵. $m+1$ 阶可逆矩阵 $\boldsymbol{M}_{m+1}$ 就是这些初等矩阵的乘积，从而有

$$\begin{aligned}\boldsymbol{A}_0\boldsymbol{M}_{m+1}&=[\boldsymbol{A}_{nm}\quad \boldsymbol{B}_{n1}]\boldsymbol{M}_{m+1}\\ &=[\boldsymbol{D}_{nr}\quad \boldsymbol{0}_1\quad \cdots\quad \boldsymbol{0}_{m-r}\quad \boldsymbol{P}_{n1}]\end{aligned} \tag{4.1.4}$$

$$E_{m+1}M_{m+1}=\begin{bmatrix} k_{mr} & \alpha_1 & \alpha_2 & \cdots & \alpha_{m-r} & Q_{m1} \\ 0_{1r} & 0 & 0 & \cdots & 0 & -1 \end{bmatrix} \tag{4.1.5}$$

当 P_{n1} 为零矩阵时,这和线性方程组有解的充要条件是它的系数矩阵和增广矩阵有相同的秩是一致的.

将式(4.1.5)代入式(4.1.4)中,得

$$A_0\begin{bmatrix} k_{mr} & \alpha_1 & \alpha_2 & \cdots & \alpha_{m-r} & Q_{m-1} \\ 0 & 0 & 0 & \cdots & 0 & -1 \end{bmatrix}$$

$$=[D_{nr} \quad \mathbf{0}_1 \quad \mathbf{0}_2 \quad \cdots \quad \mathbf{0}_{m-r} \quad \mathbf{0}_{n1}] \tag{4.1.6}$$

式(4.1.6)两端对照得

$$A_{nm}\alpha_i+B_{n1}0=\mathbf{0}_i \quad (i=1,2,\cdots,m-r)$$

则

$$A_{nm}\alpha_i=\mathbf{0}_i \quad (i=1,2,\cdots,m-r) \tag{4.1.7}$$

由式(4.1.7)可以看出 $\alpha_1,\alpha_2,\cdots,\alpha_{m-r}$ 均为式(4.1.1)的导出组的解向量. 由式(4.1.5)又知 α_1, $\alpha_2,\cdots,\alpha_{m-r}$线性无关,所以 $\alpha_1,\alpha_2,\cdots,\alpha_{m-r}$是式(4.1.1)的导出组的一个基础解系.

又由式(4.1.6)得

$$[A_{nm} \quad B_{n1}]\begin{bmatrix} Q_{m1} \\ -1 \end{bmatrix}=\mathbf{0}_{n1} \tag{4.1.8}$$

由式(4.1.8)进一步得到

$$A_{nm}Q_{m1}-B_{n1}=\mathbf{0}_{n1}$$

即

$$A_{nm}Q_{m1}=B_{n1} \tag{4.1.9}$$

所以 Q_{m1} 为式(4.1.1)的一个特解. 从而线性方程组的通解为

$$k_1\boldsymbol{\alpha}_1+k_2\boldsymbol{\alpha}_2+\cdots+k_{n-r}\boldsymbol{\alpha}_{n-r}+\boldsymbol{Q}_{m1}$$

利用如上方法求解非齐次线性方程组的通解可以分为三步进行：

(1)作出矩阵 $\boldsymbol{C}=\begin{bmatrix}\boldsymbol{A}_{nm}\boldsymbol{B}_{n1}\\ \boldsymbol{E}_{m+1}\end{bmatrix}=\begin{bmatrix}\boldsymbol{A}_0\\ \boldsymbol{E}_{m+1}\end{bmatrix}$.

(2)将矩阵 $\boldsymbol{C}$ 通过初等列变换化为矩阵 $\boldsymbol{G}$，即式(4.1.3)的形式，并且判断有解否. 若 $\boldsymbol{P}_{n1}$ 为零矩阵时，式(4.1.1)有解，否则无解.

(3)若线性方程组(4.1.1)有解，则矩阵 $\boldsymbol{G}$，即式(4.1.3)中的 $\boldsymbol{\alpha}_1,\boldsymbol{\alpha}_2,\cdots,\boldsymbol{\alpha}_{m-r}$ 就是式(4.1.1)的导出组的一个基础解系，$\boldsymbol{Q}_{n1}$ 就是式(4.1.1)的一个特解，则式(4.1.1)的通解为 $\sum\limits_{i=1}^{m-r}k_i\boldsymbol{\alpha}_i$.

例4 见例3.

解 第一步：作矩阵

$$\boldsymbol{C}=\begin{bmatrix}2&-1&3&1\\4&-2&5&4\\2&-1&4&-1\\1&0&0&0\\0&1&0&0\\0&0&1&0\\0&0&0&1\end{bmatrix}$$

第二步：对矩阵 $\boldsymbol{C}$ 作初等列变换，并把符号写在"→"下方，用 $T_{ij}(k)$ 表示把矩阵 $\boldsymbol{C}$ 的第 i 列元素乘以数 k 后加到第 j 列元素上；$D_i(k)$ 表示把矩阵 $\boldsymbol{C}$ 第 i 列元素乘以数 $k(k\neq0)$；R_{ij} 表示把矩阵第 i 列元素与第 j 列元素对调. 可有

$$
\boldsymbol{C}\xrightarrow[\substack{T_{12}\left(\frac{1}{2}\right)\\ T_{13}\left(-\frac{3}{2}\right)\\ T_{14}\left(-\frac{1}{2}\right)}]{}\begin{bmatrix}2&0&0&0\\4&0&-1&2\\2&0&1&-2\\1&\frac{1}{2}&-\frac{3}{2}&-\frac{1}{2}\\0&1&0&0\\0&0&1&0\\0&0&0&1\end{bmatrix}
$$

$$
\xrightarrow[\substack{T_{34}(2)\\ R_{23}\\ D_{4}(-1)}]{}\left[\begin{array}{cc:c:c}2&0&0&0\\4&-1&0&0\\2&1&0&0\\\hdashline 1&-\frac{3}{2}&\frac{1}{2}&\frac{7}{2}\\0&0&1&0\\0&1&0&-2\\\hdashline 0&0&0&-1\end{array}\right]
$$

因为 $\boldsymbol{P}_{31}$ 为零矩阵,所以线性方程组有解.

第三步:线性方程组的一个特解为

$$
\boldsymbol{Q}_{31}=\begin{bmatrix}\frac{7}{2}\\0\\-2\end{bmatrix}
$$

其导出组的一个基础解系为

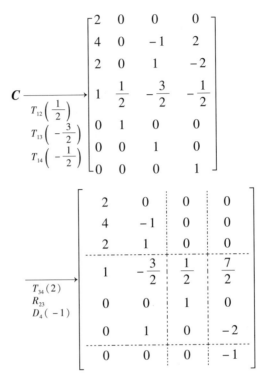

$$\boldsymbol{\alpha}_1=\begin{bmatrix}\frac{1}{2}\\1\\0\end{bmatrix}$$

故通解为$t\boldsymbol{\alpha}_1+\boldsymbol{Q}_{31}$，$t\in\mathbf{R}$.

例 5　解线性方程组

$$\begin{cases}x_1-2x_2+x_3-x_4+x_5=1\\2x_1+x_2-x_3+2x_4-3x_5=2\\3x_1-2x_2-x_3+x_4-2x_5=2\\2x_1-5x_2+x_3-2x_4+2x_5=1\end{cases}$$

解　第一步：作矩阵

$$\boldsymbol{C}=\begin{bmatrix}1&-2&1&-1&1&1\\2&1&-1&2&-3&2\\3&-2&-1&1&-2&2\\2&-5&1&-2&2&1\\1&0&0&0&0&0\\0&1&0&0&0&0\\0&0&1&0&0&0\\0&0&0&1&0&0\\0&0&0&0&1&0\\0&0&0&0&0&1\end{bmatrix}$$

第二步：对矩阵 $\boldsymbol{C}$ 作初等列变换，记号同上，可有

$$
C \xrightarrow[\substack{T_{12}(2)\\ T_{13}(-1)\\ T_{14}(1)\\ T_{15}(-1)\\ T_{16}(-1)\\ T_{45}\left(\frac{4}{5}\right)\\ T_{42}(-1)}]{} \begin{bmatrix} 1 & 0 & 0 & 0 & 0 & 0 \\ 2 & 1 & -3 & 4 & 0 & 0 \\ 3 & 0 & -4 & 4 & 0 & -1 \\ 2 & -1 & -1 & 0 & 0 & -1 \\ 1 & 1 & -1 & 1 & \frac{1}{4} & -1 \\ 0 & 1 & 0 & 0 & 0 & 0 \\ 0 & 0 & 1 & 0 & 0 & 0 \\ 0 & -1 & 0 & 1 & \frac{5}{4} & 0 \\ 0 & 0 & 0 & 0 & 1 & 0 \\ 0 & 0 & 0 & 0 & 0 & 1 \end{bmatrix}
$$

$$
\xrightarrow[\substack{T_{23}(3)\\ T_{24}(-4)\\ T_{34}(1)\\ D_3\left(-\frac{1}{4}\right)\\ T_{36}(1)\\ D_6(-1)}]{} \left[\begin{array}{ccc:cc:c} 1 & 0 & 0 & 0 & 0 & 0 \\ 2 & 1 & 0 & 0 & 0 & 0 \\ 3 & 0 & 1 & 0 & 0 & 0 \\ 2 & -1 & 1 & 0 & 0 & 0 \\ \hdashline 1 & 1 & -\frac{1}{2} & -1 & \frac{1}{4} & \frac{3}{2} \\ 0 & 1 & -\frac{3}{4} & -1 & 0 & \frac{3}{4} \\ 0 & 0 & -\frac{1}{4} & 1 & 0 & \frac{1}{4} \\ 0 & -1 & \frac{3}{4} & 2 & \frac{4}{5} & -\frac{3}{4} \\ 0 & 0 & 0 & 0 & 1 & 0 \\ \hdashline 0 & 0 & 0 & 0 & 0 & -1 \end{array}\right]
$$

因为 $\boldsymbol{P}_{41}$ 为零矩阵，所以线性方程组有解.

第三步：线性方程组的一个特解为

$$\boldsymbol{Q}_{51}^{\mathrm{T}}=\begin{pmatrix}\frac{3}{2} & \frac{3}{4} & \frac{1}{4} & -\frac{3}{4} & 0\end{pmatrix}$$

其导出组的一个基础解系为

$$\boldsymbol{\alpha}_1^{\mathrm{T}}=(-1\quad -1\quad 1\quad 2\quad 0)$$

$$\boldsymbol{\alpha}_2^{\mathrm{T}}=\begin{pmatrix}\frac{1}{4} & 0 & 0 & \frac{5}{4} & 1\end{pmatrix}$$

故线性方程组的通解为

$$k_1\boldsymbol{\alpha}_1+k_2\boldsymbol{\alpha}_2+\boldsymbol{Q}_{51}\quad (k_1,k_2\in\mathbf{R})$$

三、对增广矩阵同时进行初等行、列变换解线性方程组

我们在前面给出了利用矩阵的初等列变换解线性方程组的方法. 在解的过程中，运算上虽然较顺序消元法的初等行变换解线性方程组的方法略繁，但由于它能一次性完成判断方程组是否有解，并在有解时求出通解，故不失为一种较优方法. 至此，我们是否可设想，若对增广矩阵同时进行初等行、列变换解线性方程组效果将怎样？我们将看到：对增广矩阵同时使用初等行、列变换，可以更快地求出方程组的通解.

对于线性方程组 $\boldsymbol{A}_{nm}\boldsymbol{X}_{m1}=\boldsymbol{B}_{n1}$，我们有下面的命题.

命题 2　设 $\boldsymbol{C}=\begin{bmatrix}\boldsymbol{A}_0\\ \boldsymbol{E}_{m+1}\end{bmatrix}$，其中，$\boldsymbol{A}_0$ 为线性方程组(4.1.1)的增广矩阵 $[\boldsymbol{A}_{nm}\quad \boldsymbol{B}_{n1}]$，$\boldsymbol{E}_{m+1}$ 为 $m+1$ 阶单位矩阵. 若 $\boldsymbol{A}$ 的秩为 r，则通过对 $\boldsymbol{C}$ 施行初等行、列变换(行变换只对 $\boldsymbol{A}_0$ 进行)，$\boldsymbol{C}$ 可化为分块矩阵

$$\boldsymbol{G}=\begin{bmatrix}\boldsymbol{D}_{nr} & \boldsymbol{0} & \boldsymbol{P}_{n1}\\ \boldsymbol{k}_{mr} & \boldsymbol{R}_{m,m-r} & \boldsymbol{Q}_{m1}\\ \boldsymbol{0} & \boldsymbol{0} & -1\end{bmatrix} \tag{4.1.10}$$

且式(4.1.1)有解的充要条件为 $\boldsymbol{P}_{n1}=\boldsymbol{0}$. 当式(4.1.1)有解时,$\boldsymbol{Q}_{m1}$ 为式(4.1.1)的一个特解,$\boldsymbol{R}_{m,m-r}$ 的列向量即为式(4.1.1)的导出组的基础解系.

证明 设 $\boldsymbol{A}_0$ 经初等行、列变换化为分块矩阵 $[\boldsymbol{D}_{nr}\quad \boldsymbol{0}\quad \boldsymbol{P}_{n1}]$,即可找到 n 阶可逆矩阵 $\boldsymbol{M}$ 和 $m+1$ 阶可逆矩阵 $\boldsymbol{N}$,使得 $\boldsymbol{M}\boldsymbol{A}_0\boldsymbol{N}=[\boldsymbol{D}_{nr}\quad \boldsymbol{0}\quad \boldsymbol{P}_{n1}]$. 此时,$\boldsymbol{N}=\boldsymbol{E}\boldsymbol{N}=\begin{bmatrix}\boldsymbol{k}_{mr} & \boldsymbol{R}_{m,m-r} & \boldsymbol{Q}_{m1}\\ \boldsymbol{0} & \boldsymbol{0} & -1\end{bmatrix}$,式(4.1.1)有解当且仅当系数矩阵的秩等于增广矩阵的秩,故式(4.1.1)有解,当且仅当 $\boldsymbol{P}_{n1}=\boldsymbol{0}$. 当式(4.1.1)有解时

$$\boldsymbol{M}[\boldsymbol{A}_{nm}\quad \boldsymbol{B}_{n1}]\begin{bmatrix}\boldsymbol{k}_{mr} & \boldsymbol{R}_{m,m-r} & \boldsymbol{Q}_{m1}\\ \boldsymbol{0} & \boldsymbol{0} & -1\end{bmatrix}=[\boldsymbol{D}_{nr}\quad \boldsymbol{0}\quad \boldsymbol{0}]$$

由分块矩阵相等可得 $\boldsymbol{M}\boldsymbol{A}_{nm}\boldsymbol{R}_{m,m-r}=\boldsymbol{0}$, $\boldsymbol{M}\boldsymbol{A}_{nm}\boldsymbol{Q}_{m1}-\boldsymbol{M}\boldsymbol{B}_{n1}=\boldsymbol{0}$. 但因 $\boldsymbol{M}$ 可逆,所以 $\boldsymbol{A}\boldsymbol{R}_{m,m-r}=\boldsymbol{0}$, $\boldsymbol{A}\boldsymbol{Q}_{n1}=\boldsymbol{B}_{n1}$,即 $\boldsymbol{Q}_{n1}$ 是式(4.1.1)的特解. $\boldsymbol{R}_{m,m-r}$ 的列向量(线性无关)是式(4.1.1)的导出组的基础解系.

利用此法解线性方程组的步骤,基本上与仅使用初等列变换法相同,只是在进行初等行、列变换时,行变换只对 $\boldsymbol{A}_0$ 进行.

例 6 见例 3.

解 先作出矩阵 $\boldsymbol{C}$,再对 $\boldsymbol{C}$ 作初等变换,写在箭头上方的表示对矩阵施行初等行变换,写在箭头下方的表示对矩阵施行初等列变换,记号同前,可有

$$C=\begin{bmatrix}2&-1&3&1\\4&-2&5&4\\2&-1&4&1\\1&0&0&0\\0&1&0&0\\0&0&1&0\\0&0&0&1\end{bmatrix}\xrightarrow[T_{13}(-1)]{T_{12}(-2)}\begin{bmatrix}2&-1&3&1\\0&0&1&-2\\0&0&0&0\\1&0&0&0\\0&1&0&0\\0&0&1&0\\0&0&0&1\end{bmatrix}$$

$$\xrightarrow[\substack{T_{12}\left(\frac{1}{2}\right) \quad T_{34}(2)\\ T_{13}\left(-\frac{3}{2}\right) \quad R_{23}\\ T_{14}\left(-\frac{1}{2}\right) \quad D_4(-1)}]{}\left[\begin{array}{cc:c:c}2&0&0&0\\0&1&0&0\\0&0&0&0\\ \hdashline 1&-\frac{3}{2}&-\frac{1}{2}&\frac{7}{2}\\0&0&1&0\\0&1&0&-2\\ \hdashline 0&0&0&-1\end{array}\right]$$

以下同例4解答(略).

例7 解线性方程组

$$\begin{cases}2x_1+x_2-x_3+x_4=1\\x_1+2x_2+x_3-x_4=2\\x_1+x_2+2x_3+x_4=3\end{cases}$$

解 先作出矩阵$\boldsymbol{C}$,再对$\boldsymbol{C}$作初等变换,有关记号同例6解法说明

$$
\boldsymbol{C}=\begin{bmatrix}2 & 1 & -1 & 1 & 1\\ 1 & 2 & 1 & -1 & 2\\ 1 & 1 & 2 & 1 & 3\\ 1 & 0 & 0 & 0 & 0\\ 0 & 1 & 0 & 0 & 0\\ 0 & 0 & 1 & 0 & 0\\ 0 & 0 & 0 & 1 & 0\\ 0 & 0 & 0 & 0 & 1\end{bmatrix}
\xrightarrow[]{\substack{T_{12}(1)\\ T_{32}(-1)\\ D_1\left(\frac{1}{3}\right)\\ T_{21}(-1)}}
\begin{bmatrix}1 & 1 & 0 & 0 & 1\\ 0 & 1 & 1 & -1 & 1\\ 0 & -1 & 1 & 2 & 1\\ 1 & 0 & 0 & 0 & 0\\ 0 & 1 & 0 & 0 & 0\\ 0 & 0 & 1 & 0 & 0\\ 0 & 0 & 0 & 1 & 0\\ 0 & 0 & 0 & 0 & 1\end{bmatrix}
$$

$$
\xrightarrow[\substack{T_{25}(-1)\\ T_{12}(-1)\\ T_{34}(1)}]{}
\begin{bmatrix}1 & 0 & 0 & 0 & 0\\ 0 & 1 & 1 & 0 & 0\\ 0 & -1 & 1 & 3 & 2\\ 1 & -1 & 0 & 0 & 0\\ 0 & 1 & 0 & 0 & -1\\ 0 & 0 & 1 & 1 & 0\\ 0 & 0 & 0 & 1 & 0\\ 0 & 0 & 0 & 0 & 1\end{bmatrix}
$$

$$\xrightarrow[\substack{T_{23}(-1)\\T_{35}(-1)\\T_{34}\left(-\frac{3}{2}\right)\\D_5(-1)}]{T_{32}(1)}\left[\begin{array}{ccc:c:c}1&0&0&0&0\\0&1&0&0&0\\0&0&2&0&0\\\hdashline 1&-1&1&-\frac{3}{2}&1\\0&1&-1&\frac{3}{2}&0\\0&0&1&-\frac{1}{2}&1\\0&0&0&1&0\\\hdashline 0&0&0&0&-1\end{array}\right]$$

可知,方程组的一个特解为 $\boldsymbol{\gamma}_0=(1\quad 0\quad 1\quad 0)$, 其导出组的一个基础解系为 $\boldsymbol{\eta}=\left(-\frac{3}{2}\quad \frac{3}{2}\quad -\frac{1}{2}\quad 1\right)$,故方程组的通解为

$$\boldsymbol{\gamma}=\boldsymbol{\gamma}_0+k\boldsymbol{\eta}\quad (k\in\mathbf{R})$$

四、利用行列式解线性方程组

(1)一般线性方程组.

将克莱姆法则予以演变,对于 n 元线性方程组(4.1.1′),通过构造一个 $n+1$ 阶矩阵,展开其行列式也可求其解,即有如下命题.

命题 3　设线性方程组

$$\boldsymbol{A}_{nn}\boldsymbol{X}_{n1}=\boldsymbol{B}_{n1}\qquad(4.1.1')$$

的系数行列式 $|\boldsymbol{A}_{nn}|\neq 0$,而 $n+1$ 阶方阵

$$\begin{bmatrix} \boldsymbol{A}_{nn} & -\boldsymbol{B}_{n1} \\ \boldsymbol{X}_{n1}^{\mathrm{T}} & 1 \end{bmatrix}$$

的行列式

$$D_{n+1}=d(a_1x_1+a_2x_2+\cdots+a_nx_n+c)$$

则

$$x_i=\frac{a_i}{c} \tag{4.1.11}$$

（其中 $i=1,2,\cdots,n,d\neq 0$ 为常数）是方程组（4. 1. 1′）的解.

证明提示 由 $x_i=\dfrac{D_i}{|\boldsymbol{A}_{nn}|}$（$i=1,2,\cdots,n,D_i$ 为用 $\boldsymbol{B}_{n1}$ 置换 $\boldsymbol{A}_{nn}$ 中的第 i 列后所得行列式），有

$$D_{n+1}=\sum_{i=1}^{n}(-1)^{n+i}\cdot x_i\cdot D_i=d(\sum_{i=1}^{n}a_ix_i+c)$$

例 8 解方程组

$$\begin{cases} x+y+2z+3u=1 \\ 3x-y-z-2u=-4 \\ 2x+3y-z-u=-6 \\ x+2y+3z-u=-4 \end{cases}$$

解 $\begin{vmatrix} 1 & 1 & 2 & 3 & -1 \\ 3 & -1 & -1 & -2 & 4 \\ 2 & 3 & -1 & -1 & 6 \\ 1 & 2 & 3 & -1 & 4 \\ x & y & z & u & 1 \end{vmatrix}$

$$
=\begin{vmatrix}1&0&0&0&0\\3&-4&-7&-11&7\\2&1&-5&-7&8\\1&1&1&-4&5\\x&y-x&z-2x&u-3x&x+1\end{vmatrix}
$$

$$
=-\begin{vmatrix}1&0&0&0\\1&-6&-3&3\\-4&-3&-27&27\\y-x&z-x-y&u-7x+4y&6x-5y+1\end{vmatrix}
$$

$$
=-\begin{vmatrix}-6&-3&0\\-3&-27&0\\z-x-y&u-7x+4y&-x-y+u+1\end{vmatrix}
$$

$$
=153(x+y-u-1)
$$

故

$$
(x,y,z,u)=(-1,-1,0,1)
$$

(2)一类特殊的线性方程组.

利用柯西行列式和克莱姆法则可以导出如下一类特殊的线性方程组的求解公式.

命题4　设关于 $x_1,x_2,\cdots,x_n$ 的线性方程组为

$$
\begin{cases}\sum\limits_{i=1}^{n}\dfrac{x_i}{a_1+b_i}=1\\\sum\limits_{i=1}^{n}\dfrac{x_i}{a_2+b_i}=1\\\quad\vdots\\\sum\limits_{i=1}^{n}\dfrac{x_i}{a_n+b_i}=1\end{cases}\tag{4.1.12}
$$

则

$$x_k=\frac{D_k}{D}=\frac{\prod_{i=1}^{n}(a_i+b_k)}{\prod_{\substack{j=1\\ j\neq k}}^{n}(b_k-b_j)}\quad (k=1,2,\cdots,n)$$

(4.1.13)

证明 方程组(4.1.12)的系数行列式

$$D=\begin{vmatrix}\frac{1}{a_1+b_1} & \frac{1}{a_1+b_2} & \cdots & \frac{1}{a_1+b_n}\\ \frac{1}{a_2+b_1} & \frac{1}{a_2+b_2} & \cdots & \frac{1}{a_2+b_n}\\ \vdots & \vdots & & \vdots\\ \frac{1}{a_n+b_1} & \frac{1}{a_n+b_2} & \cdots & \frac{1}{a_n+b_n}\end{vmatrix}$$

是柯西行列式,其值

$$D=\frac{\Delta(a_1,\cdots,a_n)\Delta(b_1,\cdots,b_n)}{\prod_{i=1}^{n}\prod_{j=1}^{n}(a_i+b_j)}$$

其中 $\Delta(a_1,\cdots,a_n)=\prod_{1\leqslant j<i\leqslant n}(a_i-b_j)$.

对于行列式 $D_k(k=1,2,\cdots,n)$,我们可稍加变形即可化为柯西行列式的计算. 事实上,对于

$$D_k=\begin{vmatrix}\frac{1}{a_1+b_1} & \frac{1}{a_1+b_2} & \cdots & \frac{1}{a_1+b_{k-1}} & 1 & \frac{1}{a_1+b_{k+1}} & \cdots & \frac{1}{a_1+b_n}\\ \frac{1}{a_2+b_1} & \frac{1}{a_2+b_2} & \cdots & \frac{1}{a_2+b_{k-1}} & 1 & \frac{1}{a_2+b_{k+1}} & \cdots & \frac{1}{a_2+b_n}\\ \vdots & \vdots & & \vdots & \vdots & \vdots & & \vdots\\ \frac{1}{a_n+b_1} & \frac{1}{a_n+b_2} & \cdots & \frac{1}{a_n+b_{k-1}} & 1 & \frac{1}{a_n+b_{k+1}} & \cdots & \frac{1}{a_n+b_n}\end{vmatrix}$$

由第 $1,2,\cdots,k-1,k+1,\cdots,n$ 行中各减去第 k 行,得

$$D_k=\frac{(a_k-a_1)(a_k-a_2)\cdots(a_k-a_{k-1})(a_k-a_{k+1})\cdots(a_k-a_n)}{(a_k+b_1)(a_k+b_2)\cdots(a_k+b_{k-1})(a_k+b_{k+1})\cdots(a_k+b_n)}\cdot D^*$$

其中 D^* 为柯西行列式

$$D^*=\begin{vmatrix}\frac{1}{a_1+b_1} & \cdots & \frac{1}{a_1+b_{k-1}} & \frac{1}{a_1+b_{k+1}} & \cdots & \frac{1}{a_1+b_n}\\ \vdots & & \vdots & \vdots & & \vdots\\ \frac{1}{a_{k-1}+b_1} & \cdots & \frac{1}{a_{k-1}+b_{k-1}} & \frac{1}{a_{k-1}+b_{k+1}} & \cdots & \frac{1}{a_{k-1}+b_n}\\ \frac{1}{a_{k+1}+b_1} & \cdots & \frac{1}{a_{k+1}+b_{k-1}} & \frac{1}{a_{k-1}+b_{k+1}} & \cdots & \frac{1}{a_{k-1}+b_n}\\ \vdots & & \vdots & \vdots & & \vdots\\ \frac{1}{a_n+b_1} & \cdots & \frac{1}{a_n+b_{k-1}} & \frac{1}{a_n+b_{k+1}} & \cdots & \frac{1}{a_n+b_n}\end{vmatrix}$$

$$=\frac{\Delta(a_1,\cdots,a_{k-1},a_{k+1},\cdots,a_n)\Delta(b_1,\cdots,b_{k-1},b_{k+1},\cdots,b_n)}{\prod\limits_{\substack{1\leqslant i,j\leqslant n\\ i,j\neq k}}(a_i+b_j)}$$

所以

$$D_k=\frac{\prod\limits_{\substack{j=1\\ j\neq k}}^{n}(a_k-a_j)\cdot\Delta(a_1,\cdots,a_{k-1},a_{k+1},\cdots,a_n)\Delta(b_1,\cdots,b_{k-1},b_{k+1},\cdots,b_n)}{\prod\limits_{\substack{j=1\\ j\neq k}}^{n}(a_k+b_j)\cdot\prod\limits_{\substack{1\leqslant i,j\leqslant n\\ i,j\neq k}}(a_i+b_j)}$$

稍作运算即得式(4.1.13).

例 9　已知关于 x_1,x_2,x_3,x_4 的方程组

$$\begin{cases}\dfrac{x_1^2}{2^2-1^2}+\dfrac{x_2^2}{2^2-3^2}+\dfrac{x_3^2}{2^2-5^2}+\dfrac{x_4^2}{2^2-7^2}=1\\ \dfrac{x_1^2}{4^2-1^2}+\dfrac{x_2^2}{4^2-3^2}+\dfrac{x_3^2}{4^2-5^2}+\dfrac{x_4^2}{4^2-7^2}=1\\ \dfrac{x_1^2}{6^2-1^2}+\dfrac{x_2^2}{6^2-3^2}+\dfrac{x_3^2}{6^2-5^2}+\dfrac{x_4^2}{6^2-7^2}=1\\ \dfrac{x_1^2}{8^2-1^2}+\dfrac{x_2^2}{8^2-3^2}+\dfrac{x_3^2}{8^2-5^2}+\dfrac{x_4^2}{8^2-7^2}=1\end{cases}$$

求 $\sum\limits_{i=1}^{4} x_i^2$.

解 在式(4.1.13)中,令 $a_1=2^2, a_2=4^2, a_3=6^2, a_4=8^2; b_1=-1^2, b_2=-3^2, b_3=-5^2, b_4=-7^2$. 于是,有

$$x_1^2=\frac{5\times35\times63}{8\times8\times16}$$

$$x_2^2=\frac{7\times27\times55}{8\times8\times16}$$

$$x_3^2=\frac{7\times9\times11\times13}{8\times8\times16}$$

$$x_4^2=\frac{9\times11\times13\times5}{8\times8\times16}$$

故

$$\sum_{i=1}^{4} x_i^2 = 36$$

4.2 线性规划问题

求解线性规划问题的基本思路一般是,先求一个

可行解,经过检验如果不是最优解,则从这个可行解转换到另一个可行解,若后者仍不是最优解,再重复上述步骤,直到求出最优解.这种算法(称为单纯形算法)的求解过程实质是对线性规划问题所确定的一个矩阵,按照某种规定施行的初等变换.下面,我们介绍线性规划问题的矩阵解法.

对目标函数

$$\max z = c_1x_1 + c_2x_2 + \cdots + c_mx_m$$

约束条件

$$\begin{cases} a_{11}x_1 + a_{12}x_2 + \cdots + a_{1m}x_m = b_1 \\ \vdots \\ a_{n1}x_1 + a_{n2}x_2 + \cdots + a_{nm}x_m = b_n \end{cases}$$

决策变量

$$x_1, x_2, \cdots, x_m \geqslant 0$$

将其整理成如下形式

$$\begin{cases} a_{11}x_1 + a_{12}x_2 + \cdots + a_{1m}x_m = b_1 \\ \vdots \\ a_{n1}x_1 + a_{n2}x_2 + \cdots + a_{nm}x_m = b_n \end{cases}$$

$$\max z - c_1x_1 - c_2x_2 - \cdots - c_mx_m = 0$$

$$x_1, x_2, \cdots, x_m \geqslant 0$$

如果存在一组解$(x_1, x_2, \cdots, x_m)$满足约束条件方程组及决策变量非负条件,同时使目标函数取得最大值,就称$(x_1, x_2, \cdots, x_m)$是此线性规划问题的最优解.

(1)作矩阵 $\boldsymbol{B}$

$$\boldsymbol{B}=\begin{bmatrix} a_{11} & a_{12} & \cdots & a_{1m} & b_1 \\ \vdots & \vdots & & \vdots & \vdots \\ a_{n1} & a_{n2} & \cdots & a_{nm} & b_n \\ -c_1 & -c_2 & \cdots & -c_n & 0 \end{bmatrix}$$

$\boldsymbol{B}$ 的前几行是约束方程的增广矩阵,最后一行是目标函数对应项的系数.

(2)在最后一行求出绝对值最大的负系数,不妨设为 $-c_k$.

(3)求最小比例值.

将第 k 列所有正元素分别去除最后一列对应元素所得商中的最小值, $\min\left\{\frac{b_1}{a_{1k}},\cdots,\frac{b_l}{a_{lk}},\cdots,\frac{b_n}{a_{nk}}\right\}=\frac{b_l}{a_{lk}}$, 即最小比例值在元素 a_{lk} 处取到.

(4)利用初等行变换,将第 k 列元素 a_{lk} 变为 1,其他元素全部为 0

$$\boldsymbol{B}\to\boldsymbol{B}_1=\begin{bmatrix} a_{11}' & \cdots & 0 & \cdots & a_{1m}' & b_1' \\ \vdots & & \vdots & & \vdots & \vdots \\ a_{l1}' & \cdots & \boxed{1} & \cdots & a_{lm}' & b_l' \\ \vdots & & \vdots & & \vdots & \vdots \\ -c_1' & \cdots & 0 & \cdots & -c_m^n & b_{n+1}' \end{bmatrix}$$

再对 $\boldsymbol{B}_1$ 重复第(2)(3)(4)步骤,直到最后一行元素全变为非负数为止. 此时,矩阵对应的线性规划问题若有最优解,此解也一定是原线性规划问题的最优解.

例 10 求如下线性规划问题的最优解.

目标函数

$$\max z = 70x_1 + 120x_2$$

约束条件

$$\begin{cases} 9x_1 + 4x_2 + x_3 = 3\ 600 \\ 4x_1 + 5x_2 + x_4 = 2\ 000 \\ 3x_1 + 10x_2 + x_5 = 3\ 000 \end{cases}$$

决策变量

$$x_1, x_2, x_3, x_4, x_5 \geqslant 0$$

解　将以上线性规划问题整理成

$$\begin{cases} 9x_1 + 4x_2 + x_3 = 3\ 600 \\ 4x_1 + 5x_2 + x_4 = 2\ 000 \\ 3x_1 + 10x_2 + x_5 = 3\ 000 \end{cases}$$

$$\max z - 70x_1 - 120x_2 = 0$$

$$x_1, x_2, x_3, x_4, x_5 \geqslant 0$$

得

$$\boldsymbol{B} = \begin{bmatrix} 9 & 4 & 1 & 0 & 0 & 3\ 600 \\ 4 & 5 & 0 & 1 & 0 & 2\ 000 \\ 3 & 10 & 0 & 0 & 1 & 3\ 000 \\ -70 & -120 & 0 & 0 & 0 & 0 \end{bmatrix}$$

由于目标函数是求最大值，其表达式中 x_2 的系数最大，且为 120，当 x_2 增大时，可使目标函数值变得很大. 故应优先考虑 x_2 的最大可能取值，此即考虑在 $\boldsymbol{B}$ 的最后一行求绝对值最大的负数 -120.

而 x_2 的取值范围由约束方程确定：$x_2 \leqslant \frac{3\ 600}{4}$，$x_2 \leqslant \frac{2\ 000}{5}$，$x_2 \leqslant \frac{3\ 000}{10}$，可知最小比例值是 $\min\left\{\frac{3\ 600}{4},\right.$

$\left.\frac{2\ 000}{5},\frac{3\ 000}{10}\right\}=300$,它是 -120 所在列的所有正元素分别去除最后一列对应位置上的元素所得商中的最小者.

最小比例值确定了 x_2 的变化范围,在约束方程中将此所在方程 x_2 的系数变成 1,其他方程中消去 x_2,即对矩阵 $\boldsymbol{B}$ 施行初等行变换,将最小比例值对应的元素变为 1,其所在列的其他元素变为 0

$$\boldsymbol{B}\to\boldsymbol{B}_1=\begin{bmatrix}7.8 & 0 & 1 & 0 & -0.4 & 2\ 400\\ 2.5 & 0 & 0 & 1 & -0.5 & 500\\ 0.3 & \boxed{1} & 0 & 0 & 0.1 & 300\\ -34 & 0 & 0 & 0 & 12 & 36\ 000\end{bmatrix}$$

继续按上述过程施行初等行变换,直到最后一行元素全为非负数为止,矩阵 $\boldsymbol{B}_1$ 中最后一行绝对值最大的负系数为 -34,求最小比例值 $\min\left\{\frac{2\ 400}{7.8},\frac{500}{2.5},\frac{300}{0.3}\right\}=200$,施行初等行变换,将最小比例值对应的元素变为 1,其所在列的其他元素全变为 0,得

$$\boldsymbol{B}_1\to\boldsymbol{B}_2=\begin{bmatrix}0 & 0 & -3.12 & 1.16 & 840\\ \boxed{1} & 0 & 0.4 & -0.2 & 200\\ 0 & 1 & -0.12 & -0.16 & 240\\ 0 & 0 & 13.6 & 18.8 & 42\ 800\end{bmatrix}$$

矩阵 $\boldsymbol{B}_2$ 最后一行元素全为非负数,它对应的线性规划问题为

$$\begin{cases}x_3-3.12x_4+1.16x_5=840\\ x_1+0.4x_4-0.2x_5=200\\ x_2+0.12x_4-0.16x_5=240\end{cases}$$

$$\max z = -13.6x_4 - 18.8x_5 + 42\ 800$$

$$x_1, x_2, \cdots, x_5 \geqslant 0$$

当 $x_4 = x_5 = 0$ 时，z 的最大值为 42 800. 此时 $x_1 = 200$，$x_2 = 240$，$x_3 = 840$. 原线性规划问题与此线性规划问题同解，故原线性规划问题的最优解为

$$(x_1, x_2, x_3, x_4, x_5) = (200, 240, 840, 0, 0)$$

$$\max z = 42\ 800$$

上面，我们讨论了标准型线性规划问题的矩阵求解法. 对于一般线性规划问题，也都可以用适当方式，将其转化为标准型来求解.

（1）目标函数的转化.

由 $\min z = -\max(-z)$，可将 z 的最小化问题变成 $-z$ 的最大化问题. 例如，对 $\min z = 2x_1 - 3x_2 + 5x_3$，由 $\min z = -\max(-z)$，得 $\max(-z) = -2x_1 + 3x_2 - 5x_3$. 如果 $-z$ 的最大值为 M，则 z 的最小值为 $-M$.

（2）约束条件的转化.

当约束条件为不等式形式时，可适当加一个或减一个松弛变量（非负量），使之变成等式.

例如

$$a_{11}x_1 + \cdots + a_{1m}x_m \leqslant b_1$$

$$a_{21}x_1 + \cdots + a_{2m}x_m \geqslant b_2$$

引进 $x_{m+1} \geqslant 0$，$x_{m+2} \geqslant 0$，使

$$a_{11}x_1 + \cdots + a_{1m}x_m + x_{m+1} = b_1$$

$$a_{21}x_1 + \cdots + a_{2m}x_m - x_{m+2} = b_2$$

（3）决策变量的转化.

当变量没有非负限制时，可引进两个非负变量代入，变成符合非负限制的条件.

例如

$$\max\ z=2x_1+3x_2-3x_3$$

$$\begin{cases}x_1-2x_2=b_1\\2x_1+5x_2-x_3=b_2\\5x_1-x_2+x_3=b_3\end{cases}$$

$x_1,x_2\geqslant0,x_3$ 没有非负限制

引进 $x_4\geqslant0,x_5\geqslant0$,令 $x_3=x_4-x_5$,代入规划问题

$$\max\ z=2x_1+3x_2-3x_4+3x_5$$

$$\begin{cases}x_1-2x_2=b_1\\2x_1+5x_2-x_4+x_5=b_2\\5x_1-x_2+x_4-x_5=b_3\end{cases}$$

$$x_1,x_2,x_4,x_5\geqslant0$$

4.3 逻辑推理方程组

在第 2 章中,我们曾对某些逻辑判断问题给出了其矩阵表示的解法. 在这里,我们再对一类特殊的逻辑推理方程组问题给出它的矩阵变换解法. 为讨论问题的方便,我们先介绍一下逻辑推理方程组的概念.

定义 4 两个未知元,其中一个取值 0,另一个取值 1 的等式称为逻辑方程. 由若干个逻辑方程构成的方程组叫逻辑推理方程组.

设 $a_{i_lj_l}$表示 0 或 1,方程组

$$\begin{cases} a_{i_1j_1}+a_{i_2j_2}=1 \\ \quad\vdots \\ a_{i_kj_k}+a_{i_pj_p}=1 \end{cases} \quad (i_k\neq i_p, j_k\neq j_p)$$

称为逻辑推理方程组.

定义 5　称矩阵

$$G=A+\overline{A}=\begin{bmatrix} i_1j_1 & i_2j_2 \\ i_3j_3 & i_4j_4 \\ \vdots & \vdots \\ i_kj_k & i_pj_p \end{bmatrix}=\begin{bmatrix} \boldsymbol{B}_{12} \\ \vdots \\ \boldsymbol{B}_{kp} \end{bmatrix}$$

为逻辑推理方程组的特征矩阵.

显然,对矩阵 $\boldsymbol{G}$ 的初等行变换只能是仅指某两行交换位置,对矩阵 $\boldsymbol{G}$ 的初等列变换只能是仅指对某个分块矩阵如 $\boldsymbol{B}_{kp}$ 中两个元素交换位置,因此有下面的命题.

命题 5　对 $\boldsymbol{G}$ 进行初等变换,总可使得

$$\boldsymbol{A}=\begin{bmatrix} 1 \\ \vdots \\ 1 \end{bmatrix} \text{或} \overline{\boldsymbol{A}}=\begin{bmatrix} 1 \\ \vdots \\ 1 \end{bmatrix}$$

由定义 4,我们又可得下面的命题.

命题 6　当 $\boldsymbol{A}$ 或 $\overline{\boldsymbol{A}}$ 中的元素 i_l 与 i_k 均不相同,且 j_l 与 j_k 均不相同时(仅当 $i_l\,j_l=i_k\,j_k$ 时也可),才有

$$\boldsymbol{A}=\begin{bmatrix} 1 \\ \vdots \\ 1 \end{bmatrix} \text{或} \overline{\boldsymbol{A}}=\begin{bmatrix} 1 \\ \vdots \\ 1 \end{bmatrix}$$

下面看几个例子:

例 11　A,B,C,D 四人进行决赛(不取并列名

次),三位观众对其名次估计如下:

甲:A 第一名,B 第二名;

乙:A 第二名,C 第三名;

丙:D 第二名,C 第四名.

结果与各人的估计都恰有一半符合,问 A,B,C,D 的名次如何?

解 由题意将估计的结果用矩阵表示为

$$\begin{array}{c} \begin{matrix} A & B & C & D \end{matrix} \\ \begin{bmatrix} a_{11} & & & \\ a_{21} & a_{22} & & a_{24} \\ & & a_{33} & \\ & & a_{43} & \end{bmatrix} \begin{matrix} 一 \\ 二 \\ 三 \\ 四 \end{matrix} \end{array}$$

由此,我们得方程组

$$\begin{cases} a_{11}+a_{22}=1 \\ a_{21}+a_{33}=1 \\ a_{24}+a_{43}=1 \end{cases}$$

又得其特征矩阵,并施行初等变换

$$\begin{bmatrix} 11 & 22 \\ 21 & 33 \\ 24 & 43 \end{bmatrix} \to \begin{bmatrix} 11 \\ 33 \\ 24 \end{bmatrix} = \begin{bmatrix} 1 \\ 1 \\ 1 \end{bmatrix}$$

从而

$$a_{11}=1,a_{33}=1,a_{24}=1$$

故 A 第一名,B 第四名,C 第三名,D 第二名,即为所求.

例 12 解下列逻辑推理方程组

$$\begin{cases} a_{11}+a_{32}=1 \\ a_{22}+a_{13}=1 \\ a_{33}+a_{21}=1 \\ a_{44}+a_{56}=1 \\ a_{55}+a_{64}=1 \\ a_{66}+a_{45}=1 \end{cases}$$

解　由

$$\begin{bmatrix} 11 & 32 \\ 22 & 13 \\ 33 & 21 \\ 44 & 56 \\ 55 & 64 \\ 66 & 45 \end{bmatrix} \to \begin{bmatrix} 11 \\ 22 \\ 33 \\ 44 \\ 55 \\ 66 \end{bmatrix} = \begin{bmatrix} 1 \\ 1 \\ 1 \\ 1 \\ 1 \\ 1 \end{bmatrix} \text{或}$$

$$\begin{bmatrix} 32 \\ 13 \\ 21 \\ 56 \\ 64 \\ 45 \end{bmatrix} = \begin{bmatrix} 1 \\ 1 \\ 1 \\ 1 \\ 1 \\ 1 \end{bmatrix} \text{或} \begin{bmatrix} 11 \\ 22 \\ 33 \\ 56 \\ 64 \\ 45 \end{bmatrix} = \begin{bmatrix} 1 \\ 1 \\ 1 \\ 1 \\ 1 \\ 1 \end{bmatrix} \text{或} \begin{bmatrix} 32 \\ 13 \\ 21 \\ 44 \\ 55 \\ 66 \end{bmatrix} = \begin{bmatrix} 1 \\ 1 \\ 1 \\ 1 \\ 1 \\ 1 \end{bmatrix}$$

故原逻辑推理方程组有四组解.

4.4　连分式方程问题

我们称连分式等式中含有变量 x 的方程为连分式方程. 我们可将连分式方程转化为线性递推式方程组,

因而可利用矩阵巧妙地求解之.

记

$$\alpha = a_1 + \cfrac{1}{a_2 + \cfrac{}{\ddots + \cfrac{1}{a_n}}} = [a_1, a_2, \cdots, a_n]$$

于是 α 的第 $1,2,\cdots,n$ 个渐近分数依次为

$$\frac{p_1}{q_1} = [a_1] = a_1, \frac{p_2}{q_2} = [a_1, a_2] = \frac{a_1 a_2 + 1}{a_2}, \cdots, \frac{p_n}{q_n} = \alpha$$

若记 $p_0 = 1, q_0 = 0$, 则当 $k \geqslant 2$ 时, 有关系式

$$\begin{cases} p_k = a_k \cdot p_{k-1} + p_{k-2} \\ q_k = a_k \cdot q_{k-1} + q_{k-2} \end{cases}$$

用矩阵表示为

$$\begin{bmatrix} p_k & p_{k-1} \\ q_k & q_{k-1} \end{bmatrix} = \begin{bmatrix} p_{k-1} & p_{k-2} \\ q_{k-1} & q_{k-2} \end{bmatrix} \cdot \begin{bmatrix} a_k & 1 \\ 1 & 0 \end{bmatrix}$$

从而有

$$\begin{bmatrix} a_1 & 1 \\ 1 & 0 \end{bmatrix} \cdot \begin{bmatrix} a_2 & 1 \\ 1 & 0 \end{bmatrix} \cdot \cdots \cdot \begin{bmatrix} a_k & 1 \\ 1 & 0 \end{bmatrix} = \begin{bmatrix} p_k & p_{k-1} \\ q_k & q_{k-1} \end{bmatrix} \tag{4.4.1}$$

又当 $u_0 = 1, u_1 = 2, u_k = u_{k-1} + u_{k-2} (k \geqslant 2)$ 时, 由

$$\begin{bmatrix} u_k & u_{k-1} \\ u_{k-1} & u_{k-2} \end{bmatrix} \cdot \begin{bmatrix} 1 & 1 \\ 1 & 0 \end{bmatrix} = \begin{bmatrix} u_k + u_{k-1} & u_k \\ u_{k-1} + u_{k-2} & u_{k-1} \end{bmatrix} = \begin{bmatrix} u_{k+1} & u_k \\ u_k & u_{k-1} \end{bmatrix}$$

有

$$\begin{bmatrix}1 & 1\\1 & 0\end{bmatrix}^n=\begin{bmatrix}u_n & u_{n-1}\\u_{n-1} & u_{n-2}\end{bmatrix} \tag{4.4.2}$$

运用式(4.4.1)与式(4.4.2),我们便可解连分式方程了.

例 13　解连分式方程

$$1+\cfrac{1}{1+\cfrac{1}{1+\cfrac{}{\ddots\, 1+\cfrac{1}{x}}}}=x \tag{4.4.3}$$

其中方程左端是 n 层连分式.

解　令式(4.4.3)左端为$\frac{p_n}{q_n}$,则由式(4.4.1)与式(4.4.2),有

$$\begin{bmatrix}p_n & p_{n-1}\\q_n & q_{n-1}\end{bmatrix}=\begin{bmatrix}1 & 1\\1 & 0\end{bmatrix}\cdot\cdots\cdot\begin{bmatrix}1 & 1\\1 & 0\end{bmatrix}\cdot\begin{bmatrix}x & 1\\1 & 0\end{bmatrix}$$

$$=\begin{bmatrix}1 & 1\\1 & 0\end{bmatrix}^{n-1}\cdot\begin{bmatrix}x & 1\\1 & 0\end{bmatrix}$$

$$=\begin{bmatrix}u_{n-1} & u_{n-2}\\u_{n-2} & u_{n-3}\end{bmatrix}\cdot\begin{bmatrix}x & 1\\1 & 0\end{bmatrix}$$

$$=\begin{bmatrix}u_{n-1}x+u_{n-2} & u_{n-1}\\u_{n-2}x+u_{n-3} & u_{n-2}\end{bmatrix}$$

即

$$p_n=u_{n-1}x+u_{n-2},q_n=u_{n-2}x+u_{n-3}$$

从而

$$\frac{u_{n-1}x+u_{n-2}}{u_{n-2}x+u_{n-3}}=x$$

即

$$u_{n-1}x+u_{n-2}=u_{n-2}x^2+u_{n-3}x$$

注意到

$$u_{n-1}=u_{n-2}+u_{n-3}$$

故有

$$u_{n-2}(x^2-x-1)=0$$

解得

$$x=\frac{1}{2}(1\pm\sqrt{5})$$

类似于上例,我们可求解上例的如下推广形式:

(1)有

$$a_1+\cfrac{1}{a_2+\cfrac{1}{a_3+\cfrac{\ddots}{\cfrac{1}{a_{n-1}+\cfrac{1}{x}}}}}=x \qquad (4.4.4)$$

由于式(4.4.4)左端可写为

$$\begin{bmatrix}a_1 & 1\\1 & 0\end{bmatrix}\cdot\begin{bmatrix}a_2 & 1\\1 & 0\end{bmatrix}\cdot\cdots\cdot\begin{bmatrix}a_{n-1} & 1\\1 & 0\end{bmatrix}\cdot\begin{bmatrix}x & 1\\1 & 0\end{bmatrix}$$

$$=\begin{bmatrix}p_{n-1} & p_{n-2}\\q_{n-1} & p_{n-2}\end{bmatrix}\cdot\begin{bmatrix}x & 1\\1 & 0\end{bmatrix}=\begin{bmatrix}p_{n-1}x+p_{n-2} & p_{n-1}\\q_{n-1}x+q_{n-2} & q_{n-1}\end{bmatrix}$$

再由$\frac{p_{n-1}x+p_{n-2}}{q_{n-1}x+q_{n-2}}=x$,求得

$$x=\frac{(p_{n-1}-q_{n-2})\pm\sqrt{(p_{n-1}-q_{n-2})^2+4p_{n-2}q_{n-1}}}{2q_{n-1}}$$

(2)有

$$a_1+\cfrac{1}{a_2+\ddots a_k+\cfrac{1}{x+\cfrac{1}{b_1+\ddots+\cfrac{1}{b_s}}}}=x \tag{4.4.5}$$

可令

$$\begin{bmatrix} a_1 & 1 \\ 1 & 0 \end{bmatrix}\cdot\cdots\cdot\begin{bmatrix} a_k & 1 \\ 1 & 0 \end{bmatrix}=\begin{bmatrix} p_k & p_{k-1} \\ q_k & q_{k-1} \end{bmatrix}$$

$$\begin{bmatrix} b_1 & 1 \\ 1 & 0 \end{bmatrix}\cdot\cdots\cdot\begin{bmatrix} b_s & 1 \\ 1 & 0 \end{bmatrix}=\begin{bmatrix} \bar{p}_s & \bar{p}_{s-1} \\ \bar{q}_s & \bar{q}_{s-1} \end{bmatrix}$$

则求得

$$x=\frac{p_k\bar{p}_s-q_{k-1}\bar{p}_s-q_k\bar{p}_s}{2q_k\bar{p}_s}\pm$$

$$\frac{\sqrt{(p_k\bar{p}_s-q_{k-1}\bar{p}_s-q_k\bar{q}_s)^2+4q_k\bar{p}_s(p_{k-1}\bar{p}_s-p_k\bar{q}_s)}}{2q_k\bar{p}_s}$$

练习题

1. 解方程组

$$\begin{cases} 3x+y-4z=13 \\ 5x-y+3z=5 \\ x+y-z=3 \end{cases}$$

2. 解方程组

$$\begin{cases}5x_1-x_2+2x_3+x_4=7\\2x_1+x_2+4x_3-2x_4=1\\x_1-3x_2-6x_3+5x_4=0\end{cases}$$

3. 求下列线性规划问题的最优解

$$\min z=x_1-2x_2$$

$$\begin{cases}x_1+x_2\geqslant 2\\-x_1+x_2\geqslant 1\\x_2\leqslant 3\end{cases}$$

$$x_1,x_2\geqslant 0$$

4. 解逻辑推理方程组

$$\begin{cases}a_{11}+a_{54}=1\\a_{54}+a_{35}=1\\a_{41}+a_{22}=1\\a_{32}+a_{43}=1\\a_{15}+a_{34}=1\end{cases}$$

5. 红、蓝、黄、白、紫珠子各一颗包在 1,2,3,4,5 五个纸包中,每包一颗,甲、乙、丙、丁、戊五人猜各包中珠子的颜色:

甲:第 1 包是紫的,第 3 包是黄的;

乙:第 2 包是蓝的,第 4 包是红的;

丙:第 1 包是红的,第 5 包是白的;

丁:第 3 包是蓝的,第 4 包是白的;

戊:第 2 包是黄的,第 5 包是紫的.

猜完了打开纸包一看,每人都猜中了一种,并且只猜中一种. 试问各包中珠子的颜色怎样?

6. 解连分式方程

$$2+\cfrac{1}{1+\cfrac{1}{2+\cfrac{1}{x}}}=\cfrac{1}{1+\cfrac{1}{x+\cfrac{1}{2}}}$$

7. 已知 u^2, r^2, p^2 两两不等，又各参数 u, r, p, b, c 选取使下述关于 x^2, y^2, z^2 的线性方程组

$$\begin{cases}\dfrac{x^2}{u^2}+\dfrac{y^2}{u^2-b^2}+\dfrac{z^2}{u^2-c^2}=1\\[2mm]\dfrac{x^2}{r^2}+\dfrac{y^2}{r^2-b^2}+\dfrac{z^2}{r^2-c^2}=1\\[2mm]\dfrac{x^2}{p^2}+\dfrac{y^2}{p^2-b^2}+\dfrac{z^2}{p^2-c^2}=1\end{cases}$$

有解 $x>0, y>0, z>0$. 求 x, y, z，以及 $x^2+y^2+z^2$.

第5章 代数式问题

由行列式的定义,某些特殊的代数和式可以利用行列式表示,因而某些特殊的代数式可以应用行列式及其性质来求值或应用解方程组的矩阵法来化解.

5.1 代数式的求值与化解

例 1(1978 年全国高考数学试题)已知 $\log_{18}9=a$,$18^b=5$,求 $\log_{36}45$.

解 设 $\log_{36}45=c$,而 $\log_{18}9=a$,$18^b=5$,则

$$\frac{2\lg 3}{\lg 2+2\lg 3}=a$$

$$\frac{\lg 5}{\lg 2+2\lg 3}=b$$

$$\frac{\lg 5+2\lg 3}{2\lg 2+2\lg 3}=c$$

即

$$\begin{cases} a\lg 2+2(a-1)\lg 3=0 \\ b\lg 2+2b\lg 3-\lg 5=0 \\ 2c\lg 2+2(c-1)\lg 3-\lg 5=0 \end{cases}$$

将上式视为关于 lg 2,lg 3,lg 5 的齐次线性方程组,显然它有一组非零解

$$(\lg 2,\lg 3,\lg 5)$$

从而知

$$\begin{vmatrix} a & 2(a-1) & 0 \\ b & 2b & -1 \\ 2c & 2(c-1) & -1 \end{vmatrix}=0$$

即

$$ac+a+b-2c=0$$

所以

$$\log_{36}45=c=\frac{a+b}{2-a}$$

例2(第8届美国数学邀请赛试题)　若实数 a,b,x,y 满足 $ax+by=3,ax^2+by^2=7,ax^3+by^3=16,ax^4+by^4=42$,求 ax^5+by^5 的值.

解　记 $S_n=ax^n+by^n(n\in\mathbf{N})$,知 $S_1=3,S_2=7,S_3=16,S_4=42$.

由于

$$ax^{n+2}+by^{n+2}=(x+y)(ax^{n+1}+by^{n+1})-xy(ax^n+by^n)$$

因此 $S_{n+2}=(x+y)S_{n+1}-xyS_n$. 取 $n=1,2,3$,得

$$\begin{cases} (x+y)S_2-xyS_1-S_3=0 \\ (x+y)S_3-xyS_2-S_4=0 \\ (x+y)S_4-xyS_3-S_5=0 \end{cases}$$

上述关于 $x+y$, $-xy$, -1 的三元齐次线性方程组有非零解. 因此

$$D=\begin{vmatrix} S_2 & S_1 & S_3 \\ S_3 & S_2 & S_4 \\ S_4 & S_3 & S_5 \end{vmatrix}=0$$

即

$$\begin{vmatrix} 7 & 3 & 16 \\ 16 & 7 & 42 \\ 42 & 16 & S_5 \end{vmatrix}=0$$

展开后,解得 $S_5=20$,所以 $ax^5+by^5=20$.

例 3 求 $1+2\sqrt[3]{2}+3\sqrt[3]{4}$ 的一个有理化因式.

解 设 $1+2\sqrt[3]{2}+3\sqrt[3]{4}$ 的一个有理化因式为 $A+B\sqrt[3]{2}+C\sqrt[3]{4}$,其中 A,B,C 为待定系数,则

$$(1+2\sqrt[3]{2}+3\sqrt[3]{4})(A+B\sqrt[3]{2}+C\sqrt[3]{4})$$
$$=A+6B+4C+(3A+2B+C)\sqrt[3]{4}+(2A+B+6C)\sqrt[3]{2}$$

于是,只需使 A,B,C 满足方程组

$$\begin{cases} 3A+2B+C=0 \\ 2A+B+6C=0 \end{cases}$$

取 $C=1$,则由

$$\begin{bmatrix} 3 & 2 & 1 \\ 2 & 1 & 6 \end{bmatrix} \xrightarrow{T_{21}(-1)} \begin{bmatrix} 1 & 1 & -5 \\ 2 & 1 & 6 \end{bmatrix}$$

$$\xrightarrow{T_{12}(-2)} \begin{bmatrix} 1 & 1 & -5 \\ 0 & -1 & 16 \end{bmatrix}$$

$$\xrightarrow{T_{21}(1)} \begin{bmatrix} 1 & 0 & 11 \\ 0 & -1 & 16 \end{bmatrix}$$

知 $A=-11,B=16$,从而,求得一个有理化因式为

$$-11+16\sqrt[3]{2}+\sqrt[3]{4}$$

例4　求 $2-\sqrt[4]{3}+\sqrt[4]{27}$ 的一个有理化因式.

解　设 $2-\sqrt[4]{3}+\sqrt[4]{27}$ 的一个有理化因式为 $A+B\sqrt[4]{3}+C\sqrt[4]{9}+D\sqrt[4]{27}$,其中 A,B,C,D 为待定系数,则

$$\begin{aligned}&(2-\sqrt[4]{3}+\sqrt[4]{27})(A+B\sqrt[4]{3}+C\sqrt[4]{9}+D\sqrt[4]{27})\\=&(2A+3B-3D)+(-A+2B+3C)\sqrt[4]{3}+\\&(-B+2C+3D)\sqrt[4]{9}+(A-C+2D)\sqrt[4]{27}\end{aligned}$$

于是,只需 A,B,C,D 满足方程组

$$\begin{cases}-A+2B+3C=0\\-B+2C+3D=0\\A-C+2D=0\end{cases}$$

取 $D=1$,则由

$$\begin{bmatrix}-1&2&3&0\\0&-1&2&3\\1&0&-1&2\end{bmatrix}\xrightarrow{T_{13}(1)}\begin{bmatrix}-1&2&3&0\\0&-1&2&3\\0&2&2&2\end{bmatrix}$$

$$\xrightarrow[D_3\left(\frac{1}{2}\right)]{D_1(-1)}\begin{bmatrix}1&-2&-3&0\\0&-1&2&3\\0&1&1&1\end{bmatrix}$$

$$\xrightarrow{T_{32}(1)}\begin{bmatrix}1&-2&-3&0\\0&0&3&4\\0&1&1&1\end{bmatrix}$$

$$\xrightarrow{T_{31}(2)}\begin{bmatrix}1&0&-1&2\\0&0&3&4\\0&1&1&1\end{bmatrix}$$

$$\xrightarrow{T_{21}\left(\frac{1}{3}\right)}\begin{bmatrix}1 & 0 & 0 & \frac{10}{3}\\ 0 & 0 & 3 & 4\\ 0 & 1 & 1 & 1\end{bmatrix}$$

$$\xrightarrow{T_{23}\left(-\frac{1}{3}\right)}\begin{bmatrix}1 & 0 & 0 & \frac{10}{3}\\ 0 & 0 & 3 & 4\\ 0 & 1 & 0 & -\frac{1}{3}\end{bmatrix}$$

知 $A=-\frac{10}{3},B=\frac{1}{3},C=-\frac{4}{3}$.

从而,取 $D=-3$ 时,得 $A=10,B=-1,C=4$.

于是,求得一个有理化因式为

$$10-\sqrt[4]{3}+4\sqrt[4]{9}-3\sqrt[4]{27}$$

5.2 代数式的分母有理化

注意到代数式 $a_0^2-a_1^2b$, 以及无理式 $a_0+a_1\sqrt{b}$ 的有理化因式 $a_0-a_1\sqrt{b}$ 均可用二阶行列式表示为

$$\begin{vmatrix}a_0 & a_1\\ ba_1 & a_0\end{vmatrix} 及 \begin{vmatrix}1 & a_1\\ \sqrt{b} & a_0\end{vmatrix}$$

因而,当 a_0,a_1,b 均为有理数,且 $b>0,a_0^2-a_1^2b\neq 0$ 时,则有

$$f(\sqrt{b})=\frac{1}{a_0+a_1\sqrt{b}}$$

$$=\frac{a_0-a_1\sqrt{b}}{(a_0+a_1\sqrt{b})(a_0-a_1\sqrt{b})}$$

$$=\frac{a_0-a_1\sqrt{b}}{a_0^2-a_1^2b}$$

$$=\frac{\begin{vmatrix}1 & a_1\\ \sqrt{b} & a_0\end{vmatrix}}{\begin{vmatrix}a_0 & a_1\\ ba_1 & a_0\end{vmatrix}}$$

一般的,我们有下面的定理.

定理　设 $a_0,a_1,a_2,\cdots,a_{n-1},b$ 均为有理数,且不全为零,$b>0$,则

$$f(\sqrt[n]{b})=\frac{1}{a_0+a_1\sqrt[n]{b}+a_2\sqrt[n]{b^2}+\cdots+a_{n-1}\sqrt[n]{b^{n-1}}}=\frac{P}{Q}$$

式中 P 为 $f(\sqrt[n]{b})$ 的有理化因子,Q 为有理数,即

$$Q=\begin{vmatrix}a_0 & a_1 & a_2 & \cdots & a_{n-2} & a_{n-1}\\ ba_{n-1} & a_0 & a_1 & \cdots & a_{n-3} & a_{n-2}\\ ba_{n-2} & ba_{n-1} & a_0 & \cdots & a_{n-4} & a_{n-3}\\ \vdots & \vdots & \vdots & & \vdots & \vdots\\ ba_2 & ba_3 & ba_4 & \cdots & a_0 & a_1\\ ba_1 & ba_2 & ba_3 & \cdots & ba_{n-1} & a_0\end{vmatrix}$$

$$P=\begin{vmatrix}1 & a_1 & a_2 & \cdots & a_{n-2} & a_{n-1}\\ \sqrt[n]{b} & a_0 & a_1 & \cdots & a_{n-3} & a_{n-2}\\ \sqrt[n]{b^2} & ba_{n-1} & a_0 & \cdots & a_{n-4} & a_{n-3}\\ \vdots & \vdots & \vdots & & \vdots & \vdots\\ \sqrt[n]{b^{n-2}} & ba_3 & ba_4 & \cdots & a_0 & a_1\\ \sqrt[n]{b^{n-1}} & ba_2 & ba_3 & \cdots & ba_{n-1} & a_0\end{vmatrix}$$

证明① 要证$f(\sqrt[n]{b})=\dfrac{P}{Q}$,即证$Q=\dfrac{P}{f(\sqrt[n]{b})}$.

把行列式 Q 的第二列、第三列、……、第 n 列分别乘以$\sqrt[n]{b},\sqrt[n]{b^2},\cdots,\sqrt[n]{b^{n-1}}$后,都加到第一列,有

$$Q=\begin{vmatrix} a_0+a_1\sqrt[n]{b}+a_2\sqrt[n]{b^2}+\cdots+a_{n-1}\sqrt[n]{b^{n-1}} & a_1 & \cdots & a_{n-1} \\ a_0\sqrt[n]{b}+a_1\sqrt[n]{b^2}+a_2\sqrt[n]{b^3}+\cdots+a_{n-1}b & a_0 & \cdots & a_{n-2} \\ a_0\sqrt[n]{b^2}+a_1\sqrt[n]{b^3}+a_2\sqrt[n]{b^4}+\cdots+a_{n-1}b\sqrt[n]{b} & ba_{n-1} & \cdots & a_{n-3} \\ \vdots & \vdots & & \vdots \\ a_0\sqrt[n]{b^{n-1}}+a_1b+\cdots+a_{n-1}b\sqrt[n]{b^{n-2}} & ba_2 & \cdots & a_0 \end{vmatrix}$$

$$=\begin{vmatrix} a_0+a_1\sqrt[n]{b}+\cdots+a_{n-1}\sqrt[n]{b^{n-1}} & a_1 & \cdots & a_{n-1} \\ (a_0+a_1\sqrt[n]{b}+\cdots+a_{n-1}\sqrt[n]{b^{n-1}})\sqrt[n]{b} & a_0 & \cdots & a_{n-2} \\ (a_0+a_1\sqrt[n]{b}+\cdots+a_{n-1}\sqrt[n]{b^{n-1}})\sqrt[n]{b^2} & ba_{n-1} & \cdots & a_{n-3} \\ \vdots & \vdots & & \vdots \\ (a_0+a_1\sqrt[n]{b}+\cdots+a_{n-1}\sqrt[n]{b^{n-1}})\sqrt[n]{b^{n-1}} & ba_2 & \cdots & a_0 \end{vmatrix}$$

$$=(a_0+a_1\sqrt[n]{b}+\cdots+a_{n-1}\sqrt[n]{b^{n-1}})\begin{vmatrix} 1 & a_1 & \cdots & a_{n-1} \\ \sqrt[n]{b} & a_0 & \cdots & a_{n-2} \\ \vdots & \vdots & & \vdots \\ \sqrt[n]{b^{n-1}} & ba_2 & \cdots & a_0 \end{vmatrix}$$

$$=\frac{P}{f(\sqrt[n]{b})}$$

① 刘建文. 利用行列式将一种代数式的分母有理化[J]. 数学通报,2000(11):41-42.

即 $P=f(\sqrt[n]{b})Q$. 证毕.

由上述定理,可求某些无理式的有理化因式.

例如,对于前面的例 3 和例 4 均可由行列式方法给出它的一个有理化因式.

例 3 另解　取 $a_0=1,a_1=2,a_2=3,b=2$,则有理化因式为

$$P=\begin{vmatrix}1 & a_1 & a_2\\ \sqrt[3]{b} & a_0 & a_1\\ \sqrt[3]{b^2} & ba_2 & a_0\end{vmatrix}=\begin{vmatrix}1 & 2 & 3\\ \sqrt[3]{2} & 1 & 2\\ \sqrt[3]{4} & 6 & 1\end{vmatrix}$$

$$=-11+16\sqrt[3]{2}+\sqrt[3]{4}$$

例 4 另解　取 $a_0=2,a_1=-1,a_2=0,a_3=1,b=3$,则

$$P=\begin{vmatrix}1 & a_1 & a_2 & a_3\\ \sqrt[4]{b} & a_0 & a_1 & a_2\\ \sqrt[4]{b^2} & ba_3 & a_0 & a_1\\ \sqrt[4]{b^3} & ba_2 & ba_3 & a_0\end{vmatrix}=\begin{vmatrix}1 & -1 & 0 & 1\\ \sqrt[4]{3} & 2 & -1 & 0\\ \sqrt[4]{9} & 3 & 2 & -1\\ \sqrt[4]{27} & 0 & 3 & 2\end{vmatrix}$$

$$=10-\sqrt[4]{3}+4\sqrt[4]{9}-3\sqrt[4]{27}$$

例 5　将 $f(\sqrt{7})=\dfrac{1}{5+2\sqrt{7}}$分母有理化.

解法 1　由题设,可知 $a_0=5,a_1=2,b=7$. 由定理,有

$$f(\sqrt{7})=\frac{1}{5+2\sqrt{7}}=\frac{\begin{vmatrix}1 & 2\\ \sqrt{7} & 5\end{vmatrix}}{\begin{vmatrix}5 & 2\\ 7\times2 & 5\end{vmatrix}}$$

$$=\frac{5-2\sqrt{7}}{25-28}=-\frac{5-2\sqrt{7}}{3}$$

解法 2 设 $5+2\sqrt{7}$ 的一个有理化因式为 $A+B\sqrt{7}$,其中 A,B 为待定系数,则

$$(5+2\sqrt{7})(A+B\sqrt{7})=5A+14B+(2A+5B)\sqrt{7}$$

于是只需 $2A+5B=0$,取 $B=-2$,则 $A=5$.

故 $f(\sqrt{7})=\frac{5-2\sqrt{7}}{(5+2\sqrt{7})(5-2\sqrt{7})}=\frac{5-2\sqrt{7}}{3}$.

例 6 分母有理化 $f(\sqrt[3]{2})=\frac{1}{9+3\sqrt[3]{2}+\sqrt[3]{2^2}}$.

解法 1 由题设,可知 $a_0=9,a_1=3,a_2=1,b=2$.
由定理,有

$$Q=\begin{vmatrix}9 & 3 & 1\\ 2\times 1 & 9 & 3\\ 2\times 3 & 2\times 1 & 9\end{vmatrix}=25^2$$

$$P=\begin{vmatrix}1 & 3 & 1\\ \sqrt[3]{2} & 9 & 3\\ \sqrt[3]{2^2} & 2\times 1 & 9\end{vmatrix}=25(3-\sqrt[3]{2})$$

故 $f(\sqrt[3]{2})=\frac{1}{9+3\sqrt[3]{2}+\sqrt[3]{2^2}}=\frac{3-\sqrt[3]{2}}{25}$.

解法 2 设 $9+3\sqrt[3]{2}+\sqrt[3]{2^2}$ 的一个有理化因式为 $A+B\sqrt[3]{2}+C\sqrt[3]{2^2}$,其中 A,B,C 为待定系数,则

$$(9+3\sqrt[3]{2}+\sqrt[3]{2^2})(A+B\sqrt[3]{2}+C\sqrt[3]{2^2})$$
$$=9A+2B+6C+(3A+9B+2C)\sqrt[3]{2}+$$
$$(A+3B+9C)\sqrt[3]{2^2}$$

于是,只需使 A,B,C 满足方程组

$$\begin{cases}3A+9B+2C=0\\A+3B+9C=0\end{cases}$$

取 $B=1$,则由

$$\begin{bmatrix}3&2&9\\1&9&3\end{bmatrix}\xrightarrow{T_{21}(-3)}\begin{bmatrix}0&-25&0\\1&9&3\end{bmatrix}$$

$$\xrightarrow{T_{12}\left(\frac{9}{25}\right)}\begin{bmatrix}0&-25&0\\1&0&3\end{bmatrix}$$

知 $A=-3,C=0$. 从而取 $B=-1$,则 $A=3,C=0$.

$$故 f(\sqrt[3]{2})=\frac{3-\sqrt[3]{2}}{(9+3\sqrt[3]{2}+\sqrt[3]{2^2})(3-\sqrt[3]{2})}=\frac{3-\sqrt[3]{2}}{25}.$$

解法 3　注意到乘法公式 $(x-y)(x^2+xy+y^2)=x^3-y^3$,取 $x=3,y=\sqrt[3]{2}$,则得 $9+3\sqrt[3]{2}+\sqrt[3]{2^2}$ 的一个有理因式为 $3-\sqrt[3]{2}$. 下同解法 2(略).

例 7　将 $f(\sqrt[4]{3})=\dfrac{1}{2+\sqrt[4]{3}}$ 分母有理化.

解法 1　由题设,可知 $a_0=2,a_1=1,a_2=a_3=0$,$b=3$. 于是由定理,有

$$Q=\begin{vmatrix}2&1&0&0\\0&2&1&0\\0&0&2&1\\3\times1&0&0&2\end{vmatrix}=13$$

$$P=\begin{vmatrix}1&1&0&0\\\sqrt[4]{3}&2&1&0\\\sqrt[4]{3^2}&0&2&1\\\sqrt[4]{3^3}&0&0&2\end{vmatrix}=8-4\sqrt[4]{3}+2\sqrt[4]{3^2}-\sqrt[4]{3^3}$$

故$f(\sqrt[4]{3})=\frac{1}{2+\sqrt[4]{3}}=\frac{8-4\sqrt[4]{3}+2\sqrt[4]{3^2}-\sqrt[4]{3^3}}{13}$.

解法2 设$2+\sqrt[4]{3}$的一个有理化因式为$A+B\sqrt[4]{3}+C\sqrt[4]{3^2}+D\sqrt[4]{3^3}$,其中$A,B,C,D$为待定系数,则

$$\begin{aligned}&(2+\sqrt[4]{3})(A+B\sqrt[4]{3}+C\sqrt[4]{3^2}+D\sqrt[4]{3^3})\\=&2A+3D+(A+2B)\sqrt[4]{3}+(B+2C)\sqrt[4]{3^2}+\\&(C+2D)\sqrt[4]{3^3}\end{aligned}$$

于是,只需A,B,C,D满足方程组

$$\begin{cases}A+2B=0\\B+2C=0\\C+2D=0\end{cases}$$

取$D=-1$,则由

$$\begin{bmatrix}1&2&0&0\\0&1&2&0\\0&0&1&-2\end{bmatrix}\xrightarrow{T_{21}(-2)}\begin{bmatrix}1&0&-4&0\\0&1&2&0\\0&0&1&-2\end{bmatrix}$$

$$\xrightarrow{T_{31}(4),T_{32}(-2)}\begin{bmatrix}1&0&0&-8\\0&1&0&4\\0&0&1&-2\end{bmatrix}$$

知$A=8,B=-4,C=2$.

故$2+\sqrt[4]{3}$的一个有理化因式为$8-4\sqrt[4]{3}+2\sqrt[4]{3^2}-\sqrt[4]{3^3}$.

下同解法1(略).

解法3 注意到乘法公式

$$(x+y)(x-y)(x^2+y^2)=x^4-y^4$$

取 $x=2, y=\sqrt[4]{3}$，可得 $2+\sqrt[4]{3}$ 的一个有理化因式为

$(2-\sqrt[4]{3})(4+\sqrt[4]{3})=8-4\sqrt[4]{3}+2\sqrt[4]{3^2}-\sqrt[4]{3^3}$.

下同解法1（略）.

不等式问题

第6章

一个数学问题中，往往同时存在着若干个量，研究它们彼此间的关系，常常被归结于不等式问题. 如果我们去研究实数矩阵中的元素之间的相互关系，则可发现这些关系构成了一系列优美的不等式、等式. 这里，我们主要讨论不等式问题. 当我们巧妙地构造或设计出一个实数矩阵（相当多的时候是非负实数矩阵）后，便可获得一系列不等式. 这为我们证明不等式、推广不等式、创造新不等式拓宽了道路. 下面，我们从八个方面介绍运用实数矩阵中的元素之间的关系，特别是运算关系来处理不等式问题.

6.1 矩阵元素的一种和积关系与不等式

我们首先从两个不等式谈起：设

$a,b\in\mathbf{R}$,则

$$a^2+b^2\geqslant 2ab$$

$$4ab\leqslant (a+b)^2$$

这是两个熟知的不等式.但如果我们注意到如下两个非负实数矩阵 $\boldsymbol{A}=\begin{bmatrix} a & b \\ a & b \end{bmatrix}$,$\boldsymbol{A}'=\begin{bmatrix} a & b \\ b & a \end{bmatrix}$,并研究矩阵中元素之间的和积关系,则可发现:

(1)矩阵 $\boldsymbol{A}$ 的元素的列积之和不小于矩阵 $\boldsymbol{A}'$ 的元素的列积之和,并简记为 $S(\boldsymbol{A})\geqslant S(\boldsymbol{A}')$.

(2)矩阵 $\boldsymbol{A}$ 的元素的列和之积不大于矩阵 $\boldsymbol{A}'$ 的元素的列和之积,并简记为 $T(\boldsymbol{A})\leqslant T(\boldsymbol{A}')$.

上面的矩阵 $\boldsymbol{A}$ 的元素在行的位置是相同的,或者说大小顺序是相同的;矩阵 $\boldsymbol{A}'$ 的元素在行的位置是不同的,或者说大小顺序是不同的.此时矩阵的元素的和积关系便构成本节开头的那两个优美形式的不等式.

一般的,我们考虑两个 $n\times m$ 非负实数矩阵

$$\boldsymbol{A}=\begin{bmatrix} a_{11} & a_{12} & \cdots & a_{1m} \\ a_{21} & a_{22} & \cdots & a_{2m} \\ \vdots & \vdots & & \vdots \\ a_{n1} & a_{n2} & \cdots & a_{nm} \end{bmatrix}$$

其中 $a_{i1}\leqslant a_{i2}\leqslant\cdots\leqslant a_{im}, i=1,2,\cdots,n$

$$\boldsymbol{A}'=\begin{bmatrix} a'_{11} & a'_{12} & \cdots & a'_{1m} \\ a'_{21} & a'_{22} & \cdots & a'_{2m} \\ \vdots & \vdots & & \vdots \\ a'_{n1} & a'_{n2} & \cdots & a'_{nm} \end{bmatrix}$$

其中 $\boldsymbol{A}'$ 的第 $1,2,\cdots,n$ 行的数,分别还是 $\boldsymbol{A}$ 的第 1,

2,…,n 行的数,只是改变了排列的次序.

我们称 $\boldsymbol{A}$ 是同序矩阵,$\boldsymbol{A}'$是 $\boldsymbol{A}$ 的乱序矩阵.

此时,我们有:

(1)矩阵 $\boldsymbol{A}$ 的元素的列积之和不小于矩阵 $\boldsymbol{A}'$的元素的列积之和,也简记为$S(\boldsymbol{A})\geqslant S(\boldsymbol{A}')$.

(2)矩阵 $\boldsymbol{A}$ 的元素的列和之积不大于矩阵 $\boldsymbol{A}'$的元素的列和之积,也简记为$T(\boldsymbol{A})\leqslant T(\boldsymbol{A}')$.

我们把如上矩阵元素的和积关系写成不等式,即为

$$S:\sum_{j=1}^{m}\prod_{i=1}^{n}a_{ij}\geqslant\sum_{j=1}^{m}\prod_{i=1}^{m}a'_{ij}$$

$$T:\prod_{j=1}^{m}\sum_{i=1}^{n}a_{ij}\leqslant\prod_{j=1}^{m}\sum_{i=1}^{n}a'_{ij}$$

因此,我们有下面的定理.

定理 1 在 $n\times m$ 非负实数可同序矩阵中,m 列各列元素之积的和(列积和)不小于其乱序阵的各列元素之积的和(列积和).

简记为 $S(\boldsymbol{A})\geqslant S(\boldsymbol{A}')$,简称为 S - 不等式.

定理 2 在 $n\times m$ 非负实数可同序矩阵中,m 列各列元素之和的积(列和积)不大于其乱序阵的各列元素之和的积(列和积).

简记为 $T(\boldsymbol{A})\leqslant T(\boldsymbol{A}')$,简称为 T - 不等式.

为了证明及应用的方便,我们对一般矩阵还做点说明:对于非负实数矩阵

$$\boldsymbol{A}^{*}=\begin{bmatrix}a_{11}&a_{12}&\cdots&a_{1m}\\a_{21}&a_{22}&\cdots&a_{2m}\\\vdots&\vdots&&\vdots\\a_{n1}&a_{n2}&\cdots&a_{nm}\end{bmatrix}$$

中每行的元素在该行任意交换位置，可乱出$(1\cdot 2\cdot 3\cdot\cdots\cdot n)^m=(n!)^m$个矩阵，都叫$\boldsymbol{A}^*$的乱序矩阵，其中有一个矩阵，每行都是从左到右由小到大的排列，这个矩阵叫$\boldsymbol{A}^*$的同序矩阵（如前面的矩阵$\boldsymbol{A}$）. 若矩阵$\boldsymbol{A}^*$的乱序阵可经行行交换或列列交换变出$\boldsymbol{A}^*$的同序矩阵，则这个矩阵叫$\boldsymbol{A}^*$的可同序矩阵. 显然，$\boldsymbol{A}^*$的列积和或列和积与$\boldsymbol{A}^*$的行行交换或列列交换无关.

$\boldsymbol{A}^*$的有限个乱序矩阵的列积和中，必有一个最大者，就是$\boldsymbol{A}^*$的同序阵的列积和. $\boldsymbol{A}^*$的有限个乱序阵的列和积中，必有一个最小者，就是$\boldsymbol{A}^*$的同序阵的列和积.

此时，我们便有

$$S(\boldsymbol{A}^*\text{的可同序阵})\geqslant S(\boldsymbol{A}^*\text{的乱序阵})$$

$$T(\boldsymbol{A}^*\text{的可同序阵})\leqslant T(\boldsymbol{A}^*\text{的乱序阵})$$

下面我们给出前述结论：$S(\boldsymbol{A})\geqslant S(\boldsymbol{A}')$及$T(\boldsymbol{A})\leqslant T(\boldsymbol{A}')$的证明.

若$\boldsymbol{A}'$是$\boldsymbol{A}$的可同序阵，则

$$S(\boldsymbol{A}')=S(\boldsymbol{A}),T(\boldsymbol{A}')=T(\boldsymbol{A})$$

若$\boldsymbol{A}'$是$\boldsymbol{A}$的乱序阵，则可令$\boldsymbol{A}'$中有$i<j$

$$a'_{ki}>a'_{kj}\quad(k=1,2,\cdots,l)$$

$$a'_{ki}\leqslant a'_{kj}\quad(k=l+1,l+2,\cdots,n)$$

可经$\boldsymbol{A}'$改造出$\boldsymbol{A}''=[a''_{ij}]$，其中$a''_{ki}=a'_{kj}<a'_{ki}=a''_{kj}$，$k=1,2,\cdots,l$，其余$a''_{st}=a'_{st}$.

令

$$a'_{1i}\cdot a'_{2i}\cdot\cdots\cdot a'_{li}=a>b=a'_{1j}\cdot a'_{2j}\cdot\cdots\cdot a'_{lj}$$

$$a'_{l+1,i}\cdot a'_{l+2,i}\cdot\cdots\cdot a'_{ni}=c\leqslant d=a'_{l+1,j}\cdot a'_{l+2,j}\cdot\cdots\cdot a'_{nj}$$

$$a'_{1i}+\cdots+a'_{li}=x>y=a'_{1j}+\cdots+a'_{lj}$$

$$a'_{l+1,i}+\cdots+a'_{ni}=z\leqslant w=a'_{l+1,j}+\cdots+a'_{nj}$$

则

$$S(\boldsymbol{A}'')-S(\boldsymbol{A}')=(ad+bc)-(ac+bd)$$
$$=(a-b)(d-c)\geqslant 0$$

$$T(\boldsymbol{A}'')-T(\boldsymbol{A}')$$
$$=[(x+w)(y+z)-(x+z)(y+w)]\prod_{r=1}^{m}(\prod_{k=1}^{n}a'_{kr})$$
$$=(x-y)(z-w)\prod_{\substack{r=1\\ i\neq r\neq j}}^{m}(\sum_{k=1}^{n}a'_{kr})\leqslant 0$$

所以

$$S(\boldsymbol{A}')\leqslant S(\boldsymbol{A}''),T(\boldsymbol{A}')\geqslant T(\boldsymbol{A}'')$$

这就是说，$\boldsymbol{A}'$ 可经过有限次“保乱规”的改造到 $\boldsymbol{A}$，且保向

$$S(\boldsymbol{A}')\leqslant S(\boldsymbol{A}'')\leqslant\cdots\leqslant S(\boldsymbol{A}^{x})=S(\boldsymbol{A})$$
$$T(\boldsymbol{A}')\geqslant T(\boldsymbol{A}'')\geqslant\cdots\geqslant S(\boldsymbol{A}^{y})=T(\boldsymbol{A})$$

于是结论获证.

下面我们说明几点：

(1)在上面的证明中用到“$a>b,c\leqslant d$”，因此必须有 $a_{ij}\geqslant 0$. 但当 $n=2$ 时，则可不必 $a_{ij}\geqslant 0$. 因此，当 $n=2$ 时，$S(\boldsymbol{A})\geqslant S(\boldsymbol{A}')$ 中的 a_{ij} 的非负条件可以取消；对于 $T(\boldsymbol{A})\leqslant T(\boldsymbol{A}')$，虽然“$x>y,z\leqslant w$”不必用 $a_{ij}\geqslant 0$，但要涉及另一个因子的符号，因此，不宜取消 a_{ij} 的非负条件. 所以，在两行矩阵中，总是不加非负条件去研究 $S(\boldsymbol{A})\geqslant S(\boldsymbol{A}')$，而附加条件去研究 $T(\boldsymbol{A})\leqslant T(\boldsymbol{A}')$. 但是当 $n=2,m=2$ 时，a_{ij} 的非负条件均可取消，此即在本节开头的两个不等式及两个矩阵中的 a,b 可不附加

非负的条件. 我们在前面附加了非负条件,是为了讨论推广问题的方便.

(2) 对于 $2\times n$ 的非负实数矩阵

$$\boldsymbol{A}=\begin{bmatrix} a_1 & \leqslant & a_2 & \leqslant & \cdots & \leqslant & a_n \\ b_1 & \leqslant & b_2 & \leqslant & \cdots & \leqslant & b_n \end{bmatrix}\text{(同序阵)}$$

$$\boldsymbol{B}=\begin{bmatrix} a_1 & \leqslant & a_2 & \leqslant & \cdots & \leqslant & a_n \\ b_{i1} & & b_{i2} & & \cdots & & b_{in} \end{bmatrix}\text{(乱序阵)}$$

其中 $b_{i1},b_{i2},\cdots,b_{in}$ 是 $b_1,b_2,\cdots,b_n$ 的改变次序的排列

$$\boldsymbol{C}=\begin{bmatrix} a_1 & \leqslant & a_2 & \leqslant & \cdots & \leqslant & a_n \\ b_n & \geqslant & b_{n-1} & \geqslant & \cdots & \geqslant & b_1 \end{bmatrix}\text{(全反序阵)}$$

我们有

$$S(\boldsymbol{C})\leqslant S(\boldsymbol{B})\leqslant S(\boldsymbol{A})$$

$$T(\boldsymbol{C})\geqslant T(\boldsymbol{B})\geqslant T(\boldsymbol{A})$$

(3) 上述和积关系的两个不等式常称为微微对偶不等式,有时也称为 S - 不等式和 T - 不等式. 它们是湖南师范大学的张运筹先生于 1980 年在《数学通讯》上首先介绍的.

现在,我们来看证明不等式的例子.

例 1(1984 年全国高中联赛压轴题)　已知 $x_1,x_2,\cdots,x_n>0$,求证

$$\frac{x_1^2}{x_2}+\frac{x_2^2}{x_3}+\frac{x_3^2}{x_4}+\cdots+\frac{x_n^2}{x_1}\geqslant x_1+x_2+\cdots+x_n$$

证明　构造如下两个 $2\times n$ 矩阵

$$\boldsymbol{A}=\begin{bmatrix} x_1^2 & x_2^2 & \cdots & x_n^2 \\ \dfrac{1}{x_1} & \dfrac{1}{x_2} & \cdots & \dfrac{1}{x_n} \end{bmatrix}$$

可全反序

$$A'=\begin{bmatrix} x_1^2 & x_2^2 & \cdots & x_n^2 \\ \frac{1}{x_2} & \frac{1}{x_3} & \cdots & \frac{1}{x_1} \end{bmatrix}$$

是 A 的乱序阵.

由 $S(A')\geqslant S(A)$,原不等式获证.

例 2 试证柯西(Cauchy)不等式

$$\left(\sum_{i=1}^{n} a_i^2\right)\cdot\left(\sum_{i=1}^{n} b_i^2\right)\geqslant\left(\sum_{i=1}^{n} a_i b_i\right)^2 \qquad (6.1.1)$$

证明 构造 $2\times n^2$ 矩阵且满足两行相同

$$A=\begin{bmatrix} a_1b_1 & \cdots & a_1b_n & a_2b_1 & \cdots & a_2b_n & \cdots & a_nb_1 & \cdots & a_nb_n \\ a_1b_1 & \cdots & a_1b_n & a_2b_1 & \cdots & a_2b_n & \cdots & a_nb_1 & \cdots & a_nb_n \end{bmatrix}$$

则 A 可同序,且 $S(A)=\left(\sum\limits_{i=1}^{n} a_i^2\right)\cdot\left(\sum\limits_{i=1}^{n} b_i^2\right)$.

乱 A,使 a_ib_j 与 a_jb_i 位于同一列,得 A',且 $S(A')=\sum a_ib_j\cdot a_jb_i=\left(\sum\limits_{i=1}^{n} a_ib_i\right)^2$.

由 $S(A)\geqslant S(A')$,原不等式获证.

例 3 试证 Jacobsthal 不等式:设 $x\geqslant 0,y\geqslant 0$,则对自然数 n,有

$$x^n+(n-1)y^n\geqslant nxy^{n-1} \qquad (6.1.2)$$

证明 构造 n 阶方阵,且满足 n 行全同,$n-1$ 列含元素 y 的相同

$$A=\begin{bmatrix} x & y & y & \cdots & y \\ x & y & y & \cdots & y \\ \vdots & \vdots & \vdots & & \vdots \\ x & y & y & \cdots & y \end{bmatrix}$$

则 $\boldsymbol{A}$ 可同序.

乱 $\boldsymbol{A}$,把主对角线上的元素全部换成 x,得 $\boldsymbol{A}$ 的乱序阵 $\boldsymbol{A}'$. 由 $S(\boldsymbol{A})\geqslant S(\boldsymbol{A}')$,原不等式获证.

由此我们也可证明裴蜀不等式:设 $a\geqslant b>0$,则对自然数 n,有

$$n(a-b)a^{n-1}\geqslant a^n-b^n\geqslant n(a-b)b^{n-1}$$

事实上,由 Jacobsthal 不等式,有 $a^n+(n-1)b^n\geqslant nab^{n-1}$,$b^n+(n-1)a^n\geqslant nba^{n-1}$,此两式整理即证.

例4 试证 Rado 不等式的推广式:设 $\lambda>0$,$a_i>0$,$i=1,2,\cdots,n$. 记

$$A_k=\frac{1}{k}\sum_{i=1}^{k}a_i,G_k=\left(\prod_{i=1}^{k}a_i\right)^{\frac{1}{k}}\quad(k=1,2,\cdots,n)$$

则

$$(k+1)(A_{k+1}-\lambda^k G_{k+1})\geqslant k(A_k-\lambda^{k+1}G)\tag{6.1.3}$$

其中 $k=1,2,\cdots,n-1$. 等号成立的充要条件是 $\lambda^{k+1}G_k=a_{k+1}$.

特别的,当 $\lambda=1$ 时,有

$$n(A_n-G_n)\geqslant(n-1)(A_{n-1}-G_{n-1})\geqslant\cdots\geqslant A_1-G_1=0$$

此即为 Rado 不等式.

证明 构造 $k+1$ 阶方阵,且满足 $k+1$ 行全相同,前面 k 列也相同

$$\boldsymbol{A}=\begin{bmatrix}\lambda^{k+1}G_k & \lambda^{k+1}G_k & \cdots & \lambda^{k+1}G_k & a_{k+1}\\ \lambda^{k+1}G_k & \lambda^{k+1}G_k & \cdots & \lambda^{k+1}G_k & a_{k+1}\\ \vdots & \vdots & & \vdots & \vdots\\ \lambda^{k+1}G_k & \lambda^{k+1}G_k & \cdots & \lambda^{k+1}G_k & a_{k+1}\end{bmatrix}$$

则 $\boldsymbol{A}$ 可同序.

乱 $\boldsymbol{A}$,使每列恰有一个 a_{k+1},得 $\boldsymbol{A}'$,则由 $T(\boldsymbol{A})\leqslant T(\boldsymbol{A}')$,有

$$[(k+1)\lambda^{k+1}\cdot G_k]^k\cdot(k+1)a_{k+1}$$
$$\leqslant(k\cdot\lambda^{k+1}G_k+a_{k+1})^{k+1}$$

即

$$(k+1)\lambda^k G_{k+1}\leqslant k\cdot\lambda^{k+1}G_k+a_k$$
$$=k\cdot\lambda^{k+1}G_k+(k+1)A_{k+1}-kA_k$$

故

$$(k+1)(A_{k+1}-\lambda^k G_{k+1})\geqslant k(A_k-\lambda^{k+1}G_k)$$

其中 $k=1,2,\cdots,n-1$,等号成立的充要条件可由 $T(\boldsymbol{A})=T(\boldsymbol{A}')$成立的条件推之为 $\lambda^{k+1}G_k=a_{k+1}$.

在此,我们顺便指出:在例 4 证明构造的 $k+1$ 阶方阵中,用 A_k 来换$\lambda^{k+1}G_k$,则有

$$\boldsymbol{B}=\begin{bmatrix}A_k & A_k & \cdots & A_k & a_{k+1}\\ A_k & A_k & \cdots & A_k & a_{k+1}\\ \vdots & \vdots & & \vdots & \vdots\\ A_k & A_k & \cdots & A_k & a_{k+1}\end{bmatrix}$$

则 $\boldsymbol{B}$ 可同序.

乱 $\boldsymbol{B}$,使每列恰有一个 a_{k+1},得 $\boldsymbol{B}'$,则由 $T(\boldsymbol{B})\leqslant T(\boldsymbol{B}')$,有

$$[(k+1)A_k]^k\cdot(k+1)a_{k+1}\leqslant(kA_k+a_{k+1})^{k+1}$$

即

$$(k+1)^{k+1}\cdot A_k^k\cdot a_{k+1}\cdot G_k^k\leqslant[(k+1)A_{k+1}]^{k+1}\cdot G_k^k$$

所以

$$A_k^k\cdot G_{k+1}^{k+1}\leqslant A_{k+1}^{k+1}\cdot G_k^k$$

即

$$\left(\frac{G_k}{A_k}\right)^k \geqslant \left(\frac{G_{k+1}}{A_{k+1}}\right)^{k+1} \quad (k=1,2,\cdots,n-1)$$

亦即

$$1=\frac{G_1}{A_1} \geqslant \left(\frac{G_2}{A_2}\right)^2 \geqslant \cdots \geqslant \left(\frac{G_n}{A_n}\right)^n \qquad (6.1.4)$$

此即为 Popovic 不等式.

例5　设 n 为大于1的自然数,试证

$$\left(\frac{n+1}{2}\right)^{\frac{n(n+1)}{2}} \leqslant 2^2 \cdot 3^3 \cdot \cdots \cdot n^n \leqslant \left(\frac{2n+1}{3}\right)^{\frac{n(n+1)}{2}}$$

证明　构造$\frac{1}{2}n(n+1)$阶方阵,且满足$\frac{1}{2}n(n+1)$行全相同,$\frac{1}{k}(k=1,2,\cdots,n)$有 k 列

$$\boldsymbol{A}=\begin{bmatrix} 1 & \frac{1}{2} & \frac{1}{2} & \frac{1}{3} & \frac{1}{3} & \frac{1}{3} & \cdots & \frac{1}{n} & \frac{1}{n} & \cdots & \frac{1}{n} \\ 1 & \frac{1}{2} & \frac{1}{2} & \frac{1}{3} & \frac{1}{3} & \frac{1}{3} & \cdots & \frac{1}{n} & \frac{1}{n} & \cdots & \frac{1}{n} \\ \vdots & \vdots & \vdots & \vdots & \vdots & \vdots & & \vdots & \vdots & & \vdots \\ 1 & \frac{1}{2} & \frac{1}{2} & \frac{1}{3} & \frac{1}{3} & \frac{1}{3} & \cdots & \frac{1}{n} & \frac{1}{n} & \cdots & \frac{1}{n} \end{bmatrix}$$

乱 $\boldsymbol{A}$,使 $1,\frac{1}{2},\frac{1}{2},\frac{1}{3},\frac{1}{3},\frac{1}{3},\cdots,\frac{1}{n},\frac{1}{n},\cdots,\frac{1}{n}$进入每一列,得 $\boldsymbol{A}$ 的乱序阵 $\boldsymbol{A}'$.

由 $T(\boldsymbol{A}) \leqslant T(\boldsymbol{A}')$,得

$$\left[\frac{n(n+1)}{2}\right]^{\frac{n(n+1)}{2}} \cdot \frac{1}{2^2} \cdot \frac{1}{3^3} \cdot \cdots \cdot \frac{1}{n^n} \leqslant n^{\frac{n(n+1)}{2}}$$

即

$$\left(\frac{n+1}{2}\right)^{\frac{n(n+1)}{2}} \leqslant 2^2 \cdot 3^3 \cdot \cdots \cdot n^n$$

再构造$\frac{1}{2}n(n+1)$阶方阵,且满足$\frac{1}{2}n(n+1)$行全相同,$k(k=1,2,\cdots,n)$有 k 列

$$\boldsymbol{B}=\begin{bmatrix} 1 & 2 & 2 & 3 & 3 & 3 & \cdots & n & n & \cdots & n \\ 1 & 2 & 2 & 3 & 3 & 3 & \cdots & n & n & \cdots & n \\ \vdots & \vdots & \vdots & \vdots & \vdots & \vdots & & \vdots & \vdots & & \vdots \\ 1 & 2 & 2 & 3 & 3 & 3 & \cdots & n & n & \cdots & n \end{bmatrix}$$

乱 $\boldsymbol{B}$,使 $1,2,2,3,3,3,\cdots,n,n,\cdots,n$ 进入每一列,得 $\boldsymbol{B}$ 的乱序阵 $\boldsymbol{B}'$.

由 $T(\boldsymbol{B})\leqslant T(\boldsymbol{B}')$,得

$$\left[\frac{n(n+1)}{2}\right]^{\frac{n(n+1)}{2}} \cdot 2^2 \cdot 3^3 \cdot \cdots \cdot n^n$$

$$\leqslant (1^2+2^2+\cdots+n^2)^{\frac{n(n+1)}{2}}$$

$$=\left[\frac{1}{6}n(n+1)(2n+1)\right]^{\frac{n(n+1)}{2}}$$

即

$$2^2 \cdot 3^3 \cdot \cdots \cdot n^n \leqslant \left(\frac{2n+1}{3}\right)^{\frac{n(n+1)}{2}}$$

由此结论获证.

例 6 设 m 为自然数,$q>0$,$0\leqslant a_{i1}\leqslant a_{i2}\leqslant\cdots\leqslant a_{im}\leqslant\frac{q}{m+1}$(或$\frac{q}{1+m}\leqslant a_{i1}\leqslant a_{i2}\leqslant\cdots\leqslant a_{im}\leqslant q$),规定 $a_{i1}=0$,$a_{i,m+1}=q$,$i=1,2,\cdots,n$,试证

$$\sum_{j=1}^{m+1}\prod_{i=1}^{n}(a_{ij}-a_{i,j-1}) \geqslant q\cdot\left(\frac{q}{m+1}\right)^{n-1}$$

证明　构造 $n\times n(m+1)$ 矩阵，并满足 $b_{ij}=a_{ij}-a_{i,j-1}$，$i=1,2,\cdots,n$，$j=1,2,\cdots,m+1$

$$A=\begin{bmatrix} b_{11} & b_{12} & \cdots & b_{1,m+1} & \frac{q}{1+m} & \frac{q}{1+m} & \cdots & \frac{q}{1+m} \\ b_{21} & b_{22} & \cdots & b_{2,m+1} & \frac{q}{1+m} & \frac{q}{1+m} & \cdots & \frac{q}{1+m} \\ \vdots & \vdots & & \vdots & \vdots & \vdots & & \vdots \\ b_{n1} & b_{n2} & \cdots & b_{n,m+1} & \frac{q}{1+m} & \frac{q}{1+m} & \cdots & \frac{q}{1+m} \end{bmatrix}$$

则 A 可同序.

设 $M_i=[b_{i1}\quad b_{i2}\quad\cdots\quad b_{i,m+1}]$，$N=\left[\frac{q}{1+m}\quad\cdots\quad\frac{q}{1+m}\right]$，构造 A 的乱序阵

$$A'=\begin{bmatrix} M_1 & N & N & \cdots & N \\ N & M_2 & N & \cdots & N \\ \vdots & \vdots & \vdots & & \vdots \\ N & N & N & \cdots & M_n \end{bmatrix}$$

则

$$S(A)=\sum_{j=1}^{m+1}\prod_{i=1}^{n}(a_{ij}-a_{i,j-1})+\frac{(n-1)q^n}{(m+1)^{n-1}}$$

$$\begin{aligned} S(A') &= \left(\frac{q}{1+m}\right)^{n-1}\cdot(a_{1,m+1}+a_{2,m+1}+\cdots+a_{n,m+1}) \\ &= \left(\frac{q}{m+1}\right)^{n-1}\cdot nq \\ &= \frac{nq^n}{(m+1)^{n-1}} \end{aligned}$$

由 $S(A)\geqslant S(A')$，结论获证.

例7　试证闵科夫斯基（Minkowski）不等式的推

广(或柯 - 布 - 西不等式的推广)式:设 $a_{ij}>0, i=1, 2, \cdots, n, j=1,2,\cdots,m$,则

$$\prod_{j=1}^{m}\left(\sum_{i=1}^{n} a_{ij}\right)^{\frac{1}{m}} \geqslant \sum_{i=1}^{n}\prod_{j=1}^{m} a_{ij}^{\frac{1}{m}} \qquad (6.1.5)$$

证明 设 $M_j=\sum_{i=1}^{n} a_{ij}$, 构造 m 阶方阵,满足 m 行全相同

$$\boldsymbol{A}_i=\begin{bmatrix} \frac{a_{i1}}{M_1} & \frac{a_{i2}}{M_2} & \cdots & \frac{a_{im}}{M_m} \\ \frac{a_{i1}}{M_1} & \frac{a_{i2}}{M_2} & \cdots & \frac{a_{im}}{M_m} \\ \vdots & \vdots & & \vdots \\ \frac{a_{i1}}{M_1} & \frac{a_{i2}}{M_2} & \cdots & \frac{a_{im}}{M_m} \end{bmatrix}$$

则 $\boldsymbol{A}_i$ 可同序.

乱 $\boldsymbol{A}_i$,使$\frac{a_{i1}}{M_1},\frac{a_{i2}}{M_2},\cdots,\frac{a_{im}}{M_m}$进入每一列得 $\boldsymbol{A}_i$ 的乱序阵 $\boldsymbol{A}_i'$. 由 $T(\boldsymbol{A}_i)\leqslant T(\boldsymbol{A}_i')$,得

$$\prod_{j=1}^{m} m\cdot\frac{a_{ij}}{M_j}\leqslant\left(\sum_{j=1}^{m}\frac{a_{ij}}{M_j}\right)^{m}$$

即

$$m\prod_{j=1}^{m}\left(\frac{a_{ij}}{M_j}\right)^{\frac{1}{m}}\leqslant\sum_{j=1}^{m}\frac{a_{ij}}{M_j} \quad (i=1,2,\cdots,n)$$

则

$$\sum_{i=1}^{n} m\prod_{j=1}^{m}\left(\frac{a_{ij}}{M_j}\right)^{\frac{1}{m}}\leqslant\sum_{i=1}^{n}\sum_{j=1}^{m}\frac{a_{ij}}{M_j}=m$$

故

$$\sum_{i=1}^{n}\prod_{j=1}^{m}a_{ij}^{\frac{1}{m}}\leqslant\prod_{j=1}^{m}M_j^{\frac{1}{m}}=\prod_{j=1}^{m}\left(\sum_{i=1}^{n}a_{ij}\right)^{\frac{1}{m}}$$

例8　设 $x_1,x_2,\cdots,x_n\in\mathbf{R}(n\geqslant 2),m,p\in\mathbf{N}$ 且奇偶性相同,则有

$$\frac{x_1^{m+p}+x_2^{m+p}+\cdots+x_n^{m+p}}{n}$$

$$\geqslant\frac{x_1^m+x_2^m+\cdots+x_n^m}{n}\cdot\frac{x_1^p+x_2^p+\cdots+x_n^p}{n}\quad(6.1.6)$$

其中等号当且仅当 $x_1=x_2=\cdots=x_n$ 时成立.

证明　我们先证如下一个命题:设 $\alpha>\beta\geqslant\gamma>\delta$, $\alpha+\delta=\beta+\gamma,x_1,x_2,\cdots,x_n\in\mathbf{R}_+$,则

$$\left(\sum_{i=1}^{n}x_i^{\alpha}\right)\cdot\left(\sum_{i=1}^{n}x_i^{\delta}\right)\geqslant\left(\sum_{i=1}^{n}x_i^{\beta}\right)\cdot\left(\sum_{i=1}^{n}x_i^{\gamma}\right)\quad(6.1.7)$$

事实上,此即证 $\sum_{j=1}^{n}\sum_{i=1}^{n}x_i^{\alpha}\cdot x_j^{\delta}\geqslant\sum_{j=1}^{n}\sum_{i=1}^{n}x_i^{\beta}\cdot x_j^{\gamma}$.

若 $i=j$,则 $x_i^{\alpha}\cdot x_j^{\delta}=x_i^{\beta}\cdot x_j^{\gamma}$.

若 $i\neq j$,则左边两项和 $x_i^{\alpha}\cdot x_j^{\delta}+x_i^{\delta}\cdot x_j^{\alpha}$ 一一对应右边两项和 $x_i^{\beta}\cdot x_j^{\gamma}+x_i^{\gamma}\cdot x_j^{\beta}$.

由

$$S\begin{bmatrix}a^{\beta-\delta} & b^{\beta-\delta}\\ a^{\gamma-\delta} & b^{\gamma-\delta}\end{bmatrix}\geqslant S\begin{bmatrix}a^{\beta-\delta} & b^{\beta-\delta}\\ b^{\gamma-\delta} & a^{\gamma-\delta}\end{bmatrix}$$

有

$$a^{\alpha-\delta}+b^{\alpha-\delta}\geqslant a^{\beta-\delta}\cdot b^{\gamma-\delta}+a^{\gamma-\delta}\cdot b^{\beta-\delta}$$

即

$$a^{\alpha}\cdot b^{\delta}+a^{\delta}\cdot b^{\alpha}\geqslant a^{\beta}\cdot b^{\gamma}+a^{\gamma}\cdot b^{\beta}$$

故

$$x_i^{\alpha}\cdot x_j^{\delta}+x_i^{\delta}\cdot x_j^{\alpha}\geqslant x_i^{\beta}\cdot x_j^{\gamma}+x_i^{\gamma}\cdot x_j^{\beta}$$

由上式,两边分别对 $i,j=1,2,\cdots,n$ 求和,即证得

$$\left(\sum_{i=1}^{n} x_i^{\alpha}\right)\cdot\left(\sum_{i=1}^{n} x_j^{\delta}\right)\geqslant\left(\sum_{i=1}^{n} x_i^{\beta}\right)\cdot\left(\sum_{i=1}^{n} x_i^{\gamma}\right)$$

在式(6.1.7)中,令 $\delta=0,\beta=m,\gamma=p$,且 $m,p\in\mathbf{N}$,m 与 p 的奇偶性相同,此时,$x_1,x_2,\cdots,x_n$ 不需取正实数,可取任意实数,则有

$$\frac{x_1^{m+p}+x_2^{m+p}+\cdots+x_n^{m+p}}{n}\geqslant\frac{x_1^{m}+x_2^{m}+\cdots+x_n^{m}}{n}\cdot\frac{x_1^{p}+x_2^{p}+\cdots+x_n^{p}}{n}$$

其中等号成立的条件可由 $S(\boldsymbol{A})\geqslant S(\boldsymbol{A}')$ 等号成立条件推出.

例 9 试证算术 - 几何平均值不等式的推广:设 $a_i>0,p_i>0,i=1,2,\cdots,n$,则

$$\frac{\sum_{i=1}^{n} p_i a_i}{\sum_{i=1}^{n} p_i}\geqslant\left(\prod_{i=1}^{n} a_i^{p_i}\right)^{\frac{1}{\sum_{i=1}^{n} p_i}} \tag{6.1.8}$$

其中等号当且仅当 $a_1=a_2=\cdots=a_n$ 时成立.

证明 当 p_i 均为正有理数时,令 $p_i=\frac{q_i}{M}$,其中 $i=1,2,\cdots,n$,q_i 和 M 为自然数,则式(6.1.8)为

$$\frac{\sum_{i=1}^{n} q_i a_i}{\sum_{i=1}^{n} q_i}\geqslant\left(\prod_{i=1}^{n} a_i^{q_i}\right)^{\frac{1}{\sum_{i=1}^{n} q_i}} \tag{6.1.9}$$

考虑 $\sum_{i=1}^{n} q_i$ 阶方阵,且满足 $\sum_{i=1}^{n} q_i$ 行全相同,分别

有 q_1 列，q_2 列，…，q_n 列相同

$$\boldsymbol{A}=\begin{bmatrix} a_1 & \cdots & a_1 & a_2 & \cdots & a_2 & a_n & \cdots & a_n \\ a_1 & \cdots & a_1 & a_2 & \cdots & a_2 & a_n & \cdots & a_n \\ \vdots & & \vdots & \vdots & & \vdots & \vdots & & \vdots \\ a_1 & \cdots & a_1 & a_2 & \cdots & a_2 & a_n & \cdots & a_n \end{bmatrix}$$
$$\underbrace{\qquad\qquad}_{q_1\text{列}}\quad\underbrace{\qquad\qquad}_{q_2\text{列}}\quad\underbrace{\qquad\qquad}_{q_n\text{列}}$$

则 A 可同序.

乱 $\boldsymbol{A}$，使每列恰有 q_1 个 a_1，q_2 个 a_2，……，q_n 个 a_n，得 $\boldsymbol{A}'$.

由 $T(\boldsymbol{A})\leqslant T(\boldsymbol{A}')$，有

$$(q_1+q_2+\cdots+q_n)^{q_1+q_2+\cdots+q_n}\cdot a_1^{q_1}\cdot a_2^{q_2}\cdot\cdots\cdot a_n^{q_n}$$
$$\leqslant(q_1a_1+q_2a_2+\cdots+q_na_n)^{q_1+q_2+\cdots+q_n}$$

此即为式(6.1.9)，且等号成立的条件为 $a_1=a_2=\cdots=a_n$.

当 $p_1,p_2,\cdots,p_n$ 为正实数时，对于每一个 $p_i(i=1,2,\cdots,n)$ 有正有理数数列 $p_{i1},p_{i2},\cdots,p_{ik},\cdots$，且 $\lim\limits_{k\to\infty}p_{ik}=p_i$. 由于极限对不等式的保向性，由

$$\frac{\sum\limits_{i=1}^{n}p_{ik}a_i}{\sum\limits_{i=1}^{n}p_{ik}}\geqslant\left(\prod_{i=1}^{n}a_i^{p_{ik}}\right)^{\frac{1}{\sum\limits_{i=1}^{n}p_{ik}}}$$

有

$$\lim_{k\to\infty}\frac{\sum\limits_{i=1}^{n}p_{ik}a_i}{\sum\limits_{i=1}^{n}p_{ik}}\geqslant\lim_{k\to\infty}\left(\prod_{i=1}^{n}a_i^{p_{ik}}\right)^{\frac{1}{\sum\limits_{i=1}^{n}p_{ik}}}$$

故

$$\frac{\sum_{i=1}^{n} p_i a_i}{\sum_{i=1}^{n} p_i} \geqslant \left(\prod_{i=1}^{n} a_i^{p_i}\right)^{\frac{1}{\sum_{i=1}^{n} p_i}}$$

显然,等号成立的条件是 $a_1 = a_2 = \cdots = a_n$.

例 10 试证赫尔德(Hölder)不等式:设 $a_{ij} > 0$, $p_j > 0, i = 1,2,\cdots,n, j = 1,2,\cdots,m$,且 $\sum_{j=1}^{m} p_j = 1$,则

$$\left(\sum_{i=1}^{n} a_{i1}\right)^{p_1} \cdot \left(\sum_{i=1}^{n} a_{i2}\right)^{p_2} \cdot \cdots \cdot \left(\sum_{i=1}^{n} a_{im}\right)^{p_m}$$

$$\geqslant \sum_{i=1}^{n} {a_{i1}}^{p_1} \cdot {a_{i2}}^{p_2} \cdot \cdots \cdot {a_{im}}^{p_m} \tag{6.1.10}$$

证明 当 $p_1, p_2, \cdots, p_m$ 均为正有理数时,令 $p_j = \frac{q_j}{M}$,其中 $j = 1,2,\cdots,m$, q_j 和 M 为自然数,且 $\sum_{j=1}^{m} q_j = M$.

考虑 M 阶方阵,且满足 M 行全相同, q_1 列, q_2 列, ……, q_m 列也分别相同. 设其中 $D_j = \sum_{i=1}^{n} a_{ij}, i = 1,2,\cdots,n, j = 1,2,\cdots,m$,又

$$\boldsymbol{A}_i = \begin{bmatrix} \frac{a_{i1}}{D_1} & \cdots & \frac{a_{i1}}{D_1} & \frac{a_{i2}}{D_2} & \cdots & \frac{a_{i2}}{D_2} & \cdots & \frac{a_{im}}{D_m} & \cdots & \frac{a_{im}}{D_m} \\ \frac{a_{i1}}{D_1} & \cdots & \frac{a_{i1}}{D_1} & \frac{a_{i2}}{D_2} & \cdots & \frac{a_{i2}}{D_2} & \cdots & \frac{a_{im}}{D_m} & \cdots & \frac{a_{im}}{D_m} \\ \vdots & & \vdots & \vdots & & \vdots & & \vdots & & \vdots \\ \frac{a_{i1}}{D_1} & \cdots & \frac{a_{i1}}{D_1} & \frac{a_{i2}}{D_2} & \cdots & \frac{a_{i2}}{D_2} & \cdots & \frac{a_{im}}{D_m} & \cdots & \frac{a_{im}}{D_m} \end{bmatrix}$$

q_1列 q_2列 q_n列

则 A_i 可同序.

乱 A_i,使每列中恰有 q_1 个$\frac{a_{i1}}{D_1}$,q_2 个$\frac{a_{i2}}{D_2}$,……,q_n 个$\frac{a_{im}}{D_m}$,得 $\boldsymbol{A}'$. 又

$$T(\boldsymbol{A}_i)=M^M\left(\frac{a_{i1}}{D_1}\right)^{q_1}\cdot\left(\frac{a_{i2}}{D_2}\right)^{q_2}\cdot\cdots\cdot\left(\frac{a_{im}}{D_m}\right)^{q_m}$$

$$T(\boldsymbol{A}_i')=\left(q_1\cdot\frac{a_{i1}}{D_1}+q_2\cdot\frac{a_{i2}}{D_2}+\cdots+q_n\cdot\frac{a_{im}}{D_m}\right)^M$$

由 $T(\boldsymbol{A}_i)\leqslant T(\boldsymbol{A}_i')$,两边开 M 次方得

$$\left(\frac{a_{i1}}{D_1}\right)^{\frac{q_1}{M}}\cdot\left(\frac{a_{i2}}{D_2}\right)^{\frac{q_2}{M}}\cdot\cdots\cdot\left(\frac{a_{im}}{D_m}\right)^{\frac{q_m}{M}}$$

$$\leqslant\frac{q_1}{M}\cdot\frac{a_{i1}}{D_1}+\frac{q_2}{M}\cdot\frac{a_{i2}}{D_2}+\cdots+\frac{q_n}{M}\cdot\frac{a_{im}}{D_m}$$

取 $i=1,2,\cdots,n$,对上式两边求和得

$$\sum_{i=1}^{n}\left(\frac{a_{i1}}{D_1}\right)^{p_1}\cdot\left(\frac{a_{i2}}{D_2}\right)^{p_2}\cdot\cdots\cdot\left(\frac{a_{im}}{D_m}\right)^{p_m}$$

$$\leqslant p_1\sum_{i=1}^{n}\frac{a_{i1}}{D_1}+p_2\sum_{i=1}^{n}\frac{a_{i2}}{D_2}+\cdots+p_m\sum_{i=1}^{n}\frac{a_{im}}{D_m}$$

$$=p_1+p_2+\cdots+p_m=1$$

将上式两边同乘以 $D_1^{p_1}\cdot D_2^{p_2}\cdot\cdots\cdot D_m^{p_m}$ 即证得式(6.1.10),当 $p_1,p_2,\cdots,p_m$ 均为正有理数时成立.

利用例9的办法,不难过渡到 p_i 为正实数的情形(此略). 证毕.

从上述10例的证明中,使我们已看到:这些不等式的证明,就是归结为巧妙地构造一个矩阵,并恰当地乱出一个矩阵. 这构造与乱出的技巧也是根据欲证不

等式本身的特征且需满足非负实数矩阵元素的和积关系而定的,我们不难从这些例中体会到.

6.2 矩阵元素的算术平均值关系与不等式

设 $a,b,c\in\mathbf{R}_+$,有 $a^3+b^3+c^3\geqslant 3abc$,由此又有

$$\begin{aligned}9(a^3+b^3+c^3)&\geqslant a^3+b^3+c^3+3(a^2b+a^2c+ab^2+\\&\quad ac^2+b^2c+bc^2)+6abc\\&=(a+b+c)^3\end{aligned}$$

即

$$\frac{1}{3}(a^3+b^3+c^3)\geqslant\left(\frac{a+b+c}{3}\right)^3 \qquad (6.2.1)$$

其中等号当且仅当 $a=b=c$ 时取得.

如果我们也用矩阵的观点来看待这个不等式,即令 $\boldsymbol{M}=\begin{bmatrix}a & b & c\\ a & b & c\\ a & b & c\end{bmatrix}_{3\times 3}$,则式(6.2.1)可表述为:

非负实数可同序矩阵 $\boldsymbol{M}$ 的每列元素之积的算术平均值不小于其每行元素的算术平均值之积.

不等式(6.2.1)及其矩阵表述也可以推广为更一般的情形:设 $a_{ij}\geqslant 0,i=1,2,\cdots,n,j=1,2,\cdots,m$. 令

$$\boldsymbol{M}=\begin{bmatrix}a_{11} & a_{12} & \cdots & a_{1m}\\ a_{21} & a_{22} & \cdots & a_{2m}\\ \vdots & \vdots & & \vdots\\ a_{n1} & a_{n2} & \cdots & a_{nm}\end{bmatrix}_{n\times m}$$

其中 $a_{11}\leqslant a_{12}\leqslant\cdots\leqslant a_{1m},\cdots,a_{n1}\leqslant a_{n2}\leqslant\cdots\leqslant a_{nm}$. 此时 $\boldsymbol{M}$ 为同序阵,可以证明:非负实数可同序矩阵的元素的上述算术平均值关系式仍然成立,且用不等式表示为

$$\frac{1}{m}\sum_{j=1}^{m}\prod_{i=1}^{n}a_{ij}\geqslant\prod_{i=1}^{n}\left(\frac{1}{m}\sum_{j=1}^{m}a_{ij}\right)\qquad(6.2.2)$$

其中等号当且仅当所有 a_{ij} 均相等时取得.

我们证明如下:对于 $n\times m$ 矩阵 $\boldsymbol{M}=(a_{ij})_{n\times m}$,分 $n-1$ 步作 $\boldsymbol{M}$ 的变换,第 k 步把 $\boldsymbol{M}$ 的第 k 行变为

$$a_{k,1+l}\quad a_{k,2+l}\quad\cdots\quad a_{k,n+l}$$
$$(l=0,1,\cdots,m-1,k=2,3,\cdots,n)$$

约定 $a_{k,m+j}=a_{kj}$,此时有 m 种方法. 依次完成这 $n-1$ 步变换 $\boldsymbol{M}$ 的工作,可分别得到一个矩阵. 由乘法原理,共可得 m^{n-1} 个 $\boldsymbol{M}$ 的乱序阵 $\boldsymbol{M}_i'$,$i=1,2,\cdots,m^{n-1}$. 所以乱序阵的列积共有 m^n 个,它们正是 $\prod_{i=1}^{n}\sum_{j=1}^{m}a_{ij}$ 的展开式中的各项. 由 $S(\boldsymbol{M})\geqslant S(\boldsymbol{M}_i')$,得

$$\begin{aligned}m^{n-1}\sum_{j=1}^{m}\prod_{i=1}^{n}a_{ij}&=m^{n-1}\cdot S(\boldsymbol{M})\\&\geqslant\sum_{i=1}^{m^{n-1}}S(\boldsymbol{M}'_i)=\prod_{i=1}^{n}\sum_{j=1}^{m}a_{ij}\end{aligned}$$

上式两边同除以 m^n 即证得式(6.2.2).

于是,我们有下面的定理.

定理3　在 $n\times m$ 非负实数可同序矩阵中,m 列各列元素之积的算术平均值不小于其 n 行各行元素的算术平均值之积.

简记为 $A(\prod\boldsymbol{M}_j)\geqslant\prod A(\boldsymbol{M}_i)$,简称为 A - 不等

式.

运用非负实数矩阵元素的这种算术平均值关系，也可以简捷地证明某些不等式.

例 11 试证下列不等式.

(1)设 $x_i\in\mathbf{R}_+, i=1,2,\cdots,n, m\in\mathbf{N}$,则 $\frac{1}{n}\sum_{i=1}^{n}x_i^m\geqslant(\frac{1}{n}\sum_{i=1}^{n}x_i)^m$;

(2)设 $a,b\in\mathbf{R}_+, n\in\mathbf{N}$,则 $\frac{1}{2}(a^{2n}+b^{2n})\geqslant(\frac{a+b}{2})^{2n}$;

(3)设 $a,b,p,q\in\mathbf{R}_+$,则 $a^{p+q}+b^{p+q}\geqslant a^pb^q+a^qb^p$;

(4)设 $a,b,c\in\mathbf{R}_+$,则 $a^2+b^2+c^2\geqslant\frac{a+b}{2}\sqrt{ab}+\frac{b+c}{2}\sqrt{bc}+\frac{c+a}{2}\sqrt{ac}$;

(5)用 A,B,C 表示 $\triangle ABC$ 的三内角的弧度数,a, b,c 顺次表示其对边,则

$$\frac{aA+bB+cC}{a+b+c}\geqslant\frac{\pi}{3}$$

证明 分别构造下列五个可同序矩阵

$$\boldsymbol{A}=\begin{bmatrix}x_1 & x_2 & \cdots & x_n\\ x_1 & x_2 & \cdots & x_n\\ \vdots & \vdots & & \vdots\\ x_1 & x_2 & \cdots & x_n\end{bmatrix}_{m\times n},\boldsymbol{B}=\begin{bmatrix}a & b\\ a & b\\ \vdots & \vdots\\ a & b\end{bmatrix}_{2n\times 2}$$

$$\boldsymbol{C}=\begin{bmatrix}a^p & b^p\\ a^q & b^q\end{bmatrix}_{2\times 2},\boldsymbol{D}=\begin{bmatrix}a^{\frac{1}{2}} & b^{\frac{1}{2}} & c^{\frac{1}{2}}\\ a^{\frac{3}{2}} & b^{\frac{3}{2}} & c^{\frac{3}{2}}\end{bmatrix}_{2\times 3}$$

$$E=\begin{bmatrix}a & b & c\\ A & B & C\end{bmatrix}_{2\times 3}$$

运用不等式 $A(\prod M_j)\geqslant\prod A(M_i)$，即可证：

(1) 由 $A(\prod A_j)\geqslant\prod A(A_i)$ 即不等式(6.2.2)得证.

(2) 由 $A(\prod B_j)\geqslant\prod A(B_i)$ 即不等式(6.2.2)得证.

若此题中的条件变为 $a,b\subset\mathbf{R}$，则可构造出如下可同序矩阵

$$B=\begin{bmatrix}a^2 & b^2\\ a^2 & b^2\\ \vdots & \vdots\\ a^2 & b^2\end{bmatrix}_{n\times 2}$$

由 $A(\prod B_j)\geqslant\prod A(B_i)$ 亦得证.

(3) 由 $A(\prod C_j)\geqslant\prod A(C_i)$ 即不等式(6.2.2)，有

$$\frac{a^{p+q}+b^{p+q}}{2}\geqslant\frac{a^p+b^p}{2}\cdot\frac{a^q+b^q}{2}$$

$$\begin{aligned}2(a^{p+q}+b^{p+q})&\geqslant(a^p+b^p)\cdot(a^q+b^q)\\&=a^{p+q}+a^pb^p+a^pb^q+b^{p+q}\end{aligned}$$

由此即证.

(4) 由 $A(\prod D_j)\geqslant\prod A(D_i)$ 即不等式(6.2.2)，有

$$\frac{a^2+b^2+c^2}{3}\geqslant\frac{a^{\frac{1}{2}}+b^{\frac{1}{2}}+c^{\frac{1}{2}}}{3}\cdot\frac{a^{\frac{3}{2}}+b^{\frac{3}{2}}+c^{\frac{3}{2}}}{3}$$

即

$$
\begin{aligned}
&3(a^2+b^2+c^2)\\
\geqslant&(a^{\frac{1}{2}}+b^{\frac{1}{2}}+c^{\frac{1}{2}})\cdot(a^{\frac{3}{2}}+b^{\frac{3}{2}}+c^{\frac{3}{2}})\\
=&(a+b)\sqrt{ab}+(b+c)\sqrt{bc}+(c+a)\sqrt{ca}+a^2+b^2+c^2
\end{aligned}
$$

上式化简整理即证得原不等式.

(5) 由 $A(\prod \boldsymbol{E}_j)\geqslant \prod A(\boldsymbol{E}_i)$ 即不等式(6.2.2),并注意 $A+B+C=\pi$ 即证.

例 12(《数学通报》1992 年第 9 期数学问题 794 号) 试证:$2\sqrt[n]{n}\geqslant\sqrt[n]{n+\sqrt[n]{n}}+\sqrt[n]{n-\sqrt[n]{n}}\,(n\in\mathbf{N})$.

证明 作出可同序矩阵

$$
\begin{bmatrix}
\sqrt[n]{n+\sqrt[n]{n}} & \sqrt[n]{n-\sqrt[n]{n}}\\
\vdots & \vdots\\
\sqrt[n]{n+\sqrt[n]{n}} & \sqrt[n]{n-\sqrt[n]{n}}
\end{bmatrix}_{n\times 2}
$$

则由不等式(6.2.2),有

$$
\frac{1}{2}\left[\left(\sqrt[n]{n+\sqrt[n]{n}}\right)^n+\left(\sqrt[n]{n-\sqrt[n]{n}}\right)^n\right]
$$

$$
\geqslant\left(\frac{\sqrt[n]{n+\sqrt[n]{n}}+\sqrt[n]{n-\sqrt[n]{n}}}{2}\right)^n
$$

$$
2n>2\left(\frac{\sqrt[n]{n+\sqrt[n]{n}}+\sqrt[n]{n-\sqrt[n]{n}}}{2}\right)^n
$$

$$
2\sqrt[n]{n}\geqslant\sqrt[n]{n+\sqrt[n]{n}}+\sqrt[n]{n-\sqrt[n]{n}}
$$

例 13 设任意平面凸 m 边形的内角分别为 A_1,$A_2,\cdots,A_m$(用弧度表示),$m\in\mathbf{N}$ 且 $m\geqslant3$,又 $n\in\mathbf{N}$. 求证

$$\frac{1}{A_1^n}+\frac{1}{A_2^n}+\cdots+\frac{1}{A_m^n}\geqslant\frac{m^{n+1}}{[(m-2)\pi]^n}$$

注　当 $m=3$ 时,为《数学通报》1985 年第 7 期征解问题.

证明　作出可同序矩阵

$$\begin{bmatrix}\frac{1}{A_1} & \frac{1}{A_2} & \cdots & \frac{1}{A_m}\\ \frac{1}{A_1} & \frac{1}{A_2} & \cdots & \frac{1}{A_m}\\ \vdots & \vdots & & \vdots\\ \frac{1}{A_1} & \frac{1}{A_2} & \cdots & \frac{1}{A_m}\end{bmatrix}_{n\times m}$$

注意到 $(A_1+A_2+\cdots+A_m)(\frac{1}{A_1}+\frac{1}{A_2}+\cdots+\frac{1}{A_m})\geqslant m^2$ 及 $\sum\limits_{j=1}^{m}A_i=(m-2)\pi$,由不等式(6.2.2),有

$$\begin{aligned}\frac{1}{m}(\frac{1}{A_1^n}+\frac{1}{A_2^n}+\cdots+\frac{1}{A_m^n})&\geqslant(\frac{\frac{1}{A_1}+\frac{1}{A_2}+\cdots+\frac{1}{A_m}}{m})^n\\&\geqslant\left[\frac{m}{(m-2)\pi}\right]^n\\&=\frac{m^n}{[(m-2)\pi]^n}\end{aligned}$$

由此即证.

例 14　设△ABC 的三边长分别为 a,b,c,其面积为 S. 求证:$a^n+b^n+c^n\geqslant 2^n\cdot 3^{1-\frac{n}{4}}\cdot S^{\frac{n}{2}}(n\in\mathbf{N})$.

注　当 $n=2$ 时,即为外森比克不等式 $a^2+b^2+c^2\geqslant 4\sqrt{3}S$.

证明 设$\frac{1}{2}(a+b+c)=p$,由海伦公式,有

$$S=\sqrt{p(p-a)(p-b)(p-c)}\leqslant\sqrt{p\cdot\left(\frac{p}{3}\right)^{2}}=\frac{p^{2}}{3\sqrt{3}}$$

所以

$$p\geqslant(3\sqrt{3}S)^{\frac{1}{2}}$$

构造可同序矩阵

$$\begin{bmatrix} a & b & c \\ a & b & c \\ \vdots & \vdots & \vdots \\ a & b & c \end{bmatrix}_{n\times 3}$$

由不等式(6.2.2),有

$$\frac{1}{3}(a^{n}+b^{n}+c^{n})\geqslant\left(\frac{a+b+c}{3}\right)^{n}=\left(\frac{2p}{3}\right)^{n}$$

$$\geqslant\left[\frac{2(3\sqrt{3}S)^{\frac{1}{2}}}{3}\right]^{n}=2^{2}\cdot 3^{-\frac{n}{4}}\cdot S^{\frac{n}{2}}$$

所以

$$a^{n}+b^{n}+c^{n}\geqslant 2^{n}\cdot 3^{1-\frac{n}{4}}\cdot S^{\frac{n}{2}}$$

例 15 设$x_{i}\in\mathbf{R}_{+}, i=1,2,\cdots,n$,且$\sum\limits_{i=1}^{n}x_{i}=S$, a, $b\in\mathbf{R}_{+}$.

求证:$\sum\limits_{i=1}^{n}\left(ax_{i}+\frac{b}{x_{i}}\right)^{m}\geqslant n\left(\frac{aS}{n}+\frac{bn}{S}\right)^{m}$ $(m\in\mathbf{N})$.

注 当$a=b=1, m=2, S=1$时为《数学通报》1985 年第 7 期数学问题 362 号.

证明 由$(x_{1}+x_{2}+\cdots+x_{n})\left(\frac{1}{x_{1}}+\frac{1}{x_{2}}+\cdots+\frac{1}{x_{n}}\right)\geqslant$

n^2 及 $\sum\limits_{i=1}^{n} x_i = S$，有

$$\frac{1}{x_1}+\frac{1}{x_2}+\cdots+\frac{1}{x_n}\geqslant\frac{n^2}{S}$$

构造可同序矩阵

$$\begin{bmatrix} ax_1+\frac{b}{x_1} & ax_2+\frac{b}{x_2} & \cdots & ax_n+\frac{b}{x_n} \\ ax_1+\frac{b}{x_1} & ax_2+\frac{b}{x_2} & \cdots & ax_n+\frac{b}{x_n} \\ \vdots & \vdots & & \vdots \\ ax_1+\frac{b}{x_1} & ax_2+\frac{b}{x_2} & \cdots & ax_n+\frac{b}{x_n} \end{bmatrix}_{m\times n}$$

由不等式(6.2.2)，有

$$(ax_1+\frac{b}{x_1})^m+(ax_2+\frac{b}{x_2})^m+\cdots+(ax_n+\frac{b}{x_n})^m$$

$$\geqslant n(\frac{ax_1+\frac{b}{x_1}+ax_2+\frac{b}{x_2}+\cdots+ax_n+\frac{b}{x_n}}{n})^m$$

$$=n\left[\frac{aS+b(\frac{1}{x_1}+\frac{1}{x_2}+\cdots+\frac{1}{x_n})}{n}\right]^m$$

$$=n(\frac{aS}{n}+\frac{bn}{S})^m$$

例 16((1)美国第 7 届数学奥林匹克题，(2)《数学通报》1988 年第 3 期数学问题 522 号)　(1)设 $a+b+c+d+e=8$，$a^2+b^2+c^2+d^2+e^2=16$，求 e 的最大值.

(2)已知 $x+2y+3z+4u+5v=30$，求 $w=x^2+2y^2+3z^2+4u^2+5v^2$ 的最小值.

解 (1)作出可同序矩阵$\begin{bmatrix} |a| & |b| & |c| & |d| \\ |a| & |b| & |c| & |d| \end{bmatrix}_{2\times 4}$,则由不等式(6.2.2),有

$$\begin{aligned} 16-e^2 &= a^2+b^2+c^2+d^2 \\ &\geqslant 4\left(\frac{|a|+|b|+|c|+|d|}{4}\right)^2 \\ &\geqslant 4\left(\frac{a+b+c+d}{4}\right)^2 \\ &= 4\left(\frac{8-e}{4}\right)^2 \end{aligned}$$

即$4(16-e^2)\geqslant(8-e)^2$. 求得$0\leqslant e\leqslant\frac{16}{5}$,其中等号成立的条件为当$a=b=c=d=\frac{6}{5}$时,$e=\frac{16}{5}$,故$e$的最大值为$\frac{16}{5}$.

(2)作出可同序矩阵

$$\begin{bmatrix} |x| & |y| & |y| & |z| & |z| & |z| & |u| & |u| & |u| & |u| & |v| & |v| & |v| & |v| & |v| \\ |x| & |y| & |y| & |z| & |z| & |z| & |u| & |u| & |u| & |u| & |v| & |v| & |v| & |v| & |v| \end{bmatrix}_{2\times 15}$$

则由不等式(6.2.2),有

$$\begin{aligned} &\frac{1}{15}(x^2+2y^2+3z^2+4u^2+5v^2) \\ \geqslant &\left(\frac{|x|+2|y|+3|z|+4|u|+5|v|}{15}\right)^2 \\ \geqslant &\left(\frac{x+2y+3z+4u+5v}{15}\right)^2=4 \end{aligned}$$

即

$$x^2+2y^2+3z^2+4u^2+5v^2\geqslant 60$$

由不等式(6.2.2)的等号成立的条件知$x=y=$

$z=u=v=2$时,所求最小值为60.

6.3　矩阵元素的几何平均值关系与不等式

对于不等式:设 $a,b,c\in\mathbf{R}_+$,由 $a+b+c\geqslant 3\sqrt[3]{abc}$,有

$$[(a+b+c)^3]^{\frac{1}{3}}\geqslant\sqrt[3]{abc}+\sqrt[3]{abc}+\sqrt[3]{abc}\quad(6.3.1)$$

其中等号当且仅当 $a=b=c$ 时取得.

如果我们也用矩阵的观点来看待这个不等式,即令

$$\boldsymbol{A}=\begin{bmatrix}a&b&c\\b&c&a\\c&a&b\end{bmatrix}_{3\times 3}.$$

则不等式(6.3.1)可表述为:非负实数矩阵 $\boldsymbol{A}$ 的每列元素之和的几何平均值不小于其每行元素的几何平均值之和.

不等式(6.3.1)及其矩阵表述也可以推广为更一般的情形:设 $a_{ij}\geqslant 0,i=1,2,\cdots,n,j=1,2,\cdots,m$. 令

$$\boldsymbol{A}=\begin{bmatrix}a_{11}&a_{12}&\cdots&a_{1m}\\a_{21}&a_{22}&\cdots&a_{2m}\\\vdots&\vdots&&\vdots\\a_{n1}&a_{n2}&\cdots&a_{nm}\end{bmatrix}$$

此时 $\boldsymbol{A}$ 不一定要求是可同序矩阵. 可以证明:非负实数矩阵的元素的上述几何平均值关系式仍然成立,且用不等式表示为

$$\prod_{j=1}^{m}\left(\sum_{i=1}^{n}a_{ij}\right)^{\frac{1}{m}}\geqslant\sum_{i=1}^{n}\left(\prod_{j=1}^{m}a_{ij}\right)^{\frac{1}{m}}\qquad(6.3.2)$$

其中等号成立的充要条件是矩阵 $\boldsymbol{A}$ 至少有一列元素都为 0 或者所有行的元素成比例.

式(6.3.2)常称为卡尔松(Carlon)不等式,亦即为式(6.1.5),在那里我们曾用 T 不等式给出了一种证法.

另外证明如下:对于 $n\times m$ 矩阵 $\boldsymbol{A}=(a_{ij})_{n\times m}$,设

$$A_j=\sum_{i=1}^{n}a_{ij},j=1,2,\cdots,m;G_i=\prod_{j=1}^{m}a_{ij},i=1,2,\cdots,n.$$

若有某一 $A_j=0$,则由非负实数的性质有 $a_{1j}=a_{2j}=\cdots=a_{nj}=0$,此时必有 $G_1=G_2=\cdots=G_n=0$,此时,不等式(6.3.2)显然成立.

若所有 $A_j>0$,则可对 m 个非负实数 $\frac{a_{i1}}{A_1},\frac{a_{i2}}{A_2},\cdots,\frac{a_{im}}{A_m}$ 应用算术-几何平均值不等式,即有

$$\frac{a_{i1}}{A_1}+\frac{a_{i2}}{A_2}+\cdots+\frac{a_{im}}{A_m}\geqslant m\left[\frac{G_i}{\prod_{j=1}^{m}A_j}\right]^{\frac{1}{m}}\quad(i=1,2,\cdots,n)$$

将上述 n 个不等式两边相加,即有

$$m\geqslant m\cdot\frac{\sum_{i=1}^{n}G_i^{\frac{1}{m}}}{\prod_{j=1}^{m}A^{\frac{1}{m}}}$$

即

$$\prod_{j=1}^{m}A^{\frac{1}{m}}\geqslant\sum_{i=1}^{n}G_i^{\frac{1}{m}}$$

故

$$\prod_{j=1}^{m}\left(\sum_{i=1}^{n}G_{ij}\right)^{\frac{1}{m}} \geqslant \sum_{i=1}^{n}\left(\prod_{j=1}^{m}a_{ij}\right)^{\frac{1}{m}}$$

其中等号成立当且仅当$\frac{a_{i1}}{A_1}=\frac{a_{i2}}{A_2}=\frac{a_{i3}}{A_3}=\cdots=\frac{a_{im}}{A_m}$.

于是,我们有下面的定理.

定理4　在$n\times m$非负实数矩阵中,各列元素之和的几何平均值不小于其n行各行的元素的几何平均值之和.

简记为$G(\sum \boldsymbol{A}_j)\geqslant \sum G(\boldsymbol{A}_i)$,简称为$G$-不等式.

例17　见例1.

证明　考虑$n\times 2$矩阵

$$\begin{bmatrix} \frac{x_1^2}{x_2} & x_2 \\ \frac{x_2^2}{x_3} & x_3 \\ \vdots & \vdots \\ \frac{x_n^2}{x_1} & x_1 \end{bmatrix}$$

由$G(\sum \boldsymbol{A}_j)\geqslant \sum G(\boldsymbol{A}_i)$,有

$$\left(\sum_{i=1}^{n}\frac{x_i^2}{x_{i+1}}\cdot\sum_{i=1}^{n}x_i\right)^{\frac{1}{2}} \geqslant \sum_{i=1}^{n}x_i$$

其中$x_{n+1}=x_1$,整理得

$$\frac{x_1^2}{x_2}+\frac{x_2^2}{x_3}+\cdots+\frac{x_n^2}{x_1}\geqslant x_1+x_2+\cdots+x_n$$

例 18 见例 2.

证明 考虑 $n\times 2$ 矩阵

$$\begin{bmatrix} a_1^2 & b_1^2 \\ a_2^2 & b_2^2 \\ \vdots & \vdots \\ a_n^2 & b_n^2 \end{bmatrix}$$

由 $G(\sum \boldsymbol{A}_j) \geqslant \sum G(\boldsymbol{A}_i)$ 即证.

例 19(《数学通报》1990 年第 11 期数学问题 678 号) 若 $a_i>0, i=1,2,\cdots,n, m\in\mathbf{R}_+$,且 $\prod\limits_{i=1}^{n} a_i = 1$,试证:$\prod\limits_{i=1}^{n}(m+a_i) \geqslant (m+1)^n$.

证明 考虑矩阵

$$\begin{bmatrix} m & m & \cdots & m \\ a_1 & a_2 & \cdots & a_n \end{bmatrix}_{2\times n}$$

由 $G(\sum \boldsymbol{A}_j) \geqslant \sum G(\boldsymbol{A}_i)$ 即证.

例 20(《数学通讯》1986 年第 6 期征解问题第 2 题) 求证

$$\sqrt{10^{n+1}} > \sqrt[n]{91\times 991.9991\cdots\underbrace{99\cdots 9}_{n-1个}1} + 9$$

其中,$n\in\mathbf{N}$,且 $n\geqslant 2$.

证明 考虑矩阵

$$\begin{bmatrix} 1 & 91 & 991 & \cdots & \overbrace{99\cdots 9}^{n-1个}1 \\ 9 & 9 & 9 & \cdots & 9 \end{bmatrix}_{2\times n}$$

由 $G(\sum \boldsymbol{A}_j) \geqslant \sum G(\boldsymbol{A}_i)$,有

$$(10\times10^2\times10^3\times\cdots\times10^n)^{\frac{1}{n}}$$

$$\geqslant(1\times91\times991\times\cdots\times\overbrace{99\cdots9}^{n-1个}1)^{\frac{1}{n}}+(9^n)^{\frac{1}{n}}$$

$$=\sqrt[n]{91\times991\times\cdots\times\underbrace{99\cdots9}_{n-1个}1}+9$$

由此即证.

例 21 见例3.

证明 考虑 $(n+1)\times n$ 矩阵或 $n\times n$ 矩阵

$$\begin{bmatrix} x^n & y^n & \cdots & y^n & y^n \\ y^n & x^n & \cdots & y^n & y^n \\ \vdots & \vdots & & \vdots & \vdots \\ y^n & y^n & \cdots & y^n & x^n \\ y^n & y^n & \cdots & y^n & y^n \end{bmatrix} 或 \begin{bmatrix} x^n & y^n & \cdots & y^n \\ y^n & x^n & \cdots & y^n \\ \vdots & \vdots & & \vdots \\ y^n & y^n & \cdots & x^n \end{bmatrix}$$

由 $G(\sum \boldsymbol{A}_j)\geqslant\sum G(\boldsymbol{A}_i)$ 即证.

例 22 见例4.

证明 考虑 $k+1$ 阶方阵

$$\begin{bmatrix} a_{k+1} & \lambda^{k+1}G_k & \cdots & \lambda^{k+1}G_k \\ \lambda^{k+1}G_k & a_{k+1} & \cdots & \lambda^{k+1}G_k \\ \vdots & \vdots & & \vdots \\ \lambda^{k+1}G_k & \lambda^{k+1}G_k & \cdots & a_{k+1} \end{bmatrix}$$

由 $G(\sum \boldsymbol{A}_j)\geqslant\sum G(\boldsymbol{A}_i)$,有

$$[(a_{k+1}+k\cdot\lambda^{k+1}G_k)^{k+1}]^{\frac{1}{k+1}}$$

$$\geqslant(k+1)[a_{k+1}\cdot(\lambda^{k+1}\cdot G_k)^k]^{\frac{1}{k+1}}$$

即

$$(k+1)A_{k+1}-kA_k+k\cdot\lambda^{k+1}G_k\geqslant(k+1)\lambda^k\cdot G_{k+1}$$

亦即

$$(k+1)(A_{k+1}-\lambda^{k}G_{k+1})\geqslant k(A_{k}-\lambda^{k+1}G_{k})$$

在上面的矩阵中，令 $\lambda^{k+1}=\dfrac{A_k}{G_k}$ 即证得 Popovic 不等式.

例 23 见例 5.

证明 考虑如下两个均为 $\frac{1}{2}n(n+1)$ 阶的方阵，即

$$\begin{bmatrix} 1 & 2 & 2 & 3 & 3 & 3 & \cdots & n & n & \cdots & n \\ 2 & 2 & 3 & 3 & 3 & 4 & \cdots & n & n & \cdots & 1 \\ 2 & 3 & 3 & 3 & 4 & 4 & \cdots & n & n & \cdots & 2 \\ 3 & 3 & 3 & 4 & 4 & 4 & \cdots & n & n & \cdots & 2 \\ \vdots & \vdots & \vdots & \vdots & \vdots & \vdots & & \vdots & \vdots & & \vdots \\ n & 1 & 2 & 2 & 3 & 3 & \cdots & n-1 & n & \cdots & n \end{bmatrix}$$

其中每行、每列中的 $k(k=1,2,\cdots,n)$ 均有 k 个，以及

$$\begin{bmatrix} 1 & \frac{1}{2} & \frac{1}{2} & \frac{1}{3} & \frac{1}{3} & \frac{1}{3} & \frac{1}{4} & \cdots & \frac{1}{n} & \cdots & \frac{1}{n} & \frac{1}{n} \\ \frac{1}{2} & \frac{1}{2} & \frac{1}{3} & \frac{1}{3} & \frac{1}{3} & \frac{1}{4} & \frac{1}{4} & \cdots & \frac{1}{n} & \cdots & \frac{1}{n} & 1 \\ \frac{1}{2} & \frac{1}{3} & \frac{1}{3} & \frac{1}{3} & \frac{1}{4} & \frac{1}{4} & \frac{1}{4} & \cdots & \frac{1}{n} & \cdots & 1 & \frac{1}{2} \\ \vdots & \vdots & \vdots & \vdots & \vdots & \vdots & \vdots & & \vdots & & \vdots & \vdots \\ \frac{1}{n} & \vdots & \vdots & \vdots & \vdots & \vdots & \vdots & & \vdots & & \vdots & \vdots \\ \vdots & \vdots & \vdots & \vdots & \vdots & \vdots & \vdots & & \vdots & & \vdots & \vdots \\ \frac{1}{n} & 1 & \frac{1}{2} & \frac{1}{2} & \frac{1}{3} & \frac{1}{3} & \frac{1}{3} & \cdots & \frac{1}{n-1} & \cdots & \frac{1}{n} & \frac{1}{n} \end{bmatrix}$$

其中每行、每列中的 $\frac{1}{k}(k=1,2,\cdots,n)$ 均有 k 个.

由 $G(\sum A_j) \geqslant \sum G(A_i)$,有

$$[(1+2^2+\cdots+n^n)^{\frac{n(n+1)}{2}}]^{\frac{1}{\frac{1}{2}n(n+1)}}$$

$$\geqslant\frac{n(n+1)}{2}(1\cdot 2^2\cdot 3^3\cdot\cdots\cdot n^n)^{\frac{1}{\frac{1}{2}n(n+1)}}$$

及

$$[n^{\frac{n(n+1)}{2}}]^{\frac{1}{\frac{1}{2}n(n+1)}}\geqslant\frac{n(n+1)}{2}\left(\frac{1}{2^2}\cdot\frac{1}{3^3}\cdot\cdots\cdot\frac{1}{n^n}\right)^{\frac{1}{\frac{1}{2}n(n+1)}}$$

由上述两式化简即证.

例 24 见例 9.

证明 下面我们仅构造矩阵证式(6.1.9),其余讨论与实数化过程均与例 9 解答相同.

考虑 $\sum\limits_{i=1}^{n} q_i$ 阶方阵,使每一行、每一列均有 q_1 个 a_1,q_2 个 a_2,……,q_n 个 a_n,有

$$\begin{bmatrix}
a_1 & a_1 & \cdots & a_1 & a_2 & \cdots & a_n\\
\vdots & \vdots & & a_2 & \vdots & & \vdots\\
\vdots & \vdots & & \vdots & \vdots & & \vdots\\
a_1 & a_1 & \cdots & a_2 & a_2 & \cdots & a_n\\
a_1 & a_2 & \cdots & a_2 & a_2 & \cdots & a_n\\
a_2 & a_2 & \cdots & a_2 & a_3 & \cdots & a_1\\
\vdots & \vdots & & \vdots & \vdots & & \vdots\\
a_2 & a_3 & \cdots & a_{n-1} & a_n & \cdots & a_2\\
\vdots & \vdots & & \vdots & \vdots & & \vdots\\
a_n & a_n & \cdots & a_1 & a_1 & \cdots & a_{n-1}\\
a_n & a_1 & \cdots & a_1 & a_1 & \cdots & a_n
\end{bmatrix}$$

由 $G(\sum A_j) \geqslant \sum G(A_i)$ 整理即证.

例 25 见例 10.

证明 我们仅证 p_j 为正有理数 $\frac{q_j}{M}$($j=1,2,\cdots,m$, q_j, M 均为自然数)时的情形,其余均略.

考虑 $n\times M$ 矩阵,且满足 q_1 列,q_2 列,……,q_m 列相同

$$A=\begin{bmatrix} a_{11} & \cdots & a_{11} & a_{12} & \cdots & a_{12} & a_{1m} & \cdots & a_{1m} \\ a_{21} & \cdots & a_{21} & a_{22} & \cdots & a_{22} & a_{2m} & \cdots & a_{2m} \\ \vdots & & \vdots & \vdots & & \vdots & \vdots & & \vdots \\ \underbrace{a_{n1} \quad \cdots \quad a_{n1}}_{q_1\text{ 列}} & & & \underbrace{a_{n2} \quad \cdots \quad a_{n2}}_{q_2\text{ 列}} & & & \underbrace{a_{nm} \quad \cdots \quad a_{nm}}_{q_m\text{ 列}} & & \end{bmatrix}$$

由 $G(\sum A_j) \geqslant \sum G(A_i)$ 整理即证.

例 26 设 $a_i\in\mathbf{R}_+$, $i=1,2,\cdots,n$, $\sum_{i=1}^{n}a_i=2S$, $m\in\mathbf{N}$,求证

$$\frac{a_1^m}{a_2+a_3}+\frac{a_2^m}{a_3+a_4}+\cdots+\frac{a_n^m}{a_1+a_2}\geqslant\left(\frac{2}{n}\right)^{m-2}\cdot S^{m-1}$$

证明 考虑 $n\times m$ 矩阵

$$\begin{bmatrix} \frac{a_1^m}{a_2+a_3} & a_2+a_3 & 1 & \cdots & 1 \\ \frac{a_2^m}{a_3+a_4} & a_3+a_4 & 1 & \cdots & 1 \\ \vdots & \vdots & \vdots & & \vdots \\ \frac{a_n^m}{a_1+a_2} & a_1+a_2 & \underbrace{1 \quad \cdots \quad 1}_{m-2\text{列}} & & \end{bmatrix}$$

由 $G(\sum A_j) \geqslant \sum G(A_i)$ 整理即证.

例 27　设 $x_i>0, i=0,1,2,\cdots,n, n\geqslant 2, n\in\mathbf{N}$. 求证

$$\left(\frac{x_0}{x_1}\right)^{n+1}+\left(\frac{x_1}{x_2}\right)^{n+1}+\cdots+\left(\frac{x_{n-1}}{x_n}\right)^{n+1}+\left(\frac{x_n}{x_0}\right)^{n+1}$$

$$\geqslant\frac{x_1}{x_0}+\frac{x_2}{x_1}+\cdots+\frac{x_n}{x_{n-1}}+\frac{x_0}{x_n}$$

证明　考虑 $(n+2)\times(n+1)$ 矩阵

$$\begin{bmatrix}
\left(\frac{x_0}{x_1}\right)^{n+1} & \left(\frac{x_1}{x_2}\right)^{n+1} & \cdots & \left(\frac{x_{n-1}}{x_n}\right)^{n+1} & \left(\frac{x_n}{x_0}\right)^{n+1}\\
\left(\frac{x_1}{x_2}\right)^{n+1} & \left(\frac{x_2}{x_3}\right)^{n+1} & \cdots & \left(\frac{x_n}{x_0}\right)^{n+1} & 1\\
\left(\frac{x_2}{x_3}\right)^{n+1} & \left(\frac{x_3}{x_4}\right)^{n+1} & \cdots & 1 & \left(\frac{x_0}{x_1}\right)^{n+1}\\
\vdots & \vdots & & \vdots & \vdots\\
1 & \left(\frac{x_0}{x_1}\right)^{n+1} & \cdots & \left(\frac{x_{n-2}}{x_{n-1}}\right)^{n+1} & \left(\frac{x_{n-1}}{x_n}\right)^{n+1}
\end{bmatrix}$$

由 $G(\sum A_j) \geqslant \sum G(A_i)$, 有

$$\left\{\left[\left(\frac{x_0}{x_1}\right)^{n+1}+\left(\frac{x_1}{x_2}\right)^{n+1}+\cdots+\left(\frac{x_{n-1}}{x_n}\right)^{n+1}+\left(\frac{x_n}{x_0}\right)^{n+1}+1\right]^{n+1}\right\}^{\frac{1}{n+1}}$$

$$\geqslant 1+\frac{x_1}{x_0}+\frac{x_2}{x_1}+\cdots+\frac{x_n}{x_{n-1}}+\frac{x_0}{x_n}$$

由此整理即证.

例 28　见例 8.

证明　考虑 $n\times(m+p)$ 矩阵

$$\underbrace{\begin{bmatrix} |x_1|^{m+p} & \cdots & |x_1|^{m+p} \\ |x_2|^{m+p} & \cdots & |x_2|^{m+p} \\ \vdots & & \vdots \\ |x_n|^{m+p} & \cdots & |x_n|^{m+p} \end{bmatrix.}_{m\text{列相同}} \underbrace{\begin{matrix} |x_{i+1}|^{m+p} & \cdots & |x_{i+1}|^{m+p} \\ |x_{i+2}|^{m+p} & \cdots & |x_{i+2}|^{m+p} \\ \vdots & & \vdots \\ |x_{i+n}|^{m+p} & \cdots & |x_{i+n}|^{m+p} \end{matrix}\Bigg]}_{p\text{列相同}}$$

由 $G(\sum \boldsymbol{A}_j) \geqslant \sum G(\boldsymbol{A}_i)$,知

$$\begin{aligned} &[(|x_1|^{m+p}+|x_2|^{m+p}+\cdots+|x_n|^{m+p})^m \cdot \\ &(|x_{i+1}|^{m+p}+\cdots+|x_{i+n}|^{m+p})^p]^{\frac{1}{m+p}} \\ \geqslant &[(|x_1|^{m+p})^m \cdot (|x_{i+1}|^{m+p})^{m+p}]^{\frac{1}{m+p}}+\cdots+ \\ &[(|x_n|^{m+p})^m \cdot (|x_{i+n}|^{m+p})^p]^{\frac{1}{m+p}} \\ = &|x_1|^m \cdot |x_{i+1}|^p+\cdots+|x_n|^m \cdot |x_{i+n}|^p \end{aligned}$$

由上式,令 i 取 $0,1,2,\cdots,n-1$ 得 n 个不等式,把这些不等式的两边相加并注意 $|x_{i+n}|=|x_i|$,得

$$\begin{aligned} &n(|x_1|^{m+p}+|x_2|^{m+p}+\cdots+|x_n|^{m+p}) \\ \geqslant &(|x_1|^m+|x_2|^m+\cdots+|x_n|^m) \cdot \\ &(|x_1|^p+|x_2|^p+\cdots+|x_n|^p) \\ \geqslant &(x_1^m+x_2^m+\cdots+x_n^m) \cdot (x_1^p+x_2^p+\cdots+x_n^p) \end{aligned}$$

由 m,p 的奇偶性相同知 $m+p$ 为偶数,故

$$\frac{x_1^{m+p}+x_2^{m+p}+\cdots+x_n^{m+p}}{n} \geqslant \frac{x_1^m+x_2^m+\cdots+x_n^m}{n} \cdot \frac{x_1^p+x_2^p+\cdots+x_n^p}{n}$$

从上述诸例可以看出:这些不等式的证明或推导,都归结为构造(设计)一个矩阵,且具有一定的规律和模式. 这也就启发我们巧妙地构造出一些矩阵来获得

一系列新的不等式或推广某些不等式.

下面给出几例:

例29　设 $a_i,b_i\in\mathbf{R}_+,i=1,2,\cdots,n,m,k\in\mathbf{N}$,且 $k>m$,构造矩阵

$$\begin{bmatrix} \frac{a_1^k}{b_1^m} & b_1 & \cdots & b_1 & 1 & \cdots & 1 \\ \frac{a_2^k}{b_2^m} & b_2 & \cdots & b_2 & 1 & \cdots & 1 \\ \vdots & \vdots & & \vdots & \vdots & & \vdots \\ \frac{a_n^k}{b_n^m} & \underbrace{b_n \quad \cdots \quad b_n}_{m列} & & & \underbrace{1 \quad \cdots \quad 1}_{k-m-1列} & & \end{bmatrix}_{n\times k}$$

由 $G(\sum \boldsymbol{A}_j)\geqslant\sum G(\boldsymbol{A}_i)$,有

$$\left[\sum_{i=1}^{n}\frac{a_i^k}{b_i^m}\cdot\left(\sum_{i=1}^{m}b_i\right)^m\cdot n^{k-m-1}\right]^{\frac{1}{k}}\geqslant a_1+a_2+\cdots+a_n$$

即

$$\sum_{i=1}^{n}\frac{a_i^k}{b_i^m}\geqslant n^{1+m-k}\cdot\frac{\left(\sum\limits_{i=1}^{n}a_i\right)^k}{\left(\sum\limits_{i=1}^{n}b_i\right)^m}$$

此即为《数学通报》1994年第6期45~47页中的定理1.

例30　设 $a_i,b_i\in\mathbf{R}_+,i=1,2,\cdots,n,n\in\mathbf{N},\alpha,\beta$ 为正有理数(可令 $\alpha=\frac{p}{M},\beta=\frac{q}{M},M,p,q$ 均为正整数),构造矩阵

$$\begin{bmatrix} \frac{a_1^{\alpha+\beta}}{b_1^{\alpha}} & \cdots & \frac{a_1^{\alpha+\beta}}{b_1^{\alpha}} & b_1^{\beta} & \cdots & b_1^{\beta} \\ \frac{a_2^{\alpha+\beta}}{b_2^{\alpha}} & \cdots & \frac{a_2^{\alpha+\beta}}{b_2^{\alpha}} & b_2^{\beta} & \cdots & b_2^{\beta} \\ \vdots & & \vdots & \vdots & & \vdots \\ \frac{a_n^{\alpha+\beta}}{b_n^{\alpha}} & \cdots & \frac{a_n^{\alpha+\beta}}{b_n^{\alpha}} & b_n^{\beta} & \cdots & b_n^{\beta} \end{bmatrix}_{n\times(p\times q)}$$

$$\underbrace{\qquad\qquad\qquad}_{q\text{列}} \qquad \underbrace{\qquad\qquad\qquad}_{p\text{列}}$$

由 $G(\sum \boldsymbol{A}_j) \geqslant \sum G(\boldsymbol{A}_i)$，有

$$\left[\left(\sum_{i=1}^{n}\frac{a_i^{\alpha+\beta}}{b_i^{\alpha}}\right)^{q}\cdot\left(\sum_{i=1}^{n}b_i^{\beta}\right)^{p}\right]^{\frac{1}{p+q}} \geqslant \sum_{i=1}^{n}\left(a_i^{\alpha+\beta}\right)^{\frac{q}{p+q}}$$

即

$$\left(\sum_{i=1}^{n}\frac{a_i^{\alpha+\beta}}{b_i^{\alpha}}\right)^{q}\cdot\left(\sum_{i=1}^{n}b_i^{\beta}\right)^{p} \geqslant \left[\sum_{i=1}^{n}\left(a_i^{\frac{p+q}{M}}\right)^{\frac{q}{p+q}}\right]^{p+q}$$

$$= \left(\sum_{i=1}^{n}a_i^{\beta}\right)^{p+q}$$

两边同开 M 次方得

$$\left(\sum_{i=1}^{n}\frac{a_i^{\alpha+\beta}}{b_i^{\alpha}}\right)^{\frac{q}{M}}\cdot\left(\sum_{i=1}^{n}b_i^{\beta}\right)^{\frac{p}{M}} \geqslant \left(\sum_{i=1}^{n}a_i^{\beta}\right)^{\frac{p+q}{M}}$$

即

$$\left(\sum_{i=1}^{n}\frac{a_i^{\alpha+\beta}}{b_i^{\alpha}}\right)^{\beta} \geqslant \frac{\left(\sum_{i=1}^{n}a_i^{\beta}\right)^{\alpha+\beta}}{\left(\sum_{i=1}^{n}b_i^{\beta}\right)^{\alpha}} \tag{6.3.3}$$

当 α,β 为正实数时，类似于例 9 的办法，也有式(6.3.3)成立. 而式(6.3.3)为《数学通报》1994 年第 6

期43 ~45页中的定理.

例31 设$a_i,b_i\in\mathbf{R}_+,i=1,2,\cdots,n$,且$a_1+a_2+\cdots+a_n=k,b_1+b_2+\cdots+b_n=p,|m|\geqslant 1$. 当$m$为有理数时,令$|m|=\frac{q}{M}$($q,M$为正整数),构造矩阵

$$\begin{bmatrix} \underbrace{\begin{matrix} \frac{a_1^m}{b_1} & \cdots & \frac{a_1^m}{b_1} \\ \frac{a_2^m}{b_2} & \cdots & \frac{a_2^m}{b_2} \\ \vdots & & \vdots \\ \frac{a_n^m}{b_n} & \cdots & \frac{a_n^m}{b_n} \end{matrix}}_{M列} & \underbrace{\begin{matrix} b_1 & \cdots & b_1 \\ b_2 & \cdots & b_2 \\ \vdots & & \vdots \\ b_n & \cdots & b_n \end{matrix}}_{M列} \end{bmatrix}_{n\times 2M}$$

由$G(\sum A_j)\geqslant\sum G(A_i)$,有

$$\left[\left(\sum_{i=1}^n\frac{a_i^m}{b_i}\right)^M\cdot\left(\sum_{i=1}^n b_i\right)^M\right]^{\frac{1}{2M}}\geqslant\sum_{i=1}^n\left[(a_i^m)^M\right]^{\frac{1}{2M}}$$

即

$$\sum_{i=1}^n\frac{a_i^m}{b_i}\geqslant\frac{\left[\sum_{i=1}^n(a_i^m)^{\frac{1}{2}}\right]^2}{p}\geqslant\frac{\sum_{i=1}^n a_i^m}{p}$$

$$\geqslant\frac{n^{1-m}\cdot\left(\sum_{i=1}^n a_i\right)^m}{p}=\frac{n^{1-m}\cdot k^m}{p}\tag{6.3.4}$$

其中由幂平均值不等式有

$$\sum_{i=1}^n a_i^m\geqslant n^{1-m}\cdot\left(\sum_{i=1}^n a_i\right)^m$$

当 m 为实数时,亦可类似于例 9 而证得式(6.3.4).

由上亦即知《数学通报》1993 年第 9 期 43 ~45 页中的定理是错误的.

例 32 若 $x_i>0, i=1,2,\cdots,k, k\in\mathbf{Z}_+, k\geqslant 2, m\geqslant 2, n\in\mathbf{R}_+$,且 $x_1+x_2+\cdots+x_k=1$,则

$$\frac{x_1^m}{x_2(1-x_2^n)}+\frac{x_2^m}{x_3(1-x_3^n)}+\cdots+\frac{x_{k-1}^m}{x_k(1-x_k^n)}+\frac{x_k^m}{x_1(1-x_1^n)}$$

$$\geqslant\frac{k^{n-m+2}}{k^n-1}$$

证明 构造 $k\times 2$ 矩阵

$$\begin{bmatrix}\dfrac{x_1^m}{x_2(1-x_2^n)} & x_2(1-x_2^n)\\ \vdots & \vdots\\ \dfrac{x_{k-1}^m}{x_k(1-x_k^n)} & x_k(1-x_k^n)\\ \dfrac{x_k^m}{x_1(1-x_1^n)} & x_1(1-x_1^n)\end{bmatrix}$$

由 $G(\sum \boldsymbol{A}_j)\geqslant\sum G(\boldsymbol{A}_i)$,有

$$\left[\sum_{i=1}^{k}\frac{x_i^m}{x_{i+1}(1-x_{i+1}^n)}\right]^{\frac{1}{2}}\cdot\left[1-\sum_{i=1}^{k}x_i^{n+1}\right]^{\frac{1}{2}}\geqslant\sum_{i=1}^{k}x_i^{\frac{m}{2}}$$

注意到幂平均不等式,有

$$x_1^{\frac{m}{2}}+x_2^{\frac{m}{2}}+\cdots+x_k^{\frac{m}{2}}\geqslant k^{\frac{2-m}{2}}$$

$$x_1^{n+1}+x_2^{n+1}+\cdots+x_k^{n+1}\geqslant k^{-n}$$

于是

$$\sum_{i=1}^{k}\frac{x_i^m}{x_{i+1}(1-x_{i+1}^n)}\geqslant\frac{\left(\sum\limits_{i=1}^{k}x_i^{\frac{m}{2}}\right)^2}{1-\sum\limits_{i=1}^{k}x_i^{n+1}}\geqslant\frac{k^{2-m}}{1-k^{-n}}=\frac{k^{n-m+2}}{k^n-1}$$

例 33　设 $x_i,a_i,n\in\mathbf{R}_+,i=1,2,\cdots,k,k\in\mathbf{Z}_+,k\geqslant 2,m\geqslant 2$，且 $\sum\limits_{i=1}^{k}x_i=\sum\limits_{i=1}^{k}a_i=1,\sum\limits_{i=1}^{k}a_ix_i=\lambda<1$，求证

$$\frac{a_1^2x_1^m}{a_2x_2(1-x_2^n)}+\cdots+\frac{a_{k-1}^2x_{k-1}^m}{a_kx_k(1-x_k^n)}+\frac{a_k^2x_k^m}{a_1x_1(1-x_1^n)}\geqslant\frac{\lambda^{m-1}}{1-\lambda^n}$$

证明　构造 $k\times 2$ 矩阵

$$\begin{bmatrix}\dfrac{a_1^2x_1^m}{a_2x_2(1-x_2^n)} & a_2x_2(1-x_2^n)\\ \vdots & \vdots\\ \dfrac{a_{k-1}^2x_{k-1}^m}{a_kx_k(1-x_k^n)} & a_kx_k(1-x_k^n)\\ \dfrac{a_k^2x_k^m}{a_1x_1(1-x_1^n)} & a_1x_1(1-x_1^n)\end{bmatrix}_{k\times 2}$$

由 $G(\sum \boldsymbol{A}_j)\geqslant\sum G(\boldsymbol{A}_i)$，有

$$\left[\sum_{i=1}^{k}\frac{a_i^2x_i^m}{a_{i+1}x_{i+1}(1-x_{i+1}^n)}\right]^{\frac{1}{2}}\cdot\left[\sum_{i=1}^{k}a_ix_i(1-x_i^n)\right]^{\frac{1}{2}}$$

$$\geqslant\sum_{i=1}^{k}a_ix_i^{\frac{m}{2}}$$

注意到加权幂平均不等式，有

$$(a_1y_1^s+a_2y_2^s+\cdots+a_ky_k^s)^{\frac{1}{s}}\geqslant a_1y_1+a_2y_2+\cdots+a_ky_k$$

其中 $y_i,a_i>0$，$\sum\limits_{i=1}^{k}a_i=1,s\geqslant 1$. 从而

$$(a_1x_1^{\frac{m}{2}}+a_2x_2^{\frac{m}{2}}+\cdots+a_kx_k^{\frac{m}{2}})^{\frac{2}{m}}\geqslant\sum_{i=1}^{k}a_ix_i=\lambda$$

即

$$\sum_{i=1}^{k}a_ix_i^{\frac{m}{2}}\geqslant\lambda^{\frac{m}{2}}$$

同理

$$\sum_{i=1}^{k}a_ix_i^{n+1}\geqslant\lambda^{n+1}$$

于是

$$\sum_{i=1}^{k}\frac{a_i^2x_i^m}{a_{i+1}x_{i+1}(1-x_{i+1}^n)}\geqslant\frac{(\sum_{i=1}^{k}a_ix_i^{\frac{m}{2}})^2}{\lambda-\sum_{i=1}^{k}a_ix_i^{n+1}}\geqslant\frac{\lambda^{m-1}}{1-\lambda^n}$$

例 34 当 $x_i>0,i=1,2,\cdots,n$,且 $\sum_{i=1}^{n}x_i=1,a\geqslant 0$ 时,有

$$\prod_{i=1}^{n}(x_i^a+\frac{1}{x_i^a})\geqslant(n^a+\frac{1}{n^a})^n$$

证明 构造 $2\times n$ 矩阵

$$\begin{bmatrix}x_1^a & x_2^a & \cdots & x_n^a\\ \frac{1}{x_1^a} & \frac{1}{x_2^a} & \cdots & \frac{1}{x_n^a}\end{bmatrix}_{2\times n}$$

由 $G(\sum A_j)\geqslant\sum G(A_i)$,有

$$\sqrt[n]{\prod_{i=1}^{n}(x_i^a+\frac{1}{x_i^a})}\geqslant\sqrt[n]{\prod_{i=1}^{n}x_i^a}+\sqrt[n]{\prod_{i=1}^{n}\frac{1}{x_i^a}}$$

$$=\left(\sqrt[n]{\prod_{i=1}^{n}x_i}\right)^a+\left(\sqrt[n]{\prod_{i=1}^{n}x_i}\right)^{-a}$$

易知,当 $a>0$ 时,函数 $f(x)=x^a+x^{-a}$ 在 $(0,1]$ 上

严格递减. 由 $\sum_{i=1}^{n} x_i = 1$,知

$$\sqrt[n]{\prod_{i=1}^{n} x_i} \leqslant \frac{1}{n}\sum_{i=1}^{n} x_i = \frac{1}{n}$$

因此

$$\begin{aligned}(\sqrt[n]{\prod_{i=1}^{n} x_i})^{a} + (\sqrt[n]{\prod_{i=1}^{n} x_i})^{-a} &= f(\sqrt[n]{\prod_{i=1}^{n} x_i}) \\ &\geqslant f(\frac{1}{n}) = \frac{1}{n^{a}} + n^{a}\end{aligned}$$

故有

$$\prod_{i=1}^{n}(x_i^{a} + \frac{1}{x_i^{a}}) \geqslant (n^{a} + \frac{1}{n^{a}})^{n}$$

例 35　设 $x_i > 0, i = 1, 2, \cdots, n$,且 $\sum_{i=1}^{n} x_i = 1, n \geqslant 3$,$k$ 为正整数且 $k \geqslant 2$,则

$$\prod_{i=1}^{n}(\frac{1}{x_i^{k}} - x_i^{k}) \geqslant (n^{k} - \frac{1}{n^{k}})^{n}$$

证明　当 $k \geqslant 2$ 时,有

$$\frac{1}{x_i^{2}} - x_i^{2} = (\frac{1}{x_i} - x_i)(\frac{1}{x_i} + x_i)$$

$$\frac{1}{x_i^{3}} - x_i^{3} = (\frac{1}{x_i} - x_i)(\frac{1}{x_i^{2}} + 1 + x_i^{2})$$

$$\begin{aligned}\frac{1}{x_i^{k}} - x_i^{k} = (\frac{1}{x_i} - x_i) \cdot \\ (\frac{1}{x_i^{k-1}} + \frac{1}{x_i^{k-3}} + \cdots + x_i^{k-3} + x_i^{k-1}) \quad (k \geqslant 4)\end{aligned}$$

从而有

$$\prod_{i=1}^{n}(\frac{1}{x_i^{k}} - x_i^{k})$$

$$= \prod_{i=1}^{n}\left(\frac{1}{x_i} - x_i\right) \cdot \prod_{i=1}^{n}\left(\frac{1}{x_i^{k-1}} + \frac{1}{x_i^{k-3}} + \cdots + x_i^{k-3} + x_i^{k-1}\right)$$

$$\geqslant \left(n - \frac{1}{n}\right)^n \cdot \prod_{i=1}^{n}\left(\frac{1}{x_i^{k-1}} + \frac{1}{x_i^{k-3}} + \cdots + x_i^{k-3} + x_i^{k-1}\right)$$

下面只需证

$$\prod_{i=1}^{n}\left(\frac{1}{x_i^{k-1}} + \frac{1}{x_i^{k-3}} + \cdots + x_i^{k-3} + x_i^{k-1}\right)$$

$$\geqslant \left(n^{k-1} + n^{k-3} + \cdots + \frac{1}{n^{k-3}} + \frac{1}{n^{k-1}}\right)^n$$

即可.

构造 $k \times n$ 矩阵

$$\begin{bmatrix} \frac{1}{x_1^{k-1}} & \frac{1}{x_2^{k-1}} & \cdots & \frac{1}{x_n^{k-1}} \\ \frac{1}{x_1^{k-3}} & \frac{1}{x_2^{k-3}} & \cdots & \frac{1}{x_n^{k-3}} \\ \vdots & \vdots & & \vdots \\ x_1^{k-3} & x_2^{k-3} & \cdots & x_n^{k-3} \\ x_1^{k-1} & x_2^{k-1} & \cdots & x_n^{k-1} \end{bmatrix}_{k \times n}$$

由 $G(\sum \boldsymbol{A}_j) \geqslant \sum G(\boldsymbol{A}_i)$,有

$$\sqrt[n]{\prod_{i=1}^{n}\left(\frac{1}{x_i^{k-1}} + \frac{1}{x_i^{k-3}} + \cdots + x_i^{k-3} + x_i^{k-1}\right)}$$

$$\geqslant \sqrt[n]{\frac{1}{\prod_{i=1}^{n} x_i^{k-1}}} + \sqrt[n]{\frac{1}{\prod_{i=1}^{n} x_i^{k-3}}} + \cdots + \sqrt[n]{\prod_{i=1}^{n} x_i^{k-3}} + \sqrt[n]{\prod_{i=1}^{n} x_i^{k-1}}$$

$$= \left(\sqrt[n]{\prod_{i=1}^{n} x_i}\right)^{-(k-1)} + \left(\sqrt[n]{\prod_{i=1}^{n} x_i}\right)^{-(k-3)} + \cdots +$$

$$(\sqrt[n]{\prod_{i=1}^{n} x_i})^{k-3} + (\sqrt[n]{\prod_{i=1}^{n} x_i})^{k-1}$$

当 $p>0$ 时，由函数 $f(x)=x^p+x^{-p}$ 在 $(0,1]$ 上的严格递减性，有

$$(\sqrt[n]{\prod_{i=1}^{n} x_i})^{p} + (\sqrt[n]{\prod_{i=1}^{n} x_i})^{-p} = f(\sqrt[n]{\prod_{i=1}^{n} x_i})$$

$$\geqslant f(\frac{1}{n}) = \frac{1}{n^p} + n^p$$

从而有

$$\prod_{i=1}^{n}(\frac{1}{x_i^{k-1}} + \frac{1}{x_i^{k-3}} + \cdots + x_i^{k-3} + x_i^{k-1})$$

$$\geqslant (n^{k-1} + n^{k-3} + \cdots + \frac{1}{n^{k-3}} + \frac{1}{n^{k-1}})^n$$

因此

$$\prod_{i=1}^{n}(\frac{1}{x_i^k} - x_i^k) \geqslant (n^k - \frac{1}{n^k})^n$$

6.4　矩阵元素的权方关系与不等式

从前面三节的介绍，我们已经看到：非负实数矩阵中蕴涵着优美有趣的对偶运算性质关系，用符号表示便是常见的著名不等式；反过来，某些著名不等式的代数意义就是矩阵元素的某种运算性质关系. 类似的，本节从赫尔德不等式（见例10）出发研究矩阵元素间的权方关系.

定理5　在 $n\times m$ 非负实数矩阵中，每列元素之和

的权方积不小于每行元素的权方积之和.

定理 6 在 $n\times m$ 非负实数矩阵中,每列元素之和的权方商不大于每行元素的权方商之和.

这两个定理即是说,$a_{ij}>0,q_j>0,i=1,2,\cdots,n$,$j=1,2,\cdots,m$. 对于 $n\times m$ 矩阵

$$\begin{matrix} & q_1 & q_2 & \cdots & q_m \\ \boldsymbol{A}= & \left[\begin{matrix} a_{11} \\ a_{21} \\ \vdots \\ a_{n1}\end{matrix}\right. & \begin{matrix} a_{12} \\ a_{22} \\ \vdots \\ a_{n2}\end{matrix} & \begin{matrix} \cdots \\ \cdots \\ \\ \cdots\end{matrix} & \left.\begin{matrix} a_{1m} \\ a_{2m} \\ \vdots \\ a_{nm}\end{matrix}\right]\end{matrix}$$

(1)当 $q_1+q_2+\cdots+q_m\geqslant 1$ 时,定理 5 为

$$\left(\sum_{i=1}^{n}a_{i1}\right)^{q_1}\cdot\left(\sum_{i=1}^{n}a_{i2}\right)^{q_2}\cdot\cdots\cdot\left(\sum_{i=1}^{n}a_{im}\right)^{q_m}$$
$$\geqslant\sum_{i=1}^{n}a_{i1}^{q_1}\cdot a_{i2}^{q_2}\cdot\cdots\cdot a_{im}^{q_m}\tag{6.4.1}$$

并简记为 $P_q\left(\sum_{i=1}^{n}\boldsymbol{A}_i\right)\geqslant\sum_{i=1}^{n}P_q(\boldsymbol{A}_i)$,且简称为 P - 不等式. 其中等号成立的充要条件是 $\boldsymbol{A}$ 中各列元素对应成比例.

(2)当 $q_1-(q_2+q_3+\cdots+q_m)\leqslant 1$ 时,定理 6 为

$$\frac{\left(\sum_{i=1}^{n}a_{i1}\right)^{q_1}}{\left(\sum_{i=1}^{n}a_{i2}\right)^{q_2}\cdot\cdots\cdot\left(\sum_{i=1}^{n}a_{im}\right)^{q_m}}\leqslant\sum_{i=1}^{n}\frac{a_{i1}^{q_1}}{a_{i2}^{q_2}\cdot a_{i3}^{q_3}\cdot\cdots\cdot a_{im}^{q_m}}\tag{6.4.2}$$

并简记为 $Q_q\left(\sum_{i=1}^{n}\boldsymbol{A}_i\right)\leqslant\sum_{i=1}^{n}Q_q(\boldsymbol{A}_i)$,且简称为 Q - 不

等式. 其中等号成立的充要条件是 $q_1-(q_2+\cdots+q_m)=1$，且矩阵 $\boldsymbol{A}$ 中从第二列到第 m 列各列元素对应成比例，并依次等于式(6.4.2)右端各项的比.

为了给出定理5与定理6(或不等式(6.4.1)与(6.4.2))的证明，下面先看一个引理：

引理　设 $n\geqslant 2, a_i>0, b_{ij}>0, p_j>0, i=1,2,\cdots,n, j=1,2,\cdots,k$. p_0, p 为实数，且 $p\cdot p_0>0, p_0-(p_1+p_2+\cdots+p_k)\leqslant p$，则

$$\left(\sum_{i=1}^{n}\frac{a_i^{p_0}}{b_{i1}^{p_1}\cdot b_{i2}^{p_2}\cdot\cdots\cdot b_{ik}^{p_k}}\right)^{p}$$
$$\geqslant\frac{\left(\sum_{i=1}^{n}a_i^{p}\right)^{p_0}}{\left(\sum_{i=1}^{n}b_{i1}^{p}\right)^{p_1}\cdot\cdots\cdot\left(\sum_{i=1}^{n}b_{ik}^{p}\right)^{p_k}}\qquad(6.4.3)$$

并且当 $p_0>0, p>0$ 时，式(6.4.3)中等号成立的充要条件是 $p_0-(p_1+p_2+\cdots+p_k)=p$，且当 $i=1,2,\cdots,n$ 时，有

$$\frac{b_{i0}^{p}}{\sum_{i=1}^{n}b_{i0}^{p}}=\frac{b_{i1}^{p}}{\sum_{i=1}^{n}b_{i1}^{p}}=\cdots=\frac{b_{ik}^{p}}{\sum_{i=1}^{n}b_{ik}^{p}}\qquad(6.4.4)$$

其中 $b_{i0}^{p}\triangleq\dfrac{a_i^{p_0}}{b_{i1}^{p_1}\cdot\cdots\cdot b_{ik}^{p_k}}$.

当 $p_0<0, p<0$ 时，式(6.4.3)中等号成立的充要条件是 $p_0-(p_1+p_2+\cdots+p_k)=p$，且当 $i=1,2,\cdots,n$ 时，有

$$\frac{a_i^{p}}{\sum_{i=1}^{n}a_i^{p}}=\frac{b_{i1}^{p}}{\sum_{i=1}^{n}b_{i1}^{p}}=\cdots=\frac{b_{ik}^{p}}{\sum_{i=1}^{n}b_{ik}}\qquad(6.4.5)$$

证明 当 $p_0>0,p>0$ 时,设 $b_{i0}^{p}=\dfrac{a_i^{p_0}}{b_{i1}^{p_1}\cdot b_{i2}^{p_2}\cdot\cdots\cdot b_{ik}^{p_k}}$ $(i=1,2,\cdots,n)$,$\dfrac{p_j}{p_0}=\theta_j(j=1,2,\cdots,k)$,$\dfrac{p}{p_0}=\theta_0$,$\theta=\theta_0+\theta_1+\cdots+\theta_k$,并记式(6.4.3)的左端为 M,右端为 N. 于是,由已知条件得 $\theta\geqslant 1$,且有

$$\frac{N}{M}=\frac{\left(\sum\limits_{i=1}^{n}a_i^{p}\right)^{p_0}}{\left(\sum\limits_{i=1}^{n}b_{i0}^{p}\right)^{p}\cdot\left(\sum\limits_{i=1}^{n}b_{i1}^{p}\right)^{p_1}\cdot\cdots\cdot\left(\sum\limits_{i=1}^{n}b_{ik}^{p}\right)^{p_k}}$$

$$=\left[\frac{\sum\limits_{i=1}^{n}b_{i0}^{p\theta_0}b_{i0}^{p\theta_1}\cdot\cdots\cdot b_{ik}^{p\theta_k}}{\left(\sum\limits_{i=1}^{n}b_{i0}^{p}\right)^{\theta_0}\cdot\left(\sum\limits_{i=1}^{n}b_{i1}^{p}\right)^{\theta_1}\cdot\cdots\cdot\left(\sum\limits_{i=1}^{n}b_{ik}^{p}\right)^{\theta_k}}\right]^{p_0}$$

$$=\left[\sum_{i=1}^{n}\left(\frac{b_{i0}^{p}}{\sum\limits_{i=1}^{n}b_{i0}^{p}}\right)^{\theta_0}\cdot\left(\frac{b_{i1}^{p}}{\sum\limits_{i=1}^{n}b_{i1}^{p}}\right)^{\theta_1}\cdot\cdots\cdot\left(\frac{b_{ik}^{p}}{\sum\limits_{i=1}^{n}b_{ik}^{p}}\right)^{\theta_k}\right]^{p_0}$$

$$\leqslant\left[\sum_{i=1}^{n}\left(\frac{b_{i0}^{p}}{\sum\limits_{i=1}^{n}b_{i0}^{p}}\right)^{\frac{\theta_0}{\theta}}\cdot\left(\frac{b_{i1}^{p}}{\sum\limits_{i=1}^{n}b_{i1}^{p}}\right)^{\frac{\theta_1}{\theta}}\cdot\cdots\cdot\left(\frac{b_{ik}^{p}}{\sum\limits_{i=1}^{n}b_{ik}^{p}}\right)^{\frac{\theta_k}{\theta}}\right]^{p_0}$$

$$\leqslant\left[\sum_{i=1}^{n}\left(\frac{\theta_0}{\theta}\cdot\frac{b_{i0}^{p}}{\sum\limits_{i=1}^{n}b_{i0}^{p}}+\frac{\theta_1}{\theta}\cdot\frac{b_{i1}^{p}}{\sum\limits_{i=1}^{n}b_{i1}^{p}}+\cdots+\frac{\theta_k}{\theta}\cdot\frac{b_{ik}^{p}}{\sum\limits_{i=1}^{n}b_{ik}^{p}}\right)\right]^{p_0}$$

$$=\left(\frac{\theta_0}{\theta}+\frac{\theta_1}{\theta}+\cdots+\frac{\theta_k}{\theta}\right)^{p_0}=1^{p_0}=1 \qquad (6.4.6)$$

上述证明中第一个不等式利用了指数函数的单调性:若 $0<a<1,x\leqslant y$,则 $a^x\geqslant a^y$,等号当且仅当 $x=y$ 时成

立;而第二个不等式利用了前面例9中的式(6.1.8):若 $a_i>0,q_i>0(i=1,2,\cdots,n)$,且 $q_1+q_2+\cdots+q_n=1$,则

$$a_1^{q_1}\cdot a_2^{q_2}\cdot\cdots\cdot a_n^{q_n}\leqslant q_1a_1+q_2a_2+\cdots+q_na_n$$

其中等号当且仅当 $a_1=a_2=\cdots=a_n$ 时成立.

由式(6.4.6)即知当 $p_0>0,p>0$ 时,不等式(6.4.3)成立,且由式(6.4.6)中等号成立的条件知式(6.4.3)中等号成立的充要条件是 $p_0-(p_1+p_2+\cdots+p_k)=p$(即 $\theta=1$)及等式(6.4.4)成立.

若 $p_0<0,p<0$ 时,令 $q=-p_0>0,q_0=-p>0$,于是 $q_0-(p_1+p_2+\cdots+p_k)=q$,对正数 $\mu_i>0,\mu_{ij}>0(i=1,2,\cdots,n,j=1,2,\cdots,k)$,由前面已证结论有

$$\left(\sum_{i=1}^{n}\frac{\mu_i^{q_0}}{\mu_{i1}^{p_1}\cdot\mu_{i2}^{p_2}\cdot\cdots\cdot\mu_{ik}^{p_k}}\right)^{q}$$

$$\geqslant\frac{\left(\sum\limits_{i=1}^{n}\mu_i^{q}\right)^{q_0}}{\left(\sum\limits_{i=1}^{n}\mu_{i1}^{q}\right)^{p_1}\cdot\left(\sum\limits_{i=1}^{n}\mu_{i2}^{q}\right)^{p_2}\cdot\cdots\cdot\left(\sum\limits_{i=1}^{n}\mu_{ik}^{q}\right)^{p_k}}\tag{6.4.7}$$

且式(6.4.7)中等号成立的充要条件是 $q_0-(p_1+\cdots+p_k)=q$,并且

$$\frac{\mu_{i0}^{q}}{\sum\limits_{i=1}^{n}\mu_{i0}^{q}}=\frac{\mu_{i1}^{q}}{\sum\limits_{i=1}^{n}\mu_{i1}^{q}}=\cdots=\frac{\mu_{ik}^{q}}{\sum\limits_{i=1}^{n}\mu_{ik}^{q}}\tag{6.4.8}$$

其中 $\mu_{i0}^{q}\triangleq\dfrac{\mu_i^{q_0}}{\mu_{i1}^{p_1}\cdot\cdots\cdot\mu_{ik}^{p_k}},i=1,2,\cdots,n.$

令 $\mu_{ij}^{q}=b_{ij}^{p},\dfrac{\mu_i^{q_0}}{\mu_{i1}^{p_1}\cdot\cdots\cdot\mu_{ik}^{p_k}}=a_i^{p}(i=1,2,\cdots,n,j=1,$

$2,\cdots,k)$，则 $\mu_i^q=\dfrac{a_i^{p_0}}{b_{i1}^{p_1}\cdot\cdots\cdot b_{ik}^{p_k}}(i=1,2,\cdots,n)$ 代入式(6.4.7)及(6.4.8)整理后，即知当 $p_0<0,p<0$ 时，不等式(6.4.3)仍成立，并且这时等号成立的充要条件是 $p_0-(p_1+\cdots+p_k)=p$ 且等式(6.4.5)成立. 引理证毕.

下面来证明定理 5.

在不等式(6.4.3)中，取 $k=m-1,a_i=\dfrac{1}{a_{i1}},b_{ij}=\dfrac{1}{a_{i,j+1}},-p_0=q_1,p_j=q_{j+1},p=-1(i=1,2,\cdots,n,j=1,2,\cdots,m-1)$后，两边 -1 次方，将不等号换向即得，亦即有式(6.4.1).

对于定理 6，在不等式(6.4.3)中取 $k=m-1$，$a_i=a_{i1},b_{ij}=a_{i,j+1},p_0=q_1,p_j=q_{j+1},p=1(i=1,2,\cdots,n,j=1,2,\cdots,m-1)$ 即得，亦即有式(6.4.2). 两定理证毕.

在此，我们也指出：在式(6.4.1)中，若 $q_1+q_2+\cdots+q_m=1$，就得到著名的赫尔德不等式(见例 10 中式(6.1.10)). 进一步不难证明不等式(6.4.1)(6.4.2)(6.4.3)都是彼此等价的，故不等式(6.4.1)(6.4.2)(6.4.3)都可视为式(6.1.10)的推广. 如上引理的证明是由湖南师范大学张垚教授给出的.

下面我们看几道例题：

例 36 设 $a_i>0,i=1,2,\cdots,n$，则

$$\sum_{i=1}^{n}a_i^n\geqslant\sum_{i=1}^{n}a_i^{n-1}\cdot a_{i+1}\qquad(6.4.9)$$

其中

$$a_{n+1}=a_1$$

证明　考虑 $n\times 2$ 矩阵

$$\begin{matrix} q_1 & q_2 \end{matrix}$$
$$\begin{bmatrix} a_1^n & a_2^n \\ a_2^n & a_3^n \\ \vdots & \vdots \\ a_n^n & a_1^n \end{bmatrix}$$

其中

$$q_1=\frac{n-1}{n},q_2=\frac{1}{n}$$

由 $P_q(\sum_{i=1}^{n}\boldsymbol{A}_i)\geqslant\sum_{i=1}^{n}P_q(\boldsymbol{A}_i)$，有

$$\left(\sum_{i=1}^{n}a_i^n\right)^{\frac{n-1}{n}}\cdot\left(\sum_{i=1}^{n}a_i^n\right)^{\frac{1}{n}}$$
$$\geqslant(a_1^n)^{\frac{n-1}{n}}\cdot(a_2^n)^{\frac{1}{n}}+(a_2^n)^{\frac{n-1}{n}}\cdot(a_3^n)^{\frac{1}{n}}+\cdots+(a_n^n)^{\frac{n-1}{n}}\cdot(a_1^n)^{\frac{1}{n}}$$

由此式整理即得式(6.4.9).

例 37　设 $x_i>0,i=1,2,\cdots,n$，且 $\sum_{i=1}^{n}x_i=1,\alpha\in\mathbf{R}_+$，求 $\sum_{i=1}^{n}\frac{i^{\alpha+1}}{x_i^{\alpha}}$ 的最小值.

解　考虑 $n\times 2$ 矩阵

$$\begin{matrix} q_1 & q_2 \end{matrix}$$
$$\begin{bmatrix} 1 & x_1 \\ 2 & x_2 \\ \vdots & \vdots \\ n & x_n \end{bmatrix}$$

其中 $q_1=\alpha+1,q_2=\alpha$.

由 $\sum_{i=1}^{n} Q_q(\boldsymbol{A}_i) \geqslant Q_q(\sum_{i=1}^{n} \boldsymbol{A}_i)$,有

$$\sum_{i=1}^{n} \frac{i^{\alpha+1}}{x_i^{\alpha}} \geqslant \frac{(\sum_{i=1}^{n} i)^{\alpha+1}}{(\sum_{i=1}^{n} x_i)^{\alpha}} = \left[\frac{1}{2}n(n+1)\right]^{\alpha+1}$$

其中等号成立的充要条件是$\frac{x_1}{1} = \frac{x_2}{2} = \cdots = \frac{x_n}{n}$,注意到 $\sum_{i=1}^{n} x_i = 1$,当$x_i = \frac{2i}{n(n+1)}(i = 1,2,\cdots,n)$ 时,$\sum_{i=1}^{n} \frac{i^{\alpha+1}}{x_i^{\alpha}}$ 的最小值为$\left[\frac{1}{2}n(n+1)\right]^{\alpha+1}$.

例 38 见例 26.

证明 当 $m=1$ 时,考虑 $n\times 2$ 矩阵

$$\begin{matrix} q_1 & q_2 \end{matrix}$$
$$\begin{bmatrix} \sqrt{a_1} & a_2+a_3 \\ \sqrt{a_2} & a_3+a_4 \\ \vdots & \vdots \\ \sqrt{a_n} & a_1+a_2 \end{bmatrix}$$

其中 $q_1=2, q_2=1$.

由 $\sum_{i=1}^{n} Q_q(\boldsymbol{A}_i) \geqslant Q_q(\sum_{i=1}^{n} \boldsymbol{A}_i)$ 即证.

当 $m\geqslant 2$ 时,考虑 $n\times 3$ 矩阵

$$\begin{matrix} q_1 & q_2 & q_3 \end{matrix}$$
$$\begin{bmatrix} a_1 & a_2+a_3 & 1 \\ a_2 & a_3+a_4 & 1 \\ \vdots & \vdots & \vdots \\ a_n & a_1+a_2 & 1 \end{bmatrix}$$

其中

$$q_1=m,q_2=1,q_3=m-2$$

由 $\sum\limits_{i=1}^{n}Q_q(\boldsymbol{A}_i)\geqslant Q_q(\sum\limits_{i=1}^{n}\boldsymbol{A}_i)$，有

$$\frac{a_1^m}{a_2+a_3}+\frac{a_2^m}{a_3+a_4}+\cdots+\frac{a_n^m}{a_1+a_2}$$

$$\geqslant\frac{(a_1+a_2+\cdots+a_n)^m}{[(a_2+a_3)+\cdots+(a_1+a_2)](1+\cdots+1)^{m-2}}$$

$$=\left(\frac{2}{n}\right)^{m-2}\cdot S^{m-1}$$

例 39（第 4 届全国中学生数学冬令营试题）　设 $x_1,x_2,\cdots,x_n\in\mathbf{R}_+,n\geqslant 2$，且 $\sum\limits_{i=1}^{n}x_i=1$.

求证：$\sum\limits_{i=1}^{n}\dfrac{x_i}{\sqrt{1-x_i}}\geqslant\dfrac{\sum\limits_{i=1}^{n}\sqrt{x_i}}{\sqrt{n-1}}$.

证明　考虑 $n\times 2$ 矩阵

$$\begin{matrix} q_1 & q_2 \end{matrix}$$
$$\begin{bmatrix} 1 & \sqrt{1-x_1} \\ 1 & \sqrt{1-x_2} \\ \vdots & \vdots \\ 1 & \sqrt{1-x_n} \end{bmatrix}$$

其中

$$q_1=2,q_2=1$$

由 $\sum\limits_{i=1}^{n}Q_q(\boldsymbol{A}_i)\geqslant Q_q(\sum\limits_{i=1}^{n}\boldsymbol{A}_i)$，有

$$\sum_{i=1}^{n}\frac{1^2}{\sqrt{1-x_i}}\geqslant\frac{\left(\sum_{i=1}^{n}1\right)^2}{\sum_{i=1}^{n}(1-x_i)}=\frac{n^2}{\sum_{i=1}^{n}\sqrt{1-x_i}}$$

再构造矩阵

$$\boldsymbol{B}=\begin{array}{c} \begin{matrix} q_1 & q_2 \end{matrix} \\ \begin{bmatrix} \sqrt{1-x_1} & 1 \\ \sqrt{1-x_2} & 1 \\ \vdots & \vdots \\ \sqrt{1-x_n} & 1 \end{bmatrix} \end{array} \text{及 } \boldsymbol{C}=\begin{array}{c} \begin{matrix} q_1 & q_2 \end{matrix} \\ \begin{bmatrix} \sqrt{x_1} & 1 \\ \sqrt{x_2} & 1 \\ \vdots & \vdots \\ \sqrt{x_n} & 1 \end{bmatrix} \end{array}$$

其中

$$q_1=2,q_2=1$$

由 $\sum_{i=1}^{n}Q_q(\boldsymbol{B}_i)\geqslant Q_q\left(\sum_{i=1}^{n}\boldsymbol{B}_i\right)$ 及 $\sum_{i=1}^{n}Q_q(\boldsymbol{C}_i)\geqslant Q_q\left(\sum_{i=1}^{n}\boldsymbol{C}_i\right)$，有

$$n-1=\sum_{i=1}^{n}\left(\sqrt{1-x_i}\right)^2\geqslant\frac{\left(\sum_{i=1}^{n}\sqrt{1-x_i}\right)^2}{\sum_{i=1}^{n}1}$$

$$=\frac{\left(\sum_{i=1}^{n}\sqrt{1-x_i}\right)^2}{n}$$

及

$$1=\sum_{i=1}^{n}\left(\sqrt{x_i}\right)^2\geqslant\frac{\left(\sum_{i=1}^{n}\sqrt{x_i}\right)^2}{\sum_{i=1}^{n}1}=\frac{\left(\sum_{i=1}^{n}\sqrt{x_i}\right)^2}{n}$$

即有

$$\sum_{i=1}^{n}\sqrt{1-x_i}\leqslant\sqrt{n(n-1)}\text{ 及 }\sum_{i=1}^{n}\sqrt{x_i}\leqslant\sqrt{n}$$

故

$$\begin{aligned}\sum_{i=1}^{n}\frac{x_i}{\sqrt{1-x_i}}&=\sum_{i=1}^{n}\frac{1}{\sqrt{1-x_i}}-\sum_{i=1}^{n}\sqrt{1-x_i}\\&\geqslant\frac{n^2}{\sum_{i=1}^{n}\sqrt{1-x_i}}-\sum_{i=1}^{n}\sqrt{1-x_i}\\&\geqslant\frac{n^2}{\sqrt{n(n-1)}}-\sqrt{n(n-1)}\\&=\frac{\sqrt{n}}{\sqrt{n-1}}\geqslant\frac{\sum_{i=1}^{n}\sqrt{x_i}}{\sqrt{n-1}}\end{aligned}$$

6.5　运用行列式证明不等式

例40　设 $x,y,z\in\mathbf{R}$，且 $x+y+z\geqslant0$，求证：$x^3+y^3+z^3\geqslant3xyz$.

证明　由

$$\begin{aligned}&x^3+y^3+z^3-3xyz\\&=\begin{vmatrix}x&y&z\\z&x&y\\y&z&x\end{vmatrix}\\&=\begin{vmatrix}x+y+z&x+y+z&x+y+z\\z&x&y\\y&z&x\end{vmatrix}\\&=(x+y+z)(x^2-zy+y^2-xz+z^2-xy)\end{aligned}$$

$$=\frac{1}{2}(x+y+z)[(x-y)^2+(y-z)^2+(z-x)^2]$$

$$\geqslant 0$$

即证.

例 41 设 $a_i\geqslant 0$(或 $a_i\leqslant 0$),$b_i,c_i(i=1,2,\cdots,n)$ 同为单调增加或同为单调减少. 求证

$$\left(\sum_{i=1}^n a_ib_i\right)\cdot\left(\sum_{i=1}^n a_ic_i\right)\leqslant\left(\sum_{i=1}^n a_i\right)\cdot\left(\sum_{i=1}^n a_ib_ic_i\right) \tag{6.5.1}$$

证明 不妨设 $a_i\geqslant 0(i=1,2,\cdots,n)$,$b_i\leqslant b_{i+1},c_i\leqslant c_{i+1}(i=1,2,\cdots,n-1)$.

考虑两个矩阵

$$\boldsymbol{A}=\begin{bmatrix}\sqrt{a_1} & \sqrt{a_2} & \cdots & \sqrt{a_n}\\ \sqrt{a_1}b_1 & \sqrt{a_2}b_2 & \cdots & \sqrt{a_n}b_n\end{bmatrix}$$

$$\boldsymbol{B}=\begin{bmatrix}\sqrt{a_1} & \sqrt{a_1}c_1\\ \sqrt{a_2} & \sqrt{a_2}c_2\\ \vdots & \vdots\\ \sqrt{a_n} & \sqrt{a_n}c_n\end{bmatrix}$$

则

$$|\boldsymbol{A}\cdot\boldsymbol{B}|=\begin{vmatrix}\sum_{i=1}^n a_i & \sum_{i=1}^n a_ic_i\\ \sum_{i=1}^n a_ib_i & \sum_{i=1}^n a_ib_ic_i\end{vmatrix}$$

$$=\left(\sum_{i=1}^n a_i\right)\left(\sum_{i=1}^n a_ib_ic_i\right)-\left(\sum_{i=1}^n a_ib_i\right)\left(\sum_{i=1}^n a_ic_i\right)$$

又

$$|\boldsymbol{A}\cdot\boldsymbol{B}| = \sum_{1\leqslant i<j\leqslant n}\begin{vmatrix}\sqrt{a_i} & \sqrt{a_j}\\ \sqrt{a_i}\,b_i & \sqrt{a_j}\,b_j\end{vmatrix}\cdot\begin{vmatrix}\sqrt{a_i} & c_i\sqrt{a_i}\\ \sqrt{a_j} & c_j\sqrt{a_j}\end{vmatrix}$$

$$\sum_{1\leqslant i<j\leqslant n}a_ia_j\begin{vmatrix}1 & 1\\ b_i & b_j\end{vmatrix}\cdot\begin{vmatrix}1 & c_i\\ 1 & c_j\end{vmatrix}$$

$$=\sum_{1\leqslant i<j\leqslant n}a_ia_j(b_j-b_i)(c_j-c_i)\geqslant 0$$

故不等式(6.5.1)获证.

在不等式(6.5.1)中,以 $-a_i$ 代换 a_i,或者同时以 $-b_i$, $-c_i$ 代换 b_i,c_i,不等式(6.5.1)仍然成立. 可见对于 $a_i\leqslant 0$,或者 b_i,c_i 同为减少的情形,不等式(6.5.1)亦成立,故命题获证.

例42　设 $a_i\in\mathbf{R}(i=1,2,\cdots,n)$,求证

$$\left(\frac{a_1+a_2+\cdots+a_n}{n}\right)^2\leqslant\frac{a_1^2+a_2^2+\cdots+a_n^2}{n}$$

分析　欲证原不等式成立,只要证

$$n(a_1^2+a_2^2+\cdots+a_n^2)\geqslant(a_1+a_2+\cdots+a_n)^2$$

即

$$n(a_1^2+a_2^2+\cdots+a_n^2)-(a_1+a_2+\cdots+a_n)^2\geqslant 0$$

证明　由

$$D=n(a_1^2+a_2^2+\cdots+a_n^2)-(a_1+a_2+\cdots+a_n)^2$$

$$=\begin{vmatrix}a_1^2+a_2^2+\cdots+a_n^2 & a_1+a_2+\cdots+a_n\\ a_1+a_2+\cdots+a_n & n\end{vmatrix}$$

$$=\sum_{i=1}^{n}\begin{vmatrix}a_i^2 & a_1+a_2+\cdots+a_n\\ a_i & n\end{vmatrix}$$

$$=\sum_{i=1}^{n}\sum_{j=1}^{n}a_i\begin{vmatrix}a_i & a_j\\ 1 & 1\end{vmatrix}$$

又

$$D=\sum_{j=1}^{n}\sum_{i=1}^{n}a_j\begin{vmatrix}a_j & a_i\\ 1 & 1\end{vmatrix}$$

$$=\sum_{i=1}^{n}\sum_{j=1}^{n}(-1)a_j\begin{vmatrix}a_i & a_j\\ 1 & 1\end{vmatrix}$$

从而

$$2D=\sum_{i=1}^{n}\sum_{j=1}^{n}(a_i-a_j)\begin{vmatrix}a_i & a_j\\ 1 & 1\end{vmatrix}$$

$$=\sum_{i=1}^{n}\sum_{j=1}^{n}(a_i-a_j)^2\geqslant 0$$

故 $D\geqslant 0$,即原不等式成立.

例 43 对于任意的实数 $x_i,y_i(i=1,2,\cdots,n)$,若 $x_1\leqslant x_2\leqslant\cdots\leqslant x_n$ 且 $y_1\leqslant y_2\leqslant\cdots\leqslant y_n$,或 $x_1\geqslant x_2\geqslant\cdots\geqslant x_n$ 且 $y_1\geqslant y_2\geqslant\cdots\geqslant y_n$,则

$$\frac{x_1y_1+x_2y_2+\cdots+x_ny_n}{n}\geqslant\frac{x_1+x_2+\cdots+x_n}{n}\cdot\frac{y_1+y_2+\cdots+y_n}{n}$$

证明 由

$$D=n(x_1y_1+x_2y_2+\cdots+x_ny_n)-(x_1+x_2+\cdots+x_n)\cdot(y_1+y_2+\cdots+y_n)$$

$$=\begin{vmatrix}x_1y_1+x_2y_2+\cdots+x_ny_n & y_1+y_2+\cdots+y_n\\ x_1+x_2+\cdots+x_n & n\end{vmatrix}$$

$$=\sum_{i=1}^{n}\begin{vmatrix}x_iy_i & y_1+y_2+\cdots+y_n\\ x_i & n\end{vmatrix}$$

$$=\sum_{i=1}^{n}\sum_{j=1}^{n}x_i\begin{vmatrix}y_i & y_j\\ 1 & 1\end{vmatrix}$$

又

$$D=\sum_{j=1}^{n}\sum_{i=1}^{n}x_j\begin{vmatrix}y_j & y_i\\ 1 & 1\end{vmatrix}$$

$$=\sum_{i=1}^{n}\sum_{j=1}^{n}(-1)x_j\begin{vmatrix}y_i & y_j\\ 1 & 1\end{vmatrix}$$

从而

$$2D=\sum_{i=1}^{n}\sum_{j=1}^{n}(x_i-x_j)\begin{vmatrix}y_i & y_j\\ 1 & 1\end{vmatrix}$$

$$=\sum_{i=1}^{n}\sum_{j=1}^{n}(x_i-x_j)(y_i-y_j)\geqslant 0$$

故 $D\geqslant 0$,即原不等式成立.

类似于上例,也可证明柯西不等式.

例44[①] 设 $a,b,c>0$. 求证:

$$\frac{1}{a(1+b)}+\frac{1}{b(1+c)}+\frac{1}{c(1+a)}\geqslant\frac{3}{\sqrt[3]{abc}(1+\sqrt[3]{abc})}\tag{6.5.2}$$

证明 设 $\sqrt[3]{abc}=k(k>0)$,则 $abc=k^3$,故可设 $a=k\cdot\frac{a_2}{a_1}, b=k\cdot\frac{a_3}{a_2}, c=k\cdot\frac{a_1}{a_3}(a_1,a_2,a_3>0)$,代入式(6.5.2),则只需证

$$\frac{1}{k\cdot\frac{a_2}{a_1}+k^2\cdot\frac{a_3}{a_1}}+\frac{1}{k\cdot\frac{a_3}{a_2}+k^2\cdot\frac{a_1}{a_2}}+\frac{1}{k\cdot\frac{a_1}{a_3}+k^2\cdot\frac{a_2}{a_3}}$$

$$\geqslant\frac{3}{k(1+k)}$$

① 罗欲晓. 一个不等式的加强[J]. 数学通报,2003(5):34.

即

$$\frac{a_1}{a_2+ka_3}+\frac{a_2}{a_3+ka_1}+\frac{a_3}{a_1+ka_2}\geqslant\frac{3}{1+k} \qquad (6.5.3)$$

下证式(6.5.3),令

$$\frac{a_1}{a_2+ka_3}=t_1,\frac{a_2}{a_3+ka_1}=t_2,\frac{a_3}{a_1+ka_2}=t_3 \quad (t_1,t_2,t_3>0)$$

且有

$$\begin{cases}a_1-t_1a_2-t_1ka_3=0\\ t_2ka_1-a_2+t_2a_3=0\\ t_3a_1+t_3ka_2-a_3=0\end{cases}$$

这说明上述关于 a_1,a_2,a_3 的齐次线性方程组有正数解,故系数行列式

$$\begin{vmatrix}1 & -t_1 & -kt_1\\ kt_2 & -1 & t_2\\ t_3 & kt_3 & -1\end{vmatrix}=0$$

即

$$\begin{vmatrix}1 & -t_1 & -kt_1\\ 0 & kt_1t_2-1 & k^2t_1t_2+t_2\\ 0 & kt_3+t_1t_3 & kt_1t_3-1\end{vmatrix}=0$$

化简得

$$(k^3+1)t_1t_2t_3+k(t_1t_2+t_2t_3+t_3t_1)=1 \qquad (6.5.4)$$

由基本不等式

$$\left(\frac{t_1+t_2+t_3}{3}\right)^3\geqslant t_1t_2t_3$$

$$3\left(\frac{t_1+t_2+t_3}{3}\right)^2\geqslant t_1t_2+t_2t_3+t_3t_1$$

令 $x=\frac{t_1+t_2+t_3}{3}$,则 $x>0$,x 满足

$$(k^3+1)x^3+3kx^2\geqslant 1 \qquad (6.5.5)$$

容易验证 $x_1=\frac{1}{1+k}$是方程$(k^3+1)x^3+3kx^2-1=0$ 的一个根. 且由韦达定理,此方程的三根 x_1,x_2,x_3 满足

$$\begin{cases} x_1+x_2+x_3=-\frac{3k}{k^3+1}<0 \\ x_1x_2x_3=\frac{1}{k^3+1}>0 \end{cases}$$

故 $x_1=\frac{1}{1+k}$是该方程的唯一正根,因此解不等式(6.5.5)可得 $x\geqslant\frac{1}{1+k}$,此即

$$t_1+t_2+t_3\geqslant\frac{3}{1+k}$$

所以式(6.5.3)成立,故式(6.5.2)得证.

6.6 两个代数不等式的矩阵推广

为了讨论问题的方便,我们需引进正定实对称矩阵的概念,因为在涉及方阵及其行列式的关系的问题中,正定实对称矩阵占有特殊的地位.

定义1 设$f(x_1,x_2,\cdots,x_n)=a_{11}x_1^2+2a_{12}x_1x_2+\cdots+2a_{1n}x_1x_n+a_{22}x_2^2+\cdots+2a_{2n}x_2x_n+\cdots+a_{nn}x_n^2$ 为实系数二次齐次多项式,则称 $f(x_1,x_2\cdots,x_n)=$

$[x_1,x_2,\cdots,x_n]^{\mathrm{T}}\cdot \boldsymbol{A}\cdot [x_1,x_2,\cdots,x_n]$中的矩阵$\boldsymbol{A}$为$f(x_1,\cdots,x_n)$的矩阵.

显然,$\boldsymbol{A}=\begin{bmatrix} a_{11} & a_{12} & \cdots & a_{1n} \\ a_{12} & a_{22} & \cdots & a_{2n} \\ \vdots & \vdots & & \vdots \\ a_{1n} & a_{2n} & \cdots & a_{nn} \end{bmatrix}$是实对称矩阵.

定义 2 若存在n阶可逆方阵$\boldsymbol{C}$,使得n阶方阵$\boldsymbol{A},\boldsymbol{B}$满足$\boldsymbol{B}=\boldsymbol{C}^{\mathrm{T}}\cdot\boldsymbol{A}\cdot\boldsymbol{C}$,则称矩阵$\boldsymbol{A},\boldsymbol{B}$为合同的.

定理 7 任意一个实对称矩阵都合同于一对角形矩阵.

略证 由于对于定义 1 中的$f(x_1,x_2,\cdots,x_n)$总可以通过适当的变换,化为$d_1y_1^2+d_2y_2^2+\cdots+d_ny_n^2$的形式,即

$$[x_1,x_2,\cdots,x_n]\cdot\begin{bmatrix} a_{11} & a_{12} & \cdots & a_{1n} \\ a_{12} & a_{22} & \cdots & a_{2n} \\ \vdots & \vdots & & \vdots \\ a_{1n} & a_{2n} & \cdots & a_{nn} \end{bmatrix}\cdot\begin{bmatrix} x_1 \\ x_2 \\ \vdots \\ x_n \end{bmatrix}$$

$$\to[y_1,\cdots,y_n]\cdot\begin{bmatrix} d_1 & & & \\ & d_2 & & \\ & & \ddots & \\ & & & d_n \end{bmatrix}\cdot\begin{bmatrix} y_1 \\ y_2 \\ \vdots \\ y_n \end{bmatrix}$$

由此即证.

定义 3 对于定义 1 中的$f(x_1,x_2,\cdots,x_n)$,如果有任意一组不全为零的实数$c_1,c_2,\cdots,c_n$,使得:

(1)$f(c_1,c_2,\cdots,c_n)>0$,则称$f(x_1,x_2,\cdots,x_n)$为正定的;

(2)$f(c_1,c_2,\cdots,c_n)\geqslant 0$,则称$f(x_1,x_2,\cdots,x_n)$为半正定的.

定义4　对于定义1中的$f(x_1,x_2,\cdots,x_n)$.

(1)若$f(x_1,x_2,\cdots,x_n)$正定,则称其矩阵$\boldsymbol{A}$是正定的;

(2)若$f(x_1,x_2,\cdots,x_n)$半正定,则称其矩阵$\boldsymbol{A}$是半正定的.

对于定理7,当实对称矩阵$\boldsymbol{A}$为正定矩阵时,必存在n阶实可逆矩阵$\boldsymbol{C}$,使$\boldsymbol{C}^{\mathrm{T}}\boldsymbol{A}\boldsymbol{C}$成为对角形矩阵,且还可进一步要求$|\boldsymbol{C}|=1$.

由定理7的证明可知下面的定理.

定理8　一个n阶实对称矩阵是正定的充分必要条件是它与n阶单位矩阵合同.

由此,我们又有如下定理.

定理9　正定矩阵$\boldsymbol{A}$的行列式大于零.

事实上,由定理8,有可逆矩阵$\boldsymbol{C}$,使

$$\boldsymbol{A}=\boldsymbol{C}^{\mathrm{T}}\boldsymbol{E}\boldsymbol{C}=\boldsymbol{C}^{\mathrm{T}}\boldsymbol{C}$$

两边取行列式,就有$|\boldsymbol{A}|=|\boldsymbol{C}^{\mathrm{T}}\boldsymbol{C}|=|\boldsymbol{C}|^2>0$. 证毕.

定义5　设$\boldsymbol{A}$为n阶方阵,对于字母λ及n阶单位矩阵$\boldsymbol{E}$,矩阵$\lambda\boldsymbol{E}-\boldsymbol{A}$的行列式$|\lambda\boldsymbol{E}-\boldsymbol{A}|$称为$A$的特征多项式,矩阵$\boldsymbol{A}$的特征多项式的根$\lambda_i$称为$\boldsymbol{A}$的特征值.

在$|\lambda\boldsymbol{E}-\boldsymbol{A}|$的展开式中,有一项是主对角线上的元素的连乘积

$$(\lambda-a_{11})\cdot(\lambda-a_{22})\cdot\cdots\cdot(\lambda-a_{nn})\tag{6.6.1}$$

展开式中的其余各项,至多包含 $n-2$ 个主对角线上的元素,它对 λ 的次数最多是 $n-2$. 因此特征多项式中含 λ 的 n 次与 $n-1$ 次的项只能在式(6.6.1)中出现,即 $\lambda^n-(a_{11}+a_{22}+\cdots+a_{nn})\lambda^{n-1}$. 在特征多项式中令 $\lambda=0$(看行列式 $|\lambda\boldsymbol{E}-\boldsymbol{A}|$),即得常数项 $|-\boldsymbol{A}|=(-1)^n|\boldsymbol{A}|$. 因此

$$|\lambda\boldsymbol{E}-\boldsymbol{A}|=\lambda^n-(a_{11}+a_{22}+\cdots+a_{nn})\lambda^{n-1}+\cdots+(-1)^n|\boldsymbol{A}|$$

由根与系数关系知,$\boldsymbol{A}$ 的全体特征值之和为 $a_{11}+a_{22}+\cdots+a_{nn}$,而 $\boldsymbol{A}$ 的全体特征值之积为 $|\boldsymbol{A}|$.

注 对于方阵 $\boldsymbol{A}$,令 $f(\lambda)=|\lambda\boldsymbol{E}-\boldsymbol{A}|$,则有 $f(\boldsymbol{A})=\boldsymbol{A}^n-(a_{11}+a_{22}+\cdots+a_{nn})\boldsymbol{A}^{n-1}+\cdots+(-1)^n|\boldsymbol{A}|\boldsymbol{E}=0$. 此称为哈密顿-凯莱(Hamilton-Caylay)定理.

下面,我们给出两个著名不等式的矩阵推广.

定理 10 设 $\boldsymbol{A}_1,\boldsymbol{A}_2,\cdots,\boldsymbol{A}_n$ 是 $n(n\geqslant 2)$ 个正定同阶实对称阵,$\lambda_1,\lambda_2,\cdots,\lambda_n$ 是 n 个正实数,且 $\lambda_1+\lambda_2+\cdots+\lambda_n=1$,则

$$|\lambda_1\boldsymbol{A}_1+\lambda_2\boldsymbol{A}_2+\cdots+\lambda_n\boldsymbol{A}_n|\geqslant|\boldsymbol{A}_1|^{\lambda_1}\cdot|\boldsymbol{A}_2|^{\lambda_2}\cdot\cdots\cdot|\boldsymbol{A}_n|^{\lambda_n}$$

证明 用数学归纳法. 当 $n=2$ 时,$\lambda_1\boldsymbol{A}_1$ 与 $\lambda_2\boldsymbol{A}_2$ 也都是正定同阶实对称阵,且可推证 $\lambda_1\boldsymbol{A}_1+\lambda_2\boldsymbol{A}_2$ 也是正定同阶实对称阵,于是由定理 7,一定存在行列式的值等于 1 的矩阵 $\boldsymbol{C}$,使

$$\begin{aligned}|\lambda_1\boldsymbol{A}_1+\lambda_2\boldsymbol{A}_2|&=|\boldsymbol{C}^{\mathrm{T}}(\lambda_1\boldsymbol{A}_1+\lambda_2\boldsymbol{A}_2)\boldsymbol{C}|\\&=\prod_{i=1}^{n}(\lambda_1\alpha_i+\lambda_2\beta_i)\end{aligned}$$

另一方面,又有

$$|A_1|^{\lambda_1}\cdot|A_2|^{\lambda_2}=\prod_{i=1}^{n}\alpha_i^{\lambda_1}\cdot\beta_i^{\lambda_2}$$

而 $\lambda_1\alpha_i+\lambda_2\beta_i\geqslant\alpha_i^{\lambda_1}\cdot\beta_i^{\lambda_2}$,且等号仅在 $\beta_i=\alpha_i$ 时成立,则

$$|\lambda_1 \boldsymbol{A}_1+\lambda_2 \boldsymbol{A}_2|\geqslant|\boldsymbol{A}_1|^{\lambda_1}\cdot|\boldsymbol{A}_2|^{\lambda_2}$$

假设当 $n=k(k\geqslant 2)$ 时命题成立,则当 $n=k+1$ 时,有

$$\begin{aligned}&|\lambda_1\boldsymbol{A}_1+\lambda_2\boldsymbol{A}_2+\cdots+\lambda_k\boldsymbol{A}_k+\lambda_{k+1}\boldsymbol{A}_{k+1}|\\=&|\lambda_1\boldsymbol{A}_1+\lambda_2\boldsymbol{A}_2+\cdots+\lambda_{k-1}\boldsymbol{A}_{k-1}+\\&(\lambda_k+\lambda_{k+1})(\frac{\lambda_k}{\lambda_k+\lambda_{k+1}}\boldsymbol{A}_k+\frac{\lambda_{k+1}}{\lambda_k+\lambda_{k+1}}\boldsymbol{A}_{k+1})|\end{aligned}$$

因 $\boldsymbol{A}_k,\boldsymbol{A}_{k+1}$ 为正定实对称阵,故 $\frac{\lambda_k}{\lambda_k+\lambda_{k+1}}\boldsymbol{A}_k+\frac{\lambda_{k+1}}{\lambda_k+\lambda_{k+1}}\boldsymbol{A}_{k+1}$ 是正定实对称矩阵,由归纳假设并注意到 $n=2$ 时结论成立,则有

$$\begin{aligned}&|\lambda_1\boldsymbol{A}_1+\lambda_2\boldsymbol{A}_2+\cdots+\lambda_n\boldsymbol{A}_n|\\\geqslant&|\boldsymbol{A}_1|^{\lambda_1}\cdot\cdots\cdot|\boldsymbol{A}_{k-1}|^{\lambda_{k-1}}\cdot\\&\left|\frac{\lambda_k}{\lambda_k+\lambda_{k+1}}\boldsymbol{A}_k+\frac{\lambda_{k+1}}{\lambda_k+\lambda_{k+1}}\boldsymbol{A}_{k+1}\right|^{\lambda_k+\lambda_{k+1}}\\\geqslant&|\boldsymbol{A}_1|^{\lambda_1}\cdot\cdots\cdot|\boldsymbol{A}_{k-1}|^{\lambda_{k-1}}\cdot\\&(|\boldsymbol{A}_k|^{\frac{\lambda_k}{\lambda_k+\lambda_{k+1}}}\cdot|\boldsymbol{A}_{k+1}|^{\frac{\lambda_{k+1}}{\lambda_k+\lambda_{k+1}}})^{\lambda_k+\lambda_{k+1}}\\=&|\boldsymbol{A}_1|^{\lambda_1}\cdot|\boldsymbol{A}_2|^{\lambda_2}\cdot\cdots\cdot|\boldsymbol{A}_{k+1}|^{\lambda_{k+1}}\end{aligned}$$

此式说明 $n=k+1$ 时,结论成立.

由归纳法原理,定理获证.

上述定理可看作是算术-几何平均值不等式 $\frac{a_1+a_2+\cdots+a_n}{n}\geqslant\sqrt[n]{a_1\cdot a_2\cdot\cdots\cdot a_n}$ 的一种推广.

因为在上述定理中，令 $A_k=a_k,\lambda_k=\frac{1}{n}(k=1,2,\cdots,n)$，即得上述算术－几何平均值不等式.

下面给出闵科夫斯基不等式的一种推广.

首先我们有如下两个定理：

定理 11 设 $\boldsymbol{A},\boldsymbol{B}$ 是 n 阶正定实对称矩阵，则对任意正数 λ,μ，有

$$\lambda|\boldsymbol{A}|^{\frac{1}{n}}+\mu|\boldsymbol{B}|^{\frac{1}{n}}\leqslant|\lambda\boldsymbol{A}+\mu\boldsymbol{B}|^{\frac{1}{n}}$$

等号当且仅当 $\boldsymbol{A}=k\boldsymbol{B}(k>0)$ 时成立.

证明 由于 $\boldsymbol{A},\boldsymbol{B}$ 正定，必存在 n 阶实可逆矩阵 $\boldsymbol{C}$，使 $\boldsymbol{C}^{\mathrm{T}}\boldsymbol{A}\boldsymbol{C}$ 和 $\boldsymbol{C}^{\mathrm{T}}\boldsymbol{B}\boldsymbol{C}$ 同时成对角形矩阵. 令 $\boldsymbol{Q}=\boldsymbol{C}^{-1}$，则 $\boldsymbol{A},\boldsymbol{B}$ 可写成

$$\boldsymbol{A}=\boldsymbol{Q}^{\mathrm{T}}\begin{bmatrix}a_1 & & & \\ & a_2 & & \boldsymbol{0} \\ & \boldsymbol{0} & \ddots & \\ & & & a_n\end{bmatrix}\boldsymbol{Q}$$

$$\boldsymbol{B}=\boldsymbol{Q}^{\mathrm{T}}\begin{bmatrix}b_1 & & & \\ & b_2 & & \boldsymbol{0} \\ & \boldsymbol{0} & \ddots & \\ & & & b_n\end{bmatrix}\boldsymbol{Q}$$

易见 $a_i>0,b_i>0(i=1,2,\cdots,n)$. 此时

$$\lambda\boldsymbol{A}+\mu\boldsymbol{B}=\boldsymbol{Q}^{\mathrm{T}}\begin{bmatrix}\lambda a_1+\mu b_1 & & & \\ & \lambda a_2+\mu b_2 & & \boldsymbol{0} \\ & \boldsymbol{0} & \ddots & \\ & & & \lambda a_n+\mu b_n\end{bmatrix}\boldsymbol{Q}$$

再分别计算各矩阵的行列式的值

$$\begin{aligned}&\lambda|\boldsymbol{A}|^{\frac{1}{n}}+\mu|\boldsymbol{B}|^{\frac{1}{n}}\\=&|\boldsymbol{Q}|^{\frac{2}{n}}\lambda\sqrt[n]{a_1\cdot a_2\cdot\cdots\cdot a_n}+\\&|\boldsymbol{Q}|^{\frac{2}{n}}\mu\sqrt[n]{b_1\cdot b_2\cdot\cdots\cdot b_n}\\=&|\boldsymbol{Q}|^{\frac{2}{n}}[\sqrt[n]{(\lambda a_1)\cdot\cdots\cdot(\lambda a_n)}+\sqrt[n]{(\mu b_1)\cdot\cdots\cdot(\mu b_n)}]\end{aligned}$$

故

$$|\lambda\boldsymbol{A}+\mu\boldsymbol{B}|^{\frac{1}{n}}=|\boldsymbol{Q}|^{\frac{2}{n}}\sqrt[n]{(\lambda a_1+\mu b_1)\cdot\cdots\cdot(\lambda a_n+\mu b_n)}$$

注意到本章练习题第 26 题证明的结论，令 $x_i=\lambda a_i,y_i=\mu b_i(i=1,2,\cdots,n)$，即证得上述定理，等号当且仅当$\frac{\lambda a_i}{\mu b_i}$全相等时才成立，这时必有 $k>0$ 使$\frac{a_i}{b_i}=k$，因此，等号成立时必有 $\boldsymbol{A}=k\boldsymbol{B}$. 反之亦然.

还可运用数学归纳法证明上述定理的推广：

设 $\boldsymbol{A}_j(j=1,2,\cdots,m)$ 都是 n 阶正定实对称矩阵，对任意实数 $\lambda_1,\lambda_2,\cdots,\lambda_m$，有

$$\lambda_1|\boldsymbol{A}_1|^{\frac{1}{n}}+\cdots+\lambda_m|\boldsymbol{A}_m|^{\frac{1}{n}}\leqslant|\lambda_1\boldsymbol{A}_1+\cdots+\lambda_m\boldsymbol{A}_m|^{\frac{1}{n}}$$

等号当且仅当任意两个矩阵 $\boldsymbol{A}_i,\boldsymbol{A}_j$ 相差一个正数倍时成立.

定理 12　设 $\boldsymbol{A}_j,\boldsymbol{B}_j(j=1,2,\cdots,m)$ 都是 n 阶正定实对称矩阵，$p<1$ 且 $p\neq0$，则有

$$\begin{aligned}&\left(\sum_{j=1}^{m}|A_j+B_j|^{\frac{p}{n}}\right)^{\frac{1}{p}}\\\geqslant&\left(\sum_{j=1}^{m}|A_j|^{\frac{p}{n}}\right)^{\frac{1}{p}}+\left(\sum_{j=1}^{m}|B_j|^{\frac{p}{n}}\right)^{\frac{1}{p}}\end{aligned}$$

证明　设 q 是满足$\frac{1}{p}+\frac{1}{q}=1$ 的实数（此时有

$(p-1)q=p$),利用定理 11 及赫尔德不等式得

$$\begin{aligned}
&\sum_{j=1}^{m}|A_j+B_j|^{\frac{p}{n}}\\
=&\sum_{j=1}^{m}|A_j+B_j|^{\frac{1}{n}}\cdot|A_j+B_j|^{\frac{p-1}{n}}\\
\geqslant&\sum_{j=1}^{m}(|A_j|^{\frac{1}{n}}+|B_j|^{\frac{1}{n}})|A_j+B_j|^{\frac{p-1}{n}}\\
=&\sum_{j=1}^{m}|A_j|^{\frac{1}{n}}\cdot|A_j+B_j|^{\frac{p-1}{n}}+\\
&\sum_{j=1}^{m}|B_j|^{\frac{1}{n}}\cdot|A_j+B_j|^{\frac{p-1}{n}}\\
\geqslant&(\sum_{j=1}^{m}|A_j|^{\frac{p}{n}})^{\frac{1}{p}}\cdot(\sum_{j=1}^{m}|A_j+B_j|^{\frac{(p-1)q}{n}})^{\frac{1}{q}}+\\
&(\sum_{j=1}^{m}|B_j|^{\frac{p}{n}})^{\frac{1}{p}}\cdot(\sum_{j=1}^{m}|A_j+B_j|^{\frac{(p-1)q}{n}})^{\frac{1}{q}}\\
=&[(\sum_{j=1}^{m}|A_j|^{\frac{p}{n}})^{\frac{1}{p}}+(\sum_{j=1}^{m}|B_j|^{\frac{p}{n}})^{\frac{1}{p}}]\cdot\\
&(\sum_{j=1}^{m}|A_j+B_j|^{\frac{p}{n}})^{\frac{1}{q}}
\end{aligned}$$

两边同除以正数 $(\sum_{j=1}^{m}|A_j+B_j|^{\frac{p}{n}})^{\frac{1}{q}}$,并注意到 $1-\frac{1}{q}=\frac{1}{p}$,便证得了上述定理,并且不难确定上述定理中等号成立的充要条件是 $A_j=kB_j(k>0,i=1,2,\cdots,m)$.

下面我们应用定理 12 给出闵科夫斯基不等式的一种推广.

设 A_j,B_j,A_j+B_j 的特征值分别是 $\alpha_{jk},\beta_{jk},\gamma_{jk}(k=$

$1,2,\cdots,n$)，允许特征值重复，由定理 12 及注意到矩阵的行列式等于它的特征值的乘积：$|\boldsymbol{A}_j|=\alpha_{j1}\cdot\cdots\cdot\alpha_{jn}$，$|\boldsymbol{B}_j|=\beta_{j1}\cdot\cdots\cdot\beta_{jn}$，有

$$\left(\sum_{j=1}^{m}(\gamma_{j1}\cdot\cdots\cdot\gamma_{jn})^{\frac{p}{n}}\right)^{\frac{1}{p}}$$

$$\geqslant\left(\sum_{j=1}^{m}(\alpha_{j1}\cdot\cdots\cdot\alpha_{jn})^{\frac{p}{n}}\right)^{\frac{1}{p}}+\left(\sum_{j=1}^{m}(\beta_{j1}\cdot\cdots\cdot\beta_{jn})^{\frac{p}{n}}\right)^{\frac{1}{p}}$$

此即为闵科夫斯基不等式的一种推广.

这是因为当上述不等式中令 $n=1$，则 $\gamma_{j1}=\alpha_{j1}+\beta_{j1}(j=1,2,\cdots,m)$，有

$$\left(\sum_{j=1}^{m}(\alpha_{j1}+\beta_{j1})^{p}\right)^{\frac{1}{p}}\geqslant\left(\sum_{j=1}^{m}\alpha_{j1}^{p}\right)^{\frac{1}{p}}+\left(\sum_{j=1}^{m}\beta_{j1}^{p}\right)^{\frac{1}{p}}$$

此即为通常的闵科夫斯基不等式.

6.7　不等式的行列式推广

我们在 3.1 节中的例 4 已经看到：某些不等式是可以用行列式来表示的；我们又在 6.6 节中看到：正定矩阵的行列式的值是大于零的，半正定矩阵的行列式的值是大于等于零的，这就启示我们：某些不等式及其推广用行列式讨论是可行的. 我们还将看到：矩阵和行列式是数学上将低维的成果推广到多维或高维空间的有力工具(参见本节及另著《单形论导引》).

下面我们介绍几个例子.

例 45　柯西不等式 $\left(\sum_{i=1}^{n}a_i^2\right)\cdot\left(\sum_{i=1}^{n}b_i^2\right)\geqslant$

$(\sum_{i=1}^{n} a_i b_i)^2$ 可以用行列式表示为

$$|\boldsymbol{M}_2| = \begin{vmatrix} \sum_{i=1}^{n} a_i^2 & \sum_{i=1}^{n} a_i b_i \\ \sum_{i=1}^{n} a_i b_i & \sum_{i=1}^{n} b_i^2 \end{vmatrix} \geqslant 0 \quad (6.7.1)$$

由此,我们可以提出:柯西不等式的一种扩充形式可为

$$|\boldsymbol{M}_l| = \begin{vmatrix} \sum_{i=1}^{n} a_i^2 & \sum_{i=1}^{n} a_i b_i & \cdots & \sum_{i=1}^{n} a_i l_i \\ \sum_{i=1}^{n} b_i a_i & \sum_{i=1}^{n} b_i^2 & \cdots & \sum_{i=1}^{n} b_i l_i \\ \vdots & \vdots & & \vdots \\ \sum_{i=1}^{n} l_i a_i & \sum_{i=1}^{n} l_i b_i & \cdots & \sum_{i=1}^{n} l_i^2 \end{vmatrix} \geqslant 0$$

(6.7.2)

下面,我们给出式(6.7.2)的一个证明:

由

$$\begin{aligned} 0 \leqslant & \sum_{k=1}^{n} (a_k x_1 + b_k x_2 + \cdots + l_k x_m)^2 = F(x_1, x_2, \cdots, x_m) \\ = & \sum_{k=1}^{n} a_k^2 x_1^2 + \sum_{k=1}^{n} a_k b_k x_1 x_2 + \cdots + \sum_{k=1}^{n} a_k l_k x_1 x_m + \\ & \sum_{k=1}^{n} b_k a_k x_2 x_1 + \sum_{k=1}^{n} b_k^2 x_2^2 + \cdots + \sum_{k=1}^{n} b_k l_k x_2 x_m + \cdots + \\ & \sum_{k=1}^{n} l_k a_k x_m x_1 + \sum_{k=1}^{n} l_k b_k x_m x_2 + \cdots + \sum_{k=1}^{n} l_k^2 x_m^2 \end{aligned}$$

可知本命题中的行列式$|\boldsymbol{M}_l|$恰好就是上述半正定式

$F(x_1,x_2,\cdots,x_m)$的矩阵 $\boldsymbol{M}_l$ 的行列式,而 $\boldsymbol{M}_l$ 是半正定的,故$|\boldsymbol{M}_l|\geqslant 0$. 证毕.

例46 已知 $a^2+b^2=1,x^2+y^2=1$,由柯西不等式,则有$|ax+by|\leqslant 1$,$|ay-bx|\leqslant 1$. 我们将其改写成行列式后,便为:若 $a_{11}^2+a_{12}^2=1,a_{21}^2+a_{22}^2=1$,则

$$-1\leqslant\begin{vmatrix} a_{11} & a_{12} \\ a_{21} & a_{22} \end{vmatrix}\leqslant 1 \qquad (6.7.3)$$

由此,我们自然地提出如下命题:

若 $a_{i1}^2+a_{i2}^2+\cdots+a_{in}^2=1,i=1,2,\cdots,n$,则有

$$-1\leqslant\begin{vmatrix} a_{11} & a_{12} & \cdots & a_{1n} \\ a_{21} & a_{22} & \cdots & a_{2n} \\ \vdots & \vdots & & \vdots \\ a_{n1} & a_{n2} & \cdots & a_{nn} \end{vmatrix}\leqslant 1 \qquad (6.7.4)$$

我们可从几何的角度给出式(6.7.4)的说明:

当 $n=2$ 时,式(6.7.3)中的行列式的绝对值是表示以向量$\overrightarrow{OA_1}$,$\overrightarrow{OA_2}$(其中$A_1(a_{11},a_{12})$,$A_2(a_{21},a_{22})$)为邻边的平行四边形的面积,而由条件 $a_{11}^2+a_{12}^2=1$,$a_{21}^2+a_{22}^2=1$ 可知,$\overrightarrow{OA_1}$,$\overrightarrow{OA_2}$均为单位向量,故它们所构成的平行四边形的面积不会超过1,这就证明了不等式(6.7.3).

当 $n=3$ 时,式(6.7.4)的几何意义是,以单位向量$\overrightarrow{OA_1}$,$\overrightarrow{OA_2}$,$\overrightarrow{OA_3}$(其中$A_1(a_{11},a_{12},a_{13})$,$A_2(a_{21},a_{22},a_{23})$,$A_3(a_{31},a_{32},a_{33})$)为棱的平行六面体的体积不超过1,这是显而易见的.

一般的,到了 n 维空间,式(6.7.4)的几何意义便

是以$\overrightarrow{OA_1}, \overrightarrow{OA_2}, \cdots, \overrightarrow{OA_n}$（其中 $A_1(a_{11}, a_{12}, \cdots, a_{1n})$，$A_2(a_{21}, a_{22}, \cdots, a_{2n}), \cdots, A_n(a_{n1}, a_{n2}, \cdots, a_{nn})$）为棱的 n 维超平行体的体积不超过 1.

6.8 两个同阶方阵元素间的一种特殊积和关系与不等式

我们先引进一个概念：

定义 6 方阵 $\boldsymbol{A}=(a_{ij})_{n\times n}$的主对角线上的元素之和，称为该矩阵的迹，记为

$$\mathrm{tr}\,\boldsymbol{A}=a_{11}+a_{22}+\cdots+a_{nn}$$

对于矩阵的迹，下列性质是显然的.

(1) $\mathrm{tr}\,\boldsymbol{A}=\mathrm{tr}\,\boldsymbol{A}^{\mathrm{T}}$，其中 $\boldsymbol{A}^{\mathrm{T}}$ 为 $\boldsymbol{A}$ 的转置；

(2) $\mathrm{tr}\,k\boldsymbol{A}=k\mathrm{tr}\,\boldsymbol{A}$，其中 k 为实常数；

(3) $\mathrm{tr}(\boldsymbol{A}+\boldsymbol{B})=\mathrm{tr}\,\boldsymbol{A}+\mathrm{tr}\,\boldsymbol{B}$；

(4) $\mathrm{tr}(\boldsymbol{AB})=\mathrm{tr}(\boldsymbol{BA})$.

由上述定义及性质，并注意到矩阵乘法满足结合律，左或右分配律，我们可推证如下不等式定理.

定理 13（几何－算术平均不等式） 设 $\boldsymbol{A},\boldsymbol{B}$ 都是 $n\times n$ 实对称矩阵（称满足 $\boldsymbol{X}=\boldsymbol{X}^{\mathrm{T}}$ 的方阵 $\boldsymbol{X}$ 为对称矩阵），则

$$\mathrm{tr}\,\boldsymbol{AB}\leqslant\mathrm{tr}\left(\frac{\boldsymbol{A}+\boldsymbol{B}}{2}\right)^2 \qquad (6.8.1)$$

等号当且仅当 $\boldsymbol{A}=\boldsymbol{B}$ 时成立.

证明 由

$$\operatorname{tr}(\boldsymbol{A}-\boldsymbol{B})^2=\operatorname{tr}[(\boldsymbol{A}+\boldsymbol{B})^2-4\boldsymbol{AB}]\geqslant 0$$

有

$$\operatorname{tr}(\boldsymbol{A}+\boldsymbol{B})^2\geqslant 4\operatorname{tr}\boldsymbol{AB}\Rightarrow \operatorname{tr}\boldsymbol{AB}\leqslant \operatorname{tr}\left(\frac{\boldsymbol{A}+\boldsymbol{B}}{2}\right)^2$$

等号当且仅当 $\operatorname{tr}(\boldsymbol{A}-\boldsymbol{B})^2=0\Leftrightarrow \boldsymbol{A}-\boldsymbol{B}=\boldsymbol{0}\Leftrightarrow \boldsymbol{A}=\boldsymbol{B}$ 时成立.

定理 14(柯西不等式的类似) 设 $\boldsymbol{A},\boldsymbol{B}$ 都是 $n\times n$ 实对称矩阵,则

$$|\operatorname{tr}\boldsymbol{AB}|\leqslant \sqrt{\operatorname{tr}\boldsymbol{A}^2}\cdot\sqrt{\operatorname{tr}\boldsymbol{B}^2} \qquad (6.8.2)$$

等号当且仅当 $\boldsymbol{A}=k\boldsymbol{B}$ 或 $\boldsymbol{B}=k\boldsymbol{A}(k\geqslant 0)$ 时成立.

证明 当 $\boldsymbol{B}=\boldsymbol{0}$ 即元素全为零的零方阵时,式(6.8.2)显然成立. 下设 $\boldsymbol{B}$ 不为零矩阵,令 l 是一个实变数,作矩阵 $\boldsymbol{C}=\boldsymbol{A}+l\boldsymbol{B}$,则

$$\operatorname{tr}\boldsymbol{C}^2=\operatorname{tr}(\boldsymbol{A}+l\boldsymbol{B})^2=\operatorname{tr}\boldsymbol{A}^2+2l\operatorname{tr}\boldsymbol{AB}+l^2\operatorname{tr}\boldsymbol{B}^2\geqslant 0$$

取 $l=-\dfrac{\operatorname{tr}\boldsymbol{AB}}{\operatorname{tr}\boldsymbol{B}^2}$代入上式,有

$$\operatorname{tr}\boldsymbol{A}^2-\frac{(\operatorname{tr}\boldsymbol{AB})^2}{\operatorname{tr}\boldsymbol{B}^2}\geqslant 0\Rightarrow |\operatorname{tr}\boldsymbol{AB}|\leqslant\sqrt{\operatorname{tr}\boldsymbol{A}^2}\cdot\sqrt{\operatorname{tr}\boldsymbol{B}^2}$$

等号当且仅当 $\operatorname{tr}(\boldsymbol{A}+l\boldsymbol{B})^2=0\Leftrightarrow \boldsymbol{A}+l\boldsymbol{B}=\boldsymbol{0}\Leftrightarrow \boldsymbol{A}=k\boldsymbol{B}$ 或 $\boldsymbol{B}=k\boldsymbol{A}(k\geqslant 0)$ 时成立.

定理 15(闵科夫斯基不等式) 设 $\boldsymbol{A},\boldsymbol{B}$ 都是 $n\times n$ 实对称矩阵,则

$$\sqrt{\operatorname{tr}(\boldsymbol{A}+\boldsymbol{B})^2}\leqslant\sqrt{\operatorname{tr}\boldsymbol{A}^2}+\sqrt{\operatorname{tr}\boldsymbol{B}^2} \qquad (6.8.3)$$

等号当且仅当 $\boldsymbol{A}=k\boldsymbol{B}$ 或 $\boldsymbol{B}=k\boldsymbol{A}(k\geqslant 0)$ 时成立.

证明 由

$$\operatorname{tr}(\boldsymbol{A}+\boldsymbol{B})^2=\operatorname{tr}\boldsymbol{A}^2+\operatorname{tr}\boldsymbol{B}^2+2\operatorname{tr}\boldsymbol{AB}$$

及

$(\sqrt{\mathrm{tr}\,\boldsymbol{A}^2}+\sqrt{\mathrm{tr}\,\boldsymbol{B}^2})^2=\mathrm{tr}\,\boldsymbol{A}^2+\mathrm{tr}\,\boldsymbol{B}^2+2\sqrt{\mathrm{tr}\,\boldsymbol{A}^2}\cdot\sqrt{\mathrm{tr}\,\boldsymbol{B}^2}$

又由 $\mathrm{tr}\,\boldsymbol{AB}\leqslant|\mathrm{tr}\,\boldsymbol{AB}|\leqslant\sqrt{\mathrm{tr}\,\boldsymbol{A}^2}\cdot\sqrt{\mathrm{tr}\,\boldsymbol{B}^2}$ 即证. 等号当且仅当 $\mathrm{tr}\,\boldsymbol{AB}=\sqrt{\mathrm{tr}\,\boldsymbol{A}^2}\cdot\sqrt{\mathrm{tr}\,\boldsymbol{B}^2}\Leftrightarrow\mathrm{tr}(\boldsymbol{A}+l\boldsymbol{B})^2\Leftrightarrow\boldsymbol{A}=k\boldsymbol{B}$ 或 $\boldsymbol{B}=k\boldsymbol{A}(k\geqslant0)$ 时成立.

定理 16 设 $\boldsymbol{A}$ 是 $n\times n$ 实反对称矩阵(称满足 $\boldsymbol{X}=-\boldsymbol{X}^{\mathrm{T}}$ 的方阵 $\boldsymbol{X}$ 为反对称矩阵),则

$$\mathrm{tr}\,\boldsymbol{A}^2\leqslant0\qquad(6.8.4)$$

等号当且仅当 $\boldsymbol{A}$ 为零矩阵即 $\boldsymbol{A}=\boldsymbol{0}$ 时成立.

证明 令 $\boldsymbol{A}=(a_{ij}),\boldsymbol{B}=\boldsymbol{A}^2=(b_{ij})$,则

$$b_{ii}=\sum_{k=1}^{n}a_{ik}\cdot a_{ki}=-\sum_{k=1}^{n}a_{ik}^2$$

$$\mathrm{tr}\,\boldsymbol{A}^2=\mathrm{tr}\,\boldsymbol{B}=-\sum_{i,k=1}^{n}a_{ki}^2\leqslant0$$

等号当且仅当 $a_{ik}=0(i,k=1,2,\cdots,n)\Leftrightarrow\boldsymbol{A}=\boldsymbol{0}$ 时成立.

定理 17 设 $\boldsymbol{A},\boldsymbol{B}$ 是 $n\times n$ 实对称矩阵,则

$$\mathrm{tr}(\boldsymbol{AB})^2\leqslant\mathrm{tr}\,\boldsymbol{A}^2\boldsymbol{B}^2\qquad(6.8.5)$$

等号当且仅当 $\boldsymbol{AB}=\boldsymbol{BA}$ 时成立.

证明 由 $(\boldsymbol{AB}-\boldsymbol{BA})^2=(\boldsymbol{AB})^2+(\boldsymbol{BA})^2-\boldsymbol{AB}^2\boldsymbol{A}-\boldsymbol{BA}^2\boldsymbol{B}$,以及可证 $\boldsymbol{AB}-\boldsymbol{BA}$ 是反对称矩阵,则由式(6.8.4)知

$$0\geqslant\mathrm{tr}(\boldsymbol{AB}-\boldsymbol{BA})^2=2\mathrm{tr}(\boldsymbol{AB})^2-2\mathrm{tr}\,\boldsymbol{A}^2\boldsymbol{B}^2$$

即证. 等号当且仅当 $\mathrm{tr}(\boldsymbol{AB}-\boldsymbol{BA})^2=0\Leftrightarrow\boldsymbol{AB}-\boldsymbol{BA}=\boldsymbol{0}\Leftrightarrow\boldsymbol{AB}=\boldsymbol{BA}$ 时成立.

练习题

用 S - 不等式或 T - 不等式证明下列各题:

1. 求证:$a^4+b^4+c^4+d^4\geqslant a^2b^2+b^2c^2+c^2d^2+d^2a^2$.

2. 求证:$n!<\left(\frac{n+1}{2}\right)^n$.

3. 设 $x_n=(1+\frac{1}{n})^n$,$y_n=(1+\frac{1}{n})^{n+1}$,证明:

(1)$x_n\leqslant x_{n+1}$;

(2)$y_n>y_{n+1}$.

4. 求证:$3(1+a^2+a^4+a^6)\geqslant 4(a+a^3+a^5)$.

5. 若 $x_i>0$,$i=1,2,\cdots,n$,且 $\sum\limits_{i=1}^{n}\frac{1}{1+x_i}=1$. 求证

$$x_1\cdot x_2\cdot\cdots\cdot x_n\geqslant(n-1)^n$$

6. 在 $\triangle ABC$ 中,证明:

(1)$\frac{aA+bB+cC}{a+b+c}\geqslant\frac{\pi}{3}$;

(2)$\frac{1}{A^2}+\frac{1}{B^2}+\frac{1}{C^2}\geqslant\frac{27}{\pi^2}$.

7. 设 $\triangle ABC$ 内切圆的平行于边的三条切线被两边所截三条线段长为 p_1,p_2,p_3,求证

$$abc\geqslant 27p_1p_2p_3$$

8. 设 $x,y,z\geqslant 0$,求证:$(x+y+z)^6\geqslant 432xy^2z^3$.

9. 设 n 是大于 2 的自然数,求证

$$n^{n+1} > (n+1)^n$$

10. 设 $a_1, a_2, \cdots, a_n \in \mathbf{R}_+, A_n = \frac{1}{n}(a_1 + a_2 + \cdots + a_n), G_n = (a_1 \cdot a_2 \cdot \cdots \cdot a_n)^{\frac{1}{n}}$,求证

$$(1+G_n)^n \leqslant (1+a_1) \cdot (1+a_2) \cdot \cdots \cdot (1+a_n) \leqslant (1+A_n)^n$$

用 G - 不等式证明下列各题:

11. 设 $x, y, z, \lambda, \mu, 3\lambda - \mu$ 均为正实数,且 $x+y+z=1$,试证

$$f(x,y,z) = \frac{x}{\lambda - \mu x} + \frac{y}{\lambda - \mu y} + \frac{x}{\lambda - \mu z} \geqslant \frac{3}{3\lambda - \mu}$$

12. 若 $a, b, c \in \mathbf{R}_+$,且 $a^2 + b^2 + c^2 = 14$,求证

$$a^5 + \frac{1}{8}b^5 + \frac{1}{27}c^5 \geqslant 14$$

13. 若 $a_i > 0, i = 1, 2, \cdots, n, m \in \mathbf{R}_+$,且 $\prod_{i=1}^{n} a_i = 1$,试证

$$\prod_{i=1}^{n}(m + a_i) \geqslant (m+1)^n$$

14. 见第 3 题.

15. 设 a, b, c 均为正数,且 $abc = 1$,试证

$$\frac{1}{a^3(b+c)} + \frac{1}{b^3(c+a)} + \frac{1}{c^3(c+b)} \geqslant \frac{3}{2}$$

16. 已知 $x, y, z \in \mathbf{R}_+$,且 $xyz = 1$,求证

$$\frac{x^3}{(1+y)(1+z)} + \frac{y^3}{(1+x)(1+z)} + \frac{z^3}{(1+x)(1+y)} \geqslant \frac{3}{4}$$

17. 设 $a, b, c, d > 0$,且 $ab + bc + cd + da = 1$,求证

$$\frac{a^3}{b+c+d}+\frac{b^3}{a+c+d}+\frac{c^3}{a+b+d}+\frac{d^3}{a+b+c}\geqslant\frac{1}{3}$$

18. 已知 $5n$ 个实数 $r_i,s_i,t_i,u_i,v_i(1\leqslant i\leqslant n)$ 都大于 1，记 $R=\frac{1}{n}\sum_{i=1}^{n}r_i,S=\frac{1}{n}\sum_{i=1}^{n}s_i,T=\frac{1}{n}\sum_{i=1}^{n}t_i,U=\frac{1}{n}\sum_{i=1}^{n}u_i,V=\frac{1}{n}\sum_{i=1}^{n}v_i$，求证

$$\prod_{i=1}^{n}\left(\frac{r_is_it_iu_iv_i+1}{r_is_it_iu_iv_i-1}\right)\geqslant\left(\frac{RSTUV+1}{RSTUV-1}\right)^n$$

19. 设 $a_i\in\mathbf{R}_+,i=1,2,\cdots,n,k\in\mathbf{N}$ 且 $k\geqslant2$，求证

$$\frac{1}{n}(a_1^k+a_2^k+\cdots+a_n^k)\geqslant\left[\frac{1}{n}(a_1+a_2+\cdots+a_n)\right]^k$$

20. 设 a,b,c 是任一三角形三边的长度，求证

$$a^2(b+c-a)+b^2(c+a-b)+c^2(a+b-c)\leqslant3abc$$

21. 设 $x,y,z\in\mathbf{R}_+$，求证

$$\frac{y^2-x^2}{z+x}+\frac{z^2-y^2}{x+y}+\frac{x^2-z^2}{y+z}\geqslant0$$

22. 设 $a_i>0(i=1,2,\cdots,n)$ 且 $\sum_{i=1}^{n}a_i=s,k,m\in\mathbf{N}$ 且 $k>m$，求证

$$\sum_{i=1}^{n}\frac{a_i^k}{(s-a_i)^m}\geqslant\frac{n}{(n-1)^m}\cdot\left(\frac{s}{n}\right)^{k-m}$$

23. 已知 $a_i\in\mathbf{R}_+,i=1,2,\cdots,n,k\in\mathbf{N}$，且 $k\geqslant2$，求证

$$(n-1)\sum_{i=1}^{n}a_i^k\geqslant a_1^{k-1}\left(\sum_{i=1}^{n}a_i-a_1\right)+\cdots+a_n^{k-1}\left(\sum_{i=1}^{n}a_i-a_n\right)$$

24. 设 $a_i>0,p_i>0,i=1,2,\cdots,n$,记

$$A_n=\frac{\sum_{i=1}^{n}p_ia_i}{\sum_{i=1}^{n}p_i}$$

$$G_n=\left(\prod_{i=1}^{n}a_i^{p_i}\right)^{\frac{1}{\sum_{i=1}^{n}p_i}}$$

求证

$$\left(\sum_{i=1}^{n}p_i\right)(A_n-G_n)\geqslant\left(\sum_{i=1}^{n-1}p_i\right)(A_{n-1}-G_{n-1})$$
$$\geqslant\cdots\geqslant p_1(A_1-G_1)=0$$

用多种方法证明下列各题:

25. 设 $x\geqslant-1$,n 为大于 1 的自然数,求证

$$(1+x)^n\geqslant1+nx$$

当且仅当 $x=0$ 时等号成立.(伯努利(Bernoulli)不等式)

26. 设 $a_i>0,b_i>0,i=1,2,\cdots,n$,求证

$$\prod_{i=1}^{n}(a_i+b_i)^{\frac{1}{n}}\geqslant\prod_{i=1}^{n}a_i^{\frac{1}{n}}+\prod_{i=1}^{n}b_i^{\frac{1}{n}}$$

当且仅当$\frac{a_1}{b_1}=\cdots=\frac{a_n}{b_n}$时等号成立.(闵科夫斯基不等式)

函数问题

第7章

在求函数的最值或取值范围时，可以采用有关不等式来求解，因而某些函数问题也可以运用矩阵、行列式的知识来求解.

在讨论函数的迭代问题时，运用矩阵的特征多项式推论也可得到线性分式函数的 n 次迭代的一般计算公式.

7.1　函数的取值问题

例1　已知一次函数 $f(x)=ax+b$，且 $-1\leqslant f(-1)\leqslant 2$，$-2\leqslant f(2)\leqslant 3$，求 $f(3)$ 的取值范围.

解　应先找出 $f(3)$ 与 $f(-1)$，$f(2)$ 的关系，从而有 $f(-1)=-a+b$，$f(2)=2a+b$，$f(3)=3a+b$，得

$$\begin{cases}-a+b-f(-1)=0\\2a+b-f(2)=0\\3a+b-f(3)=0\end{cases}$$

这是关于 $a,b,-1$ 的三元齐次线性方程组. 显然方程组有非零解，于是

$$\begin{vmatrix} -1 & 1 & f(-1) \\ 2 & 1 & f(2) \\ 3 & 1 & f(3) \end{vmatrix} = 0$$

化简为

$$-f(-1)+4f(2)-3f(3)=0$$

所以

$$f(3)=-\frac{1}{3}f(-1)+\frac{4}{3}f(2)$$

因此

$$-\frac{10}{3}\leqslant f(3)\leqslant\frac{13}{3}$$

例 2 已知 $f(x)=x^2+px+q$，求证 $|f(1)|$，$|f(2)|$，$|f(3)|$ 中至少有一个不小于 $\frac{1}{2}$.

证明 先找出 $f(1)$，$f(2)$，$f(3)$ 间的关系，有

$$\begin{cases} p+q+1-f(1)=0 \\ 2p+q+4-f(2)=0 \\ 3p+q+9-f(3)=0 \end{cases}$$

此关于 $p,q,1$ 的齐次线性方程组有非零解，于是

$$\begin{vmatrix} 1 & 1 & 1-f(1) \\ 2 & 1 & 4-f(2) \\ 3 & 1 & 9-f(3) \end{vmatrix} = 0$$

化简，得 $f(1)-2f(2)+f(3)=2$.

假设结论不成立，即 $|f(1)|<\frac{1}{2}$，$|f(2)|<\frac{1}{2}$，

$|f(3)|<\frac{1}{2}$,易推出

$$-2<f(1)-2f(2)+f(3)<2$$

产生矛盾,命题得证.

例3　三次函数$f(x)=ax^3+bx^2+cx+d(a\neq0)$的图像上有不同的三点$A,B,C$,其横坐标分别为$x_1,x_2,x_3$,则$A,B,C$三点共线的充分必要条件是$x_1+x_2+x_3=-\frac{b}{a}$.

证明　依照行列式的性质,得知A,B,C三点共线的充分必要条件是

$$\begin{vmatrix} x_1 & f(x_1) & 1 \\ x_2 & f(x_2) & 1 \\ x_3 & f(x_3) & 1 \end{vmatrix}=0$$

即

$$0=\begin{vmatrix} x_1 & ax_1^3+bx_1^2+cx_1+d & 1 \\ x_2 & ax_2^3+bx_2^2+cx_2+d & 1 \\ x_3 & ax_3^3+bx_3^2+cx_3+d & 1 \end{vmatrix}$$

$$=\begin{vmatrix} x_1 & ax_1^3 & 1 \\ x_2 & ax_2^3 & 1 \\ x_3 & ax_3^3 & 1 \end{vmatrix}+\begin{vmatrix} x_1 & bx_1^2 & 1 \\ x_2 & bx_2^2 & 1 \\ x_3 & bx_3^2 & 1 \end{vmatrix}+$$

$$\begin{vmatrix} x_1 & cx_1 & 1 \\ x_2 & cx_2 & 1 \\ x_3 & cx_3 & 1 \end{vmatrix}+\begin{vmatrix} x_1 & d & 1 \\ x_2 & d & 1 \\ x_3 & d & 1 \end{vmatrix}$$

$$
=a\begin{vmatrix} x_1 & x_1^3 & 1 \\ x_2 & x_2^3 & 1 \\ x_3 & x_3^3 & 1 \end{vmatrix}+b\begin{vmatrix} x_1 & x_1^2 & 1 \\ x_2 & x_2^2 & 1 \\ x_3 & x_3^2 & 1 \end{vmatrix}
$$

$$
=a\begin{vmatrix} x_1-x_2 & x_1^3-x_2^3 & 0 \\ x_2-x_3 & x_2^3-x_3^3 & 0 \\ x_3 & x_3^3 & 1 \end{vmatrix}+b\begin{vmatrix} x_1-x_2 & x_1^2-x_2^2 & 0 \\ x_2-x_3 & x_2^2-x_3^2 & 0 \\ x_3 & x_3^2 & 1 \end{vmatrix}
$$

$$
=a\begin{vmatrix} x_1-x_2 & x_1^3-x_2^3 \\ x_2-x_3 & x_2^3-x_3^3 \end{vmatrix}+b\begin{vmatrix} x_1-x_2 & x_1^2-x_2^2 \\ x_2-x_3 & x_2^2-x_3^2 \end{vmatrix}
$$

$$
=a(x_1-x_2)(x_2-x_3)\begin{vmatrix} 1 & x_1^2+x_1x_2+x_2^2 \\ 1 & x_2^2+x_2x_3+x_3^2 \end{vmatrix}+
$$

$$
b(x_1-x_2)(x_2-x_3)\begin{vmatrix} 1 & x_1+x_2 \\ 1 & x_2+x_3 \end{vmatrix}
$$

$$
=a(x_1-x_2)(x_2-x_3)(x_3-x_1)(x_1+x_2+x_3)+
$$

$$
b(x_1-x_2)(x_2-x_3)(x_3-x_1)
$$

$$
=(x_1-x_2)(x_2-x_3)(x_3-x_1)\cdot
$$

$$
[a(x_1+x_2+x_3)+b]
$$

因为

$$
(x_1-x_2)(x_2-x_3)(x_3-x_1)\neq 0
$$

从而

$$
a(x_1+x_2+x_3)+b=0
$$

所以

$$
x_1+x_2+x_3=-\frac{b}{a}
$$

例 4(《数学通报》1990 年第 10 期数学问题 674 号) 设 $x,y,z\geqslant 0,x+y+z=1,f(n)=x^{2n+1}+y^{2n+1}+$

$z^{2n+1}(n\in\mathbf{N}\cup\{0\})$. 试求 $f(n)$ 的最小值.

解　构造 $3\times(2n-1)$ 矩阵

$$\begin{vmatrix} x^{2n+1} & 1 & \cdots & 1 \\ y^{2n+1} & 1 & \cdots & 1 \\ z^{2n+1} & \underbrace{1 & \cdots & 1}_{2n列} \end{vmatrix}_{3\times(2n-1)}$$

运用 G - 不等式,有

$$[(x^{2n+1}+y^{2n+1}+z^{2n+1})\cdot\underbrace{3\cdots3}_{2n个}]^{\frac{1}{2n+1}}\geqslant x+y+z=1$$

即

$$x^{2n+1}+y^{2n+1}+z^{2n+1}\geqslant\frac{1}{3^{2n}}$$

其中等号当且仅当 $x^{2n+1}:y^{2n+1}:z^{2n+1}=1:1:1$,即 $x=y=z=\frac{1}{3}$ 时取得,故 $f(n)$ 的最小值为 $\frac{1}{3^{2n}}$.

7.2　线性分式函数的迭代

定义　设函数 $y=f(x)$,记 $f_0(x)=x$,$f_n(x)=f(f\cdots f(x)\cdots)(n\in\mathbf{N}_+)$,则称 $f_n(x)$ 为函数 $f(x)$ 的 n 次迭代,显然,$f_n(x)=f(f_{n-1}(x))(n\geqslant1)$.

定理　若 $f(x)=\frac{ax+b}{cx+d}$,$f_1(x)=f(x)$,$f_n(x)=f(f_{n-1}(x))$,$n\geqslant2$,a,b,c,d 是保证 $f_n(x)$ 有意义的常数,则有

$$f_n(x)=\frac{[(a-\lambda_2)\lambda_1^n-(a-\lambda_1)\lambda_2^n]x+b(\lambda_1^n-\lambda_2^n)}{c(\lambda_1^n-\lambda_2^n)x+[(d-\lambda_2)\lambda_1^n-(d-\lambda_1)\lambda_2^n]}$$

其中 λ_1,λ_2 为 $\lambda^2-(a+d)\lambda+(ad-bc)=0$ 的两异根.

证明 设 $f(x)=\dfrac{ax+b}{cx+d}$ 对应于矩阵 $\boldsymbol{A}=\begin{pmatrix} a & b \\ c & d \end{pmatrix}$，则 $f_n(x)$ 对应的矩阵记为 $\boldsymbol{A}^n$.

当 $n=1$ 时，结论显然成立；当 $n=2$ 时

$$f_2(x)=f(f(x))=\frac{c\dfrac{cx+d}{ax+b}+d}{a\dfrac{cx+d}{ax+b}+b}=\frac{(c^2+ad)x+cd+bd}{(ac+ab)x+ad+b^2}$$

其系数对应于 $\begin{pmatrix} c^2+ad & cd+bd \\ ac+ab & ad+b^2 \end{pmatrix}$.

而 $\boldsymbol{A}^2=\begin{pmatrix} c & d \\ a & b \end{pmatrix}\begin{pmatrix} c & d \\ a & b \end{pmatrix}=\begin{pmatrix} c^2+ad & cd+bd \\ ac+ab & ad+b^2 \end{pmatrix}$. 从而以下结论成立：

假设当 $n=k$ 时，结论成立，即 $f_k(x)=\dfrac{c_kx+d_k}{a_kx+b_k}$，系数对应于矩阵 $\boldsymbol{A}^k=\begin{pmatrix} c_k & d_k \\ a_k & b_k \end{pmatrix}$，则当 $n=k+1$ 时，一方面

$$\begin{aligned} f_{k+1}(x)=f(f_k(x))&=\frac{c\dfrac{c_kx+d_k}{a_kx+b_k}+d}{a\dfrac{c_kx+d_k}{a_kx+b_k}+b} \\ &=\frac{(cc_k+da_k)x+cd_k+db_k}{(ac_k+ba_k)x+ad_k+bb_k} \end{aligned}$$

其系数对应于矩阵 $\begin{pmatrix} cc_k+da_k & cd_k+db_k \\ ac_k+ba_k & ad_k+bb_k \end{pmatrix}$.

另一方面

$$A^{k+1}=A\cdot A^{k}=\begin{pmatrix}c & d\\ a & b\end{pmatrix}\begin{pmatrix}c_k & d_k\\ a_k & b_k\end{pmatrix}$$

$$=\begin{pmatrix}cc_k+da_k & cd_k+db_k\\ ac_k+ba_k & ad_k+bb_k\end{pmatrix}$$

所以$f_{k+1}(x)$对应于矩阵 A^{k+1}. 这就证明了 $n=k+1$ 时命题成立,故有$f_n(x)$对应于矩阵 A^n. 矩阵 A 的特征方程为

$$|\lambda E-A|=\begin{vmatrix}\lambda-a & -b\\ -c & \lambda-d\end{vmatrix}$$

$$=(\lambda-a)(\lambda-d)-bc$$

$$=\lambda^2-(a+d)\lambda+(ab-bc)=0$$

记其特征根分别为 λ_1,λ_2,且设

$$\lambda^n=\xi(\lambda)|\lambda E-A|+\alpha\lambda+\beta \qquad (7.2.1)$$

其中 $\xi(\lambda)$为关于 λ 的最高次数为 $n-2$ 次的多项式, α,β 为待定系数. 将 λ_1,λ_2 分别代入式(7.2.1),有

$$\begin{cases}\lambda_1^n=\alpha\lambda_1+\beta\\ \lambda_2^n=\alpha\lambda_2+\beta\end{cases}$$

由于 $\lambda_1\neq\lambda_2$,解得

$$\begin{cases}\alpha=\dfrac{\lambda_1^n-\lambda_2^n}{\lambda_1-\lambda_2}\\ \beta=\lambda_1\lambda_2\cdot\dfrac{\lambda_2^{n-1}-\lambda_1^{n-1}}{\lambda_1-\lambda_2}\end{cases}$$

又由哈密顿 - 凯莱定理,有

$$A^n=\alpha A+\beta E=\begin{bmatrix} a\dfrac{\lambda_1^n-\lambda_2^n}{\lambda_1-\lambda_2}+\gamma & b\dfrac{\lambda_1^n-\lambda_2^n}{\lambda_1-\lambda_2} \\ c\dfrac{\lambda_1^n-\lambda_2^n}{\lambda_1-\lambda_2} & d\dfrac{\lambda_1^n-\lambda_2^n}{\lambda_1-\lambda_2}+\gamma \end{bmatrix}$$

其中

$$\gamma=\frac{\lambda_1\lambda_2(\lambda_2^{n-1}-\lambda_1^{n-1})}{\lambda_1-\lambda_2}$$

于是有

$$f_n(x)=\frac{\left[a\dfrac{\lambda_1^n-\lambda_2^n}{\lambda_1-\lambda_2}+\dfrac{\lambda_1\lambda_2(\lambda_2^{n-1}-\lambda_1^{n-1})}{\lambda_1-\lambda_2}\right]x+b\dfrac{\lambda_1^n-\lambda_2^n}{\lambda_1-\lambda_2}}{c\dfrac{\lambda_1^n-\lambda_2^n}{\lambda_1-\lambda_2}x+\left[d\dfrac{\lambda_1^n-\lambda_2^n}{\lambda_1-\lambda_2}+\dfrac{\lambda_1\lambda_2(\lambda_2^{n-1}-\lambda_1^{n-1})}{\lambda_1-\lambda_2}\right]}$$

$$=\frac{[(a-\lambda_2)\lambda_1^n-(a-\lambda_1)\lambda_2^n]x+b(\lambda_1^n-\lambda_2^n)}{c(\lambda_1^n-\lambda_2^n)x+[(d-\lambda_2)\lambda_1^n-(d-\lambda_1)\lambda_2^n]}$$

证毕.

当定理中 $d=-a$,即得下面的推论.

推论 1 若 $f(x)=\dfrac{ax+b}{cx-a}$,$f_1(x)=f(x)$,$f_n(x)=f(f_{n-1}(x))(n\geqslant 2)$,其中 a,b,c 是使 $f_n(x)$ 有意义的常数,则有

$$f_n(x)=\begin{cases} f(x),\text{当 } n \text{ 为奇数时} \\ x,\text{当 } n \text{ 为偶数时} \end{cases}$$

当定理中 $c=0$,$d=1$,即得下面的推论.

推论 2 若 $f(x)=ax+b$,$f_1(x)=f(x)$,$f_n(x)=f(f_{n-1}(x))(n\geqslant 2)$,则有

$$f_n(x)=\begin{cases} a^nx+b\dfrac{1-a^n}{1-a} & (a\neq 1) \\ x+nb & (a=1) \end{cases}$$

推论3　设$f(x)=\dfrac{ax+b}{cx+d}$,$a,b,c,d\in\mathbf{R}$,$ad-bc\neq 0$,若方程$\lambda^2-(a+b)\lambda+(ad-bc)=0$有两个相等的根$\lambda_0$,则

$$f_n(x)=\frac{[an\lambda_0^{n-1}+(1-n)\lambda_0^n]x+bn\lambda_0^{n-1}}{cn\lambda_0^{n-1}x+[dn\lambda_0^{n-1}+(1-n)\lambda_0^n]}$$

证明　此时,特征方程有重根λ_0,且首项系数为1,所以$|\lambda\boldsymbol{E}-\boldsymbol{A}|=(\lambda-\lambda_0)^2$,这样

$$\begin{aligned}\lambda^n&=((\lambda-\lambda_0)+\lambda_0)^n\\&=(\lambda-\lambda_0)^n+\mathrm{C}_n^1(\lambda-\lambda_0)^{n-1}\lambda_0+\cdots+\\&\quad\mathrm{C}_n^{n-2}(\lambda-\lambda_0)^2\lambda_0^{n-2}+\mathrm{C}_n^{n-1}\lambda_0^{n-1}(\lambda-\lambda_0)+\mathrm{C}_n^n\lambda_0^n\\&=(\lambda-\lambda_0)^2\cdot g(\lambda)+\mathrm{C}_n^{n-1}\lambda_0^{n-1}(\lambda-\lambda_0)+\mathrm{C}_n^n\lambda_0^n\\&=|\lambda\boldsymbol{E}-\boldsymbol{A}|g(\lambda)+n\lambda_0^{n-1}\lambda+(1-n)\lambda_0^n\\&=|\lambda\boldsymbol{E}-\boldsymbol{A}|g(\lambda)+\alpha\lambda+\beta\end{aligned}$$

其中$\alpha=n\lambda_0^{n-1}$,$\beta=(1-n)\lambda_0^n$,$g(\lambda)$是λ的$n-2$次多项式.

又由哈密顿-凯莱定理,有

$$\begin{aligned}\boldsymbol{A}^n&=\alpha\boldsymbol{A}+\beta\boldsymbol{E}\\&=\begin{bmatrix}an\lambda_0^{n-1}+(1-n)\lambda_0^n & bn\lambda_0^{n-1}\\ cn\lambda_0^{n-1} & dn\lambda_0^{n-1}+(1-n)\lambda_0^n\end{bmatrix}\end{aligned}$$

于是有

$$f_n(x)=\frac{[an\lambda_0^{n-1}+(1-n)\lambda_0^n]x+bn\lambda_0^{n-1}}{cn\lambda_0^{n-1}x+[dn\lambda_0^{n-1}+(1-n)\lambda_0^n]}$$

证毕.

推论4　设函数$f(x)=\dfrac{cx+d}{ax+b}(a\neq 0,bc-ad\neq 0)$.

(1)当满足 $b+c=0$ 时，$f(x)$ 为二次迭代还原函数；

(2)当满足 $(b+c)^2=bc-ad$ 时，$f(x)$ 为三次迭代还原函数；

(3)当满足 $(b+c)^3=2(b+c)(bc-ad)$ 且 $c^4+3ac^2d+2abcd+a^2d^2+ab^2d\neq 0$ 时，$f(x)$ 为四次迭代还原函数.

证明 (1)和(2)略，仅证(3). 欲使 $f(x)$ 为四次迭代还原函数，即 $f_4(x)=x$，根据定理，只要 $\boldsymbol{A}^4$ 为数量矩阵 $\begin{pmatrix} e & 0 \\ 0 & e \end{pmatrix}$ 即可. 而

$$\boldsymbol{A}^4=\begin{bmatrix} c & d \\ a & b \end{bmatrix}\begin{bmatrix} c & d \\ a & b \end{bmatrix}\begin{bmatrix} c & d \\ a & b \end{bmatrix}\begin{bmatrix} c & d \\ a & b \end{bmatrix}$$

$$=\begin{bmatrix} c^4+3ac^2d+2abcd+a^2d^2+ab^2d & c^3d+2acd^2+2abd^2+bc^2d+cb^2d+b^3d \\ ac^3+2a^2bd+abc^2+2a^2dc+ab^2c+ab^3 & ac^2d+2abcd+3ab^2d+a^2d^2+b^4 \end{bmatrix}$$

从而

$$\begin{cases} c^3d+2acd^2+2abd^2+bc^2d+cb^2d+b^3d=0 \\ ac^3+2a^2bd+abc^2+2a^2dc+ab^2c+ab^3=0 \\ c^4+3ac^2d+2abcd+a^2d^2+ab^2d= \\ ac^2d+2abcd+3ab^2d+a^2d^2+b^4\neq 0 \\ a\neq 0 \end{cases}$$

$$\Rightarrow\begin{cases} d(b^3+c^3+bc^2+cb^2+2acd+2abd)=0 \\ a(b^3+c^3+bc^2+cb^2+2acd+2abd)=0 \\ (b-c)(b^3+c^3+b^2c+bc^2+2acd+2abd)=0 \\ a\neq 0 \end{cases}$$

$$\Rightarrow b^3+c^3+bc^2+cb^2+2acd+2abd=0$$

即

$$(b+c)^3=2(b+c)(bc-ad)$$

证毕.

注　由上述讨论可知一次函数 $f(x)=ax+b(a\neq 0)$ 可对应矩阵 $\begin{bmatrix} a & b \\ 0 & 1 \end{bmatrix}$，即有 $\begin{bmatrix} f(x) \\ 1 \end{bmatrix}=\begin{bmatrix} a & b \\ 0 & 1 \end{bmatrix}\cdot\begin{bmatrix} x \\ 1 \end{bmatrix}$

下面举例说明其应用：

例 5　若 $f(x)=\dfrac{4x-2}{x+1}$，求 $f_n(x)$.

解　由定理易求 $\lambda_1=2,\lambda_2=3$，所以

$$f_n(x)=\frac{[(4-3)2^n-(4-2)3^n]x+(-2)(2^n-3^n)}{(2^n-3^n)x+[(1-3)2^n-(1-2)3^n]}$$

$$=\frac{(2\times 3^n-2^n)x-2(3^n-2^n)}{(3^n-2^n)x-(3^n-2^{n+1})}$$

例 6　若 $f(x)=x+1$，求 $f_n(x)$.

解　由推论 2，易得 $f_n(x)=x+n$.

例 7　若 $f(x)=\dfrac{5x+13}{2x-5}$，求 $f_{10}(x)$.

解　由推论 1，知 $f_{10}(x)=x$.

例 8　若 $f(x)=\dfrac{3x-1}{x+1}$，求 $f_n(x)$.

解　这里 $a=3,b=-1,c=1,d=1,\lambda_0=2$，由推论 3，知

$$f_n(x)=\frac{[3\cdot n\cdot 2^{n-1}+(1-n)\cdot 2^n]\cdot x-n\cdot 2^{n-1}}{n\cdot 2^{n-1}\cdot x+[n\cdot 2^{n-1}+(1-n)\cdot 2^n]}$$

例 9　应用推论 4. 若令 $b=c=2,a=1,d=-4$ 或 $b=c=1,a=-1,d=1$，则分别得到 $f(x)=\dfrac{2x-4}{x+2}$ 和 $f(x)=\dfrac{x+1}{-x+1}$，可以验证它们都是四次迭代还原函数.

第8章 三角函数问题

三角函数是一类特殊的函数，利用矩阵、行列式可以充分展示这类函数的特征.

8.1 三角问题的矩阵、行列式解法

例1 在锐角$\triangle ABC$中，求证

$$\begin{aligned}&(1+\sin A+\cos A)\cdot\\&(1+\sin B+\cos B)\cdot\\&(1+\sin C+\cos C)\\\geqslant&3(\sin A+\sin B+\sin C)\cdot\\&(\cos A+\cos B+\cos C)\end{aligned}$$

证明 构造矩阵

$$\boldsymbol{M}=\begin{bmatrix}\cos A\leqslant\sin C\leqslant 1\\\cos B\leqslant\sin A\leqslant 1\\\cos C\leqslant\sin B\leqslant 1\end{bmatrix}$$

及

$$\boldsymbol{M}'=\begin{bmatrix}1&\sin C&\cos A\\\cos B&1&\sin A\\\sin B&\cos C&1\end{bmatrix}$$

由 $T(\boldsymbol{M})\leqslant T(\boldsymbol{M}')$ 即证.

例 2　求证：$\sin^{10}\theta+\cos^{10}\theta\geqslant\frac{1}{16}$.

证明　构造 5×10 矩阵

$$\boldsymbol{A}=\begin{bmatrix}\sin^2\theta & \cos^2\theta & \lambda & \lambda & \lambda & \lambda & \lambda & \lambda & \lambda & \lambda\\ \sin^2\theta & \cos^2\theta & \lambda & \lambda & \lambda & \lambda & \lambda & \lambda & \lambda & \lambda\\ \sin^2\theta & \cos^2\theta & \lambda & \lambda & \lambda & \lambda & \lambda & \lambda & \lambda & \lambda\\ \sin^2\theta & \cos^2\theta & \lambda & \lambda & \lambda & \lambda & \lambda & \lambda & \lambda & \lambda\\ \sin^2\theta & \cos^2\theta & \lambda & \lambda & \lambda & \lambda & \lambda & \lambda & \lambda & \lambda\end{bmatrix}$$

乱 $\boldsymbol{A}$，使 5 列有 $\sin^2\theta$，另 5 列有 $\cos^2\theta$，得 $\boldsymbol{A}'$. 由 $S(\boldsymbol{A})\geqslant S(\boldsymbol{A}')$，取 $\lambda=\frac{1}{2}$ 即证.

例 3(《数学通报》1994 年第 10 期数学问题 912 号)　设 α,β,γ 为锐角，且 $\sin^2\alpha+\sin^2\beta+\sin^2\gamma=1$，则

$$\frac{\sin^3\alpha}{\sin\beta}+\frac{\sin^3\beta}{\sin\gamma}+\frac{\sin^3\gamma}{\sin\alpha}\geqslant1$$

证明　由

$$\begin{bmatrix}\frac{\sin^3\alpha}{\sin\beta} & \frac{\sin^3\alpha}{\sin\beta} & \sin^2\beta\\ \frac{\sin^3\beta}{\sin\gamma} & \frac{\sin^3\beta}{\sin\gamma} & \sin^2\gamma\\ \frac{\sin^3\gamma}{\sin\alpha} & \frac{\sin^3\gamma}{\sin\alpha} & \sin^2\alpha\end{bmatrix}=\begin{bmatrix}a_{11} & a_{12} & a_{13}\\ a_{21} & a_{22} & a_{23}\\ a_{31} & a_{32} & a_{33}\end{bmatrix}$$

令 $M_j=\sum\limits_{i=1}^{3}a_{ij},j=1,2,3$，作 3×3 矩阵

$$A_i=\begin{bmatrix}\frac{a_{i1}}{M_1} & \frac{a_{i2}}{M_2} & \frac{a_{i3}}{M_3}\\ \frac{a_{i1}}{M_1} & \frac{a_{i2}}{M_2} & \frac{a_{i3}}{M_3}\\ \frac{a_{i1}}{M_1} & \frac{a_{i2}}{M_2} & \frac{a_{i3}}{M_3}\end{bmatrix}$$

则 $\boldsymbol{A}_i$ 可同序.

乱 $\boldsymbol{A}_i$,使含分母 M_1,M_2,M_3 的元素进入每一列,得 $\boldsymbol{A}_i'$. 由 $T(\boldsymbol{A}_i)\leqslant T(\boldsymbol{A}_i')$,得

$$\prod_{j=1}^{3}3\frac{a_{ij}}{M_j}\leqslant(\sum_{j=1}^{3}\frac{a_{ij}}{M_j})^3$$

从而

$$3\prod_{j=1}^{3}(\frac{a_{ij}}{M_j})^{\frac{1}{3}}\leqslant\sum_{j=1}^{3}\frac{a_{ij}}{M_j}\quad(i=1,2,3)$$

即

$$\sum_{i=1}^{3}3\prod_{j=1}^{3}(\frac{a_{ij}}{M_j})^{\frac{1}{3}}\leqslant\sum_{i=1}^{3}\sum_{j=1}^{3}\frac{a_{ij}}{M_j}=3$$

亦即

$$\sum_{i=1}^{3}\prod_{j=1}^{3}a_{ij}^{\frac{1}{3}}\leqslant\prod_{j=1}^{3}M_j^{\frac{1}{3}}=\prod_{j=1}^{3}(\sum_{i=1}^{3}a_{ij})^{\frac{1}{3}}$$

故

$$\left[(\frac{\sin^3\alpha}{\sin\beta}+\frac{\sin^3\beta}{\sin\gamma}+\frac{\sin^3\gamma}{\sin\alpha})^2\cdot 1\right]^{\frac{1}{3}}$$
$$\geqslant\sin^2\alpha+\sin^2\beta+\sin^2\gamma=1$$

即

$$\frac{\sin^3\alpha}{\sin\beta}+\frac{\sin^3\beta}{\sin\gamma}+\frac{\sin^3\beta}{\sin\alpha}\geqslant 1$$

例 4(《数学通讯》1986 年第 8 期征解问题第 2

题）　设 α,β 均为锐角，求证

$$\sin^3\alpha\cdot\cos^3\beta+\sin^3\alpha\cdot\sin^3\beta+\cos^3\alpha\geqslant\frac{\sqrt{3}}{3}$$

证明　构造矩阵

$$\begin{bmatrix}\sin^3\alpha\cdot\cos^3\beta & \sin^3\alpha\cdot\cos^3\beta & 1\\ \sin^3\alpha\cdot\sin^3\beta & \sin^3\alpha\cdot\sin^3\beta & 1\\ \cos^3\alpha & \cos^3\alpha & 1\end{bmatrix}_{3\times3}$$

运用 G－不等式，有

$$[(\sin^3\alpha\cdot\cos^3\beta+\sin^3\alpha\cdot\sin^3\beta+\cos^3\alpha)^2\cdot3]^{\frac{1}{3}}$$
$$\geqslant\sin^2\alpha\cdot\cos^2\beta+\sin^2\alpha\cdot\sin^2\beta+\cos^2\alpha=1$$

由此即证得

$$\sin^3\alpha\cdot\cos^3\beta+\sin^3\alpha\cdot\sin^3\beta+\cos^3\alpha\geqslant\frac{\sqrt{3}}{3}$$

例5　已知 a,b 是正的常数，$n\in\mathbf{N}_+$，x 是锐角，求 $y=\frac{a}{\sin^n x}+\frac{b}{\cos^n x}$ 的最小值.

解　构造 $2\times(n+2)$ 矩阵

$$\begin{bmatrix}\frac{a}{\sin^n x} & \frac{a}{\sin^n x} & \sin^2 x & \cdots & \sin^2 x\\ \frac{b}{\cos^n x} & \frac{b}{\cos^n x} & \cos^2 x & \cdots & \cos^2 x\end{bmatrix}$$

由 G－不等式，有

$$\left[\left(\frac{a}{\sin^n x}+\frac{b}{\cos^n x}\right)^2\cdot\underbrace{1\cdots1}_{n\text{个}}\right]^{\frac{1}{n+2}}\geqslant a^{\frac{2}{n+2}}+b^{\frac{2}{n+2}}$$

亦即

$$\frac{a}{\sin^n x}+\frac{b}{\cos^n x}\geqslant\left(a^{\frac{2}{n+2}}+b^{\frac{2}{n+2}}\right)^{\frac{n+2}{2}}$$

其中等号当且仅当$\frac{a}{\sin^n x}:\frac{b}{\cos^n x}=\sin^2 x:\cos^2 x$ 即 $x=\arctan\left(\frac{a}{b}\right)^{\frac{1}{n+2}}$时取得,故

$$y_{\min}=(a^{\frac{2}{n+2}}+b^{\frac{2}{n+2}})^{\frac{n+2}{2}}$$

例6 已知

$$a\cdot\sin x+b\cdot\cos x=0 \qquad (8.1.1)$$

$$A\cdot\sin 2x+B\cdot\cos 2x-C=0 \qquad (8.1.2)$$

求证:$2abA+(b^2-a^2)B+(a^2+b^2)C=0$.

证明 分别在式(8.1.1)两边乘以 $2\cos x$,$2\sin x$,得

$$a\sin 2x+b\cos 2x+b=0 \qquad (8.1.3)$$

$$b\sin 2x-a\cos 2x+a=0 \qquad (8.1.4)$$

(这里运用了二倍角正、余弦公式:$\sin 2x=2\sin x\cos x$,$\cos 2x=2\cos^2 x-1=1-2\sin^2 x$)将式(8.1.2)(8.1.3)(8.1.4)联立,可知 $x=\sin 2x$,$y=\cos 2x$,$z=1$ 是三元齐次线性方程组

$$\begin{cases}ax+by+bz=0\\bx-ay+az=0\\Ax+By-Cz=0\end{cases}$$

的非零解.

因此 $D=\begin{vmatrix}a & b & b\\ b & -a & a\\ A & B & -C\end{vmatrix}=0$,展开后即得

$$2abA+(b^2-a^2)B+(a^2+b^2)C=0$$

例7 解方程

$$\sqrt{4-2\sqrt{3}\sin x}+\sqrt{10-4\sqrt{3}\sin x-6\cos x}=2$$

解　将方程变形为

$$\sqrt{(\sqrt{3}\cos x-0)^2+(\sqrt{3}\sin x-1)^2}+$$
$$\sqrt{(\sqrt{3}\cos x-\sqrt{3})^2+(\sqrt{3}\sin x-2)^2}=2$$

构造点 $A(0,1)$，$B(\sqrt{3},2)$，$C(\sqrt{3}\cos x,\sqrt{3}\sin x)$，则 $|AC|+|CB|=|AB|$.

这说明 A,B,C 三点共线. 于是，有

$$\begin{vmatrix} 0 & 1 & 1 \\ \sqrt{3} & 2 & 1 \\ \sqrt{3}\cos x & \sqrt{3}\sin x & 1 \end{vmatrix}=0$$

即

$$\sqrt{3}\cdot\sqrt{3}\sin x-\sqrt{3}\cos x-\sqrt{3}=0$$

也就是

$$\sqrt{3}\sin x-\cos x=1$$

所以

$$\sin\left(x-\frac{\pi}{6}\right)=\frac{1}{2}$$

解得

$$x=2k\pi+\frac{\pi}{3}\text{或}x=(2k+1)\pi\quad(k\in\mathbf{Z})$$

经检验知，原方程的解为

$$x=2k\pi+\frac{\pi}{3}\quad(k\in\mathbf{Z})$$

例 8　若 $\alpha,\beta,\gamma\in\mathbf{R}$，求 $u=\sin(\alpha-\beta)+\sin(\beta-\gamma)+\sin(\gamma-\alpha)$ 的最大值和最小值.

解　事实上

$$
\begin{aligned}
u &= \sin\alpha\cos\beta + \sin\beta\cos\gamma + \sin\gamma\cos\alpha - \\
&\quad \cos\alpha\sin\beta - \cos\beta\sin\gamma - \cos\gamma\sin\alpha \\
&= \begin{vmatrix} \sin\alpha & \cos\alpha & 1 \\ \sin\beta & \cos\beta & 1 \\ \sin\gamma & \cos\gamma & 1 \end{vmatrix}
\end{aligned}
$$

构造点 $A(\sin\alpha,\cos\alpha)$，$B(\sin\beta,\cos\beta)$，$C(\sin\gamma,\cos\gamma)$，则 $|u| = 2S_{\triangle ABC}$.

很明显，上面的三点 A,B,C 都在单位圆 $x^2+y^2=1$ 上. 因为圆内接三角形，以正三角形的面积为最大，所以，当 $\triangle ABC$ 为正三角形时，$S_{\triangle ABC}$ 取得最大值 $\frac{3\sqrt{3}}{4}$，于是 $|u| \leqslant \frac{3\sqrt{3}}{2}$.

故有 $u_{\max} = \frac{3\sqrt{3}}{2}$，$u_{\min} = -\frac{3\sqrt{3}}{2}$.

例 9 在 $\triangle ABC$ 中，求证：$\cos^2 A + \cos^2 B + \cos^2 C + 2\cos A\cos B\cos C = 1$.

证明 对 $\triangle ABC$ 用射影定理，得

$$
\begin{cases}
a = b\cos C + c\cos B \\
b = c\cos A + a\cos C \\
c = a\cos B + b\cos A
\end{cases}
$$

即

$$
\begin{cases}
-a + b\cos C + c\cos B = 0 \\
a\cos C - b + c\cos A = 0 \\
a\cos B + b\cos A - c = 0
\end{cases}
$$

这是关于 a,b,c 的齐次线性方程组，因为它有非零实数解，所以

$$\begin{vmatrix} -1 & \cos C & \cos B \\ \cos C & -1 & \cos A \\ \cos B & \cos A & -1 \end{vmatrix} = 0$$

即

$$\cos^2 A + \cos^2 B + \cos^2 C + 2\cos A\cos B\cos C = 1$$

例 10　在 $\triangle ABC$ 中，有 $\dfrac{a}{\sin A} = \dfrac{b}{\sin B} = \dfrac{c}{\sin C} = 2R$（$R$ 为 $\triangle ABC$ 的外接圆半径，此为正弦定理）.

证明　如图 8.1.1 所示，点 O 为 $\triangle ABC$ 的外接圆圆心，且 $|\overrightarrow{OA}| = |\overrightarrow{OB}| = |\overrightarrow{OC}| = R$.

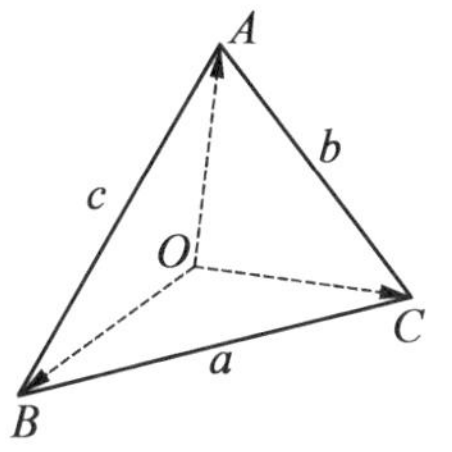

图 8.1.1

因为任何三个平面向量必线性相关，所以存在不全为零的三个实数 x, y, z，使得

$$x\overrightarrow{OA} + y\overrightarrow{OB} + z\overrightarrow{OC} = \mathbf{0} \qquad (8.1.5)$$

将此方程式分别和向量 $\overrightarrow{OA}, \overrightarrow{OB}, \overrightarrow{OC}$ 作数量积，得方程组

$$\begin{cases} |\overrightarrow{OA}|^2 x + (\overrightarrow{OA} \cdot \overrightarrow{OB}) y + (\overrightarrow{OA} \cdot \overrightarrow{OC}) z = 0 \\ (\overrightarrow{OA} \cdot \overrightarrow{OB}) x + |\overrightarrow{OB}|^2 y + (\overrightarrow{OB} \cdot \overrightarrow{OC}) z = 0 \\ (\overrightarrow{OA} \cdot \overrightarrow{OC}) x + (\overrightarrow{OB} \cdot \overrightarrow{OC}) y + |\overrightarrow{OC}|^2 z = 0 \end{cases} \qquad (8.1.6)$$

因为方程组(8.1.6)有非零实数解,所以它的系数行列式$|\boldsymbol{A}|=0$.

注意到$\overrightarrow{OA}\cdot\overrightarrow{OB}=R^2\cos\angle AOB=R^2-\frac{c^2}{2}$,$\overrightarrow{OB}\cdot\overrightarrow{OC}=R^2-\frac{a^2}{2}$,$\overrightarrow{OA}\cdot\overrightarrow{OC}=R^2-\frac{b^2}{2}$,所以有

$$\begin{vmatrix} R^2 & R^2-\frac{c^2}{2} & R^2-\frac{b^2}{2} \\ R^2-\frac{c^2}{2} & R^2 & R^2-\frac{a^2}{2} \\ R^2-\frac{b^2}{2} & R^2-\frac{a^2}{2} & R^2 \end{vmatrix}$$

$$=\begin{vmatrix} R^2 & -\frac{c^2}{2} & -\frac{b^2}{2} \\ R^2-\frac{c^2}{2} & \frac{c^2}{2} & \frac{c^2-a^2}{2} \\ R^2-\frac{b^2}{2} & \frac{b^2-a^2}{2} & \frac{b^2}{2} \end{vmatrix}$$

$$=\begin{vmatrix} R^2 & -\frac{c^2}{2} & -\frac{b^2}{2} \\ -\frac{c^2}{2} & c^2 & \frac{b^2+c^2-a^2}{2} \\ -\frac{b^2}{2} & \frac{b^2+c^2-a^2}{2} & b^2 \end{vmatrix}$$

$$=\begin{vmatrix} R^2 & -\frac{c^2}{2} & -\frac{b^2}{2} \\ -\frac{c^2}{2} & c^2 & bc\cos A \\ -\frac{b^2}{2} & bc\cos A & b^2 \end{vmatrix}$$

$$=b^2c^2\begin{vmatrix} R^2 & -\dfrac{c}{2} & -\dfrac{b}{2} \\ -\dfrac{c}{2} & 1 & \cos A \\ -\dfrac{b^2}{2} & \cos A & 1 \end{vmatrix}$$

$$=b^2c^2\left(R^2\begin{vmatrix} 1 & \cos A \\ \cos A & 1 \end{vmatrix}+\frac{c}{2}\begin{vmatrix} -\dfrac{c}{2} & \cos A \\ -\dfrac{b}{2} & 1 \end{vmatrix}-\frac{b}{2}\begin{vmatrix} -\dfrac{c}{2} & 1 \\ -\dfrac{b}{2} & \cos A \end{vmatrix}\right)$$

$$=0$$

化简,得

$$4R^2\sin^2A+2bc\cos A-b^2-c^2=0$$

即

$$4R^2\sin^2A=a^2$$

所以

$$\frac{a}{\sin A}=2R$$

同理,可得

$$\frac{b}{\sin B}=2R,\frac{c}{\sin C}=2R$$

因此,有

$$\frac{a}{\sin A}=\frac{b}{\sin B}=\frac{c}{\sin C}=2R$$

8.2 三角命题的条件或结论的行列式表示及应用

命题 1[①] 对于平面上的任意四个点 O,A_1,A_2,A_3,有恒等式

$$1+2\cos\angle A_1OA_2\cos\angle A_2OA_3\cos\angle A_3OA_1-\cos^2\angle A_1OA_2-\cos^2\angle A_2OA_3-\cos^2\angle A_3OA_1=\begin{vmatrix}1 & \cos\angle A_1OA_2 & \cos\angle A_3OA_1\\ \cos\angle A_1OA_2 & 1 & \cos\angle A_2OA_3\\ \cos\angle A_3OA_1 & \cos\angle A_2OA_3 & 1\end{vmatrix}=0 \tag{8.2.1}$$

证明 我们知道,在平面上的任意 3 个平面向量必定线性相关. 因此,存在不全为零的 3 个实数 k_1,k_2,k_3,使得 $k_1\overrightarrow{OA_1}+k_2\overrightarrow{OA_2}+k_3\overrightarrow{OA_3}=\mathbf{0}$. 将此方程式分别和向量 $\overrightarrow{OA_1},\overrightarrow{OA_2},\overrightarrow{OA_3}$ 作数量积,得齐次线性方程组

$$\begin{cases}|\overrightarrow{OA_1}|^2k_1+(\overrightarrow{OA_1}\cdot\overrightarrow{OA_2})k_2+(\overrightarrow{OA_1}\cdot\overrightarrow{OA_3})k_3=0\\ (\overrightarrow{OA_2}\cdot\overrightarrow{OA_1})k_1+|\overrightarrow{OA_2}|^2k_2+(\overrightarrow{OA_2}\cdot\overrightarrow{OA_3})k_3=0\\ (\overrightarrow{OA_3}\cdot\overrightarrow{OA_1})k_1+(\overrightarrow{OA_3}\cdot\overrightarrow{OA_2})k_2+|\overrightarrow{OA_3}|^2k_3=0\end{cases} \tag{8.2.2}$$

---

① 徐全德. 用高等代数方法演绎三角恒等式[J]. 数学通讯,2012(8):38-39.

因为以 k_1,k_2,k_3 为变元的方程组(8.2.2)有非零解,所以它的系数行列式

$$\begin{vmatrix} |\overrightarrow{OA_1}|^2 & \overrightarrow{OA_1}\cdot\overrightarrow{OA_2} & \overrightarrow{OA_1}\cdot\overrightarrow{OA_3} \\ \overrightarrow{OA_1}\cdot\overrightarrow{OA_2} & |\overrightarrow{OA_2}|^2 & \overrightarrow{OA_2}\cdot\overrightarrow{OA_3} \\ \overrightarrow{OA_1}\cdot\overrightarrow{OA_3} & \overrightarrow{OA_2}\cdot\overrightarrow{OA_3} & |\overrightarrow{OA_3}|^2 \end{vmatrix}=0 \tag{8.2.3}$$

由向量数量积的定义知:$\overrightarrow{OA_i}\cdot\overrightarrow{OA_j}=|\overrightarrow{OA_i}|\cdot|\overrightarrow{OA_j}|\cdot\cos\angle A_iOA_j(i,j\in\{1,2,3\}$,代入式(8.2.3),整理即得式(8.2.1)).

注　由三角函数的诱导公式 $\cos(-\alpha)=\cos\alpha$ 和 $\cos(2k\pi+\alpha)=\cos\alpha(k\in\mathbf{Z})$ 知:恒等式(8.2.1)中的 $\angle A_iOA_j(i,j\in\{1,2,3\})$ 可以推广到任意角.

运用命题1,可以演绎出三角函数中许许多多的三角恒等式. 例如,取 O 为 $\triangle ABC$ 的外心,则 $\angle AOB=2\angle C,\angle AOC=2\angle B,\angle BOC=2\angle A$,代入式(8.2.1),得

$$\begin{vmatrix} 1 & \cos 2C & \cos 2B \\ \cos 2C & 1 & \cos 2A \\ \cos 2B & \cos 2A & 1 \end{vmatrix}=0$$

化简,得

$$\cos^2 2A+\cos^2 2B+\cos^2 2C-2\cos 2A\cdot\cos 2B\cdot\cos 2C=1$$

例11　试证两角和与差的余弦公式

$$\cos(\alpha+\beta)=\cos\alpha\cos\beta-\sin\alpha\sin\beta$$

$$\cos(\alpha-\beta)=\cos\alpha\cos\beta+\sin\alpha\sin\beta$$

证明　如图8.2.1,设 $\angle AOB=\alpha,\angle BOC=\beta$,则

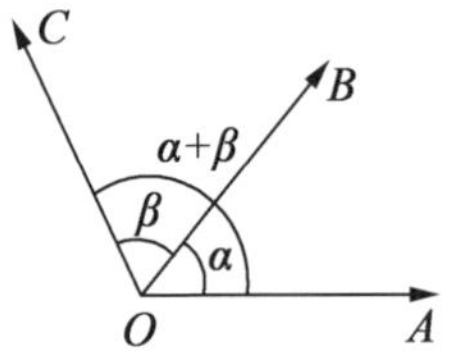

图 8.2.1

$\angle AOC=\alpha+\beta$,代入恒等式(8.2.1),得

$$\begin{vmatrix} 1 & \cos\alpha & \cos(\alpha+\beta) \\ \cos\alpha & 1 & \cos\beta \\ \cos(\alpha+\beta) & \cos\beta & 1 \end{vmatrix}=0$$

化简,得

$$\cos^2(\alpha+\beta)-(2\cos\alpha\cos\beta)\cdot\cos(\alpha+\beta)+$$
$$(\cos^2\alpha+\cos^2\beta-1)=0$$

又将 β 换成 $-\beta$,得

$$\cos^2(\alpha-\beta)-(2\cos\alpha\cos\beta)\cdot\cos(\alpha-\beta)+$$
$$(\cos^2\alpha+\cos^2\beta-1)=0$$

因此,$\cos(\alpha+\beta)$,$\cos(\alpha-\beta)$是一元二次方程$x^2-(2\cos\alpha\cos\beta)\cdot x+(\cos^2\alpha+\cos^2\beta-1)=0$ 的两个实根,解之得

$$x=\frac{2\cos\alpha\cos\beta+\sqrt{\Delta}}{2}=\cos\alpha\cos\beta\pm\sin\alpha\sin\beta$$

其中

$$\begin{aligned}\Delta&=(2\cos\alpha\cos\beta)^2-4(\cos^2\alpha+\cos^2\beta-1)\\&=4\sin^2\alpha\sin^2\beta\end{aligned}$$

通过对 α,β 赋值(例如取 $\alpha=\frac{\pi}{3},\beta=\frac{\pi}{6}$)可确定$\sqrt{\Delta}$前的正负号,所以

$$\cos(\alpha+\beta)=\cos\alpha\cos\beta-\sin\alpha\sin\beta$$

$$\cos(\alpha-\beta)=\cos\alpha\cos\beta+\sin\alpha\sin\beta$$

例 12　在 $\triangle ABC$ 中，有 $\cos^2A+\cos^2B+\cos^2C+2\cos A\cos B\cos C=1$.

证明　如图 8.2.2，设 O 为 $\triangle ABC$ 的垂心，则

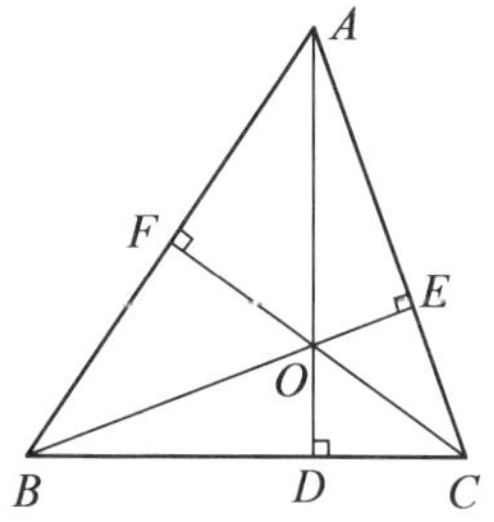

图 8.2.2

$$\angle AOB=\pi-\angle C,\cos\angle AOB=-\cos C$$

同理

$$\cos\angle AOC=-\cos B$$

$$\cos\angle BOC=-\cos A$$

代入恒等式(8.2.1)，得

$$\begin{vmatrix}1 & -\cos C & -\cos B\\ -\cos C & 1 & -\cos A\\ -\cos B & -\cos A & 1\end{vmatrix}=0$$

化简，得

$$\cos^2A+\cos^2B+\cos^2C+2\cos A\cos B\cos C=1$$

注　此例即为前面的例 9.

命题 2[①] 若$f(x)=A\sin x+B\cos x$满足$f(x_1)=f(x_2)=0$,且$\begin{vmatrix}\sin x_1 & \cos x_1\\ \sin x_2 & \cos x_2\end{vmatrix}\neq 0$,则

$$f(x)\equiv 0 \tag{8.2.4}$$

证明 由

$$\begin{cases}A\sin x_1+B\cos x_1=0\\ A\sin x_2+B\sin x_2=0\end{cases} \tag{8.2.5}$$

而

$$D=\begin{vmatrix}\sin x_1 & \cos x_1\\ \sin x_2 & \cos x_2\end{vmatrix}=\sin x_1\cos x_2-\cos x_1\sin x_2$$

$$=\sin(x_1-x_2)\neq 0$$

从而

$$x_1-x_2\neq k\pi \quad (k\in\mathbf{Z})$$

故关于A,B的齐次线性方程组(8.2.5)只有零解$A=B=0$,则$f(x)\equiv 0$.

据此命题可知:对于某些三角恒等式证明题,若能转化为$\sin x,\cos x$的一次齐次式$f(x)=A\sin x+B\cos x$,只需取特殊值$x_1,x_2(x_1-x_2\neq k\pi,k\in\mathbf{Z})$,验证$f(x_1)=f(x_2)=0$,即可断言命题成立.

例 13 求证:$\cos(\alpha+\beta+\gamma)+\cos(\beta+\gamma-\alpha)+\cos(\alpha+\gamma-\beta)+\cos(\alpha+\beta-\gamma)=4\cos\alpha\cos\beta\cos\gamma$.

证明 设$f(x)=\cos(x+\beta+\gamma)+\cos(\beta+\gamma-x)+\cos(x+\gamma-\beta)+\cos(x+\beta-\gamma)-4\cos x\cos\beta\cos\gamma$,则

---

① 马林.一类三角恒等式的“特值验证法”[J].数学通讯,2001(17):31-32.

$f(x)$是关于 $\sin x,\cos x$ 的一次齐次式,又

$$f(0)=2\cos(\beta+\gamma)+2\cos(\beta-\gamma)-4\cos\beta\cos\gamma=0$$

$$f(\frac{\pi}{2})=-\sin(\beta+\gamma)+\sin(\beta+\gamma)+\sin(\beta-\gamma)-\sin(\beta-\gamma)=0$$

由命题 2 知,$f(x)\equiv 0$,故原式成立.

例 14(第 11 届国际数学竞赛题)　设 $a_1,a_2,\cdots,a_n$ 为实常数,x 为实变数,且 $f(x)=\cos(x+a_1)+\frac{1}{2}\cos(x+a_2)+\frac{1}{2^2}\cos(x+a_3)+\cdots+\frac{1}{2^{n-1}}\cos(x+a_n)$,求证:从$f(x_1)=f(x_2)=0$,总可推得 $x_2-x_1=m\pi(m\in\mathbf{Z})$.

证明　假设 $f(x_1)=f(x_2)=0$,且有 $x_2-x_1\neq m\pi(m\in\mathbf{Z})$.

又$f(x)$为 $\sin x,\cos x$ 的一次齐次式,由命题2 知,$f(x)\equiv 0$,而

$$\begin{aligned}f(-a_1)&=1+\frac{1}{2}\cos(a_2-a_1)+\frac{1}{2^2}\cos(a_3-a_1)+\cdots+\frac{1}{2^{n-1}}\cos(a_n-a_1)\\&\geqslant 1-\frac{1}{2}-\frac{1}{2^2}-\cdots-\frac{1}{2^{n-1}}\\&=1-\frac{\frac{1}{2}(1-\frac{1}{2^{n-1}})}{1-\frac{1}{2}}=\frac{1}{2^{n-1}}>0\end{aligned}$$

矛盾！故原命题成立.

练习题

1. 用行列式或矩阵表示下列三角公式：

(1) $\sin^2 x+\cos^2 x=1$；

(2) $\sin(x+y)=\sin x\cdot\cos y+\cos x\cdot\sin y$；

$\cos(x+y)=\cos x\cdot\cos y-\sin x\cdot\sin y$；

(3) $\sin^2\alpha=\cos^2\beta+\cos^2\gamma-2\cos\alpha\cdot\cos\beta\cdot\cos\gamma$.

2. 运用命题 1 求证下述问题：

(1) 在 $\triangle ABC$ 中

$$\sin^2\frac{A}{2}+\sin^2\frac{B}{2}+\sin^2\frac{C}{2}+2\sin\frac{A}{2}\cdot\sin\frac{B}{2}\cdot\sin\frac{C}{2}=1$$

(2) 在 $\triangle ABC$ 中

$$\sin^2\frac{A}{2}+\cos^2\frac{B}{2}+\cos^2\frac{C}{2}-2\sin\frac{A}{2}\cdot\cos\frac{B}{2}\cdot\cos\frac{C}{2}=1$$

$$\cos^2\frac{A}{2}+\sin^2\frac{B}{2}+\cos^2\frac{C}{2}-2\cos\frac{A}{2}\cdot\sin\frac{B}{2}\cdot\cos\frac{C}{2}=1$$

$$\cos^2\frac{A}{2}+\cos^2\frac{B}{2}+\sin^2\frac{C}{2}-2\cos\frac{A}{2}\cdot\cos\frac{B}{2}\cdot\sin\frac{C}{2}=1$$

3. 运用命题 2 求证下述问题：

(1) 证明

$$\sin(\alpha-\beta)\cdot\sin(\delta-\gamma)+\sin(\beta-\gamma)\cdot\sin(\delta-\alpha)+\sin(\gamma-\alpha)\cdot\sin(\delta-\beta)=0$$

(2) 证明

$$\cos^2\alpha+\cos^2(\alpha+120^\circ)+\cos^2(\alpha-120^\circ)=\frac{3}{2}$$

数列问题

第9章

数列作为定义在自然数集上的离散函数，有其特殊的地位. 它既有数与式的运算和恒等变形，又有解方程与不等式的特殊推导. 数列的通项、数列的求和、讨论数列的性质等构成了数列的丰富内容. 而矩阵的引进，为展现这些内容提供了场所，为研究这些问题拓广了途径，为求解这些问题展示了坦途.

9.1 数列的单调性

例 1（《数学通报》1992 年第 2 期数学问题 753 号） 试证：数列$\{(1+\frac{1}{n})^n\}$是单调递增的.

证明 构造 $n+1$ 阶方阵

$$\begin{bmatrix} 1 & 1+\frac{1}{n} & \cdots & 1+\frac{1}{n} \\ 1+\frac{1}{n} & 1 & \cdots & 1+\frac{1}{n} \\ \vdots & \vdots & & \vdots \\ 1+\frac{1}{n} & 1+\frac{1}{n} & \cdots & 1 \end{bmatrix}_{(n+1)\times(n+1)}$$

矩阵中除主对角线上均为 1 外,其余全为 $1+\frac{1}{n}$.

运用 G - 不等式,有

$$\left\{\left[1+n\left(n+\frac{1}{n}\right)\right]^{n+1}\right\}^{\frac{1}{n+1}} \geqslant (n+1)\left[\left(1+\frac{1}{n}\right)^{n}\right]^{\frac{1}{n+1}}$$

及行中数不成比例,亦即

$$\left(1+\frac{1}{n+1}\right)^{n+1} > \left(1+\frac{1}{n}\right)^{n}$$

由此即证.

9.2 等差数列、等比数列

本节把二行 n 列式运用到等差、等比数列中,以求得某些结果.

由 3.6 节中的定理,我们可推证如下结论.

命题 1 直角坐标平面上,n 个点 $A_1(x_1,y_1)$,$A_2(x_2,y_2)$,$\cdots$,$A_n(x_n,y_n)$ 共线的充要条件是

$$\begin{vmatrix} x_i \\ y_i \end{vmatrix}_1^n = 0 \tag{9.2.1}$$

证明 充分性:因为以 $A_1,A_2,\cdots,A_n$ 为 n 个顶点

的 n 边形的面积 $S=\dfrac{1}{2}\begin{vmatrix} x_i \\ y_i \end{vmatrix}_1^n$,所以由 $\begin{vmatrix} x_i \\ y_i \end{vmatrix}_1^n=0$,得 $S=0$,即 $A_1,A_2,\cdots,A_n$ 共线.

必要性:由 $A_1,A_2,\cdots,A_n$ 共线,知坐标适合方程 $y=kx+b$,即 $y_i=kx_i+b(i=1,2,\cdots,n)$,所以

$$\begin{vmatrix} x_i \\ y_i \end{vmatrix}_1^n=\begin{vmatrix} x_i \\ kx_i+b \end{vmatrix}_1^n=\begin{vmatrix} x_i \\ kx_i \end{vmatrix}_1^n+\begin{vmatrix} x_i \\ b \end{vmatrix}_1^n=0+0=0$$

由命题 1,我们可推证如下几个定理.

定理 1　$\{a_n\}$ 是等差数列的充要条件是

$$\begin{vmatrix} i \\ a_i \end{vmatrix}_1^n=0$$

即

$$\begin{vmatrix} 1 & 2 & 3 & \cdots & n \\ a_1 & a_2 & a_3 & \cdots & a_n \end{vmatrix}=0$$

证明　充分性:由 $\begin{vmatrix} i \\ a_i \end{vmatrix}_1^n=0$ 知点 $(i,a_i)(i=1,2,\cdots,n)$ 共线,得 $\{a_n\}$ 是等差数列.

必要性:因为 $\{a_n\}$ 是等差数列,所以 $a_n=k\cdot n+b$ 或 $a_n=k$(常数),从而点 $(i,a_i)(i=1,2,\cdots,n)$ 共线,即有 $\begin{vmatrix} i \\ a_i \end{vmatrix}_1^n=0$.

推论 1　a_m,a_n,a_k 分别是一等差数列的第 m 项、第 n 项、第 k 项的充要条件是

$$\begin{vmatrix} m & n & k \\ a_m & a_n & a_k \end{vmatrix}=0 \qquad (9.2.2)$$

例 2 一等差数列的第 l,m,n 项分别为 $\frac{1}{a},\frac{1}{b},\frac{1}{c}$，试证明

$$(l-m)ab+(m-n)bc+(n-l)ca=0$$

证明 由推论 1 知

$$\begin{vmatrix} l & m & n \\ \frac{1}{a} & \frac{1}{b} & \frac{1}{c} \end{vmatrix}=0$$

即

$$\begin{vmatrix} l & m & n \\ bc & ac & ab \end{vmatrix}=0$$

展开可得

$$l\cdot ac-m\cdot bc+m\cdot ab-n\cdot ac+n\cdot bc-l\cdot ab=0$$

故

$$(l-m)ab+(m-n)bc+(n-l)ac=0$$

例 3 已知等差数列 $\lg x_1,\lg x_2,\cdots,\lg x_n,\cdots$ 的第 r 项为 s，第 s 项为 $r(0<r<s)$，求 $x_1+x_2+\cdots+x_n$ 的值.

解 由推论 1 知 $\begin{vmatrix} r & s & n \\ s & r & a_n \end{vmatrix}=0$，其中 $a_n=\lg x_n$，即

$$r^2-s^2+a_n\cdot s-n\cdot r+n\cdot s-a_n\cdot r=0$$

从而

$$\begin{aligned} a_n(s-r) &= s^2-r^2+n\cdot r-n\cdot s \\ &= (s+r-n)(s-r) \end{aligned}$$

得 $a_n=s+r-n$，所以 $\lg x_n=s+r-n$，$x_n=10^{s+r-n}=\frac{10^{s+r}}{10^n}$. 故

$$x_1+x_2+\cdots+x_n=10^{s+r}\cdot\left(\frac{1}{10}+\frac{1}{10^2}+\cdots+\frac{1}{10^n}\right)$$
$$=\frac{1}{9}\cdot 10^{s+r-n}\cdot(10^n-1)$$

定理2　若$\{a_n\}$是公差为$d\neq 0$的等差数列,则$\{a'_n\}$是等差数列的充要条件是

$$\begin{vmatrix} a_i \\ a'_i \end{vmatrix}_1^n=0 \qquad (9.2.3)$$

证明　充分性:由$\begin{vmatrix} a_i \\ a'_i \end{vmatrix}_1^n=0$知$(a_i,a'_i)$ $(i=1,2,\cdots,n)$这n个点共线,从而$a'_i=k$或$a'_i=ka_i+b$. 由$a'_i=k$知$\{a'_i\}$是等差数列;由$a'_i=ka_i+b$及$a_i=a_1+(i-1)d$,得$a'_i=kdi+(ka_1+b-kd)$,知$\{a'_n\}$是等差数列.

必要性:由$\{a_n\}$,$\{a'_n\}$是等差数列,得$a_n=a_1+(n-1)d$,$a'_n=a'_1+(n-1)d'$或$a'_n=k$.

若$a'_n=k$,则

$$\begin{vmatrix} a_i \\ a'_i \end{vmatrix}_1^n=\begin{vmatrix} a_i \\ k \end{vmatrix}_1^n=0$$

若$a'_n=a'_1+(n-1)d'$,则

$$\begin{vmatrix} a_i \\ a'_i \end{vmatrix}_1^n=\begin{vmatrix} a_1+(i-1)d \\ a'_1+(i-1)d' \end{vmatrix}$$
$$=\begin{vmatrix} a_1+(i-1)d \\ a'_1 \end{vmatrix}_1^n+\begin{vmatrix} a_1+(i-1)d \\ (i-1)d' \end{vmatrix}_1^n$$
$$=0+\begin{vmatrix} a_1 \\ (i-1)d' \end{vmatrix}_1^n+d\cdot d'\begin{vmatrix} i-1 \\ i-1 \end{vmatrix}_1^n=0$$

得证.

推论 2 若 a_m, a_n, a_k 分别为一公差 $d\neq 0$ 的等差数列的第 m 项、第 n 项、第 k 项，则 a'_m, a'_n, a'_k 分别是另一等差数列的第 m 项、第 n 项、第 k 项的充要条件是

$$\begin{vmatrix} a_m & a_n & a_k \\ a'_m & a'_n & a'_k \end{vmatrix}=0 \qquad (9.2.4)$$

例 4 在 $\triangle ABC$ 中，已知 $\cot A, \cot B, \cot C$ 成等差数列，求证：a^2, b^2, c^2 也成等差数列.

证明 若 $A=B=C$，即 $\cot A, \cot B, \cot C$ 这个等差数列的公差 $d=0$，显然 a^2, b^2, c^2 成等差数列.

若 A, B, C 至少有两个不相等，则

$$\begin{vmatrix} \cot A & \cot B & \cot C \\ a^2 & b^2 & c^2 \end{vmatrix}$$

$$=b^2\cdot\cot A-a^2\cot B+c^2\cot B-b^2\cot C+a^2\cot C-c^2\cot A$$

$$=(b^2-c^2)\cot A+(c^2-a^2)\cot B+(a^2-b^2)\cot C$$

$$=(b^2-c^2)\frac{\cos A}{\sin A}+(c^2-a^2)\frac{\cos B}{\sin B}+(a^2-b^2)\frac{\cos C}{\sin C}$$

$$=2R\left[\frac{(b^2-c^2)(b^2+c^2-a^2)}{2abc}+\frac{(c^2-a^2)(c^2+a^2-b^2)}{2abc}+\frac{(a^2-b^2)(a^2+b^2-c^2)}{2abc}\right]$$

$$=\frac{R}{abc}[(b^4-c^4-a^2b^2+a^2c^2)+(c^4-a^4-b^2c^2+a^2b^2)+(a^4-b^4-a^2c^2+b^2c^2)]$$

$$=0$$

（其中 R 为 $\triangle ABC$ 的外接圆半径），所以由定理 2 知 a^2, b^2, c^2 成等差数列.

例5　若某一等差数列的第 m 项、第 n 项、第 k 项分别是 a,b,c，而 $a+b,b+c,c+a$ 分别是另一等差数列的第 m 项、第 n 项、第 k 项，试求出 a,b,c 之间的关系.

解　由推论2知

$$\begin{vmatrix} a & b & c \\ a+b & b+c & c+a \end{vmatrix}=0$$

即

$$(ab+ac)-(ab+b^2)+(bc+ab)-(bc+c^2)+(ac+bc)-(ac+a^2)=0$$

从而

$$(ac+ab+bc)-(a^2+b^2+c^2)=0$$

即

$$-\frac{1}{2}[(a-b)^2+(b-c)^2+(c-a)^2]=0$$

所以可得

$$a=b=c$$

命题2　一个数列是等比数列（公比 $q\neq 1$）的充要条件是这个数列前 $n(n\geqslant 2)$ 项和 $S_n=k+r\cdot a_n$（$r\neq 1$，k 为常数）.

证明　充分性：设 $S_n=k+r\cdot a_n$，则 $S_{n-1}=k+r\cdot a_{n-1}$，从而 $S_n-S_{n-1}=r\cdot a_n-ra_{n-1}$，即 $(r-1)a_n=ra_{n-1}$，所以 $\frac{a_n}{a_{n-1}}=\frac{r}{r-1}$ 为常数，即 $\{a_n\}$ 为等比数列.

必要性：设 $\{a_n\}$ 是等比数列，则 $S_n=\frac{a_1(1-q^n)}{1-q}=\frac{a_1-qa_n}{1-q}=\frac{a_1}{1-q}-\frac{q}{1-q}a_n$，即证.

由命题1,2即推证得下面的定理.

定理3 $\{a_n\}$是等比数列的充要条件是对于前n项和组成的数列$\{S_n\}$,有

$$\begin{vmatrix} a_i \\ S_i \end{vmatrix}_1^n = 0 \qquad (9.2.5)$$

推论3 若$\{a_n\}$是等比数列(q为其公比),则对于前n项和组成的数列$\{S_n\}$,有

$$\begin{vmatrix} q^i \\ S_i \end{vmatrix}_1^n = 0 \qquad (9.2.6)$$

此可由$a_n = a_1 \cdot q^{n-1}$及二行n列式性质推得.

例6 已知等比数列$\{a_n\}$的前n项和数列$\{S_n\}$满足条件$S_{k+2}+2S_{k+1}-3S_k=0$,求此数列的公比q.

解 由$\begin{vmatrix} q^{k+2} & q^{k+1} & q^k \\ S_{k+2} & S_{k+1} & S_k \end{vmatrix}=0$,知

$$\begin{vmatrix} q^2 & q & 1 \\ S_{k+2} & S_{k+1} & S_k \end{vmatrix}=0$$

所以

$$\begin{vmatrix} q^2 & q & 1 \\ -2S_{k+1}+3S_k & S_{k+1} & S_k \end{vmatrix}=0$$

即

$$(q^2+2q-3)(S_k-S_{k+1})=0$$

而

$$S_k-S_{k+1}\neq 0$$

所以$q^2+2q-3=0$,故$q=-3$(舍去$q=1$)即为所求.

我们还可以运用线性方程组的知识推导如下结论.

定理4　若一等差数列的前 n_1 项、前 n_2 项与前 n_3 项之和分别为 S_{n_1},S_{n_2},S_{n_3},则

$$\begin{vmatrix} n_1^2 & n_1 & S_{n_1} \\ n_2^2 & n_2 & S_{n_2} \\ n_3^2 & n_3 & S_{n_3} \end{vmatrix}=0$$

证明　设等差数列 $\{a_n\}$ 的公差为 d,则

$$S_n=na_1+\frac{n(n-1)}{2}d$$

即

$$n^2\cdot\frac{d}{2}+n\left(a_1-\frac{d}{2}\right)-S_n=0$$

显然,关于 $\left(\frac{d}{2},a_1-\frac{d}{2},z\right)$ 的齐次线性方程组

$$\begin{cases} n_1^2\cdot\dfrac{d}{2}+n_1\cdot\left(a_1-\dfrac{d}{2}\right)+S_{n_1}\cdot z=0 \\ n_2^2\cdot\dfrac{d}{2}+n_2\cdot\left(a_1-\dfrac{d}{2}\right)+S_{n_2}\cdot z=0 \\ n_3^2\cdot\dfrac{d}{2}+n_3\cdot\left(a_1-\dfrac{d}{2}\right)+S_{n_3}\cdot z=0 \end{cases}$$

有一组非零解 $\left(\frac{d}{2},a_1-\frac{d}{2},-1\right)$. 从而

$$\begin{vmatrix} n_1^2 & n_1 & S_{n_1} \\ n_2^2 & n_2 & S_{n_2} \\ n_3^2 & n_3 & S_{n_3} \end{vmatrix}=0$$

推论4　设 S_1,S_2,S_3 分别为某等差数列前 n_1,n_2,n_3 项的和,则

$$\frac{S_1}{n_1}(n_2-n_3)+\frac{S_2}{n_2}(n_3-n_1)+\frac{S_3}{n_3}(n_1-n_2)=0$$

证明 注意到

$$0=\begin{vmatrix} n_1^2 & n_1 & S_1 \\ n_2^2 & n_2 & S_2 \\ n_3^2 & n_3 & S_3 \end{vmatrix}=n_1n_2n_3\begin{vmatrix} n_1 & 1 & \frac{S_1}{n_1} \\ n_2 & 1 & \frac{S_2}{n_2} \\ n_3 & 1 & \frac{S_3}{n_3} \end{vmatrix}$$

$$=n_1n_2n_3\left[\frac{S_1}{n_1}(n_2-n_3)+\frac{S_2}{n_2}(n_3-n_1)+\frac{S_3}{n_3}(n_1-n_2)\right]$$

故

$$\frac{S_1}{n_1}(n_2-n_3)+\frac{S_2}{n_2}(n_3-n_1)+\frac{S_3}{n_3}(n_1-n_2)=0$$

例 7(1996 年全国高考题) 等差数列$\{a_n\}$的前 m 项和为 30,前 $2m$ 项和为 100,则它的前 $3m$ 项和为

A. 130　　B. 170

C. 210　　D. 260

解 由定理 4,有

$$\begin{vmatrix} m^2 & m & S_m \\ 4m^2 & 2m & S_{2m} \\ 9m^2 & 3m & S_{3m} \end{vmatrix}=0$$

即

$$\begin{vmatrix} 1 & 1 & S_m \\ 4 & 2 & S_{2m} \\ 9 & 3 & S_{3m} \end{vmatrix}=0$$

化简,得

$$-3S_m+3S_{2m}-S_{3m}=0$$

所以

$$S_{3m}=3(S_{2m}-S_m)=3(100-30)=210$$

故选 C.

例 8　等差数列前 p 项的和等于前 q 项的和,求证前 $p+q$ 项的和为零($p\neq q$).

证明　由题设 $S_p=S_q$,则

$$0=\begin{vmatrix} p^2 & p & S_p \\ q^2 & q & S_q \\ (p+q)^2 & p+q & S_{p+q} \end{vmatrix}=pq(p-q)S_{p+q}$$

即 $S_{p+q}=0$.

例 9　设 S_n,S_{2n} 和 S_{3n} 分别为一等差数列前 $n,2n$,$3n$ 项的和,求证

$$S_{3n}=3(S_{2n}-S_n)$$

证明　由

$$0=\begin{vmatrix} n^2 & n & S_n \\ 4n^2 & 2n & S_{2n} \\ 9n^2 & 3n & S_{3n} \end{vmatrix}=n^3\begin{vmatrix} 1 & 1 & S_n \\ 4 & 2 & S_{2n} \\ 9 & 3 & S_{3n} \end{vmatrix}$$

$$=-2n^3[S_{3n}-3(S_{2n}-S_n)]$$

有

$$S_{3n}=3(S_{2n}-S_n)$$

例 10　设 S_m,S_n 和 S_{m+n} 分别为一等差数列前 m,$n,m+n$ 项的和,求证

$$\frac{S_m-S_n}{S_{m+n}}=\frac{m-n}{m+n}\quad (S_{m+n}\neq 0)$$

证明 由推论 4,得

$$0=\frac{S_m}{m}[n-(m+n)]+\frac{S_n}{n}[(m+n)-m]+\frac{S_{m+n}}{m+n}(m-n)$$

$$=-S_m+S_n+\frac{m-n}{m+n}S_{m+n}$$

故

$$\frac{S_m-S_n}{S_{m+n}}=\frac{m-n}{m+n}\quad (S_{m+n}\neq 0)$$

例 11 等差数列 $\{a_n\}$ 的公差 $d>0$,其前 n 项和、前 $2n$ 项和、前 $3n$ 项和分别为 S_n,S_{2n},S_{3n},求证

$$S_{2n}^2>S_n\cdot S_{3n}$$

证明 由例 9 知

$$S_{2n}=S_n+\frac{1}{3}S_{3n}$$

则

$$S_{2n}^2=(S_n+\frac{S_{3n}}{3})^2$$

$$=S_n^2+(\frac{S_{3n}}{3})^2+\frac{2}{3}S_nS_{3n}$$

$$>2S_n\cdot(\frac{S_{3n}}{3})+\frac{2}{3}S_nS_{3n}$$

$$=\frac{4}{3}S_nS_{3n}>S_nS_{3n}$$

故

$$S_{2n}^2>S_nS_{3n}$$

在本节最后看一道综合题.

例 12　$n^2(n\geqslant 4)$ 个正数排成 n 行 n 列

$$\begin{matrix} a_{11} & a_{12} & a_{13} & a_{14} & \cdots & a_{1n} \\ a_{21} & a_{22} & a_{23} & a_{24} & \cdots & a_{2n} \\ a_{31} & a_{32} & a_{33} & a_{34} & \cdots & a_{3n} \\ \vdots & \vdots & \vdots & \vdots & & \vdots \\ a_{n1} & a_{n2} & a_{n3} & a_{n4} & \cdots & a_{nn} \end{matrix}$$

其中每一行的数成等差数列,每一列的数成等比数列,并且所有公比相等. 已知 $a_{24}=1,a_{42}=\frac{1}{8},a_{43}=\frac{3}{16}$,求 $a_{11}+a_{22}+a_{33}+\cdots+a_{nn}$.

解　由 a_{24},a_{42},a_{43} 等已知项的信息,合理表示出等差、等比数列后,再考虑求和.

设第一行公差为 d,各列数列的公比为 q,则由题意知 $a_{ik}=[a_{11}+(k-1)d]q^{i-1}$,从而有方程组

$$\begin{cases} a_{24}=(a_{11}+3d)q=1 \\ a_{42}=(a_{11}+d)q^3=\frac{1}{8} \\ a_{43}=(a_{11}+2d)q^3=\frac{3}{16} \end{cases} \Rightarrow \begin{cases} q\cdot a_{11}+3q\cdot d-1=0 & (9.2.7) \\ q^3\cdot a_{11}+q^3\cdot d-\frac{1}{8}=0 & (9.2.8) \\ q^3\cdot a_{11}+2q^3\cdot d-\frac{3}{16}=0 & (9.2.9) \end{cases}$$

由式(9.2.8)与式(9.2.9)得到的增广矩阵

$$\begin{bmatrix} q^3 & q^3 & -\frac{1}{8} \\ q^3 & 2q^3 & -\frac{3}{16} \end{bmatrix} \xrightarrow{T_{12}(-1)} \begin{bmatrix} q^3 & q^3 & -\frac{1}{8} \\ 0 & q^3 & -\frac{1}{16} \end{bmatrix}$$

$$\xrightarrow{T_{21}(-1)} \begin{bmatrix} q^3 & 0 & -\frac{1}{16} \\ 0 & q^3 & -\frac{1}{16} \end{bmatrix}$$

$$\xrightarrow{D_1(\frac{1}{q^3}),D_2(\frac{1}{q^3})}\begin{bmatrix}1 & 0 & -\frac{1}{16q^3}\\ 0 & 1 & -\frac{1}{16q^3}\end{bmatrix}$$

于是有

$$a_{11}=d=\frac{1}{16q^3}$$

将其代入式(9.2.7),得

$$a_{11}=d=q=\frac{1}{2}\quad（负值舍去）$$

从而

$$a_{kk}=[a_{11}+(k-1)d]q^{k-1}=\frac{k}{2^k}$$

$$S_n=\sum_{k=1}^{n}a_{kk}=\frac{1}{2}+\frac{2}{2^2}+\frac{3}{2^3}+\cdots+\frac{n}{2^n}$$

$$\frac{1}{2}S_n=\frac{1}{2^2}+\frac{2}{2^3}+\frac{3}{2^4}+\cdots+\frac{n-1}{2^n}+\frac{n}{2^{n+1}}$$

两式相减,得

$$(1-\frac{1}{2})S_n=\frac{1}{2}+\frac{1}{2^2}+\cdots+\frac{1}{2^n}-\frac{n}{2^{n+1}}$$

$$=1-\frac{1}{2^n}-\frac{n}{2^{n+1}}$$

故

$$S_n=2-\frac{1}{2^{n-1}}-\frac{n}{2^n}$$

9.3　数列的通项公式

众所周知,每个数列未必都有通项公式;若数列存在通项公式,也不一定唯一. 由于数列的通项公式是刻画数列的最基本的特征式,因而研究求解有关数列的通项公式是研究数列问题的主要内容之一. 下面,我们介绍利用矩阵求解数列通项公式的一些知识与例子.

一、有穷数列通项公式的矩阵求解方法

利用一个函数式(即拉格朗日插值公式)可以给出任何一个有穷数列的一个通项公式.

定理 5　设 $a_1,a_2,\cdots,a_m$ 是给定的一个有穷数列,则它的一个通项公式是

$$a_n=g(n)=b_1\cdot n^{m-1}+b_2\cdot n^{m-2}+\cdots+b_m \tag{9.3.1}$$

其中 $b_1,b_2,\cdots,b_m$ 由下列矩阵式确定

$$\begin{bmatrix} b_1\\ b_2\\ b_3\\ \vdots\\ b_m \end{bmatrix}=\begin{bmatrix} 1 & 1 & \cdots & 1\\ -\sum\limits_{i\neq 1}^{m} i & -\sum\limits_{i\neq 2}^{m} i & \cdots & -\sum\limits_{i\neq m} i\\ \sum\limits_{\substack{i,j\neq 1\\ i<j}}^{m} i\cdot j & \sum\limits_{\substack{i,j\neq 2\\ i<j}}^{m} i\cdot j & \cdots & \sum\limits_{\substack{i,j\neq m\\ i<j}} i\cdot j\\ \vdots & \vdots & & \vdots\\ (-1)^{m-1}\cdot\prod\limits_{j\neq 1}^{m} j & (-1)^{m-1}\cdot\prod\limits_{j\neq 2}^{m} j & \cdots & (-1)^{m-1}\cdot\prod\limits_{j\neq m} j \end{bmatrix}.$$

$$\begin{bmatrix} (-1)^{m-1}\cdot\dfrac{a_1}{0!(n-1)!} \\ (-1)^{m-2}\cdot\dfrac{a_2}{1!(n-2)!} \\ (-1)^{m-2}\cdot\dfrac{a_3}{2!(n-3)!} \\ \vdots \\ (-1)^{m-m}\cdot\dfrac{a_n}{(n-1)!0!} \end{bmatrix} \quad (9.3.2)$$

证明 作函数

$$g(x) = \sum_{i=1}^{m} \frac{(-1)^{m-i}\cdot a_i}{(i-1)!(m-i)!}\cdot f_i(x)$$

其中 $f_i(x)=(x-1)\cdot\cdots\cdot(x-i+1)(x-i-1)\cdot\cdots\cdot(x-m)$, $i=1,2,\cdots,m$.

由于 $1,\cdots,i-1,i+1,\cdots,m$ 是多项式 $f_i(x)$ 的 $m-1$个根,由韦达定理,若设

$$V_{1i} = -(1+\cdots+i-1+i+1+\cdots+m)$$

$$\begin{aligned} V_{2i} =& 1\cdot 2+1\cdot 3+\cdots+1\cdot(i-1)+1\cdot(i+1)+\cdots+ \\ & 1\cdot m+2\cdot 3+\cdots+2\cdot(i-1)+ \\ & 2\cdot(i+1)+\cdots+2\cdot m+\cdots+(m-1)\cdot m \end{aligned}$$

$$\vdots$$

$$V_{m-1,i}=(-1)^{m-1}\cdot 1\cdot\cdots\cdot(i-1)(i+1)\cdot\cdots\cdot m$$

那么

$$f_i(x)=x^{m-1}+V_{1i}x^{m-2}+V_{2i}x^{m-3}+\cdots+V_{m-1,i}$$

其中 $i=1,2,\cdots,m$. 用矩阵表示即为

$$\begin{aligned} & [f_1(x) \quad f_2(x) \quad \cdots \quad f_m(x)] \\ =& [x^{m-1} \quad x^{m-2} \quad \cdots \quad 1]\cdot \boldsymbol{T}_m \end{aligned}$$

其中

$$\boldsymbol{T}_m=\begin{bmatrix}1 & 1 & \cdots & 1\\ V_{11} & V_{12} & \cdots & V_{1m}\\ V_{21} & V_{22} & \cdots & V_{2m}\\ \vdots & \vdots & & \vdots\\ V_{m-1,1} & V_{m-1,2} & \cdots & V_{m-1,m}\end{bmatrix}$$

$$=\begin{bmatrix}1 & 1 & \cdots & 1\\ -\sum_{i\neq1}^{m} i & -\sum_{i\neq2}^{m} i & \cdots & -\sum_{i=1}^{m-1} i\\ \sum_{\substack{i<j\\ i,j\neq1}}^{m} i\cdot j & \sum_{\substack{i<j\\ i,j\neq2}}^{m} i\cdot j & \cdots & \sum_{i<j}^{m-1} i\cdot j\\ \vdots & \vdots & & \vdots\\ (-1)^{m-1}\cdot\prod_{j\neq1}^{m} j & (-1)^{m-1}\cdot\prod_{j\neq2}^{m} j & \cdots & (-1)^{m-1}\cdot\prod_{j\neq m}^{m-1} j\end{bmatrix}$$

又由于给定的一有穷数列 $a_1,a_2,\cdots,a_m$ 的一个通项公式 a_n,就是多项式函数 $g(x)$ 当 $x=n$ 时的值,故

$$g(x)=\frac{(-1)^{m-1}\cdot a_1}{(1-1)!\cdot(m-1)!}\cdot f_1(x)+\frac{(-1)^{m-2}\cdot a_2}{(2-1)!\cdot(m-2)!}\cdot f_2(x)+\cdots+\frac{(-1)^{m-m}\cdot a_m}{(m-1)!\cdot(m-m)!}\cdot f_m(x)$$

$$=\frac{(-1)^{m-1}}{(m-1)!}a_1\cdot f_1(x)+\frac{(-1)^{m-2}}{(m-2)!}a_2\cdot f_2(x)+\cdots+\frac{1}{(m-1)!}a_m\cdot f_m(x)$$

又 $g(x)=b_1\cdot x^{m-1}+b_2\cdot x^{m-2}+\cdots+b_m\cdot 1$,用矩

阵表示为

$$[x^{m-1} \quad x^{m-2} \quad \cdots \quad 1] \cdot \begin{bmatrix} b_1 \\ b_2 \\ \vdots \\ b_m \end{bmatrix}$$

$$= [f_1(x) \quad f_2(x) \quad \cdots \quad f_m(x)] \cdot \begin{bmatrix} \dfrac{(-1)^{m-1}}{0! \cdot (m-1)!} a_1 \\ \dfrac{(-1)^{m-2}}{1! \cdot (m-2)!} a_2 \\ \vdots \\ \dfrac{1}{(m-1)! \cdot 0!} a_m \end{bmatrix}$$

$$= [x^{m-1} \quad x^{m-2} \quad \cdots \quad 1] \cdot \boldsymbol{T}_m \cdot \begin{bmatrix} \dfrac{(-1)^{m-1}}{0! \cdot (m-1)!} a_1 \\ \dfrac{(-1)^{m-2}}{1! \cdot (m-2)!} a_2 \\ \vdots \\ \dfrac{1}{(m-1)! \cdot 0!} a_m \end{bmatrix}$$

从而

$$\begin{bmatrix} b_1 \\ b_2 \\ \vdots \\ b_m \end{bmatrix} = \boldsymbol{T}_m \cdot \begin{bmatrix} \dfrac{(-1)^{m-1}}{0! \cdot (m-1)!} a_1 \\ \dfrac{(-1)^{m-2}}{1! \cdot (m-2)!} a_2 \\ \vdots \\ \dfrac{1}{(m-1)! \cdot 0!} a_m \end{bmatrix}$$

上式中的 $b_1, b_2, \cdots, b_m$ 就是通项公式(9.3.1)的 a_n 的

各项的系数.

例 13　已知数列：$a_1=\frac{1}{2}, a_2=-1, a_3=-5, a_4=\frac{1}{3}$，求它的一个通项公式.

解　先算得

$$T_4=\begin{bmatrix}1 & 1 & 1 & 1\\ -(2+3+4) & -(1+3+4) & -(1+2+4) & -(1+2+3)\\ 2\times3+3\times4+2\times4 & 1\times3+1\times4+3\times4 & 1\times2+1\times4+2\times4 & 1\times2+1\times3+2\times3\\ -2\times3\times4 & -1\times3\times4 & -1\times2\times4 & -1\times2\times3\end{bmatrix}$$

$$=\begin{bmatrix}1 & 1 & 1 & 1\\ -9 & -8 & -7 & -6\\ 26 & 19 & 14 & 11\\ -24 & -12 & -8 & -6\end{bmatrix}$$

于是

$$\begin{bmatrix}b_1\\ b_2\\ b_3\\ b_4\end{bmatrix}=\boldsymbol{T}_4\cdot\begin{bmatrix}-\frac{1}{6}\times\frac{1}{2}\\ \frac{1}{2}\times(-1)\\ \left(-\frac{1}{2}\right)\times(-5)\\ \frac{1}{6}\times\frac{1}{3}\end{bmatrix}=\begin{bmatrix}\frac{71}{36}\\ -\frac{157}{12}\\ \frac{431}{18}\\ -\frac{37}{3}\end{bmatrix}$$

故

$$\begin{aligned}a_n&=\frac{71}{36}n^3-\frac{157}{12}n^2+\frac{431}{18}n-\frac{37}{3}\\&=\frac{1}{36}(71n^3-471n^2+862n-444)\end{aligned}$$

其中 $n=1,2,3,4$.

二、线性递推型数列通项的矩阵求解公式

1. 几类简单线性递推型数列的特殊情形

我们知道，由递推式组

$$\begin{cases} x_n = ax_{n-1} + by_{n-1} \\ y_n = cx_{n-1} + dy_{n-1} \end{cases} \tag{9.3.3}$$

所定义的数列要求其通项，可以写成矩阵形式

$$\begin{bmatrix} x_n \\ y_n \end{bmatrix} = \begin{bmatrix} a & b \\ c & d \end{bmatrix} \cdot \begin{bmatrix} x_{n-1} \\ y_{n-1} \end{bmatrix} = \begin{bmatrix} a & b \\ c & d \end{bmatrix}^{n-1} \cdot \begin{bmatrix} x_1 \\ y_1 \end{bmatrix}$$

从而转化为求二阶矩阵 $\boldsymbol{P} = \begin{bmatrix} a & b \\ c & d \end{bmatrix}$ 的乘方.

实际上，对于分式线性递推式数列、二阶循环数列、等差数列、等差比数列、等比数列均能转化为矩阵形式，并求一个二阶矩阵的乘方，便可求解出通项公式.

为讨论问题的方便，我们先从一个分式线性函数 $f(x) = \dfrac{Ax+B}{Cx+D}$ 谈起.

对于上述函数 $f(x)$，分离其系数使其与二阶矩阵

$$\begin{bmatrix} A & B \\ C & D \end{bmatrix}$$

相对应，记为

$$f = \begin{bmatrix} A & B \\ C & D \end{bmatrix}$$

同样

$$g(x) = \frac{\alpha x + \beta}{\gamma x + \delta} \xrightarrow{\text{记为}} g = \begin{bmatrix} \alpha & \beta \\ \gamma & \delta \end{bmatrix}$$

则数学式$f(x)$,$g(x)$的复合

$$f\cdot g=f(g(x))=\frac{Ag(x)+B}{Cg(x)+D}$$

$$=\frac{(A\alpha+B\gamma)x+(A\beta+B\delta)}{(C\alpha+D\gamma)x+(C\beta+D\delta)}$$

也记为

$$f\cdot g=\begin{bmatrix}A\alpha+B\gamma & A\beta+B\delta\\ C\alpha+D\gamma & C\beta+D\delta\end{bmatrix}$$

又由二阶矩阵的乘法知

$$\begin{bmatrix}A\alpha+B\gamma & A\beta+B\delta\\ C\alpha+D\gamma & C\beta+D\delta\end{bmatrix}=\begin{bmatrix}A & B\\ C & D\end{bmatrix}\cdot\begin{bmatrix}\alpha & \beta\\ \gamma & \delta\end{bmatrix}$$

故知数学式$f(x)$,$g(x)$的复合,对应着其系数矩阵的乘法,即

$$f\cdot g=\begin{bmatrix}A & B\\ C & D\end{bmatrix}\cdot\begin{bmatrix}\alpha & \beta\\ \gamma & \delta\end{bmatrix}$$

如此类推,n个形如$f(x)$,$g(x)$数学式的复合,便对应着n个二阶矩阵的连乘. 特别的,$f(x)=\frac{Ax+B}{Cx+D}$的n次迭代在我们的记号下便有

$$f^n=\underbrace{f\cdot f\cdot\cdots\cdot f}_{n个}=\begin{bmatrix}A & B\\ C & D\end{bmatrix}^n$$

(1)对分式线性递推式数列:$x_{n+1}=\frac{Ax_n+B}{Cx_n+D}$,其中$A,B,C,D$为实常数,且$A,B$不同时为零,$C\neq0,AD-BC\neq0$.

我们记$x_2=f(x_1)=\frac{Ax_1+B}{Cx_1+D}=f,\cdots,x_{n+1}=f^n$,则知

x_{n+1}与 $\boldsymbol{P}^n$ 相对应. 若求出 $\boldsymbol{P}^n=\begin{bmatrix}a_n & b_n\\ c_n & d_n\end{bmatrix}$,则可求出 $x_{n+1}=\dfrac{a_nx_1+b_n}{c_nx_1+d_n}$.

(2)对二阶循环数列:$x_{n+2}=\alpha x_{n+1}+\beta x_n$,其中 α,β 为实常数,$\alpha\cdot\beta\neq 0$,$x_n=0$,$n\in\mathbf{N}$.

我们引进变换 $y_{n+1}=\dfrac{x_{n+2}}{x_{n+1}}\left(\text{或 } cy_{n+1}+d=\dfrac{x_{n+2}}{x_{n+1}}\right)$,代入原式得 $y_{n+1}=\dfrac{\alpha y_n+\beta}{1\cdot y_n+0}\left(\text{或 } y_{n+1}=\dfrac{(\alpha-d)y_n+\dfrac{(\alpha-d)d+\beta}{c}}{cy_n+d}\right)$,其通项归结为求$\begin{bmatrix}\alpha & \beta\\ 1 & 0\end{bmatrix}^n$.

(3)对等差比数列:$x_{n+1}=qx_n+d(qd\neq 0)$.

我们改写成

$$x_{n+1}=\frac{qx_n+d}{0\cdot x_n+1}\xrightarrow{\text{对应}}\boldsymbol{P}=\begin{bmatrix}q & d\\ 0 & 1\end{bmatrix}$$

有

$$\boldsymbol{P}^n=\begin{bmatrix}q^n & (q^{n-1}+q^{n-2}+\cdots+q+1)d\\ 0 & 1\end{bmatrix}$$

得

$$x_{n+1}=q^nx_1+(q^{n-1}+q^{n-2}+\cdots+q+1)d$$

(4)对等差数列:$x_{n+1}=x_n+d$.

我们改写成

$$x_{n+1}=\frac{x_n+d}{0\cdot x_n+1}\xrightarrow{\text{对应}}\boldsymbol{P}=\begin{bmatrix}1 & d\\ 0 & 1\end{bmatrix}$$

有 $\boldsymbol{P}^n=\begin{bmatrix}1 & nd\\ 0 & 1\end{bmatrix}$,得 $x_{n+1}=x_1+nd$ 或 $x_n=x_1+(n-1)d$.

(5)对等比数列:$x_{n+1}=qx_n(q\neq 0)$.

我们改写成

$$x_{n+1}=\frac{qx_n+0}{0\cdot x_n+1}\xrightarrow{\text{对应}}\boldsymbol{P}=\begin{bmatrix}q & 0\\ 0 & 1\end{bmatrix}$$

有 $\boldsymbol{P}^n=\begin{bmatrix}q^n & 0\\ 0 & 1\end{bmatrix}$,得 $x_{n+1}=x_1q^n$.

由上可知,欲求如上五类递推式数列的通项时,只归结为求 $\boldsymbol{P}^n$. 特别的,当 $\boldsymbol{P}^n$ 容易求时,求通项问题则可轻而易举地解答了. 下看几例:

例 14　已知 x_1 及递推式 $x_{n+1}=\dfrac{ax_n-b}{bx_n+a}$($b\neq 0$ 且 a,b 为实常数),求数列的通项.

解　由复数 $a+b\mathrm{i}$ 的矩阵表示$\begin{bmatrix}a & b\\ -b & a\end{bmatrix}$或 $\cos\theta+\mathrm{i}\sin\theta$ 的矩阵表示

$$\begin{bmatrix}\cos\theta & \sin\theta\\ -\sin\theta & \cos\theta\end{bmatrix}$$

则令

$$\cos\theta=\frac{a}{\sqrt{a^2+b^2}},\sin\theta=\frac{b}{\sqrt{a^2+b^2}}$$

有

$$x_{n+1}=\frac{ax_n-b}{bx_n+a}=\frac{x_n\cos\theta-\sin\theta}{x_n\sin\theta+\cos\theta}\to\boldsymbol{P}=\begin{bmatrix}\cos\theta & -\sin\theta\\ \sin\theta & \cos\theta\end{bmatrix}$$

而

$$\boldsymbol{P}^n=\begin{bmatrix}\cos n\theta & -\sin n\theta\\ \sin n\theta & \cos n\theta\end{bmatrix}\Leftrightarrow(\cos\theta-\mathrm{i}\sin\theta)^n$$

故

$$x_{n+1}=\frac{x_1\cdot\cos n\theta-\sin n\theta}{x_1\cdot\sin n\theta+\cos n\theta}$$

特别的,若 $x_1=2,x_{n+1}=\dfrac{x_n-1}{x_n+1}$时,则

$$x_{n+1}=\frac{2\cos\frac{n\pi}{4}-\sin\frac{n\pi}{4}}{2\sin\frac{n\pi}{4}+\cos\frac{n\pi}{4}}$$

例 15 已知递推关系式 $x_{n+1}=\dfrac{ax_n+b}{bx_n+a}(a\neq b,b\neq 0)$及 x_1,求数列的通项.

解 数列对应的二阶矩阵为

$$\boldsymbol{P}=\begin{bmatrix}a & b\\ b & a\end{bmatrix}$$

记 $\boldsymbol{E}=\begin{bmatrix}1 & 0\\ 0 & 1\end{bmatrix},\boldsymbol{A}=\begin{bmatrix}0 & 1\\ 1 & 0\end{bmatrix}$,则 $\boldsymbol{A}^2=E$,且 $\boldsymbol{P}=a\boldsymbol{E}+b\boldsymbol{A}$. 故

$$\begin{aligned}\boldsymbol{P}^n&=(a\boldsymbol{E}+b\boldsymbol{A})^n\\&=a^n\boldsymbol{E}+na^{n-1}b\boldsymbol{A}+\mathrm{C}_n^2a^{n-2}b^2\boldsymbol{A}^2+\cdots+b^n\boldsymbol{A}^n\\&=(a^n+\mathrm{C}_n^2a^{n-2}\cdot b^2+\mathrm{C}_n^4\cdot a^{n-4}\cdot b^4+\cdots)\cdot\boldsymbol{E}+\\&\quad(\mathrm{C}_n^1\cdot a^{n-1}\cdot b+\mathrm{C}_n^2a^{n-3}b^3+\cdots)\cdot\boldsymbol{A}\\&=\frac{(a+b)^n+(a-b)^n}{2}\boldsymbol{E}+\frac{(a+b)^n-(a-b)^n}{2}\boldsymbol{A}\\&=\frac{1}{2}\begin{bmatrix}(a+b)^n+(a-b)^n & (a+b)^n-(a-b)^n\\(a+b)^n-(a-b)^n & (a+b)^n+(a-b)^n\end{bmatrix}\end{aligned}$$

得

$$x_{n+1}=\frac{[(a+b)^n+(a-b)^n]x_1+(a+b)^n-(a-b)^n}{[(a+b)^n-(a-b)^n]x_1+(a+b)^n+(a-b)^n}$$

注　在求 $\boldsymbol{P}^n$ 时,也可这样求:

设$\begin{bmatrix} a & b \\ b & a \end{bmatrix}^n = \begin{bmatrix} A_n & B_n \\ C_n & D_n \end{bmatrix}$,其中 $A_1 = D_1 = a, B_1 = C_1 = b$,由数学归纳法可证得

$$\begin{bmatrix} a & b \\ b & a \end{bmatrix} = \frac{1}{2}\begin{bmatrix} (a+b)^n + (a-b)^n & (a+b)^n - (a-b)^n \\ (a+b)^n - (a-b)^n & (a+b)^n + (a-b)^n \end{bmatrix}$$

例16　已知 $y_1 = y_2 = 1$,且 $y_{n+2} + 2y_{n+1} + y_n = 0$,求 y_n.

解　设 $x_n = \dfrac{y_{n+1}}{y_n}$,则有$\begin{cases} x_1 = 1 \\ x_{n+1} = \dfrac{2x_n + 1}{-x_n} \end{cases}$,而 x_{n+1} 对应的矩阵为 $\boldsymbol{P} = \begin{bmatrix} 2 & 1 \\ -1 & 0 \end{bmatrix}$,且 $\boldsymbol{P}^n = \begin{bmatrix} n+1 & n \\ -n & 1-n \end{bmatrix}$,则

$$x_{n+1} = \frac{(n+1)\cdot 1 + n}{-n \cdot 1 + 1 - n} = -\frac{2n+1}{2n-1}$$

于是

$$\begin{aligned} y_n &= \frac{y_n}{y_{n-1}} \cdot \frac{y_{n-1}}{y_{n-2}} \cdot \cdots \cdot \frac{y_2}{y_1} \cdot y_1 \\ &= x_{n-1} \cdot x_{n-2} \cdot \cdots \cdot x_1 \cdot y_1 \\ &= \left(-\frac{2n+1}{2n-1}\right) \cdot \left(-\frac{2n-1}{2n-3}\right) \cdot \cdots \cdot \left(-\frac{5}{3}\right) \cdot \\ &\quad (-3) \cdot 1 \\ &= (-1)^{n-1} \cdot (2n+1) \end{aligned}$$

2. 几类简单线性递推式数列的一般情形

前面我们由式(9.3.3)联想,从一个分式线性函数出发,探讨了几类简单递推式数列的特殊情形下通项式的求解问题,这实际上是对易于求得 $\boldsymbol{P}^n$ 的几种情

形浅显地介绍了一下. 下面我们探讨求解 $\boldsymbol{P}^n$ 的一般方法. 我们也还是从式(9.3.3)研究起,谈谈三类最基本的简单递推式数列通项公式的矩阵求解方法:

(1)二元线性递推数列(二元递推式组)

$$\begin{cases} x_n = ax_{n-1} + by_{n-1} \\ y_n = cx_{n-1} + dy_{n-1} \end{cases} \quad (n \in \mathbf{N}) \qquad (9.3.4)$$

(2)二阶线性递推数列(或二阶循环数列)

$$x_n = ax_{n-1} + bx_{n-2} \quad (ab \neq 0, n \geqslant 2, n \in \mathbf{N}) \qquad (9.3.5)$$

(3)分式线性递推数列

$$x_n = \frac{ax_{n-1} + b}{cx_{n-1} + d} \quad (ad - bc \neq 0, n \in \mathbf{N}) \quad (9.3.6)$$

这三类数列均可用矩阵表示$\left(\text{对式(9.3.6)可令 } x_n = \frac{y_n}{z_n}\right)$

$$\begin{bmatrix} x_n \\ y_n \end{bmatrix} = \begin{bmatrix} a & b \\ c & d \end{bmatrix} \cdot \begin{bmatrix} x_{n-1} \\ y_{n-1} \end{bmatrix} = \begin{bmatrix} a & b \\ c & d \end{bmatrix}^n \cdot \begin{bmatrix} x_1 \\ y_1 \end{bmatrix} \qquad (9.3.4')$$

$$\begin{bmatrix} x_n \\ x_{n-1} \end{bmatrix} = \begin{bmatrix} a & b \\ 1 & 0 \end{bmatrix} \cdot \begin{bmatrix} x_{n-1} \\ x_{n-2} \end{bmatrix} = \begin{bmatrix} a & b \\ 1 & 0 \end{bmatrix}^{n-1} \cdot \begin{bmatrix} x_1 \\ x_0 \end{bmatrix} \qquad (9.3.5')$$

$$\begin{bmatrix} y_n \\ z_n \end{bmatrix} = \begin{bmatrix} a & b \\ c & d \end{bmatrix} \cdot \begin{bmatrix} y_{n-1} \\ z_{n-1} \end{bmatrix} = \begin{bmatrix} a & b \\ c & d \end{bmatrix}^n \cdot \begin{bmatrix} y_1 \\ z_1 \end{bmatrix} \qquad (9.3.6')$$

由上可知,若要求其通项,关键是如何求出 $\boldsymbol{P}^n$,其中 $\boldsymbol{P} = \begin{bmatrix} a & b \\ c & d \end{bmatrix}$. 为此,先看一个引理:

引理 设 $\boldsymbol{P}$ 是一个二阶方阵，$\boldsymbol{E}$ 为二阶单位矩阵.

(1)若矩阵 $\boldsymbol{P}$ 有二重特征根 λ_1，令 $\boldsymbol{A}=\boldsymbol{P}-\lambda_1\boldsymbol{E}$，则对 $n\in\mathbf{N}_+$，有

$$\boldsymbol{P}^n=\lambda_1^{n-1}(n\boldsymbol{A}+\lambda_1\boldsymbol{E}) \tag{9.3.7}$$

(2)若矩阵 $\boldsymbol{P}$ 有相异特征根 λ_1,λ_2，令 $\boldsymbol{K}=\dfrac{\boldsymbol{P}-\lambda_2\boldsymbol{E}}{\lambda_1-\lambda_2}$，$\boldsymbol{L}=\dfrac{\boldsymbol{P}-\lambda_1\boldsymbol{E}}{\lambda_2-\lambda_1}$，则对 $n\in\mathbf{N}_+$，有

$$\boldsymbol{P}^n=\lambda_1^n\boldsymbol{K}+\lambda_2^n\boldsymbol{L} \tag{9.3.8}$$

其中当 $\lambda_1=0$ 且 $n=1$ 时，规定 $\lambda_1^{n-1}=1$.

证明 由 $\boldsymbol{P}$ 的特征多项式 $f(\lambda)=|\lambda\boldsymbol{E}-\boldsymbol{P}|=\lambda^2+a_1\lambda+a_0$，根据哈密顿-凯莱定理(见第6章定义5后的注)，有 $\boldsymbol{P}^2+a_1\boldsymbol{P}+a_0\boldsymbol{E}=\boldsymbol{0}$(其中 $\boldsymbol{0}$ 为二阶零矩阵).

(1)若 λ_1 是特征多项式 $f(\lambda)$ 的二重根，令 $\boldsymbol{A}=\boldsymbol{P}-\lambda_1\boldsymbol{E}$，即 $\boldsymbol{P}=\boldsymbol{A}+\lambda_1\boldsymbol{E}$. 由于 $\boldsymbol{A}^2=\boldsymbol{0}$，对于 $n\geqslant 1$，把 $\boldsymbol{P}^n=(\boldsymbol{A}+\lambda_1\boldsymbol{E})^n$ 展开，有

$$\boldsymbol{P}^n=n\lambda_1^{n-1}\cdot\boldsymbol{A}+\lambda_1^n\boldsymbol{E}=\lambda_1^{n-1}(n\cdot\boldsymbol{A}+\lambda_1\boldsymbol{E})$$

(2)若 λ_1,λ_2 是特征多项式 $f(\lambda)$ 的相异特征根，令 $\boldsymbol{K}=\dfrac{\boldsymbol{P}-\lambda_2\boldsymbol{E}}{\lambda_1-\lambda_2}$，$\boldsymbol{L}=\dfrac{\boldsymbol{P}-\lambda_1\boldsymbol{E}}{\lambda_2-\lambda_1}$，这时 $\boldsymbol{K}+\boldsymbol{L}=\boldsymbol{E}$，$\boldsymbol{K}\cdot\boldsymbol{L}=\boldsymbol{0}$. 由于 $\boldsymbol{L}=\boldsymbol{E}-\boldsymbol{K}$，$\boldsymbol{K}=\boldsymbol{E}-\boldsymbol{L}$，因此 $\boldsymbol{L}$ 和 $\boldsymbol{K}$ 都是幂等的，即

$$\boldsymbol{L}^2=(\boldsymbol{E}-\boldsymbol{K})\boldsymbol{L}=\boldsymbol{L},\ \boldsymbol{K}^2=\boldsymbol{K}(\boldsymbol{E}-\boldsymbol{L})=\boldsymbol{K}$$

应用上述结果，对于 $n\geqslant 1$，把 $\boldsymbol{P}^n=(\lambda_1\boldsymbol{K}+\lambda_2\boldsymbol{L})^n$ 展开，有

$$\boldsymbol{P}^n=\lambda_1^n\boldsymbol{K}^n+\lambda_2^n\boldsymbol{L}^n=\lambda_1^n\boldsymbol{K}+\lambda_2^n\boldsymbol{L}$$

证毕.

为应用方便,把(9.3.7)和(9.3.8)明确写出,即

$$\boldsymbol{P}^n=\begin{bmatrix}n\lambda_1^{n-1}(a-\lambda_1)+\lambda_1^n & nb\lambda_1^{n-1}\\ nc\lambda_1^{n-1} & n\lambda_1^{n-1}(d-\lambda_1)+\lambda_1^n\end{bmatrix} \tag{9.3.7'}$$

$$\boldsymbol{P}^n=\begin{bmatrix}\dfrac{\lambda_1^n(a-\lambda_2)-\lambda_2^n(a-\lambda_1)}{\lambda_1-\lambda_2} & \dfrac{b(\lambda_1^n-\lambda_2^n)}{\lambda_1-\lambda_2}\\ \dfrac{c(\lambda_1^n-\lambda_2^n)}{\lambda_1-\lambda_2} & \dfrac{\lambda_1^n(d-\lambda_2)-\lambda_2^n(d-\lambda_1)}{\lambda_1-\lambda_2}\end{bmatrix} \tag{9.3.8'}$$

于是,我们立即便得下面的定理.

定理6 若给定 x_0,y_0,则由递推式(9.3.4)确定的数列$\{x_n\},\{y_n\}$:

(1)当矩阵 $\boldsymbol{P}=\begin{bmatrix}a & b\\ c & d\end{bmatrix}$有二重特征根 λ_1 时,其通项为

$$\begin{cases}x_n=[n\lambda_1^{n-1}(a-\lambda_1)+\lambda_1^n]x_0+nb\lambda^{n-1}y_0\\ y_n=nc\lambda_1^{n-1}x_0+[n\lambda_1^{n-1}(d-\lambda_1)+\lambda_1^n]y_0\end{cases}$$

(2)当矩阵 $\boldsymbol{P}=\begin{bmatrix}a & b\\ c & d\end{bmatrix}$有相异特征根 λ_1,λ_2 时,其通项为

$$\begin{cases}x_n=\dfrac{[\lambda_1^n(a-\lambda_2)-\lambda_2^n(a-\lambda_1)]x_0+b(\lambda_1^n-\lambda_2^n)y_0}{\lambda_1-\lambda_2}\\ y_n=\dfrac{c(\lambda_1^n-\lambda_2^n)x_0+[\lambda_1^n(d-\lambda_2)-\lambda_2^n(d-\lambda_1)]y_0}{\lambda_1-\lambda_2}\end{cases}$$

在式(9.3.3)中令 $c=1,d=0$,则由定理6得如下结论.

推论5　若给定 x_0,x_1,则由递推式(9.3.5)确定的数列 $\{x_n\}$ 可得:

(1)当矩阵 $\boldsymbol{P}=\begin{bmatrix}a & b\\1 & 0\end{bmatrix}$ 有二重特征根 λ_1 时,其通项为

$$x_n=[(n-1)\lambda_1^{n-2}(a-\lambda_1)+\lambda_1^{n-1}]x_1+(n-1)b\lambda_1^{n-2}x_0$$

(2)当矩阵 $\boldsymbol{P}=\begin{bmatrix}a & b\\1 & 0\end{bmatrix}$ 有相异特征根 λ_1,λ_2 时,其通项为

$$x_n=\frac{[\lambda_1^{n-1}(a-\lambda_2)-\lambda_2^{n-1}(a-\lambda_1)]x_1}{\lambda_1-\lambda_2}+\frac{b(\lambda_1^{n-1}-\lambda_2^{n-1})x_0}{\lambda_1-\lambda_2}$$

略证　由 $\begin{bmatrix}x_n\\x_{n-1}\end{bmatrix}=\begin{bmatrix}a & b\\1 & 0\end{bmatrix}^{n-1}\begin{bmatrix}x_1\\x_0\end{bmatrix}$,以 $n-1,x_1,x_0$ 分别代替定理6中两式即得.

推论6　若给定 x_0,则由递推公式(9.3.6)确定的数列 $\{x_n\}$:

(1)当矩阵 $\boldsymbol{P}=\begin{bmatrix}a & b\\c & d\end{bmatrix}$ 有二重特征根 λ_1 时,其通项为

$$x_n=\frac{[n\lambda_1^{n-1}(a-\lambda_1)+\lambda_1^n]x_0+nb\lambda_1^{n-1}}{nc\lambda_1^{n-1}x_0+n\lambda_1^{n-1}(d-\lambda_1+\lambda_1^{n-1})}$$

(2)当矩阵 $\boldsymbol{P}=\begin{bmatrix}a & b\\c & d\end{bmatrix}$ 有相异特征根 λ_1,λ_2 时,

其通项为

$$x_n=\frac{[\lambda_1^n(a-\lambda_2)-\lambda_2^n(a-\lambda_1)]x_0+b(\lambda_1^n-\lambda_2^n)}{c(\lambda_1^n-\lambda_2^n)x_0+[\lambda_1^n(d-\lambda_2)-\lambda_2^n(d-\lambda_1)]}$$

略证 对 $n\geqslant 0$，令 $z_n=\dfrac{y_n}{x_n}$，则

$$\begin{bmatrix}y_n\\z_n\end{bmatrix}=\begin{bmatrix}a & b\\c & d\end{bmatrix}^n\cdot\begin{bmatrix}y_0\\z_0\end{bmatrix}$$

用 y_n,z_n 分别代替定理 6 中的 x_n,y_n，再将所得两式相除，并注意到 $\dfrac{y_0}{z_0}=x_0$ 即证得.

在此也顺便指出：定理 6 及两个推论中，有二重特征根 λ_1 时的通项公式可视为有相异特征根 λ_1,λ_2 时的通项 $\lambda_2\to\lambda_1$ 时的极限.

下面我们给出一个例题以说明之.

例 17 (1) 设 $x_0=2,x_n=\dfrac{x_{n-1}-1}{x_{n-1}+1}$，求通项公式.(此即例 14 的特例).

(2) 设 $x_0=2,x_n=\dfrac{2x_n-1}{-2x_n+3}$，求通项 x_n.

解 (1) 由 $\boldsymbol{P}=\begin{bmatrix}1 & -1\\1 & 1\end{bmatrix}$，求得其特征根为 $1+i$，$1-i$. 由推论 6，则

$$x_n=\frac{[(1+i)^n\cdot i-(1-i)^n(-i)]\cdot 2-[(1+i)^n-(1-i)^n]}{[(1+i)^n-(1-i)^n]\cdot 2+[(1+i)^n\cdot i-(1-i)^n\cdot(-i)]}\cdot$$

$$\frac{\dfrac{1}{(1-i)^n}}{\dfrac{1}{(1-i)^n}}=\frac{2i^{n+1}-i^n+2i+1}{i^{n+1}+2i^n+i-2}$$

(2)由 $\boldsymbol{P}=\begin{bmatrix}2 & -1\\ -2 & 3\end{bmatrix}$,求得其特征根为1,4. 由推论6,则

$$x_n=\frac{2^{2n+1}-2^{2n}+5}{-2^{2n+2}+2^{2n+1}+5}$$

3. 一类 m 元(阶)线性递推式数列

我们还是从式(9.3.3)的推广式谈起.

设有 m 个数列 $\{x_n^{(1)}\},\{x_n^{(2)}\},\cdots,\{x_n^{(m)}\}$(这里 $x_n^{(k)}$ 表示第 k 个数列的第 n 项)满足递推式组

$$\begin{cases}x_n^{(1)}=a_{11}x_{n-1}^{(1)}+a_{12}x_{n-1}^{(2)}+\cdots+a_{1m}x_{n-1}^{(m)}\\ x_n^{(2)}=a_{21}x_{n-1}^{(1)}+a_{22}x_{n-1}^{(2)}+\cdots+a_{2m}x_{n-1}^{(m)}\\ \qquad\qquad\vdots\\ x_n^{(m)}=a_{m1}x_{n-1}^{(1)}+a_{m2}x_{n-1}^{(2)}+\cdots+a_{mm}x_{n-1}^{(m)}\end{cases}\tag{9.3.9}$$

其中 $a_{ij}(i,j=1,2,\cdots,m)$ 为常数,初始条件由 $x_1^{(1)}$, $x_1^{(2)},x_1^{(3)},\cdots,x_1^{(m)}$ 给定.

我们称如上的 m 个数列递推组叫作 m 元线性递推式数列. 下面我们探求其通项公式.

递推式组(9.3.9)用矩阵表示为

$$\begin{bmatrix}x_n^{(1)}\\ x_n^{(2)}\\ \vdots\\ x_n^{(m)}\end{bmatrix}=\boldsymbol{P}\cdot\begin{bmatrix}x_{n-1}^{(1)}\\ x_{n-1}^{(2)}\\ \vdots\\ x_{n-1}^{(m)}\end{bmatrix}$$

其中 $\boldsymbol{P}=\begin{bmatrix} a_{11} & a_{12} & \cdots & a_{1m} \\ a_{21} & a_{22} & \cdots & a_{2m} \\ \vdots & \vdots & & \vdots \\ a_{m1} & a_{m2} & \cdots & a_{mm} \end{bmatrix}$ 叫作 m 元线性递推式数列的系数矩阵.

定理 7 称矩阵 $\boldsymbol{P}$ 的特征方程 $|\lambda\boldsymbol{E}-\boldsymbol{P}|=0$(其中 $\boldsymbol{E}$ 为 m 阶单位矩阵)为 m 元线性递推式数列的特征方程,若 m 元线性递推式数列的特征方程为 $b_0+b_1\lambda+b_2\lambda^2+\cdots+b_m\lambda^m=0$ 时,则 m 个数列 $\{x_n^{(1)}\},\{x_n^{(2)}\},\cdots,\{x_n^{(m)}\}$ 满足递推关系式

$$b_0x_n^{(k)}+b_1x_{n+1}^{(k)}+b_2x_{n+2}^{(k)}+\cdots+b_mx_{n+m}^{(k)}=0$$
$$(k=1,2,\cdots,m)$$

即 $\{x_n^{(1)}\},\{x_n^{(2)}\},\cdots,\{x_n^{(m)}\}$ 是满足同一递推关系式的 m 阶线性递推式数列.

证明 由特征多项式的哈密顿-凯莱定理,对任一方阵 $\boldsymbol{P}$,有

$$b_0\boldsymbol{E}+b_1\boldsymbol{P}+b_2\boldsymbol{P}^2+\cdots+b_m\boldsymbol{P}^m=\boldsymbol{0}$$

其中 $\boldsymbol{0}$ 为 m 阶零矩阵. 以

$$\begin{bmatrix} x_n^{(1)} \\ x_n^{(2)} \\ \vdots \\ x_n^{(m)} \end{bmatrix}$$

右乘上面等式两边,并注意到

$$\boldsymbol{P}^k \cdot \begin{bmatrix} x_n^{(1)} \\ x_n^{(2)} \\ \vdots \\ x_n^{(m)} \end{bmatrix} = \begin{bmatrix} x_{n+k}^{(1)} \\ x_{n+k}^{(2)} \\ \vdots \\ x_{n+k}^{(m)} \end{bmatrix}$$

则有

$$b_0 \cdot \begin{bmatrix} x_n^{(1)} \\ x_n^{(2)} \\ \vdots \\ x_n^{(m)} \end{bmatrix} + b_1 \cdot \begin{bmatrix} x_{n+1}^{(1)} \\ x_{n+1}^{(2)} \\ \vdots \\ x_{n+1}^{(m)} \end{bmatrix} + b_2 \cdot \begin{bmatrix} x_{n+2}^{(1)} \\ x_{n+2}^{(2)} \\ \vdots \\ x_{n+2}^{(m)} \end{bmatrix} + \cdots +$$

$$b_m \cdot \begin{bmatrix} x_{n+m}^{(1)} \\ x_{n+m}^{(2)} \\ \vdots \\ x_{n+m}^{(m)} \end{bmatrix} = \begin{bmatrix} 0 \\ 0 \\ \vdots \\ 0 \end{bmatrix}$$

故

$$b_0 \cdot x_n^{(k)} + b_1 \cdot x_{n+1}^{(k)} + b_2 \cdot x_{n+2}^{(k)} + \cdots + b_m \cdot x_{n+m}^{(k)} = 0$$

其中 $k=1,2,\cdots,m$.

由上述定理可知,欲求 m 元线性递推式数列的通项公式,只需求 m 个满足同一递推关系式的 m 阶线性递推式数列的通项公式,这 m 个 m 阶线性递推式数列只不过是初始条件不同罢了.又由于 m 阶线性递推式数列的通项公式既可由矩阵法求出,也可直接用特征方程的方法求得,从而 m 元线性递推式数列的通项公式也就可求.

例 18 已知三个数列 $\{x_n\}$,$\{y_n\}$,$\{z_n\}$ 满足

$$\begin{cases}x_n=3x_{n-1}+2y_{n-1}-z_{n-1}\\y_n=-2x_{n-1}-2y_{n-1}+2z_{n-1}\\z_n=3x_{n-1}+6y_{n-1}-z_{n-1}\end{cases}$$

且 $x_1=1,y_1=1,z_1=1$，求 $\{x_n\},\{y_n\},\{z_n\}$ 的通项公式.

解 这个三元递推式数列的系数矩阵为

$$\boldsymbol{P}=\begin{bmatrix}3&2&-1\\-2&-2&2\\3&6&-1\end{bmatrix}$$

其特征方程为 $\lambda^3-12\lambda+16=0\Rightarrow\lambda_1=\lambda_2=2,\lambda_3=-4$.

由定理 7 知，$\{x_n\},\{y_n\},\{z_n\}$ 是三阶线性递推数列，三个数列的通项公式的表达式为

$$\begin{cases}x_n=(a_1+a_2n)\cdot 2^n+a_3\cdot(-4)^n & (9.3.10)\\y_n=(b_1+b_2n)\cdot 2^n+b_3\cdot(-4)^n & (9.3.11)\\z_n=(c_1+c_2n)\cdot 2^n+c_3\cdot(-4)^n & (9.3.12)\end{cases}$$

其中 $a_1,a_2,a_3,b_1,b_2,b_3,c_1,c_2,c_3$ 为待定常数.

由初始条件 $x_1=1,y_1=1,z_1=1$，可求得

$$\begin{bmatrix}x_3\\y_3\\z_3\end{bmatrix}=\begin{bmatrix}3&2&-1\\-2&-2&2\\3&6&-1\end{bmatrix}\cdot\begin{bmatrix}x_2\\y_2\\z_2\end{bmatrix}$$

$$=\begin{bmatrix}3&2&-1\\-2&-2&2\\3&6&-1\end{bmatrix}^2\cdot\begin{bmatrix}x_1\\y_1\\z_1\end{bmatrix}$$

$$=\begin{bmatrix}3&2&-1\\-2&-2&2\\3&6&-1\end{bmatrix}\cdot\begin{bmatrix}4\\-2\\8\end{bmatrix}=\begin{bmatrix}0\\12\\-8\end{bmatrix}$$

则

$$x_2=4,y_2=-2,z_2=8$$

$$x_3=0,y_3=12,z_3=-8$$

再由式(9.3.10)及 $x_1=1,x_2=4,x_3=0$,即有

$$\begin{bmatrix}2&1\cdot 2&-4\\2^2&2\cdot 2^2&(-4)^2\\2^3&3\cdot 2^3&(-4)^3\end{bmatrix}\cdot\begin{bmatrix}a_1\\a_2\\a_3\end{bmatrix}-\begin{bmatrix}x_1\\x_2\\x_3\end{bmatrix}=\begin{bmatrix}1\\4\\0\end{bmatrix}$$

由

$$\begin{bmatrix}2&1\cdot 2&-4&1\\2^2&2\cdot 2^2&(-4)^2&4\\2^3&3\cdot 2^3&(-4)^3&0\end{bmatrix}\xrightarrow[D_3\left(\frac{1}{8}\right)]{D_1\left(\frac{1}{2}\right)\ D_2\left(\frac{1}{4}\right)}\begin{bmatrix}1&1&-2&\frac{1}{2}\\1&2&4&1\\1&3&-8&0\end{bmatrix}$$

$$\xrightarrow[T_{13}(-1)]{T_{12}(-1)}\begin{bmatrix}1&1&-2&\frac{1}{2}\\0&1&6&\frac{1}{2}\\0&2&-6&-\frac{1}{2}\end{bmatrix}$$

$$\xrightarrow[T_{23}(-2)]{T_{21}(-1)}\begin{bmatrix}1&0&-8&0\\0&1&6&\frac{1}{2}\\0&0&-18&-\frac{3}{2}\end{bmatrix}$$

$$\xrightarrow{D_3\left(-\frac{1}{18}\right)}\begin{bmatrix}1 & 0 & -8 & 0\\ 0 & 1 & 6 & \frac{1}{2}\\ 0 & 0 & 1 & \frac{1}{12}\end{bmatrix}$$

$$\xrightarrow[T_{32}(-6)]{T_{31}(8)}\begin{bmatrix}1 & 0 & 0 & \frac{2}{3}\\ 0 & 1 & 0 & 0\\ 0 & 0 & 1 & \frac{1}{12}\end{bmatrix}$$

从而求得

$$a_1=\frac{2}{3},a_2=0,a_3=\frac{1}{12}$$

则

$$x_n=\frac{2}{3}\times 2^n+\frac{1}{12}\times(-4)^n$$

同理

$$y_n=\frac{1}{6}\times 2^n+\frac{2}{3}\times(-4)^n$$

$$z_n=2^n-(-4)^n$$

由上述定理 7 及例 18 的求解思路,我们有下面的定理.

定理 8 设 m 元线性递推式数列(9.3.9)的系数矩阵 $\boldsymbol{P}$ 的特征根为 $\lambda_1,\lambda_2,\cdots,\lambda_t$,它们的重数分别为 $s_1,s_2,\cdots,s_t,s_1+s_2+\cdots+s_t=m$,且 $|\boldsymbol{P}|\neq 0$,则其通项式为

$$\begin{bmatrix} x_n^{(1)} \\ x_n^{(2)} \\ \vdots \\ x_n^{(m)} \end{bmatrix} = \begin{bmatrix} b_{11} & b_{12} & \cdots & b_{1m} \\ b_{21} & b_{22} & \cdots & b_{2m} \\ \vdots & \vdots & & \vdots \\ b_{m1} & b_{m2} & \cdots & b_{mm} \end{bmatrix} \cdot \begin{bmatrix} \lambda_1^{n-1} \\ n\lambda_1^{n-1} \\ \vdots \\ n^{s_1-1}\lambda_1^{n-1} \\ \vdots \\ \lambda_t^{n-1} \\ n\lambda_t^{n-1} \\ \vdots \\ n^{s_t-1}\lambda_t^{n-1} \end{bmatrix}$$

并简记为

$$\boldsymbol{X}_n = \boldsymbol{B} \cdot \lambda_{n-1}$$

而常数矩阵 $\boldsymbol{B}$ 由下列初值条件确定

$$\boldsymbol{X}_k = \boldsymbol{B} \cdot \lambda_{k-1} \quad (k = 1, 2, \cdots, m)$$

对于某些特殊的 m 元线性递推式数列(9.3.9)，我们还有下面的定理.

定理9　设矩阵 $\boldsymbol{P}$ 可以对角化(其他条件同定理8)，那么存在 m 阶可逆矩阵 $\boldsymbol{M}$，使递推式数列(9.3.9)的解为

$$\begin{aligned} \boldsymbol{X}_n &= \boldsymbol{P}^{n-1} \cdot \boldsymbol{X}_1 \\ &= (\boldsymbol{M} \cdot \boldsymbol{Q}^{n-1} \cdot \boldsymbol{M}^{-1}) \cdot \boldsymbol{X}_1 \end{aligned}$$

其中

$$\boldsymbol{Q} = \begin{bmatrix} \left.\begin{matrix} \lambda_1 & & \\ & \lambda_1 & \\ & & \ddots \\ & & & \lambda_1 \end{matrix}\right\} s_1 - 1\text{个} & & \\ & \ddots & \\ & & \left.\begin{matrix} \lambda_t & & \\ & \lambda_t & \\ & & \ddots \\ & & & \lambda_t \end{matrix}\right\} s_t - 1\text{个} \end{bmatrix}$$

证明 因 $\boldsymbol{P}$ 可以对角化,则存在 m 阶可逆矩阵 $\boldsymbol{M}$,对角形矩阵 $\boldsymbol{Q}^*$,满足 $\boldsymbol{M}^{-1}\cdot\boldsymbol{P}\cdot\boldsymbol{M}=\boldsymbol{Q}^*$,即有

$$\boldsymbol{P}=\boldsymbol{M}\cdot\boldsymbol{Q}^*\cdot\boldsymbol{M}^{-1}$$

又矩阵 $\boldsymbol{P}$ 可对角化,那么对角形矩阵 $\boldsymbol{Q}^*$ 的主对角线上的元素除排列次序外是确定的,它们正是 $\boldsymbol{P}$ 的特征多项式全部的根(重根按重数计算),因此 $\boldsymbol{Q}^*=\boldsymbol{Q}$.(参见参考文献[1]第 292 页)于是

$$\begin{aligned}\boldsymbol{X}_n&=\boldsymbol{P}^{n-1}\cdot\boldsymbol{X}_1=(\boldsymbol{M}\cdot\boldsymbol{Q}\cdot\boldsymbol{M}^{-1})^{n-1}\cdot\boldsymbol{X}_1\\&=(\boldsymbol{M}\cdot\boldsymbol{Q}^{n-1}\cdot\boldsymbol{M}^{-1})\cdot\boldsymbol{X}\end{aligned}$$

由上述定理,当取 $\boldsymbol{P}$ 的特征值的特征向量组成的矩阵作为 $\boldsymbol{M}$,则求解(9.3.9)的通项就很容易了. 下面我们再给出例 17(2)的另一种解法.

由于分式线性递推式数列可以转化为二元线性递推式数列,见式(9.3.6′).

由 $\boldsymbol{P}=\begin{bmatrix}2&-1\\-2&3\end{bmatrix}$ 求得其特征值为 1,4. 而对应的特征向量为 $\begin{pmatrix}1\\1\end{pmatrix},\begin{pmatrix}1\\-2\end{pmatrix}$. 于是有

$$\boldsymbol{M}=\begin{pmatrix}1&1\\1&-2\end{pmatrix}$$

且

$$\boldsymbol{M}^{-1}=\frac{1}{3}\begin{bmatrix}2&1\\1&-1\end{bmatrix}$$

得

$$\begin{aligned}\boldsymbol{P}^n&=\boldsymbol{M}\cdot\boldsymbol{Q}^n\cdot\boldsymbol{M}^{-1}\\&=\frac{1}{3}\begin{bmatrix}1&1\\1&-2\end{bmatrix}\cdot\begin{bmatrix}1&0\\0&4^n\end{bmatrix}\cdot\begin{bmatrix}2&1\\1&-1\end{bmatrix}\end{aligned}$$

$$=\frac{1}{3}\begin{bmatrix}1 & 4^n\\1 & -2\times 4^n\end{bmatrix}\cdot\begin{bmatrix}2 & 1\\1 & -1\end{bmatrix}$$

$$=\frac{1}{3}\begin{bmatrix}2+2^{2n} & 1-2^{2n}\\2-2^{2n+1} & 1+2^{2n+1}\end{bmatrix}$$

故

$$x_n=\frac{2^{2n+1}-2^{2n}+5}{-2^{2n+2}+2^{2n+1}+5}$$

我们引进正交矩阵的概念，由定理 9 还可有一条推论.

如果 n 阶实数矩阵 $\boldsymbol{A}$，满足 $\boldsymbol{A}^{\mathrm{T}}\cdot\boldsymbol{A}=\boldsymbol{E}$，则称 $\boldsymbol{A}$ 为正交矩阵. 又由于对任意一个 n 阶实对称矩阵 $\boldsymbol{A}$，都存在一个 n 阶正交矩阵 $\boldsymbol{U}$，使 $\boldsymbol{U}^{\mathrm{T}}\cdot\boldsymbol{A}\cdot\boldsymbol{U}=\boldsymbol{U}^{-1}\cdot\boldsymbol{A}\cdot\boldsymbol{U}$ 成对角形（参见参考文献[1]第 358 页），故有下面的推论.

推论 7　设 $\boldsymbol{P}$ 是一个 m 阶实对称方阵，那么存在 m 阶正交矩阵 $\boldsymbol{U}$，使式(9.3.9)的解为

$$\boldsymbol{X}_n=(\boldsymbol{U}\boldsymbol{Q}^{n-1}\boldsymbol{U}^{\mathrm{T}})\cdot\boldsymbol{X}_1$$

其中 $\boldsymbol{Q}$ 的意义同定理 9 中的意义.

按如上推论求解式(9.3.9)，关键是求正交矩阵 $\boldsymbol{U}$. 而求正交矩阵 $\boldsymbol{U}$ 可按以下步骤进行：

(1)求出 $\boldsymbol{P}$ 的特征值. 设 $\lambda_1,\cdots,\lambda_t$ 是 $\boldsymbol{P}$ 的全部不同的特征值.

(2)对于每个 $\lambda_i(i=1,2,\cdots,t)$，解齐次线性方程组

$$(\lambda_i \boldsymbol{E}-\boldsymbol{P})\begin{bmatrix}x_1\\x_2\\\vdots\\x_m\end{bmatrix}=0$$

求出一个基础解系,把它正交化,再单位化.

(3)把所有得到的单位化后的特征向量按特征值对应的顺序作为矩阵的列元素得到 $\boldsymbol{U}$.

下面我们看一道例题.

例 19 已知四元线性递推式数列初始值为 $x_1=1,y_1=1,z_1=1,w_1=2$,递推关系为

$$\begin{cases}x_n=y_{n-1}+z_{n-1}-w_{n-1}\\y_n=x_{n-1}-z_{n-1}+w_{n-1}\\z_n=x_{n-1}-y_{n-1}+w_{n-1}\\w_n=-x_{n-1}+y_{n-1}+z_{n-1}\end{cases}$$

求 x_n,y_n,z_n,w_n 的表达式.

解 这个四元递推式数列的系数矩阵为

$$\boldsymbol{P}=\begin{bmatrix}0&1&1&-1\\1&0&-1&1\\1&-1&0&1\\-1&1&1&0\end{bmatrix}$$

是一个四阶实对称阵,由 $|\lambda \boldsymbol{E}-\boldsymbol{P}|=(\lambda-1)^3\cdot(\lambda+3)$ 得特征值为 $1,-3$.

当 $\lambda=1$ 时,求得基础解系 $\boldsymbol{\alpha}_1,\boldsymbol{\alpha}_2,\boldsymbol{\alpha}_3$. 即由

$$\begin{cases} x_1-x_2-x_3+x_4=0 \\ -x_1+x_2+x_3-x_4=0 \\ -x_1+x_2+x_3-x_4=0 \\ x_1-x_2-x_3+x_4=0 \end{cases}$$

有

$$\left[\begin{array}{ccccc} 1 & -1 & -1 & 1 & 0 \\ -1 & 1 & 1 & -1 & 0 \\ -1 & 1 & 1 & -1 & 0 \\ 1 & -1 & -1 & 1 & 0 \\ \hline 1 & 0 & 0 & 0 & 0 \\ 0 & 1 & 0 & 0 & 0 \\ 0 & 0 & 1 & 0 & 0 \\ 0 & 0 & 0 & 1 & 0 \\ 0 & 0 & 0 & 0 & 1 \end{array}\right]$$

$$\xrightarrow[\substack{T_{12}(1) \\ T_{13}(1) \\ T_{14}(-1) \\ D_5(-1)}]{} \left[\begin{array}{c:ccc:c} 1 & 0 & 0 & 0 & 0 \\ -1 & 0 & 0 & 0 & 0 \\ -1 & 0 & 0 & 0 & 0 \\ 1 & 0 & 0 & 0 & 0 \\ \hdashline 1 & 1 & 1 & -1 & 0 \\ 0 & 1 & 0 & 0 & 0 \\ 0 & 0 & 1 & 0 & 0 \\ 0 & 0 & 0 & 1 & 0 \\ \hdashline 0 & 0 & 0 & 0 & -1 \end{array}\right]$$

得 $\boldsymbol{\alpha}_1=(1,1,0,0)$，$\boldsymbol{\alpha}_2=(1,0,1,0)$，$\boldsymbol{\alpha}_3=(-1,0,0,1)$，把它正交化，得

$$\begin{cases}\boldsymbol{\beta}_1=\boldsymbol{\alpha}_1=(1,1,0,0)\\ \boldsymbol{\beta}_2=\boldsymbol{\alpha}_2-\dfrac{(\boldsymbol{\alpha}_2\cdot\boldsymbol{\beta}_1)}{(\boldsymbol{\beta}_1\cdot\boldsymbol{\beta}_1)}\boldsymbol{\beta}_1=\left(\dfrac{1}{2},-\dfrac{1}{2},1,0\right)\\ \boldsymbol{\beta}_3=\boldsymbol{\alpha}_3-\dfrac{(\boldsymbol{\alpha}_3\cdot\boldsymbol{\beta}_1)}{(\boldsymbol{\beta}_1\cdot\boldsymbol{\beta}_1)}\boldsymbol{\beta}_1-\dfrac{(\boldsymbol{\alpha}_3\cdot\boldsymbol{\beta}_2)}{(\boldsymbol{\beta}_2\cdot\boldsymbol{\beta}_2)}\boldsymbol{\beta}_3=\left(-\dfrac{1}{3},\dfrac{1}{3},\dfrac{1}{3},1\right)\end{cases}$$

其中$(\boldsymbol{\alpha}_2\cdot\boldsymbol{\beta}_1)$表示 $\boldsymbol{\alpha}_2$ 与 $\boldsymbol{\beta}_1$ 的对应分量相乘之和,余下均同. 再单位化,得

$$\begin{cases}\boldsymbol{\eta}_1=\dfrac{1}{|\boldsymbol{\beta}_1|}\boldsymbol{\beta}_1=\dfrac{1}{\sqrt{1^2+1^2+0^2+0^2}}\cdot\boldsymbol{\beta}_1=\left(-\dfrac{1}{\sqrt{2}},\dfrac{1}{\sqrt{2}},0,0\right)\\ \boldsymbol{\eta}_2=\dfrac{1}{|\boldsymbol{\beta}_2|}\boldsymbol{\beta}_2=\left(\dfrac{1}{\sqrt{6}},-\dfrac{1}{\sqrt{6}},\dfrac{2}{\sqrt{6}},0\right)\\ \boldsymbol{\eta}_3=\dfrac{1}{|\boldsymbol{\beta}_3|}\boldsymbol{\beta}_3=\left(-\dfrac{1}{\sqrt{12}},\dfrac{1}{\sqrt{12}},\dfrac{1}{\sqrt{12}},\dfrac{3}{\sqrt{12}}\right)\end{cases}$$

同样,当 $\lambda_2=-3$ 时,求得基础解系 $\boldsymbol{\alpha}_4=(1,-1,-1,1)$,把它单位化得 $\boldsymbol{\eta}_4=\left(\dfrac{1}{2},-\dfrac{1}{2},-\dfrac{1}{2},\dfrac{1}{2}\right)$. 于是有

$$\boldsymbol{U}=\begin{bmatrix}\dfrac{1}{\sqrt{2}} & \dfrac{1}{\sqrt{6}} & -\dfrac{1}{\sqrt{12}} & \dfrac{1}{2}\\ \dfrac{1}{\sqrt{2}} & -\dfrac{1}{\sqrt{6}} & \dfrac{1}{\sqrt{12}} & -\dfrac{1}{2}\\ 0 & \dfrac{2}{\sqrt{6}} & \dfrac{1}{\sqrt{12}} & -\dfrac{1}{2}\\ 0 & 0 & \dfrac{3}{\sqrt{12}} & \dfrac{1}{2}\end{bmatrix}$$

则

$$\begin{bmatrix} x_n \\ y_n \\ z_n \\ w_n \end{bmatrix}$$

$$= \left(\boldsymbol{U} \cdot \begin{bmatrix} 1 & & & \\ & 1 & & \\ & & 1 & \\ & & & (-3)^{n-1} \end{bmatrix} \cdot \boldsymbol{U}^{\mathrm{T}} \right) \begin{bmatrix} 1 \\ 1 \\ 1 \\ 2 \end{bmatrix}$$

$$= \begin{bmatrix} \frac{1}{\sqrt{2}} & \frac{1}{\sqrt{6}} & -\frac{1}{\sqrt{12}} & \frac{1}{2} \cdot (-3)^{n-1} \\ \frac{1}{\sqrt{2}} & -\frac{1}{\sqrt{6}} & \frac{1}{\sqrt{12}} & -\frac{1}{2} \cdot (-3)^{n-1} \\ 0 & \frac{2}{\sqrt{6}} & \frac{1}{\sqrt{12}} & -\frac{1}{2} \cdot (-3)^{n-1} \\ 0 & 0 & \frac{3}{\sqrt{12}} & \frac{1}{2} \cdot (-3)^{n-1} \end{bmatrix} \cdot$$

$$\begin{bmatrix} \frac{1}{\sqrt{2}} & \frac{1}{\sqrt{2}} & 0 & 0 \\ \frac{1}{\sqrt{6}} & -\frac{1}{\sqrt{6}} & \frac{2}{\sqrt{6}} & 0 \\ -\frac{1}{\sqrt{12}} & \frac{1}{\sqrt{12}} & \frac{1}{\sqrt{12}} & \frac{3}{\sqrt{12}} \\ \frac{1}{2} & -\frac{1}{2} & -\frac{1}{2} & \frac{1}{2} \end{bmatrix} \cdot \begin{bmatrix} 1 \\ 1 \\ 1 \\ 2 \end{bmatrix}$$

$$
=\begin{bmatrix}
\frac{1}{2}+\frac{1}{6}+\frac{1}{12}+\frac{1}{4}\cdot(-3)^{n-1} & \frac{1}{2}-\frac{1}{6}-\frac{1}{12}-\frac{1}{4}\cdot(-3)^{n-1} & \frac{2}{6}-\frac{1}{12}-\frac{1}{4}\cdot(-3)^{n-1} & -\frac{3}{12}+\frac{1}{4}\cdot(-3)^{n-1} \\
\frac{1}{2}-\frac{1}{6}-\frac{1}{12}-\frac{1}{4}\cdot(-3)^{n-1} & \frac{1}{2}+\frac{1}{6}+\frac{1}{12}+\frac{1}{4}\cdot(-3)^{n-1} & -\frac{2}{6}+\frac{1}{12}+\frac{1}{4}\cdot(-3)^{n-1} & \frac{3}{12}-\frac{1}{4}\cdot(-3)^{n-1} \\
\frac{2}{6}-\frac{1}{12}-\frac{1}{4}\cdot(-3)^{n-1} & -\frac{2}{3}+\frac{1}{12}+\frac{1}{4}\cdot(-3)^{n-1} & \frac{4}{6}+\frac{1}{12}+\frac{1}{4}\cdot(-3)^{n-1} & \frac{3}{12}-\frac{1}{4}\cdot(-3)^{n-1} \\
-\frac{3}{12}+\frac{1}{4}\cdot(-3)^{n-1} & \frac{3}{12}-\frac{1}{4}\cdot(-3)^{n-1} & \frac{3}{12}-\frac{1}{4}\cdot(-3)^{n-1} & \frac{9}{12}+\frac{1}{4}\cdot(-3)^{n-1}
\end{bmatrix}\cdot\begin{bmatrix}1\\1\\1\\2\end{bmatrix}
$$

$$
=\begin{bmatrix}
\frac{3}{4}+\frac{1}{4}\cdot(-3)^{n-1} \\
\frac{5}{4}-\frac{1}{4}\cdot(-3)^{n-1} \\
\frac{5}{4}-\frac{1}{4}\cdot(-3)^{n-1} \\
\frac{7}{4}+\frac{1}{4}\cdot(-3)^{n-1}
\end{bmatrix}
$$

故

$$x_n=\frac{3}{4}+\frac{1}{4}\cdot(-3)^{n-1}$$

$$y_n=z_n=\frac{5}{4}-\frac{1}{4}\cdot(-3)^{n-1}$$

$$w_n = \frac{7}{4} + \frac{1}{4} \cdot (-3)^{n-1}$$

上面,我们讨论了 m 元线性递推式数列(9.3.9)的求解问题. 对于 m 阶线性递推式数列

$$x_n = a_1x_{n-1} + a_2x_{n-2} + \cdots + a_mx_{n-m} \quad (9.3.13)$$

且

$$[x_1 \quad x_2 \quad \cdots \quad x_m]^{\mathrm{T}} = [c_1 \quad c_2 \quad \cdots \quad c_m]^{\mathrm{T}}$$

若令

$$x_n = x_n^{(1)}, x_{n-1} = x_n^{(2)}, \cdots, x_{n-m+1} = x_n^{(m)}$$

那么它等价于下列 m 元线性递推式

$$\boldsymbol{X}_n = \boldsymbol{P}\boldsymbol{X}_{n-1} \quad (n > m)$$

$$\boldsymbol{X}_m = [c_m \quad c_{m-1} \quad \cdots \quad c_1]^{\mathrm{T}}$$

其中

$$\boldsymbol{P} = \begin{bmatrix} a_1 & a_2 & \cdots & a_{m-1} & a_m \\ 1 & 0 & \cdots & 0 & 0 \\ 0 & 1 & \cdots & 0 & 0 \\ \vdots & \vdots & & \vdots & \vdots \\ 0 & 0 & \cdots & 1 & 0 \end{bmatrix}$$

$$\boldsymbol{X}_n = \begin{bmatrix} x_n^{(1)} \\ x_n^{(2)} \\ \vdots \\ x_n^{(m)} \end{bmatrix}$$

而它的解为 $\boldsymbol{X}_n = \boldsymbol{P}^{n-m} \cdot \boldsymbol{X}_m$,于是可求得(9.3.13)的解.

例 20　设数列 $\{x_n\}$ 满足:$x_1 = 0, x_2 = 1, x_3 = 2, x_{n+3} = x_{n+2} + 9x_{n+1} - 9x_n$,求 $\{x_n\}$ 的通项式.

解 由 $\boldsymbol{P}=\begin{bmatrix}1 & 9 & -9\\ 1 & 0 & 0\\ 0 & 1 & 0\end{bmatrix}$,求得 $|\lambda\boldsymbol{E}-\boldsymbol{P}|=\lambda^2(\lambda-1)+9-9\lambda=\lambda^3-\lambda^2-9\lambda+9=0$,对应于其特征值 $\lambda_1=1,\lambda_2=3,\lambda_3=-3$ 的特征向量分别由方程组 $(\lambda_1\boldsymbol{E}-\boldsymbol{P})\cdot\begin{bmatrix}z_1\\ z_2\\ z_3\end{bmatrix}=0,(\lambda_2\boldsymbol{E}-\boldsymbol{P})\begin{bmatrix}z_1\\ z_2\\ z_3\end{bmatrix}=0,(\lambda_3\boldsymbol{E}-\boldsymbol{P})\begin{bmatrix}z_1\\ z_2\\ z_3\end{bmatrix}=0$ 给出,求解这些特征向量并组成矩阵 $\boldsymbol{M}$,即

$$\boldsymbol{M}=\begin{bmatrix}1 & 1 & 1\\ 1 & \frac{1}{3} & -\frac{1}{3}\\ 1 & \frac{1}{9} & \frac{1}{9}\end{bmatrix}$$

且

$$\boldsymbol{M}^{-1}=\begin{bmatrix}-\frac{1}{8} & 0 & \frac{9}{8}\\ \frac{3}{4} & \frac{3}{2} & -\frac{9}{4}\\ \frac{3}{8} & -\frac{3}{2} & \frac{9}{8}\end{bmatrix}$$

则

$$\begin{bmatrix}x_{n+3}\\ x_{n+2}\\ x_{n+1}\end{bmatrix}=\boldsymbol{M}\cdot\begin{bmatrix}1 & 0 & 0\\ 0 & 3^n & 0\\ 0 & 0 & (-3)^n\end{bmatrix}\cdot\boldsymbol{M}^{-1}\cdot\begin{bmatrix}2\\ 1\\ 0\end{bmatrix}$$

$$=\begin{bmatrix} -\frac{1}{4}+1+\frac{1}{4}(-1)^{n+1}\cdot 3^{n+1} \\ * \\ * \end{bmatrix}$$

故

$$x_n=-\frac{1}{4}+\left[1+\frac{1}{4}(-1)^{n+1}\right]\cdot 3^{n+1}$$

三、三类一般递推型数列通项公式的矩阵求解

1. $x_{n+1}=ax_n+b$（a,b 为常数）型与 $x_{n+1}=\frac{ax_n+b}{cx_n+d}$（$a,b,c,d$ 为常数，$ad-bc\neq 0$）型

此类型递推关系对应的矩阵分别为 $\begin{pmatrix} a & b \\ 0 & 1 \end{pmatrix}$，$\begin{pmatrix} a & b \\ c & d \end{pmatrix}$.

下面，具体地运用矩阵的特征多项式理论来求解.

例 21（2006 年高考福建卷试题）　已知数列 $\{a_n\}$ 满足 $a_1=1$，$a_{n+1}=2a_n+1$（$n\in \mathbf{N}_+$），求数列 $\{a_n\}$ 的通项公式.

解　令 $f(x)=2x+1$，则

$$a_{n+1}=f(a_n)=f(f(a_{n-1}))=\cdots=f_n(a_1)$$

易知函数 $f(x)=2x+1$ 的对应矩阵为 $\boldsymbol{A}=\begin{bmatrix} 2 & 1 \\ 0 & 1 \end{bmatrix}$，$f_n(x)$ 的对应矩阵为 $\boldsymbol{A}^n$.

因为

$$|\lambda \boldsymbol{E}-\boldsymbol{A}|=\begin{vmatrix} \lambda-2 & -1 \\ 0 & \lambda-1 \end{vmatrix}=(\lambda-1)(\lambda-2)=0$$

所以 $\boldsymbol{A}$ 的特征值为 $\lambda_1=1,\lambda_2=2$. 分别解方程组 $(\lambda_1\boldsymbol{E}-\boldsymbol{A})\begin{bmatrix}x_1\\x_2\end{bmatrix}=0$, $(\lambda_2\boldsymbol{E}-\boldsymbol{A})\begin{bmatrix}x_1\\x_2\end{bmatrix}=0$, 求得其特征向量为 $\boldsymbol{\xi}_1=\begin{bmatrix}1\\-1\end{bmatrix}$, $\boldsymbol{\xi}_2=\begin{bmatrix}1\\0\end{bmatrix}$.

现考虑

$$\begin{aligned}\boldsymbol{A}\begin{bmatrix}1&1\\-1&0\end{bmatrix}&=\boldsymbol{A}(\boldsymbol{\xi}_1,\boldsymbol{\xi}_2)=(\boldsymbol{A}\boldsymbol{\xi}_1,\boldsymbol{A}\boldsymbol{\xi}_2)\\&=(\lambda_1\boldsymbol{\xi}_1,\lambda_2\boldsymbol{\xi}_2)=(\boldsymbol{\xi}_1,\boldsymbol{\xi}_2)\begin{bmatrix}\lambda_1&0\\0&\lambda_2\end{bmatrix}\\&=\begin{bmatrix}1&1\\-1&0\end{bmatrix}\begin{bmatrix}\lambda_1&0\\0&\lambda_2\end{bmatrix}\end{aligned}$$

令 $\boldsymbol{P}=\begin{bmatrix}1&1\\-1&0\end{bmatrix}$, 则

$$\boldsymbol{P}^{-1}=\begin{bmatrix}0&-1\\1&1\end{bmatrix}$$

$$\begin{aligned}\boldsymbol{A}&=\begin{bmatrix}1&1\\-1&0\end{bmatrix}\begin{bmatrix}\lambda_1&0\\0&\lambda_2\end{bmatrix}\begin{bmatrix}1&1\\-1&0\end{bmatrix}^{-1}\\&=\boldsymbol{P}\begin{bmatrix}\lambda_1&0\\0&\lambda_2\end{bmatrix}\boldsymbol{P}^{-1}\end{aligned}$$

$$\begin{aligned}\boldsymbol{A}^n&=\boldsymbol{P}\begin{bmatrix}\lambda_1^n&0\\0&\lambda_2^n\end{bmatrix}\boldsymbol{P}^{-1}\\&=\begin{bmatrix}1&1\\-1&0\end{bmatrix}\begin{bmatrix}\lambda_1^n&0\\0&\lambda_2^n\end{bmatrix}\begin{bmatrix}0&-1\\1&1\end{bmatrix}\end{aligned}$$

$$=\begin{bmatrix}\lambda_2^n & \lambda_2^n-\lambda_1^n\\ 0 & \lambda_1^n\end{bmatrix}=\begin{bmatrix}2^n & 2^n-1\\ 0 & 1\end{bmatrix}$$

故$f_n(x)=2^nx+2^n-1$,从而有$a_{n+1}=f_n(a_1)=f_n(1)=2^{n+1}-1$,因此$a_n=2^n-1(n\in\mathbf{N}_+)$.

例22(2007年高考全国卷1试题) 已知数列$\{a_n\}$中,$a_1=2$,$a_{n+1}=(\sqrt{2}-1)\cdot(a_n+2)(n=1,2,\cdots)$.若数列$\{b_n\}$中$b_1=2$,$b_{n+1}=\dfrac{3b_n+4}{2b_n+3}(n=1,2,\cdots)$,证明$\sqrt{2}<b_n\leqslant a_{4n-3}$,$n=1,2,\cdots$.

证明 令$f(x)=\dfrac{3x+4}{2x+3}$,则$b_{n+1}=f(b_n)=f(f(b_{n-1}))=\cdots=f_n(b_1)=f_n(2)$.

易知$f(x)=\dfrac{3x+4}{2x+3}$的对应矩阵为$\boldsymbol{A}=\begin{bmatrix}3 & 4\\ 2 & 3\end{bmatrix}$,$f_n(x)$的对应矩阵为$\boldsymbol{A}^n$.因为$|\lambda\boldsymbol{E}-\boldsymbol{A}|=\begin{vmatrix}\lambda-3 & -4\\ -2 & \lambda-3\end{vmatrix}=\lambda^2-6\lambda+1=0$,所以$\boldsymbol{A}$的特征值为$\lambda_1=3-2\sqrt{2}$,$\lambda_2=3+2\sqrt{2}$.

分别解方程组

$$(\lambda_1\boldsymbol{E}-\boldsymbol{A})\begin{bmatrix}x_1\\ x_2\end{bmatrix}=0$$

$$(\lambda_2\boldsymbol{E}-\boldsymbol{A})\begin{bmatrix}x_1\\ x_2\end{bmatrix}=0$$

求得其特征向量分别为

$$\boldsymbol{\xi}_1=\begin{bmatrix}-\sqrt{2}\\ 1\end{bmatrix},\boldsymbol{\xi}_2=\begin{bmatrix}\sqrt{2}\\ 1\end{bmatrix}$$

现考虑

$$\begin{aligned}A\begin{bmatrix}-\sqrt{2} & \sqrt{2}\\ 1 & 1\end{bmatrix} &= A(\boldsymbol{\xi}_1,\boldsymbol{\xi}_2)\\ &= (A\boldsymbol{\xi}_1,A\boldsymbol{\xi}_2)=(\lambda_1\boldsymbol{\xi}_1,\lambda_2\boldsymbol{\xi}_2)\\ &= (\boldsymbol{\xi}_1,\boldsymbol{\xi}_2)\begin{bmatrix}\lambda_1 & 0\\ 0 & \lambda_2\end{bmatrix}\end{aligned}$$

令 $P=\begin{bmatrix}-\sqrt{2} & \sqrt{2}\\ 1 & 1\end{bmatrix}$,则

$$P^{-1}=\begin{bmatrix}-\dfrac{1}{2\sqrt{2}} & \dfrac{1}{2}\\ \dfrac{1}{2\sqrt{2}} & \dfrac{1}{2}\end{bmatrix},A=P\begin{bmatrix}\lambda_1 & 0\\ 0 & \lambda_2\end{bmatrix}P^{-1}$$

$$\begin{aligned}A^n &= P\begin{bmatrix}\lambda_1^n & 0\\ 0 & \lambda_2^n\end{bmatrix}P^{-1}\\ &= \begin{bmatrix}-\sqrt{2} & \sqrt{2}\\ 1 & 1\end{bmatrix}\begin{bmatrix}\lambda_1^n & 0\\ 0 & \lambda_2^n\end{bmatrix}\begin{bmatrix}-\dfrac{1}{2\sqrt{2}} & \dfrac{1}{2}\\ \dfrac{1}{2\sqrt{2}} & \dfrac{1}{2}\end{bmatrix}\\ &= \begin{bmatrix}\dfrac{1}{2}(\lambda_1^n+\lambda_2^n) & -\dfrac{\sqrt{2}}{2}\lambda_1^n+\dfrac{\sqrt{2}}{2}\lambda_2^n\\ -\dfrac{1}{2\sqrt{2}}\lambda_1^n+\dfrac{1}{2\sqrt{2}}\lambda_2^n & \dfrac{1}{2}\lambda_1^n+\dfrac{1}{2}\lambda_2^n\end{bmatrix}\end{aligned}$$

于是

$$f_n(x)=\frac{\dfrac{1}{2}(\lambda_1^n+\lambda_2^n)x-\dfrac{\sqrt{2}}{2}\lambda_1^n+\dfrac{\sqrt{2}}{2}\lambda_2^n}{\left(-\dfrac{1}{2\sqrt{2}}\lambda_1^n+\dfrac{1}{2\sqrt{2}}\lambda_2^n\right)x+\dfrac{1}{2}(\lambda_1^n+\lambda_2^n)}$$

$$b_{n+1}=f_n(2)=\frac{\lambda_1^n+\lambda_2^n-\frac{\sqrt{2}}{2}\lambda_1^n+\frac{\sqrt{2}}{2}\lambda_2^n}{-\frac{1}{\sqrt{2}}\lambda_1^n+\frac{1}{\sqrt{2}}\lambda_2^n+\frac{1}{2}(\lambda_1^n+\lambda_2^n)}$$

$$=\frac{(2-\sqrt{2})\lambda_1^n+(2+\sqrt{2})\lambda_2^n}{(1-\sqrt{2})\lambda_1^n+(1+\sqrt{2})\lambda_2^n}$$

$$=\frac{(2-\sqrt{2})(3-2\sqrt{2})^n+(2+\sqrt{2})(3+2\sqrt{2})^n}{(1-\sqrt{2})(3-2\sqrt{2})^n+(1+\sqrt{2})(3+2\sqrt{2})^n}$$

$$=\sqrt{2}\frac{(3+2\sqrt{2})^{2n+1}+1}{(3+2\sqrt{2})^{2n+1}-1}$$

从而有

$$b_n=\sqrt{2}\frac{(3+2\sqrt{2})^{2n-1}+1}{(3+2\sqrt{2})^{2n-1}-1}\quad(n\in\mathbf{N}_+)$$

又因$\frac{(3+2\sqrt{2})^{2n-1}+1}{(3+2\sqrt{2})^{2n-1}-1}>1$,则$\frac{\sqrt{2}[(3+2\sqrt{2})^{2n-1}+1]}{(3+2\sqrt{2})^{2n-1}-1}>\sqrt{2}$,即知$b_n>\sqrt{2}$成立.

其次,只需证$b_n\leqslant a_{4n-3}$,即证

$$\frac{\sqrt{2}[(3+2\sqrt{2})^{2n-1}+1]}{(3+2\sqrt{2})^{2n-1}-1}\leqslant\sqrt{2}[(\sqrt{2}-1)^{4n-3}+1]$$

$$\Leftrightarrow\frac{(3+2\sqrt{2})^{2n-1}+1}{(3+2\sqrt{2})^{2n-1}-1}\leqslant\frac{1}{(\sqrt{2}+1)^{4n-3}}+1$$

$$\Leftrightarrow\frac{2}{(3+2\sqrt{2})^{2n-1}-1}\leqslant\frac{\sqrt{2}+1}{(3+2\sqrt{2})^{2n-1}}$$

$$\Leftrightarrow\sqrt{2}+1\leqslant(\sqrt{2}-1)(3+2\sqrt{2})^{2n-1}$$

$$\Leftrightarrow\frac{\sqrt{2}+1}{\sqrt{2}-1}\leqslant(3+2\sqrt{2})^{2n-1}$$

即证

$$3+2\sqrt{2}\leqslant(3+2\sqrt{2})^{2n-1}$$

因 $3+2\sqrt{2}>1,2n-1\geqslant1$，根据指数函数性质，$3+2\sqrt{2}\leqslant(3+2\sqrt{2})^{2n-1}$ 成立（当且仅当 $n=1$ 时取“=”号）.

从而 $b_n\leqslant a_{4n-3},n=1,2,3,\cdots$ 也成立.

综上所述，$\sqrt{2}<b_n\leqslant a_{4n-3},n=1,2,3,\cdots$ 成立.

2. $x_{n+1}=ax_n+bq^n$（a,b,q 为常数）型递推关系

此类递推关系对应如下矩阵形式

$$\begin{bmatrix}x_{n+1}\\q^{n+1}\end{bmatrix}=\begin{bmatrix}a&bq\\0&q\end{bmatrix}\cdot\begin{bmatrix}x_n\\q^n\end{bmatrix}=\begin{bmatrix}a&bq\\0&q\end{bmatrix}^n\cdot\begin{bmatrix}x_0\\q\end{bmatrix}$$

我们也可利用矩阵的特征多项式理论求解之.

例 23（2003 年高考天津卷试题） 已知数列 $\{a_n\}$ 中，a_0 为常数，且 $a_n=3^{n-1}-2a_{n-1}(n\in\mathbf{N}_+)$，证明对任意 $n\geqslant1$，$a_n=\frac{1}{5}[3^n+(-1)^{n-1}2^n]+(-1)^n2^na_0$.

证明 因为 $a_n=-2a_{n-1}+\frac{1}{3}\cdot3^n$，所以

$$\begin{bmatrix}a_n\\3^n\end{bmatrix}=\begin{bmatrix}-2&1\\0&3\end{bmatrix}\begin{bmatrix}a_{n-1}\\3^{n-1}\end{bmatrix}=\begin{bmatrix}-2&1\\0&3\end{bmatrix}^n\begin{bmatrix}a_0\\1\end{bmatrix}$$

令 $\boldsymbol{A}=\begin{bmatrix}-2&1\\0&3\end{bmatrix}$，则

$$|\lambda\boldsymbol{E}-\boldsymbol{A}|=\begin{vmatrix}\lambda+2&-1\\0&\lambda-3\end{vmatrix}=(\lambda-3)(\lambda+2)=0$$

$\boldsymbol{A}$ 的特征根为 $\lambda_1=-2,\lambda_2=3$，相应于 λ_1,λ_2 的特征向量分别记为

$$\boldsymbol{\xi}_1=\begin{bmatrix}1\\0\end{bmatrix},\boldsymbol{\xi}_2=\begin{bmatrix}1\\5\end{bmatrix}$$

$$\boldsymbol{A}\begin{bmatrix}1&1\\0&5\end{bmatrix}=\boldsymbol{A}(\boldsymbol{\xi}_1,\boldsymbol{\xi}_2)=(\boldsymbol{A}\boldsymbol{\xi}_1,\boldsymbol{A}\boldsymbol{\xi}_2)$$

$$=(\lambda_1\boldsymbol{\xi}_1,\lambda_2\boldsymbol{\xi}_2)=(\boldsymbol{\xi}_1,\boldsymbol{\xi}_2)\begin{bmatrix}\lambda_1&0\\0&\lambda_2\end{bmatrix}$$

令 $\boldsymbol{P}=\begin{bmatrix}1&1\\0&5\end{bmatrix}$,则

$$\boldsymbol{P}^{-1}=\frac{1}{5}\begin{bmatrix}5&-1\\0&1\end{bmatrix}$$

$$\boldsymbol{A}=\boldsymbol{P}\begin{bmatrix}\lambda_1&0\\0&\lambda_2\end{bmatrix}\boldsymbol{P}^{-1}$$

$$\boldsymbol{A}^n=\boldsymbol{P}\begin{bmatrix}\lambda_1^n&0\\0&\lambda_2^n\end{bmatrix}\boldsymbol{P}^{-1}$$

于是

$$\boldsymbol{A}^n=\frac{1}{5}\begin{bmatrix}1&1\\0&5\end{bmatrix}\begin{bmatrix}\lambda_1^n&0\\0&\lambda_2^n\end{bmatrix}\begin{bmatrix}5&-1\\0&1\end{bmatrix}$$

$$=\frac{1}{5}\begin{bmatrix}5\lambda_1^n&-\lambda_1^n+\lambda_2^n\\0&5\lambda_2^n\end{bmatrix}$$

$$\begin{bmatrix}a_n\\3^n\end{bmatrix}=\frac{1}{5}\begin{bmatrix}5\lambda_1^n&-\lambda_1^n+\lambda_2^n\\0&5\lambda_2^n\end{bmatrix}\begin{bmatrix}a_0\\1\end{bmatrix}$$

$$=\frac{1}{5}\begin{bmatrix}5a_0\lambda_1^n+\lambda_2^n-\lambda_1^n\\5\lambda_2^n\end{bmatrix}$$

从而有

$$a_n=\frac{1}{5}[5a_0(-2)^n+3^n-(-2)^n]$$
$$=\frac{1}{5}[3^n+(-1)^{n-1}2^n]+(-1)^n2^na_0$$

证毕.

3. $x_{n+1}=ax_n+bx_{n-1}+cq^n$ (a,b,c,q 均为常数)型递推关系

定理 10 如果数列 $\{a_n\}$ 满足：$a_{n+1}=ma_n+la_{n-1}+kq^n$ 且矩阵 $\boldsymbol{A}=\begin{bmatrix}m & l\\1 & 0\end{bmatrix}$ 的特征值为 λ_1,λ_2，且 λ_1,λ_2,q 两两互不相等，则 $a_{n+1}=t_1\lambda_1^n+t_2\lambda_2^n+t_3q^n$ $(n\in\mathbf{N}_+)$.

证明 由 $a_{n+1}=ma_n+la_{n-1}+kq^n$，可得如下递推等式组

$$\begin{cases}a_{n+1}=ma_n+lb_{n-1}+kc_n\\b_{n+1}=a_n\\c_{n+1}=q^{n+1}\end{cases}$$

即

$$\begin{bmatrix}a_{n+1}\\b_{n+1}\\c_{n+1}\end{bmatrix}=\begin{bmatrix}m & l & k\\1 & 0 & 0\\0 & 0 & q\end{bmatrix}\begin{bmatrix}a_n\\b_n\\c_n\end{bmatrix}$$

令 $\boldsymbol{B}=\begin{bmatrix}m & l & k\\1 & 0 & 0\\0 & 0 & q\end{bmatrix}$，特征多项式

$$f(\lambda)=\begin{vmatrix}\lambda-m & -l & -k\\-1 & \lambda & 0\\0 & 0 & \lambda-q\end{vmatrix}$$

$$=(\lambda-q)\begin{vmatrix}\lambda-m & -l\\ -1 & \lambda\end{vmatrix}$$

$$=(\lambda-q)(\lambda-\lambda_1)(\lambda-\lambda_2)$$

设 λ_1,λ_2,q 对应的特征向量为

$$\boldsymbol{\alpha}_1=\begin{bmatrix}d_1\\ d_2\\ d_3\end{bmatrix},\boldsymbol{\alpha}_2=\begin{bmatrix}e_1\\ e_2\\ e_3\end{bmatrix},\boldsymbol{\alpha}_3=\begin{bmatrix}f_1\\ f_2\\ f_3\end{bmatrix}$$

则可设

$$\boldsymbol{\beta}=\begin{bmatrix}a_2\\ b_2\\ c_2\end{bmatrix}=m_1\boldsymbol{\alpha}_1+m_2\boldsymbol{\alpha}_2+m_3\boldsymbol{\alpha}_3$$

从而

$$\begin{bmatrix}a_{n+1}\\ b_{n+1}\\ c_{n+1}\end{bmatrix}=\boldsymbol{B}\begin{bmatrix}a_n\\ b_n\\ c_n\end{bmatrix}=\cdots=\boldsymbol{B}^{n-1}\begin{bmatrix}a_2\\ b_2\\ c_2\end{bmatrix}$$

$$=\boldsymbol{B}^{n-1}(m_1\boldsymbol{\alpha}_1+m_2\boldsymbol{\alpha}_2+m_3\boldsymbol{\alpha}_3)$$

$$=\boldsymbol{B}^{n-2}(m_1\lambda_1\boldsymbol{\alpha}_1+m_2\lambda_2\boldsymbol{\alpha}_2+m_3q\boldsymbol{\alpha}_3)$$

$$=\cdots$$

$$=m_1\lambda_1^{n-1}\boldsymbol{\alpha}_1+m_2\lambda_2^{n-1}\boldsymbol{\alpha}_2+m_3q^{n-1}\boldsymbol{\alpha}_3$$

$$=m_1\lambda_1^{n-1}\begin{bmatrix}d_1\\ d_2\\ d_3\end{bmatrix}+m_2\lambda_2^{n-1}\begin{bmatrix}e_1\\ e_2\\ e_3\end{bmatrix}+m_3q^{n-1}\begin{bmatrix}f_1\\ f_2\\ f_3\end{bmatrix}$$

$$=\begin{bmatrix}m_1d_1\lambda_1^{n-1}+m_2e_1\lambda_2^{n-1}+m_3f_1q^{n-1}\\ m_1d_2\lambda_1^{n-1}+m_2e_2\lambda_2^{n-1}+m_3f_2q^{n-1}\\ m_1d_3\lambda_1^{n-1}+m_2e_3\lambda_2^{n-1}+m_3f_3q^{n-1}\end{bmatrix}$$

从而

$$a_{n+1}=m_1d_1\lambda_1^{n-1}+m_2e_1\lambda_2^{n-1}+m_3f_1q^{n-1}$$

故无论 λ_1,λ_2,q 是否为 0,a_{n+1}都可写成 $t_1\lambda_1^n+t_2\lambda_2^n+t_3q^n$ 的形式.

推论 8 如果数列$\{a_n\}$满足 $a_{n+1}=pa_n+qa_{n-1}$ $(n\geqslant 2)$,$\boldsymbol{A}=\begin{bmatrix}p & q\\1 & 0\end{bmatrix}$,有两个不相等的特征值 λ_1,λ_2,则 $a_{n+1}=k\lambda_1^n+l\lambda_2^n$.

事实上,根据定理 10,令 $q=0$,即得结论.

推论 9 如果数列$\{a_n\}$满足 $a_{n+1}=ma_n+la_{n-1}+k(k\neq 0)$,矩阵 $\boldsymbol{A}=\begin{bmatrix}m & l\\1 & 0\end{bmatrix}$的特征值为 λ_1,λ_2,且 λ_1,λ_2,1 两两互不相等,则 $a_{n+1}=t_1\lambda_1^n+t_2\lambda_2^n+t_3$.

事实上,根据定理 10,令 $q=1$,即得结论.

例 24 数列$\{b_n\}$满足 $b_{n+1}=2b_n+3b_{n-1}+3\times 2^n$,且 $b_1=1,b_2=2$,求 b_n.

解 $\boldsymbol{A}=\begin{bmatrix}2 & 3\\1 & 0\end{bmatrix}$,则

$$f(\lambda)=|\lambda\boldsymbol{E}-\boldsymbol{A}|=\begin{vmatrix}\lambda-2 & -3\\-1 & \lambda\end{vmatrix}$$

$$=\lambda^2-2\lambda-3=(\lambda+1)(\lambda-3)$$

则

$$\lambda_1=-1,\lambda_2=3$$

从而

$$b_n=t_1\cdot(-1)^{n-1}+t_2\cdot 3^{n-1}+t_3\cdot 2^{n-1}$$

又 $b_3=2b_2+3b_1+3\times 2^2=19$,则得方程组

$$\begin{cases} t_1+t_2+t_3=1 \\ -t_1+3t_2+2t_3=2 \\ t_1+9t_2+4t_3=19 \end{cases}$$

由

$$\begin{bmatrix} 1 & 1 & 1 & -1 \\ -1 & 3 & 2 & -2 \\ 1 & 9 & 4 & -19 \end{bmatrix}$$

$$\xrightarrow[T_{23}(1)]{T_{12}(1)} \begin{bmatrix} 1 & 1 & 1 & -1 \\ 0 & 4 & 3 & -3 \\ 0 & 12 & 6 & -21 \end{bmatrix}$$

$$\xrightarrow{D_2\left(\frac{1}{4}\right)} \begin{bmatrix} 1 & 1 & 1 & -1 \\ 0 & 1 & \frac{3}{4} & -\frac{3}{4} \\ 0 & 12 & 6 & -21 \end{bmatrix}$$

$$\xrightarrow[T_{23}(-12)]{T_{21}(-1)} \begin{bmatrix} 1 & 0 & \frac{1}{4} & -\frac{1}{4} \\ 0 & 1 & \frac{3}{4} & -\frac{3}{4} \\ 0 & 0 & -3 & -12 \end{bmatrix}$$

$$\xrightarrow{D_3\left(-\frac{1}{3}\right)} \begin{bmatrix} 1 & 0 & \frac{1}{4} & -\frac{1}{4} \\ 0 & 1 & \frac{3}{4} & -\frac{3}{4} \\ 0 & 0 & 1 & 4 \end{bmatrix}$$

$$\xrightarrow[T_{32}\left(-\frac{3}{4}\right)]{T_{31}\left(-\frac{1}{4}\right)} \begin{bmatrix} 1 & 0 & 0 & -\frac{5}{4} \\ 0 & 1 & 0 & -\frac{15}{4} \\ 0 & 0 & 1 & 4 \end{bmatrix}$$

从而

$$t_1=\frac{5}{4},t_2=\frac{15}{4},t_3=-4$$

故

$$b_n=\frac{5}{4}\cdot(-1)^{n-1}+\frac{15}{4}\cdot 3^{n-1}-4\cdot 2^{n-1}$$

四、k 阶等差数列通项的矩阵求解方法

给定一个数列：$a_1,a_2,\cdots,a_{n-1},a_n,\cdots$，记作 $\{d_0(n)\}$.

将它的各项（从 a_2 起）与前一项相减，得到一系列的差数，构成如下新数列

$$a_2-a_1,a_3-a_2,\cdots,a_n-a_{n-1},\cdots$$

称为一次差数列，记作 $\{d_1(n)\}$，接着又做一次，得如下二次差数列

$$(a_3-a_2)-(a_2-a_1),\cdots,(a_n-a_{n-1})-(a_{n-1}-a_{n-2}),\cdots$$

记为 $\{d_2(n)\}$，如此，连续做 k 次（n 足够大的话），得一个 k 次差数列 $\{d_k(n)\}$. 若 $d_k(n)=d_k\neq 0$（与 n 无关），则称 $\{d_0(n)\}$ 为 k 阶等差数列.

显然，若 $\{d_0(n)\}$ 是 k 阶等差数列，则 $\{d_r(n)\}$ 为 $k-r(>0)$ 阶等差数列；通常的等差数列为一阶等差数列 $\{d_1(n)\}$；常数列称为零阶等差数列.

我们可用数学归纳法证明如下结论（证略）.

引理 $\sum\limits_{k=1}^{n}k^m$ 是关于 n 的 $m+1$ 次多项式.

于是，我们有下面的定理.

定理 11 一个有足够多项（$>k$ 项）的数列 $\{a_n\}$

是 k 阶等差数列的充要条件是：a_n 是关于 n 的 k 次多项式（a_1 与 n 无关），即

$$a_n=b_kn^k+b_{k-1}n^{k-1}+\cdots+b_0\quad(b_k\neq 0)\tag{9.3.14}$$

其中 $b_k,b_{k-1},\cdots,b_0$ 由下式确定

$$\begin{bmatrix}1 & 1 & \cdots & 1\\ 2^k & 2^{k-1} & \cdots & 1\\ 3^k & 3^{k-1} & \cdots & 1\\ \vdots & \vdots & & \vdots\\ (k+1)^k & (k+1)^{k-1} & \cdots & 1\end{bmatrix}\cdot\begin{bmatrix}b_k\\ b_{k-1}\\ \vdots\\ b_0\end{bmatrix}=\begin{bmatrix}a_1\\ a_2\\ \vdots\\ a_{k+1}\end{bmatrix}\tag{9.3.14'}$$

证明　必要性：用数学归纳法证.

当 $k=1$ 时，$\{a_n\}$ 是等差数列，$a_n=a_1+(n-1)d$ 是关于 n 的一次多项式.

若对 k 成立，则当 a_n 为 $k+1$ 阶等差数列的通项公式时，a_n-a_{n-1} 就是 k 阶等差数列的通项公式了. 可设

$$a_n-a_{n-1}=an^k+bn^{k-1}+\cdots$$

依次令 $n=2,3,\cdots,n$，得

$$a_2-a_1=a\cdot 2^k+b\cdot 2^{k-1}+\cdots$$
$$a_3-a_2=a\cdot 3^k+b\cdot 3^{k-1}+\cdots$$
$$\vdots$$
$$a_n-a_{n-1}=a\cdot n^k+b\cdot n^{k-1}+\cdots$$

相加得

$$\begin{aligned}a_n=&a(2^k+3^k+\cdots+n^k)+\\&b(2^{k-1}+3^{k-1}+\cdots+n^{k-1})+\cdots+a_1\end{aligned}$$

由引理知 a_n 是关于 n 的 $k+1$ 次多项式.

综上即得：$\{a_n\}$ 为 k 阶等差数列时，a_n 是关于 n 的 k 次多项式. 不妨设为式(9.3.14)的形式，而 k 阶等差数列的项数大于 k，至少由 $k+1$ 个初始值确定，故由 $a_1,a_2,\cdots,a_{k+1}$ 便可确定一个 k 阶等差数列，即有式(9.3.14′).

充分性：设 $a_n=b_kn^k+b_{k-1}n^{k-1}+\cdots+b_0(b_k\neq0)$ 是 n 的 k 次多项式，则 $a_n-a_{n-1}=k\cdot b_kn^{k-1}+\cdots$，连续作 k 次，得 $d_k=k!\cdot b_k\neq0$，所以 $\{a_n\}$ 是 k 阶等差数列.

下面，我们看一道例题.

例 25 已知一个三阶等差数列的前四项为 -7，-11，-25，-55，求 a_n.

解 设 $a_n=b_3\cdot n^3+b_2\cdot n^2+b_1\cdot n+b_0$，由定理 11，有

$$\begin{bmatrix}1&1&1&1\\2^3&2^2&2&1\\3^3&3^2&3&1\\4^3&4^2&4&1\end{bmatrix}\cdot\begin{bmatrix}b_3\\b_2\\b_1\\b_0\end{bmatrix}=\begin{bmatrix}-7\\-11\\-25\\-55\end{bmatrix}$$

于是

$$\begin{bmatrix}1&1&1&1&-7\\8&4&2&1&-11\\27&9&3&1&-25\\64&16&4&1&-55\end{bmatrix}$$

$$\xrightarrow[D_4\left(-\frac{1}{48}\right)]{\substack{T_{12}(-8)\\T_{13}(-27)\\T_{14}(-64)\\D_2\left(-\frac{1}{4}\right)\\D_3\left(-\frac{1}{18}\right)}}\begin{bmatrix}1&1&1&1&-7\\0&1&\frac{3}{2}&\frac{7}{4}&-\frac{45}{4}\\0&1&\frac{4}{3}&\frac{13}{9}&\frac{82}{9}\\0&1&\frac{5}{4}&\frac{21}{16}&\frac{131}{16}\end{bmatrix}$$

$$\longrightarrow\begin{bmatrix}1&0&0&0&-1\\0&1&0&0&1\\0&0&1&0&0\\0&0&0&1&-7\end{bmatrix}$$

故

$$a_n=-n^3+n^2-7\quad(n\geqslant 1)$$

9.4　数列求和

一、直观方阵求解

1. 特殊的组合数列

某些特殊的组合数列,求其和可采用直观方阵法,下面来看两例.

例26　求和:(1) $S_n=C_n^1+2C_n^2+\cdots+nC_n^n$;

(2) $S_n=C_n^0+2C_n^1+\cdots+(n+1)C_n^n$.

解　考虑矩阵

$$\begin{bmatrix} C_n^0 & C_n^1 & C_n^2 & \cdots & C_n^{n-1} & C_n^n \\ C_n^0 & C_n^1 & C_n^2 & \cdots & C_n^{n-1} & C_n^n \\ C_n^0 & C_n^1 & C_n^2 & \cdots & C_n^{n-1} & C_n^n \\ \vdots & \vdots & \vdots & & \vdots & \vdots \\ C_n^0 & C_n^1 & C_n^2 & \cdots & C_n^{n-1} & C_n^n \end{bmatrix}$$

在如上矩阵的主对角线上侧的三角阵的各项的和为第(1)问中的和式;主对角线及其上侧三角阵的各项的和为第(2)问中的和式.

又 $C_n^0=C_n^n,C_n^1=C_n^{n-1},\cdots$,则主对角线两侧的三角阵各项的和相等.

注意到 $C_n^0+C_n^1+C_n^2+\cdots+C_n^n=2^n$,上述方阵的所有元素的和为$(n+1)\cdot 2^n$,主对角线一侧的三角阵的所有元素的和为$\frac{(n+1)2^n-2^n}{2}=\frac{n\cdot 2^n}{2}=n\cdot 2^{n-1}$,即有第(1)问的和

$$C_n^1+2C_n^2+3C_n^3+\cdots+nC_n^n=n\cdot 2^{n-1}$$

于是

$$\begin{aligned} & C_n^0+2C_n^1+3C_n^2+\cdots+(n+1)C_n^n \\ = & n\cdot 2^{n-1}+2^n \\ = & (n+2)\cdot 2^{n+1} \end{aligned}$$

此即为第(2)问的和.

例 27 求和:(1)$(C_n^1)^2+2(C_n^2)^2+\cdots+n(C_n^n)^2$;(2)$(C_n^0)^2+2(C_n^1)^2+\cdots+(n+1)(C_n^n)^2$.

解 考虑矩阵

$$\begin{bmatrix} (C_n^0)^2 & (C_n^1)^2 & (C_n^2)^2 & \cdots & (C_n^{n-1})^2 & (C_n^n)^2 \\ (C_n^0)^2 & (C_n^1)^2 & (C_n^2)^2 & \cdots & (C_n^{n-1})^2 & (C_n^n)^2 \\ (C_n^0)^2 & (C_n^1)^2 & (C_n^2)^2 & \cdots & (C_n^{n-1})^2 & (C_n^n)^2 \\ \vdots & \vdots & \vdots & & \vdots & \vdots \\ (C_n^0)^2 & (C_n^1)^2 & (C_n^2)^2 & \cdots & (C_n^{n-1})^2 & (C_n^n)^2 \end{bmatrix}$$

与前例相同,在方阵内,主对角线上侧的三角阵的各项的和为第(1)问中的和式;主对角线及上侧三角阵的各项的和为第(2)问中的和式.

我们注意到 $C_n^0=C_n^n, C_n^1=C_n^{n-1}, \cdots$,以及

$$(C_n^0)^2+(C_n^1)^2+(C_n^2)^2+\cdots+(C_n^n)^2=\frac{(2n)!}{n!\ \cdot n!}$$

知方阵主对角线两侧的三角阵各元素的和相等及方阵所有元素的和为 $(n+1)\cdot\frac{(2n)!}{n!\ \cdot n!}$.

主对角线一侧的三角阵各元素的和为

$$\left[\frac{(n+1)(2n)!}{n!\ \cdot n!}-\frac{(2n)!}{n!\ \cdot n!}\right]\cdot\frac{1}{2}=\frac{n(2n)!}{2\cdot n!\ \cdot n!}$$

即

$$(C_n^1)^2+2(C_n^2)^2+3(C_n^3)^2+\cdots+n(C_n^n)^2=\frac{n(2n)!}{2n!\ \cdot n!}$$

$$(C_n^0)^2+2(C_n^1)^2+3(C_n^2)^2+\cdots+(n+1)(C_n^n)^2$$

$$=\frac{n(2n)!}{2n!\ \cdot n!}+\frac{(2n)!}{n!\ \cdot n!}=\frac{(n+2)(2n)!}{2n!\ \cdot n!}$$

2. 自然数 m 次方幂和

例28　求和 $S_n^{(2)}=1+2^2+3^2+\cdots+n^2$.

解法1　注意到

$$S_n^{(1)}=1+2+3+\cdots+n=\frac{1}{2}n(n+1)$$

作方阵

$$\boldsymbol{A}=\begin{bmatrix}1 & 2 & 3 & \cdots & n\\1 & 2 & 3 & \cdots & n\\\vdots & \vdots & \vdots & & \vdots\\1 & 2 & 3 & \cdots & n\end{bmatrix}_{n\times n}$$

在上述方阵中 n^2 个数的和 $S=nS_n^{(1)}$.

又考虑第 m 行的前 m 个数与第 m 列的前 m 个数即如下折形位置

$$\begin{matrix} & & & & m\\ & & & & m\\ & & & & \vdots\\1 & 2 & 3 & \cdots & m\end{matrix}$$

上 $m+m-1$ 个数的和 a_m，则

$$a_m=1+2+\cdots+m+(m-1)m=\frac{3}{2}m^2-\frac{1}{2}m$$

于是

$$S=\sum_{m=1}^{n}\left(\frac{3}{2}m^2-\frac{1}{2}m\right)=\frac{3}{2}S_n^{(2)}-\frac{1}{2}S_n^{(1)}$$

由

$$\frac{3}{2}S_n^{(2)}-\frac{1}{2}S_n^{(1)}=nS_n^{(1)}$$

及

$$S_n^{(1)}=\frac{1}{2}n(n+1)$$

求得

$$S_n^{(2)}=\frac{1}{6}n(n+1)(2n+1)$$

解法 2 注意到 $S_n^{(2)}=1+2^2+3^2+\cdots+n^2=1+$

$2\cdot 2+3\cdot 3+\cdots+n\cdot n$,并看作矩阵的第 1,2,…,$n$ 列的和,即 $S_n^{(2)}$ 为此矩阵中所有元素的和,从而作如下的上三角形矩阵

$$\boldsymbol{A}=\begin{bmatrix}1 & 2 & 3 & \cdots & n-1 & n\\ & 2 & 3 & \cdots & n-1 & n\\ & & 3 & \cdots & n-1 & n\\ & & & \ddots & \vdots & \vdots\\ & \boldsymbol{0} & & & n-1 & n\\ & & & & & n\end{bmatrix}_{n\times n}$$

将上述三角形矩阵绕主对角线中心逆时针方向旋转 90°得如下的上三角形矩阵

$$\boldsymbol{B}=\begin{bmatrix}n & n & n & \cdots & n & n\\ & n-1 & n-1 & \cdots & n-1 & n-1\\ & & n-2 & \cdots & n-2 & n-2\\ & & & \ddots & \vdots & \vdots\\ & \boldsymbol{0} & & & 2 & 2\\ & & & & & 1\end{bmatrix}_{n\times n}$$

再将上述三角形矩阵绕主对角线中心逆时针方向旋转 90°得如下的上三角形矩阵

$$\boldsymbol{C}=\begin{bmatrix}n & n-1 & n-2 & \cdots & 2 & 1\\ & n & n-1 & \cdots & 3 & 2\\ & & n & \cdots & 4 & 3\\ & & & \ddots & \vdots & \vdots\\ & \boldsymbol{0} & & & n & n-1\\ & & & & & n\end{bmatrix}_{n\times n}$$

把上述三个矩阵对应位置的数字相加,得每个位

置都是 $2n+1$. 三角形矩阵中共有 $1+2+3+\cdots+n=\frac{n(n+1)}{2}$ 个 $2n+1$. 从而

$$3S_n^{(2)}=\frac{n(n+1)}{2}\cdot(2n+1)$$

故

$$S_n^{(2)}=\frac{1}{6}n(n+1)(2n+1)$$

例 29 求和 $S_n^{(3)}=1+2^3+3^3+\cdots+n^3$.

解法 1 注意到 $S_n^{(2)}=1^2+2^2+3^2+\cdots+n^2=\frac{1}{6}n(n+1)(2n+1)$, 作方阵

$$\boldsymbol{A}=\begin{bmatrix}1^2 & 2^2 & 3^2 & \cdots & n^2\\ 1^2 & 2^2 & 3^2 & \cdots & n^2\\ \vdots & \vdots & \vdots & & \vdots\\ 1^2 & 2^2 & 3^2 & \cdots & n^2\end{bmatrix}_{n\times n}$$

在上述方阵中 n^2 个数的和 $S=nS_n^{(2)}$.

又考虑第 m 行的前 m 个数与第 m 列的前 m 个数的和

$$\begin{aligned}b_m&=(1^2+2^2+\cdots+m^2)+(m-1)m^2\\&=\frac{1}{6}m(m+1)(2m+1)+(m-1)m^2\\&=\frac{4}{3}m^3+\frac{1}{2}m^2+\frac{1}{6}m\end{aligned}$$

于是矩阵中所有数的和又为

$$\begin{aligned}\sum_{m=1}^{n}b_m&=\sum_{m=1}^{n}\left(\frac{4}{3}m^3-\frac{1}{2}m^2+\frac{1}{6}m\right)\\&=\frac{4}{3}S_n^{(3)}-\frac{1}{2}S_n^{(2)}+\frac{1}{6}S_n^{(1)}\end{aligned}$$

于是有

$$nS_n^{(2)}=\frac{4}{3}S_n^{(3)}-\frac{1}{2}S_n^{(2)}+\frac{1}{6}S_n^{(1)}$$

将 $S_n^{(1)},S_n^{(2)}$ 代入即有

$$S_n^{(3)}=\frac{1}{4}n^2(n+1)^2$$

解法 2　注意到 $2^3=2+4+2,3^3=3+6+9+6+3,\cdots$,以及

$$\begin{aligned}k^3&=\left[\frac{k(k+1)}{2}+\frac{k(k-1)}{2}\right]\cdot k\\&=(1+2+\cdots+k)\cdot k+[1+2+\cdots+(k-1)]\cdot k\\&=k+2k+3k+\cdots+(k-1)k+k^2+k(k-1)+\cdots+\\&\quad 3k+2k+k\end{aligned}$$

构造如下矩阵

$$\boldsymbol{A}=\begin{bmatrix}1 & 2 & 3 & \cdots & k & \cdots & n\\ 2 & 4 & 6 & \cdots & 2k & \cdots & 2n\\ 3 & 6 & 9 & \cdots & 3k & \cdots & 3n\\ \vdots & \vdots & \vdots & & \vdots & & \vdots\\ k & 2k & 3k & \cdots & k^2 & \cdots & kn\\ \vdots & \vdots & \vdots & & \vdots & & \vdots\\ n & 2n & 3n & \cdots & kn & \cdots & n^2\end{bmatrix}_{n\times n}$$

上述矩阵中第 k 行与第 k 列折线位置上各数之和为 k^3. 这样,矩阵中各数之和就是 $1^3+2^3+3^3+\cdots+k^3+\cdots+n^3=S_n^{(3)}$. 将上述矩阵绕主对角线中心逆时针方向旋转 90°得如下矩阵

$$B=\begin{bmatrix} n & 2n & \cdots & (n-1)n & n^2 \\ n-1 & 2(n-1) & \cdots & (n-1)^2 & n(n-1) \\ n-2 & 2(n-2) & \cdots & (n-1)(n-2) & n(n-2) \\ \vdots & \vdots & & \vdots & \vdots \\ 2 & 4 & \cdots & 2(n-1) & 2n \\ 1 & 2 & \cdots & n-1 & n \end{bmatrix}$$

仿照这种方式再连续两次逆时针旋转 90°,分别得到矩阵 $\boldsymbol{C},\boldsymbol{D}$,即

$$C=\begin{bmatrix} n^2 & (n-1)n & \cdots & 2n & n \\ n(n-1) & (n-1)^2 & \cdots & 2(n-1) & n-1 \\ n(n-2) & (n-1)(n-2) & \cdots & 2(n-2) & n-2 \\ \vdots & \vdots & & \vdots & \vdots \\ 2n & 2(n-1) & \cdots & 4 & 2 \\ n & n-1 & \cdots & 2 & 1 \end{bmatrix}$$

$$D=\begin{bmatrix} n & n-1 & \cdots & 2 & 1 \\ 2n & 2(n-1) & \cdots & 4 & 2 \\ 3n & 3(n-1) & \cdots & 6 & 3 \\ \vdots & \vdots & & \vdots & \vdots \\ (n-1)n & (n-1)^2 & \cdots & 2(n-1) & n-1 \\ n^2 & n(n-1) & \cdots & 2n & n \end{bmatrix}$$

易知矩阵 $\boldsymbol{A},\boldsymbol{B},\boldsymbol{C},\boldsymbol{D}$ 在相同位置上的数是矩阵 $\boldsymbol{A}$ 中的数 $a(i,j)$(第 i 行第 j 列的数)在各次旋转后所经历的位置,它们是 $a(i,j)$,$a(n-j+1,i)$,$a(n-i+1,n-j+1)$,$a(j,n-i+1)$. 由于在矩阵 $\boldsymbol{A}$ 中 $a(i,j)=i\times j$,所以可知这四个位置上的数之和为 $i\cdot j+(n-j+1)\cdot i+(n-i+1)(n-j+1)+j\cdot(n-i+1)=(n+1)^2$,所以这四个矩阵在同一位置的四个数相加都为 $(n+1)^2$,这样,$4S_n^{(3)}=4(1^3+2^3+3^3+\cdots+n^3)=n^2(n+$

1)^2,所以

$$S_n^{(3)}=\frac{n^2(n+1)^2}{4}$$

注　类似于解法 1,构造如下矩阵可求得 $S_n^{(4)}$

$$\begin{bmatrix} 1^2 & 2\cdot 1^2 & 3\cdot 1^2 & \cdots & n\cdot 1^2 \\ 2^2 & 2\cdot 2^2 & 3\cdot 2^2 & \cdots & n\cdot 2^2 \\ \vdots & \vdots & \vdots & & \vdots \\ n^2 & 2\cdot n^2 & 3\cdot n^2 & \cdots & n\cdot n^2 \end{bmatrix}$$

3. 杂数列

例 30(1989 年苏州市高中数学竞赛题)　已知 $f(x)=\frac{x^2}{1+x^2}$, 则和 $f\left(\frac{1}{1}\right)+f\left(\frac{2}{1}\right)+\cdots+f\left(\frac{100}{1}\right)+f\left(\frac{1}{2}\right)+f\left(\frac{2}{2}\right)+\cdots+f\left(\frac{100}{2}\right)+\cdots+f\left(\frac{1}{100}\right)+f\left(\frac{2}{100}\right)+\cdots+f\left(\frac{100}{100}\right)$的值等于(　　).

A. 10 000　　B. 5 000　　C. 1 000　　D. 100

解　列出如下的 100×100 矩阵,绕主对角线中心旋转 180°后两个矩阵中对应元素叠加

$$\begin{bmatrix} f\left(\frac{1}{1}\right) & f\left(\frac{2}{1}\right) & f\left(\frac{3}{1}\right) & \cdots & f\left(\frac{100}{1}\right) \\ f\left(\frac{1}{2}\right) & f\left(\frac{2}{2}\right) & f\left(\frac{3}{2}\right) & \cdots & f\left(\frac{100}{2}\right) \\ f\left(\frac{1}{3}\right) & f\left(\frac{2}{3}\right) & f\left(\frac{3}{3}\right) & \cdots & f\left(\frac{100}{3}\right) \\ \vdots & \vdots & \vdots & & \vdots \\ f\left(\frac{1}{100}\right) & f\left(\frac{2}{100}\right) & f\left(\frac{3}{100}\right) & \cdots & f\left(\frac{100}{100}\right) \end{bmatrix}_{100\times100}$$

则每个元素位置上的两数和为

$$f\left(\frac{j}{i}\right)+f\left(\frac{i}{j}\right)=1 \quad (i,j=1,2,\cdots,100)$$

故 $2S=100^2$,即和 $S=5\ 000$. 应选 B.

例 31(1997 年上海市高中数学竞赛题) 已知数列 $a_k=2^k(1\leqslant k\leqslant n)$,则所有可能的乘积 $a_ia_j(1\leqslant i\leqslant j\leqslant n)$的和为________.

解 由 $a_ia_j=2^{i+j}(1\leqslant i\leqslant j\leqslant n)$,可构造如下 $n\times n$ 三角形矩阵

$$\boldsymbol{A}=\begin{bmatrix} 2^{1+1} & 2^{1+2} & 2^{1+3} & \cdots & 2^{1+n} \\ & 2^{2+2} & 2^{2+3} & \cdots & 2^{2+n} \\ & & 2^{3+3} & \cdots & 2^{3+n} \\ & \boldsymbol{0} & & \ddots & \vdots \\ & & & & 2^{n+n} \end{bmatrix}_{n\times n}$$

将这个上三角形矩阵绕主对角线对称地翻折到下三角形中,便得 $n\times n$ 矩阵

$$\boldsymbol{B}=\begin{bmatrix} 2^{1+1} & 2^{1+2} & 2^{1+3} & \cdots & 2^{1+n} \\ 2^{2+1} & 2^{2+2} & 2^{2+3} & \cdots & 2^{2+n} \\ 2^{3+1} & 2^{3+2} & 2^{3+3} & \cdots & 2^{3+n} \\ \vdots & \vdots & \vdots & & \vdots \\ 2^{n+1} & 2^{n+2} & 2^{n+3} & \cdots & 2^{n+n} \end{bmatrix}_{n\times n}$$

设所求和为 S,第一行和记为 S_1,则有

$$\begin{aligned} 2S &= S_1(1+2+2^2+\cdots+2^n)+(2^2+2^4+2^6+\cdots+2^{2n}) \\ &= 2^2(2^n-1)^2+\frac{2^2}{3}(2^{2n}-1) \\ &= \frac{4}{3}(2^n-1)(2^{n+2}-2) \end{aligned}$$

故 $S=\frac{4}{3}(2^n-1)(2^{n+1}-1)$ 为所求.

例32　已知等差数列 $\{a_n\}$,试求分群数列:$a_1,a_1+a_2,a_1+a_2+a_3,\cdots,a_1+a_2+a_3+\cdots+a_n$ 的前 n 项的和.

解　设等差数列 $\{a_n\}$ 的首项为 $a_1=a$,公差为 d,则

$$a_k=a_1+(k-1)d=a+(k-1)d\quad(k=2,3,\cdots,n)$$

构造上三角形矩阵如下

$$\boldsymbol{A}=\begin{bmatrix} a_1 & a_2 & a_3 & \cdots & a_n \\ & a_1 & a_2 & \cdots & a_{n-1} \\ & & a_1 & \cdots & a_{n-2} \\ & \boldsymbol{0} & & \ddots & \vdots \\ & & & & a_1 \end{bmatrix}_{n\times n}$$

则此矩阵所有元素之和即为所求的和 S.

将上述矩阵绕主对角线中心逆时针方向旋转 $90°$,得

$$\boldsymbol{B}=\begin{bmatrix} a_n a_{n-1} & a_{n-2} & \cdots & a_1 \\ a_{n-1} & a_{n-2} & \cdots & a_1 \\ & a_{n-2} & \cdots & a_1 \\ \boldsymbol{0} & & & \ddots \\ & & & a_1 \end{bmatrix}_{n\times n}$$

再将上述矩阵绕主对角线中心逆时针方向旋转 $90°$,得

$$\boldsymbol{C}=\begin{bmatrix} a_1 & a_1 & a_1 & \cdots & a_1 \\ & a_2 & a_2 & \cdots & a_2 \\ & & a_3 & \cdots & a_3 \\ & \boldsymbol{0} & & \ddots & \vdots \\ & & & & a_n \end{bmatrix}_{n\times n}$$

把上述三个矩阵对应位置的元素相加,得每个位置都是 $3a+(n-1)d$,三角形矩阵中共有 $1+2+\cdots+n=\frac{1}{2}n(n+1)$ 个 $3a+(n-1)d=2a_1+a_n$. 因此,得

$$3S=\frac{1}{2}n(n+1)\cdot(2a_1+a_n)$$

故 $S=\frac{1}{6}n(n+1)\cdot(2a_1+a_n)$ 为所求.

二、k 阶等差数列的前 n 项和

对于 k 阶等差数列的前 n 项和 S_n,类似于定理 11 的证明,可证明如下定理(证略).

定理 12 一个有足够多项(大于 k 项)的数列 $\{a_n\}$ 是 k 阶等差数列的充要条件是:S_n 是关于 n 的 $k+1$ 次多项式(a_1 与 n 无关),且常数项为零,即

$$S_n=x_{k+1}\cdot n^{k+1}+x_k\cdot n^k+\cdots+x_2\cdot n^2+x_1\cdot n \tag{9.4.1}$$

此时,由式(9.4.1),有

$$\begin{aligned}a_n&=S_n-S_{n-1}\\&=C_{k+1}^1x_{k+1}n^k+(-C_{k+1}^2x_{k+1}+C_k^1x_k)n^{k-1}+\cdots+\\&\quad[(-1)^{k-1}C_{k+1}^kx_{k+1}+(-1)^{k-2}\cdot C_k^{k-1}\cdot x_k+\cdots+\\&\quad C_2^1x_2]n+[(-1)^kx_{k+1}+(-1)^{k-1}x_k+\cdots-x_2+x_1]\end{aligned}$$

将其与式(9.3.14)比较系数得

$$\begin{cases}x_1-x_2+\cdots+(-1)^{k-1}x_k+(-1)^kx_{k+1}=b_0\\C_2^1x_2+\cdots+(-1)^{k-2}C_k^{k-1}x_k+(-1)^{k-1}C_{k+1}^kx_{k+1}=b_1\\\qquad\vdots\\C_k^1x_k-C_{k+1}^2x_{k+1}=b_{k-1}\\C_{k+1}^1x_{k+1}=b_k\end{cases}$$

把这由 $k+1$ 个方程组成的 $k+1$ 元线性方程组写成矩阵形式，即

$$\begin{bmatrix} 1 & -1 & 1 & -1 & \cdots & (-1)^{k} \\ & C_2^1 & -C_3^2 & C_4^3 & \cdots & (-1)^{k-1}\cdot C_{k+1}^{k} \\ & & C_3^1 & -C_4^2 & \cdots & (-1)^{k-2}\cdot C_{k+1}^{k-1} \\ & \mathbf{0} & & C_4^1 & \cdots & (-1)^{k-3}\cdot C_{k+1}^{k-2} \\ & & & & \ddots & \vdots \\ & & & & & C_{k+1}^1 \end{bmatrix}\cdot\begin{bmatrix} x_1 \\ x_2 \\ \vdots \\ x_k \\ x_{k+1} \end{bmatrix}=\begin{bmatrix} b_0 \\ b_1 \\ \vdots \\ b_{k-1} \\ b_k \end{bmatrix}$$

于是，知上述方程组有唯　非零解（因系数行列式等于 $C_2^1\cdot C_3^1\cdot\cdots\cdot C_{k+1}^1=(k+1)!\neq 0$，且 $b_k\neq 0$）. 求出这个解 $(x_1,x_2,\cdots,x_{k+1})$ 代入式(9. 4. 1)即求得其和了.

例 33　求 $1+3+6+\cdots+\frac{1}{2}n(n+1)$.

解　由于 $a_n=\frac{1}{2}n(n+1)$ 是 n 的二次多项式，则 $\{a_n\}$ 为一个二阶等差数列. 由定理 12，有

$$\begin{bmatrix} 1 & -1 & 1 & 0 \\ 0 & 2 & -3 & \frac{1}{2} \\ 0 & 0 & 3 & \frac{1}{2} \end{bmatrix}\xrightarrow[T_{31}(1)]{T_{21}\left(\frac{1}{2}\right)}\begin{bmatrix} 1 & 0 & -\frac{1}{2} & \frac{1}{4} \\ 0 & 2 & 0 & 1 \\ 0 & 0 & 3 & \frac{1}{2} \end{bmatrix}$$

$$\xrightarrow{T_{31}\left(\frac{1}{6}\right)\ D_2\left(\frac{1}{2}\right)\ D_3\left(\frac{1}{3}\right)}\begin{bmatrix} 1 & 0 & 0 & \frac{1}{3} \\ 0 & 1 & 0 & \frac{1}{2} \\ 0 & 0 & 1 & \frac{1}{6} \end{bmatrix}$$

故

$$S_n=\frac{1}{6}n^3+\frac{1}{2}n^2+\frac{1}{3}n$$
$$=\frac{1}{6}n(n+1)(n+2)$$

例 34 求 $1^5+2^5+\cdots+n^5$.

解 此式是一个五阶等差数列前 n 项的和,由定理 12,有

$$\begin{bmatrix}1 & -1 & 1 & -1 & 1 & -1 & 0\\ & 2 & -3 & 4 & -5 & 6 & 0\\ & & 3 & -6 & 10 & -15 & 0\\ & & & 4 & -10 & 20 & 0\\ & \mathbf{0} & & & 5 & -15 & 0\\ & & & & & 6 & 1\end{bmatrix}$$

$$\longrightarrow\begin{bmatrix}1 & 0 & 0 & 0 & 0 & 0 & 0\\ & 1 & 0 & 0 & 0 & 0 & -\frac{1}{12}\\ & & 1 & 0 & 0 & 0 & 0\\ & & & 1 & 0 & 0 & \frac{5}{12}\\ & \mathbf{0} & & & 1 & 0 & \frac{1}{2}\\ & & & & & 1 & \frac{1}{6}\end{bmatrix}$$

得

$$S_n^{(5)}=\frac{1}{6}n^6+\frac{1}{2}n^5+\frac{5}{12}n^4-\frac{1}{12}n^2$$

三、再谈自然数 m 次方幂和的矩阵求法

上面我们给出了求自然数 m 次方幂和的两种矩阵方法(如例28,29,34),并把这两种方法分别称之为矩阵直观与变换方法. 下面我们再给出两种矩阵方法,这两种方法分别称之为矩阵结构特征法和逆矩阵法.

1. 矩阵结构特征法

我们知道: $\sum\limits_{k=1}^{n} k^m = b_1 \cdot n + b_2 \cdot n^2 + \cdots + b_{m+1} \cdot n^{m+1}$,而且

$$\sum_{k=1}^{n} k^0 = n = C_n^1$$

$$\sum_{k=1}^{n} k = \frac{1}{2}n + \frac{1}{2}n^2 = C_{n+1}^2$$

$$\sum_{k=1}^{n} k^2 = \frac{1}{6}n + \frac{1}{2}n^2 + \frac{1}{3}n^3 = 2C_{n+2}^3 - C_{n+1}^2$$

$$\begin{aligned}\sum_{k=1}^{n} k^3 &= \frac{1}{4}n^2 + \frac{1}{2}n^3 + \frac{1}{4}n^4 \\ &= 6C_{n+3}^4 - 6C_{n+2}^3 + C_{n+1}^2\end{aligned}$$

$$\begin{aligned}\sum_{k=1}^{n} k^4 &= -\frac{1}{30}n + \frac{1}{3}n^3 + \frac{1}{2}n^4 + \frac{1}{5}n^5 \\ &= 24C_{n+4}^5 - 36C_{n+3}^4 + 14C_{n+2}^3 - C_{n+1}^2\end{aligned}$$

$$\begin{aligned}\sum_{k=1}^{n} k^5 &= -\frac{1}{12}n^2 + \frac{5}{12}n^4 + \frac{1}{2}n^5 + \frac{1}{6}n^6 \\ &= 120C_{n+5}^6 - 240C_{n+4}^5 + 150C_{n+3}^4 - \\ &\quad 30C_{n+2}^3 + C_{n+1}^2\end{aligned}$$

首先我们这样处理:将上面6个关于 n 的多项式

的系数,依次作为矩阵的第一列、第二列、……、第六列,缺元素处补以 0,为便于观察规律,把有些分数写成通分形式,得如下矩阵

$$\boldsymbol{A}_6=\begin{bmatrix}1 & \frac{1}{2} & \frac{2}{12} & 0 & -\frac{4}{120} & 0\\ & \frac{1}{2} & \frac{1}{2} & \frac{3}{12} & 0 & -\frac{10}{120}\\ & & \frac{1}{3} & \frac{1}{2} & \frac{4}{12} & 0\\ & & & \frac{1}{4} & \frac{1}{2} & \frac{5}{12}\\ & \boldsymbol{0} & & & \frac{1}{5} & \frac{1}{2}\\ & & & & & \frac{1}{6}\end{bmatrix}$$

不难看出,矩阵的第 $j(j=1,2,\cdots,5)$ 列与第 $j+1$ 列元素之间的关系为

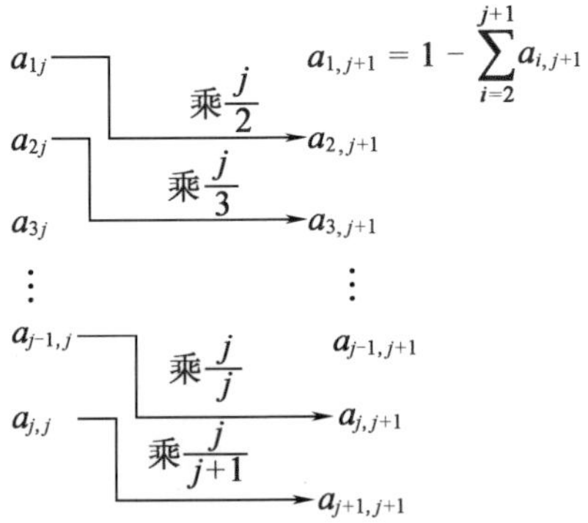

一般的,可以证明,对于任意自然数 m,在相应的 $m+1$ 组系数组成的矩阵 $\boldsymbol{A}_{m+1}$ 中,元素间的上述关系仍是存在的,且斜对角线上的数有规律. 根据这种关

系,我们可以作出任意列数的系数矩阵. 此时,利用它将很方便地把自然数的方幂和写成多项式.

例 35　求 $1^9+2^9+3^9+\cdots+n^9$.

解　按上述规律写出矩阵

$$A_{10}=\begin{bmatrix}
1 & \frac{1}{2} & \frac{2}{12} & 0 & -\frac{4}{120} & 0 & \frac{12}{504} & 0 & -\frac{1}{30} & 0 \\
 & \frac{1}{2} & \frac{1}{2} & \frac{3}{12} & 0 & -\frac{10}{120} & 0 & \frac{42}{504} & 0 & -\frac{3}{20} \\
 & & \frac{1}{3} & \frac{1}{2} & \frac{4}{12} & 0 & -\frac{20}{120} & 0 & \frac{112}{504} & 0 \\
 & & & \frac{1}{4} & \frac{1}{2} & \frac{5}{12} & 0 & -\frac{35}{120} & 0 & \frac{252}{504} \\
 & & & & \frac{1}{5} & \frac{1}{2} & \frac{6}{12} & 0 & -\frac{56}{120} & 0 \\
 & & & & & \frac{1}{6} & \frac{1}{2} & \frac{7}{12} & 0 & -\frac{84}{120} \\
 & \mathbf{0} & & & & & \frac{1}{7} & \frac{1}{2} & \frac{8}{12} & 0 \\
 & & & & & & & \frac{1}{8} & \frac{1}{2} & \frac{9}{12} \\
 & & & & & & & & \frac{1}{9} & \frac{1}{2} \\
 & & & & & & & & & \frac{1}{10}
\end{bmatrix}$$

利用第 10 列的元素,可得

$$\sum_{k=1}^{n} k^9=-\frac{3}{20}n^2+\frac{1}{2}n^4-\frac{7}{10}n^6+\frac{3}{4}n^8+\frac{1}{2}n^2+\frac{1}{10}n^{10}$$

其次,我们这样处理:分离组合数式的系数,除 $\sum_{k=1}^{n} k^0=\mathrm{C}_n^1$ 以外,依次作为矩阵的第一行、第二

行、……、第五行，缺元素处补以 0，得如下矩阵

$$\boldsymbol{B}_5=\begin{bmatrix}1 & & & & \\ 2 & -1 & & \boldsymbol{0} & \\ 6 & -6 & 1 & & \\ 24 & -36 & 14 & -1 & \\ 120 & -240 & 150 & -30 & 1\end{bmatrix}$$

不难看出，矩阵的第 i 行的元素与第 $i-1$ 行的元素之间的关系为

$$a_{i,k}=(i-k+1)(a_{i-1,k}-a_{i-1,k-1})$$

且

$$\sum_{k=1}^{i} a_{i,k}=1$$

特别的，$a_{i,1}=i\cdot a_{i-1,1}$，$a_{i,2}=\frac{1-i}{2}\cdot a_{i,1}$.

一般的，也可以证明：对于任意自然数 m，m 组系数组成矩阵 $\boldsymbol{B}_m$，其中元素间的上述关系仍是存在的. 根据这种关系，我们也可以方便地把自然数的方幂和写成组合式形式.

例 36 求 $1^7+2^7+\cdots+n^7$ 的组合式和式.

解 按上述规律写出矩阵

$$\boldsymbol{B}_7=\begin{bmatrix}1 & & & & & & \\ 2 & -1 & & \boldsymbol{0} & & & \\ 6 & -6 & 1 & & & & \\ 24 & -36 & 14 & -1 & & & \\ 120 & -240 & 150 & -30 & 1 & & \\ 720 & -1\ 800 & 1\ 560 & -540 & 62 & -1 & \\ 5\ 040 & -15\ 120 & 16\ 800 & -8\ 400 & 1\ 806 & -126 & 1\end{bmatrix}$$

故

$$\sum_{k=1}^{n} k^7 = 5\ 040C_{n+7}^{8} - 15\ 120C_{n+6}^{7} - 16\ 800C_{n+5}^{6} - 8\ 400C_{n+4}^{5} + 1\ 806C_{n+3}^{4} - 126C_{n+2}^{3} + C_{n+1}^{2}$$

2. 逆矩阵法

设 m 是给定的自然数,将前 n 个自然数的 m 次方幂和记为 $S_n^{(m)} = 1^m + 2^m + \cdots + n^m$. 我们知道,组合数 $C_{n+m}^{m+1} = \frac{1}{(m+1)!} \cdot (n+m) \cdot (n+m-1) \cdot \cdots \cdot (n+1) \cdot n$ 是 n 的 $m+1$ 次多项式,而 $S_n^{(m)}$ 可以表示为变量 n 的不含常数项的 $m+1$ 次多项式. 于是,我们可以设想对给定的自然数 m 和一切自然数 n,有关系式

$$n^m = C_{n-1}^{0}x_0 + C_n^{1}x_1 + \cdots + C_{n+m-1}^{m}x_m \tag{9.4.2}$$

令 $n = 1,2,\cdots,m+1$,便可得方程组

$$\begin{cases} C_0^0x_0 + C_1^1x_1 + \cdots + C_m^mx_m = 1^m \\ C_1^0x_0 + C_2^1x_1 + \cdots + C_{m+1}^mx_m = 2^m \\ \qquad\qquad\vdots \\ C_m^0x_0 + C_{m+1}^1x_1 + \cdots + C_{2m}^mx_m = (m+1)^m \end{cases} \tag{9.4.3}$$

而且

$$\begin{aligned} S_n^{(m)} &= \sum_{k=1}^{n} k^m = \sum_{k=1}^{n} (C_{k-1}^{0}x_0 + C_k^{1}x_1 + \cdots + C_{k+m-1}^{m}x_m) \\ &= C_n^1x_0 + C_{n+1}^2x_1 + \cdots + C_{n+m}^{m+1}x_m \end{aligned} \tag{9.4.4}$$

若能通过方程组(9.4.3)求得待定的常数 $x_0, x_1, \cdots, x_m$,则我们可得出 $S_n^{(m)}$ 的表达式(9.4.4).

将(9.4.3)和(9.4.4)用矩阵表示,即为

$$\boldsymbol{A} \cdot \boldsymbol{X} = \boldsymbol{B} \tag{9.4.3$'$}$$

$$S_n^{(m)} = [C_n^1 \quad C_{n+1}^2 \quad \cdots \quad C_{n+m}^{m+1}] \cdot \boldsymbol{X} \tag{9.4.4$'$}$$

其中

$$A=\begin{bmatrix} C_0^0 & C_1^1 & \cdots & C_m^m \\ C_1^0 & C_2^1 & \cdots & C_{m+1}^m \\ \vdots & \vdots & & \vdots \\ C_m^0 & C_{m+1}^1 & \cdots & C_{2m}^m \end{bmatrix}$$

$$X=\begin{bmatrix} x_0 \\ x_1 \\ \vdots \\ x_m \end{bmatrix}, B=\begin{bmatrix} 1^m \\ 2^m \\ \vdots \\ (m+1)^m \end{bmatrix}$$

我们注意到矩阵

$$C=\begin{bmatrix} C_0^0 & & & \\ C_1^0 & C_1^1 & & \mathbf{0} \\ \vdots & \vdots & \ddots & \\ C_m^0 & C_m^1 & \cdots & C_m^m \end{bmatrix}$$

则

$$A=C\cdot C^{\mathrm{T}}$$

又

$$C^{-1}=\begin{bmatrix} C_0^0 & & & \\ -C_1^0 & C_1^1 & & \mathbf{0} \\ C_2^0 & -C_2^1 & & \\ \vdots & \vdots & \ddots & \\ (-1)^m C_m^0 & (-1)^{m+1} C_{m+1}^1 & \cdots & (-1)^{2m} C_m^m \end{bmatrix}$$

于是由式(9.4.3′),有

$$X=A^{-1}\cdot B$$

$$=(\boldsymbol{C}\cdot\boldsymbol{C}^{\mathrm{T}})^{-1}\cdot\boldsymbol{B}$$
$$=[(\boldsymbol{C}^{-1})^{\mathrm{T}}\cdot\boldsymbol{C}^{-1}]\cdot\boldsymbol{B}$$

故

$$S_n^{(m)}=[\mathrm{C}_n^1\mathrm{C}_{n+1}^2\cdots\mathrm{C}_{n+m}^{m+1}]\cdot[(\boldsymbol{C}^{-1})^{\mathrm{T}}\cdot\boldsymbol{C}^{-1}]\cdot\boldsymbol{B} \tag{9.4.5}$$

例 37　求 $S_n^{(3)}=1^3+2^3+\cdots+n^3$ 的和.

解　可知

$$\begin{aligned}S_n^{(3)}&=1^3+2^3+\cdots+n^3\\&=[\mathrm{C}_n^1\quad \mathrm{C}_{n+1}^2\quad \mathrm{C}_{n+2}^3\quad \mathrm{C}_{n+3}^4]\cdot\begin{bmatrix}1&-1&1&-1\\&1&-2&3\\ \boldsymbol{0}&&1&-3\\&&&1\end{bmatrix}\cdot\begin{bmatrix}1&&&\\-1&1&&\boldsymbol{0}\\1&-2&1&\\-1&3&-3&1\end{bmatrix}\cdot\begin{bmatrix}1^3\\2^3\\3^3\\4^3\end{bmatrix}\\&=[\mathrm{C}_n^1\quad \mathrm{C}_{n+1}^2\quad \mathrm{C}_{n+2}^3\quad \mathrm{C}_{n+3}^4]\cdot\begin{bmatrix}4&-6&4&-1\\-6&14&-11&3\\4&-11&10&-3\\-1&3&-3&1\end{bmatrix}\cdot\begin{bmatrix}1\\8\\27\\64\end{bmatrix}\\&=\mathrm{C}_{n+1}^2-6\mathrm{C}_{n+2}^3+6\mathrm{C}_{n+3}^4=\frac{1}{4}n^2(n+1)^2\end{aligned}$$

四、自然数多项式数列和的矩阵求法

对于自然数多项式数列和,我们有下面的定理.

定理 13

$$\sum_{k=1}^{n}(a_mk^m+a_{m-1}k^{m-1}+\cdots+a_1k+a_0)$$

$$=A_{m+1}\cdot n^{m+1}+(a_m+A_m)\cdot n^m+\cdots+(a_1+A_1)\cdot n$$

其中 $A_{m+1},A_m,\cdots,A_1$ 由方程组

$$\boldsymbol{C}\cdot\boldsymbol{A}=\boldsymbol{B} \tag{9.4.6}$$

确定,其中

$$\boldsymbol{C}=\begin{bmatrix} \mathrm{C}_{m+1}^1 & 0 & 0 & \cdots & 0 & 0 \\ \mathrm{C}_{m+1}^2 & \mathrm{C}_m^1 & 0 & \cdots & 0 & 0 \\ \vdots & \vdots & \vdots & & \vdots & \vdots \\ \mathrm{C}_{m+1}^m & \mathrm{C}_m^{m-1} & \mathrm{C}_{m-1}^{m-2} & \cdots & \mathrm{C}_2^1 & 0 \\ \mathrm{C}_{m+1}^{m+1} & \mathrm{C}_m^m & \mathrm{C}_{m-1}^{m-1} & \cdots & \mathrm{C}_2^2 & \mathrm{C}_1^1 \end{bmatrix}$$

$$\boldsymbol{A}=\begin{bmatrix} A_{m+1} \\ A_m \\ \vdots \\ A_2 \\ A_1 \end{bmatrix},\boldsymbol{B}=\begin{bmatrix} a_m \\ a_{m-1} \\ \vdots \\ a_1 \\ a_0 \end{bmatrix}$$

略证 设

$$a_mk^m+a_{m-1}k^{m-1}+\cdots+a_1k+a_0$$

$$=A_{m+1}[(k+1)^{m+1}-k^{m+1}]+$$

$$A_m[(k+1)^m-k^m]+\cdots+A_1[(k+1)-k]$$

将上式右边展开合并后比较对应项系数得式(9.4.6),故

$$\sum_{k=1}^{n}(a_mk^m+a_{m-1}k^{m-1}+\cdots+a_1k+a_0)$$

$$=A_{m+1}\cdot\sum_{k=1}^{n}[(k+1)^{m+1}-k^{m+1}]+$$

$$A_m\cdot\sum_{k=1}^{n}[(k+1)^m-k^m]+\cdots+A_1\cdot\sum_{k=1}^{n}[(k+1)-k]$$

$$=A_{m+1}(n+1)^{m+1}+A_m(n+1)^m+\cdots+A_1(n+1)-$$

$$(A_{m+1}+A_m+\cdots+A_1)$$

$$=A_{m+1}\cdot n^{m+1}+(C_{m+1}^1A_{m+1}+A_m)\cdot n^m+$$

$$(C_{m+1}^2A_{m+1}+C_m^1A_m+A_{m-1})\cdot n^{m-1}+\cdots+$$

$$(C_{m+1}^mA_{m+1}+C_m^{m-1}A_m+\cdots+C_2^1A_2+A_1)\cdot n$$

$$=A_{m+1}\cdot n^{m+1}+(a_m+A_m)\cdot n^m+\cdots+(a_1+A_1)\cdot n$$

例 38　求和：$\sum_{k=1}^{n}(5k^5+4k^4+3k^3+2k^2+k)$.

解　这里 $m=5$，由增广矩阵

$$\begin{bmatrix} C_6^1 & & & & & & a_5 \\ C_6^2 & C_5^1 & & & \mathbf{0} & & a_4 \\ C_6^3 & C_5^2 & C_4^1 & & & & a_3 \\ C_6^4 & C_5^3 & C_4^2 & C_3^1 & & & a_2 \\ C_6^5 & C_5^4 & C_4^3 & C_3^2 & C_2^1 & & a_1 \\ C_6^6 & C_5^5 & C_4^4 & C_3^3 & C_2^2 & C_1^1 & a_0 \end{bmatrix}$$

$$=\begin{bmatrix} 6 & 0 & 0 & 0 & 0 & 0 & 5 \\ 15 & 5 & 0 & 0 & 0 & 0 & 4 \\ 20 & 10 & 4 & 0 & 0 & 0 & 3 \\ 15 & 10 & 6 & 3 & 0 & 0 & 2 \\ 6 & 5 & 4 & 3 & 2 & 0 & 1 \\ 1 & 1 & 1 & 1 & 1 & 1 & 0 \end{bmatrix}$$

$$
\rightarrow\begin{bmatrix}
1 & 0 & 0 & 0 & 0 & 0 & \frac{5}{6} \\
3 & 1 & 0 & 0 & 0 & 0 & \frac{4}{5} \\
5 & \frac{5}{2} & 1 & 0 & 0 & 0 & \frac{3}{4} \\
5 & \frac{10}{3} & 2 & 1 & 0 & 0 & \frac{2}{3} \\
3 & \frac{5}{2} & 2 & \frac{3}{2} & 1 & 0 & \frac{1}{2} \\
1 & 1 & 1 & 1 & 1 & 1 & 0
\end{bmatrix}
$$

$$
\rightarrow\begin{bmatrix}
1 & 0 & 0 & 0 & 0 & 0 & \frac{5}{6} \\
0 & 1 & 0 & 0 & 0 & 0 & -\frac{17}{10} \\
0 & 0 & 1 & 0 & 0 & 0 & \frac{5}{6} \\
0 & 0 & 0 & 1 & 0 & 0 & \frac{1}{2} \\
0 & 0 & 0 & 0 & 1 & 0 & -\frac{1}{6} \\
0 & 0 & 0 & 0 & 0 & 1 & -\frac{3}{10}
\end{bmatrix}
$$

即得

$$
A_6=\frac{5}{6},A_5=-\frac{17}{10},A_4=\frac{5}{6},A_3=\frac{1}{2}
$$

$$
A_2=-\frac{1}{6},A_1=-\frac{3}{10}
$$

故

$$\sum_{k=1}^{n}(5k^5+4k^4+3k^3+2k^2+k)$$

$$=\frac{5}{6}n^6+\frac{33}{10}n^5+\frac{29}{6}n^4+\frac{7}{2}n^3+\frac{11}{6}n^2+\frac{7}{10}n$$

下面,我们再给出例 34 的另解:

此时 $m=5,a_5=1,a_i=0(i=0,1,\cdots,4)$,由

$$\begin{bmatrix} C_6^1 & & & & & & 1 \\ C_6^2 & C_5^1 & & & \mathbf{0} & & 0 \\ C_6^3 & C_5^2 & C_4^1 & & & & 0 \\ C_6^4 & C_5^3 & C_4^2 & C_3^1 & & & 0 \\ C_6^5 & C_5^4 & C_4^3 & C_3^2 & C_2^1 & & 0 \\ C_6^6 & C_5^5 & C_4^4 & C_3^3 & C_2^2 & C_1^1 & 0 \end{bmatrix}$$

$$\longrightarrow\begin{bmatrix} 1 & 0 & 0 & 0 & 0 & 0 & \frac{1}{6} \\ 0 & 1 & 0 & 0 & 0 & 0 & -\frac{1}{2} \\ 0 & 0 & 1 & 0 & 0 & 0 & \frac{5}{12} \\ 0 & 0 & 0 & 1 & 0 & 0 & 0 \\ 0 & 0 & 0 & 0 & 1 & 0 & -\frac{1}{12} \\ 0 & 0 & 0 & 0 & 0 & 1 & 0 \end{bmatrix}$$

即得

$$A_6=\frac{1}{6},A_5=-\frac{1}{2},A_4=\frac{5}{12},A_3=0,A_2=-\frac{1}{12},A_1=0$$

故

$$\sum_{k=1}^{n} k^5 = \frac{1}{6}n^6 + \frac{1}{2}n^5 + \frac{5}{12}n^4 - \frac{1}{12}n^2$$

五、等差数列前 n 项的方幂和的矩阵求法

设 $a_0, a_0+d, \cdots, a_0+(n-1)d, \cdots$ 为一个首项为 a_0，公差为 d 的等差数列.

由定理 13，不难计算

$$\sum_{k=1}^{n} [a_0+(k-1)d] = \left(a_0 - \frac{1}{2}d\right)n + \frac{1}{2}dn^2$$

$$\sum_{k=1}^{n} [a_0+(k-1)d]^2 = \left(a_0^2 - a_0 d + \frac{1}{6}d^2\right)n + \left(a_0 d - \frac{1}{2}d^2\right)n^2 + \frac{1}{3}d^2 n^3$$

$$\sum_{k=1}^{n} [a_0+(k-1)d]^3 = \left(a_0^3 - \frac{3}{2}a_0^2 d + \frac{1}{2}a_0 d^2\right)n + \left(\frac{3}{2}a_0^2 d - \frac{3}{2}a_0 d^2 + \frac{1}{4}d^3\right)n^2 + \left(a_0 d^2 - \frac{1}{2}d^3\right)n^3 + \frac{1}{4}d^3 n^4$$

$$\vdots$$

一般的

$$\begin{aligned} S_n^{(m)} &= \sum_{k=1}^{n} (a_0+(k-1)d)^m \\ &= b_1 n + b_2 n^2 + \cdots + b_{m+1} n^{m+1} \end{aligned}$$

我们将 $S_n^{(m)}$ 中 $n^j (j=1,2,\cdots,m+1)$ 的系数作为矩阵的 $(j,m+1)$ 位置上的数，则得矩阵（即上述每一个和式中 n 方幂的系数作为矩阵的列元素，缺元素处补以 0）

$$\boldsymbol{B}_m=\begin{bmatrix} 1 & a_0-\frac{1}{2}d & a_0^2-a_0d+\frac{1}{6}d^2 & a_0^3-\frac{3}{2}a_0^2d+\frac{1}{2}a_0d^2 & \cdots \\ & \frac{1}{2}d & a_0d-\frac{1}{2}d^2 & \frac{3}{2}a_0^2d-\frac{3}{2}a_0d^2+\frac{1}{4}d^3 & \cdots \\ & & \frac{1}{3}d^2 & a_0d^2-\frac{1}{2}d^3 & \cdots \\ & \mathbf{0} & & \frac{1}{4}d^3 & \cdots \\ & & & & \cdots \end{bmatrix}$$

易知矩阵 $\boldsymbol{B}_m$ 中的元素满足

$$a_{11}=1$$

$$a_{i+1,j+1}=\frac{j}{i+1}d\cdot a_{ij}$$

$$a_{1,j+1}=a_0^j-\sum_{i=2}^{j+1}a_{i,j+1}$$

显然由此可求得等差数列前 n 项的 m 次幂的和.

特别的,令 $a_0=d=1$,$\boldsymbol{B}_m$ 即为前面的自然数 m 次方幂和的系数矩阵 $\boldsymbol{A}_m$.

9.5　线性递推式数列的周期性

在前一节中,我们在求线性递推式数列的通项公式时,关键是求 $\boldsymbol{P}^n$. 若当 $\boldsymbol{P}^n=\pm\boldsymbol{E}$ 时,则此类数列是以 $n(n\geqslant 2)$ 为最小正周期的周期数列. 那么,在线性递推式数列中,$\boldsymbol{P}^n=\pm\boldsymbol{E}$ 的充要条件是什么? 下面我们给出几个定理:

定理 14　设数列 $\{x_n\}$ 由式(9.3.6)确定,令 $\Delta=$

$|P| = ad - bc$,则:

(1)数列$\{x_n\}$以 2 为最小正周期的充要条件是$\Delta \neq 0$,且 $a+d=0$;

(2)数列$\{x_n\}$以$n(n>2)$为最小正周期的充要条件是$\Delta>0$,且 $a+d=2\sqrt{\Delta}\cos\frac{k\pi}{n}(n,k\in\mathbf{N},n>2,(n,k)=1)$.

定理 15 设数列由式(9.3.5)确定,则:

(1)$\{x_n\}$以 2 为最小正周期的充要条件是 $a=0$ 且 $b=1$;

(2)$\{x_n\}$以 n 为最小正周期的充要条件是 $b=-1$ 且 $a=2\cos\frac{2k\pi}{n}(n,k\in\mathbf{N},n>2,(n,k)=1)$.

定理 16 设数列$\{x_n\}$,$\{y_n\}$由式(9.3.4)确定,令$\Delta = ad-bc$,则:

(1)$\{x_n\}$,$\{y_n\}$以 2 为最小正周期的充要条件是$\Delta=\pm 1$ 且 $a+d=0$;

(2)$\{x_n\}$,$\{y_n\}$以 $n(n>2)$为最小正周期的充要条件是 $\Delta=1$ 且 $a+d=2\cos\frac{2k\pi}{n}(n,k\in\mathbf{N},n>2,(n,k)=1)$.

为了证明上述定理,我们看几个引理:

引理 1 设 $a,b,c,d\in\mathbf{R}$,当且仅当 $a+d=0$,$ad-bc=\mp 1$ 时,有

$$\boldsymbol{P}^2=\begin{bmatrix} a & b \\ c & d \end{bmatrix}^2=\pm\boldsymbol{E}$$

证略.

引理 2 设 $a,b,c,d\in\mathbf{R}$,当且仅当 $a+d=2\cos\frac{k\pi}{n}$

$(n,k\in\mathbf{N},n>2,(n,k)=1)$且$ad-bc=1$时,存在一个最小自然数$n>2$,使

$$\boldsymbol{P}^n=\begin{bmatrix}a & b\\ c & d\end{bmatrix}^n=\pm\boldsymbol{E}$$

且

$$(a-d)^2+4bc<0$$

证明　充分性:由题设条件,可知特征方程$\lambda\boldsymbol{E}-\boldsymbol{P}=0$的根为$\lambda_1=\cos\frac{k\pi}{n}+\mathrm{i}\sin\frac{k\pi}{n}$, $\lambda_2=\cos\frac{k\pi}{n}-\mathrm{i}\sin\frac{k\pi}{n}(k\in\mathbf{N})$. 这时,存在可逆矩阵$\boldsymbol{T}$,使得

$$\boldsymbol{P}=\boldsymbol{T}\cdot\begin{bmatrix}\lambda_1 & 0\\ 0 & \lambda_2\end{bmatrix}\cdot\boldsymbol{T}^{-1}\qquad(9.5.1)$$

由此

$$\begin{aligned}\boldsymbol{P}^n&=\boldsymbol{T}\cdot\begin{bmatrix}\lambda_1^n & 0\\ 0 & \lambda_2^n\end{bmatrix}\cdot\boldsymbol{T}^{-1}\\&=\boldsymbol{T}\cdot\begin{bmatrix}\pm1 & 0\\ 0 & \pm1\end{bmatrix}\cdot\boldsymbol{T}^{-1}=\pm\boldsymbol{E}\end{aligned}$$

若存在自然数m, $2<m<n$,使$\boldsymbol{P}^m=\pm\boldsymbol{E}$,由式(9.5.1)知, $\cos\frac{km\pi}{n}+\mathrm{i}\sin\frac{km\pi}{n}=\cos\frac{km\pi}{n}-\mathrm{i}\sin\frac{km\pi}{n}=\pm1$,则$\frac{mk}{n}=t\in\mathbf{N}$,但$(n,k)=1$,从而$n\mid m$,这与$2<m<n$矛盾,故$n$最小,且$(a-d)^2+4bc=-4\sin^2\frac{k\pi}{n}<0$.

必要性:若$\boldsymbol{P}^n=\pm\boldsymbol{E}$,则$ad-bc\neq0$. 又$(a-d)+$

$4bc<0$，特征方程有共轭虚根 λ_1,λ_2，则存在可逆矩阵 $\boldsymbol{T}$，使 $\boldsymbol{T}^{-1}\boldsymbol{P}\boldsymbol{T}=\boldsymbol{E}(\lambda)$，其中 $\boldsymbol{E}(\lambda)=\begin{bmatrix}\lambda_1 & 0\\ 0 & \lambda_2\end{bmatrix}$. 以下记 $\boldsymbol{E}(\lambda^n)=\begin{bmatrix}\lambda_1^n & 0\\ 0 & \lambda_2^n\end{bmatrix}$，则 $\boldsymbol{T}^{-1}\boldsymbol{P}^n\boldsymbol{T}=\boldsymbol{E}(\lambda^n)$，即 $\boldsymbol{T}^{-1}(\pm\boldsymbol{E})\boldsymbol{T}=\boldsymbol{E}(\lambda^n)$，或 $\boldsymbol{E}(\lambda^n)=\pm\boldsymbol{E}$，故 $\lambda_1^n=\lambda_2^n=\pm1$，$n>2$ 是使此式成立的最小自然数. 此时可设 $\lambda_1=\cos\frac{k\pi}{n}+\mathrm{i}\sin\frac{k\pi}{n}$，$\lambda_2=\cos\frac{k\pi}{n}-\mathrm{i}\sin\frac{k\pi}{n}$（$n,k\in\mathbf{N}$，$(n,k)=1$）. 于是 $\lambda_1+\lambda_2=2\cos\frac{k\pi}{n}$，$\lambda_1\cdot\lambda_2=1$. 因此 $a+d=\lambda_1+\lambda_2=2\cos\frac{k\pi}{n}$，$ad-bc=\lambda_1\cdot\lambda_2=1$.

引理 3　设 $a,b,c,d\in\mathbf{R}$，当且仅当 $a+d=2\cos\frac{2k\pi}{n}$（$n,k\in\mathbf{N}$，$n>2$，$(n,k)=1$）且 $ad-bc=1$ 时，存在一最小自然数 $n>2$，使

$$\boldsymbol{P}^n=\begin{bmatrix}a & b\\ c & d\end{bmatrix}^n=\boldsymbol{E}$$

且

$$(a+d)^2-4(ad-bc)<0$$

证略（可类似引理 2 而证）.

引理 4　设 $a,b,c,d\in\mathbf{R}$，当且仅当 $a+d=0$ 且 $ad-bc\neq0$ 时

$$\boldsymbol{P}^2=\begin{bmatrix}a & b\\ c & d\end{bmatrix}^2=(bc-ad)\boldsymbol{E}$$

证略.

引理5　设 $a,b,c,d\in\mathbf{R}$,当且仅当 $a+d=2\sqrt{\Delta}\cdot\cos\frac{k\pi}{n}(n,k\in\mathbf{N},n>2,(n,k)=1)$ 且 $\Delta=ad-bc\neq0$ 时,存在一最小自然数 $n>2$,使

$$\boldsymbol{P}^n=\begin{bmatrix}a & b\\ c & d\end{bmatrix}^n=\pm\Delta^{\frac{n}{2}}\boldsymbol{E}$$

且

$$(a+d)^2-4(ad-bc)<0$$

证略.

由上述引理4,5便可证明定理14,由引理1,3便可证明定理15,16.(证略)

下面看一道例题.

例39　设 $x_1\neq-1,y_1\neq-1$. 试判定由

$$\begin{cases}x_{n+1}=2x_n+y_n+2\\ y_{n+1}=5x_n-2y_n+2\end{cases}$$

确定的数列 $\{x_n\},\{y_n\}$ 的周期性.

解　依题设条件,有

$$\begin{cases}(x_{n+1}+1)=2(x_n+1)+(y_n+1)\\ (y_{n+1}+1)=5(x_n+1)-2(y_n+1)\end{cases}$$

对于数列 $\{x_n+1\},\{y_n+1\}$ 有 $\Delta=ad-bc=-1$,且 $a+d=0$,故由定理16(1)知 $\{x_n+1\},\{y_n+1\}$ 是以2为最小正周期的数列,从而 $\{x_n\},\{y_n\}$ 也是以2为最小正周期的数列.

9.6 斐波那契数列的性质探讨

一、通项公式

对于二阶递归数列(斐波那契(Fibonacci)数列):$F_0=0, F_1=1, F_n=F_{n-1}+F_{n-2}(n\geqslant 2)$,其通项公式可以应用矩阵方法来推导.

首先证明:若 $\boldsymbol{A}=\begin{bmatrix}1 & 1\\ 1 & 0\end{bmatrix}$,$\begin{bmatrix}F_n\\ F_{n-1}\end{bmatrix}=\boldsymbol{A}^n\begin{bmatrix}0\\ 1\end{bmatrix}(n=1,2,3,\cdots)$,则 F_n 恰为斐波那契数列的通项.

事实上,当 $n=1$ 时,$\begin{bmatrix}F_n\\ F_{n-1}\end{bmatrix}=\begin{bmatrix}1 & 1\\ 1 & 0\end{bmatrix}\begin{bmatrix}0\\ 1\end{bmatrix}=\begin{bmatrix}1\\ 0\end{bmatrix}$,有 $F_1=1$,结论成立.

当 $n=2$ 时,$\begin{bmatrix}F_2\\ F_1\end{bmatrix}=\begin{bmatrix}1 & 1\\ 1 & 0\end{bmatrix}\begin{bmatrix}F_1\\ F_0\end{bmatrix}=\begin{bmatrix}1 & 1\\ 1 & 0\end{bmatrix}\begin{bmatrix}1\\ 0\end{bmatrix}=\begin{bmatrix}1\\ 1\end{bmatrix}$,$F_2=1$,结论成立.

假设当 $n\leqslant k(k\geqslant 1, k\in\mathbf{N})$ 时,结论成立,即若有 $\begin{bmatrix}F_k\\ F_{k-1}\end{bmatrix}=\boldsymbol{A}^k\begin{bmatrix}1\\ 0\end{bmatrix}$,则 F_k 为斐波那契数列的第 k 项

$$\begin{bmatrix}F_k\\ F_{k-1}\end{bmatrix}=\boldsymbol{A}\begin{bmatrix}F_{k-1}\\ F_{k-2}\end{bmatrix}=\begin{bmatrix}1 & 1\\ 1 & 0\end{bmatrix}\begin{bmatrix}F_{k-1}\\ F_{k-2}\end{bmatrix}=\begin{bmatrix}F_{k-1}+F_{k-2}\\ F_{k-1}\end{bmatrix}$$

所以

$$\begin{cases}F_k = F_{k-1} + F_{k-2} \\ F_{k-1} = F_{k-1}\end{cases}$$

当 $n=k+1$ 时，有

$$\begin{bmatrix}F_{k+1} \\ F_k\end{bmatrix} = \boldsymbol{A}\begin{bmatrix}F_k \\ F_{k-1}\end{bmatrix} = \begin{bmatrix}1 & 1 \\ 1 & 0\end{bmatrix}\begin{bmatrix}F_k \\ F_{k-1}\end{bmatrix} = \begin{bmatrix}F_k + F_{k-1} \\ F_k\end{bmatrix}$$

所以 $F_{k+1} = F_k + F_{k-1}$.

综上所述，对 $n \in \mathbf{N}_+$ 结论成立.

下面用特征值、特征向量和平面向量基本定理求通项公式 u_n.

$\boldsymbol{A}$ 的特征多项式为

$$f(\lambda) = \begin{vmatrix}\lambda - 1 & -1 \\ -1 & \lambda\end{vmatrix} = \lambda^2 - \lambda - 1$$

令 $f(\lambda)=0$，得

$$\lambda_1 = \frac{1+\sqrt{5}}{2}, \lambda_2 = \frac{1-\sqrt{5}}{2}$$

对应于 λ_1, λ_2 的特征向量分别为

$$\boldsymbol{\alpha}_1 = \begin{bmatrix}1 \\ \dfrac{-1+\sqrt{5}}{2}\end{bmatrix}, \boldsymbol{\alpha}_2 = \begin{bmatrix}1 \\ \dfrac{-1-\sqrt{5}}{2}\end{bmatrix}$$

设

$$\begin{bmatrix}0 \\ 1\end{bmatrix} = m\boldsymbol{\alpha}_1 + n\boldsymbol{\alpha}_2$$

$$= \begin{bmatrix}m+n \\ \dfrac{-1+\sqrt{5}}{2}m + \dfrac{-1-\sqrt{5}}{2}n\end{bmatrix}$$

$$\Rightarrow\begin{cases} m = \dfrac{1}{\sqrt{5}} \\ n = -\dfrac{1}{\sqrt{5}} \end{cases}$$

所以

$$\begin{bmatrix} F_n \\ F_{n-1} \end{bmatrix} = A^n \begin{bmatrix} 0 \\ 1 \end{bmatrix} = A^n(m\boldsymbol{\alpha}_1 + n\boldsymbol{\alpha}_2)$$

$$= A^n\left(\frac{1}{\sqrt{5}}\boldsymbol{\alpha}_1 - \frac{1}{\sqrt{5}}\boldsymbol{\alpha}_2\right) = \frac{1}{\sqrt{5}}(A^n\boldsymbol{\alpha}_1 - A^n\boldsymbol{\alpha}_2)$$

$$= \frac{1}{\sqrt{5}}\left[\left(\frac{1+\sqrt{5}}{2}\right)^n \begin{bmatrix} 1 \\ \dfrac{-1+\sqrt{5}}{2} \end{bmatrix} - \left(\frac{1-\sqrt{5}}{2}\right)^n \begin{bmatrix} 1 \\ \dfrac{-1-\sqrt{5}}{2} \end{bmatrix}\right]$$

$$= \frac{1}{\sqrt{5}}\begin{bmatrix} \left(\dfrac{1+\sqrt{5}}{2}\right)^n - \left(\dfrac{1-\sqrt{5}}{2}\right)^n \\ \left(\dfrac{1+\sqrt{5}}{2}\right)^{n-1} - \left(\dfrac{1-\sqrt{5}}{2}\right)^{n-1} \end{bmatrix}$$

所以

$$F_n = \frac{1}{\sqrt{5}}\left[\left(\frac{1+\sqrt{5}}{2}\right)^n - \left(\frac{1-\sqrt{5}}{2}\right)^n\right] \qquad (9.6.1)$$

二、性质及证明探讨

性质 1 可知

$$F_{n+1} \cdot F_{n-1} - F_n^2 = (-1)^n \qquad (9.6.2)$$

像这样的性质，如果用行列式的方法来证明，不仅显得简捷明快，而且还可探讨某些性质的推广.

将式(9.6.2)的左端写成行列式后，再利用行变换，易得

$$D_n=\begin{vmatrix}F_{n+1} & F_n\\ F_n & F_{n-1}\end{vmatrix}=\begin{vmatrix}F_{n-1} & F_{n-2}\\ F_n & F_{n-1}\end{vmatrix}$$
$$=(-1)\cdot\begin{vmatrix}F_n & F_{n-1}\\ F_{n-1} & F_{n-2}\end{vmatrix}$$
$$=(-1)\cdot D_{n-1}$$

从而

$$D_n=(-1)\cdot D_{n-1}=(-1)^2\cdot D_{n-2}$$
$$=\cdots=(-1)^{n-1}\cdot D_1$$
$$=(-1)^{n-1}\cdot\begin{vmatrix}F_2 & F_1\\ F_1 & F_0\end{vmatrix}$$
$$=(-1)^{n-1}\cdot\begin{vmatrix}1 & 1\\ 1 & 0\end{vmatrix}=(-1)^n$$

此性质也可运用数学归纳法并借助于如下矩阵恒等式来证

$$\begin{bmatrix}1 & 1\\ 1 & 0\end{bmatrix}^n=\begin{bmatrix}F_{n+1} & F_n\\ F_n & F_{n-1}\end{bmatrix}$$

事实上,(1)当 $n=2$ 时,用矩阵乘法法则,有

$$\begin{bmatrix}1 & 1\\ 1 & 0\end{bmatrix}^2=\begin{bmatrix}1 & 1\\ 1 & 0\end{bmatrix}\begin{bmatrix}1 & 1\\ 1 & 0\end{bmatrix}=\begin{bmatrix}2 & 1\\ 1 & 1\end{bmatrix}=\begin{bmatrix}F_3 & F_2\\ F_2 & F_1\end{bmatrix}$$

(2)设 $n=k(k\geqslant2)$ 时,结论成立,即

$$\begin{bmatrix}1 & 1\\ 1 & 0\end{bmatrix}^k=\begin{bmatrix}F_{k+1} & F_k\\ F_k & F_{k-1}\end{bmatrix}$$

当 $n=k+1$ 时

$$\begin{bmatrix}1 & 1\\ 1 & 0\end{bmatrix}^{k+1}=\begin{bmatrix}1 & 1\\ 1 & 0\end{bmatrix}^k\begin{bmatrix}1 & 1\\ 1 & 0\end{bmatrix}$$

$$=\begin{bmatrix} F_{k+1} & F_k \\ F_k & F_{k-1} \end{bmatrix}\begin{bmatrix} 1 & 1 \\ 1 & 0 \end{bmatrix}$$

$$=\begin{bmatrix} F_{k+1}+F_k & F_{k+1} \\ F_k+F_{k-1} & F_k \end{bmatrix}$$

$$=\begin{bmatrix} F_{k+2} & F_{k+1} \\ F_{k+1} & F_k \end{bmatrix}$$

由(1)和(2)可知,对 $n\in\mathbf{N}_+$ $(n\geqslant 2)$时,命题成立.

对$\begin{bmatrix} 1 & 1 \\ 1 & 0 \end{bmatrix}^n=\begin{bmatrix} F_{n+1} & F_n \\ F_n & F_{n-1} \end{bmatrix}$两边取行列式,再展开化简即可得

$$F_{n+1}\cdot F_{n-1}-F_n^2=(-1)^n$$

性质 2 可知

$$F_{m+n}=F_{n-1}\cdot F_m+F_n\cdot F_{m+1}\quad (m,n\in\mathbf{N}_+)\quad (9.6.3)$$

事实上,注意到矩阵恒等式

$$\begin{bmatrix} 1 & 1 \\ 1 & 0 \end{bmatrix}^n=\begin{bmatrix} F_{n+1} & F_n \\ F_n & F_{n-1} \end{bmatrix}$$

有

$$\begin{bmatrix} F_{m+n} & F_{m+n-1} \\ F_{m+n-1} & F_{m+n-2} \end{bmatrix}$$

$$=\begin{bmatrix} 1 & 1 \\ 1 & 0 \end{bmatrix}^{m+n-1}$$

$$=\begin{bmatrix} 1 & 1 \\ 1 & 0 \end{bmatrix}^m\begin{bmatrix} 1 & 1 \\ 1 & 0 \end{bmatrix}^{n-1}$$

$$=\begin{bmatrix} F_{m+1} & F_m \\ F_m & F_{m-1} \end{bmatrix}\begin{bmatrix} F_n & F_{n-1} \\ F_{n-1} & F_{n-2} \end{bmatrix}$$

$$=\begin{bmatrix} F_nF_{m+1}+F_mF_{n-1} & F_{m+1}F_{n-1}+F_mF_{n-2} \\ F_mF_n+F_{m-1}F_{n-1} & F_mF_{n-1}+F_{m-1}F_{n-2} \end{bmatrix}$$

比较等式左右两边矩阵中左上角第一个元素即得

$$F_{m+n}=F_{n-1}F_m+F_nF_{m+1}$$

性质3　当 $n\geqslant 2$ 时，有

$$\boldsymbol{A}^n=\begin{pmatrix} F_{n+1} & F_n \\ F_n & F_{n+1} \end{pmatrix}=F_n\boldsymbol{A}+F_{n-1}\boldsymbol{E} \quad (9.6.4)$$

事实上，运用数学归纳法即证(证略).

性质4　当 $n\geqslant 1$ 时，有

$$\boldsymbol{A}^{n+2}=\boldsymbol{A}^{n+1}+\boldsymbol{A}^n \quad (9.6.5)$$

事实上，由性质3及斐波那契数列定义即证.

性质5　斐波那契数列相邻三项之间有关系式

$$F_{n+1}+F_{n-1}+\sqrt{5}F_n=2\cdot\left(\frac{1+\sqrt{5}}{2}\right)^n$$

$$F_{n+1}+F_{n-1}-\sqrt{5}F_n=2\cdot\left(\frac{1-\sqrt{5}}{2}\right)^n \quad (9.6.6)$$

事实上，由性质3知 $\boldsymbol{A}^n$ 的特征多项式为 $\lambda^2-(F_{n+1}+F_{n-1})\lambda+F_{n+1}F_{n-1}-F_n^2=0$，不难求得

$$\lambda=\frac{F_{n+1}+F_{n-1}\pm\sqrt{(F_{n+1}-F_{n-1})^2+4F_n^2}}{2}$$

利用 $F_{n+1}-F_{n-1}=F_n$，得到 $\boldsymbol{A}^n$ 的特征根为

$$\lambda_1=\frac{F_{n+1}+F_{n-1}+\sqrt{5}F_n}{2},\lambda_2=\frac{F_{n+1}+F_{n-1}-\sqrt{5}F_n}{2}$$

又由于 $\boldsymbol{A}$ 的特征值为 $\frac{1+\sqrt{5}}{2}$ 及 $\frac{1-\sqrt{5}}{2}$，于是有 $\boldsymbol{A}^n$

的特征值为 $\left(\frac{1+\sqrt{5}}{2}\right)^n$ 及 $\left(\frac{1-\sqrt{5}}{2}\right)^n$. 这是因为 $\boldsymbol{A}=\boldsymbol{T}\left[\operatorname{diag}\left(\frac{1+\sqrt{5}}{2},\frac{1-\sqrt{5}}{2}\right)\right]\boldsymbol{T}^{-1}$, $\boldsymbol{T}$ 正交,从而有

$$\frac{F_{n+1}+F_{n-1}+\sqrt{5}F_n}{2}=\left(\frac{1+\sqrt{5}}{2}\right)^n$$

$$\frac{F_{n+1}+F_{n-1}-\sqrt{5}F_n}{2}=\left(\frac{1-\sqrt{5}}{2}\right)^n$$

于是命题得证.

性质 6① 设 $a_1,a_2,a_3,\cdots,a_9$ 为斐波那契数列中任意连续的 9 项顺次代替洛书中 1,2,3,…,9 的数字得到对应矩阵

$$\begin{bmatrix} a_4 & a_9 & a_2 \\ a_3 & a_5 & a_7 \\ a_8 & a_1 & a_6 \end{bmatrix}$$

则有每行三个数的乘积,三行三个乘积之和

$$a_4a_9a_2+a_3a_5a_7+a_8a_1a_6$$

等于每列三个数的乘积,三列三个乘积之和

$$a_4a_3a_8+a_9a_5a_1+a_2a_7a_6$$

即

$$a_1a_6a_8+a_2a_4a_9+a_3a_5a_7=a_1a_5a_9+a_2a_6a_7+a_3a_4a_8 \tag{9.6.7}$$

证明 假设三阶行列式

---

① 耿济. 洛书与斐波那契数列的关系[J]. 数学通报,2008(5):46-47.

$$D=\begin{vmatrix} a_1 & a_2 & a_3 \\ a_4 & a_5 & a_6 \\ a_7 & a_8 & a_9 \end{vmatrix}$$

其中 $a_1,a_2,a_3,\cdots,a_9$ 为斐波那契数列中任意连续的9项.

一方面，把行列式直接展开就有 $D=a_1a_6a_8+a_2a_4a_9+a_3a_5a_7-a_1a_5a_9-a_2a_6a_7-a_3a_4a_8$；另一方面，把行列式的第一列元素加到第二列相应的元素上去（行列式的值不变）以及斐波那契数列中任一项等于前两项之和的性质又有

$$D=\begin{vmatrix} a_1 & a_1+a_2 & a_3 \\ a_4 & a_4+a_5 & a_6 \\ a_7 & a_7+a_8 & a_9 \end{vmatrix}=\begin{vmatrix} a_1 & a_3 & a_3 \\ a_4 & a_6 & a_6 \\ a_7 & a_9 & a_9 \end{vmatrix}$$

此时行列式中第二列与第三列对应项元素相等，即得 $D=0$.

综上所述，性质6证明完毕.

利用行列式，我们还可以推得如下性质.

性质7　当 $n\geqslant 3$ 时，有

$$\begin{vmatrix} F_{n+1} & F_n & F_{n-1} \\ F_n & F_{n-1} & F_{n-2} \\ F_{n-1} & F_{n-2} & F_{n-3} \end{vmatrix}=0 \qquad (9.6.8)$$

此性质的证明，注意到 $F_n=F_{n-1}+F_{n-2}$，从行列式第一行中减去第二行和第三行立得第一行的元素为0，由此即证.

不仅如此，如果利用已知性质2，即式(9.6.3)

$$F_{n+m}=F_{n-1}\cdot F_m+F_n\cdot F_{m+1}$$

我们可得到式(9.6.8)的推广式

$$\begin{vmatrix} F_n & F_m & F_p \\ F_{n+i} & F_{m+i} & F_{p+i} \\ F_{n+j} & F_{m+j} & F_{p+j} \end{vmatrix} = 0 \qquad (9.6.9)$$

进一步,类似于$\{F_n\}$的递推式,如果我们定义数列$\{T_n\}$:$T_0=0,T_1=T_2=1,T_n=T_{n-1}+T_{n-2}+T_{n-3}(n\geqslant 3)$;$\{M_n\}$:$M_0=M_1=0,M_2=M_3=1,M_n=M_{n-1}+M_{n-2}+M_{n-3}+M_{n-4}(n\geqslant 4)$,相应于式(9.6.2)与式(9.6.9),有

$$\begin{vmatrix} T_{n+1} & T_n & T_{n-1} \\ T_n & T_{n-1} & T_{n-2} \\ T_{n-1} & T_{n-2} & T_{n-3} \end{vmatrix} = 1 \qquad (9.6.10)$$

$$\begin{vmatrix} M_{n+2} & M_{n+1} & M_n & M_{n-1} \\ M_{n+1} & M_n & M_{n-1} & M_{n-2} \\ M_n & M_{n-1} & M_{n-2} & M_{n-3} \\ M_{n-1} & M_{n-2} & M_{n-3} & M_{n-4} \end{vmatrix} = (-1)^{n+1} \qquad (9.6.11)$$

以及

$$\begin{vmatrix} T_{n_1+m_1} & T_{n_1+m_2} & T_{n_1+m_3} \\ T_{n_2+m_1} & T_{n_2+m_2} & T_{n_2+m_3} \\ T_{n_3+m_1} & T_{n_3+m_2} & T_{n_3+m_3} \end{vmatrix} = 0 \qquad (9.6.12)$$

$$\begin{vmatrix} M_{n_1+m_1} & M_{n_1+m_2} & M_{n_1+m_3} & M_{n_1+m_4} \\ M_{n_2+m_1} & M_{n_2+m_2} & M_{n_2+m_3} & M_{n_2+m_4} \\ M_{n_3+m_1} & M_{n_3+m_2} & M_{n_3+m_3} & M_{n_3+m_4} \\ M_{n_4+m_1} & M_{n_4+m_2} & M_{n_4+m_3} & M_{n_4+m_4} \end{vmatrix} = 0 \qquad (9.6.13)$$

类似于$\{F_n\}$,还可将$\{T_n\}$,$\{M_n\}$的如上性质进行推广.

9.7　与等差数列有关的一些组合恒等式

在这一节,我们介绍运用范德蒙德行列式的一个推广导出一系列与等差数列有关的组合恒等式(见文献[75]).

我们先介绍范德蒙德行列式的一个推广式.

定理17　设n是一个正整数,r是一个非负整数,对任意$n+1$个数$x_0,x_1,\cdots,x_n$,令

$$D(n,r)=\begin{vmatrix}1 & x_0 & x_0^2 & \cdots & x_0^{n-1} & x_0^r\\ 1 & x_1 & x_1^2 & \cdots & x_1^{n-1} & x_1^r\\ \vdots & \vdots & \vdots & & \vdots & \vdots\\ 1 & x_n & x_n^2 & \cdots & x_n^{n-1} & x_n^r\end{vmatrix}\quad(9.7.1)$$

则有

$$D(n,r)=\begin{cases}0 & (0\leqslant r\leqslant n-1)\\ \prod\limits_{0\leqslant j<i\leqslant n}(x_i-x_j)\sum\limits_{j_0+j_1+\cdots+j_n=r-n}x_0^{j_0}x_1^{j_1}\cdots x_n^{j_n} & (r\geqslant n)\end{cases}$$

$$(9.7.2)$$

其中$j_0,j_1,\cdots,j_n$皆为非负整数.(以下均同)

证明　当$0\leqslant r\leqslant n-1$时,$D(n,r)$中有两列元素相同,所以,$D(n,r)=0$.

当$r\geqslant n$时,对n用数学归纳法.

当$r\geqslant1$时

$$\begin{aligned}D(1,r) &= x_1^r - x_0^r \\ &= (x_1 - x_0)(x_0^{r-1} + x_0^{r-2}x_1 + \cdots + x_1^{r-1}) \\ &= (x_1 - x_0)\sum_{j_0+j_1=r-1} x_0^{j_0}x_1^{j_1}\end{aligned}$$

所以,当 $n=1$ 时,结论成立.

假设结论对 $n-1(n\geqslant 2, r\geqslant n-1)$ 的情形成立,现考虑 $n(r\geqslant n)$ 的情形.

将行列式 $D(n,r)$ 中的第 $n+1$ 列减去第 n 列的 x_n^{r-n+1} 倍,而对其余的列,自左至右依次从每一列减去它前一列的 x_n 倍,则由行列式性质有

$$D(n,r)$$

$$= \begin{vmatrix} 1 & x_0 - x_n & x_0^2 - x_0x_n & \cdots & x_0^{n-1} - x_0^{n-2}x_n & x_0^r - x_0^{n-1}x_n^{r-n-1} \\ 1 & x_1 - x_n & x_1^2 - x_1x_n & \cdots & x_1^{n-1} - x_1^{n-2}x_n & x_1^r - x_1^{n-1}x_n^{r-n-1} \\ \vdots & \vdots & \vdots & & \vdots & \vdots \\ 1 & x_{n-1} - x_n & x_{n-1}^2 - x_{n-1}x_n & \cdots & x_{n-1}^{n-1} - x_{n-1}^{n-2}x_n & x_{n-1}^r - x_{n-1}^{n-1}x_n^{r-n-1} \\ 1 & 0 & 0 & \cdots & 0 & 0 \end{vmatrix}$$

$$= (-1)^{n+2}\cdot$$

$$\begin{vmatrix} x_0 - x_n & x_0^2 - x_0x_n & \cdots & x_0^{n-1} - x_0^{n-2}x_n & x_0^r - x_0^{n-1}x_n^{r-n+1} \\ x_1 - x_n & x_1^2 - x_1x_n & \cdots & x_1^{n-1} - x_1^{n-2}x_n & x_1^r - x_1^{n-1}x_n^{r-n+1} \\ \vdots & \vdots & & \vdots & \vdots \\ x_{n-1} - x_n & x_{n-1}^2 - x_{n-1}x_n & \cdots & x_{n-1}^{n-1} - x_{n-1}^{n-2}x_n & x_{n-1}^r - x_{n-1}^{n-1}x_n^{r-n+1} \end{vmatrix}$$

$$= \prod_{i=0}^{n-1}(x_n - x_i)\cdot\begin{vmatrix} 1 & x_0 & \cdots & x_0^{n-2} & x_0^{n-1} & \sum\limits_{k+j_n=r-n} x_0^k x_n^{j_n} \\ 1 & x_1 & \cdots & x_1^{n-2} & x_1^{n-1} & \sum\limits_{k+j_n=r-n} x_1^k x_n^{j_n} \\ \vdots & \vdots & & \vdots & \vdots & \vdots \\ 1 & x_{n-1} & \cdots & x_{n-1}^{n-2} & x_{n-1}^{n-1} & \sum\limits_{k+j_n=r-n} x_{n-1}^k x_n^{j_n} \end{vmatrix}.$$

$$= \prod_{i=0}^{n-1}(x_n - x_i)\cdot\sum_{k+j_n=r-n} x_n^{j_n}\cdot\begin{vmatrix} 1 & x_0 & \cdots & x_0^{n-2} & x_0^{n-1+k} \\ 1 & x_1 & \cdots & x_1^{n-2} & x_1^{n-1+k} \\ \vdots & \vdots & & \vdots & \vdots \\ 1 & x_{n-1} & \cdots & x_{n-1}^{n-2} & x_{n-1}^{n-1+k} \end{vmatrix}$$

$$= \prod_{i=0}^{n-1}(x_n - x_i)\cdot\sum_{k+j_n=r-n} x_n^{j_n}\cdot D(n-1,n-1+k)$$

因 $n-1+k\geqslant n-1$，由归纳假设，有

$$D(n-1,n-1+k)$$

$$= \prod_{0\leqslant j<i\leqslant n-1}(x_i - x_j)\cdot\sum_{j_0+j_1+\cdots+j_{n-1}=k} x_0^{j_0}\cdot x_1^{j_1}\cdot\cdots\cdot x_{n-1}^{j_{n-1}}$$

于是，当 $r\geqslant n$ 时，有

$$D(n,r) = \prod_{i=0}^{n-1}(x_n - x_i)\cdot\prod_{0\leqslant j<i\leqslant n-1}(x_i - x_j)\cdot\sum_{k+j_n=r-n} x_n^{j_n}\cdot\sum_{j_0+j_1+\cdots+j_{n-1}=k} x_0^{j_0}\cdot x_1^{j_1}\cdot\cdots\cdot x_{n-1}^{j_{n-1}}$$

$$= \prod_{0\leqslant j<i\leqslant n}(x_i - x_j)\cdot\sum_{j_0+j_1+\cdots+j_n=r-n} x_0^{j_0}\cdot x_1^{j_1}\cdot\cdots\cdot x_n^{j_n}$$

因此，结论对 n 的情形也成立. 故结论对一切正整数 n 皆成立. 证毕.

特别的，当 $r=n$ 时，$D(n,n)$ 为 $n+1$ 阶范德蒙德行列式(因此时 $\sum\limits_{j_0+j_1+\cdots+j_n=0} x_0^{j_0}\cdot x_1^{j_1}\cdot\cdots\cdot x_n^{j_n}=1$)，故定理17是范德蒙德行列式的一个推广.

我们还可将 r 推广到负整数.

定理18　设 n,r 皆为正整数，$x_0,x_1,\cdots,x_n$ 是 $n+1$ 个全不为零的数，记

$$d=\begin{vmatrix}1 & x_0 & x_0^2 & \cdots & x_0^{n-1} & x_0^{-r}\\ 1 & x_1 & x_1^2 & \cdots & x_1^{n-1} & x_1^{-r}\\ \vdots & \vdots & \vdots & & \vdots & \vdots\\ 1 & x_n & x_n^2 & \cdots & x_n^{n-1} & x_n^{-r}\end{vmatrix} \tag{9.7.3}$$

则

$$d=\frac{(-1)^n\prod\limits_{0\leqslant j<i\leqslant n}(x_i-x_j)}{\prod\limits_{0\leqslant i\leqslant n}x_i}\cdot \sum_{j_0+j_1+\cdots+j_n=r-1}x_0^{-j_0}\cdot x_1^{-j_1}\cdot\cdots\cdot x_n^{-j_n} \tag{9.7.4}$$

证明 由行列式的性质及定理 17,有

$$d=\Big(\prod_{0\leqslant i\leqslant n}x_i\Big)^{n-1}\begin{vmatrix}x_0^{-(n-1)} & x_0^{-(n-2)} & \cdots & 1 & x_0^{-(r+n-1)}\\ x_1^{-(n-1)} & x_1^{-(n-2)} & \cdots & 1 & x_1^{-(r+n-1)}\\ \vdots & \vdots & & \vdots & \vdots\\ x_n^{-(n-1)} & x_n^{-(n-2)} & \cdots & 1 & x_n^{-(r+n-1)}\end{vmatrix}$$

$$=(-1)^{\frac{n(n-1)}{2}}\Big(\prod_{0\leqslant i\leqslant n}x_i\Big)^{n-1}\cdot \begin{vmatrix}1 & x_0^{-1} & \cdots & x_0^{-(n-1)} & x_0^{-(r+n-1)}\\ 1 & x_1^{-1} & \cdots & x_1^{-(n-1)} & x_1^{-(r+n-1)}\\ \vdots & \vdots & & \vdots & \vdots\\ 1 & x_n^{-1} & \cdots & x_n^{-(n-1)} & x_n^{-(r+n-1)}\end{vmatrix}$$

$$=(-1)^{\frac{n(n-1)}{2}}\Big(\prod_{0\leqslant i\leqslant n}x_i\Big)^{n-1}\prod_{0\leqslant j<i\leqslant n}(x_i^{-1}-x_j^{-1})\cdot \sum_{j_0+j_1+\cdots+j_n=r-1}x_0^{-j_0}\cdot x_1^{-j_1}\cdot\cdots\cdot x_n^{-j_n}$$

但

$$\prod_{0\leqslant j<i\leqslant n}(x_i^{-1}-x_j^{-1})=\Big(\prod_{0\leqslant i\leqslant n}x_i\Big)^{-n}\prod_{0\leqslant j<i\leqslant n}(x_j-x_i)$$

$$=(-1)^{\frac{n(n+1)}{2}}\left(\prod_{0\leqslant i\leqslant n}x_i\right)^{-n}\cdot\prod_{0\leqslant j<i\leqslant n}(x_i-x_j)$$

故

$$d=(-1)^{n^2}\left(\prod_{0\leqslant i\leqslant n}x_i\right)^{-1}\prod_{0\leqslant j<i\leqslant n}(x_i-x_j)\cdot\sum_{j_0+j_1+\cdots+j_n=r-1}x_0^{-j_0}\cdot x_1^{-j_1}\cdot\cdots\cdot x_n^{-j_n}$$

$$=\frac{(-1)^n\prod\limits_{0\leqslant j<i\leqslant n}(x_i-x_j)}{\prod\limits_{0\leqslant i\leqslant n}x_i}\cdot\sum_{j_0+j_1+\cdots+j_n=r+1}x_0^{-j_0}\cdot x_1^{-j_1}\cdot\cdots\cdot x_n^{-j_n}$$

设 $x_0,x_1,\cdots,x_n$ 互不相等,记

$$A(k)=\begin{vmatrix}1 & x_0 & x_0^2 & \cdots & x_0^{n-1}\\ \vdots & \vdots & \vdots & & \vdots\\ 1 & x_{k-1} & x_{k-1}^2 & \cdots & x_{k-1}^{n-1}\\ 1 & x_{k+1} & x_{k+1}^2 & \cdots & x_{k+1}^{n-1}\\ \vdots & \vdots & \vdots & & \vdots\\ 1 & x_n & x_n^2 & \cdots & x_n^{n-1}\end{vmatrix}$$

其中 $k=0,1,2,\cdots,n$,则 $A(k)$ 是一个 n 阶范德蒙德行列式. 因此有

$$A(k)=\prod_{\substack{0\leqslant j<i\leqslant n\\ i,j\neq k}}(x_i-x_j)=(-1)^{n-k}\cdot\frac{\prod\limits_{0\leqslant j<i\leqslant n}(x_i-x_j)}{\prod\limits_{\substack{0\leqslant j\leqslant n\\ j\neq k}}(x_k-x_j)}$$

于是,将行列式(9.7.1)按第 $n+1$ 列展开即得

$$D(n,r)=\sum_{k=0}^{n}(-1)^{n+k}x_k^rA(k)$$

$$= \prod_{0 \leqslant j < i \leqslant n} (x_i - x_j) \sum \frac{x_k^r}{\prod\limits_{\substack{0 \leqslant j \leqslant n \\ j \neq k}} (x_k - x_j)}$$

从而由式(9.7.2)立即得到.

定理 19 设 $x_0, x_1, \cdots, x_n$ 是 $n+1$ 个互不相等的数, r 是一非负整数,则有

$$\sum_{k=0}^{n} \frac{x_k^r}{\prod\limits_{\substack{0 \leqslant j \leqslant n \\ j \neq k}} (x_k - x_j)} = \begin{cases} 0 & (0 \leqslant r \leqslant n-1) \\ \sum\limits_{j_0 + j_1 + \cdots + j_n = r-n} x_0^{j_0} \cdot x_1^{j_1} \cdot \cdots \cdot x_n^{j_n} & (r \geqslant n) \end{cases} \tag{9.7.5}$$

同样,将行列式(9.7.3)按第 $n+1$ 列展开,再由式(9.7.4)可得下列定理.

定理 20 设 $x_0, x_1, \cdots, x_n$ 是 $n+1$ 个互不相等且全不为零的数, r 是一个正整数,则有

$$\sum_{k=0}^{n} \frac{x_k^{-r}}{\prod\limits_{\substack{0 \leqslant j \leqslant n \\ j \neq k}} (x_k - x_j)} = \frac{(-1)^n}{\prod\limits_{0 \leqslant i \leqslant n} x_i} \cdot \sum_{j_0 + j_1 + \cdots + j_n = r-1} x_0^{-j_0} \cdot x_1^{-j_1} \cdot \cdots \cdot x_n^{-j_n} \tag{9.7.6}$$

如果 $x_0, x_1, \cdots, x_n$ 是一个公差为 $d(d \neq 0)$ 的等差数列,则易知

$$\frac{1}{\prod\limits_{\substack{0 \leqslant j \leqslant n \\ j \neq k}} (x_k - x_j)} = (-1)^{n-k} \frac{\mathrm{C}_n^k}{n! d^n} \quad (k = 0, 1, 2, \cdots, n)$$

由定理 19 即可得到一类与等差数列有关的、深刻而有趣的组合恒等式,即定理 21 所述.

定理 21 设 $a_0, a_1, \cdots, a_n$ 是一个公差为 d 的等差数列, r 是一个非负整数,则有

$$\sum_{k=0}^{n}(-1)^{n-k}a_k^r C_n^k=\begin{cases}0 & (0\leqslant r\leqslant n-1)\\ n!d^n\sum\limits_{j_0+j_1+\cdots+j_n=r-n}a_0^{j_0}\cdot a_1^{j_1}\cdot\cdots\cdot a_n^{j_n} & (r\geqslant n)\end{cases}$$

(9.7.7)

注意到$j_0,j_1,\cdots,j_n$都取非负整数时，有

$$\sum_{j_0+j_1+\cdots+j_n=0}a_0^{j_0}\cdot a_1^{j_1}\cdot\cdots\cdot a_n^{j_n}=1$$

$$\sum_{j_0+j_1+\cdots+j_n=1}a_0^{j_0}\cdot a_1^{j_1}\cdot\cdots\cdot a_n^{j_n}=\sum_{i=0}^{n}a_i$$

$$\sum_{j_0+j_1+\cdots+j_n=2}a_0^{j_0}\cdot a_1^{j_1}\cdot\cdots\cdot a_n^{j_n}=\sum_{i=0}^{n}a_i^2+\sum_{0\leqslant i<j\leqslant n}a_ia_j$$

$$=\frac{1}{2}\sum_{i=0}^{n}a_i^2+\frac{1}{2}\left(\sum_{i=0}^{n}a_i\right)^2$$

$$\sum_{j_0+j_1+\cdots+j_n=3}a_0^{j_0}\cdot a_1^{j_1}\cdot\cdots\cdot a_n^{j_n}$$

$$=\sum_{i=0}^{n}a_i^3+\sum_{i\neq j}a_i^2a_j+\sum_{0\leqslant i<j<k\leqslant n}a_ia_ja_k$$

$$=\frac{1}{3}\sum_{i=0}^{n}a_i^3+\frac{1}{2}\left(\sum_{i=0}^{n}a_i^2\right)\left(\sum_{i=0}^{n}a_i\right)+\frac{1}{6}\left(\sum_{i=0}^{n}a_i\right)^3$$

又当$a_0,a_1,\cdots,a_n$是公差为d的等差数列时，有

$$\sum_{i=0}^{n}a_i=\frac{1}{2}(n+1)(a_0+a_n)\qquad(9.7.8)$$

$$\sum_{i=0}^{n}a_i^2=\frac{1}{6}n(n+1)d^2+\frac{1}{3}(n+1)(a_0^2+a_0a_n+a_n^2)$$

(9.7.9)

$$\sum_{i=0}^{n}a_i^3=\frac{1}{4}(n+1)(a_0+a_n)(a_0^2+a_n^2+nd^2)$$

(9.7.10)

其中式(9.7.8)是熟悉的，(9.7.9)和(9.7.10)两式不

难用数学归纳法或其他方法证明. 于是可得

$$\sum_{j_0+j_1+\cdots+j_n=1} a_0^{j_0}\cdot a_1^{j_1}\cdot\cdots\cdot a_n^{j_n}=\frac{1}{2}(n+1)(a_0+a_n)$$

$$\sum_{j_0+j_1+\cdots+j_n=2} a_0^{j_0}\cdot a_1^{j_1}\cdot\cdots\cdot a_n^{j_n}=\frac{1}{24}(n+1)\cdot [(3n+7)(a_0+a_n)^2-2(a_0a_n-nd^2)]$$

$$\sum_{j_0+j_1+\cdots+j_n=3} a_0^{j_0}\cdot a_1^{j_1}\cdot\cdots\cdot a_n^{j_n}$$
$$=\frac{1}{48}(n+1)(n+3)(a_0+a_n)\cdot [(n+1)(a_0+a_n)^2+2(a_0^2+a_n^2+nd^2)]$$

故在(9.7.7)中分别令 $r=n,n+1,n+2,n+3$ 得下列推论.

推论 设 $a_0,a_1,\cdots,a_n$ 是一个公差为 d 的等差数列,则有

$$\sum_{k=0}^{n}(-1)^{n-k}a_k^nC_n^k=n!\ d^n \tag{9.7.11}$$

$$\sum_{k=0}^{n}(-1)^{n-k}a_k^{n+1}C_n^k=\frac{1}{2}(n+1)!\ d^n(a_0+a_n) \tag{9.7.12}$$

$$\sum_{k=0}^{n}(-1)^{n-k}a_k^{n+2}C_n^k=\frac{1}{24}d^n(n+1)!\ [(3n+7)\cdot (a_0+a_n)^2-2(2a_0a_n-nd^2)] \tag{9.7.13}$$

$$\sum_{k=0}^{n}(-1)^{n-k}a_k^{n+3}C_n^k=\frac{1}{48}(n+1)!\ d^n(n+3)(a_0+a_n)\cdot [(n+1)(a_0+a_n)^2+$$

$$2(a_0^2+a_n^2+nd^2)] \qquad (9.7.14)$$

特别的，当 $a_k=k(k=0,1,\cdots,n)$ 时，$d=1$，于是由推论得

$$\sum_{k=1}^{n}(-1)^{n-k}k^n\mathrm{C}_n^k=n! \qquad (9.7.15)$$

$$\sum_{k=1}^{n}(-1)^{n-k}k^{n+1}\mathrm{C}_n^k=\frac{1}{2}n(n+1)! \qquad (9.7.16)$$

$$\sum_{k=1}^{n}(-1)^{n-k}k^{n+2}\mathrm{C}_n^k=\frac{1}{24}n(3n+1)\cdot(n+2)! \qquad (9.7.17)$$

$$\sum_{k=1}^{n}(-1)^{n-k}k^{n+3}\mathrm{C}_n^k=\frac{1}{48}n^2(n+1)\cdot(n+3)! \qquad (9.7.18)$$

同样，由定理20可得另一类与等差数列有关的有趣的组合恒等式.

定理22　设 $a_0,a_1,\cdots,a_n$ 是一个公差为 d 的，各项都不为零的等差数列，r 是一个正整数，则有

$$\sum_{k=0}^{n}(-1)^k a_k^{-r}\mathrm{C}_n^k=\frac{n!d^n}{\prod\limits_{0\leqslant i\leqslant n}a_i}\cdot\sum_{j_0+j_1+\cdots+j_n=r-1}a_0^{-j_0}\cdot a_1^{-j_1}\cdot\cdots\cdot a_n^{-j_n} \qquad (9.7.19)$$

特别的，当 r 分别为1，2时，由式(9.7.19)，得

$$\sum_{k=0}^{n}(-1)^k\frac{\mathrm{C}_n^k}{a_k}=\frac{n!d^n}{\prod\limits_{0\leqslant i\leqslant n}a_i} \qquad (9.7.20)$$

$$\sum_{k=0}^{n}(-1)^k\frac{\mathrm{C}_n^k}{a_k^2}=\frac{n!d^n}{\prod\limits_{0\leqslant i\leqslant n}a_i}\sum_{i=0}^{n}\frac{1}{a_i} \qquad (9.7.21)$$

若取 $a_k=k+1(0\leqslant k\leqslant n)$，则式(9.7.20)和

(9.7.21)变为

$$\sum_{k=0}^{n}(-1)^k\frac{C_n^k}{k+1}=\frac{1}{n+1} \qquad (9.7.22)$$

$$\sum_{k=0}^{n}(-1)^k\frac{C_n^k}{(k+1)^2}=\frac{1}{n+1}\sum_{k=1}^{n+1}\frac{1}{k} \qquad (9.7.23)$$

若取 $a_k=2k+1(0\leqslant k\leqslant n)$,则由(9.7.20)和(9.7.21)两式,并注意 $(2n+1)!=2^n\cdot n!\ (2n+1)!!$,得

$$\sum_{k=0}^{n}(-1)^k\frac{C_n^k}{2k+1}=\frac{4^n}{(2n+1)C_{2n}^n}$$

$$\sum_{k=0}^{n}(-1)^k\frac{C_n^k}{(2k+1)^2}=\frac{4^n}{(2n+1)C_{2n}^n}\sum_{k=0}^{n}\frac{1}{2k+1}$$

如果继续于定理 19 或定理 20 中赋以 $\{x_i\}$ 为一些特殊的数列,则还可以得到更多的初等恒等式;同样,如果在定理 21 或定理 22 中取其他一些具体的等差数列,则可得到更多有趣的组合恒等式.

练习题

1. 已知 a^2,b^2,c^2 成等差数列,求证:$\frac{1}{b+c},\frac{1}{c+a},\frac{1}{a+b}$ 也成等差数列,其中 $b+c,c+a,a+b$ 均不为 0.

2. 已知某一三角形三边的长 a,b,c 成等差数列,三边长的倒数 $\frac{1}{a},\frac{1}{b},\frac{1}{c}$ 也成等差数列,试问此三角形

是什么形状的?

3. 已知数列:$a_1=a_2=1,a_3=2$,求它的一个通项公式.

4. 已知数列$\{x_n\}$:$x_1=a_2,x_{n+1}=\dfrac{2x_n+1}{-x_n}$,求数列通项$x_{n+1}$的表达式.

5. 设三元线性递推式数列:$x_1=1,y_1=1$,且

$$\begin{cases}x_n=4x_{n-1}+2y_{n-1}+2z_{n-1}\\ y_n=2x_{n-1}+4y_{n-1}+2z_{n-1}\\ z_n=2x_{n-1}+2y_{n-1}+4z_{n-1}\end{cases}$$

求x_n,y_n,z_n的表达式.

6. 已知数列$\{x_n\}$:$x_1=x_2=1$,且$x_{n+1}=\dfrac{1}{2}(x_{n+1}+x_n)+1$,求通项$x_n$的表达式.

7. 已知$a_n=\lg\dfrac{3}{\sqrt{2^{4n-1}}}$,试求$S_n$.

8. 见例25,求S_n.

9. 试证:当且仅当$t=2\cos\dfrac{k\pi}{n}(n,k\in\mathbf{N},(n,k)=1)$时,存在互不相等的$x_m(m=1,2,\cdots,n)$使$x_1+\dfrac{1}{x_2}=x_2+\dfrac{1}{x_3}=\cdots=x_n+\dfrac{1}{x_{n+1}}=t$.

10. 设数列$\{x_n\}$满足$x_{m+1}=2x_m\cdot\cos\dfrac{2k\pi}{n}-x_{m-1}$$(n,k\in\mathbf{N},n>2,(n,k)=1)$,则$\sum\limits_{i=0}^{n}x_i=0$.

排列、组合、二项式定理问题

第10章

排列、组合问题，尤其是条件排列或重复排列问题，一般来说，解题并不很容易. 这一章将介绍一种与众不同的方法，就是运用矩阵的积和式来解决一系列排式、组合问题.

在本书中，为了不至于混淆方阵 $\boldsymbol{A}$ 的乘方，我们用 A_n^m 表示从 n 个元素中取 m 个的排列数.

二项式展开式的系数表构成了著名的杨辉三角——一类特殊的矩阵. 对二项式的各种展开式的系数表的研究，可以启发我们简捷地求解组合恒等式、整值多项式等问题.

10.1 排列问题

一、全排列

首先，我们从全排列谈起. 众所周

知,如果把 n 个不同的字母 $a_1,a_2,\cdots,a_n$ 排列于顺次编号的 n 个位置 $M_1,M_2,\cdots,M_n$ 上,每一个位置只准排入一个字母,不准重复或缺位,这就是 n 个不同字母的全排列问题,它的排列数应等于 $n!$. 现在来分析这 $n!$ 种不同的排列分别是怎么样的状态?

一般的,每一种状态可写成

$$a_{j_1}a_{j_2}\cdots a_{j_n}$$

其中 $j_1,j_2,\cdots,j_n$ 分别是 $1,2,\cdots,n$ 里的数字,且各不相同,这 $n!$ 种状态全列出来如记成

$$\sum_{(j_1,j_2,\cdots,j_n)} a_{j_1}a_{j_2}\cdots a_{j_n}$$

那么上式恰好是方阵 $\boldsymbol{A}=(a_{ij})_{n\times n}$的积和式 per $\boldsymbol{A}$ 展开式中的各项. 因此,运用矩阵的积和式讨论排列问题是方便的. 由此,我们便有下面的定理.

定理1　全排列数

$$\mathrm{A}_n^n=\mathrm{per}\,\boldsymbol{J}_n=n! \tag{10.1.1}$$

二、选排列

如果把 n 个不同的字母 $a_1,a_2,\cdots,a_n$ 排列于顺次编号的 $m(m\leqslant n)$ 个位置 $M_1,M_2,\cdots,M_m$ 上,每一个位置只准排入一个字母,不准重复或缺位,这就是 n 个不同字母选出 m 个的选排列问题,它的排列数应等于 $n\cdot(n-1)\cdot\cdots\cdot(n-m+1)$. 类似于全排列的状态分析,恰好是矩阵 $\boldsymbol{A}=(a_{ij})_{n\times m}$的转置的积和式 per $\boldsymbol{A}^{\mathrm{T}}$ 展开式中的各项,因而由赖瑟定理,我们便有下面的定理.

定理2　选排列数

$$
\begin{aligned}
\mathrm{A}_n^m &= \mathrm{per}\,\boldsymbol{A}^{\mathrm{T}}(1) \\
&= \mathrm{C}_n^m \cdot m^m - \mathrm{C}_{n-m+1}^1 \cdot \mathrm{C}_n^{m-1} \cdot (m-1)^m + \mathrm{C}_{n-m+2}^2 \cdot \\
&\quad \mathrm{C}_n^{m-2} \cdot (m-2)^m - \cdots + (-1)^{m-1} \cdot \mathrm{C}_{n-1}^{m-1} \cdot \mathrm{C}_n^1 \cdot 1^m \\
&= n(n-1) \cdot (n-2) \cdot \cdots \cdot (n-m+1) \qquad (10.1.2)
\end{aligned}
$$

其中 $\boldsymbol{A}(1)_{n\times m}$表示矩阵的元素全为 1 的 $n\times m$ 矩阵.

三、某一元素的限位全排列

某一元素的限 $n-k$ 位全排列问题,根据排列的状态分析,恰好是 n 阶方阵 $\boldsymbol{A}_n(n-k)$ 的某一列(或某一行)元素中有 $k(k<n)$ 个为零的积和式 per $\boldsymbol{A}_n(n-k)$ 展开式中的各项,其排列数为 n 阶方阵 $\boldsymbol{A}_n(n-k)$ 仅某一列(或某一行)元素中有 $k(k<n)$ 个 0,其余元素均为 1 的积和式之值,即下面的定理.

定理 3 某一元素的限位全排列数

$$
\begin{aligned}
\mathrm{A}_n^n(n-k) &= \mathrm{per}\,\boldsymbol{A}_n(n-k) = (n-k) \cdot \mathrm{per}\,\boldsymbol{J}_{n-1} \\
&= (n-k) \cdot (n-1)! \qquad (10.1.3)
\end{aligned}
$$

例 1 7 个儿童并排坐,其中某一人不坐在中间,也不坐在两端,共有多少种坐法?

解 不妨设"其中某一人"就是第一个儿童,则有限位排列状态矩阵

$$
\boldsymbol{A}_7(3) = \begin{bmatrix}
0 & 1 & 1 & 1 & 1 & 1 & 1 \\
1 & 1 & 1 & 1 & 1 & 1 & 1 \\
1 & 1 & 1 & 1 & 1 & 1 & 1 \\
0 & 1 & 1 & 1 & 1 & 1 & 1 \\
1 & 1 & 1 & 1 & 1 & 1 & 1 \\
1 & 1 & 1 & 1 & 1 & 1 & 1 \\
0 & 1 & 1 & 1 & 1 & 1 & 1
\end{bmatrix}
$$

故 per $\boldsymbol{A}_7(3)=4\times 6!=2\ 880$(种)坐法为所求(见第 3 章练习题第 7 题).

四、限制选排列

从 n 个不同的元素中选出 $m(m\leqslant n)$ 个元素进行排列,其中某 $k(k\leqslant m)$ 个元素分别不排在某 k 个位置上的排列问题,根据排列的状态分析,恰好是 $n\times m$ 矩阵 $\boldsymbol{A}$ 中有 k 个 0 在不同的行、不同的列的积和式 per $\boldsymbol{A}^{\mathrm{T}}$展开式中的各项,其排列数为 $\boldsymbol{A}$ 中非零元素均取 1 时积和式的值

$$\operatorname{per}\boldsymbol{A}_{n\times m}^{\mathrm{T}}(k)=\sum_{i=0}^{k}(-1)^{i}\mathrm{C}_k^i\cdot\mathrm{A}_{n-i}^{m-i}$$

下面,我们用排列模型方法推导这个结论.

定理 4　从 n 个不同的元素中选出 $m(m\leqslant n)$ 个元素进行排列,其中某$k(k\leqslant m)$个元素分别不排在某 k 个位置上的排列数为

$$\mathrm{A}_n^m(k)=\mathrm{C}_k^0\cdot\mathrm{A}_n^m-\mathrm{C}_k^1\cdot\mathrm{A}_{n-1}^{m-1}+\mathrm{C}_k^2\cdot\mathrm{A}_{n-2}^{m-2}+\cdots+(-1)^k\mathrm{C}_k^k\cdot\mathrm{A}_{n-k}^{m-k}$$

其中规定

$$\mathrm{A}_0^0=1,\mathrm{A}_n^0=1,\mathrm{C}_k^0=1\qquad(10.1.4)$$

证明　当 $k=1$ 时,$\mathrm{A}_n^m(1)=\mathrm{A}_n^m-\mathrm{A}_{n-1}^{m-1}=\mathrm{C}_1^0\cdot\mathrm{A}_n^m-\mathrm{C}_1^1\mathrm{A}_{n-1}^{m-1}$.结论成立.

假设当 $k=l$ 时,有

$$\mathrm{A}_n^m(l)=\mathrm{C}_l^0\cdot\mathrm{A}_n^m-\mathrm{C}_l^1\cdot\mathrm{A}_{n-1}^{m-1}+\cdots+(-1)^l\mathrm{C}_l^l\cdot\mathrm{A}_{n-l}^{m-l}$$

成立,则当 $k=l+1$ 时,设某 $l+1$ 个元素 $a_1,a_2,\cdots,a_l,a_{l+1}$分别不排在第 $i_1,i_2,\cdots,i_l,i_{l+1}$ 号位置. 为了求

$A_n^m(l+1)$,先考虑 $a_1,a_2,\cdots,a_l$ 分别不排在第 i_1,$i_2,\cdots,i_l$ 号位置的排列(其排列数为 $A_n^m(l)$). 这样的排列可分为两类:

第一类:$a_1,a_2,\cdots,a_l$ 分别不在第 $i_1,i_2,\cdots,i_l$ 位,但 a_{l+1}在第 i_{l+1}位,这样的排列数为 $A_{n-1}^{m-1}(l)$. 由假设得

$$A_{n-1}^{m-1}(l)=C_l^0A_{n-1}^{m-1}-C_l^1\cdot A_{n-2}^{m-2}+\cdots+(-1)^l\cdot C_l^l\cdot A_{n-1-l}^{m-1-l}\qquad(10.1.5)$$

第二类:$a_1,a_2,\cdots,a_l$ 分别不在第 $i_1,i_2,\cdots,i_l$ 位,且 a_{l+1}也不在第 i_{l+1}位. 这样的排列数为 $A_n^m(l+1)$.

据加法原理,有 $A_n^m(l)=A_{n-1}^{m-1}(l)+A_n^m(l+1)$,则

$$A_n^m(l+1)=A_n^m(l)-A_{n-1}^{m-1}(l)$$

由归纳假设及式(10.1.5),则

$$A_n^m(l+1)=C_l^0A_n^m-(C_l^0+C_l^1)\cdot A_{n-1}^{m-1}+\cdots+(-1)^{l+1}C_l^l\cdot A_{n-(l+1)}^{m-(l+1)}$$

再注意到组合数性质,定理获证.

特别的,当 $m=n$ 时,设 $\boldsymbol{J}_n(k)$ 表示主对角线上有 $k(k<n)$个 0,其余元素均为 1 的 n 阶方阵,则有下面的推论.

推论 1

$$\operatorname{per}\boldsymbol{J}_n(k)=A_n^n(k)=\sum_{i=0}^{k}(-1)^iC_k^i\cdot A_{n-i}^{n-i}\qquad(10.1.6)$$

若当 $k=n$ 时,则有下面的推论.

推论 2

$$\operatorname{per}\boldsymbol{J}_n(n)=\operatorname{per}(\boldsymbol{J}_n-\boldsymbol{E}_n)=\operatorname{per}\boldsymbol{D}_n$$

$$= A_n^n(n)$$

$$= \sum_{i=0}^{n} (-1)^i C_n^i \cdot A_{n-i}^{n-i} \qquad (10.1.7)$$

在此,我们给出了计算 per $\boldsymbol{D}_n$ 的第三个公式(另两个见 3.4 节).

五、禁位排列

我们先介绍几个概念:

若 $j_1j_2j_3\cdots j_n$ 是 $1,2,3,\cdots,n$ 的一个排列,且 $j_i \neq i\ (i=1,2,\cdots,n)$,则 $j_1j_2j_3\cdots j_n$ 是关于 $1,2,3,\cdots,n$ 的一个一重禁位排列,也叫作错位排列.

若 $j_1j_2j_3\cdots j_n$ 是 $1,2,3,\cdots,n$ 的一个排列,且 $j_i \neq i, i+1,\cdots,i+k-1 \pmod n\ (k<n)$,则 $j_1j_2j_3\cdots j_n$ 是关于 $1,2,3,\cdots,n$ 的一个 k 重禁位排列.

对于禁位问题的排列状况,用元素是 1 或 0 的矩阵表示是方便的,我们有下面的定理.

定理 5　记 n 个不同元素的所有错位排列的个数为 d_n,则

$$d_n = \operatorname{per}(\boldsymbol{J}_n - \boldsymbol{E}_n) = \operatorname{per} \boldsymbol{D}_n \qquad (10.1.8)$$

证明　记 $\boldsymbol{A} = \boldsymbol{J}_n - \boldsymbol{E}_n = (a_{ij})$. 显然当 $1 \leqslant i = j \leqslant n$ 时,$a_{ij}=0$;当 $1 \leqslant i \neq j \leqslant n$ 时,$a_{ij}=1$. 因此积和式 per $\boldsymbol{A}$ 的展开式中的项 $a_{1j_1}a_{2j_2}\cdots a_{nj_n}=1$ 或 0. 积和式 per $\boldsymbol{A}$ 的展开式中所有等于 1 的项的集合记为 B. 集合 B 中所含项的个数显然等于积和式 per $\boldsymbol{A}$ 的值. 设 $a_{1j_1}a_{2j_2}\cdots a_{nj_n} \in B$,则 $a_{1j_1}a_{2j_2}\cdots a_{nj_n}$ 是积和式 per $\boldsymbol{A}$ 的展开式中的一个项,并且 $a_{1j_1}a_{2j_2}\cdots a_{nj_n}=1$. 前者表明,$j_1j_2\cdots j_n$ 是 $1,2,\cdots,n$ 的排列;后者表明,对每个 i,$j_i \neq i$,$i=1$,

$2,\cdots,n$,即 $j_1j_2j_3\cdots j_n$ 是 $1,2,3,\cdots,n$ 的错位排列. 反之,如果 $j_1j_2j_3\cdots j_n$ 是 $1,2,3,\cdots,n$ 的错位排列,则 $a_{1j_1}a_{2j_2}\cdots a_{nj_n}$是 per $\boldsymbol{A}$ 的展开式中的一个项. 而且由于 $j_1j_2\cdots j_n$ 是错位排列,所以对每个 $i,j_i\neq i$,因此 $a_{ij_i}=1$,$i=1,2,\cdots,n$. 从而 $a_{1j_1}a_{2j_2}\cdots a_{nj_n}=1$,即 $a_{1j_1}a_{2j_2}\cdots a_{nj_n}\in B$. 这表明,项 $a_{1j_1}a_{2j_2}\cdots a_{nj_n}\in B$ 的必要且充分条件是 $j_1j_2\cdots j_n$是错位排列.

记自然数 $1,2,\cdots,n$ 的所有错位排列的集合为 D,现在建立集合 D 到集合 B 的映射 φ 如下:对于 $j_1j_2\cdots j_n\in D$,令 $\varphi(j_1j_2\cdots j_n)=a_{1j_1}a_{2j_2}\cdots a_{nj_n}$. 由于 $j_1j_2\cdots j_n\in D$,即 $j_1j_2\cdots j_n$ 是错位排列,所以 $\varphi(j_1j_2\cdots j_n)=a_{1j_1}a_{2j_2}\cdots a_{nj_n}\in B$. 也就是说映射 φ 的确是集合 D 到集合 B 的映射. 对于 D 中不同的错位排列 $j_1j_2\cdots j_n$ 与 $k_1k_2\cdots k_n$,$\varphi(j_1j_2\cdots j_n)=a_{1j_1}a_{2j_2}\cdots a_{nj_n}$与 $\varphi(k_1k_2\cdots k_n)=a_{1k_1}a_{2k_2}\cdots a_{nk_n}$是集合 B 中不同的项,所以映射 φ 是单射. 反之,设 $a_{1j_1}a_{2j_2}\cdots a_{nj_n}\in B$,则 $j_1j_2\cdots j_n$ 是错位排列,即 $j_1j_2\cdots j_n\in D$,并且由映射 φ 的定义,$\varphi(j_1j_2\cdots j_n)=a_{1j_1}a_{2j_2}\cdots a_{nj_n}$,所以映射 φ 是满射. 这表明,φ 是集合 D 到集合 B 上的一一映射. 因此 D 中所含错位排列个数等于 B 中所含项的个数. 这就证明了 $d_n=\mathrm{per}(\boldsymbol{J}_n-\boldsymbol{E}_n)=\mathrm{per}\,\boldsymbol{D}_n$.

例 2 A,B,C,D 四人玩一项游戏,有 1 号、2 号、3 号、4 号四个座位. 已知 A 不在 1 号位坐,B 不在 2 号位坐,C 不在 3 号位坐,D 不在 4 号位坐,求不同的坐法种数.

解法 1 坐法的状况可用四阶方阵表示,0 表示某人不坐的位置

$$\boldsymbol{A}=\begin{array}{c} \\ 1 \\ 2 \\ 3 \\ 4 \end{array}\begin{array}{c} \begin{matrix} A & B & C & D \end{matrix} \\ \begin{bmatrix} 0 & 1 & 1 & 1 \\ 1 & 0 & 1 & 1 \\ 1 & 1 & 0 & 1 \\ 1 & 1 & 1 & 0 \end{bmatrix} \end{array}$$

则

$$\operatorname{per}\boldsymbol{A}=\operatorname{per}\boldsymbol{D}_4=4!\ \left(\frac{1}{2!}-\frac{1}{3!}+\frac{1}{4!}\right)=9$$

解法 2　直接列举得如下矩阵表示情形

$$\begin{bmatrix} A & B & C & D \\ 2 & 1 & 4 & 3 \\ 2 & 3 & 4 & 1 \\ 2 & 4 & 1 & 3 \end{bmatrix},\begin{bmatrix} A & B & C & D \\ 3 & 1 & 4 & 2 \\ 3 & 4 & 1 & 2 \\ 3 & 4 & 2 & 1 \end{bmatrix},\begin{bmatrix} A & B & C & D \\ 4 & 1 & 2 & 3 \\ 4 & 3 & 2 & 1 \\ 4 & 3 & 1 & 2 \end{bmatrix}$$

故由列举得知共有 9 种坐法.

解法 3　考虑一般情形：有 n 个人，n 个座位，第 k 个人均不在第 k 号位上坐，记这样的坐法种数为 a_n. 显然 $a_1=0$，$a_2=1$. 当 $n\geqslant 3$ 时，需寻找递推关系式.

不失一般性，以第 2 号人为基准分情况讨论第 1 号人的错位坐法. 当第 2 号人坐在第 1 号人的位置上时，余下的第 $3,4,\cdots,n$ 号人的错位坐法为 a_{n-2}；当第 2 号人不坐在第 1 号人的位置上时，则第 $2,3,4,\cdots,n$ 号人的错位坐法为 a_{n-1}. 由乘法原理和加法原理，得到了关于 a_n 的递推关系式

$$a_n=(n-1)(a_{n-1}+a_{n-2})\quad(n\geqslant 3)$$

我们可把递推关系式变为

$$a_n-na_{n-1}=-(a_{n-1}-(n-1)a_{n-2})$$

令 $n=3,4,\cdots,k$，即得

$$a_3-3a_2=-(a_2-2a_1)$$
$$a_4-4a_3=-(a_3-3a_2)$$
$$a_5-5a_4=-(a_4-4a_3)$$
$$\vdots$$
$$a_k-ka_{k-1}=-(a_{k-1}-(k-1)a_{k-2})$$

将这些等式相乘,可得

$$\prod_{j=3}^{k}(a_j-ja_{j-1})=(-1)^{k-2}\prod_{j=2}^{k-1}(a_j-ja_{j-1})$$

因为 $a_2-2a_1=1\neq0$,而且对每个 $n>2$,有

$$a_n-na_{n-1}=-(a_{n-1}-(n-1)a_{n-2})$$

利用数学归纳法可证明:对每个 $n>2$,$a_n-na_{n-1}\neq0$,于是将上述等式两边的公因式约去,得

$$a_k-ka_{k-1}=(-1)^k(a_2-2a_1)=(-1)^k$$

此式可改成

$$\frac{a_k}{k!}-\frac{a_{k-1}}{(k-1)!}=\frac{(-1)^k}{k!}$$

再将 k 以 $2,3\cdots,n$ 等数代入,得

$$\frac{a_2}{2!}-\frac{a_1}{1!}=\frac{1}{2!}$$
$$\frac{a_3}{3!}-\frac{a_2}{2!}=\frac{-1}{3!}$$
$$\vdots$$
$$\frac{a_n}{n!}-\frac{a_{n-1}}{(n-1)!}=\frac{(-1)^n}{n!}$$

将这些等式相加,即得

$$\frac{a_n}{n!}=\frac{a_1}{1!}+\frac{1}{2!}-\frac{1}{3!}+\cdots+\frac{(-1)^n}{n!}$$

所以

$$a_n=n!\left(\frac{1}{2!}-\frac{1}{3!}+\cdots+\frac{(-1)^n}{n!}\right)\quad(n>1)$$

显然,当 $n=4$ 时,求得 $a_4=9$.

例 3　用 1,2,3,4,5 组成没有重复数字的五位数,其中 1 不能放在第一位,2 不能放在第二位,3 不能放在第三位,4 不能放在第四位,5 不能放在第五位,问这样的五位数共有多少个?(错位排列问题)

解　排数的状况可用五阶方阵表示,0 表示有关数字不能放置的禁区

$$\boldsymbol{A}=\begin{array}{c}\\1\\2\\3\\4\\5\end{array}\begin{array}{c}\begin{array}{ccccc}一&二&三&四&五\end{array}\\\begin{bmatrix}0&1&1&1&1\\1&0&1&1&1\\1&1&0&1&1\\1&1&1&0&1\\1&1&1&1&0\end{bmatrix}\end{array}$$

则

$$\begin{aligned}\operatorname{per}\boldsymbol{A}&=\operatorname{per}\boldsymbol{D}_5=5!\left(\frac{1}{2!}-\frac{1}{3!}+\frac{1}{4!}-\frac{1}{5!}\right)\\&=44\end{aligned}$$

故这样的五位数共有 44 个.

注　在计算 $\operatorname{per}\boldsymbol{D}_5$ 时,我们也可以运用如下两个公式计算:

由公式

$$\begin{aligned}\operatorname{per}\boldsymbol{D}_5&=\operatorname{per}(\boldsymbol{J}_5-\boldsymbol{E}_5)\\&=\sum_{k=0}^{4}(-1)^k\mathrm{C}_5^k(4-k)^{5-k}(5-k)^k\end{aligned}$$

$$
\begin{aligned}
&= C_5^0 \cdot 4^5 \cdot 5^0 - C_5^1 \cdot 3^4 \cdot 4 + C_5^2 \cdot 2^3 \cdot 3^2 - \\
&\quad C_5^3 \cdot 2^3 + C_5^4 \cdot 0 \cdot 1 \\
&= 1\ 024 - 1\ 620 + 720 - 80 + 0 \\
&= 44
\end{aligned}
$$

由公式

$$
\begin{aligned}
\text{per } \boldsymbol{D}_5 &= \sum_{i=0}^{5} (-1)^i \cdot C_5^i \cdot A_{5-i}^{5-i} \\
&= C_5^0 \cdot A_5^5 - C_5^1 \cdot A_4^4 + C_5^2 \cdot A_3^3 - C_5^3 \cdot A_2^2 + \\
&\quad C_5^4 \cdot A_1^1 - C_5^5 \cdot A_0^0 \\
&= 120 - 120 + 60 - 20 + 5 - 1 \\
&= 44
\end{aligned}
$$

定理 6 记 n 个不同元素的所有二重禁位排列数为 g_n，则

$$
g_n = \text{per}(\boldsymbol{J}_n - \boldsymbol{E}_n - \boldsymbol{C}_n) = \text{per } \boldsymbol{G}_n \tag{10.1.9}
$$

其中

$$
\boldsymbol{C}_n = \begin{bmatrix} 0 & 1 & 0 & \cdots & 0 \\ 0 & 0 & 1 & \cdots & 0 \\ \vdots & \vdots & \vdots & & \vdots \\ 0 & 0 & 0 & \cdots & 0 \\ 1 & 0 & 0 & \cdots & 0 \end{bmatrix}_{n \times n}
$$

$$
\boldsymbol{G}_n = \begin{bmatrix} 0 & 0 & 1 & 1 & \cdots & 1 & 1 \\ 1 & 0 & 0 & 1 & \cdots & 1 & 1 \\ 1 & 1 & 0 & 0 & \cdots & 1 & 1 \\ \vdots & \vdots & \vdots & \vdots & & \vdots & \vdots \\ 1 & 1 & 1 & 1 & \cdots & 0 & 0 \\ 0 & 1 & 1 & 1 & \cdots & 0 & 0 \end{bmatrix}
$$

证明 记 $\boldsymbol{A} = (a_{ij}) = \boldsymbol{J}_n - \boldsymbol{E}_n - \boldsymbol{C}_n$，则方阵 $\boldsymbol{A}$ 的主

对角线全为 0，即 $a_{ii}=0,i=1,2,\cdots,n$，而且对每个 i，$a_{i,i+1}=0,i=1,2,\cdots,n-1$，同时 $a_{n1}=0$. 方阵 $\boldsymbol{A}$ 的其他元素全是 1，即

$$a_{kl}=\begin{cases}0,\text{当 } l=i,i+1,i=1,2,\cdots,n \text{ 时}\\1,\text{其他}\end{cases}$$

其中 $i+1$ 按模 n 计. 因此积和式 per $\boldsymbol{A}$ 的展开式中的项 $a_{1j_1}a_{2j_2}\cdots a_{nj_n}=0$ 或 1. 将积和式 per $\boldsymbol{A}$ 的展开式中所有等于 1 的项的集合记为 B. 集合 B 中所含项的个数显然等于积和式 per $\boldsymbol{A}$ 的值. 如果 $a_{1j_1}a_{2j_2}\cdots a_{nj_n}\in B$，则 $a_{1j_1}a_{2j_2}\cdots a_{nj_n}$ 是 per $\boldsymbol{A}$ 的展开式中的一项，而且 $a_{1j_1}a_{2j_2}\cdots a_{nj_n}=1$. 前者表明，$j_1j_2\cdots j_n$ 是 $1,2,\cdots,n$ 的排列，后者表明，对每个 $i,j_i\neq i,i+1,i=1,2,\cdots,n-1$，而且 $j_n\neq n,1$. 所以 $j_1j_2\cdots j_n$ 是二重禁位排列. 反之，设 $j_1j_2\cdots j_n$ 是二重禁位排列，则 $a_{1j_1}a_{2j_2}\cdots a_{nj_n}$ 是 per $\boldsymbol{A}$ 的展开式中的一项，而且由于对每个 $i,j_i\neq i,i+1,i=1,2,\cdots,n-1,j_n\neq n,1$，所以 $a_{1j_1}a_{2j_2}\cdots a_{nj_n}=1$. 因此 $a_{1j_1}a_{2j_2}\cdots a_{nj_n}\in B$. 这表明，项 $a_{1j_1}a_{2j_2}\cdots a_{nj_n}\in B$ 的必要且充分条件是 $j_1j_2\cdots j_n$ 为自然数 $1,2,\cdots,n$ 的二重禁位排列.

自然数 $1,2,\cdots,n$ 的所有二重禁位排列的集合记为 D，集合 D 所含元素的个数即是 g_n. 现在建立集合 D 到 B 的映射 φ 如下：

对于 $j_1j_2\cdots j_n\in D$，令

$$\varphi(j_1j_2\cdots j_n)=a_{1j_1}a_{2j_2}\cdots a_{nj_n}$$

由于 $j_1j_2\cdots j_n\in D$，即 $j_1j_2\cdots j_n$ 是二重禁位排列，所以

$$\varphi(j_1j_2\cdots j_n)=a_{1j_1}a_{2j_2}\cdots a_{nj_n}\in B$$

即 φ 的确是集合 D 到 B 的映射. 对于集合 D 中不同的

二重禁位排列 $j_1j_2\cdots j_n$ 与 $k_1k_2\cdots k_n$，它们在映射 φ 下的象 $\varphi(j_1j_2\cdots j_n)=a_{1j_1}a_{2j_2}\cdots a_{nj_n}$ 与 $\varphi(k_1k_2\cdots k_n)=a_{1k_1}a_{2k_2}\cdots a_{nk_n}$，显然是集合 B 中不同的项，即 φ 是单射. 设 $a_{1j_1}a_{2j_2}\cdots a_{nj_n}\in B$，则 $j_1j_2\cdots j_n$ 是二重禁位排列，即 $j_1j_2\cdots j_n\in D$，而且由映射的定义，$\varphi(j_1j_2\cdots j_n)=a_{1j_1}a_{2j_2}\cdots a_{nj_n}\in B$，所以 φ 是满射. 于是 φ 是集合 D 到 B 上的一一映射，因此集合 D 所含元素的个数 g_n 等于所含项数 per $\boldsymbol{A}$，即

$$g_n=\mathrm{per}(\boldsymbol{J}_n-\boldsymbol{E}_n-\boldsymbol{C}_n)=\mathrm{per}\ \boldsymbol{G}_n$$

关于 per $\boldsymbol{G}_n$ 的计算公式，下面我们用排列模型推导.

为了求解二重禁位排列数 per $\boldsymbol{G}_n$，先介绍下面的引理和定理 7.

引理 记以 n 边形的 m 个互不相邻的顶点为顶点的 m 边形（称为正则 m 边形）的个数为 $\mathrm{A}_n^{(m)}$，当 $m\geqslant 3$，$n\geqslant 2m$ 时，则

$$\mathrm{A}_n^{(m)}=\frac{1}{m!}n(n-m-1)(n-m-2)\cdots(n-2m+1)$$

证明 因为一切 n 边形的正则 m 边形的个数是相等的，所以不妨视 n 边形为圆的内接 n 边形. 设 n 边形为 $A_1A_2\cdots A_n$. 为方便计，可确定 $A_1A_2\cdots A_nA_1$ 的方向为顺时针的.

我们先在圆周上任取 $n-m$ 个点，分圆周为 $n-m$ 个弧段. 再在此 $n-m$ 个弧段中放置 m 个点，但每段弧中至多只能放置一点. 以此 m 个点为顶点作多边形，又以圆周上所有的 n 个点为顶点作多边形，则前者是后者的正则 m 边形. 在先取的 $n-m$ 个点中任固定一

个，记为 A_1. 再按顺时针方向将圆周上的 n 个点记为 $A_1, A_2, \cdots, A_n$，则此种以 m 个点放置于 $n-m$ 个弧段中的每种做法，产生一个不以 A_1 为顶点的正则 m 边形. 故不以 A_1 为顶点的正则 m 边形共有 C_{n-m}^{m} 个. 又若在 $n-m$ 个弧段中任意固定一个，并于其中放置一点记为 A_1. 然后在其余的 $n-m-1$ 个弧段中放置 $m-1$ 个点，并将圆周上的所有 n 个点按顺时针方向顺次记为 A_1，$A_2, \cdots, A_n$，则此种以 $m-1$ 个点放置于 $n-m-1$ 个弧段的做法，每次均产生一个以 A_1 为顶点的正则 m 边形，其个数显然为 C_{n-m-1}^{m-1}. 因此，一切正则 m 边形的总数为

$$\begin{aligned} A_n^{(m)} &= C_{n-m}^{m} + C_{n-m-1}^{m-1} \\ &= \frac{1}{m!} n(n-m-1)\cdots(n-2m+1) \end{aligned}$$

注　当 $m=1$ 时，$A_n^{(m)} = n$，即 n 边形的顶点数. 当 $m=2$ 时，$A_n^{(m)} = \frac{1}{2} n(n-3)$，即 n 边形的对角线数. 按此种规定，本引理对于 $m=1,2$ 时仍适用.

定理 7　设所有元素全为 1 的 n 阶方阵 $\boldsymbol{B}_n$ 的主对角线上元素全改为 0 后，又将左下角元素改为 0 的 n 阶方阵称为二重禁位排列的状态方阵，记为 $\boldsymbol{G}_n$，则

$$\operatorname{per} \boldsymbol{G}_n = 2n \cdot \sum_{r=0}^{n} (-1)^{n-r} \cdot \frac{(n+r-1)! \cdot r!}{(n-r)! \cdot (2r)!} \tag{10.1.10}$$

证明　设矩阵

$$\boldsymbol{G}_n=\begin{bmatrix}0&0&1&1&\cdots&1&1\\1&0&0&1&\cdots&1&1\\1&1&0&0&\cdots&1&1\\\vdots&\vdots&\vdots&\vdots&&\vdots&\vdots\\1&1&1&1&\cdots&0&0\\0&1&1&1&\cdots&1&0\end{bmatrix}=\begin{bmatrix}a_{11}&a_{12}&\cdots&a_{1n}\\a_{21}&a_{22}&\cdots&a_{2n}\\a_{31}&a_{32}&\cdots&a_{3n}\\\vdots&\vdots&&\vdots\\a_{n1}&a_{n2}&\cdots&a_{nn}\end{bmatrix}$$

记方阵 $\boldsymbol{G}_n$ 的积和式中项的全体构成全集 Ω,含有 a_{ij}的项的全体构成集 A_{ij},不含 a_{ij} 的项的全体构成集 $\overline{A}_{ij}$,当用 $N(A)$ 表示 A 的元素的个数时,则 $\operatorname{per}\boldsymbol{G}_n=N(\overline{A}_{11},\overline{A}_{12},\overline{A}_{22},\overline{A}_{23},\cdots,\overline{A}_{nn},\overline{A}_{n1})$. 由容斥原理,得

$$\operatorname{per}\boldsymbol{G}_n=N(\Omega)-\sum N(A_{ij})+\sum N(A_{ij}\cap A_{hk})-\sum N(A_{ij}\cap A_{hk}\cap A_{gs})+\cdots$$

其中

$$N(\Omega)=n!$$
$$N(A_{ij})=(n-1)!$$
$$N(A_{ij}\cap A_{hk})=(n-2)!$$
$$N(A_{ij}\cap A_{hk}\cap A_{gs})=(n-3)!$$
$$\vdots$$

现在要确定这些"$\sum$"展布在哪些 $i,j,k,\cdots$上.

因为 $a_{11},a_{12},a_{22},a_{23},\cdots,a_{nn},a_{n1}$ 可以看成一个 $2n$ 边形的 $2n$ 个顶点,$\sum N(A_{ij})$ 中的"$\sum$"即展布在这 $2n$ 个顶点上,故有 $\sum N(A_{ij})=2n\cdot(n-1)!=\mathrm{A}_{21}^{(1)}\cdot(n-1)!$. 在 $\sum N(A_{ij}\cap A_{hk})$ 中,因 a_{ij}与 a_{hk}既不许同行,又不许同列,因此只能是 $2n$ 边形的任何两个互不

相邻的顶点,故 $a_{ij}a_{kh}$ 是这个 $2n$ 边形的对角线,亦即 $\sum N(A_{ij}\cap A_{hk})$ 中的"$\sum$"展布在这个 $2n$ 边形的所有对角线上,则 $\sum N(A_{ij}\cap A_{hk})=\mathrm{A}_{2n}^{(2)}\cdot(n-2)!$. 同样可知,$\sum N(A_{ij}\cap A_{hk}\cap A_{gs})$ 中的"$\sum$"展布在这个 $2n$ 边形的所有正则三角形上,故 $\sum N(A_{ij}\cap A_{hk}\cap A_{gs})=\mathrm{A}_{2n}^{(3)}\cdot(n-3)!$,…,从而

$$\begin{aligned}\mathrm{per}\,\boldsymbol{G}_n &= n!-\mathrm{A}_{2n}^{(1)}\cdot(n-1)!+\mathrm{A}_{2n}^{(2)}\cdot(n-2)!-\\&\quad \mathrm{A}_{2n}^{(3)}\cdot(n-3)!+\cdots\\&= n!+\sum_{k=1}^{n}(-1)^k\cdot\mathrm{A}_{2n}^{(k)}\cdot(n-k)!\\&= n!+\sum_{k=1}^{n}(-1)^k\cdot\frac{1}{k!}\cdot 2n(2n-k-1)\cdot\cdots\cdot\\&\quad (2n-2k+1)\cdot(n-k)!\\&= n!+\sum_{k=1}^{n}(-1)^k\cdot\\&\quad \frac{2n\cdot(2n-k-1)!\cdot(n-k)!}{k!(2n-2k)!}\end{aligned}\tag{10.1.11}$$

令 $n-k=r$,则 $k=n-r$,且 $k=1$ 时,$r=n-1$;$k=n$ 时,$r=0$,于是

$$\text{式}(10.1.11)=n!+\sum_{r=0}^{n-1}(-1)^{n-r}\cdot\frac{2n\cdot(n+r-1)!\cdot r!}{(n-r)!\cdot(2r)!}$$

又当 $r=n$ 时

$$(-1)^{n-r}\cdot\frac{(n+r-1)!\cdot r!}{(n-r)!\cdot(2r)!}=\frac{(n-1)!}{2}$$

故

$$\text{pet } \boldsymbol{G}_n = 2n \cdot \sum_{r=0}^{n} (-1)^{n-r} \cdot \frac{(n+r-1)! \cdot r!}{(n-r)! \cdot (2r)!}$$

n 对夫妇作环形排列,使男女相间且夫妇不相邻问题,这在有禁用位置的排列问题中是一个著名难题.以前有法国 M. C. Moreau 教授、日本林鹤一教授等研究过它.这里介绍湖南师范大学的欧阳录教授等的新解法.

如图 10.1.1 所示,设 a_1, a_2, $\cdots$, a_n 表示 n 位男同志,他们的夫人分别记为 b_1, b_2, $\cdots$, b_n. 显然, a_1, a_2, $\cdots$, a_n 全取时的环形排列数为 $(n-1)!$,其中任何一种排列确定之后,都形成 n 个间隔,将 b_1, b_2, $\cdots$, b_n 等 n 个元素插入这 n 个间隔上,即得男女相间的一种排列. 因欲使夫妇不相邻,故每个 b_i 均有两个禁用位置. 就图 10.1.1 而言, a_1, a_2, $\cdots$, a_n 排定后, b_1 不能在 K_1, K_2 就座, b_2 不能在 K_2, K_3 就座, b_3 不能在 K_3, K_4 就座,……, b_n 不能在 K_n, K_1 就座,因此, b_1, b_2, $\cdots$, b_n 就座方式的状态方阵为 $\boldsymbol{G}_n$,就座方式的种数为 per $\boldsymbol{G}_n$.

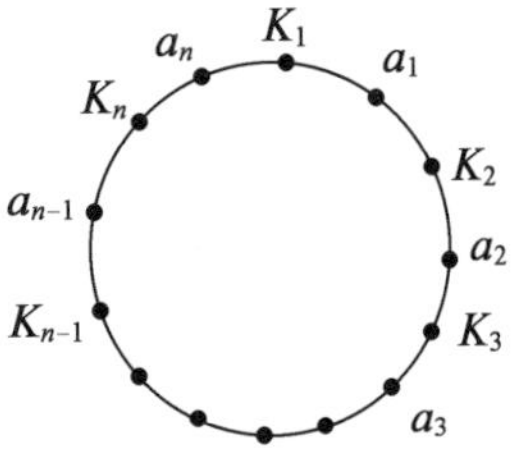

图 10.1.1

因 a_1, a_2, $\cdots$, a_n 的就座方式有 $(n-1)!$ 种,对于其中每种坐法, b_1, b_2, $\cdots$, b_n 的坐法均各有 per $\boldsymbol{G}_n$. 故 n 对夫妇作环形排列,男女相间且夫妇不相邻的排列总数为

$$\begin{aligned} &(n-1)! \text{ per } \boldsymbol{G}_n \\ &= 2n! \sum_{r=0}^{n} (-1)^{n-r} \cdot \frac{(n+r-1)! \cdot r!}{(n-r)! \cdot (2r)!} \end{aligned}$$

作为本节的结束语，下面我们再看几道综合应用的例子.

例 4　甲、乙、丙、丁四人做 a,b,c,d 四项工作，甲不会做 a，乙不会做 a,b，丙不会做 b,c，丁不会做 c. 若要求每人必须做一项工作，每项工作必须一人去做，问有多少种安排方法？

解　规定某人能做某项工作为状态 1，反之为状态 0，则此题的状态方阵 $\boldsymbol{A}$ 为

$$\boldsymbol{A}=\begin{array}{c} \\ \text{甲} \\ \text{乙} \\ \text{丙} \\ \text{丁} \end{array}\begin{array}{c} \begin{matrix} a & b & c & d \end{matrix} \\ \begin{bmatrix} 0 & 1 & 1 & 1 \\ 0 & 0 & 1 & 1 \\ 1 & 0 & 0 & 1 \\ 1 & 1 & 0 & 1 \end{bmatrix} \end{array}$$

则

$$\operatorname{per}\boldsymbol{A}\xlongequal{\text{按第一列展开}}\operatorname{per}\begin{bmatrix} 1 & 1 & 1 \\ 0 & 1 & 1 \\ 1 & 0 & 1 \end{bmatrix}+\operatorname{per}\begin{bmatrix} 1 & 1 & 1 \\ 0 & 1 & 1 \\ 0 & 0 & 1 \end{bmatrix}$$

$$=3+1=4$$

故共有 4 种安排方法.

例 5　设有三项任务（分别记作 d_1,d_2,d_3），由 a_1，a_2,a_3 三人合作去完成. 但 a_1 完成 d_1 可有 2 种不同的方法，对 d_2 有 3 种，而对 d_3 不会；a_2 完成 d_1 可有 3 种不同的方法，对 d_2 有 1 种，对 d_3 有 2 种；a_3 完成 d_1 可有 3 种不同的方法，对 d_2 不会做，而对 d_3 仅会 1 种方法，且各人完成同一任务的方法各不相同，由此三人每人分别完成一项任务，完成这三项任务可有几种不同

的方法?

解 现在是重复排列与限制排列情形均有,分析排列的状态后,可以列矩阵表示如下

$$\begin{array}{cc} & \begin{matrix} a_1 & a_2 & a_3 \end{matrix} \\ \boldsymbol{A}= & \begin{bmatrix} 2 & 3 & 3 \\ 3 & 1 & 0 \\ 0 & 2 & 1 \end{bmatrix} \begin{matrix} d_1 \\ d_2 \\ d_3 \end{matrix} \end{array}$$

则 per $\boldsymbol{A}=2+9+18=29$ 即为所求.

一般而言,n 个相异物体 $a_1,a_2,\cdots,a_n$,在 M_1,$M_2,\cdots,M_n$ 共 n 个不同的固定位置上,各有如下矩阵表的处理方法

$$\begin{array}{cc} & \begin{matrix} a_1 & a_2 & \cdots & a_n \end{matrix} \\ \boldsymbol{A}= & \begin{bmatrix} C_{11} & C_{12} & \cdots & C_{1n} \\ C_{21} & C_{22} & \cdots & C_{2n} \\ \vdots & \vdots & & \vdots \\ C_{n1} & C_{n2} & \cdots & C_{nn} \end{bmatrix} \begin{matrix} M_1 \\ M_2 \\ \vdots \\ M_n \end{matrix} \end{array}$$

其中 C_{ij} 为位置 M_i 上物体 a_j 允许处理方式的个数,一般为非负整数($i,j=1,2,\cdots,n$),那么,如此全面处理的排列总数 P_n 的公式为 per $\boldsymbol{A}$.

六、无重复排列整数的序号的求解

把 n 个不同的数字 $a_1,a_2,\cdots,a_n$($n\leqslant 9,a_i\leqslant 9,i=1,2,\cdots,n$)无重复地排列,可以得到 $n!$ 个互不相同的整数. 如果将这些整数从小到大有序地排成一排,那么其中某个整数 x 在这一排中的位置是确定的. 把这个位置称为 x 的序数,记作 $\overline{\overline{x}}$.

一般的,将 n 个不同的字母 $a_1,a_2,\cdots,a_n$ 不重不漏地排成一行,用这样的 n 行可排成一个 n 阶行列式

$$|\boldsymbol{A}_n|=\begin{vmatrix}a_1 & a_2 & \cdots & a_n\\ a_1 & a_2 & \cdots & a_n\\ \vdots & \vdots & & \vdots\\ a_1 & a_2 & \cdots & a_n\end{vmatrix}$$

$|\boldsymbol{A}_n|$ 的展开式的每一项都是 $a_1,a_2,\cdots,a_n$ 的一个排列,并且不重不漏. 如果将 $\boldsymbol{A}_n$ 中的各元素都换成1,而且将展开式的每一项都取正号,那么便得到 $a_1,a_2,\cdots,a_n$ 这 n 个元素的全排列的种数,这样的行列式就是积和式 per $\boldsymbol{J}_n$.

将上述 per $\boldsymbol{J}_n$ 中的每一行都换成从小到大排成的整数 $a_1,a_2,\cdots,a_n(n\leqslant 9,a_i\leqslant 9,a_i\neq a_j,i\neq j,i,j=1,2,\cdots,n)$. 设 x 是 $a_1,a_2,\cdots,a_n$ 的一个排列,再设 $x=a_{x_1}a_{x_2}\cdots a_{x_n}$($a_{x_i}$ 表示 x 的各位数字,其中 $x_i\leqslant n,i=1,2,\cdots,n$). 如果将 per $\boldsymbol{J}_n$ 中的第 i 行中的 a_{x_i} 换成 $*_{x_i}$,并将该列以下各行换成1,其余元素均换成空格,便得到以下积和式 per $\boldsymbol{A}_n^*$,即

$$\text{per }\boldsymbol{A}_n^*=\begin{bmatrix} & & & & & & *_{x_1} & & \\ & & *_{x_2} & & & & 1 & & \\ & & 1 & \cdots & \cdots & \cdots & 1 & & \\ & & \vdots & & & & \vdots & & \\ *_{x_i} & \cdots & 1 & \cdots & \cdots & \cdots & 1 & & \\ & & \vdots & & & & \vdots & & \\ 1 & \cdots & 1 & \cdots & *_{x_j} & \cdots & 1 & \cdots & 1\end{bmatrix}$$

应用赖瑟定理,有下面的定理.

定理 8 若用 n_i 表示 $*_{x_i}$ 前的空格数,则

$$\bar{\bar{x}} = \sum_{i=1}^{n} n_i(n-i)! + 1$$

例 6 由 1,2,3,4,5,6 排成的无重复数字的六位数中,421 563 是第几个?

解 (1)在积和式 per $\boldsymbol{A}_6$ 中标出 421 563 各位数字的对应位置

$$\text{per } \boldsymbol{A}_6 = \begin{bmatrix} 1 & 2 & 3 & \textcircled{4} & 5 & 6 \\ 1 & \textcircled{2} & 3 & 4 & 5 & 6 \\ \textcircled{1} & 2 & 3 & 4 & 5 & 6 \\ 1 & 2 & 3 & 4 & \textcircled{5} & 6 \\ 1 & 2 & 3 & 4 & 5 & \textcircled{6} \\ 1 & 2 & \textcircled{3} & 4 & 5 & 6 \end{bmatrix}$$

(2)在画出的各位置上都换上 $*$,并将 $*$ 以下各行用 1 填充,其余元素换成空格,得到 per $\boldsymbol{A}_6^*$,即

$$\text{per } \boldsymbol{A}_6^* = \begin{bmatrix} & & & * & & \\ & * & & 1 & & \\ * & 1 & & 1 & & \\ 1 & 1 & & 1 & * & \\ 1 & 1 & & 1 & 1 & * \\ 1 & 1 & * & 1 & 1 & 1 \end{bmatrix}$$

(3)从第一行开始数 $*$ 前的空格数得

$$n_1 = 3, n_2 = 1, n_3 = 0, n_4 = 1, n_5 = 1, n_6 = 0$$

(4)故 $\overline{\overline{421\ 563}} = 3 \times 5! + 1 \times 4! + 0 \times 3! + 1 \times 2! + 1 \times 1! + 0 \times 0! + 1 = 388$.

由定理8可知，若 x 是 $a_1,a_2,\cdots,a_n(n\leqslant 9,a_i\leqslant 9,a_i\neq a_j,i,j=1,2,\cdots,n)$ 的全排列中的某数，由 $\overline{\overline{x}}$ 求 x 是由 x 求 $\overline{\overline{x}}$ 的逆运算，其关键就是找出 x 在正行列式中的位置，从而确定 $a_{x_i}(x_i=1,2,\cdots,n)$. 而定理8中的 n_i 恰能够起到这个作用，因而有下面的定理.

定理9　若 x 是上述排列中的某数，$\overline{\overline{x}}$ 是 x 的序数，n_i 表示 x 的第 i 位数字在 per $\boldsymbol{A}_n^*$ 中的位置前的空格数，令 $\overline{\overline{x}}-1\equiv m_i(\bmod (n-i+1)!)$，且 $0\leqslant m_i<(n-i+1)!$，则

$$n_i=\left[\frac{m_i}{(n-i)!}\right]\quad (i=1,2,\cdots,n)$$

此处的方括号表示取整数部分.

例7　用1,2,3,4,5,6排成的无重复数字的六位数，从小到大排成一行，问第100个是几？

解　已知 $\overline{\overline{x}}=100$，由定理9可算出 n_i 为

$$n_1=0,n_2=4,n_3=0,n_4=1,n_5=1,n_6=0$$

用 $*$ 确定 x 的各位数字在积和式 per $\boldsymbol{A}_6^*$ 中的位置

$$\begin{array}{cccccc} 1 & 2 & 3 & 4 & 5 & 6 \end{array}$$
$$\begin{bmatrix} * & & & & & \\ 1 & & & & & * \\ 1 & * & & & & 1 \\ 1 & 1 & & * & & 1 \\ 1 & 1 & & 1 & * & 1 \\ 1 & 1 & * & 1 & 1 & 1 \end{bmatrix}$$

所以第100个数是162 453.

10.2 组合问题

由上节例 5 及其后的说明,给我们提供了求解分配问题的积和式方法. 这是属于组合问题的内容.

例 8 有不同的书籍 6 本,分给甲、乙、丙三个学生,问:

(1)每人各得 2 本,有多少种分法?

(2)甲得 1 本,乙得 2 本,丙得 3 本,有多少种分法?

(3)一个人得 1 本,一个人得 2 本(最后一个人得 3 本),有多少种分法?

解 (1)得到状态矩阵

$$\boldsymbol{A}=\begin{bmatrix}\mathrm{C}_6^2 & 0 & 0\\ 0 & \mathrm{C}_4^2 & 0\\ 0 & 0 & \mathrm{C}_2^2\end{bmatrix}$$

故 per $\boldsymbol{A}=\mathrm{C}_6^2\mathrm{C}_4^2\mathrm{C}_2^2=90$(种)即为所求.

(2)由于甲(或乙或丙)取书的次序不同,可得三种形式的状态矩阵

$$\boldsymbol{A}_1=\begin{bmatrix}\mathrm{C}_6^1 & 0 & 0\\ 0 & \mathrm{C}_5^2 & 0\\ 0 & 0 & \mathrm{C}_3^3\end{bmatrix}$$

$$A_2 = \begin{bmatrix} C_6^2 & 0 & 0 \\ 0 & C_4^1 & 0 \\ 0 & 0 & C_3^3 \end{bmatrix}$$

$$A_3 = \begin{bmatrix} C_6^2 & 0 & 0 \\ 0 & C_3^1 & 0 \\ 0 & 0 & C_2^2 \end{bmatrix}$$

而 $\mathrm{per}\, \boldsymbol{A}_1 = \mathrm{per}\, \boldsymbol{A}_2 = \mathrm{per}\, \boldsymbol{A}_3 = 60$.

一般的，可以证明这种计算是与顺序无关的，且有公式：设 $r_{i1}, r_{i2}, \cdots, r_{ik}$ 表示由 $r_1, r_2, \cdots, r_k$ 不计较次序的一种写法，且 $r_1 + r_2 + \cdots + r_k = m$，则有

$$\begin{aligned} & C_m^{r_{i1}} C_{m-r_{i1}}^{r_{i2}} C_{m-r_{i1}-r_{i2}}^{r_{i3}} \cdot \cdots \cdot C_{m-r_{i1}-r_{i2}-\cdots-r_{i,k-1}}^{r_{ik}} \\ = & C_m^{r_1} C_{m-r_1}^{r_2} C_{m-r_1-r_2}^{r_3} \cdot \cdots \cdot C_{m-r_1-r_2-\cdots-r_{k-1}}^{r_k} \\ = & \frac{m!}{r_1!\ r_2!\ \cdots r_k!} \end{aligned}$$

故 $\mathrm{per}\, \boldsymbol{A}_1 = \mathrm{per}\, \boldsymbol{A}_2 = \mathrm{per}\, \boldsymbol{A}_3 = 60$（种）即为所求.

（3）对于每一个人来说，取书量为 1，2 或 3 本，可以随心所欲无所限制，但客观次序是存在的，然而由（2）中一般的公式表明无须计较其顺序差别. 此时甲（或乙或丙）有三种取法都是允许的，所以应把这种情形的取法加起来.

甲的三种取法的状态矩阵分别是

$$A_1 = \begin{bmatrix} C_6^1 & 0 & 0 \\ 0 & C_5^2 & C_5^3 \\ 0 & C_2^2 & C_3^3 \end{bmatrix}$$

$$A_2=\begin{bmatrix}0 & C_6^2 & 0\\ C_4^1 & 0 & C_4^3\\ C_1^1 & 0 & C_3^3\end{bmatrix}$$

$$A_3=\begin{bmatrix}0 & 0 & C_6^3\\ C_3^1 & C_3^2 & 0\\ C_1^1 & C_2^2 & 0\end{bmatrix}$$

而

$$\text{per } A_1=C_6^1C_5^2C_3^3+C_6^1C_5^3C_2^2=2C_6^1C_5^2C_3^3$$
$$\text{per } A_2=C_6^2C_4^3C_1^1+C_6^2C_4^1C_3^3=2C_6^1C_5^2C_3^3$$
$$\text{per } A_3=C_6^3C_3^1C_2^2+C_6^3C_3^2C_1^1=2C_6^1C_5^2C_3^3$$

故 $\text{per } A_1+\text{per } A_2+\text{pre } A_3=6C_6^1C_5^2C_3^3=360$(种)为所求.

10.3 二项式定理问题

一、二项式的展开式

二项式$(a+b)^n$的展开式的系数表,即为著名的杨辉三角表

$$\begin{array}{ccccccccccc} &&&&&1&&&&&\\ &&&&1&&1&&&&\\ &&&1&&2&&1&&&\\ &&1&&3&&3&&1&&\\ &1&&4&&6&&4&&1&\\ 1&&5&&10&&10&&5&&1\\ &&&&&\vdots&&&&& \end{array}
\qquad
\begin{array}{ccccccccccc} &&&&&C_0^0&&&&&\\ &&&&C_1^0&&C_1^1&&&&\\ &&&C_2^0&&C_2^1&&C_2^2&&&\\ &&C_3^0&&C_3^1&&C_3^2&&C_3^3&&\\ &C_4^0&&C_4^1&&C_4^2&&C_4^3&&C_4^4&\\ C_5^0&&C_5^1&&C_5^2&&C_5^3&&C_5^4&&C_5^5\\ &&&&&\vdots&&&&& \end{array}$$

直接观察上述数表,便知

$$C_{n-1}^{r-1}+C_{n-1}^{r}=C_{n}^{r}\quad (r=1,2,\cdots,n)\quad (10.3.1)$$

$$C_{r}^{r}+C_{r+1}^{r}+C_{r+2}^{r}+\cdots+C_{n-1}^{r}=C_{n}^{r+1}\quad (n>r,r=0,1,2,\cdots)\quad (10.3.2)$$

$$\vdots$$

这说明杨辉三角表有着丰富的内涵.

下面,我们讨论杨辉三角表中的矩阵和行列式,或者说用矩阵来研究杨辉三角表丰富的内涵,例如:

以杨辉三角表第 n 行的 n 个元素作为第一行,向下依次再取 $n-1$ 行中每行的左边前 n 个元素,所构成的 n 阶行列式的值等于1,即

$$\begin{vmatrix}1&1\\1&2\end{vmatrix}=1$$

$$\begin{vmatrix}1&2&1\\1&3&3\\1&4&9\end{vmatrix}=1$$

$$\begin{vmatrix}1&3&3&1\\1&4&6&4\\1&5&10&10\\1&6&15&20\end{vmatrix}=1$$

$$\vdots$$

以第 r 行中左边的 n 个元素($r\geqslant n$)作为第一行,向下依次再取 $n-1$ 行中每行左边前 n 个元素,由此构成的行列式的值也等于1,即

$$\begin{vmatrix}1&3&3\\1&4&6\\1&5&10\end{vmatrix}=1$$

$$\begin{vmatrix} 1 & 4 & 6 \\ 1 & 5 & 10 \\ 1 & 6 & 15 \end{vmatrix} = 1$$

$$\begin{vmatrix} 1 & 5 & 10 & 10 \\ 1 & 6 & 15 & 20 \\ 1 & 7 & 21 & 35 \\ 1 & 8 & 28 & 56 \end{vmatrix} = 1$$

$$\vdots$$

连行紧邻地任取一个 n 阶行列式,其值等于行列式中右下角的系数值,即

$$\begin{vmatrix} 2 & 1 \\ 3 & 3 \end{vmatrix} = 3$$

$$\begin{vmatrix} 3 & 3 \\ 4 & 6 \end{vmatrix} = 6$$

$$\begin{vmatrix} 4 & 6 \\ 5 & 10 \end{vmatrix} = 10$$

$$\vdots$$

$$\begin{vmatrix} 3 & 3 & 1 \\ 4 & 6 & 4 \\ 5 & 10 & 10 \end{vmatrix} = 10$$

$$\begin{vmatrix} 4 & 6 & 4 \\ 5 & 10 & 10 \\ 6 & 15 & 20 \end{vmatrix} = 20$$

$$\begin{vmatrix} 5 & 10 & 10 \\ 6 & 15 & 20 \\ 7 & 21 & 35 \end{vmatrix} = 35$$

$$\vdots$$

下面,我们讨论更一般的情形.

为方便计,我们首先定义 $n\times n$ 矩阵 $\boldsymbol{P}_n,\boldsymbol{M}_n,\boldsymbol{Q}_n$,$\boldsymbol{N}_n,\boldsymbol{S}_n,\boldsymbol{R}_n$,其$(i,j)$位置上元素分别为(规定 $\mathrm{C}_0^0=1$,当 $m>n$ 时,$\mathrm{C}_n^m=0$)

$$\boldsymbol{P}_n=(\mathrm{C}_{i-1}^{j-1})\quad (i,j=1,2,\cdots,n)$$

$$\boldsymbol{M}_n=[(-1)^{i+j}\mathrm{C}_{i-1}^{j-1}]\quad (i,j=1,2,\cdots,n)$$

$$\boldsymbol{Q}_n=(a_{ij})\begin{cases}若 j\geqslant i,则 a_{ij}=1\\ 若 j<i,则 a_{ij}=0\end{cases}$$

$$\boldsymbol{N}_n=(a_{ij})\begin{cases}若 j=i,i=1,2,\cdots,n,则 a_{ij}=1\\ 若 j=i+1,i=1,2,\cdots,n-1,则 a_{ij}=-1\\ 若其他,则 a_{ij}=0\end{cases}$$

$$\boldsymbol{S}_n=(a_{ij})\begin{cases}若 j=i,i=1,2,\cdots,n,则 a_{ij}=1\\ 若 j=i+1,i=1,2,\cdots,n-1,则 a_{ij}=1\\ 若其他,则 a_{ij}=0\end{cases}$$

$$\boldsymbol{R}_n=(a_{ij})\begin{cases}若 j\geqslant i,则 a_{ij}=(-1)^{i+j}\\ 若 j<i,则 a_{ij}=0\end{cases}$$

容易验证:$\boldsymbol{P}_n\cdot\boldsymbol{M}_n=\boldsymbol{Q}_n\cdot\boldsymbol{N}_n=\boldsymbol{S}_n\cdot\boldsymbol{R}_n=\boldsymbol{E}_n$,其中 $\boldsymbol{E}_n$ 为 n 阶单位矩阵,所以 $\boldsymbol{P}_n$ 与 $\boldsymbol{M}_n$,$\boldsymbol{Q}_n$ 与 $\boldsymbol{N}_n$,$\boldsymbol{S}_n$ 与 $\boldsymbol{R}_n$ 互为逆矩阵,且 $\det\boldsymbol{P}_n=\det\boldsymbol{M}_n=\det\boldsymbol{Q}_n=\det\boldsymbol{N}_n=\det\boldsymbol{S}_n=\det\boldsymbol{R}_n=1$.

下面讨论杨辉三角表中几类矩阵的性质:

第一类 n 阶矩阵 $\boldsymbol{A}_n$ 定义为

$$A_n(i,j)=\mathrm{C}_{i+j-2}^{j-1}\quad (i,j=1,2,\cdots,n)$$

即

$$
\boldsymbol{A}_n=\begin{bmatrix}
C_0^0 & C_1^1 & C_2^2 & \cdots & C_{n-2}^{n-2} & C_{n-1}^{n-1}\\
C_1^0 & C_2^1 & C_3^2 & \cdots & C_{n-1}^{n-2} & C_n^{n-1}\\
\vdots & \vdots & \vdots & & \vdots & \vdots\\
C_{n-1}^0 & C_n^1 & C_{n+1}^2 & \cdots & C_{2n-3}^{n-2} & C_{2n-2}^{n-1}
\end{bmatrix}_{n\times n}
\tag{10.3.3}
$$

如 $n=2,3,\cdots$时,有

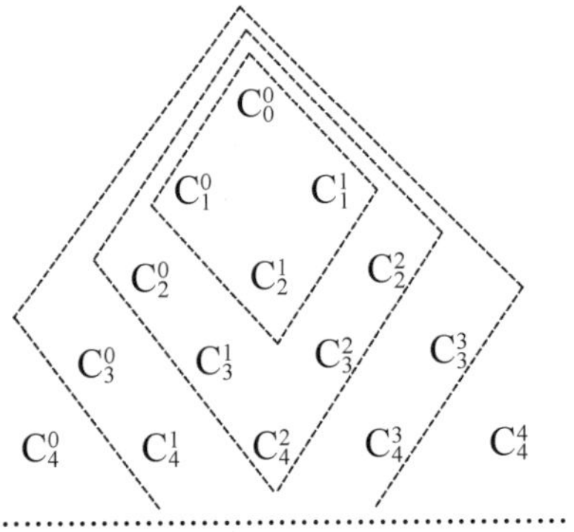

我们有下面的定理.

定理 10 $\boldsymbol{A}_n=\boldsymbol{P}_n\cdot\boldsymbol{P}_n^{\mathrm{T}}$.

证明 由于 $\boldsymbol{P}_n\cdot\boldsymbol{P}_n^{\mathrm{T}}$ 的(i,j)位置元素为

$$
\sum_{k=1}^{n}P_n(i,k)\cdot P_n(j,k)
$$

$$
=\sum_{k=1}^{n}C_{i-1}^{k-1}\cdot C_{j-1}^{k-1}=C_{i+j-2}^{j-1}=A_n(i,j)
$$

故定理成立.

推论 (1)$\det\boldsymbol{A}_n=1$.

(2)$\boldsymbol{A}_n^{-1}=(\boldsymbol{P}_n^{-1})^{\mathrm{T}}\cdot\boldsymbol{P}_n^{-1}=\boldsymbol{M}_n^{\mathrm{T}}\cdot\boldsymbol{M}_n$.

定理 10 很好地解释了矩阵 $\boldsymbol{A}_n$ 的行列式的值恒为 1 的问题,也简单直接地给出了求 $\boldsymbol{A}_n^{-1}$ 的方法.

第二类 m 阶矩阵 $\boldsymbol{B}_{n,m}$ 定义为

$$B_{n,m}(i,j)=\mathrm{C}_{n+i+j-2}^{j-1}\quad(i,j=1,2,\cdots,m)$$

即

$$\boldsymbol{B}_{n,m}=\begin{bmatrix}\mathrm{C}_{n}^{0} & \mathrm{C}_{n+1}^{1} & \cdots & \mathrm{C}_{n+m-1}^{m-1}\\ \mathrm{C}_{n+1}^{0} & \mathrm{C}_{n+2}^{1} & \cdots & \mathrm{C}_{n+m}^{m-1}\\ \vdots & \vdots & & \vdots\\ \mathrm{C}_{n+m-1}^{0} & \mathrm{C}_{n+m}^{1} & \cdots & \mathrm{C}_{n+2m-2}^{m-1}\end{bmatrix}_{m\times m}\tag{10.3.4}$$

如 $m=3,n=0,1,\cdots$时，有

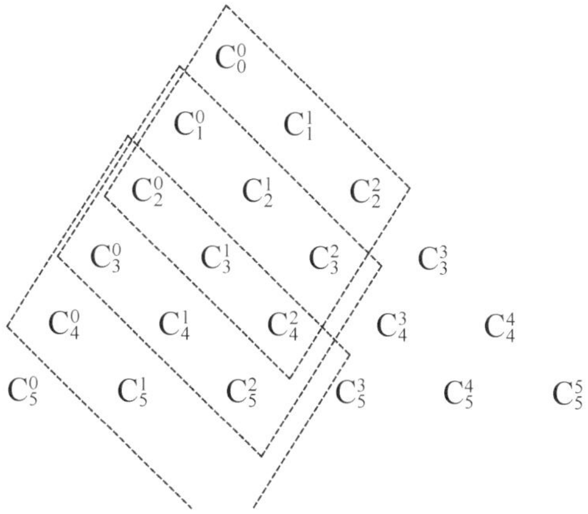

……………………………………………………

我们有下面的定理.

定理 11　$\boldsymbol{B}_{n,m}=\boldsymbol{A}_{m}\cdot\boldsymbol{Q}_{m}^{n}$（$n$ 为非负整数）.

证明　对 n 用数学归纳法.

当 $n=0$ 时，结论显然成立.

设 $n=k$ 时，结论成立，即 $\boldsymbol{B}_{k,m}=\boldsymbol{A}_{m}\cdot\boldsymbol{Q}_{m}^{k}=(\mathrm{C}_{k+i+j-2}^{j-1})_{m\times m}$，那么，当 $n=k+1$ 时

$$\boldsymbol{A}_m \cdot \boldsymbol{Q}_m^{k+1} = \boldsymbol{B}_{k,m} \cdot \boldsymbol{Q}_m$$

注意到 $\boldsymbol{Q}_m$ 的第 j 列前 j 个元素为 1，其余元素全为 0，得 $\boldsymbol{B}_{k,m} \cdot \boldsymbol{Q}_m$ 的 (i,j) 位置元素为

$$\sum_{s=1}^{j} \mathrm{C}_{k+i+s-2}^{s-1} = \mathrm{C}_{k+i+j-1}^{j-1} = \mathrm{C}_{(k+1)+i+j-2}^{j-1} = B_{k+1,m}(i,j)$$

所以 $\boldsymbol{A}_m \boldsymbol{Q}_m^{k+1} = \boldsymbol{B}_{k+1,m}$. 故由归纳法原理，结论对任意非负整数成立.

推论 (1) $\det \boldsymbol{B}_{n,m} = \det \boldsymbol{A}_m \cdot \det \boldsymbol{Q}_m^n = 1$.

(2) $\boldsymbol{B}_{n,m}^{-1} = (\boldsymbol{Q}_m^{-1})^n \cdot \boldsymbol{A}_m^{-1} = \boldsymbol{N}_m^n \cdot \boldsymbol{M}_m^{\mathrm{T}} \cdot \boldsymbol{M}_m$.

第三类 m 阶矩阵 $\boldsymbol{C}_{n,m}$ 定义为

$$C_{n,m}(i,j) = \mathrm{C}_{n+i-1}^{j-1} \quad (i,j = 1,2,\cdots,n)$$

即

$$\boldsymbol{C}_{n,m} = \begin{bmatrix} \mathrm{C}_n^0 & \mathrm{C}_n^1 & \cdots & \mathrm{C}_n^{m-1} \\ \mathrm{C}_{n+1}^0 & \mathrm{C}_{n+1}^1 & \cdots & \mathrm{C}_{n+1}^{m-1} \\ \vdots & \vdots & & \vdots \\ \mathrm{C}_{n+m-1}^0 & \mathrm{C}_{n+m-1}^1 & \cdots & \mathrm{C}_{n+m-1}^{m-1} \end{bmatrix}_{m \times m} \tag{10.3.5}$$

如 $m = 2,3,\cdots,n = 1,2,\cdots$ 时，有

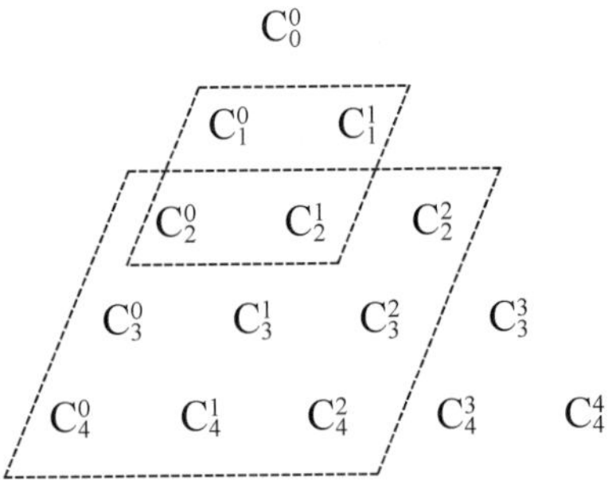

……

我们有下面的定理.

定理 12　$\boldsymbol{C}_{n,m}=\boldsymbol{P}_m\cdot\boldsymbol{S}_m^n$($n$ 为非负整数).

证明　对 n 用数学归纳法.

当 $n=0$ 时,结论显然成立.

设当 $n=k$ 时,结论成立,即 $\boldsymbol{C}_{k,m}=\boldsymbol{P}_m\cdot\boldsymbol{S}_m^k$. 那么当 $n=k+1$ 时,$\boldsymbol{P}_m\cdot\boldsymbol{S}_m^{k+1}=\boldsymbol{C}_{k,m}\cdot\boldsymbol{S}_m$.

注意到 $\boldsymbol{S}_m$ 的第 j 行,第 $j-1$ 个和第 j 个元素为 1,其余元素全为 0,得 $\boldsymbol{C}_{k,m}\cdot\boldsymbol{S}_m$ 的(i,j)位置元素为

$$\mathrm{C}_{k+i-1}^{j-2}+\mathrm{C}_{k+i-1}^{j-1}=\mathrm{C}_{k+i}^{j-1}=\mathrm{C}_{(k+1)+i-1}^{j-1}=C_{k+1,m}(i,j)$$

所以 $\boldsymbol{P}_m\cdot\boldsymbol{S}_m^{k+1}=\boldsymbol{C}_{k+1,m}$,故由归纳法原理,结论对任何非负整数成立.

推论　(1)$\det\boldsymbol{C}_{n,m}=\det\boldsymbol{P}_m\cdot\det\boldsymbol{S}_m^n=1$.

(2)$\boldsymbol{C}_{n,m}^{-1}=(\boldsymbol{S}_m^{-1})^n\cdot\boldsymbol{P}_m^{-1}=\boldsymbol{R}_m^n\cdot\boldsymbol{M}_m$.

在此,我们顺便指出:若令 $\boldsymbol{J}_n(a_i)$ 表示主对角线上元素为 $a_1,a_2,\cdots,a_n$,其余元素均为 0 的 n 阶方阵,设 $\boldsymbol{D}_{n,m}=(\mathrm{C}_{m+i-1}^j)$,$i,j=1,2,\cdots,n$,则有 $\boldsymbol{D}_{n,m}=\boldsymbol{J}_n(m+i-1)\cdot\boldsymbol{C}_{n,m-1}\cdot\boldsymbol{J}_n\left(\frac{1}{i}\right)=\boldsymbol{J}_n(m+i-1)\cdot\boldsymbol{P}_n\cdot\boldsymbol{S}_n^{m-1}\cdot\boldsymbol{J}_n\left(\frac{1}{i}\right)$,且 $\det\boldsymbol{D}_{n,m}=\mathrm{C}_{m+n-1}^n$,$\boldsymbol{D}_{n,m}^{-1}=\boldsymbol{J}_n^{-1}\left(\frac{1}{i}\right)\cdot\boldsymbol{R}_n^{m-1}\cdot\boldsymbol{M}_n\cdot\boldsymbol{J}_n^{-1}(m+i-1)$.

上面我们讨论了杨辉三角表中的三类特殊的且其行列式的值均为 1 的矩阵. 下面我们讨论上述三类特殊矩阵的推广,亦即将上述三类特殊矩阵平移到杨辉三角表中的任何一个位置时的矩阵的特征. 我们有如下两个定理.

定理 13　对于自然数 r,m,n.

(1)当 $r \geqslant m$ 时,定义矩阵

$$
\boldsymbol{D}_n = \begin{bmatrix} C_r^m & C_{r+1}^{m+1} & C_{r+2}^{m+2} & \cdots & C_{r+n-1}^{m+n-1} \\ C_{r+1}^m & C_{r+2}^{m+1} & C_{r+3}^{m+2} & \cdots & C_{r+n}^{m+n-1} \\ C_{r+2}^m & C_{r+3}^{m+1} & C_{r+4}^{m+2} & \cdots & C_{r+n+1}^{m+n-1} \\ \vdots & \vdots & \vdots & & \vdots \\ C_{r+n-1}^m & C_{r+n}^{m+1} & C_{r+n+1}^{m+2} & \cdots & C_{r+2n-2}^{m+n-1} \end{bmatrix} \tag{10.3.6}
$$

(2)当 $r \geqslant m+n-1$ 时,定义矩阵

$$
\boldsymbol{D}_n' = \begin{bmatrix} C_r^m & C_r^{m+1} & C_r^{m+2} & \cdots & C_r^{m+n-1} \\ C_{r+1}^m & C_{r+1}^{m+1} & C_{r+1}^{m+2} & \cdots & C_{r+1}^{m+n-1} \\ C_{r+2}^m & C_{r+2}^{m+1} & C_{r+2}^{m+2} & \cdots & C_{r+2}^{m+n-1} \\ \vdots & \vdots & \vdots & & \vdots \\ C_{r+n-1}^m & C_{r+n-1}^{m+1} & C_{r+n-1}^{m+2} & \cdots & C_{r+n-1}^{m+n-1} \end{bmatrix} \tag{10.3.7}
$$

则

$$
\det \boldsymbol{D}_n = \det \boldsymbol{D}_n' = \frac{C_r^m \cdot C_{r+1}^m \cdot C_{r+2}^m \cdot \cdots \cdot C_{r+n-1}^m}{C_m^m \cdot C_{m+1}^m \cdot C_{m+2}^m \cdot \cdots \cdot C_{m+n-1}^m} \tag{10.3.8}
$$

注 上式的分子正好是 $\boldsymbol{D}_n$ 和 $\boldsymbol{D}_n'$中第一列元素的乘积,分母是将分子中 r 取为 m. 发现其特点,便于我们记忆和应用.

证明 仅对 $\det \boldsymbol{D}_n'$证明($\det \boldsymbol{D}_n$ 完全类似).

由组合数公式知,$\det \boldsymbol{D}_n' = \det \boldsymbol{C}$,$\boldsymbol{C}$ 即矩阵

$$\begin{bmatrix} \dfrac{r!}{m!\,(r-m)!} & \dfrac{r!}{(m+1)!\,(r-m-1)!} & \cdots & \dfrac{r!}{(m+n-1)!\,(r-m-n+1)!} \\ \dfrac{(r+1)!}{m!\,(r+1-m)!} & \dfrac{(r+1)!}{(m+1)!\,(r-m)!} & \cdots & \dfrac{(r+1)!}{(m+n-1)!\,(r-m-n+2)!} \\ \dfrac{(r+2)!}{m!\,(r+2-m)!} & \dfrac{(r+2)!}{(m+1)!\,(r-m+1)!} & \cdots & \dfrac{(r+2)!}{(m+n-1)!\,(r-m-n+3)!} \\ \vdots & \vdots & & \vdots \\ \dfrac{(r+n-1)!}{m!\,(r+n-1-m)!} & \dfrac{(r+n-1)!}{(m+1)!\,(r+n-m-2)!} & \cdots & \dfrac{(r+n-1)!}{(m+n-1)!\,(r-m)!} \end{bmatrix}$$

对于上述行列式，分别从 1 至 n 列提取 $\dfrac{1}{m!}$，$\dfrac{1!}{(m+1)!}$，$\dfrac{2!}{(m+2)!}$，…，$\dfrac{(n-1)!}{(m+n-1)!}$，再分别从 1 至 n 行提取 $\dfrac{r!}{(r-m)!}$，$\dfrac{(r+1)!}{(r-m+1)!}$，$\dfrac{(r+2)!}{(r-m+2)!}$，…，$\dfrac{(r+n-1)!}{(r-m+n-1)!}$，则

$$\det \boldsymbol{D}'_n = \frac{1!\,2!\cdots(n-1)!\,r!\,(r+1)!\cdots(r+n-1)!}{m!\,(m+1)!\cdots(m+n-1)!\,(r-m)!\,(r-m+1)!\cdots(r-m+n-1)!} \cdot \det \boldsymbol{C}_{n,m}$$

其中 $\boldsymbol{C}_{n,m}$ 为(10.3.5)中的矩阵. 由组合数公式及 $\det \boldsymbol{C}_{n,m}=1$，故

$$\det \boldsymbol{D}'_n = \frac{\mathrm{C}_r^m \cdot \mathrm{C}_{r+1}^m \cdot \cdots \cdot \mathrm{C}_{r+n-1}^m}{\mathrm{C}_m^m \cdot \mathrm{C}_{m+1}^m \cdot \cdots \cdot \mathrm{C}_{m+n-1}^m}$$

推论1　当 $m=0$ 时，$\boldsymbol{D}_n=\boldsymbol{A}_n$，$\det \boldsymbol{D}_n=1$；当 $m=0$ 时，$\boldsymbol{D}'_n=\boldsymbol{C}_{n,m}$，$\det \boldsymbol{D}'_n=1$. 其中 $\boldsymbol{A}_n$ 和 $\boldsymbol{C}_{n,m}$ 分别为(10.3.3)和(10.3.5)中的矩阵.

推论2　当 $m=1$ 时，$\det \boldsymbol{D}_n=\mathrm{C}_{r+n-1}^n$（$\mathrm{C}_{r+n-1}^n$ 为 $\boldsymbol{D}_n$ 中右上角的元素）；当 $m=0$ 时

$$\det \boldsymbol{D}'_n=\mathrm{C}_{r+n-1}^n \quad (\mathrm{C}_{r+n-1}^n \text{为} \boldsymbol{D}'_n \text{中右下角的元素}) \tag{10.3.9}$$

例如，当 $r=4,n=3$ 时

$$\det \boldsymbol{D}_3' = \det\begin{bmatrix} C_4^1 & C_4^2 & C_4^3 \\ C_5^1 & C_5^2 & C_5^3 \\ C_6^1 & C_6^2 & \boxed{C_6^3} \end{bmatrix} = C_6^3$$

当 $r=2,n=3$ 时

$$\det \boldsymbol{D}_3 = \det\begin{bmatrix} C_2^1 & C_3^2 & \boxed{C_4^3} \\ C_3^1 & C_4^2 & C_5^3 \\ C_4^1 & C_5^2 & C_6^3 \end{bmatrix} = C_4^3$$

定理 14 对于自然数 k,r,n，定义矩阵

$$\boldsymbol{D}_{(k)} = \begin{bmatrix} C_{r-1}^0 & C_{r-1}^1 & C_{r-1}^2 & \cdots & C_{r-1}^{n-2} & C_{r-1}^{k+n-2} \\ C_r^0 & C_r^1 & C_r^2 & \cdots & C_r^{n-2} & C_r^{k+n-2} \\ \vdots & \vdots & \vdots & & \vdots & \vdots \\ C_{r+n-3}^0 & C_{r+n-3}^1 & C_{r+n-3}^2 & \cdots & C_{r+n-3}^{n-2} & C_{r+n-3}^{k+n-2} \\ C_{r+n-2}^0 & C_{r+n-2}^1 & C_{r+n-2}^2 & \cdots & C_{r+n-2}^{n-2} & C_{r+n-2}^{k+n-2} \end{bmatrix} \quad (10.3.10)$$

则

$$\det \boldsymbol{D}_{(k)} = C_{r-1}^{k-1} \quad (10.3.11)$$

定义矩阵

$$\boldsymbol{D}'_{(k)} = \begin{bmatrix} C_{r-1}^0 & C_r^1 & C_{r+1}^2 & \cdots & C_{r+n-3}^{n-2} & C_{k+r+n-3}^{k+n-2} \\ C_r^0 & C_{r+1}^1 & C_{r+2}^2 & \cdots & C_{r+n-2}^{n-2} & C_{k+r+n-2}^{k+n-2} \\ \vdots & \vdots & \vdots & & \vdots & \vdots \\ C_{r+n-3}^0 & C_{r+n-2}^1 & C_{r+n-1}^2 & \cdots & C_{r+2n-5}^{n-2} & C_{k+r+2n-5}^{k+n-2} \\ C_{r+n-2}^0 & C_{r+n-1}^1 & C_{r+n}^2 & \cdots & C_{r+2n-4}^{n-2} & C_{k+r+2n-4}^{k+n-2} \end{bmatrix} \quad (10.3.12)$$

则

$$\det \boldsymbol{D}'_{(k)} = C_{k+r+n-3}^{k-1} \tag{10.3.13}$$

证明　仅对(10.3.11)证明((10.3.13)完全类似).

从式(10.3.10)的最后一行起,每一行减去它的前一行,并注意到 $C_{n+1}^{m} - C_{n}^{m} = C_{n}^{m-1}$(即式(10.3.1)),得

$$\det \boldsymbol{D}_{(k)} = \begin{vmatrix} 1 & C_{r-1}^{1} & C_{r-1}^{2} & \cdots & C_{r-1}^{n-2} & C_{r-1}^{k+n-2} \\ 0 & C_{r-1}^{0} & C_{r-1}^{1} & \cdots & C_{r-1}^{n-3} & C_{r-1}^{k+n-3} \\ 0 & C_{r}^{0} & C_{r}^{1} & \cdots & C_{r}^{n-3} & C_{r}^{k+n-3} \\ \vdots & \vdots & \vdots & & \vdots & \vdots \\ 0 & C_{r+n-4}^{0} & C_{r+n-4}^{1} & \cdots & C_{r+n-4}^{n-3} & C_{r+n-4}^{k+n-3} \\ 0 & C_{r+n-3}^{0} & C_{r+n-3}^{1} & \cdots & C_{r+n-3}^{n-3} & C_{r+n-3}^{k+n-3} \end{vmatrix}$$

$$= \begin{vmatrix} C_{r-1}^{0} & C_{r-1}^{1} & \cdots & C_{r-1}^{n-3} & C_{r-1}^{k+n-3} \\ C_{r}^{0} & C_{r}^{1} & \cdots & C_{r}^{n-3} & C_{r}^{k+n-3} \\ \vdots & \vdots & & \vdots & \vdots \\ C_{r+n-4}^{0} & C_{r+n-4}^{1} & \cdots & C_{r+n-4}^{n-3} & C_{r+n-4}^{k+n-3} \\ C_{r+n-3}^{0} & C_{r+n-3}^{1} & \cdots & C_{r+n-3}^{n-3} & C_{r+n-3}^{k+n-3} \end{vmatrix} \tag{10.3.14}$$

比较(10.3.10)和(10.3.14)中的矩阵,并用上述同样的方法处理(10.3.14),经过 $n-2$ 步变换,可得

$$\det \boldsymbol{D}_{(k)} = \begin{vmatrix} C_{r-1}^{0} & C_{r-1}^{k} \\ C_{r}^{0} & C_{r}^{k} \end{vmatrix} = C_{r}^{k} - C_{r-1}^{k} = C_{r-1}^{k-1}$$

推论 1　(1)当 $k=1$ 时,$\det \boldsymbol{D}_{(1)} = C_{r-1}^{0} = 1$,且 $\boldsymbol{D}_{(1)} = \boldsymbol{C}_{r-1,n-1}$,其中 $\boldsymbol{C}_{r-1,n-1}$ 为(10.3.5)中的矩阵;

(2) 当 $k=1$ 时, $\det \boldsymbol{D}'_{(1)}=C_{r+n-3}^{0}=1$, 且 $\boldsymbol{D}'_{(1)}=\boldsymbol{B}_{r-1,n}$, 其中 $\boldsymbol{B}_{r-1,n}$ 为(10.3.4)中的矩阵;

(3) 当 $k=r=1$ 时, $\det \boldsymbol{D}'_{(1)}=C_{n-2}^{0}=1$, 且 $\boldsymbol{D}'_{(1)}=\boldsymbol{A}_n$, 其中 $\boldsymbol{A}_n$ 为(10.3.3)中的矩阵.

推论 2 (1) 在(10.3.11)中, 分别取 $k=1,2,3,\cdots$, 可得 n 阶行列式 $\det \boldsymbol{D}_{(1)}, \det \boldsymbol{D}_{(2)}, \det \boldsymbol{D}_{(3)}, \cdots$, 其值构成了杨辉三角表中的第 r 行;

(2) 在(10.3.13)中, 分别取 $k=1,2,3,\cdots$, 可得 n 阶行列式 $\det \boldsymbol{D}'_{(1)}, \det \boldsymbol{D}'_{(2)}, \det \boldsymbol{D}'_{(3)}, \cdots$, 其值构成了杨辉三角表中的第 $r+n-1$ 行.

例 9 设

$$\boldsymbol{A}_4=\begin{bmatrix}1&1&1&1\\1&2&3&4\\1&3&6&10\\1&4&10&20\end{bmatrix}$$

求 $\boldsymbol{A}_4^{-1}$.

解 由 $\boldsymbol{A}_4^{-1}=\boldsymbol{M}_4^{\mathrm{T}}\cdot\boldsymbol{M}_4$, 有

$$\boldsymbol{A}_4^{-1}=\begin{bmatrix}C_0^0&-C_1^0&C_2^0&-C_3^0\\0&C_1^1&-C_2^1&C_3^1\\0&0&C_2^2&-C_3^2\\0&0&0&C_3^3\end{bmatrix}\cdot$$

$$\begin{bmatrix}C_0^0&0&0&0\\-C_1^0&C_1^1&0&0\\C_2^0&-C_2^1&C_2^2&0\\-C_3^0&C_3^1&-C_3^2&C_3^3\end{bmatrix}$$

$$
=\begin{bmatrix} 4 & -6 & 4 & -1 \\ -6 & 14 & -11 & 3 \\ 4 & -11 & 10 & -3 \\ -1 & 3 & -3 & 1 \end{bmatrix}
$$

例10 求下面由菱形构成的行列式的值

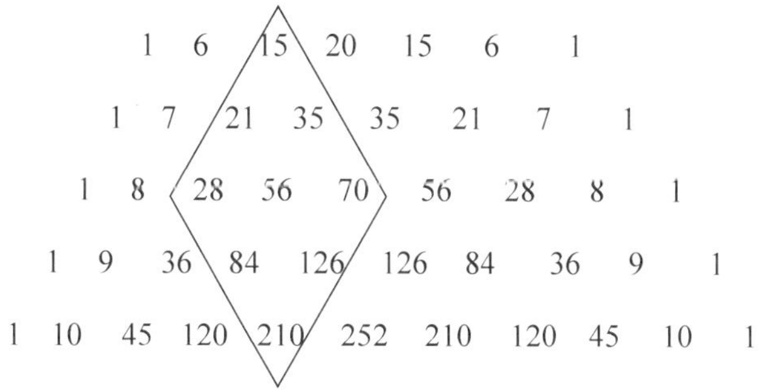
1 6 15 20 15 6 1
1 7 21 35 35 21 7 1
1 8 28 56 70 56 28 8 1
1 9 36 84 126 126 84 36 9 1
1 10 45 120 210 252 210 120 45 10 1

解 由(10.3.8)知 $m=2$, $r=6$ 时, $\det \boldsymbol{D}_3=\dfrac{15\times 21\times 28}{1\times 3\times 6}=490.$

例11 求下面由实线菱形构成的行列式的值

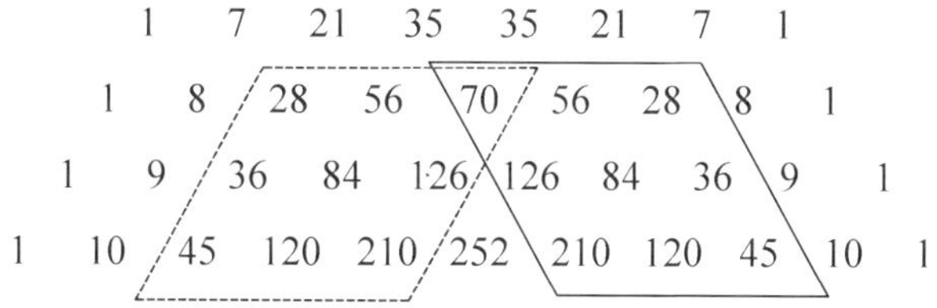
1 7 21 35 35 21 7 1
1 8 28 56 70 56 28 8 1
1 9 36 84 126 126 84 36 9 1
1 10 45 120 210 252 210 120 45 10 1

解 所求实线菱形构成的行列式不是公式(10.3.8)中的情形,但由杨辉三角表的对称性知必可找到一个与之对称的行列式,如上面的虚线菱形即是.对于虚线菱形的行列式的值即为公式(10.3.8)当

$m=2,r=8,n=3$ 时的值$\dfrac{C_8^2\cdot C_9^2\cdot C_{10}^2}{C_2^2\cdot C_3^2\cdot C_4^2}=2\ 520$,再注意到此行列式与所求行列式列的交换情况,得所求行列式之值为 $-2\ 520$.

二、二项式的一个新展开式

如果我们将$(1+x)^n$ 按 $1,x,x(x-1),x(x-1)\cdot(x-2),\cdots,x(x-1)(x-2)\cdots(x-n+1)$展开有

$$(1+x)^0=1$$

$$(1+x)^1=1+x$$

$$(1+x)^2=1+3x+x(x-1)$$

$$(1+x)^3=1+7x+6x(x-1)+x(x-1)(x-2)$$

$$\vdots$$

一般的

$$(1+x)^n=H_n^0+H_n^1x+H_n^2x(x-1)+\cdots+H_n^nx(x-1)(x-2)\cdots(x-n+1) \tag{10.3.15}$$

显然,展开式的系数是唯一存在的,也可将系数排成如下形式

$$\begin{array}{c}1\\1\quad 1\\1\quad 3\quad 1\\1\quad 7\quad 6\quad 1\\1\quad 15\quad 25\quad 10\quad 1\\1\quad 31\quad 90\quad 65\quad 15\quad 1\\\vdots\end{array}$$

$$\begin{array}{c} H_0^0 \\ H_1^0 \quad H_1^1 \\ H_2^0 \quad H_2^1 \quad H_2^2 \\ H_3^0 \quad H_3^1 \quad H_3^2 \quad H_3^3 \\ H_4^0 \quad H_4^1 \quad H_4^2 \quad H_4^3 \quad H_4^4 \\ H_5^0 \quad H_5^1 \quad H_5^2 \quad H_5^3 \quad H_5^4 \quad H_5^5 \\ \vdots \end{array}$$

写成矩阵形式,则有

$$\begin{bmatrix} H_0^0 & 0 & 0 & 0 & 0 & \cdots \\ H_1^0 & H_1^1 & 0 & 0 & 0 & \cdots \\ H_2^0 & H_2^1 & H_2^2 & 0 & 0 & \cdots \\ H_3^0 & H_3^1 & H_3^2 & H_3^3 & 0 & \cdots \\ H_4^0 & H_4^1 & H_4^2 & H_4^3 & H_4^4 & \cdots \\ \vdots & \vdots & \vdots & \vdots & \vdots & \ddots \end{bmatrix} \tag{10.3.16}$$

下面我们讨论矩阵中元素的性质.

性质1 通项公式

$$H_n^0 = H_n^n = 1 \tag{10.3.17}$$

$$H_n^r = \sum_{i=0}^{r} (-1)^{r+i} \cdot \frac{1}{r!} \cdot C_r^i \cdot (i+1)^n \tag{10.3.18}$$

证明 由于

$$\begin{aligned} f(x) &= (1+x)^n \\ &= H_n^0 + \sum_{i=1}^{n} x(x-1)(x-2)\cdots(x-i+1) \cdot H_n^i \end{aligned}$$

是一个恒等式,令 $x=0$,得 $H_n^0=1$. 比较 x^n 的系数,即

得

$$H_n^n=1$$

当 $1\leqslant r\leqslant n$ 时,有

$$f(0)=1^n=H_n^0$$

$$f(1)=2^n=H_n^0+H_n^1$$

$$f(2)=3^n=H_n^0+2H_n^1+2\cdot 1\cdot H_n^2$$

$$f(3)=4^n=H_n^0+3H_n^1+3\cdot 2\cdot H_n^2+3\cdot 2\cdot 1\cdot H_n^3$$

$$\vdots$$

$$\begin{aligned}f(r)&=(r+1)^n\\&=H_n^0+rH_n^1+r\cdot(r-1)H_n^2+\\&\quad r(r-1)(r-2)H_n^3+\cdots+\\&\quad r(r-1)(r-2)\cdot\cdots\cdot 2\cdot 1\cdot H_n^r\end{aligned}$$

上述各式依次乘以 C_r^0, $-C_r^1$, C_r^2, $\cdots$, $(-1)^rC_r^r$ 以后再相加,整理便得

$$\begin{aligned}&\sum_{i=0}^{r}(-1)^iC_r^i(i+1)^n\\=&\sum_{i=0}^{r}(-1)^iC_r^iH_n^0+\sum_{i=1}^{r}(-1)^i\cdot i\cdot C_r^i\cdot H_n^1+\\&\sum_{i=2}^{r}(-1)^i\cdot i(i-1)\cdot C_r^i\cdot H_n^2+\cdots+\\&(-1)^r\cdot r!\ H_n^r\end{aligned}\tag{10.3.19}$$

注意到

$$\begin{aligned}&\sum_{i=k}^{r}(-1)^i\cdot i(i-1)\cdots(i-k+1)C_r^i\\=&\sum_{i=k}^{r}(-1)^i\cdot i(i-1)\cdots(i-k+1)\cdot\frac{r!}{i!(r-i)!}\\=&\sum_{i=k}^{r}(-1)^i\cdot\frac{r!}{(i-k)!(r-i)!}\end{aligned}$$

$$= \sum_{i=k}^{r} (-1)^i \cdot r(r-1)\cdots(r-k+1) \cdot \frac{(r-k)!}{(i-k)!(r-i)!}$$

$$= r(r-1)\cdots(r-k+1) \sum_{i=k}^{r} (-1)^i \cdot C_{r-k}^{i-k}$$

$$= r(r-1)\cdots(r-k+1) \sum_{i=0}^{r-k} (-1)^{i+k} \cdot C_{r-k}^{i}$$

$$= r(r-1)\cdots(r-k+1) \cdot (1-1)^{r-k} \cdot (-1)^k$$

$$= 0 \quad (k=0,1,\cdots,r-1)$$

于是式(10.3.19)右边 $H_n^0, H_n^1, \cdots, H_n^{r-1}$ 的系数均为零,故

$$H_n^r = \sum_{i=0}^{r} (-1)^{r+i} \cdot \frac{1}{r!} \cdot C_r^i \cdot (i+1)^n$$

利用通项公式来计算矩阵的元素是麻烦的,但其元素有下面的递推关系:

性质 2　H_n^r 有递推关系

$$H_n^r = (r+1) H_{n-1}^r + H_{n-1}^{r-1} \quad (1 \leqslant r < n) \tag{10.3.20}$$

证明　考虑差

$$H_n^r - (r+1) H_{n-1}^r$$

$$= \sum_{i=0}^{r} (-1)^{r+i} \cdot \frac{1}{r!} \cdot C_r^i \cdot (i+1)^n - (r+1) \sum_{i=0}^{r} (-1)^{r+i} \cdot \frac{1}{r!} \cdot C_r^i \cdot (i+1)^{n-1}$$

$$= \sum_{i=0}^{r} (-1)^{r+i} \cdot \frac{1}{r!} \cdot C_r^i \cdot (i+1)^{n-1} \cdot (i-r)$$

$$= \sum_{i=0}^{r-1} (-1)^{r+i} \cdot \frac{1}{r!} \cdot C_r^i \cdot (i+1)^{n-1} \cdot (i-r)$$

$$= \sum_{i=0}^{r-1} (-1)^{r-1+i} \cdot \frac{1}{(r-1)!r} \cdot C_r^i \cdot (i+1)^{n-1} \cdot (r-i)$$

而

$$\frac{1}{r} C_r^i (r-i) = \frac{r!\ (r-i)}{i!\ (r-i)!\ r} = \frac{(r-1)!}{(r-i-1)!\ i!} = C_{r-1}^i$$

故

$$H_n^r - (r+1) H_{n-1}^r$$

$$= \sum_{i=0}^{r-1} (-1)^{r-1+i} \cdot \frac{1}{(r-1)!} \cdot C_{r-1}^i (i+1)^{n-1} = H_{n-1}^{r-1}$$

利用递推公式,可以方便地构造矩阵元素. 例如,利用第六行的元素,可推算第七行的元素

$$H_6^0 = 1$$

$$H_6^1 = 2H_5^1 + H_5^0 = 2 \times 31 + 1 = 63$$

$$H_6^2 = 3H_5^2 + H_5^1 = 3 \times 90 + 31 = 301$$

$$H_6^3 = 4H_5^3 + H_5^2 = 4 \times 65 + 90 = 350$$

$$H_6^4 = 5H_5^4 + H_5^3 = 5 \times 15 + 65 = 140$$

$$H_6^5 = 6H_5^5 + H_5^4 = 6 \times 1 + 15 = 21$$

$$H_6^6 = 1$$

性质 3 对任意的自然数 n,有

$$\sum_{i=0}^{n} (-1)^i \cdot i! \cdot H_n^i = 0 \qquad (10.3.21)$$

$$\sum_{i=0}^{n} (-1)^i \cdot (i+1)! \cdot H_n^i = (-1)^n \qquad (10.3.22)$$

成立.

证明　在式(10.3.15)中,分别令 $x=-1$,$x=-2$ 即得.

性质4　若 $n+1$ 是质数,则 $H_n^r(1\leqslant r<n)$ 是 $n+1$ 的倍数.

证明　由

$$H_n^r=\sum_{i=0}^{r}(-1)^{r+i}\cdot\frac{1}{r!}\cdot C_r^i(i+1)^n$$
$$=(-1)^r\cdot\frac{1}{r!}\cdot A$$

其中

$$A=C_r^0-C_r^1\cdot 2^n+\cdots+(-1)^r\cdot C_r^r\cdot(r+1)^n$$

因为 $n+1$ 是质数,$1\leqslant r<n$,所以 $n+1$ 与 $(r+1)!$ 及其中每一个因数都互质.由费马定理,有

$$a^n\equiv 1(\mathrm{mod}(n+1))\quad(a=1,2,\cdots,r+1)$$

所以 A 除以 $n+1$ 所得的余数是

$$C_r^0-C_r^1+C_r^2+\cdots+(-1)^r C_r^r=0$$

即 $(n+1)\mid A$.

而 $A=(-1)^r\cdot r!\cdot H_n^r$,$n+1$ 与 $r!$ 互质,故 H_n^r 一定能被 $n+1$ 整除.

下面介绍矩阵(10.3.16)的几个应用.

1.求自然数方幂和

在式(10.3.15)中,分别令 $x=-1,-2,\cdots,-(r+1)$,得

$$0=H_n^0-H_n^1+2\cdot 1\cdot H_n^2+\cdots+(-1)^n\cdot n\cdot(n-1)\cdot\cdots\cdot 2\cdot 1\cdot H_n^n$$

$$(-1)^n=H_n^0-2H_n^1+3\cdot 2\cdot H_n^2+\cdots+(-1)^n\cdot n\cdot(n-1)\cdot\cdots\cdot 2\cdot H_n^n$$

$$(-2)^n = \mathrm{H}_n^0 - 3\mathrm{H}_n^1 + 4\cdot 3\cdot \mathrm{H}_n^2 + \cdots + (-1)^n\cdot n\cdot(n-1)\cdot\cdots\cdot 3\cdot \mathrm{H}_n^n$$

$$\vdots$$

$$(-r)^n = \mathrm{H}_n^0 - (r+1)\mathrm{H}_n^1 + (r+2)(r+1)\mathrm{H}_n^2 + \cdots + (-1)^n(n+r)(n+r-1)\cdot\cdots\cdot(r+1)\cdot \mathrm{H}_n^n$$

上列各式相加,得

$$(-1)^n\sum_{i=0}^{r} i^n = (r+1)\mathrm{H}_n^0 - \sum_{i=0}^{r}(i+1)\mathrm{H}_n^1 + \sum_{i=0}^{r}(i+2)(i+1)\mathrm{H}_n^2 + \cdots + \sum_{i=0}^{r}(-1)^n(i+n)(i+n-1)\cdot\cdots\cdot(i+1)\mathrm{H}_n^n$$

注意到公式

$$\sum_{i=0}^{r}\mathrm{C}_{k+i}^{k} = \mathrm{C}_{k+r+1}^{k+1}$$

有

$$\sum_{i=0}^{r}(i+k)(i+k-1)\cdots(i+1) = \sum_{i=0}^{r}k!\mathrm{C}_{k+i}^{k} = k!\cdot\mathrm{C}_{k+r+1}^{k+1}$$

其中

$$k=1,2,\cdots,n$$

于是

$$(-1)^n\sum_{i=0}^{r}i^n = (r+1)\mathrm{H}_n^0 + \sum_{i=1}^{n}(-1)^i\cdot i!\cdot \mathrm{C}_{i+r+1}^{i+1}\cdot\mathrm{H}_n^i$$

即

$$\sum_{i=1}^{r} i^n = \sum_{i=0}^{n} (-1)^{i+n} \cdot i! \cdot C_{i+r+1}^{i+1} \cdot H_n^i$$

亦即

$$\sum_{i=1}^{r} i^n = \sum_{i=0}^{n-1} (-1)^{i+n+1} \cdot \frac{(i+r+1)(i+r)\cdots(r+1)r}{i+2} \cdot H_{n-1}^i \tag{10.3.23}$$

(其中注意到性质 2).

例 12　求 $\sum_{i=1}^{n} i^5$.

解　由矩阵(10.3.16)中元素知 $H_4^0=1$, $H_4^1=15$, $H_4^2=25$, $H_4^3=10$, $H_4^4=1$.

由式(10.3.23),有

$$\sum_{i=1}^{n} i^5 = \sum_{i=0}^{4} (-1)^i \frac{(i+n+1)(i+n)\cdots(n+1)n}{i+2} \cdot H_4^i$$

$$= \frac{(n+1)n}{2} \cdot H_4^0 - \frac{(n+2)(n+1)n}{3} \cdot H_4^1 +$$

$$\frac{(n+3)(n+2)(n+1)n}{4} \cdot H_4^2 -$$

$$\frac{(n+4)(n+3)(n+2)(n+1)n}{5} \cdot H_4^3 +$$

$$\frac{(n+5)(n+4)(n+3)(n+2)(n+1)n}{6} \cdot H_4^4$$

$$= \frac{1}{6}n^6 + \frac{1}{2}n^5 + \frac{5}{12}n^4 - \frac{1}{12}n^2$$

为所求.

2. 求伯努利数

我们知道

$$\sum_{i=1}^{r} i^n = \frac{r^{n+1}}{n+1} + B_1 \cdot r^n + B_2 \cdot \frac{n}{2!} \cdot r^{n-1} + \cdots + B_n r \tag{10.3.24}$$

其中 $B_1, B_2, \cdots, B_n$ 称为伯努利数.

比较(10.3.23)与(10.3.24)两式右端 r 的一次项系数,并利用性质 3,就有

$$\begin{aligned} B_n &= \sum_{i=0}^{n-1} (-1)^{n+i+1} \cdot \frac{(i+1)!}{i+2} \cdot \mathrm{H}_{n-1}^{i} \\ &= \sum_{i=0}^{n-1} (-1)^{n+i+1} \cdot \left(i! - \frac{i!}{i+2}\right) \cdot \mathrm{H}_{n-1}^{i} \\ &= \sum_{i=0}^{n-1} (-1)^{n+i} \cdot \frac{i!}{i+2} \cdot \mathrm{H}_{n-1}^{i} \end{aligned}$$

即有伯努利数

$$B_n = \frac{1}{2}\mathrm{H}_{n-1}^{0} - \frac{1}{3}\mathrm{H}_{n-1}^{1} + \frac{2!}{4}\mathrm{H}_{n-1}^{2} + \cdots + (-1)^{n-1} \cdot \frac{(n-1)!}{n+1} \cdot \mathrm{H}_{n-1}^{n-1}$$

(其中 $n>1$).

三、二项式展开式系数表(矩阵)的变换

二项式 $(a+b)^n$ 与 $(a-b)^n$ 展开式系数分别记为表 10.3.1 与表 10.3.2. 表 10.3.1 中各数减去表 10.3.2中对应的数再乘以 2,然后划去左侧 0 斜边,补上右侧 0 斜边得表 10.3.3;表 10.3.1 与表 10.3.2 中对应数相加得表 10.3.4;表 10.3.3 与表 10.3.4 对应的数相加得表 10.3.5;……

表 10.3.1

1

1　1

1　2　1

1　3　3　1

1　4　6　4　1

⋮

表 10.3.2

1

1　−1

1　−2　1

1　−3　3　−1

1　−4　6　−4　1

⋮

表 10.3.3

0

4　0

8　0　0

12　0　4　0

16　0　16　0　0

⋮

表 10.3.4

2

2　0

2　0　2

2　0　6　0

2　0　12　0　2

⋮

表 10.3.5

2

6　0

10　0　2

14　0　10　0

18　0　28　0　2

22　0　60　0　14　0

⋮

利用如上得到的数表,可计算自然数的方幂和,例如对于表 10.3.5,可用于求自然数偶次幂之和.

由于 $\sum_{i=1}^{n} i^2 = 1^2 + 2^2 + \cdots + n^2 = \frac{1}{6}(2n+1)n(n+1)$，令 $n(n+1) = x$，则 $\sum_{i=1}^{n} i^2 = \frac{2n+1}{6}x$，由此我们有下面的定理.

定理 15 $\sum_{i=1}^{n} i^{2k} = \frac{2n+1}{2(2k+1)}\left[x^k + \sum_{j=1}^{k-1} p_j(k) \cdot x^{k-j}\right]$，其中 $k>1, k\in \mathbf{N}_+, p_j(k)$ 是由 k 确定的常数，$j=1,2,\cdots,k-1$.

略证 注意

$$
\begin{aligned}
&[m+(m+1)][m(m+1)]^k - \\
&[(m-1)+m][(m-1)m]^k \\
=\ & m^k[(2m+1)(m+1)^k-(2m-1)(m-1)^k] \\
=\ & m^k\{2m[(m+1)^k-(m-1)^k] + \\
&[(m+1)^k+(m-1)^k]\} \\
=\ & \sum_{i=0}^{k} \frac{1+(-1)^i}{i+1} \cdot (2k-i+1)C_k^i m^{2k-i}
\end{aligned}
$$

其中 $m=1,2,\cdots,n, k\in \mathbf{N}$.

再用错位相消及归纳法即证.

例如，$k=1$ 时，由表 10.3.5 的第二行及定理 15，知

$$1^2+2^2+\cdots+n^2 = \frac{2n+1}{6}x = \frac{1}{6}n(n+1)(2n+1)$$

$k=2$ 时，由表 10.3.5 的第三行及定理 15，知

$$
\begin{aligned}
1^4+2^4+\cdots+n^4 &= \frac{2n+1}{10}\left(x^2 - 2\cdot\frac{1}{6}x\right) \\
&= \frac{2n+1}{10}\left(x^2-\frac{1}{3}x\right)
\end{aligned}
$$

$k=3$ 时，由表 10.3.5 的第四行及定理 15，知

$$1^6+2^6+\cdots+n^6$$

$$=\frac{2n+1}{14}\left[x^3-10\cdot\frac{1}{10}\left(x^2-2\cdot\frac{1}{6}x\right)\right]$$

$$=\frac{2n+1}{14}\left(x^3-x^2+\frac{1}{3}x\right)$$

$k=4$ 时，由表 10.3.5 的第五行及定理 15，知

$$1^8+2^8+\cdots+n^8$$

$$=\frac{2n+1}{18}\left\{x^4-28\cdot\frac{1}{14}\left[x^3-10\cdot\frac{1}{10}\left(x^2-2\cdot\frac{1}{6}x\right)\right]-2\cdot\frac{1}{10}\left(x^2-2\cdot\frac{1}{6}x\right)\right\}$$

$$=\frac{2n+1}{18}\left(x^4-2x^3+\frac{9}{5}x^2-\frac{3}{5}x\right)$$

$k=5$ 时，由表 10.3.5 的第六行及定理 15，知

$$1^{10}+2^{10}+\cdots+n^{10}$$

$$=\frac{2n+1}{22}\cdot\left\{x^5-60\cdot\frac{1}{18}\left[x^4-28\cdot\frac{1}{14}\left(x^3-10\cdot\frac{1}{10}x^2-2\cdot\frac{1}{6}x\right)-2\cdot\frac{1}{10}\left(x^2-2\cdot\frac{1}{6}x\right)\right]-14\cdot\frac{1}{14}\left[x^3-10\cdot\frac{1}{10}\left(x^2-2\cdot\frac{1}{6}x\right)\right]\right\}$$

$$=\frac{2n+1}{22}\left(x^5-\frac{10}{3}x^4+\frac{17}{3}x^3-5x^2+\frac{5}{3}x\right)$$

$$\vdots$$

四、二项式展开式的一个差和式

今考虑 $[x(x+1)]^k-[x(x-1)]^k$ 的展开式，再令 $x=1,2,\cdots,n$，然后两边分别相加（注意式左端前后

相消),有差和式

$$[n(n+1)]^k=2[k\sum n^{2k-1}+C_k^3\sum n^{2k-3}+C_k^5\sum n^{2k-5}+\cdots]\quad(k=1,2,3,\cdots)$$

这里,当 $k<r$ 时,$C_k^r=0$, $\sum n^k$ 表示 $\sum_{r=1}^{n} r^k$.

对于 $k=2,3,4,5,\cdots$,上式可写成矩阵方程形式

$$\begin{bmatrix}[n(n+1)]^2\\ [n(n+1)]^3\\ [n(n+1)]^4\\ [n(n+1)]^5\\ \vdots\end{bmatrix}=2\begin{bmatrix}2 & & & & \mathbf{0}\\ 1 & 3 & & & \\ 0 & 4 & 4 & & \\ 0 & 1 & 10 & 5 & \\ \vdots & \vdots & \vdots & \vdots & \ddots\end{bmatrix}\begin{bmatrix}\sum n^3\\ \sum n^5\\ \sum n^7\\ \sum n^9\\ \vdots\end{bmatrix}$$

若记式右端方阵为 $\boldsymbol{A}$,则 $\boldsymbol{A}$ 的构成是由杨辉三角表的奇数行删去奇数项,偶数行删去偶数项后剩下的数所组成的(当然还要适当错位和补 0). 下面为杨辉三角表

$$\begin{array}{c}1\\ 1\quad 1\\ 1\quad 2\quad 1\\ 1\quad 3\quad 3\quad 1\\ 1\quad 4\quad 6\quad 4\quad 1\\ 1\quad 5\quad 10\quad 10\quad 5\quad 1\\ 1\quad 6\quad 15\quad 20\quad 15\quad 6\quad 1\\ \vdots\end{array}$$

这样一来可有(显然 $\boldsymbol{A}$ 非奇异)

$$\begin{bmatrix} \sum n^3 \\ \sum n^5 \\ \sum n^7 \\ \sum n^9 \\ \vdots \end{bmatrix} = \frac{A^{-1}}{2} \begin{bmatrix} [n(n+1)]^2 \\ [n(n+1)]^3 \\ [n(n+1)]^4 \\ [n(n+1)]^5 \\ \vdots \end{bmatrix}$$

其中

$$A^{-1} = \begin{bmatrix} \frac{1}{2} & & & & \mathbf{0} \\ -\frac{1}{6} & \frac{1}{3} & & & \\ \frac{1}{6} & -\frac{1}{3} & \frac{1}{4} & & \\ -\frac{3}{10} & \frac{5}{5} & -\frac{1}{2} & \frac{1}{5} & \\ \vdots & \vdots & \vdots & \vdots & \ddots \end{bmatrix}$$

类似的，(可从考虑$[x(x+1)]^k+[x(x-1)]^k$出发)可求得

$$\begin{bmatrix} \sum n^2 \\ \sum n^4 \\ \sum n^6 \\ \sum n^8 \\ \vdots \end{bmatrix} = \frac{2n+1}{2} \begin{bmatrix} 3 & & & & \mathbf{0} \\ 1 & 5 & & & \\ 0 & 5 & 7 & & \\ 0 & 1 & 14 & 9 & \\ \vdots & \vdots & \vdots & \vdots & \ddots \end{bmatrix}^{-1} \cdot$$

$$\begin{bmatrix} n(n+1) \\ [n(n+1)]^2 \\ [n(n+1)]^3 \\ [n(n+1)]^4 \\ \vdots \end{bmatrix}$$

如果记上式右方阵为 $\boldsymbol{B}^{-1}$,我们发现

$$\boldsymbol{A}=\operatorname{diag}\{2,3,4,5,\cdots\}\cdot\boldsymbol{C}$$

$$\boldsymbol{B}=\operatorname{diag}\{3,5,7,9,\cdots\}\cdot\boldsymbol{C}$$

其中

$$\boldsymbol{C}=\begin{bmatrix}1 & & & & \\ \frac{1}{3} & 1 & & & \boldsymbol{0} \\ 0 & 1 & 1 & & \\ 0 & \frac{2}{5} & 2 & 1 & \\ \vdots & \vdots & \vdots & \vdots & \ddots\end{bmatrix}$$

此外,矩阵 $\boldsymbol{B}$ 亦可由 $\boldsymbol{A}$“加边”而构成

$$\boldsymbol{B}=\boldsymbol{A}+\begin{bmatrix}1 & 0 & 0 & \cdots \\ 0 & & & \\ 0 & & \boldsymbol{A} & \\ \vdots & & & \end{bmatrix}$$

这显然为我们推导 $\sum n^k$ 带来方便.

练习题

1. 某人给六个不同的人写了六封信,每人一封,并准备了六个写有收信人地址和姓名的信封,问有多少种投放信笺的可能,使得每封信笺与信封上的收信人都不符.

2. 用 1,2,3,4,5 组成没有重复数字的五位数,其中 1 不能放置在第一、二位,2 不能放置在第二、三位,

3 不能放置在第三、四位，4 不能放置在第四、五位，5 不能放置在第五、一位，问这样的五位数共有多少个？

3. 由数字 1，2，3，4，5 组成没有重复的五位数，其中小于 5 000 的偶数有多少个？

4. 设有 a，b，c，d，e 互异的五个元素，排入五个位置，但 a 不准排在第一、三位置，b 不准排在第二、三位置，c 不准排在第三位置，d 不准排在第四、五位置，e 不准排在第一、二、四位置，求其排列数.

第11章 概率问题

概率问题涉及较多的数据，而矩阵是展示数据信息的优良工具，因而，我们也可以运用矩阵来处理某些概率问题.

11.1 直接求概率

例1 一个白盒子 M 里装有五双袜子：三双红色的，两双白色的. 另一个白盒子 N 里装有四双袜子：三双红色的，一双白色的. 假定两个盒子很难区分，而且可以随便取哪一个. 现在要求先取一个盒子，再从里面取出一双袜子，那么从里面取出一双红色袜子的概率有多大呢？

解 两个盒子可以随便取哪一个，所以取出 M 和 N 的概率相等，均为$\frac{1}{2}$. 在取出盒子 M 后，从盒子里取出一双红色袜子的概率是$\frac{3}{5}$. 由于选取 M 和以后从中取出一双袜子这两个事件是独立的,所以从盒子 M 中取出一双红色袜子的概率等于$\frac{1}{2}\times\frac{3}{5}=\frac{3}{10}$. 类似的,从盒子 N 中取出一双红色袜子的概率是$\frac{1}{2}\times\frac{3}{4}=\frac{3}{8}$. 先取盒子 M 或 N,然后从中取出一双袜子,这样两种相继发生的事件是互斥事件,所以当这两个盒子可以随便取一个时,取出一双红色袜了的概率是

$$\frac{1}{2}\cdot\frac{3}{5}+\frac{1}{2}\cdot\frac{3}{4}=\frac{27}{40}$$

我们用矩阵来表示:

取出一个盒子的概率矩阵是

$$\boldsymbol{B}=\begin{matrix} M \\ N \end{matrix}\begin{bmatrix} \frac{1}{2} \\ \frac{1}{2} \end{bmatrix}$$

从两个盒子里取出一双红色袜子(X)和一双白色袜子(Y)的概率矩阵是

$$\begin{matrix} & \quad M & \quad N \end{matrix}$$
$$\boldsymbol{A}=\begin{matrix} X \\ Y \end{matrix}\begin{bmatrix} \frac{3}{5} & \frac{3}{4} \\ \frac{2}{5} & \frac{1}{4} \end{bmatrix}$$

先取一个盒子,再从里面取出一双红色袜子或白色袜子的概率可由矩阵运算得

$$\begin{array}{c} \\ X \\ \\ Y \end{array}\begin{array}{c} \begin{array}{cc} M & N \end{array} \\ \begin{bmatrix} \frac{3}{5} & \frac{3}{4} \\ \frac{2}{5} & \frac{1}{4} \end{bmatrix} \end{array} \cdot \begin{bmatrix} \frac{1}{2} \\ \frac{1}{2} \end{bmatrix}\begin{array}{c} M \\ \\ N \end{array} = \begin{array}{c} X \\ \\ Y \end{array}\begin{bmatrix} \frac{27}{40} \\ \frac{13}{40} \end{bmatrix}$$

这里,我们看到,运用矩阵的乘法可以用来求独立且互斥的事件的概率.值得注意的是,这里是先取一个盒子,然后再从盒子里取一双袜子,而矩阵的次序恰好相反,取 $\boldsymbol{A} \cdot \boldsymbol{B}$.

11.2 运用有穷等差数列的一条性质求概率

性质①　从项数为 n 的等差数列 $a_1, a_2, \cdots, a_n$ 中可重复地任取两项求和.

(1)不相等的和数按升序组成的数列(不妨称为两项和数列)是等差数列;

(2)若某和数是两项和数列的第 k 项,则在所有和数中该和数出现的频数 m 可按下式计算

$$m = \begin{cases} k & (\text{当 } k \leqslant n \text{ 时}) \\ 2n - k & (\text{当 } k > n \text{ 时}) \end{cases} \tag{11.2.1}$$

关于这一性质,可以推导如下:

(1)将有穷等差数列 $a_1, a_2, \cdots, a_n$ 的公差设为 d,其中任意两项 a_i 与 a_j 的和记为 S_{ij}.因为

---

① 徐光迎.有穷等差数列的一个性质及应用[J].数学通报,2002(2):40-41.

$$a_i = a_1 + (i-1)d \quad (i=1,2,3,\cdots,n)$$

$$a_j = a_1 + (j-1)d \quad (j=1,2,3,\cdots,n)$$

所以

$$S_{ij} = a_i + a_j = 2a_1 + (i+j-2)d \quad (i,j=1,2,3,\cdots,n)$$

$i+j$ 依次取 $2,3,\cdots,2n$，得到不相等的和数为

$$2a_1, 2a_1+d, 2a_1+2d, \cdots, 2a_1+2(n-1)d$$

显然，这是首项为 $2a_1$，公差为 d，项数为 $2n-1$ 的等差数列，其通项公式为

$$S_k = 2a_1 + (k-1)d \quad (k=1,2,3,\cdots,2n-1) \tag{11.2.2}$$

(2)因为 $a_i + a_j = a_j + a_i$，即 $S_{ij} = S_{ji}$，于是，有穷等差数列 $a_1, a_2, \cdots, a_n$ 所有的两项和构成 n 阶对称方阵

$$\begin{bmatrix} S_{11} & S_{12} & S_{13} & \cdots & S_{1n} \\ S_{21} & S_{22} & S_{23} & \cdots & S_{2n} \\ S_{31} & S_{32} & S_{33} & \cdots & S_{3n} \\ \vdots & \vdots & \vdots & & \vdots \\ S_{n1} & S_{n2} & S_{n3} & \cdots & S_{nn} \end{bmatrix}$$

从这个矩阵左上角起，由左下往右上画斜对角线如上面所示，则位于同一条斜对角线上的元素相等，并且位于第 k 条斜对角线上的元素就是两项和数列的第 k 项.

由于每条斜对角线上的元素既不在同一行，也不在同一列，所以第 k 条斜对角线上元素的个数等于第 k 条斜对角线所经过的行数. 而当 $k \leqslant n$ 时，斜对角线经过 k 行；当 $k > n$ 时，斜对角线经过 $n-(k-n) = 2n-k$ 行. 因此，第 k 条斜对角线上元素的个数，亦即

在所有和数中,作为两项和数列第 k 项的和数所出现的频数为

$$m=\begin{cases}k & (\text{当 } k\leqslant n \text{ 时})\\ 2n-k & (\text{当 } k>n \text{ 时})\end{cases}$$

应用上述性质,可以求解一类古典概率问题.

例 2 同时掷两枚骰子,求出现点数为 10 的概率.

解 等可能的基本事件总数 $N=6^2$,设事件 A 为“出现点数为 10”,则 A 包含的基本事件数就是点数 10 出现的次数.

每枚骰子上的六个点组成首项 $a_1=1$,公差 $d=1$,项数 $n=6$ 的等差数列,掷两枚骰子出现的点数就是此等差数列任意两项的和数. 根据公式(11. 2. 2),得此两项和数列的通项公式为

$$S_k=2a_1+(k-1)d=k+1 \quad (k=1,2,3,\cdots,13)$$

将 $S_k=10$ 代入上式,得 $k=9$,这表明和数 10 是两项和数列的第九项. 由于 $n=6$,而 $k=9>n$,根据公式(11. 2. 1),和数 10 出现的频数为

$$m=2n-k=2\times 6-9=3$$

因此,事件 A 的概率为

$$p=\frac{m}{N}=\frac{3}{6^2}=\frac{1}{12}$$

例 3 从区间$[-100,80]$内的偶数里每次任取一数,有放回地取两次,求所得两数的和在区间$[-22,-16]$内的概率.

解 等可能的基本事件总数 $N=91^2$,设事件 B 为“所得两数的和在区间$[-22,-16]$内”,则 B 包含的基本事件数 m 就是和数 $-22,-20,-18,-16$ 出现的

次数之和.

区间[$-100,80$]内的偶数组成首项 $a_1=-100$，公差 $d=2$，项数 $n=91$ 的等差数列. 由公式(11.2.2)，其两项和数列的通项公式为

$$S_k=2a_1+(k-1)d=2k-202 \quad (k=1,2,3,\cdots,181)$$

分别用 -22，-20，-18，-16 代替 S_k，得到它们在两项和数列中的项数依次为

$$k_1=90,k_2=91,k_3=92,k_4=93$$

由 $n=91$ 知，$k_1<n,k_2=n,k_3>n,k_4>n$.

根据公式(11.2.1)，得和数 -22，-20，-18，-16出现的频数依次为

$$m_1=k_1=90$$

$$m_2=k_2=91$$

$$m_3=2n-k_3=2\times 91-92=90$$

$$m_4=2n-k_4=2\times 91-93=89$$

因此，事件 B 的概率为

$$p=\frac{m}{N}=\frac{m_1+m_2+m_3+m_4}{N}$$

$$=\frac{360}{91^2}\approx 0.043$$

11.3　分布列矩阵的应用

离散型随机变量 ξ 的分布列可构成分布列矩阵

$$\begin{matrix}\xi \\ p\end{matrix}\begin{bmatrix}x_1 & x_2 & x_3 & \cdots & x_i & \cdots \\ p_1 & p_2 & p_3 & \cdots & p_i & \cdots\end{bmatrix}$$

其中 $p_i \geqslant 0$，且 $\sum\limits_{i=1} p_i = 1(i=1,2,3,4,\cdots)$.

利用方差公式得到

$$
\begin{aligned}
D\xi &= \sum_{i=1} (x_i - E\xi)^2 \cdot p_i \\
&= \sum_{i=1} [x_i^2 - 2E\xi \cdot x_i + (E\xi)^2] \cdot p_i \\
&= \sum_{i=1} [x_i^2 \cdot p_i - 2E\xi \cdot (x_i \cdot p_i) + (E\xi)^2 \cdot p_i] \\
&= \sum_{i=1} x_i^2 \cdot p_i - 2E\xi \cdot \sum_{i=1} x_i \cdot p_i + (E\xi)^2 \sum_{i=1} p_i \\
&= E\xi^2 - 2(E\xi)^2 + (E\xi)^2 = E\xi^2 - (E\xi)^2 \geqslant 0
\end{aligned}
$$

于是 $E\xi^2 \geqslant (E\xi)^2$，当且仅当 $x_i = E\xi(i=1,2,3,4,\cdots)$时等号成立.

例 4(《数学通报》1995 年第 4 期数学问题 946) 设 $a,b,c \in \mathbf{R}_+$，求证：$\frac{a^2}{a+b}+\frac{b^2}{b+c}+\frac{c^2}{c+a} \geqslant \frac{a+b+c}{2}$.

证明 易知

$$\frac{a+b}{2(a+b+c)}+\frac{b+c}{2(a+b+c)}+\frac{c+a}{2(a+b+c)}=1$$

于是根据不等式的对称结构，构造随机变量 ξ 的概率分布列矩阵

$$
\begin{matrix} \xi \\ \\ p \end{matrix}
\begin{bmatrix}
\frac{a}{a+b} & \frac{b}{b+c} & \frac{c}{c+a} \\
\\
\frac{a+b}{2(a+b+c)} & \frac{b+c}{2(a+b+c)} & \frac{c+a}{2(a+b+c)}
\end{bmatrix}
$$

此时

$$
\begin{aligned}
E\xi = &\frac{a}{a+b} \cdot \frac{a+b}{2(a+b+c)} + \frac{b}{b+c} \cdot \frac{b+c}{2(a+b+c)} + \\
&\frac{c}{c+a} \cdot \frac{c+a}{2(a+b+c)} = \frac{1}{2}
\end{aligned}
$$

$$E\xi^2=\left(\frac{a}{a+b}\right)^2\cdot\frac{a+b}{2(a+b+c)}+\left(\frac{b}{b+c}\right)^2\cdot\frac{b+c}{2(a+b+c)}+\left(\frac{c}{c+a}\right)^2\cdot\frac{c+a}{2(a+b+c)}$$
$$=\left(\frac{a^2}{a+b}+\frac{b^2}{b+c}+\frac{c^2}{c+a}\right)\cdot\frac{1}{2(a+b+c)}$$

因 $E\xi^2\geqslant(E\xi)^2$，得

$$\left(\frac{a^2}{a+b}+\frac{b^2}{b+c}+\frac{c^2}{c+a}\right)\cdot\frac{1}{2(a+b+c)}\geqslant\left(\frac{1}{2}\right)^2$$

即

$$\frac{a^2}{a+b}+\frac{b^2}{b+c}+\frac{c^2}{c+a}\geqslant\frac{a+b+c}{2}$$

例5（1995年第36届国际数学奥林匹克题）　设 $a,b,c\in\mathbf{R}_+$，且满足 $abc=1$，试证

$$\frac{1}{a^3(b+c)}+\frac{1}{b^3(c+a)}+\frac{1}{c^3(a+b)}\geqslant\frac{3}{2}$$

证法1　因为 $a,b,c\in\mathbf{R}_+$，且 $abc=1$，所以 $a^2b^2c^2=1$.

因此，原不等式等价于

$$\frac{b^2c^2}{a(b+c)}+\frac{c^2a^2}{b(c+a)}+\frac{a^2b^2}{c(a+b)}\geqslant\frac{3}{2}$$

令 $b\cdot c=x,c\cdot a=y,a\cdot b=z$，则 $x\cdot y\cdot z=a^2b^2c^2=1$.

因此，原不等式等价于

$$\frac{x^2}{y+z}+\frac{y^2}{z+x}+\frac{z^2}{x+y}\geqslant\frac{3}{2}$$

记 $x+y+z=s$，则 $\frac{s-x}{2s}+\frac{s-y}{2s}+\frac{s-z}{2s}=1$.

构造随机变量 ξ 的概率分布列矩阵

$$\begin{matrix} \xi \\ p \end{matrix}\begin{bmatrix} \frac{x}{s-x} & \frac{y}{s-y} & \frac{z}{s-z} \\ \frac{s-x}{2s} & \frac{s-y}{2s} & \frac{s-z}{2s} \end{bmatrix}$$

所以

$$\begin{aligned} E\xi &= \frac{x}{s-x}\cdot\frac{s-x}{2s}+\frac{y}{s-y}\cdot\frac{s-y}{2s}+\frac{z}{s-z}\cdot\frac{s-z}{2s} \\ &= \frac{x+y+z}{2s}=\frac{1}{2} \end{aligned}$$

$$\begin{aligned} E\xi^2 &= \left(\frac{x}{s-x}\right)^2\cdot\frac{s-x}{2s}+\left(\frac{y}{s-y}\right)^2\cdot\frac{s-y}{2s}+\left(\frac{z}{s-z}\right)^2\cdot\frac{s-z}{2s} \\ &= \frac{1}{2s}\left(\frac{x^2}{s-x}+\frac{y^2}{s-y}+\frac{z^2}{s-z}\right) \end{aligned}$$

因为

$$E\xi^2 \geqslant (E\xi)^2$$

所以

$$\frac{1}{2s}\left(\frac{x^2}{s-x}+\frac{y^2}{s-y}+\frac{z^2}{s-z}\right)\geqslant\frac{1}{4}$$

因此

$$\begin{aligned} &\frac{x^2}{s-x}+\frac{y^2}{s-y}+\frac{z^2}{s-z} \\ &\geqslant\frac{1}{2}s=\frac{1}{2}(x+y+z) \\ &\geqslant\frac{3}{2}\sqrt[3]{xyz}=\frac{3}{2} \end{aligned}$$

故原不等式成立.

证法 2　原不等式等价于

$$\frac{(ab)^2}{ac+bc}+\frac{(bc)^2}{ab+ac}+\frac{(ac)^2}{ab+bc}\geqslant\frac{3}{2}$$

令

$$t=ab+ac+bc+ba+ac+bc$$

即

$$t=2(ab+bc+ca)$$

则

$$\frac{2(ab+bc+ca)}{t}=1$$

且

$$t\geqslant 2\cdot 3\sqrt[3]{ab\cdot bc\cdot ca}=6$$

即 $t\geqslant 6$,构造随机变量 ξ 的分布列矩阵

$$\begin{matrix}\xi\\ \\ p\end{matrix}\begin{bmatrix}\dfrac{bc}{ab+ac} & \dfrac{ac}{bc+ab} & \dfrac{ab}{ac+bc}\\ \dfrac{ab+ac}{t} & \dfrac{bc+ab}{t} & \dfrac{ac+bc}{t}\end{bmatrix}$$

依据 $E\xi^2\geqslant(E\xi)^2$,可得

$$\left(\frac{b^2c^2}{ab+ac}+\frac{a^2c^2}{ab+bc}+\frac{a^2b^2}{ac+bc}\right)\cdot\frac{1}{t}\geqslant\frac{1}{4}$$

即

$$\frac{b^2c^2}{ab+ac}+\frac{a^2c^2}{ab+bc}+\frac{a^2b^2}{ac+bc}\geqslant\frac{3}{2}$$

注　本题可以推广为:若 $a,b,c\in\mathbf{R}_+$,$n\in\mathbf{N}_+$,且 $abc=1$,则

$$\frac{1}{a^{2n+1}(b+c)}+\frac{1}{b^{2n+1}(c+a)}+\frac{1}{c^{2n+1}(a+b)}\geqslant\frac{3}{2}$$

例6(第18届加拿大数学奥林匹克竞赛题)　求所有的实数 x,使得

$$x=\sqrt{x-\frac{1}{x}}+\sqrt{1-\frac{1}{x}}$$

解 将已知变形可得

$$\sqrt{1-\frac{1}{x^2}}\cdot\sqrt{\frac{1}{x}}+\sqrt{\frac{1}{x^2}}\cdot\sqrt{1-\frac{1}{x}}=1$$

由此构造离散型随机变量 ξ 的分布列矩阵

$$\begin{matrix}\xi\\ \\ p\end{matrix}\begin{bmatrix}\dfrac{\sqrt{1-\dfrac{1}{x^2}}}{\sqrt{\dfrac{1}{x}}} & \dfrac{\sqrt{\dfrac{1}{x^2}}}{\sqrt{1-\dfrac{1}{x}}}\\ \left(\sqrt{\dfrac{1}{x}}\right)^2 & \left(\sqrt{1-\dfrac{1}{x}}\right)^2\end{bmatrix}$$

则有

$$E\xi=\sqrt{1-\frac{1}{x^2}}\cdot\sqrt{\frac{1}{x}}+\sqrt{\frac{1}{x^2}}\cdot\sqrt{1-\frac{1}{x}}=1$$

又

$$E\xi^2=1-\frac{1}{x^2}+\frac{1}{x^2}=1$$

依据 $E\xi^2\geqslant(E\xi)^2$，即 $1=1$.

当且仅当 $\dfrac{\sqrt{1-\dfrac{1}{x^2}}}{\sqrt{\dfrac{1}{x}}}=\dfrac{\sqrt{\dfrac{1}{x^2}}}{\sqrt{1-\dfrac{1}{x}}}$ 时上式成立. 故 $x=\dfrac{1+\sqrt{5}}{2}$（舍负根）为所求.

例 7（1973 年美国数学奥林匹克竞赛题） 解方程组

$$\begin{cases}x+y+z=3\\ x^2+y^2+z^2=3\\ x^5+y^5+z^5=3\end{cases}$$

解　由字母的对称性容易构造离散型随机变量 ξ 的分布列矩阵

$$\begin{matrix}\xi \\ p\end{matrix}\begin{bmatrix} x & y & z \\ \frac{1}{3} & \frac{1}{3} & \frac{1}{3}\end{bmatrix}$$

则

$$E\xi=\frac{x+y+z}{3}=1,E\xi^2=\frac{x^2+y^2+z^2}{3}=1$$

此时 $E\xi^2=(E\xi)^2$，则得到 $x=y=z=E\xi=1$，且满足 $x^5+y^5+z^5=3$.

故该方程组的解为 $x=y=z=1$.

例 8（1996 年山东省竞赛题）　已知 $\alpha,\beta\in\left(0,\frac{\pi}{2}\right)$，且 $\frac{\sin^4\alpha}{\cos^2\beta}+\frac{\cos^4\alpha}{\sin^2\beta}=1$，求证：$\alpha+\beta=\frac{\pi}{2}$.

证明　依据题设特征构造离散型随机变量 ξ 的分布列矩阵

$$\begin{matrix}\xi \\ p\end{matrix}\begin{bmatrix} \frac{\sin^2\alpha}{\cos^2\beta} & \frac{\cos^2\alpha}{\sin^2\beta} \\ \cos^2\beta & \sin^2\beta\end{bmatrix}$$

依 $E\xi^2\geqslant(E\xi)^2$，则 $\frac{\sin^4\alpha}{\cos^2\beta}+\frac{\cos^4\alpha}{\sin^2\beta}\geqslant 1$.

当且仅当 $\frac{\sin^2\alpha}{\cos^2\beta}=\frac{\cos^2\alpha}{\sin^2\beta}$ 时，有 $\alpha+\beta=\frac{\pi}{2}$.

注　本题还可以推广为：若 $a,b\in\left(0,\frac{\pi}{2}\right)$，$k\in\mathbf{N}$，则

$$\frac{\sin^{k+2}\alpha}{\cos^k\beta}+\frac{\cos^{k+2}\alpha}{\sin^k\beta}=1\Leftrightarrow\alpha+\beta=\frac{\pi}{2}$$

例 9(第 1 届"希望杯"全国数学邀请赛备选题) 已知 $x,y,z\in\mathbf{R}_+$,且满足 $\frac{x^2}{1+x^2}+\frac{y^2}{1+y^2}+\frac{z^2}{1+z^2}=2$,求 $\frac{x}{1+x^2}+\frac{y}{1+y^2}+\frac{z}{1+z^2}$ 的最大值.

解 已知条件等价于

$$\frac{(1+x^2)-1}{1+x^2}+\frac{(1+y^2)-1}{1+y^2}+\frac{(1+z^2)-1}{1+z^2}=2$$

即

$$\frac{1}{1+x^2}+\frac{1}{1+y^2}+\frac{1}{1+z^2}=1$$

由此构造离散型随机变量 ξ 的分布列矩阵

$$\begin{matrix}\xi\\ p\end{matrix}\begin{bmatrix} x & y & z\\ \frac{1}{1+x^2} & \frac{1}{1+y^2} & \frac{1}{1+z^2}\end{bmatrix}$$

由 $E\xi^2\geqslant(E\xi)^2$,得

$$\frac{x}{1+x^2}+\frac{y}{1+y^2}+\frac{z}{1+z^2}\leqslant\sqrt{2}$$

其中等号当且仅当 $x=y=z=\sqrt{2}$ 时成立,故所求最大值为 $\sqrt{2}$.

例 10(第 22 届 IMO 试题) 设 P 是 $\triangle ABC$ 内任一点,P 到边 BC,CA,AB 的距离分别为 d_1,d_2,d_3,求 $\frac{a}{d_1}+\frac{b}{d_2}+\frac{c}{d_3}$ 的最小值.

解 设三角形面积为 S,构造离散型随机变量 ξ 的分布列矩阵

$$\begin{matrix} \xi \\ p \end{matrix}\begin{bmatrix} \frac{1}{d_1} & \frac{1}{d_2} & \frac{1}{d_3} \\ \frac{ad_1}{2S} & \frac{bd_2}{2S} & \frac{cd_3}{2S} \end{bmatrix}$$

则

$$E\xi = \frac{a+b+c}{2S}$$

$$E\xi^2 = \frac{a}{2Sd_1} + \frac{b}{2Sd_2} + \frac{c}{2Sd_3}$$

由 $E\xi^2 \geqslant (E\xi)^2$ 得到

$$\frac{a}{2Sd_1} + \frac{b}{2Sd_2} + \frac{c}{2Sd_3} \geqslant \left(\frac{a+b+c}{2S}\right)^2$$

$$\Rightarrow \frac{a}{d_1} + \frac{b}{d_2} + \frac{c}{d_3} \geqslant \frac{(a+b+c)^2}{2S}$$

当且仅当$\frac{1}{d_1} = \frac{1}{d_2} = \frac{1}{d_3} = \frac{a+b+c}{2S}$时等号成立,即 P 为内心时所求最小值为$\frac{(a+b+c)^2}{2S}$.

例 11(第24届美国数学奥林匹克试题)　$a,b,c,d,e \in \mathbf{R}$,且 $a+b+c+d+e=8$,$a^2+b^2+c^2+d^2+e^2=16$,求 e 的取值范围.

解　依据已知条件的结构而构造离散型随机变量 ξ 的分布列矩阵

$$\begin{matrix} \xi \\ p \end{matrix}\begin{bmatrix} a & b & c & d \\ \frac{1}{4} & \frac{1}{4} & \frac{1}{4} & \frac{1}{4} \end{bmatrix}$$

则

$$E\xi = \frac{a+b+c+d}{4} = \frac{8-e}{4}$$

$$E\xi^2=\frac{a^2+b^2+c^2+d^2}{4}=\frac{16-e^2}{4}$$

由于 $E\xi^2\geqslant(E\xi)^2$,易得

$$\frac{16-e^2}{4}\geqslant\left(\frac{8-e}{4}\right)^2$$

故

$$0\leqslant e\leqslant\frac{16}{5}$$

例 12(第 8 届“希望杯”试题)　若 $a+b+c=1$,证明 $\sqrt{3a+1}+\sqrt{3b+1}+\sqrt{3c+1}\leqslant3\sqrt{2}$.

证明　构造离散型随机变量 ξ 的分布列矩阵

$$\begin{matrix}\xi\\ p\end{matrix}\begin{bmatrix}\sqrt{3a+1} & \sqrt{3b+1} & \sqrt{3c+1}\\ \frac{1}{3} & \frac{1}{3} & \frac{1}{3}\end{bmatrix}$$

依据 $E\xi^2\geqslant(E\xi)^2$,可得

$$\left(\frac{\sqrt{3a+1}+\sqrt{3b+1}+\sqrt{3c+1}}{3}\right)\leqslant2$$

故

$$\sqrt{3a+1}+\sqrt{3b+1}+\sqrt{3c+1}\leqslant3\sqrt{2}$$

(当且仅当 $a=b=c=\frac{1}{3}$时等号成立).

事实上,本题可以推广为:若 $p,k,m,n\in\mathbf{N}_+$,且 $\sum\limits_{i=1}^{k}a_i=p$,则有

$$\left(\sum_{i=1}^{k}\sqrt{na_i+m}\right)_{\max}=\sqrt{k(np+km)}$$

令 $n=4,k=4,m=1,p=1$ 就是 1960 年苏联列宁格勒竞赛试题.

例13　已知一批产品中有 n 件次品，k 件正品，从中任取 $m(m\leqslant n,m\leqslant k)$ 件，如果用 ζ 表示抽得的次品件数，求随机变量 ζ 的分布列.

解　设 $A_i=\{$被取的 m 件产品中恰有 i 件次品$\}$ $(i=0,1,2,\cdots,m)$，于是

$$A_i=\{\zeta=i\}\quad(i=0,1,2,\cdots,m)$$

容易计算

$$P(A_0)=P\{\zeta=0\}=\frac{\mathrm{C}_n^0\mathrm{C}_k^m}{\mathrm{C}_{n+k}^m}$$

$$P(A_1)=P\{\zeta=1\}=\frac{\mathrm{C}_n^1\mathrm{C}_k^{m-1}}{\mathrm{C}_{n+k}^m}$$

$$P(A_2)=P\{\zeta=2\}=\frac{\mathrm{C}_n^2\mathrm{C}_k^{m-2}}{\mathrm{C}_{n+k}^m}$$

$$\vdots$$

$$P(A_m)=P\{\zeta=m\}=\frac{\mathrm{C}_n^m\mathrm{C}_k^0}{\mathrm{C}_{n+k}^m}$$

于是随机变量 ζ 的分布列矩阵为

$$\begin{matrix}\zeta\\ p\end{matrix}\begin{bmatrix}0 & 1 & 2 & \cdots & m\\ \dfrac{\mathrm{C}_n^0\mathrm{C}_k^m}{\mathrm{C}_{n+k}^m} & \dfrac{\mathrm{C}_n^1\mathrm{C}_k^{m-1}}{\mathrm{C}_{n+k}^m} & \dfrac{\mathrm{C}_n^2\mathrm{C}_k^{m-2}}{\mathrm{C}_{n+k}^m} & \cdots & \dfrac{\mathrm{C}_n^m\mathrm{C}_k^0}{\mathrm{C}_{n+k}^m}\end{bmatrix}$$

故所求分布列如上.

此时，若注意到 $\sum\limits_{i=1}^{m}p_i=1$，则有

$$\frac{\mathrm{C}_n^0\mathrm{C}_k^m}{\mathrm{C}_{n+k}^m}+\frac{\mathrm{C}_n^1\mathrm{C}_k^{m-1}}{\mathrm{C}_{n+k}^m}+\frac{\mathrm{C}_n^2\mathrm{C}_k^{m-2}}{\mathrm{C}_{n+k}^m}+\cdots+\frac{\mathrm{C}_n^m\mathrm{C}_k^0}{\mathrm{C}_{n+k}^m}=1$$

即

$$\mathrm{C}_{n+k}^m=\mathrm{C}_n^0\mathrm{C}_k^m+\mathrm{C}_n^1\mathrm{C}_k^{m-1}+\mathrm{C}_n^2\mathrm{C}_k^{m-2}+\cdots+\mathrm{C}_n^m\mathrm{C}_k^0$$

于是,我们便得到:

结论 若 $m,n,k\in\mathbf{N}$,且 $m\leqslant n,m\leqslant k$,则有

$$C_{n+k}^{m}=\sum_{i+j=m}C_{n}^{i}C_{k}^{j}$$

练习题

用分布列矩阵求解下列问题:

1.(1976 年英国数学竞赛题)设正数 $a_1,a_2,\cdots,a_n$ 之和为 S,求证

$$\sum_{i=1}^{n}\frac{a_i}{S-a_i}\geqslant\frac{n}{n-1}\quad(n\geqslant 2)$$

2.(Shopiro 不等式)若 $0<a_i<1(i=1,2,\cdots,n)$,且 $a_1+a_2+\cdots+a_n=a$,求证

$$\frac{a_1}{1-a_1}+\frac{a_2}{1-a_2}+\cdots+\frac{a_n}{1-a_n}\geqslant\frac{na}{n-a}$$

3.(第 26 届全俄数学竞赛奥林匹克试题)证明:对任意 $a>1,b>1$,有不等式

$$\frac{a^2}{b-1}+\frac{b^2}{a-1}\geqslant 8$$

4.(《数学通报》2005 年第 9 期数学问题 1575)设 $a,b,c\in\mathbf{R}_+$,且 $a+2b+c=2$. 求证:$\sqrt[3]{a+b}+\sqrt[3]{b+c}\geqslant 2(a+b)(b+c)$.

5.(《数学通报》2001 年第 3 期数学问题 1305)设 $m,n,a,b,c\in\mathbf{R}_+$,求证

$$\frac{a}{mb+nc}+\frac{b}{mc+na}+\frac{c}{ma+nb}\geqslant\frac{3}{m+n}$$

6.(《数学通报》2007 年第 2 期数学问题 1659)设 $a,b,c\in \mathbf{R}_{+}$,且 $a+b+c=6$,求$\frac{1}{a(1+b)}+\frac{1}{b(1+c)}+\frac{1}{c(1+a)}$的最小值.

7. 在一个黑袋子里有 2 个红球,1 个白球,2 个黑球;另一个黑袋子里有 1 个红球,3 个白球,1 个黑球;第三个黑袋子里有 2 个红球,3 个黑球. 如果这三个袋子可以随便取一个,而且当选中一个袋子以后再从这个袋子里取出一球,那么取出一个黑球的概率有多大?

第12章 平面几何问题

复杂的平面几何问题常由一系列基本的、简单的平面几何问题整合而成.对简单平面图形性质的探究,引入矩阵、行列式,可以给人以耳目一新之感,获得启迪探索之途.

12.1 行列式的应用

一、三角形的面积公式

如图 12.1.1,设$\triangle A_0A_1A_2$ 的三边之长为 $A_0A_1=\rho_{01}$,$A_0A_2=\rho_{02}$,$A_1A_2=\rho_{12}$,$\angle A_1A_0A_2=<1,2>$或$<2,1>$,$\angle A_0A_1A_2=<0,2>$或$<2,0>$,$\angle A_0A_2A_1=<0,1>$或$<1,0>$.

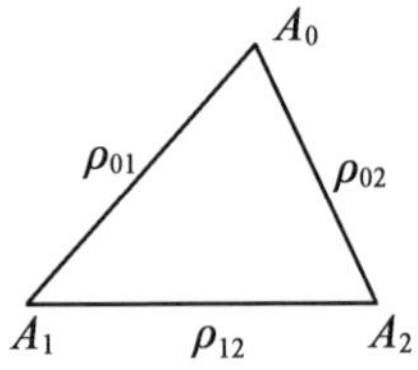

图 12.1.1

公式 1　有

$$S_{\triangle A_0A_1A_2}=\frac{1}{2}\rho_{01}\cdot\rho_{02}\cdot\sin<1,2>$$

$$=\frac{1}{2}\rho_{01}\cdot\rho_{02}\begin{vmatrix}1 & \cos<1,2>\\ \cos<2,1> & 1\end{vmatrix}^{\frac{1}{2}} \tag{12.1.1}$$

还有两种形式(略).

公式 2　若记 $l=\frac{1}{2}(\rho_{01}+\rho_{02}+\rho_{12})$,注意到 $\rho_{01}=\rho_{10},\rho_{02}=\rho_{20},\rho_{12}=\rho_{21}$,则

$$S_{\triangle A_0A_1A_2}$$

$$=\sqrt{l(l-\rho_{10})(l-\rho_{20})(l-\rho_{12})}$$

$$=\left[\frac{1}{16}((\rho_{10}+\rho_{20})^2-\rho_{12}^2)\cdot(\rho_{12}^2-(\rho_{10}-\rho_{20})^2)\right]^{\frac{1}{2}}$$

$$=\frac{1}{2}\left[-\frac{1}{4}\begin{vmatrix}0 & 1 & 1 & 1\\ 1 & 0 & \rho_{01}^2 & \rho_{02}^2\\ 1 & \rho_{10}^2 & 0 & \rho_{12}^2\\ 1 & \rho_{20}^2 & \rho_{21}^2 & 0\end{vmatrix}\right]^{\frac{1}{2}} \tag{12.1.2}$$

公式 3　在平面直角坐标系中,$\triangle A_0A_1A_2$ 的三个顶点的坐标分别为 $A_0(x_0,y_0),A_1(x_1,y_1),A_2(x_2,y_2)$,则由(3.6.10),有

$$S_{\triangle A_0A_1A_2}=\left|\frac{1}{2}\begin{vmatrix}x_0 & y_0 & 1\\ x_1 & y_1 & 1\\ x_2 & y_2 & 1\end{vmatrix}\right|$$

公式 4　设 $l_1:a_1x+b_1y+c_1=0,l_2:a_2x+b_2y+c_2=0,l_3:a_3x+b_3y+c_3=0$,则由 l_1,l_2,l_3 所围成的三角形的面积为

$$S=\left|\frac{\Delta^2}{2\Delta_1\Delta_2\Delta_3}\right|$$

其中

$$\Delta=\begin{vmatrix} a_1 & b_1 & c_1 \\ a_2 & b_2 & c_2 \\ a_3 & b_3 & c_3 \end{vmatrix}$$

而 $\Delta_1,\Delta_2,\Delta_3$ 分别为 c_1,c_2,c_3 的代数余子式.(即第 13 章推论 2)

行列式不仅可以呈现三角形的面积公式,而且也可以帮助处理一些平面几何问题.

例 1(第 10 届美国数学邀请赛试题) 在 $\triangle ABC$ 中,A',B' 和 C' 分别在 BC,CA 和 AB 上,已知 AA',BB',CC' 共点于 O,且 $\frac{AO}{OA'}+\frac{BO}{OB'}+\frac{CO}{OC'}=92$. 求 $\frac{AO}{OA'}\cdot\frac{BO}{OB'}\cdot\frac{CO}{OC'}$ 的值.

解 θ_1,θ_2 及 p_1,p_2,p_3,p_4,p_5,p_6 如图 12.1.2 所示,由 $S_{\triangle AOB'}+S_{\triangle COB'}=S_{\triangle OAC}$,得

$$\frac{1}{2}p_1p_2\sin\theta_1+\frac{1}{2}p_1p_6\sin[180^\circ-(\theta_1+\theta_2)]$$
$$=\frac{1}{2}p_2p_6\sin(180^\circ-\theta_2)$$

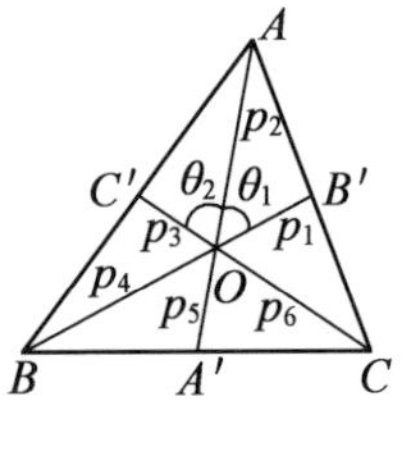

图 12.1.2

则

$$p_1p_2\sin\theta_1 - p_2p_6\sin\theta_2 + p_1p_6\sin(\theta_1+\theta_2)=0 \tag{12.1.3}$$

同理

$$-p_2p_4\sin\theta_1 + p_2p_3\sin\theta_2 + p_3p_4\sin(\theta_1+\theta_2)=0 \tag{12.1.4}$$

$$p_4p_5\sin\theta_1 + p_5p_6\sin\theta_2 - p_4p_6\sin(\theta_1+\theta_2)=0 \tag{12.1.5}$$

式(12.1.3)(12.1.4)(12.1.5)看作 $\sin\theta_1$, $\sin\theta_2$, $\sin(\theta_1+\theta_2)$ 的齐次线性方程组,且一定有非零解,故

$$D=\begin{vmatrix} p_1p_2 & -p_2p_6 & p_1p_6 \\ -p_2p_4 & p_2p_3 & p_3p_4 \\ p_4p_5 & p_5p_6 & -p_4p_6 \end{vmatrix}=0$$

展开后两边同除以 $p_2p_4p_6$,得

$$p_2p_4p_6=p_1p_2p_3+2p_1p_3p_5+p_3p_4p_5+p_1p_5p_6 \tag{12.1.6}$$

设 $p_2=k_1p_5$, $p_4=k_2p_1$, $p_6=k_3p_3$,代入(12.1.6)并同除以 $p_1p_3p_5$,得

$$k_1k_2k_3=k_1+k_2+k_3+2 \tag{12.1.7}$$

因

$$k_1+k_2+k_3=92$$

则

$$k_1k_2k_3=94$$

即

$$\frac{AO}{OA'}\cdot\frac{BO}{OB'}\cdot\frac{CO}{OC'}=94$$

例 2(海伦公式) 设 $\triangle ABC$ 的三边长分别为 a, b, c,则其面积为

$$S_{\triangle}=\sqrt{p(p-a)(p-b)(p-c)}$$

其中

$$p=\frac{a+b+c}{2}$$

证明 设 O 为 $\triangle ABC$ 的内心,且内切圆半径为 r, x, y, z 如图 12.1.3 所示,则

$$|\overrightarrow{OA}|^2=r^2+z^2$$

$$|\overrightarrow{OB}|^2=r^2+x^2$$

$$|\overrightarrow{OC}|^2=r^2+y^2$$

$$\overrightarrow{OA}\cdot\overrightarrow{OB}=\frac{|\overrightarrow{OA}|^2+|\overrightarrow{OB}|^2-|\overrightarrow{AB}|^2}{2}=r^2-xz$$

同理

$$\overrightarrow{OB}\cdot\overrightarrow{OC}=r^2-xy$$

$$\overrightarrow{OA}\cdot\overrightarrow{OC}=r^2-yz$$

代入式(8.2.3),得

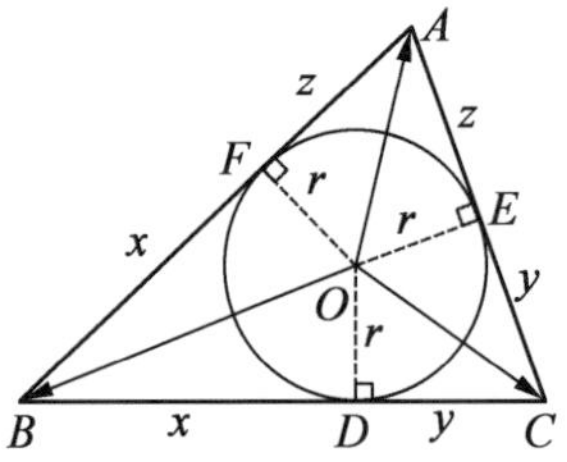

图 12.1.3

$$\begin{vmatrix} r^2+z^2 & r^2-xz & r^2-yz \\ r^2-xz & r^2+x^2 & r^2-xy \\ r^2-yz & r^2-xy & r^2+y^2 \end{vmatrix}=0$$

化简,可得

$$r^2=\frac{xyz}{x+y+z}=\frac{(p-a)(p-b)(p-c)}{p}$$

所以

$$S_{\triangle}=pr=\sqrt{p(p-a)(p-b)(p-c)}$$

12.2　一批著名几何不等式的来源

设 $a_{ij}>0(i=1,2,\cdots,n$,且 $n\geqslant 3,j=1,2,\cdots,m$,且 $m\geqslant 2)$,令

$$A=\prod_{j=1}^{m}(\sum_{i=1}^{n}a_{ij})^{\frac{2}{m}}\cdot\sum_{j=1}^{m}[(\sum_{i=1}^{n}a_{ij})^{-2}\cdot\prod_{i=1}^{n}a_{ij}^{\frac{1}{2}}]$$

$$B_j=(\sum_{i=1}^{n}a_{ij})^2-(k+1)\sum_{i=1}^{n}a_{ij}^2+8(n-3)\prod_{i=1}^{n}a_{ij}^{\frac{1}{2}}$$

其中 $k=0$ 或 1(此时 $B_j>0$). 由 G－不等式(即式(6.3.2)),且构造矩阵

$$\begin{bmatrix} B_1 & B_2 & \cdots & B_m \\ (k+1)\sum_{i=1}^{n}a_{i1}^2 & (k+1)\sum_{i=1}^{n}a_{i2}^2 & \cdots & (k+1)\sum_{i=1}^{n}a_{im}^2 \end{bmatrix}_{2\times m}$$

得

$$\prod_{j=1}^{m}[B_j+(k+1)\sum_{i=1}^{n}a_{ij}^2]^{\frac{1}{m}}$$

$$\geqslant\left(\prod_{j=1}^{m}B_j\right)^{\frac{1}{m}}+\left\{\prod_{j=1}^{m}\left[(k+1)\sum_{i=1}^{n}a_{ij}^2\right]\right\}^{\frac{1}{m}} \tag{12.2.1}$$

对于式(12.2.1)的右端,由 G - 不等式再构造矩阵

$$\begin{bmatrix} a_{11}^2 & a_{12}^2 & \cdots & a_{1m}^2 \\ a_{21}^2 & a_{22}^2 & \cdots & a_{2m}^2 \\ \vdots & \vdots & & \vdots \\ a_{n1}^2 & a_{n2}^2 & \cdots & a_{nm}^2 \end{bmatrix}_{n\times m}$$

得

$$\left\{\prod_{j=1}^{m}\left[(k+1)\sum_{i=1}^{n}a_{ij}^2\right]\right\}^{\frac{1}{m}}\geqslant(k+1)\sum_{i=1}^{n}\prod_{j=1}^{m}a_{ij}^{\frac{2}{m}}$$

对于式(12.2.1)的左端,注意到算术 - 几何平均值不等式,则

$$\begin{aligned}
&\prod_{j=1}^{m}\left[B_j+(k+1)\sum_{i=1}^{n}a_{ij}^2\right]^{\frac{1}{m}}\\
=&\prod_{j=1}^{m}\left[\left(\sum_{i=1}^{n}a_{ij}\right)^2+8(n-3)\prod_{i=1}^{n}a_{ij}^{\frac{1}{2}}\right]^{\frac{1}{m}}\\
=&\prod_{j=1}^{m}\left\{\left(\sum_{i=1}^{n}a_{ij}\right)^2\left[1+\frac{8(n-3)\prod_{i=1}^{n}a_{ij}^{\frac{1}{2}}}{\left(\sum_{i=1}^{n}a_{ij}\right)^2}\right]\right\}^{\frac{1}{m}}\\
\leqslant&\left[\prod_{j=1}^{m}\left(\sum_{i=1}^{n}a_{ij}\right)^{\frac{2}{m}}\right]\cdot\\
&\frac{1}{m}\left\{m+8(n-3)\sum_{j=1}^{m}\left[\left(\sum_{i=1}^{n}a_{ij}\right)^{-2}\prod_{i=1}^{n}a_{ij}^{\frac{1}{2}}\right]\right\}\\
=&\prod_{j=1}^{m}\left(\sum_{i=1}^{n}a_{ij}\right)^{\frac{2}{m}}+\frac{8(n-3)}{m}A
\end{aligned}$$

于是由式(12.2.1)即得

$$\prod_{j=1}^{m}(\sum_{i=1}^{n}a_{ij})^{\frac{2}{m}}+\frac{8(n-3)}{m}A-$$

$$(k+1)\sum_{i=1}^{n}\prod_{j=1}^{m}a_{ij}^{\frac{2}{m}}\geqslant\prod_{j=1}^{m}B_j^{\frac{1}{m}} \qquad (12.2.2)$$

其中等号当且仅当$\frac{a_{1j}}{a_{2j}}=\frac{a_{2j}}{a_{3j}}=\cdots=\frac{a_{(n-1)j}}{a_{nj}}(j=1,2,\cdots,m,m\geqslant2)$时成立.

(1)在(12.2.2)中,令$n=3,m=2,k=1$,取$a_{11}=a^2,a_{21}=b^2,a_{31}=c^2,a_{12}=a'^2,a_{22}=b'^2,a_{32}=c'^2$. 注意到公式

$$[(a^2+b^2+c^2)^2-2(a^4+b^4+c^4)]^{\frac{1}{2}}=4S_{\triangle}$$

则得匹多不等式

$$a^2(-a'^2+b'^2+c'^2)+b^2(a'^2-b'^2+c'^2)+$$
$$c^2(a'^2+b'^2-c'^2)\geqslant16S_{\triangle}S_{\triangle}' \qquad (12.2.3)$$

其中等号当且仅当$\triangle ABC\backsim\triangle A'B'C'$时成立.

(2)在(12.2.2)中,令$n=3,m=2,k=1$,取$a_{11}=a^2,a_{21}=b^2,a_{31}=c^2,a_{12}=a_{22}=a_{32}=1$,则得威森彼克不等式

$$a^2+b^2+c^2\geqslant4\sqrt{3}S_{\triangle} \qquad (12.2.4)$$

其中等号当且仅当$\triangle ABC$为正三角形时取得.

(3)在(12.2.2)中,令$n=3,m=2,k=1$,取

$$a_{11}=2a(p-a),a_{21}=2b(p-b),a_{31}=2c(p-c)$$

其中$p=\frac{1}{2}(a+b+c),a_{12}=a_{22}=a_{31}=1$,则得劳斯勒-哈德威格不等式

$$a^2+b^2+c^2\geqslant4\sqrt{3}S_{\triangle}+(a-b)^2+(b-c)^2+(c-a)^2 \qquad (12.2.5)$$

其中等号当且仅当$\triangle ABC$为正三角形时取得.

(4)在(12.2.2)中,令$n=3,m=2,k=0$,取$a_{11}=p-a,a_{21}=p-b,a_{31}=p-c$,其中$p=\frac{1}{2}(a+b+c)$,$a_{12}=bc,a_{22}=ac,a_{31}=ab$,则有

$$\frac{3\sqrt{3}}{4}\cdot\frac{abc}{a+b+c}\geqslant S_{\triangle}$$

再注意到平均值不等式,则得波利亚-舍贵不等式

$$\frac{\sqrt{3}}{4}(abc)^{\frac{2}{3}}\geqslant S_{\triangle} \tag{12.2.6}$$

其中等号当且仅当$\triangle ABC$为正三角形时取得.

(5)在(12.2.2)中,令$n=4,m=2,k=1$,取$a_{11}=a_1^2,a_{21}=a_2^2,a_{31}=a_3^2,a_{41}=a_4^2,a_{12}=b_1^2,a_{22}=b_2^2,a_{32}=b_3^2$,$a_{42}=b_4^2$,则得陈计、马援在1988年给出的式(12.2.3)的四边形推广

$$\sum_{i=1}^{4}a_i^2\left(\sum_{j=1}^{4}b_j^2-2b_i^2\right)+4\left(\frac{\sum\limits_{j=1}^{4}b_j^2}{\sum\limits_{i=1}^{4}a_i^2}\cdot\prod_{i=1}^{4}a_i+\frac{\sum\limits_{i=1}^{4}a_i^2}{\sum\limits_{j=1}^{4}b_j^2}\cdot\prod_{j=1}^{4}b_j\right)$$
$$\geqslant 16S_1\cdot S_2 \tag{12.2.7}$$

其中S_1,S_2分别为边长是$a_i,b_j(i,j=1,2,3,4)$的四边形面积,等号当且仅当这两个四边形为相似的圆内接四边形取得.

对(12.2.2)中的有关量进行巧妙代换,还可得到一系列著名几何不等式,留作读者去推导.

12.3　几何不等式的转换

命题　设△ABC 的三边长为 a,b,c，外接圆和内切圆的半径分别为R,r，则有[①]

$$\sqrt{\frac{b+c-a}{a}}+\sqrt{\frac{c+a-b}{b}}+\sqrt{\frac{a+b-c}{c}}\leqslant 3\sqrt{\frac{R}{2r}} \tag{12.3.1}$$

当且仅当△ABC 为正三角形时等式成立.

利用三角形的边长和半径之间的关系，容易知道，不等式(12.3.1)等价于下面的不等式(12.3.2).

结论 1　设△ABC 的三边长为 a,b,c，则

$$\sqrt{\frac{b+c-a}{a}}+\sqrt{\frac{c+a-b}{b}}+\sqrt{\frac{a+b-c}{c}}\leqslant 3\sqrt{\frac{abc}{(b+c-a)(c+a-b)(a+b-c)}} \tag{12.3.2}$$

当且仅当△ABC 为正三角形时等式成立.

如果令 $2x=b+c-a,2y=c+a-b,2z=a+b-c$，则不等式(12.3.2)就等价于三个正实数的不等式，即不等式(12.3.3).

结论 2　设 x,y,z 为正实数，则

---

① 安振平. 涉及三角形边长与半径的一个不等式[J]. 数学通报，2010(10):5.

$$\sqrt{\frac{x}{y+z}}+\sqrt{\frac{y}{z+x}}+\sqrt{\frac{z}{x+y}}\leqslant\frac{3}{4}\sqrt{\frac{(x+y)(y+z)(z+x)}{xyz}} \tag{12.3.3}$$

当且仅当 $x=y=z$ 时等式成立.

如果令 $x_1=\frac{x}{y+z},y_1=\frac{y}{z+x},z_1=\frac{z}{x+y}(x_1,y_1,z_1\in\mathbf{R}_+)$,变形,就得

$$\begin{cases}x-x_1y-x_1z=0\\-y_1x+y-y_1z=0\\-z_1x-z_1y+z=0\end{cases}$$

这显然是关于 x,y,z 的三元齐次线性方程组,因为它有正实数解,所以它的系数行列式

$$\begin{vmatrix}1&-x_1&-x_1\\-y_1&1&-y_1\\-z_1&-z_1&1\end{vmatrix}=0$$

化简,得 $x_1y_1+y_1z_1+z_1x_1+2x_1y_1z_1=1$.

通过上面的换元化归,不等式(12.3.3)就转换为新的不等式,即下面的结论 3.

结论 3 $\sqrt{x_1y_1z_1}(\sqrt{x_1}+\sqrt{y_1}+\sqrt{z_1})\leqslant\frac{3}{4}$.

12.4 一个圆内接多边形序列

作圆 O 的一个内接 n 边形 $A_1^0A_2^0\cdots A_n^0$(简记为 D_0),顺次联结各弧$\overset{\frown}{A_i^0A_{i+1}^0}$的中点 $A_i^1(i=1,2,\cdots,n$,约定 $A_{n+1}^0=A_1^0$,以下均类似),得圆内接 n 边形 $A_1^1A_2^1\cdots A_n^1$

(简记为 D_1);再顺次联结弧$\widehat{A_i^1A_{i+1}^1}$的中点 $A_i^2(i=1,2,\cdots,n)$,又得圆内接 n 边形 D_2,如此继续下去,我们得圆内接 n 边形序列 $D_0,D_1,\cdots,D_m,\cdots$.

显然,若 D_0 为正 n 边形,则 $D_1,D_2,\cdots$均为正 n 边形;若 D_0 不为正 n 边形,我们问:

(1)$D_1,D_2,\cdots$的形状变化有何规律?是否存在某种"极限"形状?

(2)若具此"极限"形状的多边形存在,能否在某一个多边形 D_m 上达到?

我们引入矩阵,来探讨上述问题:

记弧$\widehat{A_i^mA_{i+1}^m}$的度量为 $l_i^{(m)}(1\leqslant i\leqslant n,m=0,1,2,\cdots)$,并令

$$\boldsymbol{l}_m=\begin{bmatrix} l_1^{(m)} \\ l_2^{(m)} \\ \vdots \\ l_{n-1}^{(m)} \\ l_n^{(m)} \end{bmatrix},\boldsymbol{A}_n=\begin{bmatrix} \frac{1}{2} & \frac{1}{2} & 0 & \cdots & 0 & 0 \\ 0 & \frac{1}{2} & \frac{1}{2} & \cdots & 0 & 0 \\ \vdots & \vdots & \vdots & & \vdots & \vdots \\ 0 & 0 & 0 & \cdots & \frac{1}{2} & \frac{1}{2} \\ \frac{1}{2} & 0 & 0 & \cdots & 0 & \frac{1}{2} \end{bmatrix}$$

则易得 $\boldsymbol{l}_{m-1}$ 与 $\boldsymbol{l}_m$ 间的关系为

$$\boldsymbol{l}_m=\boldsymbol{A}_n\boldsymbol{l}_{m-1}\quad(m=1,2,\cdots)\qquad(12.4.1)$$

下面我们先给出四条引理:

引理1　$\boldsymbol{A}_n$ 的秩 $=\begin{cases} n-1,当 n 为偶数时 \\ n,当 n 为奇数时 \end{cases}$.

证明　按第一行展开行列式$|\boldsymbol{A}_n|$,再直接计算,得$|\boldsymbol{A}_n|=\frac{1}{2^n}[1+(-1)^{n+1}]$.从而当 n 为奇数时,$\boldsymbol{A}_n$ 满

秩;当 n 为偶数时,$\boldsymbol{A}_n$ 降秩. 再注意到 $\boldsymbol{A}_n$ 左上角的$(n-1)\times(n-1)$阶子矩阵的秩为 $n-1$,即得引理结论.

引理 2 线性方程组

$$\begin{cases}\frac{1}{2}x_1+\frac{1}{2}x_2=b\\ \frac{1}{2}x_2+\frac{1}{2}x_3=c\\ \qquad\vdots\\ \frac{1}{2}x_{2k-1}+\frac{1}{2}x_{2k}=b\\ \frac{1}{2}x_{2k}+\frac{1}{2}x_1=c\end{cases}$$

有解的充要条件是 $b=c$.

证明 此方程组的系数矩阵为 $\boldsymbol{A}_{2k}$,增广矩阵为 $\boldsymbol{A}_{2k}^{*}$,对 $\boldsymbol{A}_{2k}^{*}$ 施行初等行变换,则 $\boldsymbol{A}_{2k}^{*}$ 的秩与下列矩阵 $\boldsymbol{A}_{2k}^{**}$ 的秩相同

$$\boldsymbol{A}_{2k}^{**}=\begin{bmatrix}\frac{1}{2}&\frac{1}{2}&0&\cdots&0&0&b\\ 0&\frac{1}{2}&\frac{1}{2}&\cdots&0&0&c\\ \vdots&\vdots&\vdots&&\vdots&\vdots&\vdots\\ 0&0&0&\cdots&\frac{1}{2}&\frac{1}{2}&b\\ 0&0&0&\cdots&0&0&k(c-b)\end{bmatrix}_{2k(2k+1)}$$

容易看出 $\boldsymbol{A}_{2k}^{**}$ 的秩 $=\begin{cases}2k-1,当\ b=c\ 时\\ 2k,当\ b\neq c\ 时\end{cases}$,故由引理 1 知 $\boldsymbol{A}_{2k}$的秩等于$\boldsymbol{A}_{2k}^{**}$ 的秩的充要条件是 $b=c$,此即证得引理 2.

引理 3 记矩阵 $\boldsymbol{A}_n$ 的 m 次乘幂为 $\boldsymbol{A}_n^m$,$\boldsymbol{A}_n^m$ 的元素

为 $a_{ij}^{(m)}$,则有

$$\sum_{j=1}^{n} a_{ij}^{(m)} = 1 \quad (i = 1,2,\cdots,n)$$

$$\sum_{i=1}^{n} a_{ij}^{(m)} = 1 \quad (j = 1,2,\cdots,n)$$

证明　对 m 用数学归纳法. $m=1$,显然.

假设 $m=k$ 时结论成立,则当 $m=k+1$ 时,由 $\boldsymbol{A}_n^{k+1}=\boldsymbol{A}_n^k\cdot\boldsymbol{A}_n$,得

$$a_{ij}^{(k+1)} = \sum_{s=1}^{n} a_{is}^{(k)} \cdot a_{sj}^{(1)}$$

从而

$$\sum_{j=1}^{n} a_{ij}^{(k+1)} = \sum_{j=1}^{n}\sum_{s=1}^{n} a_{is}^{(k)} a_{sj}^{(1)} = \sum_{s=1}^{n}\sum_{j=1}^{n} a_{is}^{(k)} a_{sj}^{(1)}$$

$$= \sum_{s=1}^{n} a_{is}^{(k)} \left(\sum_{j=1}^{n} a_{sj}^{(1)}\right) = \sum_{s=1}^{n} a_{is}^{(k)} = 1$$

$$\sum_{i=1}^{n} a_{ij}^{(k+1)} = \sum_{i=1}^{n}\sum_{s=1}^{n} a_{is}^{(k)} a_{sj}^{(1)} = \sum_{s=1}^{n}\sum_{i=1}^{n} a_{is}^{(k)} \cdot a_{sj}^{(1)}$$

$$= \sum_{s=1}^{n} a_{sj}^{(1)} \left(\sum_{i=1}^{n} a_{is}^{(k)}\right) = \sum_{s=1}^{n} a_{sj}^{(1)} = 1$$

即证.

引理 4　$\lim\limits_{m\to\infty} \boldsymbol{A}_n^m = \boldsymbol{A}$,且

$$\boldsymbol{A} = \begin{bmatrix} \frac{1}{n} & \frac{1}{n} & \cdots & \frac{1}{n} \\ \frac{1}{n} & \frac{1}{n} & \cdots & \frac{1}{n} \\ \vdots & \vdots & & \vdots \\ \frac{1}{n} & \frac{1}{n} & \cdots & \frac{1}{n} \end{bmatrix}$$

证明　记 $a_i^{(m)} = \max\limits_{1\leqslant j\leqslant n}\{a_{ij}^{(m)}\}$, $b_i^{(m)} = \min\limits_{1\leqslant j\leqslant n}\{a_{ij}^{(m)}\}$,

则对任意 $k,i,j(k\geqslant 1,1\leqslant i\leqslant n,1\leqslant j\leqslant n)$，有

$$a_{ij}^{(m+k)}=\sum_{s=1}^{n}a_{is}^{(m)}a_{sj}^{(k)}\leqslant\sum_{s=1}^{n}\max_{1\leqslant s\leqslant n}\{a_{is}^{(m)}\}\cdot a_{sj}^{(k)}$$

$$=a_i^{(m)}\cdot\sum_{s=1}^{n}a_{sj}^{(k)}=a_i^{(m)}$$

即对任一固定的 i，我们有

$$a_i^{(m+k)}=\max_{1\leqslant j\leqslant n}\{a_{ij}^{(m+k)}\}\leqslant a_i^{(m)}$$

因而序列 $a_i^{(1)},a_i^{(2)},\cdots$ 为不增正序列，从而极限 $\lim\limits_{m\to\infty}a_i^{(m)}$ 存在.

类似可证 $\lim\limits_{m\to\infty}b_m^{(i)}$ 也存在.

若能证 $\lim\limits_{m\to\infty}a_i^{(m)}=\lim\limits_{m\to\infty}b_i^{(m)}=a_i$，则由于 $b_i^{(m)}\leqslant a_{ij}^{(m)}\leqslant a_i^{(m)}$，即得 $\lim\limits_{m\to\infty}a_{ij}^{(m)}=a_i\ (i=1,2,\cdots,n,j=1,2,\cdots,n)$. 又因 $\sum\limits_{j=1}^{n}a_{ij}^{(m)}=1$，此式中令 $m\to\infty$，即有 $na_i=\lim\limits_{m\to\infty}\sum\limits_{j=1}^{n}a_{ij}^{(m)}=1$，即得 $a_i=\dfrac{1}{n}(i=1,2,\cdots,n)$，故引理 4 即可证.

对于 $\lim\limits_{m\to\infty}a_i^{(m)}=\lim\limits_{m\to\infty}b_i^{(m)}$，只需证

$$\lim_{m\to\infty}\max_{1\leqslant j,l\leqslant n}\{|a_{ij}^{(m)}-a_{il}^{(m)}|\}=0$$

即可. 为此，令

$$\alpha_{jl}^{(s)}=\begin{cases}a_{sl}^{(n)}-a_{sj}^{(n)}，当\ a_{sl}^{(n)}-a_{sj}^{(n)}>0\ 时\\0，当\ a_{sl}^{(n)}-a_{sj}^{(n)}\leqslant 0\ 时\end{cases}$$

$$\beta_{jl}^{(s)}=\begin{cases}0，当\ a_{sl}^{(n)}-a_{sj}^{(n)}>0\ 时\\a_{sj}^{(n)}-a_{sl}^{(n)}，当\ a_{sl}^{(n)}-a_{sj}^{(n)}\leqslant 0\ 时\end{cases}$$

由于 $\sum\limits_{s=1}^{n}a_{sj}^{(n)}=\sum\limits_{s=1}^{n}a_{sl}^{(n)}=1$，故有

$$\sum_{s=1}^{n}\alpha_{jl}^{(s)}-\sum_{s=1}^{n}\beta_{jl}^{(s)}=\sum_{s=1}^{n}(a_{sl}^{(n)}-a_{sj}^{(st)})=0$$

此即

$$\sum_{s=1}^{n}\alpha_{jl}^{(s)}=\sum_{s=1}^{n}\beta_{jl}^{(s)}\xlongequal{\text{记作}}h_{jl}$$

我们又易算得

$$\boldsymbol{A}_n^n=\frac{1}{2^n}\begin{bmatrix}C_n^0+C_n^n & C_n^1 & C_n^2 & \cdots & C_n^{n-2} & C_n^{n-1}\\ C_n^{n-1} & C_n^0+C_n^n & C_n^1 & \cdots & C_n^{n-3} & C_n^{n-2}\\ C_n^{n-2} & C_n^{n-1} & C_n^0+C_n^n & \cdots & C_n^{n-4} & C_n^{n-3}\\ \vdots & \vdots & \vdots & & \vdots & \vdots\\ C_n^1 & C_n^2 & C_n^3 & \cdots & C_n^{n-1} & C_n^0+C_n^n\end{bmatrix}_{n\times n}$$

即 $a_{ij}^{(n)}>0$，于是对一切 $1\leqslant j,l\leqslant n$，有

$$h_{il}=\sum_{s=1}^{n}\alpha_{jl}^{(s)}<\sum_{i=1}^{n}a_{ij}^{(n)}=1$$

故有

$$0\leqslant h=\max_{1\leqslant j,l\leqslant n}\{h_{jl}\}<1$$

从而，对任意的 $m>n$，有

$$\begin{aligned}|a_{ij}^{(m)}-a_{il}^{(m)}|&=|\sum_{s=1}^{n}a_{is}^{(m-n)}a_{sj}^{(n)}-\sum_{s=1}^{n}a_{is}^{(m-n)}a_{sl}^{(n)}|\\&=|\sum_{s=1}^{n}a_{is}^{(m-n)}(a_{sj}^{(n)}-a_{sl}^{(n)})|\\&\leqslant|\max_{1\leqslant s\leqslant n}\{a_{is}^{(m-n)}\}\sum_{s=1}^{n}\alpha_{jl}^{(s)}-\\&\qquad\min_{1\leqslant s\leqslant n}\{a_{is}^{(m-n)}\}\sum_{s=1}^{n}\beta_{jl}^{(s)}|\\&\leqslant h|\max_{1\leqslant s\leqslant n}\{a_{is}^{(m-n)}\}-\min_{1\leqslant s\leqslant n}\{a_{is}^{(m-n)}\}|\\&\leqslant h\max_{1\leqslant j,l\leqslant n}\{|a_{ij}^{(m-n)}-a_{il}^{(m-n)}|\}\end{aligned}$$

此式对一切 j,l 均成立，故

$$\max_{1\leqslant j,l\leqslant n}\{|a_{ij}^{(m)}-a_{il}^{(m)}|\}\leqslant h\max_{1\leqslant j,l\leqslant n}\{|a_{ij}^{(m-n)}-a_{il}^{(m-n)}|\}$$

将上式连续使用$\left[\frac{m}{n}\right]$$\left(表示\frac{m}{n}的整数部分\right)$次,使得

$$\max_{1\leqslant j,l\leqslant n}\{|a_{ij}^{(m)}-a_{il}^{(m)}|\}$$
$$\leqslant h^{\left[\frac{m}{n}\right]}\max_{1\leqslant j,l\leqslant n}\{|a_{ij}^{(m-\left[\frac{m}{n}\right]n)}-a_{il}^{(m-\left[\frac{m}{n}\right]n)}|\}$$

而对一切 k,有

$$\max_{1\leqslant j,l\leqslant n}\{|a_{ij}^{(k)}-a_{il}^{(k)}|\}\leqslant 1$$

故

$$0\leqslant\lim_{m\to\infty}\max_{1\leqslant j,l\leqslant n}\{|a_{ij}^{(m)}-a_{il}^{(m)}|\}\leqslant\lim_{m\to\infty}h^{\left[\frac{m}{n}\right]}=0$$

从而引理获证.

下面我们以定理的形式回答本节开头的两个问题.

定理 1　设弧$\widehat{A_i^mA_{i+1}^m}$的度量为 $l_i^{(m)}$,则有

$$\lim_{m\to\infty}l_i^{(m)}=l>0\quad(i=1,2,\cdots,n)$$

此处 l 为一已知正数.

证明　由式(12.4.1),我们有

$$\boldsymbol{l}_m=\boldsymbol{A}_n\boldsymbol{l}_{m-1}=\boldsymbol{A}_n^2\boldsymbol{l}_{m-2}=\cdots=\boldsymbol{A}_n^m\boldsymbol{l}_0$$

故由引理 4 得

$$\lim_{m\to\infty}\boldsymbol{l}_m=\lim_{m\to\infty}\boldsymbol{A}_n^m\boldsymbol{l}_0=\boldsymbol{A}\boldsymbol{l}_0$$

由该引理中 $\boldsymbol{A}$ 的定义,并令 $l=\frac{1}{n}\sum_{i=1}^{n}l_i^{(0)}$ 即得所证.

此定理回答了前面的问题(1):此多边形序列的"极限"形状存在,且为圆 O 的内接正 n 边形.

定理 2　设$\max\limits_{1\leqslant i\leqslant n}\{l_i^{(0)}\}-\min\limits_{1\leqslant i\leqslant n}\{l_i^{(0)}\}>0$,则当 n 为

奇数时,恒有 $\max\limits_{1\leqslant i\leqslant n}\{l_i^{(m)}\}-\min\limits_{1\leqslant i\leqslant n}\{l_i^{(m)}\}>0$;而当 n 为偶数时,当且仅当 $l_1^{(0)}=l_3^{(0)}=\cdots=l_{n-1}^{(0)}$,$l_2^{(0)}=l_4^{(0)}=\cdots=l_n^{(0)}$ 时,有

$$\max_{1\leqslant i\leqslant n}\{l_i^{(m)}\}-\min_{1\leqslant i\leqslant n}\{l_i^{(m)}\}=0\quad (m\geqslant 1)$$

证明　先证 n 为奇数时的情形. 如对某一 $m\geqslant 1$,有

$$\max_{1\leqslant i\leqslant n}\{l_i^{(m)}\}-\min_{1\leqslant i\leqslant n}\{l_i^{(m)}\}=0$$

故

$$l_1^{(m)}=l_2^{(m)}=\cdots=l_n^{(m)}=l$$

于是由式(12.4.1)得

$$\boldsymbol{A}_n\boldsymbol{l}_{m-1}=\begin{bmatrix}l\\ \vdots\\ l\end{bmatrix}\qquad(12.4.2)$$

由引理 1,此线性方程组有唯一解

$$\boldsymbol{l}_{m-1}=\begin{bmatrix}l\\ \vdots\\ l\end{bmatrix}$$

对式(12.4.1)反复用此结论 m 次,即得

$$\boldsymbol{l}_0=\begin{bmatrix}l\\ \vdots\\ l\end{bmatrix}$$

此与假设 $\max\limits_{1\leqslant i\leqslant n}\{l_i^{(0)}\}-\min\limits_{1\leqslant i\leqslant n}\{l_i^{(0)}\}>0$ 矛盾.

当 n 为偶数时,由引理 1 知线性方程组(12.4.2)的通解为

$$\boldsymbol{l}_{m-1}=\begin{bmatrix}b\\c\\\vdots\\b\\c\end{bmatrix}\qquad(12.4.3)$$

其中 $b+c=2l$. 若 $b=c=l$,则与 n 为奇数时的情形一样可得 $l_{m-1}=l_{m-2}=\cdots=l_0$,从而得出矛盾;若 $b\neq c$,则由引理2,方程组 $\boldsymbol{A}_n\boldsymbol{l}_{m-2}=\boldsymbol{l}_{m-1}$ 无解,故欲使(12.4.3)有意义,需有 $m=1$,即 $l_1^{(0)}=l_3^{(0)}=\cdots=l_{n-1}^{(0)}=b$,$l_2^{(0)}=l_4^{(0)}=\cdots=l_n^{(0)}=c$. 证毕.

此定理回答了前面问题(2):在一般情形下,D_1,D_2,…只能无限地趋近于正 n 边形而永远不会有某个 D_m 变成正 n 边形,除非 n 为偶数且满足条件 $l_1^{(0)}=l_3^{(0)}=\cdots=l_{n-1}^{(0)}$,$l_2^{(0)}=l_4^{(0)}=\cdots=l_n^{(0)}$. 此时 D_0 不为正 n 边形(如矩形),而 D_1,D_2,…均为正 n 边形. 当 D_0 为圆内接梯形时,则 D_1,D_2,…均不为正方形,但无限地向正方形接近.

12.5 多边形等周问题

对于多边形等周定理的证明,我们也可以引入矩阵给出其证明,即进行升等周变换而证得.

引理5 具有最大面积的 n 边形必须是凸 n 边形.

引理6 在底边及另两边的长度之和分别给定的所有三角形中,以等腰三角形的面积为最大.

以上两引理的证明可参阅文献[68].

定理3 任意周长为 L 的不等边 n 边形的面积一

定小于某一周长为 L 的等边 n 边形的面积.

证明　由引理 5,我们只考虑凸不等边 n 边形 $A_1A_2\cdots A_n$,设其边长分别为 $x_1^{(0)},x_2^{(0)},\cdots,x_n^{(0)}$,且 $x_1^{(0)}+x_2^{(0)}+\cdots+x_n^{(0)}=L$(定值).

类似于上节,当 $n=2k$ 时

$$\begin{bmatrix} x_1^{(1)} \\ x_2^{(1)} \\ \vdots \\ x_{2k-1}^{(1)} \\ x_{2k}^{(1)} \end{bmatrix}=\begin{bmatrix} \frac{1}{2} & \frac{1}{2} & 0 & \cdots & \cdots & 0 \\ \frac{1}{2} & \frac{1}{2} & 0 & \cdots & \cdots & 0 \\ 0 & 0 & \frac{1}{2} & \frac{1}{2} & \cdots & 0 \\ 0 & 0 & \frac{1}{2} & \frac{1}{2} & \cdots & 0 \\ \vdots & \vdots & \vdots & \vdots & & \vdots \\ 0 & \cdots & \cdots & 0 & \frac{1}{2} & \frac{1}{2} \\ 0 & \cdots & \cdots & 0 & \frac{1}{2} & \frac{1}{2} \end{bmatrix}\cdot\begin{bmatrix} x_1^{(0)} \\ x_2^{(0)} \\ \vdots \\ x_{2k-1}^{(0)} \\ x_{2k}^{(0)} \end{bmatrix}$$

$$\begin{bmatrix} x_1^{(2)} \\ x_2^{(2)} \\ \vdots \\ x_{2k-1}^{(2)} \\ x_{2k}^{(2)} \end{bmatrix}=\begin{bmatrix} \frac{1}{2} & 0 & \cdots & \cdots & \cdots & 0 & \frac{1}{2} \\ 0 & \frac{1}{2} & \frac{1}{2} & 0 & \cdots & \cdots & 0 \\ 0 & \frac{1}{2} & \frac{1}{2} & 0 & \cdots & \cdots & 0 \\ \vdots & \vdots & \vdots & \vdots & \vdots & \vdots & \vdots \\ 0 & \cdots & \cdots & 0 & \frac{1}{2} & \frac{1}{2} & 0 \\ 0 & \cdots & \cdots & 0 & \frac{1}{2} & \frac{1}{2} & 0 \\ \frac{1}{2} & 0 & \cdots & \cdots & \cdots & 0 & \frac{1}{2} \end{bmatrix}\cdot\begin{bmatrix} x_1^{(1)} \\ x_2^{(1)} \\ \vdots \\ x_{2k-1}^{(1)} \\ x_{2k}^{(1)} \end{bmatrix}$$

因而有

$$\begin{bmatrix} x_1^{(2)} \\ x_2^{(2)} \\ \vdots \\ x_{2k-1}^{(2)} \\ x_{2k}^{(2)} \end{bmatrix} = \boldsymbol{A} \cdot \begin{bmatrix} x_1^{(0)} \\ x_2^{(0)} \\ \vdots \\ x_{2k-1}^{(0)} \\ x_{2k}^{(0)} \end{bmatrix}$$

$$\begin{bmatrix} x_1^{(2m)} \\ x_2^{(2m)} \\ \vdots \\ x_{2k-1}^{(2m)} \\ x_{2k}^{(2m)} \end{bmatrix} = \boldsymbol{A} \cdot \begin{bmatrix} x_1^{(2m-2)} \\ x_2^{(2m-2)} \\ \vdots \\ x_{2k-1}^{(2m-2)} \\ x_{2k}^{(2m-2)} \end{bmatrix}$$

其中

$$\boldsymbol{A} = \frac{1}{4}\begin{bmatrix} 1 & 1 & 0 & 0 & 0 & \cdots & 0 & 0 & 0 & 1 & 1 \\ 1 & 1 & 1 & 1 & 0 & \cdots & 0 & 0 & 0 & 0 & 0 \\ 1 & 1 & 1 & 1 & 0 & \cdots & 0 & 0 & 0 & 0 & 0 \\ \vdots & \vdots & \vdots & \vdots & \vdots & & \vdots & \vdots & \vdots & \vdots & \vdots \\ 0 & 0 & 0 & 0 & 0 & \cdots & 0 & 1 & 1 & 1 & 1 \\ 0 & 0 & 0 & 0 & 0 & \cdots & 0 & 1 & 1 & 1 & 1 \\ 1 & 1 & 0 & 0 & 0 & \cdots & 0 & 0 & 0 & 1 & 1 \end{bmatrix}_{2k \times 2k}$$

上述矩阵即为升等周变换的矩阵，因为

$$\sum_{i=1}^{2k} x_i^{(2m)} = \sum_{i=1}^{2k} x_i^{(2m-1)} = \cdots = \sum_{i=1}^{2k} x_i^{(1)}$$
$$= \sum_{i=1}^{2k} x_i^{(0)} = L(\text{定值})$$

又

$$x_1^{(1)}=x_2^{(1)},x_3^{(1)}=x_4^{(1)},\cdots,x_{2k-1}^{(1)}=x_{2k}^{(1)}$$

和

$$x_2^{(2)}=x_3^{(2)},x_4^{(2)}=x_5^{(2)},\cdots,x_{2k}^{(2)}=x_1^{(2)}$$

根据引理6，边长分别为 $x_1^{(1)},x_2^{(1)},\cdots,x_{2k}^{(1)}$ 的凸多边形的面积比边长分别为 $x_1^{(0)},x_2^{(0)},\cdots,x_{2k}^{(0)}$ 的凸多边形的面积大；边长分别为 $x_1^{(2)},x_2^{(2)},\cdots,x_{2k}^{(2)}$ 的凸多边形的面积比边长分别为 $x_1^{(1)},x_2^{(1)},\cdots,x_{2k}^{(1)}$ 的凸多边形的面积大；边长分别为 $x_1^{(2m)},x_2^{(2m)},\cdots,x_{2k}^{(2m)}$ 的凸多边形的面积比边长分别为 $x_1^{(2m-1)},x_2^{(2m-1)},\cdots,x_{2k}^{(2m-1)}$ 的凸多边形的面积大.

当 $n=2k+1$ 时，有

$$\begin{bmatrix} x_1^{(1)} \\ x_2^{(1)} \\ \vdots \\ x_{2k}^{(1)} \\ x_{2k+1}^{(1)} \end{bmatrix}=\begin{bmatrix} \frac{1}{2} & \frac{1}{2} & 0 & \cdots & \cdots & \cdots & \cdots & 0 \\ \frac{1}{2} & \frac{1}{2} & 0 & \cdots & \cdots & \cdots & \cdots & 0 \\ 0 & 0 & \frac{1}{2} & \frac{1}{2} & 0 & \cdots & \cdots & 0 \\ 0 & 0 & \frac{1}{2} & \frac{1}{2} & 0 & \cdots & \cdots & 0 \\ \vdots & \vdots & \vdots & \vdots & \vdots & \vdots & \vdots & \vdots \\ 0 & \cdots & \cdots & \cdots & \cdots & \frac{1}{2} & \frac{1}{2} & 0 \\ 0 & \cdots & \cdots & \cdots & \cdots & \frac{1}{2} & \frac{1}{2} & 0 \\ 0 & \cdots & \cdots & \cdots & \cdots & \cdots & \cdots & 1 \end{bmatrix}\cdot\begin{bmatrix} x_1^{(0)} \\ x_2^{(0)} \\ \vdots \\ x_{2k}^{(0)} \\ x_{2k+1}^{(0)} \end{bmatrix}$$

$$\begin{bmatrix} x_1^{(2)} \\ x_2^{(2)} \\ \vdots \\ x_{2k}^{(2)} \\ x_{2k+1}^{(2)} \end{bmatrix} = \begin{bmatrix} \frac{1}{2} & 0 & 0 & 0 & \cdots & \cdots & 0 & \frac{1}{2} \\ 0 & \frac{1}{2} & \frac{1}{2} & 0 & \cdots & \cdots & 0 & 0 \\ 0 & \frac{1}{2} & \frac{1}{2} & 0 & \cdots & \cdots & 0 & 0 \\ \vdots & \vdots & \vdots & \vdots & \vdots & \vdots & \vdots & \vdots \\ 0 & 0 & \cdots & \cdots & 0 & \frac{1}{2} & \frac{1}{2} & 0 \\ 0 & 0 & \cdots & \cdots & 0 & \frac{1}{2} & \frac{1}{2} & 0 \\ 0 & 0 & \cdots & \cdots & 0 & 0 & 1 & 0 \\ \frac{1}{2} & 0 & \cdots & \cdots & 0 & 0 & 0 & \frac{1}{2} \end{bmatrix} \cdot \begin{bmatrix} x_1^{(1)} \\ x_2^{(1)} \\ \vdots \\ x_{2k}^{(1)} \\ x_{2k+1}^{(1)} \end{bmatrix}$$

因而有

$$\begin{bmatrix} x_1^{(2)} \\ x_2^{(2)} \\ \vdots \\ x_{2k}^{(2)} \\ x_{2k+1}^{(2)} \end{bmatrix} = \boldsymbol{B} \cdot \begin{bmatrix} x_1^{(0)} \\ x_2^{(0)} \\ \vdots \\ x_{2k}^{(0)} \\ x_{2k+1}^{(0)} \end{bmatrix}$$

$$\begin{bmatrix} x_1^{(2m)} \\ x_2^{(2m)} \\ \vdots \\ x_{2k}^{(2m)} \\ x_{2k+1}^{(2m)} \end{bmatrix} = \boldsymbol{B} \cdot \begin{bmatrix} x_1^{(2m-2)} \\ x_2^{(2m-2)} \\ \vdots \\ x_{2k}^{(2m-2)} \\ x_{2k+1}^{(2m-2)} \end{bmatrix}$$

其中

$$B=\frac{1}{4}\cdot\begin{bmatrix}1&1&0&0&0&\cdots&\cdots&\cdots&\cdots&\cdots&\cdots&\cdots&2\\1&1&1&1&0&\cdots&\cdots&\cdots&\cdots&\cdots&\cdots&\cdots&0\\1&1&1&1&0&\cdots&\cdots&\cdots&\cdots&\cdots&\cdots&\cdots&0\\0&0&1&1&1&1&0&\cdots&\cdots&\cdots&\cdots&\cdots&0\\0&0&1&1&1&1&0&\cdots&\cdots&\cdots&\cdots&\cdots&0\\\vdots&\vdots&\vdots&\vdots&\vdots&\vdots&\vdots&\vdots&\vdots&\vdots&\vdots&\vdots&\vdots\\0&\cdots&\cdots&\cdots&\cdots&\cdots&\cdots&0&1&1&1&1&0\\0&\cdots&\cdots&\cdots&\cdots&\cdots&\cdots&0&1&1&1&1&0\\0&\cdots&\cdots&\cdots&\cdots&\cdots&\cdots&0&0&0&2&2&0\\1&1&0&\cdots&\cdots&\cdots&\cdots&0&0&0&0&0&2\end{bmatrix}_{(2k+1)\times(2k+1)}$$

显然,上述矩阵亦为升等周变换的矩阵.

由上节引理 4 知

$$\lim_{m\to\infty}A^m=\begin{bmatrix}\frac{1}{2k}&\frac{1}{2k}&\cdots&\frac{1}{2k}\\\frac{1}{2k}&\frac{1}{2k}&\cdots&\frac{1}{2k}\\\vdots&\vdots&&\vdots\\\frac{1}{2k}&\frac{1}{2k}&\cdots&\frac{1}{2k}\end{bmatrix}$$

于是有

$$\lim_{m\to\infty}\begin{bmatrix}x_1^{(2m)}\\x_2^{(2m)}\\\vdots\\x_{2k}^{(2m)}\end{bmatrix}=\lim_{m\to\infty}A^m\cdot\begin{bmatrix}x_1^{(0)}\\x_2^{(0)}\\\vdots\\x_{2k}^{(0)}\end{bmatrix}$$

$$=\begin{bmatrix}\frac{1}{2k} & \frac{1}{2k} & \cdots & \frac{1}{2k}\\ \frac{1}{2k} & \frac{1}{2k} & \cdots & \frac{1}{2k}\\ \vdots & \vdots & & \vdots\\ \frac{1}{2k} & \frac{1}{2k} & \cdots & \frac{1}{2k}\end{bmatrix}\cdot\begin{bmatrix}x_1^{(0)}\\ x_2^{(0)}\\ \vdots\\ x_{2k}^{(0)}\end{bmatrix}$$

故

$$\begin{aligned}\lim_{m\to\infty} x_1^{(2m)} &= \lim_{m\to\infty} x_2^{(2m)} = \cdots = \lim_{m\to\infty} x_{2k}^{(2m)}\\ &=\frac{1}{2k}(x_1^{(0)}+x_2^{(0)}+\cdots+x_{2k}^{(0)})=\frac{L}{2k}\end{aligned}$$

由引理 4 可知，在这一极限过程中，面积序列是一单调递增有界序列，故有极限，即周长为 L 的不等边 n 边形的面积一定小于某一周长为 L 的等边 n 边形的面积.

对于 $n=2k+1$ 的情形亦可类似地给出证明.

有了定理 3，再注意到：周长相同的一切等边 n 边形中，以正 n 边形的面积为最大.

因而便有下面的定理 4.

定理 4 周长相同的一切 n 边形中，以正 n 边形的面积为最大.

至此，多边形等周问题获得了一个矩阵证明方法.

平面解析几何问题

第13章

运用坐标研究平面图形或曲线的性质是平面解析几何的核心,因而二行 n 列式在处理平面解析几何问题中常发挥重要作用.

一个图形运动到一个新位置,或改变它的形状,或改变它的测度等,就说对这个图形作了一次变换或几次变换. 矩阵可以用来描述各种变换及变换的运算与作用.

13.1　二行 n 列式的应用

由于二行 n 列式有众多优美的性质,由这些性质,我们可以推导平面解析几何中的一系列重要结论.

一、三直线共点的充要条件

作为二行 n 列式的另一应用,我们有下面的定理.

定理1　已知三直线方程为 $y=$

$k_ix+b_i,i=1,2,3$,则三直线共点的充要条件为

$$\begin{vmatrix} k_i \\ b_i \end{vmatrix}_1^3=0 \tag{13.1.1}$$

证明　把三直线方程改写为

$$k_ix-y+b_i=0 \quad (i=1,2,3)$$

又

$$三线共点\Leftrightarrow\begin{vmatrix} k_1 & -1 & b_1 \\ k_2 & -1 & b_2 \\ k_3 & -1 & b_3 \end{vmatrix}=0\Leftrightarrow\begin{vmatrix} k_1 & b_1 & 1 \\ k_2 & b_2 & 1 \\ k_3 & b_3 & 1 \end{vmatrix}=0$$

$$\Leftrightarrow\begin{vmatrix} k_1 & k_2 & k_3 \\ b_1 & b_2 & b_3 \end{vmatrix}=0$$

命题获证.

注　(1)当 k_i,b_i 中有一个不存在时,公式失效.

(2)因原来的三阶行列式的三行可以上下移动,故三数对的先后摆布可以任意.

例 1　圆心不共线的三个圆两两相交,所得三条公共弦所在直线交于一点,试证之.

证明　设$\odot O_i(i=1,2,3)$的方程为

$$x^2+y^2+D_ix+E_iy+F_i=0$$

把它们两两相减得公共弦 l_i 的方程为

$$(D_i-D_{i+1})x+(E_i-E_{i+1})y+F_i-F_{i+1}=0$$

其中 $i=1,2,3$,且 $D_4=D_1,E_4=E_1,F_4=F_1$. 再由式(13.1.1)即证.

二、三角形面积坐标公式的推论

由三角形面积坐标公式(3.6.10)可得到如下一

系列推论.

推论 1　设 A_1,A_2,A_3 三点的直角坐标分别为 $(x_1,y_1),(x_2,y_2),(x_3,y_3)$,则 A_1,A_2,A_3 三点共线的充要条件为

$$\begin{vmatrix} x_1 & y_1 & 1 \\ x_2 & y_2 & 1 \\ x_3 & y_3 & 1 \end{vmatrix}=0 \tag{13.1.2}$$

注　此推论中的点的坐标也可以是斜坐标系或面积坐标中的坐标.

推论 2[①]　设 $l_1:a_1x+b_1y+c_1=0,l_2:a_2x+b_2y+c_2=0,l_3:a_3x+b_3y+c_3=0$,则由 l_1,l_2,l_3 所围成的三角形面积为

$$S=\left|\frac{\Delta^2}{2\Delta_1\Delta_2\Delta_3}\right| \tag{13.1.3}$$

其中

$$\Delta=\begin{vmatrix} a_1 & b_1 & c_1 \\ a_2 & b_2 & c_2 \\ a_3 & b_3 & c_3 \end{vmatrix}$$

而 $\Delta_1,\Delta_2,\Delta_3$ 分别为 c_1,c_2,c_3 的代数余子式.

证明　联立 l_2,l_3 的方程得 $x_1=\frac{A_1}{\Delta_1},y_1=\frac{B_1}{\Delta_1}$,这里 A_1,B_1 为 a_1,b_1 的代数余子式,从而 l_2 与 l_3 的交点为 $(\frac{A_1}{\Delta_1},\frac{B_1}{\Delta_1})$,这是三角形的一个顶点. 类似的,有 $(\frac{A_2}{\Delta_2},$

---

① 周华生. 三线形面积公式及其推广[J]. 数学通报,1996(9):18-19.

$\frac{B_2}{\Delta_2})$,$(\frac{A_3}{\Delta_3},\frac{B_3}{\Delta_3})$,由三角形面积公式可得

$$S=\left|\frac{1}{2}\begin{vmatrix}\frac{A_1}{\Delta_1} & \frac{B_1}{\Delta_1} & 1\\ \frac{A_2}{\Delta_2} & \frac{B_2}{\Delta_2} & 1\\ \frac{A_3}{\Delta_3} & \frac{B_3}{\Delta_3} & 1\end{vmatrix}\right|=\left|\frac{1}{2\Delta_1\Delta_2\Delta_3}\begin{vmatrix}A_1 & B_1 & \Delta_1\\ A_2 & B_2 & \Delta_2\\ A_3 & B_3 & \Delta_3\end{vmatrix}\right|=\left|\frac{1}{2\Delta_1\Delta_2\Delta_3}\Delta^2\right|$$

其中

$$\begin{vmatrix}A_1 & B_1 & \Delta_1\\ A_2 & B_2 & \Delta_2\\ A_3 & B_3 & \Delta_3\end{vmatrix}=\begin{vmatrix}a_1 & b_1 & c_1\\ a_2 & b_2 & c_2\\ a_3 & b_3 & c_3\end{vmatrix}^2=\Delta^2$$

注 (1)若三线共点时,$\Delta=0$.

(2)若两线平行时,$\Delta_1,\Delta_2,\Delta_3$ 中一个为0,故三角形面积不存在.

推论3 设四边形 $ABCD$ 四点坐标分别为 $A(x_1,y_1)$,$B(x_2,y_2)$,$C(x_3,y_3)$,$D(x_4,y_4)$,则四边形的有向面积为

$$S=\frac{1}{4}\begin{vmatrix}x_1 & y_1 & 1 & 1\\ x_2 & y_2 & -1 & 1\\ x_3 & y_3 & 1 & 1\\ x_4 & y_4 & -1 & 1\end{vmatrix}\tag{13.1.4}$$

其中,若 A,B,C,D 四点按照逆时针顺序,则由这四点组成四边形面积为正值;若为顺时针,反之.

证法1　由二行 n 列式的性质2、性质1及性质4知(13.1.4)可由式(3.6.9)得出,由此即证.

证法2　四阶行列式按第三列展开

$$\begin{vmatrix} x_1 & y_1 & 1 & 1 \\ x_2 & y_2 & -1 & 1 \\ x_3 & y_3 & 1 & 1 \\ x_4 & y_4 & -1 & 1 \end{vmatrix} = \begin{vmatrix} x_2 & y_2 & 1 \\ x_3 & y_3 & 1 \\ x_4 & y_4 & 1 \end{vmatrix} + \begin{vmatrix} x_1 & y_1 & 1 \\ x_3 & y_3 & 1 \\ x_4 & y_4 & 1 \end{vmatrix} + \begin{vmatrix} x_1 & y_1 & 1 \\ x_2 & y_2 & 1 \\ x_4 & y_4 & 1 \end{vmatrix} + \begin{vmatrix} x_1 & y_1 & 1 \\ x_2 & y_2 & 1 \\ x_3 & y_3 & 1 \end{vmatrix}$$

当四边形 $ABCD$ 是凸四边形,如图13.1.1时,由式(3.6.10)知

$$\begin{vmatrix} x_2 & y_2 & 1 \\ x_3 & y_3 & 1 \\ x_4 & y_4 & 1 \end{vmatrix} = 2S_{\triangle BCD}, \begin{vmatrix} x_1 & y_1 & 1 \\ x_3 & y_3 & 1 \\ x_4 & y_4 & 1 \end{vmatrix} = 2S_{\triangle ACD}$$

$$\begin{vmatrix} x_1 & y_1 & 1 \\ x_2 & y_2 & 1 \\ x_4 & y_4 & 1 \end{vmatrix} = 2S_{\triangle ABD}, \begin{vmatrix} x_1 & y_1 & 1 \\ x_2 & y_2 & 1 \\ x_3 & y_3 & 1 \end{vmatrix} = 2S_{\triangle ABC}$$

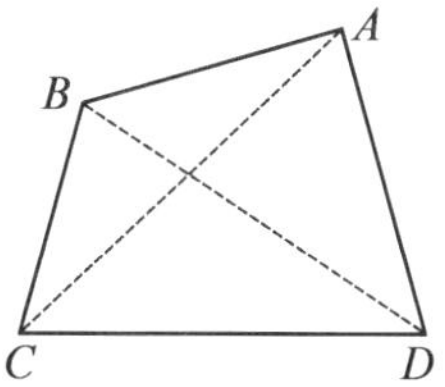

图13.1.1

所以

$$\begin{aligned}\begin{vmatrix} x_1 & y_1 & 1 & 1 \\ x_2 & y_2 & -1 & 1 \\ x_3 & y_3 & 1 & 1 \\ x_4 & y_4 & -1 & 1 \end{vmatrix} &= 2S_{\triangle BCD}+2S_{\triangle ACD}+2S_{\triangle ABD}+2S_{\triangle ABC} \\ &= 2(S_{\triangle ABC}+S_{\triangle ACD})+ \\ &\quad 2(S_{\triangle BCD}+S_{\triangle ABD}) \\ &= 2S+2S=4S\end{aligned}$$

故

$$S=\frac{1}{4}\begin{vmatrix} x_1 & y_1 & 1 & 1 \\ x_2 & y_2 & -1 & 1 \\ x_3 & y_3 & 1 & 1 \\ x_4 & y_4 & -1 & 1 \end{vmatrix}$$

当四边形 $ABCD$ 是凹四边形,如图 13.1.2 时,由引理知

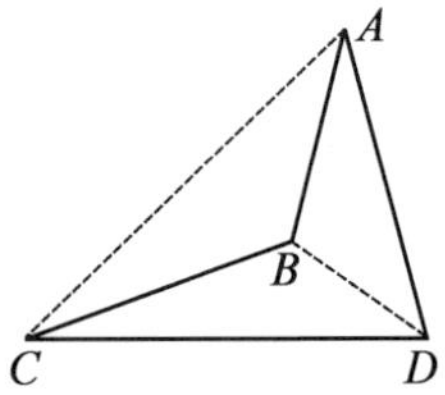

图 13.1.2

$$\begin{vmatrix} x_2 & y_2 & 1 \\ x_3 & y_3 & 1 \\ x_4 & y_4 & 1 \end{vmatrix}=2S_{\triangle BCD},\begin{vmatrix} x_1 & y_1 & 1 \\ x_3 & y_3 & 1 \\ x_4 & y_4 & 1 \end{vmatrix}=2S_{\triangle ACD}$$

$$\begin{vmatrix} x_1 & y_1 & 1 \\ x_2 & y_2 & 1 \\ x_4 & y_4 & 1 \end{vmatrix} = 2S_{\triangle ABD}, \begin{vmatrix} x_1 & y_1 & 1 \\ x_2 & y_2 & 1 \\ x_3 & y_3 & 1 \end{vmatrix} = -2S_{\triangle ABC}$$

所以

$$\begin{aligned} \begin{vmatrix} x_1 & y_1 & 1 & 1 \\ x_2 & y_2 & -1 & 1 \\ x_3 & y_3 & 1 & 1 \\ x_4 & y_4 & -1 & 1 \end{vmatrix} &= 2S_{\triangle BCD} + 2S_{\triangle ACD} + 2S_{\triangle ABD} - 2S_{\triangle ABC} \\ &= 2(S_{\triangle ACD} - S_{\triangle ABC}) + \\ &\quad 2(S_{\triangle BCD} + S_{\triangle ABD}) \\ &= 2S + 2S = 4S \end{aligned}$$

故

$$S = \frac{1}{4}\begin{vmatrix} x_1 & y_1 & 1 & 1 \\ x_2 & y_2 & -1 & 1 \\ x_3 & y_3 & 1 & 1 \\ x_4 & y_4 & -1 & 1 \end{vmatrix}$$

综上,定理成立.

对行列式进行变换立即有:

推论 3′　设四边形 $ABCD$ 四点坐标分别为 $A(x_1, y_1)$, $B(x_2, y_2)$, $C(x_3, y_3)$, $D(x_4, y_4)$,则四边形的有向面积为

$$S = \frac{1}{2}\begin{vmatrix} x_1 & y_1 & 1 & 1 \\ x_2 & y_2 & 0 & 1 \\ x_3 & y_3 & 1 & 1 \\ x_4 & y_4 & 0 & 1 \end{vmatrix} \qquad (13.1.4')$$

其中,若 A,B,C,D 四点按照逆时针顺序,则由这四点组成的四边形面积为正值;若为顺时针,反之.

推论 4① 设 $n\geqslant 3,A_1,A_2,\cdots,A_n$ 是平面上有顺序的 n 个点,规定 $A_{n+1}=A_1$,则对平面上的任意点 P

$$S_{\triangle PA_1A_2}+S_{\triangle PA_2A_3}+\cdots+S_{\triangle PA_{n-1}A_n}+S_{\triangle PA_nA_1}=\sum_{i=1}^{n}S_{\triangle PA_iA_{i+1}}$$

为定值.

证明 设 $A_i(x_i,y_i),i=1,2,\cdots,n,n+1,x_{n+1}=x_1,y_{n+1}=y_1$. 对于平面上任意两点 P,Q,设 $P(a,b)$,$Q(c,d)$,有

$$\begin{aligned}
&\sum_{i=1}^{n}S_{\triangle PA_iA_{i+1}}-\sum_{i=1}^{n}S_{\triangle QA_iA_{i+1}}\\
&=\frac{1}{2}\sum_{i=1}^{n}\left[\begin{vmatrix} a & b & 1\\ x_i & y_i & 1\\ x_{i+1} & y_{i+1} & 1\end{vmatrix}-\begin{vmatrix} c & d & 1\\ x_i & y_i & 1\\ x_{i+1} & y_{i+1} & 1\end{vmatrix}\right]\\
&=\frac{1}{2}\sum_{i=1}^{n}\begin{vmatrix} a-c & b-d & 0\\ x_i & y_i & 1\\ x_{i+1} & y_{i+1} & 1\end{vmatrix}\\
&=\frac{a-c}{2}\sum_{i=1}^{n}(y_i-y_{i+1})-\frac{b-d}{2}\sum_{i=1}^{n}(x_i-x_{i+1})=0
\end{aligned}$$

故

$$\sum_{i=1}^{n}S_{\triangle PA_iA_{i+1}}=\sum_{i=1}^{n}S_{\triangle QA_iA_{i+1}}$$

即 $\sum_{i=1}^{n}S_{\triangle PA_iA_{i+1}}$ 为定值.

① 续铁权. 有向面积及其应用[J]. 数学通报,2000(1):22-23.

定义1　对于任意多边形 $A_1A_2\cdots A_n$ 和平面上任意点 P,称 $\sum_{i=1}^{n} S_{\triangle PA_iA_{i+1}}$ 为这个多边形的有向面积,记作 $S_{A_1A_2\cdots A_n}$.

结论1　$S_{A_1A_2\cdots A_n}=S_{\triangle A_1A_2A_3}+S_{\triangle A_1A_3A_4}+\cdots+S_{\triangle A_1A_{n-1}A_n}$.

这是取 P 为 A_1 的情形.

结论2　当 $n\geqslant 4,3\leqslant i\leqslant n-1$ 时,有

$$S_{A_1A_2\cdots A_i}+S_{A_1A_iA_{i+1}\cdots A_n}=S_{A_1A_2\cdots A_n}$$

下面给出上述推论的应用例子.

例2(1998年全国高中数学联赛题)　如图13.1.3,O',I 分别为 $\triangle ABC$ 的外心和内心,AD 是边 BC 上的高,I 在线段 $O'D$ 上.求证:$\triangle ABC$ 的外接圆半径等于边 BC 上的旁切圆半径.

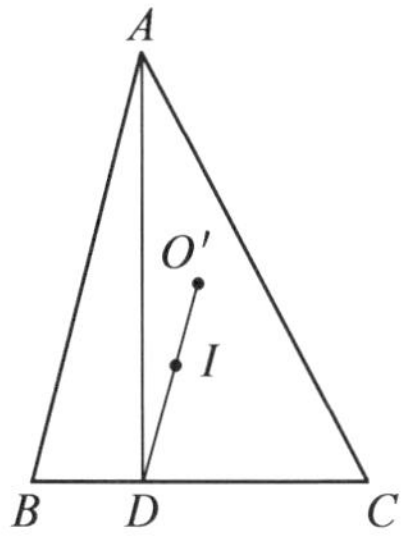

图13.1.3

注　$\triangle ABC$ 的边 BC 上的旁切圆是与边 AB,AC 的延长线和边 BC 都相切的圆.为便于与坐标原点 O 区别,原题中的外心记为了 O'.

证明　先看如下一个引理:

引理①（三角形三顶点坐标定理） 在如图 13.1.4 所示的平面直角坐标系中，$\triangle ABC$ 三个顶点的坐标是 $A\left(\frac{y-z}{y+z}xr,\frac{2xyz}{y+z}r\right)$，$B(-ry,0)$，$C(rz,0)$（其中 r 为内切圆半径）.

事实上，如图 13.1.4 所示，可知有 $x+y+z=xyz$，且有 AC 的方程

$$Y=\frac{2z}{z^2-1}(X-rz)$$

AB 的方程

$$Y=\frac{2y}{y^2-1}(X-ry)$$

$$AB\cap AC=A\left(\frac{y-z}{yz-1}r,\frac{2yz}{yz-1}r\right)$$

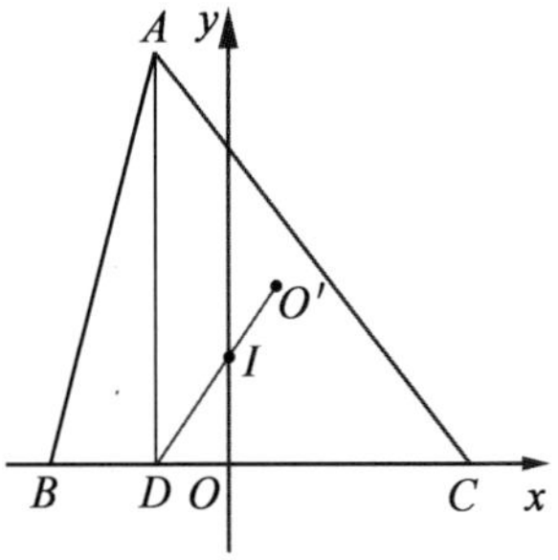

图 13.1.4

注意 $y+z=x(yz-1)$，有 $A\left(\frac{y-z}{y+z}xr,\frac{2xyz}{y+z}r\right)$.

① 黄汉生. 三角形三顶点坐标定理[J]. 数学通报，2001(6)：25-26.

将$\triangle ABC$的内心、外心、重心、垂心、旁心、界心(奈格尔(Negel)点)、九点圆圆心分别记作$I,O',G,H,I_A(I_B,I_C),K,N$,它们合称为$\triangle ABC$的七"心".

同样可得三角形七"心"坐标如下:

在$\triangle ABC$中

$$I(0,r)$$

$$O'\left(\frac{z-y}{2}r,\frac{1}{4}(x^2-1)(yz-1)r\right)$$

$$G\left(\frac{(y-z)(2-yz)}{3(yz-1)}r,\frac{2yz-1}{3(yz-1)}r\right)$$

$$H\left(\frac{y-z}{yz-1}r,\frac{(1-y^2)(1-z^2)}{2(yz-1)}r\right)$$

$$I_A((z-y)r,-yzr)$$

$$I_B((z+x)r,zxr)$$

$$I_C(-(x+y)r,xyr)$$

$$K\left(\frac{(y-z)(x-y-z)}{y+z}r,\frac{2x}{y+z}r\right)$$

$$N\left(\frac{(y-z)(3-yz)}{4(yz-1)}r,\frac{(yz+1)^2-(y-z)^2}{8(yz-1)}r\right)$$

下面,回到例题的证明:

因为三点O',I,D共线,由推论1,有

$$\begin{vmatrix}\frac{z-y}{2}r & \frac{1}{4}(x^2-1)(yz-1)r & 1\\ 0 & r & 1\\ \frac{y-z}{y+z}xr & 0 & 1\end{vmatrix}=0$$

化简,得

$$\frac{z-y}{2}+\frac{(y-z)(x^2-1)(yz-1)x}{4}-\frac{y-z}{y+z}x=0$$

因为 I 在 $O'D$ 上，则 $y\neq z$，所以

$$xy+zx-1=3yz$$

即

$$4yz=xy+yz+zx-1=\frac{4R}{r}$$

因此

$$R=ryz=r_a$$

注 $r\left(\cot\frac{B}{2}+\cot\frac{C}{2}\right)=a=r_a\left(\cot\frac{\pi-B}{2}+\cot\frac{\pi-C}{2}\right)$

即

$$r(y+z)=r_a\left(\frac{1}{y}+\frac{1}{z}\right)$$

$$r_a=ryz$$

r_a 为边 BC 上的旁切圆半径.

例 3(帕普斯(Pappus)定理) 设直线 m 上有互异的三点 A,B,C，直线 m' 上有互异的 A',B',C'，则 $P=BC'\cap B'C$，$Q=CA'\cap C'A$，$R=AB'\cap A'B$ 三点共线.

证明 取 A,B,A' 为面积坐标的坐标三角形的顶点，取 B' 为单位点，有 $A(1,0,0)$，$B(0,1,0)$，$A'(0,0,1)$，$B'(1,1,1)$，$C(1,\alpha,0)$，$C'(1,1,\beta)$，则有方程式 $AB':x_2-x_3=0$，$A'B:x_1=0$，它们的交点为 $R(0,1,1)$；有方程式 $CA':\beta x_2-x_3=0$，$C'A:\alpha x_1-x_2=0$，它们的交点为 $Q(1,\alpha,\alpha\beta)$.

同理，求得 BC' 与 $B'C$ 两线的交点为 $P(1,\alpha+\beta-\alpha\beta,\beta)$. 因为

$$S_{\triangle PQR}=\begin{vmatrix}0 & 1 & 1\\ 1 & \alpha & \alpha\beta\\ 1 & \alpha+\beta-\alpha\beta & \beta\end{vmatrix}=0$$

所以,P,Q,R 三点共线.

例 4(帕斯卡(Pascal)定理)　内接于非退化二阶曲线的六点形,其三对对边的交点共线.

证明　设二阶曲线的方程为

$$\sum_{i,j=1}^{3} a_{ij}x_ix_j = 0 \quad (a_{ij} = a_{ji}, 且 |a_{ij}| \neq 0)$$

令 A_1,A_2,A_3,A_4,A_5,A_6(简记为 1,2,3,4,5,6,如图 13.1.5)是二阶曲线上的内接六点形的 6 个顶点,则有 $A_iA_j = a_{ij}$,$i,j = 1,\cdots,6$,且边 A_1A_2 与 A_4A_5,A_2A_3 与 A_5A_6,A_3A_4 与 A_6A_1 称为三对对边. 下面要证三对对边的交点 $P = A_1A_2 \cap A_4A_5$,$Q = A_2A_3 \cap A_5A_6$,$R = A_3A_4 \cap A_6A_1$ 共线.

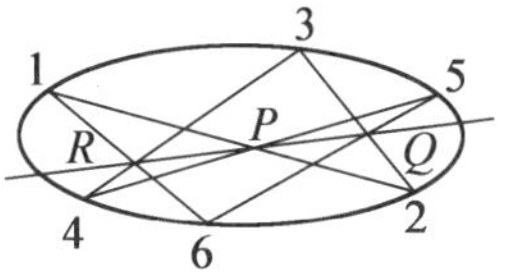

图 13.1.5

取 A_1,A_2,A_3 三点为面积坐标的坐标三角形,取点 A_4 为单位点,有 $A_1(1,0,0)$,$A_2(0,1,0)$,$A_3(0,0,1)$,$A_4(1,1,1)$,$A_5(\lambda_1,\lambda_2,\lambda_3)$,$A_6(\mu_1,\mu_2,\mu_3)$,得

$$a_{11} = a_{22} = a_{33} = 0$$

$$a_{12} + a_{13} + a_{23} = 0$$

且

$$a_{12}\lambda_1\lambda_2 + a_{13}\lambda_1\lambda_3 + a_{23}\lambda_2\lambda_3 = 0$$

$$a_{12}\mu_1\mu_2 + a_{13}\mu_1\mu_3 + a_{23}\mu_2\mu_3 = 0$$

所以

$$\frac{a_{12}}{a_{13}}=\frac{\lambda_2\lambda_3-\lambda_1\lambda_3}{\lambda_1\lambda_2-\lambda_2\lambda_3}=\frac{\mu_2\mu_3-\mu_1\mu_3}{\mu_1\mu_2-\mu_2\mu_3}$$

得

$$\lambda_1\lambda_2(\mu_1\mu_3-\mu_2\mu_3)+\lambda_1\lambda_3(\mu_2\mu_3-\mu_1\mu_2)+\lambda_2\lambda_3(\mu_1\mu_2-\mu_1\mu_3)=0$$

而

$$A_1A_2: x_3=0$$

$$A_2A_3: x_1=0$$

$$A_3A_4: x_1-x_2=0$$

$$A_4A_5: (\lambda_3-\lambda_2)x_1+(\lambda_1-\lambda_3)x_2+(\lambda_2-\lambda_1)x_3=0$$

$$A_5A_6: (\lambda_2\mu_3-\lambda_3\mu_2)x_1+(\lambda_3\mu_1-\lambda_1\mu_3)x_2+(\lambda_1\mu_2-\lambda_2\mu_1)x_3=0$$

$$A_6A_1: \mu_3x_2-\mu_2x_3=0$$

三对对边的交点

$$A_1A_2\cap A_4A_5=P(\lambda_3-\lambda_1,\lambda_3-\lambda_2,0)$$

$$A_2A_3\cap A_5A_6=Q(0,\lambda_1\mu_2-\lambda_2\mu_1,\lambda_1\mu_3-\lambda_3\mu_1)$$

$$A_3A_4\cap A_6A_1=R(\mu_2,\mu_2,\mu_3)$$

因为

$$S_{\triangle PQR}=\begin{vmatrix}\lambda_3-\lambda_1 & \lambda_3-\lambda_2 & 0\\ 0 & \lambda_1\mu_2-\lambda_2\mu_1 & \lambda_1\mu_3-\lambda_3\mu_1\\ \mu_2 & \mu_2 & \mu_3\end{vmatrix}$$

$$=\lambda_1\lambda_2(\mu_1\mu_3-\mu_2\mu_3)+\lambda_1\lambda_3(\mu_2\mu_3-\mu_1\mu_2)+\lambda_2\lambda_3(\mu_1\mu_2-\mu_1\mu_3)$$

$$=0$$

所以,P,Q,R 三点共线.

例 5(笛沙格(Desargues)定理)　如图 13.1.6,在

$\triangle ABC$ 和 $\triangle A'B'C'$ 中，若对应顶点 AA'，BB'，CC' 的连线共点 S，则对应边的交点 $P=BC\cap B'C'$，$Q=CA\cap C'A'$，$R=AB\cap A'B'$ 共线.

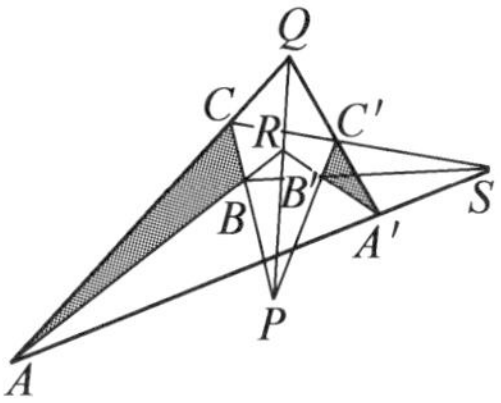

图 13.1.6

证法 1　取 A,B,C 为面积坐标的坐标三角形的顶点，取 S 为单位点，有 $A(1,0,0)$，$B(0,1,0)$，$C(0,0,1)$，$S(1,1,1)$，$A'(n_1,1,1)$，$B'(1,n_2,1)$，$C'(1,1,n_3)$，则

$$BC: x_1=0$$
$$CA: x_2=0$$
$$AB: x_3=0$$
$$B'C': (n_2n_3-1)x_1+(1-n_3)x_2+(1-n_2)x_3=0$$
$$C'A': (1-n_3)x_1+(n_1n_3-1)x_2+(1-n_1)x_3=0$$
$$A'B': (1-n_2)x_1+(1-n_1)x_2+(n_1n_2-1)x_3=0$$

有

$$BC\cap B'C'=P(0,n_2-1,1-n_3)$$
$$CA\cap C'A'=Q(n_1-1,0,1-n_3)$$
$$AB\cap A'B'=R(n_1-1,1-n_2,0)$$

因为

$$S_{\triangle PQR}=\begin{vmatrix}0 & n_2-1 & 1-n_3\\ n_1-1 & 0 & 1-n_3\\ n_1-1 & 1-n_2 & 0\end{vmatrix}=0$$

所以 P,Q,R 三点共线.

证法 2 如图 13.1.7,取斜坐标系,并得 A,B,C 的坐标. 又设 $\frac{\overline{SA'}}{\overline{SA}}=\lambda,\frac{\overline{SB'}}{\overline{SB}}=\mu,\frac{\overline{SC'}}{\overline{SC}}=\nu$,得 A',B',C' 的坐标如图 13.1.7,从而可得直线方程 $A'C':\nu nx+(\lambda a-\nu m)y=\lambda\nu an,AC:nx+(a-m)y=an$. 解得交点

$$Q\left(\frac{\nu(1-\lambda)m-\lambda(1-\nu)a}{\nu-\lambda},\frac{(1-\lambda)\nu n}{\nu-\lambda}\right)$$

类似得

$$R\left(\frac{(1-\mu)\nu m}{\nu-\mu},\frac{\nu(1-\mu)n-\mu(1-\nu)b}{\nu-\mu}\right)$$

$$P\left(\frac{(1-\mu)\lambda a}{\lambda-\mu},-\frac{\mu(1-\lambda)b}{\lambda-\mu}\right)$$

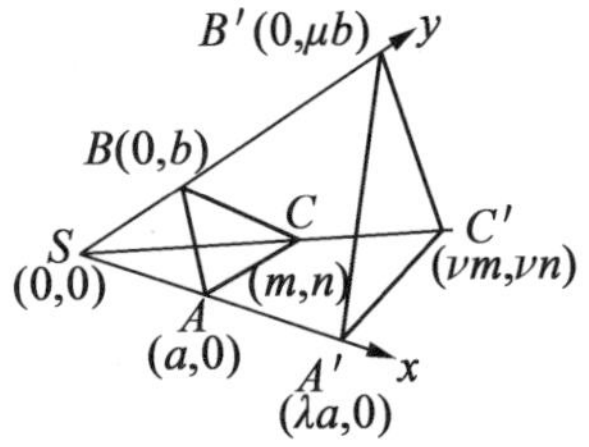

图 13.1.7

要证 Q,R,P 共线,只要证(各行已约去分母)

$$W=\begin{vmatrix}\nu(1-\lambda)m-\lambda(1-\nu)a & (1-\lambda)\nu n & \nu-\lambda\\ (1-\mu)\nu m & \nu(1-\mu)n-\mu(1-\nu)b & \nu-\mu\\ (1-\mu)\lambda a & -\mu(1-\lambda)b & \lambda-\mu\end{vmatrix}=0$$

W 为 ν 的二次多项式，当 $\nu=0$ 时

$$W=ab\begin{vmatrix} -\lambda & 0 & -\lambda \\ 0 & -\mu & -\mu \\ (1-\mu)\lambda & (\lambda-1)\mu & \lambda-\mu \end{vmatrix}=0$$

（因前两列和等于第三列）；当 $\nu=\lambda$ 时，易得

$$W=T\begin{vmatrix} m-a & n & 0 \\ (1-\mu)\lambda m & \lambda(1-\mu)n-\mu(1-\lambda)b & 1 \\ (1-\mu)\lambda a & -\mu(1-\lambda)b & 1 \end{vmatrix}$$

$$=T\begin{vmatrix} m-a & n & 0 \\ (1-\mu)\lambda(m-a) & \lambda(1-\mu)n & 0 \\ (1-\mu)\lambda a & -\mu(1-\lambda)b & 1 \end{vmatrix}=0$$

其中 $T=\lambda(1-\lambda)(\lambda-\mu)$. 同理 $\nu=\mu$ 时，$W=0$. 易见 $\lambda,\mu,0$ 互不相等，故按多项式恒等定理知 $W=0$ 成立.

例 6　如图 13.1.8，$\triangle ABC$ 的垂心为 H，点 P,Q 在高 CD 所在的直线上，$\dfrac{\overline{PD}}{QD}=\dfrac{\overline{AD}}{BD}$，$PK\perp AC$，$PL\perp AH$，$QM\perp BC$，$QN\perp BH$，$K,L,M,N$ 为垂足，求证：K,L,M,N 共线.

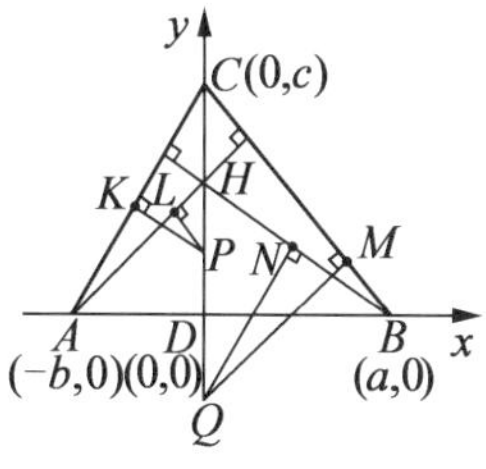

图 13.1.8

证明　如图 13.1.8，建立直角坐标系并得 A,B，

C,D 的坐标. 易见 $\frac{DH}{DA}=\frac{DB}{DC}$, 得 $H(0,\frac{ab}{c})$. 设 $\frac{PD}{AD}=\frac{QD}{BD}=\lambda$, 则 $P(0,b\lambda)$, $Q(0,-a\lambda)$. 求得 AC 的方程: $cx-by+bc=0$, 从而求得 P 在 AC 的射影 $K\left(\frac{bc(\lambda b-c)}{c^2+b^2},\frac{bc(b+\lambda c)}{c^2+b^2}\right)$. 同理, L,M 的坐标为 $\left(\frac{ab(\lambda c-a)}{c^2+a^2},\frac{ab(c+\lambda a)}{c^2+a^2}\right)$, $\left(\frac{ac(\lambda a+c)}{c^2+a^2},\frac{ac(a-\lambda c)}{c^2+a^2}\right)$. 要证 K,L,M 共线, 只要证

$$\begin{vmatrix} bc(\lambda b-c) & bc(b+\lambda c) & c^2+b^2 \\ ab(\lambda c-a) & ab(c+\lambda a) & c^2+a^2 \\ ac(\lambda a+c) & ac(a-\lambda c) & c^2+a^2 \end{vmatrix}=0$$

分解上式左边的第一、二列可得四个行列式, 其中只有两个的值非零, 即只要证

$$c\begin{vmatrix} -bc^2 & b^2 & c^2+b^2 \\ -a^2b & ab & c^2+a^2 \\ ac^2 & a^2 & c^2+a^2 \end{vmatrix}+\lambda^2c\begin{vmatrix} b^2 & bc^2 & c^2+b^2 \\ ab & a^2b & c^2+a^2 \\ a^2 & -ac^2 & c^2+a^2 \end{vmatrix}=0$$

上式中两行列式相等, 记为 G. (按 G 的第一列展开) 易见 G 的展开式中 c^4 项系数为零, 故 G 实为 c^2 的一次多项式. 易见 $c^2=0$ 或 $c^2=-a^2$ 时 $G=0$. 而 $0\neq -a^2$, 故 G 恒等于零. 同理可证 K,N,L 三点共线. 故 K,L,M,N 四点共线. 证毕.

例 7 设三角形三边方程为 $3x-4y+4a=0$, $2x-3y+4a=0$, $5x-y+a=0$, 求三角形的面积.

解 由推论 2, 有

$$\Delta=\begin{vmatrix}3 & -4 & 4a\\ 2 & -3 & 4a\\ 5 & -1 & a\end{vmatrix}=-17a$$

$$\Delta_1=\begin{vmatrix}2 & -3\\ 5 & -1\end{vmatrix}=13$$

$$\Delta_2=-\begin{vmatrix}3 & -4\\ 5 & -1\end{vmatrix}=-17$$

$$\Delta_3=\begin{vmatrix}3 & -4\\ 2 & -3\end{vmatrix}=-1$$

故

$$S=\frac{1}{2}\cdot\frac{(-17a)^2}{13\cdot(-17)\cdot(-1)}=\frac{17}{26}a^2$$

例8　过双曲线上任一点 P 的切线与两渐近线交于 A,B 两点,双曲线中心为 O,求证:$\triangle OAB$ 的面积为定值.

证明　设双曲线标准方程

$$\frac{x^2}{a^2}-\frac{y^2}{b^2}=1$$

渐近线

$$\frac{x}{a}+\frac{y}{b}=0,\frac{x}{a}-\frac{y}{b}=0$$

切线

$$\frac{x_0}{a^2}x-\frac{y_0}{b^2}y=1$$

(x_0,y_0)为切点.运用推论2,有

$$\Delta = \begin{vmatrix} \frac{1}{a} & \frac{1}{b} & 0 \\ \frac{1}{a} & -\frac{1}{b} & 0 \\ \frac{x_0}{a^2} & -\frac{y_0}{b^2} & -1 \end{vmatrix} = -\frac{2}{ab}$$

类似的,有

$$\Delta_1 = \frac{bx_0 - ay_0}{a^2b^2}, \Delta_2 = \frac{ay_0 + bx_0}{a^2b^2}, \Delta_3 = -\frac{2}{ab}$$

从而

$$S = \frac{1}{2} \cdot \frac{\Delta^2}{\Delta_1\Delta_2\Delta_3} = ab$$

故$\triangle OAB$ 的面积为定值.

例 9 如图 13.1.9,设$\triangle ABC$ 中 D,E,F 分别在直线 BC,CA,AB 上,并且有向线段之比$\frac{\overrightarrow{BD}}{\overrightarrow{DC}} = l, \frac{\overrightarrow{CE}}{\overrightarrow{EA}} = m$, $\frac{\overrightarrow{AF}}{\overrightarrow{FB}} = n$,则

$$\frac{S_{\triangle DEF}}{S_{\triangle ABC}} = \frac{1 + lmn}{(1 + l)(1 + m)(1 + n)}$$

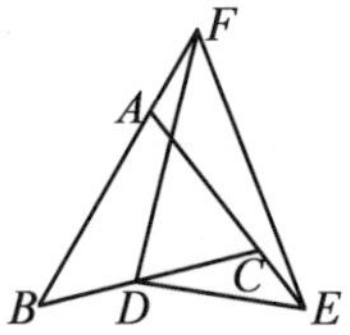

图 13.1.9

证明 取 P 为 D,由定义 1 及推论 4,有

$$\begin{aligned}&S_{\triangle DCE}+S_{\triangle DEF}+S_{\triangle DFB}+S_{\triangle DBC}\\=&S_{\triangle DCE}+S_{\triangle DEF}+S_{\triangle DFB}\\=&S_{CEFB}=S_{FBCE}\end{aligned}$$

再由结论2和结论1,有

$$\begin{aligned}&S_{\triangle DCE}+S_{\triangle DEF}+S_{\triangle DFB}+S_{\triangle FEA}\\=&S_{FBCE}+S_{\triangle FEA}=S_{FBCEA}=S_{AFBCE}\\=&S_{\triangle AFB}+S_{\triangle ABC}+S_{\triangle ACE}=S_{\triangle ABC}\end{aligned}$$

也就是

$$S_{\triangle AFE}+S_{\triangle BDF}+S_{\triangle CED}+S_{\triangle DEF}=S_{\triangle ABC}$$

从而

$$S_{\triangle DEF}=S_{\triangle ABC}-S_{\triangle AFE}-S_{\triangle BDF}-S_{\triangle CED}$$

故

$$\frac{S_{\triangle DEF}}{S_{\triangle ABC}}=1-\frac{S_{\triangle AFE}}{S_{\triangle ABC}}-\frac{S_{\triangle BDF}}{S_{\triangle ABC}}-\frac{S_{\triangle CED}}{S_{\triangle ABC}} \tag{13.1.5}$$

由共边比例定理有

$$\frac{S_{\triangle AFE}}{S_{\triangle ABC}}=\frac{AF\cdot AE}{AB\cdot AC}=\frac{n}{1+n}\cdot\frac{1}{1+m}=\frac{n}{(1+m)(1+n)}$$

同理

$$\frac{S_{\triangle BDF}}{S_{\triangle ABC}}=\frac{l}{(1+n)(1+l)}$$

$$\frac{S_{\triangle CED}}{S_{\triangle ABC}}=\frac{m}{(1+l)(1+m)}$$

将上述三式代入(13.1.5),得

$$\begin{aligned}\frac{S_{\triangle DEF}}{S_{\triangle ABC}}&=1-\frac{n(1+l)+l(1+m)+m(1+n)}{(1+l)(1+m)(1+n)}\\&=\frac{1+lmn}{(1+l)(1+m)(1+n)}\end{aligned}$$

三、四点共圆的充要条件

已知不共线的三个点确定一个圆,如果四个点在同一圆上,那么这四个点的坐标之间一定有一个互相制约的关系式.

定理 2 设四个点为 $P_i(x_i,y_i)(i=1,2,3,4)$,则四点共圆的充要条件是

$$\sum_{j=1}^{4}(-1)^{j+1}(x_j^2+y_j^2)\begin{vmatrix} x_{i+j} \\ y_{i+j} \end{vmatrix}_1^3=0 \qquad (13.1.6)$$

其中,$x_5=x_1,\cdots,x_7=x_3,y_5=y_1,\cdots,y_7=y_3$.

证明 由二行 n 列式的性质 2 和性质 4 知(13.1.6)等价于行列式

$$\begin{vmatrix} x_1^2+y_1^2 & x_1 & y_1 & 1 \\ x_2^2+y_2^2 & x_2 & y_2 & 1 \\ x_3^2+y_3^2 & x_3 & y_3 & 1 \\ x_4^2+y_4^2 & x_4 & y_4 & 1 \end{vmatrix}=0 \qquad (13.1.7)$$

欲证式(13.1.7),只需将四点 P_i 的坐标分别代入圆的一般式方程,得到四个以 D,E,F 为未知数的三元一次方程

$$x_i^2+y_i^2+2Dx_i+2Ey_i+F=0 \quad (i=1,2,3,4) \qquad (13.1.8)$$

因为它们有共同解,相当于四个四元方程($B=1\neq0$)组成的方程组(13.1.8)有非零解,故其系数行列式的值为 0,此即为式(13.1.7).

对于式(13.1.7)也可以这样证:根据四个点中任意一个点的坐标应该适合经过其余三个点的圆的方

程，把(x_1,y_1)代入$\odot P_2P_3P_4$的三点式

$$\begin{vmatrix} x^2+y^2 & x & y & 1 \\ x_2^2+y_2^2 & x_2 & y_2 & 1 \\ x_3^2+y_3^2 & x_3 & y_3 & 1 \\ x_4^2+y_4^2 & x_4 & y_4 & 1 \end{vmatrix}=0$$

直接得出行列式等于0.

13.2　行列式的应用

利用行列式可以探寻二次曲线的众多优美特性.

一、二次曲线类型的判定

例10　判断曲线$y=ax+c+\dfrac{b}{x+d}(a,b,c,d$为非零常数$)$的类型.

解　曲线方程可变形为$ax^2-xy+(c+ad)x-dy+(cd+b)=0$，此二次曲线的系数排成的矩阵为

$$\boldsymbol{A}=\begin{bmatrix} a & -\dfrac{1}{2} & \dfrac{c+ad}{2} \\ -\dfrac{1}{2} & 0 & -\dfrac{d}{2} \\ \dfrac{c+ad}{2} & -\dfrac{d}{2} & b+cd \end{bmatrix}$$

由于

$$I_1=a$$

$$I_2 = \begin{vmatrix} a & -\frac{1}{2} \\ -\frac{1}{2} & 0 \end{vmatrix} = -\frac{1}{4} < 0$$

$$I_3 = |\boldsymbol{A}| = -\frac{b}{4} \neq 0$$

所以曲线表示双曲线.

注 对于一般的二次曲线 $Ax^2 + Bxy + Cy^2 + Dx + Ey + F = 0$,记

$$I_3 = \begin{vmatrix} 2A & B & D \\ B & 2C & E \\ D & E & 2F \end{vmatrix}, I_2 = \begin{vmatrix} 2A & B \\ B & 2C \end{vmatrix}, I_1 = A + C$$

当 $I_2 > 0$ 且 $I_3 \neq 0$ 时,二次曲线为椭圆;当 $I_2 < 0$ 且 $I_3 \neq 0$ 时,二次曲线为双曲线;当 $I_2 = 0$ 且 $I_3 \neq 0$ 时,二次曲线为抛物线.

二、过不共线三点的二次曲线

定理 3[①] 设 $A(x_1, y_1)$,$B(x_2, y_2)$,$C(x_3, y_3)$是直角坐标系 xOy 中不共线的三点,且它们的横坐标互不相同,则有唯一的抛物线 $y = ax^2 + bx + c$ 经过 A, B, C 三点.

证明 设 $y = ax^2 + bx + c$ 过 A, B, C 三点,则可得到方程组

① 林磊,易国强. 过不共线三点的圆锥曲线[J]. 数学教学,2012(8):30-31.

$$\begin{cases} ax_1^2+bx_1+c=y_1 \\ ax_2^2+bx_2+c=y_2 \\ ax_3^2+bx_3+c=y_3 \end{cases}$$

其系数行列式 $D=\begin{vmatrix} x_1^2 & x_1 & 1 \\ x_2^2 & x_2 & 1 \\ x_3^2 & x_3 & 1 \end{vmatrix}$ 是一个三阶范德蒙德行列式(参见式(3.1.3)),所以

$$D=-(x_3-x_2)(x_3-x_1)(x_2-x_1)$$

由已知条件可得 $D\neq0$,所以上述方程组有唯一解. 又因为 $D_a=\begin{vmatrix} y_1 & x_1 & 1 \\ y_2 & x_2 & 1 \\ y_3 & x_3 & 1 \end{vmatrix}$,由已知 A,B,C 三点不共线,可得 $D_a\neq0$(参见式(13.1.2)). 由克莱姆法则,得 $a=\frac{D_a}{D}\neq0$,所以存在唯一的抛物线 $y=ax^2+bx+c$ 经过 A,B,C 三点. 定理证毕.

注　进一步,我们还可推得:

(1)对于任意给定的不在一直线上的三点以及任意给定的方向,只要该方向不是这三点中任两点的连线方向,就恰存在唯一的以该方向为对称轴方向的抛物线经过这三点. 因此,经过不共线的三点,存在无数条抛物线.

(2)对于任意给定的不在一直线上的三点以及任意给定的对称轴方向和长短轴之比,存在唯一的以该方向为对称轴方向且具有给定长短轴比的椭圆经过这三点. 因此,经过不共线的三点,有无数个椭圆.

定理4 对于给定平面上不共线的三点 A,B,C,以及给定的渐近线方向 $\boldsymbol{d}_1,\boldsymbol{d}_2,\boldsymbol{d}_1\perp\boldsymbol{d}_2$,且 A,B,C 中任两点的连线与 $\boldsymbol{d}_1,\boldsymbol{d}_2$ 不平行,则存在唯一的以 $\boldsymbol{d}_1,\boldsymbol{d}_2$ 为渐近线方向的等轴双曲线经过 A,B,C 三点.

证明 我们以平行于 $\boldsymbol{d}_1,\boldsymbol{d}_2$ 方向的两条直线的角平分线建立直角坐标系 xOy. 不妨设 $A(x_1,y_1),B(x_2,y_2),C(x_3,y_3)$ 三点不共线,则 $\begin{vmatrix} x_1 & y_1 & 1 \\ x_2 & y_2 & 1 \\ x_3 & y_3 & 1 \end{vmatrix}\neq 0$.

假设有等轴双曲线 $(x-a)^2-(y-b)^2=c(c\neq 0)$ 经过 A,B,C 三点,上述方程可以化为 $2ax-2by+b^2-a^2+c=x^2-y^2$,于是我们得到方程组:

$$(\text{I})\begin{cases} 2ax_1-2by_1+b^2-a^2+c=x_1^2-y_1^2 \\ 2ax_2-2by_2+b^2-a^2+c=x_2^2-y_2^2 \\ 2ax_3-2by_3+b^2-a^2+c=x_3^2-y_3^2 \end{cases};$$

此方程组可以变形为:

$$(\text{II})\begin{cases} 2a(x_1-x_2)-2b(y_1-y_2)=x_1^2-y_1^2-x_2^2+y_2^2 \\ 2a(x_1-x_3)-2b(y_1-y_3)=x_1^2-y_1^2-x_3^2+y_3^2 \end{cases}.$$

此方程组的系数行列式

$$D=\begin{vmatrix} 2(x_1-x_2) & -2(y_1-y_2) \\ 2(x_1-x_3) & -2(y_1-y_3) \end{vmatrix}=-4\begin{vmatrix} x_1 & y_1 & 1 \\ x_2 & y_2 & 1 \\ x_3 & y_3 & 1 \end{vmatrix}\neq 0$$

所以方程组(Ⅱ)有唯一解 a,b,然后代入原方程组可以得到唯一的 c,所以方程组(Ⅰ)有唯一解 a,b,c,且由已知条件(任两点与渐近线方向不平行,即任两点

的方向不与直线 $y=\pm x$ 平行)可知 $c\neq 0$. 定理证毕.

注　进一步,也可得到如下结论:

对于平面上任意给定不共线的三点 A,B,C,以及给定的渐近线方向 $\boldsymbol{d}_1,\boldsymbol{d}_2$,如果 A,B,C 中任两点的连线与 $\boldsymbol{d}_1,\boldsymbol{d}_2$ 不平行,则有唯一的以 $\boldsymbol{d}_1,\boldsymbol{d}_2$ 为渐近线方向的双曲线经过 A,B,C 三点. 当我们改变渐近线的方向时,可以得到无数条双曲线经过 A,B,C 三点.

三、椭圆内接多边形面积的最大值

定理 5[①]　椭圆 $\frac{x^2}{a^2}+\frac{y^2}{b^2}=1\ (a>b>0)$ 的内接 $\triangle A_1A_2A_3$ 的面积 S_3 的最大值为 $\frac{3\sqrt{3}}{4}ab$.

证明　设 $A_1(a\cos\theta_1,b\sin\theta_1)$,$A_2(a\cos\theta_2,b\sin\theta_2)$,$A_3(a\cos\theta_3,b\sin\theta_3)$,则

$$S_3=\frac{1}{2}\left|\begin{vmatrix}1 & a\cos\theta_1 & b\sin\theta_1\\ 1 & a\cos\theta_2 & b\sin\theta_2\\ 1 & a\cos\theta_3 & b\sin\theta_3\end{vmatrix}\right|=\frac{1}{2}ab\left|\begin{vmatrix}1 & \cos\theta_1 & \sin\theta_1\\ 1 & \cos\theta_2 & \sin\theta_2\\ 1 & \cos\theta_3 & \sin\theta_3\end{vmatrix}\right|$$

转化为单位圆的内接三角形面积的最大值,所以,S_3 的最大值为 $\frac{3\sqrt{3}}{4}ab$.

---

① 刘飞才. 探求椭圆内接 n 边形面积的最大值[J]. 数学通讯, 2008(11):35-36.

定理 6 椭圆$\frac{x^2}{a^2}+\frac{y^2}{b^2}=1(a>b>0)$的内接四边形$A_1A_2A_3A_4$的面积$S_4$的最大值为$2ab$.

证明 把四边形$A_1A_2A_3A_4$分割为四个三角形：$\triangle A_1OA_2$，$\triangle A_2OA_3$，$\triangle A_3OA_1$，$\triangle A_1OA_4$，O为坐标原点. 设$A_1(a\cos\theta_1,b\sin\theta_1)$，$A_2(a\cos\theta_2,b\sin\theta_2)$$(0\leqslant\theta_1<\theta_2\leqslant 2\pi)$，则$\triangle A_1OA_2$的面积为

$$S_{\triangle A_1OA_2}=\frac{1}{2}\left\|\begin{matrix}1 & 0 & 0\\ 1 & a\cos\theta_1 & b\sin\theta_1\\ 1 & a\cos\theta_2 & b\sin\theta_2\end{matrix}\right\|$$

$$=\frac{1}{2}ab|\sin(\theta_2-\theta_1)|\leqslant\frac{1}{2}ab$$

$$S_4=S_{\triangle A_1OA_2}+S_{\triangle A_2OA_3}+S_{\triangle A_3OA_4}+S_{\triangle A_1OA_4}$$

故

$$S_4\leqslant 4\times\frac{1}{2}ab=2ab$$

以椭圆的四个顶点为顶点的四边形的面积的最大值即为$2ab$.

注 进一步，可探求得：椭圆$\frac{x^2}{a^2}+\frac{y^2}{b^2}=1(a>b>0)$的内接$n$边形$A_1A_2A_3\cdots A_n$的面积$S_n$的最大值为$\frac{1}{2}nab\sin\frac{2\pi}{n}$.

四、蝴蝶定理的一般形式

定理 7[①] 如图 13.2.1，c_1，c_2，c_3是过点M,N,S,T

---

① 吴波. 也说蝴蝶定理的一般形式[J]. 数学通报，2012(6)：47-50.

的三条二次曲线,直线 l 与 c_i 交于点 $A_i,B_i(i=1,2,3)$.对直线 l 上任一点 O,记有向线段$\overrightarrow{OA_i}=\boldsymbol{a}_i,\overrightarrow{OB_i}=\boldsymbol{b}_i(i=1,2,3)$,则有

$$\begin{vmatrix} a_1b_1 & a_1+b_1 & 1 \\ a_2b_2 & a_2+b_2 & 1 \\ a_3b_3 & a_3+b_3 & 1 \end{vmatrix}=0 \qquad (13.2.1)$$

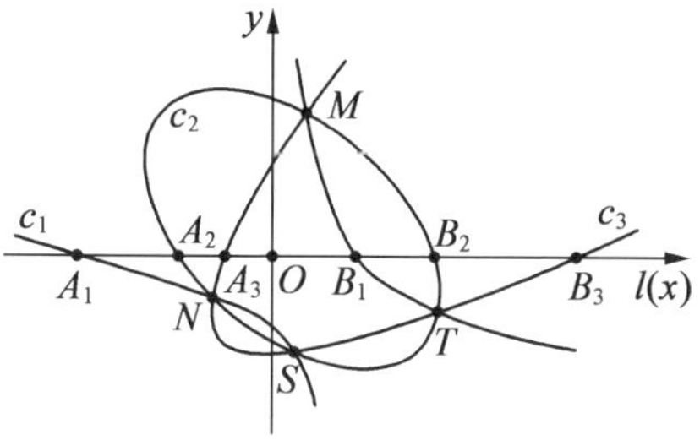

图 13.2.1

证明　如图13.2.1,以 l 为 x 轴,以过点 O 且垂直于 x 轴的直线为 y 轴建立平面直角坐标系,则点 A_i 的坐标为 $(a_i,0)$,点 B_i 的坐标为 $(b_i,0)(i=1,2,3)$.

又设二次曲线 c_1,c_2,c_3 的方程分别为

$$F_1(x,y)=0$$
$$F_2(x,y)=0$$
$$F_3(x,y)=0$$

其中

$$F_i(x,y)=x^2+d_ixy+e_iy^2+f_ix+g_iy+h_i \quad (i=1,2,3) \qquad (13.2.2)$$

系数均为实数.

注意到二次曲线 c_i 与 x 轴交于点 $A_i(a_i,0)$,

$B_i(b_i,0)$,因此 a_i,b_i 是方程 $x^2+f_ix+h_i=0$ 的两根 $(i=1,2,3)$,所以有

$$a_i+b_i=-f_i,a_ib_i=h_i\quad(i=1,2,3)\tag{13.2.3}$$

而 c_3 要经过 c_1,c_2 的交点 M,N,S,T,则由曲线系知识知:存在 $\lambda_1,\lambda_2,\lambda_3\in\mathbf{R}$ 且 $\lambda_1\lambda_2\lambda_3\neq0$ 使得

$$\lambda_3F_3(x,y)=\lambda_1F_1(x,y)+\lambda_2F_2(x,y)$$

成立.

将式(13.2.2)代入上式,并比较其中 x^2 项,x 项和常数项的系数得

$$\begin{cases}\lambda_1+\lambda_2=\lambda_3\\\lambda_1f_1+\lambda_2f_2=\lambda_3f_3\\\lambda_1h_1+\lambda_2h_2=\lambda_3h_3\end{cases}$$

由 $\lambda_1\lambda_2\lambda_3\neq0$ 知:上面这个齐次线性方程组有非零解$(\lambda_1,\lambda_2,\lambda_3)$,则其系数行列式的值必为零,即

$$\begin{vmatrix}1&1&1\\f_1&f_2&f_3\\h_1&h_2&h_3\end{vmatrix}=0$$

也即

$$\begin{vmatrix}h_1&f_1&1\\h_2&f_2&1\\h_3&f_3&1\end{vmatrix}=0\tag{13.2.4}$$

将式(13.2.3)代入式(13.2.4)即知式(13.2.1)成立. 证毕.

推论 1　如图 13.2.1,如果直线 l 与二次曲线 c_1 相交于点 A_1,B_1,与二次曲线 c_2 相交于点 A_2,B_2,那么

对由 c_1,c_2 所形成的二次曲线束中的任一条二次曲线 c_3，设它与 l 的交点为 A_3,B_3，则

$$\frac{A_3A_1\cdot A_3B_1}{A_3A_2\cdot A_3B_2}=\frac{B_3A_1\cdot B_3B_1}{B_3A_2\cdot B_3B_2}$$

证明　因定理 7 中点 O 是 l 上任一点，那么就可令 $\boldsymbol{a}_3=\boldsymbol{0}$，则将式(13.2.1)按第一列展开并变形可得

$$\frac{\boldsymbol{a}_1\boldsymbol{b}_1}{\boldsymbol{a}_2\boldsymbol{b}_2}=\frac{\boldsymbol{a}_1+\boldsymbol{b}_1-\boldsymbol{b}_3}{\boldsymbol{a}_2+\boldsymbol{b}_2-\boldsymbol{b}_3}\qquad(13.2.5)$$

而 $\boldsymbol{a}_3=\boldsymbol{0}$ 意味着点 A_3 与 O 重合，则

$$\boldsymbol{a}_1=\overrightarrow{OA_1}=\overrightarrow{A_3A_1}$$

$$\boldsymbol{b}_1=\overrightarrow{A_3B_1}$$

$$\boldsymbol{a}_2=\overrightarrow{A_3A_2}$$

$$\boldsymbol{b}_2=\overrightarrow{A_3B_2}$$

且

$$\boldsymbol{b}_1-\boldsymbol{b}_3=\overrightarrow{OB_1}-\overrightarrow{OB_3}=\overrightarrow{B_3B_1}$$

$$\boldsymbol{b}_2-\boldsymbol{b}_3=\overrightarrow{OB_2}-\overrightarrow{OB_3}=\overrightarrow{B_3B_2}$$

将它们代入式(13.2.5)中可得

$$\frac{\overrightarrow{A_3A_1}\cdot\overrightarrow{A_3B_1}}{\overrightarrow{A_3A_2}\cdot\overrightarrow{A_3B_2}}=\frac{\overrightarrow{A_3A_1}+\overrightarrow{B_3B_1}}{\overrightarrow{A_3A_2}+\overrightarrow{B_3B_2}}$$

在式(13.2.1)中，令 $\boldsymbol{b}_3=\boldsymbol{0}$，同理可证

$$\frac{\overrightarrow{B_3A_1}\cdot\overrightarrow{B_3B_1}}{\overrightarrow{B_3A_2}\cdot\overrightarrow{B_3B_2}}=\frac{\overrightarrow{A_3A_1}+\overrightarrow{B_3B_1}}{\overrightarrow{A_3A_2}+\overrightarrow{B_3B_2}}$$

所以有

$$\frac{\overrightarrow{A_3A_1}\cdot\overrightarrow{A_3B_1}}{\overrightarrow{A_3A_2}\cdot\overrightarrow{A_3B_2}}=\frac{\overrightarrow{B_3A_1}\cdot\overrightarrow{B_3B_1}}{\overrightarrow{B_3A_2}\cdot\overrightarrow{B_3B_2}}$$

证毕.

推论2 如图 13.2.2,直线 $MN // l // ST$,c_1,c_2 是过点 M,N,S,T 的两条二次曲线. l 与 c_1 相交于点 A_1,B_1,与 c_2 相交于点 A_2,B_2,则$\overrightarrow{A_1A_2}=\overrightarrow{B_2B_1}$.

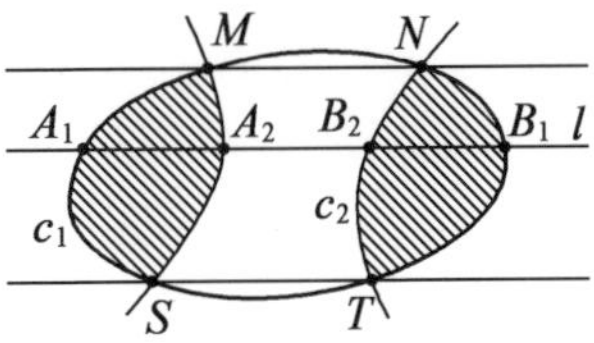

图 13.2.2

下面我们用定理 7 给出它的一个解释.

直线对 MN,ST 可看成一退化二次曲线 c_3,则 l 与 c_3 的交点 A_3,B_3 就是无穷远点,这即是定理 7 中 $a_3\to\infty$,$b_3\to\infty$ 时的极限情形. 对此极限情形有:$\frac{1}{a_3}\to 0$,$\frac{1}{b_3}\to 0$.

现在将式(13.2.1)变形为

$$\begin{vmatrix} a_1b_1 & a_1+b_1 & 1 \\ a_2b_2 & a_2+b_2 & 1 \\ 1 & \frac{1}{a_3}+\frac{1}{b_3} & \frac{1}{a_3b_3} \end{vmatrix}=0$$

则对上面的极限情形有

$$\begin{vmatrix} a_1b_1 & a_1+b_1 & 1 \\ a_2b_2 & a_2+b_2 & 1 \\ 1 & 0 & 0 \end{vmatrix}=0$$

化简得

$$a_1+b_1=a_2+b_2$$

则

$$a_2-a_1=b_1-b_2$$

这即是

$$\overrightarrow{A_1A_2}=\overrightarrow{B_2B_1}$$

由推论 2 再结合平面情形时的祖暅原理，立得如下有趣结论：

结论　如图 13.2.2，直线 $MN /\!/ ST$，c_1,c_2 是过点 M,N,S,T 的两条二次曲线，则 c_1,c_2 的夹在直线 MN，ST 之间的四条曲线段所围成的两个封闭区域等积.

定理 8　c_1,c_2,c_3 是过点 M,N,S,T 的三条二次曲线，直线 l 与 c_i 交于点 $A_i,B_i(i=1,2,3)$，P 为直线 l 外一点. 对直线 l 上任一点 O，记有向角 $\angle OPA_i=\alpha_i$，$\angle OPB_i=\beta_i(i=1,2,3)$，则

$$\begin{vmatrix} \tan\alpha_1\tan\beta_1 & \tan\alpha_1+\tan\beta_1 & 1 \\ \tan\alpha_2\tan\beta_2 & \tan\alpha_2+\tan\beta_2 & 1 \\ \tan\alpha_3\tan\beta_3 & \tan\alpha_3+\tan\beta_3 & 1 \end{vmatrix}=0$$

证明　如图 13.2.3（为避免图形过于复杂，略去了图 13.2.1 中的二次曲线 c_1,c_2,c_3，但保留了四个点 M,N,S,T），过点 O 作直线 l' 使得 $l'\perp PO$，l' 与 PA_i 的交点为 A_i'，l' 与 PB_i 的交点为 $B_i'(i=1,2,3)$. 记有向线段 $\overrightarrow{OA_i'}=\boldsymbol{a}_i'$，$\overrightarrow{OB_i'}=\boldsymbol{b}_i'(i=1,2,3)$.

由推论 2 知此时有 $(A_1A_2,A_3B_3)=(B_1B_2,B_3A_3)$，而射影几何知识告诉我们：交比经中心投影后保持不变，由此推得

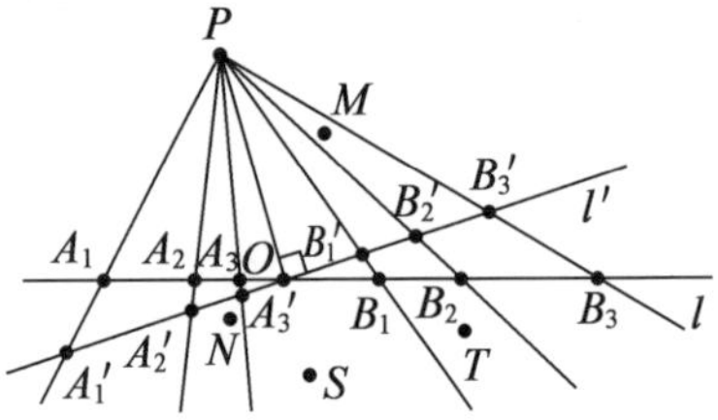

图 13.2.3

$$(A_1'A_2',A_3'B_3')=(B_1'B_2',B_3'A_3')$$

则由定理 7 知

$$\begin{vmatrix} a_1'b_1' & a_1'+b_1' & 1 \\ a_2'b_2' & a_2'+b_2' & 1 \\ a_3'b_3' & a_3'+b_3' & 1 \end{vmatrix}=0 \qquad (13.2.6)$$

记 $|PO|=d$,注意到 $l'\perp PO$,因此有

$$a_i'=d\tan\alpha_i,b_i'=d\tan\beta_i \quad (i=1,2,3)$$

将其代入式(13.2.6)并化简,即知定理 8 的结论成立. 证毕.

注 定理 8 其实是等价于定理 7 的“角元”形式.

13.3 几何变换

在一种几何变换下,原图 F 上的点 P 变成变换后的图形 F' 上的一个点 P',这时我们说,在这个变换下 P 被映射到 P'(记作 $P\to P'$),并称 P' 是 P 的象点(或象). 我们可以把反射、旋转、平移、拉伸、切变(线性等积)等几种几何变换放到坐标平面上加以考察,并用矩阵来描述.

一、反射

图形 F 中各点关于直线 l 的各对称点所组成的图形 F'，称为图形 F 的对称图形. 将一个图形 F 变为它的对称图形 F'的变换称为反射(又称轴对称)，l 叫作反射(对称)轴.

对于直线 Oy 作反射时，任一点 $P(x,y)$ 被映射到点 $P'(x',y')$. 由于反射时纵坐标不会改变，而横坐标要变号，所以有

$$\begin{cases} x' = -x \\ y' = y \end{cases} \Rightarrow \begin{bmatrix} x' \\ y' \end{bmatrix} = \begin{bmatrix} -1 & 0 \\ 0 & 1 \end{bmatrix} \cdot \begin{bmatrix} x \\ y \end{bmatrix} \quad (13.3.1)$$

类似的，对于直线 Ox 作反射，则有

$$\begin{cases} x' = x \\ y' = -y \end{cases} \Rightarrow \begin{bmatrix} x' \\ y' \end{bmatrix} = \begin{bmatrix} 1 & 0 \\ 0 & -1 \end{bmatrix} \cdot \begin{bmatrix} x \\ y \end{bmatrix} \quad (13.3.2)$$

二、旋转

将平面图形 F 绕这个平面内一个定点 O 旋转一个定角 α，这样的变换叫作旋转变换. 点 O 叫作旋转中心，α 叫作旋转角.

对于绕坐标系原点 O 按逆时针方向旋转角 α 时，任一点 $P(x,y)$ 被映射到点 $P'(x',y')$. 由于 $P(r\cos\theta, r\sin\theta)$，$P'(r\cos(\theta+\alpha), r\sin(\theta+\alpha))$，所以有

$$\begin{cases} x' = x \cdot \cos\alpha - y \cdot \sin\alpha \\ y' = x \cdot \sin\alpha + y \cdot \cos\alpha \end{cases}$$

$$\Rightarrow \begin{bmatrix} x' \\ y' \end{bmatrix} = \begin{bmatrix} \cos\alpha & -\sin\alpha \\ \sin\alpha & \cos\alpha \end{bmatrix} \cdot \begin{bmatrix} x \\ y \end{bmatrix} \quad (13.3.3)$$

三、平移

把图形 F 上的所有点都按一定方向移动一定距离形成图形 F',则由 F 到 F'的变换叫作平移变换.

点 $P(x,y)$在水平方向平移的距离是 h,在垂直方向移动的距离是 k,到达点 $P'(x',y')$,则

$$\begin{cases} x' = x + h \\ y' = y + k \end{cases} \Rightarrow \begin{bmatrix} x' \\ y' \end{bmatrix} = \begin{bmatrix} 1 & 0 & h \\ 0 & 1 & k \end{bmatrix} \cdot \begin{bmatrix} x \\ y \\ 1 \end{bmatrix} \tag{13.3.4}$$

或

$$\begin{bmatrix} x' \\ y' \\ 1 \end{bmatrix} = \begin{bmatrix} 1 & 0 & h \\ 0 & 1 & k \\ 0 & 0 & 1 \end{bmatrix} \cdot \begin{bmatrix} x \\ y \\ 1 \end{bmatrix} \tag{13.3.5}$$

四、位似

如果两个图形 F 与 F'的任一对对应点 A 与 A'的连线都通过同一点 O,且 $OA':OA=k$(常数),则这两个图形叫作位似图形. 定点 O 叫作位似中心,常数 k 称为位似比. 这种由位似中心 O 及位似比所确定的把图形 F 变为 F'的变换称为位似变换.

对于位似中心在坐标系原点 O 的位似,点 $P(x,y)$被映射到点 $P'(x',y')$,则

$$\begin{cases} x' = kx \\ y' = ky \end{cases} \Rightarrow \begin{bmatrix} x' \\ y' \end{bmatrix} = \begin{bmatrix} k & 0 \\ 0 & k \end{bmatrix} \cdot \begin{bmatrix} x \\ y \end{bmatrix} \tag{13.3.6}$$

五、拉伸(线性伸缩)

将平面图形 F 作平行于 Ox 轴的拉伸,则

$$\begin{cases}x' = k_1 x\\ y' = y\end{cases} \Rightarrow \begin{bmatrix}x'\\ y'\end{bmatrix} = \begin{bmatrix}k_1 & 0\\ 0 & 1\end{bmatrix}\cdot\begin{bmatrix}x\\ y\end{bmatrix} \quad (13.3.7)$$

将平面图形 F 作平行于 Oy 轴的拉伸,则

$$\begin{cases}x' = x\\ y' = k_2 y\end{cases} \Rightarrow \begin{bmatrix}x'\\ y'\end{bmatrix} = \begin{bmatrix}1 & 0\\ 0 & k_2\end{bmatrix}\cdot\begin{bmatrix}x\\ y\end{bmatrix} \quad (13.3.8)$$

六、伸缩

将平面图形 F 既作平行于 Ox 轴的拉伸,又作平行于 Oy 轴的拉伸的变换,叫作伸缩变换,则

$$\begin{cases}x' = k_1 x\\ y' = k_2 y\end{cases} \Rightarrow \begin{bmatrix}x'\\ y'\end{bmatrix} = \begin{bmatrix}k_1 & 0\\ 0 & k_2\end{bmatrix}\cdot\begin{bmatrix}x\\ y\end{bmatrix} \quad (13.3.9)$$

七、恒等

图形的位置和性质都不改变的变换,叫作恒等变换.坐标平面上任一点 $P(x,y)$,变换后仍然是 $(x',y') = (x,y)$,即

$$\begin{cases}x' = x\\ y' = y\end{cases} \Rightarrow \begin{bmatrix}x'\\ y'\end{bmatrix} = \begin{bmatrix}1 & 0\\ 0 & 1\end{bmatrix}\cdot\begin{bmatrix}x\\ y\end{bmatrix} \quad (13.3.10)$$

八、切变(线性等积)

保持图形面积大小不变,而点间距离和线间夹角可以改变,且点沿坐标轴运动的变换叫作切变.

若坐标平面内任意一点 $P(x,y)$,沿水平方向(x

轴)移动的距离同这点的纵坐标成正比为 k_1,得到 $P'(x',y')$,则

$$\begin{cases}x'=x+k_1y\\y'=y\end{cases}\Rightarrow\begin{bmatrix}x'\\y'\end{bmatrix}=\begin{bmatrix}1&k_1\\0&1\end{bmatrix}\cdot\begin{bmatrix}x\\y\end{bmatrix}\tag{13.3.11}$$

若坐标平面内任意一点 $P(x,y)$,沿铅垂方向(y 轴)移动的距离同这点的横坐标成正比为 k_2,得到 $P'(x',y')$,则

$$\begin{cases}x'=x\\y'=y+k_2x\end{cases}\Rightarrow\begin{bmatrix}x'\\y'\end{bmatrix}=\begin{bmatrix}1&0\\k_2&1\end{bmatrix}\cdot\begin{bmatrix}x\\y\end{bmatrix}\tag{13.3.12}$$

九、仿射

我们将直线变到直线,且保持直线的平行关系的变换称为仿射变换.

设 $P(x,y)$ 为平面直角坐标点,被映射到点 $P'(x',y')$,且设仿射坐标系原点为 (h,k),仿射轴 $O'x'$ 上单位点为 (a_1,b_1),仿射轴 $O'y'$ 上单位点为 (a_2,b_2),则

$$\begin{cases}x'=x(a_1-h)+y(a_2-h)+h\\y'=x(b_1-k)+y(b_2-k)+k\end{cases}$$

$$\Rightarrow\begin{bmatrix}x'\\y'\end{bmatrix}=\begin{bmatrix}a_1-h&a_2-h&h\\b_1-k&b_2-k&k\end{bmatrix}\cdot\begin{bmatrix}x\\y\\1\end{bmatrix}\tag{13.3.13}$$

或

$$\begin{bmatrix} x' \\ y' \\ 1 \end{bmatrix} = \begin{bmatrix} a_1-h & a_2-h & h \\ b_1-k & b_2-k & k \\ 0 & 0 & 1 \end{bmatrix} \cdot \begin{bmatrix} x \\ y \\ 1 \end{bmatrix} \tag{13.3.14}$$

特别的,当仿射坐标系原点与直角坐标系原点重合时,即 $h=0,k=0$ 时,有

$$\begin{bmatrix} x' \\ y' \\ 1 \end{bmatrix} = \begin{bmatrix} a_1 & a_2 & 0 \\ b_1 & b_2 & 0 \\ 0 & 0 & 1 \end{bmatrix} \cdot \begin{bmatrix} x \\ y \\ 1 \end{bmatrix} \tag{13.3.15}$$

或

$$\begin{bmatrix} x' \\ y' \end{bmatrix} = \begin{bmatrix} a_1 & a_2 \\ b_1 & b_2 \end{bmatrix} \cdot \begin{bmatrix} x \\ y \end{bmatrix} \tag{13.3.16}$$

上面,我们运用矩阵描述了一系列几何变换,此时,我们把这些几何变换中的矩阵分别叫作反射、旋转、平移、位似、拉伸、伸缩、恒等、切变、仿射的矩阵.

根据矩阵元素的特征,我们可以看出这些几何变换的包含、隶属关系.

例如,这些变换均可以归结为仿射变换；这些变换取特殊情形均可为恒等变换等.

根据矩阵的乘法运算,我们可以推得这些变换的复合变换形式、性质.

例如,对直线 Oy 连续作两次反射得恒等变换;作平行于 Ox 轴的拉伸后,又作平行于 Oy 轴的拉伸,得到伸缩变换;还可得旋转平移、位似旋转等复合变换.

根据矩阵的求逆运算,我们可以推得这些变换的逆变换.

例如,切变矩阵$\begin{bmatrix}1 & a\\0 & 1\end{bmatrix}$的逆矩阵是$\begin{bmatrix}1 & -a\\0 & 1\end{bmatrix}$,这是由于

$$\begin{bmatrix}1 & -a\\0 & 1\end{bmatrix}\cdot\begin{bmatrix}1 & a\\0 & 1\end{bmatrix}=\begin{bmatrix}1 & 0\\0 & 1\end{bmatrix}$$

例 11 线性变换 T 把点的坐标(1,0)变为(1,-1),并且把圆 $x^2+y^2-2y=0$ 变为圆 $x^2+y^2-2x-2y=0$. 试求变换 T 所对应的二阶矩阵 $\boldsymbol{M}$.

解 设 $\boldsymbol{M}=\begin{bmatrix}a & b\\c & d\end{bmatrix}$,则

$$\begin{bmatrix}a & b\\c & d\end{bmatrix}\begin{bmatrix}1\\0\end{bmatrix}=\begin{bmatrix}a\\c\end{bmatrix}=\begin{bmatrix}1\\-1\end{bmatrix}$$

即 $a=1,c=-1$. 从而 $\boldsymbol{M}=\begin{bmatrix}1 & b\\-1 & d\end{bmatrix}$.

设 $P(x,y)$是圆 $x^2+y^2-2y=0$ 上任一点,在变换 T 下变为点 $P'(x',y')$,则

$$\begin{bmatrix}1 & b\\-1 & d\end{bmatrix}\begin{bmatrix}x\\y\end{bmatrix}=\begin{bmatrix}x'\\y'\end{bmatrix}$$

即

$$\begin{cases}x'=x+by\\y'=-x+dy\end{cases}$$

将$\begin{cases}x'=x+by\\y'=-x+dy\end{cases}$代入圆方程 $x^2+y^2-2x-2y=0$,得

$$(x+by)^2+(-x+dy)^2-2(x+by)-2(-x+dy)=0$$

即

$$x^2+(b-d)xy+\frac{(b^2+d^2)}{2}y^2-(b+d)y=0$$

又

$$x^2+y^2-2y=0$$

于是

$$\begin{cases}b-d=0\\ \dfrac{b^2+d^2}{2}=1\\ b+d=2\end{cases}$$

即

$$\begin{cases}b=1\\ d=1\end{cases}$$

故 $\boldsymbol{M}=\begin{bmatrix}1 & 1\\ -1 & 1\end{bmatrix}$ 为所求.

例 12　把圆变为圆的线性变换 $\boldsymbol{M}$,把圆心变为圆心吗?

解　不妨设 $\boldsymbol{M}=\begin{bmatrix}p & q\\ r & s\end{bmatrix}$,设 $P(x_0,y_0)$ 是圆 $x^2+y^2+Dx+Ey+F=0(D^2+E^2-4F>0)$ 上任一点,在变换 $\boldsymbol{M}$ 下变为点 $P'(x,y)$,则

$$\begin{bmatrix}p & q\\ r & s\end{bmatrix}\begin{bmatrix}x_0\\ y_0\end{bmatrix}=\begin{bmatrix}x\\ y\end{bmatrix}$$

即

$$\begin{cases}x_0=\dfrac{sx-qy}{ps-qr}\\ y_0=\dfrac{py-rx}{ps-qr}\end{cases}$$

将其代入圆方程 $x^2+y^2+Dx+Ey+F=0$,得

$$\left(\frac{sx-qy}{ps-qr}\right)^2+\left(\frac{py-rx}{ps-qr}\right)^2+D\left(\frac{sx-qy}{ps-qr}\right)+E\left(\frac{py-rx}{ps-qr}\right)+F=0$$

即

$$(sx-qy)^2+(py-rx)^2+D(ps-qr)(sx-qy)+$$
$$E(ps-qr)(py-rx)+F(ps-qr)^2=0$$

记 $t=ps-qr$,则上式化简为

$$(r^2+s^2)x^2+(p^2+q^2)y^2-2(pr+qs)xy+$$
$$t(Ds-Er)x+t(Ep-Dq)y+t^2F=0 \qquad (13.3.17)$$

所以上述方程(13.3.17)仍为一圆的方程的充要条件是

$$\begin{cases}r^2+s^2=p^2+q^2\neq 0\\ pr+sq=0\\ (Ds-Er)^2+(Ep-Dq)^2-4F(r^2+s^2)>0\end{cases} \qquad (13.3.18)$$

由式(13.3.18)得 $r^2-p^2=q^2-s^2$,此式两边平方得

$$r^4-2r^2p^2+p^4=q^4-2q^2s^2+s^4$$

由 $pr+sq=0$,有 $r^2p^2=q^2s^2$. 从而

$$(r^2+p^2)^2=(q^2+s^2)^2$$

故

$$r^2+p^2=q^2+s^2 \qquad (13.3.19)$$

由(13.3.18)及(13.3.19)得 $s^2-p^2=p^2-s^2$,故 $s^2=p^2$.

所以 $s=p$,或 $s=-p$.

由 $pr+sq=0$,可得 $r=-q$,或 $r=q$.

于是 $sr+pq=0$.

由

$$(Ds-Er)^2+(Ep-Dq)^2-4F(r^2+s^2)>0$$

即

$$D^2(s^2+q^2)+E^2(r^2+p^2)-$$
$$2DE(sr+pq)-4F(r^2+s^2)>0$$

即

$$D^2+E^2-4F>0$$

故线性变换 $\boldsymbol{M}=\begin{bmatrix}p & q\\ r & s\end{bmatrix}$ 把圆变为圆的充要条件为

$$\begin{cases}r^2+s^2=p^2+q^2\neq 0\\ pr+sq=0\end{cases}$$

在线性变换 $\boldsymbol{M}$ 把圆变为圆的情况下,因为

$$\begin{bmatrix}p & q\\ r & s\end{bmatrix}\begin{bmatrix}-\dfrac{D}{2}\\ -\dfrac{E}{2}\end{bmatrix}=\begin{bmatrix}-\dfrac{Dp+qE}{2}\\ -\dfrac{Dr+sE}{2}\end{bmatrix}$$

而方程(13.3.17)的圆心坐标为

$$\left(-\frac{t(Ds-Er)}{2(r^2+s^2)},-\frac{t(Ep-Dq)}{2(p^2+q^2)}\right)$$

若圆心对应圆心,则需证明

$$\begin{cases}-\dfrac{Dp+qE}{2}=-\dfrac{t(Ds-Er)}{2(r^2+s^2)}\\ -\dfrac{Dr+sE}{2}=-\dfrac{t(Ep-Dq)}{2(p^2+q^2)}\end{cases}\Leftrightarrow\begin{cases}(pr+sq)(Dr+sE)=0\\ (pr+sq)(Dp+qE)=0\end{cases}$$

由 $pr+sq=0$ 可知,要证的等式显然成立.

从而可知,在线性变换伸缩把圆变为圆的情况下,圆心仍对应圆心.

例 13 三角形经过伸缩变换后仍为三角形，且变换后的面积是变换前面积的 mn 倍.

证明 设$\triangle ABC$ 的顶点为 $A(x_1,y_1)$，$B(x_2,y_2)$，$C(x_3,y_3)$.

经过伸缩变换矩阵 $\boldsymbol{M}$ 作用后，$A(x_1,y_1)$，$B(x_2,y_2)$，$C(x_3,y_3)$分别变为 $A'(mx_1,ny_1)$，$B'(mx_2,ny_2)$，$C'(mx_3,ny_3)$.

根据面积公式

$$S_{\triangle A'B'C'}=\frac{1}{2}\left\|\begin{matrix} mx_1 & ny_1 & 1 \\ mx_2 & ny_2 & 1 \\ mx_3 & ny_3 & 1 \end{matrix}\right\|$$

$$=\frac{1}{2}mn\left\|\begin{matrix} x_1 & y_1 & 1 \\ x_2 & y_2 & 1 \\ x_3 & y_3 & 1 \end{matrix}\right\|$$

$$=mnS_{\triangle ABC}$$

注 一般的，封闭曲线经伸缩变换后仍为封闭曲线，且若原封闭曲线 C 的面积为 S，经过变换后封闭曲线 C'的面积 $S'=mnS$.

例 14 设椭圆 $C:\frac{x^2}{a^2}+\frac{y^2}{b^2}=1(a>b>0)$，$\triangle ABC$ 为椭圆的内接三角形，求$\triangle ABC$ 的面积的最大值.

解 设伸缩变换矩阵为

$$\boldsymbol{M}=\begin{bmatrix} \frac{1}{a} & 0 \\ 0 & \frac{1}{b} \end{bmatrix}$$

则

$$\begin{pmatrix} x' \\ y' \end{pmatrix} = \begin{bmatrix} \frac{1}{a} & 0 \\ 0 & \frac{1}{b} \end{bmatrix} \begin{pmatrix} x \\ y \end{pmatrix}$$

椭圆在 $\boldsymbol{M}$ 的作用下变为圆 $C':x'^2+y'^2=1$.

椭圆的内接$\triangle ABC$ 经过 $\boldsymbol{M}$ 变为$\triangle A'B'C'$.

根据例 13 得

$$S'_{\triangle A'B'C'}=\frac{1}{ab}S_{\triangle ABC}$$

若$\triangle ABC$ 为椭圆面积最大的内接三角形,那么$\triangle A'B'C'$是圆的面积最大的内接三角形,圆的面积最大的内接三角形为正三角形,所以$\triangle A'B'C'$是圆 $x'^2+y'^2=1$ 的内接正三角形,它的面积为$\frac{3\sqrt{3}}{4}$,从而$\triangle ABC$的面积最大值为$\frac{3\sqrt{3}}{4}ab$.

注　特别的,利用伸缩变换矩阵 $\boldsymbol{M}=\begin{bmatrix} \frac{1}{a} & 0 \\ 0 & \frac{1}{b} \end{bmatrix}$,容易得到椭圆 C:$\frac{x^2}{a^2}+\frac{y^2}{b^2}=1(a>b>0)$的面积 $S=\pi ab$.

例 15　求椭圆$\frac{x^2}{a^2}+\frac{y^2}{b^2}=1$ 的内接平行四边形的最大面积.

解　如图 13. 3. 1,作伸缩变换$\begin{cases} x'=\frac{R}{a}x \\ y'=\frac{R}{b}y \end{cases}$,将椭圆

$\frac{x^2}{a^2}+\frac{y^2}{b^2}=1$ 变成圆 $x^2+y^2=R^2$，则椭圆的内接平行四边形中面积最大者必对应圆的内接正方形.

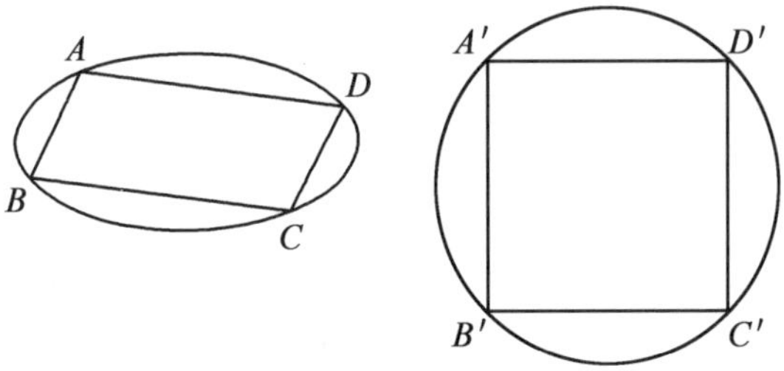

图 13.3.1

设椭圆内接平行四边形的面积为 S，圆内接正方形的面积为 S'，则

$$\frac{S'}{S}=\begin{vmatrix}\frac{R}{a} & 0\\ 0 & \frac{R}{b}\end{vmatrix}=\frac{R^2}{ab}$$

（此公式可先对任意三角形证明后，再推广到一般多边形），故

$$S=\frac{S'ab}{R^2}=\frac{2R^2ab}{R^2}=2ab$$

从而椭圆$\frac{x^2}{a^2}+\frac{y^2}{b^2}=1$ 的内接平行四边形的最大面积为 $2ab$.

注 同理可得椭圆$\frac{x^2}{a^2}+\frac{y^2}{b^2}=1$ 的内接三角形的最大面积为$\frac{3\sqrt{3}}{4}ab$.

例16 多边形 $A_1A_2\cdots A_n$ 内接于椭圆 $\frac{x^2}{a^2}+\frac{y^2}{b^2}=1$ $(a>b>0)$，则多边形 $A_1A_2\cdots A_n$ 的面积的最大值为 $\frac{nab}{2}\sin\frac{2\pi}{n}$.

证明 设点 $A_i(i=1,2,\cdots,n)$ 的坐标为 (x_i,y_i).

作伸缩变换 $\begin{cases}x'=\frac{b}{a}x\\ y'=y\end{cases}$，在此变换下点 $A_i(x_i,y_i)$ 变为点 $A_i'(x_i',y_i')$，其中 $\begin{cases}x_i'=\frac{b}{a}x_i\\ y_i'=y_i\end{cases}$，椭圆 $\frac{x^2}{a^2}+\frac{y^2}{b^2}=1$ 变为圆 $x'^2+y'^2=b^2$.

作出经过点 A_1 的多边形 $A_1A_2\cdots A_n$ 的对角线 $A_1A_3,A_1A_4,\cdots,A_1A_{n-1}$，这些对角线把多边形 $A_1A_2\cdots A_n$ 分割成了 $n-2$ 个三角形：$\triangle A_1A_2A_3$，$\triangle A_1A_3A_4$，$\cdots$，$\triangle A_1A_{n-1}A_n$（如果 $n=3$，则不需要分割）.

显然，在上述的伸缩变换下，多边形 $A_1A_2\cdots A_n$ 相应地变为了多边形 $A_1'A_2'\cdots A_n'$，且内接于圆 $x'^2+y'^2=b^2$，对角线 $A_1A_3,A_1A_4,\cdots,A_1A_{n-1}$ 相应地变为了对角线 $A_1'A_3',A_1'A_4',\cdots,A_1'A_{n-1}'$，并把多边形 $A_1'A_2'\cdots A_n'$ 分割成了 $n-2$ 个三角形：$\triangle A_1'A_2'A_3'$，$\triangle A_1'A_3'A_4'$，$\cdots$，$\triangle A_1'A_{n-1}'A_n'$.

而

$$S_{A_1A_iA_{i+1}}=\left|\frac{1}{2}\begin{vmatrix}1 & x_1 & y_1\\ 1 & x_i & y_i\\ 1 & x_{i+1} & y_{i+1}\end{vmatrix}\right|=\left|\frac{a}{2b}\begin{vmatrix}1 & x_1' & y_1'\\ 1 & x_i' & y_i'\\ 1 & x_{i+1}' & y_{i+1}'\end{vmatrix}\right|$$

$$=\frac{a}{b}S_{\triangle A_1'A_i'A_{i+1}'}\quad(i=2,3,\cdots,n-1)$$

累加得

$$S_{A_1A_2\cdots A_n}=\frac{a}{b}S_{\triangle A_1'A_2'\cdots A_n'}$$

易知当多边形 $A_1'A_2'\cdots A_n'$为正多边形时，多边形 $A_1'A_2'\cdots A'_n$的面积有最大值 $\frac{nb^2}{2}\sin\frac{2\pi}{n}$. 故多边形 $A_1A_2\cdots A_n$的面积的最大值为$\frac{nab}{2}\sin\frac{2\pi}{n}$. 证毕.

例 17　如图 13.3.2，过点 $P(2,1)$作椭圆$\frac{x^2}{16}+\frac{y^2}{4}=1$的弦 AB，使点 $P(2,1)$为弦的 AB 三等分点，求 AB 所在直线方程.

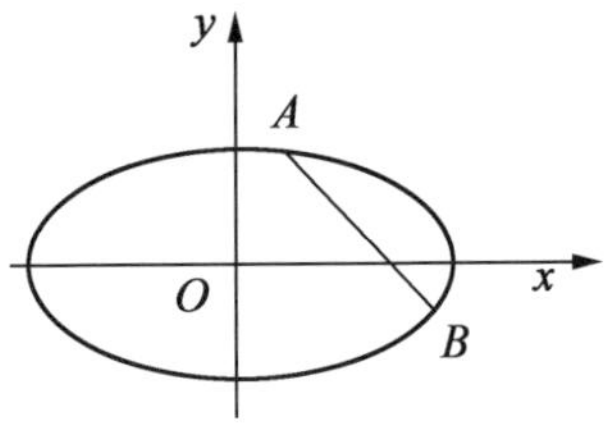

图 13.3.2

解　设伸缩变换矩阵为 $\boldsymbol{M}=\begin{bmatrix}\frac{1}{4} & 0\\ 0 & \frac{1}{2}\end{bmatrix}$，则

$$\begin{pmatrix}x'\\ y'\end{pmatrix}=\begin{bmatrix}\frac{1}{4} & 0\\ 0 & \frac{1}{2}\end{bmatrix}\begin{pmatrix}x\\ y\end{pmatrix}$$

椭圆经 $\boldsymbol{M}$ 变换变为 $C':x'^2+y'^2=1$. 点 $P(2,1)$经

过 $\boldsymbol{M}$ 变换后为点 $P'\left(\frac{1}{2},\frac{1}{2}\right)$，如图 13. 3. 3，过 O 作 $ON\perp A'B'$，设 $|ON|=a$，则

$$|A'B'|=2\sqrt{1-a^2}$$

$$|P'N|=\frac{1}{3}\sqrt{1-a^2}$$

由

$$|OP'|^2=|ON|^2+|P'N|^2$$

得

$$\frac{1}{2}=a^2+\frac{1}{9}(1-a^2)$$

从而

$$a=\frac{\sqrt{7}}{4}$$

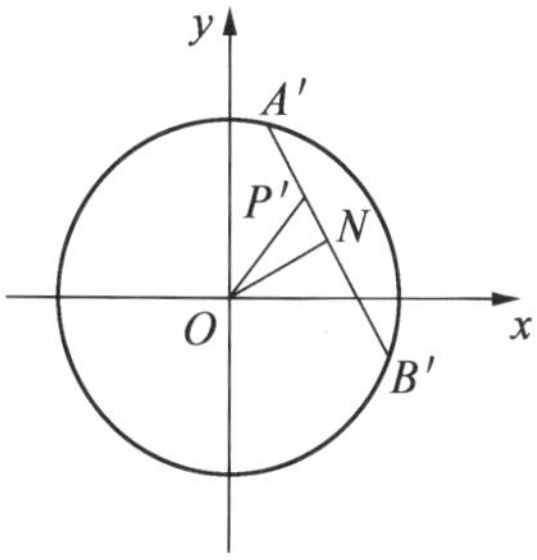

图 13. 3. 3

设 $A'B'$ 所在直线的斜率为 k，则 $A'B'$ 的方程为

$$k\left(x-\frac{1}{2}\right)=y-\frac{1}{2}$$

即

$$kx-y+\frac{1}{2}-\frac{k}{2}=0$$

所以

$$\frac{\sqrt{7}}{4}=\frac{\left|\frac{1}{2}-\frac{k}{2}\right|}{\sqrt{1+k^2}}$$

解得

$$k=\frac{-4\pm\sqrt{7}}{3}$$

于是,$A'B'$的方程为

$$\frac{-4\pm\sqrt{7}}{3}x'-y'-\frac{-4\pm\sqrt{7}}{6}+\frac{1}{2}=0$$

又

$$\begin{cases}x'=\frac{1}{4}x\\ y'=\frac{1}{2}y\end{cases}$$

从而直线 AB 的方程为

$$\frac{-4+\sqrt{7}}{3}x-y-\frac{7+\sqrt{7}}{3}=0$$

$$\frac{-4-\sqrt{7}}{3}x-y-\frac{7-\sqrt{7}}{3}=0$$

13.4 坐标变换

坐标变换是平面解析几何中的重要内容,是化简平面曲线方程的主要工具. 用矩阵方法表示这些变换公式,不仅可以揭示各个公式间的内在联系,加深对知识的理解,而且可以提供一种“集成”记忆这些公式的方法.

一、坐标轴的旋转

在平面直角坐标系中,将坐标轴旋转角 θ,得旋转公式

$$\begin{cases} x' = x \cdot \cos\theta + y \cdot \sin\theta \\ y' = -x\sin\theta + y\cos\theta \end{cases}$$

$$\Rightarrow \begin{bmatrix} x' \\ y' \end{bmatrix} = \begin{bmatrix} \cos\theta & \sin\theta \\ -\sin\theta & \cos\theta \end{bmatrix} \cdot \begin{bmatrix} x \\ y \end{bmatrix} \qquad (13.4.1)$$

或

$$\begin{bmatrix} x' \\ y' \\ 1 \end{bmatrix} = \begin{bmatrix} \cos\theta & \sin\theta & 0 \\ -\sin\theta & \cos\theta & 0 \\ 0 & 0 & 1 \end{bmatrix} \cdot \begin{bmatrix} x \\ y \\ 1 \end{bmatrix} \quad (13.4.2)$$

下面讨论一般二元二次方程的化简公式.

一般二元二次方程形如

$$Ax^2 + Bxy + Cy^2 + Dx + Ey + F = 0$$

经过坐标轴旋转变换后,上述方程变为

$$A'x'^2 + B'x'y' + C'y'^2 + D'x' + E'y' + F' = 0$$

它们系数之间的关系可由如下矩阵关系式表示

$$\begin{bmatrix} 2A' & B' & D' \\ B' & 2C' & E' \\ D' & E' & 2F' \end{bmatrix} = \begin{bmatrix} \cos\theta & \sin\theta & 0 \\ -\sin\theta & \cos\theta & 0 \\ 0 & 0 & 1 \end{bmatrix} \cdot$$

$$\begin{bmatrix} 2A & B & D \\ B & 2C & E \\ D & E & 2F \end{bmatrix} \cdot$$

$$\begin{bmatrix}\cos\theta & -\sin\theta & 0\\ \sin\theta & \cos\theta & 0\\ 0 & 0 & 1\end{bmatrix}\quad(13.4.3)$$

且关于二次项系数有

$$\begin{bmatrix}2A' & B'\\ B' & 2C'\end{bmatrix}=\begin{bmatrix}\cos\theta & \sin\theta\\ -\sin\theta & \cos\theta\end{bmatrix}\cdot\begin{bmatrix}2A & B\\ B & 2C\end{bmatrix}\cdot\begin{bmatrix}\cos\theta & -\sin\theta\\ \sin\theta & \cos\theta\end{bmatrix}\quad(13.4.4)$$

关于一次项系数有

$$\begin{bmatrix}D'\\ E'\end{bmatrix}=\begin{bmatrix}\cos\theta & \sin\theta\\ -\sin\theta & \cos\theta\end{bmatrix}\cdot\begin{bmatrix}D\\ E\end{bmatrix}$$

常数项保持不变,即 $F'=F$.

由上面的式子,我们有:

第一,可以更明显地看出,经过坐标轴旋转变换后,方程的不同次项系数互不干扰;

第二,转轴的目的,是为了消去新方程中的 $x'y'$ 项,即使得 $B'=0$. 此时,$B\neq 0$ 时由式(13.4.4)可求得 A'和 C'的简化公式

$$\begin{cases}A'=A+\frac{1}{2}B\cdot\tan\theta=C+\frac{1}{2}B\cdot\cot\theta\\ C'=A-\frac{1}{2}B\cdot\cot\theta=C-\frac{1}{2}B\cdot\tan\theta\end{cases}$$

第三,由式(13.4.3)与式(13.4.4),两边考虑取行列式,则得转轴不变量

$$I_3=\begin{vmatrix}2A & B & D\\ B & 2C & E\\ D & E & 2F\end{vmatrix}$$

$$I_2 = \begin{vmatrix} 2A & B \\ B & 2C \end{vmatrix}$$

$$I_1 = F$$

下面，运用坐标旋转变换推导三角中正、余弦的两角和公式.

在平面直角坐标系中，先将坐标轴旋转角 α，再继续旋转角 β，则有

$$\begin{cases} x' = x \cdot \cos\alpha + y \cdot \sin\alpha \\ y' = -x \cdot \sin\alpha + y \cdot \cos\alpha \end{cases}$$

$$\Rightarrow \begin{bmatrix} x' \\ y' \end{bmatrix} = \begin{bmatrix} \cos\alpha & \sin\alpha \\ -\sin\alpha & \cos\alpha \end{bmatrix} \cdot \begin{bmatrix} x \\ y \end{bmatrix}$$

及

$$\begin{cases} x'' = x' \cdot \cos\beta + y' \cdot \sin\beta \\ y'' = -x' \cdot \sin\beta + y' \cdot \cos\beta \end{cases}$$

$$\Rightarrow \begin{bmatrix} x'' \\ y'' \end{bmatrix} = \begin{bmatrix} \cos\beta & \sin\beta \\ -\sin\beta & \cos\beta \end{bmatrix} \cdot \begin{bmatrix} x' \\ y' \end{bmatrix}$$

此时，又可看作是将坐标轴旋转角 $\alpha+\beta$，则

$$\begin{cases} x'' = x \cdot \cos(\alpha+\beta) + y \cdot \sin(\alpha+\beta) \\ y'' = -x \cdot \sin(\alpha+\beta) + y' \cdot \cos(\alpha+\beta) \end{cases}$$

$$\Rightarrow \begin{bmatrix} x'' \\ y'' \end{bmatrix} = \begin{bmatrix} \cos(\alpha+\beta) & \sin(\alpha+\beta) \\ -\sin(\alpha+\beta) & \cos(\alpha+\beta) \end{bmatrix} \cdot \begin{bmatrix} x \\ y \end{bmatrix}$$

于是有

$$\begin{bmatrix} \cos\alpha & \sin\alpha \\ -\sin\alpha & \cos\alpha \end{bmatrix} \cdot \begin{bmatrix} \cos\beta & \sin\beta \\ -\sin\beta & \cos\beta \end{bmatrix}$$

$$= \begin{bmatrix} \cos(\alpha+\beta) & \sin(\alpha+\beta) \\ -\sin(\alpha+\beta) & \cos(\alpha+\beta) \end{bmatrix}$$

即

$$\begin{bmatrix} \cos\alpha\cos\beta-\sin\alpha\sin\beta & \cos\alpha\sin\beta+\sin\alpha\cos\beta \\ -(\sin\alpha\cos\beta+\cos\alpha\sin\beta) & -\sin\alpha\sin\beta+\cos\alpha\cos\beta \end{bmatrix}$$

$$=\begin{bmatrix} \cos(\alpha+\beta) & \sin(\alpha+\beta) \\ -\sin(\alpha+\beta) & \cos(\alpha+\beta) \end{bmatrix}$$

由此便推导出了 $\cos(\alpha+\beta)$,$\sin(\alpha+\beta)$的公式.

二、坐标轴的平移

在平面内,将坐标原点移到点(h,k),得平移公式

$$\begin{cases} x'=x-h \\ y'=y-k \end{cases} \Rightarrow \begin{bmatrix} x' \\ y' \end{bmatrix}=\begin{bmatrix} 1 & 0 & -h \\ 0 & 1 & -k \end{bmatrix}\cdot\begin{bmatrix} x \\ y \\ 1 \end{bmatrix}$$

或

$$\begin{bmatrix} x' \\ y' \\ 1 \end{bmatrix}=\begin{bmatrix} 1 & 0 & -h \\ 0 & 1 & -k \\ 0 & 0 & 1 \end{bmatrix}\cdot\begin{bmatrix} x \\ y \\ 1 \end{bmatrix}$$

下面,讨论一般二元二次方程的化简公式. 方程 $Ax^2+Bxy+Cy^2+Dx+Ey+F=0$ 经坐标轴的平移变换后,变为 $A'x'^2+B'x'y'+C'y'^2+D'x'+E'y'+F'=0$,它们系数之间的关系可由下列矩阵关系表示

$$\begin{bmatrix} 2A' & B' & D' \\ B' & 2C' & E' \\ D' & E' & 2F' \end{bmatrix}=\begin{bmatrix} 1 & 0 & 0 \\ 0 & 1 & 0 \\ h & k & 1 \end{bmatrix}\cdot\begin{bmatrix} 2A & B & D \\ B & 2C & E \\ D & E & 2F \end{bmatrix}\cdot$$

$$\begin{bmatrix} 1 & 0 & h \\ 0 & 1 & k \\ 0 & 0 & 1 \end{bmatrix}$$

由上述式子,我们可知移轴变换下的不变量是

$$I_3=\begin{vmatrix}2A & B & D\\ B & 2C & E\\ D & E & 2F\end{vmatrix},A,B,C$$

三、一般的坐标变换

如果在一个坐标变换中，既有移轴，又有旋轴，就称为一般的坐标变换. 将坐标原点平移到 (h,k) 后，再将坐标轴旋转角 θ，得公式

$$\begin{cases}x=x'\cdot\cos\theta-y'\cdot\sin\theta+h\\ y=x'\cdot\sin\theta+y'\cdot\cos\theta+k\end{cases}$$

亦即

$$\begin{cases}x'=\dfrac{\cos\theta}{\cos 2\theta}(x-h)-\dfrac{\sin\theta}{\cos 2\theta}(y-k)\\[2ex] y'=\dfrac{-\sin\theta}{\cos 2\theta}(x-h)+\dfrac{\cos\theta}{\cos 2\theta}(y-k)\end{cases}$$

$$\Rightarrow\begin{bmatrix}x'\\ y'\end{bmatrix}=\frac{1}{\cos^2 2\theta}\begin{bmatrix}\cos\theta & -\sin\theta\\ -\sin\theta & \cos\theta\end{bmatrix}\cdot\begin{bmatrix}x-h\\ y-k\end{bmatrix}$$

一般二元二次方程在上述变换下所得新的二次方程，它们的系数间有如下关系

$$\begin{bmatrix}2A' & B' & D'\\ B' & 2C' & E'\\ D' & E' & 2F'\end{bmatrix}=\begin{bmatrix}\cos\theta & \sin\theta & 0\\ -\sin\theta & \cos\theta & 0\\ h & k & 1\end{bmatrix}\cdot\begin{bmatrix}2A & B & D\\ B & 2C & E\\ D & E & 2F\end{bmatrix}\cdot$$

$$\begin{bmatrix} \cos\theta & -\sin\theta & h \\ \sin\theta & \cos\theta & k \\ 0 & 0 & 1 \end{bmatrix}$$

且同次项系数有

$$\begin{bmatrix} 2A' & B' \\ B' & 2C' \end{bmatrix} = \begin{bmatrix} \cos\theta & \sin\theta \\ -\sin\theta & \cos\theta \end{bmatrix} \cdot \begin{bmatrix} 2A & B \\ B & 2C \end{bmatrix} \cdot \begin{bmatrix} \cos\theta & -\sin\theta \\ \sin\theta & \cos\theta \end{bmatrix}$$

$$\begin{bmatrix} D' \\ E' \end{bmatrix} = \begin{bmatrix} \cos\theta & \sin\theta \\ -\sin\theta & \cos\theta \end{bmatrix} \cdot \begin{bmatrix} 2Ah + Bk + D \\ Bh + 2Ck + E \end{bmatrix}$$

$$F' = Ah^2 + Bhk + Ck^2 + Dh + Ek + F$$

由此可见,在一般坐标变换下,二元二次方程的系数变化规律是:二次项系数与旋轴变换的结果相同;常数项与移轴的结果相同;一次项系数与先平移后旋转轴的变换结果相同.

例 18 将方程 $29x^2 - 24xy + 36y^2 + 82x - 96y - 91 = 0$化为标准方程.

解 由求心公式,得 $h = -1, k = 1$.

又由求旋转角公式,得 $\cos\theta = \frac{4}{5}, \sin\theta = \frac{3}{5}$.

作坐标轴变换

$$\begin{cases} x = \frac{4}{5}x' - \frac{3}{5}y' - 1 \\ y = \frac{3}{5}x' + \frac{4}{5}y' + 1 \end{cases}$$

又由题设有

$$\begin{bmatrix} 2A & B & D \\ B & 2C & E \\ D & E & 2F \end{bmatrix} = \begin{bmatrix} 58 & -24 & 82 \\ -24 & 72 & -96 \\ 82 & -96 & -182 \end{bmatrix}$$

故

$$\begin{bmatrix} 2A' & B' & D' \\ B' & 2C' & E' \\ D' & E' & 2F' \end{bmatrix} = \begin{bmatrix} \frac{4}{5} & \frac{3}{5} & 0 \\ -\frac{3}{5} & \frac{4}{5} & 0 \\ -1 & 1 & 1 \end{bmatrix} \cdot$$

$$\begin{bmatrix} 58 & -24 & 82 \\ -24 & -72 & -96 \\ 82 & -96 & -182 \end{bmatrix} \cdot$$

$$\begin{bmatrix} \frac{4}{5} & -\frac{3}{5} & -1 \\ \frac{3}{5} & \frac{4}{5} & 1 \\ 0 & 0 & 1 \end{bmatrix}$$

$$= \begin{bmatrix} 40 & 0 & 0 \\ 0 & 90 & 0 \\ 0 & 0 & -360 \end{bmatrix}$$

所以原方程化为 $20x'^2 + 45y'^2 - 180 = 0$，即 $\frac{x'^2}{9} + \frac{y'^2}{4} = 1$.

13.5 共轭双曲线及其渐近线方程

对于双曲线$\frac{x^2}{a^2}-\frac{y^2}{b^2}-1=0$,我们可知其渐近线为$\frac{x^2}{a^2}-\frac{y^2}{b^2}=0$,其共轭双曲线为$\frac{x^2}{a^2}-\frac{y^2}{b^2}+1=0$,这三个方程含有变量的项完全相同,常数项 $-1,0,1$ 成等差. 对这三个方程施行相同的坐标(平移和旋转)变换,含有变量的项应完全相同,常数项仍成等差. 而一般双曲线方程可以看成由标准方程经过有限变换(或将方程乘一常数)而成的. 因此,利用旋转和平移不变量 I_3,I_2 来讨论共轭双曲线及其渐近线方程将是方便的.

方法是:设双曲线方程为

$$f(x,y)=Ax^2+Bxy+Cy^2+Dx+Ey+F=0$$

其渐近线方程可设为

$$f(x,y)+m=0$$

共轭双曲线方程为

$$f(x,y)+2m=0$$

其中,$0,m,2m$ 成等差,常数项 $F,F+m,F+2m$ 成等差.

因为$f(x,y)+m=0$ 表示两条直线,从而

$$\begin{vmatrix} 2A & B & D \\ B & 2C & E \\ D & E & 2(F+m) \end{vmatrix}=0$$

即

$$\begin{vmatrix} 2A & B & D \\ B & 2C & E \\ D & E & 2F \end{vmatrix} + \begin{vmatrix} 2A & B & 0 \\ B & 2C & 0 \\ D & E & 2m \end{vmatrix} = 0$$

故

$$I_3 + 2m \cdot I_2 = 0$$

即

$$m = -\frac{I_3}{2I_2}$$

(因对于双曲线，$I_2<0, I_3\neq0$). 故双曲线 $f(x,y)=0$ 的渐近线方程为

$$f(x,y) - \frac{I_3}{2I_2} = 0 \qquad (13.5.1)$$

双曲线 $f(x,y)=0$ 的共轭双曲线方程为

$$f(x,y) - \frac{I_3}{I_2} = 0 \qquad (13.5.2)$$

特别的，设 $P(x_0,y_0)$ 是渐近线上的一点，则由式(13.5.1)，有

$$f(x_0,y_0) - \frac{I_3}{2I_2} = 0$$

故

$$\frac{I_3}{2I_2} = f(x_0,y_0)$$

因此双曲线的渐近线方程为

$$f(x,y) - f(x_0,y_0) = 0 \qquad (13.5.3)$$

共轭双曲线方程为

$$f(x,y) - 2f(x_0,y_0) = 0 \qquad (13.5.4)$$

例19　求 $f(x,y) = 3x^2 + 2xy - y^2 + 8x + 10y +$

14 =0的渐近线及其共轭双曲线方程.

解 由 $I_2=\begin{vmatrix}6 & 2\\ 2 & -2\end{vmatrix}=-16, I_3=\begin{vmatrix}6 & 2 & 8\\ 2 & -2 & 10\\ 8 & 10 & 28\end{vmatrix}=$ -600,有$\frac{I_3}{2I_2}=\frac{75}{4}$,从而$f(x,y)=0$的渐近线方程为

$$3x^2+2xy-y^2+8x+10y+14-\frac{75}{4}=0$$

即

$$(2x+2y-1)(6x-2y+19)=0$$

亦即

$$2x+2y-1=0, 6x-2y+19=0$$

其共轭双曲线方程为

$$6x^2+4xy-2y^2+16x+20y-47=0$$

13.6 圆锥曲线的切线

本节,我们运用行列式给出直线和圆锥曲线相切的一个充要条件及相切时的切点坐标.

定理 9 设非退化的圆锥曲线 c 和直线 a 的方程分别为 $Ax^2+2Bxy+Cy^2+2Dx+2Ey+F=0$, $mx+ny+l=0(m^2+n^2\neq 0)$,那么,a 与 c 相切的充要条件是

$$\begin{vmatrix}0 & m & n & l\\ m & A & B & D\\ n & B & C & E\\ l & D & E & F\end{vmatrix}=0 \qquad (13.6.1)$$

相切时的切点坐标为 $x_0=\frac{M_1}{M_3}, y_0=\frac{M_2}{M_3}$，这里 M_1，M_2，M_3 表示用 $(m,n,l)^{\mathrm{T}}$ 分别置换(13.6.1)左边行列式中右下角的三阶子行列式 M 中的第一、二、三列所得到的行列式.

证明　先证必要性. 假设直线 a 与曲线 c 相切，其切点为 $Q(x_0,y_0)$，则过 Q 的曲线 c 的切线方程为

$$Ax_0x+B(x_0y+y_0x)+Cy_0y+$$
$$D(x+x_0)+E(y+y_0)+F=0$$

即

$$(Ax_0+By_0+D)x+(Bx_0+Cy_0+E)y+$$
$$(Dx_0+Ey_0+F)=0$$

上述方程与直线方程 $mx+ny+l=0(m^2+n^2\neq0)$ 表示的是同一直线 a. 由于 $m^2+n^2\neq0$，不妨设 $m\neq0$，则应有

$$\begin{cases}(Ax_0+By_0+D)n-(Bx_0+Cy_0+E)m=0\\(Ax_0+By_0+D)l-(Dx_0+Ey_0+F)m=0\end{cases}$$

即

$$\begin{cases}(An-Bm)x_0+(Bn-Cm)y_0+(Dn-Em)=0\\(Al-Dm)x_0+(Bl-Em)y_0+(Dl-Fm)=0\end{cases}$$

由于切点 $Q(x_0,y_0)$ 存在而且唯一，故有

$$\begin{vmatrix}An-Bm & Bn-Cm\\Al-Dm & Bl-Em\end{vmatrix}=mM_3\neq0$$

即 $M_3\neq0$，同时可求得切点坐标为

$$\begin{cases} x_0=\dfrac{mM_1}{mM_3}=\dfrac{M_1}{M_3} \\ y_0=\dfrac{mM_2}{mM_3}=\dfrac{M_2}{M_3} \end{cases}$$

由于 $Q(x_0,y_0)$ 在直线 a 上,因此得到

$$m\frac{M_1}{M_3}+n\frac{M_2}{M_3}+l=0$$

即

$$m\begin{vmatrix} m & B & D \\ n & C & E \\ l & E & F \end{vmatrix}+n\begin{vmatrix} A & m & D \\ B & n & E \\ D & l & F \end{vmatrix}+l\begin{vmatrix} A & B & m \\ B & C & n \\ D & E & l \end{vmatrix}=0$$

这与行列式(13.6.1)按第一行展开后的结果一致,从而必要性获证.

再证充分性. 将上述过程逆推整理即证.

推论 1 直线 $mx+ny=l$ 与曲线 $ax^2+by^2=1(abl\neq 0)$ 相切的充要条件是

$$\frac{m^2}{a}+\frac{n^2}{b}=l^2 \qquad (13.6.2)$$

证明 由定理 9 知其充要条件是 $\begin{vmatrix} a & 0 & m \\ 0 & b & n \\ 0 & 0 & -l \end{vmatrix}\neq 0$,即 $abl\neq 0$,且

$$\begin{vmatrix} 0 & m & n & -l \\ m & a & 0 & 0 \\ n & 0 & b & 0 \\ -l & 0 & 0 & -1 \end{vmatrix}=0$$

展开即得

$$\frac{m^2}{a}+\frac{n^2}{b}=l^2$$

推论2　设 $P(x_0,y_0)$ 是圆锥曲线 $c:f(x,y)=Ax^2+2Bxy+Cy^2+2Dx+2Ey+F=0$ 所在平面上一点，过 P 向曲线 c 所引的切线存在，则切线方程为

$$\begin{vmatrix} A & M \\ M & f(x_0,y_0) \end{vmatrix}(x-x_0)^2+$$

$$2\begin{vmatrix} B & N \\ M & f(x_0,y_0) \end{vmatrix}(x-x_0)(y-y_0)+$$

$$\begin{vmatrix} C & N \\ N & f(x_0,y_0) \end{vmatrix}(y-y_0)^2=0 \qquad (13.6.3)$$

其中 $M=Ax_0+By_0+D,N=Bx_0+Cy_0+E$. 或

$$[(Ax_0+By_0+D)(x-x_0)+$$
$$(Bx_0+Cy_0+E)(y-y_0)]^2$$
$$=[A(x-x_0)^2+2B(x-x_0)(y-y_0)+$$
$$C(y-y_0)^2]\cdot f(x_0,y_0) \qquad (13.6.3')$$

证明　设过点 P 的切线斜率为 k，则切线方程为

$$y-y_0=k(x-x_0)$$

即

$$kx-y_0+(-kx_0+y_0)=0$$

由于过点 P 的切线存在，显然式(13.6.1)应满足，因此只要

$$\begin{vmatrix} 0 & k & -1 & -kx_0+y_0 \\ k & A & B & D \\ -1 & B & C & E \\ -kx_0+y_0 & D & E & F \end{vmatrix}=0$$

将第二行乘以 x_0，第三行乘以 y_0 加到第四行，然后再将第二列乘以 x_0，第三列乘以 y_0 加到第四列后得到

$$\begin{vmatrix} 0 & k & -1 & 0 \\ k & A & B & M \\ -1 & B & C & N \\ 0 & M & N & f(x_0,y_0) \end{vmatrix}=0$$

按第一行元素展开，得

$$-k\begin{vmatrix} k & B & M \\ -1 & C & N \\ 0 & N & f(x_0,y_0) \end{vmatrix}-\begin{vmatrix} k & A & M \\ -1 & B & N \\ 0 & M & f(x_0,y_0) \end{vmatrix}=0$$

将上式完全展开，同时用 $k=\dfrac{y-y_0}{x-x_0}$代入整理便证明了结论成立.

由推论 2 的证明可知，若过点 P 的圆锥曲线 c 的切线斜率为 k，则有

$$\begin{vmatrix} C & N \\ N & f(x_0,y_0) \end{vmatrix}k^2+2\begin{vmatrix} B & N \\ M & f(x_0,y_0) \end{vmatrix}k+\begin{vmatrix} A & M \\ M & f(x_0,y_0) \end{vmatrix}=0 \qquad (13.6.4)$$

其中 M,N 的意义同前.

在此，我们也顺便指出：在实际运用式(13.6.1)时，我们可取直线 l 上任意一点的坐标(x_0,y_0)，即有 $mx_0+ny_0+l=0(m^2+n^2\neq0)$. 将行列式第二行乘以 x_0，第三行乘以 y_0. 分别加到第四行上去；再将第二列乘以 x_0，第三列乘以 y_0. 分别加到第四列上去，得到

$$\begin{vmatrix} 0 & m & n & 0 \\ m & A & B & M \\ n & B & C & N \\ 0 & M & N & f(x_0,y_0) \end{vmatrix} = 0$$

再按第一行展开,得

$$-m\begin{vmatrix} m & B & M \\ n & C & N \\ 0 & N & f(x_0,y_0) \end{vmatrix} + n\begin{vmatrix} m & A & M \\ n & B & N \\ 0 & M & f(x_0,y_0) \end{vmatrix} = 0$$

由此,有

$$m^2\begin{vmatrix} C & N \\ N & f(x_0,y_0) \end{vmatrix} - 2mn\begin{vmatrix} B & N \\ M & f(x_0,y_0) \end{vmatrix} +$$

$$n^2\begin{vmatrix} A & M \\ M & f(x_0,y_0) \end{vmatrix} = 0 \qquad (13.6.5)$$

其中 M,N 的意义同前.

由推论2还可得以下推论:

推论3①　设 $P(x_0,y_0)$ 是圆锥曲线 $C:f(x,y)=Ax^2+2Bxy+Cy^2+2Dx+2Ey+F=0$ 所在平面上一点,过点 P 向曲线 C 所引的切线存在,且记

$$g(x,y)=Ax_0x+B(y_0x+x_0y)+Cy_0y+ E(x+x_0)+E(y+y_0)+F$$

那么,过点 P 向曲线 C 所引的切线方程可表示为

$$[g(x,y)]^2=f(x_0,y_0)\cdot f(x,y) \qquad (13.6.6)$$

证明　由于

① 杨学枝.圆锥曲线的切线公式[J].数学通报,2009(7):61-62.

$$A(x-x_0)^2+2B(x-x_0)(y-y_0)+C(y-y_0)^2$$
$$=f(x_0,y_0)+f(x,y)-2g(x,y)$$

又

$$(Ax_0+By_0+D)(x-x_0)+(Bx_0+Cy_0+E)(y-y_0)$$
$$=g(x,y)-f(x_0,y_0)$$

将以上两式分别代入(13.6.3′),经整理,便可得到式(13.6.6).

例 20 设圆锥曲线为 $C:f(x,y)=x^2+4xy+y^2+2x-2y=0$,求过点 $P(1,1)$ 的曲线 C 的切线方程.

解法 1 将 $A=1,B=2,C=1,D=1,E=-1,M=6,N=2,f(1,1)=6$ 代入式(13.6.3),得

$$5x^2-y^2-4xy-6x+6y=0$$

即

$$(x-y)(5x+y-6)=0$$

因此,所求切线方程为 $x-y=0$ 和 $5x+y-6=0$.

解法 2 将 $A=1,B=2,C=1,D=1,E=-1,F=0$ 代入式(13.6.6),得到

$$(4x+2y)^2=6(x^2+4xy+y^2+2x-2y)$$

即

$$(x-y)(5x+y-6)=0$$

因此,所求切线方程为 $x-y=0$ 和 $5x+y-6=0$.

解法 3 将 $A=1,B=2,C=1,D=1,E=-1,F=0$ 代入式(13.6.4),得到

$$k^2+4k-5=0$$

解得 $k_1=1,k_2=-5$,这就是所求切线的斜率.

因此,所求切线的方程为 $y-1=x-1$ 和 $y-1=$

$-5(x-1)$,即 $x-y=0$ 和 $5x+y-6=0$.

例 21　设圆锥曲线为 $c:f(x,y)=Ax^2+2Bxy+Cy^2+2Dx+2Ey+F=0$,求曲线 c 的两条互相垂直的切线的交点的轨迹方程.

解　设两切线交点为 $P(x,y)$,两切线斜率分别为 k_1,k_2,则 $k_1k_2=-1$. 由式(13.6.4)得到过点 P 的曲线 c 的切线方程为

$$[Cf(x,y)-N^2]k^2+2[Bf(x,y)-MN]k+[Af(x,y)-M^2]=0$$

其中 $M=Ax+By+D,N=Bx+Cy+E$.

k_1,k_2 是上述方程的两个根,据韦达定理,有

$$\frac{Af(x,y)-M^2}{Cf(x,y)-N^2}=-1$$

即 $(A+C)f(x,y)-(M^2+N^2)=0$,也就是

$$(AC-B^2)(x^2+y^2)+2(CD-BE)x+2(AE-BD)y+[(AF-D^2)+(CF-E^2)]=0$$

这就是所求的轨迹方程.

注　它的图形是一个圆,此圆称为准圆. 不难验证,当其中一条切线与 x 轴垂直时,上述方程仍适合.

类似定理 9,我们可得到关于空间一般二次曲面的切面的结论:

定理 10　设空间一般二次曲面方程为

$$Ax^2+By^2+Cz^2+D+2(Fyz+Gxz+Hxy+Px+Qy+Rz)=0$$

平面方程为 $mx+ny+sz+l=0$,则平面与二次曲面相切的充要条件是

$$\begin{vmatrix} 0 & m & n & s & l \\ m & A & H & G & P \\ n & H & B & F & Q \\ s & G & F & C & R \\ l & P & Q & R & D \end{vmatrix}=0,且 M_4\neq 0 \quad (13.6.7)$$

其切点坐标为

$$x_0=\frac{M_1}{M_4},y_0=\frac{M_2}{M_4},z_0=\frac{M_3}{M_4}$$

其中 M_1,M_2,M_3,M_4 分别为将行列式 M 中的第一列、第二列、第三列、第四列元素置换为$[m \quad n \quad s \quad l]^{\mathrm{T}}$ 所得的行列式,而

$$M=\begin{vmatrix} A & H & G & P \\ H & B & F & Q \\ G & F & C & R \\ P & Q & R & D \end{vmatrix}$$

13.7 二次曲线的配极对应

我们可以用矩阵形式表示二次曲线的配极对应直线.

定义 2 设 $P_0(x_0,y_0)$ 是二次曲线外的一点,过 P_0 的与二次曲线相切的两直线的两切点的直线称为 P_0 关于此二次曲线的极线.

显然,$P_0(x_0,y_0)$ 关于圆 $x^2+y^2=R^2$ 的极线方程 $x_0x+y_0y-R^2=0$ 可用矩阵表示如下

$$[x_0 \quad y_0 \quad 1] \cdot \begin{bmatrix} 1 & 0 & 0 \\ 0 & 1 & 0 \\ 0 & 0 & -R^2 \end{bmatrix} \cdot \begin{bmatrix} x \\ y \\ 1 \end{bmatrix} = 0$$

(13.7.1)

$P_0(x_0,y_0)$关于椭圆$\frac{x^2}{a^2}+\frac{y^2}{b^2}=1$的极线方程$\frac{x_0x}{a^2}+\frac{y_0y}{b^2}=1$可用矩阵表示如下

$$[x_0 \quad y_0 \quad 1] \cdot \begin{bmatrix} \frac{1}{a^2} & 0 & 0 \\ 0 & \frac{1}{b^2} & 0 \\ 0 & 0 & -1 \end{bmatrix} \cdot \begin{bmatrix} x \\ y \\ 1 \end{bmatrix} = 0$$

(13.7.2)

$P_0(x_0,y_0)$关于双曲线$\frac{x^2}{a^2}-\frac{y^2}{b^2}=1$的极线方程$\frac{x_0x}{a^2}-\frac{y_0y}{b^2}=1$可用矩阵表示如下

$$[x_0 \quad y_0 \quad 1] \cdot \begin{bmatrix} \frac{1}{a^2} & 0 & 0 \\ 0 & -\frac{1}{b^2} & 0 \\ 0 & 0 & -1 \end{bmatrix} \cdot \begin{bmatrix} x \\ y \\ 1 \end{bmatrix} = 0$$

(13.7.3)

点$P_0(x_0,y_0)$关于抛物线$y^2=2px$的极线方程$y_0y=p(x+x_0)$可用矩阵表示如下

$$[x_0 \quad y_0 \quad 1]\cdot\begin{bmatrix}0 & 0 & -p\\ 0 & 1 & 0\\ -p & 0 & 0\end{bmatrix}\cdot\begin{bmatrix}x\\ y\\ 1\end{bmatrix}=0 \tag{13.7.4}$$

一般的,对于二次曲线(常态)

$$Ax^2+2Bxy+Cy^2+2Dx+2Ey+F=0 \tag{13.7.5}$$

点 $P_0(x_0,y_0)$ 关于它的极线方程 $Ax_0x+B(y_0x+x_0y)+Cy_0y+D(x_0+x)+E(y_0+y)+F=0$ 可用矩阵表示如下

$$[x_0 \quad y_0 \quad 1]\cdot\begin{bmatrix}A & B & D\\ B & C & E\\ D & E & F\end{bmatrix}\cdot\begin{bmatrix}x\\ y\\ 1\end{bmatrix}=0 \tag{13.7.6}$$

上面介绍了曲线外一点 P_0 的配极对应直线. 当 P_0 在二次曲线上时,其配极对应直线正好是二次曲线的过该点 P_0 的切线.

下面介绍点 P_0 在二次曲线内域时的情形.

定义 3 同一直线上的四点 P_1,P_2,P_0,P 满足 $\frac{P_1P_0}{P_2P_0}:\frac{P_1P}{P_2P}=-1$,则称 P 为 P_0(或 P_0 为 P)关于 P_1,P_2 的调和共轭点.

定理 11 过定点 $P_0(x_0,y_0)$ 的动直线交二次曲线(13.7.5)于两点 P_1,P_2,则 P_0 关于 P_1,P_2 的调和共轭点 $P(x,y)$ 的轨迹是一条直线,其方程为

$$[x_0 \quad y_0 \quad 1] \cdot \begin{bmatrix} A & B & D \\ B & C & E \\ D & E & F \end{bmatrix} \cdot \begin{bmatrix} x \\ y \\ 1 \end{bmatrix} = 0 \tag{13.7.7}$$

略证　设 $P'(x',y')$（即 P_1 或 P_2）为直线 P_0P 上任意一点，且 $P_0P' : P'P = \lambda$. 令 $P(x,y)$，则 $x' = \dfrac{x_0+\lambda x}{1+\lambda}, y' = \dfrac{y_0+\lambda y}{1+\lambda}$，将其代入式(13.7.5)，化简后得 λ 的二次方程，注意到其两根 $\lambda_1 = \dfrac{P_0P_1}{P_1P}, \lambda_2 = \dfrac{P_0P_2}{P_2P}$，以及 P 是 P_0 关于 P_1, P_2 的调和共轭点，有 $\lambda_1 + \lambda_2 = 0$，再由根与系数的关系即证.

此定理中的直线叫作点 P_0 关于二次曲线(13.7.5)的极线，点 P_0 叫作该直线关于(13.7.5)的极点.

练习题

1. 先在水平方向上平移 3 个单位，在垂直方向上平移 1 个单位，然后旋转 45°，求出点(1,2)的象点.

2. 求出对于直线 $y = x\tan\alpha$ 的反射的矩阵，求出点(1,2)对于直线 $y = x\cdot\tan 30°$ 作反射后的象点.

3. 用坐标轴的旋转变换和矩阵方法证明

$$\sin(\alpha-\beta) = \sin\alpha\cdot\cos\beta - \cos\alpha\cdot\sin\beta$$
$$\cos(\alpha-\beta) = \cos\alpha\cdot\cos\beta + \sin\alpha\cdot\sin\beta$$

4. 已知 $A\left(\dfrac{3\sqrt{2}}{2},\dfrac{5\sqrt{2}}{2}\right), B\left(\dfrac{3\sqrt{2}}{2},-\dfrac{5\sqrt{2}}{2}\right)$ 是椭圆 $\dfrac{x^2}{9}+$

$\frac{y^2}{25}=1$ 上的两点,求椭圆扇形的面积 S.

5. 设点 $A(x_0,y_0)$是椭圆 $C:\frac{x^2}{a^2}+\frac{y^2}{b^2}=1(a>b>0)$ 上一点,求过点 A 的切线方程.

6. 过点 $P(8,4)$作椭圆$\frac{x^2}{16}+\frac{y^2}{4}=1$ 的两条切线,切点为 A,B,求直线 AB 的方程.

第14章 立体几何问题

立体几何问题既有其空间特色，又有平面几何底蕴，因而有许多立体几何问题可由平面几何问题类比推广而得，而矩阵与行列式的运用为这类推广展示了其过程和呈现方式.

14.1 行列式的应用

一、四面体的体积公式

设四面体 $A_0A_1A_2A_3$ 的棱长记为 $\rho_{ij}=A_iA_j$，棱与棱所成的角记为 $\widehat{i,j}=\widehat{A_kA_i,A_kA_j}$，顶点 A_k 所对面记为 S_k，其面积为 $|S_k|$，两个面所成的角记为 $\langle i,j\rangle=\langle S_i,S_j\rangle$，其中，$i,j,k=0,1,2,3$，且各不相同.

公式 1

$$V_{A_0A_1A_2A_3}=\frac{1}{3}|S_0|\cdot h$$

$$=\frac{1}{6}\rho_{01}\cdot\rho_{12}\cdot\rho_{13}\begin{vmatrix}1 & \cos\widehat{0,2} & \cos\widehat{0,3}\\ \cos\widehat{2,0} & 1 & \cos\widehat{2,3}\\ \cos\widehat{3,0} & \cos\widehat{3,2} & 0\end{vmatrix}$$

$$=\frac{1}{6}\rho_{01}\cdot\rho_{12}\cdot\rho_{13}\cdot T(A_1)$$

类似的,还有 $T(A_0)$,$T(A_2)$,$T(A_3)$,从而还有三式(略).

证明 如图 14.1.1,过 A_0 作 $A_0D\perp$ 面 $A_1A_2A_3$ 于点 D,则 $A_0D=h$. 过点 D 作 $DE\perp A_1A_2$ 于点 E,连 A_0E,ED.

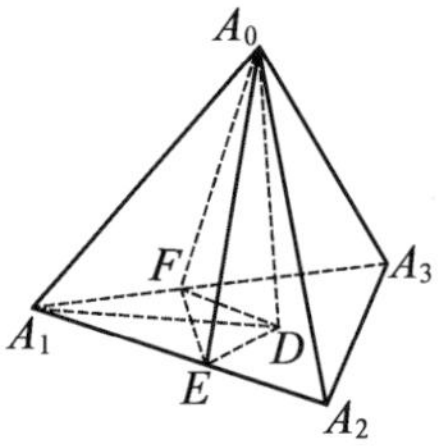

图 14.1.1

由三垂线定理(或直线垂直于平面的性质)知 $A_1E\perp A_0E$,且 $\angle A_0ED=\langle 0,3\rangle$. 于是,$A_0D=A_0E\cdot\sin\langle 0,3\rangle$,$A_0E=\rho_{01}\cdot\sin\widehat{0,2}$,则

$$A_0D=\rho_{01}\cdot\sin\widehat{0,2}\cdot\sin\langle 0,3\rangle$$

又 $A_0D=\rho_{01}\cdot\sin\angle A_0A_1D$,从而 $\sin\angle A_0A_1D=$

$\sin \widehat{0,2} \cdot \sin\langle 0,3\rangle$.

注意到三面角中的余弦定理,有

$$\cos\langle 0,3\rangle = \frac{\cos \widehat{0,3} - \cos \widehat{0,2} \cdot \cos \widehat{2,3}}{\sin \widehat{0,2} \cdot \sin \widehat{2,3}}$$

于是

$$\begin{aligned}
&\sin\angle A_0A_1D \\
&= \sin \widehat{0,2} \cdot (1-\cos^2\langle 0,3\rangle)^{\frac{1}{2}} \\
&= \frac{(1-\cos^2 \widehat{0,2} - \cos \widehat{0,3} \quad \cos \widehat{2,3} + 2\cos \widehat{0,2} \cdot \cos \widehat{0,3} \cdot \cos \widehat{2,3})^{\frac{1}{2}}}{\sin \widehat{2,3}}
\end{aligned}$$

从而

$$\begin{aligned}
V_{A_0A_1A_2A_3} &= \frac{1}{3}|S_0| \cdot h \\
&= \frac{1}{3} \cdot \frac{1}{2}\rho_{12} \cdot \rho_{13} \cdot \sin \widehat{2,3} \cdot \rho_{01} \cdot \sin\angle A_0A_1D \\
&= \frac{1}{6}\rho_{01} \cdot \rho_{12} \cdot \rho_{13} \cdot \begin{vmatrix} 1 & \cos \widehat{0,2} & \cos \widehat{0,3} \\ \cos \widehat{2,0} & 1 & \cos \widehat{2,3} \\ \cos \widehat{3,0} & \cos \widehat{3,2} & 1 \end{vmatrix}^{\frac{1}{2}}
\end{aligned}$$

公式 2

$$V_{A_0A_1A_2A_3} = \frac{1}{6}\left[\frac{1}{8}\begin{vmatrix} 0 & 1 & 1 & 1 & 1 \\ 1 & 0 & \rho_{01}^2 & \rho_{02}^2 & \rho_{03}^2 \\ 1 & \rho_{10}^2 & 0 & \rho_{12}^2 & \rho_{13}^2 \\ 1 & \rho_{20}^2 & \rho_{21}^2 & 0 & \rho_{23}^2 \\ 1 & \rho_{30}^2 & \rho_{31}^2 & \rho_{32}^2 & 0 \end{vmatrix}\right]^{\frac{1}{2}}$$

证明　由余弦定理,有

$$\cos \widehat{0,2}=\frac{\rho_{12}^{2}+\rho_{01}^{2}-\rho_{02}^{2}}{2\rho_{12}\cdot\rho_{01}}$$

$$\cos \widehat{0,3}=\frac{\rho_{13}^{2}+\rho_{01}^{2}-\rho_{03}^{2}}{2\rho_{13}\cdot\rho_{01}}$$

$$\cos \widehat{2,3}=\frac{\rho_{13}^{2}+\rho_{12}^{2}-\rho_{23}^{2}}{2\rho_{13}\cdot\rho_{12}} \qquad (14.1.1)$$

如图 14.1.1,作 $A_0D\perp$ 面 $A_1A_2A_3$ 于点 D,记 $A_0D=h$. 由

$$\sin^2\widehat{2,3}=1-\cos^2\widehat{2,3}$$

$$=\frac{4\rho_{13}^{2}\cdot\rho_{12}^{2}-(\rho_{13}^{2}+\rho_{12}^{2}-\rho_{23}^{2})}{4\rho_{13}^{2}\cdot\rho_{12}^{2}}=\frac{16|S_0|^2}{4\rho_{13}^{2}\cdot\rho_{12}^{2}}$$

有

$$\sin\widehat{2,3}=\frac{2|S_0|}{\rho_{13}\cdot\rho_{12}} \qquad (14.1.2)$$

又过 D 分别作 $DE\perp A_1A_2$ 于点 E,作 $DF\perp A_1A_3$ 于点 F,联结 A_0E,A_0F,A_1D,EF. 由三垂线定理(或直线垂直于平面的性质)知 $A_0E\perp A_1A_2,A_0F\perp A_1A_3$,从而

$$A_0E=\rho_{01}\cdot\cos\widehat{0,2}=\frac{\rho_{12}^{2}+\rho_{01}^{2}-\rho_{02}^{2}}{2\rho_{12}}$$

$$A_0F=\rho_{01}\cdot\cos\widehat{0,3}=\frac{\rho_{13}^{2}+\rho_{01}^{2}-\rho_{03}^{2}}{2\rho_{13}} \qquad (14.1.3)$$

在 $\triangle A_1EF$ 中,由余弦定理,有

$$EF^2=A_1E^2+A_1F^2-2A_1E\cdot A_1F\cdot\cos\widehat{2,3} \qquad (14.1.4)$$

将(14.1.1)与(14.1.3)代入(14.1.4),得

$$EF^2=\frac{\rho_{13}^{2}(\rho_{12}^{2}+\rho_{01}^{2}-\rho_{02}^{2})+\rho_{12}^{2}(\rho_{13}^{2}+\rho_{01}^{2}-\rho_{03}^{2})-(\rho_{12}^{2}+\rho_{01}^{2}-\rho_{02}^{2})(\rho_{13}^{2}+\rho_{01}^{2}-\rho_{03}^{2})(\rho_{13}^{2}+\rho_{12}^{2}-\rho_{23}^{2})}{4\rho_{13}^{2}\cdot\rho_{12}^{2}} \qquad (14.1.5)$$

注意到 A_1,E,D,F 四点共圆,知 A_1D 为其直径. 由正弦定理,有 $A_1D=\dfrac{EF}{\sin\widehat{2,3}}$. 再在 $\mathrm{Rt}\triangle A_0A_1D$ 中应用勾股定理,有

$$\begin{aligned}h&=\sqrt{\rho_{01}^2-A_1D^2}=\sqrt{\rho_{01}^2-\frac{EF^2}{\sin^2\widehat{2,3}}}\\&=\frac{\rho_{13}\cdot\rho_{12}}{2|S_0|}\sqrt{\rho_{01}^2\cdot\sin^2\widehat{2,3}-EF^2}\end{aligned}\tag{14.1.6}$$

于是

$$\begin{aligned}V_{A_0A_1A_2A_3}&=\frac{1}{3}|S_0|\cdot h=\frac{\rho_{13}\cdot\rho_{12}}{6}\sqrt{\rho_{01}^2\cdot\sin^2\widehat{2,3}-EF^2}\\&=\frac{1}{2}\sqrt{P_1+P_2+P_3-Q}\\&=\frac{1}{6}\left[\frac{1}{8}\begin{vmatrix}0&1&1&1&1\\1&0&\rho_{01}^2&\rho_{02}^2&\rho_{03}^2\\1&\rho_{10}^2&0&\rho_{12}^2&\rho_{13}^2\\1&\rho_{20}^2&\rho_{21}^2&0&\rho_{23}^2\\1&\rho_{30}^2&\rho_{31}^2&\rho_{32}^2&0\end{vmatrix}\right]^{\frac{1}{2}}\end{aligned}$$

其中

$$P_1=\rho_{23}^2\cdot\rho_{01}^2(\rho_{13}^2+\rho_{12}^2+\rho_{02}^2+\rho_{03}^2-\rho_{23}^2-\rho_{01}^2)$$
$$P_2=\rho_{31}^2\cdot\rho_{02}^2(\rho_{21}^2+\rho_{23}^2+\rho_{03}^2+\rho_{01}^2-\rho_{31}^2-\rho_{02}^2)$$
$$P_3=\rho_{12}^2\cdot\rho_{03}^2(\rho_{31}^2+\rho_{32}^2+\rho_{01}^2+\rho_{02}^2-\rho_{12}^2-\rho_{03}^2)$$
$$\begin{aligned}Q=&\rho_{23}^2\cdot\rho_{13}^2\cdot\rho_{12}^2+\rho_{23}^2\cdot\rho_{02}^2\cdot\rho_{03}^2+\\&\rho_{13}^2\cdot\rho_{03}^2\cdot\rho_{01}^2+\rho_{12}^2\cdot\rho_{01}^2\cdot\rho_{02}^2\end{aligned}$$

公式 3　设 $(x_0,y_0,z_0),(x_1,y_1,z_1),(x_2,y_2,z_2),(x_3,y_3,z_3)$ 分别为点 A_0,A_1,A_2,A_3 在空间直角坐标系

中的坐标,则

$$V_{A_0A_1A_2A_3}=\left|\frac{1}{6}\begin{vmatrix}x_0 & y_0 & z_0 & 1\\ x_1 & y_1 & z_1 & 1\\ x_2 & y_2 & z_2 & 1\\ x_3 & y_3 & z_3 & 1\end{vmatrix}\right| \qquad (14.1.7)$$

证明提示 可设 A_1,A_2,A_3 三点所在的平面方程为 $\pi:\alpha x+\beta y+\gamma z+w=0$. 将点 A_1,A_2,A_3 的坐标代入,得方程组,求得 α,β,γ. 由点 A_0 到平面 π 的距离公式求得四面体的高 $h=\dfrac{|x_0\alpha+y_0\beta+z_0\gamma+w|}{\sqrt{\alpha^2+\beta^2+\gamma^2}}$,并代入 α,β,γ 的值.

再由 $V=\dfrac{1}{3}|S_0|\cdot h$ 即可得.

注 该公式的证明还可参见作者另著《从高维 Pythagoras 定理谈起——单形论漫谈》.

公式 4 设四面体四个面的方程为

$$a_ix+b_iy+c_iz+d_i=0 \quad (i=1,2,3,4)$$

运用空间解析几何知识得四面体体积公式为

$$V=\frac{\Delta^3}{6\Delta_1\Delta_2\Delta_3\Delta_4} \qquad (14.1.8)$$

其中 $\Delta=\begin{vmatrix}a_1 & b_1 & c_1 & d_1\\ a_2 & b_2 & c_2 & d_2\\ a_3 & b_3 & c_3 & d_3\\ a_4 & b_4 & c_4 & d_4\end{vmatrix}$,$\Delta_1,\Delta_2,\Delta_3,\Delta_4$ 分别为 d_1,d_2,d_3,d_4 的代数余子式.

证明提示 可参照式(13.1.3)的证明来证.

也可参见作者另著《从高维 Pythagoras 定理谈起——单形论漫谈》.

注　(1)三平面共点的充要条件是对应的系数行列式 $\Delta_i=0$.

(2)当 $\Delta_i=0$ 时,则相应的三平面共线或交线互相平行,故这时四面体不存在.

(3)四面共点的充要条件为 $\Delta=0$.

公式5　记

$$M_l^2=\begin{vmatrix}1 & -\cos\langle i,j\rangle & -\cos\langle i,k\rangle\\ -\cos\langle i,j\rangle & 1 & -\cos\langle j,k\rangle\\ -\cos\langle i,k\rangle & -\cos\langle j,k\rangle & 1\end{vmatrix}$$

其中 $0\leqslant i<j<k\leqslant3,0\leqslant l\leqslant3,l\neq i,j,k$,且称顶点 A_l 的特征值为 M_l,则在四面体 $A_0A_1A_2A_4$ 中

$$\frac{|S_0|}{M_0}=\frac{|S_1|}{M_1}=\frac{|S_2|}{M_2}=\frac{|S_3|}{M_3}=\frac{2|S_0|\cdot|S_1|\cdot|S_2|\cdot|S_3|}{9V_{A_0A_1A_2A_3}^2}\tag{14.1.9}$$

证明　如图14.1.1,过 A_0 作 $A_0D\perp$ 平面 $A_1A_2A_3$ 于点 D,作 $DE\perp A_1A_2$ 于点 E,作 $DF\perp A_1A_3$ 于点 F,联结 A_0E,A_0F,则 $A_0E\perp A_1A_2,A_0F\perp A_1A_3$,且有 $\sin\langle0,3\rangle=\frac{A_0D}{A_0E}$,即

$$A_0D=A_0E\cdot\sin\langle0,3\rangle=\frac{2|S_3|}{\rho_{12}}\cdot\sin\langle0,3\rangle$$

同理

$$A_0D=A_0F\cdot\sin\langle0,2\rangle=\frac{2|S_2|}{\rho_{13}}\cdot\sin\langle0,2\rangle$$

于是

$$V_{A_0A_1A_2A_3}^2=\frac{1}{9}|S_0|^2\cdot A_0D^2$$

$$=\frac{1}{9}|S_0|^2\cdot\frac{4|S_2|\cdot|S_3|}{\rho_{12}\cdot\rho_{13}}\cdot\sin\langle 0,2\rangle\cdot\sin\langle 0,3\rangle$$

$$=\frac{2}{9}|S_0|\cdot|S_2|\cdot|S_3|\cdot\sin\langle 0,2\rangle\cdot\sin\langle 0,3\rangle\cdot\sin\widehat{2,3}$$

注意到任意一个面角的余弦等于它所对二面角的余弦与其他两个二面角余弦的积的和除以这两个二面角正弦积所得的商,即

$$\cos\widehat{2,3}=\frac{\cos\langle 2,3\rangle+\cos\langle 0,2\rangle\cdot\cos\langle 0,3\rangle}{\sin\langle 0,2\rangle\cdot\sin\langle 0,3\rangle}$$

从而

$$V_{A_0A_1A_2A_3}^2=\frac{2}{9}|S_0|\cdot|S_2|\cdot|S_3|\cdot\sin\langle 0,2\rangle\cdot\sin\langle 0,3\rangle\cdot(1-\cos\langle 2,3\rangle)^{\frac{1}{2}}$$

$$=\frac{2}{9}|S_0|\cdot|S_2|\cdot|S_3|\cdot\begin{vmatrix}1 & -\cos\langle 0,2\rangle & -\cos\langle 0,3\rangle\\ -\cos\langle 2,0\rangle & 1 & -\cos\langle 2,3\rangle\\ -\cos\langle 3,0\rangle & -\cos\langle 3,2\rangle & 1\end{vmatrix}^{\frac{1}{2}}$$

$$=\frac{2}{9}|S_0|\cdot|S_2|\cdot|S_3|\cdot\begin{vmatrix}1 & -\cos\langle 0,2\rangle & -\cos\langle 0,3\rangle\\ -\cos\langle 0,2\rangle & 1 & -\cos\langle 2,3\rangle\\ -\cos\langle 0,3\rangle & -\cos\langle 2,3\rangle & 1\end{vmatrix}^{\frac{1}{2}}$$

$$=\frac{2}{9}|S_0|\cdot|S_2|\cdot|S_3|\cdot M_1$$

故

$$\frac{|S_1|}{M_1}=\frac{2|S_0|\cdot|S_1|\cdot|S_2|\cdot|S_3|}{9V_{A_0A_1A_2A_3}^2}$$

同理,有其他三式. 证毕.

注　此公式的证明还可参见作者另著《从高维Pythagoras定理谈起——单形论漫谈》以及《从Stewart定理的表示谈起——向量理论漫谈》.

推论　$V_{A_0A_1A_2A_3}=\frac{2|S_0|\cdot|S_2|\cdot\sin\langle 0,2\rangle}{3\rho_{13}}=\frac{2|S_0|\cdot|S_3|\cdot\sin\langle 0,3\rangle}{3\rho_{12}}=\frac{2|S_2|\cdot|S_3|\cdot\sin\langle 2,3\rangle}{3\rho_{01}}=\frac{2|S_1|\cdot|S_3|\cdot\sin\langle 1,3\rangle}{3\rho_{02}}=\frac{2|S_1|\cdot|S_2|\cdot\sin\langle 1,2\rangle}{3\rho_{03}}=\frac{2|S_0|\cdot|S_1|\cdot\sin\langle 0,1\rangle}{3\rho_{23}}$.

事实上,由 $V_{A_0A_1A_2A_3}=\frac{1}{3}|S_0|\cdot A_0D=\frac{2|S_0|\cdot|S_2|\cdot\sin\langle 0,2\rangle}{3\rho_{13}}$即证.

例1　求由平面 $2x+3y+z=6$, $2x+3y=0$, $3y+z=0$, $2x+z=0$ 围成的四面体的体积.

解　由于

$$\Delta=\begin{vmatrix}2&3&1&-6\\2&3&0&0\\0&3&1&0\\2&0&1&0\end{vmatrix}=-6\begin{vmatrix}2&3&0\\0&3&1\\2&0&1\end{vmatrix}=-72$$

$$\Delta_1=12,\Delta_2=6,\Delta_3=-6,\Delta_4=6$$

从而 $V=\frac{(-72)^3}{6\times 12\times 6\times(-6)\times 6}=24$ 为所求.

例 2 如图 14.1.2,已知三棱锥 $P-ABC$ 顶点 P 的三个面角均为 $60°$,三个侧面面积分别为$\frac{\sqrt{3}}{2}$,2 和 1,求三棱锥的体积.

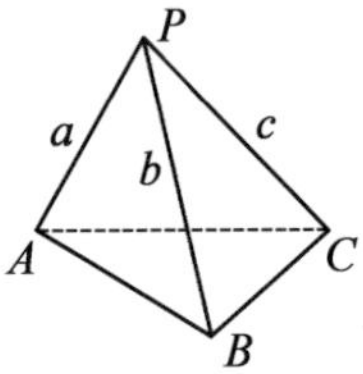

图 14.1.2

解 设 P 的三条棱 $PA=a,PB=b,PC=c$,根据题意有

$$\begin{cases}\frac{1}{2}ab\sin 60°=\frac{\sqrt{3}}{2}\\ \frac{1}{2}bc\sin 60°=2\\ \frac{1}{2}ac\sin 60°=1\end{cases}\Rightarrow\begin{cases}ab=2\\ bc=\frac{8}{\sqrt{3}}\\ ac=\frac{4}{\sqrt{3}}\end{cases}$$

从而

$$abc=\sqrt{2\times\frac{8}{\sqrt{3}}\times\frac{4}{\sqrt{3}}}=\frac{8}{\sqrt{3}}$$

故

$$V_{三棱锥}=\frac{1}{6}abcT(P)$$

$$=\frac{1}{6}\times\frac{8}{\sqrt{3}}\sqrt{\begin{vmatrix}1 & \cos 60° & \cos 60°\\ \cos 60° & 1 & \cos 60°\\ \cos 60° & \cos 60° & 1\end{vmatrix}}$$

$$=\frac{2}{9}\sqrt{6}$$

例3　在四面体 $A_1A_2A_3A_4$ 中,对任意 $\lambda_i>0(1\leqslant i\leqslant 4)$,有

$$\sum \lambda_1 S_1^2 \geqslant \frac{3}{2}\sqrt{3}\left(\sum \lambda_3\lambda_4 |A_1A_2|^2\right)^{\frac{1}{2}} V$$

$$\geqslant \frac{9}{2}\sqrt[3]{6}\left(\sum \lambda_1\lambda_2\lambda_3\right)^{\frac{1}{3}} V^{\frac{4}{3}} \quad (14.1.10)$$

其中“$\sum$”表示循环和(下同).

证明　为了证上述不等式,先看一条引理:

引理1　在四面体 $A_1A_2A_3A_4$ 中,有

$$\left(\sum \lambda_1\lambda_2\lambda_3 M_4^2\right)^{\frac{1}{3}} \leqslant \left(\frac{1}{3}\sum \lambda_1\lambda_2 \sin^2\langle 1,2\rangle\right)^{\frac{1}{2}}$$

$$\leqslant \frac{1}{3}\sum \lambda_1 \quad (14.1.11)$$

事实上,由于矩阵($\lambda_i>0,1\leqslant i\leqslant 4$)

$$\boldsymbol{G}=\begin{bmatrix} \lambda_1 & -\sqrt{\lambda_1\lambda_2}\cos\langle 1,2\rangle & -\sqrt{\lambda_1\lambda_3}\cos\langle 1,3\rangle & -\sqrt{\lambda_1\lambda_4}\cos\langle 1,4\rangle \\ -\sqrt{\lambda_1\lambda_2}\cos\langle 1,2\rangle & \lambda_2 & -\sqrt{\lambda_2\lambda_3}\cos\langle 2,3\rangle & -\sqrt{\lambda_2\lambda_4}\cos\langle 2,4\rangle \\ -\sqrt{\lambda_1\lambda_3}\cos\langle 1,3\rangle & -\sqrt{\lambda_2\lambda_3}\cos\langle 2,3\rangle & \lambda_3 & -\sqrt{\lambda_3\lambda_4}\cos\langle 3,4\rangle \\ -\sqrt{\lambda_1\lambda_4}\cos\langle 1,4\rangle & -\sqrt{\lambda_2\lambda_4}\cos\langle 2,4\rangle & -\sqrt{\lambda_3\lambda_4}\cos\langle 3,4\rangle & \lambda_4 \end{bmatrix}$$

是半正定的实对称矩阵,且秩为3,则 $\boldsymbol{G}$ 的特征方程

$|x\boldsymbol{E}-\boldsymbol{G}|=0$ 的根中,有三根为正,一根为 0. 由于此特征方程可展为

$$x^4-\sigma_1x^3+\sigma_2x^2-\sigma_3x+\sigma_4=0 \quad (14.1.12)$$

且线性代数中已知 $\sigma_i(1\leqslant i\leqslant 4)$ 为 $\boldsymbol{G}$ 的所有可能的 i 阶主子式之和,由此(注意应用特征值的定义(见公式5)),有

$$x^4-\sum\lambda_1x^3+\sum\lambda_1\lambda_2\sin^2\langle 1,2\rangle x^2-$$
$$\sum\lambda_1\lambda_2\lambda_3M_4^2x+\det\boldsymbol{G}=0$$

由于 $\det\boldsymbol{G}=0$,则知

$$x^3-\sum\lambda_1x^2+\sum\lambda_1\lambda_2\sin^2\langle 1,2\rangle x-$$
$$\sum\lambda_1\lambda_2\lambda_3M_4^2=0 \quad (14.1.13)$$

设方程(14.1.13)的三正根为 x_1,x_2,x_3,由韦达定理有

$$x_1+x_2+x_3=\sum\lambda_1$$
$$x_1x_2+x_1x_3+x_2x_3=\sum\lambda_1\lambda_2\sin^2\langle 1,2\rangle$$
$$x_1x_2x_3=\sum\lambda_1\lambda_2\lambda_3M_4^2$$

由此结合对称平均不等式

$$\frac{1}{3}(x_1+x_2+x_3)\geqslant\left[\frac{1}{3}(x_1x_2+x_1x_3+x_2x_3)\right]^{\frac{1}{2}}$$
$$\geqslant(x_1x_2x_3)^{\frac{1}{3}} \quad (14.1.14)$$

即见(14.1.11)成立.

回到例题的证明,由式(14.1.9),有

$$M_4=\frac{9V^2}{2S_1S_2S_3} \quad (14.1.15)$$

又由四面体体积公式即前文中的推论,有

$$V=\frac{\frac{2}{3}S_1S_2\sin\langle 1,2\rangle}{|A_3A_4|}$$

即

$$\sin\langle 1,2\rangle=\frac{3V}{2S_1S_2}\cdot|A_3A_4| \qquad (14.1.16)$$

把(14.1.15)与(14.1.16)代入(14.1.11)中,并令 $\lambda_i=\lambda_i'S_i^2(1\leqslant i\leqslant 4)$整理得

$$\frac{9}{2}\sqrt[3]{6}\left(\sum\lambda_1'\lambda_2'\lambda_3'\right)^{\frac{1}{3}}V^{\frac{4}{3}}$$

$$\leqslant\frac{3}{2}\sqrt{3}\left(\sum\lambda_3'\lambda_4'|A_1A_2|^2\right)^{\frac{1}{2}}V\leqslant\sum\lambda_1'S_1^2$$

$$(14.1.17)$$

此即(14.1.10),命题证毕.

推论 1　在四面体 $A_1A_2A_3A_4$ 中,有

$$\sum S_1^2\geqslant\frac{3}{2}\sqrt{3}\left(\sum|A_1A_2|^2\right)^{\frac{1}{2}}V \quad (14.1.18)$$

推论 2　在四面体 $A_1A_2A_3A_4$ 中,有

$$(S_1S_2S_3S_4)^2\geqslant\frac{2\ 187}{256}(S_1^2+S_2^2+S_3^2+S_4^2)V^4$$

$$(14.1.19)$$

事实上,只要取(14.1.10)的两端,并令其中的

$$\lambda_i=\frac{S_1^2S_2^2S_3^2S_4^2}{S_i^2}\quad(1\leqslant i\leqslant 4)$$

整理即见(14.1.19).

例 4　如图 14.1.3,O 为四面体 $A_1A_2A_3A_4$ 内的任一点,过 O 作面 $A_2A_3A_4$,$A_1A_3A_4$,$A_1A_2A_4$ 及 $A_1A_2A_3$ 的垂线,垂足分别为 B_1,B_2,B_3,B_4. 设四面体 $A_1A_2A_3A_4$ 及内

接四面体 $B_1B_2B_3B_4$ 的体积分别为 V,V'，则

$$V'\leqslant\frac{1}{27}V \tag{14.1.20}$$

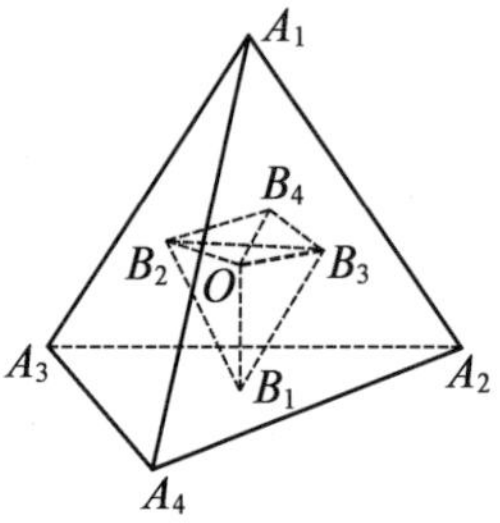

图 14.1.3

证明 令 $OB_1=r_1,OB_2=r_2,OB_3=r_3,OB_4=r_4$，$V_1=V_{OB_2B_3B_4},V_2=V_{OB_1B_3B_4},V_3=V_{OB_1B_2B_4},V_4=V_{OB_1B_2B_3}$. 显然 $V_1+V_2+V_3+V_4=V_{B_1B_2B_3B_4}=V'$.

由公式 1 知

$$V_1=\frac{1}{6}r_2r_3r_4\cdot T_1(O)$$

其中

$$T_1^2(O)=\begin{vmatrix}1 & \cos\angle B_3OB_4 & \cos\angle B_2OB_4\\ \cos\angle B_3OB_4 & 1 & \cos\angle B_2OB_3\\ \cos\angle B_2OB_4 & \cos\angle B_2OB_3 & 1\end{vmatrix}$$

不难看出 $\angle B_2OB_3,\angle B_3OB_4,\angle B_2OB_4$ 分别与以 A_1A_4,A_1A_2,A_1A_3 为棱的二面角 $\theta_{23},\theta_{34},\theta_{24}$ 互为补角，从而

$$\cos\angle B_2OB_3=-\cos\theta_{23}$$

$$\cos\angle B_3OB_4=-\cos\theta_{34}$$

$$\cos\angle B_2OB_4 = -\cos\theta_{24}$$

从而 $T_1^2(O)=M_1^2$，即 $T_1(O)=M_1$. 故

$$V_1=\frac{1}{6}r_2r_3r_4\cdot M_1$$

同理

$$V_2=\frac{1}{6}r_1r_3r_4\cdot M_2$$

$$V_3=\frac{1}{6}r_1r_2r_4\cdot M_3$$

$$V_4=\frac{1}{6}r_1r_2r_3\cdot M_4 \qquad (14.1.21)$$

由例3，在式(14.1.10)中令 $\lambda_1=S_1r_1,\lambda_2=S_2r_2,\lambda_3=S_3r_3,\lambda_4=S_4r_4$，得

$$\begin{aligned}&[(r_2r_3r_4\cdot M_1)(S_2S_3S_4\cdot M_1)+\\&(r_1r_3r_4\cdot M_2)(S_1S_3S_4\cdot M_2)+(r_1r_2r_4\cdot M_3)\cdot\\&(S_1S_2S_4\cdot M_3)+(r_1r_2r_3\cdot M_4)(S_1S_2S_3\cdot M_4)]^{\frac{1}{3}}\\\leqslant&\frac{1}{3}(S_1r_1+S_2r_2+S_3r_3+S_4r_4)\end{aligned} \qquad (14.1.22)$$

利用(14.1.9)与(14.1.19)及 $S_1r_1+S_2r_2+S_3r_3+S_4r_4=3V$，则式(14.1.22)即为

$$\left(6V_1\cdot\frac{9}{2}V^2+6V_2\cdot\frac{9}{2}V^2+6V_3\cdot\frac{9}{2}V^2+6V_4\cdot\frac{9}{2}V^2\right)^{\frac{1}{3}}\leqslant\frac{1}{3}\cdot(3V)$$

即

$$V_1+V_2+V_3+V_4\leqslant\frac{1}{27}V$$

故

$$V' \leqslant \frac{1}{27} V$$

二、四面体的几个等式

命题 1[①] 设 $A_1A_2A_3A_4$ 为正四面体，P 为空间任意一点，过 P 分别作面 $A_2A_3A_4$，$A_1A_3A_4$，$A_1A_2A_4$，$A_1A_2A_3$ 的垂线，垂足分别为 N_1，N_2，N_3，N_4；过 P 分别作棱 A_2A_3，A_3A_4，A_2A_4，A_1A_2，A_1A_3，A_1A_4 的垂线，其垂足分别为 M_1，M_2，M_3，M_4，M_5，M_6，则

$$\sum_{i=1}^{4} PN_i^2 = 4r^2 + \frac{4}{3} \cdot OP^2 \qquad (14.1.23)$$

$$\sum_{j=1}^{6} PM_j^2 = 18r^2 + 4 \cdot OP^2 \qquad (14.1.24)$$

为证命题，需用下述结果：

引理 2 设空间直线 L 的对称式方程为

$$L: \frac{x - x_1}{\alpha} = \frac{y - y_1}{\beta} = \frac{z - z_1}{\gamma}$$

$M(x_0, y_0, z_0)$ 为空间一点，M 到直线 L 的距离为 d，则

$$d^2 = \frac{1}{\alpha^2 + \beta^2 + \gamma^2}\left[\begin{vmatrix} x_0 - x_1 & y_0 - y_1 \\ \alpha & \beta \end{vmatrix}^2 + \begin{vmatrix} y_0 - y_1 & z_0 - z_1 \\ \beta & \gamma \end{vmatrix}^2 + \begin{vmatrix} z_0 - z_1 & x_0 - x_1 \\ \gamma & \alpha \end{vmatrix}^2 \right] \qquad (14.1.25)$$

---

① 李永利，孙帆. 关于四面体的两个等式及其不变量[J]. 数学通讯，2002(3)：27-28.

事实上,设 $\boldsymbol{i},\boldsymbol{j},\boldsymbol{k}$ 为空间直角坐标中三个坐标轴上的单位向量,则由点到平面的距离公式,有

$$d=\left|\frac{\begin{vmatrix}\boldsymbol{i} & \boldsymbol{j} & \boldsymbol{k}\\ \alpha & \beta & \gamma\\ x_0-x_1 & y_0-y_1 & z_0-z_1\end{vmatrix}}{\sqrt{\alpha^2+\beta^2+\gamma^2}}\right|$$

这里,里面的符号"| |"表示行列式,外面的符号"| |"表示向量的模. 由行列式的性质、向量模的定义和上式可推知式(14.1.25)成立.

下面证明上述命题,采用解析法.

证明　设 O_i 为顶点 A_i 所对面 S_i 的中心($i=1,2,3,4$),联结 O_1A_1,O_1A_3,则 $A_1O_1\perp$ 面 S_1. 以 O_1 为坐标原点,$\overrightarrow{O_1A_3}$ 的方向为 x 轴正向,$\overrightarrow{O_1A_1}$ 的方向为 z 轴正向,建立空间直角坐标系 O_1xyz. 如图 14.1.4,并设 y 轴与 A_2A_3,A_3A_4 分别相交于 E,F 两点,x 轴与 A_2A_4 相交于 G,并设四面体的棱长为 l,则易知

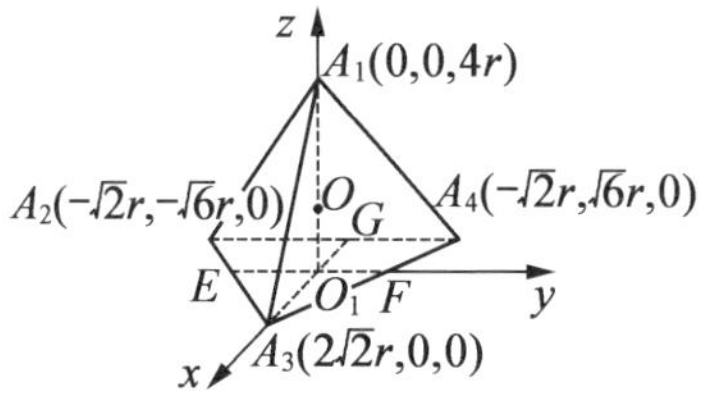

图 14.1.4

$$|OO_1|=r,|A_1O_1|=4r,l=2\sqrt{6}r$$

$$|GA_3|=3\sqrt{2}r\,|GA_2|=|GA_4|=\sqrt{6}r$$

$$|GO_1|=\sqrt{2}r,|O_1A_3|=2\sqrt{2}r$$

$$|EO_1| = |FO_1| = \frac{1}{3}l = \frac{2\sqrt{6}}{3}r$$

于是可得各点的坐标为 $O(0,0,r)$，$A_1(0,0,4r)$，$A_2(-\sqrt{2}r,-\sqrt{6}r,0)$，$A_3(2\sqrt{2}r,0,0)$，$A_4(-\sqrt{2}r,\sqrt{6}r,0)$，$E(0,-\frac{2\sqrt{6}}{3}r,0)$，$F(0,\frac{2\sqrt{6}}{3}r,0)$. 又设点 P 的坐标为(a,b,c).

由于面 S_1 为 xOy 坐标平面，故$|PN_1| = |c|$，于是

$$PN_1^2 = c^2 \tag{14.1.26}$$

由平面的截距式方程得面 S_2 的方程为

$$\frac{x}{2\sqrt{2}r} + \frac{y}{\frac{2\sqrt{6}}{3}r} + \frac{z}{4r} = 1$$

即

$$\sqrt{2}x + \sqrt{6}y + z - 4r = 0$$

由点到平面的距离公式可得

$$\begin{aligned} PN_2^2 &= \frac{(\sqrt{2}a + \sqrt{6}b + c - 4r)^2}{(\sqrt{2})^2 + (\sqrt{6})^2 + 1^2} \\ &= \frac{1}{9}[(\sqrt{2}a + c - 4r) + \sqrt{6}b]^2 \end{aligned} \tag{14.1.27}$$

同理，面 S_4 的方程为

$$\frac{x}{2\sqrt{2}r} + \frac{y}{-\frac{2\sqrt{6}}{3}r} + \frac{z}{4r} = 1$$

即

$$\sqrt{2}x - \sqrt{6}y + z - 4r = 0$$

于是

$$PN_4^2=\frac{(\sqrt{2}a-\sqrt{6}b+c-4r)^2}{(\sqrt{2})^2+(-\sqrt{6})^2+1^2}$$
$$=\frac{1}{9}[(\sqrt{2}a+c-4r)-\sqrt{6}b]^2 \qquad (14.1.28)$$

面 S_3 的方程为

$$\begin{vmatrix} x & y & z & 1 \\ 0 & 0 & 4r & 1 \\ -\sqrt{2}r & -\sqrt{6}r & 0 & 1 \\ -\sqrt{2}r & \sqrt{6}r & 0 & 1 \end{vmatrix}=0$$

即

$$2\sqrt{2}x-z+4r=0$$

于是

$$PN_3^2=\frac{(2\sqrt{2}a-c+4r)^2}{(2\sqrt{2})^2+(-1)^2}=\frac{1}{9}(2\sqrt{2}a-c+4r)^2 \qquad (14.1.29)$$

(14.1.26)(14.1.27)(14.1.28)(14.1.29)四式相加,得

$$\sum_{i=1}^{4}PN_i^2=PN_1^2+(PN_2^2+PN_4^2)+PN_3^2$$
$$=c^2+\frac{2}{9}[(\sqrt{2}a+c-4r)^2+(\sqrt{6}b)^2]+\frac{1}{9}(2\sqrt{2}a-c+4r)^2$$
$$=\frac{1}{9}[9c^2+2(2a^2+c^2+16r^2+2\sqrt{2}ac-8\sqrt{2}ar-8cr+6b^2)+(8a^2+c^2+16r^2-4\sqrt{2}ac+16\sqrt{2}ar-8cr)]$$

$$=\frac{1}{9}[12(a^2+b^2+c^2)-24cr+48r^2]$$

$$=\frac{4}{3}(a^2+b^2+c^2-2cr+4r^2)$$

而

$$\begin{aligned}OP^2&=a^2+b^2+(c-r)^2\\&=a^2+b^2+c^2-2cr+r^2\end{aligned}$$

即

$$a^2+b^2+c^2-2cr=OP^2-r^2 \qquad (14.1.30)$$

将其代入上式即得

$$\sum_{i=1}^{4}PN_i^2=\frac{4}{3}(OP^2+3r^2)=4r^2+\frac{4}{3}\cdot OP^2$$

故式(14.1.23)成立,下面证明式(14.1.24).

由直线的对称式方程可得:

直线 A_2A_3

$$\frac{x-2\sqrt{2}r}{2\sqrt{2}r+\sqrt{2}r}=\frac{y-0}{\sqrt{6}r}=\frac{z-0}{0}$$

即

$$\frac{x-2\sqrt{2}r}{3}=\frac{y}{\sqrt{3}}=\frac{z}{0}$$

亦即

$$\frac{x-2\sqrt{2}r}{\sqrt{3}}=\frac{y}{1}=\frac{z}{0}$$

(注:$\frac{z}{0}$表示 $z=0$). 同理可得:

直线 A_3A_4

$$\frac{x-2\sqrt{2}r}{\sqrt{3}}=\frac{y}{-1}=\frac{z}{0}$$

直线 A_2A_4

$$\frac{x+\sqrt{2}r}{0}=\frac{y-\sqrt{6}r}{1}=\frac{z}{0}$$

直线 A_1A_2

$$\frac{x}{1}=\frac{y}{\sqrt{3}}=\frac{z-4r}{2\sqrt{2}}$$

直线 A_1A_3

$$\frac{x}{-1}=\frac{y}{0}=\frac{z-4r}{\sqrt{2}}$$

直线 A_1A_4

$$\frac{x}{1}=\frac{y}{-\sqrt{3}}=\frac{z-4r}{2\sqrt{2}}$$

于是由引理可得

$$PM_1^2=\frac{1}{(\sqrt{3})^2+1^2}\left[\begin{vmatrix} a-2\sqrt{2}r & b \\ \sqrt{3} & 1\end{vmatrix}^2+\begin{vmatrix} b & c \\ 1 & 0\end{vmatrix}^2+\begin{vmatrix} c & a-2\sqrt{2}r \\ 0 & \sqrt{3}\end{vmatrix}^2\right]$$

$$=\frac{1}{4}[(a-2\sqrt{2}r-\sqrt{3}b)^2+c^2+3c^2]$$

$$=c^2+\frac{1}{4}[(a-2\sqrt{2}r)-\sqrt{3}b]^2 \qquad (14.1.31)$$

$$PM_2^2=\frac{1}{4}\left[\begin{vmatrix} a-2\sqrt{2}r & b \\ \sqrt{3} & -1\end{vmatrix}^2+\begin{vmatrix} b & c \\ -1 & 0\end{vmatrix}^2+\begin{vmatrix} c & a-2\sqrt{2}r \\ 0 & \sqrt{3}\end{vmatrix}^2\right]$$

$$=c^2+\frac{1}{4}[(a-2\sqrt{2}r)+\sqrt{3}b]^2 \qquad (14.1.32)$$

$$PM_3^2=\begin{vmatrix}a+\sqrt{2}r & b-\sqrt{6}r\\ 0 & 1\end{vmatrix}^2+\begin{vmatrix}b-\sqrt{6}r & c\\ 1 & 0\end{vmatrix}^2+\begin{vmatrix}c & a+\sqrt{2}r\\ 0 & 0\end{vmatrix}^2$$

$$=c^2+(a+\sqrt{2}r)^2 \tag{14.1.33}$$

$$PM_4^2=\frac{1}{1^2+(\sqrt{3})^2+(2\sqrt{2})^2}\left[\begin{vmatrix}a & b\\ 1 & \sqrt{3}\end{vmatrix}^2+\begin{vmatrix}b & c-4r\\ \sqrt{3} & 2\sqrt{2}\end{vmatrix}^2+\begin{vmatrix}c-4r & a\\ 2\sqrt{2} & 1\end{vmatrix}^2\right]$$

$$=\frac{1}{12}[(\sqrt{3}a-b)^2+(\sqrt{3}c-4\sqrt{3}r-2\sqrt{2}b)^2+(c-4r-2\sqrt{2}a)^2] \tag{14.1.34}$$

$$PM_5^2=\frac{1}{3}\left[\begin{vmatrix}a & b\\ -1 & 0\end{vmatrix}^2+\begin{vmatrix}b & c-4r\\ 0 & \sqrt{2}\end{vmatrix}^2+\begin{vmatrix}c-4r & a\\ \sqrt{2} & -1\end{vmatrix}^2\right]$$

$$=\frac{1}{3}[b^2+2b^2+(\sqrt{2}a+c-4r)^2]$$

$$=b^2+\frac{1}{3}(\sqrt{2}a+c-4r)^2 \tag{14.1.35}$$

$$PM_6^2=\frac{1}{1^2+(-\sqrt{3})^2+(2\sqrt{2})^2}\left[\begin{vmatrix}a & b\\ 1 & -\sqrt{3}\end{vmatrix}^2+\begin{vmatrix}b & c-4r\\ -\sqrt{3} & 2\sqrt{2}\end{vmatrix}^2+\begin{vmatrix}c-4r & a\\ 2\sqrt{2} & 1\end{vmatrix}^2\right]$$

$$=\frac{1}{12}[(\sqrt{3}a+b)^2+(\sqrt{3}c-4\sqrt{3}r+2\sqrt{2}b)^2+(c-4r-2\sqrt{2}a)^2] \tag{14.1.36}$$

以上六式相加得

$$\begin{aligned}\sum_{j=1}^{6} PM_j^2 &= (PM_1^2+PM_2^2)+PM_3^2+(PM_4^2+PM_6^2)+PM_5^2\\
&=2c^2+\frac{1}{2}[(a-2\sqrt{2}r)^2+(\sqrt{3}b)^2]+c^2+\\
&\quad (a+\sqrt{2}r)^2+\frac{1}{6}[(\sqrt{3}a)^2+b^2+\\
&\quad (\sqrt{3}c-4\sqrt{3}r)^2+(2\sqrt{2}b)^2+\\
&\quad (c-4r-2\sqrt{2}a)^2]+b^2+\frac{1}{3}(\sqrt{2}a+c-4r)^2\\
&=3c^2+\frac{1}{2}a^2-2\sqrt{2}ar+4r^2+\frac{3}{2}b^2+a^2+\\
&\quad 2\sqrt{2}ar+2r^2+\frac{1}{6}(11a^2+9b^2+4c^2+64r^2-\\
&\quad 4\sqrt{2}ac+16\sqrt{2}ar-32cr)+b^2+\frac{2}{3}a^2+\\
&\quad \frac{1}{3}c^2+\frac{16}{3}r^2+\frac{2\sqrt{2}}{3}ac-\frac{8\sqrt{2}}{3}ar-\frac{8}{3}cr\\
&=(\frac{1}{2}+1+\frac{11}{6}+\frac{2}{3})a^2+(\frac{3}{2}+\frac{3}{2}+1)b^2+\\
&\quad (3+\frac{2}{3}+\frac{1}{3})c^2+(4+2+\frac{32}{3}+\frac{16}{3})r^2+\\
&\quad (-\frac{2\sqrt{2}}{3}+\frac{2\sqrt{2}}{3})ac+(-2\sqrt{2}+2\sqrt{2}+\\
&\quad \frac{8\sqrt{2}}{3}-\frac{8\sqrt{2}}{3})ar-(\frac{16}{3}+\frac{8}{3})cr\\
&=4a^2+4b^2+4c^2+22r^2-8cr\\
&=4(a^2+b^2+c^2-2cr)+22r^2\end{aligned}$$

将式(14.1.30)代入上式可得

$$\sum_{j=1}^{6} PM_j^2 = 4(OP^2 - r^2) + 22r^2 = 18r^2 + 4 \cdot OP^2$$

故式(14.1.24)成立,命题证毕.

推论 1 在命题 1 的条件下,若 P 为正四面体 $A_1A_2A_3A_4$ 内切球面上的任意一点,则

$$\sum_{i=1}^{4} PN_i^2 = \frac{16}{3}r^2 \tag{14.1.37}$$

$$\sum_{j=1}^{6} PM_j^2 = 22r^2 \tag{14.1.38}$$

事实上,注意到 $|OP| = r$,即 $OP^2 = r^2$,于是由(14.1.23)及(14.1.24)两式可得(14.1.37)及(14.1.38)两式.

推论 2 在命题 1 的条件下,若 P 为正四面体 $A_1A_2A_3A_4$ 外接球面上的任意一点,则

$$\sum_{i=1}^{4} PN_i^2 = \frac{16}{9}R^2 \tag{14.1.39}$$

$$\sum_{j=1}^{6} PM_j^2 = 6R^2 \tag{14.1.40}$$

事实上,由于 $OP^2 = R^2$,且 $r = \frac{1}{3}R$,故由(14.1.23)及(14.1.24)两式可知(14.1.39)及(14.1.40)两式成立.

推论 3 在命题 1 的条件下,若 P 是以正四面体 $A_1A_2A_3A_4$ 的中心 O 为球心、以定长 a 为半径的球面上的任意一点,则

$$\sum_{i=1}^{4} PN_i^2 = 4r^2 + \frac{4}{3}a^2 \tag{14.1.41}$$

$$\sum_{j=1}^{6} PM_j^2 = 18r^2 + 4a^2 \qquad (14.1.42)$$

事实上,由 $OP^2 = a^2$ 和命题 1 中的两式知推论 3 中的两式成立.

命题 2①　若 P 是四面体 $ABCD$ 内的一点,四面体 $PBCD$,$PCDA$,$PABD$,$PABC$ 的体积分别记作 V_A,V_B,V_C,V_D,则 $V_A\overrightarrow{PA}+V_B\overrightarrow{PB}+V_C\overrightarrow{PC}+V_D\overrightarrow{PD}=\mathbf{0}$.

证明　先看如下一个引理:

引理 3　设 $\boldsymbol{a}$,$\boldsymbol{b}$,$\boldsymbol{c}$ 三个向量不共面,V 是以 $\boldsymbol{a}$,$\boldsymbol{b}$,$\boldsymbol{c}$ 为棱的平行六面体的体积,则有 $V=|(\boldsymbol{a},\boldsymbol{b},\boldsymbol{c})|$(($\boldsymbol{a}$,$\boldsymbol{b}$,$\boldsymbol{c}$)称为向量的混合积),并且

$$(\boldsymbol{a},\boldsymbol{b},\boldsymbol{c}) = \begin{cases} V, \{\boldsymbol{a},\boldsymbol{b},\boldsymbol{c}\}\text{为右旋向量组} \\ -V, \{\boldsymbol{a},\boldsymbol{b},\boldsymbol{c}\}\text{为左旋向量组} \end{cases}$$

如果设 $\boldsymbol{a}=(x_1,y_1,z_1)$,$\boldsymbol{b}=(x_2,y_2,z_2)$,$\boldsymbol{c}=(x_3,y_3,z_3)$,则向量的混合积($\boldsymbol{a}$,$\boldsymbol{b}$,$\boldsymbol{c}$)可用三阶行列式来计算,即

$$(\boldsymbol{a},\boldsymbol{b},\boldsymbol{c}) = \begin{vmatrix} x_1 & y_1 & z_1 \\ x_2 & y_2 & z_2 \\ x_3 & y_3 & z_3 \end{vmatrix}$$

下面利用上述引理证明命题 2.

如图 14.1.5,不妨设 $P(0,0,0)$,$A(x_1,y_1,z_1)$,$B(x_2,y_2,z_2)$,$C(x_3,y_3,z_3)$,$D(x_4,y_4,z_4)$,则

---

① 曹军.三角形中两个命题的构图证法及空间类比[J].数学通讯,2012(5):46-47.

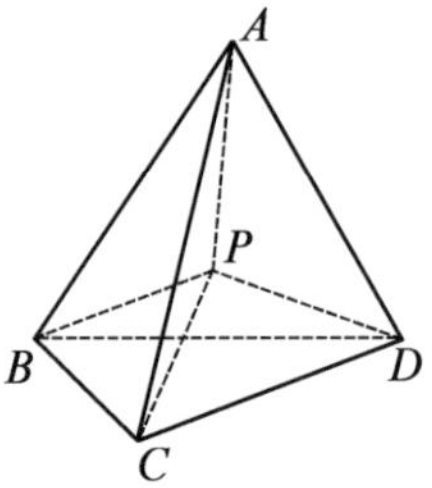

图 14.1.5

$$
\begin{aligned}
&V_A\overrightarrow{PA}+V_B\overrightarrow{PB}+V_C\overrightarrow{PC}+V_D\overrightarrow{PD}\\
=&(\overrightarrow{PB},\overrightarrow{PD},\overrightarrow{PC})\overrightarrow{PA}+(\overrightarrow{PC},\overrightarrow{PD},\overrightarrow{PA})\overrightarrow{PB}+\\
&(\overrightarrow{PD},\overrightarrow{PB},\overrightarrow{PA})\overrightarrow{PC}+(\overrightarrow{PA},\overrightarrow{PB},\overrightarrow{PC})\overrightarrow{PD}\\
=&\frac{1}{6}\begin{vmatrix}x_2 & y_2 & z_2\\ x_4 & y_4 & z_4\\ x_3 & y_3 & z_3\end{vmatrix}(x_1,y_1,z_1)+\\
&\frac{1}{6}\begin{vmatrix}x_3 & y_3 & z_3\\ x_4 & y_4 & z_4\\ x_1 & y_1 & z_1\end{vmatrix}(x_2,y_2,z_2)+\\
&\frac{1}{6}\begin{vmatrix}x_4 & y_4 & z_4\\ x_2 & y_2 & z_2\\ x_1 & y_1 & z_1\end{vmatrix}(x_3,y_3,z_3)+\\
&\frac{1}{6}\begin{vmatrix}x_1 & y_1 & z_1\\ x_2 & y_2 & z_2\\ x_3 & y_3 & z_3\end{vmatrix}(x_4,y_4,z_4)\\
=&\frac{1}{6}(x_2y_4z_3+x_3y_2z_4+x_4y_3z_2-x_3y_4z_2-x_4y_2z_3-x_2y_3z_4)\cdot
\end{aligned}
$$

$(x_1,y_1,z_1)+\frac{1}{6}(x_3y_4z_1+x_1y_3z_4+x_4y_1z_3-x_1y_4z_3-$

$x_4y_3z_1-x_3y_1z_4)(x_2,y_2,z_2)+\frac{1}{6}(x_4y_2z_1+x_1y_4z_2+$

$x_2y_1z_4-x_1y_2z_4-x_2y_4z_1-x_4y_1z_2)(x_3,y_3,z_3)+$

$\frac{1}{6}(x_1y_2z_3+x_3y_1z_2+x_2y_3z_1-x_3y_2z_1-x_2y_1z_3-x_1y_3z_2)\cdot$

$(x_4,y_4,z_4)=\mathbf{0}$

三、求平面的法向量

1. 在空间直角坐标系中

设$\boldsymbol{\alpha}=(x_1,y_1,z_1)$,$\boldsymbol{\beta}=(x_2,y_2,z_2)$分别为平面$\gamma$内两条相交直线的方向向量,$\boldsymbol{n}=(x,y,z)$为平面$\gamma$的法向量.

由$\begin{cases}\boldsymbol{\alpha}\cdot\boldsymbol{n}=0\\\boldsymbol{\beta}\cdot\boldsymbol{n}=0\end{cases}$,得

$$\begin{cases}x_1x+y_1y+z_1z=0\\x_2x+y_2y+z_2z=0\end{cases}$$

故

$$\begin{cases}x_1x+y_1y=-z_1z\\x_2x+y_2y=-z_2z\end{cases}$$

视z为常数,根据克莱姆法则,有

$$x=\frac{\begin{vmatrix}-z_1z & y_1\\-z_2z & y_2\end{vmatrix}}{\begin{vmatrix}x_1 & y_1\\x_2 & y_2\end{vmatrix}}=\frac{z\begin{vmatrix}y_1 & z_1\\y_2 & z_2\end{vmatrix}}{\begin{vmatrix}x_1 & y_1\\x_2 & y_2\end{vmatrix}}$$

$$y=\frac{\begin{vmatrix} x_1 & -z_1z \\ x_2 & -z_2z \end{vmatrix}}{\begin{vmatrix} x_1 & y_1 \\ x_2 & y_2 \end{vmatrix}}=\frac{-z\begin{vmatrix} x_1 & z_1 \\ x_2 & z_2 \end{vmatrix}}{\begin{vmatrix} x_1 & y_1 \\ x_2 & y_2 \end{vmatrix}}$$

令 $z=\begin{vmatrix} x_1 & y_1 \\ x_2 & y_2 \end{vmatrix}$,则

$$\begin{cases} x=\begin{vmatrix} y_1 & z_1 \\ y_2 & z_2 \end{vmatrix} \\ y=-\begin{vmatrix} x_1 & z_1 \\ x_2 & z_2 \end{vmatrix} \\ z=\begin{vmatrix} x_1 & y_1 \\ x_2 & y_2 \end{vmatrix} \end{cases} \tag{14.1.43}$$

用文字叙述为:求平面 γ 的法向量,先将 γ 内两条相交直线的方向向量写成矩阵形式$\begin{bmatrix} x_1 & y_1 & z_1 \\ x_2 & y_2 & z_2 \end{bmatrix}$,再把第一列去掉,得到的行列式即为法向量的横坐标 x,同理可求得纵坐标 y 和竖坐标 z,注意求 y 时要加个负号.

结论的本质是克莱姆法则的应用,结果是用行列式表示.

显然,法向量的三个分量,实际上为行列式

$$\begin{vmatrix} 1 & 1 & 1 \\ x_1 & y_1 & z_1 \\ x_2 & y_2 & z_2 \end{vmatrix}$$

按第一行展开的顺次的三个代数余子式

$$(-1)^{1+1}\begin{vmatrix} y_1 & z_1 \\ y_2 & z_2 \end{vmatrix}$$

$$(-1)^{1+2}\begin{vmatrix} x_1 & z_1 \\ x_2 & z_2 \end{vmatrix}$$

$$(-1)^{1+3}\begin{vmatrix} x_1 & y_1 \\ x_2 & y_2 \end{vmatrix}$$

的值 $y_1z_2-y_2z_1$, $-(x_1z_2-x_2z_1)$, $x_1y_2-x_2y_1$.

注　所求的向量坐标就是平面的其中一个法向量,当然也可取它们提公因式后最简单的坐标为法向量的坐标. 如果某平面 α 的法向量为 $\boldsymbol{n}=(-12,-8,8)$,而 $(-12,-8,8)=4(-3,-2,2)$,故平面 α 的法向量也可写为 $\boldsymbol{n}=(-3,-2,2)$.

显然,在已知两个平面向量坐标较简单,求平面的法向量时,上述方法的优越性未必很明显. 但在运用法向量证明两个平面垂直时,上述方法的优越性就一目了然了.

例 5　在正方体 $ABCD-A_1B_1C_1D_1$ 中,E,F 分别是 BB_1,CD 的中点. 求证:平面 $AED\perp$ 平面 A_1FD_1.

分析　由两个平面垂直的条件知,需证明两个平面的法向量垂直.

证明　如图 14.1.6,以 D 为原点,$\overrightarrow{DA}$,$\overrightarrow{DC}$,$\overrightarrow{DD_1}$ 分别为 x,y,z 轴建立空间直角坐标系. 设棱长为 1,则

$$\overrightarrow{AE}=(1,1,\frac{1}{2})-(1,0,0)=(0,1,\frac{1}{2})$$

$$\overrightarrow{DA}=(1,0,0)-(0,0,0)=(1,0,0)$$

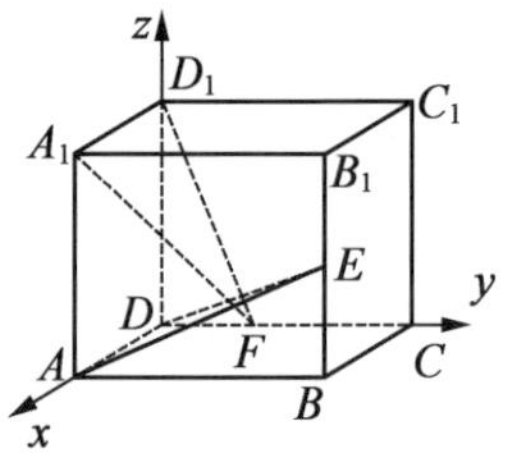

图 14.1.6

于是,平面 AED 的法向量为

$$n_1 \Rightarrow \begin{bmatrix} 0 & 1 & \frac{1}{2} \\ 1 & 0 & 0 \end{bmatrix} \Rightarrow (0, \frac{1}{2}, -1)$$

$$\overrightarrow{A_1F} = (0, \frac{1}{2}, 0) - (1, 0, 1) = (-1, \frac{1}{2}, -1)$$

$$\overrightarrow{D_1F} = (0, \frac{1}{2}, 0) - (0, 0, 1) = (0, \frac{1}{2}, -1)$$

于是,平面 A_1FD_1 的法向量为

$$n_2 \Rightarrow \begin{bmatrix} 1 & \frac{1}{2} & -1 \\ 0 & \frac{1}{2} & -1 \end{bmatrix} \Rightarrow (0, 1, \frac{1}{2})$$

又由 $\boldsymbol{n}_1 \cdot \boldsymbol{n}_2 = 0 + \frac{1}{2} - \frac{1}{2} = 0$,则 $\boldsymbol{n}_1 \perp \boldsymbol{n}_2$.

故平面 $AED \perp$ 平面 A_1FD_1.

2. 在空间斜坐标系中

设 $\boldsymbol{e}_1, \boldsymbol{e}_2, \boldsymbol{e}_3$ 是三维空间 $\mathbf{R}^3$ 的三个线性无关的向量,如果对于 $\mathbf{R}^3$ 内任意一个向量 $\boldsymbol{\gamma}$,有 $\boldsymbol{\gamma} = x\boldsymbol{e}_1 + y\boldsymbol{e}_2 +$

$z\boldsymbol{e}_3$，且满足：①

(1) $\boldsymbol{e}_1\cdot\boldsymbol{e}_1=\boldsymbol{e}_2\cdot\boldsymbol{e}_2=\boldsymbol{e}_3\cdot\boldsymbol{e}_3=1$；

(2) $\boldsymbol{e}_1\cdot\boldsymbol{e}_2=\cos\theta_1,\boldsymbol{e}_1\cdot\boldsymbol{e}_3=\cos\theta_2,\boldsymbol{e}_2\cdot\boldsymbol{e}_3=\cos\theta_3$.

则称 $\boldsymbol{e}_1,\boldsymbol{e}_2,\boldsymbol{e}_3$ 是三维空间 $\mathbf{R}^3$ 的一组基，并把三元有序实数组 (x,y,z) 称为 $\boldsymbol{\gamma}$ 在这组基下的斜坐标.

在斜坐标系中，设 $\boldsymbol{\alpha}=(x_1,y_1,z_1)$，$\boldsymbol{\beta}=(x_2,y_2,z_2)$，则

$$
\begin{aligned}
\boldsymbol{\alpha}\cdot\boldsymbol{\beta}&=(x_1\boldsymbol{e}_1+y_1\boldsymbol{e}_2+z_1\boldsymbol{e}_3)(x_2\boldsymbol{e}_1+y_2\boldsymbol{e}_2+z_2\boldsymbol{e}_3)\\
&=\left[\begin{pmatrix}x_1 & y_1 & z_1\end{pmatrix}\begin{bmatrix}\boldsymbol{e}_1\\ \boldsymbol{e}_2\\ \boldsymbol{e}_3\end{bmatrix}\right]\left[\begin{pmatrix}\boldsymbol{e}_1 & \boldsymbol{e}_2 & \boldsymbol{e}_3\end{pmatrix}\begin{bmatrix}x_2\\ y_2\\ z_2\end{bmatrix}\right]\\
&=\begin{pmatrix}x_1 & y_1 & z_1\end{pmatrix}\left[\begin{bmatrix}\boldsymbol{e}_1\\ \boldsymbol{e}_2\\ \boldsymbol{e}_3\end{bmatrix}\begin{pmatrix}\boldsymbol{e}_1 & \boldsymbol{e}_2 & \boldsymbol{e}_3\end{pmatrix}\right]\begin{bmatrix}x_2\\ y_2\\ z_2\end{bmatrix}\\
&=\begin{pmatrix}x_1 & y_1 & z_1\end{pmatrix}\begin{bmatrix}1 & \cos\theta_1 & \cos\theta_2\\ \cos\theta_1 & 1 & \cos\theta_3\\ \cos\theta_2 & \cos\theta_3 & 1\end{bmatrix}\begin{bmatrix}x_2\\ y_2\\ z_2\end{bmatrix}
\end{aligned}
$$

$\boldsymbol{\alpha}\cdot\boldsymbol{\beta}=|\boldsymbol{\alpha}||\boldsymbol{\beta}|\cos\theta$，$\theta$ 为向量 $\boldsymbol{\alpha}$ 与 $\boldsymbol{\beta}$ 的夹角，向量的数量积有其特定的物理背景，与坐标系的选取无关，故 $\boldsymbol{\alpha}\perp\boldsymbol{\beta}\Leftrightarrow\boldsymbol{\alpha}\cdot\boldsymbol{\beta}=0$.

设 $\boldsymbol{\alpha}=(x_1,y_1,z_1)$，$\boldsymbol{\beta}=(x_2,y_2,z_2)$ 分别为平面 π 内两条相交直线的方向向量，$\boldsymbol{n}=(x,y,z)$ 为平面 π 的法向量.

---

① 李桂娟，陈清华，柯跃海. 用行列式求平面的法向量[J]. 福建中学数学，2012(11)：38-39.

由$\begin{cases}\boldsymbol{\alpha}\cdot\boldsymbol{n}=0\\ \boldsymbol{\beta}\cdot\boldsymbol{n}=0\end{cases}$,得

$$\begin{cases}(x_1\quad y_1\quad z_1)\begin{bmatrix}1 & \cos\theta_1 & \cos\theta_2\\ \cos\theta_1 & 1 & \cos\theta_3\\ \cos\theta_2 & \cos\theta_3 & 1\end{bmatrix}\begin{bmatrix}x\\ y\\ z\end{bmatrix}=0\\ (x_2\quad y_2\quad z_2)\begin{bmatrix}1 & \cos\theta_1 & \cos\theta_2\\ \cos\theta_1 & 1 & \cos\theta_3\\ \cos\theta_2 & \cos\theta_3 & 1\end{bmatrix}\begin{bmatrix}x\\ y\\ z\end{bmatrix}=0\end{cases}$$

记$\boldsymbol{A}_1=\begin{bmatrix}1\\ \cos\theta_1\\ \cos\theta_2\end{bmatrix}$,$\boldsymbol{A}_2=\begin{bmatrix}\cos\theta_1\\ 1\\ \cos\theta_3\end{bmatrix}$,$\boldsymbol{A}_3=\begin{bmatrix}\cos\theta_2\\ \cos\theta_3\\ 1\end{bmatrix}$,则

$$\begin{cases}(x_1\quad y_1\quad z_1)\boldsymbol{A}_1x+(x_1\quad y_1\quad z_1)\boldsymbol{A}_2y+(x_1\quad y_1\quad z_1)\boldsymbol{A}_3z=0\\ (x_2\quad y_2\quad z_2)\boldsymbol{A}_1x+(x_2\quad y_2\quad z_2)\boldsymbol{A}_2y+(x_2\quad y_2\quad z_2)\boldsymbol{A}_3z=0\end{cases}$$

同直角坐标系中法向量的求法,得

$$\begin{cases}x=\begin{vmatrix}(x_1\quad y_1\quad z_1)\boldsymbol{A}_2 & (x_1\quad y_1\quad z_1)\boldsymbol{A}_3\\ (x_2\quad y_2\quad z_2)\boldsymbol{A}_2 & (x_2\quad y_2\quad z_2)\boldsymbol{A}_3\end{vmatrix}\\ y=-\begin{vmatrix}(x_1\quad y_1\quad z_1)\boldsymbol{A}_1 & (x_1\quad y_1\quad z_1)\boldsymbol{A}_3\\ (x_2\quad y_2\quad z_2)\boldsymbol{A}_1 & (x_2\quad y_2\quad z_2)\boldsymbol{A}_3\end{vmatrix}\\ z=\begin{vmatrix}(x_1\quad y_1\quad z_1)\boldsymbol{A}_1 & (x_1\quad y_1\quad z_1)\boldsymbol{A}_2\\ (x_2\quad y_2\quad z_2)\boldsymbol{A}_1 & (x_2\quad y_2\quad z_2)\boldsymbol{A}_2\end{vmatrix}\end{cases}\tag{14.1.44}$$

用文字叙述为:欲求斜坐标系中平面的法向量,先求出矩阵

$$\begin{bmatrix}(x_1\quad y_1\quad z_1)\boldsymbol{A}_1 & (x_1\quad y_1\quad z_1)\boldsymbol{A}_2 & (x_1\quad y_1\quad z_1)\boldsymbol{A}_3\\ (x_2\quad y_2\quad z_2)\boldsymbol{A}_1 & (x_2\quad y_2\quad z_2)\boldsymbol{A}_2 & (x_2\quad y_2\quad z_2)\boldsymbol{A}_3\end{bmatrix}$$

再把第一列去掉，得到的行列式即为法向量的横坐标 x，同理可求得纵坐标 y 和竖坐标 z，注意求 y 时要加个负号.

例6　求正四面体 $ABCD$ 中的面 ABC 的法向量.

解　建立斜坐标系 $\boldsymbol{e}_1=\overrightarrow{AB},\boldsymbol{e}_2=\overrightarrow{AC},\boldsymbol{e}_3=\overrightarrow{AD}$，此时满足 $\boldsymbol{e}_1\cdot\boldsymbol{e}_1=\boldsymbol{e}_2\cdot\boldsymbol{e}_2=\boldsymbol{e}_3\cdot\boldsymbol{e}_3=1,\cos\theta_1=\cos\theta_2=\cos\theta_3=\frac{1}{2}$. 从而 $A(0,0,0),B(1,0,0),C(0,1,0),D(0,0,1)$. 于是，有

$$\boldsymbol{A}_1=\begin{bmatrix}1\\ \frac{1}{2}\\ \frac{1}{2}\end{bmatrix},\boldsymbol{A}_2=\begin{bmatrix}\frac{1}{2}\\ 1\\ \frac{1}{2}\end{bmatrix},\boldsymbol{A}_3=\begin{bmatrix}\frac{1}{2}\\ \frac{1}{2}\\ 1\end{bmatrix}$$

$$\overrightarrow{AB}=(1,0,0),\overrightarrow{AC}=(0,1,0)$$

要求平面 ABC 的法向量，只需写出矩阵

$$\begin{bmatrix}(x_1\quad y_1\quad z_1)\boldsymbol{A}_1 & (x_1\quad y_1\quad z_1)\boldsymbol{A}_2 & (x_1\quad y_1\quad z_1)\boldsymbol{A}_3\\ (x_2\quad y_2\quad z_2)\boldsymbol{A}_1 & (x_2\quad y_2\quad z_2)\boldsymbol{A}_2 & (x_2\quad y_2\quad z_2)\boldsymbol{A}_3\end{bmatrix}$$

$$=\begin{bmatrix}1 & \frac{1}{2} & \frac{1}{2}\\ \frac{1}{2} & 1 & \frac{1}{2}\end{bmatrix}$$

故平面 ABC 的法向量为 $\left(-\frac{1}{4},-\frac{1}{4},\frac{3}{4}\right)$.

在此指出：式(14.1.43)是式(14.1.44)的特例.事实上，在直角坐标系中

$$\boldsymbol{A}_1=\begin{bmatrix}1\\0\\0\end{bmatrix},\boldsymbol{A}_2=\begin{bmatrix}0\\1\\0\end{bmatrix},\boldsymbol{A}_3=\begin{bmatrix}0\\0\\1\end{bmatrix}$$

代入式(14.1.44)得到

$$\begin{cases}x=\begin{vmatrix}y_1 & z_1\\ y_2 & z_2\end{vmatrix}\\ y=-\begin{vmatrix}x_1 & z_1\\ x_2 & z_2\end{vmatrix}\\ z=\begin{vmatrix}x_1 & y_1\\ x_2 & y_2\end{vmatrix}\end{cases}$$

此即为式(14.1.43).

14.2　直线和平面的投影矩阵

首先,考虑经过坐标原点的直线 $l:\frac{x}{m}=\frac{y}{n}=\frac{z}{p}$ 及平面 $\pi:mx+ny+pz=0$,显然直线 l 和平面 π 相互垂直. 如图 14.2.1,设空间中任一点 $M(x',y',z')$ 在 l 上的投影为 M_1,在 π 上的投影为 M_2,根据向量的加法,则有①

$$\overrightarrow{OM}=\overrightarrow{OM_1}+\overrightarrow{OM_2}$$

① 童春发. 直线和平面的投影阵及其应用[J]. 数学通报,1997(4):39-40.

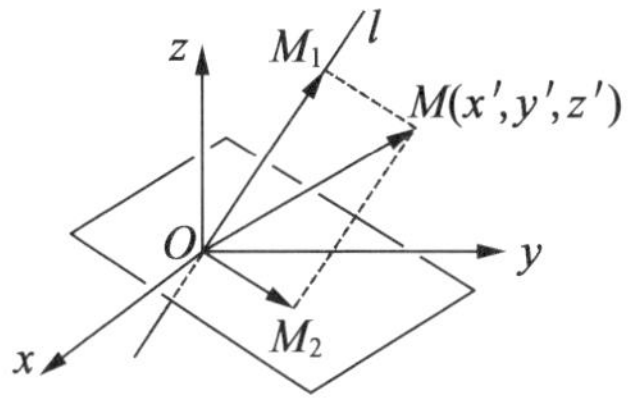

图 14. 2. 1

设直线 l 的方向向量为 $\boldsymbol{s}$，记

$$\boldsymbol{s}=\begin{bmatrix} m \\ n \\ p \end{bmatrix},\overrightarrow{OM}=\begin{bmatrix} x' \\ y' \\ z' \end{bmatrix}$$

在这里向量都写成列向量的形式. 因 $\overrightarrow{OM}$ 在 $\boldsymbol{s}$ 上的投影为 $\mathrm{Prj}_s\,\overrightarrow{OM}=\dfrac{\boldsymbol{s}\cdot\overrightarrow{OM}}{|\boldsymbol{s}|}$，故有

$$\begin{aligned}\overrightarrow{OM_1}&=\frac{\boldsymbol{s}\cdot\overrightarrow{OM}}{|\boldsymbol{s}|}\cdot\frac{\boldsymbol{s}}{|\boldsymbol{s}|}=\frac{\boldsymbol{s}\cdot\overrightarrow{OM}}{|\boldsymbol{s}|^2}\boldsymbol{s}\\&=\frac{mx'+ny'+pz'}{m^2+n^2+p^2}\begin{bmatrix} m \\ n \\ p \end{bmatrix}\\&=\frac{1}{m^2+n^2+p^2}\begin{bmatrix} m^2x'+mny'+mpz' \\ mnx'+n^2y'+npz' \\ mpx'+npy'+p^2z' \end{bmatrix}\\&=\frac{1}{m^2+n^2+p^2}\begin{bmatrix} m^2 & mn & mp \\ mn & n^2 & np \\ mp & np & p^2 \end{bmatrix}\begin{bmatrix} x' \\ y' \\ z' \end{bmatrix}\end{aligned}$$

记 $\boldsymbol{P}_l=\frac{1}{m^2+n^2+p^2}\begin{bmatrix}m^2 & mn & mp\\ mn & n^2 & np\\ mp & np & p^2\end{bmatrix}$，$\boldsymbol{E}$ 为三阶单位矩阵，则

$$
\begin{aligned}
\boldsymbol{P}_\pi &= \boldsymbol{E}-\boldsymbol{P}_l\\
&=\frac{1}{m^2+n^2+p^2}\begin{bmatrix}n^2+p^2 & -mn & -mp\\ -mn & m^2+p^2 & -np\\ -mp & -np & m^2+n^2\end{bmatrix}
\end{aligned}
$$

从而，有

$$\overrightarrow{OM_1}=\boldsymbol{P}_l\,\overrightarrow{OM}$$

$$\overrightarrow{OM_2}=\overrightarrow{OM}-\overrightarrow{OM_1}=(\boldsymbol{E}-\boldsymbol{P}_l)\overrightarrow{OM}=\boldsymbol{P}_\pi\,\overrightarrow{OM}$$

于是，我们得到：

定理 1　设直线 l 和平面 π 均过坐标原点，则空间中任一点 $M(x',y',z')$ 在直线 l 上的投影坐标为 $\boldsymbol{P}_l\begin{bmatrix}x'\\ y'\\ z'\end{bmatrix}$，在平面 π 上的投影坐标为 $\boldsymbol{P}_\pi\begin{bmatrix}x'\\ y'\\ z'\end{bmatrix}$. 因此我们称矩阵 $\boldsymbol{P}_l$ 为直线 l 的投影矩阵，称矩阵 $\boldsymbol{P}_\pi$ 为平面 π 的投影阵.

对于不经过原点的直线和平面，通过坐标轴的平移，我们可以得到如下相应的结论：

定理 2　设直线 l 和平面 π 均不过坐标原点，则：

(1) 直线 l：$\frac{x-x_0}{m}=\frac{y-y_0}{n}=\frac{z-z_0}{p}$ 的投影阵为

$$P_l=\frac{1}{m^2+n^2+p^2}\begin{bmatrix} m^2 & mn & mp \\ mn & n^2 & np \\ mp & np & p^2 \end{bmatrix}$$

任一点 $M(x',y',z')$ 在 l 上的投影坐标为

$$\begin{bmatrix} x_0 \\ y_0 \\ z_0 \end{bmatrix}+P_l\begin{bmatrix} x'-x_0 \\ y'-y_0 \\ z'-z_0 \end{bmatrix}$$

且 M 到 l 的距离为

$$|(x'-x_0,y'-y_0,z'-z_0)(E-P_l)|$$

(2)平面 $\pi:a(x-x_0)+b(y-y_0)+c(z-z_0)=0$ 的投影矩阵为

$$P_\pi=\frac{1}{a^2+b^2+c^2}\begin{bmatrix} b^2+c^2 & -ab & -ac \\ -ab & a^2+c^2 & -bc \\ -ac & -bc & a^2+b^2 \end{bmatrix}$$

任一点 $M(x',y',z')$ 在平面 π 上的投影坐标为

$$\begin{bmatrix} x_0 \\ y_0 \\ z_0 \end{bmatrix}+P_\pi\begin{bmatrix} x'-x_0 \\ y'-y_0 \\ z'-z_0 \end{bmatrix}$$

且点 M 到平面 π 的距离为

$$|(x'-x_0,y'-y_0,z'-z_0)(E-P_\pi)|$$

下面,我们讨论异面直线的问题.

设两异面直线的方程分别为

$$l_1:\frac{x-x_1}{m_1}=\frac{y-y_1}{n_1}=\frac{z-z_1}{p_1}$$

$$l_2:\frac{x-x_2}{m_2}=\frac{y-y_2}{n_2}=\frac{z-z_2}{p_2}$$

设 l_1 和 l_2 的公垂线 l 上的一点为 X_0，公垂线 l 的投影矩阵为 $\boldsymbol{P}_l$，则 l_1 上的点 $X_1(x_1,y_1,z_1)$ 在公垂线 l 上的投影为 $X_0+\boldsymbol{P}_l(X_1-X_0)$，$l_2$ 上的点 $X_2(x_2,y_2,z_2)$ 在公垂线 l 上的投影为 $X_0+\boldsymbol{P}_l(X_2-X_0)$，此两点均为公垂线的垂足，故 l_1 和 l_2 之间的距离为 $|\boldsymbol{P}_l(X_1-X_2)|$. 因此在求异面直线 l_1 和 l_2 之间的距离时，只要求出公垂线的投影阵 $\boldsymbol{P}_l$，就能很快求出异面直线之间的距离，而无须求出垂足的坐标. 该方法还可用来判断两直线是否共面.

讨论异面直线问题，若运用其公垂线的垂足公式常带来很大的方便. 为了给出异面直线的公垂线的垂足公式，下面先看一条引理：

引理 4[①] 设直线 l_1 与 l_2 不平行，它们的投影矩阵分别为 $\boldsymbol{P}_{l_1},\boldsymbol{P}_{l_2}$，则 $|\boldsymbol{E}-\boldsymbol{P}_{l_1}\boldsymbol{P}_{l_2}|>0$（其中 $\boldsymbol{E}$ 为三阶单位阵）.

证明 设 l_i 的方向向量为 $\begin{bmatrix}a_i\\b_i\\c_i\end{bmatrix}(i=1,2)$，则

$$\boldsymbol{P}_{l_i}=\frac{1}{a_i^2+b_i^2+c_i^2}\begin{bmatrix}a_i\\b_i\\c_i\end{bmatrix}(a_i,b_i,c_i)\quad(i=1,2)$$

$$\boldsymbol{P}_{l_1}\boldsymbol{P}_{l_2}=\frac{1}{(a_1^2+b_1^2+c_1^2)(a_2^2+b_2^2+c_2^2)}\begin{bmatrix}a_1\\b_1\\c_1\end{bmatrix}\cdot$$

① 彭学梅. 对直线和平面的投影阵及其应用的补充[J]. 数学通报，1998(4)：32-33.

$$(a_1,b_1,c_1)\begin{bmatrix}a_2\\b_2\\c_2\end{bmatrix}(a_2,b_2,c_2)$$

$$=\frac{a_1a_2+b_1b_2+c_1c_2}{(a_1^2+b_1^2+c_1^2)(a_2^2+b_2^2+c_2^2)}\begin{bmatrix}a_1\\b_1\\c_1\end{bmatrix}(a_2,b_2,c_2)$$

$$\triangleq k\begin{bmatrix}a_1\\b_1\\c_1\end{bmatrix}(a_2,b_2,c_2)$$

其中

$$k=\frac{a_1a_2+b_1b_2+c_1c_2}{(a_1^2+b_1^2+c_1^2)(a_2^2+b_2^2+c_2^2)}$$

于是

$$|\boldsymbol{E}-\boldsymbol{P}_{l_1}\boldsymbol{P}_{l_2}|=|\boldsymbol{E}-k\begin{bmatrix}a_1\\b_1\\c_1\end{bmatrix}(a_2,b_2,c_2)|$$

$$=1-k(a_2,b_2,c_2)\begin{bmatrix}a_1\\b_1\\c_1\end{bmatrix}$$

$$=1-\frac{(a_1a_2+b_1b_2+c_1c_2)^2}{(a_1^2+b_1^2+c_1^2)(a_2^2+b_2^2+c_2^2)}>0$$

事实上,因为 l_1 不平行于 l_2,所以由柯西不等式知 $(a_1a_2+b_1b_2+c_1c_2)^2<(a_1^2+b_1^2+c_1^2)(a_2^2+b_2^2+c_2^2)$.

定理 3　设有异面直线 l_1,l_2,x_i 为 $l_i(i=1,2)$ 上的点,l_1 与 l_2 的公垂线 l 在 l_i 上的垂足为 $M_i(i=1,2)$,则

$$M_1=(\boldsymbol{E}-\boldsymbol{P}_{l_1}\boldsymbol{P}_{l_2})^{-1}[(\boldsymbol{E}-\boldsymbol{P}_{l_1})x_1+\boldsymbol{P}_{l_1}(\boldsymbol{E}-\boldsymbol{P}_{l_2})x_2] \tag{14.2.1}$$

$$M_2=(\boldsymbol{E}-\boldsymbol{P}_{l_2}\boldsymbol{P}_{l_1})^{-1}[(\boldsymbol{E}-\boldsymbol{P}_{l_2})x_2+\boldsymbol{P}_{l_2}(\boldsymbol{E}-\boldsymbol{P}_{l_1})x_1] \tag{14.2.2}$$

证明 M_1 在 l_2 上的投影为 M_2，根据投影公式有

$$M_2=\boldsymbol{P}_{l_2}M_1+(\boldsymbol{E}-\boldsymbol{P}_{l_2})x_2 \tag{14.2.3}$$

M_2 在 l_1 上的投影为

$$M_1=\boldsymbol{P}_{l_1}M_2+(\boldsymbol{E}-\boldsymbol{P}_{l_1})x_1 \tag{14.2.4}$$

(14.2.3)代入(14.2.4)得 $M_1=\boldsymbol{P}_{l_1}[\boldsymbol{P}_{l_2}M_1+(\boldsymbol{E}-\boldsymbol{P}_{l_2})x_2]+(\boldsymbol{E}-\boldsymbol{P}_{l_1})x_1$，移项得 $(\boldsymbol{E}-\boldsymbol{P}_{l_1}\boldsymbol{P}_{l_2})M_1=(\boldsymbol{E}-\boldsymbol{P}_{l_1})x_1+\boldsymbol{P}_{l_1}(\boldsymbol{E}-\boldsymbol{P}_{l_2})x_2$. 由引理知 $\boldsymbol{E}-\boldsymbol{P}_{l_2}\boldsymbol{P}_{l_1}$ 可逆，上式两边左乘以 $(\boldsymbol{E}-\boldsymbol{P}_{l_2}\boldsymbol{P}_{l_1})^{-1}$ 即得(14.2.1).

同理，(14.2.4)代入(14.2.3)可得(14.2.2). 证毕.

定理 4 点 M 关于直线 l(平面 π)的对称点为 $M_1=2N-M$，其中 N 为 M 在直线 l(平面 π)上的投影.

证明 因为 N 是 M 与 M_1 的中点，所以 $N=\frac{M+M_1}{2}$，故 $M_1=2N-M$.

下面看几道应用的例子：

例 7 求点(4,3,1)在两平面的相交直线 $\begin{cases}x+y=0\\x-y+z+4=0\end{cases}$ 上的投影坐标.

解 首先找出直线上的两点 $M_1(-2,2,0)$ 及 $M_2(-1,1,-2)$，得直线的方向向量为 $(-1,1,2)$，于

是，直线的投影阵为

$$P_l=\frac{1}{6}\begin{bmatrix}1&-1&-2\\-1&1&2\\-2&2&4\end{bmatrix}$$

而$\begin{bmatrix}-2\\2\\0\end{bmatrix}+P_l\begin{bmatrix}4+2\\3-2\\1-0\end{bmatrix}=\begin{bmatrix}-\frac{3}{2}\\\frac{3}{2}\\-1\end{bmatrix}$，即所求的投影坐标为

$\left(-\frac{3}{2},\frac{3}{2},-1\right)$.

例 8　求两直线 $l_1:\begin{cases}x=2z-1\\y=z+2\end{cases}$ 和 $l_2:\begin{cases}x=z+1\\y=3z-1\end{cases}$ 之间的距离.

解　l_1,l_2 的方向向量分别为 $\boldsymbol{n}_1=(2,1,1)$，$\boldsymbol{n}_2=(1,3,1)$，它们的公垂线的方向向量为 $\boldsymbol{n}=\boldsymbol{n}_1\times\boldsymbol{n}_2=(-2,-1,5)$，于是公垂线的投影阵为

$$P_l=\frac{1}{30}\begin{bmatrix}4&2&-10\\2&1&-5\\-10&-5&25\end{bmatrix}$$

又 $X_1(-1,2,0)$ 为 l_1 上的点，$X_2(1,-1,0)$ 为 l_2 上的点，而

$$P_l\begin{bmatrix}-1-1\\2+1\\0-0\end{bmatrix}=\frac{1}{30}\begin{bmatrix}-2\\-1\\5\end{bmatrix}$$

故所求的距离为

$$d=\frac{1}{30}\sqrt{2^2+1^2+5^2}=\frac{1}{30}\sqrt{30}$$

例 9 已知空间有四点：$A(1,2,3)$，$B(2,1,0)$，$C(3,0,2)$，$D(0,1,0)$，求直线 AD 与 BC 公垂线的方程.

解法 1 因$\overrightarrow{AD}\times\overrightarrow{BC}=(-5,-1,2)$，故过直线 AD 且平行于直线 BC 的平面 π 的投影阵为

$$\boldsymbol{P}_{\pi}=\boldsymbol{E}-\boldsymbol{P}_{l}=\frac{1}{30}\begin{bmatrix}5&-5&10\\-5&29&2\\10&2&26\end{bmatrix}$$

又直线 BC 的参数方程为$\begin{cases}x=-t+2\\y=t+1\\z=-2t\end{cases}$，于是直线 BC 在 π 上的投影参数方程为

$$\begin{bmatrix}x\\y\\z\end{bmatrix}=\begin{bmatrix}1\\2\\3\end{bmatrix}+\boldsymbol{P}_{\pi}\begin{bmatrix}-t+2\\t+1-2\\-2t-3\end{bmatrix}=\begin{bmatrix}-t+\frac{1}{3}\\t+\frac{2}{3}\\-2t+\frac{2}{3}\end{bmatrix}$$

代入直线 AD 的方程：$\frac{x-1}{1}=\frac{y-2}{1}=\frac{z-3}{3}$，得 $t=\frac{1}{3}$. 因而公垂线的垂足分别为$(0,1,0)$和$(\frac{5}{3},\frac{4}{3},-\frac{2}{3})$，故所求的公垂线方程为

$$\frac{x}{5}=\frac{y-1}{1}=\frac{z}{-2}$$

解法 2 因$\overrightarrow{AD}=\begin{bmatrix}-1\\-1\\-3\end{bmatrix}$，$\overrightarrow{BC}=\begin{bmatrix}1\\-1\\2\end{bmatrix}$，$l$ 的方向向量

为$\overrightarrow{AD}\times\overrightarrow{BC}=(-5,-1,2)$，则

$$\boldsymbol{P}_{l_1}=\boldsymbol{P}_{\overrightarrow{AD}}=\frac{1}{11}\begin{bmatrix}1&1&3\\1&1&3\\3&3&9\end{bmatrix}$$

$$\boldsymbol{P}_{l_2}=\boldsymbol{P}_{\overrightarrow{BC}}=\frac{1}{6}\begin{bmatrix}1&-1&2\\-1&1&-2\\2&-2&4\end{bmatrix}$$

$$\boldsymbol{x}_1=\boldsymbol{D}=\begin{bmatrix}0\\1\\0\end{bmatrix},\boldsymbol{x}_2=\boldsymbol{C}=\begin{bmatrix}3\\0\\2\end{bmatrix}$$

代入定理3中的(14.2.1)得$\boldsymbol{M}_1=\begin{bmatrix}0\\1\\0\end{bmatrix}$，所以$l$的方程为$\frac{x}{-5}=\frac{y-1}{-1}=\frac{z}{2}$.

例10　求直线l：$\frac{x-3}{1}=\frac{y-4}{2}=\frac{z-5}{3}$关于平面$\pi$：$3x-y+5z+1=0$的对称直线$l'$的方程.

解　设$\boldsymbol{A}_1=\begin{bmatrix}x_1\\y_1\\z_1\end{bmatrix}$为直线$l$上任一点，$\boldsymbol{A}_1$在$\pi$上的投影为$\boldsymbol{B}$，$\boldsymbol{A}_1$关于$\pi$的对称点为$\boldsymbol{A}=\begin{bmatrix}x\\y\\z\end{bmatrix}$，点$\boldsymbol{C}=\begin{bmatrix}0\\1\\0\end{bmatrix}$在$\pi$上.

$$\boldsymbol{B}=\boldsymbol{P}_{\pi}\boldsymbol{A}_1+(\boldsymbol{E}-\boldsymbol{P}_{\pi})\boldsymbol{C}$$
$$=\frac{1}{35}\begin{bmatrix}26x_1+3y_1-15z_1-3\\3x_1+34y_1+5z_1+1\\-15x_1+5y_1+10z_1-5\end{bmatrix}$$

由定理4,有

$$\boldsymbol{A}=2\boldsymbol{B}-\boldsymbol{A}_1$$
$$=\frac{1}{35}\begin{bmatrix}17x_1+6y_1-30z_1-6\\6x_1+33y_1+10z_1+2\\-30x_1+10y_1-15z_1-10\end{bmatrix} \quad (14.2.5)$$

又 $\boldsymbol{A}_1$ 在 l 上,即$\frac{x_1-3}{1}=\frac{y_1-4}{2}=\frac{z_1-5}{3}\triangleq t.$

$x_1=t+3, y_1=2t+4, z_1=3t+5$,代入(14.2.5)得

$$\begin{cases}x=\frac{1}{35}(-61t-81)\\y=\frac{1}{35}(120t+202)\\z=\frac{1}{35}(-55t-135)\end{cases}$$

即 l' 的方程为$\frac{x+\frac{81}{35}}{-61}=\frac{y-\frac{202}{35}}{102}=\frac{z+\frac{135}{35}}{-55}.$

练习题

1. 设正四面体的棱长为 a,求正四面体的体积.
2. 试证:在四面体中,任意面的三棱长之积与这个

面所对顶点的特征值之比相等.

3. 三棱锥 $P-ABC$ 中,$PA=\sqrt{3}$,$PC=1$,$AB=BC=\sqrt{2}$,且 $PA\perp PC$,平面 $PAC\perp$ 平面 ABC.

(1)设 $\angle PAB=\theta$,求 $\cos\theta$ 的大小及 PB 的长;

(2)求点 A 到平面 PBC 的高 h;

(3)求 $T(P)$的值.

4. 已知四点:$A(1,2,3)$,$B(2,1,0)$,$C(3,0,2)$,$D(1,1,0)$,求直线 AD 在 A,B,C 所确定的平面上的投影直线方程.

5. 验证两直线 $l_1:\begin{cases}x=2+t\\y=-t\\z=-1-3t\end{cases}$ 与 $l_2:\begin{cases}x=4+3t\\y=-3-4t\\z=-2t\end{cases}$ 相交.

复数问题

第15章

15.1 复数的矩阵表示及运算

复数可以用二阶实数矩阵来表示. 我们考虑全体二阶实数方阵集合 V 中的一个子集

$$M=\left\{\begin{bmatrix} a & -b \\ b & a \end{bmatrix} \middle| a,b\in\mathbf{R}\right\}$$

也就是说,M 是由主对角线元相同、而次对角线上元互为相反数的所有二阶实数方阵组成的集合.

对任意的复数 $z=a+b\mathrm{i}$,其中 a,b 是实数,我们可以构造一个二阶实数的方阵 $\mathbf{Z}=\begin{bmatrix} a & -b \\ b & a \end{bmatrix}$,显然矩阵 $\mathbf{Z}\in M$. 我们说 $\rho: z\mapsto\mathbf{Z}$ 是复数集 $\mathbf{C}$ 到矩阵集合 M 上的一一对应或双射(即既是单射,又是满射).

注意到形状相同的矩阵之间可以

进行加法运算. 对于集合 M 中的任意两个矩阵 $\mathbf{Z}=\begin{bmatrix} a & -b \\ b & a \end{bmatrix}$以及 $\mathbf{Z}'=\begin{bmatrix} a' & -b' \\ b' & a' \end{bmatrix}$,我们有

$$\mathbf{Z}+\mathbf{Z}'=\begin{bmatrix} a+a' & -(b+b') \\ b+b' & a+a' \end{bmatrix}\in M$$

这说明集合 M 关于矩阵的加法运算是封闭的,于是集合 M 中的任意两个矩阵可以作加法运算,所得到的和仍在 M 中. 又由于

$$-\mathbf{Z}=\begin{bmatrix} -a & -(-b) \\ -b & -a \end{bmatrix}\in M$$

所以,M 关于减法运算也是封闭的,即

$$\begin{aligned}\mathbf{Z}-\mathbf{Z}'&=\mathbf{Z}+(-\mathbf{Z}')\\&=\begin{bmatrix} a-a' & -(b-b') \\ b-b' & a-a' \end{bmatrix}\in M\end{aligned}$$

如果我们通过映射 ρ 将复数 z 看成与矩阵 $\mathbf{Z}$ 等同,那么这种等同还是保持加法运算的. 这是因为我们很容易看出,如果 $z'=a'+b'\mathrm{i}$(其中 a',b'是实数)也是任意复数,那么

$$\begin{aligned}\rho(z+z')&=\mathbf{Z}+\mathbf{Z}'\\&=\rho(z)+\rho(z')\quad(\forall z,z'\in\mathbf{C})\end{aligned}$$

也就是说,如果我们将 M 中的矩阵看成是复数,那么就可以用矩阵的加法来定义复数的加法,也可以用矩阵的减法来定义复数的减法.

下面我们来考虑集合 M 中两个矩阵的乘法.

设 $z_1=a_1+b_1\mathrm{i},z_2=a_2+b_2\mathrm{i}$ 是复数,其中 a_1,b_1,a_2,b_2 都是实数. 又设

$$\boldsymbol{Z}_1=\begin{bmatrix} a_1 & -b_1 \\ b_1 & a_1 \end{bmatrix},\boldsymbol{Z}_2=\begin{bmatrix} a_2 & -b_2 \\ b_2 & a_2 \end{bmatrix}$$

分别是 z_1,z_2 在 ρ 下的象,那么

$$\begin{aligned}\boldsymbol{Z}_1\boldsymbol{Z}_2 &=\begin{bmatrix} a_1 & -b_1 \\ b_1 & a_1 \end{bmatrix}\begin{bmatrix} a_2 & -b_2 \\ b_2 & a_2 \end{bmatrix}\\ &=\begin{bmatrix} a_1a_2-b_1b_2 & -(a_2b_1+a_1b_2) \\ a_2b_1+a_1b_2 & a_1a_2-b_1b_2 \end{bmatrix}\in M\end{aligned}$$

因此,M 关于矩阵的乘法运算是封闭的,并且复数与矩阵的等同还保持乘法运算,即

$$\rho(z_1z_2)=\boldsymbol{Z}_1\boldsymbol{Z}_2=\rho(z_1)\rho(z_2)$$

又注意到数 k 与矩阵 $\boldsymbol{A}$ 作标量乘法(或称数乘),所得矩阵 $k\boldsymbol{A}$ 是将矩阵 $\boldsymbol{A}$ 的每个元都乘以数 k.

对于任意实数 k 以及矩阵 $\boldsymbol{Z}=\begin{bmatrix} a & -b \\ b & a \end{bmatrix}\in M$,我们有

$$k\boldsymbol{Z}=k\begin{bmatrix} a & -b \\ b & a \end{bmatrix}=\begin{bmatrix} ka & -(kb) \\ kb & ka \end{bmatrix}\in M$$

于是,M 关于实数与矩阵的标量乘法运算封闭,且容易验证

$$\rho(kz)=k\rho(z)\quad(k\in\mathbf{R},z\in\mathbf{C})$$

因此,复数与矩阵的等同也保持标量乘法运算.

回忆一下矩阵的转置运算:设 $\boldsymbol{A}=(a_{ij})$ 是一个 $m\times n$ 矩阵,那么它的转置 $\boldsymbol{A}^{\mathrm{T}}$ 是一个 $n\times m$ 矩阵,且它的第 i 行第 j 列的元就等于 $\boldsymbol{A}$ 中第 j 行第 i 列的元 a_{ji}. 例如:

设 $\boldsymbol{A}=\begin{bmatrix}2 & -1 & 3\\1 & 0 & 7\end{bmatrix}$,那么

$$\boldsymbol{A}^{\mathrm{T}}=\begin{bmatrix}2 & 1\\-1 & 0\\3 & 7\end{bmatrix}$$

设 $\boldsymbol{Z}=\begin{bmatrix}a & -b\\b & a\end{bmatrix}\in M$,那么

$$\boldsymbol{Z}^{\mathrm{T}}=\begin{bmatrix}a & b\\-b & a\end{bmatrix}=\begin{bmatrix}a & -(-b)\\-b & a\end{bmatrix}\in M$$

于是,集合 M 关于转置运算是封闭的. 并且,若设 $\boldsymbol{Z}$ 对应的复数为 $z=a+b\mathrm{i}$,那么 $\boldsymbol{Z}^{\mathrm{T}}$ 对应的复数就是 $a-b\mathrm{i}=\bar{z}$,即

$$\rho(\bar{z})=\boldsymbol{Z}^{\mathrm{T}}=\rho(z)^{\mathrm{T}}$$

也就是说,复数的共轭运算对应于矩阵的转置.

利用矩阵的转置运算,我们可以定义对称矩阵与反对称矩阵. 一个矩阵 $\boldsymbol{A}$ 如果满足 $\boldsymbol{A}^{\mathrm{T}}=\boldsymbol{A}$,则称矩阵 $\boldsymbol{A}$ 为对称矩阵;如果矩阵 $\boldsymbol{A}$ 满足 $\boldsymbol{A}^{\mathrm{T}}=-\boldsymbol{A}$,则称矩阵 $\boldsymbol{A}$ 为反对称矩阵. 矩阵的这一对概念与函数中的偶函数与奇函数这对概念有许多类似之处,甚至它们的性质也有许多相似之处. 我们知道不管是偶函数还是奇函数,它们的定义域一定关于坐标原点对称. 而与之相对应,一个矩阵不管是对称矩阵还是反对称矩阵,它们一定是方矩阵. 而所谓对称矩阵就是它各位置上的元关于主对角线是对称的,而反对称矩阵就是关于主对角线对称位置的元成互为相反数. 特别的,反对称矩阵主对角线上的元均为 0.

对于 $\boldsymbol{Z}\in M$,容易看出 $\boldsymbol{Z}$ 是对称矩阵当且仅当 $\boldsymbol{Z}$

具有$\begin{bmatrix} a & 0 \\ 0 & a \end{bmatrix}$的形式;而 $\boldsymbol{Z}$ 是反对称矩阵当且仅当 $\boldsymbol{Z}$ 具有$\begin{bmatrix} 0 & -b \\ b & 0 \end{bmatrix}$的形式. 因此在复数的矩阵表示中,实数与对称矩阵相对应,而纯虚数与非零的反对称矩阵相对应.

设 $\boldsymbol{A}$ 是任意(实)方阵,则存在对称矩阵 $\boldsymbol{B}$ 与反对称矩阵 $\boldsymbol{C}$,使得 $\boldsymbol{A}=\boldsymbol{B}+\boldsymbol{C}$,且这样的分解是唯一的.

事实上,我们容易发现 $\boldsymbol{B}=\frac{1}{2}(\boldsymbol{A}+\boldsymbol{A}^{\mathrm{T}})$,$\boldsymbol{C}=\frac{1}{2}(\boldsymbol{A}-\boldsymbol{A}^{\mathrm{T}})$满足我们的要求. 而分解的唯一性则来自于这样的事实:既是对称矩阵又是反对称矩阵的矩阵只有零矩阵,且两个对称(反对称)矩阵之差仍为对称(反对称)矩阵.

矩阵的这一分解反映到集合 M 上就是矩阵的下列分解

$$\boldsymbol{Z}=\begin{bmatrix} a & -b \\ b & a \end{bmatrix}=\begin{bmatrix} a & 0 \\ 0 & a \end{bmatrix}+\begin{bmatrix} 0 & -b \\ b & 0 \end{bmatrix}$$

这一分解反映到复数上就是:一个(非实数的)复数可唯一地表示为一个实数与一个纯虚数的和.

设 $\boldsymbol{E}=\begin{bmatrix} 1 & 0 \\ 0 & 1 \end{bmatrix}$是二阶单位方阵,$\boldsymbol{I}=\begin{bmatrix} 0 & -1 \\ 1 & 0 \end{bmatrix}$,那么 $\rho(1)=\boldsymbol{E}$,$\rho(\mathrm{i})=\boldsymbol{I}$. 利用矩阵的标量乘法运算,我们可将上述分解式改写为

$$\boldsymbol{Z}=\begin{bmatrix} a & -b \\ b & a \end{bmatrix}=a\boldsymbol{E}+b\boldsymbol{I}$$

因此,M 是一个实数域上的 2 维线性空间,$\boldsymbol{E}$,$\boldsymbol{I}$ 则

是它的一组基. 而映射 ρ 将实数域上的 2 维线性空间 C 的基 1, i 对应到基 $\boldsymbol{E}$, $\boldsymbol{I}$. 并注意到 $\boldsymbol{I}^2=-\boldsymbol{E}$.

对于每个方阵 $\boldsymbol{A}$，我们都可以定义它的行列式 $\det \boldsymbol{A}$（或 $|\boldsymbol{A}|$）. 特别的，设复数 $z=a+b\mathrm{i}$ 对应的矩阵为 $\boldsymbol{Z}$，那么

$$\det \rho(z)=\det \boldsymbol{Z}=\begin{vmatrix} a & -b \\ b & a \end{vmatrix}$$
$$=a^2+b^2=|z|^2$$

因此，M 中矩阵 $\boldsymbol{Z}$ 的行列式恰好与它所对应的复数 z 的模的平方相一致. 利用这一点我们可用行列式的性质来验证复数的模的性质.

由

$$|z_1z_2|^2=\det \rho(z_1z_2)=\det \rho(z_1)\rho(z_2)$$
$$=\det \rho(z_1)\det \rho(z_2)=|z_1|^2|z_2|^2$$

则

$$|z_1z_2|=|z_1|\cdot|z_2|$$

对于一个方阵 $\boldsymbol{A}$，如果 $\det \boldsymbol{A}\neq 0$，那么 $\boldsymbol{A}$ 是可逆的，并且它的逆矩阵 $\boldsymbol{A}^{-1}=\dfrac{1}{\det \boldsymbol{A}}\boldsymbol{A}^*$，这里 $\boldsymbol{A}^*$ 是 $\boldsymbol{A}$ 的伴随矩阵. 特别的，对于 $\boldsymbol{Z}=\begin{bmatrix} a & -b \\ b & a \end{bmatrix}\in M$，当 $\det \boldsymbol{Z}=a^2+b^2\neq 0$，即 $\boldsymbol{Z}$ 不是零矩阵时，$\boldsymbol{Z}$ 可逆，且它的逆矩阵为

$$\boldsymbol{Z}^{-1}=\frac{1}{\det \boldsymbol{Z}}\boldsymbol{Z}^*=\frac{1}{\det \boldsymbol{Z}}\boldsymbol{Z}^{\mathrm{T}}$$
$$=\frac{1}{a^2+b^2}\begin{bmatrix} a & b \\ -b & a \end{bmatrix}\in M$$

设复数 $z\neq 0$ 对应的矩阵为 $\mathbf{Z}$，那么 $\mathbf{Z}$ 是非零矩阵，因此它有逆矩阵 $\mathbf{Z}^{-1}$. 而 $\boldsymbol{E}=\rho(1)=\rho(zz^{-1})=\rho(z)\rho(z^{-1})=\mathbf{Z}\rho(z^{-1})$，所以 $\rho(z^{-1})$ 就是 $\mathbf{Z}$ 的逆矩阵，即 $\rho(z^{-1})=\mathbf{Z}^{-1}$. 于是，$M$ 中矩阵的逆矩阵与该矩阵所对应的复数的逆元相对应.

我们再来考虑由复数的表示矩阵确定的线性变换有什么特点. 设 $\mathbf{Z}=\begin{bmatrix} a & 0 \\ 0 & a \end{bmatrix}\in M$，那么

$$\begin{bmatrix} x \\ y \end{bmatrix}\mapsto \mathbf{Z}\begin{bmatrix} x \\ y \end{bmatrix}=\begin{bmatrix} a & 0 \\ 0 & a \end{bmatrix}\begin{bmatrix} x \\ y \end{bmatrix}=a\begin{bmatrix} x \\ y \end{bmatrix}$$

于是由 $\mathbf{Z}$ 确定的线性变换就是数乘变换. 当 $a>0$ 时，该变换就是伸缩因子为 a 的伸缩变换.

再假设 $\mathbf{Z}=\begin{bmatrix} a & -b \\ b & a \end{bmatrix}\in M$，且 $\det \mathbf{Z}=1$，即 $a^2+b^2=1$，那么存在 $\theta\in[0,2\pi)$，使得 $\mathbf{Z}=\begin{bmatrix} \cos\theta & -\sin\theta \\ \sin\theta & \cos\theta \end{bmatrix}$. 我们知道由这样的矩阵 $\mathbf{Z}$ 确定的线性变换

$$\begin{bmatrix} x \\ y \end{bmatrix}\mapsto \begin{bmatrix} \cos\theta & -\sin\theta \\ \sin\theta & \cos\theta \end{bmatrix}\begin{bmatrix} x \\ y \end{bmatrix}$$

就是绕坐标原点逆时针旋转角 θ 的旋转变换.

对于一般的非零矩阵 $\mathbf{Z}=\begin{bmatrix} a & -b \\ b & a \end{bmatrix}\in M$，设 $r=\sqrt{\det \mathbf{Z}}=\sqrt{a^2+b^2}>0$，那么我们有

$$\mathbf{Z}=\begin{bmatrix} a & -b \\ b & a \end{bmatrix}=r\begin{bmatrix} \frac{a}{r} & \frac{-b}{r} \\ \frac{b}{r} & \frac{a}{r} \end{bmatrix}=\mathbf{Z}_1\mathbf{Z}_2$$

其中

$$\boldsymbol{Z}_1=\begin{bmatrix} r & 0 \\ 0 & r \end{bmatrix},\boldsymbol{Z}_2=\begin{bmatrix} \frac{a}{r} & \frac{-b}{r} \\ \frac{b}{r} & \frac{a}{r} \end{bmatrix}$$

且 $\det \boldsymbol{Z}_2=1$. 所以一般的,由非零表示矩阵 $\boldsymbol{Z}$ 所确定的线性变换是旋转变换与伸缩变换的复合.

15.2　复平面中的三角形保形

定理 1　复平面中,三个复数 Z_1,Z_2,Z_3 对应的点组成正三角形的三个顶点的充要条件是

$$[Z_1\quad Z_2\quad Z_3]\begin{bmatrix} 1 & -\frac{1}{2} & -\frac{1}{2} \\ -\frac{1}{2} & 1 & -\frac{1}{2} \\ -\frac{1}{2} & -\frac{1}{2} & 1 \end{bmatrix}\begin{bmatrix} Z_1 \\ Z_2 \\ Z_3 \end{bmatrix}=0 \tag{15.2.1}$$

证明　注意到

$$[Z_1\quad Z_2\quad Z_3]\begin{bmatrix} 1 & -\frac{1}{2} & -\frac{1}{2} \\ -\frac{1}{2} & 1 & -\frac{1}{2} \\ -\frac{1}{2} & -\frac{1}{2} & 1 \end{bmatrix}\begin{bmatrix} Z_1 \\ Z_2 \\ Z_3 \end{bmatrix}$$

$$=\left[Z_1-\frac{1}{2}Z_2-\frac{1}{2}Z_3\quad -\frac{1}{2}Z_1+Z_2-\frac{1}{2}Z_3\quad -\frac{1}{2}Z_1-\frac{1}{2}Z_2+Z_3\right]\begin{bmatrix}Z_1\\Z_2\\Z_3\end{bmatrix}$$

$$=Z_1^2+Z_2^2+Z_3^2-Z_2Z_3-Z_3Z_1-Z_1Z_2$$

从而,式(15.2.1)变为

$$Z_1^2+Z_2^2+Z_3^2=Z_2Z_3+Z_3Z_1+Z_1Z_2 \quad (15.2.2)$$

先证必要性. $\triangle Z_1Z_2Z_3$ 为正三角形,所以三个外角都等于$\frac{2}{3}\pi$,从而

$$\arg\frac{Z_3-Z_2}{Z_2-Z_1}=\arg\frac{Z_1-Z_3}{Z_3-Z_2}=\frac{2}{3}\pi$$

并且三边都相等,即

$$|Z_2-Z_1|=|Z_3-Z_2|=|Z_1-Z_3|$$

由此可推出

$$\frac{Z_3-Z_2}{Z_2-Z_1}=\frac{Z_1-Z_3}{Z_3-Z_2}\left(=\mathrm{e}^{\frac{2}{3}\pi\mathrm{i}}\right)$$

于是,有

$$(Z_3-Z_2)^2=(Z_1-Z_3)(Z_2-Z_1)$$

故

$$Z_1^2+Z_2^2+Z_3^2=Z_2Z_3+Z_3Z_1+Z_1Z_2$$

再证充分性. 设有等式(15.2.2),按必要性证明步骤及推回去可得等式

$$\frac{Z_3-Z_2}{Z_2-Z_1}=\frac{Z_1-Z_3}{Z_3-Z_2}=\frac{Z_2-Z_1}{Z_1-Z_3}$$

这说明$\triangle Z_1Z_2Z_3$ 的三个外角相等,故为正三角形,证毕.

显然,式(15.2.1)是如下方程

$$f(Z_1,Z_2,Z_3)=AZ_1^2+BZ_2^2+CZ_3^2+2pZ_1Z_2+2qZ_2Z_3+2rZ_3Z_1=[Z_1\quad Z_2\quad Z_3]\boldsymbol{T}_3\begin{bmatrix}Z_1\\Z_2\\Z_3\end{bmatrix}=0 \tag{15.2.3}$$

的特例，这里 $\boldsymbol{T}_3=\begin{bmatrix}A&p&r\\p&B&q\\r&q&C\end{bmatrix}$ 是实对称矩阵.

容易看出，(15.2.3)是含有三个复变量的齐二次实系数方程. 若 Z_1,Z_2,Z_3 是(15.2.3)的非零解，则 Z_1,Z_2,Z_3 在复平面上表示三个点，一般的，方程(15.2.3)有无数组解.

定义 1　若由(15.2.3)的所有解所确定的 $\triangle Z_1Z_2Z_3$ 都是相似的，我们则称 $\triangle Z_1Z_2Z_3$ 保形.

定理 2　设实系数齐二次方程

$$AZ_1^2+BZ_2^2+2pZ_1Z_2=[Z_1\quad Z_2]\begin{bmatrix}A&p\\p&B\end{bmatrix}\begin{bmatrix}Z_1\\Z_2\end{bmatrix}=0 \tag{15.2.4}$$

有两个非零解 Z_1,Z_2，那么在复平面上由原点 O 及复点 Z_1,Z_2 构成的 $\triangle OZ_1Z_2$ 保形之充要条件是方程(15.2.4)中的 $|T_2|=\begin{vmatrix}A&p\\p&B\end{vmatrix}>0$.

证明[①] 先证必要性. 因$\triangle OZ_1Z_2$保形,则夹角$\theta=\angle Z_1OZ_2(\theta\in(0,\pi))$是常数,模之比$r=\left|\frac{Z_1}{Z_1}\right|$是正常数,从而,$Z_2=Z_1(re^{\pm i\theta})=Z_1(a\pm bi)$,且$b\neq0$,否则$O,Z_1,Z_2$三点共线. 消去上式中的 i 得$(a^2+b^2)Z_1^2+Z_2^2-2aZ_1Z_2=0$,这里,$A=a^2+b^2$,$B=1$,$p=-a$,则$|T_2|=AB-p^2=b^2>0$.

再证充分性. 在式(15.2.4)中,因$|T_2|=AB-p^2>0$,又$Z_1\neq0$,于是,对式(15.2.4)以Z_1^2除之得方程

$$B\left(\frac{Z_2}{Z_1}\right)^2+2p\left(\frac{Z_2}{Z_1}\right)+A=0$$

解之得

$$Z_2=Z_1\left(\frac{-p\pm\sqrt{AB-p^2}\,i}{B}\right)=Z_1(re^{\pm\theta i})\tag{15.2.5}$$

根据复数的几何意义,由(15.2.5)可知$\triangle OZ_1Z_2$保形. 证毕.

注 当$AB-p^2\leqslant0$时,由(15.2.5)知$\frac{Z_1}{Z_2}\in\mathbf{R}$,$O,Z_1,Z_2$共线,不构成三角形.

定理3 在复平面上,$\triangle OZ_1Z_2$是保形的直角三角形的充要条件是方程(15.2.4)的系数满足$AB-p^2>0$,且$p=0$(或者$p+B=0$,或者$p+A=0$).

---

① 李慎余. 含三个复变量的实系数齐二次方程与三角形形状的关系[J]. 数学通报,1999(9):32-33.

证明　因在方程(15.2.4)中,$AB-p^2>0\Leftrightarrow$ $\triangle OZ_1Z_2$ 保形.

又由(15.2.5),有

$$p=0\Leftrightarrow\angle Z_1OZ_2=\frac{\pi}{2}$$

或

$$p+B=0\Leftrightarrow\angle OZ_1Z_2=\frac{\pi}{2}$$

或

$$p+A=0\Leftrightarrow\angle OZ_2Z_1=\frac{\pi}{2}$$

由上面诸充要条件,定理3证毕.

定理4　复平面中,顶点不在原点的 $\triangle Z_1Z_2Z_3$ 保形的充要条件是(15.2.3)的系数矩阵 $\boldsymbol{T}_3$ 各行中的元素满足

$$\begin{cases}A+p+r=0\\p+B+q=0\\r+q+C=0\\pr+pq+qr>0\end{cases}\tag{15.2.6}$$

证明　先证必要性. 因 $\triangle Z_1Z_2Z_3$ 保形,必有

$$Z_3-Z_1=(Z_2-Z_1)re^{\pm i\theta}=(Z_2-Z_1)(a\pm bi)$$

(这里 $b\neq0$,否则 Z_1,Z_2,Z_3 共线),消去上式中的i,得

$$Z_1^2(a^2+b^2-2a+1)+Z_2^2(a^2+b^2)+Z_3^2+$$
$$2Z_1Z_2(-a^2-b^2+a)+2Z_2Z_3(-a)+2Z_1Z_3(a-1)=0$$

$$\boldsymbol{T}_3=\begin{bmatrix}a^2+b^2-2a+1 & -a^2-b^2+a & a-1\\-a^2-b^2+a & a^2+b^2 & -a\\a-1 & -a & 1\end{bmatrix}$$

比较式(15.2.3)中的 $\boldsymbol{T}_3$,知

$$A+p+r=0,p+B+q=0,r+q+C=0$$

$$\begin{aligned}pr+pq+qr&=(a-1)(-a^2-b^2+a)+\\&\quad(-a^2-b^2+a)(-a)+(a-1)(-a)\\&=a^2+b^2-a+(a-1)(-a)=b^2>0\end{aligned}$$

再证充分性. 作变换 $Z_1'=Z_1-Z_3,Z_2'=Z_2-Z_3$,则 $Z_1=Z_1'+Z_3,Z_2=Z_2'+Z_3$,代入(15.2.3)得

$$\begin{aligned}&AZ_1'^2+BZ_2'^2+2pZ_1'Z_2'+2[(A+p+r)+\\&(B+p+q)+(r+q+C)]Z_3^2+\\&2Z_3[Z_1'(A+p+r)+Z_2'(B+p+q)]=0\end{aligned}$$

因

$$A+p+r=0,B+p+q=0,r+q+C=0$$

则

$$AZ_1'^2+BZ_2'^2+2pZ_1'Z_2'=0 \qquad (15.2.7)$$

且

$$\begin{aligned}|\boldsymbol{T}_2|&=\begin{vmatrix}A&p\\p&B\end{vmatrix}\\&=AB-p^2=(-p-r)(-p-q)-p^2\\&=pq+qr+rp>0\end{aligned}$$

因此(15.2.6)成立.

故(15.2.7)所确定的 $\triangle OZ_1'Z_2'$ 保形,并且从所作的变换可以看出(如图 15.2.1),$\triangle Z_1Z_2Z_3$ 与 $\triangle OZ_1'Z_2'$ 是同一图形.

从而证明了方程(15.2.3)若满足条件(15.2.6),则 $\triangle Z_1Z_2Z_3$ 保形,故定理成立.

为了方便,称(15.2.7)是(15.2.3)的特征方程.

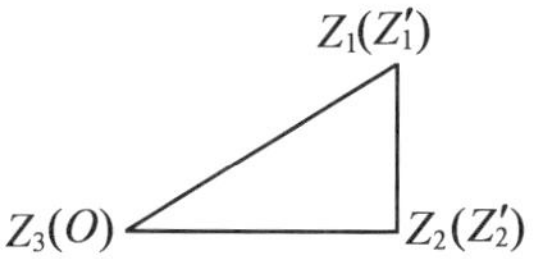

图 15.2.1

例 1　确定下列方程所对应的$\triangle Z_1Z_2Z_3$ 的形状.

(1)$Z_1^2+2Z_2^2+Z_3^2-2Z_1Z_2-2Z_2Z_3=0$;

(2)$Z_1^2+Z_2^2+Z_3^2=Z_1Z_2+Z_2Z_3+Z_3Z_1$;

(3)$Z_1^2+Z_2^2+Z_3^2+2Z_1Z_2=0$;

(4)$2Z_1^2+3Z_2^2+Z_3^2-4Z_1Z_2-2Z_2Z_3=0$.

解　(1)因

$$\boldsymbol{T}_3=\begin{bmatrix}1 & -1 & 0\\ -1 & 2 & -1\\ 0 & -1 & 1\end{bmatrix}$$

显然

$$A+p+r=0,p+B+q=0,r+q+C=0$$

$$pr+pq+qr>0$$

则$\triangle Z_1Z_2Z_3$ 保形.

又特征方程为

$$Z_1'^2+2Z_2'^2-2Z_1'Z_2'=0$$

及

$$\boldsymbol{T}_2=\begin{bmatrix}1 & -1\\ -1 & 2\end{bmatrix}$$

则

$$\angle O'Z_2'Z_1'=\frac{\pi}{2}$$

又

$$\frac{Z_2'}{Z_1'}=\frac{-p\pm\sqrt{AP-p^2}\,\mathrm{i}}{B}=\frac{\sqrt{2}}{2}\mathrm{e}^{\pm\frac{\pi}{4}\mathrm{i}}$$

即知$\triangle O'Z_1'Z_2'$是等腰直角三角形,故$\triangle Z_1Z_2Z_3$是等腰直角三角形(图 15.2.2).

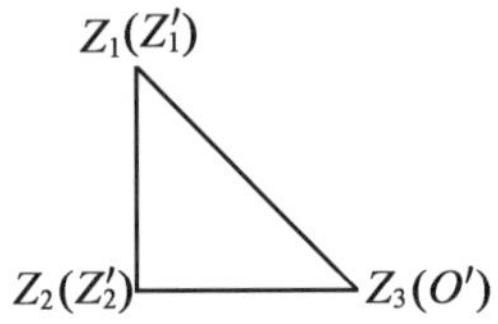

图 15.2.2

(2)因

$$\boldsymbol{T}_3=\begin{bmatrix}1 & -\frac{1}{2} & -\frac{1}{2}\\ -\frac{1}{2} & 1 & -\frac{1}{2}\\ -\frac{1}{2} & -\frac{1}{2} & 1\end{bmatrix}$$

显然,条件(15.2.6)成立,$\triangle Z_1Z_2Z_3$保形.

又特征方程为

$$Z_1'^2+Z_2'^2-Z_1'Z_2'=0$$

且

$$\frac{Z_2'}{Z_1'}=\frac{-p\pm\sqrt{AP-p^2}\,\mathrm{i}}{B}=\frac{1}{2}\pm\frac{\sqrt{3}}{2}\mathrm{i}=\mathrm{e}^{\pm\frac{\pi}{3}\mathrm{i}}$$

即知$\triangle O'Z_1'Z_2'$是等边三角形,故$\triangle Z_1Z_2Z_3$是等边三角形.

(3)由

$$T_3=\begin{bmatrix}1&1&0\\1&1&0\\0&0&1\end{bmatrix}$$

知不满足条件(15.2.6),故$\triangle Z_1Z_2Z_3$不保形.

(4)由

$$T_3=\begin{bmatrix}2&-2&0\\-2&3&-1\\0&-1&1\end{bmatrix}$$

显然,满足条件(15.2.6),则$\triangle Z_1Z_2Z_3$保形.

又特征方程是

$$2Z_1'^2+3Z_2'^2-4Z_1'Z_2'=0$$

$$T_2=\begin{bmatrix}2&-2\\-2&3\end{bmatrix},A+p=0$$

则

$$\angle O'Z_2'Z_1'=\frac{\pi}{2}$$

又

$$\frac{Z_2'}{Z_1'}=\frac{-p\pm\sqrt{AP-p^2}\,\mathrm{i}}{B}=\frac{2\pm\sqrt{2}\,\mathrm{i}}{3}$$

从而$\left|\frac{Z_2'}{Z_1'}\right|=\sqrt{\frac{2}{3}}$,故$\triangle O'Z_1'Z_2'$的形状如图 15.2.3 所示,即$\triangle OZ_1Z_2$为直角三角形.

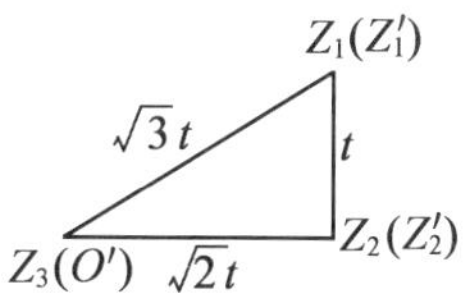

图 15.2.3

15.3 行列式的应用

定理 5 设 $z_j(1\leqslant j\leqslant n,n\geqslant 3)$ 对应平面上 n 边形的 n 个顶点,且它们依次按逆时针方向绕行,则 n 边形的面积为

$$S=\frac{\mathrm{i}}{4}\begin{vmatrix} z_j \\ \bar{z}_j \end{vmatrix}_1^n \tag{15.3.1}$$

其中 i 为虚数单位,$\mathrm{i}^2=-1$,$\bar{z}_j$ 为 z_j 的共轭复数.

证明 设 $z_j=x_j+\mathrm{i}y_j$,则 z_j 与实数对 (x_j,y_j) 一一对应.

由式(3.6.9),有

$$S=\frac{1}{2}\begin{vmatrix} x_j \\ y_j \end{vmatrix}_1^n=\frac{1}{2}\begin{vmatrix} x_j+\mathrm{i}y_j \\ y_j \end{vmatrix}_1^n=\frac{\mathrm{i}}{4}\begin{vmatrix} x_j+\mathrm{i}y_j \\ -2\mathrm{i}y_j \end{vmatrix}$$

$$=\frac{\mathrm{i}}{4}\begin{vmatrix} x_j+\mathrm{i}y_j \\ x_j-\mathrm{i}y_j \end{vmatrix}_1^n=\frac{\mathrm{i}}{4}\begin{vmatrix} z_j \\ \bar{z}_j \end{vmatrix}_1^n$$

证毕.

推论 1 复平面上三角形的面积为

$$S=\frac{\mathrm{i}}{4}\begin{vmatrix} z_j \\ \bar{z}_j \end{vmatrix}_1^3=\frac{\mathrm{i}}{4}\begin{vmatrix} 1 & 1 & 1 \\ z_1 & z_2 & z_3 \\ \bar{z}_1 & \bar{z}_2 & \bar{z}_3 \end{vmatrix} \tag{15.3.2}$$

推论 2 复平面上 n 点共线的充要条件是

$$\begin{vmatrix} z_j \\ \bar{z}_j \end{vmatrix}_1^n=0 \tag{15.3.3}$$

特别的,复平面上三点共线的充要条件是

$$\left|\begin{matrix} z_j \\ \bar{z}_j \end{matrix}\right|_1^3 = \begin{vmatrix} 1 & 1 & 1 \\ z_1 & z_2 & z_3 \\ \bar{z}_1 & \bar{z}_2 & \bar{z}_3 \end{vmatrix} = 0 \qquad (15.3.4)$$

定理 6　设 $\triangle Z_1Z_2Z_3$ 与 $\triangle W_1W_2W_3$ 有相同绕向，它们顶点对应的复数用小写字母表示，则 $\triangle Z_1Z_2Z_3 \backsim \triangle W_1W_2W_3$ 的充要条件是

$$\begin{vmatrix} 1 & 1 & 1 \\ z_1 & z_2 & z_3 \\ w_1 & w_2 & w_3 \end{vmatrix} = 0 \qquad (15.3.5)$$

证明　注意到两个三角形顶点绕向相同时，两对应边成比例，且夹角相等，则这个三角形相似，反之亦成立.

因此

$$\triangle Z_1Z_2Z_3 \backsim \triangle W_1W_2W_3$$

$$\Leftrightarrow \frac{|z_3 - z_1|}{|z_2 - z_1|} = \frac{|w_3 - w_1|}{|w_2 - w_1|}, \text{且 } \arg\frac{z_3 - z_1}{z_2 - z_1} = \arg\frac{w_3 - w_1}{w_2 - w_1}$$

$$\Leftrightarrow \frac{z_3 - z_1}{z_2 - z_1} = \frac{w_3 - w_1}{w_2 - w_1}$$

$$\Leftrightarrow (z_3 - z_1)(w_2 - w_1) = (w_3 - w_1)(z_2 - z_1)$$

$$\Leftrightarrow \begin{vmatrix} 1 & 1 & 1 \\ z_1 & z_2 & z_3 \\ w_1 & w_2 & w_3 \end{vmatrix} = 0$$

例 2　已知在如图 15.3.1 的平面图形中，四边形 $A_1A_2B_2B_1$ 相似于四边形 $D_1D_2C_2C_1$，四边形 $A_1A_2D_2D_1$ 相似于四边形 $B_1B_2C_2C_1$，求证：四边形 $A_1B_1C_1D_1$ 相似于四边形 $A_2B_2C_2D_2$.

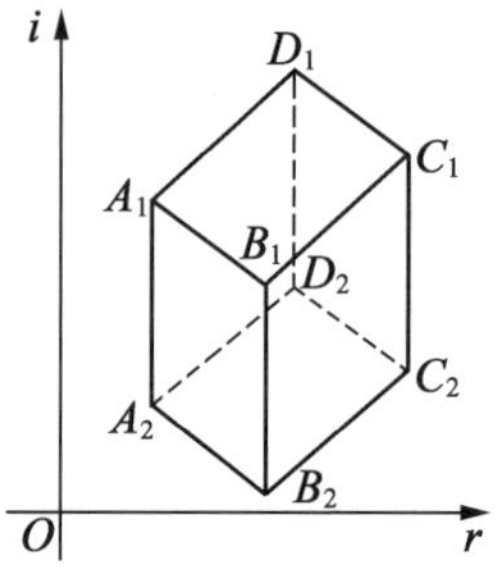

图 15.3.1

证明 将整个图形置于复平面上(如图所示),为简明起见,顶点字母兼用作表示该点所对应的复数.

由四边形 $A_1A_2B_2B_1$ 相似于四边形 $D_1D_2C_2C_1$,有 $\triangle A_1A_2B_2 \backsim \triangle D_1D_2C_2$,应用式(15.3.5),即知

$$\begin{vmatrix} 1 & A_1 & D_1 \\ 1 & A_2 & D_2 \\ 1 & B_2 & C_2 \end{vmatrix} = 0$$

即有

$$\begin{aligned} & A_1 \cdot C_2 + A_2 \cdot D_1 - A_1 \cdot D_2 \\ = & A_2 \cdot C_2 + B_2 \cdot D_1 - B_2 \cdot D_2 \qquad (15.3.6) \end{aligned}$$

同样由 $\triangle A_2D_1D_2 \backsim \triangle B_2C_1C_2$,应用式(15.3.5),有

$$\begin{vmatrix} 1 & A_2 & B_2 \\ 1 & D_1 & C_1 \\ 1 & D_2 & C_2 \end{vmatrix} = 0$$

即

$$A_2 \cdot C_2 + B_2 \cdot D_1 - B_2 \cdot D_2$$

$$=A_2\cdot C_1+C_2\cdot D_1-C_1\cdot D_2 \qquad (15.3.7)$$

综上(15.3.6)与(15.3.7),即得

$$A_1\cdot C_2+A_2\cdot D_1-A_1\cdot D_2$$
$$=A_2\cdot C_1+C_2\cdot D_1-C_1\cdot D_2$$

即

$$\begin{vmatrix} 1 & A_1 & A_2 \\ 1 & C_1 & C_2 \\ 1 & D_1 & D_2 \end{vmatrix}=0$$

故$\triangle A_1C_1D_1 \backsim \triangle A_2C_2D_2$. 仿此可证, $\triangle A_1B_1C_1 \backsim \triangle A_2B_2C_2$.

两者合起来,即得结论.

初等数论问题

第16章

数论是古老的数学分支之一，正整数的某些相当深刻的性质激发了人们的兴趣，也给人们提出了许多的挑战. 矩阵的引入，使得我们处理初等数论问题开辟了新的途径.

16.1　整数问题

一、约数、倍数问题

例1　求证：存在无穷多个自然数 n，使得可将 $1,2,\cdots,3n$ 列成数表

$$\begin{matrix} a_1 & a_2 & \cdots & a_n \\ b_1 & b_2 & \cdots & b_n \\ c_1 & c_2 & \cdots & c_n \end{matrix}$$

满足如下两个条件：

(1) $a_1+b_1+c_1=a_2+b_2+c_2=\cdots=a_n+b_n+c_n$，且为6的倍数；

(2) $a_1+a_2+\cdots+a_n=b_1+b_2+\cdots+b_n=c_1+c_2+\cdots+c_n$,且为 6 的倍数. ①

证明　将满足所述两个条件的自然数 n 的集合记作 S. 设 $n\in S$,由条件(1)和(2)分别推知:存在自然数 s 和 t,使得

$$\frac{8n(3n+1)}{2}=6sn$$

$$\frac{3n(3n+1)}{2}=18t$$

即

$$3n+1=4s$$

$$n(3n+1)=12t$$

所以

$$n\equiv 1\pmod 4$$

$$n\equiv 0\pmod 3$$

因此 n 必具形式

$$n=12k+9\quad(k=0,1,2,\cdots)\qquad(16.1.1)$$

方法 1:可使式(16.1.1)满足的最小自然数 n 是 9. 下证 $9\in S$. 我们有

$$\begin{bmatrix}1&2&3\\2&3&1\\3&1&2\end{bmatrix}+\begin{bmatrix}0&6&3\\3&0&6\\6&3&0\end{bmatrix}=\begin{bmatrix}1&8&6\\5&3&7\\9&4&2\end{bmatrix}=\boldsymbol{A}_3$$

容易看出 $\boldsymbol{A}_3$ 的 3 个行之和、3 个列之和都是 15,并且 $\boldsymbol{A}_3$ 的 9 个元素分别为 $1,2,\cdots,9$. 现记 $\boldsymbol{\alpha}(3)=(1,8,6)$,$\boldsymbol{\beta}(3)=(5,3,7)$,$\boldsymbol{\gamma}(3)=(9,4,2)$,并构造 3×9 的

① 1997 年中国数学奥林匹克试题.

数表 $\boldsymbol{A}_9$ 如下

$$\boldsymbol{A}_9=\begin{bmatrix}\boldsymbol{\alpha}(3) & \boldsymbol{\beta}(3)+18 & \boldsymbol{\gamma}(3)+9\\ \boldsymbol{\beta}(3)+9 & \boldsymbol{\gamma}(3) & \boldsymbol{\alpha}(3)+18\\ \boldsymbol{\gamma}(3)+18 & \boldsymbol{\alpha}(3)+9 & \boldsymbol{\beta}(3)\end{bmatrix}$$

$$=\begin{bmatrix}1 & 8 & 6 & 23 & 21 & 25 & 18 & 13 & 11\\ 14 & 12 & 16 & 9 & 4 & 2 & 19 & 26 & 24\\ 27 & 22 & 20 & 10 & 17 & 15 & 5 & 3 & 7\end{bmatrix}$$

容易看出 $\boldsymbol{A}_9$ 的 27 个元素恰为 $1,2,\cdots,27$,并且各列之和均为 $15+9+18=42\equiv 0(\bmod 6)$,各行之和均为 $3(15+9+18)=126\equiv 0(\bmod 6)$.

所以 $9\in S,S\neq\varnothing$.

假设 $m\in S$,我们来证明 $9m\in S$.

由于 $m\in S$,故可将 $1,2,\cdots,3m$ 列为 $3\times m$ 的数表 $\boldsymbol{A}_m$,使得各列之和均为 $6u$,各行之和均为 $6v$,其中 u,v 均为自然数. 现将 $\boldsymbol{A}_m$ 的第一行记作 $\boldsymbol{\alpha}(m)$,第二行记作 $\boldsymbol{\beta}(m)$,第三行记作 $\boldsymbol{\gamma}(m)$. 并构造 $3\times 3m$ 的数表 $\boldsymbol{A}_{3m}$ 如下

$$\boldsymbol{A}_{3m}=\begin{bmatrix}\boldsymbol{\alpha}(m) & \boldsymbol{\beta}(m)+6m & \boldsymbol{\gamma}(m)+3m\\ \boldsymbol{\beta}(m)+3m & \boldsymbol{\gamma}(m) & \boldsymbol{\alpha}(m)+6m\\ \boldsymbol{\gamma}(m)+6m & \boldsymbol{\alpha}(m)+3m & \boldsymbol{\beta}(m)\end{bmatrix}$$

其中 $\boldsymbol{\beta}(m)+3m$ 表示将 $\boldsymbol{\beta}(m)$ 中的每一个元素都加上 $3m$,其余记号含义类似.

于是不难看出,$\boldsymbol{A}_{3m}$ 中的 $9m$ 个元素恰为 $1,2,\cdots,9m$,并且各列之和均为 $6u+9m$,各行之和均为 $18v+9m^2$.

再将 $\boldsymbol{A}_{3m}$ 的第一行、第二行和第三行分别记作

$\boldsymbol{\alpha}(3m)$，$\boldsymbol{\beta}(3m)$ 和 $\boldsymbol{\gamma}(3m)$，并构造 $3\times 9m$ 的数表 $\boldsymbol{A}_{9m}$ 如下

$$\boldsymbol{A}_{9m}=\begin{bmatrix}\boldsymbol{\alpha}(3m) & \boldsymbol{\beta}(3m)+18m & \boldsymbol{\gamma}(3m)+9m\\ \boldsymbol{\beta}(3m)+9m & \boldsymbol{\gamma}(3m) & \boldsymbol{\alpha}(3m)+18m\\ \boldsymbol{\gamma}(3m)+18m & \boldsymbol{\alpha}(3m)+9m & \boldsymbol{\beta}(3m)\end{bmatrix}$$

不难看出 $\boldsymbol{A}_{9m}$ 的 $27m$ 个元素恰为 $1,2,\cdots,27m$，并且各列之和均为 $6u+36m$，即为 6 的倍数；各行之和均为

$$\begin{aligned}&3(18v+9m^2)+3m\cdot 18m+3m\cdot 9m\\ =&54v+108m^2\equiv 0(\bmod 6)\end{aligned}$$

这就证得：只要 $m\in S$，则必有 $9m\in S$.

综合上述，知 $S\supset\{9^k\mid k=1,2,\cdots\}$，所以 S 为无穷集合.

方法 2：我们来证明

$$S\supset\{12k+9\mid k\equiv 2(\bmod 9)\}$$

设 $k\equiv 2(\bmod 9)$，记 $m=4k+3$，我们先将 $1,2,\cdots,3m$ 列成如下的 $3\times m$ 数表 $\boldsymbol{A}_m$

$$\boldsymbol{A}_m=\begin{bmatrix}1 & 4 & 7 & 10 & \cdots & 12k-2 & 12k+1 & 12k+4 & 12k+7\\ 6k+5 & 12k+8 & 6k+2 & 12k+5 & \cdots & 6k+11 & 5 & 6k+8 & 2\\ 12k+9 & 6k+3 & 12k+6 & 6k & \cdots & 6 & 6k+9 & 3 & 6k+6\end{bmatrix}$$

不难看出，$\boldsymbol{A}_m$ 的各列之和相等，均为 $18k+15$. $\boldsymbol{A}_m$ 的第一行之和为 $(4k+3)(6k+4)$，第二行之和为 $(4k+3)(6k+5)=\dfrac{m(3m+1)}{2}$，第三行之和为 $(4k+3)(6k+6)$.

下面来调整 $\boldsymbol{A}_m$，使 3 个行之和相等.

由于 $k\equiv 2 \pmod 9$，所以 $l=\frac{1}{9}(2k+5)$ 为正整数.

容易看出 $\boldsymbol{A}_m$ 的第一行是公差 $d_1=3$，首项 $a_1=1$ 的等差数列，所以其第 $2l$ 项为

$$a_{2l}=1+3(2l-1)=6l-2=\frac{4}{3}(k+1)$$

$\boldsymbol{A}_m$ 的第三行中，$c_2,c_4,\cdots,c_{m-1}$ 构成公差 $d_3=-3$，首项 $c_2=6k+3$ 的等差数列，所以

$$\begin{aligned}c_{2l}&=6k+3-3(l-1)\\&=6k+6-\frac{1}{3}(2k+5)\\&=\frac{1}{3}(16k+13)\end{aligned}$$

易见

$$c_{2l}-a_{2l}=\frac{1}{3}(12k+9)=4k+3$$

因此只要在 $\boldsymbol{A}_m$ 中对换 a_{2l} 与 c_{2l} 的位置，便可使其三个行之和全都相等，都为

$$(4k+3)(6k+5)=\frac{m(3m+1)}{2}$$

并且各列之和保持不变，即都是 $18k+15$.

现将经过上述对换后的数表记为 $\boldsymbol{B}_m$，并将 $\boldsymbol{B}_m$ 的第一行记为 $\boldsymbol{\alpha}(m)$，第二行记为 $\boldsymbol{\beta}(m)$，第三行记为 $\boldsymbol{\gamma}(m)$. 再构造 $3\times 3m=3\times(12k+9)$ 的数表 $\boldsymbol{A}_{3m}$ 如下

$$\boldsymbol{A}_{3m}=\begin{bmatrix}\boldsymbol{\alpha}(m) & \boldsymbol{\beta}(m)+6m & \boldsymbol{\gamma}(m)+3m\\ \boldsymbol{\beta}(m)+3m & \boldsymbol{\gamma}(m) & \boldsymbol{\alpha}(m)+6m\\ \boldsymbol{\gamma}(m)+6m & \boldsymbol{\alpha}(m)+3m & \boldsymbol{\beta}(m)\end{bmatrix}$$

于是，不难看出，$\boldsymbol{A}_{3m}$ 的所有元素恰为 $1,2,\cdots,$

$12k+9$，其各列之和、各行之和分别相等，且

$$列和=18k+15+9m=54k+42\equiv 0 \pmod 6$$

$$\begin{aligned}行和&=\frac{3}{2}m(3m+1)+6m^2+3m^2\\&=3(4k+3)(6k+5)+9(4k+3)^2\\&=6(4k+3)(9k+7)\end{aligned}$$

都是 6 的倍数.

这就表明，只要 $k\equiv 2 \pmod 9$，则

$$12k+9\in S$$

所以，$S\supset\{12k+9\mid k\equiv 2 \pmod 9\}$ 为无限集. 证毕.

为了讨论下面的问题，先看一个结论：

定理 1[①] 设 $(a_1,a_2,\cdots,a_n)=d$，则存在可逆方阵 $\boldsymbol{A}=[a_{ij}]_{n\times n}$，使得

$$[a_1\quad a_2\quad\cdots\quad a_n]\boldsymbol{A}=[d\quad 0\quad\cdots\quad 0]\quad (n\geqslant 2) \tag{16.1.2}$$

证明 用数学归纳法.

(1) 当 $n=2$ 时，不妨设 $a_1>a_2>0$（否则可以施以倍法变换或换位变换，使得 $a_1>a_2>0$）. 由辗转相除法知

$$\begin{aligned}a_1&=q_1a_2+r_1\quad (0<r_1<a_2)\\a_2&=q_2r_1+r_2\quad (0<r_2<r_1)\\&\vdots\\r_{m-2}&=q_mr_{m-1}+r_m\quad (0<r_m<r_{m-1})\end{aligned}$$

① 徐德全. 浅论矩阵初等变换在数论中的应用[J]. 数学通报，2002(8):43.

$$r_{m-1}=q_{m+1}r_m \quad (m\geqslant 1, r_m=d)$$

于是令

$$A=\begin{bmatrix}0 & 1\\ 1 & -q_1\end{bmatrix}\begin{bmatrix}0 & 1\\ 1 & -q_2\end{bmatrix}\cdots\begin{bmatrix}0 & 1\\ 1 & -q_m\end{bmatrix}\begin{bmatrix}0 & 1\\ 1 & -q_{m+1}\end{bmatrix}$$

则 $[a_1 \quad a_2]A=[d \quad 0]$，结论成立.

(2)假定当 $n=k(k\geqslant 2)$ 时，结论成立，则当 $n=k+1$ 时，由假定知，存在 k 阶可逆方阵 $A_{k\times k}$，使得

$$[a_2 \quad a_3 \quad \cdots \quad a_{k+1}]A_{k\times k}=[d_1 \quad 0 \quad \cdots \quad 0]$$

其中 $d_1=(a_2,a_3,\cdots,a_{k+1})$. 从而有

$$[a_1 \quad a_2 \quad a_3 \quad \cdots \quad a_{k+1}]\begin{bmatrix}1 & \mathbf{0}_{1\times k}\\ \mathbf{0}_{k\times 1} & A_{k\times k}\end{bmatrix}$$

$$=[a_1 \quad d_1 \quad 0 \quad \cdots \quad 0]$$

又由(1)知，存在二阶可逆方阵 $A_{2\times 2}$，使得

$$[a_1 \quad d_1]A_{2\times 2}=[d \quad 0]$$

其中 $d=(a_1,d_1)=(a_1,a_2,\cdots,a_{k+1})$. 于是令

$$A=\begin{bmatrix}1 & \mathbf{0}_{1\times k}\\ \mathbf{0}_{k\times 1} & A_{k\times k}\end{bmatrix}\begin{bmatrix}A_{2\times 2} & \mathbf{0}_{2\times(k-1)}\\ \mathbf{0}_{(k-1)\times 2} & E_{k-1}\end{bmatrix}$$

则 $[a_1 \quad a_2 \quad \cdots \quad a_{k\times 1}]A=[d \quad 0 \quad \cdots \quad 0]$，即当 $n=k+1$ 时，结论成立.

由归纳法原理知，当 $n\geqslant 2$ 时，结论成立. 证毕.

从定理 1 的证明过程可以看出，由

$$\begin{bmatrix}a_1 & a_2 & \cdots & a_n\\ & E_n & & \end{bmatrix}\xrightarrow{\text{初等列变换}}\begin{bmatrix}d & 0 & \cdots & 0\\ & A & & \end{bmatrix}$$

由此求得可逆方阵 A，同时得到它们的最大公约数的线性表示：$(a_1,a_2,\cdots,a_n)=a_{11}a_1+a_{21}a_2+\cdots+a_{n1}a_n$.

例 2　求 125,630,1 116 的最大公约数并将其线性表出.

解　因

$$\begin{bmatrix}125 & 630 & 1\ 116\\ 1 & 0 & 0\\ 0 & 1 & 0\\ 0 & 0 & 1\end{bmatrix}\xrightarrow[T_{13}(-9)]{T_{12}(-5)}\begin{bmatrix}125 & 5 & -9\\ 1 & -5 & -9\\ 0 & 1 & 0\\ 0 & 0 & 1\end{bmatrix}$$

$$\xrightarrow[R_{23}(2)]{T_{21}(-25)}\begin{bmatrix}0 & 5 & 1\\ 126 & -5 & -19\\ -25 & 1 & 2\\ 0 & 0 & 1\end{bmatrix}$$

$$\xrightarrow[R_{13}]{T_{32}(-5)}\begin{bmatrix}1 & 0 & 0\\ -19 & 90 & 126\\ 2 & -9 & -25\\ 1 & -5 & 0\end{bmatrix}$$

所以(125,630,1 116)=1,并且其线性表出为

$$1=(-19)\times 125+2\times 630+1\times 1\ 116$$

二、平方数问题

例 3　设数列$\{a_n\}$和$\{b_n\}$满足 $a_0=1,b_0=0$,且 $\begin{cases}a_{n+1}=7a_n+6b_n-3\\ b_{n+1}=8a_n+7b_n-4\end{cases}$$(n=0,1,2,3,\cdots)$. 证明:$a_n(n=0,1,2,\cdots)$是完全平方数.

证明[①]　注意到题设条件可用矩阵表示为

① 孙东升. 矩阵与变换模块教学中训练学生思维能力的几点做法[J]. 数学通报,2009(10):31-32.

$$\begin{bmatrix} a_{n+1} \\ b_{n+1} \end{bmatrix} = \begin{bmatrix} 7 & 6 \\ 8 & 7 \end{bmatrix} \begin{bmatrix} a_n \\ b_n \end{bmatrix} + \begin{bmatrix} -3 \\ -4 \end{bmatrix}$$

由条件易得

$$\begin{bmatrix} a_{n+1} - \frac{1}{2} \\ b_{n+1} \end{bmatrix} = \begin{bmatrix} 7 & 6 \\ 8 & 7 \end{bmatrix} \begin{bmatrix} a_n - \frac{1}{2} \\ b_n \end{bmatrix}$$

令 $a_n' = a_n - \frac{1}{2}, b_n' = b_n$,则有

$$\begin{bmatrix} a_{n+1}' \\ b_{n+1}' \end{bmatrix} = \begin{bmatrix} 7 & 6 \\ 8 & 7 \end{bmatrix} \begin{bmatrix} a_n' \\ b_n' \end{bmatrix}$$

对于矩阵 $\boldsymbol{M} = \begin{bmatrix} 7 & 6 \\ 8 & 7 \end{bmatrix}$,其特征多项式

$$f(\lambda) = \begin{vmatrix} \lambda - 7 & -6 \\ -8 & \lambda - 7 \end{vmatrix} = \lambda^2 - 14\lambda + 1$$

由 $f(\lambda) = 0$,得 $\lambda_1 = 7 + 4\sqrt{3}, \lambda_2 = 7 - 4\sqrt{3}$. 取 $\lambda_1 = 7 + 4\sqrt{3}$ 的一个特征向量 $\boldsymbol{\alpha}_1 = \begin{bmatrix} \sqrt{3} \\ 2 \end{bmatrix}$, $\lambda_2 = 7 - 4\sqrt{3}$ 的一个特征向量 $\boldsymbol{\alpha}_2 = \begin{bmatrix} -\sqrt{3} \\ 2 \end{bmatrix}$.

令 $\begin{bmatrix} a_0 - \frac{1}{2} \\ b_0 \end{bmatrix} = x \begin{bmatrix} \sqrt{3} \\ 2 \end{bmatrix} + y \begin{bmatrix} -\sqrt{3} \\ 2 \end{bmatrix}$,解得 $x = \frac{\sqrt{3}}{12}, y = -\frac{\sqrt{3}}{12}$,从而

$$\begin{bmatrix} a_n' \\ b_n' \end{bmatrix} = \frac{\sqrt{3}}{12}(7 + 4\sqrt{3})^n \begin{bmatrix} \sqrt{3} \\ 2 \end{bmatrix} - \frac{\sqrt{3}}{12}(7 - 4\sqrt{3})^n \begin{bmatrix} -\sqrt{3} \\ 2 \end{bmatrix}$$

所以 $a'_n=\frac{1}{4}[(7+4\sqrt{3})^n+(7-4\sqrt{3})^n]$，即 $a_n=[\frac{1}{2}(2+\sqrt{3})^n+\frac{1}{2}(2-\sqrt{3})^n]^2$.

由二项式展开，得

$$\frac{1}{2}(2+\sqrt{3})^n+\frac{1}{2}(2-\sqrt{3})^n=\sum_{0\leqslant 2k\leqslant n}\mathrm{C}_n^{2k}\cdot 3^k\cdot 2^{n-2k}$$

为整数，于是 a_n 是完全平方数.

三、数字和问题

例 4[①]　在一个正五边形的五个顶点处各放一个整数，使五个数的和为 2 011，称之为一个初始状态. 一次操作是指：选择两个相邻的顶点及任意的一个整数 m，将这两点上的数都减去 m，并将与这两点都不相邻的顶点上的数加上 $2m$. 证明：对任意给定的一个初始状态，存在唯一的顶点（由初始状态决定），使得可以经过有限次操作，将这个顶点上的数变成 2 011，且将另外四个顶点上的数变为 0.

证明　设五边形为 $ABCDE$，每个顶点上对应的数为 a,b,c,d,e.

考虑 $a+2b+3c+4d+5e$，由操作规则知：这个量模 5 是不变的，由于

$$2\ 011,2\ 011\times 2,2\ 011\times 3,2\ 011\times 4,2\ 011\times 5$$

被 5 除的余数互不相同，所以至多只有一个顶点能满足题目要求.

---

① 2011 年美国数学奥林匹克试题.

下证一定有一个顶点能满足题目要求. 不妨设初始时 $5\mid a+2b+3c+4d+5e$, 则只有点 E 可能满足题目要求, 以下构造一种操作方法.

设 $a+2b+3c+4d=5k$, 分四步操作:

(1) $m=-a-k$, C, D 为相邻两顶点, 即

$$\begin{bmatrix} a \\ b \\ c \\ d \\ e \end{bmatrix} \to \begin{bmatrix} a+2(-k-a) \\ b \\ c+a+k \\ d+a+k \\ e \end{bmatrix} = \begin{bmatrix} -2k-a \\ b \\ c+a+k \\ d+a+k \\ e \end{bmatrix}$$

(2) $m=c+d-2k$, D, E 为相邻两顶点, 即

$$\begin{bmatrix} -2k-a \\ b \\ c+a+k \\ d+a+k \\ e \end{bmatrix} \to \begin{bmatrix} -2k-a \\ b+2(c+d-2k) \\ c+a+k \\ d+a+k-(c+d-2k) \\ e-(c+d-2k) \end{bmatrix}$$

$$= \begin{bmatrix} -2k-a \\ b+2c+2d-4k \\ c+a+k \\ a-c+3k \\ e-c-d+2k \end{bmatrix}$$

(3) $m=2d+c+b-3k$, E, A 为相邻两顶点, 即

$$\begin{bmatrix} -2k-a \\ b+2c+2d-4k \\ c+a+k \\ a-c+3k \\ e-c-d+2k \end{bmatrix} \to \begin{bmatrix} -2k-a-(2d+c+b-3k) \\ b+2c+2d-4k \\ c+a+k+2(2d+c+b-3k) \\ a-c+3k \\ e-c-d+2k-(2d+c+b-3k) \end{bmatrix}$$

$$=\begin{bmatrix} k-a-b-c-2d \\ -4k+b+2c+2d \\ -5k+a+2b+3c+4d \\ a-c+3k \\ 5k+e-3d-2c-b \end{bmatrix}$$

(4) $m=b+2c+2d-4k$, A, B 为相邻两顶点，即

$$\begin{bmatrix} k-a-b-c-2d \\ -4k+b+2c+2d \\ -5k+a+2b+3c+4d \\ a-c+3k \\ 5k+e-3d-2c-b \end{bmatrix}$$

$$\to\begin{bmatrix} k-a-b-c-2d-(b+2c+2d-4k) \\ -4k+b+2c+2d-(b+2c+2d-4k) \\ -5k+a+2b+3c+4d \\ a-c+3k+2(b+2c+2d-4k) \\ 5k+e-3d-2c-b \end{bmatrix}$$

$$=\begin{bmatrix} 5k-a-2b-3c-4d \\ 0 \\ -5k+a+2b+3c+4d \\ a+2b+3c+4d-5k \\ 5k+(a+b+c+d+e)-a-2b-3c-4d \end{bmatrix}$$

$$=\begin{bmatrix} 0 \\ 0 \\ 0 \\ 0 \\ 2\,011 \end{bmatrix}$$

综上所述，原命题得证.

16.2 不定方程问题

不定方程的研究可追溯到公元前 3 世纪古希腊数学家丢番图(Diophantus)的工作,因此不定方程又称为丢番图方程. 我国古代算术《周髀算经》中记载着"勾三股四弦五"的结论,这实际上给出了三元二次不定方程 $x^2+y^2=z^2$ 的一组正整数解. 随着数学的不断发展,不定方程的重要性日益显著,现代数学的重要分支,如代数数论、代数几何、表示理论……都在这里交汇,不定方程几乎成为一块试金石,用以检验新的数学理论和新的数学方法.

讨论不定方程的整数解问题是引人入胜、惹人注目的课题,任给一个不定方程不一定有整数解. 在这里,我们仅对有整数解的一次不定方程及三元二次不定方程给出其矩阵解法.

一、一次不定方程整数解的矩阵求法

对于一次不定方程

$$a_1x_1+a_2x_2+\cdots+a_kx_k=d$$

($k\geqslant 2$,且 d,a_i 均为整数)的整数解的求解方法,常用的是辗转相除法、连分数法、参数法等,但都较烦琐. 如果我们引进矩阵,则可快速求解一次不定方程.

1. 基本矩阵法求特解

对于不定方程 $ax+by=1$(其中 a,b 为整数),$(a,b)=1$(即 a 与 b 互质),设有整数 p,q 满足 $pa+qb=1$,则 $x=p,y=q$ 显然是一组解,我们称其为特解.

由于 $[p\quad q]\cdot\begin{bmatrix}a&1&0\\b&0&1\end{bmatrix}=[pa+qb\quad p\quad q]$,因此,若将矩阵 $\begin{bmatrix}a&1&0\\b&0&1\end{bmatrix}$ 经过初等行变换到某一行为 $[1\quad p\quad q]$ 的形式,则 $x=p,y=q$ 就是原不定方程 $ax+by=1,(a,b)=1$ 的一组特解. 为了叙述方便,我们称矩阵

$$\boldsymbol{B}=\begin{bmatrix}a&1&0\\b&0&1\end{bmatrix}$$

为对应方程 $ax+by=1,(a,b)=1$ 的基本矩阵.

例5 求 $8x+13y=1$ 的特解.

解 由

$$\begin{bmatrix}8&1&0\\13&0&1\end{bmatrix}\xrightarrow{T_{12}(-2)}\begin{bmatrix}8&1&0\\-3&-2&1\end{bmatrix}$$

$$\xrightarrow[D_1(-1)]{T_{21}(3)}\begin{bmatrix}1&5&-3\\-3&-2&1\end{bmatrix}$$

(注:$D_1(-1)$ 是对第二次变换后的矩阵而言)或由

$$\begin{bmatrix}8&1&0\\13&0&1\end{bmatrix}\xrightarrow{T_{12}(-1)}\begin{bmatrix}8&1&0\\5&-1&1\end{bmatrix}$$

$$\xrightarrow{T_{21}(-2)}\begin{bmatrix}-2&3&-2\\5&-1&1\end{bmatrix}$$

$$\xrightarrow{T_{12}(2)}\begin{bmatrix}-2 & 3 & -2\\ 1 & 5 & -3\end{bmatrix}$$

从而可得一组特解 $x=5,y=-3$.

同样的,对应于方程 $ax+by=d(a,b,d\in\mathbf{Z}),(a,b)=1$ 的基本矩阵可取为

$$\begin{bmatrix}a & d & 0\\ b & 0 & d\end{bmatrix}$$

对于未知数更多的不定方程,上面的方法也可应用,可把它写成:

定理2 设 $a_1,a_2,\cdots,a_k\in\mathbf{Z},k\geqslant 2$,不定方程

$$a_1x_1+a_2x_2+\cdots+a_kx_k=d,(a_1,a_2,\cdots,a_k)=1 \tag{16.2.1}$$

取基本矩阵为

$$\boldsymbol{B}=\begin{bmatrix}a_1 & d & 0 & \cdots & 0\\ a_2 & 0 & d & \cdots & 0\\ \vdots & \vdots & \vdots & & \vdots\\ a_{k-1} & 0 & 0 & \cdots & d\\ a_k & 0 & 0 & \cdots & 0\end{bmatrix}$$

则可对 $\boldsymbol{B}$ 施行初等行变换,使得它的某一行变为

$$[1\quad u_1\quad u_2\quad \cdots\quad u_k]$$

的形状,且此时 $x_i=u_i(i=1,2,\cdots,k)$ 是原方程的一组特解(整数解).

证明 因为 $(a_1,a_2,\cdots,a_k)=1$,故有整数 $v_1,v_2,\cdots,v_k$ 使得

$$a_1v_1+a_2v_2+\cdots+a_kv_k=1$$

从而有

$$a_1v_1d+a_2v_2d+\cdots+a_kv_kd=d$$

因此,$x_i=v_id(i=1,2,\cdots,k)$是一组整数解.

又有

$$\begin{bmatrix} v_1 & v_2 & \cdots & v_k \end{bmatrix}\cdot\begin{bmatrix} a_1 & d & 0 & \cdots & 0 \\ a_2 & 0 & d & \cdots & 0 \\ \vdots & \vdots & \vdots & & \vdots \\ a_k & 0 & 0 & \cdots & 0 \end{bmatrix}$$

$$=\begin{bmatrix} 1 & v_1d & \cdots & v_kd \end{bmatrix}$$

由此知,必能将题设中形如 $\boldsymbol{B}$ 的基本矩阵的某一行变为$[1\quad u_1\quad u_2\quad\cdots\quad u_k]$的形状.这里 $u_i=v_id(i=1,2,\cdots,k)$,且 $x_i=u_i(i=1,2,\cdots,k)$是原方程的一组特解(整数解).

例6　求不定方程 $6x+10y-7z=4$ 的两组特解.

解　由题意,有

$$\begin{bmatrix} 6 & 4 & 0 & 0 \\ 10 & 0 & 4 & 0 \\ -7 & 0 & 0 & 4 \end{bmatrix}\xrightarrow[D_3(-1)]{T_{13}(1)}\begin{bmatrix} 6 & 4 & 0 & 0 \\ 10 & 0 & 4 & 0 \\ 1 & -4 & 0 & -4 \end{bmatrix}$$

(注:$D_3(-1)$是对第一次变换后的矩阵而言)

$$\xrightarrow{T_{31}(-5)}\begin{bmatrix} 1 & 24 & 0 & 20 \\ 10 & 0 & 4 & 0 \\ 1 & -4 & 0 & -4 \end{bmatrix}$$

由以上矩阵知,原不定方程的两组特解为$(x,y,z)=(24,0,20)$,$(x,y,z)=(-4,0,-4)$.

2. 增行矩阵法求特解

我们把前述基本矩阵法求特解的过程浓缩于一个矩阵,则有增行矩阵法. 且称矩阵

$$C=\begin{bmatrix} a_1 & 1 & 0 & \cdots & 0 \\ a_2 & 0 & 1 & \cdots & 0 \\ \vdots & \vdots & \vdots & & \vdots \\ a_k & 0 & 0 & \cdots & 1 \\ \vdots & \vdots & \vdots & & \vdots \\ r & b_1 & b_2 & \cdots & b_k \\ d & b_1\cdot\dfrac{d}{r} & b_2\cdot\dfrac{d}{r} & \cdots & b_k\cdot\dfrac{d}{r} \end{bmatrix}(\text{其中 } r\mid d)$$

为不定方程 $a_1x_1+a_2x_2+\cdots+a_kx_k=d(k\geqslant 2,d,a_i$ 均为整数),$(a_1,a_2,\cdots,a_k)=1$ 的求特解的增行矩阵. 且由矩阵 $\boldsymbol{C}$ 的最后一行得到的 $\left(b_1\cdot\dfrac{d}{r},b_2\cdot\dfrac{d}{r},\cdots,b_k\cdot\dfrac{d}{r}\right)$为其一组特解.

例 7 求不定方程 $85x+115y=75$ 的一组特解.

解 因$(85,115)=5,5\mid 75$,则原不定方程可化为

$$17x+23y=15$$

由

$$\begin{bmatrix} 17 & 1 & 0 \\ 23 & 0 & 1 \\ 6 & -1 & 1 \\ 18 & -3 & 3 \\ 1 & -4 & 3 \\ 15 & -60 & 45 \end{bmatrix}\begin{matrix} \\ \\ \leftarrow T_{12}(-1) \\ \leftarrow D_3(3) \\ \leftarrow T_{14}(-1) \\ \leftarrow D_5(15) \end{matrix}$$

此处

$$r=1,b_1=-4,b_2=3,d=15$$

故原方程的一组特解为

$$(x,y)=(-60,45)$$

3. 两列矩阵法求特解

我们也可把前述基本矩阵求特解的形式归结为对如下矩阵

$$\boldsymbol{D}=\begin{bmatrix} a_1 & dx_1 \\ a_2 & dx_2 \\ \vdots & \vdots \\ a_k & dx_k \end{bmatrix}$$

施行初等行变换,某一行变为

$$[1 \quad u_1x_1+u_2x_2+\cdots+u_kx_k]$$

后,一组整数$(u_1,u_2,\cdots,u_k)$即为不定方程$a_1x_1+a_2x_2+\cdots+a_kx_k=d,(a_1,a_2,\cdots,a_k)=1(k\geqslant 2,d,a_i$均为整数)的一组特解.

对于例 6,我们再解答如下:

由

$$\begin{bmatrix} 6 & 4x \\ 10 & 4y \\ -7 & 4z \end{bmatrix}\xrightarrow[D_3(1)]{T_{13}(1)}\begin{bmatrix} 6 & 4x \\ 10 & 4y \\ 1 & -4x-4z \end{bmatrix}$$

(注:$D_3(1)$是对第一次变换后的矩阵而言)

$$\xrightarrow{T_{31}(-5)}\begin{bmatrix} 1 & 24x+20z \\ 10 & 4y \\ 1 & -4x-4z \end{bmatrix}$$

得两组特解为$(x,y,z)=(-4,0,-4)$与$(24,0,20)$.

4. 一次不定方程的通解

前面我们介绍了不定方程(16.2.1)的特解的求法,下面我们讨论一般情况下(即去掉$(a_1,a_2,\cdots,a_k)=1$的条件)不定方程

$$a_1x_1+a_2x_2+\cdots+a_nx_n=d \qquad (16.2.2)$$

$(n\geqslant 2,a_1,a_2,\cdots,a_n,d$ 均为整数)的通解.

对于矩阵

$$\boldsymbol{B}_1=\begin{bmatrix} a_1 & 1 & 0 & \cdots & 0 \\ a_2 & 0 & 1 & \cdots & 0 \\ \vdots & \vdots & \vdots & & \vdots \\ a_{n-1} & 0 & 0 & \cdots & 1 \\ a_n & 0 & 0 & \cdots & 0 \end{bmatrix}$$

总可以施行初等行变换:以 $\boldsymbol{B}_1$ 的某一行元素乘以整数 k 加到另一行对应元素上,化为

$$\boldsymbol{B}_2=\begin{bmatrix} d_0 & a_{11} & a_{12} & \cdots & a_{1n} \\ 0 & a_{21} & a_{22} & \cdots & a_{2n} \\ \vdots & \vdots & \vdots & & \vdots \\ 0 & a_{n1} & a_{n2} & \cdots & a_{nn} \end{bmatrix}$$

其中

$$d_0=(a_1,a_2,\cdots,a_n)$$

且

$$a_{11}\cdot a_1+a_{12}\cdot a_2+\cdots+a_{1n}\cdot a_n=d_0$$
$$a_{i1}\cdot a_1+a_{i2}\cdot a_2+\cdots+a_{in}\cdot a_n=0$$

于是我们有下面的定理.

定理 3 设不定方程(16.2.2)的基本矩阵 $\boldsymbol{B}_1$ 化为 $\boldsymbol{B}_2$,则(16.2.2)有整数解的充要条件是 $d_0\mid d$,且当

$d_0 \mid d$(即(16.2.2)有整数解)时,(16.2.2)的全部整数解是

$$x_j = \frac{d}{d_0}a_{1j} + k_2 a_{2j} + \cdots + k_n a_{nj} \qquad (16.2.3)$$

其中 $j=1,2,\cdots,n,k_2,\cdots,k_n$ 是任意整数.

证明　我们先证明,若 $d_0 \mid d$,则对任意整数 $k_2,\cdots,k_n$,式(16.2.3)是不定方程(16.2.2)的整数解.

事实上,若 $d_0 \mid d$,且当 $k_2,\cdots,k_n$ 是整数时,公式(16.2.3)给出的 $x_j(j=1,2,\cdots,n)$ 都是整数. 将式(16.2.3)代入式(16.2.2),则有

$$\begin{aligned}
& a_1x_1 + a_2x_2 + \cdots + a_nx_n \\
&= a_1\left(\frac{d}{d_0}a_{11} + k_2a_{21} + \cdots + k_na_{n1}\right) + \\
&\quad a_2\left(\frac{d}{d_0}a_{12} + k_2a_{22} + \cdots + k_na_{n2}\right) + \cdots + \\
&\quad a_n\left(\frac{d}{d_0}a_{1n} + k_2a_{2n} + \cdots + k_na_{nn}\right) \\
&= \frac{d}{d_0}(a_1a_{11} + a_2a_{12} + \cdots + a_na_{1n}) + \\
&\quad k_2(a_1a_{21} + a_2a_{22} + \cdots + a_na_{2n}) + \cdots + \\
&\quad k_n(a_1a_{n1} + a_2a_{n2} + \cdots + a_na_{nn}) \\
&= \frac{d}{d_0} \cdot d_0 = d
\end{aligned}$$

这就证明了式(16.2.3)是不定方程(16.2.1)的整数解.

再来证明:若(16.2.2)有整数解,则 $d_0 \mid d$,且(16.2.2)的任一解可表示为式(16.2.3)的形式.

首先我们指出,若已知(16.2.2)的任一组整数解

$x_j'(j=1,2,\cdots,n)$,则存在整数 $l_1,l_2,\cdots,l_n$ 使

$$x_j'=l_1a_{1j}+l_2a_{2j}+\cdots+l_na_{nj}\quad(j=1,2,\cdots,n) \tag{16.2.4}$$

实际上,因诸 x_j'是已知整数,故(16.2.4)是以 $l_1,\cdots,l_n$ 为未知数的方程组,其系数行列式

$$D=\begin{vmatrix}a_{11}&a_{21}&\cdots&a_{n1}\\a_{12}&a_{22}&\cdots&a_{n2}\\\vdots&\vdots&&\vdots\\a_{1n}&a_{2n}&\cdots&a_{nn}\end{vmatrix}=\begin{vmatrix}a_{11}&a_{12}&\cdots&a_{1n}\\a_{21}&a_{22}&\cdots&a_{2n}\\\vdots&\vdots&&\vdots\\a_{n1}&a_{n2}&\cdots&a_{nn}\end{vmatrix}$$

$$=\begin{vmatrix}1&0&\cdots&0\\0&1&\cdots&0\\\vdots&\vdots&&\vdots\\0&0&\cdots&1\end{vmatrix}=1$$

故(16.2.4)的解存在,且据克莱姆公式知 $l_i=D_i(i=1,2,\cdots,n)$,因 D_i 的元素都是整数,故 l_i 均为整数.

因(16.2.4)是方程(16.2.2)的一组整数解,故将(16.2.4)代入(16.2.2)则有

$$\begin{aligned}d&=a_1x_1'+a_2x_2'+\cdots+a_nx_n'\\&=a_1(l_1a_{11}+l_2a_{21}+\cdots+l_na_{n1})+\\&\quad a_2(l_1a_{12}+l_2a_{22}+\cdots+l_na_{n2})+\cdots+\\&\quad a_n(l_1a_{1n}+l_2a_{2n}+\cdots+l_na_{nn})\\&=l_1(a_1a_{11}+a_2a_{12}+\cdots+a_na_{1n})+\\&\quad l_2(a_1a_{21}+\cdots+a_na_{2n})+\cdots+\\&\quad l_n(a_1a_{n1}+\cdots+a_na_{nn})\\&=l_1d_0\end{aligned}$$

故 $d_0 \mid d$,且 $l_1 = \frac{d}{d_0}$. 若再取 $k_j = l_j (j = 2, 3, \cdots, n)$,则可知(16.2.2)的任一整数解可表示为(16.2.4)的形式. 定理证毕.

例 8　求不定方程 $6x + 10y - 7z = 11$ 的通解.

解　由

$$\begin{bmatrix} 6 & 1 & 0 & 0 \\ 10 & 0 & 1 & 0 \\ -7 & 0 & 0 & 1 \end{bmatrix} \xrightarrow{T_{31}(1)} \begin{bmatrix} -1 & 1 & 0 & 1 \\ 10 & 0 & 1 & 0 \\ -7 & 0 & 0 & 1 \end{bmatrix}$$

$$\xrightarrow{D_1(-1)} \begin{bmatrix} 1 & -1 & 0 & -1 \\ 10 & 0 & 1 & 0 \\ -7 & 0 & 0 & 1 \end{bmatrix}$$

$$\xrightarrow[T_{12}(-10)]{T_{13}(7)} \begin{bmatrix} 1 & -1 & 0 & -1 \\ 0 & 10 & 1 & 10 \\ 0 & -7 & 0 & -6 \end{bmatrix}$$

故原不定方程有整数解,且其通解为

$$\begin{cases} x = -11 + 10k_2 - 7k_3 \\ y = k_2 \\ z = -11 + 10k_2 - 6k_3 \end{cases}$$

其中 k_2, k_3 为任意整数.

不定方程的通解也可以通过初等列变换来求.

定理 4　设 $(a_1, a_2, \cdots, a_n) = d$,则不定方程 $a_1x_1 + a_2x_2 + \cdots + a_nx_n = b$ 有整数解的充要条件是 $d \mid b$,且有解时,其通解为

$$[x_1 \quad x_2 \quad \cdots \quad x_n]^{\mathrm{T}} = \boldsymbol{A}\left[\frac{b}{d} \quad t_1 \quad \cdots \quad t_{n-1}\right]^{\mathrm{T}} \tag{16.2.5}$$

其中 $t_1,t_2,\cdots,t_{n-1}$ 为自由变量，矩阵 $\boldsymbol{A}$ 为定理 1 中的可逆方阵.

证明　由定理 1 知，存在 n 阶可逆方阵 $\boldsymbol{A}$，使得

$$[a_1 \quad a_2 \quad \cdots \quad a_n]\boldsymbol{A}=[d \quad 0 \quad \cdots \quad 0]$$

即 $[a_1 \quad a_2 \quad \cdots \quad a_n]=[d \quad 0 \quad \cdots \quad 0]\boldsymbol{A}^{-1}$，从而有

$$\begin{aligned}&a_1x_1+a_2x_2+\cdots+a_nx_n\\=&[a_1 \quad a_2 \quad \cdots \quad a_n][x_1 \quad x_2 \quad \cdots \quad x_n]^{\mathrm{T}}\\=&[d \quad 0 \quad \cdots \quad 0]\boldsymbol{A}^{-1}[x_1 \quad x_2 \quad \cdots \quad x_n]^{\mathrm{T}}\end{aligned}$$

令 $\boldsymbol{A}^{-1}[x_1 \quad x_2 \quad \cdots \quad x_n]^{\mathrm{T}}=[t_0 \quad t_1 \quad \cdots \quad t_{n-1}]^{\mathrm{T}}$，代入上式得 $[d \quad 0 \quad \cdots \quad 0][t_0 \quad t_1 \quad \cdots \quad t_{n-1}]^{\mathrm{T}}=dt_0=b$. 显然，当且仅当 $d\mid b$ 时，方程式 $dt_0=b$ 有整数解：$t_0=\dfrac{b}{d}$⇔原不定方程有整数解

$$\begin{aligned}[x_1 \quad x_2 \quad \cdots \quad x_n]^{\mathrm{T}}&=\boldsymbol{A}^{-1}[t_0 \quad t_1 \quad \cdots \quad t_{n-1}]^{\mathrm{T}}\\&=\boldsymbol{A}^{-1}\left[\frac{b}{d} \quad t_1 \quad \cdots \quad t_{n-1}\right]^{\mathrm{T}}\end{aligned}$$

其中，$t_1,t_2,\cdots,t_{n-1}$ 为自由变量. 证毕.

例 9　求不定方程 $125x+630y+1\ 116z=6$ 的整数解.

解　由例 2 知，$d=1$，并且

$$\boldsymbol{A}=\begin{bmatrix}-19 & 90 & 126\\2 & -9 & -25\\1 & -5 & 0\end{bmatrix}$$

从而由定理 4 知，原不定方程的整数解为

$$\begin{bmatrix}x\\y\\z\end{bmatrix}=\begin{bmatrix}-19 & 90 & 126\\2 & -9 & -25\\1 & -5 & 0\end{bmatrix}\begin{bmatrix}6\\t_1\\t_2\end{bmatrix}=\begin{bmatrix}-114+90t_1+126t_2\\12-9t_1-25t_2\\6-5t_1\end{bmatrix}$$

二、矩阵法生成勾股数

我们称满足三元二次不定方程

$$x^2+y^2=z^2 \tag{16.2.6}$$

的正整数解为勾股数.

下面将介绍,满足不定方程(16.2.6)的正整数有无穷多组,且都可由矩阵法生成(此方法由 Hall 建立(1970年),而由 Boberts 描述(1977年)),还可均由原始勾股数(3,4,5)乘以一个(或一系列)矩阵后得到.

1. 三个特殊的矩阵

定理5　设 $\boldsymbol{B}=[a\quad b\quad c]$ 的元素是一组勾股数,即满足 $a^2+b^2=c^2$,对于矩阵

$$\boldsymbol{U}=\begin{bmatrix}1 & 2 & 2\\ -2 & -1 & -2\\ 2 & 2 & 3\end{bmatrix}$$

$$\boldsymbol{A}=\begin{bmatrix}1 & 2 & 2\\ 2 & 1 & 2\\ 2 & 2 & 3\end{bmatrix}$$

$$\boldsymbol{D}=\begin{bmatrix}-1 & -2 & -2\\ 2 & 1 & 2\\ 2 & 2 & 3\end{bmatrix}$$

则 $\boldsymbol{B}\cdot\boldsymbol{U},\boldsymbol{B}\cdot\boldsymbol{A},\boldsymbol{B}\cdot\boldsymbol{D}$ 也分别给出一组勾股数.

证明　仅证 $\boldsymbol{B}\cdot\boldsymbol{U}$ 是勾股数,余下类同.

事实上

$$[a\quad b\quad c]\cdot\begin{bmatrix}1 & 2 & 2\\ -2 & -1 & -2\\ 2 & 2 & 3\end{bmatrix}$$

$$= [a-2b+2c \quad 2a-b+2c \quad 2a-2b+3c]$$
$$= [a' \quad b' \quad c']$$

因

$$\begin{aligned} a'^2+b'^2 &= 5a^2+5b^2+8c^2-8ab+12ac-12bc \\ &= 4a^2+4b^2+(a^2+b^2+8c^2)-8ab+12ac-12bc \\ &= 4a^2+4b^2+9c^2-8ab+12ac-12bc \\ &= c'^2 \end{aligned}$$

故 a',b',c'是一组勾股数. 证毕.

例如,$\boldsymbol{B}=[5 \quad 12 \quad 13]$的元素是一组勾股数,则 $\boldsymbol{B}\cdot\boldsymbol{U}=[7 \quad 24 \quad 25]$,$\boldsymbol{B}\cdot\boldsymbol{A}=[55 \quad 48 \quad 73]$,$\boldsymbol{B}\cdot\boldsymbol{D}=[45 \quad 28 \quad 53]$的元素均为勾股数.

矩阵 $\boldsymbol{U},\boldsymbol{A},\boldsymbol{D}$ 是三个特殊的矩阵,给出一组勾股数,由这三个矩阵立即生成三组勾股数,对生成的三组勾股数继续施行上述三个运算,又可得到 9 组勾股数,而对这 9 组勾股数再继续施行上述三个运算,可进一步得到 27 组勾股数,显然这样的运算可无限地继续下去,从而生成无限组勾股数.

2. 三个特殊矩阵的来龙去脉

下面介绍特殊矩阵 $\boldsymbol{U},\boldsymbol{A},\boldsymbol{D}$ 的导出过程:

引理 1 对于自然数 x,y,z,令 $x+y=a,z+x=b,y+z=c$,则 x,y,z 是不定方程(16.2.6)的解的充分必要条件是 a,b,c 满足等式

$$(a+b+c)^2=8bc \tag{16.2.7}$$

证明 若条件(16.2.7)成立,我们首先从 $x+y=a,z+x=b,y+z=c$ 中解出 x,y,z,有

$$x=\frac{1}{2}(a+b-c)$$

$$y=\frac{1}{2}(a-b+c)$$

$$z=\frac{1}{2}(-a+b+c)$$

于是

$$x^2+y^2=\frac{1}{4}(2a^2+2b^2+2c^2-4bc)$$

$$z^2=\frac{1}{4}(a^2+b^2+c^2-2ab-2ac+2bc)$$

上述两式相减,有

$$\begin{aligned}&x^2+y^2-z^2\\=&\frac{1}{4}(a^2+b^2+c^2+2ab+2ac-6bc)\\=&\frac{1}{4}[(a+b+c)^2-8bc]=0\end{aligned}\qquad(16.2.8)$$

故

$$x^2+y^2=z^2$$

反之,如果 $x^2+y^2=z^2$,则从式(16.2.8)立得式(16.2.7),证毕.

由如上引理1,取数 a_1,使 $a_1+b+c=-(a+b+c)$,则由 $(a_1+b+c)^2=(a+b+c)^2=8bc$,当 $x_1+y_1=a_1$,$z_1+x_1=b$,$z_1+y_1=c$ 时,就有 $x_1^2+y_1^2=z_1^2$.

由此可建立 x_1,y_1,z_1 与 x,y,z 间的关系

$$\begin{aligned}x_1&=\frac{1}{2}(a_1+b-c)=\frac{1}{2}(a_1+b+c)-c\\&=-\frac{1}{2}(a+b+c)-c=-(x+y+z)-y-z\\&=-x-2y-2z\end{aligned}$$

同理有 $y_1=-2x-y-2z, z_1=2x+2y+3z$. 这样，我们有下面的定理.

定理 6 若 $x^2+y^2=z^2$，而

$$\begin{cases}x_1=-x-2y-2z\\y_1=-2x-y-2z\\z_1=2x+2y+3z\end{cases}$$

则必有

$$x_1^2+y_1^2=z_1^2$$

当 x,y,z 是一组勾股数时，由于 x_1,y_1 是负的，此时 x_1,y_1,z_1 虽满足 $x_1^2+y_1^2=z_1^2$，但不是勾股数. 但若令 $x_2=x_1,y_2=-y_1,z_2=-z_1$，则 x_2,y_2,z_2 就是一组勾股数. 因此，我们有下面的推论.

推论 1 若 x,y,z 是一组勾股数，当

$$\begin{cases}x_2=x+2y+2z\\y_2=2x+y+2z\\z_2=2x+2y+3z\end{cases}$$

则 x_2,y_2,z_2 也是一组勾股数.

我们注意到：若 x,y,z 是一组勾股数，那么，不仅有 $x^2+y^2=z^2$，而且有

$$(-x)^2+y^2=z^2 \text{ 及 } x^2+(-y)^2=z^2$$

并且由于 $z-x>0,z-y>0$，所以又有

$$\begin{cases}-x+2y+2z=(z-x)+2y+z>0\\-2x+y+2z=2(z-x)+y>0\\-2x+2y+3z=2(z-x)+2y+z>0\end{cases}$$

$$\begin{cases}x-2y+2z=x+(z-y)>0\\2x-y+2z=2x+(z-y)+z>0\\2x-2y+3z=2x+2(z-y)+z>0\end{cases}$$

因此有下面的推论.

推论 2　若 x,y,z 是一组勾股数,当

$$\begin{cases}x_3 = -x+2y+2z\\ y_3 = -2x+y+2z\\ z_3 = -2x+2y+3z\end{cases}$$

则 x_3,y_3,z_3 也是一组勾股数.

推论 3　若 x,y,z 是一组勾股数,当

$$\begin{cases}x_4 = x-2y+2z\\ y_4 = 2x-y+2z\\ z_4 = 2x-2y+3z\end{cases}$$

则 x_4,y_4,z_4 也是一组勾股数.

把推论 1,2,3 写成矩阵形式,便有

$$[x_2 \quad y_2 \quad z_2] = [x \quad y \quad z]\cdot\begin{bmatrix}1 & 2 & 2\\ 2 & 1 & 2\\ 2 & 2 & 3\end{bmatrix} \tag{16.2.9}$$

$$[x_3 \quad y_3 \quad z_3] = [x \quad y \quad z]\cdot\begin{bmatrix}-1 & -2 & -2\\ 2 & 1 & 2\\ 2 & 2 & 3\end{bmatrix} \tag{16.2.10}$$

$$[x_4 \quad y_4 \quad z_4] = [x \quad y \quad z]\cdot\begin{bmatrix}1 & 2 & 2\\ -2 & -1 & -2\\ 2 & 2 & 3\end{bmatrix} \tag{16.2.11}$$

可见,上述等式中三个矩阵就是前面介绍的三个特殊矩阵 $\boldsymbol{A},\boldsymbol{D},\boldsymbol{U}$.

由矩阵的转置运算:$(\boldsymbol{B}\cdot\boldsymbol{C})^{\mathrm{T}} = \boldsymbol{C}^{\mathrm{T}}\cdot\boldsymbol{B}^{\mathrm{T}}$,对等式

(16.2.9)(16.2.10)(16.2.11)两边取转置可有下面的推论.

推论4 若 x,y,z 是一组勾股数,则

$$\boldsymbol{A}^{\mathrm{T}}\cdot\begin{bmatrix}x\\y\\z\end{bmatrix},\boldsymbol{D}^{\mathrm{T}}\cdot\begin{bmatrix}x\\y\\z\end{bmatrix},\boldsymbol{U}^{\mathrm{T}}\cdot\begin{bmatrix}x\\y\\z\end{bmatrix}$$

的元素也均为一组勾股数.

利用矩阵的乘法,我们还有下面的推论.

推论5 若 x,y,z 是一组勾股数,则 $[x\quad y\quad z]\cdot\boldsymbol{A}^n,[x\quad y\quad z]\cdot\boldsymbol{D}^n,[x\quad y\quad z]\cdot\boldsymbol{U}^n$ 的元素也均为一组勾股数.

例如

$$[3\quad 4\quad 5]\cdot\begin{bmatrix}1&2&2\\2&1&2\\2&2&3\end{bmatrix}^2$$

$$=[3\quad 4\quad 5]\cdot\begin{bmatrix}9&8&12\\8&9&12\\12&12&17\end{bmatrix}$$

$$=[119\quad 120\quad 169]$$

$$[3\quad 4\quad 5]\cdot\begin{bmatrix}-1&-2&-2\\2&1&2\\2&2&3\end{bmatrix}^2$$

$$=[3\quad 4\quad 5]\cdot\begin{bmatrix}-7&-4&-8\\4&1&4\\8&4&9\end{bmatrix}$$

$$=[35\quad 12\quad 37]$$

$$[3\quad 4\quad 5]\cdot\begin{bmatrix}1&2&2\\-2&-1&-2\\2&2&3\end{bmatrix}^2$$

$$=[3\quad 4\quad 5]\cdot\begin{bmatrix}1&4&4\\-4&-7&-8\\4&8&9\end{bmatrix}$$

$$=[7\quad 24\quad 25]$$

均得一组勾股数. 又由矩阵的求逆运算:若 $\boldsymbol{B},\boldsymbol{C}$ 及 $\boldsymbol{B}\cdot\boldsymbol{C}$均可逆,则$(\boldsymbol{B}\cdot\boldsymbol{C})^{-1}=\boldsymbol{C}^{-1}\cdot\boldsymbol{B}^{-1}$. 由此也可讨论勾股数的生成.

3. 任何一组勾股数均可由矩阵法从 3,4,5 出发生成

为讨论问题的方便,我们先介绍一个概念及几条引理.

定义 1　若正整数 a,b,c 满足 $a^2+b^2=c^2$,且$(a,b,c)=1$(即 a,b,c 两两互质),则称 a,b,c 为一组原始勾股数.

引理 2　若原始勾股数 a,b,c 中的 a 是奇数,则:

(1)一定可以表示成 $a=m^2-n^2$, $b=2mn$, $c=m^2+n^2$,其中 $m>n$,且为两互质的正整数;

(2)上述的 m,n 是唯一的.

略证　由题设 a 为奇数,则可推之 b 为偶数.(否则,a,b 都为奇数,那么 $a^2=4k+1$, $b^2=4l+1$,有 $a^2+b^2=4(k+l)+2$,但 $c^2=4h$ 或 $4h+1$ 产生矛盾)于是由 $a^2=c^2-b^2=(c+b)(c-b)$得知 $c+b$, $c-b$ 都是奇数的平方. 设 $c+b=u^2$, $c-b=v^2$,显然 $u>v$,再把 u,v 写成 $u=m+n$, $v=m-n$,这是可能的,因取 $m=\frac{1}{2}(u+$

$v)$，$n=\frac{1}{2}(u-v)$ 即可. 此时，显然 $m>n>0$，于是 $c+b=(m+n)^2$，$c-b=(m-n)^2$，故 $c=m^2+n^2$，$b=2mn$，$a=m^2-n^2$. 由此即证.

引理 3 设 $\boldsymbol{B}_1=[a\quad b\quad c]$ 的元素是不定方程 $x^2+y^2=z^2$ 的一组互质的整数解，则 $\boldsymbol{B}_1\cdot\boldsymbol{A}^{-1}$，$\boldsymbol{B}_1\cdot\boldsymbol{D}^{-1}$，$\boldsymbol{B}_1\cdot\boldsymbol{U}^{-1}$ 的元素均为不定方程 $x^2+y^2=z^2$ 的一组互质的整数解.

证明 容易求得

$$\boldsymbol{A}^{-1}=\begin{bmatrix}1 & 2 & -2\\ 2 & 1 & -2\\ -2 & -2 & 3\end{bmatrix}$$

$$\boldsymbol{D}^{-1}=\begin{bmatrix}-1 & 2 & -2\\ -2 & 1 & -2\\ 2 & -2 & 3\end{bmatrix}$$

$$\boldsymbol{U}^{-1}=\begin{bmatrix}1 & -2 & -2\\ 2 & -1 & -2\\ -2 & 2 & 3\end{bmatrix}$$

下面仅证 $\boldsymbol{B}_1\cdot\boldsymbol{U}^{-1}=[x'\quad y'\quad z']$ 的元素为一组原始勾股数，余下的请读者自证.

由

$$[a\quad b\quad c]\cdot\begin{bmatrix}1 & -2 & -2\\ 2 & -1 & -2\\ -2 & 2 & 3\end{bmatrix}$$

$$=[a+2b-2c\quad -2a-b+2c\quad -2a-2b+3c]$$

有

$$x'^2+y'^2=a^2+4b^2+4c^2+4ab-4ac-8bc+$$

$$4a^2+b^2+4c^2+4ab-4bc-8ac$$
$$=4a^2+4b^2+(a^2+b^2)+8c^2+8ab-12ac-12bc$$
$$=4a^2+4b^2+9c^2+8ab-12ac-12bc=z'^2$$

又可解得 $a=x'-2y'+2z'$，$b=2x'-y'+2z'$，$c=2x'-2y'+3z'$，则由 $(a,b,c)=1$ 有 $(x',y',z')=1$，即证.

引理 4　设 $\boldsymbol{B}_2=[m^2-n^2\quad 2mn\quad m^2+n^2]$，则 $\boldsymbol{B}_2\cdot\boldsymbol{A}^{-1}$，$\boldsymbol{B}_2\cdot\boldsymbol{D}^{-1}$，$\boldsymbol{B}_2\cdot\boldsymbol{U}^{-1}$ 的元素是不定方程 $x^2+y^2=z^2$ 的整数解.

略证　由

$$\boldsymbol{B}_2\cdot\boldsymbol{A}^{-1}$$
$$=[n^2-(m-2n)^2\quad 2n(m-2n)\quad n^2+(m-2n)^2]$$
$$\boldsymbol{B}_2\cdot\boldsymbol{D}^{-1}$$
$$=[(m-2n)^2-n^2\quad 2(m-2n)n\quad (m-2n)^2+n^2]$$
$$\boldsymbol{B}_2\cdot\boldsymbol{U}^{-1}$$
$$=[n^2-(2n-m)^2\quad 2n(2n-m)\quad n^2+(2n-m)^2]$$

再分别类似于引理 3 中的配方法即证.

引理 5　若 $\boldsymbol{B}=[a\quad b\quad c]$ 的元素是一组原始勾股数，a 是奇数，则在 $\boldsymbol{B}\cdot\boldsymbol{A}^{-1}$，$\boldsymbol{B}\cdot\boldsymbol{D}^{-1}$，$\boldsymbol{B}\cdot\boldsymbol{U}^{-1}$ 中有且仅有一组原始勾股数 a_1,b_1,c_1，使 a_1 是奇数，且 $a_1<a$，$b_1<b$，$c_1<c$.

证明　由引理 2，存在唯一的一对互质的正整数 $m>n$，使

$$[a\quad b\quad c]=[m^2-n^2\quad 2mn\quad m^2+n^2]$$

因 a,b,c 是确定的，则 m,n 的大小关系也是确定的，必为 $n<m<2n$，$2n<m<3n$，$m>3n$ 之一.

当 $n<m<2n$ 时，则 $0<2n-m<n$，由引理 4，$\boldsymbol{BU}^{-1}$是唯一的一组勾股数；

当 $2n<m<3n$ 时，则 $0<m-2n<n$，由引理 4，$\boldsymbol{BA}^{-1}$是唯一的一组勾股数；

当 $m>3n$ 时，则 $0<n<m-2n$，由引理 4，$\boldsymbol{BD}^{-1}$是唯一的一组勾股数.

故不管 m 和 n 的大小关系属何种类型，在 $\boldsymbol{BA}^{-1}$，$\boldsymbol{BD}^{-1}$，$\boldsymbol{BU}^{-1}$中有唯一的一组勾股数 a_1,b_1,c_1. 又 a,b,c 是原始勾股数，由引理 3 知，a_1,b_1,c_1 也是原始勾股数. 而由引理 4 证明中的表达式，显然有 $a_1<a,b_1<b$，$c_1<c$，且 a_1 是奇数.

定理 7 除$[3\quad 4\quad 5]$外的每组原始勾股数 $\boldsymbol{B}=[a\quad b\quad c]$，这里 a 是奇数，都可以从 3，4，5 出发，通过$[3\quad 4\quad 5]$与 $\boldsymbol{A},\boldsymbol{D},\boldsymbol{U}$ 之一连续相乘而生成.

证明 由引理 2，可唯一地表示为

$$\boldsymbol{B}=[a\quad b\quad c]=[m^2-n^2\quad 2mn\quad m^2+n^2]$$

根据 m,n 的大小关系选择

$$\boldsymbol{P}_1=\begin{cases}\boldsymbol{A}^{-1}，当 2n<m<3n 时\\ \boldsymbol{D}^{-1}，当 m>3n 时\\ \boldsymbol{U}^{-1}，当 n<m<2n 时\end{cases}$$

由引理 5 知 $\boldsymbol{B}_1=\boldsymbol{B}\cdot\boldsymbol{P}_1=[a_1\quad b_1\quad c_1]=[m_1^2-n_1^2\quad 2m_1n_1\quad m_1^2+n_1^2]$的元素是一组原始勾股数.

又根据 m_1,n_1 的大小关系选择

$$\boldsymbol{P}_2=\begin{cases}\boldsymbol{A}^{-1}，当 2n_1<m_1<3n_1 时\\ \boldsymbol{D}^{-1}，当 m_1>3n_1 时\\ \boldsymbol{U}^{-1}，当 n_1<m_1<2n_1 时\end{cases}$$

由引理 5 知

$$\boldsymbol{B}_2 = \boldsymbol{B}_1 \cdot \boldsymbol{P}_1 = [a_2 \quad b_2 \quad c_2]$$
$$= [m_2^2 - n_2^2 \quad 2m_2 n_2 \quad m_2^2 + n_2^2]$$

的元素是一组原始勾股数. 如此继续,得到一系列原始勾股数:$[a_1 \quad b_1 \quad c_1]$,$[a_2 \quad b_2 \quad c_2]$,…,$[a_n \quad b_n \quad c_n]$,有着 $a_n < \cdots < a_2 < a_1 < a$,$b_n < \cdots < b_2 < b_1 < b$,$c_n < \cdots < c_2 < c_1 < c$. 最后一组必是$[3 \quad 4 \quad 5]$. 亦即

$$\boldsymbol{B} \cdot \boldsymbol{P}_1 \cdot \boldsymbol{P}_2 \cdot \cdots \cdot \boldsymbol{P}_n = [3 \quad 4 \quad 5]$$

故

$$[3 \quad 4 \quad 5] \cdot \boldsymbol{P}_n^{-1} \cdot \cdots \cdot \boldsymbol{P}_2^{-1} \cdot \boldsymbol{P}_1^{-1} = \boldsymbol{B} = [a \quad b \quad c]$$

而其中 $\boldsymbol{P}_n^{-1}$,…,$\boldsymbol{P}_2^{-1}$,$\boldsymbol{P}_1^{-1}$ 各是 $\boldsymbol{U}$,$\boldsymbol{A}$,$\boldsymbol{D}$ 之一. 故证得 $\boldsymbol{B} = [a \quad b \quad c]$可由 3,4,5 出发,通过$[3 \quad 4 \quad 5]$与 $\boldsymbol{A}$,$\boldsymbol{D}$,$\boldsymbol{U}$ 之一连续相乘而生成.

例如,易知 $115 = 14^2 - 9^2$,$14 < 2 \times 9$,取 $\boldsymbol{P}_1 = \boldsymbol{U}^{-1}$,$[115 \quad 252 \quad 277] \cdot \boldsymbol{U}^{-1} = [65 \quad 72 \quad 97]$;易知 $65 = 9^2 - 4^2$,$2 \times 4 < 9 < 3 \times 4$,取 $\boldsymbol{P}_2 = \boldsymbol{A}^{-1}$,$[65 \quad 72 \quad 97] \cdot \boldsymbol{A}^{-1} = [15 \quad 8 \quad 17]$;又由 $15 = 4^2 - 1^2$,$4 > 3 \times 1$,取 $\boldsymbol{P}_3 = \boldsymbol{D}^{-1}$,$[15 \quad 8 \quad 17] \cdot \boldsymbol{D}^{-1} = [3 \quad 4 \quad 5]$. 故 $[3 \quad 4 \quad 5] \cdot \boldsymbol{DAU} = [115 \quad 252 \quad 272]$.

至此,我们已看到:三个特殊矩阵 $\boldsymbol{A}$,$\boldsymbol{D}$,$\boldsymbol{U}$ 的奇妙作用,给出一组原始勾股数,哪怕是$[3 \quad 4 \quad 5]$也好,与 $\boldsymbol{A}$,$\boldsymbol{D}$,$\boldsymbol{U}$ 之一乘也好、自乘也好、连乘也好,均生成一组原始勾股数.

如果我们从$[3k \quad 4k \quad 5k]$(k 是不等于 1 的整数)出发,通过连续乘 $\boldsymbol{U}$,$\boldsymbol{A}$,$\boldsymbol{D}$ 或其一,则能产生满足不定方程 $x^2 + y^2 = z^2$ 的整数解,适当地调整数的正负,则可

求出满足 $x^2+y^2=z^2$ 的任一组整数解了.

16.3　线性同余式组

这里提供的线性同余式组的矩阵解法，具有方便、简洁、可靠等特点.（下面的字母均表示整数）

引理 6　设 $(a_i,m_i)=1$（即 a_i 与 m_i 互质，下同），$(m_i,m_j)=1(i\neq j)$，$i,j=1,2,\cdots,k$，记 $M=m_1m_2\cdot\cdots\cdot m_k$，$M_i=\frac{M}{m_i}(i=1,2,\cdots,k)$，则

$$(a_1M_1,a_2M_2,\cdots,a_kM_k,M)=1$$

证明　用数学归纳法.

当 $k=2$ 时，$M=m_1m_2$，$M_1=m_2$，$M_2=m$，此时有 $(a_1m_2,a_2m_1,m_1m_2)=(a_1m_2,(a_2m_1,m_1m_2))=(a_1m_2,m_1(a_2,m_2))=(a_1m_2,m_1)=1$，结论成立.

假设当 $k=l(l\geqslant 2)$ 时结论成立. 当 $k=l+1$ 时，$M=m_1m_2\cdot\cdots\cdot m_{l+1}$，$M_i=\frac{M}{m_i}(i=1,2,\cdots,l+1)$，并记 $\overline{M}=\frac{M}{m_{l+1}}$，$\overline{M}_i=\frac{M_i}{m_{l+1}}(i=1,2,\cdots,l)$. 注意由归纳假设有 $(a_1\overline{M}_1,\cdots,a_l\overline{M}_l,\overline{M})=1$，故

$$\begin{aligned}&(a_1M_1,a_2M_2,\cdots,a_lM_l,a_{l+1}M_{l+1},M)\\=&((a_1M_1,a_2M_2,\cdots,a_lM_l,M),a_{l+1}M_{l+1})\\=&(m_{l+1}(a_1\overline{M}_1,a_2\overline{M}_2,\cdots,a_l\overline{M}_l,\overline{M}),a_{l+1}M_{l+1})\\=&(a_{l+1},a_{l+1}M_{l+1})=1\end{aligned}$$

此说明 $k \geqslant 2$ 时结论均成立. 证毕.

定理8　设有线性同余组

$$\begin{cases} a_1 x \equiv b_1 \pmod{m_1} \\ a_2 x \equiv b_2 \pmod{m_2} \\ \quad\vdots \\ a_k x \equiv b_k \pmod{m_k} \end{cases} \tag{16.3.1}$$

其中 $(a_i, m_i) = 1, (m_i, m_j) = 1 (i \neq j, i, j = 1, 2, \cdots, k$, 记 $M = m_1 m_2 \cdot \cdots \cdot m_k, M_i = \dfrac{M}{m_i} (i = 1, 2, \cdots, k)$, 则可对矩阵

$$\begin{bmatrix} a_1 M_1 & b_1 M_1 \\ a_2 M_2 & b_2 M_2 \\ \vdots & \vdots \\ a_k M_k & b_k M_k \\ M & 0 \end{bmatrix}$$

施行初等行变换, 使其某一行变为 $[1 \quad x_0]$ 的形式, 且此时(16.3.1)的解为

$$x \equiv x_0 \pmod{M}$$

特别的, 如果有 $(a_1 M_1, a_2 M_2, \cdots, a_k M_k) = 1$, 则上述矩阵可以变换为下列矩阵

$$\begin{bmatrix} a_1 M_1 & b_1 M_1 \\ a_2 M_2 & b_2 M_2 \\ \vdots & \vdots \\ a_k M_k & b_k M_k \end{bmatrix}$$

证明　由引理知 $(a_1 M_1, a_2 M_2, \cdots, a_k M_k, M) = 1$, 故有整数 $t_1, t_2, \cdots, t_k, t_{k+1}$ 使得

$$t_1a_1M_1+t_2a_2M_2+\cdots+t_ka_kM_k+t_{k+1}M=1 \tag{16.3.2}$$

令 $x_0=t_1b_1M_1+t_2b_2M_2+\cdots+t_kb_kM_k$，对任一 $i(1\leqslant i\leqslant k)$，有

$$\begin{aligned} a_ix_0 &= \sum_{j=1}^{k} a_it_jM_j=b_it_iM_i+\sum_{\substack{j=1\\ j\neq i}}^{k} a_it_jb_jM_j \\ &\equiv b_i\Big(1-\sum_{\substack{j=1\\ j\neq i}}^{k} t_ja_jM_j\Big)+\sum_{\substack{j=1\\ j\neq i}}^{k} a_jt_jb_jM_j \pmod M \end{aligned}$$

又因为当 $i\neq j$ 时，有 $m_i\mid M_j$，则

$$m_i\ \Big|\ \sum_{\substack{j=1\\ j\neq i}}^{k} t_ja_jM_j,\ m_i\ \Big|\ \sum_{\substack{j=1\\ j\neq i}}^{k} a_jt_jb_jM_j$$

故

$$a_ix_0\equiv b_i \pmod{m_i}\quad (i=1,2,\cdots,k)$$

由此便知 $x\equiv x_0 \pmod M$ 便是(16.3.1)的解.

特别的，当 $(a_1M_1,a_2M_2,\cdots,a_kM_k)=1$ 时，在式(16.3.2)中取 $t_{k+1}=0$ 即可. 定理证毕.

例 10 解线性同余式组

$$\begin{cases} x\equiv 2 \pmod 3 \\ x\equiv 3 \pmod 5 \\ x\equiv 2 \pmod 7 \end{cases}$$

解 由题设 $a_1M_1=\dfrac{105}{3}=35$，$a_2M_2=\dfrac{105}{5}=21$，$a_3M_3=\dfrac{105}{7}=15$，$b_1M_1=70$，$b_2M_2=63$，$b_3M_3=30$，$M=105$，且 $(a_1M_1,a_2M_2,a_3M_3)=1$.

由

$$\begin{bmatrix}35 & 70\\21 & 63\\15 & 30\end{bmatrix}\xrightarrow[T_{21}(-1)]{D_2(3)}\begin{bmatrix}5 & 10\\21 & 63\\15 & 30\end{bmatrix}\xrightarrow[T_{12}(-1)]{D_1(4)}\begin{bmatrix}5 & 10\\1 & 23\\15 & 30\end{bmatrix}$$

其中 $D_i(k)$ 表示用数 $k(k\neq 0)$ 乘第 i 行，$T_{ij}(k)$ 表示把第 i 行乘数 k 后加到第 j 行上去(以下同)，故 $x\equiv 23 \pmod{105}$ 是所求同余式组的解.

例 11 解线性同余式组

$$\begin{cases}2x\equiv 1 \pmod 5\\4x\equiv 2 \pmod 7\\6x\equiv 4 \pmod{13}\end{cases}$$

解 由题设 $a_1M_1=182, a_2M_2=260, a_3M_3=210, b_1M_1=91, b_2M_2=130, b_3M_3=140, M=455$，且 $(a_1M_1, a_2M_2, a_3M_3)\neq 1$，故由

$$\begin{bmatrix}182 & 91\\260 & 130\\210 & 140\\455 & 0\end{bmatrix}\xrightarrow{T_{32}(-1)}\begin{bmatrix}182 & 91\\50 & -10\\210 & 140\\455 & 0\end{bmatrix}$$

$$\xrightarrow[T_{42}(-1)]{D_2(9)}\begin{bmatrix}182 & 91\\-5 & -90\\210 & 140\\455 & 0\end{bmatrix}$$

$$\xrightarrow{D_2\left(-\frac{1}{5}\right)}\begin{bmatrix}182 & 91\\1 & 18\\210 & 140\\455 & 0\end{bmatrix}$$

故 $x\equiv 18 \pmod{455}$ 是所求同余式组的解.

练习题

求解下列一次不定方程的一组特解:

1. $73x+85y=7$.

2. $71x-50y=1$.

求解下列一次不定方程的通解:

3. $x+2y+3z=18$.

4. $6x+20y-15z=23$.

解下列同余方程组:

5. $\begin{cases}2x\equiv 1(\bmod 5)\\3x\equiv 2(\bmod 7)\\4x\equiv 3(\bmod 11)\end{cases}$.

6. $\begin{cases}2x\equiv 2(\bmod 3)\\4x\equiv 3(\bmod 5)\\6x\equiv 2(\bmod 7)\end{cases}$.

第17章 多项式问题

多项式理论是代数学的一个重要组成部分,多项式是代数学中最基本的对象之一,它不但与高次方程的讨论有关,而且在进一步学习代数以及其他数学分支时也都会碰到. 多项式,我们在初中就开始学习了. 在讨论多项式问题中,引进矩阵,我们可以进一步加深理解和系统掌握多项式问题的有关结论.

17.1 多项式的行列式表示

对于任一 n 次实(或复)系数多项式均可用一个 $n+1$ 阶行列式表示. 我们有如下定理.

定理 1 对于任意一个 n 次实(或复)系数多项式 $f(x)=a_nx^n+a_{n-1}x^{n-1}+\cdots+a_1x+a_0$,均可表示为 $n+1$阶行列式

$$D_{n+1}=\begin{vmatrix} a_n & -1 & 0 & \cdots & 0 & 0 \\ a_{n-1} & x & -1 & \cdots & 0 & 0 \\ \vdots & \vdots & \vdots & & \vdots & \vdots \\ a_1 & 0 & 0 & \cdots & x & -1 \\ a_0 & 0 & 0 & \cdots & 0 & x \end{vmatrix}$$

(17.1.1)

证明 从 D_{n+1} 的第一行起,将前一行乘以 x 后,再加到后一行,则行列式的值不变,因而有如下形式的行列式

$$\begin{vmatrix} a_n & -1 & 0 & \cdots & 0 & 0 \\ a_nx+a_{n-1} & 0 & -1 & \cdots & 0 & 0 \\ \vdots & \vdots & \vdots & & \vdots & \vdots \\ a_nx^{n-1}+a_{n-1}x^{n-2}+\cdots+a_1 & 0 & 0 & \cdots & 0 & -1 \\ a_nx^n+a_{n-1}x^{n-1}+\cdots+a_1x+a_0 & 0 & 0 & \cdots & 0 & 0 \end{vmatrix}$$

$$=(-1)^{(n+1)+1}\cdot f(x)\cdot(-1)^n$$

$$=f(x)$$

运用上述定理 1,我们可进行多项式乘法.

例 1 计算 $f(x)=2x^4+3x^3-2x+1$ 与 $g(x)=3x^4-x^2-2x$ 的乘积.

解 由

$$f(x)\cdot g(x)=\begin{vmatrix} 2 & -1 & 0 & 0 & 0 \\ 3 & x & -1 & 0 & 0 \\ 0 & 0 & x & -1 & 0 \\ -2 & 0 & 0 & x & -1 \\ 1 & 0 & 0 & 0 & x \end{vmatrix}\cdot$$

$$\begin{vmatrix} 3 & -1 & 0 & 0 & 0 \\ 0 & x & -1 & 0 & 0 \\ -1 & 0 & x & -1 & 0 \\ -2 & 0 & 0 & x & -1 \\ 0 & 0 & 0 & 0 & x \end{vmatrix}$$

$$= \begin{vmatrix} 6 & -2-x & 1 & 0 & 0 \\ 10 & -3+x^2 & -2x & 1 & 0 \\ -x+2 & 0 & x^2 & -2x & 1 \\ -6-2x & 2 & 0 & x^2 & -2x \\ 3 & -1 & 0 & 0 & x^2 \end{vmatrix}$$

$$= 6x^8 + 9x^7 - 2x^6 - 13x^5 - 3x^4 + 2x^3 + 3x^2 - 2x$$

虽然运用定理 1 进行多项式乘法不一定简便，但给我们开辟了一条途径. 关于多项式乘法的快速运算我们将在下一节介绍.

对于定理 1 的重要应用，我们将在 17.10 节再介绍.

17.2　多项式快速乘、除的对称积和式算法

由二行 n 列对称积和式的定义(即第 3 章 3.7 节中的定义 6)，我们有下面的定理.

定理 2　设

$$f(x) = a_n x^n + a_{n-1}x^{n-1} + \cdots + a_1 x + a_0$$

$$g(x) = b_n x^n + b_{n-1}x^{n-1} + \cdots + b_1 x + b_0$$

则

$$f(x)\cdot g(x)=\left\langle\begin{matrix}a_n\\b_n\end{matrix}\right\rangle\cdot x^{2n}+\left\langle\begin{matrix}a_n & a_{n-1}\\b_n & b_{n-1}\end{matrix}\right\rangle\cdot x^{2n-1}+\cdots+$$

$$\left\langle\begin{matrix}a_n & a_{n-1} & \cdots & a_1 & a_0\\b_n & b_{n-1} & \cdots & b_1 & b_0\end{matrix}\right\rangle x^n+\cdots+$$

$$\left\langle\begin{matrix}a_1 & a_0\\b_1 & b_0\end{matrix}\right\rangle\cdot x+\left\langle\begin{matrix}a_0\\b_0\end{matrix}\right\rangle$$

由上述定理,我们得到了一种多项式的速乘方法.

例 2 计算 $f(x)=4x^4+2x^3+1$ 与 $g(x)=3x^3+5x^2-3$ 的乘积.

解 两个多项式 $f(x)$ 和 $g(x)$ 按降幂排列的系数组成的矩阵为

$$\begin{bmatrix}4 & 2 & 0 & 0 & 1\\0 & 3 & 5 & 0 & -3\end{bmatrix}$$

由定理 2,有

$$\begin{aligned}&f(x)\cdot g(x)\\&=\left\langle\begin{matrix}4\\0\end{matrix}\right\rangle\cdot x^8+\left\langle\begin{matrix}4 & 2\\0 & 3\end{matrix}\right\rangle\cdot x^7+\left\langle\begin{matrix}4 & 2 & 0\\0 & 3 & 5\end{matrix}\right\rangle\cdot x^6+\\&\quad\left\langle\begin{matrix}4 & 2 & 0 & 0\\0 & 3 & 5 & 0\end{matrix}\right\rangle\cdot x^5+\left\langle\begin{matrix}4 & 2 & 0 & 0 & 1\\0 & 3 & 5 & 0 & -3\end{matrix}\right\rangle\cdot x^4+\\&\quad\left\langle\begin{matrix}2 & 0 & 0 & 1\\3 & 5 & 0 & -3\end{matrix}\right\rangle\cdot x^3+\left\langle\begin{matrix}0 & 0 & 1\\5 & 0 & -3\end{matrix}\right\rangle\cdot x^2+\\&\quad\left\langle\begin{matrix}0\\0\end{matrix}\right\rangle\cdot x+\left\langle\begin{matrix}1\\-3\end{matrix}\right\rangle\\&=12x^7+26x^6+10x^5-12x^4-3x^3+5x^2-3\end{aligned}$$

由于除法是乘法的逆运算,求两个多项式的商,就相当于由乘积及一个因式的各项系数推算另一个因式的各项系数,因而也相当于由二行对称积和式的值及其中已知元素(这些元素是由已知多项式的系数充当的)推算未知元素.

设

$$f(x)=a_mx^m+a_{m-1}x^{m-1}+\cdots+a_1x+a_0$$

$$g(x)=b_nx^n+b_{n-1}x^{n-1}+\cdots+b_1x+b_0\quad(n\leqslant m)$$

若$f(x)$除以$g(x)$,所得商式为$\varphi(x)$,余式为$r(x)$,则

$$f(x)=g(x)\cdot\varphi(x)+r(x)$$

其中

$$\varphi(x)=c_px^p+c_{p-1}x^{p-1}+\cdots+c_1x+c_0$$

$$r(x)=d_qx^q+d_{q-1}x^{q-1}+\cdots+d_1x+d_0$$

那么$p=m-n,q<n$.

以下分三种情况讨论:

(1)若$m-n=n$,则$m=2n,p=n$,于是由$f(x)=g(x)\cdot\varphi(x)+r(x)$及多项式乘法公式有

$$\left\langle\begin{matrix}c_p\\b_n\end{matrix}\right\rangle=a_m\qquad(17.2.1)$$

$$\left\langle\begin{matrix}c_p&c_{p-1}\\b_n&b_{n-1}\end{matrix}\right\rangle=a_{m-1}\qquad(17.2.2)$$

$$\vdots$$

$$\left\langle\begin{matrix}c_p&c_{p-1}&\cdots&c_1&c_0\\b_n&b_{n-1}&\cdots&b_1&b_0\end{matrix}\right\rangle=a_n\qquad(17.2.n)$$

$$a_{n-1}-\left\langle\begin{matrix}c_{p-1}&c_{p-2}&\cdots&c_1&c_0\\b_{n-1}&b_{n-2}&\cdots&b_1&b_0\end{matrix}\right\rangle=d_q\qquad(17.2.n+1)$$

$$a_{n-2}-\begin{pmatrix}c_{p-2} & c_{p-3} & \cdots & c_1 & c_0\\ b_{n-2} & b_{n-3} & \cdots & b_1 & b_0\end{pmatrix}=d_{q-1}$$

(17.2. $n+2$)

$$\vdots$$

$$a_1-\begin{pmatrix}c_1 & c_0\\ b_1 & b_0\end{pmatrix}=d_1 \qquad (17.2.\ m-1)$$

$$a_0-\begin{pmatrix}c_0\\ b_0\end{pmatrix}=d_0 \qquad (17.2.\ m)$$

由二行对称积和式方程(17.2.1)~(17.2. n)就可顺次求出 $c_p, c_{p-1}, \cdots, c_1, c_0$. 再将 $c_{p-1}, c_{p-2}, \cdots, c_1, c_0$ 之值代入式(17.2. $n+1$)~(17.2. m),就可求得 d_q, $d_{q-1}, \cdots, d_1, d_0$.

由此可见,如果将被除式和除式的系数一下一上地排列起来,使同次项系数上、下对齐,并在 n 次项系数后画一条竖线,那么商式的各项系数就可由被除式位于竖线左边的系数和除式的各项系数推得;并且,若将商式的各项系数写于除式的各项系数上方(使同次项系数上下对齐),则余式的各项系数必全位于竖线右侧.

(2)若 $m-n>n$,令

$$\begin{aligned}f(x)&=0\cdot x^{2m-2n}+0\cdot x^{2m-2n-1}+\cdots+0\cdot x^{m+1}+\\&\quad a_mx^m+a_{m-1}x^{m-1}+\cdots+a_1x+a_0\\&=a_k'x^k+a_{k-1}'x^{k-1}+\cdots+a_1'x+a_0'\\g(x)&=0\cdot x^{m-n}+0\cdot x^{m-n-1}+\cdots+0\cdot x^{n+1}+\\&\quad b_nx^n+b_{n-1}x^{n-1}+\cdots+b_1x+b_0\\&=b_t'x^t+b_{t-1}'x^{t-1}+\cdots+b_1'x+b_0'\end{aligned}$$

显然 $k=2m-2n$，$t=m-n$. 于是 $k=2t$，$p=k-t=t$. 这就化成了第一种情况.

(3) 若 $m-n<n$，令

$$f(x)=0\cdot x^{m+(2n-m)}+0\cdot x^{m+(2n-m)-1}+\cdots+0\cdot x^{m+1}+a_m x^m+a_{m-1}x^{m-1}+\cdots+a_1 x+a_0$$
$$=a'_k x^k+a'_{k-1}x^{k-1}+\cdots+a'_1 x+a'_0$$

显然 $k=2n$. 从而 $p=k-n=n$. 也化成了第一种情况.

综上所述，求两个多项式相除所得的商式及余式，可按以下步骤进行：

(1) 将被除式和除式均按降幂排列，写出其各项系数（如缺某一项，则在相应位置上补 0），使同次项系数上下对齐，并在两组系数之间画一条横线，在除式的首项系数后画一竖线.

(2) 根据被除式和除式的次数确定商式的次数（被除式的次数减去除式的次数即得）. 若商式的次数小于除式的次数，则在除式的系数上方从左到右添 0；若商式的次数大于除式的次数，则在除式的系数前从右到左添 0；使所添 0 的个数均等于除式与商式次数之差的绝对值.

(3) 在除式的系数上方商数，使与除式的同次项系数上下对齐，且使每次所商的数与它下边的数及它前边各列数所构成的二行对称积和式之值等于顺序（从左到右）与它相同的被除式的系数.

(4) 计算余式的各项系数. 求出商式的 0 次项系数后，对除式和商式系全排列位于竖线右边的部分，从右到左依次取一列、两列、……以至所有列，求所得二行对称积和式的值，并从右到左依次写在被除式的第一、第二、……以至竖线右的第一个系数下方，然后从被除式位于竖线右边的系数减去其下方所写之数，即得余式的各项系数.

例 3 设 $f(x)=x^5-5x^4+9x^3-6x^2+12$，$g(x)=x^2-3x-2$，求 $f(x)\div g(x)$ 的商式及余式.

解 写出被除式和除式的系数，并画横、竖线

$$\begin{array}{cccc|cc} & & & 1 & -3 & 2 \\ \hline 1 & -5 & 9 & -6 & 0 & 12 \end{array}$$

由于 $3-2=1$，因而在除式系数组前添 1 个 0，在 0 上商 1，使 $\left\langle\begin{matrix}1 & * \\ 0 & 1\end{matrix}\right\rangle=1$；再在 1 上商 -2，使 $\left\langle\begin{matrix}1 & -2 & * \\ 0 & 1 & -3\end{matrix}\right\rangle=-5$；再在 -3 上商 1，使 $\left\langle\begin{matrix}1 & -2 & 1 & * \\ 0 & 1 & -3 & 2\end{matrix}\right\rangle=9$；再在 2 上商 1，使 $\left\langle\begin{matrix}-2 & 1 & 1 \\ 1 & -3 & 2\end{matrix}\right\rangle=-6$，由此推得商式为

$$\varphi(x)=x^3-2x^2+x+1$$

$$\begin{array}{cccc|cc} & & 1 & -2 & 1 & 1 \\ & & 0 & 1 & -3 & 2 \\ \hline 1 & -5 & 9 & -6 & 0 & 12 \end{array}$$

对于除式和商式系数全排列于竖线右边部分 $\begin{matrix}1 & 1 \\ -3 & 2\end{matrix}$，从右到左，取一列，得 $\left\langle\begin{matrix}1 \\ 2\end{matrix}\right\rangle=2$，将 2 写在被除式系数组右起第一个数 12 下方；取两列，得 $\left\langle\begin{matrix}1 & 1 \\ -3 & 2\end{matrix}\right\rangle=-1$，将 -1 写在被除式系数组右边第二个数 0 下方. 然后将位于

横线下方、竖线右边的数相减(上边的数减去下边的数),即得余式的各项系数,从而推得余式为

$$r(x)=x+10$$

		1	−2	1	1
		0	1	−3	2
1	−5	9	−6	0	12
				−1	2
				1	10

故

$$f(x)=(x^3-2x^2+x+1)\cdot g(x)+x+10$$

17.3　实系数多元高次多项式因式分解的递推十字相乘法

二次三项式因式分解中的十字相乘法是我们采用的较为普通的一种方法. 对于实系数多元高次多项式的因式分解,也可以模仿十字相乘法,引进布列矩阵,再考虑布列矩阵的对称积和式的值是否为原实系数多元高次多项式,否则调整布列矩阵中的元素,我们称此种方法为"递推十字相乘法".

我们先讨论实系数二元二次多项式,设实系数多项式

$$f(x,y)=Ax^2+Bxy+Cy^2+Dx+Ey+F$$

(诸项均不为零)是能分解的.

分解 $f(x,y)$ 时,只要分别分解 Ax^2,Cy^2,F 成 a_1x,

$a_2x, c_1y, c_2y, f_1, f_2$，并且把分解后的六分项依次按顺序布列成矩阵（称为布列矩阵）

$$\begin{bmatrix} a_1x & c_1y & f_1 \\ a_2x & c_2y & f_2 \end{bmatrix}_{2\times 3}$$

的形式. 考虑其对称积和式，总能使

$$\left\langle \begin{matrix} a_1x \\ a_2x \end{matrix} \right\rangle = a_1a_2x^2 = Ax^2$$

$$\left\langle \begin{matrix} a_1x & c_1y \\ a_2x & c_2y \end{matrix} \right\rangle = (a_1c_2 + a_2c_1)xy = Bxy$$

$$\begin{aligned} \left\langle \begin{matrix} a_1x & c_1y & f_1 \\ a_2x & c_2y & f_2 \end{matrix} \right\rangle &= \left\langle \begin{matrix} a_1x & f_1 \\ a_2x & f_2 \end{matrix} \right\rangle + \left\langle \begin{matrix} c_1y \\ c_2y \end{matrix} \right\rangle \\ &= (a_1f_2 + a_2f_1)x + c_1c_2y^2 \\ &= Dx + Cy^2 \end{aligned}$$

$$\left\langle \begin{matrix} c_1y & f_1 \\ c_2y & f_2 \end{matrix} \right\rangle = (c_1f_2 + c_2f_1)y = Ey$$

$$\left\langle \begin{matrix} f_1 \\ f_2 \end{matrix} \right\rangle = f_1f_2 = F$$

成立，这时分解后的多项式为

$$f(x,y) = (a_1x + c_1y + f_1) \cdot (a_2x + c_2y + f_2)$$

从上面的事实得以启发，用“递推十字相乘法”分解一般的多元多项式，是将它的各元的最高次项及常数项分解成两个因式的积，再按先后顺序得布列矩阵

$$\begin{bmatrix} A_{11} & B_{21} & C_{31} & \cdots & F_{n1} \\ A_{12} & B_{22} & C_{32} & \cdots & F_{n2} \end{bmatrix}$$

对于分解后的分项的布列是否正确，还要验证，这

就要考虑其对称积和式的值了.

若验证得其对称积和式的值等于原多项式,则原多项式便可写成$(A_{11}+B_{21}+C_{31}+\cdots+F_{n1})(A_{12}+B_{22}+C_{32}+\cdots+F_{n2})$;若在$A_{11}+B_{21}+C_{31}+\cdots+F_{n1}$或者$A_{12}+B_{22}+\cdots+F_{n2}$中还存在因式,那么如上法再作分解,直至在实数范围内不能分解为止.

例 4　分解因式

$$2x^2-y^2-2z^2-xy+3xz+3yz+4x-y+3z+2$$

解　这是一个三元二次多项式,它的各元的最高次项是$2x^2$,$-y^2$,$-2z^2$,常数项是 2,分别分解这些项,得布列矩阵

$$\begin{bmatrix} 2x & y & -z & 2 \\ x & -y & 2z & 1 \end{bmatrix}_{2\times 4}$$

经验证其对称积和式知,布列正确,所以

$$\begin{aligned} &2x^2-y^2-2z^2-xy+3xz+3yz+4x-y+3z+2 \\ =&(2x+y-z+2)(x-y+2z+1) \end{aligned}$$

例 5　分解因式$x^3+x^2y+x^2+2xy+2y^2+3x+y-3$.

解　这是二元多项式,它的各元的最高次项是x^3,$2y^2$,常数项是-3,分别分解这些项得布列矩阵$\begin{bmatrix} x^2 & 2y & 3 \\ x & y & -1 \end{bmatrix}_{2\times 3}$,经验证其对称积和式知,布列正确,所以

$$\begin{aligned} &x^3+x^2y+x^2+2xy+2y^2+3x+y-3 \\ =&(x^2+2y+3)(x+y-1) \end{aligned}$$

在此,我们也指出:由于验证其对称积和式计算量大,对于较复杂的多元二次多项式的因式分解我们将在后面另寻新途径.

17.4 实系数一元高次多项式因式分解的递推十字相乘法

类似于多元高次多项式因式分解的递推十字相乘法的讨论，我们可得一元高次多项式因式分解的递推十字相乘法：

设实系数多项式 $f(x)=a_nx^n+a_{n-1}x^{n-1}+\cdots+a_1x+a_0$ 可分解，分解时，首先分别分解 a_nx^n，a_0 得带“?”的布列矩阵

$$\begin{bmatrix} a_{n1}x^{n-k} & ? & \cdots & ? & a_{01} \\ a_{n2}x^{k} & ? & \cdots & ? & a_{02} \end{bmatrix}$$

再具体情况具体分析，在“?”处填上适当的分项或 0. 最后考虑其对称积和式的值是否等于原多项式，否则调整布列矩阵中的元素.

例 6 分解因式 $x^3-x^2-8x+12$.

解 这是一个三次多项式，最高次项是 x^3，常数项是 12. 分别分解这些项，得带“?”的布列矩阵

$$\begin{bmatrix} x^2 & ?_1 & 4 \\ x & ?_2 & 3 \end{bmatrix} \text{或} \begin{bmatrix} x^2 & ?_3 & -6 \\ x & ?_4 & -2 \end{bmatrix}$$

由题设条件，显然$?_2$，$?_4$ 处只能填“0”，$?_1$ 处应填 $-4x$，$?_3$ 处应填 x，故得布列矩阵

$$\begin{bmatrix} x^2 & -4x & 4 \\ x & 0 & 3 \end{bmatrix} \text{或} \begin{bmatrix} x^2 & x & -6 \\ x & 0 & -2 \end{bmatrix}$$

经验证其对称积和式知，两个布列均正确，所以

$$\begin{aligned}x^3-x^2-8x+12&=(x-2)^2(x+3)\\&=(x^2+x-6)(x-2)\end{aligned}$$

利用递推十字相乘法也可讨论多项式的不可约性,其实质就是找不出布列正确的布列矩阵. 例如证明 x^3-4x^2+6x-2 在整数集中不可分解,就只需说明在整数集中找不出布列正确的布列矩阵.

关于从理论上探讨有关多项式的可约性我们将在下一节介绍.

17.5　一元整系数多项式的可约性

如何判定整系数多项式的可约性是一个较难的问题. 对于这一问题有著名的艾森斯坦因判别法,但由于条件要求太强,适用范围有限,引入矩阵后,则可对艾森斯坦因判别法做一定的推广.

我们先看两条引理:

引理 1　整系数多项式 $f(x)=a_nx^n+a_{n-1}x^{n-1}+\cdots+a_0(a_0\neq 0)$ 在有理数域上可约的充要条件是:存在一个秩为 1 的 $(m+1)\times(r+1)$ 矩阵

$$\boldsymbol{A}=\begin{bmatrix}c_mb_r & c_mb_{r-1} & \cdots & c_mb_1 & c_mb_0\\ c_{m-1}b_r & c_{m-1}b_{r-1} & \cdots & c_{m-1}b_1 & c_{m-1}b_0\\ \vdots & \vdots & & \vdots & \vdots\\ c_1b_r & c_1b_{r-1} & \cdots & c_1b_1 & c_1b_0\\ c_0b_r & c_0b_{r-1} & \cdots & c_0b_1 & c_0b_0\end{bmatrix}$$

(其中 $m+r=n$,不妨设 $m\geqslant r\geqslant 1$),使得

$$f(x)=[x^m \quad x^{m-1} \quad \cdots \quad x \quad 1]\cdot \boldsymbol{A}\cdot\begin{bmatrix}x^r\\x^{r-1}\\\vdots\\1\end{bmatrix}$$

$\boldsymbol{A}$ 中:$c_mb_r=a_n,c_0b_0=a_0,c_ib_0+c_{i-1}b_1+\cdots+c_1b_{i-1}+c_0b_i=a_i,i=1,2,\cdots,n-1$,且当 $i>r,j>m$ 时,$b_i=0$,$c_j=0$.

证明 先证必要性. 若 $f(x)=(c_mx^m+\cdots+c_0)\cdot(b_rx^r+\cdots+b_0)$,则

$$f(x)=[x^m \quad x^{m-1} \quad \cdots \quad 1]\cdot\begin{bmatrix}c_m\\c_{m-1}\\\vdots\\c_0\end{bmatrix}\cdot$$

$$[b_r \quad b_{r-1} \quad \cdots \quad b_0]\cdot\begin{bmatrix}x^r\\x^{r-1}\\\vdots\\1\end{bmatrix}$$

$$=[x^m \quad x^{m-1} \quad \cdots \quad 1]\cdot$$

$$\begin{bmatrix}c_mb_r & c_mb_{r-1} & \cdots & c_mb_0\\c_{m-1}b_r & c_{m-1}b_{r-1} & \cdots & c_{m-1}b_0\\\vdots & \vdots & & \vdots\\c_0b_r & c_0b_{r-1} & \cdots & c_0b_0\end{bmatrix}\cdot\begin{bmatrix}x^r\\x^{r-1}\\\vdots\\1\end{bmatrix}$$

令

$$\boldsymbol{A}=\begin{bmatrix}c_mb_r & c_mb_{r-1} & \cdots & c_mb_0\\c_{m-1}b_r & c_{m-1}b_{r-1} & \cdots & c_{m-1}b_0\\\vdots & \vdots & & \vdots\\c_0b_r & c_0b_{r-1} & \cdots & c_0b_0\end{bmatrix}$$

显然 $\boldsymbol{A}$ 的秩为 1.

再证充分性. 若 $f(x)=[x^m \quad x^{m-1} \quad \cdots \quad 1]\cdot\boldsymbol{A}\cdot[x^r \quad x^{r-1} \quad \cdots \quad 1]^{\mathrm{T}}$, $\boldsymbol{A}$ 满足引理 1 中的条件, 则由 $\boldsymbol{A}$ 的秩为 1, 可知 $\boldsymbol{A}$ 的各行各列成比例. 不失一般性, 可设

$$\boldsymbol{A}=\begin{bmatrix} c_m b_r & c_m b_{r-1} & \cdots & c_m b_0 \\ c_{m-1} b_r & c_{m-1} b_{r-1} & \cdots & c_{m-1} b_0 \\ \vdots & \vdots & & \vdots \\ c_0 b_r & c_0 b_{r-1} & \cdots & c_0 b_0 \end{bmatrix}$$

则

$$f(x)=[x^m \quad x^{m-1} \quad \cdots \quad 1]\cdot\begin{bmatrix} c_m \\ c_{m-1} \\ \vdots \\ c_0 \end{bmatrix}\cdot$$

$$[b_r \quad b_{r-1} \quad \cdots \quad b_0]\cdot\begin{bmatrix} x^r \\ x^{r-1} \\ \vdots \\ 1 \end{bmatrix}$$

$$=(c_m x^m+c_{m-1}x^{m-1}+\cdots+c_0)\cdot(b_r x^r+b_{r-1}x^{r-1}+\cdots+b_0)$$

故 $f(x)$ 在有理数域上可约.

引理 2　设整系数多项式 $f(x)=a_n x^n+a_{n-1}x^{n-1}+\cdots+a_0\,(a_0\neq 0)$ 在有理数域上可约, 且对应着矩阵 $\boldsymbol{A}$ (见引理 1). 若素数 $p\nmid a_i$, $p\mid a_j$, $j\neq i$, 则 p 整除 $\boldsymbol{A}$ 中除 a_i 所含各项外的所有元素.

证明 已知 $p|a_j, j\neq i$.

(1) 当 $i\neq 0, i\neq n$ 时.

由 $p|a_0=c_0b_0\Rightarrow p|c_0$，或 $p|b_0$. 不妨设 $p|b_0$.

由 $p|a_1=c_0b_1+c_1b_0\Rightarrow p|c_0b_1\Rightarrow p|c_0$，或 $p|b_1$. 不妨设 $p|b_1$，即 p 整除 a_1 中每一项.

由 $p|a_2=c_0b_2+c_1b_1+c_2b_0\Rightarrow p|c_0b_2\Rightarrow p|c_0$，或 $p|b_2$. 不妨设 $p|b_2$，即 p 整除 a_2 中每一项.

……

由 $p|a_{i-1}=c_0b_{i-1}+c_1b_{i-2}+\cdots+c_{i-1}b_0\Rightarrow p|c_0b_{i-1}\Rightarrow p|c_0$，或 $p|b_{i-1}$. 不妨设 $p|b_{i-1}$，故 p 整除 a_{i-1} 中每一项.

当 $i<m$ 时，上面的推证是明显的. 由此可知，凡 $k\leqslant i-1$ 的 b_k 皆能被 p 整除；当 $i\geqslant m$ 时，由于 $a_i=b_mc_{i-m}+b_{m-1}c_{i-m+1}+\cdots+b_{i-r}c_r$，可知并无 $k>m$ 的 b_k，因此 p 仍能整除 a_{i-1} 中每一项.

又因 $p|a_n=c_mb_r$，由 $p|a_j(j=n,n-1,\cdots,i+1)$ 往下推证，同理有 p 整除 $a_j(j=n,n-1,\cdots,i+1)$ 中每一项. 故 p 整除矩阵 A 中除 a_i 所含各项外的所有元素.

(2) 当 $i=0$ 时，与(1)同理，由 $p|a_n=c_mb_r$ 可推出 p 整除 $a_j(j=1,2,\cdots,n)$ 中每一项.

(3) 当 $i=n$ 时，与(1)同理，由 $p|a_0=c_0b_0$ 可推出 p 整除 $a_j(j=0,1,\cdots,n-1)$ 中每一项.

综上，p 整除矩阵 $\boldsymbol{A}$ 中除 a_i 所含各项外所有元素.

定理 3 设整系数多项式 $f(x)=a_nx^n+a_{n-1}x^{n-1}+\cdots+a_1x+a_0(a_0\neq 0)$，若存在素数 p，满足：

(1) $p\nmid a_i$；

(2) $p\mid a_j(j\neq i)$;

(3) $p^2\nmid a_0, p^2\nmid a_n, p^2\nmid(a_i-c_\alpha b_\beta)$ ($i=0,n$ 时,不需检验 $p^2\nmid(a_i-c_\alpha b_\beta)$),其中 $c_\alpha b_\beta$ 取遍 a_0 不含 p 的因数与 a_n 不含 p 的因数两两相乘之和,则$f(x)$在有理数域上不可约.

显然,当 $i=n$ 时,上述定理就是艾森斯坦因判别法.

证明 用反证法,假定 $f(x)$ 在有理数域上可约,由引理 1,$f(x)$ 对应矩阵 $\boldsymbol{A}$(见引理 1).

设 $p\nmid a_i=c_0b_i+c_1b_{i-1}+\cdots+c_ib_0, i=0,1,2,\cdots,n$(当 $i>r$ 时,$b_i=0$;当 $j>m$ 时,$c_j=0$),则必有 c_t,b_s 不被 p 整除,其中 $t+s=i, 0\leqslant t\leqslant i, 0\leqslant s\leqslant i$.

(1) c_t,b_s 不等于 c_m,c_0 与 b_r,b_0 时,则 c_tb_0,c_0b_s 不是 a_i 的项. 由引理 2,有

$$\begin{cases}p\mid c_tb_0\Rightarrow p\mid b_0\\ p\mid c_0b_s\Rightarrow p\mid c_0\end{cases}\Rightarrow p^2\mid a_0$$

(2) c_t,b_s 中有且仅有一个取到 c_m,c_0 与 b_r,b_0 时,则有以下四种情况:

若 $c_t=c_0\Rightarrow\begin{cases}c_tb_r\text{ 不是 }a_i\text{ 的项}\Rightarrow p\mid b_r\\ c_mb_s\text{ 不是 }a_i\text{ 的项}\Rightarrow p\mid c_m\end{cases}\Rightarrow p^2\mid a_n$;

若 $c_t=c_m\Rightarrow\begin{cases}c_tb_r\text{ 不是 }a_i\text{ 的项}\Rightarrow p\mid b_0\\ c_0b_s\text{ 不是 }a_i\text{ 的项}\Rightarrow p\mid c_0\end{cases}\Rightarrow p^2\mid a_0$;

若 $b_s=b_0\Rightarrow\begin{cases}c_tb_r\text{ 不是 }a_i\text{ 的项}\Rightarrow p\mid b_r\\ c_mb_s\text{ 不是 }a_i\text{ 的项}\Rightarrow p\mid c_m\end{cases}\Rightarrow p^2\mid a_n$;

若 $b_s=b_r$,同理可推得 $p^2\mid a_0$.

(3) $c_t=c_m,b_s=b_0$,或 $c_t=c_0,b_s=b_r$ 时,这只能是

$i=m$,或 $i=r$. 因 $m\geqslant r\geqslant 1$,且 $m+r=n$,故此时 $i\neq 0,n$.

因 $p\nmid c_m$,由矩阵 $\boldsymbol{A}$ 的第一行可知,因所有 $c_mb_i(i\neq 0)$ 都不是 a_i 的项,故所有 $b_j\neq b_0$ 都被 p 整除.

又因 $p\nmid b_0$,由矩阵最后一列可知,因所有 $c_ib_0(i\neq m)$ 都不是 a_i 的项,故所有 $c_j\neq c_m$ 都被 p 整除. 故 $a_m=c_0b_m+c_1b_{m-1}+\cdots+c_{m-1}b_1+c_mb_0$ 中除 $c_ib_s=c_mb_0$ 外各项都被 p^2 整除,即 $p^2\mid(a_m-c_mb_0)$.

同理可证,$c_t=c_0,b_s=b_r$ 时,$p^2\mid(a_r-c_0b_r)$.

显然,当 $c_\alpha b_\beta$ 取遍 a_0 不含 p 的因数与 a_n 不含 p 的因数两两相乘的积时,$c_\alpha b_\beta$ 一定会取到 c_mb_0 和 c_0b_r.

(4)$c_t=c_0,b_s=b_0$,或 $c_t=c_m,b_s=b_r$ 时,这只能是 $i=0$,或 $i=n$. 于是有

$$\left.\begin{cases}p\nmid c_t=c_0\Rightarrow \text{由 } p\mid c_0b_r,\text{有 } p\mid b_r\\ p\nmid b_s=b_0\Rightarrow \text{由 } p\mid c_mb_0,\text{有 } p\mid c_m\end{cases}\right.\Rightarrow p^2\mid a_n$$

$$\left.\begin{cases}p\nmid c_t=c_m\Rightarrow \text{由 } p\mid c_mb_0,\text{有 } p\mid b_0\\ p\nmid b_s=b_r\Rightarrow \text{由 } p\mid c_0b_r,\text{有 } p\mid c_0\end{cases}\right.\Rightarrow p^2\mid a_0$$

综上所述,凡满足条件(1)和条件(2)的素数 p,总有$p^2\mid a_n$,或 $p^2\mid a_0$,或 $p^2\mid(a_i-c_\alpha b_\beta)$,这与条件(3)矛盾,故假定不成立,即 $f(x)$ 在有理数域上不可约.

例 7 讨论 $f(x)=3x^4+14x^3+27x^2+9x+6$ 在有理数域上的可约性.

解 显然,艾森斯坦因判别法对此题失效.

但 $3\nmid 14,3\mid 3,3\mid 27,3\mid 9,3\mid 6,3^2\nmid 3,3^2\nmid 6$,注意到 $a_5=3$ 的不含素数 $p=3$ 的因数只有 ± 1,$a_0=6$ 的不含素数 $p=3$ 的因数只有 ± 2, ± 1,故所有的 $c_\alpha b_\beta$ 为

×	1	−1	2	−2
1	1	−1	2	−2
−1	−1	1	−2	2

显然 $3^2\nmid(14-2)$，$3^2\nmid(14+2)$，$3^2\nmid(14-1)$，$3^2\nmid(14+1)$. 据定理 3，$f(x)$ 在有理数域上不可约.

推论　设整系数多项式 $f(x)=a_nx^n+a_{n-1}x^{n-1}+\cdots+a_1x+a_0(a_0\neq0)$，若存在素数 p，使得：

(1) $p\mid a_0$；

(2) $p\mid a_i(i=1,2,\cdots,n)$；

(3) $p^2\nmid a_n$.

则 $f(x)$ 在有理数域上不可约.

此推论是定理 3 中 $i=0$ 的特殊情形，它与艾森斯坦因判别法等价，但二者作用不尽相同.

17.6　n 个一元多项式的最大公因式

关于求 n 个一元多项式的最大公因式的方法，一般是运用辗转相除和因式分解等方法. 我们可以引入矩阵，利用矩阵的初等变换解决这个问题.

设 $f_1(x)$，$f_2(x)$ 是多项式集合（或环）$F[x]$ 中的两个多项式，并将其最高次项系数是 1 的最大公因式 $d(x)$ 记作 $(f_1(x),f_2(x))$，即 $(f_1(x),f_2(x))=d(x)$. 对任给 $c\in F$，且 $c\neq0$，任给 $\varphi(x)\in F[x]$，则有

$$
\begin{aligned}
(f_1(x),f_2(x))&=(f_2(x),f_1(x))=(cf_1(x),f_2(x))\\
&=(f_1(x),f_2(x)\pm f_1(x)\cdot\varphi(x))
\end{aligned}
$$

$$=d(x)$$

可将这个结论利用数学归纳法推广到 n 个一元多项式，即

$$\begin{aligned}d(x)&=(f_1(x),f_2(x),\cdots,f_n(x))\\&=(f_1(x)+f_2(x)\cdot\varphi_1(x),f_2(x),\cdots,\\&\quad f_n(x)+\varphi_{n-1}(x)\cdot f_2(x))\\&=(f_1(x),f_2(x)+\varphi_1(x)\cdot f_1(x),\cdots,\\&\quad f_n(x)+\varphi_{n-1}(x)\cdot f_1(x))\\&=\cdots\\&=(f_1(x)+\varphi_1(x)\cdot f_n(x),f_2(x)+\varphi_2(x)\cdot\\&\quad f_n(x),\cdots,f_n(x))\end{aligned}$$

其中 $f_i(x)\in F[x]$，$\varphi_j(x)\in F[x]$，$i=1,2,\cdots,n$，$j=1,2,\cdots,n-1$.

根据矩阵的乘法，可得下面的对 n 个一元多项式求其最大公因式的具体做法：

作矩阵

$$\boldsymbol{A}=\begin{bmatrix}f_1(x) & f_2(x) & \cdots & f_n(x)\\ & & \boldsymbol{E}_n & \end{bmatrix}$$

其中 $\boldsymbol{E}_n$ 为 n 阶单位阵.

若 $f_1(x)=f_2(x)=\cdots=f_n(x)=0$，则 $d(x)=0$.

若 $f_1(x),f_2(x),\cdots,f_n(x)$ 不全为零时，则必有一个次数最低的多项式，不妨设为 $f_1(x)$. 通过对 $f_1(x)$ 分别乘以一个适当的多项式，消掉 $f_2(x),\cdots,f_n(x)$ 的各最高项. 这时矩阵第一行变为

$$f_1(x),r_2(x),\cdots,r_n(x)$$

若 $r_2(x)=r_3(x)=\cdots=r_n(x)=0$，则 $d(x)=$

$cf_1(x)$，其中 $c\in F$.

若 $r_2(x),r_3(x),\cdots,r_n(x)$不全为零时，仍重复上述过程. 因为$f_1(x),\cdots,f_n(x)$的次数是有限的，所以，经有限次的上述过程，必然出现矩阵中第一行只有一个元素 $k(x)$非零，而其他元素均为零. 这时有 $d(x)=ck(x)$.

上述过程即为

$$A\xrightarrow[\text{初等列变换}]{}\begin{bmatrix} f_1(x) & r_2(x) & \cdots & r_n(x) \\ & & *_1 & \end{bmatrix}$$

$$\xrightarrow[\text{初等列变换}]{}\begin{bmatrix} r_i(x) & p_2(x) & \cdots & p_n(x) \\ & & *_2 & \end{bmatrix}$$

$$\xrightarrow[\text{初等列变换}]{}\begin{bmatrix} k(x) & 0 & \cdots & 0 \\ v_1(x) & & & \\ \vdots & & *_{k-1} & \\ v_n(x) & & & \end{bmatrix}$$

$$\xrightarrow[\text{初等列变换}]{}\begin{bmatrix} d(x) & 0 & \cdots & 0 \\ u_1(x) & & & \\ \vdots & & *_k & \\ u_n(x) & & & \end{bmatrix}$$

于是有下面的定理.

定理4　设$f_1(x),\cdots,f_n(x)$是 $F[x]$中任意 n 个多项式，有

$$d(x)=(f_1(x),f_2(x),\cdots,f_n(x))$$

若

$$A=\begin{bmatrix} f_1(x) & f_2(x) & \cdots & f_n(x) \\ & E_n & & \end{bmatrix}$$

那么,经过矩阵适当的初等列变换,$\boldsymbol{A}$ 等价于以下形式

$$\boldsymbol{B}=\begin{bmatrix} d(x) & 0 & \cdots & 0 \\ u_1(x) & & & \\ \vdots & & * & \\ u_n(x) & & & \end{bmatrix}$$

进一步有下面的定理.

定理 5 定理 4 中 $u_1(x),\cdots,u_n(x)$ 满足

$$f_1(x)\cdot u_1(x)+\cdots+f_n(x)\cdot u_n(x)=d(x)$$

证明 设 $\boldsymbol{S}=(f_1(x),\cdots,f_n(x))$,因为对矩阵施行初等列变换相当于右乘初等方阵,所以,存在可逆矩阵 $\boldsymbol{P}$,使得

$$\begin{bmatrix} \boldsymbol{S}\ \boldsymbol{P} \\ \boldsymbol{E}_n\boldsymbol{P} \end{bmatrix}=B,\text{且 } P=\begin{bmatrix} u_1(x) & \\ \vdots & * \\ u_n(x) & \end{bmatrix}$$

由矩阵相等知 $f_1(x)\cdot u_1(x)+\cdots+f_n(x)\cdot u_n(x)=d(x)$. 这样,可将 $d(x)$ 和 $u_1(x),\cdots,u_n(x)$ 一次求出.

例 8 求 x^3+x^2,x^2+2x+1,x^4 的最大公因式.

解 由

$$\boldsymbol{A}=\begin{bmatrix} x^3+x^2 & x^2+2x+1 & x^4 \\ 1 & 0 & 0 \\ 0 & 1 & 0 \\ 0 & 0 & 1 \end{bmatrix}$$

$$\xrightarrow{R_{12}}\begin{bmatrix} x^2+2x+1 & x^3+x^2 & x^4 \\ 0 & 1 & 0 \\ 1 & 0 & 0 \\ 0 & 0 & 1 \end{bmatrix}$$

$$\xrightarrow[T_{13}(-x^2)]{T_{12}(-x)}\begin{bmatrix} x^2+2x+1 & -x^2-x & -2x^3-x^2 \\ 0 & 1 & 0 \\ 1 & -x & -x^2 \\ 0 & 0 & 1 \end{bmatrix}$$

$$\xrightarrow[T_{13}(2x)]{T_{12}(1)}\begin{bmatrix} x^2+2x+1 & x+1 & 3x^2+2x \\ 0 & 1 & 0 \\ 1 & 1-x & -x^2+2x \\ 0 & 0 & 1 \end{bmatrix}$$

$$\xrightarrow{R_{12}}\begin{bmatrix} x+1 & x^2+2x+1 & 3x^2+2x \\ 1 & 0 & 0 \\ 1-x & 1 & -x^2+2x \\ 0 & 0 & 1 \end{bmatrix}$$

$$\xrightarrow[T_{13}(-3x)]{T_{12}(-x-1)}\begin{bmatrix} x+1 & 0 & -x \\ 1 & -x-1 & -3x \\ 1-x & x^2-1 & 2x^2-x \\ 0 & 0 & 1 \end{bmatrix}$$

$$\xrightarrow{T_{31}(1)}\begin{bmatrix} 1 & 0 & -x \\ -3x+1 & -x-1 & -3x \\ 2x^2-2x+1 & x^2-1 & 2x^2-x \\ 1 & 0 & 1 \end{bmatrix}$$

$$\xrightarrow{T_{13}(x)}\begin{bmatrix} 1 & 0 & 0 \\ -3x+1 & -x-1 & -3x^2-2x \\ 2x^2-2x+1 & x^2-1 & 2x^3 \\ 1 & 0 & x+1 \end{bmatrix}$$

则

$$d(x)=(x^3+x^2,x^2+2x+1,x^4)=1$$

且

$$u_1(x)=-3x+1, u_2(x)=2x^2-2x+1, u_3(x)=1$$

即有

$$(x^3+x^2)(-3x+1)+$$
$$(x^2+2x+1)(2x^2-2x+1)+x^4\cdot 1=1$$

上述方法可灵活运用，不一定必须用次数最低的多项式去消其他多项式. 具体题目具体分析，也可以用次数较高的多项式去消次数更高的多项式，以达到逐渐消去各多项式的最高次项，使第一行只剩下一个非零元素的目的. 不过要指出的是：此时 $u_i(x)(i=1,2,\cdots,n)$不一定相同了.

对于上例中的 $\boldsymbol{A}$，经如下一系列初等列变换

$$\boldsymbol{A}\xrightarrow[T_{13}(-x)]{}\boldsymbol{A}_1\xrightarrow[T_{31}(1)]{}\boldsymbol{A}_2\xrightarrow[T_{13}(x)]{}\boldsymbol{A}_3\xrightarrow[D_1(2)]{}$$

$$\boldsymbol{A}_4\xrightarrow[T_{21}(-x)]{}\boldsymbol{A}_5\xrightarrow[T_{12}(2)]{}\boldsymbol{A}_6\xrightarrow[T_{21}(x)]{T_{12}(-1)}\boldsymbol{A}_7\xrightarrow[R_{12}]{}\boldsymbol{A}_8$$

$$=\begin{bmatrix}1 & 0 & 0\\ -2x^2-x+3 & -2x^3-2x^2+2x+2 & -x^2\\ -2x+1 & -2x^2 & 0\\ 2x+3 & 2x^2+4x+2 & x+1\end{bmatrix}$$

此时

$$u_1(x)=-2x^2-x+3$$
$$u_2(x)=-2x+1$$
$$u_3(x)=2x+3$$

即

$$(x^3+x^2)(-2x^2-x+3)+(x^2+2x+1)\cdot$$
$$(-2x+1)+x^4\cdot(2x+3)=d(x)=1$$

至此,我们要问,能求出满足

$$f_1(x)\cdot u_1(x)+f_2(x)\cdot u_2(x)+\cdots+ f_n(x)\cdot u_n(x)=d(x) \tag{17.6.1}$$

的一切 $u_i(x)(i=1,2,\cdots,n)$ 吗?

我们的回答是能够. 下面具体介绍其求法.

令

$$\boldsymbol{A}(x)=[f_1(x)\quad \cdots \quad f_n(x)]$$

$$\boldsymbol{B}(x)=[u_1(x)\quad \cdots \quad u_n(x)]^{\mathrm{T}}$$

则式(17.6.1)变为 $\boldsymbol{A}(x)\cdot\boldsymbol{B}(x)=d(x)$.

对于 $\boldsymbol{A}(x)$,有可逆矩阵 $\boldsymbol{Q}(x)$,使

$$\boldsymbol{A}(x)\cdot\boldsymbol{Q}(x)=[d(x)\quad 0\quad \cdots \quad 0]$$

设

$$\begin{bmatrix} V_1(x)\\ \vdots \\ V_n(x)\end{bmatrix}=\boldsymbol{Q}^{-1}(x)\cdot\begin{bmatrix} u_1(x)\\ \vdots \\ u_n(x)\end{bmatrix}$$

则

$$\begin{aligned}\boldsymbol{A}(x)\cdot\boldsymbol{Q}(x)\cdot\begin{bmatrix} V_1(x)\\ \vdots \\ V_n(x)\end{bmatrix} &=\boldsymbol{A}(x)\cdot\boldsymbol{Q}(x)\cdot\boldsymbol{Q}^{-1}(x)\cdot\begin{bmatrix} u_1(x)\\ \vdots \\ u_n(x)\end{bmatrix}\\ &=\boldsymbol{A}(x)\cdot\begin{bmatrix} u_1(x)\\ \vdots \\ u_n(x)\end{bmatrix}\end{aligned}$$

于是,有

$$[d(x) \quad 0 \quad \cdots \quad 0] \cdot \begin{bmatrix} V_1(x) \\ \vdots \\ V_n(x) \end{bmatrix} = d(x)$$

因 $d(x) \neq 0$,故有 $V_1(x)=1$,从而有

$$\begin{bmatrix} u_1(x) \\ \vdots \\ u_n(x) \end{bmatrix} = \boldsymbol{Q}(x) \cdot \begin{bmatrix} 1 \\ V_2(x) \\ \vdots \\ V_n(x) \end{bmatrix} \qquad (17.6.2)$$

其中 $V_i(x)(i=2,\cdots,n)$ 是 $F[x]$ 中的多项式.

特别的,取 $V_2(x)=\cdots=V_n(x)=0$,则

$$[u_1(x) \quad \cdots \quad u_n(x)]^{\mathrm{T}} = \boldsymbol{Q}(x)$$

的第一列. 可见,$\boldsymbol{Q}(x)$的第一列一定是满足式(17.6.1)的一组 $u_i(x)(i=1,2,\cdots,n)$.

综上,适合式(17.6.1)的一切的 $u_i(x)(i=1,2,\cdots,n)$可由公式(17.6.2)确定.

对于上例,由 $\boldsymbol{A}_8$,于是有

$$\boldsymbol{Q}(x) = \begin{bmatrix} -2x^3-x+3 & -2x^3-2x^2+2x+2 & -x^2 \\ -2x+1 & -2x^2 & 0 \\ 2x+3 & 2x^2+4x+2 & x+1 \end{bmatrix}$$

由公式(17.6.2),得适合 $\sum_{i=1}^{3} u_i(x) \cdot f_i(x) = d(x)$的一切 $u_i(x)(i=1,2,3)$为

$$\begin{bmatrix} u_1(x) \\ u_2(x) \\ u_3(x) \end{bmatrix}$$

$$=\boldsymbol{Q}(x)\cdot\begin{bmatrix}1\\V_1(x)\\V_2(x)\end{bmatrix}$$

$$=\begin{bmatrix}-2x^2-x+3+(-2x^3-2x^2+2x+2)\cdot V_1(x)-x^2\cdot V_2(x)\\-2x+1-2x^2\cdot V_1(x)\\2x+3+(2x^2+4x+2)\cdot V_1(x)+(x+1)\cdot V_2(x)\end{bmatrix}$$

其中 $V_i(x)(i=1,2)$ 取遍有理多项式集 $F(x)$ 中的所有的多项式.

作为上面的小结,我们还指出三点:

(1)我们也可以作矩阵 $\begin{bmatrix}f_1(x) & \\ \vdots & \boldsymbol{E}_n\\ f_n(x) & \end{bmatrix}$,对其进行初等行变换,求出 $d(x)$,$u_i(x)(i=1,2,\cdots,n)$.

(2)运用上述方法,可以求 n 元一次不定方程的所有整数解,这和前面介绍的求 n 元一次不定方程的整数通解的方法是一样的.

(3)运用上述方法,可以求 n 个整数的最大公约数问题.

例 9　求 $(120,504,882)=d$ 及 $x_1,x_2,x_3\in\mathbf{Z}$,使

$$d=120x_1+504x_2+882x_3$$

解　由

$$\begin{bmatrix}120&504&882\\1&0&0\\0&1&0\\0&0&1\end{bmatrix}\xrightarrow[T_{13}(-7)]{T_{12}(-4)}\begin{bmatrix}120&24&42\\1&-4&-7\\0&1&0\\0&0&1\end{bmatrix}$$

$$\xrightarrow[T_{23}(-1)]{T_{21}(-5)}\begin{bmatrix}0 & 24 & 18\\21 & -4 & -3\\-5 & 1 & -1\\0 & 0 & 1\end{bmatrix}$$

$$\xrightarrow{T_{32}(-1)}\begin{bmatrix}0 & 6 & 18\\21 & -1 & -3\\-5 & 2 & -1\\0 & -1 & 1\end{bmatrix}$$

$$\xrightarrow{T_{23}(-3)}\begin{bmatrix}0 & 6 & 0\\21 & -1 & 0\\-5 & 2 & -7\\0 & -1 & 4\end{bmatrix}$$

知 $d=6$，且 $6=120\times(-1)+504\times 2+882\times(-1)$.

下面，我们介绍一种最大公因式与最小公倍式的统一求法.

命题 1 设 $\boldsymbol{A}=\begin{bmatrix}f(x) & 0\\g(x) & g(x)\end{bmatrix}$，$\boldsymbol{P}=\begin{bmatrix}p_{11}(x) & p_{12}(x)\\p_{21}(x) & p_{22}(x)\end{bmatrix}$，其中 $f(x)\neq 0$，$g(x)\neq 0$，$p_{ij}(x)\in F[x]$ $(i,j=1,2)$，且 $\boldsymbol{P}$ 可逆. 若 $\boldsymbol{PA}=\boldsymbol{D}=\begin{bmatrix}d_1(x) & *\\0 & d_2(x)\end{bmatrix}$，且 $d_1(x)$，$d_2(x)$ 的首项系数为 1，则 $d_1(x)=(f(x),g(x))$，$d_2(x)=[f(x),g(x)]$. ①

① 王新民，孙霞. 最大公因式与最小公倍式的统一求法[J]. 数学通报，2001(12)：41.

事实上,因为 $\boldsymbol{PA}=\boldsymbol{D}=\begin{bmatrix} d_1(x) & * \\ 0 & d_2(x) \end{bmatrix}$,注意到每个可逆的多项式矩阵都可以表示为一些初等矩阵的乘积,以及对一个多项式矩阵施行初等变换不改变每个列向量的多项式的最大公因式,以及初等矩阵与初等变换的关系及 $d_1(x)$ 首项系数为 1 即得 $d_1(x)=(f(x),g(x))$.

又因为 $\det \boldsymbol{A}=f(x)g(x)$, $\det \boldsymbol{P}\det \boldsymbol{A}=\det \boldsymbol{PA}=\det \boldsymbol{D}=d_1(x)d_2(x)$,而 $\boldsymbol{P}$ 可逆,即 $\det \boldsymbol{P}$ 为非零常数,从而 $d_2(x)=\det \boldsymbol{P}\cdot\dfrac{f(x)g(x)}{d_1(x)}=\det \boldsymbol{P}\cdot\dfrac{f(x)g(x)}{(f(x),g(x))}$ 是 $f(x),g(x)$ 的最小公倍式. 再由 $d_2(x)$ 首项系数为 1 即得

$$d_2(x)=[f(x),g(x)]$$

显然,去掉 $f(x)\neq 0$, $g(x)\neq 0$ 及 $d_1(x)$, $d_2(x)$ 首项系数为 1 的条件,有 $d_1(x)$, $d_2(x)$ 分别是 $f(x)$ 与 $g(x)$ 的最大公因式和最小公倍式的结论. 由上述讨论可以得出最大公因式与最小公倍式的统一求法:

以 $f(x),g(x)$ 构造矩阵 $\boldsymbol{A}=\begin{bmatrix} f(x) & 0 \\ g(x) & g(x) \end{bmatrix}$,对 $\boldsymbol{A}$ 施行初等行变换,当 $\boldsymbol{A}$ 化为阶梯形矩阵 $\boldsymbol{D}=\begin{bmatrix} d_1(x) & * \\ 0 & d_2(x) \end{bmatrix}$ 时,则 $d_1(x)$ 为最大公因式, $d_2(x)$ 为最小公倍式.

例 10　设 $f(x)=2x^3+5x^2+4x+1$, $g(x)=x^3+4x^2+5x+2$,求 $(f(x),g(x))$, $[f(x),g(x)]$.

解 对 $\boldsymbol{A}=\begin{pmatrix} f(x) & 0 \\ g(x) & g(x) \end{pmatrix}$ 施行初等行变换

$$\boldsymbol{A}=\begin{bmatrix} 2x^3+5x^2+4x+1 & 0 \\ x^3+4x^2+5x+2 & x^3+4x^2+5x+2 \end{bmatrix}$$

$$\xrightarrow{T_{12}(-2)}\begin{bmatrix} -3x^2-6x-3 & -2x^3-8x^2-10x-4 \\ x^3+4x^2+5x+2 & x^3+4x^2+5x+2 \end{bmatrix}$$

$$\xrightarrow{D_2(3)}\begin{bmatrix} -3x^2-6x-3 & -2x^3-8x^2-10x-4 \\ 3x^3+12x^2+15x+6 & 3x^3+12x^2+15x+6 \end{bmatrix}$$

$$\xrightarrow{T_{21}(x)}\begin{bmatrix} -3x^2-6x-3 & -2x^3-8x^2-10x-4 \\ 6x^2+12x+6 & -2x^4-5x^3+2x^2+11x+6 \end{bmatrix}$$

$$\xrightarrow{T_{21}(2)}\begin{bmatrix} -3x^2-6x-3 & -2x^3-8x^2-10x-4 \\ 0 & -2x^4-9x^3-14x^2-9x-2 \end{bmatrix}$$

$$\xrightarrow{D_1\left(-\frac{1}{3}\right),D_2\left(-\frac{1}{2}\right)}\begin{bmatrix} x^2+2x+1 & \frac{2}{3}x^3+\frac{8}{3}x^2+\frac{10}{3}x+\frac{4}{3} \\ 0 & x^4+\frac{9}{2}x^3+7x^2+\frac{9}{2}x+1 \end{bmatrix}$$

所以

$$(f(x),g(x))=x^2+2x+1$$

$$[f(x),g(x)]=x^4+\frac{9}{2}x^3+7x^2+\frac{9}{2}+1$$

17.7 n 元二次多项式的因式分解

关于 n 元二次多项式的因式分解问题，我们仅对实系数的三元二次多项式的情形从理论上进行讨论，因为这种理论完全具有一般性，即对一般复系数的任意有限元的情形均成立.

设三元二次多项式的一般形式为

$$F(x,y,z)=a_{11}x^2+2a_{12}xy+2a_{13}xz+2a_{14}x+a_{22}y^2+2a_{23}yz+2a_{24}y+a_{33}z^2+2a_{34}z+a_{44}$$

其中 $a_{11},a_{12},a_{13},a_{22},a_{23},a_{33}$ 不全为零.

引理 3　$F(x,y,z)$ 可分解为 $(a_1x+a_2y+a_3z+a_4)\cdot(b_1x+b_2y+b_3z+b_4)$ 的充分必要条件是

$$\varphi(x_1,x_2,x_3,x_4)=a_{11}x_1^2+2a_{12}x_1x_2+2a_{13}x_1x_3+2a_{14}x_1x_4+a_{22}x_2^2+2a_{23}x_2x_3+2a_{24}x_2x_4+a_{33}x_3^2+2a_{34}x_3x_4+a_{44}x_4^2$$

可分解为

$$(a_1x_1+a_2x_2+a_3x_3+a_4x_4)(b_1x_1+b_2x_2+b_3x_3+b_4x_4)$$

证明　令 $x=\frac{x_1}{x_4},y=\frac{x_2}{x_4},z=\frac{x_3}{x_4}$,代入 $F(x,y,z)$,得

$$F(x,y,z)=F\left(\frac{x_1}{x_4},\frac{x_2}{x_4},\frac{x_3}{x_4}\right)=\frac{1}{x_4^2}\varphi(x_1,x_2,x_3,x_4)$$

先证必要性. 一方面

$$F(x,y,z)=\frac{1}{x_4^2}\varphi(x_1,x_2,x_3,x_4)$$

另一方面

$$\begin{aligned}&F(x,y,z)\\=&(a_1x+a_2y+a_3z+a_4)\cdot(b_1x+b_2y+b_3z+b_4)\\=&\left(a_1\frac{x_1}{x_4}+a_2\frac{x_2}{x_4}+a_3\frac{x_3}{x_4}+a_4\right)\cdot\\&\left(b_1\frac{x_1}{x_4}+b_2\frac{x_2}{x_4}+b_3\frac{x_3}{x_4}+b_4\right)\end{aligned}$$

$$=\frac{1}{x_4^2}(a_1x_1+a_2x_2+a_3x_3+a_4x_4)\cdot(b_1x_1+b_2x_2+b_3x_3+b_4x_4)$$

对照可得

$$\varphi(x_1,x_2,x_3,x_4)=(a_1x_1+a_2x_2+a_3x_3+a_4x_4)\cdot(b_1x_1+b_2x_2+b_3x_3+b_4x_4)$$

再证充分性. 一方面

$$\varphi(x_1,x_2,x_3,x_4)=x_4^2F\left(\frac{x_1}{x_4},\frac{x_2}{x_4},\frac{x_3}{x_4}\right)$$

另一方面

$$\begin{aligned}&\varphi(x_1,x_2,x_3,x_4)\\=&(a_1x_1+a_2x_2+a_3x_3+a_4x_4)\cdot\\&(b_1x_1+b_2x_2+b_3x_3+b_4x_4)\\=&x_4^2\left(a_1\frac{x_1}{x_4}+a_2\frac{x_2}{x_4}+a_3\frac{x_3}{x_4}+a_4\right)\cdot\\&\left(b_1\frac{x_1}{x_4}+b_2\frac{x_2}{x_4}+b_3\frac{x_3}{x_4}+b_4\right)\end{aligned}$$

即

$$F(x,y,z)=(a_1x+a_2y+a_3z+a_4)(b_1x+b_2y+b_3z+b_4)$$

以上引理告诉我们,$F(x,y,z)$的因式分解问题可以转化为二次齐次多项式$\varphi(x_1,x_2,x_3,x_4)$的因式分解问题.

由参考文献[1]中的二次齐次多项式(二次型)理论可知如下引理.

引理 4 $\varphi(x_1,x_2,x_3,x_4)$可分解为两个一次因式的充分必要条件是它的矩阵

$$A=\begin{bmatrix} a_{11} & a_{12} & a_{13} & a_{14} \\ a_{12} & a_{22} & a_{23} & a_{24} \\ a_{13} & a_{23} & a_{33} & a_{34} \\ a_{14} & a_{24} & a_{34} & a_{44} \end{bmatrix}$$

的秩 $r(\boldsymbol{A})=1$，或 $r(\boldsymbol{A})=2$ 且符号差为零.

由引理 3，不妨称 $\boldsymbol{A}$ 为 $F(x,y,z)$ 的矩阵.

下面具体讨论 $F(x,y,z)$ 的分解问题：

(1) 当 $a_{11}=a_{22}=a_{33}=a_{44}=0$ 时.

定理 6　$\varphi(x_1,x_2,x_3,x_4)$ 当 $a_{11}=a_{22}=a_{33}=a_{44}=0$ 时，可分解为两个一次因式的充分必要条件是 $a_{12}x_2+a_{13}x_3+a_{14}x_4$，$a_{12}x_1+a_{23}x_3+a_{24}x_4$，$a_{13}x_1+a_{23}x_2+a_{34}x_4$，$a_{14}x_1+a_{24}x_2+a_{34}x_3$ 这四个多项式中不为零的多项式都是 φ 的因式.

证明　先证必要性. 设

$$\varphi=(a_1x_1+a_2x_2+a_3x_3+a_4x_4)\cdot$$
$$(b_1x_1+b_2x_2+b_3x_3+b_4x_4)$$

由 $a_{11}=0\Rightarrow a_1\cdot b_1=0$. 不妨设 $a_1=0$.

1) 若 $b_1=0\Rightarrow\varphi$ 中含 x_1 的项全为零 $\Rightarrow\boldsymbol{A}$ 的第一行全为零，即 $a_{12}x_2+a_{13}x_3+a_{14}x_4=0$；

2) 若 $b_1\neq0$，由 $\varphi\neq0\Rightarrow a_2x_2+a_3x_3+a_4x_4\neq0$ 且是 φ 的一个一次因式.

考察 φ 中含 x_1 的所有项：

一方面，由 $\varphi(x_1,x_2,x_3,x_4)$ 的表达式知，φ 中含 x_1 的所有项为 $2x_1(a_{12}x_2+a_{13}x_3+a_{14}x_4)$；另一方面，由必要性题设 φ 的分解式知，φ 中含 x_1 的所有项为 $b_1x_1(a_2x_2+a_3x_3+a_4x_4)$，从而，$2(a_{12}x_2+a_{13}x_3+a_{14}x_4)=$

$b_1(a_2x_2+a_3x_3+a_4x_4)$，而 $b_1\neq0$，由 2) 知，$a_{12}x_2+a_{13}x_3+a_{14}x_4$ 是 φ 的一个一次因式. 同样可证得$a_{12}x_1+a_{23}x_3+a_{24}x_4$，$a_{13}x_1+a_{23}x_2+a_{34}x_4$，$a_{14}x_1+a_{24}x_2+a_{34}x_3$ 中不为零的多项式都是 φ 的因式.

再证充分性. 因为 φ 是二次多项式，所以 $\boldsymbol{A}\neq\boldsymbol{0}$. 而 φ 又含有一次因式，故 φ 可分解.

推论 1 对二次多项式 φ，当 $a_{11}=\cdots=a_{44}=0$ 时，它可分解的充分必要条件是 $\boldsymbol{A}$ 中有两行不成比例，且这两行决定了 φ 的两个一次因式. 而其余的行都分别是这两行中某行的倍数.

证明 因 $\varphi\neq0$，则 $\boldsymbol{A}\neq\boldsymbol{0}$，所以 $a_{ij}(i,j=1,2,3,4)$ 不全为零. 又 $a_{11}=\cdots=a_{44}=0$.

不妨设 $a_{kl}\neq0(k<l)$，这时 $\boldsymbol{A}$ 的第 k,l 行和 k,l 列构成的二级子式 $\begin{vmatrix}0 & a_{kl}\\ a_{kl} & 0\end{vmatrix}$ 不为零. 从而 $\boldsymbol{A}$ 的第 k,l 两行不成比例. 由定理 6 知这两行决定了 φ 的两个一次因式. 再由唯一分解定理知，其余的行都分别是这两行中某行的倍数.

推论 2 当 $a_{11}=\cdots=a_{44}=0$ 时，φ 可分解的充分必要条件是可用提公因式分解.

证明 若 φ 可分解，假定 φ 中含 x_1 的项不全为零，则 $2a_{12}x_2+2a_{13}x_3+2a_{14}x_4$ 是 φ 的一个一次因式. 反之显然.

(2) 当 $a_{11},a_{22},a_{33},a_{44}$不全为零时.

不妨设 $a_{11}\neq0$(其他情形可同样讨论)，为方便讨论，还设 $a_{11}>0$(当 $a_{11}<0$ 时可转化先讨论“$-\varphi$”的分

解)

$$A=\begin{bmatrix}a_{11}&a_{12}&a_{13}&a_{14}\\a_{12}&a_{22}&a_{23}&a_{24}\\a_{13}&a_{23}&a_{33}&a_{34}\\a_{14}&a_{24}&a_{34}&a_{44}\end{bmatrix}$$

$$=\begin{bmatrix}a_{11}&a_{12}&a_{13}&a_{14}\\a_{12}&\frac{a_{12}^2}{a_{11}}&\frac{a_{12}a_{13}}{a_{11}}&\frac{a_{12}a_{14}}{a_{11}}\\a_{13}&\frac{a_{12}a_{13}}{a_{11}}&\frac{a_{13}^2}{a_{11}}&\frac{a_{13}a_{14}}{a_{11}}\\a_{14}&\frac{a_{12}a_{14}}{a_{11}}&\frac{a_{13}a_{14}}{a_{11}}&\frac{a_{14}^2}{a_{11}}\end{bmatrix}-$$

$$\begin{bmatrix}0&0&0&0\\0&\frac{a_{12}^2}{a_{11}}-a_{22}&\frac{a_{12}a_{13}}{a_{11}}-a_{23}&\frac{a_{12}a_{14}}{a_{11}}-a_{24}\\0&\frac{a_{12}a_{13}}{a_{11}}-a_{23}&\frac{a_{13}^2}{a_{11}}-a_{33}&\frac{a_{13}a_{14}}{a_{11}}-a_{34}\\0&\frac{a_{12}a_{14}}{a_{11}}-a_{24}&\frac{a_{13}a_{14}}{a_{11}}-a_{34}&\frac{a_{14}^2}{a_{11}}-a_{44}\end{bmatrix}$$

$$\overset{令}{=}A_1-(A-A_1)\overset{令}{=}A_1-\begin{bmatrix}0&0&0&0\\0&&&\\0&&A_2&\\0&&&\end{bmatrix}$$

其中 A_1 是将 A 的 a_{11}所在的行和列照抄,其余的 3^2 个数是依照秩 $r(A_1)=1$ 的原则配齐的.

定理 7　φ 可分解为两个一次因式的充分必要条

件是 $r(\boldsymbol{A}_2)\leqslant 1$ 且 $\boldsymbol{A}_2$ 的主对角线上的数均非负.

证明 先证必要性. 若 φ 可分解,由引理 4 知 $r(\boldsymbol{A})\leqslant 2$. 因 $a_{11}\neq 0$,而

$$\boldsymbol{A}\text{ 与}\begin{bmatrix} a_{11} & 0 & 0 & 0 \\ 0 & & & \\ 0 & & \boldsymbol{A}_2 & \\ 0 & & & \end{bmatrix}$$

等价(因将 $\boldsymbol{A}$ 的第一行的 $-\frac{a_{12}}{a_{11}}$倍, $-\frac{a_{13}}{a_{11}}$倍, $-\frac{a_{14}}{a_{11}}$倍依次加到第二、三、四行,再将所得的矩阵的第一列的 $-\frac{a_{12}}{a_{11}}$, $-\frac{a_{13}}{a_{11}}$, $-\frac{a_{14}}{a_{11}}$倍依次加到第二、三、四列得到了 $\begin{bmatrix} a_{11} & 0 & 0 & 0 \\ 0 & & & \\ 0 & & \boldsymbol{A}_2 & \\ 0 & & & \end{bmatrix}$),因 $a_{11}\neq 0$,显然 $r(\boldsymbol{A})=1+r(\boldsymbol{A}_2)$,所以 $r(\boldsymbol{A}_2)\leqslant 1$.

下面证明 $\boldsymbol{A}_2$ 的主对角线上的三个数均非负.

用反证法. 若$\frac{a_{12}^2}{a_{11}}-a_{22}<0$,由 $r(\boldsymbol{A}_2)\leqslant 1$,则

$$\begin{vmatrix} \frac{a_{12}^2}{a_{11}}-a_{22} & \frac{a_{12}a_{13}}{a_{11}}-a_{23} \\ \frac{a_{12}a_{13}}{a_{11}}-a_{23} & \frac{a_{13}^2}{a_{11}}-a_{33} \end{vmatrix}=0\Rightarrow\frac{a_{13}^2}{a_{11}}-a_{33}\leqslant 0$$

同理可得

$$\frac{a_{14}^2}{a_{11}}-a_{44}\leqslant 0$$

注意到符号函数

$$\operatorname{sgn}(x)=\begin{cases}1, 当\ x>0\ 时\\0, 当\ x=0\ 时\\-1, 当\ x<0\ 时\end{cases}$$

由二次齐次多项式(二次型)与对称矩阵的一一对应关系知

$$\varphi(x_1,x_2,x_3,x_4)$$

$$=\left[\sqrt{a_{11}}x_1+\operatorname{sgn}(a_{12})\sqrt{\frac{a_{12}^2}{a_{11}}}x_2+\right.$$

$$\left.\operatorname{sgn}(a_{13})\sqrt{\frac{a_{13}^2}{a_{11}}}x_3+\operatorname{sgn}(a_{14})\sqrt{\frac{a_{14}^2}{a_{11}}}x_4\right]^2+$$

$$\left[\sqrt{a_{22}-\frac{a_{12}^2}{a_{11}}}x_2+\operatorname{sgn}\left(a_{23}-\frac{a_{12}a_{13}}{a_{11}}\right)\right]\cdot\sqrt{a_{33}-\frac{a_{13}^2}{a_{11}}}x_3+$$

$$\operatorname{sgn}\left[a_{24}-\frac{a_{12}a_{14}}{a_{11}}\cdot\sqrt{a_{44}-\frac{a_{14}^2}{a_{11}}}x_4\right]^2$$

由 $a_{11}\neq0$, $a_{22}-\frac{a_{12}^2}{a_{11}}\neq0$, 则 $r(\boldsymbol{A})=2$, 且符号差不为零. 由引理 4, φ 不可分解. 矛盾! 故 $\frac{a_{12}^2}{a_{11}}-a_{22}\geqslant0$.

同理可证

$$\frac{a_{13}^2}{a_{11}}-a_{33}\geqslant0, \frac{a_{14}^2}{a_{11}}-a_{44}\geqslant0$$

再证充分性. 若 $r(\boldsymbol{A}_2)=0$, 则

$$\varphi(x_1,x_2,x_3,x_4)$$

$$=\left[\sqrt{a_{11}}x_1+\operatorname{sgn}(a_{12})\sqrt{\frac{a_{12}^2}{a_{11}}}x_2+\operatorname{sgn}(a_{13})\cdot\right.$$

$$\sqrt{\frac{a_{13}^2}{a_{11}}}x_3+\mathrm{sgn}(a_{14})\sqrt{\frac{a_{14}^2}{a_{11}}}x_4\Bigg]^2$$

若 $r(\boldsymbol{A}_2)=1$,且 $\frac{a_{12}^2}{a_{11}}-a_{22},\frac{a_{13}^2}{a_{11}}-a_{33},\frac{a_{14}^2}{a_{11}}-a_{44}$ 都非负时,可证明这三个数中至少有一个数大于零(否则 $\boldsymbol{A}_2=\boldsymbol{0}$). 不妨设 $\frac{a_{12}^2}{a_{11}}-a_{22}>0$,则

$$\begin{aligned}&\varphi(x_1,x_2,x_3,x_4)\\&=\Bigg[\sqrt{a_{11}}x_1+\mathrm{sgn}(a_{12})\sqrt{\frac{a_{12}^2}{a_{11}}}x_2+\mathrm{sgn}(a_{13})\sqrt{\frac{a_{13}^2}{a_{11}}}x_3+\\&\mathrm{sgn}(a_{14})\sqrt{\frac{a_{14}^2}{a_{11}}}x_4\Bigg]^2-\Bigg[\sqrt{\frac{a_{12}^2}{a_{11}}-a_{22}}x_2+\mathrm{sgn}\left(\frac{a_{12}a_{13}}{a_{11}}-a_{23}\right)\cdot\\&\sqrt{\frac{a_{13}^2}{a_{11}}-a_{33}}x_3+\mathrm{sgn}\left(\frac{a_{12}a_{14}}{a_{11}}-a_{24}\right)\cdot\sqrt{\frac{a_{14}^2}{a_{11}}-a_{44}}x_4\Bigg]^2\end{aligned}$$

利用平方差公式可得 φ 的分解式. 当然 φ 可分解.

综上可得 n 元二次多项式因式分解的一般方法:

第一步:写出 $F(x,y,\cdots,w)$ 的矩阵 $\boldsymbol{A}$.

第二步:(1)当 $a_{11}=a_{22}=\cdots=a_{n+1,n+1}=0$ 时,如果 $\boldsymbol{A}$ 中有两行不成比例,且其余的行都分别是这两行中某行的倍数,则可按这两行写出 F 的两个一次因式(它们的积最多与 F 相差一非零常数倍),否则 F 不可分解.

(2)当 $a_{11},a_{22},\cdots,a_{n+1,n+1}$ 不全为零时,不妨设 $a_{ii}>0$($a_{ii}<0$ 时可先讨论 $-F$ 的分解). 由 $\boldsymbol{A}$ 写出 $\boldsymbol{A}_1$ 与 $\boldsymbol{A}-\boldsymbol{A}_1$(其中 $\boldsymbol{A}_1$ 是与 $\boldsymbol{A}$ 的第 i 行第 i 列的数完全相

同,其余的 n^2 个数是依据 $r(\boldsymbol{A}_1)=1$ 配齐的). 当 $r(\boldsymbol{A}_1-\boldsymbol{A})>1$,或当 $\boldsymbol{A}_2$ 的主对角线上元素有负数时,F 不能分解. 否则,由二次型与对称矩阵的一一对应关系,由 $\boldsymbol{A}_1$ 和 $\boldsymbol{A}-\boldsymbol{A}_1$ 将 F 写成两项的平方差,再利用平方差公式便可得到 F 的分解式.

第三步:整理所得结果.

例 11　判别下列各多项式是否可分解. 若可分解,则写出分解式.

(1) $F(x,y)=x^2-4xy+4y^2+2x-4y+1$;

(2) $F(x,y)=2x^2+2xy+3y^2+8x-2y$;

(3) $F(x,y,z)=12x^2-2y^2+5xy+16xz-4yz-x+3y+4z-1$.

解　(1) $\boldsymbol{A}=\begin{bmatrix}1&-2&1\\-2&4&-2\\1&-2&1\end{bmatrix}$,显然 $r(\boldsymbol{A})=1$,故 $F(x,y)=(x-2y+1)^2$.

(2) $$\boldsymbol{A}=\begin{bmatrix}2&1&4\\1&3&-1\\4&-1&0\end{bmatrix}=\begin{bmatrix}2&1&4\\1&\frac{1}{2}&2\\4&2&8\end{bmatrix}-\begin{bmatrix}0&0&0\\0&-\frac{5}{2}&-1\\0&-1&8\end{bmatrix}.$$

因 $-\frac{5}{2}<0$,故 $F(x,y)$ 不可分解.

(3) $$\boldsymbol{A}=\begin{bmatrix}12&\frac{5}{2}&8&-\frac{1}{2}\\\frac{5}{2}&-2&-2&\frac{3}{2}\\8&-2&0&2\\-\frac{1}{2}&\frac{3}{2}&2&-1\end{bmatrix}.$$

因 $a_{44}=-1\neq 0$，为计算方便，我们尽量选用“1”，故先考虑 $-F(x,y,z)$ 的分解问题

$$-\boldsymbol{A}=\begin{bmatrix}-12 & -\frac{5}{2} & -8 & \frac{1}{2}\\ -\frac{5}{2} & 2 & 2 & -\frac{3}{2}\\ -8 & 2 & 0 & -2\\ -\frac{1}{2} & -\frac{3}{2} & -2 & 1\end{bmatrix}$$

$$=\begin{bmatrix}\frac{1}{4} & -\frac{3}{4} & -1 & \frac{1}{2}\\ -\frac{3}{4} & \frac{9}{4} & 3 & -\frac{3}{2}\\ -1 & 3 & 4 & -2\\ \frac{1}{2} & -\frac{3}{2} & -2 & 1\end{bmatrix}-$$

$$\begin{bmatrix}\frac{49}{4} & \frac{7}{4} & 7 & 0\\ \frac{7}{4} & \frac{1}{4} & 1 & 0\\ 7 & 1 & 4 & 0\\ 0 & 0 & 0 & 0\end{bmatrix}$$

可知

$$-F(x,y,z)=\left(\frac{1}{2}x-\frac{3}{2}y-2z+1\right)^2-\left(\frac{7}{2}x+\frac{1}{2}y+2z\right)^2$$

故

$$F(x,y,z)=(4x-y+1)(3x+2y+4z-1)$$

17.8　n 元二次多项式的极值

在上节中,我们已看到:在研究 n 元二次多项式的有关问题时,常化为 $n+1$ 元二次齐次多项式(二次型)问题来讨论.

对于一个 n 元二次多项式

$$\sum_{i=1}^{n}\sum_{j=1}^{n} a_{ij}x_ix_j + 2\sum_{i=1}^{n} b_ix_i + c \qquad (17.8.1)$$

我们引进一个辅助元 $x_{n+1}(\equiv 1)$,则式(17.8.1)就可看作 $x_1,x_2,\cdots,x_n,x_{n+1}$ 的 $n+1$ 元二次齐次式(二次型)

$$\sum_{i=1}^{n+1}\sum_{j=1}^{n+1} a_{ij}x_ix_j \qquad (17.8.2)$$

其中 $a_{ij}=a_{ji}$, $a_{i,n+1}=a_{n+1,i}=b_i$, $a_{n+1,n+1}=c(i,j=1,2,\cdots,n)$. 将式(17.8.1)的二次项的矩阵记为

$$\boldsymbol{A}_1=\begin{bmatrix} a_{11} & a_{12} & \cdots & a_{1n} \\ a_{21} & a_{22} & \cdots & a_{2n} \\ \vdots & \vdots & & \vdots \\ a_{n1} & a_{n2} & \cdots & a_{nn} \end{bmatrix}$$

则式(17.8.2)的矩阵

$$\boldsymbol{A}=\begin{bmatrix} & & & & b_1 \\ & & & & b_2 \\ & & \boldsymbol{A}_1 & & \vdots \\ & & & & b_n \\ b_1 & b_2 & \cdots & b_n & c \end{bmatrix}$$

叫作 n 元二次式(17.8.1)的矩阵.

对矩阵 $\boldsymbol{A}$ 进行有限制的合同变换,即倍法变换和换法变换(直接的或间接的)只施行于 $\boldsymbol{A}_1$ 所在的行和列(即不对最后的行和列用数去乘,也不将最后的行或列和前面的行或列交换),且变换只进行到 $\boldsymbol{A}_1$ 对角化. 于是存在如下形式的 $n+1$ 阶可逆矩阵

$$\boldsymbol{P}=\begin{bmatrix} p_{11} & p_{12} & \cdots & p_{1n} & p_{1,n+1} \\ p_{21} & p_{22} & \cdots & p_{2n} & p_{2,n+1} \\ \vdots & \vdots & & \vdots & \vdots \\ p_{n1} & p_{n2} & \cdots & p_{nn} & p_{n,n+1} \\ 0 & 0 & \cdots & 0 & 1 \end{bmatrix} \quad (17.8.3)$$

使得

$$\boldsymbol{P}^{\mathrm{T}}\boldsymbol{A}\boldsymbol{P}=\begin{bmatrix} \boldsymbol{E}_s & & & & & 0 \\ & -\boldsymbol{E}_t & & & & 0 \\ & & 0 & & & b'_{r+1} \\ & & & \ddots & & \vdots \\ & & & & 0 & b'_n \\ 0 & 0 & b'_{r+1} & \cdots & b'_n & c' \end{bmatrix}$$

其中 $s+t=r=r(\boldsymbol{A}_1)$.

在上述变换中,由于矩阵 $\boldsymbol{P}$ 不是唯一的,为此先证明如下命题.

命题 2 当 $r<n$ 时,$b'_{r+1},b'_{r+2},\cdots,b'_n$是否全部为零,不随 $\boldsymbol{P}$ 的改变而改变.

证明 设有 $\boldsymbol{P}$,使 $\boldsymbol{P}^{\mathrm{T}}\boldsymbol{A}\boldsymbol{P}$ 中的 $b'_{r+1}=b'_{r+2}=\cdots=b'_n=0$,则 $\boldsymbol{P}^{\mathrm{T}}\boldsymbol{A}\boldsymbol{P}$ 的秩小于 $r+2$;若又有 $\boldsymbol{P}_1$,使 $\boldsymbol{P}_1^{\mathrm{T}}\boldsymbol{A}\boldsymbol{P}_1$ 中的 $b''_{r+1},b''_{r+2},\cdots,b''_n$不全为零,则 $\boldsymbol{P}_1^{\mathrm{T}}\boldsymbol{A}\boldsymbol{P}_1$ 的秩等于

$r+2$. 而 $\boldsymbol{P}$ 和 $\boldsymbol{P}_1$ 都是可逆矩阵,这是不可能的. 命题得证.

命题 3　当 $r=n$ 或 $r<n$,但 $b'_{r+1}=b'_{r+2}=\cdots=b'_n=0$ 时,$\boldsymbol{P}^{\mathrm{T}}\boldsymbol{AP}$ 中的 c' 是唯一确定的.

证明　若存在 p,使

$$\boldsymbol{P}^{\mathrm{T}}\boldsymbol{AP}=\begin{bmatrix}\boldsymbol{E}_s & & & & & \\ & -\boldsymbol{E}_t & & & & \\ & & 0 & & & \\ & & & \ddots & & \\ & & & & 0 & \\ & & & & & c'\end{bmatrix}$$

由线性方程组的理论,即存在 $l_1,l_2,\cdots,l_n$,使

$$\boldsymbol{A}_1\cdot\begin{bmatrix}l_1\\ l_2\\ \vdots\\ l_n\end{bmatrix}=\begin{bmatrix}b_1\\ b_2\\ \vdots\\ b_n\end{bmatrix}$$

且有

$$c'=c-(l_1b_1+l_2b_2+\cdots+l_nb_n)$$

若 $r(\boldsymbol{A}_1)=r=n$,显然 $l_1,l_2,\cdots,l_n$ 是唯一的,从而 c' 是唯一的.

若 $r(\boldsymbol{A}_1)=r<n$,此时线性方程组

$$\boldsymbol{A}_1\cdot\begin{bmatrix}x_1\\ x_2\\ \vdots\\ x_n\end{bmatrix}=\begin{bmatrix}b_1\\ b_2\\ \vdots\\ b_n\end{bmatrix}$$

的每一个解都是它的某一个固定解 $(l_1,l_2,\cdots,l_n)$ 与其

对应的齐次线性方程组 $\boldsymbol{A}_1\boldsymbol{X}=\boldsymbol{0}$ 的某个解$(d_1,d_2,\cdots,d_n)$的和.

由于 $\boldsymbol{A}_1^{\mathrm{T}}=\boldsymbol{A}_1$，于是有

$$[d_1\quad d_2\quad\cdots\quad d_n]\cdot\boldsymbol{A}_1=\left[\boldsymbol{A}_1\cdot\begin{bmatrix}d_1\\\vdots\\d_n\end{bmatrix}\right]^{\mathrm{T}}=[0\quad 0\quad\cdots\quad 0]$$

从而

$$[l_1+d_1\quad l_2+d_2\quad\cdots\quad l_n+d_n]\cdot\begin{bmatrix}b_1\\\vdots\\b_n\end{bmatrix}$$

$$=[l_1\quad l_2\quad\cdots\quad l_n]\cdot\begin{bmatrix}b_1\\\vdots\\b_n\end{bmatrix}+$$

$$[d_1\quad d_2\quad\cdots\quad d_n]\cdot\boldsymbol{A}_1\cdot\begin{bmatrix}l_1\\\vdots\\l_2\end{bmatrix}$$

$$=l_1b_1+l_2b_2+\cdots+l_nb_n$$

因此 c'也是唯一的. 命题获证.

我们对(17.8.2)施行如下的非退化线性变换

$$\begin{bmatrix}x_1\\x_2\\\vdots\\x_n\\x_{n+1}\end{bmatrix}=\boldsymbol{P}\cdot\begin{bmatrix}y_1\\y_2\\\vdots\\y_n\\y_{n+1}\end{bmatrix}\qquad(17.8.4)$$

则式(17.8.2)化为

$$y_1^2+\cdots+y_s^2-y_{s+1}^2-\cdots-y_{s+t}^2+$$
$$2b'_{r+1}y_{r+1}y_{n+1}+\cdots+2b'_ny_ny_{n+1}+c'y_{n+1}^2$$

显然,在上述变换下,恒有 $x_{n+1}=y_{n+1}=1$,即知此时式(17.8.1)化为

$$y_1^2+\cdots+y_s^2-y_{s+1}^2-\cdots-y_{s+t}^2+$$
$$2b'_{r+1}y_{r+1}+\cdots+2b'_ny_n+c' \qquad (17.8.5)$$

下面,我们对 s,t,r 及 $b'_{r+1},\cdots,b'_n$进行讨论.

若 $s=r=n$,此时式(17.8.5)化为

$$y_1^2+y_2^2+\cdots+y_n^2+c'$$

显然,在 $y_1=y_2=\cdots=y_n=0$ 时,取得极小值 c',且由式(17.8.3)及(17.8.4)可知极值点为

$$(x_1,x_2,\cdots,x_n)=(p_{1,n+1},p_{2,n+1},\cdots,p_{n,n+1})$$

若 $s=r<n$,且 $b'_{r+1}=b'_{r+2}=\cdots=b'_n=0$,则式(17.8.5)化为

$$y_1^2+y_2^2+\cdots+y_r^2+c'$$

此时,只需 $y_1=y_2=\cdots=y_r=0$,就取得极小值 c',同样由式(17.8.3)及(17.8.4)可知极值点为

$$(x_1,x_2,\cdots,x_n)=(p_{1,n+1}+p_{1,r+1}y_{r+1}+\cdots+p_{1n}y_n,\cdots,$$
$$p_{n,n+1}+p_{n,r+1}y_{r+1}+\cdots+p_{nn}y_n)$$

其中 $y_{r+1},y_{r+2},\cdots,y_n$ 可取任何实数.因而此时极值为广义极值.

若 $s=r<n$,但 $b'_{r+1},b'_{r+2},\cdots,b'_n$不全为零,则式(17.8.5)化为

$$y_1^2+y_2^2+\cdots+y_r^2+2b'_{r+1}y_{r+1}+\cdots+2b'_ny_n+c' \tag{17.8.6}$$

不妨设 $b'_{r+1}>0$($b'_{r+1}<0$ 类似讨论),对任意一组 $y_1,y_2,\cdots,y_n$ 的值,设式(17.8.6)的对应值为 m. 只需将 y_{r+1} 另取一较小的值(其差可任意小),就有式(17.8.6)的另一对应值 $m_1<m$;同样,若将 y_{r+1} 另取一较大的值(其差亦可任意小),就有另一对应值 $m_2>m$. 故此时无极值.

可以完全类似地讨论 $s=0$ 的情况,且其结论亦完全类似,只是极小值变成极大值.(略)

至于 $s\neq0,t\neq0$ 的情形,由式(17.8.5)可以看出,对任意一组 $y_1,y_2,\cdots,y_n$ 之值,只需对 y_1 或 y_{s+1} 做一任何微小改变,使其绝对值增大,其式(17.8.5)之对应值就会随之增大而减小,故此时亦无极值.

综上所述,可得下面的定理.

定理 8 实 n 元二次多项式(17.8.1),设其二次项的矩阵为 $\boldsymbol{A}_1$,$r(\boldsymbol{A}_1)=r$,多项式的矩阵为 $\boldsymbol{A}$,则存在 $n+1$ 阶可逆矩阵 $\boldsymbol{P}$,使得

$$\boldsymbol{P}^{\mathrm{T}}\boldsymbol{AP}=\begin{bmatrix}\boldsymbol{E}_s & & & & & 0\\ & -\boldsymbol{E}_t & & & & 0\\ & & 0 & & & b'_{r+1}\\ & & & \ddots & & \vdots\\ & & & & 0 & b'_n\\ 0 & 0 & b'_{r+1} & \cdots & b'_n & c'\end{bmatrix}$$

其中 $s+t=r$.

(1)若 $s(t)=r=n$,则式(17.8.1)存在极小(大)值 c',极值点为 $(x_1,\cdots,x_n)=(p_{1,n+1},\cdots,p_{n,n+1})$;

(2)若 $s(t)=r<n$,且 $b'_{r+1}=b'_{r+2}=\cdots=b'_n=0$,则式(17.8.1)存在广义极小(大)值为 c',极值点为

$$(x_1,\cdots,x_n)=(p_{1,n+1}+p_{1,r+1}y_{r+1}+\cdots+p_{1n}y_n,\cdots,\\ p_{n,n+1}+p_{n,r+1}y_{r+1}+\cdots+p_{nn}y_n)$$

其中 $y_{r+1},y_{r+2},\cdots,y_n$ 为任意实数;

(3)若 $s(t)=r<n$,但 $b'_{r+1},b'_{r+2},\cdots,b'_n$ 不全为零,则式(17.8.1)无极值;

(4)若 $s\neq0,t\neq0$,则式(17.8.1)无极值.

例 12　讨论 $x_1^2+3x_2^2+2x_3^2+3x_4^2+2x_1x_2+2x_1x_3+2x_1x_4+2x_2x_4+4x_3x_4+2x_1+4x_2-x_3-2x_4+3$ 是否有极值.

解　由

$$\boldsymbol{A}=\begin{bmatrix}1&1&1&1&1\\1&3&0&1&2\\1&0&2&2&-\frac{1}{2}\\1&1&2&3&-1\\1&2&-\frac{1}{2}&-1&3\end{bmatrix}$$

对 $\boldsymbol{A}$ 进行前面所述的有限制的合同变换(只化到 $\boldsymbol{A}_1$ 成对角形),可得

$$\begin{bmatrix} \boldsymbol{A} \\ \boldsymbol{E} \end{bmatrix} = \begin{bmatrix} 1 & 1 & 1 & 1 & 1 \\ 1 & 3 & 0 & 1 & 2 \\ 1 & 0 & 2 & 2 & -\frac{1}{2} \\ 1 & 1 & 2 & 3 & -1 \\ 1 & 2 & -\frac{1}{2} & -1 & 3 \\ 1 & 0 & 0 & 0 & 0 \\ 0 & 1 & 0 & 0 & 0 \\ 0 & 0 & 1 & 0 & 0 \\ 0 & 0 & 0 & 1 & 0 \\ 0 & 0 & 0 & 0 & 1 \end{bmatrix}$$

$$\to \cdots \to \begin{bmatrix} 1 & 0 & 0 & 0 & 0 \\ 0 & 2 & 0 & 0 & 0 \\ 0 & 0 & \frac{1}{2} & 0 & 0 \\ 0 & 0 & 0 & 0 & 0 \\ 0 & 0 & 0 & 0 & -\frac{1}{2} \\ 1 & -1 & -\frac{3}{2} & 2 & -\frac{7}{2} \\ 0 & 1 & \frac{1}{2} & -1 & \frac{1}{2} \\ 0 & 0 & 1 & -2 & 2 \\ 0 & 0 & 0 & 1 & 0 \\ 0 & 0 & 0 & 0 & 1 \end{bmatrix} = \begin{bmatrix} \boldsymbol{P}^{\mathrm{T}}\boldsymbol{A}\boldsymbol{P} \\ \boldsymbol{P} \end{bmatrix}$$

由后一个矩阵可知二次多项式有广义极小值 $-\frac{1}{2}$. 极值点为 $x_1 = -\frac{7}{2} + 2y_4, x_2 = \frac{1}{2} - y_4, x_3 = 2 -$

$2y_4, x_4 = y_4$，其中 y_4 为任意实数.

17.9　n 元二次齐次多项式的非负性判定

n 元二次齐次多项式的非负性判定，实质上就是它的矩阵（二次齐次多项式和它的矩阵是相互唯一决定的）半正定性判定.

例 13　设 A, B, C 是一个三角形的三内角，则对任何实数 x, y, z，有

$$x^2+y^2+z^2 \geqslant 2xy\cos C+2xz\cos B+2yz\cos A$$

这个不等式最先是 20 世纪 60 年代国外的一道数学竞赛题. 近几年，我国的初等数学研究工作者对此不等式进行了大量的卓有成效的研究，发现此不等式是一个应用广泛且内涵相当丰富的不等式，从它可以推出三角形中的许多著名不等式. 它的证明也有若干种，这里我们把它看作是一个三元二次齐次多项式的非负性判定，从而又给出一种证明如下：设

$$f(x,y,z)=x^2+y^2+z^2-2xy\cos C-2xz\cos B-2yz\cos A$$

要证明上述不等式，只需证明 $f(x,y,z) \geqslant 0$ 即可，即只需证矩阵

$$\boldsymbol{A}=\begin{bmatrix} 1 & -\cos C & -\cos B \\ -\cos C & 1 & -\cos A \\ -\cos B & -\cos A & 1 \end{bmatrix}$$

半正定便可. 而矩阵 $\boldsymbol{A}$ 的一阶、二阶主子式都明显大于零. 再由三角中熟知的恒等式

$$\cos^2 A+\cos^2 B+\cos^2 C+2\cos A \cdot \cos B \cdot \cos C=1$$

便知 $\boldsymbol{A}$ 的行列式 $|\boldsymbol{A}|=0$，从而知 $\boldsymbol{A}$ 是半正定的，故原不等式获证.

从上面的例子，我们看到，由 n 元二次齐次多项式构成的不等式等价于它的矩阵的正定性. 那么是否可变换一个正定矩阵并保持其正定性以得到一些新的不等式呢？能！请看：

例 14 设 a,b,c 是一个三角形的三边，则对任意实数 x,y,z 都有

$$a^2(x-y)(x-z)+b^2(y-z)(y-x)+c^2(z-x)(x-y)\geqslant 0$$

证明 由例 13 中 $\boldsymbol{A}$ 半正定，即

$$\begin{bmatrix}1 & -\cos C & -\cos B\\ -\cos C & 1 & -\cos A\\ -\cos B & -\cos A & 1\end{bmatrix}$$

$$=\begin{bmatrix}1 & -\frac{a^2+b^2-c^2}{2ab} & -\frac{a^2+c^2-b^2}{2ac}\\ -\frac{a^2+b^2-c^2}{2ab} & 1 & -\frac{b^2+c^2-a^2}{2bc}\\ -\frac{a^2+c^2-b^2}{2ac} & -\frac{b^2+c^2-a^2}{2bc} & 1\end{bmatrix}$$

是半正定的，对于后一个矩阵，将第一行和第一列同乘以 a，第二行和第二列同乘以 b，第三行和第三列同乘以 c，于是可得到矩阵

$$\begin{bmatrix}a^2 & \frac{1}{2}(c^2-a^2-b^2) & \frac{1}{2}(b^2-a^2-c^2)\\ \frac{1}{2}(c^2-a^2-b^2) & b^2 & \frac{1}{2}(a^2-b^2-c^2)\\ \frac{1}{2}(b^2-a^2-c^2) & \frac{1}{2}(a^2-b^2-c^2) & c^2\end{bmatrix}$$

是半正定的. 从而此矩阵对应的三元二次齐次多项式 $g(x,y,z)=a^2x^2+b^2y^2+c^2z^2+xy(c^2-a^2-b^2)+xz(b^2-a^2-c^2)+yz(a^2-b^2-c^2)$ 是非负的,故原不等式获证.

前面的例 13 也可叫作“三角形角的嵌入不等式”,例 14 也可叫作“三角形边的嵌入不等式”. 对于例 14,若令 $x=-a_1^2+b_1^2+c_1^2, y=a_1^2-b_1^2+c_1^2, z=a_1^2+b_1^2-c_1^2$,其中 a_1,b_1,c_1 是 $\triangle A_1B_1C_1$ 的三边,则有联系两个三角形的一个有趣不等式:在 $\triangle ABC$ 和 $\triangle A_1B_1C_1$ 中,不等式

$$a^2(b_1^2-a_1^2)(c_1^2-a_1^2)+b^2(c_1^2-b_1^2)(a_1^2-b_1^2)+$$
$$c^2(a_1^2-c_1^2)(b_1^2-c_1^2)\geqslant 0$$

成立.

例 15①　设 a,b,c 为正数,$\lambda>0,\mu>0$. 求证

$$\frac{9a}{\lambda b+\mu c}+\frac{16b}{\lambda c+\mu a}+\frac{25c}{\lambda a+\mu b}\geqslant\frac{44}{\lambda+\mu}$$

证明　利用柯西不等式可知

$$(\lambda+\mu)(bc+ca+ab)\cdot$$
$$\left(\frac{9a}{\lambda b+\mu c}+\frac{16b}{\lambda c+\mu a}+\frac{25c}{\lambda a+\mu b}\right)$$
$$=(\lambda ab+\mu ac+\lambda cb+\mu ab+\lambda ca+\mu bc)\cdot$$
$$\left(\frac{9a^2}{\lambda ab+\mu ac}+\frac{16b^2}{\lambda cb+\mu ab}+\frac{25c^2}{\lambda ca+\mu cb}\right)$$

---

①　宋志敏,伊枥. 数学问题 1885 的推广与再研究[J]. 数学通报,2011(12):27-28.

黄其华. 对“数学问题 1885 的推广与再研究”一文的存疑[J]. 数学通报,2012(6):57.

$$\geqslant (3a+4b+5c)^2$$

因此,得到

$$\frac{9a}{\lambda b+\mu c}+\frac{16b}{\lambda c+\mu a}+\frac{25c}{\lambda a+\mu b}\geqslant\frac{(3a+4b+5c)^2}{(\lambda+\mu)(bc+ca+ab)}$$

所以只需证不等式$(3a+4b+5c)^2\geqslant 44(bc+ca+ab)$成立.

于是,又只要证明 $9a^2+16b^2+25c^2-4bc-14ca-20ab\geqslant 0$,易知该二次型的矩阵 $\boldsymbol{A}=\begin{bmatrix} 9 & -10 & -7 \\ -10 & 16 & -2 \\ -7 & -2 & 25 \end{bmatrix}$,计算其所有主子式有:$D_1=9$,$D_2=16$,$D_3=25$,$D_4=\begin{vmatrix} 9 & -10 \\ -10 & 16 \end{vmatrix}=44$,$D_5=\begin{vmatrix} 9 & -7 \\ -7 & 25 \end{vmatrix}=176$,$D_6=\begin{vmatrix} 16 & -2 \\ -2 & 25 \end{vmatrix}=396$,$D_7=\det \boldsymbol{A}=0$,可知所有主子式皆非负,故 $9a^2+16b^2+25c^2-4bc-14ca-20ab\geqslant 0$ 成立.

注 当 $\lambda=\mu=1$ 时,即为《数学通报》1885 号数学问题:设 a,b,c 为正数,求证:$\frac{9a}{b+c}+\frac{16b}{c+a}+\frac{25c}{a+b}\geqslant 22$.

例 16 设 $x_i>0$,$i=1,2,3,4$,λ,μ 非负且满足 $\lambda+\mu=1$,则当 λ,μ 满足什么条件时,下面的不等式

$$\frac{x_1}{\lambda x_2+\mu x_3}+\frac{x_2}{\lambda x_3+\mu x_4}+\frac{x_3}{\lambda x_4+\mu x_1}+\frac{x_4}{\lambda x_1+\mu x_2}\geqslant 4$$

(当 $\lambda=\mu=\frac{1}{2}$ 时,即为著名的沙皮罗(Shapiro)不等

式)成立.

解　利用柯西不等式可知

$$\begin{aligned}&(x_1+x_2+x_3+x_4)^2\\ \leqslant&\left(\frac{x_1}{\lambda x_2+\mu x_3}+\frac{x_2}{\lambda x_3+\mu x_4}+\frac{x_3}{\lambda x_4+\mu x_1}+\frac{x_4}{\lambda x_1+\mu x_2}\right)\cdot\\&[x_1(\lambda x_2+\mu x_3)+x_2(\lambda x_3+\mu x_4)+\\&x_3(\lambda x_4+\mu x_1)+x_4(\lambda x_1+\mu x_2)]\end{aligned}$$

因此

$$\begin{aligned}&\frac{x_1}{\lambda x_2+\mu x_3}+\frac{x_2}{\lambda x_3+\mu x_4}+\frac{x_3}{\lambda x_4+\mu x_1}+\frac{x_4}{\lambda x_1+\mu x_2}\\ \geqslant&\frac{(x_1+x_2+x_3+x_4)^2}{x_1(\lambda x_2+\mu x_3)+x_2(\lambda x_3+\mu x_4)+x_3(\lambda x_4+\mu x_1)+x_4(\lambda x_1+\mu x_2)}\\ \geqslant&4\end{aligned}$$

则只需考虑二次型$(x_1+x_2+x_3+x_4)^2-4(\lambda x_1x_2+2\mu x_1x_3+\lambda x_1x_4+\lambda x_2x_4+2\mu x_2x_4+\lambda x_3x_4)$在$\lambda,\mu$满足什么条件时为半正定的,对于二次型对应的矩阵

$$\boldsymbol{A}=\begin{bmatrix}1&1-2\lambda&1-4\mu&1-2\lambda\\1-2\lambda&1&1-2\lambda&1-4\mu\\1-4\mu&1-2\lambda&1&1-2\lambda\\1-2\lambda&1-4\mu&1-2\lambda&1\end{bmatrix}$$

首先,其主对角线上元素都为 1,即四个一级主子式都非负;其次,(不同的)二级主子式有

$$D_1=\begin{vmatrix}1&1-2\lambda\\1-2\lambda&1\end{vmatrix}=4\lambda(1-\lambda)\geqslant0\Rightarrow0\leqslant\lambda\leqslant1$$

$$D_2=\begin{vmatrix}1&1-4\mu\\1-4\mu&1\end{vmatrix}=8\mu(1-2\mu)\geqslant0\Rightarrow0\leqslant\mu\leqslant\frac{1}{2}$$

(不同的)三级主子式有

$$\begin{vmatrix} 1 & 1-2\lambda & 1-4\mu \\ 1-2\lambda & 1 & 1-2\lambda \\ 1-4\mu & 1-2\lambda & 1 \end{vmatrix}$$

$$\begin{vmatrix} 1 & 1-2\lambda & 1-2\lambda \\ 1-2\lambda & 1 & 1-4\lambda \\ 1-2\lambda & 1-4\mu & 1 \end{vmatrix}$$

$$\begin{vmatrix} 1 & 1-4\mu & 1-2\lambda \\ 1-4\mu & 1 & 1-2\lambda \\ 1-2\lambda & 1-2\lambda & 1 \end{vmatrix}$$

这些行列式皆为：$D_3=-16\mu(2\lambda^2-2\lambda+\mu)$，当 $0\leqslant\mu\leqslant\frac{1}{2}$ 时，由条件 $\lambda+\mu=1$ 可得 $\frac{1}{2}\leqslant\lambda\leqslant1$，而 $2\lambda^2-2\lambda+\mu=2\lambda^2-2\lambda+1-\lambda=2\lambda^2-3\lambda+1=2\left(\lambda-\frac{3}{4}\right)^2-\frac{1}{8}$，故当 $\lambda=1$ 或 $\frac{1}{2}$ 时，$\left[2\left(\lambda-\frac{3}{4}\right)^2-\frac{1}{8}\right]_{\max}=0$，所以当 $0\leqslant\mu\leqslant\frac{1}{2}$，$\frac{1}{2}\leqslant\lambda\leqslant1$ 时，有 $D_3=-16\mu(2\lambda^2-2\lambda+\mu)\geqslant0$. 最后，$D_4=\det\boldsymbol{A}=0$.

综上，当 $\frac{1}{2}\leqslant\lambda\leqslant1$ 时，上面的不等式成立.

17.10 一些特殊的多项式问题

一、倒数多项式

若 $2m$ 次多项式 $f(x)$ 的根是互为倒数的 m 对，则

称此多项式 $f(x)$ 为倒数多项式；若 $2m$ 次多项式 $f(x)$ 的根是互为负倒数的 m 对，则称此多项式 $f(x)$ 为负倒数多项式.

由多项式的根与系数的关系，可推知：

倒数多项式的首末等距离的项的系数相等；

负倒数多项式的首末等距离的项的系数绝对值相同，其符号是由内向外先异号而后同号交替出现（缺项计算在内）.

倒数多项式的标准形式为

$$f(x)=a_mx^{2m}+a_{m-1}x^{2m-1}+\cdots+a_1x^{m+1}+a_0x^m+a_1x^{m-1}+\cdots+a_{m-1}x+a_m\quad(a_m\neq0) \tag{17.10.1}$$

在下列6个多项式中

$$f_1(x)=2x^4-9x^3+14x^2-9x+2$$

$$f_2(x)=x^8-2x^6+3x^4-2x^2+1$$

$$f_3(x)=2x^4-7x^3+2x^2+7x-2$$

$$f_4(x)=x^{10}-7x^8+17x^6-17x^4+7x^2-1$$

$$f_5(x)=x^{10}-3x^8+5x^6-5x^4+3x^2-1$$

$$f_6(x)=2x^4+7x^3-x^2+7x-2$$

可知 $f_1(x)$，$f_2(x)$ 是倒数多项式，$f_3(x)$，$f_4(x)$ 是负倒数多项式，而 $f_5(x)$，$f_6(x)$ 则不是倒数多项式或负倒数多项式，但 $f_5(x)=(x-1)(x+1)(x^8-2x^6+3x^4-2x^2+1)$，则称为可化为倒数多项式或负倒数多项式.

显然，倒数多项式或负倒数多项式是无零根的，则式(17.10.1)可写成

$$f(x)=x^m\left[\sum_{k=0}^{m-1}a_{m-k}\left(x^{m-k}+\frac{1}{x^{m-k}}\right)+a_0\right]$$

注意到

$$x^k+\frac{1}{x^k}=\left(x^{k-1}+\frac{1}{x^{k-1}}\right)\left(x+\frac{1}{x}\right)-\left(x^{k-2}+\frac{1}{x^{k-2}}\right)$$

如令 $x+\frac{1}{x}=y$,则有

$$x^2+\frac{1}{x^2}=\left(x+\frac{1}{x}\right)\left(x+\frac{1}{x}\right)-\left(x^0+\frac{1}{x^0}\right)=y^2-2$$

$$x^3+\frac{1}{x^3}=\left(x^2+\frac{1}{x^2}\right)\left(x+\frac{1}{x}\right)-\left(x+\frac{1}{x}\right)=y^3-3y$$

$$x^4+\frac{1}{x^4}=\left(x^3+\frac{1}{x^3}\right)\left(x+\frac{1}{x}\right)-\left(x^2+\frac{1}{x^2}\right)=y^4-4y^2+2$$

$$\vdots$$

因此,每一个 $x^n+\frac{1}{x^n}$都可以展为多项式

$$F_n\left(x+\frac{1}{x}\right)=F_n(y)$$

同样,由 $x^k+\frac{(-1)^k}{x^k}=\left(x^{k-1}+\frac{(-1)^{k-1}}{x^{k-1}}\right)\left(x-\frac{1}{x}\right)+\left(x^{k-2}+\frac{(-1)^{k-2}}{x^{k-2}}\right)$,也可将每一个 $x^n+\frac{(-1)^n}{x^n}$展为多项式 $F_n\left(x-\frac{1}{x}\right)$.

当 $n=1,2,3,\cdots$ 时,我们可列出 $F_n\left(x+\frac{1}{x}\right)$及 $F_n\left(x-\frac{1}{x}\right)$的分离系数矩阵 $\boldsymbol{A}$ 及 $\boldsymbol{B}$ 如下

$$A=\begin{bmatrix}1&0&0&0&0&\cdots\\1&-2&0&0&0&\cdots\\1&-3&0&0&0&\cdots\\1&-4&2&0&0&\cdots\\1&-5&5&0&0&\cdots\\1&-6&9&-2&0&\cdots\\1&-7&14&-7&0&\cdots\\\vdots&\vdots&\vdots&\vdots&\vdots&\ddots\end{bmatrix}$$

具中第 i 行元素是 $x^i+\frac{1}{x^i}$展开为多项式 $F_i\left(x+\frac{1}{x}\right)$的相应项系数,第一个元素 a_{i1} 是 y^i 的系数,第二个元素 a_{i2}是 y^{i-2} 的系数,以后每隔一项出现一次;从第三行起,任一位置的元素可如下推算:$a_{ij}=a_{i-1,j}-a_{i-2,j-1}$ $(i>2)$. 又

$$B=\begin{bmatrix}1&0&0&0&0&\cdots\\1&2&0&0&0&\cdots\\1&3&0&0&0&\cdots\\1&4&2&0&0&\cdots\\1&5&5&2&0&\cdots\\1&6&9&2&0&\cdots\\1&7&14&7&0&\cdots\\\vdots&\vdots&\vdots&\vdots&\vdots&\ddots\end{bmatrix}$$

矩阵 $\boldsymbol{B}$ 中的排列规律同 $\boldsymbol{A}$.

对于矩阵 $\boldsymbol{A}$,$\boldsymbol{B}$ 的第 n 行元素的计算,我们有如下两个结论.

定理 9　对于自然数 n,若令 $y=x-\frac{1}{x}$,则有

$$x^n+\frac{(-1)^n}{x^n}=\sum_{i=0}^{\left[\frac{n}{2}\right]}(C_{n-i}^i+C_{n-1-i}^{i-1})y^{n-2i}\tag{17.10.2}$$

其中$\left[\frac{n}{2}\right]$表示$\frac{n}{2}$的整数部分.

证明 用第二数学归纳法.

当 $n=1$ 时,式(17.10.2)显然成立.

假设当 $n<k$ 时,式(17.10.2)成立,往证 $n=k$ 时的情形,由于

$$x^k+\frac{(-1)^k}{x^k}=\left(x^{k-1}+\frac{(-1)^{k-1}}{x^{k-1}}\right)\left(x-\frac{1}{x}\right)-\left(x^{k-2}+\frac{(-1)^{k-2}}{x^{k-2}}\right)$$

及归纳假设有

$$\begin{aligned}x^k+\frac{(-1)^k}{x^k}&=\sum_{i=0}^{\left[\frac{k-1}{2}\right]}(C_{k-1-i}^i+C_{k-2-i}^{i-1})y^{k-2i}+\\&\quad\sum_{i=0}^{\left[\frac{k-2}{2}\right]}(C_{k-2-i}^i+C_{k-3-i}^{i-1})y^{k-2-2i}\\&=C_{k-1}^0y^k+\sum_{i=1}^{\left[\frac{k-1}{2}\right]}(C_{k-1-i}^i+C_{k-2-i}^{i-1})y^{k-2i}+\\&\quad\sum_{i=0}^{\left[\frac{k}{2}\right]}(C_{k-1-i}^{i-1}+C_{k-2-i}^{i-2})y^{k-2i}\end{aligned}$$

当 k 为奇数时,有(规定 $n<0$,或 $m<n$ 时,$C_m^n=0$)

$$y^k+\sum_{i=1}^{[\frac{k}{2}]}(C_{k-1-i}^{i}+C_{k-2-i}^{i-1})\cdot y^{k-2i}+$$

$$\sum_{i=1}^{[\frac{k}{2}]}(C_{k-1-i}^{i-1}+C_{k-2-i}^{i-2})\cdot y^{k-2i}$$

$$=y^k+\sum_{i=1}^{[\frac{k}{2}]}(C_{k-i}^{i}+C_{k-1-i}^{i-1})\cdot y^{k-2i}$$

$$=\sum_{i=0}^{[\frac{k}{2}]}(C_{k-i}^{i}+C_{k-1-i}^{i-1})\cdot y^{k-2i}$$

当 k 为偶数时,有(规定 $n<0$,或 $m<n$ 时,$C_m^n=0$)

$$y^k+\sum_{i=1}^{[\frac{k-2}{2}]}(C_{k-1-i}^{i}+C_{k-2-i}^{i-1})\cdot y^{k-2i}+$$

$$\sum_{i=0}^{[\frac{k-2}{2}]}(C_{k-1-i}^{i-1}+C_{k-2-i}^{i-2})\cdot y^{k-2i}+$$

$$(C_{k-1-\frac{k}{2}}^{\frac{k}{2}-1}+C_{k-2-\frac{k}{2}}^{\frac{k}{2}-2})\cdot y^{k-2\cdot\frac{k}{2}}$$

$$=y^k+\sum_{i=1}^{[\frac{k-2}{2}]}(C_{k-i}^{i}+C_{k-1-i}^{i-1})\cdot y^{k-2i}+$$

$$(C_{k-\frac{k}{2}}^{\frac{k}{2}}+C_{k-1-\frac{k}{2}}^{\frac{k}{2}-1})\cdot y^{k-2\cdot\frac{k}{2}}$$

$$=(C_{k-0}^{0}+C_{k-1-0}^{0-1})y^k+\sum_{i=1}^{[\frac{k}{2}]}(C_{k-i}^{i}+C_{k-1-i}^{i-1})\cdot y^{k-2i}$$

$$=\sum_{i=0}^{[\frac{k}{2}]}(C_{k-i}^{i}+C_{k-1-i}^{i-1})\cdot y^{k-2i}$$

由上即证得命题对一切自然数 n 成立.

上述定理给出了 $\boldsymbol{B}$ 中第 n 行元素的计算

$$B=\begin{bmatrix} \cdots & \cdots & \cdots & \cdots & \cdots & \cdots \\ C_n^0 & C_{n-1}^1+C_{n-2}^0 & C_{n-2}^2+C_{n-3}^1 & \cdots & C_{n-i}^i+C_{n-1-i}^{i-1} & \cdots \\ \cdots & \cdots & \cdots & \cdots & \cdots & \cdots \end{bmatrix}(\text{第 } n \text{ 行})$$

(第 $i+1$ 列) (17.10.3)

同样的,我们可证明如下定理.

定理 10 对于自然数 n,若令 $y=x+\frac{1}{x}$,则有

$$x^n+\frac{1}{x^n}=\sum_{i=0}^{\left[\frac{n}{2}\right]}(-1)^i(C_{n+1-i}^i-C_{n-1-i}^{i-2})\cdot y^{n-2i}$$

(17.10.4)

其中$\left[\frac{n}{2}\right]$表示$\frac{n}{2}$的整数部分.

此定理也给出了 $\boldsymbol{A}$ 中第 n 行元素的计算

$$A=\begin{bmatrix} \cdots & \cdots & \cdots & \cdots & \cdots & \cdots \\ C_{n+1}^0 & -C_n^1 & C_{n-1}^2-C_{n-3}^0 & \cdots & (-1)^i(C_{n+1-i}^i-C_{n-1-i}^{i-2}) & \cdots \\ \cdots & \cdots & \cdots & \cdots & \cdots & \cdots \end{bmatrix}(\text{第 } n \text{ 行})$$

(第 $i+1$ 列)

(17.10.5)

根据矩阵 $\boldsymbol{A},\boldsymbol{B}$ 的第 n 行元素的排列规律,我们可以简化倒数多项式与负倒数多项式的求根过程.

例 17 求多项式 $f(x)=x^{10}-7x^8+17x^6-17x^4+7x^2-1$ 的根.

解 $f(x)$为负倒数多项式,且

$$f(x)=x^5\cdot F\left(x-\frac{1}{x}\right)=x^5F(y)=x^5(y^5-2y^3+y)$$

对于 $F(y)=y^5-2y^3+y$ 可按递推十字相乘法求得其根 $y_1=0,y_2=y_3=1,y_4=y_5=-1$,从而求得

$$x_1=1$$

$$x_2=-1$$

$$x_3=x_4=\frac{1}{2}(1+\sqrt{3})$$

$$x_5=x_6=\frac{1}{2}(1-\sqrt{5})$$

$$x_7=x_8=\frac{1}{2}(\sqrt{5}-1)$$

$$x_9=x_{10}=\frac{1}{2}(-1-\sqrt{5})$$

例 18　求多项式 $f(x)=2x^8-17x^7-30x^6+17x^5-64x^4+17x^3-30x^2-17x+2$ 的零点.

解　$f(x)$ 为倒数多项式,且

$$f(x)=x^4\cdot F\left(x+\frac{1}{x}\right)=x^4\cdot F(y)$$

$$=x^4(2y^4-17y^3+22y^2+68y-120)$$

对于 $F(y)$ 可按递推十字相乘法分解因式

$$F(y)=(y^2-8y+12)(2y^2-y-10)$$

于是

$$y_1=2,y_2=6,y_3=\frac{5}{2},y_4=2$$

从而

$$x_1=1,x_2=1,x_3=3+\sqrt{8},x_4=3-\sqrt{8}$$

$$x_5=2,x_6=\frac{1}{2},x_7=-1,x_8=-1$$

利用(17.10.3)及(17.10.5),我们可求 $\sin n\theta$ 与 $\cos n\theta$ 的展开式.

如果我们令 $z=\cos\theta+\mathrm{i}\sin\theta$,则 $\bar{z}=z^{-1}=\cos\theta-$

$i\sin\theta$,且 $z+z^{-1}=2\cos\theta, z-z^{-1}=2i\sin\theta$,因此

$$\begin{aligned}\cos n\theta &= \frac{1}{2}(z^n+z^{-n})\\ &= \frac{1}{2}\sum_{k=0}^{[\frac{n}{2}]}(-1)^k(C_{n+1-k}^k - C_{n-1-k}^{k-2})\cdot y^{n-2k}\\ &= \frac{1}{2}F_n(y) = \frac{1}{2}F_n(2\cos\theta)\end{aligned}$$

其中 $F_n(y)$ 是 $2\cos\theta$ 的 n 次多项式,其系数由矩阵(17.10.5)排出.

特别的,当 $n=2,3,4$ 时,有

$$\begin{aligned}\cos 2\theta &= \frac{1}{2}\sum_{k=0}^{1}(-1)^k C_{3-k}^k(2\cos\theta)^{2-2k}\\ &= \frac{1}{2}(4\cdot C_3^0\cdot\cos^2\theta - C_2^1) = 2\cos^2\theta-1\end{aligned}$$

$$\begin{aligned}\cos 3\theta &= \frac{1}{2}\sum_{k=0}^{1}(-1)^k C_{4-k}^k(2\cos\theta)^{3-2k}\\ &= \frac{1}{2}(8\cdot C_4^0\cdot\cos^3\theta - 2\cdot C_3^1\cdot\cos\theta)\\ &= 4\cos^3\theta-3\cos\theta\end{aligned}$$

$$\begin{aligned}\cos 4\theta &= \frac{1}{2}\sum_{k=0}^{2}(-1)^k(C_{5-k}^k - C_{3-k}^{k-2})\cdot(2\cos\theta)^{4-2k}\\ &= \frac{1}{2}(16\cdot C_5^0\cdot\cos^4\theta - 4\cdot C_4^1\cdot\cos^2\theta + (C_3^2 - C_1^0))\\ &= 8\cos^4\theta - 8\cos^2\theta+1\end{aligned}$$

又有

$$\begin{aligned}\sin n\theta &= \frac{1}{2i}(z^n - z^{-n})\\ &= \frac{1}{2i}\sum_{k=0}^{[\frac{n}{2}]}(C_{n-k}^k + C_{n-1-k}^{k-1})\cdot y^{n-2k}\end{aligned}$$

$$=\frac{1}{2\mathrm{i}}F_n(y)=\frac{1}{2\mathrm{i}}F_n(2\mathrm{i}\sin\theta)$$

其中 $F_n(y)$ 是 $2\mathrm{i}\sin\theta$ 的 n 次多项式，其系数由矩阵(17.10.3)排出.

例如

$$\sin 3\theta=\frac{1}{2\mathrm{i}}\sum_{k=0}^{1}(\mathrm{C}_{3-k}^{k}+\mathrm{C}_{3-1-k}^{k-1})\cdot(2\mathrm{i}\sin\theta)^{3-2k}$$

$$=\frac{1}{2\mathrm{i}}[\mathrm{C}_3^0\cdot(2\mathrm{i}\sin\theta)^3+(\mathrm{C}_2^1+\mathrm{C}_1^0)(2\mathrm{i}\sin\theta)]$$

$$=3\sin\theta-4\sin^3\theta$$

二、条件零点(根)多项式

应用二次三项式的韦达定理，可以解决这样的问题：已知一个二次三项式，不求其零点(根)，求作另一个二次三项式，使它的零点与原二次三项式的零点有某些特殊关系，例如，使它的零点是原二次三项式各零点的相反数、k 倍、平方、立方、倒数等.

在解题过程中，往往需要将关于原多项式的零点呈对称的一些代数式表示成为原多项式系数的新代数式，而其中的计算量是较大的，并且如果所要求的特殊关系复杂，或者多项式的次数较高时，计算则更繁. 这里我们应用矩阵的方法建立具有给定特殊关系的多项式.

例 19　设 x_1,x_2,x_3 是多项式 $f(x)=x^3+x^2+x+2$ 的根，$\phi(x)=x^2+x+1$，求多项式 $g(y)$，使 $y_1=\phi(x_1),y_2=\phi(x_2),y_3=\phi(x_3)$ 是 $g(y)$ 的根.

此类问题的一般解法是：利用根与系数的关系，把关于 y_1,y_2,y_3 的三个初等对称多项式表示为 $f(x)$ 的系数多项式，经过繁复的计算得

$$y_1+y_2+y_3=(x_1^2+x_2^2+x_3^2)+(x_1+x_2+x_3)+3$$
$$=\alpha_1^2-2\alpha_2-\alpha_1+3$$
$$y_1y_2+y_1y_3+y_2y_3=(\alpha_2^2-2\alpha_1\alpha_3)+(-\alpha_1\alpha_2+3\alpha_3)+$$
$$2(\alpha_1^2-2\alpha_2)+\alpha_2-2\alpha_1+3$$
$$y_1y_2y_3=\alpha_3^2-\alpha_2\alpha_3+(\alpha_2^2-2\alpha_1\alpha_1+\alpha_1\alpha_3)-$$
$$(-\alpha_1\alpha_2+2\alpha_3)+\alpha_1^2-\alpha_2-\alpha_1+1$$

其中

$$\alpha_1=x_1+x_2+x_3$$
$$\alpha_2=x_1x_2+x_1x_3+x_2x_3$$
$$\alpha_3=x_1x_2x_3$$

将 $\alpha_1=\alpha_2=1,\alpha_3=2$ 代入上面三式,才可求得

$$g(y)=y^3-y^2+2y-4$$

但是,求解此类问题若引入矩阵,情形就大不一样了,为此,先介绍如下几个定理.

定理 11 设 $f(x)=a_nx^n+a_{n-1}x^{n-1}+\cdots+a_1x+a_0$ 是实(或复)系数 n 次多项式,则 $f(x)=a_n|x\boldsymbol{E}_n-\boldsymbol{A}|$,即 $\frac{1}{a_n}f(x)$ 是矩阵 $\boldsymbol{A}$ 的特征多项式,其中 $\boldsymbol{E}_n$ 是 n 阶单位矩阵,而

$$\boldsymbol{A}=\begin{bmatrix}-\frac{a_{n-1}}{a_n} & 1 & 0 & \cdots & 0 & 0\\ -\frac{a_{n-2}}{a_n} & 0 & 1 & \cdots & 0 & 0\\ \vdots & \vdots & \vdots & & \vdots & \vdots\\ -\frac{a_1}{a_n} & 0 & 0 & \cdots & 0 & 1\\ -\frac{a_0}{a_n} & 0 & 0 & \cdots & 0 & 0\end{bmatrix} \tag{17.10.6}$$

证明　由定理 1 中的行列式(17.1.1)的第一行乘以 x 加到第二行,然后按第二列展开,整理即得.(下略)

定理 12　设 λ 是 n 阶矩阵 $\boldsymbol{A}$ 即(17.10.6)的特征值,$\phi(x)=b_mx^m+b_{m-1}x^{m-1}+\cdots+b_1x+b_0$ 是任意一个多项式,那么 $\phi(\lambda)$ 是 $\phi(\boldsymbol{A})=b_m\boldsymbol{A}^m+\cdots+b_1\boldsymbol{A}+b_0\boldsymbol{E}$ 的特征值.

证明　可设 n 维列向量 $\boldsymbol{\alpha}\neq\boldsymbol{0}$ 是 $\boldsymbol{A}$ 的属于 λ 的特征向量,即有 $\boldsymbol{A\alpha}=\lambda\boldsymbol{\alpha}$,故 $\boldsymbol{A}^2\boldsymbol{\alpha}=\boldsymbol{A}(\lambda\boldsymbol{\alpha})=\lambda\boldsymbol{A\alpha}=\lambda^2\boldsymbol{\alpha}$,可归纳得出 $\boldsymbol{A}^k\boldsymbol{\alpha}=\lambda^k\boldsymbol{\alpha}$,于是 $\phi(\boldsymbol{A})\cdot\boldsymbol{\alpha}=b_m\boldsymbol{A}^m\cdot\boldsymbol{\alpha}+b_{m-1}\boldsymbol{A}^{m-1}\cdot\boldsymbol{\alpha}+\cdots+b_1\boldsymbol{A}\cdot\boldsymbol{\alpha}+b_0\boldsymbol{E}\cdot\boldsymbol{\alpha}=b_m\lambda^m\cdot\boldsymbol{\alpha}+b_{m-1}\lambda^{m-1}\cdot\boldsymbol{\alpha}+\cdots+b_1\lambda\boldsymbol{\alpha}+b_0\boldsymbol{\alpha}=\phi(\lambda)\cdot\boldsymbol{\alpha}$,所以$\phi(\lambda)$是 $\phi(\boldsymbol{A})$的特征值.

综上,有下面的定理.

定理 13　设 $x_1,x_2,\cdots,x_n$ 是多项式 $f(x)=a_nx^n+a_{n-1}x^{n-1}+\cdots+a_1x+a_0$ 的根,n 阶矩阵 $\boldsymbol{A}$ 如上定理 11 中形式,$\phi(x)$是任意多项式,那么以 $y_i=\phi(x_i)(i=1,2,\cdots,n)$为根的多项式是 $g(y)$,其中 $g(y)=|y\boldsymbol{E}-\boldsymbol{B}|$ 是矩阵 $\boldsymbol{B}=\phi(\boldsymbol{A})$的特征多项式.

下面我们再解答本节开头的问题:

据定理 11,$f(x)$是矩阵 $\boldsymbol{A}=\begin{bmatrix}-1&1&0\\-1&0&1\\-2&0&0\end{bmatrix}$的特征多项式,而 x_1,x_2,x_3 是 $\boldsymbol{A}$ 的特征值.由定理 12,$y_i=\phi(x_i)(i=1,2,3)$是矩阵 $\boldsymbol{B}=\phi(\boldsymbol{A})$的特征值,$\boldsymbol{B}=$

$$A^2+A+E=\begin{bmatrix}0&0&1\\-2&0&1\\0&-2&1\end{bmatrix}$$，再由定理 13，多项式

$$g(y)=|yE-B|=\begin{vmatrix}y&0&-1\\2&y&-1\\0&2&y-1\end{vmatrix}=y^3-y^2+2y-4$$

作为本部分的结束语，我们指出两点：

(1)如果所要求的多项式其根是原多项式根的相反数、k 倍、平方、立方、倒数，则只要分别令 $\phi(x)=-x,kx,x^2,x^3,\frac{1}{x}$ $\left(\text{或直接取 } g(y)=y^n\cdot g\left(\frac{1}{y}\right)\right)$即可.

(2)定理 11 中以$\frac{1}{a_n}\cdot f(x)$为其特征多项式的矩阵 A 不是唯一的，因而定理 13 中的 B 也不是唯一的，但满足条件 $y_i=\phi(x_i)$ 的多项式却是唯一的. 例如前述例题中可取 $A=\begin{bmatrix}-1&1&-1\\-2&0&2\\-1&0&0\end{bmatrix}$，则 $B=A^2+A+E=$ $\begin{bmatrix}0&0&2\\-2&-1&4\\0&-1&2\end{bmatrix}$，但 $g(y)$ 没变.

三、整值多项式

一个多项式 $f(x)$，如果当 x 取任一整数值时，$f(x)$ 之值恒为整数，则称之为整值多项式.

显然，任何整系数多项式均为整值多项式.

如何判断一个有理数系数多项式为整值多项式？

这里,我们介绍利用矩阵(10.3.16)来判断的方法.

为此,先介绍一个定理.

定理 14　任何一个 n 次多项式 $f(x)=a_nx^n+a_{n-1}x^{n-1}+\cdots+a_1x+a_0$ 可表示成为

$$f(x)=b_0+\frac{1}{1!}b_1x+\frac{1}{2!}b_2x(x-1)+\cdots+\frac{1}{n!}b_nx(x-1)\cdots(x-n+1) \quad (17.10.7)$$

且系数 $b_0,b_1,\cdots,b_n$ 是唯一确定的常数.

证明　显然式(17.10.7)两边都是 n 次多项式,当 x 取值 $0,1,2,\cdots,n$ 这 $n+1$ 个不同的值时,得到关于 $b_0,b_1,\cdots,b_n$ 的方程组

$$\boldsymbol{D}\cdot\boldsymbol{B}=\boldsymbol{C}$$

其中

$$\boldsymbol{D}=\begin{bmatrix}1&0&0&\cdots&0\\1&\mathrm{C}_1^1&0&\cdots&0\\1&\mathrm{C}_2^1&\mathrm{C}_2^2&\cdots&0\\\vdots&\vdots&\vdots&&\vdots\\1&\mathrm{C}_n^1&\mathrm{C}_n^2&\cdots&\mathrm{C}_n^n\end{bmatrix},\boldsymbol{B}=\begin{bmatrix}b_0\\b_1\\\vdots\\b_n\end{bmatrix},\boldsymbol{C}=\begin{bmatrix}f(0)\\f(1)\\\vdots\\f(n)\end{bmatrix}$$

而

$$|\boldsymbol{D}|=1\cdot\mathrm{C}_1^1\cdot\mathrm{C}_2^2\cdot\cdots\cdot\mathrm{C}_n^n=1$$

故存在唯一的一组常数 $b_0,b_1,\cdots,b_n$.

由定理 14,可知(17.10.7)中的多项式 $f(x)$ 为整值多项式的充要条件是 $b_0,b_1,\cdots,b_n$ 均为整数. 由于矩阵(10.3.16)中的元素由式(10.3.15)知均为整数,因此,若 $b_j(j=0,1,\cdots,n)$ 能由矩阵(10.3.16)中元素 H_n^r

表示,则可说明 b_j 均为整数了.

我们以 $x-1$ 代替式(10.3.15)中的 x,得

$$x^k = \mathrm{H}_k^0 + (x-1)\cdot \mathrm{H}_k^1 + \cdots + (x-1)(x-2)\cdots(x-k)\cdot \mathrm{H}_k^k$$

所以

$$x^{k+1} = x\cdot \mathrm{H}_k^0 + x(x-1)\cdot \mathrm{H}_k^1 + \cdots + x(x-1)\cdots(x-k)\cdot \mathrm{H}_k^k$$

于是有

$$\begin{aligned} f(x) &= a_0 + a_1\mathrm{H}_0^0x + a_2[\mathrm{H}_1^0x + \mathrm{H}_1^1x(x-1)] + \cdots + \\ &\quad a_n[\mathrm{H}_{n-1}^0x + \mathrm{H}_{n-1}^1x(x-1) + \cdots + \\ &\quad \mathrm{H}_n^n x(x-1)\cdots(x-n+1)] \\ &= a_0 + \sum_{i=0}^{n-1} a_{i+1}\mathrm{H}_i^0x + \sum_{i=0}^{n-1} a_{i+1}\mathrm{H}_i^1x(x-1) + \cdots + \\ &\quad a_0\mathrm{H}_{n-1}^{n-1}x(x-1)\cdots(x-n+1) \\ &\equiv b_0 + \frac{1}{1!}b_1x + \frac{1}{2!}b_2x(x-1) + \cdots + \\ &\quad \frac{1}{n!}b_nx(x-1)\cdots(x-n+1) \end{aligned}$$

分别令 $x=0,1,2,\cdots,n$,就得

$$b_0 = a_0$$

$$b_j = j!\sum_{i=j-1}^{n-1} a_{i+1}\cdot \mathrm{H}_i^{j-1} \quad (i=1,2,\cdots,n)$$

例 20 证明:多项式 $f(x) = \frac{34}{105}x + \frac{1}{3}x^3 + \frac{1}{5}x^5 + \frac{1}{7}x^7$ 是整值多项式.

证明 由 $a_0 = a_2 = a_4 = a_6 = 0, a_1 = \frac{34}{105}, a_3 = \frac{1}{3}$,

$a_5=\frac{1}{5},a_7=\frac{1}{7}.$

利用矩阵(10.3.16),计算得

$$b_0=a_0=0$$

$$b_1=\sum_{i=0}^{6}a_{i+1}\cdot \mathrm{H}_i^0=\frac{34}{105}+\frac{1}{3}+\frac{1}{5}+\frac{1}{7}=1$$

$$b_2=2!\sum_{i=1}^{6}a_{i+1}\cdot \mathrm{H}_i^1$$

$$=2\left(\frac{1}{3}\cdot 3+\frac{1}{5}\cdot 15+\frac{1}{7}\cdot 63\right)=26$$

$$b_3=3!\sum_{i=2}^{6}a_{i+1}\cdot \mathrm{H}_i^2=6\left(\frac{1}{3}+\frac{1}{5}\cdot 25+\frac{1}{7}\cdot 301\right)=290$$

$$b_4=4!\sum_{i=3}^{6}a_{i+1}\cdot \mathrm{H}_i^3=24\left(\frac{1}{5}\cdot 10+\frac{1}{7}\cdot 350\right)=1\ 248$$

$$b_5=5!\sum_{i=4}^{6}a_{i+1}\cdot \mathrm{H}_i^4=120\left(\frac{1}{5}+\frac{1}{7}\cdot 140\right)=2\ 424$$

$$b_6=6!\sum_{i=5}^{6}a_{i+1}\cdot \mathrm{H}_i^5=720\cdot\frac{1}{7}\cdot 21=2\ 160$$

$$b_7=7!\cdot a_7\cdot \mathrm{H}_6^6=7!\cdot\frac{1}{7}=720$$

可见,$b_0,b_1,\cdots,b_7$ 均为整数,因此 $f(x)$ 是整值多项式.

17.11　实系数一元高次方程的求解

实系数一元一次方程、一元二次方程、一元三次方程都有求根公式. 实系数一元高次方程在这里是指次数高于三次的方程.

一、实系数一元四次方程问题

对于实系数一元四次方程

$$a_0x^4+a_1x^3+a_2x^2+a_3x+a_4=0$$
$$(a_0\neq 0, a_i\in\mathbf{R}, 0\leqslant i\leqslant 4) \qquad (17.11.1)$$

可以通过矩阵变换来求解.①

首先,看如下几条引理:

引理 5 记

$$\boldsymbol{Y}^{\mathrm{T}}=[x^2 \quad x \quad 1]$$

$$\boldsymbol{A}=\begin{bmatrix} a_0 & \frac{a_1}{2} & u \\ \frac{a_1}{2} & a_2-2u & \frac{a_3}{2} \\ u & \frac{a_3}{2} & a_4 \end{bmatrix}$$

则一元四次方程(17.11.1)等价于 $\boldsymbol{Y}^{\mathrm{T}}\boldsymbol{A}\boldsymbol{Y}=0$,这里 u 是任一实数.

引理 6 一定存在某一实数 u^*,使得 $\det \boldsymbol{A}=0$.

证明 因为 $\det \boldsymbol{A}=0$,即

$$\det \boldsymbol{A}=\begin{vmatrix} a_0 & \frac{a_1}{2} & u \\ \frac{a_1}{2} & a_2-2u & \frac{a_3}{2} \\ u & \frac{a_3}{2} & a_4 \end{vmatrix}=0$$

① 盛兴平. 实系数一元四次方程的矩阵解法[J]. 数学通报,2002(12):37.

展开并整理得

$$8u^3-4a_2u^2+(2a_1a_3-8a_0a_4)u+$$
$$(4a_0a_2a_4-a_0a_3^2-a_1^2a_4)=0 \qquad (17.11.2)$$

方程(17.11.2)是关于 u 的三次方程,根据根的存在性定理知方程(17.11.2)一定存在一个实根 u^*,故引理 6 成立.

引理 7　设 $\det \boldsymbol{A}=0$,则存在某一替换矩阵 $\boldsymbol{P}$,使得 $\boldsymbol{P}^{\mathrm{T}}\boldsymbol{A}\boldsymbol{P}=\mathrm{diag}[\lambda_1 \quad \lambda_2 \quad 0]$.

事实上,注意到 $\boldsymbol{A}$ 是实对称矩阵,可参见式(17.8.3)即可得结论.

为方便,记 $\boldsymbol{Z}=\boldsymbol{P}^{-1}\boldsymbol{Y}=[z_1 \quad z_2 \quad z_3]^{\mathrm{T}}$. 由上述引理,我们有下述结论:

结论 1　一元四次方程(17.11.1)等价于

$$\boldsymbol{Z}^{\mathrm{T}}\mathrm{diag}[\lambda_1 \quad \lambda_2 \quad 0]\boldsymbol{Z}=0$$

事实上,因为一元四次方程

$$\begin{aligned}\boldsymbol{Y}^{\mathrm{T}}\boldsymbol{A}\boldsymbol{Y}&=(\boldsymbol{P}\boldsymbol{Z})^{\mathrm{T}}\boldsymbol{A}(\boldsymbol{P}\boldsymbol{Z})=\boldsymbol{Z}^{\mathrm{T}}\boldsymbol{P}^{\mathrm{T}}\boldsymbol{A}\boldsymbol{P}\boldsymbol{Z}\\&=\boldsymbol{Z}^{\mathrm{T}}\mathrm{diag}[\lambda_1 \quad \lambda_2 \quad 0]\boldsymbol{Z}=0\end{aligned}$$

结论 2　一元四次方程 $a_0x^4+a_1x^3+a_2x^2+a_3x+a_4=0$ 的解实质上就是方程 $\lambda_1z_1^2+\lambda_2z_2^2=0$ 的解,而方程 $\lambda_1z_1^2+\lambda_2z_2^2=0$ 又等价于

$$(\sqrt{\lambda_1}z_1+\mathrm{i}\sqrt{\lambda_1}z_2)(\sqrt{\lambda_1}z_1-\mathrm{i}\sqrt{\lambda_1}z_2)=0$$

这里,z_1,z_2 是 $x^2,x,1$ 的线性组合,此时,一元四次方程(17.11.1)的解就是 $\sqrt{\lambda_1}z_1+\mathrm{i}\sqrt{\lambda_1}z_2=0$ 与 $\sqrt{\lambda_1}z_1-\mathrm{i}\sqrt{\lambda_1}z_2=0$的解的并.

例 21　求解一元四次方程

$$x^4+2x^3+2x^2+4x+4=0 \qquad (17.11.3)$$

的四个根.

解 该方程等价于

$$[x^2 \quad x \quad 1]\begin{bmatrix}1 & 1 & u\\ 1 & 2-2u & 2\\ u & 2 & 4\end{bmatrix}\begin{bmatrix}x^2\\ x\\ 1\end{bmatrix}=0$$

令 $\begin{vmatrix}1 & 1 & u\\ 1 & 2-2u & 2\\ u & 2 & 4\end{vmatrix}=0$,得 $u_1=0,u_2=2,u_3=-1$.

取 $u=0$,则方程(17.11.3)等价于

$$[x^2 \quad x \quad 1]\begin{bmatrix}1 & 1 & 0\\ 1 & 2 & 2\\ 0 & 2 & 4\end{bmatrix}\begin{bmatrix}x^2\\ x\\ 1\end{bmatrix}=0$$

记 $\boldsymbol{A}=\begin{bmatrix}1 & 1 & 0\\ 1 & 2 & 2\\ 0 & 2 & 4\end{bmatrix}$,取替换矩阵 $\boldsymbol{P}=\begin{bmatrix}1 & -1 & 2\\ 0 & 1 & -2\\ 0 & 0 & 1\end{bmatrix}$,

则

$$\boldsymbol{P}^{\mathrm{T}}\boldsymbol{A}\boldsymbol{P}=\begin{bmatrix}1 & 0 & 0\\ 0 & 1 & 0\\ 0 & 0 & 0\end{bmatrix}$$

由

$$\boldsymbol{Z}=\boldsymbol{P}^{-1}\boldsymbol{Y}=\begin{bmatrix}1 & 1 & 0\\ 0 & 1 & 2\\ 0 & 0 & 1\end{bmatrix}\begin{bmatrix}x^2\\ x\\ 1\end{bmatrix}=\begin{bmatrix}x^2+x\\ x+2\\ 1\end{bmatrix}$$

此时一元四次方程(17.11.3)等价于

$$(x^2+x)^2+(x+2)^2=0$$

在复数域内分解因式得

$$(x^2+x+\mathrm{i}x+2\mathrm{i})(x^2+x-\mathrm{i}x-2\mathrm{i})=0$$

所以四个根为

$$x_1=-\frac{1+\sqrt{3}}{2}+\frac{\sqrt{3}-1}{2}\mathrm{i}$$

$$x_2=-\frac{1+\sqrt{3}}{2}-\frac{\sqrt{3}-1}{2}\mathrm{i}$$

$$x_3=\frac{\sqrt{3}-1}{2}-\frac{\sqrt{3}-1}{2}\mathrm{i}$$

$$x_4=\frac{\sqrt{3}-1}{2}+\frac{\sqrt{3}+1}{2}\mathrm{i}$$

最后，还指出几点：

(1)该方法实质上也给出了一元四次多项式在复数范围内因式分解的一个方法.

(2)一元三次方程可以作为一元四次方程在 $a_0=0$, $a_1\neq 0$ 时的一个特殊情况.

(3)该方法中若有多个 u 使得 $\det \boldsymbol{A}=0$，则取使计算简单的一个.

(4)该方法还可以推广到一元六次方程.

二、实系数一元高次方程问题

对于实系数的一元高次代数方程

$$a_0x^n+a_1x^{n-1}+\cdots+a_{n-1}x+a_n=0 \tag{17.11.4}$$

其中 $a_0\neq 0$, $a_i\in\mathbf{R}(i=0,1,2,\cdots,n)$.

若以矩阵为工具，则可将上述一元高次代数方程求根问题转化成求矩阵

$$\begin{bmatrix} 0 & 1 & 0 & \cdots & 0 & 0 \\ 0 & 0 & 1 & \cdots & 0 & 0 \\ \vdots & \vdots & \vdots & & \vdots & \vdots \\ b_n & b_{n-1} & b_{n-2} & \cdots & b_2 & b_1 \end{bmatrix}$$

的全部特征值问题.①

下面,先看几条引理.

引理 8 行列式

$$\begin{vmatrix} x & -1 & \cdots & 0 & 0 \\ 0 & x & \cdots & 0 & 0 \\ \vdots & \vdots & & \vdots & \vdots \\ b_n & b_{n-1} & \cdots & b_2 & x+b_1 \end{vmatrix}$$

的值等于一个关于 x 的多项式

$$g(x)=x^n+b_1x^{n-1}+\cdots+b_{n-1}x+b_n$$

证明 令

$$D_n=\begin{vmatrix} x & -1 & \cdots & 0 & 0 \\ 0 & x & \cdots & 0 & 0 \\ \vdots & \vdots & & \vdots & \vdots \\ b_n & b_{n-1} & \cdots & b_2 & x+b_1 \end{vmatrix}$$

将其按第一列展开计算

$$D_n=x\begin{vmatrix} x & -1 & \cdots & 0 & 0 \\ 0 & x & \cdots & 0 & 0 \\ \vdots & \vdots & & \vdots & \vdots \\ b_{n-1} & b_{n-2} & \cdots & b_2 & x+b_1 \end{vmatrix}+$$

---

① 尚德泉. 一种求高次代数方程全部根的矩阵方法[J]. 数学教学研究,2009,28(5):57-58.

$$(-1)^{n+1}b_n(-1)^{n-1}$$

$$=xD_{n-1}+b_n$$

$$D_1=x+b_1$$

$$D_2=xD_1+b_2=x^2+b_1x+b_2$$

依此类推,得

$$D_n=x^n+b_1x^{n-1}+\cdots+b_{n-1}x+b_n=g(x)$$

引理 9　一元 n 次实系数多项式

$$f(x)=a_0x^n+a_1x^{n-1}+\cdots+a_{n-1}x+a_n$$

在复数域 $\mathbf{C}$ 上至多有 n 个根.

此即著名的代数学基本定理.

下面来求解实系数一元高次代数方程(17.11.4).

首先,将 $f(x)$ 转化成首项系数取 1 的多项式

$$g(x)=a_0^{-1}f(x)=x^n+b_1x^{n-1}+\cdots+b_{n-1}x+b_n$$

其中

$$b_i=\frac{a_i}{a_0}\quad(i=1,2,\cdots,n)$$

显然,$g(x)$ 与 $f(x)$ 在复数域 $\mathbf{C}$ 上同根.

其次,利用引理 8,将 $g(x)$ 用行列式表示

$$g(x)=\begin{vmatrix} x & -1 & \cdots & 0 & 0 \\ 0 & x & \cdots & 0 & 0 \\ \vdots & \vdots & & \vdots & \vdots \\ b_n & b_{n-1} & \cdots & b_2 & x+b_1 \end{vmatrix}$$

再次,由 n 阶矩阵 $\boldsymbol{A}$ 的特征多项式的表达式

$$g(x)=|x\boldsymbol{E}_n-\boldsymbol{A}|$$

通过比较唯一确定

$$A=\begin{bmatrix}0&1&0&\cdots&0&0\\0&0&1&\cdots&0&0\\\vdots&\vdots&\vdots&&\vdots&\vdots\\0&0&0&\cdots&0&1\\-b_n&-b_{n-1}&-b_{n-2}&\cdots&-b_2&-b_1\end{bmatrix}$$

既然矩阵 $\boldsymbol{A}$ 的特征多项式为 $g(x)$，那么 $\boldsymbol{A}$ 的特征值就是多项式 $g(x)$ 的根.

最后，利用经典的方法求出矩阵 $\boldsymbol{A}$ 的全体特征值，即可得到原多项式 $f(x)$ 在复数域 $\mathbf{C}$ 上的全部根.

例 22 求方程 $f(x)=2x^5+3x^4-15x^3-26x^2-27x-9=0$ 在复数域 $\mathbf{C}$ 中的解集.

解 $f(x)$ 与 $g(x)=x^5+\frac{3}{2}x^4-\frac{15}{2}x^3-13x^2-\frac{27}{2}x-\frac{9}{2}$ 同根，根据上面的方法，$g(x)$ 正是矩阵

$$A=\begin{bmatrix}0&1&0&0&0\\0&0&1&0&0\\0&0&0&1&0\\0&0&0&0&1\\\frac{9}{2}&\frac{27}{2}&13&\frac{15}{2}&-\frac{3}{2}\end{bmatrix}$$

的特征多项式. 由 $|\lambda\boldsymbol{E}-\boldsymbol{A}|=0$ 计算知矩阵 $\boldsymbol{A}$ 的全体特征值如下

$$x_1=3,x_2=-3,x_3=-\frac{1}{2}$$

$$x_4=\frac{1+\sqrt{3}\mathrm{i}}{2},x_5=\frac{1-\sqrt{3}\mathrm{i}}{2}$$

从而得到原多项式 $f(x)$ 在复数域 $\mathbf{C}$ 中的解集为

$$\left\{3, -3, -\frac{1}{2}, \frac{1+\sqrt{3}\mathrm{i}}{2}, \frac{1-\sqrt{3}\mathrm{i}}{2}\right\}$$

17.12　二元高次方程组

设 $f(x,y)$ 与 $g(x,y)$ 表示关于 x,y 的多项式，则

$$\begin{cases} f(x,y)=0 \\ g(x,y)=0 \end{cases} \tag{17.12.1}$$

为二元高次方程组.

解二元高次方程组(17.12.1)，一般采用代入消元法、结式法等. 这里给出矩阵初等变换解法.

方程组(17.12.1)的每一个方程左端都可以某个元(不妨设为 x)为主元按降幂排列成

$$\begin{cases} a_0(y)x^n+a_1(y)x^{n-1}+\cdots+a_{n-1}(y)x+a_n(y)=0 \\ b_0(y)x^n+b_1(y)x^{n-1}+\cdots+b_{n-1}(y)x+b_n(y)=0 \end{cases} \tag{17.12.2}$$

其中 $a_0(y)$ 或 $b_0(y)$ 可能是 0，但不全为 0.

方程组(17.12.2)的解集 Q 可由 $a_i(y)$ 及 $b_i(y)$ 的形式及位置所确定.

设

$$\boldsymbol{A}(y)=\begin{bmatrix} a_0(y) & a_1(y) & \cdots & a_{n-1}(y) & a_n(y) \\ b_0(y) & b_1(y) & \cdots & b_{n-1}(y) & b_n(y) \end{bmatrix}$$

对于矩阵 $\boldsymbol{A}(y)$，显然有下列性质(“ ~ ”表示等价).

性质 1　有

$$A(y)\sim\begin{bmatrix}0 & a_0(y) & \cdots & a_n(y)\\0 & b_0(y) & \cdots & b_n(y)\end{bmatrix}$$

$$A(y)\sim\begin{bmatrix}a_0(y) & \cdots & a_n(y) & 0\\b_0(y) & \cdots & b_n(y) & 0\end{bmatrix}$$

性质 2 互换矩阵 $\boldsymbol{A}(y)$ 的两行位置，或者把某一行乘以一个非零常数，如此得到的矩阵为 $\overline{\boldsymbol{A}(y)}$，则

$$\boldsymbol{A}(y)\sim\overline{\boldsymbol{A}(y)}$$

性质 3 有

$$\begin{bmatrix}a_0(y) & a_1(y) & \cdots & a_n(y)\\0 & b_1(y) & \cdots & b_n(y)\end{bmatrix}$$

$$\sim\begin{bmatrix}a_0(y) & \cdots & a_{n-1}(y) & a_n(y)\\b_1(y) & \cdots & b_n(y) & 0\end{bmatrix}$$

$$\begin{bmatrix}0 & a_1(y) & \cdots & a_n(y)\\b_0(y) & b_1(y) & \cdots & b_n(y)\end{bmatrix}$$

$$\sim\begin{bmatrix}a_1(y) & \cdots & a_n(y) & 0\\b_0(y) & \cdots & b_{n-1}(y) & b_n(y)\end{bmatrix}$$

事实上，对于性质 3，我们考虑方程组

$$\begin{cases}F(x,y)=a_0(y)x^m+a_1(y)x^{m-1}+\cdots+\\\qquad a_{m-1}(y)\cdot x+a_m(y)=0\\G(x,y)=b_0(y)x^n+b_1(y)x^{n-1}+\cdots+\\\qquad b_{n-1}(y)\cdot x+b_n(y)=0\end{cases}$$

其中 $a_i(y),i=0,1,\cdots,m$ 及 $b_j(y),j=0,1,\cdots,n$ 都是 y 的多项式，且 $m>n$，该方程组的所有解一定是方程组

$$\begin{cases} H(x,y)=F(x,y)\cdot b_0(y)-G(x,y)\cdot \\ \qquad a_0(y)\cdot x^{m-n}=0 \\ G(x,y)=0 \end{cases}$$

的解,由此即得.

上述三条性质可以看作是矩阵 $\boldsymbol{A}(y)$ 的初等变换,那么矩阵 $\boldsymbol{A}(y)$ 必然可由一系列初等变换得到矩阵

$$\boldsymbol{B}(y)=\begin{bmatrix} c_0(y) & c_1(y) & \cdots & c_s(y) \\ d_0(y) & d_1(y) & \cdots & d_s(y) \end{bmatrix}\quad(\text{其中 } s<n)$$

进而化为

$$\boldsymbol{C}(y)=\begin{bmatrix} c_0(y) & c_1(y) & \cdots & c_s(y) \\ 0 & 0 & \cdots & 0 \end{bmatrix}$$

即

$$\boldsymbol{A}(y)\sim\boldsymbol{B}(y)\sim\boldsymbol{C}(y)$$

于是,我们可根据 $\boldsymbol{C}(y)$ 的三种情况判断出原方程组的解的个数且能求出其解.

(1)若 $c_0(y)=c_1(y)=\cdots=c_{s-1}(y)=0, c_s(y)=a$(常数),即 $\boldsymbol{C}(y)=\begin{bmatrix} a \\ 0 \end{bmatrix}$ 时,则方程组无解.

(2)若 $c_0(y)=c_1(y)=\cdots=c_{s-1}(y)=0, c_s(y)$ 为 y 的一个多项式,即最后 $\boldsymbol{C}(y)=\begin{bmatrix} c_s(y) \\ 0 \end{bmatrix}$ 时,则方程组有有限多个解. 这时,求出 $c_s(y)=0$ 的全部根 $y_1,y_2,\cdots,y_t$,分别代入 $f(x,y)=0$ 及 $g(x,y)=0$,求出 $\begin{cases} f(x,y_i)=0 \\ g(x,y_i)=0 \end{cases}$ 的公共解 x_i,则 (x_i,y_i) 为方程组的解.

(可能产生增根,应把每一对数(x_i,y_i)代入原方程组进行验证)

(3)若$c_0(y),\cdots,c_{s-1}(y)$不全为零,$c_s(y)\neq 0$时,则方程组有无穷多个解. 这时,由于以$c_0(y),\cdots,c_{s-1}(y),c_s(y)$为系数的关于$x$的方程式中,含有$x,y$两个未知数,那么解方程组(17. 12. 1),可先解方程$c_0(y)x^s+\cdots+c_{s-1}(y)x+c_s(y)=0$,而此方程有无穷多个解(若产生增根也会有有限个),故知原方程组有无穷多个解.

例 23 解方程组

$$\begin{cases}x^3-y^3-5x^2+y^2+xy+7x-y-1=0\\x^2+y^2+xy-4x-2y+3=0\end{cases}$$

解 原方程组按x的降幂排列可变为

$$\begin{cases}x^3-5x^2+(y-7)x+(-y^3+y^2-y-1)=0\\x^2+(y-4)x+(y^2-2y+3)=0\end{cases}$$

而

$$\boldsymbol{A}(y)=\begin{bmatrix}1 & -5 & y-7 & -y^3+y^2-y-1\\0 & 1 & y-4 & y^2-2y+3\end{bmatrix}$$

$$\sim\begin{bmatrix}1 & -5 & y-7 & -y^3+y^2-y-1\\1 & y-4 & y^2-2y+3 & 0\end{bmatrix}$$

$$\xrightarrow{T_{21}(-1)}\begin{bmatrix}0 & -y-1 & -y^2+3y+4 & -y^3+y^2-y-1\\1 & y-4 & y^2-2y+3 & 0\end{bmatrix}$$

$$\sim\begin{bmatrix}-y-1 & -y^2+3y+4 & -y^3+y^2-y-1\\-1 & y-4 & y^2-2y+3\end{bmatrix}$$

$$\xrightarrow{T_{21}(y+1)}\begin{bmatrix}0 & 0 & 2\\1 & y-4 & y^2-2y+3\end{bmatrix}$$

由最后矩阵的第一行所对应的方程无解，知原方程组无解.

例24 解方程组

$$\begin{cases}y^3-x^2y-x^2-2xy+y^2-x=0\\-y^3+3xy-2x^2y-2x^2+4xy-3y^2+3x=0\end{cases}$$

解 原方程组按 y 的降幂排列可变为

$$\begin{cases}y^3+y^2+(-x^2-2x)y-x^2-x=0\\-y^3+(3x-3)y^2+(-2x^2+4x)y-2x^2+3x=0\end{cases}$$

则

$$\boldsymbol{A}(x)=\begin{bmatrix}1 & 1 & -x^2-2x & -x^2-x\\-1 & 3x-3 & -2x^2+4x & -2x^2+3x\end{bmatrix}$$

$$\xrightarrow{T_{12}(1)}\begin{bmatrix}1 & 1 & -x^2-2x & -x^2-x\\0 & 3x-2 & -3x^2+2x & -3x^2+2x\end{bmatrix}$$

$$\sim\begin{bmatrix}1 & 1 & -x^2-2x & -x^2-x\\3x-2 & -3x^2+2x & -3x^2+2x & 0\end{bmatrix}$$

$$\xrightarrow[T_{21}(-1)]{D_1(3x-2)}\begin{bmatrix}0 & -3x^2-x+2 & 3x^2+x^2-2x & 3x^3+x^2-2x\\3x-2 & -3x^2+2x & -3x^2+2x & 0\end{bmatrix}$$

$$\sim\begin{bmatrix}-3x^2-x+2 & 3x^3+x^2-2x & 3x^3+x^2-2x\\3x-2 & -3x^2+2x & -3x^2+2x\end{bmatrix}$$

$$\xrightarrow{\substack{D_1(3x-2)\\D_2(-3x^2-x+2)\\T_{21}(-1)}}\begin{bmatrix}0 & 0 & 0\\3x-2 & -x(3x-2) & -x(3x-2)\end{bmatrix}$$

于是知方程组有无穷多个解.

由于在方程 $(3x-2)y^2-x(3x-2)y-x(3x-2)=0$

即 $y^2-xy-x=0$ 中，令 $x=t$，得 $y_{1,2}=\dfrac{t\pm\sqrt{t^2+4t}}{2}$，故

$\left(t, \frac{1}{2}(t \pm \sqrt{t^2+4t})\right)$为方程组的解，$t$ 为任意复数.

练习题

1. 计算：(1) $(5x^4+4x^3+3x^2+2x+1)\cdot(4x^4+2x^3-3x-2)$；

(2) $(2x^4-7x^3+16x^2-15x+15)\div(x^2-2x+3)$.

2. 分解因式：$x^2-2xy-3y^2+3x-5y+2$.

3. 分解因式：$6x^4-11x^3+15x^2-22x+6$.

4. 讨论 $f(x)=5x^5+5x^4+25x^3+7x^2+15$ 在有理数域上的可约性.

5. 求下列一元多项式的最大公因式，并求 $u_i(x)$，使得 $d(x)=u_1(x)\cdot f_1(x)+\cdots+u_n(x)\cdot f_n(x)$.

(1) $f_1(x)=x^4+2x^3-x^2-4x-2$，$f_2(x)=x^4+x^3-x^2-2x-2$；

(2) $f_1(x)=x^3-2x^2-x+2$，$f_2(x)=x^3-4x^2+x+6$，$f_3(x)=x^4-4x^3+2x^2+4x-3$.

6. 求下列整数的最大公约数，并求 x_i，使 $d=x_1\cdot a_1+x_2\cdot a_2+\cdots+x_n\cdot a_n$.

(1) 48，75；

(2) 4，10，36.

7. 判断下列多项式是否可分解：

(1) $F(x,y,z)=3xy+4xz+5yz-x-y-z$；

(2) $F(x,y,z,u)=12xz-3xu+16yz-4yu+4z-u$.

8. 求多项式 $f(x)=2x^5+5x^4-13x^3-13x^2+5x+2$ 的零点.

9. 判别多项式

$$f(x_1,x_2,x_3)=x_1^2+2x_1x_2+2x_2^2+2x_2+2x_2x_3+1$$

能否分解成两个实一次多项式的积?

10. 判别多项式 $f(x_1,x_2,x_3)=2x_1^2+2x_2^2+5x_1x_2-x_1x_3-2x_2x_3+5x_1+7x_2-x_3+3$ 能否分解成两个实系数一次多项式的积? 若可分解,请给出分解式.

11. 把多项式 $f(x)=2x^4-x^3-13x^2-x-5$ 在复数域内分解因式.

12. 解方程组:$\begin{cases} y^2-7xy+4x^2+13x-2y-3=0 \\ y^2-14xy+9x^2+28x-4y-5=0 \end{cases}$.

13. 设 $0<a\leqslant b\leqslant c$,$0<m\leqslant n\leqslant s$,试证

$$\frac{ma}{b+c}+\frac{nb}{c+a}+\frac{sc}{a+b}\geqslant\frac{m+n+s}{2}$$

成立.

矩阵的其他应用

第18章

一个矩阵是一张由数据列成的表,也是一个排列得很整齐的数据仓库.由于矩阵可以用简明的形式表示数据库,所以它的应用愈益广泛.

在我们的日常生活中,经常要使用各种数表——交通时刻表、值班表、所得税表、记账表等.任何一张数表都是一个矩阵,对有关矩阵施行运算,可表明这些数表的相互关系,并获得有用的结果.因而,日常生活中的矩阵应用比比皆是.

在我们的学习与科学研究中,矩阵的应用除了数学本身各学科、各分支外,还遍及自然科学、社会科学的其他各个领域.

本章介绍一些具体的应用例子.

18.1 矩阵与律诗、绝句

大凡是有某种结构或规律的东西,

就有数学的用武之地.

近体诗中,律诗与绝句的平仄变化很复杂,规定也很多,但从数学观点去认识,却是一种具有简单运算规则的数学模式,其中蕴涵着以简驭繁的奥秘,尽显数学之美.

两首五绝合起来就成了五律,在五绝(律)前面添两字,平平前面添仄仄,仄仄前面添平平,就成了七绝(律)了,有了这些基础长律诗就好办了. 长律诗可依此类推,不必特意地背平仄格式.

五绝有 4 种基本格式. 如果我们用"1"代表"平"声,用"0"代表"仄"声,一首五绝就可以用 4×5 的布尔矩阵(只含有元素为 0,1 的矩阵)表示.

登鹳雀楼

【唐】王之涣

白日依山尽,黄河入海流.

欲穷千里目,更上一层楼.

$$\longrightarrow \boldsymbol{A}=\begin{bmatrix}0&0&1&1&0\\1&1&0&0&1\\0&1&1&0&0\\1&0&0&1&1\end{bmatrix}$$

梅　花

【宋】王安石

墙角数枝梅,凌寒独自开.

遥知不是雪,为有暗香来.

$$\longrightarrow \boldsymbol{B}=\begin{bmatrix}1&0&0&1&1\\1&1&0&0&1\\0&1&1&0&0\\1&0&0&1&1\end{bmatrix}$$

听　筝

【唐】李端

鸣筝金粟柱,素手玉房前.

欲得周郎顾,时时误拂弦.

$$\longrightarrow \boldsymbol{C}=\begin{bmatrix}1&1&1&0&0\\0&0&0&1&1\\0&0&1&1&0\\1&1&0&0&1\end{bmatrix}$$

宿建德江
【唐】孟浩然
移舟泊烟渚，日暮客愁新.
野旷天低树，江清月近人.

$$\longrightarrow \boldsymbol{D}=\begin{bmatrix}1&1&0&0&1\\0&0&0&1&1\\0&0&1&1&0\\1&1&0&0&1\end{bmatrix}$$

上面 4 首五绝的平仄格式为：

登鹳雀楼：

(仄)仄平平仄，平平仄仄平.

(仄)平平仄仄，(平)仄仄平平.

梅花：

(平)仄仄平平，平平仄仄平.

(仄)平平仄仄，(平)仄仄平平.

听筝：

(平)平平仄仄，(仄)仄仄平平.

(仄)仄平平仄，平平仄仄平.

宿建德江：

平平仄仄平，(仄)仄仄平平.

(仄)仄平平仄，平平仄仄平.

两首平起的五言绝句加起来便成一首平起五律，因此五律有 8 种格式. 在五律的每句前加两字，变成七律，于是知道共有 16 种格式. 五律的平仄矩阵维数为 8×5，七律的平仄矩阵维数为 8×7，长律的平仄规律可以按此规律推出.

原本认为错综复杂，难以记忆的诗词平仄规则，用矩阵表示，只要记住四种基本句式，所有绝句律诗的平仄矩阵就可通过变换得到，可以说十分简洁而优美.

诗句之间复杂的音韵规定，用矩阵变换中简单的“换行”就基本可以概括. 如果将矩阵转置，居然可以通过新矩阵是否满秩，来检查“拗救”后的诗句是否仍出现格律中“孤平”(除韵脚是平声外,只有一平声字叫“孤平”)或“孤仄”的禁忌!

18.2　矩阵与数码

一、布尔矩阵与电子显示屏数字

我们知道,电子屏上显示的数字,都是由 7 条小光管构成的. 如图 18.2.1 所示,7 条小光管分别记作 f_1, f_2, f_3, f_4, f_5, f_6, f_7.

当 $f_i(i=1,2,\cdots,7)$ 取值 1 时,表示对应的小光管是亮的;当 $f_i(i=1,2,\cdots,7)$ 取值 0 时,则表示不亮. 这样,每一个数字就与一个 7 维布尔向量相对应. 例如图 18.2.2 所示,“3”字的 f_1, f_2, f_3, f_4, f_7 这 5 个小光管是亮的,f_5, f_6 这 2 个小光管是不亮的,所以“3”字就可用 7 维布尔向量

$$(1\quad 1\quad 1\quad 1\quad 0\quad 0\quad 1)$$

来表示.

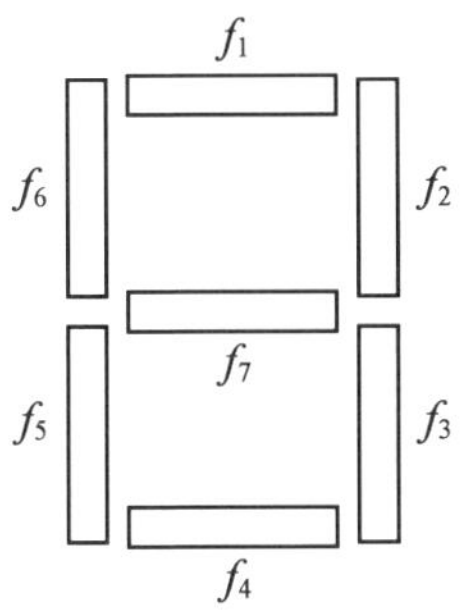

图 18.2.1

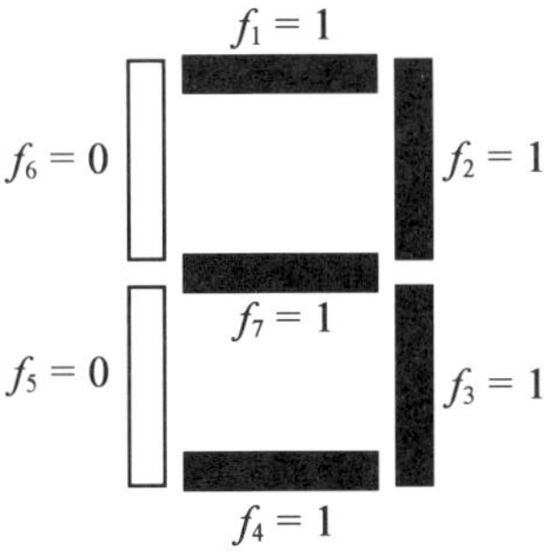

图 18.2.2

10 个数字表示为布尔向量的方法如表 18.2.1 所示.

表 18.2.1

f_1	f_2	f_3	f_4	f_5	f_6	f_7	对应的布尔向量	显示数字
1	1	1	1	1	1	0	(1 1 1 1 1 1 0)	0
0	1	1	0	0	0	0	(0 1 1 0 0 0 0)	1
1	1	0	1	1	0	1	(1 1 0 1 1 0 1)	2
1	1	1	1	0	0	1	(1 1 1 1 0 0 1)	3
0	1	1	0	0	1	1	(0 1 1 0 0 1 1)	4
1	0	1	1	0	1	1	(1 0 1 1 0 1 1)	5
1	0	1	1	1	1	1	(1 0 1 1 1 1 1)	6
1	1	1	0	0	0	0	(1 1 1 0 0 0 0)	7
1	1	1	1	1	1	1	(1 1 1 1 1 1 1)	8
1	1	1	1	0	1	1	(1 1 1 1 0 1 1)	9

计算器的屏幕显示就是按这一原理设计的.

每一个汉字都可以转化为布尔矩阵.

我国所用的电报码,今天电脑使用的区位码,都是用4个数字代表一个汉字,因此,如果用7维布尔向量表示一个数字,那么,每一个汉字就可用一个"4×7 维布尔矩阵"来代表. 例如,"数学"两个字的区位码分别是

数:4293,学:4907

它们便分别对应布尔矩阵

$$\text{数}\rightarrow\begin{bmatrix}0&1&1&0&0&1&1\\1&1&0&1&1&0&1\\1&1&1&1&0&1&1\\1&1&1&1&0&0&1\end{bmatrix}\begin{matrix}4\\2\\9\\3\end{matrix}$$

$$
学\rightarrow\begin{bmatrix} 0 & 1 & 1 & 0 & 0 & 1 & 1 \\ 1 & 1 & 1 & 1 & 0 & 1 & 1 \\ 1 & 1 & 1 & 1 & 1 & 1 & 0 \\ 1 & 1 & 1 & 0 & 0 & 0 & 0 \end{bmatrix}\begin{matrix} 4 \\ 9 \\ 0 \\ 7 \end{matrix}
$$

二、用矩阵生成格雷码

在二进制数码内，往往在两个相邻的数字间，其改变量不是最小. 比如由 3 变到 4，它们的二进制表示是由 011 变到 100. 这样两个相邻的数字，从二进制表达式来看，其改变量却是 3 位. 为了使所有相邻数字二进制表示的改变量最小，所以要引进格雷码，因为格雷码是一种最小改变量的码.

0 到 7 的八个数的二进码与格雷码如表 18. 2. 2 所示.

表 18. 2. 2

十进数	二进码	格雷码	格雷码的十进数
0	0 0 0	0 0 0	0
1	0 0 1	0 0 1	1
2	0 1 0	0 1 1	3
3	0 1 1	0 1 0	2
4	1 0 0	1 1 0	6
5	1 0 1	1 1 1	7
6	1 1 0	1 0 1	5
7	1 1 1	1 0 0	4

可见用格雷码（格雷码也是只用 0，1 两种符号）

表示各个数字时,使相邻两数的改变量只有一位,所以,模拟信号在取样时,采用二进码量化后,若进一步转换到格雷码,再发送出去,便可以使差错量尽可能地减到最小.

生成格雷码的矩阵方法有好几种,这里先介绍一种矩阵变换法:即用如下的可逆矩阵

$$\boldsymbol{G}_3=\begin{bmatrix}1&0&0\\1&1&0\\0&1&1\end{bmatrix} \tag{18.2.1}$$

便能将 0 至 7 这八个数字的二进码转换为格雷码,即

$$\boldsymbol{G}_3\cdot\begin{bmatrix}0\\0\\0\end{bmatrix}=\begin{bmatrix}0\\0\\0\end{bmatrix},\boldsymbol{G}_3\cdot\begin{bmatrix}0\\0\\1\end{bmatrix}=\begin{bmatrix}0\\0\\1\end{bmatrix},\boldsymbol{G}_3\cdot\begin{bmatrix}0\\1\\0\end{bmatrix}=\begin{bmatrix}0\\1\\1\end{bmatrix}$$

$$\boldsymbol{G}_3\cdot\begin{bmatrix}0\\1\\1\end{bmatrix}=\begin{bmatrix}0\\1\\0\end{bmatrix},\boldsymbol{G}_3\cdot\begin{bmatrix}1\\0\\0\end{bmatrix}=\begin{bmatrix}1\\1\\0\end{bmatrix},\boldsymbol{G}_3\cdot\begin{bmatrix}1\\0\\1\end{bmatrix}=\begin{bmatrix}1\\1\\1\end{bmatrix}$$

$$\boldsymbol{G}_3\cdot\begin{bmatrix}1\\1\\0\end{bmatrix}=\begin{bmatrix}1\\0\\1\end{bmatrix},\boldsymbol{G}_3\cdot\begin{bmatrix}1\\1\\1\end{bmatrix}=\begin{bmatrix}1\\0\\0\end{bmatrix}$$

反之,用(18.2.1)的逆矩阵

$$\boldsymbol{G}_3^{-1}=\begin{bmatrix}1&0&0\\1&1&0\\1&1&1\end{bmatrix} \tag{18.2.2}$$

便能将 0 至 7 这八个数字的格雷码还原为二进码,即

$$\boldsymbol{G}_3^{-1}\cdot\begin{bmatrix}0\\0\\0\end{bmatrix}=\begin{bmatrix}0\\0\\0\end{bmatrix},\boldsymbol{G}_3^{-1}\cdot\begin{bmatrix}0\\0\\1\end{bmatrix}=\begin{bmatrix}0\\0\\1\end{bmatrix},\boldsymbol{G}_3^{-1}\cdot\begin{bmatrix}0\\1\\1\end{bmatrix}=\begin{bmatrix}0\\1\\0\end{bmatrix},\cdots$$

上面,只考虑了从 0 到 2^3-1 的 2^3 个数字的二进码与格雷码的转换问题. 更一般的,从 0 到 2^p-1 的 2^p 个数字的转换矩阵为

$$\boldsymbol{G}_p=\begin{bmatrix}1&0&0&\cdots&0&0&0\\1&1&0&\cdots&0&0&0\\0&1&1&\cdots&0&0&0\\\vdots&\vdots&\vdots&&\vdots&\vdots&\vdots\\0&0&0&\cdots&1&0&0\\0&0&0&\cdots&1&1&0\\0&0&0&\cdots&0&1&1\end{bmatrix}_{p\times p}\tag{18.2.3}$$

它是主对角线及与其紧挨着的下斜行位置上的元素为 1,其余元素都为 0 的 p 阶方阵.

(18.2.3)的逆矩阵为

$$\boldsymbol{G}_p^{-1}=\begin{bmatrix}1&0&0&0&\cdots&0&0&0\\1&1&0&0&\cdots&0&0&0\\1&1&1&0&\cdots&0&0&0\\\vdots&\vdots&\vdots&\vdots&&\vdots&\vdots&\vdots\\1&1&1&1&\cdots&1&0&0\\1&1&1&1&\cdots&1&1&0\\1&1&1&1&\cdots&1&1&1\end{bmatrix}_{p\times p}\tag{18.2.4}$$

它是一个在其左下三角形位置上均置 1,其余位置均置 0 的 p 阶方阵.

(18.2.3)与(18.2.4)能分别将 0 至 2^p-1 的 2^p 个数字的二进码转换为格雷码及由其格雷码还原为二进码.

下面再介绍一种生成格雷码的矩阵形式的十进数顺序置换法.

由本节开头的数表可知,从二进码转换到格雷码,只不过是十进数的一种顺序置换. 对于十进数的前 $2^3=8$ 个数字,它们的置换顺序是从 0,1,2,3,4,5,6,7 置换为 0,1,3,2,6,7,5,4. 只要知道了如上所示的十进数的顺序置换,就能反过来得到十进数前 $2^3=8$ 个数字的相应格雷码. 这个置换可用矩阵形式表示如下

$$\begin{bmatrix} 1 & 0 & 0 & 0 & 0 & 0 & 0 & 0 \\ 0 & 1 & 0 & 0 & 0 & 0 & 0 & 0 \\ 0 & 0 & 0 & 1 & 0 & 0 & 0 & 0 \\ 0 & 0 & 1 & 0 & 0 & 0 & 0 & 0 \\ 0 & 0 & 0 & 0 & 0 & 0 & 1 & 0 \\ 0 & 0 & 0 & 0 & 0 & 0 & 0 & 1 \\ 0 & 0 & 0 & 0 & 0 & 1 & 0 & 0 \\ 0 & 0 & 0 & 0 & 1 & 0 & 0 & 0 \end{bmatrix} \cdot \begin{bmatrix} 0 \\ 1 \\ 2 \\ 3 \\ 4 \\ 5 \\ 6 \\ 7 \end{bmatrix} = \begin{bmatrix} 0 \\ 1 \\ 3 \\ 2 \\ 6 \\ 7 \\ 5 \\ 4 \end{bmatrix} \tag{18.2.5}$$

对于从 0 到 2^p-1 的 2^p 个数字,有置换矩阵 $\boldsymbol{A}_p$ 与之对应,这里的 $\boldsymbol{A}_p$ 可按照递归规律生成如下

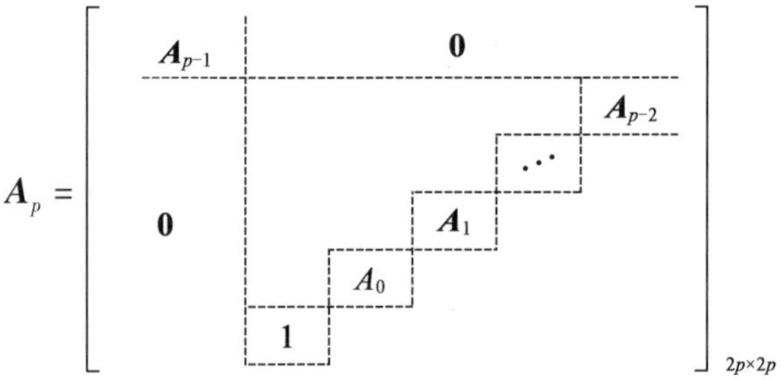

(18.2.6)

根据 $A_0=1$，便能推出 $\boldsymbol{A}_1$，从而依次推出 $\boldsymbol{A}_2$，$\boldsymbol{A}_3,\cdots,\boldsymbol{A}_{p-1}$，例如

$$\boldsymbol{A}_1=\left[\begin{array}{c|c} A_0 & 0 \\ \hline 0 & 1 \end{array}\right]=\begin{bmatrix} 1 & 0 \\ 0 & 1 \end{bmatrix}$$

$$\boldsymbol{A}_2=\left[\begin{array}{c|c|c} \boldsymbol{A}_1 & \multicolumn{2}{c}{\boldsymbol{0}} \\ \hline \multirow{2}{*}{\boldsymbol{0}} & 0 & A_0 \\ \cline{2-3} & 1 & 0 \end{array}\right]=\begin{bmatrix} 1 & 0 & 0 & 0 \\ 0 & 1 & 0 & 0 \\ 0 & 0 & 0 & 1 \\ 0 & 0 & 1 & 0 \end{bmatrix}$$

$$\boldsymbol{A}_3=\left[\begin{array}{c|c|c|c} \boldsymbol{A}_2 & \multicolumn{3}{c}{\boldsymbol{0}} \\ \hline & & & \boldsymbol{A}_1 \\ \cline{3-4} \boldsymbol{0} & & A_0 & \\ \cline{2-3} & 1 & & \end{array}\right]$$

$$=\begin{bmatrix} 1 & 0 & 0 & 0 & 0 & 0 & 0 & 0 \\ 0 & 1 & 0 & 0 & 0 & 0 & 0 & 0 \\ 0 & 0 & 0 & 1 & 0 & 0 & 0 & 0 \\ 0 & 0 & 1 & 0 & 0 & 0 & 0 & 0 \\ 0 & 0 & 0 & 0 & 0 & 0 & 1 & 0 \\ 0 & 0 & 0 & 0 & 0 & 0 & 0 & 1 \\ 0 & 0 & 0 & 0 & 0 & 1 & 0 & 0 \\ 0 & 0 & 0 & 0 & 1 & 0 & 0 & 0 \end{bmatrix}$$

易见，$\boldsymbol{A}_3$ 即(18.2.5)左边的置换矩阵.

反之，如果将格雷码的顺序进行一定的调换，便能还原成二进码. 我们把这种调换称为二进码——格雷

码的逆变换. 如果用 $\boldsymbol{B}_p$ 来完成这种逆变换,则 $\boldsymbol{B}_p$ 可按如下的规律递归生成

$$\boldsymbol{B}_p=\left[\begin{array}{c:c}\boldsymbol{B}_{p-1} & \boldsymbol{0}\\ \hdashline \boldsymbol{0} & \begin{array}{ccccc} & & & & 1\\ & & & B_0 & \\ & & \boldsymbol{B}_1 & & \\ & \iddots & & & \\ \boldsymbol{B}_{p-2} & & & & \end{array}\end{array}\right]_{2p\times 2p}$$

其中

$$\boldsymbol{B}_1=\left[\begin{array}{c:c}B_0 & 0\\ \hdashline 0 & 1\end{array}\right], B_0=1$$

用数学归纳法易证明 $\boldsymbol{B}_p$ 确实是 $\boldsymbol{A}_p$ 的逆矩阵.

根据 $B_0=1$, 即可依次推出 $\boldsymbol{B}_1, \boldsymbol{B}_2, \cdots, \boldsymbol{B}_{p-1}, \boldsymbol{B}_p\ (p\in\mathbf{N})$. 例如

$$\boldsymbol{B}_2=\left[\begin{array}{c:c}\boldsymbol{B}_1 & \boldsymbol{0}\\ \hdashline \boldsymbol{0} & \begin{array}{c:c}0 & 1\\ \hdashline B_0 & 0\end{array}\end{array}\right]=\begin{bmatrix}1&0&0&0\\0&1&0&0\\0&0&0&1\\0&0&1&0\end{bmatrix}$$

18.3 用矩阵配平化学方程式

化学方程式是由化学式和系数组成的表示化学反

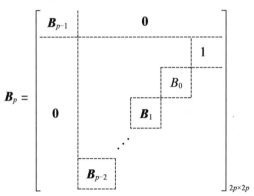

应的等式. 等号左边表示全部反应物的化学式和系数，等号右边表示全部生成物的化学式和系数. 例如

$$8HNO_3 + 3Cu = 3Cu(NO_3)_2 + 4H_2O + 2NO \tag{18.3.1}$$

若将化学方程式中出现的所有元素规定一个次序，则方程式中的化学式可与有限维向量或 $1\times n$ 矩阵一一对应. 例如,在上式中规定元素的顺序为“H,N,O,Cu”$\leftrightarrow$ $[H\quad N\quad O\quad Cu]$,则化学式 $HNO_3\leftrightarrow[1\quad 1\quad 3\quad 0]$, $Cu\leftrightarrow[0\quad 0\quad 0\quad 1]$,等.

一般的,设化学方程式中共出现 n 种元素,出现 i 种反应物

$$\boldsymbol{\alpha}_k=[a_{1k}\quad a_{2k}\quad \cdots\quad a_{nk}]\quad (k=1,2,\cdots,i)$$

出现 j 种生成物

$$\boldsymbol{\beta}_s=[b_{1s}\quad b_{2s}\quad \cdots\quad b_{ns}]\quad (s=1,2,\cdots,j)$$

矩阵 $\boldsymbol{\alpha}_k,\boldsymbol{\beta}_s$ 中各元素均为非负整数,这样,每一化学方程式就对应于矩阵等式

$$x_1\boldsymbol{\alpha}_1+x_2\boldsymbol{\alpha}_2+\cdots+x_i\boldsymbol{\alpha}_i=y_1\boldsymbol{\beta}_1+y_2\boldsymbol{\beta}_2+\cdots+y_j\boldsymbol{\beta}_j$$

基于化学方程式等号两边每一元素的原子数目必须相等的原理,由上式可得决定系数 x_k 和 y_s 的齐次线性方程组

$$\begin{cases}a_{11}x_1+a_{12}x_2+\cdots+a_{1i}x_i=b_{11}y_1+b_{12}y_2+\cdots+b_{1j}y_j\\ a_{21}x_1+a_{22}x_2+\cdots+a_{2i}x_i=b_{21}y_1+b_{22}y_2+\cdots+b_{2j}y_j\\ \qquad\vdots\\ a_{n1}x_1+a_{n2}x_2+\cdots+a_{ni}x_i=b_{n1}y_1+b_{n2}y_2+\cdots+b_{nj}y_j\end{cases}$$

记 $\boldsymbol{A}=(a_{lk})_{n\times i},\boldsymbol{B}=(b_{ts})_{n\times j},\boldsymbol{X}=[x_1\quad x_2\quad \cdots\quad x_i]$, $\boldsymbol{Y}=[y_1\quad y_2\quad \cdots\quad y_j]$,则线性方程组可写为

$$AX^{\mathrm{T}}=BY^{\mathrm{T}}$$

即$[\boldsymbol{A}\quad\boldsymbol{B}]\cdot\begin{bmatrix}\boldsymbol{X}^{\mathrm{T}}\\-\boldsymbol{Y}^{\mathrm{T}}\end{bmatrix}=\boldsymbol{0}$. 为简便,进一步可写成

$$\boldsymbol{C}\cdot\boldsymbol{Z}=\boldsymbol{0}$$

其中 $\boldsymbol{C}$ 为 $n\times m$ 矩阵,n 代表化学方程式中所含元素种数,m 代表反应物种数与生成物种数之和,即 $m=i+j$;$\boldsymbol{C}$ 的元素均为非负数,且每一行对应一种元素,每一列对应一种化学式,它们均为非零矩阵. $\boldsymbol{Z}$ 为 $m\times 1$ 矩阵,其元素为非零有理数,代表化学方程式的各系数,其中元素为正数时,表示它对应的化学式代表反应物之一,为负数时代表生成物之一. 根据化学方程式的意义,$k\boldsymbol{Z}$(k 为非零整数)都看作是等价的,即看作是同一系数组.

例如,对于式(18.3.1),可令

$$z_1\mathrm{HNO_3}+z_2\mathrm{Cu}+z_3\mathrm{Cu(NO_3)_2}+z_4\mathrm{H_2O}+z_5\mathrm{NO}=0$$

对应方程组为

$$\begin{array}{c} \\ \mathrm{H}\\ \mathrm{N}\\ \mathrm{O}\\ \mathrm{Cu}\end{array}\begin{array}{c}\begin{array}{ccccc}\mathrm{HNO_3} & \mathrm{Cu} & \mathrm{Cu(NO_3)_2} & \mathrm{H_2O} & \mathrm{NO}\end{array}\\ \begin{bmatrix}1 & 0 & 0 & 2 & 0\\ 1 & 0 & 2 & 0 & 1\\ 3 & 0 & 6 & 1 & 1\\ 0 & 1 & 1 & 0 & 0\end{bmatrix}\end{array}\cdot\begin{bmatrix}z_1\\ z_2\\ z_3\\ z_4\\ z_5\end{bmatrix}=0$$

对如上系数矩阵 $\boldsymbol{C}$ 进行初等行变换,即变换成 $\boldsymbol{C}=[\boldsymbol{E}\quad\boldsymbol{D}]$,则

$$[z_1\quad z_2\quad z_3\quad z_4\quad z_5]=k[8\quad 3\quad -3\quad -4\quad -2]$$

18.4　矩阵与生产管理问题

核算成本、购物划价等算账问题是日常生产、生活中经常遇到的问题.

例 1　生日蛋糕的成本.

一家食品店做三种不同规格的生日蛋糕. 每种蛋糕配料的比例(以千克为单位来度量)可以用下面的配料矩阵 $\boldsymbol{P}$ 来表示

$$\boldsymbol{P}=\text{蛋糕}\begin{matrix}\text{甲}\\\text{乙}\\\text{丙}\end{matrix}\overset{\begin{matrix}\text{水果} & \text{黄油} & \text{糖} & \text{面粉} & \text{鸡蛋} & \text{白兰地酒}\end{matrix}}{\begin{bmatrix}0.2 & 0.8 & 0.8 & 0.075 & 0.5 & 0.3\\0.15 & 0.6 & 0.6 & 0.05 & 0.4 & 0.2\\0.1 & 0.4 & 0.4 & 0.025 & 0.3 & 0.1\end{bmatrix}}$$

一天中,这家食品店根据预购单要做甲种的两个,乙种的四个,丙种的三个. 各种配料每千克的单价(以元为单位)可以用物价矩阵 $\boldsymbol{Q}$ 表示出来

$$\begin{matrix}\text{水果} & \text{黄油} & \text{糖} & \text{面粉} & \text{鸡蛋} & \text{白兰地酒}\end{matrix}$$
$$\boldsymbol{Q}=[5\quad 6\quad 4\quad 3\quad 8\quad 20]$$

那么,这家食品店每天生产蛋糕的总成本是多少元人民币呢?

我们把预购数量用矩阵 $\boldsymbol{R}$ 表示为

$$\begin{matrix}\text{甲} & \text{乙} & \text{丙}\end{matrix}$$
$$\boldsymbol{R}=[2\quad 4\quad 3]$$

这样,我们把有关数据均排列成了矩阵形式,为了便于核算总成本,我们希望能利用矩阵乘法. 这时,只

需使一个矩阵各列上的项目同后一个矩阵各行右边的项目一致即可.

设总成本为 W,则

$$W=[2\quad 4\quad 3]\cdot\begin{bmatrix}0.2 & 0.8 & 0.8 & 0.075 & 0.5 & 0.3\\ 0.15 & 0.6 & 0.6 & 0.05 & 0.4 & 0.2\\ 0.1 & 0.4 & 0.4 & 0.025 & 0.3 & 0.1\end{bmatrix}\cdot\begin{bmatrix}5\\6\\4\\3\\8\\20\end{bmatrix}$$

$$=[1.5\quad 5.2\quad 5.2\quad 4.25\quad 3.5\quad 1.7]\cdot\begin{bmatrix}5\\6\\4\\3\\8\\20\end{bmatrix}$$

$$=7.5+31.2+20.8+12.75+28.0+34.0$$

$$=134.25(\text{元})$$

从上面我们看到,只要把数据排列成矩阵形式,同时使一矩阵各列上的项目同后一个矩阵各行的项目一致,这时利用矩阵乘法来求总成本,确实是一种行之有效且计算简便的方法.

在日常生活中,还有大量的问题也可类似于上述方法去处理,限于篇幅,我们仅举如上一个例子. 有兴趣的读者,不妨自己寻找各类例子试试.

例 2 某地区有三个重要产业,一个煤矿、一个发电厂和一条地方铁路. 开采 1 元钱的煤,煤矿要支付 0.25 元的电费及 0.25 元的运输费. 生产 1 元钱的电力,发电厂要支付 0.65 元的煤费,0.05 元的电费及 0.05元的运输费. 创收 1 元钱的运输费,铁路要支付 0.55 元的煤费及 0.10 元的电费. 在某一周内,煤矿接到外地金额为50 000 元的订货,发电厂接到外地金额为 25 000 元的订货,外界对地方铁路没有需求,问三个企业在这一周内总产值多少才能满足自身及外界的需求?

以下为问题求解.

设 x_1 为煤矿本周内的总产值,x_2 为电厂本周内的总产值,x_3 为铁路本周内的总产值,则

$$\begin{cases} x_1-(0\cdot x_1+0.65x_2+0.55x_3)=50\ 000 \\ x_2-(0.25x_1+0.05x_2+0.10x_3)=25\ 000 \\ x_3-(0.25x_1+0.05x_2+0\cdot x_3)=0 \end{cases} \tag{18.4.1}$$

即

$$\begin{bmatrix} x_1 \\ x_2 \\ x_3 \end{bmatrix}-\begin{bmatrix} 0 & 0.65 & 0.55 \\ 0.25 & 0.05 & 0.10 \\ 0.25 & 0.05 & 0 \end{bmatrix}\begin{bmatrix} x_1 \\ x_2 \\ x_3 \end{bmatrix}=\begin{bmatrix} 50\ 000 \\ 25\ 000 \\ 0 \end{bmatrix}$$

设

$$\boldsymbol{X}=\begin{bmatrix} x_1 \\ x_2 \\ x_3 \end{bmatrix},\boldsymbol{A}=\begin{bmatrix} 0 & 0.65 & 0.55 \\ 0.25 & 0.05 & 0.10 \\ 0.25 & 0.05 & 0 \end{bmatrix},\boldsymbol{Y}=\begin{bmatrix} 50\ 000 \\ 25\ 000 \\ 0 \end{bmatrix}$$

矩阵 $\boldsymbol{A}$ 称为直接消耗矩阵,$\boldsymbol{X}$ 称为产出矩阵,$\boldsymbol{Y}$ 称为需求矩阵,则方程组(18.4.1)为

$$\boldsymbol{X}-\boldsymbol{AX}=\boldsymbol{Y}$$

即

$$(\boldsymbol{E}-\boldsymbol{A})\boldsymbol{X}=\boldsymbol{Y} \tag{18.4.2}$$

下面进行投入产出分析.

设

$$B=(E-A)^{-1}-E$$

$$C=A\begin{bmatrix}x_1&0&0\\0&x_2&0\\0&0&x_3\end{bmatrix}$$

$$D=[1\quad 1\quad 1]C$$

矩阵 $\boldsymbol{B}$ 称为完全消耗矩阵,它与矩阵 $\boldsymbol{A}$ 一起在各个部门之间的投入产出中起平衡作用

$$X-Y=(E-A)^{-1}Y-Y=[(E-A)^{-1}-E]Y=BY$$

矩阵 $\boldsymbol{C}$ 可以称为投入产出矩阵,它的元素表示煤矿、电厂、铁路之间的投入产出关系

$$C=A\begin{bmatrix}x_1&0&0\\0&x_2&0\\0&0&x_3\end{bmatrix}$$

$$=\begin{bmatrix}0&0.65&0.55\\0.25&0.05&0.10\\0.25&0.05&0\end{bmatrix}\begin{bmatrix}x_1&0&0\\0&x_2&0\\0&0&x_3\end{bmatrix}$$

$$=\begin{bmatrix}0&0.65x_2&0.55x_3\\0.25x_1&0.05x_2&0.10x_3\\0.25x_1&0.05x_2&0\end{bmatrix}$$

$$D=[1\quad 1\quad 1]C$$

$$=[1\quad 1\quad 1]\begin{bmatrix}0&0.65x_2&0.55x_3\\0.25x_1&0.05x_2&0.10x_3\\0.25x_1&0.05x_2&0\end{bmatrix}$$

矩阵 $\boldsymbol{D}$ 称为总投入矩阵,它的元素是矩阵 $\boldsymbol{C}$ 的对应列元素之和,分别表示煤矿、电厂、铁路得到的总投入.

由矩阵 $\boldsymbol{C},\boldsymbol{Y},\boldsymbol{X}$ 和 $\boldsymbol{D}$,可得投入产出分析表 18.4.1.

表 18.4.1　投入产出分析表

单位:元

	煤矿	电厂	铁路	外界需求	总产出
煤矿	c_{11}	c_{12}	c_{13}	y_1	x_1
电厂	c_{21}	c_{22}	c_{23}	y_2	x_2
铁路	c_{31}	c_{32}	c_{33}	y_3	x_3
总投入	d_1	d_2	d_3		

下面进行计算求解.

按式(18.4.2)解方程组可得产出矩阵 $\boldsymbol{X}$,于是可计算矩阵 $\boldsymbol{C}$ 和矩阵 $\boldsymbol{D}$,计算结果如表 18.4.2 所示.

表 18.4.2　投入产出计算结果

单位:元

	煤矿	电厂	铁路	外界需求	总产出
煤矿	0	36 505.96	15 581.51	50 000	102 087.47
电厂	25 521.87	2 808.15	2 833.00	25 000	56 163.02
铁路	25 521.87	2 808.15	0	0	28 330.02
总投入	51 043.74	42 122.26	18 414.51		

18.5 用矩阵表示线路(网络)

a,b,c 和 d 四个城市之间的火车交通情况如图 18.5.1 所示(图中单箭头表示只有单向车,双箭头表示有双向车).

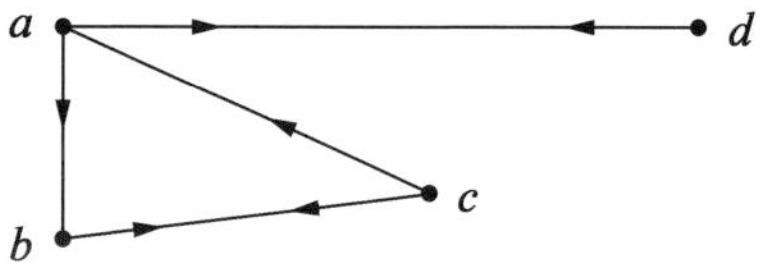

图 18.5.1

如果从甲城到乙城有火车交通,则在火车交通表中用 1 表示,否则用 0 表示,于是描述火车交通情况的矩阵 $\boldsymbol{T}$ 是

$$\begin{array}{cc} & \begin{array}{cccc} \text{到}\ a & b & c & d \end{array} \\ \boldsymbol{T} = \begin{array}{c} \text{从}\ a \\ b \\ c \\ d \end{array} & \begin{bmatrix} 0 & 1 & 0 & 1 \\ 0 & 0 & 1 & 0 \\ 1 & 1 & 0 & 0 \\ 1 & 0 & 0 & 0 \end{bmatrix} \end{array}$$

在这四个城市之间另外还有公共汽车,线路图如图 18.5.2 所示.

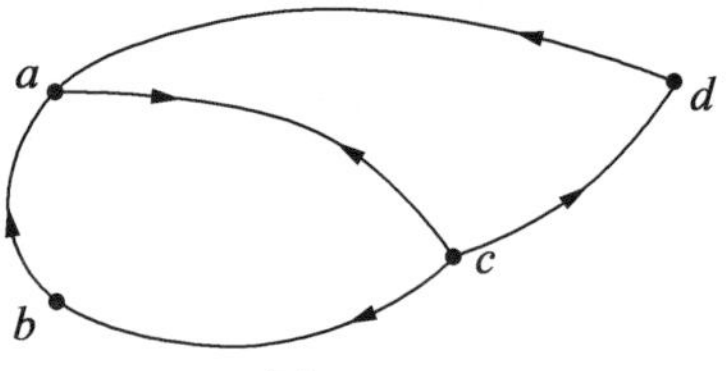

图 18.5.2

描述公共汽车交通情况的矩阵 $\boldsymbol{B}$ 是

$$\boldsymbol{B}=\begin{array}{c} \\ 从\ a \\ b \\ c \\ d \end{array}\!\!\begin{array}{c} \begin{array}{cccc} 到\ a & b & c & d \end{array} \\ \begin{bmatrix} 0 & 0 & 1 & 0 \\ 1 & 0 & 0 & 0 \\ 1 & 1 & 0 & 1 \\ 1 & 0 & 0 & 0 \end{bmatrix} \end{array}$$

火车和公共汽车的线路图放在一起得图 18.5.3.

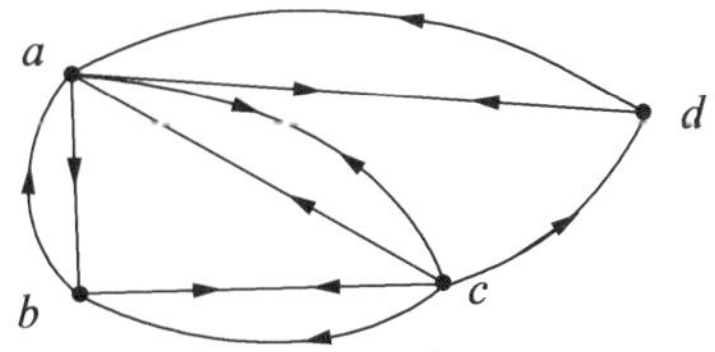

图 18.5.3

如果我们想进行一次旅行，先坐火车，后坐公共汽车，也就是说，我们从一个城市坐火车到另一个城市，然后从这个城市坐公共汽车到其他某个城市. 那么在哪两个城市之间才能进行一次使用两种交通工具(先坐火车后坐公共汽车)的旅行呢？

从图 18.5.3 看出，我们可以先坐火车从 a 到 b 或到 d. 从 b 可以坐汽车回到 a，从 d 也可以坐汽车回到 a. 所以我们可以从 a 到 a 进行两次旅行，即先坐火车后坐公共汽车的旅行，但是有两种不同的路线(经过 b 或者经过 d). 但从 a 到其他任何城市都不可能进行这种旅行. 如果某人住在 b 城，这个人可以坐火车到 c (坐火车只能到 c)，然后坐公共汽车回到 b，当然也可以去 a 或者去 d，因此，从 b 到 a，b 或 d 都可以先坐火车后坐公共汽车.

利用图 18.5.3 可以看出,先坐火车后坐公共汽车从一城到另一城的旅行可以用如下矩阵描述

$$\boldsymbol{M}=\begin{array}{c} \\ \text{从}\ a \\ b \\ c \\ d \end{array}\begin{array}{c}\begin{array}{cccc}\text{到}\ a & b & c & d\end{array}\\ \begin{bmatrix} 2 & 0 & 0 & 0 \\ 1 & 1 & 0 & 1 \\ 1 & 0 & 1 & 0 \\ 0 & 0 & 1 & 0 \end{bmatrix}\end{array}$$

在这个问题中,我们用到的矩阵有:火车交通矩阵 $\boldsymbol{T}$,它描述坐火车可以从哪个城市到哪个城市;公共汽车交通矩阵 $\boldsymbol{B}$,它描述坐公共汽车可以从哪个城市到哪个城市;另一个是回答下列问题的矩阵 $\boldsymbol{M}$:“在哪两个城市之间才能进行先坐火车后坐汽车的旅行呢?”这三个矩阵的关系,不难推得即为

$$\boldsymbol{T}\cdot\boldsymbol{B}=\begin{bmatrix} 0 & 1 & 0 & 1 \\ 0 & 0 & 1 & 0 \\ 1 & 1 & 0 & 0 \\ 1 & 0 & 0 & 0 \end{bmatrix}\cdot\begin{bmatrix} 0 & 0 & 1 & 0 \\ 1 & 0 & 0 & 0 \\ 1 & 1 & 0 & 1 \\ 1 & 0 & 0 & 0 \end{bmatrix}$$

$$=\begin{bmatrix} 2 & 0 & 0 & 0 \\ 1 & 1 & 0 & 1 \\ 1 & 0 & 1 & 0 \\ 0 & 0 & 1 & 0 \end{bmatrix}=\boldsymbol{M}$$

其中 $\boldsymbol{M}$ 的元素 $m_{ij}=t_{i1}\cdot b_{1j}+t_{i2}\cdot b_{2j}+t_{i3}\cdot b_{3j}+t_{i4}\cdot b_{4j}(i,j=1,2,3,4)$,且 $(t_{ij})_{4\times4}\cdot(b_{ij})_{4\times4}=(m_{ij})_{4\times4}$.

如果在上述四个城市中进行旅行时,是先坐公共汽车,后坐火车,那么,又在哪两个城市之间才能进行一次使用两种交通工具的旅行呢?

我们也可以用如下矩阵 $\boldsymbol{N}$ 来描述

$$N = B \cdot T = \begin{bmatrix} 0 & 0 & 1 & 0 \\ 1 & 0 & 0 & 0 \\ 1 & 1 & 0 & 1 \\ 1 & 0 & 0 & 0 \end{bmatrix} \cdot \begin{bmatrix} 0 & 1 & 0 & 1 \\ 0 & 0 & 1 & 0 \\ 1 & 1 & 0 & 0 \\ 1 & 0 & 0 & 0 \end{bmatrix}$$

$$\begin{array}{cc} & \text{到} \quad a \quad b \quad c \quad d \\ = & \begin{array}{c} \text{从}\ a \\ b \\ c \\ d \end{array} \begin{bmatrix} 1 & 1 & 0 & 0 \\ 0 & 1 & 0 & 0 \\ 1 & 1 & 1 & 1 \\ 0 & 1 & 0 & 1 \end{bmatrix} \end{array}$$

综上所述,矩阵的重要性就在于它可以把一个实际问题(或即几何图形)变化成一个数值表,这样我们就可以对数据来进行研究而解决这个问题.

18.6　利用矩阵,运用统计方法加强教育管理

在学校的教学管理中,在总结分析某一阶段的教学情况时,往往是经过某一次统一考试,依据考试的平均分数、及格率、分数段的百分比等对同一年级的各个班进行分类排队,这种做法只利用了原始资料(学生考试分数)提供信息的一部分,故此种分类排队不尽合理. 为了从原始资料中提取更多的信息,解决班级间各科成绩有交叉的情况下进行综合评价、合理分类的问题,如果我们利用矩阵,运用统计方法分析,则能使我们清晰地看出班级间、课程间等的类别关系,有针对性地分析成因,采取有力措施和科学决策,实现教育上的目标管理.

下面,我们仅以平均分为例说明基本方法.

1. 列出平均分数据矩阵

设考察 m 个班 n 门课程,第 i 个班的第 j 门课程的平均成绩记为 $x_{ij}(i=1,2,\cdots,m,j=1,2,\cdots,n)$,得矩阵

$$\boldsymbol{X}=\begin{bmatrix} x_{11} & x_{12} & \cdots & x_{1n} \\ x_{21} & x_{22} & \cdots & x_{2n} \\ \vdots & \vdots & & \vdots \\ x_{m1} & x_{m2} & \cdots & x_{mn} \end{bmatrix} \tag{18.6.1}$$

2. 进行数据变换

极差化变换

$$Z_{ij}=\frac{x_{ij}-\min(x_j)}{\max(x_j)-\min(x_j)} \tag{18.6.2}$$

标准化变换

$$Z_{ij}=\frac{x_{ij}-\bar{x}_j}{s_j^2} \tag{18.6.3}$$

其中

$$\bar{x}_j=\frac{1}{m}\sum_{i=1}^{m} x_{ij}$$

$$s_j^2=\frac{1}{m-1}\sum_{i=1}^{m}(x_{ij}-\bar{x}_j)^2$$

3. 列出距离系数矩阵和相关系数矩阵

第 s 个与第 t 个班的相似性程度用距离系数

$$d_{st}=\sqrt{\frac{1}{n}\sum_{j=1}^{n}(Z_{sj}-Z_{tj})^2}\quad(s,t=1,2,\cdots,m) \tag{18.6.4}$$

来度量，得距离系数矩阵

$$\boldsymbol{D}=(d_{st})=\begin{bmatrix} d_{12} & \cdots & d_{1m} \\ & \ddots & \vdots \\ & & d_{m-1,m} \end{bmatrix} \tag{18.6.5}$$

第 h 门与第 k 门课程间的相似程度用相关系数

$$r_{hk}=\frac{1}{m}\sum_{i=1}^{m} Z_{ih}Z_{ik}\quad (h,k=1,2,\cdots,n) \tag{18.6.6}$$

来度量，得相关系数矩阵

$$\boldsymbol{R}=(r_{hk})=\begin{bmatrix} r_{12} & \cdots & r_{1n} \\ & \ddots & \vdots \\ & & r_{n-1,n} \end{bmatrix} \tag{18.6.7}$$

4. 得分类谱系图

在矩阵 $\boldsymbol{D}$ 中选择最小的一个数，设为 d_{pq}，则把第 p 个与第 q 个班分在一类，同时在 $\boldsymbol{D}$ 中将第 p 行第 q 列划掉，在余下的距离系数中找最小的一个，其余类推. 如果两个班已在形成的类中没有出现过，则联系形成一个独立的新类；如果两个班中有一个已在分好的类中出现过，则另一个班加入该类；如果选出的两个班各已在分好的两类内，则把两类联系起来.

对课程的分类在矩阵 $\boldsymbol{R}$ 中进行，从选择最大的一个数开始，其余步骤与上述相同.

我们举一个例子.

现在有七个班五门课程的平均分矩阵为

$$\begin{array}{c} \begin{matrix} \text{政} & \text{语} & \text{数} & \text{化} & \text{外} \end{matrix} \\ \begin{bmatrix} 71 & 68 & 72 & 78 & 68 \\ 68 & 72 & 68 & 62 & 65 \\ 76 & 74 & 78 & 70 & 62 \\ 64 & 60 & 64 & 72 & 60 \\ 80 & 76 & 88 & 86 & 76 \\ 74 & 70 & 82 & 71 & 64 \\ 70 & 64 & 62 & 68 & 64 \end{bmatrix} \begin{matrix} \text{一} \\ \text{二} \\ \text{三} \\ \text{四} \\ \text{五} \\ \text{六} \\ \text{七} \end{matrix} \end{array}$$

极差数据矩阵为(由式(18.6.2)得)

$$\begin{bmatrix} 0.44 & 0.50 & 0.38 & 0.67 & 0.50 \\ 0.25 & 0.75 & 0.23 & 0 & 0.31 \\ 0.75 & 0.88 & 0.62 & 0.33 & 0.13 \\ 0 & 0 & 0.08 & 0.42 & 0 \\ 1 & 1 & 1 & 1 & 1 \\ 0.63 & 0.63 & 0.77 & 0.38 & 0.25 \\ 0.38 & 0.25 & 0 & 0.17 & 0.25 \end{bmatrix}$$

距离系数矩阵为(由式(18.6.4)得)

$$\begin{array}{c} \begin{matrix} \text{二} & \text{三} & \text{四} & \text{五} & \text{六} & \text{七} \end{matrix} \\ \boldsymbol{D} = \begin{bmatrix} 0.35 & 0.332 & 0.41 & 0.51 & 0.26 & 0.32 \\ & 0.335 & 0.43 & 0.73 & 0.44 & 0.38 \\ & & 0.56 & 0.53 & 0.15 & 0.44 \\ & & & 0.91 & 0.52 & 0.26 \\ & & & & 0.50 & 0.80 \\ & & & & & 0.41 \end{bmatrix} \begin{matrix} \text{一} \\ \text{二} \\ \text{三} \\ \text{四} \\ \text{五} \\ \text{六} \end{matrix} \end{array}$$

相关系数矩阵为(由式(18.6.3)及(18.6.6)得)

$$\begin{array}{c} \\ \boldsymbol{R} = \end{array}\begin{array}{cccc} \text{语} & \text{数} & \text{化} & \text{外} \\ \end{array}$$

$$\boldsymbol{R}=\left[\begin{array}{cccc} 0.713 & 0.764 & 0.508 & 0.586 \\ & 0.684 & 0.233 & 0.521 \\ & & 0.537 & 0.647 \\ & & & 0.545 \end{array}\right]\begin{array}{l} \text{政} \\ \text{数} \\ \text{化} \\ \text{外} \end{array}$$

分类谱系图如图 18.6.1 所示.

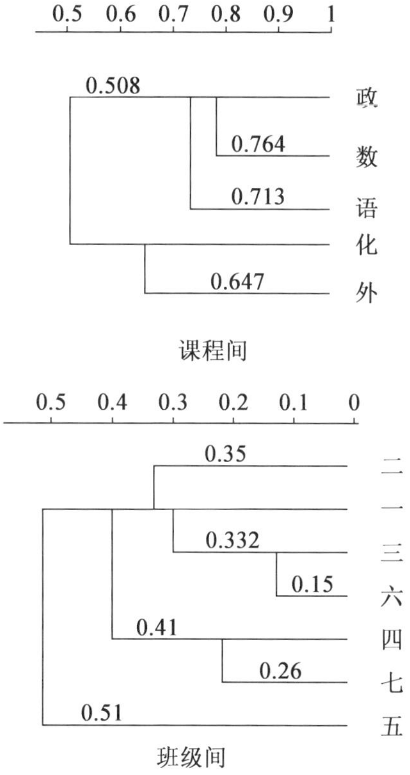

图 18.6.1

由分类谱系图可以清晰地看出班级间或课程间的类别关系. 在不同的相似水平所分成的类是不同的. 如

距离系数在 0.40 的水平时，七个班被划分为三类：五班单独一类，四、七两个班形成一类，其他四个班形成一类. 又如相关系数在 0.60 的水平时，五门课程被划分成两大类：政、数、语三科为一类，化、外形成另一类.

为什么会有这样的类别？各具什么特点？同一类别的共性又是什么？这就要从主客观因素、社会环境、思想政治工作等各方面进行分析对比，找出差距，采取有效的措施，促进教学工作.

练习题

1. a 城和 b 城之间火车路线用矩阵表示是 $\boldsymbol{T}=\begin{bmatrix}0&1\\1&0\end{bmatrix}$，汽车路线用矩阵表示是 $\boldsymbol{B}=\begin{bmatrix}1&1\\1&0\end{bmatrix}$.

(1)画出火车路线和汽车路线的网络图；

(2)计算矩阵 $\boldsymbol{B}\cdot\boldsymbol{T}$，这个矩阵说明网络里可以进行怎样的旅行？

2. 制造一种有电子设备的模型时，先要把三种不同的零件分组，然后把各组零件装配成模型. 把这三种零件分别记作甲、乙、丙，那么零件甲、乙、丙的价钱分别是 3，2，4 元. 3 个甲种零件、4 个乙种零件、3 个丙种零件组成组件Ⅰ；2 个甲种零件、3 个乙种零件、5 个丙种零件组成组件Ⅱ. 模型 A 包含 3 个组件Ⅰ和 3 个组件Ⅱ，模型 B 包含 2 个组件Ⅰ和 4 个组件Ⅱ，模型 C 包含 3 个组件Ⅰ和 5 个组件Ⅱ. 一天做了 8 个模型 A、

5 个模 B 和 4 个模型 C. 问这一天做的模型价值多少元钱?

3. 配平下列化学方程式

$$MnO_2 + H_2O_2 + H_2SO_4 \longrightarrow MnSO_4 + 2H_2O + O_2$$

练习题参考解答或提示

第 1 章练习题

1. 设

$$A - C = X, B - C = Y$$

则

$$原式 = X^2 + Y^2 - \frac{1}{2}(X + Y)^2$$

$$= X^2 + Y^2 - \frac{1}{2}(X^2 + XY + YX + Y^2)$$

$$= \frac{1}{2}(X^2 + Y^2 - XY - YX)$$

$$= \frac{1}{2}(X - Y)^2$$

用 A, B, C 代入,消去 X, Y 得

$$原式 = \frac{1}{2}(A - B)^2$$

$$= \frac{1}{2}(A^2 - AB - BA + B^2)$$

2. 由题意,有

$$AB = \begin{bmatrix} a & b \\ b & 1 \end{bmatrix}\begin{bmatrix} 1 & a \\ a & b \end{bmatrix} = \begin{bmatrix} a + ab & a^2 + b^2 \\ a + b & ab + b \end{bmatrix}$$

据矩阵相等的条件得

$$\begin{cases} a+ab=a-1 \\ a+b=ab \\ a^2+b^2=x \\ ab+b=b-1 \end{cases} \Rightarrow \begin{cases} ab=-1 \\ a+b=-1 \\ a^2+b^2=x \end{cases}$$

故

$$x=(a+b)^2-2ab=3$$

3. 由题意,有

$$\begin{aligned} & \boldsymbol{A}^2-(a+d)\boldsymbol{A} \\ &=\boldsymbol{A}[\boldsymbol{A}-(a+d)\boldsymbol{E}] \\ &=\begin{bmatrix} a & b \\ c & d \end{bmatrix}\left(\begin{bmatrix} a & b \\ c & d \end{bmatrix}-\begin{bmatrix} a+d & 0 \\ 0 & a+d \end{bmatrix}\right) \\ &=\begin{bmatrix} a & b \\ c & d \end{bmatrix}\cdot\begin{bmatrix} -d & b \\ c & -a \end{bmatrix} \\ &=\begin{bmatrix} bc-ad & 0 \\ 0 & bc-ad \end{bmatrix} \\ &=(bc-ad)\boldsymbol{E} \end{aligned}$$

故原式为**0**(零矩阵).

4. 由第 3 题结果得 $\boldsymbol{A}^2-3\boldsymbol{A}+2\boldsymbol{E}=\boldsymbol{0}$, 即 $\boldsymbol{A}^2=3\boldsymbol{A}-2\boldsymbol{E}$. 于是:

(1)$\boldsymbol{A}^3=\boldsymbol{A}^2\cdot\boldsymbol{A}=(3\boldsymbol{A}-2\boldsymbol{E})\boldsymbol{A}=3\boldsymbol{A}^2-2\boldsymbol{A}=3(3\boldsymbol{A}-2\boldsymbol{E})-2\boldsymbol{A}=7\boldsymbol{A}-6\boldsymbol{E}$,故原式$=(7\boldsymbol{A}-6\boldsymbol{E})-6(3\boldsymbol{A}-2\boldsymbol{E})+13\boldsymbol{A}-7\boldsymbol{E}=2\boldsymbol{A}-\boldsymbol{E}=\begin{bmatrix} 3 & 2 \\ 0 & 1 \end{bmatrix}$.

(2)设 $x^5\equiv(x^2-3x+2)\cdot Q(x)+px+q$,将 $x=$

1,2分别代入求得

$$x^5=(x^2-3x+2)\cdot Q(x)+31x-30$$

因为

$$\boldsymbol{A}^2-3\boldsymbol{A}+2\boldsymbol{E}=\boldsymbol{0}$$

所以

$$\boldsymbol{A}^5=31\boldsymbol{A}-30\boldsymbol{E}=\begin{bmatrix}62&31\\0&31\end{bmatrix}-\begin{bmatrix}30&0\\0&30\end{bmatrix}=\begin{bmatrix}32&31\\0&1\end{bmatrix}$$

第 2 章练习题

1. 先考虑两个城市的 4 个队比赛的情况:按题意有矩阵

$$\begin{array}{c} \\ A_{甲} \\ A_{乙} \\ B_{甲} \\ B_{乙} \end{array}\begin{array}{c} \begin{array}{cccc} A_{甲} & A_{乙} & B_{甲} & B_{乙} \end{array} \\ \begin{bmatrix} 0 & 0 & & 1 \\ 0 & 0 & & 1 \\ & & 0 & 0 \\ 1 & 1 & 0 & 0 \end{bmatrix} \end{array}$$

矩阵中用 1 表示两队比赛过,0 表示不能比赛或没有比赛过. 除 A 市外,B 市两个队中或者甲队已赛两场或者乙队已赛两场(若 A 市乙队赛两场,则 B 市两队均只能赛一场,不符合题意). 上面矩阵是表示 B 市乙队已赛两场. 不管怎样,由对称性得 A 市乙队只赛一场. 把上述情形推广得原题答案为 15 场.

2. 由题设有矩阵

	金	银	铜	铁
金盒上写	1	0	0	0
银盒上写	0	1	0	1
铜盒上写	1	1	0	0
铁盒上写	0	1	0	0

矩阵中 1 表示真话,0 表示假话. 由此知:相片在金盒里.

3. 由题设有矩阵及其变化形式

	1	2	3	4	5
甲	0	0	乙	0	丙
乙	0	0	0	戊	丁
丙	甲	0	0	戊	0
丁	丙	乙	0	0	0
戊	0	0	甲	丁	0

⇒

	1	2	3	4	5
甲	0	0	0	0	0
乙	0	0	0	0	丁
丙	0	0	0	戊	0
丁	丙	乙	0	0	0
戊	0	0	甲	0	0

知丙第一名,乙第二名,甲第三名,戊第四名,丁第五名.

4. 由题意,先设三个矩阵

$$\boldsymbol{A}=\begin{bmatrix} & & \\ & 0 & \\ 0 & & \end{bmatrix}\begin{matrix}\text{小张}\\ \text{小李}\\ \text{小王}\end{matrix}$$

$$\begin{matrix}\text{歌唱} & \text{相声} & \text{舞蹈}\end{matrix}$$

$$\boldsymbol{B}=\begin{bmatrix}0 & 0 & \\ 1 & 0 & 0\\ 0 & & \end{bmatrix}\begin{matrix}\text{歌唱}\\ \text{相声}\\ \text{舞蹈}\end{matrix}$$

北京　上海　武汉

$$\boldsymbol{C}=\begin{bmatrix} & & \\ & & 0\\ & & \end{bmatrix}\begin{matrix}\text{小张}\\ \text{小李}\\ \text{小王}\end{matrix}=\boldsymbol{A}\cdot\boldsymbol{B}$$

北京　上海　武汉

由

$$\begin{aligned}0&=c_{23}=a_{21}\cdot b_{13}+a_{22}\cdot b_{23}+a_{23}\cdot b_{33}\\ &=a_{21}\cdot b_{13}+a_{23}\cdot b_{33}\end{aligned}$$

及可推得的

$$b_{13}=1\Rightarrow a_{21}=0\Rightarrow\begin{cases}a_{23}=1\Rightarrow b_{33}=0\Rightarrow b_{32}=1\\ a_{11}=1\Rightarrow a_{32}=1\end{cases}$$

故小张是出生在武汉的歌唱演员，小李是出生在上海的舞蹈演员，小王是出生在北京的相声演员.

5. 把 1,65,117 分别化成二进位制数. 由

$$\begin{bmatrix}1\\ 65\\ 117\end{bmatrix}=\begin{bmatrix}0 & 0 & 0 & 0 & 0 & 0 & 1\\ 1 & 0 & 0 & 0 & 0 & 0 & 1\\ 1 & 1 & 1 & 0 & 1 & 0 & 1\end{bmatrix}$$

知先取者先应从装 117 球的盒中取出 $52=(1\ \ 1\ \ 0\ \ 1\ \ 0\ \ 0)_2$ 球，以保证上述矩阵中每列的数字和为偶数，且先取者在后取者取后的矩阵形式始终保持如上要求，则先取者终能获胜.

6. 由题设知三枚棋子要走的方格数分别为 59，50，30，并把这三个数化成二进制数. 由 $\begin{bmatrix}59\\ 50\\ 30\end{bmatrix}=$

$\begin{bmatrix}1&1&1&0&1&1\\1&1&0&0&1&0\\0&1&1&1&1&0\end{bmatrix}$知，第一个人可把如上矩阵第一行的 111011 改成 101100，也就是将它减少 1111，即 $15=(1111)_2$. 亦即第一个人先将要走 59 个方格的棋子移动 15 个方格就能够获胜.

第 3 章练习题

1. 考虑矩阵$\begin{bmatrix}a&b&c\\c&a&b\\b&c&a\end{bmatrix}$的行列式，则

$$
\begin{aligned}
&a^3+b^3+c^3-3abc\\
&=\begin{vmatrix}a&b&c\\c&a&b\\b&c&a\end{vmatrix}\\
&=\begin{vmatrix}a+b+c&a+b+c&a+b+c\\c&a&b\\b&c&a\end{vmatrix}\\
&=(a+b+c)\begin{vmatrix}1&1&1\\c&a&b\\b&c&a\end{vmatrix}\\
&=(a+b+c)(a^2+b^2+c^2-ab-ac-bc)
\end{aligned}
$$

2. 考虑矩阵$\begin{bmatrix} n & \sum_{i=1}^{n} y_i \\ \sum_{i=1}^{n} x_i & \sum_{i=1}^{n} x_i y_i \end{bmatrix}$的行列式,则

$$D = n\sum_{i=1}^{n} x_i y_i - \left(\sum_{i=1}^{n} x_i\right)\left(\sum_{i=1}^{n} y_i\right)$$

$$= \begin{vmatrix} n & \sum_{i=1}^{n} y_i \\ \sum_{i=1}^{n} x_i & \sum_{i=1}^{n} x_i y_i \end{vmatrix}$$

$$= \sum_{i=1}^{n} \begin{vmatrix} 1 & \sum_{i=1}^{n} y_i \\ x_i & \sum_{i=1}^{n} x_i y_i \end{vmatrix} = \sum_{i=1}^{n}\sum_{j=1}^{n} \begin{vmatrix} 1 & y_i \\ x_i & x_i y_j \end{vmatrix}$$

$$= \sum_{i=1}^{n}\sum_{j=1}^{n} y_j (x_j - x_i)$$

又

$$D = \sum_{i=1}^{n}\sum_{j=1}^{n} \begin{vmatrix} 1 & y_i \\ x_j & x_i y_i \end{vmatrix} = \sum_{j=1}^{n}\sum_{i=1}^{n} (-1) \begin{vmatrix} y_i & 1 \\ x_i y_i & x_j \end{vmatrix}$$

$$= \sum_{i=1}^{n}\sum_{j=1}^{n} - y_i (x_j - x_i)$$

故

$$2D = \sum_{i=1}^{n}\sum_{j=1}^{n} (x_j - x_i)(y_j - y_i) \geqslant 0$$

故 $D \geqslant 0$,且等号当且仅当 $x_i = x_j$ 或 $y_i = y_j$ 时成立.

3. 令

$$A=\begin{bmatrix} x & -1 & 0 & \cdots & 0 & 0 \\ 0 & x & -1 & \cdots & 0 & 0 \\ \vdots & \vdots & \vdots & & \vdots & \vdots \\ 0 & 0 & 0 & \cdots & x & -1 \\ 0 & 0 & 0 & \cdots & 0 & x \end{bmatrix}$$

$$B=\begin{bmatrix} 0 \\ 0 \\ \vdots \\ 0 \\ -1 \end{bmatrix}$$

$$C=[a_n \quad a_{n-1} \quad \cdots \quad a_2]$$

$$D=a_1+x$$

则

$$|A|=x^{n-1}$$

$$A^{-1}=\begin{bmatrix} \frac{1}{x} & \frac{1}{x^2} & \cdots & \frac{1}{x^{n-1}} \\ 0 & \frac{1}{x} & \cdots & \frac{1}{x^{n-2}} \\ \vdots & \vdots & & \vdots \\ 0 & 0 & \cdots & \frac{1}{x} \end{bmatrix}$$

故

$$\begin{aligned} |P| &= |A| \cdot |D-CA^{-1}B| \\ &= x^{n-1}\left|(a_1+x)+\left(\frac{a_n}{x^{n-1}}+\frac{a_{n-1}}{x^{n-2}}+\cdots+\frac{a_2}{x}\right)\right| \\ &= x^n+a_1x^{n-1}+a_2x^{n-2}+\cdots+a_{n-1}x+a_n \end{aligned}$$

4. 令

$$A=\begin{bmatrix}1 & 1 & \cdots & 1\end{bmatrix}$$

$$B=(a_{ij})_{n\times n}$$

$$C=\begin{bmatrix}-1\\-1\\\vdots\\-1\end{bmatrix}$$

$$D=\begin{bmatrix}x_1 & x_2 & \cdots & x_n\end{bmatrix}$$

则由

$$|P|=\left|\begin{bmatrix}a_{11} & a_{12} & \cdots & a_{1n}\\a_{21} & a_{22} & \cdots & a_{2n}\\\vdots & \vdots & & \vdots\\a_{n1} & a_{n2} & \cdots & a_{nn}\end{bmatrix}-\begin{bmatrix}-1\\-1\\\vdots\\-1\end{bmatrix}\cdot\begin{bmatrix}x_1 & x_2 & \cdots & x_n\end{bmatrix}\right|$$

知

$$|P|=|A|\cdot|D-CA^{-1}B|$$

从而

$$|P|=|D|\cdot|A-BD^{-1}C|$$

$$=|D|\cdot\left|\begin{bmatrix}1 & 1 & \cdots & 1\end{bmatrix}+\begin{bmatrix}x_1 & x_2 & \cdots & x_n\end{bmatrix}\cdot D^{-1}\cdot\begin{bmatrix}-1\\-1\\\vdots\\-1\end{bmatrix}\right|$$

$$= |D| \cdot \left| [1\ \ 1\ \ \cdots\ \ 1] + [x_1\ \ x_2\ \ \cdots\ \ x_n] \cdot \frac{D^*}{|D|} \cdot \begin{bmatrix} -1 \\ -1 \\ \vdots \\ -1 \end{bmatrix} \right|$$

$$= |D| + \sum_{j=1}^{n} x_j \sum_{i=1}^{n} A_{ij}$$

5. 因 $|A| \neq 0$，则存在 A^{-1}，由定理 1，$\xrightarrow{-C \cdot A^{-1} \times}$

$$\begin{vmatrix} A & B \\ C & D \end{vmatrix} = \begin{vmatrix} A & B \\ 0 & D - CA^{-1}B \end{vmatrix} \xlongequal{\text{由拉普拉斯定理}} |A| \cdot |D - CA^{-1}B| = |A(D - CA^{-1}B)| = |AD - CB|.$$

6. AB, BA 的特征多项式分别为 $|\lambda E - AB|$，$|\lambda E - BA|$，只要证明它们相等即可

$$|\lambda E - BA| \xlongequal[\text{或 7 题结论}]{\text{定理 4}} \begin{vmatrix} \lambda E & B \\ A & E \end{vmatrix}$$

$$\xlongequal[\text{交换行}]{\text{定理 3}} \overset{(*)}{\pm} \begin{vmatrix} A & E \\ \lambda E & B \end{vmatrix}$$

$$\xlongequal[\text{交换列}]{\text{定理 3}} \begin{vmatrix} E & A \\ B & \lambda E \end{vmatrix}$$

$$\xlongequal[\text{或 7 题结论}]{\text{定理 4}} |\lambda E - BA|$$

其中（$*$）表示当 n 为偶数时取“+”号，当 n 为奇数时取“−”号.

7. 由积和式性质 6，有

$$\operatorname{per} A = 4 \cdot \operatorname{per} \begin{bmatrix} 1 & 1 & 1 & 1 & 1 & 1 \\ 1 & 1 & 1 & 1 & 1 & 1 \\ 1 & 1 & 1 & 1 & 1 & 1 \\ 1 & 1 & 1 & 1 & 1 & 1 \\ 1 & 1 & 1 & 1 & 1 & 1 \\ 1 & 1 & 1 & 1 & 1 & 1 \end{bmatrix}$$

$$=4\cdot 6\cdot \operatorname{per}\begin{bmatrix}1&1&1&1&1\\1&1&1&1&1\\1&1&1&1&1\\1&1&1&1&1\\1&1&1&1&1\end{bmatrix}=\cdots$$

$$=4\cdot 6!\ =2\ 880$$

8. 由

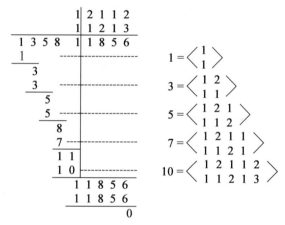

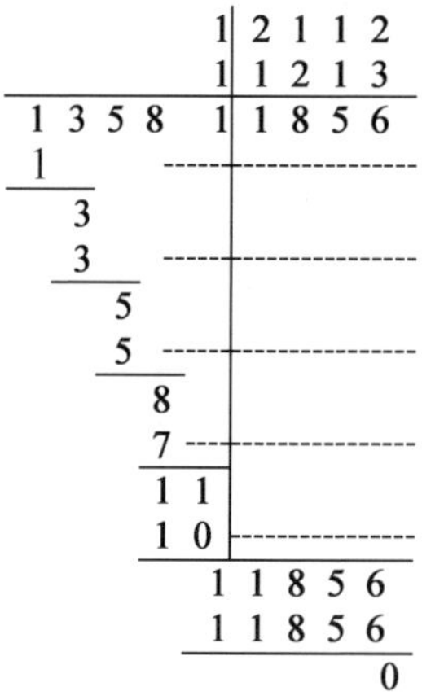

$$1=\left\langle\begin{matrix}1\\1\end{matrix}\right\rangle$$

$$3=\left\langle\begin{matrix}1&2\\1&1\end{matrix}\right\rangle$$

$$5=\left\langle\begin{matrix}1&2&1\\1&1&2\end{matrix}\right\rangle$$

$$7=\left\langle\begin{matrix}1&2&1&1\\1&1&2&1\end{matrix}\right\rangle$$

$$10=\left\langle\begin{matrix}1&2&1&1&2\\1&1&2&1&3\end{matrix}\right\rangle$$

故 135 811 856 ÷ 11 213 = 12 112.

第 4 章练习题

1. 解法 1:利用初等行变换

$$\begin{bmatrix}3&1&-4&13\\5&-1&3&5\\1&1&-1&3\end{bmatrix}\xrightarrow[T_{13}(-5)]{R_{13}\ \ T_{12}(-3)}\begin{bmatrix}1&1&-1&3\\0&-2&-1&4\\0&-6&8&-10\end{bmatrix}$$

$$\xrightarrow[D_3\left(\frac{1}{11}\right)]{T_{23}(-3)}\begin{bmatrix}1 & 1 & -1 & 3\\0 & -2 & -1 & 4\\0 & 0 & 1 & -2\end{bmatrix}$$

故

$$(x,y,z)=(2,-1,-2)$$

解法 2:展开四阶行列式

$$\begin{vmatrix}3 & 1 & -4 & -13\\5 & -1 & 3 & -5\\1 & 1 & -1 & -3\\x & y & z & 1\end{vmatrix}=\begin{vmatrix}1 & 0 & 0 & 0\\3 & -2 & -1 & -4\\5 & -6 & 8 & 10\\x & y-x & x+z & 3x+1\end{vmatrix}$$

$$=\begin{vmatrix}0 & -1 & 0\\-22 & 8 & -22\\y-3x-2z & x+y & -x-4z+1\end{vmatrix}$$

$$=-22[-x-4z+1-(y-3x+2z)]$$

$$=-22(2x-y-2z+1)$$

故

$$(x,y,z)=(2,-1,-2)$$

2. 作矩阵

$$\boldsymbol{C}=\begin{bmatrix}5 & -1 & 2 & 1 & 7\\2 & 1 & 4 & -2 & 1\\1 & 3 & 6 & 5 & 0\\1 & 0 & 0 & 0 & 0\\0 & 1 & 0 & 0 & 0\\0 & 0 & 1 & 0 & 0\\0 & 0 & 0 & 1 & 0\\0 & 0 & 0 & 0 & 1\end{bmatrix}$$

$$\xrightarrow[\substack{T_{41}(-5)\\T_{42}(1)\\T_{43}(-2)\\T_{45}(-7)\\R_{14}}]{}\begin{bmatrix}1&0&0&0&0\\-2&-1&8&12&15\\5&2&-16&-24&-35\\0&0&0&1&0\\0&1&0&0&0\\0&0&1&0&0\\1&1&-2&-5&-7\\0&0&0&0&1\end{bmatrix}$$

$$\xrightarrow[\substack{T_{21}(-2)\\T_{23}(8)\\T_{24}(12)\\T_{25}(15)}]{}\begin{bmatrix}1&0&0&0&0\\0&-1&0&0&0\\1&2&0&0&-5\\0&0&0&1&0\\-2&1&8&12&15\\0&0&1&0&0\\-1&1&6&7&8\\0&0&0&0&1\end{bmatrix}$$

$$\xrightarrow[\substack{T_{51}\left(\frac{1}{5}\right)\\T_{52}\left(\frac{2}{5}\right)\\D_5(-1)}]{}\left[\begin{array}{cccc|c}1&0&0&0&0\\0&-1&0&0&0\\0&0&0&0&5\\\hline 0&0&0&1&0\\1&7&8&12&-15\\0&0&1&0&0\\\frac{3}{5}&4\frac{1}{5}&6&7&-8\\\hline\frac{1}{5}&\frac{2}{5}&0&0&-1\end{array}\right]$$

由于 $\boldsymbol{P}_{n1}^{\mathrm{T}}=[0\quad 0\quad 5]$ 不为零矩阵,故方程组无解.

3. 由

$$-\min z=\max(-z)=-x_1+2x_2$$

引进松弛变量 x_3,x_4,x_5,将线性规划问题化为标准型

$$\begin{cases}x_1+x_2-x_3=2\\-x_1+x_2-x_4=1\\x_2+x_5=3\end{cases}$$

$$\max(-z)+x_1-2x_2=0$$

$$x_1,x_2,x_3,x_4,x_5\geqslant 0$$

由

$$\boldsymbol{B}=\begin{bmatrix}1&1&-1&0&0&2\\-1&1&0&-1&0&1\\0&1&0&0&1&3\\1&-2&0&0&0&0\end{bmatrix}$$

矩阵 $\boldsymbol{B}$ 中最后一行绝对值最大的负数为 -2,求最小比例值 $\min\left\{\frac{2}{1},\frac{1}{1},\frac{3}{1}\right\}=1$,即最小比例值在 a_{22} 处取到. 此处 a_{22} 已是 1,利用初等行变换,将第二列其他元素全变为 0. 又

$$\boldsymbol{B}\to\boldsymbol{B}_1=\begin{bmatrix}2&0&-1&1&0&1\\-1&\boxed{1}&0&-1&0&1\\1&0&0&1&1&2\\-1&0&0&-2&0&2\end{bmatrix}$$

矩阵 $\boldsymbol{B}_1$ 的最后一行绝对值最大的负数为 -2. 由 $\min\left\{\frac{1}{1},\frac{2}{1}\right\}=1$,即最小比例值在 a_{14} 处取到. a_{14} 已是 1,利用初等行变换,将第四列其他元素全变为 0. 又

$$\boldsymbol{B}_1 \to \boldsymbol{B}_2 = \begin{bmatrix} 2 & 0 & -1 & \boxed{1} & 0 & 1 \\ 1 & 1 & -1 & 0 & 0 & 2 \\ -1 & 0 & 1 & 0 & 1 & 1 \\ 3 & 0 & -2 & 0 & 0 & 4 \end{bmatrix}$$

矩阵 $\boldsymbol{B}_2$ 的最后一行绝对值最大的负数为 -2. 由 $\min\left\{\frac{1}{1}\right\}=1$,即此处最小比例值在 a_{33}处取到,且 a_{33}已是1. 利用初等行变换,将第三列其他元素全变为0. 又

$$\boldsymbol{B}_2 \to \boldsymbol{B}_3 = \begin{bmatrix} 1 & 0 & 0 & 1 & 1 & 2 \\ 0 & 1 & 0 & 0 & 1 & 3 \\ -1 & 0 & \boxed{1} & 0 & 1 & 1 \\ 1 & 0 & 0 & 0 & 2 & 6 \end{bmatrix}$$

矩阵 $\boldsymbol{B}_3$ 的最后一行全为非负数,其对应的方程组为

$$\begin{cases} x_1 + x_4 + x_5 = 2 \\ x_2 + x_5 = 3 \\ -x_1 + x_3 + x_5 = 1 \end{cases}$$

$$\max(-z) = -x_1 - 2x_5 + 6$$

当 $x_1 = x_5 = 0$ 时, $-z$ 取得最大值6,此时 $x_4 = 2, x_2 = 3, x_3 = 1$. 故原线性规划问题的最优解为$(x_1, x_2, x_3, x_4, x_5) = (0,3,1,2,0)$,$z$ 的最小值为 -6.

4. 由 $\begin{bmatrix} 11 & 54 \\ 54 & 35 \\ 41 & 22 \\ 32 & 43 \\ 15 & 34 \end{bmatrix} \longrightarrow \begin{bmatrix} 54 \\ 54 \\ 22 \\ 43 \\ 15 \end{bmatrix} = \begin{bmatrix} 1 \\ 1 \\ 1 \\ 1 \\ 1 \end{bmatrix}$ 或 $\begin{bmatrix} 54 \\ 54 \\ 41 \\ 32 \\ 15 \end{bmatrix} = \begin{bmatrix} 1 \\ 1 \\ 1 \\ 1 \\ 1 \end{bmatrix}$.

5. 由题意得逻辑推理方程组

$$\begin{cases} a_{15}+a_{33}=1 \\ a_{22}+a_{41}=1 \\ a_{11}+a_{54}=1 \\ a_{32}+a_{44}=1 \\ a_{23}+a_{55}=1 \end{cases}$$

由

$$\begin{bmatrix} 15 & 33 \\ 22 & 41 \\ 11 & 54 \\ 32 & 44 \\ 23 & 55 \end{bmatrix} \longrightarrow \begin{bmatrix} 33 \\ 22 \\ 11 \\ 44 \\ 55 \end{bmatrix} = \begin{bmatrix} 1 \\ 1 \\ 1 \\ 1 \\ 1 \end{bmatrix} \text{或} \begin{bmatrix} 15 \\ 41 \\ 54 \\ 32 \\ 23 \end{bmatrix} = \begin{bmatrix} 1 \\ 1 \\ 1 \\ 1 \\ 1 \end{bmatrix}$$

故 $a_{33}=1$，$a_{22}=a_{11}=a_{44}=a_{55}=1$ 或 $a_{15}=a_{41}=a_{54}=a_{32}=a_{23}=1$. 由此即求得第 1～5 包分别是红、蓝、黄、白、紫或紫、黄、蓝、红、白.

6. 由

$$\begin{bmatrix} 2 & 1 \\ 1 & 0 \end{bmatrix} \cdot \begin{bmatrix} 1 & 1 \\ 1 & 0 \end{bmatrix} \cdot \begin{bmatrix} 2 & 1 \\ 1 & 0 \end{bmatrix} \cdot \begin{bmatrix} x & 1 \\ 1 & 0 \end{bmatrix} = \begin{bmatrix} 8x+3 & 8 \\ 3x+1 & 3 \end{bmatrix}$$

$$\begin{bmatrix} 0 & 1 \\ 1 & 0 \end{bmatrix} \cdot \begin{bmatrix} 1 & 1 \\ 1 & 0 \end{bmatrix} \cdot \begin{bmatrix} x & 1 \\ 1 & 0 \end{bmatrix} \cdot \begin{bmatrix} 2 & 1 \\ 1 & 0 \end{bmatrix} = \begin{bmatrix} 2x+1 & x \\ 2x+3 & x+1 \end{bmatrix}$$

有 $\dfrac{8x+3}{3x+1}=\dfrac{2x+1}{2x+3}$，解之得 $x=\dfrac{-25\pm\sqrt{305}}{20}$.

7. 令 $a_1=\mu^2, a_2=\gamma^2, a_3=\rho^2; b_1=0, b_2=-b^2, b_3=-c^2$. 由式(4.1.11)得

$$x^2=\frac{\mu^2\gamma^2\rho^2}{b^2c^2}, y^2=\frac{(\mu^2-b^2)(\gamma^2-b^2)(\rho^2-b^2)}{b^2(b^2-c^2)}$$

$$z^2=\frac{(\mu^2-c^2)(\gamma^2-c^2)(\rho^2-c^2)}{c^2(c^2-b^2)}$$

由上即可求得 x,y,z.（略）$x^2+y^2+z^2=\mu^2+\gamma^2+\rho^2-b^2-c^2$.

第 6 章练习题

1. 令

$$\boldsymbol{A}=\begin{bmatrix} a^2 & b^2 & c^2 & d^2 \\ a^2 & b^2 & c^2 & d^2 \end{bmatrix}$$

乱 $\boldsymbol{A}$ 得

$$\boldsymbol{A}'=\begin{bmatrix} a^2 & b^2 & c^2 & d^2 \\ b^2 & c^2 & d^2 & a^2 \end{bmatrix}$$

由 $S(\boldsymbol{A})\geqslant S(\boldsymbol{A}')$ 即证.

2. 令

$$\boldsymbol{A}=\begin{bmatrix} 0 & 1 & 2 & \cdots & n \\ 0 & 1 & 2 & \cdots & n \\ \vdots & \vdots & \vdots & & \vdots \\ 0 & 1 & 2 & \cdots & n \end{bmatrix}_{n\times(n+1)}$$

乱 $\boldsymbol{A}$ 得

$$\boldsymbol{A}'=\begin{bmatrix} 1 & 2 & 3 & \cdots & n \\ 2 & 3 & 4 & \cdots & 1 \\ 3 & 4 & 5 & \cdots & 2 \\ \vdots & \vdots & \vdots & & \vdots \\ n & 1 & 2 & \cdots & n-1 \end{bmatrix}$$

由 $T(\boldsymbol{A})\leqslant T(\boldsymbol{A}')$ 即证.

3. (1) 令

$$\boldsymbol{A}=\begin{bmatrix}1+\frac{1}{n} & 1+\frac{1}{n} & \cdots & 1+\frac{1}{n} & 1\\ 1+\frac{1}{n} & 1+\frac{1}{n} & \cdots & 1+\frac{1}{n} & 1\\ \vdots & \vdots & & \vdots & \vdots\\ 1+\frac{1}{n} & 1+\frac{1}{n} & \cdots & 1+\frac{1}{n} & 1\end{bmatrix}_{(n+1)\times(n+1)}$$

乱 $\boldsymbol{A}$,使每列有一个 1,得 $\boldsymbol{A}'$. 由 $T(\boldsymbol{A})\leqslant T(\boldsymbol{A}')$ 即证.

(2)令

$$\boldsymbol{B}=\begin{bmatrix}1+\frac{1}{n(n+2)} & 1 & \cdots & 1\\ 1+\frac{1}{n(n+2)} & 1 & \cdots & 1\\ \vdots & \vdots & & \vdots\\ 1+\frac{1}{n(n+2)} & 1 & \cdots & 1\end{bmatrix}_{(n+1)\times(n+1)}$$

乱 $\boldsymbol{B}$,使每列恰有 n 个 1,得 $\boldsymbol{B}'$. 由 $S(\boldsymbol{B})\geqslant S(\boldsymbol{B}')$ 及 $S(\boldsymbol{B})=\left[\frac{(n+1)^2}{n(n+2)}\right]^{n+1}+n, S(\boldsymbol{B}')=\left(1+\frac{1}{n(n+2)}\right)\cdot(n+1)>n+1+\frac{1}{n+1}=n+\frac{n+2}{n+1}$ 即证.

4. 令

$$\boldsymbol{A}=\begin{bmatrix}1 & 1 & 1 & a & a & a & a^2 & a^2 & a^2 & a^3 & a^3 & a^3\\ 1 & 1 & 1 & a & a & a & a^2 & a^2 & a^2 & a^3 & a^3 & a^3\end{bmatrix}$$

乱 $\boldsymbol{A}$ 得

$$\boldsymbol{A}'=\begin{bmatrix}1 & 1 & 1 & a & a & a & a^2 & a^2 & a^2 & a^3 & a^3 & a^3\\ a^3 & a & a & a^2 & 1 & 1 & a^3 & a^3 & a & a^2 & a^2 & 1\end{bmatrix}$$

由 $S(\boldsymbol{A})\geqslant S(\boldsymbol{A}')$ 即证.

5. 令

$$A=\begin{bmatrix}\frac{1}{1+x_1} & \frac{1}{1+x_2} & \cdots & \frac{1}{1+x_n}\\ \frac{1}{1+x_1} & \frac{1}{1+x_2} & \cdots & \frac{1}{1+x_n}\\ \vdots & \vdots & & \vdots\\ \frac{1}{1+x_1} & \frac{1}{1+x_2} & \cdots & \frac{1}{1+x_n}\end{bmatrix}_{(n-1)\times n}$$

乱 $\boldsymbol{A}$,使第 k 列恰缺 $\frac{1}{1+x_k}$ $(k=1,2,\cdots,n)$ 得 $\boldsymbol{A}'$. 由 $T(\boldsymbol{A})\leqslant T(\boldsymbol{A}')$ 得

$$\frac{(n-1)^n}{\prod_{k=1}^{n}(1+x_k)}\leqslant\prod_{k=1}^{n}\left(1-\frac{1}{1+x_k}\right)=\frac{\prod_{k=1}^{n}x_k}{\prod_{k=1}^{n}(1+x_k)}$$

即

$$\prod_{k=1}^{n}x_k\geqslant(n-1)^n$$

6. (1)令

$$\boldsymbol{M}=\begin{bmatrix}a & a & a & b & b & b & c & c & c\\ A & A & A & B & B & B & C & C & C\end{bmatrix}$$

乱 $\boldsymbol{M}$ 得

$$\boldsymbol{M}'=\begin{bmatrix}a & a & a & b & b & b & c & c & c\\ A & B & C & B & A & C & C & A & B\end{bmatrix}$$

由 $S(\boldsymbol{M})\geqslant S(\boldsymbol{M}')$ 即证.

(2)令

$$\boldsymbol{A}=\begin{bmatrix}A^{-\frac{2}{3}} & B^{-\frac{2}{3}} & C^{-\frac{2}{3}}\\ A^{-\frac{2}{3}} & B^{-\frac{2}{3}} & C^{-\frac{2}{3}}\\ A^{-\frac{2}{3}} & B^{-\frac{2}{3}} & C^{-\frac{2}{3}}\end{bmatrix}$$

及

$$\boldsymbol{A}'=\begin{bmatrix} A^{-\frac{2}{3}} & B^{-\frac{2}{3}} & C^{-\frac{2}{3}} \\ B^{-\frac{2}{3}} & C^{-\frac{2}{3}} & A^{-\frac{2}{3}} \\ C^{-\frac{2}{3}} & A^{-\frac{2}{3}} & B^{-\frac{2}{3}} \end{bmatrix}$$

由 $S(\boldsymbol{A})\geqslant S(\boldsymbol{A}')$ 即证.

7. $2S_{\triangle}=ah_1=2rs,\frac{p_1}{a}=\frac{h_1-2r}{h_1}=1-\frac{a}{s}$,其中 r,s,h_1 分别表示$\triangle ABC$的内切圆半径、半周长及 a 边上的高. 令

$$\boldsymbol{M}=\begin{bmatrix} 1-\frac{a}{s} & 1-\frac{b}{s} & 1-\frac{c}{s} \\ 1-\frac{a}{s} & 1-\frac{b}{s} & 1-\frac{c}{s} \\ 1-\frac{a}{s} & 1-\frac{b}{s} & 1-\frac{c}{s} \end{bmatrix}$$

乱 $\boldsymbol{M}$,使 $1-\frac{a}{s},1-\frac{b}{s},1-\frac{c}{s}$ 进入每一列得 $\boldsymbol{M}'$. 由 $T(\boldsymbol{M})\leqslant T(\boldsymbol{M}')$ 即证.

8. 令

$$\boldsymbol{A}=\begin{bmatrix} x & \frac{y}{2} & \frac{y}{2} & \frac{z}{3} & \frac{z}{3} & \frac{z}{3} \\ x & \frac{y}{2} & \frac{y}{2} & \frac{z}{3} & \frac{z}{3} & \frac{z}{3} \\ \vdots & \vdots & \vdots & \vdots & \vdots & \vdots \\ x & \frac{y}{2} & \frac{y}{2} & \frac{z}{3} & \frac{z}{3} & \frac{z}{3} \end{bmatrix}_{6\times 6}$$

乱 $\boldsymbol{A}$, 使每列有一个 x, 两个 $\frac{y}{2}$, 三个 $\frac{z}{3}$, 得 $\boldsymbol{A}'$. 由 $T(\boldsymbol{A})\leqslant T(\boldsymbol{A}')$ 即证.

9. 令

$$\boldsymbol{A}=\begin{bmatrix}1&1&\cdots&1&1\\1&1&\cdots&1&1\\1&1&\cdots&1&0\\\vdots&\vdots&&\vdots&\vdots\\1&1&\cdots&1&0\end{bmatrix}_{(n+1)\times(n-1)}$$

乱 $\boldsymbol{A}$ 得

$$\boldsymbol{A}'=\begin{bmatrix}1&1&\cdots&1&1\\1&1&\cdots&1&1\\0&1&\cdots&1&1\\\vdots&\vdots&&\vdots&\vdots\\1&1&\cdots&1&0\end{bmatrix}_{(n+1)\times(n-1)}$$

由 $(n+1)^{n-2}\cdot 2=T(\boldsymbol{A})\leqslant T(\boldsymbol{A}')=n^{n-1}$ 即证.

10. 令

$$\boldsymbol{A}=\begin{bmatrix}1+a_1&1+a_2&\cdots&1+a_n\\1+a_1&1+a_2&\cdots&1+a_n\\\vdots&\vdots&&\vdots\\1+a_1&1+a_2&\cdots&1+a_n\end{bmatrix}_{n\times n}$$

乱 $\boldsymbol{A}$, 使 $1+a_1,\cdots,1+a_n$ 进入每一列, 得 $\boldsymbol{A}'$. 由 $n^n(1+a_1)\cdots(1+a_n)=T(\boldsymbol{A})\leqslant T(\boldsymbol{A}')=(n+a_1+a_2+\cdots+a_n)^n=n^n(1+A_n)^n$ 证得右边不等式. 又考虑两个 n 阶方阵

$$M=\begin{bmatrix}\left(\frac{a_1}{1+a_1}\right)^{\frac{1}{n}} & \left(\frac{a_2}{1+a_2}\right)^{\frac{1}{n}} & \cdots & \left(\frac{a_n}{1+a_n}\right)^{\frac{1}{n}}\\ \left(\frac{a_1}{1+a_1}\right)^{\frac{1}{n}} & \left(\frac{a_2}{1+a_2}\right)^{\frac{1}{n}} & \cdots & \left(\frac{a_n}{1+a_n}\right)^{\frac{1}{n}}\\ \vdots & \vdots & & \vdots\\ \left(\frac{a_1}{1+a_1}\right)^{\frac{1}{n}} & \left(\frac{a_2}{1+a_2}\right)^{\frac{1}{n}} & \cdots & \left(\frac{a_n}{1+a_n}\right)^{\frac{1}{n}}\end{bmatrix}$$

$$N=\begin{bmatrix}\left(\frac{1}{1+a_1}\right)^{\frac{1}{n}} & \left(\frac{1}{1+a_2}\right)^{\frac{1}{n}} & \cdots & \left(\frac{1}{1+a_n}\right)^{\frac{1}{n}}\\ \left(\frac{1}{1+a_1}\right)^{\frac{1}{n}} & \left(\frac{1}{1+a_2}\right)^{\frac{1}{n}} & \cdots & \left(\frac{1}{1+a_n}\right)^{\frac{1}{n}}\\ \vdots & \vdots & & \vdots\\ \left(\frac{1}{1+a_1}\right)^{\frac{1}{n}} & \left(\frac{1}{1+a_2}\right)^{\frac{1}{n}} & \cdots & \left(\frac{1}{1+a_n}\right)^{\frac{1}{n}}\end{bmatrix}$$

乱 $\boldsymbol{M},\boldsymbol{N}$,使含有 $a_1,a_2,\cdots,a_n$ 的元素进入每一列,得 $\boldsymbol{M}',\boldsymbol{N}'$. 由 $n=S(\boldsymbol{M})+S(\boldsymbol{N})\geqslant S(\boldsymbol{M}')+S(\boldsymbol{N}')=\frac{n(1+G_n)}{\sqrt[n]{(1+a_1)\cdots(1+a_n)}}$,即证得左边不等式.

11. 构造 3×2 矩阵

$$\begin{bmatrix}\frac{x}{\lambda-\mu x} & \lambda-\mu x\\ \frac{y}{\lambda-\mu y} & \lambda-\mu y\\ \frac{z}{\lambda-\mu z} & \lambda-\mu z\end{bmatrix}$$

即证.

12. 构造 3×5 矩阵

$$\begin{bmatrix} a^5 & a^5 & 1 & 1 & 1 \\ \frac{1}{8}b^5 & \frac{1}{8}b^5 & 4 & 4 & 4 \\ \frac{1}{27}c^5 & \frac{1}{27}c^5 & 9 & 9 & 9 \end{bmatrix}$$

即证.

13. 构造 $2\times n$ 矩阵

$$\begin{bmatrix} m & m & \cdots & m \\ a_1 & a_2 & \cdots & a_n \end{bmatrix}$$

即证.

14. (1)构造 $n+1$ 阶方阵

$$\begin{bmatrix} 1 & 1+\frac{1}{n} & \cdots & 1+\frac{1}{n} \\ 1+\frac{1}{n} & 1 & \cdots & 1+\frac{1}{n} \\ \vdots & \vdots & & \vdots \\ 1+\frac{1}{n} & 1+\frac{1}{n} & \cdots & 1 \end{bmatrix}$$

即证.

(2)将(1)中矩阵元素 $1+\frac{1}{n}$ 换成 $1-\frac{1}{n}$ 即可.

15. 构造 3×2 矩阵

$$\begin{bmatrix} \frac{1}{a^3(b+c)} & \frac{b+c}{4bc} \\ \frac{1}{b^3(c+a)} & \frac{c+a}{4ac} \\ \frac{1}{c^3(a+b)} & \frac{a+b}{4ab} \end{bmatrix}$$

由 G - 不等式,有

$$\sqrt{\frac{1}{3}\left(\frac{1}{a^3(b+c)}+\frac{1}{b^3(c+a)}+\frac{1}{c^3(a+b)}\right)\cdot\frac{1}{12}\left(\frac{b+c}{bc}+\frac{c+a}{ac}+\frac{a+b}{ab}\right)}$$

$$\geqslant\frac{1}{3}\left(\frac{1}{2a\sqrt{abc}}+\frac{1}{2b\sqrt{abc}}+\frac{1}{2c\sqrt{abc}}\right)$$

注意到 $abc=1$,两边平方,整理,得

$$\frac{1}{18}\left(\frac{1}{a^3(b+c)}+\frac{1}{b^3(c+a)}+\frac{1}{c^3(a+b)}\right)(ab+bc+ca)$$

$$\geqslant\frac{1}{36}(ab+bc+ca)^2$$

即

$$\frac{1}{a^3(b+c)}+\frac{1}{b^3(a+c)}+\frac{1}{c^3(a+b)}$$

$$\geqslant\frac{1}{2}(ab+bc+ca)$$

$$\geqslant\frac{1}{2}\times 3\sqrt[3]{(abc)^2}=\frac{3}{2}$$

16. 构造 3×3 矩阵

$$\begin{bmatrix}\dfrac{x^3}{(1+y)(1+z)} & \dfrac{1+y}{8} & \dfrac{1+z}{8}\\ \dfrac{y^3}{(1+z)(1+x)} & \dfrac{1+z}{8} & \dfrac{1+x}{8}\\ \dfrac{z^3}{(1+x)(1+y)} & \dfrac{1+x}{8} & \dfrac{1+y}{8}\end{bmatrix}$$

由 G - 不等式,得

$$\sqrt[3]{\frac{1}{3}\left(\frac{x^3}{(1+y)(1+z)}+\frac{y^3}{(1+z)(1+x)}+\frac{z^3}{(1+x)(1+y)}\right)\left(\frac{3+x+y+z}{3\times 8}\right)^2}$$

$$\geqslant\frac{x+y+z}{3\times 4}$$

由均值不等式,得

$$\frac{1}{3}\left[\frac{1}{3}\left(\frac{x^3}{(1+y)(1+z)}+\frac{y^3}{(1+z)(1+x)}+\frac{z^3}{(1+x)(1+y)}\right)+\frac{2(3+x+y+z)}{3\times 8}\right]$$

$$\geqslant\frac{x+y+z}{3\times 4}$$

注意到 $xyz=1$,化简,得

$$\frac{x^3}{(1+y)(1+z)}+\frac{y^3}{(1+z)(1+x)}+\frac{z^3}{(1+x)(1+y)}$$

$$\geqslant\frac{1}{2}(x+y+z)-\frac{3}{4}\geqslant\frac{3}{2}\sqrt[3]{xyz}-\frac{3}{4}=\frac{3}{4}$$

17. 构造 4×2 矩阵

$$\begin{bmatrix}\frac{a^3}{b+c+d} & \frac{a(b+c+d)}{9}\\ \frac{b^3}{a+c+d} & \frac{b(a+c+d)}{9}\\ \frac{c^3}{a+b+d} & \frac{c(a+b+d)}{9}\\ \frac{d^3}{a+b+c} & \frac{d(a+b+c)}{9}\end{bmatrix}$$

由 G - 不等式,有

$$\left[\frac{1}{4}\left(\frac{a^3}{b+c+d}+\frac{b^3}{a+c+d}+\frac{c^3}{a+b+d}+\frac{d^3}{a+b+c}\right)\cdot\left(\frac{2(ab+ac+ad+bc+bd+cd)}{4\times 9}\right)\right]^{\frac{1}{2}}\geqslant\frac{a^2+b^2+c^2+d^2}{4\times 3}$$

因为 $2(ab+ac+ad+bc+bd+cd)\leqslant(a^2+b^2)+(a^2+c^2)+(a^2+d^2)+(b^2+c^2)+(b^2+d^2)+(c^2+d^2)=3(a^2+b^2+c^2+d^2)$ 代入上式左端,所以上述不

等式两边平方,整理,得

$$\frac{a^3}{b+c+d}+\frac{b^3}{a+c+d}+\frac{c^3}{a+b+d}+\frac{d^3}{a+b+c}$$

$$\geqslant\frac{1}{3}(a^2+b^2+c^2+d^2)$$

$$\geqslant\frac{1}{3}(ab+bc+cd+da)$$

$$=\frac{1}{3}$$

18. 构造 $2\times n$ 矩阵

$$\begin{bmatrix} 1-\frac{1}{A_1} & 1-\frac{1}{A_2} & \cdots & 1-\frac{1}{A_n} \\ A_1 & A_2 & \cdots & A_n \end{bmatrix}$$

其中 $A_i=r_is_it_iu_iv_i$,则由条件知 $A_i>1$. 于是,由 G-不等式,有

$$\begin{aligned} 1 &= \sqrt[n]{\prod_{i=1}^{n}\left(1-\frac{1}{A_i}+\frac{1}{A_i}\right)} \\ &\geqslant \sqrt[n]{\prod_{i=1}^{n}\left(1-\frac{1}{A_i}\right)}+\sqrt[n]{\prod_{i=1}^{n}\frac{1}{A_i}} \\ &= \sqrt[n]{\prod_{i=1}^{n}\left(\frac{A_i-1}{A_i}\right)}+\frac{1}{\sqrt[n]{\prod_{i=1}^{n}A_i}} \end{aligned}$$

从而

$$\sqrt[n]{\prod_{i=1}^{n}A_i}-1\geqslant\sqrt[n]{\prod_{i=1}^{n}(A_i-1)} \qquad (*)$$

又构造 $2\times n$ 矩阵

$$\begin{bmatrix} \frac{A_1}{A_1-1} & \frac{A_2}{A_2-1} & \cdots & \frac{A_n}{A_n-1} \\ \frac{1}{A_1-1} & \frac{1}{A_2-1} & \cdots & \frac{1}{A_n-1} \end{bmatrix}$$

由 G - 不等式,并注意到式(*),有

$$\sqrt[n]{\prod_{i=1}^{n}\left(\frac{A_i+1}{A_i-1}\right)} = \sqrt[n]{\prod_{i=1}^{n}\left(\frac{A_i}{A_i-1}+\frac{1}{A_i-1}\right)}$$

$$\geqslant \sqrt[n]{\prod_{i=1}^{n}\frac{A_i}{A_i-1}} + \sqrt[n]{\prod_{i=1}^{n}\frac{1}{A_i-1}}$$

$$= \frac{1}{\sqrt[n]{\prod_{i=1}^{n}(A_i-1)}}\left(\sqrt[n]{\prod_{i=1}^{n}A_i}+1\right)$$

$$\geqslant \frac{1}{\sqrt[n]{\prod_{i=1}^{n}A_i}-1}\left(\sqrt[n]{\prod_{i=1}^{n}A_i}+1\right) \qquad (**)$$

由式(* *)知,欲证原不等式成立,只需证 $\dfrac{\sqrt[n]{\prod_{i=1}^{n}A_i}+1}{\sqrt[n]{\prod_{i=1}^{n}A_i}-1} \geqslant \dfrac{RSTUV+1}{RSTUV-1}$ 成立即可.

由于

$$RSTUV = \left(\frac{1}{n}\sum_{i=1}^{n}r_i\right)\left(\frac{1}{n}\sum_{i=1}^{n}s_i\right)\left(\frac{1}{n}\sum_{i=1}^{n}t_i\right)\cdot$$

$$\left(\frac{1}{n}\sum_{i=1}^{n}u_i\right)\left(\frac{1}{n}\sum_{i=1}^{n}v_i\right)$$

$$\geqslant \sqrt[n]{\prod_{i=1}^{n}r_i}\sqrt[n]{\prod_{i=1}^{n}s_i}\sqrt[n]{\prod_{i=1}^{n}t_i}\sqrt[n]{\prod_{i=1}^{n}u_i}\sqrt[n]{\prod_{i=1}^{n}v_i}$$

$$=\sqrt[n]{\prod_{i=1}^{n}A_i}$$

所以

$$\left(\sqrt[n]{\prod_{i=1}^{n}A_i}+1\right)(RSTUV-1)-$$

$$\left(\sqrt[n]{\prod_{i=1}^{n}A_i}-1\right)(RSTUV+1)$$

$$=2\left(RSTUV-\sqrt[n]{\prod_{i=1}^{n}A_i}\right)\geqslant 0$$

故

$$\frac{\sqrt[n]{\prod_{i=1}^{n}A_i}+1}{\sqrt[n]{\prod_{i=1}^{n}A_i}-1}\geqslant\frac{RSTUV+1}{RSTUV-1}$$

19. 构造 $n\times k$ 矩阵

$$\begin{bmatrix}\frac{a_1^k}{n} & \frac{1}{n} & \cdots & \frac{1}{n}\\ \frac{a_2^k}{n} & \frac{1}{n} & \cdots & \frac{1}{n}\\ \vdots & \vdots & & \vdots\\ \frac{a_n^k}{n} & \frac{1}{n} & \cdots & \frac{1}{n}\end{bmatrix}$$

即证.

20. 令 $a=y+z,b=z+x,c=x+y,x,y,z\in\mathbf{R}_+$，则原不等式化为 $x^2(y+z)+y^2(z+x)+z^2(x+y)\geqslant 6xyz$. 构造 6×3 矩阵

$$\begin{bmatrix} x^2y & z^2x & y^2z \\ x^2z & y^2x & z^2y \\ y^2z & x^2y & z^2x \\ y^2x & z^2y & x^2z \\ z^2x & y^2z & x^2y \\ z^2y & x^2z & y^2x \end{bmatrix}$$

即证.

21. 令 $a=x+z,b=x+y,c=y+z$,则原不等式变为$\frac{bc}{a}+\frac{ca}{b}+\frac{ab}{c}\geqslant a+b+c$. 构造 3×2 矩阵

$$\begin{bmatrix} \frac{b^2c^2}{abc} & \frac{c^2a^2}{abc} \\ \frac{c^2a^2}{abc} & \frac{a^2b^2}{abc} \\ \frac{a^2b^2}{abc} & \frac{b^2c^2}{abc} \end{bmatrix}$$

即证.

22. 构造 $n\times k$ 矩阵

$$\begin{bmatrix} \frac{a_1^k}{(s-a_1)^m} & s-a_1 & \cdots & s-a_1 & 1 & \cdots & 1 \\ \frac{a_2^k}{(s-a_2)^m} & s-a_2 & \cdots & s-a_2 & 1 & \cdots & 1 \\ \vdots & \vdots & & \vdots & \vdots & & \vdots \\ \frac{a_n^k}{(s-a_n)^m} & \underbrace{s-a_n \quad \cdots \quad s-a_n}_{m\text{列相同}} & & & \underbrace{1 \quad \cdots \quad 1}_{k-m-1\text{列相同}} & & \end{bmatrix}$$

由 G - 不等式,有

$$\left[\sum_{i=1}^{n}\frac{a_i^k}{(s-a_i)^m}\cdot(n-1)^m\cdot s^m\cdot n^{k-m-1}\right]^{\frac{1}{k}}$$

$$\geqslant a_1+a_2+\cdots+a_n=s$$

即证.

23. 构造 $n(n-1)\times k$ 矩阵

$$\begin{bmatrix} a_1^k & \cdots & a_1^k & a_2^k \\ a_1^k & \cdots & a_1^k & a_3^k \\ \vdots & & \vdots & \vdots \\ a_1^k & \cdots & a_1^k & a_n^k \\ a_2^k & \cdots & a_2^k & a_3^k \\ \vdots & & \vdots & \vdots \\ a_2^k & \cdots & a_2^k & a_n^k \\ \vdots & & \vdots & \vdots \\ a_n^k & \cdots & a_n^k & a_1^k \\ a_n^k & \cdots & a_n^k & a_2^k \\ \vdots & & \vdots & \vdots \\ a_n^k & \cdots & a_n^k & a_{n-1}^k \end{bmatrix}$$

（每组 $n-1$ 行；前 $k-1$ 列相同）

由此即证.

24. 当 $p_1,p_2,\cdots,p_n$ 均为正有理数时，令 $p_i=\dfrac{q_i}{M}$ $(i=1,2,\cdots,n)$，q_i 和 M 为自然数，则欲证不等式变为

$$\left(\sum_{i=1}^{n}q_i\right)(A_n-G_n)\geqslant\left(\sum_{i=1}^{n-1}q_i\right)(A_{n-1}-G_n)\geqslant\cdots$$

$$\geqslant q_1(A_1-G)\qquad(*)$$

令 $\sum_{i=1}^{n} q_i = Q_n$，$\sum_{i=1}^{n-1} q_i = Q_{n-1}$，构造 Q_n 阶方阵，使每行、每列均有 q_n 个 a_n，Q_{n-1} 个 G_{n-1}，即

$$\begin{bmatrix} a_n & a_n & \cdots & a_n & G_{n-1} & \cdots & G_{n-1} \\ a_n & a_n & \cdots & G_{n-1} & G_{n-1} & \cdots & a_n \\ \vdots & \vdots & & \vdots & \vdots & & \vdots \\ a_n & a_n & \cdots & G_{n-1} & G_{n-1} & \cdots & a_n \\ a_n & G_{n-1} & \cdots & G_{n-1} & a_n & \cdots & G_{n-1} \\ G_{n-1} & G_{n-1} & \cdots & a_n & a_n & \cdots & G_{n-1} \\ \vdots & \vdots & & \vdots & \vdots & & \vdots \\ G_{n-1} & G_{n-1} & \cdots & a_n & a_n & \cdots & G_{n-1} \\ G_{n-1} & a_n & \cdots & a_n & a_n & \cdots & G_{n-1} \end{bmatrix}$$

由 G - 不等式，有 $[(q_na_n + Q_{n-1}G_{n-1})^{Q_n}]^{\frac{1}{Q_n}} \geqslant Q_n(a_n^{q_n}G_{n-1}^{Q_{n-1}})^{\frac{1}{Q_n}}$，注意到 $q_na_n = Q_nA_n - Q_{n-1}A_{n-1}$，则 $Q_nA_n - Q_{n-1}A_{n-1} + Q_{n-1}G_{n-1} \geqslant Q_n(a_n^{q_n} \cdot a_1^{q_1} \cdot \cdots \cdot a_{n-1}^{q_{n-1}})^{\frac{1}{Q_n}} = Q_nG_n$，故 $Q_n(A_n - G_n) \geqslant Q_{n-1}(A_{n-1} - G_{n-1})$，此即证得式（$*$）. 亦证得当 p_i 为正有理数时原不等式成立. 当 p_i 为正实数时，可类似于例 9 的办法即证.

25. 当 $1 + nx \leqslant 0$ 时显然. 下证当 $1 + nx > 0$ 时的情形.

证法 1：运用 $S(\boldsymbol{A}) \geqslant S(\boldsymbol{A}')$ 证. 构造 n 阶方阵，由

$$\begin{bmatrix} 1+x & 1 & \cdots & 1 \\ 1+x & 1 & \cdots & 1 \\ \vdots & \vdots & & \vdots \\ 1+x & 1 & \cdots & 1 \end{bmatrix}$$

乱出

$$\begin{bmatrix} 1+x & 1 & \cdots & 1 \\ 1 & 1+x & \cdots & 1 \\ \vdots & \vdots & & \vdots \\ 1 & 1 & \cdots & 1+x \end{bmatrix}$$

即证.

证法 2:运用 $G(\sum A_j) \geqslant \sum G(A_j)$ 证. 构造 n 阶方阵

$$\begin{bmatrix} 1+nx & 1 & \cdots & 1 \\ 1 & 1+nx & \cdots & 1 \\ \vdots & \vdots & & \vdots \\ 1 & 1 & \cdots & 1+nx \end{bmatrix}$$

即证.

证法 3:运用 $P_q(\sum_{i=1}^{n} A_i) \geqslant \sum_{i=1}^{n} P_q(A_i)$ 证(实际上同证法 2). 构造的矩阵只在证法 2 中的矩阵上方加上 $q_i = \frac{1}{n}$ 的权方即可.

26. 证法 1:令 $\frac{x_i}{a_i+b_i} = c_i > 0$, $\frac{y_i}{a_i+b_i} = d_i > 0$, $i = 1, 2, \cdots, n$. 作矩阵

$$\boldsymbol{A} = \begin{bmatrix} c_1 & c_2 & \cdots & c_n \\ c_1 & c_2 & \cdots & c_n \\ \vdots & \vdots & & \vdots \\ c_1 & c_2 & \cdots & c_n \end{bmatrix}$$

则 $\boldsymbol{A}$ 可同序. 乱 $\boldsymbol{A}$,使 $c_1, c_2, \cdots, c_n$ 进入每一列得 $\boldsymbol{A}'$. 由 $T(\boldsymbol{A}) \leqslant T(\boldsymbol{A}')$,即有

$$n(c_1c_2\cdots c_n)^{\frac{1}{n}}\leqslant c_1+c_2+\cdots+c_n$$

同理

$$n(d_1d_2\cdots d_n)^{\frac{1}{n}}\leqslant d_1+d_2+\cdots+d_n$$

从而

$$\prod_{i=1}^{n}\left(\frac{x_i}{a_i+b_i}\right)^{\frac{1}{n}}+\prod_{i=1}^{n}\left(\frac{y_i}{a_i+b_i}\right)^{\frac{1}{n}}\leqslant\frac{1}{n}\sum_{i=1}^{n}\frac{x_i+y_i}{a_i+b_i}$$

故

$$\prod_{i=1}^{n}x_i^{\frac{1}{n}}+\prod_{i=1}^{n}y_i^{\frac{1}{n}}\leqslant\frac{1}{n}\prod_{i=1}^{n}(a_i+b_i)^{\frac{1}{n}}\sum_{i=1}^{n}\frac{x_i+y_i}{a_i+b_i}$$

令 $x_i+y_i=a_i+b_i$,有

$$\prod_{i=1}^{n}x_i^{\frac{1}{n}}+\prod_{i=1}^{n}y_i^{\frac{1}{n}}\leqslant\prod_{i=1}^{n}(x_i+y_i)^{\frac{1}{n}}$$

即证.

证法 2:构造 $2\times n$ 矩阵 $\begin{bmatrix}a_1 & a_2 & \cdots & a_n\\ b_1 & b_2 & \cdots & b_n\end{bmatrix}$,由 $G(\sum A_j)\geqslant\sum G(A_j)$ 即证.

证法 3:也可运用 $P_q(\sum_{i=1}^{n}A_i)\geqslant\sum_{i=1}^{n}P_q(A_i)$ 证(实际上同证法 2).

第 8 章练习题

1. (1) $\begin{vmatrix}\sin x & -\cos x\\ \cos x & \sin x\end{vmatrix}$;

(2) $\begin{bmatrix}\sin(x+y)\\ \cos(x+y)\end{bmatrix}=\begin{bmatrix}\sin x & \cos x\\ \cos x & -\sin x\end{bmatrix}\cdot\begin{bmatrix}\cos y\\ \sin y\end{bmatrix}$;

(3) $\begin{vmatrix} 1 & \cos\alpha & \cos\gamma \\ \cos\alpha & 1 & \cos\beta \\ \cos\gamma & \cos\beta & 1 \end{vmatrix}$.

2. (1)由命题1,取 O 为 $\triangle ABC$ 的内心,则知

$$\angle AOB = \pi - \frac{A+B}{2} = \pi - \frac{\pi - C}{2} = \frac{\pi}{2} + \frac{C}{2}$$

所以

$$\cos\angle AOB = \cos\left(\frac{\pi}{2} + \frac{C}{2}\right) = -\sin\frac{C}{2}$$

同理,有

$$\cos\angle AOC = -\sin\frac{B}{2}$$

$$\cos\angle BOC = -\sin\frac{A}{2}$$

代入恒等式(8.2.1),得

$$\begin{vmatrix} 1 & -\sin\frac{C}{2} & -\sin\frac{B}{2} \\ -\sin\frac{C}{2} & 1 & -\sin\frac{A}{2} \\ -\sin\frac{B}{2} & -\sin\frac{A}{2} & 1 \end{vmatrix} = 0$$

化简,得

$$\sin^2\frac{A}{2} + \sin^2\frac{B}{2} + \sin^2\frac{C}{2} + 2\sin\frac{A}{2}\sin\frac{B}{2}\sin\frac{C}{2} = 1$$

(2)如图,设 O 为 $\triangle ABC$ 的一个旁心,则

$$\angle AOB = \frac{\pi - B}{2} - \frac{A}{2} = \frac{C}{2}$$

$$\angle AOC = \frac{B}{2}$$

$$\angle BOC=\frac{\pi}{2}-\frac{A}{2}$$

所以

$$\cos\angle AOB=\cos\frac{C}{2}$$

$$\cos\angle AOC=\cos\frac{B}{2}$$

$$\cos\angle BOC=\sin\frac{A}{2}$$

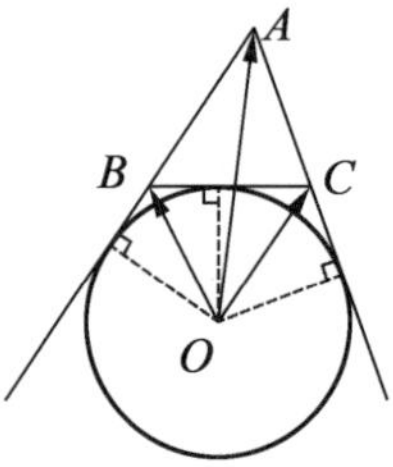

2 题答案图

代入恒等式(8.2.1),得

$$\begin{vmatrix} 1 & \cos\frac{C}{2} & \cos\frac{B}{2} \\ \cos\frac{C}{2} & 1 & \sin\frac{A}{2} \\ \cos\frac{B}{2} & \sin\frac{A}{2} & 1 \end{vmatrix}=0$$

化简,得

$$\sin^2\frac{A}{2}+\cos^2\frac{B}{2}+\cos^2\frac{C}{2}-2\sin\frac{A}{2}\cos\frac{B}{2}\cos\frac{C}{2}=1$$

同理,可证得另外两个恒等式.

3. (1)设

$$f(x)=\sin(\alpha-\beta)\sin(x-\gamma)+$$

$$\sin(\beta-\gamma)\sin(x-\alpha)+$$
$$\sin(\gamma-\alpha)\sin(x-\beta)$$

则 $f(x)$ 是 $\sin x,\cos x$ 的一次齐次式,又

$$f(\alpha)=\sin(\alpha-\beta)\sin(\alpha-\gamma)+\sin(\gamma-\alpha)\sin(\alpha-\beta)=0$$

$$f(\beta)=\sin(\alpha-\beta)\sin(\beta-\gamma)+\sin(\beta-\gamma)\sin(\beta-\alpha)=0$$

若 $\alpha=k\pi+\beta(k\in\mathbf{Z})$,有

$$f(x)=\sin(\beta-\gamma)\sin(x-\beta)+\sin(\gamma-\beta)\sin(x-\beta)=0$$

若 $\alpha\neq k\pi+\beta(k\in\mathbf{Z})$,由命题 2 知 $f(x)\equiv 0$,故原式成立.

(2)由

$$\cos^2\alpha+\cos^2(\alpha+120^\circ)+\cos^2(\alpha-120^\circ)-\frac{3}{2}$$

$$=\frac{1}{2}[\cos 2\alpha+\cos(2\alpha+240^\circ)+\cos(2\alpha-240^\circ)]$$

设 $f(x)=\frac{1}{2}[\cos x+\cos(x+240^\circ)+\cos(x-240^\circ)]$,则 $f(x)$ 是关于 $\sin x,\cos x$ 的一次齐次式. 又

$$f(0^\circ)=\frac{1}{2}[\cos 0^\circ+\cos 240^\circ+\cos(-240^\circ)]=0$$

$$f(90^\circ)=\frac{1}{2}[\cos 90^\circ+\cos 330^\circ+\cos(-150^\circ)]=0$$

由命题 2 知 $f(x)\equiv 0$,故原式成立.

第 9 章练习题

1. 若 $a=b=c$，即 a^2,b^2,c^2 这个等差数列的公差 $d=0$，显然 $\frac{1}{b+c},\frac{1}{c+a},\frac{1}{a+b}$ 也成等差数列. 若不是上述情形，由

$$\begin{vmatrix} a^2 & b^2 & c^2 \\ \frac{1}{b+c} & \frac{1}{a+c} & \frac{1}{a+b} \end{vmatrix}$$

$$=\left(\frac{a^2}{c+a}-\frac{b^2}{b+c}\right)+\left(\frac{b^2}{a+b}-\frac{c^2}{c+a}\right)+\left(\frac{c^2}{b+c}-\frac{a^2}{a+b}\right)$$

$$=\frac{a^2-c^2}{a+c}+\frac{c^2-b^2}{b+c}+\frac{b^2-a^2}{a+b}$$

$$=(a-c)+(c-b)+(b-a)=0$$

所以由 9.2 节中定理 2 知 $\frac{1}{b+c},\frac{1}{c+a},\frac{1}{a+b}$ 也成等差数列.

2. 由

$$\begin{vmatrix} a & b & c \\ \frac{1}{a} & \frac{1}{b} & \frac{1}{c} \end{vmatrix}=0$$

即

$$\left(\frac{a}{b}-\frac{b}{a}\right)+\left(\frac{b}{c}-\frac{c}{b}\right)+\left(\frac{c}{a}-\frac{a}{c}\right)=0$$

$$\frac{(a^2-b^2)c+(b^2-c^2)a+(c^2-a^2)b}{abc}=0$$

从而

$$\frac{(a-c)(a-b)(c-b)}{abc}=0$$

故 $a=b$ 或 $b=c$ 或 $a=c$. 又 a,b,c 成等差数列,即有 $a=b=c$,所以此三角形为等边三角形.

3. 先算得

$$\boldsymbol{T}_3=\begin{bmatrix}1 & 1 & 1\\ -5 & -4 & -3\\ 6 & 3 & 2\end{bmatrix}$$

所以由 9.2 节中的定理 4,有

$$\begin{bmatrix}b_1\\ b_2\\ b_3\end{bmatrix}=\boldsymbol{T}_3\begin{bmatrix}\frac{1}{2}\\ -1\\ 1\end{bmatrix}=\begin{bmatrix}\frac{1}{2}\\ -\frac{3}{2}\\ 2\end{bmatrix}$$

故

$$a_n=\frac{1}{2}n^2-\frac{3}{2}n+2 \quad (n=1,2,3)$$

4. 由

$$\boldsymbol{P}=\begin{bmatrix}2 & 1\\ -1 & 0\end{bmatrix}$$

有

$$\boldsymbol{P}^n=\begin{bmatrix}n+1 & n\\ -n & 1-n\end{bmatrix}$$

得

$$x_{n+1}=\frac{(n+1)a+n}{-na+1-n}$$

5. 由

$$\boldsymbol{P}=\begin{bmatrix}4&2&2\\2&4&2\\2&2&4\end{bmatrix}$$

求得其特征值为 $\lambda_1=2,\lambda_2=2,\lambda_3=8$，相应的特征向量组成的矩阵 $\boldsymbol{M}$ 为

$$\boldsymbol{M}=\begin{bmatrix}-1&-1&1\\1&0&1\\0&1&1\end{bmatrix}$$

且

$$\boldsymbol{M}^{-1}=\frac{1}{3}\begin{bmatrix}-1&2&-1\\-1&-1&2\\1&1&1\end{bmatrix}$$

于是

$$\begin{bmatrix}x_n\\y_n\\z_n\end{bmatrix}=\frac{1}{3}\begin{bmatrix}-1&-1&1\\1&0&1\\0&1&1\end{bmatrix}\cdot\begin{bmatrix}2^{n-1}&&\boldsymbol{0}\\&2^{n-1}&\\\boldsymbol{0}&&8^{n-1}\end{bmatrix}\cdot$$

$$\begin{bmatrix}-1&2&-1\\-1&-1&2\\1&1&1\end{bmatrix}\cdot\begin{bmatrix}-1\\1\\2\end{bmatrix}$$

$$=\frac{1}{3}\begin{bmatrix}2^{3n-2}-2^{n+1}-2^{n-1}\\2^{3n-2}+2^{n-1}\\2^{3n-2}+2^{n+1}\end{bmatrix}$$

6. 由已知条件知不是二阶递推式数列，但由 x_{n+2} 与 x_{n+3} 的递推关系消去常数 1，有 $x_{n+3}=\frac{3}{2}x_{n+1}-$

$\frac{1}{2}x_n$,求得特征方程 $\lambda^3-\frac{3}{2}\lambda^2+\frac{1}{2}=0$. 其特征值 $\lambda_1=-\frac{1}{2}$,$\lambda_2=\lambda_3=1$ 对应的特征向量组成的矩阵为

$$\boldsymbol{M}=\begin{bmatrix}1 & 1 & 2\\ -2 & 1 & 1\\ 4 & 1 & 0\end{bmatrix}$$

且

$$\boldsymbol{M}^{-1}=\frac{1}{9}\begin{bmatrix}1 & -2 & 1\\ -4 & 8 & 5\\ 6 & -3 & -3\end{bmatrix}$$

由

$$\begin{bmatrix}x_{n+3}\\ x_{n+2}\\ x_{n+1}\end{bmatrix}=\boldsymbol{M}\cdot\begin{bmatrix}\left(-\frac{1}{2}\right)^n & & \boldsymbol{0}\\ & 1 & \\ \boldsymbol{0} & & 1\end{bmatrix}\cdot\boldsymbol{M}^{-1}\cdot\begin{bmatrix}2\\ 1\\ 1\end{bmatrix}$$

故

$$x_n=\frac{2}{3}(n-1)+\frac{1}{9}(-1)^{n-1}\cdot\frac{1}{2^{n-3}}+\frac{5}{9}$$

7. $a_n=\left(-\frac{4}{5}\lg 2\right)n+\lg 3\sqrt[5]{2}$ 为一阶等差数列(即通常的等差数列)通项式.

由

$$\begin{bmatrix}1 & -1 & \lg 3\sqrt[5]{2}\\ 0 & 2 & -\frac{4}{5}\lg 2\end{bmatrix}\xrightarrow[D_2\left(\frac{1}{2}\right)]{T_{21}\left(\frac{1}{2}\right)}\begin{bmatrix}1 & 0 & \lg\frac{3}{\sqrt[5]{2}}\\ 0 & 1 & -\frac{2}{5}\lg 2\end{bmatrix}$$

故

$$S_n=\left(-\frac{2}{5}\lg 2\right)n^2+\left(\lg\frac{3}{\sqrt[5]{2}}\right)n$$

8. 由 $a_n=-n^3+n^2-7(n\geqslant 1)$,有

$$\begin{bmatrix}1 & -1 & 1 & -1 & -7\\ & 2 & -3 & 4 & 0\\ \mathbf{0} & & 3 & -6 & 1\\ & & & 4 & -1\end{bmatrix}\longrightarrow\begin{bmatrix}1 & 0 & 0 & 0 & -\frac{41}{6}\\ & 1 & 0 & 0 & \frac{1}{4}\\ \mathbf{0} & & 1 & 0 & -\frac{1}{6}\\ & & & 1 & -\frac{1}{4}\end{bmatrix}$$

故

$$S_n=-\frac{1}{4}n^4-\frac{1}{6}n^3+\frac{1}{4}n^2-\frac{41}{6}n$$

9. 在 9.5 节中的定理 14 中,令 $a=0,b=1,c=-1,d=t$,即知当且仅当 $t=2\cos\frac{k\pi}{n}(n,k\in\mathbf{N},(n,k)=1)$时,数列$x_{m+1}=\frac{1}{-x_m+t}(m=1,2,\cdots)$以 n 为最小正周期,这就是说存在互不相等的数 $x_m(m=1,2,\cdots,n)$,使 $x_1+\frac{1}{x_2}=x_2+\frac{1}{x_3}=\cdots=x_m+\frac{1}{x_1}=t$.

10. 由 9.5 节中的定理 15 知,$\{x_n\}$是以 $n(n>2)$为最小正周期,所以

$$x_3=2x_2\cos\frac{2k\pi}{n}-x_1$$

$$x_4=2x_3\cos\frac{2k\pi}{n}-x_2$$

$$\vdots$$

$$x_n = 2x_{n-1}\cos\frac{2k\pi}{n} - x_{n-2}$$

$$x_1 = 2x_n\cos\frac{2k\pi}{n} - x_{n-1}$$

$$x_2 = 2x_1\cos\frac{2k\pi}{n} - x_n$$

将上述各式相加得

$$\sum_{i=1}^{n} x_i = 2\sum_{i=1}^{n} x_i \cdot \cos\frac{2k\pi}{n} - \sum_{i=1}^{n} x_i$$

即

$$2\left(1-\cos\frac{2k\pi}{n}\right)\sum_{i=1}^{n} x_i = 0$$

因 $n,k\in\mathbf{N}, n>2$，且 $(n,k)=1$，于是 $\left|\cos\frac{2k\pi}{n}\right| < 1$，故 $\sum_{i=1}^{n} x_i = 0$.

第 10 章练习题

1. 状态方阵 $\boldsymbol{A}$ 即为方阵 $\boldsymbol{D}_6$，故 per $\boldsymbol{D}_6 = 265$.

2. 状态方阵

$$\boldsymbol{G}_5 = \begin{bmatrix} 0 & 0 & 1 & 1 & 1 \\ 1 & 0 & 0 & 1 & 1 \\ 1 & 1 & 0 & 0 & 1 \\ 1 & 1 & 1 & 0 & 0 \\ 0 & 1 & 1 & 1 & 0 \end{bmatrix}$$

故 per $\boldsymbol{G}_5 = 13$.

3. 由

$$\operatorname{per} \boldsymbol{A}=\operatorname{per}\begin{bmatrix}1&1&1&1&0\\1&1&1&1&1\\1&1&1&1&0\\1&1&1&1&1\\0&1&1&1&0\end{bmatrix}$$

$$\xlongequal{\text{按第五列展开}} 2\operatorname{per}\begin{bmatrix}1&1&1&1\\1&1&1&1\\1&1&1&1\\0&1&1&1\end{bmatrix}$$

$$\xlongequal{\text{按第一列展开}} 2\cdot 3\operatorname{per}\begin{bmatrix}1&1&1\\1&1&1\\1&1&1\end{bmatrix}=36$$

4. 由

$$\operatorname{per} \boldsymbol{A}=\operatorname{per}\begin{bmatrix}0&1&0&1&1\\1&0&0&1&1\\1&1&0&1&1\\1&1&1&0&0\\0&0&1&0&1\end{bmatrix}$$

$$\xlongequal{\text{按第五行展开}} \operatorname{per}\begin{bmatrix}0&1&1&1\\1&0&1&1\\1&1&1&1\\1&1&0&0\end{bmatrix}+\operatorname{per}\begin{bmatrix}0&1&0&1\\1&0&0&1\\1&1&0&1\\1&1&1&0\end{bmatrix}$$

$$\xlongequal[\text{后者按第三列展开}]{\text{前者按第四行展开}} \operatorname{per}\begin{bmatrix}1&1&1\\0&1&1\\1&1&1\end{bmatrix}+\operatorname{per}\begin{bmatrix}0&1&1\\1&1&1\\1&1&1\end{bmatrix}+$$

$$\text{per}\begin{bmatrix}0 & 1 & 1\\ 1 & 0 & 1\\ 1 & 1 & 1\end{bmatrix}=4+4+3=11$$

故有 11 种不同排列.

第 11 章练习题

1. 构造随机变量 ξ 的概率分布列矩阵

$$\begin{matrix}\xi \\ p\end{matrix}\begin{bmatrix}\dfrac{S}{S-a_1} & \dfrac{S}{S-a_2} & \cdots & \dfrac{S}{S-a_n}\\ \dfrac{S-a_1}{(n-1)S} & \dfrac{S-a_2}{(n-1)S} & \cdots & \dfrac{S-a_n}{(n-1)S}\end{bmatrix}$$

所以

$$E\xi=\sum_{i=1}^{n}\left[\frac{S}{S-a_i}\cdot\frac{S-a_i}{(n-1)S}\right]=\frac{n}{n-1}$$

$$\begin{aligned}E\xi^2&=\sum_{i=1}^{n}\left[\left(\frac{S}{S-a_i}\right)^2\cdot\frac{S-a_i}{(n-1)S}\right]\\&=\frac{1}{n-1}\sum_{i=1}^{n}\frac{S}{S-a_i}\\&=\frac{1}{n-1}\sum_{i=1}^{n}\left(\frac{a_i}{S-a_i}+1\right)\end{aligned}$$

因为 $E\xi^2\geqslant(E\xi)^2$,所以

$$\frac{1}{n-1}\sum_{i=1}^{n}\left(\frac{a_i}{S-a_i}+1\right)\geqslant\left(\frac{n}{n-1}\right)^2$$

于是 $\sum_{i=1}^{n}\frac{a_i}{S-a_i}\geqslant\frac{n^2}{n-1}-n=\frac{n}{n-1}$,故不等式成立.

2. 因为 $0 < a_i < 1$，且 $a_1 + a_2 + \cdots + a_n = a$，所以构造随机变量 ξ 的概率分布列矩阵为

$$\begin{matrix} \xi \\ p \end{matrix}\begin{bmatrix} \frac{1}{1-a_1} & \frac{1}{1-a_2} & \cdots & \frac{1}{1-a_n} \\ \frac{1-a_1}{n-a} & \frac{1-a_2}{n-a} & \cdots & \frac{1-a_n}{n-a} \end{bmatrix}$$

所以

$$E\xi = \sum_{i=1}^{n}\left(\frac{1}{1-a_i}\cdot\frac{1-a_i}{n-a}\right) = \frac{n}{n-a}$$

$$\begin{aligned} E\xi^2 &= \sum_{i=1}^{n}\left[\left(\frac{1}{1-a_i}\right)^2\cdot\frac{1-a_i}{n-a}\right] \\ &= \frac{1}{n-a}\sum_{i=1}^{n}\frac{1}{1-a_i} \\ &= \frac{1}{n-a}\sum_{i=1}^{n}\left(\frac{a_i}{1-a_i}+1\right) \end{aligned}$$

因为 $E\xi^2 \geqslant (E\xi)^2$，所以

$$\frac{1}{n-a}\left(\frac{a_1}{1-a_1}+\frac{a_2}{1-a_2}+\cdots+\frac{a_n}{1-a_n}+n\right) \geqslant \left(\frac{n}{n-a}\right)^2$$

于是

$$\frac{a_1}{1-a_1}+\frac{a_2}{1-a_2}+\cdots+\frac{a_n}{1-a_n} \geqslant \frac{n^2}{n-a} - n = \frac{na}{n-a}$$

故不等式成立.

3. 构造随机变量 ξ 的概率分布列矩阵

$$\begin{matrix} \xi \\ p \end{matrix}\begin{bmatrix} \frac{a}{b-1} & \frac{b}{a-1} \\ \frac{b-1}{a+b-2} & \frac{a-1}{a+b-2} \end{bmatrix}$$

所以

$$E\xi=\frac{a}{b-1}\cdot\frac{b-1}{a+b-2}+\frac{b}{a-1}\cdot\frac{a-1}{a+b-2}=\frac{a+b}{a+b-2}$$

$$E\xi^2=\left(\frac{a}{b-1}\right)^2\cdot\frac{b-1}{a+b-2}+\left(\frac{b}{a-1}\right)^2\cdot\frac{a-1}{a+b-2}$$

$$=\frac{1}{a+b-2}\left(\frac{a^2}{b-1}+\frac{b^2}{a-1}\right)$$

因为 $E\xi^2\geqslant(E\xi)^2$，所以

$$\frac{a^2}{b-1}+\frac{b^2}{a-1}\geqslant\frac{(a+b)^2}{a+b-2}$$

$$=\frac{(a+b-2+2)^2}{a+b-2}$$

$$=a+b-2+\frac{4}{a+b-2}+4\geqslant 8$$

4. 利用变量代换将无理不等式转化为整式不等式，令 $\sqrt[3]{a+b}=s$，$\sqrt[3]{b+c}=t$，则 $a+b=s^3$，$b+c=t^3$，得 $s^3+t^3=2\geqslant 2(st)^{\frac{3}{2}}$，则 $st\leqslant 1$.

于是，构造随机变量 ξ 的概率分布列矩阵为

$$\begin{matrix}\xi\\ p\end{matrix}\begin{bmatrix}\frac{1}{s} & \frac{1}{t}\\ \frac{s^3}{2} & \frac{t^3}{2}\end{bmatrix}$$

所以

$$E\xi=\frac{1}{s}\cdot\frac{s^3}{2}+\frac{1}{t}\cdot\frac{t^3}{2}=\frac{s^2+t^2}{2}$$

$$E\xi^2=\left(\frac{1}{s}\right)^2\cdot\frac{s^3}{2}+\left(\frac{1}{t}\right)^2\cdot\frac{t^3}{2}=\frac{s+t}{2}$$

因 $E\xi^2\geqslant(E\xi)^2$，故

$$\frac{s+t}{2}\geqslant\left(\frac{s^2+t^2}{2}\right)^2\geqslant(st)^2\geqslant(st)^3$$

则

$$\sqrt[3]{a+b}+\sqrt[3]{b+c}\geqslant 2(a+b)(b+c)$$

5. 由于不等式属于齐次式,可增加条件 $a+b+c=1$,令 $ab+bc+ca=t$,则

$$\frac{a(mb+nc)}{(m+n)t}+\frac{b(mc+na)}{(m+n)t}+\frac{c(ma+nb)}{(m+n)t}=1$$

由 $(a+b+c)^2\geqslant 3(ab+bc+ca)$,得 $t\leqslant\frac{1}{3}$.

于是,构造随机变量 ξ 的概率分布列矩阵为

$$\begin{matrix}\xi\\ p\end{matrix}\begin{bmatrix}\frac{1}{mb+nc} & \frac{1}{mc+na} & \frac{1}{ma+nb}\\ \frac{a(mb+nc)}{(m+n)t} & \frac{b(mc+na)}{(m+n)t} & \frac{c(ma+nb)}{(m+n)t}\end{bmatrix}$$

所以

$$E\xi=\frac{1}{(m+n)t}$$

$$E\xi^2=\frac{1}{(m+n)t}\cdot\left(\frac{a}{mb+nc}+\frac{b}{mc+na}+\frac{c}{ma+nb}\right)$$

因 $E\xi^2\geqslant(E\xi)^2$,故

$$\frac{a}{mb+nc}+\frac{b}{mc+na}+\frac{c}{ma+nb}\geqslant\frac{1}{(m+n)t}\geqslant\frac{3}{m+n}$$

6. 针对不等式的特点可令 $ab+bc+ca=t$,则

$$\frac{a(1+b)+b(1+c)+c(1+a)}{6+t}=1$$

同时 $(a+b+c)^2\geqslant 3(ab+bc+ca)$,得 $t\leqslant 12$.

于是,构造随机变量 ξ 的概率分布列矩阵为

$$\begin{matrix}\xi\\ p\end{matrix}\begin{bmatrix}\frac{1}{a+ab} & \frac{1}{b+bc} & \frac{1}{c+ca}\\ \frac{a(1+b)}{6+t} & \frac{b(1+c)}{6+t} & \frac{c(1+a)}{6+t}\end{bmatrix}$$

所以

$$E\xi=\frac{3}{6+t}$$

$$E\xi^2=\frac{1}{6+t}\cdot\left[\frac{1}{a(1+b)}+\frac{1}{b(1+c)}+\frac{1}{c(1+a)}\right]$$

因

$$E\xi^2\geqslant(E\xi)^2$$

则

$$\frac{1}{a(1+b)}+\frac{1}{b(1+c)}+\frac{1}{c(1+a)}\geqslant\frac{9}{6+t}\geqslant\frac{1}{2}$$

故当 $a=b=c=2$ 时，$\frac{1}{a(1+b)}+\frac{1}{b(1+c)}+\frac{1}{c(1+a)}$取最小值$\frac{1}{2}$.

7. 由

$$\begin{array}{c} \\ 红 \\ 白 \\ 黑 \end{array}\begin{array}{c} \begin{matrix} A & B & C \end{matrix} \\ \begin{bmatrix} \frac{2}{5} & \frac{1}{5} & \frac{2}{5} \\ \frac{1}{5} & \frac{3}{5} & 0 \\ \frac{2}{5} & \frac{1}{5} & \frac{3}{5} \end{bmatrix} \end{array}\cdot\begin{bmatrix} \frac{1}{3} \\ \frac{1}{3} \\ \frac{1}{3} \end{bmatrix}\begin{matrix} A \\ B \\ C \end{matrix}=\begin{matrix} 红 \\ 白 \\ 黑 \end{matrix}\begin{bmatrix} \frac{1}{3} \\ \frac{4}{15} \\ \frac{2}{5} \end{bmatrix}$$

知取出一个黑球的概率是$\frac{2}{5}$.

第 13 章练习题

1. 由

$$\begin{bmatrix} \frac{1}{\sqrt{2}} & -\frac{1}{\sqrt{2}} & 0 \\ \frac{1}{\sqrt{2}} & \frac{1}{\sqrt{2}} & 0 \\ 0 & 0 & 1 \end{bmatrix} \cdot \begin{bmatrix} 1 & 0 & 3 \\ 0 & 1 & 1 \\ 0 & 0 & 1 \end{bmatrix} = \begin{bmatrix} \frac{1}{\sqrt{2}} & -\frac{1}{\sqrt{2}} & \sqrt{2} \\ \frac{1}{\sqrt{2}} & \frac{1}{\sqrt{2}} & 2\sqrt{2} \\ 0 & 0 & 1 \end{bmatrix}$$

有

$$\begin{bmatrix} \frac{1}{\sqrt{2}} & -\frac{1}{\sqrt{2}} & \sqrt{2} \\ \frac{1}{\sqrt{2}} & \frac{1}{\sqrt{2}} & 2\sqrt{2} \\ 0 & 0 & 1 \end{bmatrix} \cdot \begin{bmatrix} 1 \\ 2 \\ 1 \end{bmatrix} = \begin{bmatrix} \frac{\sqrt{2}}{2} \\ \frac{7\sqrt{2}}{2} \\ 1 \end{bmatrix}$$

得象点$\left(\frac{\sqrt{2}}{2}, \frac{7\sqrt{2}}{2}\right)$.

2. 由

$$\begin{bmatrix} \cos\alpha & -\sin\alpha \\ \sin\alpha & \cos\alpha \end{bmatrix} \cdot \begin{bmatrix} 1 & 0 \\ 0 & -1 \end{bmatrix} \cdot$$

$$\begin{bmatrix} \cos\alpha & \sin\alpha \\ -\sin\alpha & \cos\alpha \end{bmatrix} = \begin{bmatrix} \cos 2\alpha & \sin 2\alpha \\ \sin 2\alpha & -\cos 2\alpha \end{bmatrix}$$

有

$$\begin{bmatrix} 1 \\ 2 \end{bmatrix} \cdot \begin{bmatrix} \cos 60^\circ & \sin 60^\circ \\ \sin 60^\circ & -\cos 60^\circ \end{bmatrix} \cdot \begin{bmatrix} 1 \\ 2 \end{bmatrix} = \begin{bmatrix} \frac{1}{2} + \sqrt{3} \\ \frac{\sqrt{3}}{2} - 1 \end{bmatrix}$$

得象点$\left(\frac{1}{2} + \sqrt{3}, \frac{\sqrt{3}}{2} - 1\right)$.

3. 先将坐标轴旋转角 α,再将坐标轴朝相反的方向旋转角 β,并用矩阵表示即可推证.

4. 作伸缩变换 $\begin{cases} x' = \dfrac{2}{3}x \\ y' = \dfrac{2}{5}y \end{cases}$，将椭圆 $\dfrac{x^2}{9} + \dfrac{y^2}{25} = 1$ 变成圆 $x^2 + y^2 = 4$.

相应的，点 A，B 分别变换为 $A'(\sqrt{2},\sqrt{2})$，$B'(\sqrt{2},-\sqrt{2})$，且 $\angle A'O'B' = 90°$.

设圆中对应扇形的面积为 S'，则

$$\frac{S'}{S} = \begin{vmatrix} \dfrac{2}{3} & 0 \\ 0 & \dfrac{2}{5} \end{vmatrix} = \frac{4}{15}$$

故所求椭圆的扇形面积为

$$S = \frac{15}{4}S' = \frac{15}{4} \cdot \left(\frac{1}{4} \cdot \pi \cdot 2^2\right) = \frac{15}{4}\pi$$

5. 设伸缩变换矩阵为

$$\boldsymbol{M} = \begin{bmatrix} \dfrac{1}{a} & 0 \\ 0 & \dfrac{1}{b} \end{bmatrix}$$

则

$$\begin{bmatrix} x' \\ y' \end{bmatrix} = \begin{bmatrix} \dfrac{1}{a} & 0 \\ 0 & \dfrac{1}{b} \end{bmatrix} \begin{bmatrix} x \\ y \end{bmatrix}$$

C 经过 $\boldsymbol{M}$ 变换后为 $C': x'^2 + y'^2 = 1$.

$A(x_0, y_0)$ 经过变换后为 $A\left(\dfrac{x_0}{a}, \dfrac{y_0}{b}\right)$，从而 C' 过 A'

的切线方程为$\frac{x_0x'}{a}+\frac{y_0y'}{b}=1$.

又$\begin{cases}x'=\frac{1}{a}x\\ y'=\frac{1}{b}y\end{cases}$,所以椭圆 C 的过点 A 的切线方程为 $\frac{xx_0}{a^2}+\frac{yy_0}{b^2}=1$.

6. 设伸缩变换矩阵为

$$\boldsymbol{M}=\begin{bmatrix}\frac{1}{4} & 0\\ 0 & \frac{1}{2}\end{bmatrix}$$

则

$$\begin{bmatrix}x'\\ y'\end{bmatrix}=\begin{bmatrix}\frac{1}{4} & 0\\ 0 & \frac{1}{2}\end{bmatrix}\begin{bmatrix}x\\ y\end{bmatrix}$$

故椭圆$\frac{x^2}{16}+\frac{y^2}{4}=1$ 经过 $\boldsymbol{M}$ 变换后为 $C':x'^2+y'^2=1$.

点 $P(8,4)$经过 $\boldsymbol{M}$ 变换后为 $P'(2,2)$,以 $P'O$ 为直径作圆 $C_1:(x'-1)^2+(y'-1)^2=2$,则 C'与 C_1 的方程相减即得 $A'B'$的方程 $2x'+2y'-1=0$.

又$\begin{cases}x'=\frac{1}{4}x\\ y'=\frac{1}{2}y\end{cases}$,直线 AB 的方程为 $x+2y-2=0$.

第 14 章练习题

1. 因

$$T(x)=\sqrt{\begin{vmatrix}1 & \cos 60^\circ & \cos 60^\circ\\ \cos 60^\circ & 1 & \cos 60^\circ\\ \cos 60^\circ & \cos 60^\circ & 1\end{vmatrix}}=\frac{\sqrt{2}}{2}$$

则

$$V_{\text{正四面体}}=\frac{1}{6}a\cdot a\cdot aT(x)=\frac{1}{6}\cdot\frac{\sqrt{2}}{2}a^3=\frac{\sqrt{2}}{12}a^3$$

2. 如图,设在四面体 $P-ABC$ 中,$PA=a$,$PB=b$,$PC=c$,$BC=a_1$,$AC=b_1$,$AB=c_1$. 此题就是要证得 $\frac{a_1b_1c_1}{T(P)}=\frac{a_1bc}{T(A)}=\frac{acb_1}{T(B)}=\frac{abc_1}{T(C)}$.

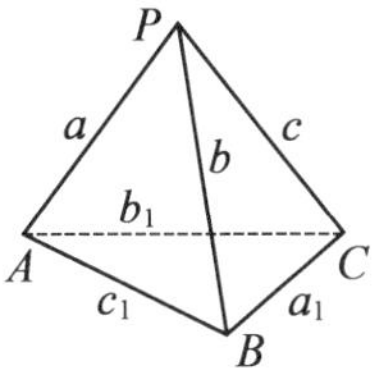

2 题答案图

这可由

$$\begin{aligned}\frac{1}{6}abcT(P)&=\frac{1}{6}ab_1c_1T(A)\\&=\frac{1}{6}a_1bc_1T(B)\\&=\frac{1}{6}abc_1T(C)\end{aligned}$$

则

$$abcT(P)=ab_1c_1T(A)=a_1bc_1T(B)=abc_1T(C)$$

两边同除以 $abca_1b_1c_1$，得

$$\frac{T(P)}{a_1b_1c_1}=\frac{T(A)}{a_1bc}=\frac{T(B)}{acb_1}=\frac{T(C)}{abc_1}$$

即

$$\frac{a_1b_1c_1}{T(P)}=\frac{a_1bc}{T(A)}=\frac{ab_1c}{T(B)}=\frac{abc_1}{T(C)}$$

3.（1）由 $PA\perp PC,PA=\sqrt{3},PC=1$，有

$$AC=\sqrt{1^2+(\sqrt{3})^2}=2,\angle PAC=30°$$

又

$$\cos\angle BAC=\frac{AC^2+AB^2-BC^2}{2AC\cdot AB}=\frac{4+2-2}{2\cdot 2\cdot\sqrt{2}}=\frac{\sqrt{2}}{2}$$

则 $\angle BAC=45°$.

因平面 $PAC\perp$ 平面 ABC，则二面角 $P-AC-B=90°$. 于是有

$$T(A)=\sin 30°\sin 90°\sin 45°=\sqrt{\begin{vmatrix}1 & \cos 30° & \cos 45°\\ \cos 30° & 1 & \cos\theta\\ \cos 45° & \cos\theta & 1\end{vmatrix}}$$

整理得方程

$$8\cos^2\theta-4\sqrt{6}\cos\theta+3=0$$

从而

$$\cos\theta=\frac{\sqrt{6}}{4}$$

因此

$$PB = \sqrt{AP^2 + AB^2 - 2AP \cdot AB\cos\theta}$$
$$= \sqrt{3 + 2 - 2\sqrt{3} \cdot \sqrt{2} \cdot \frac{\sqrt{6}}{4}}$$
$$= \sqrt{2}$$

(2)由

$$\cos\angle PBC = \frac{2+2-1}{2\sqrt{2} \cdot \sqrt{2}} = \frac{3}{4}$$

$$\sin\angle PBC = \sqrt{1 - \left(\frac{3}{4}\right)^2} = \frac{\sqrt{7}}{4}$$

有

$$S_{\triangle PBC} = \frac{1}{2} PB \cdot BC\sin\angle PBC$$
$$= \frac{1}{2} \cdot 2 \cdot \frac{\sqrt{7}}{4} = \frac{\sqrt{7}}{4}$$

于是

$$V = \frac{1}{3} S_{\triangle PBC} \cdot h$$
$$= \frac{1}{6}\sqrt{2} \cdot \sqrt{3} \cdot 2T(A)$$
$$= \frac{\sqrt{6}}{3}\sin 30°\sin 90°\sin 45°$$

即

$$\frac{1}{3} \cdot \frac{\sqrt{7}}{4} \cdot h = \frac{\sqrt{6}}{3} \cdot \frac{\sqrt{2}}{4}$$
$$h = \frac{2}{7}\sqrt{21}$$

(3)因

$$\frac{PB \cdot BC \cdot PC}{T(A)} = \frac{AC \cdot AB \cdot BC}{T(P)}$$

故

$$T(P) = \frac{T(A)}{PB \cdot BC \cdot PC} \cdot AB \cdot BC \cdot AC$$

$$= \frac{\frac{\sqrt{2}}{4}}{2} \cdot 4 = \frac{\sqrt{2}}{2}$$

4. 平面 ABC 的法向量

$$\boldsymbol{n} = \overrightarrow{AB} \times \overrightarrow{AC} = [-5 \quad -5 \quad 0]$$

故其投影阵为

$$\boldsymbol{P}_{\pi} = \frac{1}{2}\begin{bmatrix} 1 & -1 & 0 \\ -1 & 1 & 0 \\ 0 & 0 & 2 \end{bmatrix}$$

于是 D 在平面 ABC 上的投影坐标为

$$\begin{bmatrix} 1 \\ 2 \\ 3 \end{bmatrix} + \boldsymbol{P}_{\pi}\begin{bmatrix} 1-1 \\ 1-2 \\ 0-3 \end{bmatrix} = \begin{bmatrix} \frac{3}{2} \\ \frac{3}{2} \\ 0 \end{bmatrix}$$

故所求的投影直线方程为

$$\frac{x-1}{-1} = \frac{y-2}{1} = \frac{z-3}{6}$$

5. l_1, l_2 的方向向量分别为 $\boldsymbol{n}_1 = [1 \quad -1 \quad -3]$，$\boldsymbol{n}_2 = [3 \quad -4 \quad -2]$，显然 l_1, l_2 不平行，它们公垂线 l 的方向向量为 $\boldsymbol{n} = \boldsymbol{n}_1 \times \boldsymbol{n}_2 = [-10 \quad -7 \quad -1]$，于是 l 的投影阵为

$$\boldsymbol{P}_l=\frac{1}{150}\begin{bmatrix}100&70&10\\70&49&7\\10&7&1\end{bmatrix}$$

又 $M_1(2,0,-1)$，$M_2(4,-3,0)$分别为 l_1,l_2 上的点，而

$$\boldsymbol{P}_l\begin{bmatrix}2-4\\0+3\\-1-0\end{bmatrix}=\frac{1}{150}\begin{bmatrix}100&70&10\\70&49&7\\10&7&1\end{bmatrix}\begin{bmatrix}-2\\3\\-1\end{bmatrix}=\begin{bmatrix}0\\0\\0\end{bmatrix}$$

故 l_1,l_2 之间的距离为 0，即 l_1 与 l_2 相交.

第 16 章练习题

1. 由

$$\begin{bmatrix}73&7&0\\85&0&7\end{bmatrix}\xrightarrow{T_{12}(-1)}\begin{bmatrix}73&7&0\\12&-7&7\end{bmatrix}$$

$$\xrightarrow{T_{21}(-6)}\begin{bmatrix}1&49&-42\\12&-7&7\end{bmatrix}$$

或由

$$\begin{bmatrix}73&1&0\\85&0&1\\12&-1&1\\1&7&-6\\7&49&-42\end{bmatrix}\begin{matrix}\\ \xleftarrow{T_{12}(-1)}\\ \\ \xleftarrow{T_{31}(-6)}\\ \xleftarrow{D_4(7)}\end{matrix}$$

或由

$$\begin{bmatrix}73&7x\\85&7y\end{bmatrix}\xrightarrow{T_{12}(-1)}\begin{bmatrix}73&7x\\12&7y-7x\end{bmatrix}$$

$$\xrightarrow{T_{21}(-6)}\begin{bmatrix}1 & 49x-42y\\12 & 7y-7x\end{bmatrix}$$

求得一组特解为$(x,y)=(49,-42)$.

2. 类似于上题求得一组特解为$(x,y)=(-19,-27)$.

3. 通解为 $x=18-2k_2-3k_3, y=k_2, z=k_3$.

4. 由

$$\begin{bmatrix}6 & 1 & 0 & 0\\20 & 0 & 1 & 0\\-15 & 0 & 0 & 1\end{bmatrix}$$

$$\xrightarrow{T_{32}(1)}\begin{bmatrix}6 & 1 & 0 & 0\\5 & 0 & 1 & 1\\-15 & 0 & 0 & 1\end{bmatrix}$$

$$\xrightarrow{T_{21}(-1)}\begin{bmatrix}1 & 1 & -1 & -1\\5 & 0 & 1 & 1\\-15 & 0 & 0 & 1\end{bmatrix}$$

$$\xrightarrow[T_{13}(15)]{T_{12}(-5)}\begin{bmatrix}1 & 1 & -1 & -1\\0 & -5 & 6 & 6\\0 & 15 & -15 & -14\end{bmatrix}$$

$$\Rightarrow\begin{cases}x=23-5k_2+15k_3\\y=-23+6k_2-15k_3 \quad (k_2,k_3\in\mathbf{Z})\\z=-23+6k_2+14k_3\end{cases}$$

5. 由

$$\begin{bmatrix}154 & 77\\165 & 110\\140 & 105\end{bmatrix}\xrightarrow{T_{12}(-1)}\begin{bmatrix}154 & 77\\11 & 33\\140 & 105\end{bmatrix}$$

$$\xrightarrow{T_{31}(-1)}\begin{bmatrix}14 & -28\\ 11 & 33\\ 140 & 105\end{bmatrix}$$

$$\xrightarrow{T_{21}(-1)}\begin{bmatrix}3 & -61\\ 11 & 33\\ 140 & 105\end{bmatrix}$$

$$\xrightarrow[T_{21}(-1)]{D_1(4)}\begin{bmatrix}1 & -277\\ 11 & 33\\ 140 & 105\end{bmatrix}$$

故 $x\equiv-277\equiv108(\bmod 385)$.

6. 由

$$\begin{bmatrix}70 & 70\\ 84 & 63\\ 90 & 30\\ 105 & 0\end{bmatrix}\xrightarrow[T_{13}(-1)]{T_{12}(-1)}\begin{bmatrix}70 & 70\\ 14 & -7\\ 20 & -40\\ 105 & 0\end{bmatrix}$$

$$\xrightarrow{T_{23}(-1),\ D_3(2),\ T_{32}(-1)}\begin{bmatrix}70 & 70\\ 2 & 59\\ 6 & -33\\ 105 & 0\end{bmatrix}$$

$$\xrightarrow[T_{24}(-1)]{D_2(52)}\begin{bmatrix}70 & 70\\ 2 & 59\\ 6 & -33\\ 1 & -3\,068\end{bmatrix}$$

故 $x\equiv-3\,068\equiv82(\bmod 105)$.

第 17 章练习题

1. (1) $20x^8+26x^7+20x^6-x^5-14x^4-15x^3-12x^2-7x-2$.

(2) 由

		2	−3	4
		1	−2	3
2	−7	16	−15	15
			−17	12
			2	3

知商式为 $2x^2-3x+4$,余式为 $2x+3$.

2. 考虑布列矩阵 $\begin{bmatrix} x & y & 2 \\ x & -3y & 1 \end{bmatrix}$,经验证其对称积和式知布列正确,故 $x^2-2xy-3y^2+3x-5y+2=(x+y+2)(x-3y+1)$.

3. 考虑布列矩阵 $\begin{bmatrix} 6x^2 & -11x & 3 \\ x^2 & 0 & 2 \end{bmatrix}$ 或 $\begin{bmatrix} 2x^3 & -3x^2 & 4x & -6 \\ 3x & 0 & 0 & -1 \end{bmatrix}$ 或 $\begin{bmatrix} 3x^3 & -x^2 & 6x & -2 \\ 2x & 0 & 0 & -3 \end{bmatrix}$,经验证其对称积和式知布列均正确,故 $6x^4-11x^3+15x^2-22x+6=(3x-1)(2x-3)(x^2+2)$.

4. 显然,用艾森斯坦因判别法不能判定 $f(x)$ 在有理数域上是否可约.

这里,$a_5=5,a_4=5,a_3=25,a_2=7,a_1=0,a_0=15$.存在素数 $p=5$,且 $p\nmid a_2,p\mid a_j(j=5,4,3,1,0),p^2=$

$25 \nmid a_5, p^2 \nmid a_0$. 注意 $a_5 = 5$ 不含素数 $p = 5$ 的因数只有 ± 1, $a_0 = 15$ 不含素数 $p = 5$ 的因数只有 $\pm 3, \pm 1$. 故所有的 $c_\alpha b_\beta$ 为

×	+3	−3	+1	−1
+1	3	−3	1	−1
−1	−3	3	−1	1

显然, $p^2 = 25 \nmid (7-3)$, $p^2 = 25 \nmid (7+1)$, $p^2 = 25 \nmid (7+3)$, $p^2 = 25 \nmid (7-1)$. 由 17.1 节中的定理 1, $f(x)$ 在有理数域上不可约.

5. (1) 有

$$\begin{bmatrix} x^4+2x^3-x^2-4x-2 & 1 & 0 \\ x^4+x^3-x^2-2x-2 & 0 & 1 \end{bmatrix}$$

$$\xrightarrow{T_{21}(-1)} \begin{bmatrix} x^3-2x & 1 & -1 \\ x^4+x^3-x^2-2x-2 & 0 & 1 \end{bmatrix}$$

$$\xrightarrow{T_{12}(-x)} \begin{bmatrix} x^3-2x & 1 & -1 \\ x^3+x^2-2x-2 & -x & 1+x \end{bmatrix}$$

$$\xrightarrow{T_{12}(-1)} \begin{bmatrix} x^3-2x & 1 & -1 \\ x^2-2 & -x-1 & x+2 \end{bmatrix}$$

$$\xrightarrow[R_{12}]{T_{21}(-x)} \begin{bmatrix} x^2-2 & -x-1 & x+2 \\ 0 & 1+x+x^2 & -(1+x)^2 \end{bmatrix}$$

于是 $d(x) = x^2 - 2$, 且 $u_1(x) = -x-1$, $u_2(x) = x+2$, 使得 $x^2 - 2 = (-x-1) \cdot f_1(x) + (x+2) \cdot f_2(x)$.

(2) 有

$$\begin{bmatrix} x^3-2x^2-x+2 & 1 & 0 & 0 \\ x^3-4x^2+x+6 & 0 & 1 & 0 \\ x^4-4x^3+2x^2+4x-3 & 0 & 0 & 1 \end{bmatrix}$$

$$\longrightarrow\begin{bmatrix} x+1 & \frac{1}{2} & x-\frac{1}{2} & -1 \\ 0 & 0 & (x-1)^2 & 2-x \\ 0 & 3-x & -2x^2+7x-5 & 2x-4 \end{bmatrix}$$

于是

$$d(x)=x+1$$

$$u_1(x)=\frac{1}{2}$$

$$u_2(x)=x-\frac{1}{2}$$

$$u_3(x)=-1$$

使得

$$x+1=\frac{1}{2}\cdot f_1(x)+\left(x-\frac{1}{2}\right)\cdot f_2(x)+(-f_3(x))$$

6. (1) $\begin{bmatrix} 48 & 75 \\ 1 & 0 \\ 0 & 1 \end{bmatrix}\longrightarrow\begin{bmatrix} 3 & 0 \\ 11 & -25 \\ -7 & 16 \end{bmatrix}$, 于是 $d=3$, $x_1=11, x_2=-7$, 且 $3=48\times 11+75\times(-7)$.

(2) $\begin{bmatrix} 4 & 10 & 36 \\ 1 & 0 & 0 \\ 0 & 1 & 0 \\ 0 & 0 & 1 \end{bmatrix}\longrightarrow\begin{bmatrix} 2 & 0 & 0 \\ -2 & 5 & -9 \\ 1 & -2 & 0 \\ 0 & 0 & 1 \end{bmatrix}$, 于是 $d=2, x_1=-2, x_2=1, x_3=0$, 使得 $2=-2\times 4+1\times 10+0\times 36$.

7. (1) 有

$$A=\begin{bmatrix}0 & \frac{3}{2} & 2 & -\frac{1}{2}\\ \frac{3}{2} & 0 & \frac{5}{2} & -\frac{1}{2}\\ 2 & \frac{5}{2} & 0 & -\frac{1}{2}\\ -\frac{1}{2} & -\frac{1}{2} & -\frac{1}{2} & 0\end{bmatrix}$$

第一、二行不成比例，第三行既不是第一行的倍数，也不是第二行的倍数，故 $F(x,y,z)$ 不可分解.

(2)有

$$A=\begin{bmatrix}0 & 0 & 6 & -\frac{3}{2} & 0\\ 0 & 0 & 8 & -2 & 0\\ 6 & 8 & 0 & 0 & 2\\ -\frac{3}{2} & -2 & 0 & 0 & -\frac{1}{2}\\ 0 & 0 & 2 & -\frac{1}{2} & 0\end{bmatrix}$$

故 $F(x,y,z,u)=(4z-u)(3x+4y+1)$.

8. 由于 $f(x)=(x+1)(2x^4+3x^3-16x^2+3x+2)=(x+1)\cdot f_1(x)$，而 $f_1(x)$ 是倒数多项式，且 $f_1(x)=x^2\cdot F\left(x+\frac{1}{x}\right)=x^2\cdot F(y)=x^2(2y^2-3y-20)$，对于 $F(y)$ 可求得其零点为 $y_1=4,y_2=\frac{5}{2}$. 故 $f(x)$ 的零点为 $x_1=-1,x_2=-2+\sqrt{3},x_3=2-\sqrt{3},x_4=2,x_5=\frac{1}{2}$.

9. $f(x_1,x_2,x_3)$ 的矩阵为

$$A=\begin{bmatrix}1&1&0&0\\1&2&1&1\\0&1&0&0\\0&1&0&1\end{bmatrix}$$

合同于

$$\begin{bmatrix}1&0&0&0\\0&1&0&0\\0&0&1&0\\0&0&0&-1\end{bmatrix}$$

$\boldsymbol{A}$ 的秩为 4,符号差为 2,因此与 $f(x_1,x_2,x_3)$ 关联的二次型 $g(y_1,y_2,y_3,y_4)$ 的秩为 4. 因此,$f(x_1,x_2,x_3)$ 不能分解.

10. $f(x_1,x_2,x_3)$ 的矩阵为

$$A=\begin{bmatrix}2&\frac{5}{2}&-\frac{1}{2}&\frac{5}{2}\\\frac{5}{2}&2&-1&\frac{7}{2}\\-\frac{1}{2}&-1&0&-\frac{1}{2}\\\frac{5}{2}&\frac{7}{2}&-\frac{1}{2}&3\end{bmatrix}$$

合同于

$$\begin{bmatrix}1&0&0&0\\0&-1&0&0\\0&0&0&0\\0&0&0&0\end{bmatrix}$$

即 $\boldsymbol{A}$ 的秩为 2,符号差为 0,因此 $f(x_1,x_2,x_3)$ 可分解成一次多项式的积.

又取

$$\boldsymbol{P}=\frac{1}{3}\begin{bmatrix}1 & -3 & 4 & -10\\ 1 & 3 & -2 & 2\\ 0 & 0 & 6 & 0\\ 0 & 0 & 0 & 6\end{bmatrix}$$

则

$$\boldsymbol{P}^{\mathrm{T}}\boldsymbol{A}\boldsymbol{P}=\begin{bmatrix}1 & & & \\ & -1 & & \\ & & 0 & \\ & & & 0\end{bmatrix}$$

令

$$\begin{bmatrix}y_1\\ y_2\\ y_3\\ y_4\end{bmatrix}=\boldsymbol{P}\begin{bmatrix}u_1\\ u_2\\ u_3\\ u_4\end{bmatrix}$$

有

$$g(y_1,y_2,y_3,y_4)=u_1^2-u_2^2=(u_1+u_2)(u_1-u_2)$$

又

$$\begin{bmatrix}u_1\\ u_2\\ u_3\\ u_4\end{bmatrix}=\boldsymbol{P}^{-1}\begin{bmatrix}y_1\\ y_2\\ y_3\\ y_4\end{bmatrix}=\frac{1}{2}\begin{bmatrix}3 & 3 & -1 & 4\\ -1 & 1 & 1 & -2\\ 0 & 0 & 1 & 0\\ 0 & 0 & 0 & 1\end{bmatrix}\begin{bmatrix}y_1\\ y_2\\ y_3\\ y_4\end{bmatrix}$$

有

$$\begin{cases}u_1=\frac{1}{2}(3y_1+3y_2-y_3+4y_4)\\u_2=\frac{1}{2}(-y_1+y_2+y_3-2y_4)\\u_3=\frac{1}{2}y_3\\u_4=\frac{1}{2}y_4\end{cases}$$

则

$$\begin{aligned}g(y_1,y_2,y_3,y_4)&=(u_1+u_2)(u_1-u_2)\\&=(y_1+2y_2+y_4)\cdot\\&\quad(2y_1+y_2-y_3+3y_4)\end{aligned}$$

因此

$$f(x_1,x_2,x_3)=(x_1+2x_2+1)(2x_1+x_2-x_3+3)$$

11. 由 17.11 节中的引理,考虑到矩阵

$$\boldsymbol{A}=\begin{bmatrix}0&1&0&0\\0&0&1&0\\0&0&0&1\\\frac{5}{2}&\frac{1}{2}&\frac{13}{2}&\frac{1}{2}\end{bmatrix}$$

的特征值为 $x_1=3,x_2=-\frac{5}{2},x_3=\mathrm{i},x_4=-\mathrm{i}$.

容易看到

$$\begin{aligned}f(x)&=2x^4-x^3-13x^2-x-5\\&=2(x-3)\left(x+\frac{5}{2}\right)(x+\mathrm{i})(x-\mathrm{i})\end{aligned}$$

12. 依 y 的降幂有

$$\begin{cases} y^2+(-7x-2)y+4x^2+13x-3=0 \\ y^2+(-14x-4)y+9x^2+28x-5=0 \end{cases}$$

则

$$\begin{aligned}
&\boldsymbol{A}(x) \\
=&\begin{bmatrix} 1 & -7x-2 & 4x^2+13x-3 \\ 1 & -14x-4 & 9x^2+28x-5 \end{bmatrix} \\
\xrightarrow{T_{12}(-1)}&\begin{bmatrix} 1 & -7x-2 & 4x^2+13x-3 \\ 0 & -7x-2 & 5x^2+15x-2 \end{bmatrix} \\
\sim&\begin{bmatrix} 1 & -7x-2 & 4x^2+13x-3 \\ -7x-2 & 5x^2+15x-2 & 0 \end{bmatrix} \\
\xrightarrow[T_{21}(-1)]{D_1(-7x-2)}&\begin{bmatrix} 0 & 44x^2+13x+6 & -28x^3-99x^2+7x+6 \\ -7x-2 & 5x^2+15x-2 & 0 \end{bmatrix} \\
\sim&\begin{bmatrix} 44x^2+13x+6 & -28x^3-99x^2+7x+6 \\ -7x-2 & 5x^2+15x-2 \end{bmatrix} \\
\xrightarrow[\substack{D_2(44x^2+13x+6) \\ T_{21}(1)}]{D_1(7x+2)}&\begin{bmatrix} 0 & 24x^4-24x^3-96x^2+96x \\ -7x-2 & 5x^2+15x-2 \end{bmatrix} \\
\sim&\begin{bmatrix} 24x^4-24x^3-96x^2+96x & 0 \\ -7x-2 & 5x^2+15x-2 \end{bmatrix} \\
\xrightarrow[\substack{D_2(24x^4-24x^3-96x^2+96x) \\ T_{12}(1)}]{D_1(7x+2)}&\begin{bmatrix} 24x^4-24x^3-96x^2+96x & 0 \\ 0 & 5x^2+15x-2 \end{bmatrix} \\
\sim&\begin{bmatrix} 24x^4-24x^3-96x^2+96x \\ 5x^2+15x-2 \end{bmatrix}
\end{aligned}$$

$$\xrightarrow[T_{12}(-1)]{\substack{D_1(5x^2+15x-2)\\ D_2(24x^4-24x^3-96x^2+96x)}}\begin{bmatrix}24x^4-24x^3-96x^2+96x\\0\end{bmatrix}$$

$$\sim\begin{bmatrix}x^4-x^3-4x^2+4x\\0\end{bmatrix}$$

于是由 $x^4-x^3-4x^2+4x=0$,得 $x(x-1)(x-2)(x+2)=0$,有根 $x=0,1,2,-2$. 用 $x=0$ 代入方程组得 $\begin{cases}y^2-2y-3=0\\y^2-4y-5=0\end{cases}$. 这两个方程的公共根是 -1,因此 $(0,-1)$是方程组的一个解. 用同样的方法可得到方程组另外三个解是$(1,2)$,$(2,3)$,$(-2,1)$.

13. 由于 $0<a\leqslant b\leqslant c$,所以$\frac{a}{b+c}\leqslant\frac{b}{c+a}\leqslant\frac{c}{a+b}$(事实上,要证不等式的左边,只需证 $ac+a^2\leqslant b^2+bc$,即证 $b^2-a^2+c(b-a)\geqslant0$,此不等式显然成立,右边不等式类似可证). 再利用切比雪夫不等式可知

$$\frac{ma}{b+c}+\frac{nb}{c+a}+\frac{sc}{a+b}\geqslant\frac{m+n+s}{3}\cdot\left(\frac{a}{b+c}+\frac{b}{c+a}+\frac{c}{a+b}\right)$$

所以要证原不等式成立,只需证明 $\frac{a}{b+c}+\frac{b}{c+a}+\frac{c}{a+b}\geqslant\frac{3}{2}$.(事实上,类似第 17 章例 15 的证明,利用柯西不等式可知

$$(a+b+c)^2\leqslant\left(\frac{a}{b+c}+\frac{b}{c+a}+\frac{c}{a+b}\right)(2ab+2bc+2ca)$$

故只需证$\frac{(a+b+c)^2}{2ab+2bc+2ca}\geqslant\frac{3}{2}$即可,而这只需考虑不等式对应的简单二次型为半正定即可)

第 18 章练习题

1. (1)用"——►"表示火车路线,"----►----"表示汽车路线,则可得火车路线和汽车路线的网络图如图所示.

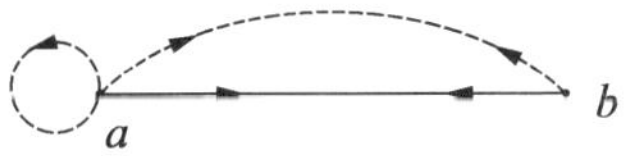

1 题答案图

(2)$\boldsymbol{B} \cdot \boldsymbol{T} = \begin{bmatrix} 1 & 1 \\ 0 & 1 \end{bmatrix}$表示的是先坐汽车后坐火车的旅行.

2. 每种零件的单价矩阵

零件甲	零件乙	零件丙
3	2	4

组件所含零件矩阵

	组件Ⅰ	组件Ⅱ
甲	3	2
乙	4	3
丙	3	5

各种模型所含组件矩阵

	模型 *A*	模型 *B*	模型 *C*
组件Ⅰ	3	2	3
组件Ⅱ	3	4	5

每天制作的模型矩阵

$$\begin{matrix} A \\ B \\ C \end{matrix}\begin{bmatrix} 8 \\ 5 \\ 4 \end{bmatrix}$$

故价值为

$$[3 \quad 2 \quad 4] \cdot \begin{bmatrix} 3 & 2 \\ 4 & 3 \\ 3 & 5 \end{bmatrix} \cdot \begin{bmatrix} 3 & 2 & 3 \\ 3 & 4 & 5 \end{bmatrix} \cdot \begin{bmatrix} 8 \\ 5 \\ 4 \end{bmatrix} = 3\ 382(\text{元})$$

3. 由

$$\begin{matrix} \\ Mn \\ O \\ H \\ S \end{matrix}\begin{matrix} \begin{matrix} MnO_2 & H_2O_2 & H_2SO_4 & MnSO_4 & H_2O & O_2 \end{matrix} \\ \begin{bmatrix} 1 & 0 & 0 & 1 & 0 & 0 \\ 2 & 2 & 4 & 4 & 1 & 2 \\ 0 & 2 & 2 & 0 & 2 & 0 \\ 0 & 0 & 1 & 1 & 0 & 0 \end{bmatrix} \end{matrix} \cdot \begin{bmatrix} z_1 \\ z_2 \\ z_3 \\ z_4 \\ z_5 \\ z_6 \end{bmatrix} = 0$$

对系数矩阵 $\boldsymbol{C}$ 进行初等行变换,得其通解为

$$k_1[1 \quad 0 \quad 1 \quad -1 \quad -1 \quad -\frac{1}{2}] +$$

$$k_2[0 \quad 1 \quad 0 \quad 0 \quad -1 \quad -\frac{1}{2}]$$

特别的,取 $k_1 = k_2 = 1$,有系数组

$$[1 \quad 1 \quad 1 \quad -1 \quad -2 \quad -1]$$

取 $k_1 = 1, k_2 = 3$,有系数组 $[1 \quad 3 \quad 1 \quad -1 \quad -4 \quad -2]$ 等.

参考文献

[1] 北京大学数学力学系. 高等代数[M]. 北京:人民教育出版社,1978.

[2] 陈大新. 矩阵理论[M]. 上海:上海交通大学出版社,1991.

[3] 钱吉林,李照海. 矩阵及其广义逆[M]. 武汉:华中师范大学出版社,1988.

[4] 倪国熙. 常用的矩阵理论和方法[M]. 上海:上海科学技术出版社,1984.

[5] 布伦菲尔德 J R. 矩阵[M]. 刘远图,译. 北京:科学出版社,1982.

[6] 华罗庚. 高等数学引论(余篇)[M]. 北京:科学出版社,1984.

[7] 胡正名,陈启浩. 矩阵方法[M]. 北京:人民邮电出版社,1985.

[8] STRANG G. 线性代数及其应用[M]. 侯自新,郑仲三,张延伦,译. 天津:南开大学出版社,1994.

[9] 单墫. 棋盘上的数学[M]. 上海:上海教育出版社,1987.

[10] 张运筹. 微微对偶不等式及其应用[M]. 长沙:湖南大学出版社,1989.

[11] 宋合涛. 一个有趣的问题[J]. 中学数学教学参

考(陕西),1992(7):35.

[12] 徐则林. 置换与一类逻辑问题[J]. 湖南数学通讯,1985(2):16-17.

[13] 王书臣. 浅谈逻辑推理问题[J]. 中学生数学,1988(5):6-7.

[14] 齐东旭. 关于一个排队问题的议论[J]. 数学通报,1989(7):21-23.

[15] 赵计夯. 数论在一个游戏中的应用[J]. 数学通报,1991(5):44-47.

[16] 张垚. 赫尔德(Hölder)不等式及其推广在证明不等式中的应用[J]. 数学竞赛:6 ~ 9 辑,1991:250-265.

[17] 沈文选. 一类和积不等式、函数最值的统一求解方法[J]. 数学通讯,1993(6):19-20.

[18] 沈文选. 矩阵中元素的几条运算性质与不等式的证明[J]. 数学教学研究,1994(4):39- 43.

[19] 沈文选. 双人比赛问题的获胜策略漫谈[J]. 数学教学通讯,1992(3):23-26.

[20] 冷岗松. 微微对偶不等式的应用举例[J]. 湖南数学通讯,1983(1):27-29.

[21] 姚存峰. 利用四分块矩阵求 n 阶行列式的值[J]. 数学通报,1987(10):40- 43.

[22] 姚存峰. 一个矩阵不等式及其应用[J]. 数学通报,1990(7):37-38.

[23] 方献亚. 正定实对称矩阵的几个不等式[J]. 数

学通报,1985(3):31-32.

[24] 杨世国. 关于逆向 Pedoe 不等式及其应用[J]. 数学通报,1991(12):37-39.

[25] 胡常柏,王功政. 谈矩阵表示的顺序消元法解线性方程组[J]. 中学数学,1984(10):38-39.

[26] 包桐桢. 利用矩阵的列初等变换解线性方程组[J]. 数学通报,1991(2):38- 40.

[27] 吴元生. 对增广矩阵同时使用行、列初等变换解线性方程组[J]. 数学通报,1992(10):20-21.

[28] 李忠义. 线性方程组的一种解法[J]. 数学教学通讯,1988(2):31-32.

[29] 翟铁倪. 线性方程组的解的一个注记[J]. 数学通报,1992(9):36-38.

[30] 赵昌成. 用矩阵法解二元高次方程组[J]. 数学通报,1992(9):27-30.

[31] 韩毅. 线性同余式组的矩阵解法[J]. 数学通讯,1990(12):16-17.

[32] 王方汉. 逻辑方程组和逻辑推理[J]. 湖南数学通讯,1984(2):33-37.

[33] 王伟贤. 连分式方程的矩阵解法[J]. 湖南数学通讯,1994(4):13-14.

[34] 许桂琴. 线性规划问题的矩阵求解方法[J]. 数学通报,1992(4):30-32.

[35] 徐平五. 矩阵法生成勾股数[J]. 中学数学(江苏),1988(3):37.

[36] 姜正川. 也谈矩阵法生成勾股数[J]. 中学数学(江苏),1989(6):21-22.

[37] 顾海润. 再谈矩阵法生成勾股数[J]. 中学数学(江苏),1990(1):19-20.

[38] 毛毓球,陈永林. 求解不定方程与同余式(组)的矩阵方法[J]. 数学通报,1990(4):45- 46.

[39] 姚存峰. 也谈用矩阵法求不定方程的解[J]. 湖南数学通讯,1988(2):39- 40.

[40] 张德荣. 一次不定方程[J]. 数学通报,1985(9):32-34.

[41] 于先金. 三类递推数列通项式的矩阵求法[J]. 中学数学(江苏),1989(9):31-32.

[42] 熊正宇. k 阶等差数列的前 n 项和 S_n[J]. 数学通报,1983(5):3-5.

[43] 马景华. m 元线性递推数列与矩阵的幂[J]. 数学通报,1993(5):40- 42.

[44] 申建华. 用矩阵研究递归数列的敛散性及其通项公式[J]. 湖南数学通讯,1988(6):32-33.

[45] 章秋明. 求有穷数列的通项公式的公式[J]. 数学通报,1989(8):22-23.

[46] 杨寅. 对"求有穷数列的通项公式的公式"一文的改进[J]. 数学通报,1992(12):33.

[47] 罗增儒. 递推式数列通项的矩阵求法[J]. 数学通讯,1990(2):24-26.

[48] 蒋远辉. 等差数列前 n 项的方幂和的求法[J]. 数

学通报,1989(12):36-37.

[49] 王国炳. 用求和矩阵求 $\sum_{k=1}^{n} k^m$ [J]. 数学通报,1985(7):38-39.

[50] 长宁. 求自然数 k 次方幂和的一种方法[J]. 数学教学通讯,1988(4):30-31.

[51] 张维节,郭璋. 直观方阵法求组合数列的和[J]. 中学数学,1987(5):44.

[52] 杨世明. 中国初等数学研究文集[M]//张志华. 关于 $\boldsymbol{A}^n = \pm \boldsymbol{E}$ 的充要条件及其在线性递归数列研究中的应用. 郑州:河南教育出版社,1992:199-205.

[53] 桂粉. 求 $\sum_{k=1}^{n}(a_m k^m + a_{m-1}k^{m-1} + \cdots + a_1 k + a_0)$ 的一种方法[J]. 数学教学通讯,1988(3):12-13.

[54] 宋家雏. 艾森斯坦因判别法的推广[J]. 数学教学通讯,1986(1):40-41.

[55] 包桐桢. 利用矩阵的初等变换求 n 个一元多项式的最大公因式[J]. 数学通报,1989(2):44-46.

[56] 蒋忠樟. 多项式最大公因式的矩阵求法[J]. 数学通报,1989(6):23-24.

[57] 李银田. 二次多项式因式分解理论及一般方法[J]. 数学通报,1989(9):20-24.

[58] 李传正. 求 n 元二次式极值的纯矩阵方法[J]. 数学通报,1993(4):35-39.

[59] 吴永康. 建立一类特殊方程的矩阵方法[J]. 数

学通报,1993(12):38- 40.

[60] 吕庆祝. 矩阵和线性方程组[M]. 哈尔滨:黑龙江科学技术出版社,1984.

[61] 李宝堂. 坐标变换公式的“矩阵记忆法”[J]. 数学教学,1982(4):32-35.

[62] 叶盛标,杨宇火. 多边形等周问题的一个矩阵证明[J]. 数学通讯,1987(10):3-5.

[63] 吴宗其. 一个有趣的圆内接多边形序列[J]. 湖南数学通讯,1986(2):24-28.

[64] 蔡锡弟. 错位排列和禁位排列的又一计算方法[J]. 中学教研(数学),1990(10):17-19.

[65] 欧阳录,曾宪候. *N* 对夫妇的环形排列问题的新解法[J]. 湖南数学通讯,1981(3):22-25.

[66] 余世平. 略谈二次曲线的配极对应[J]. 数学通讯,1987(10):27-28.

[67] 苏化明. 多边形等周问题的矩阵证明[J]. 数学的实践与认识,1984(1):57-59.

[68] 蔡宗熹. 等周问题[M]. 北京:人民教育出版社,1964.

[69] 陈湘能,黄汉侠,钱祥征,等,译. 国际最佳数学征解问题分析[M]. 长沙:湖南科学技术出版社,1983.

[70] 彭声羽. 线性代数应用于化学方程式[J]. 数学的实践与认识,1987(4):1-6.

[71] 上海教育出版社. 初等数学研究论文选[M]//李

炯生. 浅谈积和式. 上海:上海教育出版社,1992:559-574.

[72] 孟凯韬. 多项式与多位数乘除开方新法[M]. 北京:科学普及出版社,1985.

[73] 丁宗武,席竹华. 二项式的一个新展开式[J]. 数学通报,1982(12):7-10.

[74] 张之正,刘麦学. "杨辉三角"中某些矩阵及其行列式的讨论[J]. 数学通报,1994(8):45- 46.

[75] 肖振纲. Vandermonde 行列式的一个推广及其在初等数学中的应用[J]. 数学通报,1994(9):42-47.

[76] 杨世明. 中国初等数学研究文集[M]//杨学枝. 圆锥曲线切线的基本定理. 郑州:河南教育出版社,1992:780-786.

[77] 杨世明. 中国初等数学研究文集[M]//王伟贤. 一类线性方程组的求解. 郑州:河南教育出版社,1992:496-501.

[78] 王纳元. 运用统计方法加强教育管理[J]. 湖南数学通讯,1988(1):34-36.

[79] 邵国强. 一道竞赛题的引申及解答[J]. 数学通报,2012(11):58-59.

[80] 郭晓斌,尚德泉. Vandermonde 行列式在插值问题中的一个应用[J]. 数学教学研究,2008(6):57-58.

[81] 王凯成. 一个组合恒等式的推广及应用[J]. 数

学通报,2012(6):51-52.

[82] 刘建文. 利用行列式将一种代数式的分母有理化[J]. 数学通报,2000(11):41-42.

[83] 罗欲晓. 一个不等式的加强[J]. 数学通报,2003(5):34.

[84] 徐全德. 用高等代数方法演绎三角恒等式[J]. 数学通讯,2012(16):38-40.

[85] 马林. 一类三角恒等式的“特值验证法”[J]. 数学通讯,2001(17):31-32.

[86] 耿济. 洛书与斐波那契数列的关系[J]. 数学通报,2008(5):46-47.

[87] 徐光迎. 有穷等差数列的一个性质及其应用[J]. 数学通报,2002(2):40-41.

[88] 安振平. 涉及三角形边长与半径的一个不等式[J]. 数学通报,2010(10):53-54.

[89] 周华生. 三线形面积公式及其推广[J]. 数学通报,1996(9):18-19.

[90] 续铁权. 有向面积及其应用[J]. 数学通报,2000(1):22-23.

[91] 黄汉生. 三角形三顶点坐标定理[J]. 数学通报,2001(6):25-27.

[92] 林磊,易国强. 过不共线三点的圆锥曲线[J]. 数学教学,2012(8):30-32.

[93] 刘飞才. 探求椭圆内接 n 边形面积的最大值[J]. 数学通讯,2008(11):35-36.

[94] 吴波. 也说蝴蝶定理的一般形式[J]. 数学通报,2012(6):47-50.

[95] 杨学枝. 圆锥曲线的切线公式[J]. 数学通报,2009(7):61-62.

[96] 李永利,孙帆. 关于正四面体的两个等式及其不变量[J]. 数学通讯,2002(3):27-29.

[97] 曹军. 三角形中两个命题的构图证法及空间类比[J]. 数学通讯,2012(10):46-47.

[98] 李桂娟,陈清华,柯跃海. 用行列式求平面的法向量[J]. 福建中学数学,2012(11):38-40.

[99] 童春发. 直线和平面的投影阵及其应用[J]. 数学通报,1997(4):41-43.

[100] 彭学梅. 对"直线和平面的投影阵及其应用"的补充[J]. 数学通报,1998(4):34-35.

[101] 李慎余. 含三个复变量的实系数齐二次方程与三角形形状的关系[J]. 数学通报,1999(9):32-33.

[102] 徐全德. 浅论矩阵初等变换在数论中的应用[J]. 数学通报,2002(8):43-47.

[103] 孙东升. "矩阵与变换"模块教学中训练学生思维能力的几点做法[J]. 数学通报,2009(10):31-33.

[104] 王新民,孙霞. 最大公因式与最小公倍式的统一求法[J]. 数学通报,2001(12):41.

[105] 宋志敏,尹枥. 数学问题 1885 的推广与再研究

[J]. 数学通报,2011(12):27-28.
[106] 黄其华. 对"数学问题 1885 的推广与再研究"一文的存疑[J]. 数学通报,2012(6):57.
[107] 盛兴平. 实系数一元四次方程的矩阵解法[J]. 数学通报,2002(12):37-42.
[108] 尚德泉. 一种求高次代数方程全部根的矩阵方法[J]. 数学教学研究,2009(5):57-58.
[109] 刘智全. 介绍一种新的数学工具——"卷积式"[J]. 数学通报,1996(5):39-44.
[110] 沈文选. 卡尔松不等式是一批著名不等式的综合[J]. 中学数学,1994(7):28-30.
[111] 沈文选. 数学应用展观[M]. 哈尔滨:哈尔滨工业大学出版社,2008.
[112] 沈文选. 走进教育教学[M]. 北京:科学出版社,2009.